MANUAL DE EQUIPAMENTOS ELÉTRICOS

O GEN | Grupo Editorial Nacional – maior plataforma editorial brasileira no segmento científico, técnico e profissional – publica conteúdos nas áreas de ciências exatas, humanas, jurídicas, da saúde e sociais aplicadas, além de prover serviços direcionados à educação continuada e à preparação para concursos.

As editoras que integram o GEN, das mais respeitadas no mercado editorial, construíram catálogos inigualáveis, com obras decisivas para a formação acadêmica e o aperfeiçoamento de várias gerações de profissionais e estudantes, tendo se tornado sinônimo de qualidade e seriedade.

A missão do GEN e dos núcleos de conteúdo que o compõem é prover a melhor informação científica e distribuí-la de maneira flexível e conveniente, a preços justos, gerando benefícios e servindo a autores, docentes, livreiros, funcionários, colaboradores e acionistas.

Nosso comportamento ético incondicional e nossa responsabilidade social e ambiental são reforçados pela natureza educacional de nossa atividade e dão sustentabilidade ao crescimento contínuo e à rentabilidade do grupo.

JOÃO MAMEDE FILHO

MANUAL DE EQUIPAMENTOS ELÉTRICOS

Engenheiro eletricista

Membro da Academia Cearense de Engenharia

Diretor Técnico da CPE – Estudos e Projetos Elétricos

Professor de Eletrotécnica Industrial da Universidade de Fortaleza – UNIFOR (1979 – 2012)

Presidente da Nordeste Energia S.A. – NERGISA (1999 – 2000)

Diretor de Planejamento e Engenharia da Companhia Energética do Ceará – Coelce (1995 – 1998)

Diretor de Operação da Companhia Energética do Ceará – Coelce (1991 – 1994)

Presidente do Comitê Coordenador de Operações do Norte-Nordeste – CCON (1993)

Diretor de Planejamento e Engenharia da Companhia Energética do Ceará – Coelce (1988 – 1990)

 LTC

6ª EDIÇÃO

- O autor deste livro e a editora empenharam seus melhores esforços para assegurar que as informações e os procedimentos apresentados no texto estejam em acordo com os padrões aceitos à época da publicação, *e todos os dados foram atualizados pelo autor até a data de fechamento do livro*. Entretanto, tendo em conta a evolução das ciências, as atualizações legislativas, as mudanças regulamentares governamentais e o constante fluxo de novas informações sobre os temas que constam do livro, recomendamos enfaticamente que os leitores consultem sempre outras fontes fidedignas, de modo a se certificarem de que as informações contidas no texto estão corretas e de que não houve alterações nas recomendações ou na legislação regulamentadora.

- Data do fechamento do livro: 15/01/2024

- O autor e a editora se empenharam para citar adequadamente e dar o devido crédito a todos os detentores de direitos autorais de qualquer material utilizado neste livro, dispondo-se a possíveis acertos posteriores caso, inadvertida e involuntariamente, a identificação de algum deles tenha sido omitida.

- **Atendimento ao cliente:** (11) 5080-0751 | faleconosco@grupogen.com.br

- Direitos exclusivos para a língua portuguesa
  Copyright © 2024 by
  LTC — Livros Técnicos e Científicos Editora Ltda.
  Uma editora integrante do GEN | Grupo Editorial Nacional
  Travessa do Ouvidor, 11
  Rio de Janeiro – RJ – 20040-040
  www.grupogen.com.br

- Reservados todos os direitos. É proibida a duplicação ou reprodução deste volume, no todo ou em parte, em quaisquer formas ou por quaisquer meios (eletrônico, mecânico, gravação, fotocópia, distribuição pela Internet ou outros), sem permissão, por escrito, da LTC | Livros Técnicos e Científicos Editora Ltda.

- Capa: Leonidas Leite
- Imagem de capa: do próprio autor
- Editoração eletrônica: Set-up Time Artes Gráficas

- Ficha catalográfica

CIP-BRASIL. CATALOGAÇÃO NA PUBLICAÇÃO
SINDICATO NACIONAL DOS EDITORES DE LIVROS, RJ.

M231m
6. ed.

Mamede Filho, João
  Manual de equipamentos elétricos / João Mamede Filho. - 6. ed. - Rio de Janeiro : LTC, 2024.

  Apêndice
  Inclui bibliografia e índice
  ISBN 978-85-216-3869-8

  1. Engenharia elétrica. 2. Aparelhos e materiais elétricos. I. Título.

23-86843   CDD: 621.31042
                   CDU: 621.31

Meri Gleice Rodrigues de Souza - Bibliotecária - CRB-7/6439

Este trabalho é dedicado

à memória de meu pai, João Mamede Souza;
à minha mãe, Maria Nair Cysne Mamede;
à minha esposa, Maria Elizabeth Ribeiro Mamede – economista;
à minha filha, Aline Ribeiro Mamede – graduada em Administração de Empresas e Direito;
ao meu filho, Daniel Ribeiro Mamede – engenheiro eletricista e presidente da CPE;
aos meus quatro lindos netos, Heitor Mamede Costa (10 anos), Lucas Mamede Costa (7 anos),
Davi Holanda Mamede (5 anos) e José Holanda Mamede (1 ano).

PREFÁCIO À 6ª EDIÇÃO

Esta 6ª edição chega com muitas alterações em consequência da atualização das normas técnicas, nacionais e internacionais, das novas tecnologias embarcadas em alguns equipamentos, da inclusão de novos textos e, principalmente, da incorporação de um novo capítulo (21º), que trata de Coordenação de Isolamento, fazendo uma ponte entre o conteúdo deste livro e a obra *Subestações de Alta Tensão*, em sua atual 1ª edição.

Como não podia ser diferente, os requisitos fundamentais para a elaboração de um projeto de subestações de média e alta-tensão que o profissional projetista deve conhecer em detalhes são o funcionamento e a aplicação correta de todos os equipamentos utilizados nesses empreendimentos, o que, afinal, é o objetivo deste *Manual de Equipamentos Elétricos* em sua 6ª edição.

Ao término de um projeto de subestações de médio e grande porte é de fundamental importância determinar se os equipamentos utilizados irão operar com segurança quando conectados a um determinado ponto do Sistema Interligado Nacional, cujos subsistemas têm uma dinâmica própria de operação em função de vários fatores, como o comprimento das linhas de transmissão, o montante da carga suprida, a variedade das fontes geradoras (usinas termelétricas, hidroelétricas, eólicas e fotovoltaicas etc.), descargas atmosféricas, transitórios por manobra etc. Um dos estudos de importância para certificar-se os eventos que envolvem sobretensões de baixa e alta frequências no sistema ao qual está conectada a subestação é o estudo de Coordenação de Isolamento.

Outro fato relevante é a incorporação do Apêndice ao livro físico – que anteriormente era disponibilizado no site da LTC Editora –, sobre o dimensionamento dos diversos equipamentos instalados em uma subestação de 230 kV. Daí está consolidado o vínculo direto entre este *Manual de Equipamentos Elétricos* e o livro *Subestações de Alta Tensão*. Isto é, no primeiro livro são estudados os equipamentos que serão aplicados no projeto da subestação tratado no segundo livro.

Por conta de todo o trabalho realizado de forma a unir a teoria e a prática, é nosso dever agradecer a todos os fabricantes de materiais e equipamentos (dos quais utilizamos em nosso texto as tabelas de dados técnicos), sem os quais a obra tenderia a ficar somente no campo teórico. Além disso, aproveitamos também a oportunidade para levar os nossos agradecimentos aos professores, estudantes e profissionais que, com o seu apoio, nos fizeram chegar a esta 6ª edição.

João Mamede Filho

PREFÁCIO À 5ª EDIÇÃO

A constante atualização das normas internacionais e notadamente das normas brasileiras obrigou-nos a rever todos os capítulos deste livro procurando manter atualizados os nossos leitores, compreendidos por alunos, professores e profissionais de Engenharia Elétrica.

Não é uma tarefa fácil atualizar essa matéria, pois cada equipamento é projetado, fabricado e ensaiado respeitando diferentes normas nacionais e internacionais. Além disso, o desenvolvimento tecnológico dos fabricantes procura oferecer ao mercado produtos muito melhores.

Mantivemos a mesma forma da edição anterior, na qual são tratados os principais equipamentos elétricos de alta-tensão utilizados em subestações de potência, em redes de distribuição e em linhas de transmissão.

Das alterações realizadas, podemos destacar alguns pontos que foram abordados nesta nova edição: o Capítulo 1 – *Para-raios a Resistor Não Linear* foi totalmente reescrito e ampliado, atendendo à norma em vigor, a NBR 16050. No Capítulo 12 – *Transformadores de Potência*, foi introduzido o estudo dos transformadores de aterramento que têm sido muito utilizados nas subestações de 230 kV dos sistemas de geração eólica e fotovoltaica. Ainda no Capítulo 12, substituímos o texto relativo ao carregamento dos transformadores por um novo texto atendendo à recém-publicada norma de transformadores NBR 5356-7, incluindo um exemplo de aplicação que simula uma situação operacional bem característica de um transformador.

Com a finalidade de sedimentar a aplicação prática dos equipamentos elétricos estudados ao longo dos 20 capítulos, introduzimos no final do livro um exemplo de aplicação geral na forma de projeto de uma subestação de 230 kV de uma usina de geração fotovoltaica de 150 MW. Nesse projeto, foram determinados os valores nominais de todos os equipamentos utilizados na subestação. Além disso, especificamos cada equipamento aplicado por meio da indicação de todas as características elétricas que devem satisfazer às condições de projeto. Isso permite ao leitor a compreensão para dimensionar todos os equipamentos que irão operar numa determinada subestação e que estarão a partir desse ponto submetidos às mesmas condições operacionais.

João Mamede Filho

SUMÁRIO

1 Para-raios a Resistor não Linear, 1
1.1 Introdução, 1
1.2 Partes componentes dos para-raios, 1
    1.2.1 Resistores não lineares, 1
    1.2.2 Corpo de porcelana, 2
    1.2.3 Corpo polimérico, 3
    1.2.4 Contador de descarga, 4
1.3 Características de absorção de energia, 4
    1.3.1 Incidência direta de descargas atmosféricas, 5
    1.3.2 Sobretensão de manobra: religamento de linhas de transmissão ou energização de transformadores, 6
    1.3.3 Desconexão de banco de capacitores, 6
1.4 Origem das sobretensões, 6
    1.4.1 Sobretensão temporária, 6
    1.4.2 Sobretensão de manobra, 8
    1.4.3 Sobretensão atmosférica, 9
1.5 Componentes simétricas, 16
1.6 Fenômenos de reflexão e refração de uma onda incidente, 23
    1.6.1 Ponto terminal de um circuito aberto, 23
    1.6.2 Ponto de descontinuidade de impedância, 25
1.7 Classificação dos para-raios, 26
    1.7.1 Classe de descarga da linha de transmissão, 26
1.8 Características dos para-raios, 26
    1.8.1 Tensão nominal, 26
    1.8.2 Máxima tensão de operação contínua (MCOV), 26
    1.8.3 Máxima sobretensão temporária (TOV), 27
    1.8.4 Curva de operação dos para-raios, 27
    1.8.5 Frequência nominal, 30
    1.8.6 Corrente de descarga nominal, 30
    1.8.7 Tensão residual, 31
    1.8.8 Tensão disruptiva a impulso, 31
    1.8.9 Tensão disruptiva de impulso atmosférico normalizado, 31
    1.8.10 Tensão disruptiva de impulso de manobra, 32
    1.8.11 Suportabilidade dos para-raios à frequência industrial valor eficaz, 32
    1.8.12 Tensão disruptiva na frente, 32
    1.8.13 Impulso de corrente íngreme, 32
    1.8.14 Tensão de ionização, 33
    1.8.15 Sobretensões com taxa de crescimento rápida, 33
    1.8.16 Tensões suportáveis de surtos de manobra, 33
    1.8.17 Cauda de um impulso de tensão ou corrente, 33
    1.8.18 Corrente suportável de curto-circuito, 33
    1.8.19 Estabilidade térmica dos para-raios, 33
1.9 Localização dos para-raios, 33
    1.9.1 Distância entre os para-raios e o equipamento a ser protegido, 33
    1.9.2 Proteção de transformadores de potência, 33
    1.9.3 Proteção de linhas de transmissão, 40
1.10 Ensaios e recebimento, 41
    1.10.1 Ensaios de tipo, 41
    1.10.2 Ensaios de rotina, 42
    1.10.3 Ensaios de recebimento, 42
1.11 Especificação sumária, 42

2 Chave Fusível Indicadora Unipolar, 43

- 2.1 Introdução, 43
- 2.2 Chave fusível indicadora unipolar, 43
  - 2.2.1 Características mecânicas, 43
  - 2.2.2 Características elétricas, 48
- 2.3 Chave fusível indicadora repetidora, 49
  - 2.3.1 Funcionamento na abertura, 50
  - 2.3.2 Funcionamento na ligação, 51
- 2.4 Elo fusível, 51
  - 2.4.1 Características mecânicas, 51
  - 2.4.2 Características elétricas, 52
- 2.5 Ensaios e recebimento, 59
  - 2.5.1 Ensaios de tipo, 59
  - 2.5.2 Ensaios de rotina, 59
  - 2.5.3 Ensaios de recebimento, 59
  - 2.5.4 Ensaios adicionais para dispositivos com isoladores poliméricos, 59
- 2.6 Especificação sumária, 59

3 Muflas Terminais Primárias ou Terminações, 60

- 3.1 Introdução, 60
- 3.2 Dielétrico, 62
- 3.3 Campo elétrico, 62
- 3.4 Campo elétrico nos cabos de média e de alta-tensão, 62
- 3.5 Sequência de preparação de um cabo condutor, 64
  - 3.5.1 Aplicação de terminais termocontráteis, 64
  - 3.5.2 Aplicação de terminações a frio e *push-on*, 65
- 3.6 Aplicação de muflas em ambientes poluídos, 66
- 3.7 Ensaios e recebimento, 66
- 3.8 Especificação sumária, 66

4 Condutores Elétricos, 67

- 4.1 Introdução, 67
- 4.2 Características construtivas dos cabos isolados, 67
  - 4.2.1 Cabos de baixa-tensão, 67
  - 4.2.2 Cabos isolados de média e de alta-tensão, 73
  - 4.2.3 Cabos isolados de alta-tensão, 80
  - 4.2.4 Processo de fabricação, 87
  - 4.2.5 Identificação dos condutores isolados, 89
  - 4.2.6 Resistência dos cabos aos agentes químicos, 89
- 4.3 Características elétricas dos cabos isolados, 89
  - 4.3.1 Seleção da tensão de isolamento, 89
  - 4.3.2 Gradiente de tensão, 90
  - 4.3.3 Perdas dielétricas, 93
  - 4.3.4 Impedância dos condutores, 94
- 4.4 Características construtivas dos condutores nus, 105
  - 4.4.1 Condutor de alumínio CA, 105
  - 4.4.2 Condutor de alumínio CAA, 106
  - 4.4.3 Condutor de alumínio liga CAL, 106
  - 4.4.4 Condutor de alumínio termorresistente T-CAA, 106
  - 4.4.5 Condutor de cobre, 107
- 4.5 Características elétricas dos condutores nus, 107
  - 4.5.1 Impedância de sequência positiva, 107
  - 4.5.2 Impedância de sequência negativa, 108
  - 4.5.3 Impedância de sequência zero, 108
- 4.6 Dimensionamento dos cabos elétricos isolados, 109
  - 4.6.1 Capacidade de corrente nominal, 109
  - 4.6.2 Capacidade de corrente de curto-circuito, 118
- 4.7 Dimensionamento dos condutores elétricos nus, 126
  - 4.7.1 Capacidade de corrente nominal, 126
  - 4.7.2 Capacidade de corrente de curto-circuito, 127
- 4.8 Ensaios e recebimento, 128
  - 4.8.1 Inspeção e ensaios, 129
- 4.9 Especificação sumária, 130

5 Transformadores de Corrente, 147

- 5.1 Introdução, 147
- 5.2 Características construtivas, 147
  - 5.2.1 Transformadores de corrente indutivos (TCI), 147
  - 5.2.2 Tipos construtivos de transformadores de corrente, 152
- 5.3 Características elétricas (TCI), 155
  - 5.3.1 Correntes nominais, 155
  - 5.3.2 Cargas nominais, 158
  - 5.3.3 Fator limite de exatidão, 160
  - 5.3.4 Identificação dos transformadores de corrente para serviço de medição, 160
  - 5.3.5 Identificação dos transformadores de corrente para serviço de proteção, 161
  - 5.3.6 Corrente de magnetização, 162
  - 5.3.7 Tensão secundária, 165
  - 5.3.8 Fator térmico nominal, 167
  - 5.3.9 Corrente térmica nominal de curta duração, 168
  - 5.3.10 Fator térmico de curto-circuito, 168
  - 5.3.11 Corrente dinâmica nominal, 168
  - 5.3.12 Tensão suportável à frequência industrial, 168
  - 5.3.13 Tensão suportável de impulso atmosférico (TSI), 168
  - 5.3.14 Polaridade, 168

5.4 Classificação, 169
    5.4.1 Transformadores de corrente para serviço de medição, 169
    5.4.2 Transformadores de corrente destinados à proteção, 174
5.5 Classificação dos ensaios, 179
    5.5.1 Ensaios de tipo, 179
    5.5.2 Ensaios de rotina, 179
    5.5.3 Ensaios especiais, 179
    5.5.4 Ensaios de recebimento, 180
5.6 Especificação sumária, 180

6 Transformador de Potencial, 181

6.1 Introdução, 181
6.2 Características construtivas, 182
    6.2.1 Transformadores de potencial do tipo indutivo, 182
    6.2.2 Transformador de potencial do tipo capacitivo, 183
6.3 Características elétricas dos transformadores indutivos, 185
    6.3.1 Erro de relação de transformação, 185
    6.3.2 Erro de ângulo de fase, 186
    6.3.3 Classe de exatidão, 187
    6.3.4 Tensões nominais, 191
    6.3.5 Cargas nominais, 192
    6.3.6 Fator de sobretensão nominal, 194
    6.3.7 Polaridade, 196
    6.3.8 Descargas parciais, 196
    6.3.9 Potência térmica nominal, 197
    6.3.10 Níveis de isolamento, 197
    6.3.11 Ferrorressonância, 197
6.4 Aplicação dos transformadores de potencial, 198
    6.4.1 TPs para serviços de medição de faturamento, 198
    6.4.2 TPs para serviços de proteção, 199
6.5 Conjunto de medição polimérico TC/TP, 199
6.6 Distâncias de escoamento, 200
6.7 Ensaios e recebimento, 200
    6.7.1 Ensaios de tipo, 201
    6.7.2 Ensaios de rotina, 201
    6.7.3 Ensaios especiais, 201
6.8 Especificação sumária, 201

7 Bucha de Passagem, 202

7.1 Introdução, 202
7.2 Características construtivas, 202
    7.2.1 Quanto à instalação, 202
    7.2.2 Quanto à construção, 204
7.3 Características elétricas, 205
    7.3.1 Tensão nominal, 205
    7.3.2 Corrente nominal, 206
    7.3.3 Distância de escoamento, 206
    7.3.4 Níveis de isolamento nominais, 206
    7.3.5 Sobretensões temporárias, 206
    7.3.6 Altitude, 207
    7.3.7 Resistência à flexão, 207
    7.3.8 Capacidade de corrente de curto-circuito, 207
7.4 Ensaios e recebimento, 209
    7.4.1 Ensaios de tipo, 209

8 Chaves Seccionadoras Primárias, 210

8.1 Introdução, 210
8.2 Características construtivas, 211
    8.2.1 Seccionadores para uso interno, 211
    8.2.2 Seccionadores para uso externo, 214
    8.2.3 Características mecânicas operacionais, 221
    8.2.4 Características mecânicas de projeto, 224
8.3 Características elétricas, 224
    8.3.1 Tensão nominal, 224
    8.3.2 Corrente nominal, 225
    8.3.3 Nível de isolamento, 227
    8.3.4 Solicitações das correntes de curto-circuito, 227
    8.3.5 Coordenação dos valores nominais, 230
    8.3.6 Capacidade de interrupção, 231
8.4 Ensaios e recebimento, 231
    8.4.1 Ensaios de tipo, 231
    8.4.2 Ensaios de rotina, 231
8.5 Especificação sumária, 232

9 Fusíveis Limitadores Primários, 233

9.1 Introdução, 233
9.2 Características construtivas, 233
9.3 Características elétricas, 234
    9.3.1 Corrente nominal, 234
    9.3.2 Tensão nominal, 235
    9.3.3 Correntes de interrupção, 236
    9.3.4 Efeitos das correntes de curto-circuito, 238
    9.3.5 Capacidade de ruptura, 239
9.4 Proteção oferecida pelos fusíveis limitadores, 239
    9.4.1 Proteção de transformadores de força, 239
    9.4.2 Proteção de transformadores de potencial, 239
    9.4.3 Proteção de motores de média tensão, 239
9.5 Sobretensões por atuação, 242
9.6 Ensaios e recebimento, 243
9.7 Especificação sumária, 243

10 Conjuntos de Manobra, 244

10.1 Introdução, 244
10.2 Características técnicas nominais de um conjunto de manobra, 246

- 10.2.1 Tensão nominal, 247
- 10.2.2 Corrente nominal de regime contínuo, 247
- 10.2.3 Corrente dinâmica nominal de curto-circuito, 247
- 10.2.4 Corrente térmica nominal de curto-circuito, 247
- 10.2.5 Corrente nominal condicional de curto-circuito, 247
- 10.2.6 Tensão nominal de isolamento, 247
- 10.2.7 Frequência nominal, 247
- 10.2.8 Temperatura ambiente, 247
- 10.2.9 Umidade do ambiente, 248
- 10.3 Projeto e construção, 248
  - 10.3.1 Conceito de conjunto de manobra do tipo *block*, 248
  - 10.3.2 Conceito de conjunto de manobra do tipo *metal enclosed*, 248
  - 10.3.3 Conceito de conjunto de manobra do tipo *metal clad*, 249
  - 10.3.4 Sistema modular, 249
  - 10.3.5 Requisitos normativos, 250
  - 10.3.6 Grau de proteção, 252
  - 10.3.7 Aterramento, 253
  - 10.3.8 Barramentos e condutores elétricos, 253
  - 10.3.9 Atuadores de botoeiras, 255
  - 10.3.10 Plaqueta de identificação dos componentes, 255
  - 10.3.11 Sinótico, 255
  - 10.3.12 Processo de tratamento e pintura das chapas, 255
  - 10.3.13 Placa de identificação dos conjuntos de manobra, 257
  - 10.3.14 Aquecimento dos conjuntos de manobra, 257
  - 10.3.15 Proteção contra arcos internos nos conjuntos de manobra, 261
  - 10.3.16 Proteção por relés dedicados contra arcos internos nos conjuntos de manobra, 261
  - 10.3.17 Dimensionamento dos barramentos, 262
  - 10.3.18 Exemplo de especificação de um conjunto de manobra, 267
- 10.4 Ensaios, 269
  - 10.4.1 Conceitos de ensaios TTA e PTTA, 269
  - 10.4.2 Ensaio de tipo, 269
  - 10.4.3 Ensaios de rotina, 271

11 Disjuntores de Alta-tensão, 272

- 11.1 Introdução, 272
- 11.2 Arco elétrico, 272
- 11.3 Princípio de interrupção da corrente elétrica, 274
  - 11.3.1 Interrupção no ar sob condição de pressão atmosférica, 274
  - 11.3.2 Interrupção no óleo, 275
  - 11.3.3 Interrupção no gás SF_6, 276
  - 11.3.4 Interrupção no vácuo, 276
- 11.4 Características construtivas dos disjuntores, 276
  - 11.4.1 Quanto ao sistema de interrupção do arco, 276
  - 11.4.2 Quanto ao sistema de acionamento, 287
  - 11.4.3 Sequência de operação, 290
  - 11.4.4 Quanto ao sistema de aterramento do tanque, 290
- 11.5 Características elétricas dos disjuntores, 291
  - 11.5.1 Características elétricas principais, 292
  - 11.5.2 Solicitações em serviço normal, 294
  - 11.5.3 Energização de componentes do sistema, 298
  - 11.5.4 Solicitações em regime transitório, 300
- 11.6 Ensaios e recebimento, 305
  - 11.6.1 Características dos ensaios, 305
- 11.7 Especificação sumária, 305

12 Transformadores de Potência, 306

- 12.1 Introdução, 306
- 12.2 Características gerais, 306
  - 12.2.1 Princípio de funcionamento, 306
- 12.3 Características construtivas, 311
  - 12.3.1 Formas construtivas, 313
  - 12.3.2 Partes construtivas, 320
- 12.4 Características elétricas e térmicas, 335
  - 12.4.1 Potência nominal, 335
  - 12.4.2 Tensão nominal, 337
  - 12.4.3 Corrente nominal, 337
  - 12.4.4 Frequência nominal, 337
  - 12.4.5 Perdas, 338
  - 12.4.6 Rendimento, 340
  - 12.4.7 Regulação, 343
  - 12.4.8 Impedância percentual, 343
  - 12.4.9 Corrente de excitação, 345
  - 12.4.10 Deslocamento angular, 348
  - 12.4.11 Efeito Ferranti, 350
  - 12.4.12 Carregamento, 351
  - 12.4.13 Refrigeração do local de instalação do transformador, 365
  - 12.4.14 Transformador em regime de desequilíbrio, 372
  - 12.4.15 Operação em serviço em paralelo, 375
  - 12.4.16 Descargas parciais, 381
  - 12.4.17 Corrente de energização, 381
  - 12.4.18 Geração de harmônicos, 381
- 12.5 Autotransformador, 382

12.5.1 Vantagens e desvantagens dos autotransformadores, 385
12.6 Reatores de potência, 385
    12.6.1 Reatores limitadores de corrente, 386
    12.6.2 Reatores de aterramento de neutro, 388
12.7 Transformadores de aterramento, 388
    12.7.1 Determinação da potência de um transformador de aterramento, 392
    12.7.2 Cálculo da impedância do transformador de aterramento, 392
    12.7.3 Determinação do nível de sobretensão, 393
12.8 Seleção econômica dos transformadores, 397
    12.8.1 Análise das propostas, 397
    12.8.2 Análise das propostas, 399
12.9 Especificação do transformador, 400
    12.9.1 Análise e julgamento das propostas técnicas, 401
    12.9.2 Análise das perdas no ensaio de recebimento do transformador, 404
12.10 Ensaios e recebimento, 404
    12.10.1 Características dos ensaios, 404
    12.10.2 Recebimento, 405
12.11 Especificação sumária, 406

13 Capacitores de Potência, 407
13.1 Introdução, 407
13.2 Fator de potência, 407
    13.2.1 Conceitos básicos, 407
    13.2.2 Causas do baixo fator de potência, 408
    13.2.3 Custo financeiro pelo baixo fator de potência, 409
13.3 Características gerais, 409
    13.3.1 Dielétrico, 409
    13.3.2 Resistor de descarga, 410
    13.3.3 Processo de construção, 410
13.4 Características elétricas, 411
    13.4.1 Conceitos básicos, 411
13.5 Aplicações dos capacitores, 415
    13.5.1 Banco de capacitores em derivação, 415
    13.5.2 Compensação estática, 417
    13.5.3 Banco de capacitores série, 417
13.6 Correção do fator de potência, 418
    13.6.1 Correção do fator de potência em instalações de baixa-tensão, 418
    13.6.2 Correção de reativos indutivos em sistemas de distribuição, 420
    13.6.3 Correção de reativos indutivos em sistemas de alta-tensão, 421
13.7 Ligação dos capacitores em bancos, 421
    13.7.1 Configuração em estrela aterrada, 421
    13.7.2 Configuração em estrela isolada, 422
    13.7.3 Configuração em triângulo (Delta), 422
    13.7.4 Configuração em dupla estrela isolada, 422
13.8 Dimensionamento de bancos de capacitores, 423
    13.8.1 Configuração em estrela aterrada ou triângulo, 424
    13.8.2 Configuração em estrela isolada, 424
    13.8.3 Configuração em dupla estrela isolada, 425
    13.8.4 Configuração em dupla estrela aterrada, 425
    13.8.5 Análise dos tipos de ligação de banco de capacitores, 429
13.9 Dispositivos de manobra de bancos de capacitores, 430
    13.9.1 Bancos secundários, 430
    13.9.2 Bancos primários, 432
13.10 Transitórios em bancos de capacitores, 433
    13.10.1 Sobrecorrentes, 433
    13.10.2 Sobretensões, 435
    13.10.3 Influência dos harmônicos nos bancos de capacitores, 435
    13.10.4 Influência dos fenômenos de ressonância série nos bancos de capacitores, 438
    13.10.5 Aplicação de banco de capacitores dessintonizado em instalações industriais, 440
13.11 Aterramento de capacitores, 443
    13.11.1 Bancos de baixa-tensão, 443
    13.11.2 Bancos de alta-tensão, 443
13.12 Estrutura para banco de capacitores, 443
13.13 Condições de operação e identificação, 444
13.14 Ensaios e recebimento, 444
    13.14.1 Ensaios de tipo, 444
    13.14.2 Ensaios de rotina, 444
    13.14.3 Ensaios de recebimento, 444
13.15 Especificação sumária, 445

14 Chave de Aterramento Rápido, 446
14.1 Introdução, 446
14.2 Características construtivas, 446
14.3 Características elétricas, 446
14.4 Aplicação, 446
14.5 Ensaios e recebimento, 448
14.6 Especificação sumária, 448

15 Resistores de Aterramento, 450
15.1 Introdução, 450
15.2 Curto-circuito fase e terra, 451
15.3 Características construtivas, 453
15.4 Características elétricas, 453
    15.4.1 Tensão nominal, 453
    15.4.2 Corrente nominal, 453

15.4.3 Tempo de operação, 454
15.4.4 Temperatura, 454
15.5 Determinação da corrente dos resistores de aterramento, 454
15.6 Ensaios, 460
15.6.1 Ensaios de tipo, 460
15.6.2 Ensaios de rotina, 460
15.6.3 Ensaios de recebimento, 460
15.6.4 Ensaios especiais, 460
15.7 Especificação sumária, 461

16 Reguladores de Tensão, 462

16.1 Introdução, 462
16.2 Regulador de tensão *autobooster*, 465
16.2.1 Tipos de ligação dos reguladores *autobooster*, 466
16.2.2 Dimensionamento e ajuste dos reguladores *autobooster*, 466
16.2.3 Uso do regulador *autobooster*, 468
16.2.4 Aplicação de reguladores *autobooster* em série com capacitores, 472
16.3 Regulador de tensão de 32 degraus, 475
16.3.1 Ligação dos reguladores monofásicos, 476
16.3.2 Determinação das características de um banco de reguladores, 479
16.3.3 Compensador de queda de tensão (LDC), 481
16.3.4 Tensão nos terminais do primeiro transformador próximo ao regulador, 486
16.3.5 Aplicação de reguladores de tensão em série, 486
16.3.6 Aplicação de reguladores e de capacitores, 486
16.4 Ensaios e recebimento, 496
16.4.1 Características dos ensaios, 496
16.5 Especificação sumária, 497

17 Religadores Automáticos, 498

17.1 Introdução, 498
17.2 Religadores automáticos de interrupção em óleo, 499
17.2.1 Religadores de interrupção em óleo para subestação, 499
17.2.2 Religadores de interrupção em óleo para sistemas de distribuição, 503
17.3 Religadores automáticos de interrupção a vácuo, 505
17.3.1 Religadores de interrupção a vácuo para subestação, 505
17.3.2 Religadores de interrupção a vácuo para sistemas de distribuição, 506
17.4 Aplicação dos religadores, 512
17.4.1 Aplicação de religadores em subestação, 512
17.4.2 Aplicação de religadores em sistemas de distribuição, 513
17.5 Critérios para coordenação entre religadores e os equipamentos de proteção, 513
17.5.1 Coordenação entre o religador de distribuição e o elo fusível, 513
17.5.2 Coordenação entre o religador de subestação, o seccionalizador e o elo fusível, 518
17.5.3 Coordenação entre religadores, 524
17.6 Placa de identificação, 524
17.7 Informações a Serem Fornecidas com a Proposta de Venda, 524
17.8 Ensaios e recebimento, 524
17.8.1 Características dos ensaios, 525
17.9 Especificação sumária, 526

18 Seccionalizadores Automáticos, 527

18.1 Introdução, 527
18.2 Dispositivos acessórios, 529
18.2.1 Restritor de corrente de magnetização, 529
18.2.2 Restritor de tensão, 530
18.2.3 Restritor de corrente, 530
18.2.4 Resistores de corrente de fase e de terra, 530
18.3 Partes componentes dos seccionalizadores, 530
18.3.1 Seccionalizadores em vasos metálicos, 530
18.3.2 Seccionalizadores do tipo cartucho, 532
18.4 Características elétricas, 532
18.4.1 Placa de identificação, 532
18.4.2 Seleção dos seccionalizadores, 532
18.4.3 Pontos de instalação dos seccionalizadores automáticos, 533
18.4.4 Ajustes dos seccionalizadores automáticos, 533
18.4.5 Coordenação entre seccionalizador automático e religador ou disjuntor com religamento, 535
18.4.6 Informações a serem fornecidas com a proposta de venda, 535
18.5 Ensaios, 536
18.5.1 Ensaios de tipo, 536
18.5.2 Ensaios de rotina, 536
18.5.3 Ensaios de recebimento, 536
18.6 Especificação sumária, 536

19 Isoladores, 537

19.1 Introdução, 537
19.2 Características elétricas, 537
19.2.1 Parâmetros elétricos principais, 537
19.3 Características construtivas, 538
19.3.1 Composição química, 539
19.3.2 Processos de fabricação, 540

19.4 Propriedades elétricas e mecânicas, 542
    19.4.1 Isolador roldana, 542
    19.4.2 Isolador de pino, 542
    19.4.3 Isolador de disco, 544
    19.4.4 Isoladores de apoio, 548
    19.4.5 Isoladores compostos, 549
19.5 Suportabilidade dos isoladores em ambientes agressivos, 551
19.6 Ensaios e recebimento, 552
    19.6.1 Ensaios de tipo, 552
    19.6.2 Ensaios de rotina, 553
    19.6.3 Ensaios de recebimento, 553
    19.6.4 Informações a serem fornecidas com a proposta, 554
19.7 Especificação sumária, 554

20 Descarregadores de Chifre, 555

20.1 Introdução, 555
20.2 Características construtivas, 556
    20.2.1 Isolador, 556
    20.2.2 Hastes de descarga ou eletrodos, 556
    20.2.3 Haste antipássaro, 556
20.3 Características elétricas, 556
    20.3.1 Tensão disruptiva de impulso atmosférico em forma de onda normalizada, 557
    20.3.2 Tensão disruptiva de impulso atmosférico em forma de onda normalizada 50%, 557
    20.3.3 Tensão disruptiva à frequência industrial, 557
20.4 Ensaios e recebimento, 558
20.5 Especificação sumária, 558

21 Coordenação de Isolamento, 559

21.1 Introdução, 559
21.2 Descargas atmosféricas incidentes na linha de transmissão, 560
21.3 Meios isolantes, 561
21.4 Faixas para a tensão máxima do equipamento, 561
21.5 Fundamentos dos estudos de coordenação de isolamento, 564
    21.5.1 Método convencional ou determinístico, 564
    21.5.2 Método estatístico, 565
21.6 Procedimentos de um estudo de coordenação de isolamento, 566
    21.6.1 Determinação da distância máxima à linha de transmissão do ponto de incidência do raio, 566
    21.6.2 Determinação da altura média do condutor dos cabos de fase, 567
    21.6.3 Determinação da máxima corrente do raio, 567
    21.6.4 Cálculo da impedância de surto da linha de transmissão, 567
    21.6.5 Sobretensão máxima incidente na subestação, 568
    21.6.6 Cálculo da velocidade de propagação da onda de surto, 568
    21.6.7 Tensão crítica de descarga para impulso de manobra para isolamento autorrecuperante, 568
    21.6.8 Tensão crítica com 50% de probabilidade de falha, 568
    21.6.9 Dimensionamento dos para-raios, 568
    21.6.10 Tempo de frente de onda, 569
    21.6.11 Tensão máxima esperada no ponto de conexão dos para-raios, 571
    21.6.12 Nível de isolamento nominal, 571
    21.6.13 Nível de proteção oferecida pelos para-raios, 571

Apêndice – Exemplo de Aplicação Geral, 578

A.1 Introdução, 578
A.2 Dados do sistema, 578
    A.2.1 Dados gerais, 578
    A.2.2 Impedâncias equivalentes do sistema elétrico na base de 100 MVA, 578
A.3 Determinação das correntes de curto-circuito, 580
    A.3.1 Curto-circuito trifásico na barra de 230 kV, 580
A.4 Dimensionamento e especificação técnica dos equipamentos do sistema, 581
    A.4.1 Transformador de potência, 581
    A.4.2 Transformador de aterramento, 583
    A.4.3 Para-raios de sobretensão de alta-tensão – 230 kV, 585
    A.4.4 Para-raios de sobretensão de média tensão, 587
    A.4.5 Transformadores de corrente de alta-tensão (TCs lado primário do transformador), 589
    A.4.6 Transformadores de corrente de média tensão, 591
    A.4.7 Dimensionamento dos TPs, 594
    A.4.8 Transformadores de potencial de média tensão, 595
    A.4.9 Disjuntor de alta-tensão, 596
    A.4.10 Disjuntores de média tensão, 597
    A.4.11 Chave seccionadora de alta-tensão, 598
    A.4.12 Isolador do tipo pedestal de alta-tensão, 599
    A.4.13 Isoladores de disco, 600
    A.4.14 Cabos isolados de média tensão, 601
    A.4.15 Cabo do barramento de 230 kV, 602
    A.4.16 Banco de capacitores, 603

Bibliografia, 607

Índice Alfabético, 609

PARA-RAIOS A RESISTOR NÃO LINEAR

1.1 INTRODUÇÃO

As linhas de transmissão e redes aéreas de distribuição urbanas e rurais são extremamente vulneráveis às descargas atmosféricas que, em determinadas condições, podem provocar sobretensões elevadas no sistema (sobretensões de origem externa), ocasionando a queima dos equipamentos do sistema elétrico e dos aparelhos dos consumidores

Para que se protejam os sistemas elétricos dos surtos de tensão, que também podem ter origem durante manobras de chaves seccionadoras e disjuntores (sobretensões de origem interna), são instalados equipamentos apropriados que reduzem o nível de sobretensão a valores compatíveis com a suportabilidade desses sistemas. Esses equipamentos protetores contra sobretensões são denominados *para-raios*. Como alternativa, também, são utilizados os descarregadores de chifre, cujo desempenho é inferior ao dos para-raios, mas satisfazem plenamente aos sistemas rurais, onde se buscam custos de construção e manutenção cada vez menores. O funcionamento de um para-raios, sob o ponto de vista teórico, deveria executar os seguintes ciclos de operação:

- ao ser impactado por uma descarga atmosférica ou de manobra, conduzir à terra a corrente de surto desse evento a partir de um valor mínimo dessa tensão disparo que deveria ser um pouco superior à MCOV (máxima tensão de operação contínua);
- manter dentro de uma pequena faixa de variação a tensão de disparo, enquanto se manifestar a tensão de surto nos seus terminais;
- parar de conduzir a corrente de surto e manter a tensão nos seus terminais em um valor próximo à tensão que iniciou o disparo;
- ser incapaz de conduzir a corrente do sistema, chamada de corrente subsequente.

Os para-raios são utilizados para proteger os diversos equipamentos que compõem uma subestação de potência ou simplesmente um único transformador de distribuição instalado em poste, conforme mostrado na Figura 1.1. Já a Figura 1.2 mostra o detalhe de instalação do para-raios na cruzeta.

Os para-raios limitam as sobretensões a um valor máximo. Esse valor é tomado como o nível de proteção que o para-raios oferece aos equipamentos da subestação.

1.2 PARTES COMPONENTES DOS PARA-RAIOS

A proteção dos equipamentos elétricos contra as descargas atmosféricas é obtida por meio de para-raios que utilizam as propriedades de não linearidade dos elementos de que são fabricados para conduzir as correntes de descarga associadas às tensões induzidas nas redes e, em seguida, interromper as correntes subsequentes, isto é, aquelas que sucedem às correntes de descarga após a sua condução à terra.

Atualmente, os para-raios são fabricados utilizando o óxido metálico como elemento de características não lineares, substituindo definitivamente os para-raios a carboneto de silício (SiC) que utilizavam *gaps* (espaços vazios) como meio de isolar as pastilhas de SiC com relação ao sistema elétrico durante o período de operação normal. Os para-raios são constituídos basicamente das seguintes partes:

1.2.1 Resistores não lineares

Em decorrência das pesquisas para obtenção de um resistor não linear de aplicação na proteção de circuitos eletrônicos, a Matsushita Electric Industrial Company, sediada em Osaka, no Japão, descobriu em 1978 que o óxido metálico possuía excelentes características de não linearidade. Em seguida, a General Electric aprofundou as pesquisas para obter um produto que pudesse substituir o carboneto de silício, SiC, único produto que desempenhava a função de resistor não linear na

FIGURA 1.1 Instalação de para-raios em estrutura de rede de distribuição.

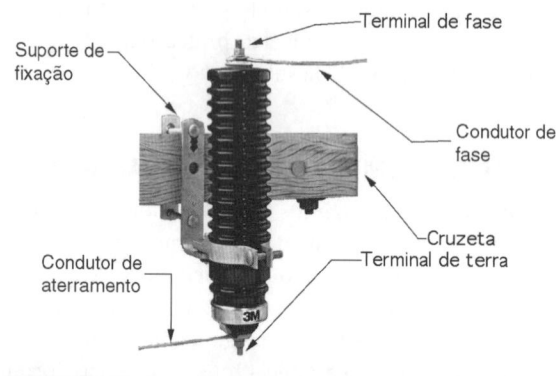

FIGURA 1.2 Detalhe de instalação de um para-raios na cruzeta de madeira.

construção de para-raios e que dispensasse o uso de centelhadores que são os elementos responsáveis pela interrupção da passagem da corrente subsequente.

Os para-raios a óxido metálico são constituídos por blocos cerâmicos compostos a partir de uma mistura de óxido de zinco, em maior proporção, e outros óxidos metálicos, como o antimônio, o manganês, o bismuto e o cobalto.

Após a obtenção do pó, resultante da mistura anteriormente referida, procede-se à prensagem dos blocos nas dimensões desejadas, vindo em seguida a sua sinterização, que consiste em um tratamento térmico cujo objetivo é tornar o bloco um elemento cerâmico, e isso é obtido quando ele é submetido a uma temperatura que pode chegar aos 1.300 °C. Após cobrir com elemento metálico as superfícies de contato do bloco cerâmico, ele é levado a uma série de testes, depois dos quais pode estar classificado para ser utilizado nos para-raios.

O óxido metálico apresenta uma elevada capacidade de condução de corrente de surto que resulta em baixas tensões durante a passagem da corrente de descarga, ao mesmo tempo que oferece uma alta resistência à corrente subsequente, fornecida pelo sistema, inibindo-a.

O óxido metálico apresenta características de tensão × corrente de acordo com a Figura 1.31. Nesse caso, como se pode observar, o para-raios a óxido metálico, quando submetido à tensão de operação, conduz à terra uma corrente elétrica de valor muito pequeno, cerca de 30×10^{-6} A, ou 0,03 mA, incapaz de provocar um aquecimento significativo no bloco cerâmico. Como resultado desse desempenho, o para-raios a óxido metálico pode dispensar o uso do centelhador série que existia no seu antecessor.

A corrente que circula no bloco varistor (óxido metálico) depende exponencialmente da tensão aplicada nos terminais do para-raios, conforme Equação (1.1):

$$I = K \times V^\alpha \qquad (1.1)$$

V – tensão aplicada ao bloco varistor;
K – constante característica do óxido metálico;
I – corrente conduzida pelo bloco varistor;
α – coeficiente de não linearidade.

O valor de α depende da constituição química do bloco cerâmico, do tempo, da temperatura de sinterização e do tempo de resfriamento. Os varistores de óxido metálico apresentam valores de α variando entre 25 e 30. Quanto maior for o seu valor mais sensível é o varistor quanto à variação da tensão aplicada e, portanto, melhor é a qualidade do para-raios.

Os para-raios a óxido metálico apresentam as seguintes características operacionais:

- isento da corrente subsequente;
- apresentam grande capacidade de absorção de energia;
- são dotados de um nível de proteção mais bem definido, o que resulta na redução da margem de segurança do isolamento dos equipamentos;
- por não possuírem centelhadores, a curva de atuação dos para-raios a óxido metálico não apresenta transitórios;
- quando o para-raios opera, conduzindo a corrente de descarga para a terra, há uma elevada dissipação de calor em razão da resistência não linear do bloco cerâmico. Para determinar o valor da energia dissipada foi estabelecido nos ensaios de capacidade de energia o formato da onda de corrente de 4/10 μs.

1.2.2 Corpo de porcelana

É constituído de uma peça cerâmica no interior da qual estão instalados os varistores de óxido metálico. Dada a sua particular construção, o volume interno do invólucro de porcelana é um pouco superior ao volume ocupado pelos varistores, permitindo assim um espaço interno lateral razoável. Se há falha de vedação nas gaxetas superiores e/ou inferiores o ar úmido e/ou poluído penetra no interior do invólucro alterando as características elétricas dos varistores. Como os para-raios estão permanentemente energizados, inicia-se nesse momento um pequeno fluxo de corrente entre fase e terra, levando rapidamente à decomposição dos varistores de óxido metálico, perda da umidade e, em consequência, a atuação do elemento de proteção de neutro do sistema elétrico.

A Figura 1.3 mostra a parte interna de um para-raios a óxido metálico construído em corpo de porcelana. Já a Figura 1.4 mostra a parte externa de um para-raios de alta-tensão também em corpo de porcelana.

1.2.3 Corpo polimérico

Os invólucros poliméricos são constituídos de uma borracha de silicone com diversas variedades de propriedades químicas na sua formação, dependendo da tecnologia de cada fabricante.

Ao contrário do que ocorre com os para-raios de corpo de porcelana, os para-raios com invólucros poliméricos têm como vantagem a ausência de vazios no seu interior. Devem ser dotados de um excelente sistema de vedação. A Figura 1.5 mostra a parte externa de um para-raios de corpo polimérico de fabricação ABB.

Na condição de falha por excesso de energia de um para-raios de corpo de porcelana, os blocos metálicos entram em decomposição, liberando gases, elevando a pressão interna até o rompimento do corpo de porcelana, onde seriam expelidos fragmentos para o ambiente próximo ao ponto de instalação do para-raios. No caso de falha por excesso de energia de um

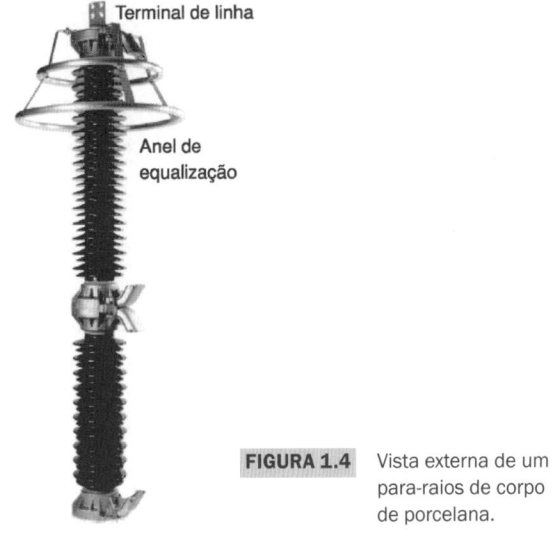

FIGURA 1.4 Vista externa de um para-raios de corpo de porcelana.

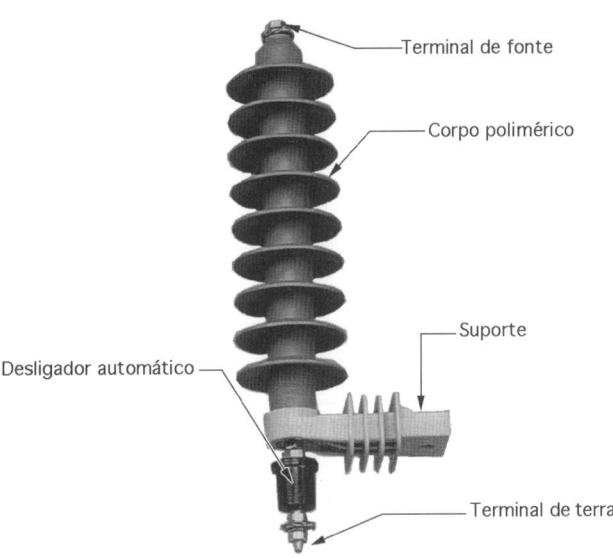

FIGURA 1.5 Vista externa de um para-raios de corpo polimérico.

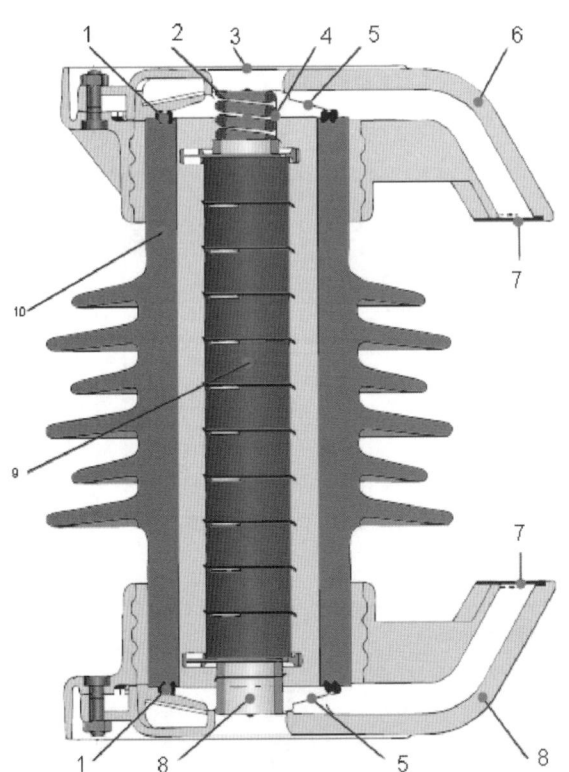

1 – anel de selagem; 2 – mola de contato; 3 – cobertura do flange; 4 – fita de conexão de cobre; 5 – cobertura de selagem; 6 – duto de ventilação; 7 – placa de dados; 8 – *desiccant bag*; 9 – bloco de óxido metálico; 10 – isolador de porcelana

FIGURA 1.3 Detalhes construtivos de um para-raios a óxido de zinco.

para-raios de corpo polimérico, em razão da inexistência de espaços internos e da própria tecnologia do material, não há explosão do invólucro e o risco de liberação de fragmentos para o ambiente é muito remoto.

Uma desvantagem do para-raios de corpo de porcelana reside na sua aplicação em áreas de elevada poluição. Assim, por dispor de espaços internos de razoável volume, permite a penetração do ar poluído para o seu interior, em razão de uma eventual perda de vedação, provocando descargas parciais nos espaços que circundam os blocos de óxido metálico, degradando-os até o ponto de falha. Já nos para-raios de corpo polimérico, pela inexistência de espaços interiores, o seu desempenho em condições similares é muito superior.

Por não possuírem centelhador, os para-raios a óxido metálico permanecem continuamente energizados. Devido a essa condição, os blocos varistores estão sempre energizados, exigindo que o material de que são constituídos seja de alta qualidade.

Alguns para-raios de invólucro polimérico são comercializados sem desligador automático. A falha dos blocos cerâmicos leva o sistema elétrico à condição de curto-circuito monopolar, cuja identificação do para-raios defeituoso a olho nu é praticamente impossível. Para evitar tais situações, os para-raios são equipados com um indicador de falta para facilitar a identificação da unidade defeituosa. Em geral, a sensibilidade do indicador de falta é de 15 A.

1.2.4 Contador de descarga

Tem por finalidade contar o número de operações do dispositivo a partir de um dado valor de corrente e duração. Em geral, um medidor de corrente (miliamperímetro) é inserido no contador de descarga. Também é comum o contador de descarga ser acompanhado de um indicador de descarga cujo objetivo é mostrar a operação do para-raios.

A Figura 1.6 mostra o desenho de uma estrutura de concreto armado utilizada para a instalação de para-raios em subestações de potência de 230 kV. Pode ser utilizada, alternativamente, uma estrutura de ferro galvanizado. Mostra-se na Figura 1.7 um contador de descarga em detalhe, cuja função é registrar o número de descarga atmosférica que ocorreu no sistema. Isso é feito sempre que a corrente de descarga causada por um raio é conduzida à terra pelo cabo de aterramento do para-raios.

A Figura 1.8 mostra a instalação de um conjunto de para-raios de 230 kV.

1.3 CARACTERÍSTICAS DE ABSORÇÃO DE ENERGIA

É a quantidade máxima de energia que um para-raios pode conduzir sem que sejam alteradas, de forma significativa, as suas características operacionais, quando cessar o fenômeno que causou o seu funcionamento. Na especificação do para-raios deve ser citado o valor máximo da energia que poderá ser absorvida pelo para-raios, sob pena de sofrer danos irreparáveis quando da sua atuação e permitir que os equipamentos por ele protegidos sejam submetidos a esforços dielétricos elevados.

Os para-raios a óxido metálico estão permanentemente conduzindo corrente elétrica à terra que pode variar de centésimos a dezenas de ampères, conforme o nível de tensão a que está submetido.

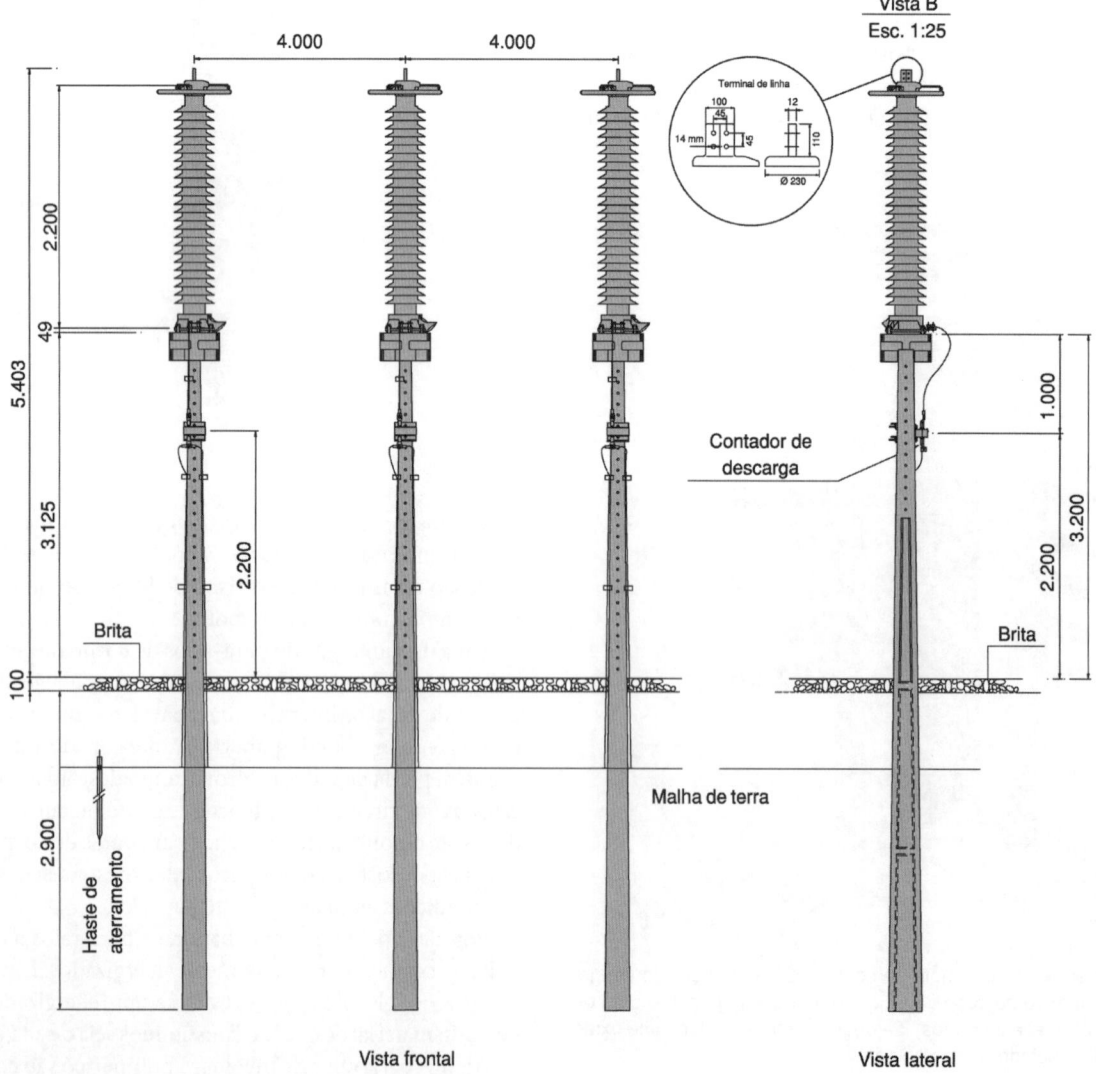

FIGURA 1.6 Estrutura de concreto armado para suporte dos para-raios de 230 kV a óxido metálico.

As características construtivas das pastilhas dos para-raios definem a sua capacidade de absorção de energia.

O cálculo da capacidade de absorção de energia de um para-raios a óxido metálico pode ser calculado considerando os seguintes eventos.

1.3.1 Incidência direta de descargas atmosféricas

O valor da energia absorvida, E_{abda}, pelo para-raios ao drenar uma corrente de descarga vale:

$$E_{abda} = \left\{ 2 \times U_{50} - N_l \times V_{npr} \times \left[1 + \ln\left(\frac{2 \times U_{50}}{V_{npr}} \right) \right] \right\}$$

$$\times \frac{V_{npr} \times T_{eq}}{Z_{sl}} \text{(joules)} \quad (1.2)$$

$$U_{50} = \frac{V_{sl}}{1 - 3 \times \delta_{pa}} \quad \text{(ver explanação no Capítulo 21)}$$

U_{50} – tensão crítica de descarga da isolação; seu valor representa o pico de tensão para a qual a isolação apresenta 50% de probabilidade de sofrer uma disrupção, se submetida a uma forma de onda padrão de 1,2 × 50 μs para impulso de descargas atmosféricas e de 125 × 2.500 μs, para descarga de manobra, cujo valor pode ser obtido por ensaio. O conceito da variável U_{50} está mencionado no Capítulo 21, item 21.5.8;

V_{sl} – tensão suportável de impulso atmosférico ou de manobra, em kV;

δ_{pa} – desvio-padrão considerado igual a 3% para impulsos atmosféricos e de 6% para impulsos de manobra;

V_{npr} – nível de proteção a impulso oferecido pelo para-raios, em V;

Z_{sl} – impedância de surto monofásico da linha de transmissão, em Ω, que pode assumir os seguintes valores:

- para tensão máxima <145 kV: Z_S = 450 Ω;
- para tensão máxima ≥ 145 kV e < 362 kV: Z_S = 400 Ω;
- para tensão máxima ≥ 362 kV e < 550 kV: Z_S = 350 Ω;

N_l – número de linhas de transmissão conectadas ao para-raios, normalmente igual a 1;

T_{eq} – tempo de duração equivalente da corrente de descarga, considerando a descarga principal e as descargas subsequentes, em s. Pode ser considerado igual a 300 μs = 300 × 10⁻⁶ s.

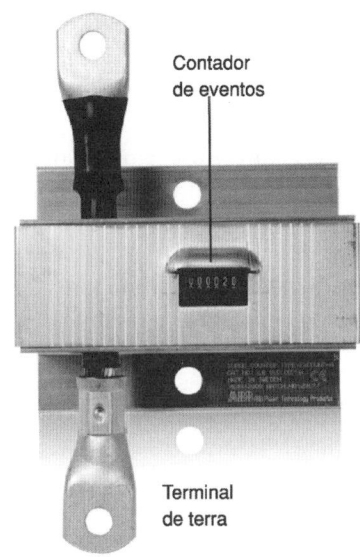

FIGURA 1.7 Contador de descarga.

FIGURA 1.8 Instalação de para-raios de 230 kV em subestação de potência.

1.3.2 Sobretensão de manobra: religamento de linhas de transmissão ou energização de transformadores

O valor da energia absorvida, dado pela IEC 60.099-5, E_{abeca}, pelo para-raios ao drenar uma corrente devido ao religamento de uma linha de transmissão ou ainda em decorrência da energização de um transformador de potência vale:

$$E_{abeca} = \frac{2 \times V_{ri} \times (V_{av} - V_{ri}) \times T_o}{Z_s} \text{ (joules)} \quad (1.3)$$

V_{ri} – tensão residual de impulso de manobra, em V (nível de proteção);
T_o – tempo de viagem da onda entre as extremidades da linha, em s; logo $T_o = L_l / V_0$;
L_l – comprimento da linha de transmissão, em m;
V_o – velocidade da onda de tensão, em m/s;
V_{av} – amplitude da sobretensão, sem os para-raios; pode assumir os seguintes valores:

- para tensão máxima < 145 kV: V_{av} = 2,7 pu;
- para tensão máxima ≥ 145 kV e < 362 kV: V_{av} = 3 pu;
- para tensão máxima ≥ 362 kV e < 550 kV: V_{av} = 2,6 pu.

1.3.3 Desconexão de banco de capacitores

O valor da energia absorvida, E_{abeca}, pelo para-raios ao drenar uma corrente devido à manobra de um banco de capacitores vale:

$$E_{abeca} = 0{,}50 \times C \times \left[\left(3 \times V_{ft}\right)^2 - \left(\sqrt{2} \times V_{pr}\right)^2 \right] \text{(joules)} \quad (1.4)$$

C – capacitância do banco de capacitores, em μF;
V_{ft} – tensão de operação dos sistemas entre fase e terra, em kV;
V_{pr} – tensão nominal do para-raios, em kV.

1.4 ORIGEM DAS SOBRETENSÕES

A sobretensão é o resultado de uma tensão variável com relação ao tempo envolvendo as fases de um sistema ou uma fase e a terra. Para ser considerada uma sobretensão seu valor de crista deve ser superior ao valor de crista da tensão máxima do sistema.

Tomando como princípio o grau de amortecimento da onda de sobretensão e o seu tempo de duração, as sobretensões podem ser classificadas em três diferentes formas:

- sobretensão temporária;
- sobretensão de manobra;
- sobretensão atmosférica.

Não é possível estabelecer limites bem definidos entre as diferentes formas de sobretensão. A Figura 1.9 mostra a ordem de grandeza dos tempos e valores característicos de cada tipo de sobretensão, em *pu* da tensão nominal do sistema.

1.4.1 Sobretensão temporária

A sobretensão temporária é caracterizada por uma onda de tensão elevada, de natureza oscilatória e longo tempo de duração, ocorrida em um ponto definido do sistema, envolvendo as fases ou uma fase e a terra cujo amortecimento é muito reduzido.

As sobretensões temporárias são motivadas por algumas ocorrências que podem ser assim resumidas:

- defeitos monopolares;
- perda de carga por abertura do disjuntor;
- fenômenos de ferrorressonância;
- efeito ferrante.

1.4.1.1 Defeitos monopolares

Em um sistema elétrico de potência, seja ele de transmissão ou de distribuição ou ainda industrial, os defeitos monopolares ocorrem com maior frequência do que os defeitos bifásicos envolvendo ou não a terra ou os defeitos trifásicos.

Quando da ocorrência de um defeito monopolar, as fases não afetadas podem sofrer níveis elevados de sobretensão entre fase-terra, submetendo os equipamentos, notadamente os para-raios, a severas condições de operação. O valor da sobretensão é função da configuração do sistema e do tipo de aterramento adotado, e se dá devido ao deslocamento do neutro do sistema, conforme representado vetorialmente na Figura 1.10.

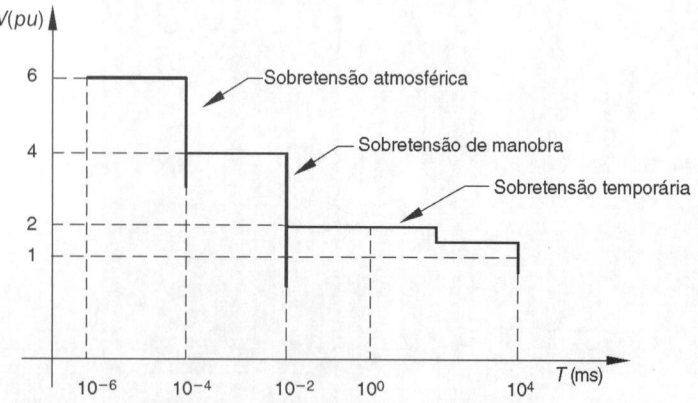

FIGURA 1.9 Ordem de grandeza dos valores de tensão e tempo das sobretensões.

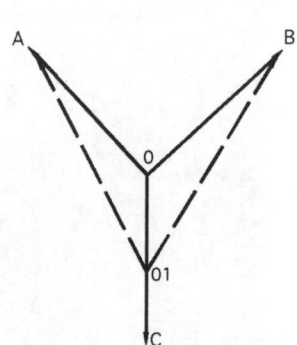

FIGURA 1.10 Representação vetorial do deslocamento do neutro.

Normalmente, a forma de onda resultante de uma sobretensão é senoidal, à frequência industrial, não amortecida, com tempo de duração associado ao valor ajustado no relé de proteção.

Analisando os sistemas com o primário ligado em triângulo e o secundário em estrela, há três condições distintas a considerar:

a) Sistemas com o neutro efetivamente aterrado

São assim considerados aqueles cujo ponto central da ligação estrela está solidamente aterrado, isto é, não há nenhuma resistência ligada de modo intencional entre o ponto neutro e a terra. Nesse tipo de sistema, quando uma fase vai à terra, podem surgir sobretensões sustentadas nas fases sãs, cujo valor não excede, em geral, a 40% do valor da tensão de operação da rede, ou seja, as sobretensões podem atingir no máximo 73% da tensão fase-terra.

Para que um sistema seja caracterizado como efetivamente aterrado, é necessário que satisfaça às seguintes relações:

$$\frac{X_z}{X_p} \leq 3 \quad e \quad \frac{R_z}{X_p} \leq 1 \quad (1.5)$$

X_z – reatância de sequência zero do sistema;
X_p – reatância de sequência positiva do sistema;
R_z – resistência de sequência zero do sistema.

b) Sistemas com neutro aterrado por meio de resistência

São assim considerados aqueles cujo ponto central da ligação estrela está conectado à terra por meio de um resistor, intencionalmente instalado.

Esse procedimento é muitas vezes adotado com objetivo de reduzir o valor da corrente de curto-circuito fase-terra e, por conseguinte, os custos provenientes do dimensionamento de equipamentos do sistema.

O nível de sobretensão depende, evidentemente, do valor da resistência elétrica do resistor adotado para reduzir a corrente de curto-circuito ao valor requerido. Assim, para baixos valores de resistência de aterramento, o nível de sobretensão sustentado das fases não afetadas não deve exceder à tensão máxima de operação entre fases da rede. Quando o valor da resistência for elevado, a tensão sustentada entre fase e terra pode assumir valores superiores à tensão máxima de operação.

c) Sistema com neutro aterrado por meio de reatância

São assim considerados aqueles cujo ponto central da ligação estrela está conectado à terra, por meio de uma reatância, intencionalmente instalada.

Esse procedimento tem o mesmo objetivo anterior, isto é, reduzir o valor da corrente de curto-circuito fase-terra. Nesse caso, o máximo valor da sobretensão sustentada entre as fases sãs e a terra não deve exceder à tensão de operação entre fases da rede. Enquanto isso, o maior valor da sobretensão transitória pode chegar a 1,73 da tensão de operação do sistema.

A determinação da tensão nominal de um para-raios é função do nível de sobretensão presumido no ponto de sua instalação e que, pela importância desse parâmetro, será estudado posteriormente em detalhes.

1.4.1.2 Perda de carga por abertura do disjuntor

Também conhecida como rejeição de carga, a desconexão de um disjuntor poderá elevar a tensão em todo o sistema, devido à redução do fluxo de corrente de carga, fazendo com que o efeito capacitivo das linhas de transmissão reduza a impedância do sistema elétrico e a consequente queda de tensão.

Como os geradores operam superexcitados por alimentarem normalmente cargas indutivas, resultam tensões na geração superiores à tensão de operação do sistema, o que pode ser entendido na Figura 1.11(b). Por meio da referida figura, observa-se que durante o regime de operação normal do sistema a tensão na geração V_g é superior à tensão na carga V_c, devido às quedas de tensão na resistência da linha de transmissão $I \times R$ e na reatância indutiva da mesma $I \times X$. No entanto, após a abertura do disjuntor em que um grande bloco de carga foi desligado, o sistema elétrico sofrerá uma elevação de tensão devido à redução do fluxo de corrente nas linhas de transmissão e ao efeito acentuado e preponderante da reatância capacitiva, conforme se observa na Figura 1.11(c).

As sobretensões devido à rejeição de carga são caracterizadas por uma onda na forma senoidal à frequência industrial, cujo módulo depende do nível de curto-circuito do sistema, do comprimento da linha de transmissão e da compensação série ou paralela disponível no sistema.

Quando um grande de bloco de carga é desligado do sistema, o gerador é acelerado tendo como consequência um aumento da frequência industrial.

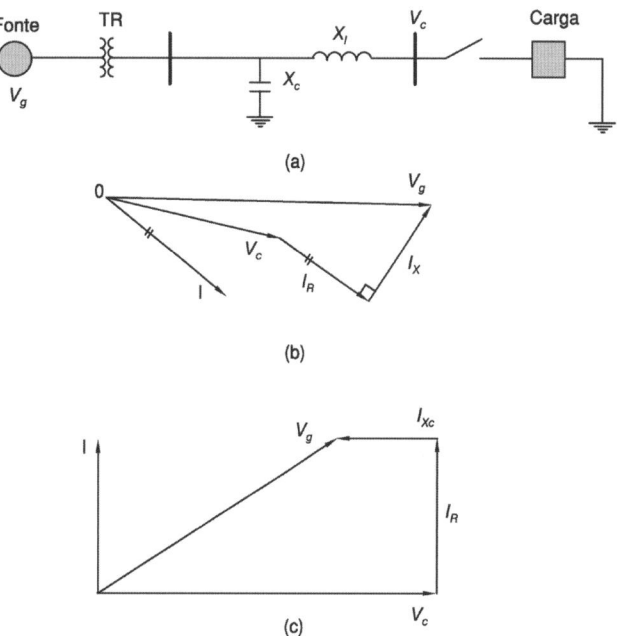

FIGURA 1.11 Diagramas de tensão de geração e de carga em um processo de rejeição de carga.

Decorrido o período transitório, os reguladores de tensão e de velocidade dos geradores atuam no sentido de reduzir a sua excitação, levando-a às condições nominais de operação.

1.4.1.3 Fenômenos de ferrorressonância

Quando um sistema elétrico dotado de capacitâncias e indutâncias é submetido a uma frequência cujo valor aproxima-se da frequência natural desses parâmetros, surgem elevações de tensão devido à redução de impedância do referido sistema, isto é, $X_l \cong X_c$, sendo R o responsável pela limitação da corrente elétrica. Como o valor de R de uma linha de transmissão é normalmente 1/10 do valor da impedância total, o sistema passa a conduzir correntes extremamente elevadas, resultando, por conseguinte, em tensões elevadas.

A corrente que circula em determinado circuito dotado de reatâncias indutivas e capacitivas pode ser dada pela Equação (1.6).

$$I = \frac{V}{\sqrt{R^2 + \left(X_l - X_c\right)^2}} \qquad (1.6)$$

Quando ocorre um fenômeno como o descrito anteriormente, diz-se que o sistema está ressonante. Isso ocorre em situações especiais quando, por exemplo, um circuito trifásico formado por condutores primários isolados alimenta um transformador, cuja proteção é constituída por elementos monopolares, tais como fusíveis de alta capacidade de ruptura ou chaves fusíveis monopolares conforme Figura 1.12. Na ocorrência de um defeito monopolar, a proteção de uma das fases atua, permitindo a operação do transformador por meio de duas fases. Os condutores de alimentação do transformador são representados por sua capacitância para a terra e o transformador é representado por sua reatância indutiva, formando, dessa maneira, um circuito L-C que sob determinadas condições pode tornar-se ressonante. Como resultado, são observadas tensões elevadas nos terminais do transformador.

A Figura 1.13(a) representa o circuito equivalente relativo à Figura 1.12, enquanto a Figura 1.13(b) representa as impedâncias resultantes.

Normalmente, a frequência natural de um sistema em determinada condição é igual ou inferior à frequência industrial. Logo, nas redes de distribuição urbanas, por exemplo, devem-se tomar medidas de forma a evitar situações de ferrorressonância, como aplicar religadores tripolares, com ou sem religamento, em vez de chaves fusíveis monopolares.

1.4.2 Sobretensão de manobra

É uma sobretensão caracterizada pela operação de um equipamento de manobra como resultado de um defeito ou outra causa, em um determinado ponto do sistema, envolvendo as três fases ou uma fase e a terra.

Há diferentes formas de onda característica para cada tipo de manobra efetuada no sistema. São definidas por tempo de frente de onda entre 100 e 500 μs e um tempo para atingir o valor médio da cauda de 2.500 μs.

As sobretensões de manobra são mais severas do que as sobretensões de natureza temporária e, portanto, são parâmetros utilizados para determinar o nível de isolamento do sistema. São caracterizadas por fenômenos eletromagnéticos e podem sobrepor-se à tensão de frequência industrial.

Os parâmetros próprios do sistema modelam os valores da amplitude da onda de sobretensão, bem como a sua configuração.

A sobretensão de manobra é mais bem definida considerando-se mais a característica da onda resultante do que propriamente a causa que originou a referida sobretensão.

A severidade das sobretensões de manobra depende da configuração do sistema e notadamente do seu nível de curto-circuito. A aplicação de equipamentos de manobra adequados,

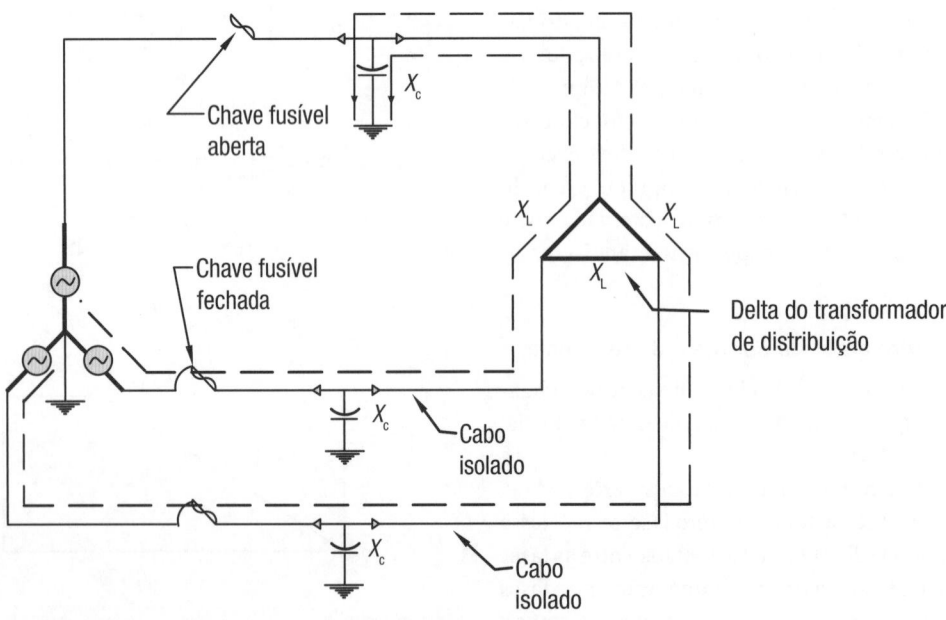

FIGURA 1.12 Demonstração de um circuito ressonante.

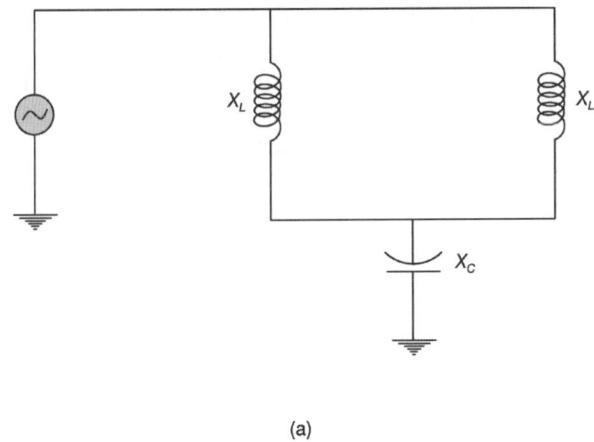

(a)

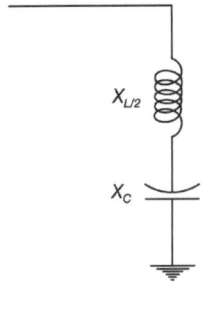

(b)

FIGURA 1.13 Circuito equivalente ao da Figura 1.12.

como disjuntores providos de resistores de fechamento, que têm a finalidade de absorver a energia resultante das ondas múltiplas de reflexão, podem também reduzir os efeitos associados das sobretensões de manobra. Além do mais, é importante o instante em que ocorreu a operação do elemento de proteção em relação à onda de tensão no instante considerado. Nessas condições, operações semelhantes do elemento de proteção podem resultar valores diferentes de sobretensões. A Figura 1.14 estabelece estatisticamente os valores de sobretensão e a sua probabilidade de ocorrência.

Os surtos de tensão resultantes da energização de linhas de transmissão, por exemplo, atingem valores da ordem de 2,5 *pu*. A impedância de surto do sistema tem os seguintes valores médios:

- para linhas aéreas: ver item 1.3.2;
- para cabos subterrâneos: 50 Ω.

Como a tensão de operação do alimentador não influi no nível de surto provocado pela manobra, os sistemas de média tensão estão sujeitos a solicitações mais severas do que os sistemas de alta-tensão. Assim, a abertura de um disjuntor de uma rede aérea de distribuição, cuja corrente de carga seja 60 A, valor eficaz, pode resultar em uma sobretensão de:

$$V_{su} = Z_{su} \times I_c = 450 \times \sqrt{2} \times 60 = 38.187,7 \text{ V} = 38,1 \text{ kV}$$

É interessante observar que o desligamento de um transformador ou motor, operando em vazio faz liberar a energia magnética existente na máquina. E como essa energia não pode ser consumida, no caso do transformador, porque o seu circuito primário está aberto, então ela é armazenada na sua capacitância própria, ou seja:

$$E_m = E_c$$
$$\frac{1}{2} \times L \times I^2 = \frac{1}{2} \times C \times V^2$$
$$V = I \times \sqrt{L/C} \qquad (1.7)$$

Como a capacitância do transformador é pequena e a sua indutância muito elevada, em circuito aberto, logo esse equipamento sofrerá uma sobretensão que poderá perfurar o seu enrolamento, conforme se conclui com o valor de *V*.

As sobretensões de manobra podem ocorrer nas seguintes operações de chaveamento:

- energização de uma linha de transmissão;
- energização de um banco de capacitores;
- energização de um transformador;
- religamento de uma linha de transmissão;
- interrupção de pequenas correntes indutivas como as de reatores e transformadores energizados em vazio;
- interrupção de correntes capacitivas, tais como as de uma linha de transmissão e de distribuição operando em vazio;
- interrupção de um circuito submetido a correntes muito elevadas, como as de curto-circuito.

Essas sobretensões são consideradas de origem interna ao sistema.

1.4.3 Sobretensão atmosférica

É uma sobretensão motivada por uma descarga atmosférica envolvendo as fases do sistema ou uma das fases e terra.

Ao longo dos anos, várias teorias foram desenvolvidas para explicar o fenômeno dos raios. Atualmente, tem-se como certo que a fricção entre as partículas de água e gelo que formam as

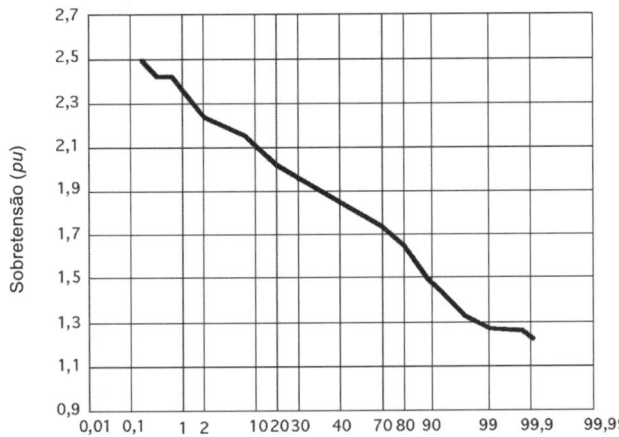

Porcentagem de operações nas quais a sobretensão indicada foi exercida

FIGURA 1.14 Probabilidade de ocorrência de sobretensões nos valores indicados.

nuvens, provocada pelos ventos ascendentes, de forte intensidade, dá origem a uma grande quantidade de cargas elétricas. Verifica-se experimentalmente que em 80% dos casos as cargas elétricas positivas ocupam a parte superior da nuvem, enquanto as cargas elétricas negativas se posicionam na sua parte inferior, acarretando, por conseguinte, uma intensa migração de cargas positivas na superfície da terra para a área correspondente à localização da nuvem, conforme se pode observar ilustrativamente na Figura 1.15.

Dessa forma, a concentração de cargas elétricas positivas e negativas em certa região faz surgir uma diferença de potencial entre a nuvem e a terra. No entanto, o ar apresenta certa rigidez dielétrica, normalmente elevada, e que depende de certas condições ambientais.

O aumento dessa diferença de potencial, que se denomina gradiente de tensão, poderá atingir um valor que supere a rigidez dielétrica do ar, interposto entre a nuvem e a terra, fazendo com que as cargas elétricas negativas migrem na direção da terra, em um trajeto tortuoso e, com frequência, cheio de ramificações, cujo fenômeno é conhecido como descarga piloto. É de, aproximadamente, 1 kV/mm o valor do gradiente de tensão para o qual a rigidez dielétrica do ar é rompida.

A ionização do caminho seguido pela descarga piloto propicia condições favoráveis de condutibilidade do ar ambiente. Mantendo-se elevado o gradiente de tensão na região entre a nuvem e a terra, surge, em função da aproximação do solo de uma das ramificações da descarga piloto, uma descarga ascendente, constituída de cargas elétricas positivas denominada descarga de retorno.

Não se tem como precisar a altura do encontro entre esses dois fluxos de carga que caminham em sentidos opostos, mas acredita-se que seja a poucas dezenas de metros da superfície da terra.

A descarga de retorno atingindo a nuvem provoca, em uma determinada região da nuvem, uma neutralização eletrostática temporária. Na tentativa de manter o equilíbrio dos potenciais elétricos no interior da nuvem, surgem nessas intensas descargas que resultam na formação de novas cargas negativas na sua parte inferior, dando início a uma nova descarga da nuvem para a terra, que tem como canal condutor aquele seguido pela descarga de retorno que, em sua trajetória ascendente, deixou o ar muito ionizado. A Figura 1.16 ilustra graficamente a formação das descargas atmosféricas.

As descargas reflexas ou secundárias podem acontecer por várias vezes, depois de cessada a descarga principal.

Tomando-se como base as medições feitas na Estação do Monte Salvatori, as intensidades das descargas atmosféricas podem ocorrer nas seguintes probabilidades:

- 97% ≤ 10 kA;
- 85% ≤ 15 kA;
- 50% ≤ 30 kA;
- 20% ≤ 50 kA;
- 4% ≤ 80 kA.

Constatou-se também que 90% das descargas atmosféricas têm polaridade negativa, que são aquelas que transferem cargas negativas, ou seja, elétrons de determinada região de cargas negativas da nuvem para a terra. Já as descargas atmosféricas de polaridade positiva são aquelas que transferem cargas positivas de determinada região de cargas positivas da nuvem para a terra. Isso é importante para se determinar o nível de suportabilidade dos equipamentos às tensões de impulso, conforme será visto no Capítulo 21 – Coordenação de Isolamento.

As redes aéreas podem ser submetidas às sobretensões resultantes de descargas atmosféricas de forma direta ou indireta.

1.4.3.1 Sobretensão por descarga direta

Quando uma descarga atmosférica atinge diretamente uma rede elétrica desenvolve-se uma elevada tensão que, algumas vezes, supera o seu nível de isolamento, seguindo-se um defeito que pode ser monopolar, o mais comum, ou tripolar.

As redes aéreas de média e baixa-tensão são mais afetadas pelas descargas atmosféricas do que as redes aéreas de nível de tensão mais elevado, em consequência do baixo grau de isolamento dessas redes. Por exemplo, enquanto a tensão suportável de impulso de uma linha de transmissão de 230 kV é de 950 kV, uma rede de distribuição de 13,80 kV apresenta uma suportabilidade de apenas 95 kV.

Assim, uma rede de distribuição de 13,80 kV, cujo nível de isolamento é de 95 kV, quando submetida a uma corrente de descarga atmosférica incidente de 10 kA, que se divide em 5 kA no ponto de impacto e caminha com esse valor para cada extremidade da rede, provoca uma sobretensão aproximada de 2.000 kV considerando que a impedância característica da rede de distribuição seja de 400 Ω. Esse valor é 21 vezes superior

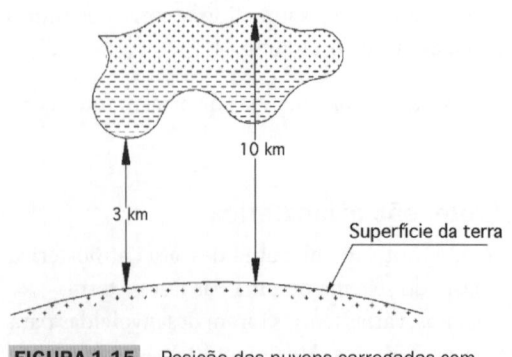

FIGURA 1.15 Posição das nuvens carregadas com relação à terra.

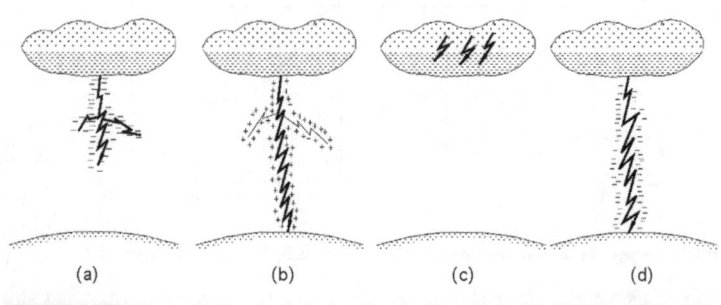

FIGURA 1.16 Processo de formação de uma descarga atmosférica.

ao nível de isolamento de uma rede de distribuição de 15 kV. Essa mesma corrente de descarga incidente em uma linha de transmissão de 230 kV, considerando uma impedância característica de 350 Ω, seria de 1.750 kV, apenas 1,8 vez o nível de isolamento de uma linha de transmissão.

As descargas diretas apresentam uma taxa de crescimento da tensão na faixa de 100 a 1.000 kV/μs.

Para evitar a descarga diretamente sobre a rede elétrica são projetados sistemas de blindagem tais como cabos para-raios instalados acima dos condutores vivos da linha ou para-raios atmosféricos de haste normalmente instalados nas estruturas das subestações de potência e também cabos guarda. A blindagem produzida em torno da rede permite limitar a magnitude das sobretensões.

É possível determinar o número esperado de descargas atmosféricas diretas ocorridas anualmente por cada 100 km de linha aérea instalada em terreno plano, por meio da Equação (1.8).

$$N_d = 0{,}18 \times D_{da} \times (L + 10{,}5 \times H^{0{,}75}) \quad (1.8)$$

N_d – número provável de descarga atmosférica anual para cada 100 km de linha aérea;

D_{da} – densidade de descarga atmosférica na região, em número de descarga atmosférica por km²/ano;

H – altura média dos condutores, em m;

L – distância horizontal entre os condutores das extremidades da linha, em m.

A densidade de descargas atmosféricas que atingem uma determinada região é o número de raios por km² por ano e pode ser calculada pela Equação (1.9).

$$D_{da} = 0{,}04 \times N_t^{1{,}25} \left(\text{descarga}/\text{km}^2/\text{ano}\right) \quad (1.9)$$

N_t – índice ceráunico, ou seja, o número de dias de trovoada por ano.

O valor de N_t pode ser conhecido pelo site do Grupo de Eletricidade Atmosférica (ELAT), Instituto Nacional de Pesquisas Espaciais (INPE). Pode-se utilizar, como alternativa com resultados aproximados, o mapa do Brasil com as curvas isoceráunicas mostrado na Figura 1.17.

As redes aéreas são protegidas naturalmente contra as descargas atmosféricas diretas por meio de objetos próximos tais como edificações, árvores e outras linhas em paralelo, todos com altura igual ou superior a altura dos condutores das referidas redes. Essas blindagens naturais contra as descargas diretas não impedem as sobretensões induzidas decorrentes das descargas sobre os objetos próximos, anteriormente mencionados. O número de descargas diretas que pode ocorrer em uma rede aérea sob o efeito da proteção dos objetos próximos, considerados de mesma altura e posicionados em sequência

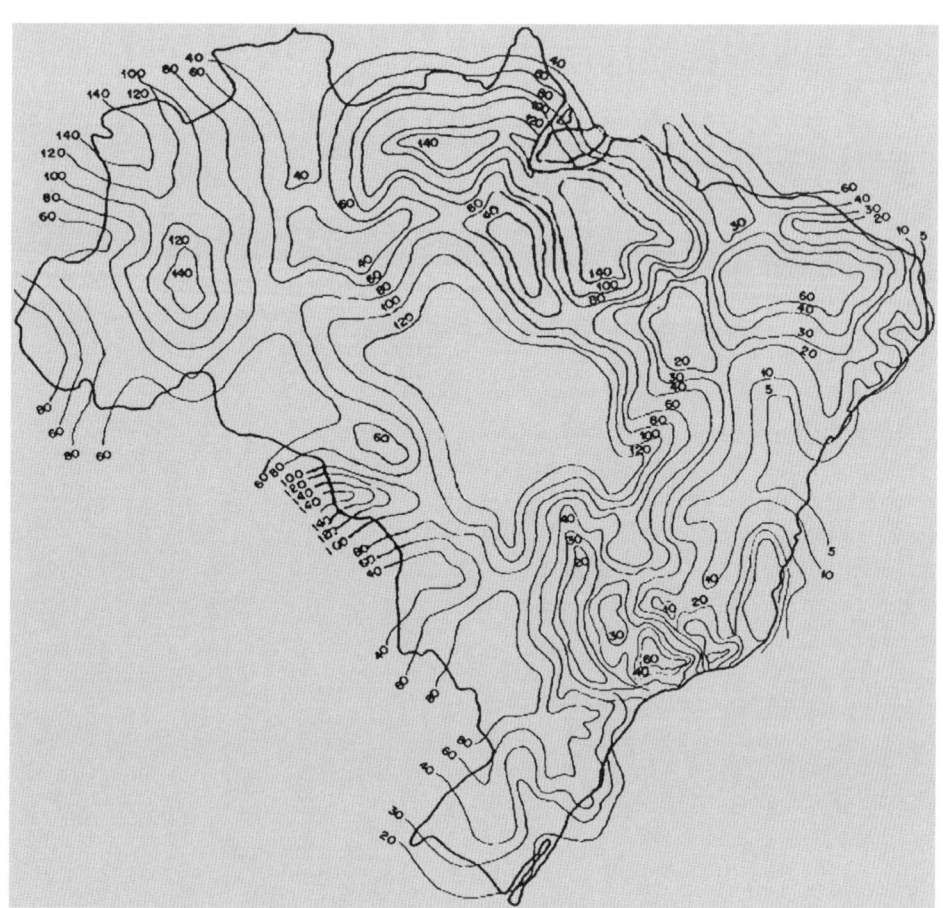

FIGURA 1.17 Curvas isoceráunicas do território brasileiro.

e em paralelo com a referida rede, pode ser fornecido pela Equação (1.10).

$$N_{dd} = N_d \times (1 - F_b) \qquad (1.10)$$

N_{dd} – número de descargas diretas de uma rede aérea protegida por objetos;

N_d – número provável de descarga, determinado na Equação (1.8);

F_b – fator de blindagem.

O fator de blindagem pode variar de 0 a 1 e depende do afastamento dos objetos, de sua altura e de sua continuidade. Assim, um objeto isolado nas proximidades de uma rede aérea não proporciona nenhuma blindagem, resultando um fator de blindagem nulo. Já uma rede de distribuição rural, por exemplo, tendo por caminhamento o interior de uma floresta com árvores de altura igual a 20 m e uma faixa de servidão de largura de 10 m para cada lado do eixo da linha apresenta um fator de blindagem $F_b = 0{,}5$.

EXEMPLO DE APLICAÇÃO (1.1)

Determine a energia absorvida por um para-raios de distribuição instalado no barramento de 34,5 kV da subestação elevadora de 34,5/230 kV de uma usina de energia eólica, tanto para ocorrência de uma descarga atmosférica incidente sobre a rede de distribuição coletora aérea de 34,5 kV, como para abertura do disjuntor de 34,5 kV de proteção geral do transformador. Determine também a energia absorvida pelo para-raios do mesmo modelo e fabricação instalado no barramento do banco de capacitores 10 MVAr/34,5 kV conectado ao barramento de 34,5 kV da subestação elevadora, durante a sua energização. A tensão nominal do para-raios é de 36 kV e o nível de proteção a impulso de manobra adotado é de $V_{pr} = 2{,}8 \times V_{np}$. O comprimento da linha de distribuição é de 10 km.

- Determinação da energia absorvida pelo para-raios devido à descarga atmosférica

  De acordo com a Equação (1.2), temos:

  $N_l = 1$ (número de linhas)

  $V_{npr} = 2{,}8 \times V_{np} = 2{,}8 \times 36.000 = 100.800$ V (nível de proteção do para-raios)

  $Z_{sl} = 450\ \Omega$ (impedância de surto da linha de distribuição)

  $T_{eq} = 300\ \mu s = 300 \times 10^{-6}$ s (tempo equivalente da corrente de descarga)

  $V_{sl} = 650$ kV (tensão suportável de impulso atmosférico ou de manobra, em kV)

  $\delta_{pa} = 6\%$ (desvio-padrão)

  $$U_{50} = \frac{V_{sl}}{1 - 3 \times \delta_{pa}} = \frac{650}{1 - 3 \times 6/100} = 792\text{ kV (tensão crítica de descarga da isolação)}$$

  $$E_{abda} = \left\{2 \times U_{50} - N_l \times V_{npr} \times \left[1 + \ln\left(\frac{2 \times U_{50}}{V_{npr}}\right)\right]\right\} \times \frac{V_{npr} \times T_{eq}}{Z_{sl}}\text{ (joules)}$$

  $$E_{abda} = \left\{2 \times 792.000 - 1 \times 100.800 \times \left[1 + \ln\left(\frac{2 \times 792.000}{100.800}\right)\right]\right\} \times \frac{100.800 \times 300 \times 10^{-6}}{450}$$

  $$E_{abda} = [158.000 - 100.800 \times (1 + 2{,}757)] \times 0{,}0672 = 132.550\text{ Joules} = 132\text{ kJ} \rightarrow E_{abda} = \frac{132}{36} = 3{,}66\text{ kJ/kV}$$

- Determinação da energia absorvida pelo para-raios no religamento do disjuntor de proteção do alimentador de 34,5 kV

  $V_{av} = 2{,}7 \times V_{npr} = 2{,}7 \times 36.000 = 97.200$ V [amplitude da sobretensão ao longo da linha]

  $V_{rl} = 72{,}8$ kV $= 72.800$ V (Tabela 1.1 – tensão residual de impulso de manobra, em V, correspondente ao para-raios com onda padronizada de 30/60 μs e de 2 kA de tensão residual de manobra)

  $l_l = 10.000$ m (comprimento da linha de distribuição)

  $V_O = 300$ m/μs (velocidade da onda de tensão)

  $$T_o = \frac{l_l}{V_o} = \frac{10.000\text{ m}}{300\text{ m/μs}} = 3{,}33 \times 10^{-5}\text{ s}$$

  $$E_{abetl} = \frac{2 \times V_{rl} \times (V_{av} - V_{rl}) \times T_o}{Z_s} = \frac{2 \times 72.800 \times (97.200 - 72.800) \times 3{,}33 \times 10^{-5}}{450} = 262{,}9\text{ joules} = 0{,}262\text{ kJ}$$

- Determinação da energia absorvida pelo para-raios na manobra do banco de capacitores

  De acordo com o Capítulo 13, tem-se:

  $V_{rl} = 72{,}8$ kV $= 72.800$ V

$$C = \frac{1.000 \times P_c}{2 \times \pi \times F \times V_n^2} = \frac{1.000 \times 10.000}{2 \times \pi \times 60 \times 34{,}5^2} = 22{,}28 \text{ μF}$$

O valor da energia absorvida vale:

$V_{npr} = 36$ kV (tensão nominal do para-raios)

$$E_{abeca} = 0{,}50 \times C \times \left[(3 \times V_{ff})^2 - (\sqrt{2} \times V_{npr})^2\right] = 0{,}50 \times 22{,}28 \times \left[\left(3 \times \frac{34{,}5}{\sqrt{3}}\right)^2 - (\sqrt{2} \times 36)^2\right]$$

$E_{abeca} = 11{,}14 \times (3.570{,}75 - 2.592{,}0) = 10.903{,}2$ joules $= 10{,}9$ kJ

EXEMPLO DE APLICAÇÃO (1.2)

Determine o número provável de descargas atmosféricas diretas sobre uma linha de transmissão de 230 kV cuja altura média dos condutores é de 17 m. Os condutores extremos estão afastados de 10 m. A referida linha de transmissão atravessa uma área de floresta de pinheiros e tem uma faixa de servidão igual a 20 m e está localizada no Estado de São Paulo em área rural cerca de 200 km do litoral.

De acordo com a Equação (1.8), temos:

$N_d = 0{,}18 \times D_{da} \times (L + 10{,}5 \times H^{0{,}75})$

$H = 17$ m

$L = 10$ m

$D_{da} = 0{,}04 \times N_t^{1{,}25} = 0{,}04 \times 40^{1{,}25} = 4$ raios/km²/ano

$N_t = 40$ (ver mapa da Figura 1.17, na região de São Paulo)

$N_d = 0{,}18 \times 4 \times (10 + 10{,}5 \times 17^{0{,}75}) = 70$ descargas/100 km/ano.

Como a linha de transmissão recebe proteção das árvores, lateralmente, podemos aplicar a Equação (1.10), considerando o fator de blindagem igual a 0,5.

$N_{dd} = N_d \times (1 - F_b) = 70 \times (1 - 0{,}5) = 35$ descargas/100 km/ano.

1.4.3.2 Sobretensão por descarga indireta induzida

Quando uma descarga atmosférica se desenvolve nas proximidades de uma rede elétrica, é induzida uma determinada tensão nos condutores de fase e em consequência uma corrente associada, cujos valores são funções da distância do ponto de impacto, da magnitude da corrente da descarga etc. No entanto, se a rede elétrica for dotada de uma blindagem com cabos para-raios, estes serão os condutores a que ficarão submetidos à tensão induzida e à corrente associada. Em virtude das capacitâncias próprias e mútuas entre os condutores de blindagem e os condutores vivos, é desenvolvida nestes uma onda de tensão acoplada cujo valor pode ser determinado pela Equação (1.11).

$$V_s = \frac{(1-K) \times I_d \times Z_{st}}{1 + 2 \times \dfrac{Z_{st}}{Z_{cpr}}} \quad (1.11)$$

V_S – tensão devido às descargas atmosféricas indiretas;
Z_{cpr} – impedância de surto do cabo para-raios;
Z_{st} – impedância de surto da torre;
I_d – corrente de descarga induzida;
K – fator de amortecimento que pode variar entre 0,15 e 0,30.

A impedância no pé da torre influi na tensão no topo da torre, devido às ondas de reflexão.

As descargas atmosféricas, cujo ponto de impacto é próximo às redes aéreas, podem induzir uma tensão nessas redes cujo valor não supera o valor de 500 kV. Tratando-se de redes com tensão nominal superior a 69 kV ou dotadas de cabos para-raios para blindagem, o seu nível de isolamento é compatível com os valores das sobretensões induzidas, não acarretando falha nas isolações. No entanto, redes aéreas com tensão nominal igual ou inferior a 69 kV podem falhar por tensões induzidas. As redes de 69 kV, por exemplo, apresentam uma tensão nominal suportável de impulso (TNSI) para surtos atmosféricos no valor de 350 kV.

O número de sobretensões a que estão sujeitas as redes aéreas devido às descargas indiretas induzidas é superior ao número de sobretensões por descargas diretas.

O valor das sobretensões induzidas é influenciado pela presença do condutor neutro, no caso das redes aéreas secundárias.

É possível determinar o número provável de sobretensões induzidas entre fase e terra superior a um determinado valor predefinido para cada 100 km/ano, utilizando a Equação (1.12):

$$N_{si} = 0{,}19 \times \left\{3{,}5 + 2{,}5 \times \log\left[\frac{30 \times (1 - F_{ac})}{V_{sup}}\right]\right\}^{0{,}75} \times D_{da} \times H \quad (1.12)$$

F_{ac} – fator de acoplamento entre o condutor terra e o condutor da rede. Se em cada estrutura há um aterramento com resistência não superior a 50 Ω, o valor de F_{ac} varia entre 0,30 e 0,40. Na ausência de um cabo de aterramento $F_{ac} = 0$;

V_{sup} – valor da sobretensão predefinida, acima da qual se deseja saber o número de ocorrências.

O condutor de aterramento proporciona uma redução de aproximadamente 40% no valor das sobretensões por descargas induzidas. Nas redes secundárias de baixa-tensão, o condutor neutro ligado à terra a cada três estruturas propicia um fator de acoplamento, aproximadamente, igual a 0,70.

É possível determinar a distância mínima horizontal entre a rede de energia elétrica e o ponto de impacto no solo de uma descarga atmosférica a partir da qual a referida descarga seria de natureza indireta.

$$D_{er} = H + 0{,}27 \times H^{0{,}60} \times I^{0{,}80} \quad (1.13)$$

H – altura média dos condutores, em m;
I – corrente de descarga atmosférica, em kA.

Para uma distância superior a D_{er} o ponto de impacto seria o solo.

Quando uma descarga atmosférica incide sobre os condutores fases de uma rede aérea, ou tem como ponto de impacto o solo nas proximidades da referida rede, proporciona uma onda de sobretensão que se estabelece ao longo dos condutores tanto no sentido da carga como no sentido da fonte. A corrente induzida se propaga nos dois sentidos, conforme pode ser ilustrado na Figura 1.18.

Se a magnitude da onda de tensão é superior à tensão nominal suportável de impulso dos isoladores de pino ou de suspensão da rede ocorrerá uma disrupção por meio dos isoladores para a terra ou entre fases. As disrupções para a terra ocorrem com maior frequência e proporcionam uma severa redução da amplitude da onda viajante. Essas disrupções podem ocorrer ao longo de várias estruturas após o primeiro poste mais próximo ao ponto de impacto da descarga atmosférica com a rede ou com o ponto de indução no caso de descargas laterais.

Para caracterizar esse fenômeno, verificar a Figura 1.19, onde se observa uma onda de impulso inicial de módulo e taxa de crescimento elevados, seguida de depressões e subidas em forma dente de serra, devido às disrupções ocorridas nos isoladores das primeiras estruturas da rede aérea. A onda de impulso cortada caminha pela rede, no sentido dos extremos, fonte e carga, até ser conduzida à terra pelos para-raios de sobretensão instalados nos respectivos pontos.

As características das ondas de tensão viajantes dependem de vários fatores entre os quais se destacam os mais importantes:

- os valores das sobretensões dependem do módulo da corrente da descarga atmosférica;
- a forma de onda resultante na rede depende das disrupções ocorridas nas estruturas, conforme Figura 1.19;
- a onda viajante sofre modificações de forma e valor em função das reflexões e refrações decorrentes da mudança de impedância da rede. Por exemplo, uma onda caminha em uma rede aérea com uma dada impedância característica e penetra em uma rede subterrânea conectada que tem uma impedância característica diferente;
- impedância de aterramento medida em cada estrutura.

É possível determinar o valor da tensão de surto induzida em uma rede de distribuição ou linha de transmissão aérea, sabendo-se qual a distância entre o ponto de descarga do raio no solo com o eixo da rede ou linha mencionada, ou seja:

$$V_{su} = \frac{Z_a \times I \times H}{D_{pr}} \times \left[1 + \frac{R_v}{\sqrt{2 - R_v^2}}\right] \quad (1.14)$$

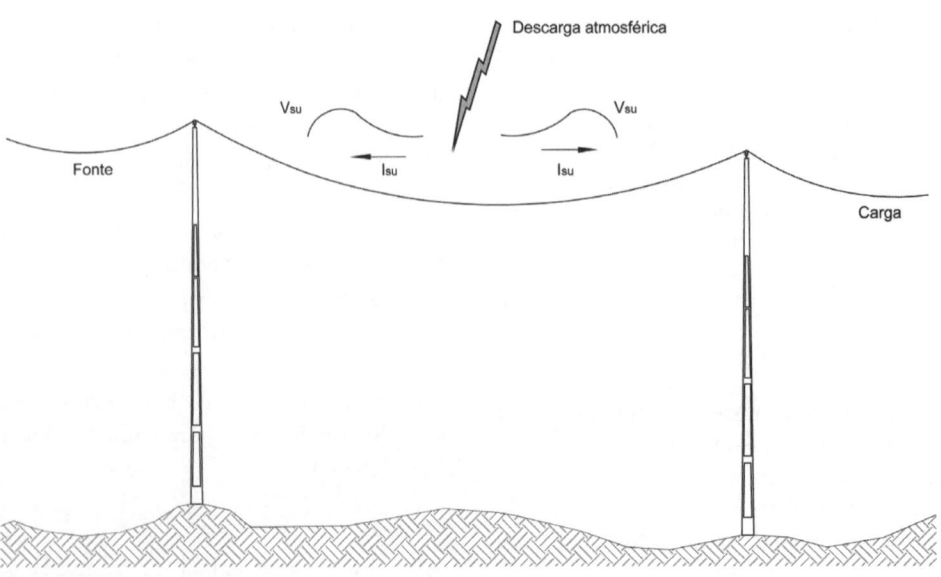

FIGURA 1.18 Propagação de uma onda de tensão e corrente em uma rede aérea.

$$R_v = \dfrac{1}{\sqrt{1+\dfrac{4{,}5\times 10^5}{I}}} \qquad (1.15)$$

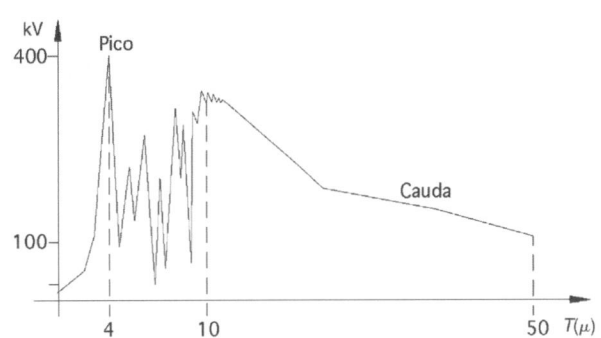

FIGURA 1.19 Forma de onda de uma descarga atmosférica com disrupção pelos isoladores.

V_{su} – tensão de surto;
R_v – relação entre a velocidade da descarga de retorno pela velocidade da luz;
Z_a – impedância do canal de ar condutor do arco: $Z_a \cong 30\ \Omega$;
I – corrente da descarga atmosférica, em kA;
H – altura dos condutores da rede ou linha ao solo, em m;
D_{pr} – distância entre o ponto de descarga do raio no solo com eixo da rede ou linhas aéreas, em m.

EXEMPLO DE APLICAÇÃO (1.3)

Uma linha de transmissão de 230 kV com altura média dos condutores de 17 m apresenta aterramento em cada estrutura no valor de 40 Ω, em média. Uma descarga atmosférica com corrente de 10 kA induz uma determinada sobretensão na referida linha que atravessa uma extensa região, onde o nível ceráunico é de 30 dias de descargas por ano. Determine o número provável de sobretensões acima de 500 kV que pode ocorrer nessa linha por 100 km/ano e a distância provável do ponto de impacto no solo. Pode-se considerar o fator de acoplamento igual a 0,30.

O número provável de sobretensões acima de 500 kV, de acordo com a Equação (1.12), vale:

$$N_{si} = 0{,}19 \times \left\{ 3{,}5 + 2{,}5 \times \log\left[\dfrac{30\times(1-F_{ac})}{V_{sup}}\right]\right\}^{0{,}75} \times D_{da} \times H$$

$$D_{da} = 0{,}04 \times N_1^{1{,}25} = 0{,}04 \times 30^{1{,}25} = 2{,}8\ \text{raios/km}^2/\text{ano}$$

$$N_{si} = 0{,}19 \times \left\{3{,}5 + 2{,}5 \times \log\left[\dfrac{30\times(1-0{,}30)}{500}\right]\right\}^{0{,}75} \times 2{,}8 \times 17$$

$N_{si} = 0{,}19 \times (3{,}5 + 2{,}5 \times \log 0{,}042)^{0{,}75} \times 2{,}8 \times 17 = 1{,}0$ (descarga por ano para 100 km de linha de transmissão).

A distância mínima do ponto de impacto da descarga atmosférica de natureza indireta e a linha de transmissão vale:

$$D_{er} = H + 0{,}27 \times H^{0{,}60} \times I^{0{,}80}$$
$$D_{er} = 17 + 0{,}27 \times 17^{0{,}60} \times 10^{0{,}80}$$
$$D_{er} = 26{,}3\ \text{m}$$

EXEMPLO DE APLICAÇÃO (1.4)

Considere uma descarga atmosférica, cuja corrente do raio seja 15 kA, com impacto em um ponto do solo distando 90 m de uma linha de transmissão de 69 kV, cuja altura dos condutores ao solo seja de 11 m. Calcule a tensão de surto resultante.

$$R_V = \dfrac{1}{\sqrt{1-\dfrac{4{,}5\times 10^5}{15}}} = 0{,}00577$$

$$V_{su} = \dfrac{30\times 15\times 11}{90}\times\left[1+\dfrac{0{,}00577}{\sqrt{2-0{,}00577^2}}\right] = 55{,}2\ \text{kV}$$

Logo, o valor da tensão de surto induzida é bem inferior à tensão nominal suportável de impulso de uma linha de transmissão de 69 kV que é de 350 kV.

O valor de crista dessas ondas está limitado à tensão nominal suportável de impulso (TNSI) da rede. Como já foi mencionado, ondas com o valor de crista superior à TNSI do sistema provocam descargas nos primeiros isoladores que atingem em sua trajetória, resultando na limitação da onda à tensão de impulso. Essas ondas transientes, mesmo amortecidas pela impedância característica da rede ou impedância de surto, atingem os equipamentos, notadamente os transformadores.

A representação típica de uma onda transiente de impulso atmosférico é dada na Figura 1.20, que é definida pelo tempo decorrido para que a referida onda assuma o seu valor de crista e pelo tempo gasto para que a tensão de cauda adquira o valor médio da tensão de crista. Assim, para uma onda normalizada de 1,2/50 μs significa que a tensão de crista ocorre no intervalo de tempo de 1,2 μs e a tensão correspondente ao valor médio da cauda é atingida em um tempo igual a 50 μs.

A frente da onda é caracterizada por sua taxa de velocidade de crescimento. Essa taxa é considerada como a inclinação da reta que passa pelos pontos com valores de tensão iguais a 10 e 90% da tensão de crista, conforme mostrado na Figura 1.20.

As ondas transientes de impulso atmosférico apresentam uma velocidade de propagação nas linhas de transmissão da ordem de 300 m/μs e em cabos isolados, cerca de 150 m/μs. Dessa forma, uma onda de 1,2/50 μs que atinja um cabo isolado, ao alcançar o valor de pico, apresenta uma frente de 180 m, ou seja: $150 \times 1,2 = 180$ m.

As correntes correspondentes às tensões de impulso atmosférico são limitadas pela impedância característica de surto do sistema. Assim, para uma tensão de impulso de 95.000 V em um sistema em que a impedância característica de surto é de 450 Ω, a corrente transiente vale:

$$I_m = \frac{V_{su}}{Z_c} = \frac{95.000}{450} = 211 \text{ A}$$

Quando as descargas atmosféricas não atingirem diretamente a linha de transmissão ou a rede de distribuição, a onda transiente de corrente é por volta de dez vezes menor, comparada com o seu valor, caso a descarga atingisse diretamente o sistema. Isso porque a parcela maior da descarga é conduzida para a terra, restando somente uma onda de tensão induzida na rede.

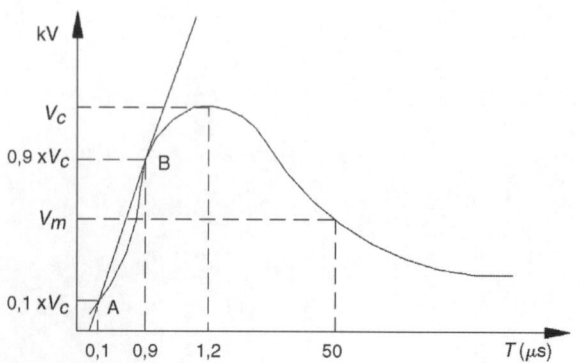

FIGURA 1.20 Característica de uma onda padronizada de tensão.

É interessante notar que, segundo observações realizadas em laboratórios especializados, uma descarga atmosférica resultante de uma nuvem localizada a cerca de 1.500 m de altura leva aproximadamente 10.000 μs para atingir o solo (descargas nuvem-terra). Nessas condições, a tensão entre nuvem e terra pode variar entre 10 e 20.000 kV. Com esses dados e os valores das correntes de descarga características vistas anteriormente, pode-se concluir que, em uma descarga atmosférica, as potências elétricas desenvolvidas são fantasticamente elevadas, enquanto a energia decorrente é algo pouco significativo. Assim, para uma tensão de descarga de 15.000 V, associada a uma corrente correspondente de 60 kA, a potência desenvolvida terá o seguinte valor:

$$P = V \times I = 15.000 \times 60 \times 10^3 = 900 \times 10^6 \text{ kW}$$

Já a energia correspondente a essa descarga vale:

$$T = 10.000 \text{ μs} = 0,01 \text{ s (valor típico)}$$

$$E = P \times T = 900 \times 10^6 \times \frac{0,01}{3.600} = 2.500 \text{ kWh}$$

As tensões induzidas nas redes aéreas assumem praticamente os mesmos valores em cada fase.

Nas redes aéreas de baixa-tensão, a forma como as tensões e as correntes são induzidas nos condutores são idênticas aos fenômenos que ocorrem nas redes de alta-tensão. No entanto, por causa da presença do condutor neutro instalado normalmente acima dos condutores de fase e aterrado a distâncias regulares de 50 a 300 m, as sobretensões são influenciadas pelos referidos aterramentos à medida que os valores das resistências de terra forem significativamente superiores à impedância característica da rede de baixa-tensão cujo valor aproximado é de 50 Ω.

Apesar de a rede de baixa-tensão não ser afetada pelas tensões e correntes de surto, os aparelhos eletrodomésticos conectados a elas são as suas principais vítimas, devido às tensões induzidas na rede primária que chegam ao transformador de distribuição.

As proteções das redes primárias, por meio de para-raios, não são capazes de proteger as redes secundárias, cuja tensão nominal suportável de impulso é de 10 kV.

Os isolantes sólidos, de uma forma geral, não são afetados pelos fenômenos decorrentes de descargas atmosféricas.

Com o crescente uso de equipamentos eletrônicos sensíveis nos escritórios e lares, a preocupação das concessionárias que atuam em áreas de elevado índice ceráunico aumentou consideravelmente em virtude das indenizações com valores cada vez maiores.

1.5 COMPONENTES SIMÉTRICAS

Para que se possa desenvolver corretamente os cálculos das tensões, correntes e impedâncias dos sistemas elétricos, é necessário utilizar-se ferramentas adequadas que facilitem a obtenção dos resultados desejados. A ferramenta mais empregada é o método das componentes simétricas que será discutido de forma sucinta a fim de permitir ao leitor melhor compreensão na determinação das sobretensões anteriormente mencionadas.

Um sistema trifásico qualquer pode ser representado normalmente por três vetores de corrente ou de tensão de módulos e ângulos diferentes. Esse sistema vetorial, no entanto, pode ser decomposto em três conjuntos de vetores, sendo dois de módulos iguais, defasados entre si, de ângulos também iguais, porém girando em sentidos diferentes, e que são denominados, respectivamente, componentes de sequência positiva e componentes de sequência negativa. O terceiro conjunto de vetores, denominado componentes de sequência zero, possui o mesmo módulo, e os vetores são paralelos e estão deslocados, consequentemente, de um mesmo ângulo com relação a um referencial. Essa descrição pode ser visualizada na Figura 1.21, em que estão representados os vetores I_a, I_b e I_c de um sistema desequilibrado (Figura 1.22) e os respectivos vetores das componentes simétricas.

Em princípio, o sistema trifásico é normalmente simétrico. A assimetria deixa de existir quando ocorre um dos seguintes fatores:

- cargas desequilibradas;
- impedâncias desiguais dos enrolamentos dos geradores, motores e transformadores;
- inexistência de transposição de condutores em linhas de transmissão;
- defeitos monopolares e bipolares;
- interrupção de uma fase.

Os vetores de sequência podem ser somados analiticamente, o que resulta nos vetores originais de acordo com a Figura 1.22, que mostra a decomposição de um sistema trifásico assimétrico em um sistema de componentes simétricas, considerando apenas a função corrente. O mesmo desenvolvimento vale para a função tensão. Consequentemente, as impedâncias são decompostas nas componentes simétricas correspondentes. Com base nisso, serão apresentados os conjuntos das equações das componentes simétricas para cada função, ou seja:

a) **Componentes simétricas das correntes**

$$\begin{cases} \vec{I}_a = \vec{I}_{a1} + \vec{I}_{a2} + \vec{I}_{a0} \\ \vec{I}_b = \vec{I}_{b1} + \vec{I}_{b2} + \vec{I}_{b0} \\ \vec{I}_c = \vec{I}_{c1} + \vec{I}_{c2} + \vec{I}_{c0} \end{cases} \quad (1.16)$$

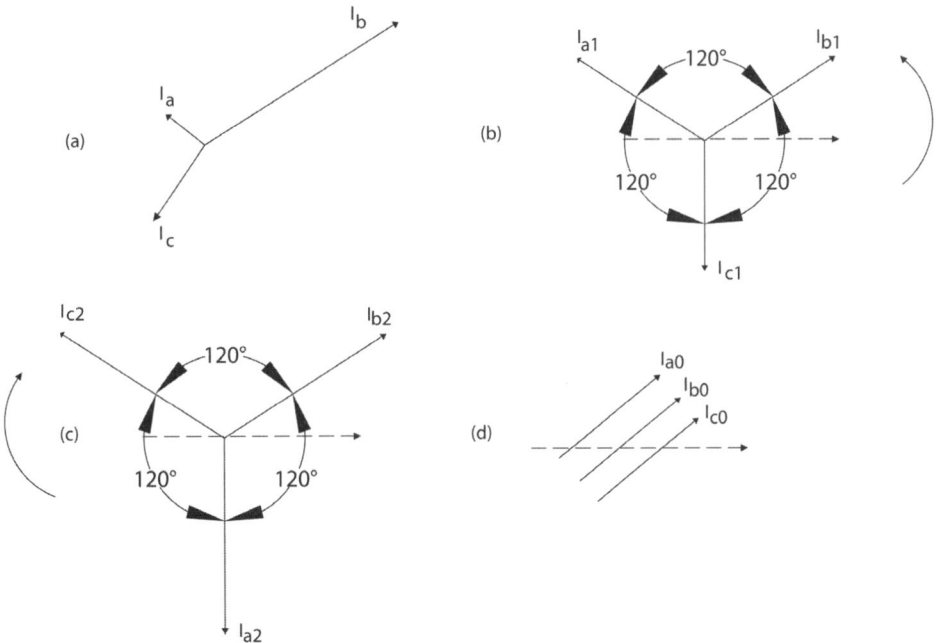

FIGURA 1.21 Componentes simétricas.

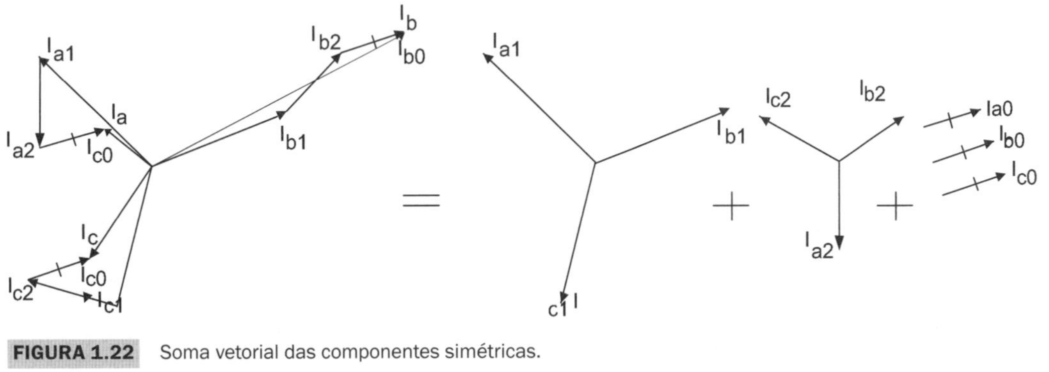

FIGURA 1.22 Soma vetorial das componentes simétricas.

$\vec{I}_a, \vec{I}_b, \vec{I}_c$ – componentes originais da corrente;

$\vec{I}_{a1}, \vec{I}_{b1}, \vec{I}_{c1}$ – componentes simétricas da corrente de sequência positiva;

$\vec{I}_{a2}, \vec{I}_{b2}, \vec{I}_{c2}$ – componentes simétricas da corrente da sequência negativa;

$\vec{I}_{a0}, \vec{I}_{b0}, \vec{I}_{c0}$ – componentes simétricas da corrente de sequência zero.

b) Componentes simétricas das tensões

$$\begin{cases} \vec{V}_a = \vec{V}_{a1} + \vec{V}_{a2} + \vec{V}_{a0} \\ \vec{V}_b = \vec{V}_{b1} + \vec{V}_{b2} + \vec{V}_{b0} \\ \vec{V}_c = \vec{V}_{c1} + \vec{V}_{c2} + \vec{V}_{c0} \end{cases} \quad (1.17)$$

$\vec{V}_a, \vec{V}_b, \vec{V}_c$ – componentes originais da tensão;

$\vec{V}_{a1}, \vec{V}_{b1}, \vec{V}_{c1}$ – componentes simétricas da tensão de sequência positiva;

$\vec{V}_{a2}, \vec{V}_{b2}, \vec{V}_{c2}$ – componentes simétricas da tensão de sequência negativa;

$\vec{V}_{a0}, \vec{V}_{b0}, \vec{V}_{c0}$ – componentes simétricas da tensão de sequência zero.

Os conjuntos de Equações (1.16) e (1.17) podem ser reescritos tomando-se como referência a fase A e aplicando-se o operador a nos valores de tensão e corrente formando o conjunto de Equações (1.19) e (1.20). Isso pode ser realizado em virtude de os vetores de mesmo índice numérico, conforme visto anteriormente, ou seja, (I_{a1}, I_{b1} e $I_{c1} - I_{a2}, I_{b2}$ e $I_{c2} - I_{a0}, I_{b0}$ e I_{c0}), serem iguais em módulo, diferindo quanto aos ângulos de defasagem que serão corrigidos com a aplicação do operador a, conforme Equação (1.18).

$$\begin{cases} I_{a1} = I_{b1} = I_{c1} = I_1 \\ I_{a2} = I_{b2} = I_{c2} = I_2 \\ I_{a0} = I_{b0} = I_{c0} = I_0 \end{cases} \quad (1.18)$$

Assim as Equações (1.16) e (1.17) tomam a seguinte forma:

$$\begin{cases} \vec{I}_a = \vec{I}_1 + \vec{I}_2 + \vec{I}_0 \\ \vec{I}_b = a^2 \vec{I}_1 + a \vec{I}_2 + \vec{I}_0 \\ \vec{I}_c = a \vec{I}_1 + a^2 \vec{I}_2 + \vec{I}_0 \end{cases} \quad (1.19)$$

$$\begin{cases} \vec{V}_a = \vec{V}_1 + \vec{V}_2 + \vec{V}_0 \\ \vec{V}_b = a^2 \vec{V}_1 + a \vec{V}_2 + \vec{V}_0 \\ \vec{V}_c = a \vec{V}_1 + a^2 \vec{V}_2 + \vec{V}_0 \end{cases} \quad (1.20)$$

É importante observar que o operador a faz girar o vetor correspondente de 120° no sentido positivo (contrário aos ponteiros do relógio). Já o operador a^2 faz girar o vetor correspondente de 240° no mesmo sentido anterior, ou de 120° no sentido negativo. Seus valores são:

$$\begin{cases} a = -0,5 + j0,866 \\ a^2 = -0,5 - j0,866 \end{cases} \quad (1.21)$$

Por exemplo, quando a fase A de um sistema vai à terra, o conjunto de Equações (1.19) e (1.20) toma os seguintes valores, o que pode ser comprovado pela Figura 1.23.

$$\begin{cases} \vec{I}_a = \vec{I}_1 + \vec{I}_2 + \vec{I}_0 \\ \vec{I}_b = \vec{I}_c = 0 \end{cases} \quad (1.22)$$

$$\begin{cases} \vec{V}_a = 0 \\ \vec{V}_b = a^2 \vec{V}_1 + a \vec{V}_2 + \vec{V}_0 \\ \vec{V}_c = a \vec{V}_1 + a^2 \vec{V}_2 + \vec{V}_0 \end{cases} \quad (1.23)$$

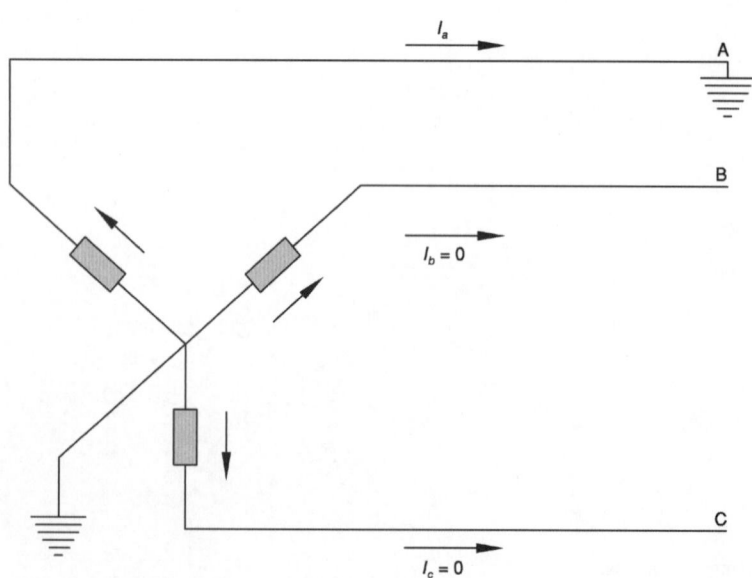

FIGURA 1.23 Sistema sob defeito fase e terra.

Como nesse caso $\vec{I}_1 = \vec{I}_2 = \vec{I}_0$, tem-se:

$$I_a = 3 \times I_0 \tag{1.24}$$

Considerando o diagrama de impedância da Figura 1.24 e tomando todas as variáveis em valores de base, isto é, no sistema por unidade, as tensões de sequência podem ser dadas pelas Equações (1.25), (1.26) e (1.27), ou seja:

$$\vec{V}_{up} = \vec{V}_{uf} - \vec{Z}_{up} \times \vec{I}_{up} \tag{1.25}$$

$$\vec{V}_{un} = -\vec{Z}_{un} \times \vec{I}_{un} \tag{1.26}$$

$$\vec{V}_{uz} = -\vec{Z}_{uz} \times \vec{I}_{uz} \tag{1.27}$$

E ainda:

$$I_{uft} = 3 \times I_{uz} \tag{1.28}$$

$\vec{V}_{up}, \vec{V}_{un}, \vec{V}_{uz}$ – tensões de sequências positiva, negativa e zero, em *pu*;

$\vec{Z}_{up}, \vec{Z}_{un}, \vec{Z}_{uz}$ – impedância de sequências positiva, negativa e zero, em *pu*;

$\vec{I}_{up}, \vec{I}_{un}, \vec{I}_{uz}$ – correntes de sequências positiva, negativa e zero, em *pu*;

$\vec{V}_{uf}$ – tensão de fase, em *pu*;

$\vec{I}_{uft}$ – corrente de curto-circuito entre fase e terra, em *pu*.

Segundo a Figura 1.24, os valores de Z_{up}, Z_{un} e Z_{uz} são:

$$\begin{cases} \vec{Z}_{up} = \vec{Z}_{ps} + \vec{Z}_{pt} + \vec{Z}_{pr} \\ \vec{Z}_{un} = \vec{Z}_{ns} + \vec{Z}_{nt} + \vec{Z}_{nr} \\ \vec{Z}_{uz} = \vec{Z}_{zt} + \vec{Z}_{zr} + \vec{Z}_{a} \end{cases} \tag{1.29}$$

$\vec{Z}_{ps}$ – impedância de sequência positiva equivalente do sistema de potência;

$\vec{Z}_{nr}$ – impedância de sequência negativa equivalente do sistema de potência;

$\vec{Z}_{pt}, \vec{Z}_{nt}$ e $\vec{Z}_{zt}$ – impedância de sequências positiva, negativa e zero do transformador;

$\vec{Z}_{pr}, \vec{Z}_{nr}$ e $\vec{Z}_{zr}$ – impedância de sequências positiva, negativa e zero da rede;

$\vec{Z}_a$ – impedância de aterramento (resistência de contato + resistor de aterramento).

A metodologia de cálculo das correntes de curto-circuito fase-terra pode ser encontrada no livro do autor *Instalações Elétricas Industriais*, 10ª ed., Rio de Janeiro, LTC, 2023.

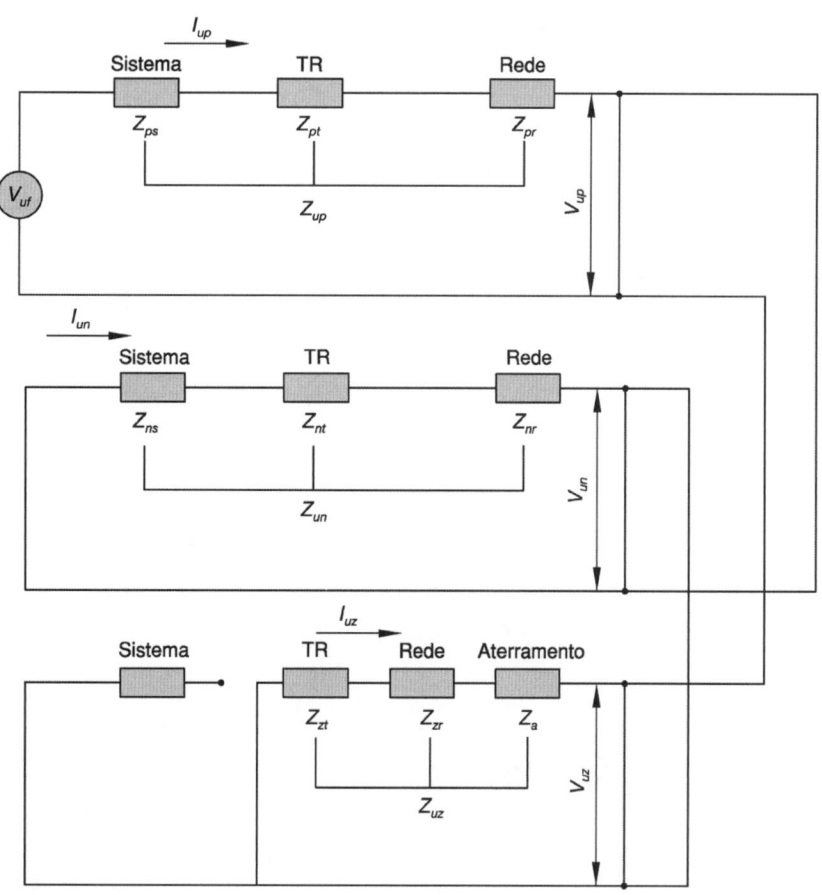

FIGURA 1.24 Conexão das impedâncias de um sistema de componentes de fase.

EXEMPLO DE APLICAÇÃO (1.5)

Considere um alimentador de distribuição de energia elétrica, sintetizado na Figura 1.25, com as seguintes características:

a) Subtransmissão
- Potência instalada: 20 MVA (1 transformador).
- Tensão nominal primária: 69 kV.
- Tensão nominal secundária: 13,8 kV.
- Tensão máxima de operação: 14,4 kV.
- Resistor de aterramento do neutro: 2,4 Ω.
- Potência de curto-circuito no primário da subestação: 478.000 kVA.
- Impedância percentual do transformador: 7% (na base de 72,6 kV).
- Perdas térmicas do transformador: 83.597 W (na base de 69 kV).

As características elétricas típicas dos transformadores de 69 kV podem ser obtidas no Capítulo 12.

b) Alimentador de distribuição
- Natureza do condutor: cobre.
- Seção do condutor: 95 mm².
- Resistências
  - Sequência positiva: R_{cp} = 0,2374 Ω/km (a 60 °C).
  - Sequência zero: R_{cz} = 0,4152 Ω/km.
- Reatâncias
  - Sequência positiva: X_{cp} = 0,4177 Ω/km.
  - Sequência zero: X_{cz} = 1,9239 Ω/km.

Os valores de R_{cp}, R_{cz}, X_{cp} e X_{cz} devem ser calculados de conformidade com as prescrições do Capítulo 4.

Com base nesses dados, calcule o valor da tensão nas fases B e C, quando a fase A vai à terra, em um ponto afastado a 8 km da subestação, sabendo-se que no neutro do transformador está inserida uma resistência de 2,4 Ω. O sistema é configurado com o primário em triângulo e estrela no secundário, conforme a Figura 1.25.

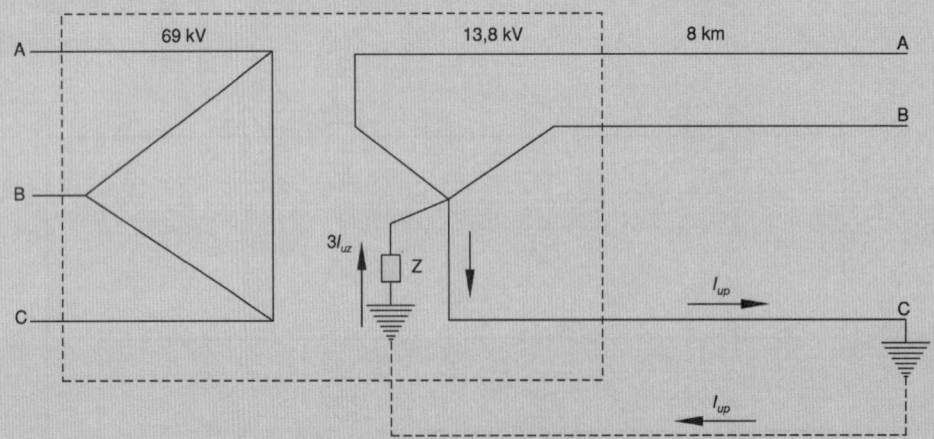

FIGURA 1.25 Sistema com a fase A à terra.

a) Valores de base
- Tensão base: V_b = 13,8 kV;
- Potência base: P_b = 20.000 kVA;
- Corrente base:

$$I_b = \frac{P_b}{\sqrt{3} \times V_b} = \frac{20.000}{\sqrt{3} \times 13,8} = 836,7 \text{ A}$$

b) Impedância do sistema de alimentação
- Resistência

$$R_{us} = 0$$

- Reatância

$$X_{us} = \frac{P_b}{P_{cc}} = \frac{20.000}{478.000} = 0,0418 \, pu$$

c) Impedância do transformador

$$R_{ut} = \frac{P_{cu}}{10 \times P_{nt}} = \frac{83.597}{10 \times 20.000} = 0,41\% = 0,00417\,pu$$

$P_{cu} = 83.597$ W (referida a 20.000 kVA e 69 kV)

- Reatâncias

$$Z_{ut} = Z_{tr} \times \left[\frac{P_b}{P_{nt}}\right] \times \left[\frac{\frac{V_{prz}}{V_{srz}}}{\frac{V_{nptr}}{V_{nstr}}}\right]^2$$

V_{prz} – tensão primária do transformador a que se refere a impedância;
V_{srz} – tensão secundária do transformador a que se refere a impedância;
V_{nptr} – tensão nominal primária do transformador;
V_{nstr} – tensão nominal secundária do transformador.

$$Z_{tr} = 7\% = 0,07\,pu\ (\text{referida a 72,6 kV})$$

$$Z_{ut} = 0,07 \times \left(\frac{20.000}{20.000}\right) \times \left[\frac{\frac{72,60}{13,80}}{\frac{69,00}{13,80}}\right]^2$$

$$Z_{ut} = 0,0775\,pu\ (\text{referida a 69 kV})$$

$$X_{ut} = \sqrt{\left(0,0775^2 - 0,00417^2\right)} = 0,0773\,pu$$

$$Z_{ut} = 0,0417 + j0,0773\,pu$$

d) Impedância do alimentador

- Resistência de sequências positiva e zero

$$K = \frac{P_b}{1.000 \times V_b^2} = \frac{20.000}{1.000 \times 13,8^2} = 0,10502\ (\text{fator de conversão de base})$$

$R_{up} = R_{cp} \times L_a \times K = 0,2374 \times 8 \times 0,10502$
$R_{up} = 0,1994\,pu$
$R_{uz} = R_{cz} \times L_a \times K = 0,4152 \times 8 \times 0,10502$
$R_{uz} = 0,3488\,pu$

- Reatância de sequências positiva e zero

$X_{up} = X_{cp} \times L_a \times K = 0,4177 \times 8 \times 0,10502$
$X_{up} = 0,3509\,pu$
$X_{uz} = X_{cz} \times L_a \times K = 1,9239 \times 8 \times 0,10502$
$X_{uz} = 1,6164\,pu$

e) Impedância de sequências positiva e zero

$\vec{Z}_{up} = 0,1994 + j0,3509\,pu$
$\vec{Z}_{uz} = 0,3488 + j1,6164\,pu$

- Impedâncias totais de sequências positiva e zero

$\vec{Z}_{up} = R_{up} + jX_{up} = j0,0418 + 0,00417 + j0,0773 + 0,1994 + j0,35009$
$\vec{Z}_{up} = 0,2035 + j0,4700\,pu$
$\vec{Z}_{uz} = R_{uz} + jX_{uz} + 3 \times R_{ur}$
$R_{ur} = 0,2520\,pu$ (ver item "f" deste exemplo)

Nota: Para efeito prático, podem-se considerar iguais as impedâncias de sequência positiva, negativa e zero dos transformadores de potência.

$$\vec{Z}_{uz} = 0,0417 + j0,0773 + 0,3488 + j1,6164 + 3 \times 0,2520$$

$$\vec{Z}_{uz} = 1,1089 + j1,6937 \ pu$$

f) Resistência do resistor nas bases adotadas

Para a mudança de base usa-se a conversão:

$$Z_{xp} = Z_{ch}\left[\frac{P_b}{1.000 \times V_b^2}\right] = Z_{ch} \times \left[\frac{20.000}{1.000 \times 13,8^2}\right]$$

Ou especificamente:

$$R_{ur} = R_r \times \left[\frac{P_b}{1.000 \times V_b^2}\right] = 2,4 \times \left[\frac{20.000}{1.000 \times 13,80^2}\right]$$

$$R_{ur} = 0,2520 \ pu$$

g) Cálculo da corrente de curto-circuito fase e terra

$$\vec{I}_{uz} = \frac{1}{2 \times \vec{Z}_{up} + \vec{Z}_{uzt} + \vec{Z}_{uzc} + 3 R_{ur}} = \frac{1}{\vec{Z}_{uto}}$$

$\vec{Z}_{uzt}$ – impedância de sequência zero do transformador em pu, sendo: $Z_{uzt} = Z_{upt} = Z_{unt}$

Considerou-se que as impedâncias de sequência positiva e negativa do sistema de alimentação têm valores iguais a $R_{us} + jX_{us}$, ou seja: $0 + j0,0418 \ pu$

$\vec{Z}_{uzc}$ – impedância de sequência zero dos condutores em pu.

$$\vec{Z}_{uz} = \vec{Z}_{uzt} + \vec{Z}_{uzc} + 3 \times R_{ur} = 1,1089 + j1,6937 \ pu$$

$$\vec{Z}_{uto} = 2 \times \vec{Z}_{up} + \vec{Z}_{uz} = 2 \times (0,2035 + j0,4700) + (1,1089 + j1,6937)$$

$$\vec{Z}_{uto} = 1,5159 + j2,6337 = 3,0388 \angle 60,1° \ pu$$

$$\vec{I}_{uz} = \frac{1}{3,0388 \angle 60,1°} = 0,3290 \angle -60,1° \ pu$$

$$\vec{I}_{up} = \vec{I}_{un} = \vec{I}_{uz} = 0,1640 - j0,2852 \ pu$$

$$\vec{I}_{ft} = 3 \times \vec{I}_{uz} \times I_b = 3 \times 0,3290 \times 836,7 = 825,8 \ A$$

h) Cálculo das tensões nas fases não atingidas

$$\vec{Z}_{up} = 0,2035 + j0,4700 \ pu$$

$$\vec{Z}_{un} = 0,2035 + j0,4700 \ pu$$

$$\vec{Z}_{uz} = 1,1089 + j1,6937 \ pu$$

- Tensão de sequência positiva

$$\vec{V}_{up} = \vec{V}_{uf} - \vec{Z}_{up} \times \vec{I}_{up}$$

$$\vec{V}_{uf} = \frac{V_{ff}}{V_b} = \frac{14.400}{13.800} = 1,043 + j0 \ pu$$

$$\vec{V}_{up} = 1{,}043 + j0 - (0{,}2035 + j0{,}4700) \times (0{,}1640 - j0{,}2852)$$

$$\vec{V}_{up} = 1{,}043 - 0{,}1674 - j0{,}0190 \; pu$$

$$\vec{V}_{up} = 0{,}8756 - j0{,}0190 \; pu$$

- Tensão de sequência negativa

$$\vec{V}_{un} = -\vec{Z}_{un} \times \vec{I}_{up} = -(0{,}2035 + j0{,}4700) \times (0{,}1640 - j0{,}2852)$$

$$\vec{V}_{un} = -0{,}1674 - j0{,}0190 \; pu$$

- Tensão de sequência zero

$$\vec{V}_{uz} = -\vec{Z}_{uz} \times \vec{I}_{up} = -(1{,}1089 + j1{,}6937) \times (0{,}1640 - j0{,}2852)$$

$$\vec{V}_{uz} = -0{,}6649 + j0{,}0384 \; pu$$

- Tensões de fase

$$\vec{V}_{ua} = 0$$

$$\vec{V}_{ub} = a^2 \times V_{up} + a \times V_{un} + V_{uz}$$

$$\vec{V}_{ub} = (-0{,}5 - j0{,}866) \times (0{,}8756 - j0{,}0190) + (-0{,}5 + j0{,}866) \times (-0{,}1674 - j0{,}0190) + \\ + (-0{,}6649 + j0{,}0384)$$

$$\vec{V}_{ub} = -0{,}4542 - j0{,}7487 + 0{,}1001 - j0{,}1354 - 0{,}6649 + j0{,}0384$$

$$\vec{V}_{ub} = -1{,}0190 - j0{,}8457 = 1{,}3232 \angle 140{,}3° \; pu$$

$$\vec{V}_{uc} = a \times \vec{V}_{up} + a^2 \times \vec{V}_{un} + \vec{V}_{uz}$$

$$\vec{V}_{uc} = (-0{,}5 + j0{,}866) \times (0{,}8756 - j0{,}0190) + (-0{,}5 - j0{,}866) \times (-0{,}1674 - j0{,}0190) + \\ + (-0{,}6649 + j0{,}0384)$$

$$\vec{V}_{uc} = -0{,}4213 + j0{,}7677 + 0{,}0672 + j0{,}1544 - 0{,}6649 + j0{,}0384$$

$$\vec{V}_{uc} = -1{,}0190 + j0{,}9605 = 1{,}4003 \angle 43{,}3° \; pu$$

As sobretensões sustentadas de fase em volts valem:

$$\vec{V}_a = 0$$

$$\vec{V}_b = \frac{14{,}400}{\sqrt{3}} \times 1{,}3242 \angle 140{,}3° = 11{,}009 \angle 40{,}3° \; kV$$

$$\vec{V}_c = \frac{14{,}400}{\sqrt{3}} \times 1{,}4003 \angle 43{,}3° = 11{,}641 \angle 43{,}3° \; kV$$

Pode-se observar que, se na fase C estivesse instalado um para-raios de tensão nominal igual a 12 kV (fase e terra), este não seria afetado pela sobretensão resultante.

1.6 FENÔMENOS DE REFLEXÃO E REFRAÇÃO DE UMA ONDA INCIDENTE

Uma onda de tensão que caminha em um alimentador pode atingir diversos pontos característicos do sistema, resultando em fenômenos distintos e de efeitos particulares. A onda incidente pode sofrer modificações em módulo, dependendo da característica do ponto que atinge.

1.6.1 Ponto terminal de um circuito aberto

É aquele em que a impedância é infinita. Esse ponto terminal pode ser identificado por um circuito cujas extremidades estão abertas, por exemplo, pelo secionamento de um disjuntor. Na realidade, o transformador é considerado o caso mais importante neste estudo, pois devido a sua elevada impedância de surto, pode ser considerado em várias aplicações como um circuito aberto. Isso é perfeitamente entendível se consideramos que as bobinas primárias são eletricamente isoladas das bobinas secundárias, sendo, porém, magneticamente acopladas. Um surto de tensão que atinja um circuito de alimentação de um transformador, ou mesmo a extremidade aberta de um circuito, como é o caso do disjuntor do transformador desenergizado, resulta em uma onda refletida e em outra refratada, cujos valores são dados no conjunto das Equações (1.30).

$$\begin{cases} V_{re} = V_{su} \\ V_{te} = 2 \times V_{su} \\ I_{te} = I_{su} + I_{re} \end{cases} \quad (1.30)$$

A simbologia a ser utilizada será:

V_{su} – onda de tensão de surto incidente;
V_{re} – onda de tensão refletida;
V_{rf} – onda de tensão refratada [ver Equação (1.32)];
V_{te} – onda de tensão terminal;
I_{su} – onda de corrente de surto incidente;
I_{re} – onda de corrente refletida;
I_{rf} – onda de corrente refratada [ver Equação (1.33)];
I_{te} – onda de corrente terminal.

A Figura 1.26 ilustra os módulos da tensão de uma onda de surto de tensão incidente e refletida com terminal aberto. Já a Figura 1.27 mostra os módulos de uma onda de surto de corrente incidente e refletida correspondente à corrente de surto incidente.

A partir do conjunto da Equação (1.30) e das Figuras 1.26 e 1.27, pode-se concluir que:

- a onda de tensão de surto incidente é igual à onda de tensão refletida: $V_{su} = V_{re}$;
- a onda de tensão no terminal é o dobro da onda da tensão de surto incidente: $V_{te} = 2 \times V_{su}$;
- a onda de corrente refletida é igual à onda de surto da corrente incidente, porém de sinal invertido: $I_{re} = -I_{su}$;
- a onda de corrente de surto incidente e a onda de corrente refletida se anulam no terminal.

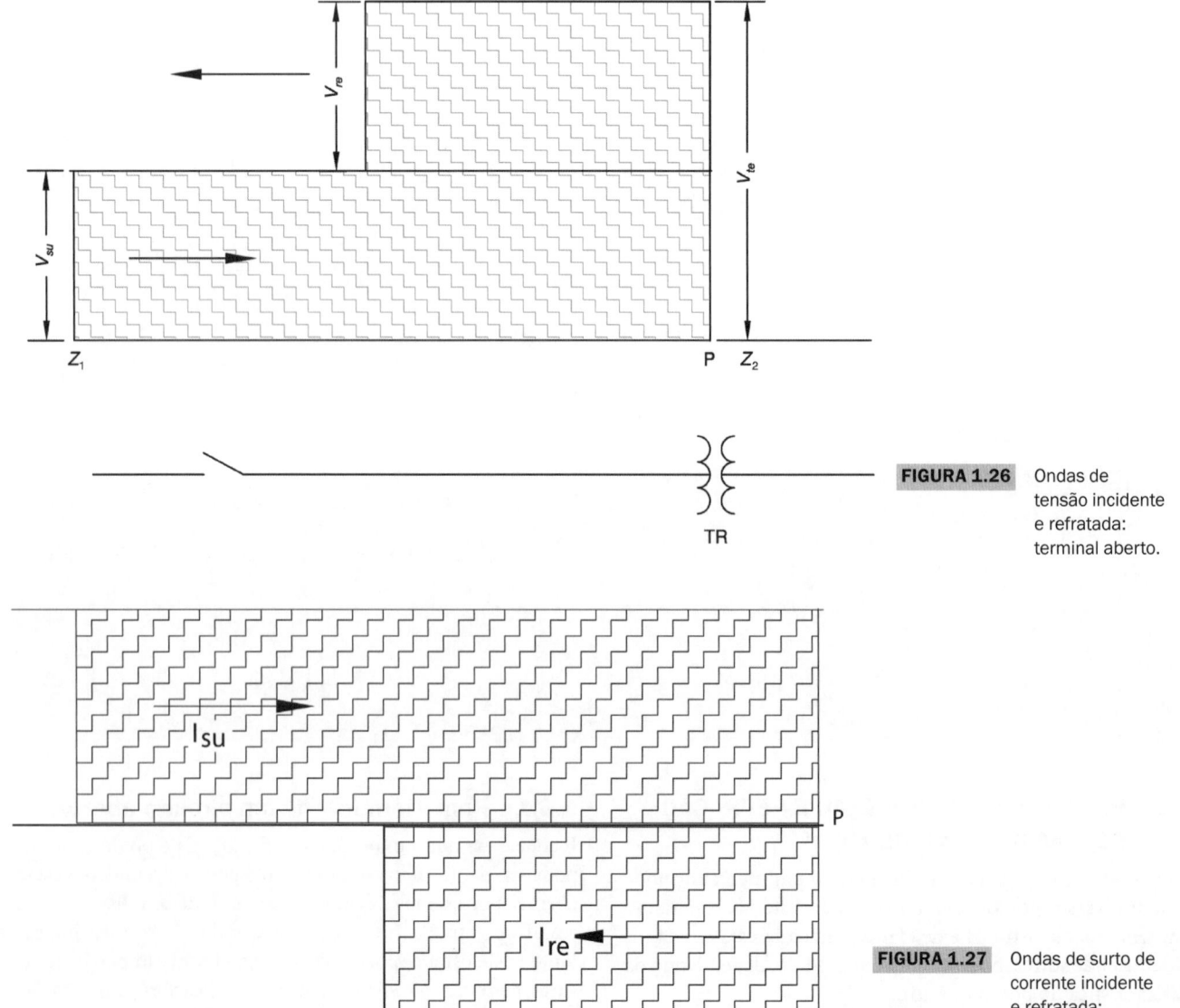

FIGURA 1.26 Ondas de tensão incidente e refratada: terminal aberto.

FIGURA 1.27 Ondas de surto de corrente incidente e refratada: circuito aberto.

1.6.2 Ponto de descontinuidade de impedância

Pode ser assim identificado como um circuito que muda a sua impedância característica a partir de um determinado ponto.

Esse é o caso prático de subestações de consumidor alimentadas em média tensão, cujo ramal de entrada é constituído de cabo isolado subterrâneo. Como a impedância característica da rede aérea de alimentação é de aproximadamente 450 Ω e a dos cabos subterrâneos em torno de 50 Ω, surgirão duas ondas de tensão quando a onda de surto incidente atingir esta conexão: uma onda refletida e outra refratada.

A onda refletida retorna ao sistema, enquanto a onda refratada caminha em direção à subestação a jusante. A Figura 1.28 ilustra esse fenômeno, enquanto as Equações (1.31) e (1.32) fornecem os valores, respectivamente, das ondas de tensão refletida e refratada.

$$V_{re} = V_{su} \times \left(\frac{Z_{rf} - Z_{su}}{Z_{su} + Z_{rf}} \right) \quad (1.31)$$

$$V_{rf} = V_{su} \times \left(\frac{2 \times Z_{rf}}{Z_{su} + Z_{rf}} \right) \quad (1.32)$$

Z_{su} – impedância de surto para onda incidente;
Z_{rf} – impedância de surto para a onda refratada.

Os valores das correntes refletida e refratada são:

$$\begin{cases} I_{re} = -\left[\dfrac{Z_{rf} - Z_{su}}{Z_{su} + Z_{rf}} \right] \times I_{su} \\ I_{rf} = \left[\dfrac{2 \times Z_{su}}{Z_{su} + Z_{rf}} \right] \times I_{su} \end{cases} \quad (1.33)$$

O termo $\left(\dfrac{Z_{rf} - Z_{su}}{Z_{su} + Z_{rf}} \right)$ é chamado de coeficiente de reflexão de tensão ou corrente.

O ponto P da Figura 1.28 representa o ponto de conexão da rede aérea com o cabo do ramal de entrada subterrâneo.

Algumas considerações importantes podem ser analisadas, ou seja:

- quando o valor de Z_{su} é inferior ao valor de Z_{rf}, o coeficiente de reflexão é positivo e, consequentemente, a onda de tensão refratada é positiva;
- quando o valor de Z_{su} é superior ao valor de Z_{rf} o coeficiente de reflexão é negativo e a onda de tensão refratada é positiva, enquanto a onda de corrente correspondente é positiva;
- quando o valor de Z_{su} é igual ao valor de Z_{rf}, o coeficiente de reflexão é nulo, resultando uma tensão e corrente refletidas também nulas;
- a onda de tensão refratada ou transmitida é diretamente proporcional à impedância Z_{rf}.

O estudo das ondas refletidas e refratadas, nos dois casos analisados anteriormente, constitui um ponto básico para o estudo da localização dos para-raios com relação ao equipamento que se deseja proteger, assunto que será abordado posteriormente.

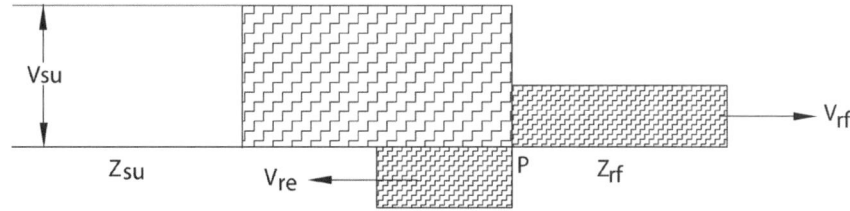

FIGURA 1.28 Ondas de tensão incidente, refletida e refratada: impedância descontinuada.

EXEMPLO DE APLICAÇÃO (1.6)

Considerando uma instalação industrial alimentada por uma rede aérea de 13,8 kV, calcule as tensões de surto refletidas e refratadas quando, em um dia chuvoso, a rede foi atingida por um raio que lhe induziu uma tensão de impulso de 90 kV, sabendo-se que o ramal de entrada é de cabo isolado.

O valor de tensão de surto de 90 kV, na maioria dos casos, é um pouco inferior à tensão nominal suportável de impulso (TNSI) padronizada para sistemas de distribuição, que é 95 kV.

A tensão refletida no ponto de conexão entre a rede aérea e a rede em cabo isolado vale:

$$V_{re} = V_{su} \times \left(\frac{Z_{rf} - Z_{su}}{Z_{su} + Z_{rf}} \right) = 90 \times \left(\frac{50 - 450}{450 + 50} \right) = -72 \text{ kV}$$

A tensão no ponto de mudança de impedância vale:

$$V_p = V_{su} + V_{re}$$

$$V_p = 90 + (-72) = 18 \text{ kV}$$

A tensão refratada vale:

$$V_{rf} = V_{su} \times \left(\frac{2 \times Z_{rf}}{Z_{su} + Z_{rf}}\right) = 90 \times \left(\frac{2 \times 50}{450 + 50}\right) = 18\ kV$$

A tensão refratada de 18 kV atingirá, por sua vez, o transformador da subestação do consumidor:

A corrente de surto vale:

$$I_{su} = \frac{V_{su}}{Z_{su}} = \frac{90}{450} = 0,20\ kA = 200\ A$$

As correntes refletidas e refratadas valem:

$$I_{re} = -\left(\frac{Z_{rf} - Z_{su}}{Z_{su} + Z_{rf}}\right) \times I_{su} = -\left(\frac{50 - 450}{450 + 50}\right) \times 0,20$$

$$I_{re} = 0,16\ kA = 160\ A$$

$$I_{rf} = \frac{2 \times Z_{su}}{Z_{su} + Z_{rf}} \times I_{su} = \frac{2 \times 450}{450 + 50} \times 200 = 360\ A$$

Ou ainda:

$$I_{rf} = \frac{V_{rf}}{Z_{rf}} = \frac{18}{50} = 0,36\ kA = 360\ A$$

1.7 CLASSIFICAÇÃO DOS PARA-RAIOS

1.7.1 Classe de descarga da linha de transmissão

Conforme NBR 16050 (Tabela 2 da norma) e IEC 60099-4, os para-raios podem ser classificados nos ensaios de descarga de acordo com os seguintes parâmetros:

- classe de descarga de linha de transmissão 5: 20 kA; duração da tensão virtual de crista: 3.200 µs;
- classe de descarga de linha de transmissão 4: 20 kA; duração da tensão virtual de crista: 2.800 µs;
- classe de descarga de linha de transmissão 3: 10 kA; duração da tensão virtual de crista: 2.400 µs;
- classe de descarga de linha de transmissão 2: 10 kA; duração da tensão virtual de crista: 2.000 µs;
- classe de descarga de linha de transmissão 1: 10 kA; duração da tensão virtual de crista: 2.000 µs;
- classe de descarga de linha de transmissão 1: 5 kA.

Em sistemas de até 230 kV, os para-raios de resistor não linear de 20 kA asseguram os melhores níveis de proteção. Em seguida, vêm os para-raios das classes de 10 kA.

Como regra geral, os para-raios de 20 kA são aplicados a sistemas acima de 69 kV e a subestações de sistemas de tensões mais baixas, consideradas suficientemente importantes para justificar a melhor proteção.

Os para-raios de 5 kA são usados na proteção de transformadores de distribuição instalados em redes aéreas.

1.8 CARACTERÍSTICAS DOS PARA-RAIOS

A seguir são listadas as características dos para-raios fabricados para sistemas de potência.

1.8.1 Tensão nominal

Segundo a NBR 16050, podemos definir a tensão nominal de um para-raios a óxido metálico sem centelhadores como o valor da tensão eficaz na frequência industrial que é aplicado aos seus terminais e para o qual foi projetado para operar corretamente e manter a sua estabilidade térmica, após a absorção de uma determinada quantidade de energia, devido aos impulsos de elevada corrente de longa duração, sob condições de sobretensão temporária durante 10 segundos, conforme estabelecido em todos os ensaios do ciclo de operação.

1.8.2 Máxima tensão de operação contínua (MCOV)

É a tensão máxima permissível de frequência industrial que pode ser aplicada continuamente aos terminais do para-raios, sem provocar degradação ou alteração das suas características operacionais.

O valor de $MCOV_{sis}$ deve ser igual ou superior à máxima tensão operativa do sistema ($V_{máx.sis}$).

$$MCOV_{sis} \geq K \times \frac{V_{máx.sis}}{\sqrt{3}} \qquad (1.34)$$

K – margem de segurança que pode variar entre 1,05 e 1,10;
$V_{máx.sis}$ – tensão máxima de operação do sistema, em kV.

1.8.3 Máxima sobretensão temporária (TOV)

Pode ser entendida como a característica de suportabilidade na curva tensão × tempo em que se mede o tempo de duração para o qual é permitida a aplicação de uma tensão superior à tensão máxima de operação em regime contínuo nos terminais dos para-raios.

1.8.3.1 Máxima sobretensão temporária do sistema (TOV_{sis})

É uma função do fator de aterramento, ou fator de sobretensão, dos sistemas elétricos e está contido nos valores típicos mencionados a seguir, a partir dos quais se podem determinar os valores das sobretensões obtidas em função da condição do tipo de aterramento. O valor da TOV_{sis} do sistema pode ser determinado pela Equação (1.35).

$$TOV_{sis} = K_{sis} \times \frac{V_{máx.sis}}{\sqrt{3}} \text{ (kV)} \quad (1.35)$$

Os valores de K_{sis} são função do tipo de aterramento do sistema ao qual estão conectados os para-raios.

- Sistema multiaterrado: $K_{sis} \leq 1,3$.
- Sistema eficazmente aterrado: $K_{sis} \leq 1,4$.
- Sistema não eficazmente aterrado: $K_{sis} \leq 1,73$.
- Sistema isolado: $K_{sis} \leq 1,80$.

O para-raios pode operar nessa região da TOV no intervalo de tempo de até 10 s (região 2 da Figura 1.30), quando sujeito a transitórios de frequência industrial, ou seja, a TOV representa a suportabilidade do para-raios para sobretensões motivadas, por exemplo, por defeitos monopolares em sistemas em que o resistor de aterramento tem influência na elevação da tensão entre fase e terra.

Quando o para-raios está submetido à TOV, as pastilhas de óxido de zinco permitem fluir uma corrente de fuga superior ao valor da corrente de fuga em operação sob tensão nominal.

1.8.3.2 Suportabilidade dos para-raios quanto às sobretensões temporárias

Para que a seleção dos para-raios seja consumada devem-se garantir as condições dadas pelas Equações (1.36) e (1.37).

$$\frac{TOV_{pr}}{MCOV_{sis}} \geq \frac{TOV_{sist}}{MCOV_{pr}} \quad (1.36)$$

$$\frac{TOV_{pr}}{V_{npr}} \geq \frac{TOV_{sist}}{V_{npr}} \quad (1.37)$$

A partir do gráfico da Figura 1.29, utilizando-se o valor de $\frac{TOV_{sist}}{V_{npr}}$, obtém-se, aproximadamente, a duração máxima sobretensão temporária de $T_{máxdef}$, em s, que deve satisfazer à Equação (1.38).

$$T_{def} \leq T_{máxdef} \quad (1.38)$$

T_{def} – tempo de duração para atuação da proteção, em s.

1.8.4 Curva de operação dos para-raios

A Figura 1.30 mostra a existência de três regiões distintas de operação dos para-raios, a partir de suas curvas características de tensão × corrente. O para-raios a óxido de zinco deve

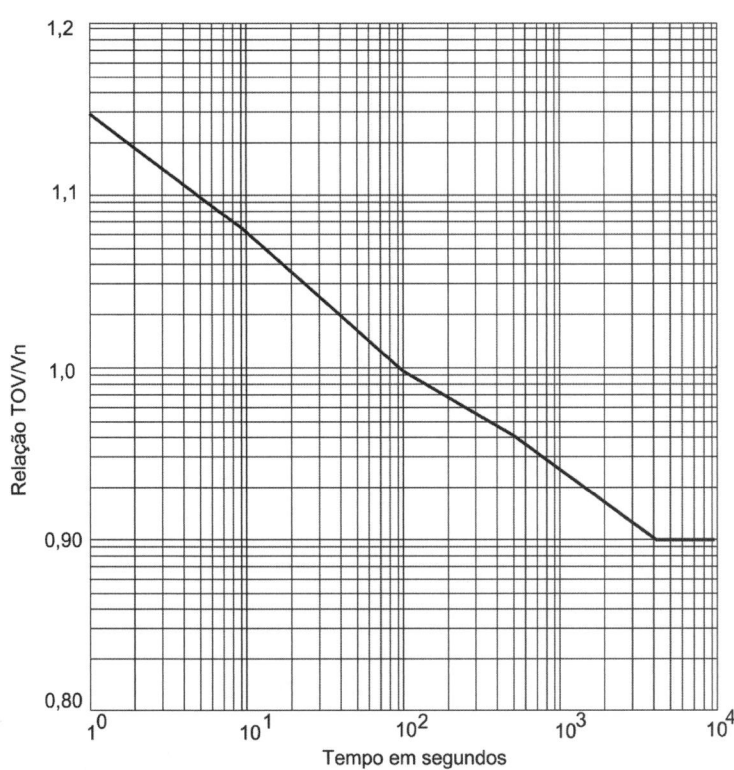

FIGURA 1.29 Duração máxima da sobretensão.

operar continuamente, sem riscos de avaria, em toda a região 1 da sua curva de operação.

Essa região é conhecida como MCOV (*Maximum Continuous Operating Voltage*) e que corresponde a uma tensão de operação entre 80 e 90% da tensão nominal do para-raios e cujo valor deve ser informado pelo fabricante. Nessa região de baixas correntes o óxido metálico é muito sensível às temperaturas a que é submetido, alterando severamente as suas características. Quanto maior for a temperatura a que ficam submetidas as pastilhas, maior será a energia acumulada nos elétrons e, consequentemente, maior será o valor da corrente de fuga, degradando o desempenho do para-raios.

A região 2 é caracterizada pela grande variação de condução de corrente pelos para-raios para pequenos incrementos de tensão no sistema. Essa região se caracteriza pela TOV (*temporary overvoltage*) e na qual os para-raios suportam bem os transitórios na frequência industrial. Nessa condição, o para-raios pode operar por até 10 s. Para tempos superiores ocorrerá uma elevação de temperatura nas pastilhas de óxido metálico e, como consequência, será drenada para a terra um valor maior de corrente de fuga. Nessa região, a temperatura apresenta pouca influência no valor da tensão.

Ao continuar sobre a curva de operação do para-raios encontramos a região 3 que é caracterizada pela condução de elevadas correntes de fuga, na frequência industrial, com valores superiores à sua capacidade nominal, o que possivelmente levará as pastilhas à condição de avaria, cujo fenômeno é denominado avalanche térmica. Nessa região, chamada de zona de alta corrente, onde se processa a descarga da corrente pelo bloco cerâmico, o comportamento do óxido metálico depende da resistividade dos grânulos de que são fabricados os varistores. É nessa região onde se situa o nível de proteção oferecido pelo para-raios contra impulsos atmosféricos.

A Figura 1.31 mostra as características dos para-raios a óxido metálico em função da temperatura a que serão submetidos.

Pela Tabela 1.1, podem-se obter as principais características dos para-raios a óxido metálico, valores típicos para diferentes tensões nominais. No entanto, deve-se selecionar o para-raios em função da tabela fornecida pelo fabricante com base nas características do sistema.

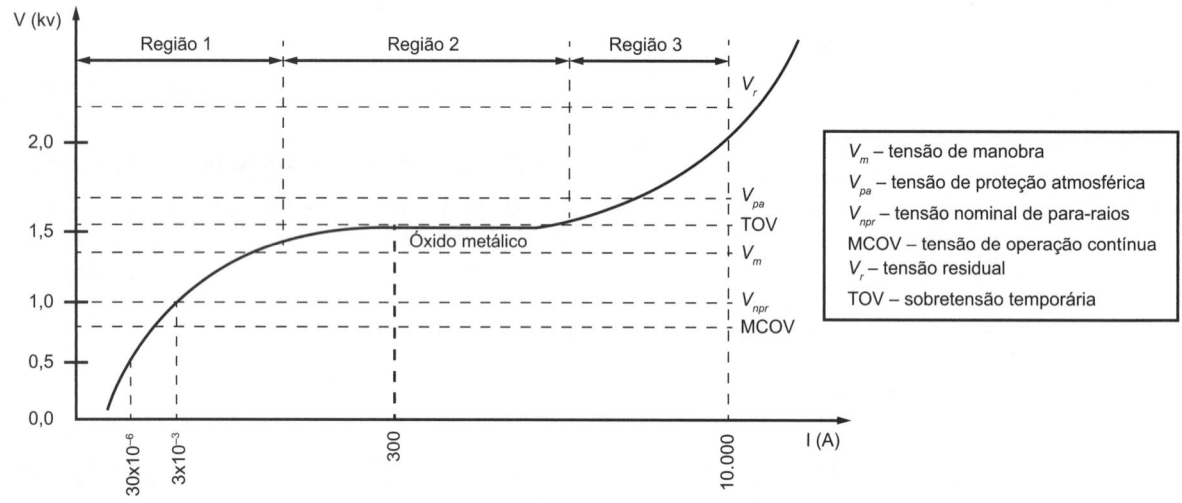

FIGURA 1.30 Regiões de operação do varistor a óxido metálico (ZnO).

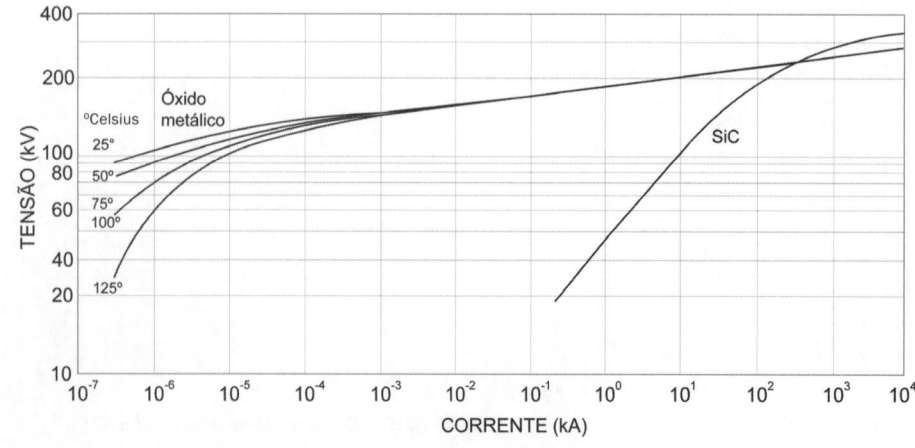

FIGURA 1.31 Curvas características tensão × corrente dos varistores em função da temperatura.

TABELA 1.1 Características de para-raios a óxido de zinco

Tensão máxima do sistema (valor eficaz)	Tensão nominal do para-raios (valor eficaz)	Máxima tensão de operação contínua (MCOV)	Capacidade de sobretensão temporária por 1 s (TOV)	Tensão residual com corrente de 30/60 μs		Tensão residual com corrente de 8/20 μs			
				1 kA	2 kA	5 kA	10 kA	20 kA	40 kA
kV	kV	kV	kV	kV	kV	kV	kV	kV	kV
6,6	6	5,1	-	-	-	15,0	16,1	18,6	22,0
9	9	7,6	-	-	-	22,0	24,0	28,0	33,0
15	12	10,2	-	-	-	30,0	32,0	37,0	43,4
15	15	12,7	-	-	-	37,0	40,0	46,0	54,0
25	24	19,5	-	-	-	57,2	61,4	70,5	82,5
25	27	22,0	-	-	-	64,3	68,6	79,0	92,5
36	33	26,7	38,2	64,4	66,7	71,4	75,1	82,3	90,1
36	36	29,0	41,7	70,2	72,8	77,9	81,9	89,7	98,3
36	39	31,5	45,2	76,1	78,8	84,3	88,8	97,2	107,0
52	48	39,0	55,6	93,6	97,0	104,0	110,0	120,0	132,0
52	54	43,0	62,6	106,0	110,0	117,0	123,0	135,0	148,0
52	60	48,0	69,6	117,0	122,0	130,0	137,0	150,0	164,0
72,5	66	53,4	76,5	129,0	134,0	143,0	151,0	165,0	181,0
72,5	72	58,0	83,5	141,0	146,0	156,0	164,0	180,0	197,0
72,5	75	60,7	87,0	147,0	152,0	163,0	171,0	187,0	205,0
100	84	68,0	97,4	164,0	170,0	182,0	192,0	210,0	230,0
100	90	72,0	104,0	176,0	182,0	195,0	205,0	225,0	246,0
100	96	77,0	111,0	188,0	194,0	208,0	219,0	240,0	263,0
123	108	84,0	125,0	211,0	219,0	234,0	246,0	270,0	295,0
123	120	98,0	139,0	234,0	243,0	260,0	273,0	299,0	328,0
123	132	106,0	153,0	258,0	267,0	286,0	301,0	329,0	361,0
145	120	98,0	139,0	234,0	243,0	260,0	273,0	299,0	328,0
145	132	106,0	153,0	258,0	267,0	286,0	301,0	329,0	361,0
145	138	111,0	160,0	270,0	279,0	299,0	314,0	344,0	377,0
170	150	121,0	174,0	293,0	304,0	325,0	342,0	374,0	410,0
170	162	131,0	187,0	316,0	328,0	351,0	369,0	404,0	443,0
170	168	131,0	194,0	328,0	340,0	364,0	383,0	419,0	459,0
245	210	170,0	243,0	410,0	425,0	454,0	478,0	524,0	574,0
245	216	174,0	250,0	422,0	437,0	467,0	492,0	539,0	590,0
245	228	180,0	264,0	427,0	461,0	493,0	519,0	568,0	623,0
300	228	182,0	264,0	445,0	461,0	493,0	519,0	568,0	623,0
300	240	191,0	278,0	468,0	485,0	519,0	546,0	598,0	656,0
300	264	212,0	306,0	515,0	534,0	571,0	601,0	658,0	721,0
362	264	212,0	306,0	515,0	534,0	571,0	601,0	658,0	721,0
362	276	221,0	320,0	539,0	558,0	597,0	628,0	688,0	754,0
362	288	230,0	334,0	562,0	582,0	623,0	656,0	718,0	787,0
420	378	306,0	438,0	737,0	764,0	817,0	860,0	942,0	1.037,0
420	390	315,0	452,0	761,0	788,0	843,0	888,0	972,0	1.070,0
420	420	336,0	487,0	819,0	849,0	908,0	956,0	1.051,0	1.152,0
550	396	318,0	459,0	773,0	800,0	856,0	901,0	987,0	1.086,0
550	420	336,0	487,0	819,0	849,0	908,0	956,0	1.051,0	1.152,0
550	444	353,0	515,0	866,0	897,0	960,0	1.015,0	1.111,0	1.217,0

EXEMPLO DE APLICAÇÃO (1.7)

Determine as características de um para-raios a ser instalado em uma subestação de 230/138 kV, sabendo-se que os enrolamentos do transformador são conectados em delta no primário (230 kV) e em estrela no secundário (138 kV), cujo ponto neutro está aterrado à malha de aterramento por meio de um resistor de aterramento. A tensão máxima de operação do sistema secundário é de 145 kV. O tempo máximo da proteção para defeitos fase e terra é de 1 s.

a) Cálculo da máxima tensão de operação do sistema (TOV)

De acordo com a Equação (1.35), temos:

$$V_{máx.sis} = 145 \text{ kV [ver Tabela 1.1]}$$

$$K_{sis} = 1,73 \text{ (sistema não eficazmente aterrado)}$$

$$TOV_{sis} \geq K_{sis} \times \frac{V_{máx.sis}}{\sqrt{3}} \rightarrow TOV_{sis} \geq 1,73 \times \frac{145}{\sqrt{3}} \geq 144,8 \text{ kV}$$

b) Cálculo da máxima tensão de operação contínua do sistema ($MCOV_{sis}$)

De acordo com a Equação (1.34), temos:

$$K = 1,1 \text{ (margem de segurança adotada)}$$

$$MCOV_{sis} \geq K \times \frac{V_{máx.sis}}{\sqrt{3}} \rightarrow MCOV_{sis} \geq 1,1 \times \frac{145}{\sqrt{3}} \geq 92 \text{ kV}$$

Com os valores $TOV_{sis} \geq 144,8$ kV, $MCOV_{sis} \geq 92$ kV, $V_{máx.sis} = 145$ kV e consultando a Tabela 1.1 podemos selecionar inicialmente as características do para-raios:
- máxima tensão de operação contínua: 106,0 kV;
- máxima sobretensão temporária: 153,0 kV.

Por consequência, a tensão nominal do para-raios vale 132 kV.

c) Suportabilidade dos para-raios quanto às sobretensões temporárias

$$\frac{TOV_{pr}}{MCOV_{sis}} \geq \frac{TOV_{sist}}{MCOV_{pr}} \rightarrow \frac{153,0}{92} \geq \frac{144,8}{106,0} \rightarrow 1,66 \text{ kV} \geq 1,36 \text{ kV (condição satisfeita)}$$

$$\frac{TOV_{pr}}{V_{npr}} \geq \frac{TOV_{sist}}{V_{npr}} \rightarrow \frac{153,0}{132} \geq \frac{144,8}{132} \rightarrow 1,15 \text{ kV} \geq 1,09 \text{ kV (condição satisfeita)}$$

Logo, acessando o gráfico da Figura 1.29 e utilizando o valor de $\frac{TOV_{sis}}{V_{npr}} = 1,09$, obtém-se a duração máxima sobretensão temporária de $T_{máxdef} = 5$ s, ou seja:

$$T_{def} \leq T_{máxdef} \text{ (condição satisfeita)}$$

1.8.5 Frequência nominal

É a frequência para a qual foi projetado o para-raios.

1.8.6 Corrente de descarga nominal

É a corrente tomada em seu valor de crista, com forma de onda de 8/20 μs, que é usada para classificar o para-raios.

A Comissão de Eletrotécnica Internacional (IEC) recomenda que para um nível de tensão de até 72 kV a seleção de para-raios de 5 e 10 kA de corrente de descarga nominal pode ser feita com base nos seguintes dados:

- nível ceráunico da região;
- probabilidade de ocorrência de descargas atmosféricas com correntes elevadas;
- importância dos equipamentos empregados no sistema;
- nível de isolação do sistema.

Em áreas sujeitas a elevadas intensidades de descargas atmosféricas deve-se utilizar para-raios com corrente de descarga nominal de 10 e 20 kA. Esse tipo de para-raios apresenta uma maior absorção de energia devido ao maior volume de material de características não lineares. Em áreas de nível ceráunico baixo e de reduzidas intensidades de descargas atmosféricas, pode-se utilizar os para-raios de 5 kA.

De forma geral, a aplicação de para-raios de 5 e 10 kA, além dos aspectos técnicos considerados, é uma questão econômica.

A corrente de descarga máxima de um para-raios que protege, por exemplo, um transformador, pode ser determinada de modo aproximado de acordo com a Equação (1.39). No Capítulo 21, voltaremos a abordar esse item.

$$I_d = \frac{2 \times V_s - V_r}{Z_{su}} \text{ (kA)} \qquad (1.39)$$

$V_s = 1,2 \times$ nível de isolamento de impulso atmosférico da linha de transmissão ou rede de distribuição, em kV;
V_r – tensão residual do para-raios, em kV;
Z_{su} – impedância de surto, em Ω.

A Tabela 1.1 fornece os valores típicos de corrente de descarga dos para-raios; no entanto, deve-se consultar o catálogo do fabricante para a definição das características finais dos para-raios.

1.8.7 Tensão residual

É a tensão que aparece nos terminais do para-raios, tomada em seu valor de crista, quando da passagem da corrente de descarga. Existem, também, ensaios em que é definida a tensão residual, quando o para-raios está submetido a surtos de manobra de longa duração.

A tensão residual é uma das características mais importantes do para-raios, pois é essa a tensão a que ficará submetido qualquer equipamento que estiver sob a sua proteção, contanto que esteja instalado praticamente nos seus bornes de alimentação.

Assim, quando um surto de tensão, viajando pela linha de transmissão, penetra no interior de uma subestação, encontra o para-raios que limita o seu valor à tensão residual de descarga adicionada à tensão desenvolvida por autoindutância nos cabos de aterramento do para-raios, tendo a mesma taxa de crescimento da onda original e se propagando por toda a subestação.

A inclinação da onda permite tensões elevadas submetendo o equipamento protegido a severas solicitações, como será visto posteriormente.

1.8.8 Tensão disruptiva a impulso

É o maior valor da tensão de impulso atingido antes da disrupção quando aos terminais do para-raios é aplicado um impulso de forma de onda, amplitude e polaridades dadas.

1.8.9 Tensão disruptiva de impulso atmosférico normalizado

É a menor tensão, tomada em seu valor de crista, quando o para-raios é submetido a uma onda normalizada de 1,2/50 μs e provoca disrupção em todas as aplicações.

EXEMPLO DE APLICAÇÃO (1.8)

Calcule a corrente de descarga nominal que deve possuir um para-raios que protege um transformador de 69-13,80 kV instalado em uma subestação de consumidor cuja tensão suportável nominal de impulso atmosférico é de 350 kV. O sistema é eficazmente aterrado. A tensão máxima de operação do sistema vale 72 kV.

a) Cálculo da máxima tensão de operação contínua do para-raios (TOV_{pr})

K = 1,4 (sistema eficazmente aterrado)

$$TOV_{sis} \geq K_{sis} \times \frac{V_{máx.sis}}{\sqrt{3}} \rightarrow TOV_{sis} \geq 1,4 \times \frac{72}{\sqrt{3}} \geq 58,2 \text{ kV} \rightarrow TOV_{pr} = 76,5 \text{ kV (Tabela 1.1)}$$

b) Cálculo da máxima tensão de operação contínua ($MCOV_{sis}$)

De acordo com a Equação (1.34), temos:

K = 1,1 (margem de segurança adotada)

$$MCOV_{sis} \geq K \times \frac{V_{máx.sis}}{\sqrt{3}} \rightarrow MCOV_{sis} \geq 1,1 \times \frac{72}{\sqrt{3}} \geq 45,7 \text{ kV} \rightarrow MCOV_{pr} = 53,4 \text{ kV (Tabela 1.1)}$$

c) Cálculo da corrente de descarga

$Z_{su} = 450\ \Omega$ (valor característico para o sistema de 72 kV)

$V_r = 143$ kV (a tensão residual foi obtida da Tabela 1.1 com base na $TOV_{sis} \geq 58,2$ kV e na $MCOV_{sis} \geq 45,7$ kV; selecionou-se, inicialmente, o para-raios de tensão nominal de 66 kV e corrente de descarga mínima de 5 kA)

$V_r = 1,2 \times 350 = 420$ kV (valor máximo admitido; o valor da tensão suportável de impulso em 72 kV pode ser de 325 ou 350 kV)

$$I_d = \frac{2 \times V_s - V_r}{Z_{su}} = \frac{2 \times 420 - 143}{450} = 1,5 \text{ kA}$$

Logo, o para-raios deve possuir uma corrente de descarga nominal de 5 kA que é o valor mínimo padronizado. Aconselha-se utilizar um para-raios de, no mínimo, de 10 kA.

1.8.10 Tensão disruptiva de impulso de manobra

É o maior valor de tensão transitória que pode ocorrer no sistema antes de haver a disrupção do para-raios.

As descargas de manobra têm características de longa duração e, normalmente, possuem um elevado conteúdo térmico, comparativamente às descargas de origem atmosféricas.

Os para-raios de distribuição a óxido metálico raramente são alcançados pelo impulso de manobra, pois são fabricados para um nível de proteção muito elevado com relação à sua tensão nominal.

1.8.11 Suportabilidade dos para-raios à frequência industrial valor eficaz

Os para-raios quando submetidos a tensões de frequência industrial elevadas, motivadas notadamente por surtos de manobra, faltas monopolares, rejeição de carga e ferrorressonância tendem a conduzir a corrente resultante para a terra. A Figura 1.32 indica a suportabilidade dos para-raios quando submetidos a sobretensões na frequência industrial em função da sua duração.

A Figura 1.33 mostra o que ocorre em 1/2 ciclo durante a descarga de um para-raios, enfatizando inicialmente o surto de tensão, a tensão residual e, em correspondência, o surto da corrente de descarga.

Os para-raios a resistor não linear a óxido metálico estão permanentemente submetidos às tensões atuantes no sistema ao qual estão conectados e, por essa razão, devem ser projetados para suportar os níveis de tensão previstos.

Os equipamentos podem ser protegidos por sobretensões temporárias, que são caracterizadas por ondas de tensão à frequência industrial, somente se a duração do fenômeno for por um curto intervalo de tempo. Sobretensões com tempo de duração elevado normalmente provocam danos irreversíveis aos para-raios devido à elevada corrente que pode ser conduzida à terra pelos resistores não lineares, ocasionando perdas joules elevadas, normalmente superiores à sua capacidade de absorção de energia.

A tensão máxima em regime contínuo à frequência industrial dos para-raios a óxido metálico é igual ou inferior a 80% do valor da sua tensão nominal. Assim, um para-raios de 15 kV de tensão nominal, a máxima tensão em regime contínuo é de 12 kV, ou seja: $0{,}80 \times 15 = 12$ kV.

1.8.12 Tensão disruptiva na frente

É o maior valor da tensão de impulso na frente, antes da disrupção, quando aos terminais do para-raios é aplicado um impulso de uma dada polaridade, cuja tensão cresce linearmente com o tempo.

1.8.13 Impulso de corrente íngreme

É o impulso de corrente com tempo de frente de 1 µs, medido a partir da origem virtual, com limites no ajuste do equipamento de ensaio, tais que os valores medidos se situem entre 0,90 e 1,1 µs. O tempo até meio valor, medido a partir da origem virtual, não dever ser inferior a 20 µs.

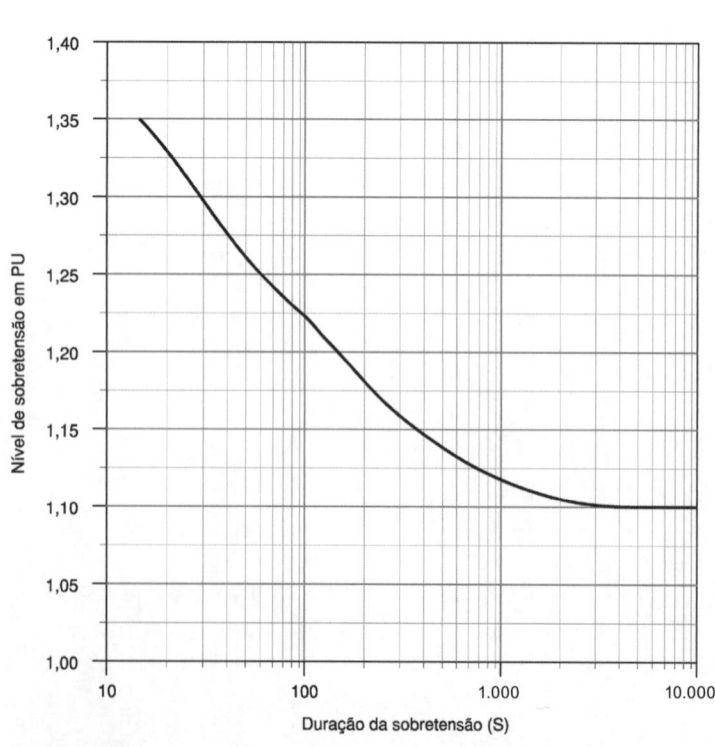

FIGURA 1.32 Suportabilidade dos para-raios para onda de frequência industrial.

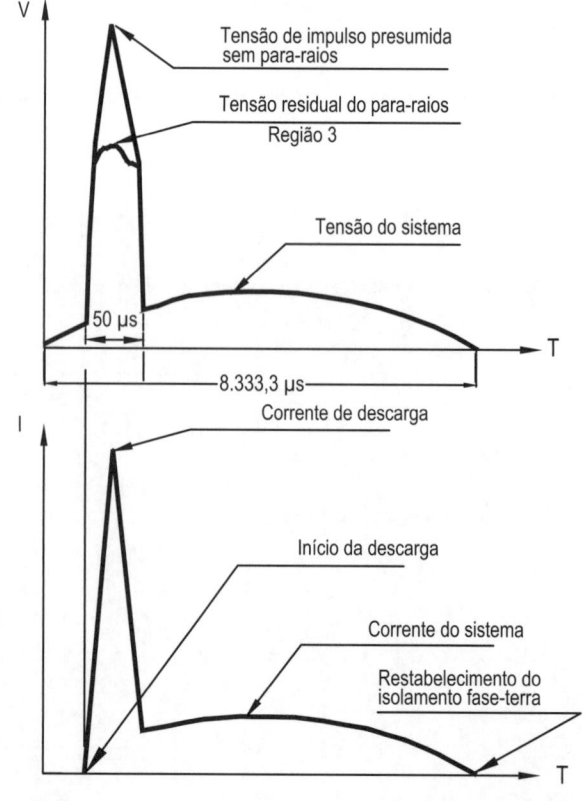

FIGURA 1.33 Ondas de tensão e corrente de descarga de um para-raios.

1.8.14 Tensão de ionização

É a tensão de alta frequência que aparece nos terminais do para-raios, gerada por todas as fontes, particularmente pela corrente de ionização interna, quando uma tensão de frequência industrial é aplicada nos seus terminais.

1.8.15 Sobretensões com taxa de crescimento rápida

As sobretensões com taxa de crescimento rápida decorrentes, por exemplo, de uma descarga atmosférica, possuem valor característico de 500 a 1.000 kV/μs, sendo representativo o valor de 500 kV/μs. As descargas indiretas têm uma velocidade de crescimento pequena que atinge normalmente o valor de 10 kV/μs e, portanto, não são agressivas aos sistemas de alta-tensão superiores a 36 kV.

1.8.16 Tensões suportáveis de surtos de manobra

São aquelas resultantes das descargas decorrentes de surtos de manobra de linhas de transmissão e energização de banco de capacitores para que se assegure a coordenação de isolamento do sistema. É importante que o fabricante informe na sua folha de dados as curvas tempo × tensão de descarga do seu para-raios para tensões de impulso com tempo de até 2.500 μs, que é a duração característica dos surtos de manobra.

1.8.17 Cauda de um impulso de tensão ou corrente

É parte de uma onda de impulso após a sua crista.

1.8.18 Corrente suportável de curto-circuito

É a máxima corrente de falta que circula no interior de um para-raios acima da qual provoca sua fragmentação violenta. Essa definição é própria dos para-raios poliméricos que não possuem dispositivo de alívio de pressão.

1.8.19 Estabilidade térmica dos para-raios

Diz-se que um para-raios é termicamente estável se após a sua operação, nas condições previstas em norma, a temperatura resultante no seu interior e a resistência elétrica dos seus resistores não lineares diminuem com o tempo no momento em que o para-raios for energizado e nele se estabelece a tensão de operação contínua em condições normais de operação.

1.9 LOCALIZAÇÃO DOS PARA-RAIOS

Os para-raios devem ser localizados nos pontos próximos aos transformadores de potência para lhes prover maior proteção, ou diretamente conectados aos cabos das linhas de transmissão. Em qualquer projeto de subestação de média e alta-tensão os para-raios são instalados a uma certa distância dos transformadores, pois, por questões econômicas, utiliza-se na primeira estrutura das subestações um conjunto de para-raios que pode servir de proteção para todos os equipamentos a jusante, incluindo-se os transformadores. Essa distância precisa ser determinada para evitar que os transformadores, como último equipamento do pátio, fiquem fora do limite de proteção dos para-raios.

1.9.1 Distância entre os para-raios e o equipamento a ser protegido

Deve-se assegurar que o para-raios seja conectado ao sistema no ponto mais próximo possível do equipamento a ser protegido. No caso de transformadores de distribuição instalados em postes é muito utilizada a instalação dos para-raios diretamente conectados aos seus terminais primários. No caso de transformadores de potência com secundário em média tensão (13,80 a 34,5 kV) é muito utilizada a conexão dos para-raios diretamente aos seus terminais secundários. Para grandes distâncias entre o ponto de conexão do para-raios e o ponto de conexão do equipamento que se quer proteger, deve-se determinar a tensão de isolação a ser protegida que resulta da limitação imposta pelo para-raios. Esse cálculo pode ser elaborado simplificadamente da forma apresentada adiante ou pelo estudo de coordenação de isolamento desenvolvido no Capítulo 21.

1.9.2 Proteção de transformadores de potência

A seguir, serão definidos os procedimentos para determinar as características dos para-raios para a proteção dos transformadores.

1.9.2.1 Níveis de proteção

Deve existir certa margem de proteção entre a tensão suportável nominal de impulso atmosférico e a de manobra do equipamento relativamente ao nível de proteção do para-raios.

Os valores mínimos recomendados para as relações de proteção, a fim de que se obtenha a coordenação de isolamento, são de 1,20 para impulso atmosférico e 1,15 para impulso de manobra.

A Figura 1.34 mostra a curva tensão × tempo para coordenação da proteção dos transformadores. Na ordenada estão indicados os valores de crista das tensões (não mostrados na Figura 1.34, pois depende da tensão do equipamento e para-raios utilizados), enquanto na abscissa estão indicados os tempos em μs.

Para que exista perfeita coordenação de isolamento, com base em níveis adequados de proteção podem-se estabelecer os seguintes critérios com base na Figura 1.34, relativamente aos transformadores de potência.

- Traçado da curva do transformador
  - Ensaio de frente de onda

    É caracterizado pelo ponto A, se o transformador for ensaiado para a frente de onda.

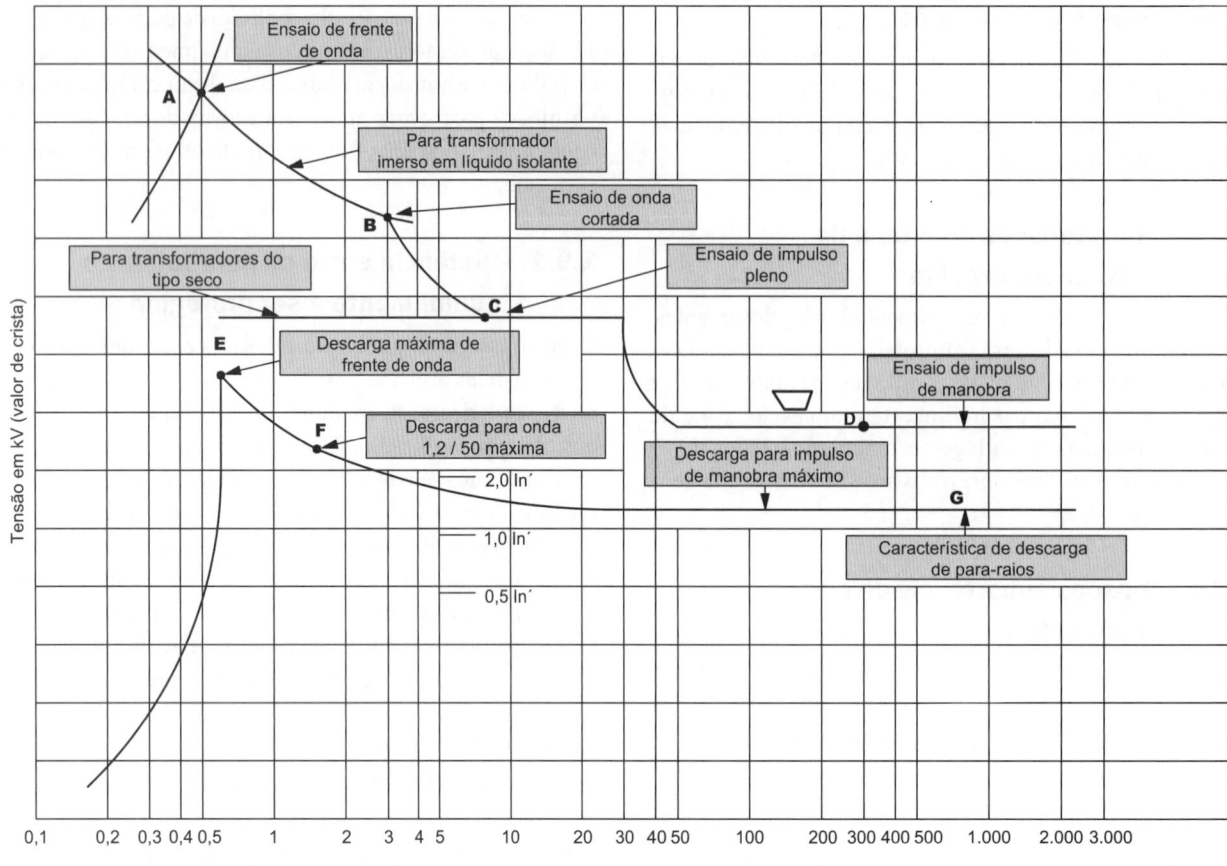

FIGURA 1.34 Curva típica de tensão × tempo para a coordenação da proteção dos transformadores.

– Ensaio de onda cortada

É caracterizado pelo ponto B. A margem de segurança prevista é de 20%, ou seja:

$$\left(\frac{V_{oc}}{V_{di}} - 1\right) \times 100 \geq 20\% \quad (1.40)$$

V_{oc} – tensão de ensaio com onda cortada do transformador;
V_{di} – tensão disruptiva sob impulso do para-raios.

– Onda normalizada

Nesse caso, a margem de segurança é também de 20%, ou seja:

$$\left(\frac{V_{on}}{V_r} - 1\right) \times 100 \geq 20\% \quad (1.41)$$

V_{on} – tensão de ensaio com onda normalizada do transformador;
V_r – tensão residual máxima do para-raios.

– Ensaio de impulso pleno, em torno de 8 μs

É caracterizado pelo ponto C.

– Ensaio de surto de manobra, em torno de 300 μs

É caracterizado pelo ponto D. A margem de segurança prevista é de 15%, ou seja:

$$\left(\frac{V_{esm}}{V_{sm}} - 1\right) \times 100 \geq 15\% \quad (1.42)$$

V_{esm} – tensão de ensaio de surto de manobra do transformador;
V_{sm} – tensão por surto de manobra do para-raios.

O traçado da curva do transformador pode ser realizado interligando-se inicialmente os pontos onde devem aparecer descontinuidades, ponto de onda cortada (B). No ponto (C) de ensaio de onda plena traça-se uma linha a partir de (C) de 8 a 30 μs, considerando que ocorrerá uma descarga disruptiva nessa região no final da onda. Da mesma forma, o valor do impulso de manobra é prolongado de 50 a 2.000 μs, considerado o valor mínimo nessa faixa.

- Traçado da curva do para-raios

De acordo com a Figura 1.34 são observados três pontos de características de ensaios dos para-raios.

– Ensaio de frente de onda
  É caracterizado pelo ponto E.

– Ensaio de onda de 1,2 × 50 μs
  É caracterizado pelo ponto F.

– Ensaio de impulso de manobra em seu valor mínimo
  É caracterizado pelo ponto G, que deve ser estendido de 30 a 2.000 μs quando se conhece apenas um valor de descarga para impulso de manobra.

EXEMPLO DE APLICAÇÃO (1.9)

Determine os níveis de proteção de um para-raios a óxido metálico a ser instalado em uma subestação de 230 kV, sabendo que a tensão máxima do sistema, valor eficaz, é de 245 kV e o transformador a que vai proteger apresenta os seguintes valores nominais de ensaios. Será utilizado um para-raios de tensão nominal de 210 kV.

- Tensão suportável de impulso, onda plena ($V_{tsi} = V_{on}$): 950 kV, valor de pico;
- Onda cortada de impulso atmosférico (V_{oc}): 1.045 kV, valor de pico;
- Impulso de manobra (V_{esm}): 750 kV, valor de pico;
- Tensão nominal: 230 kV.

Com base nas margens de segurança de proteção dos transformadores e nas principais características dos para-raios de 40 kA dadas na Tabela 1.1, temos:

- Nível de proteção para onda normalizada

  De acordo com a Equação (1.41), temos:

  V_r = 574 kV (Tabela 1.1 para tensão nominal de 210 kV/40 kA de tensão residual)

$$\left(\frac{V_{on}}{V_r} - 1\right) \times 100 \geq 20\% \rightarrow \left(\frac{950}{574} - 1\right) \times 100 = 65\% > 20\%$$

Há uma excelente margem de proteção. Deve-se observar que não está sendo considerada a queda de tensão no cabo de aterramento do para-raios.

- Nível de proteção para surto de manobra

  De acordo com a Equação (1.42), temos:

  V_{sm} = 425 kV (Tabela 1.1: para tensão nominal do para-raios de 210 kV/2 kA de tensão residual de manobra com onda 30/60 μs)

$$\left(\frac{V_{esm}}{V_{sm}} - 1\right) \times 100 \geq 1,5\% \rightarrow \left(\frac{750}{425} - 1\right) \times 100 = 76\% > 15\%$$

1.9.2.2 Determinação da distância do para-raios aos terminais do transformador

A maioria das aplicações de para-raios se concentra na proteção de transformadores, sejam eles de distribuição tal qual como se mostra na Figura 1.35, ou de potência, de acordo com a Figura 1.37.

Quando o ponto de impacto de uma descarga atmosférica é uma linha de transmissão, ou um ponto muito próximo a ela, desenvolve-se uma sobretensão que se propaga por todo o sistema. Ao atingir a subestação, o para-raios que está instalado normalmente na sua primeira estrutura e, portanto, a montante do transformador da subestação, opera conduzindo a corrente de descarga para a terra. No entanto, durante a descarga do para-raios surge uma tensão elevada no valor da tensão residual do para-raios que se propaga para o interior da subestação, refletindo nos diversos pontos de descontinuidade, como já foi abordado anteriormente, até atingir o transformador de potência que pode ser considerado um circuito aberto.

A tensão máxima que deve chegar aos terminais do transformador pode ser dada pela Equação (1.43).

$$V_m = V_{npp} + 2 \times K \times T \qquad (1.43)$$

V_m – tensão máxima que se permite nos terminais do transformador, em kV, que corresponde à tensão suportável de impulso;
V_{npp} – tensão correspondente ao nível de proteção do para-raios, em kV;

K – taxa de crescimento da onda de tensão, em kV/μs;
T – tempo de percurso da onda de tensão entre os para-raios e o transformador, em μs.

No caso de o transformador estar afastado do para-raios, como ocorre na maioria dos arranjos de subestações de potência, o nível de proteção a que deverá ser dispensada ao transformador poderá ser fornecido pela Equação (1.44).

$$V_{pt} = V_{npp} + \frac{2 \times K}{V_{pro}} \times D \qquad (1.44)$$

V_{pro} – velocidade de propagação da onda de tensão, em m/μs;
D – distância entre o para-raios e o transformador, em m.

Essa expressão somente é utilizada em sistemas radiais. É necessário aplicar técnicas digitais para o cálculo das sobretensões no caso de subestações com arranjos complexos com diferentes derivações que permitam o percurso das ondas trafegantes.

Devido à autoindutância dos condutores, cerca de 1,3 a 1,4 μH/m, e do crescimento das ondas refletidas, são desenvolvidas tensões cada vez mais elevadas a jusante dos para-raios, quanto maior for a sua distância do transformador que protege.

O cálculo da distância entre o transformador e o para-raios pode ser feito por meio de programas digitais dedicados à análise de transitórios. No entanto, a Equação (1.45) fornece essa distância de modo aproximado, sem contar, é claro, com os

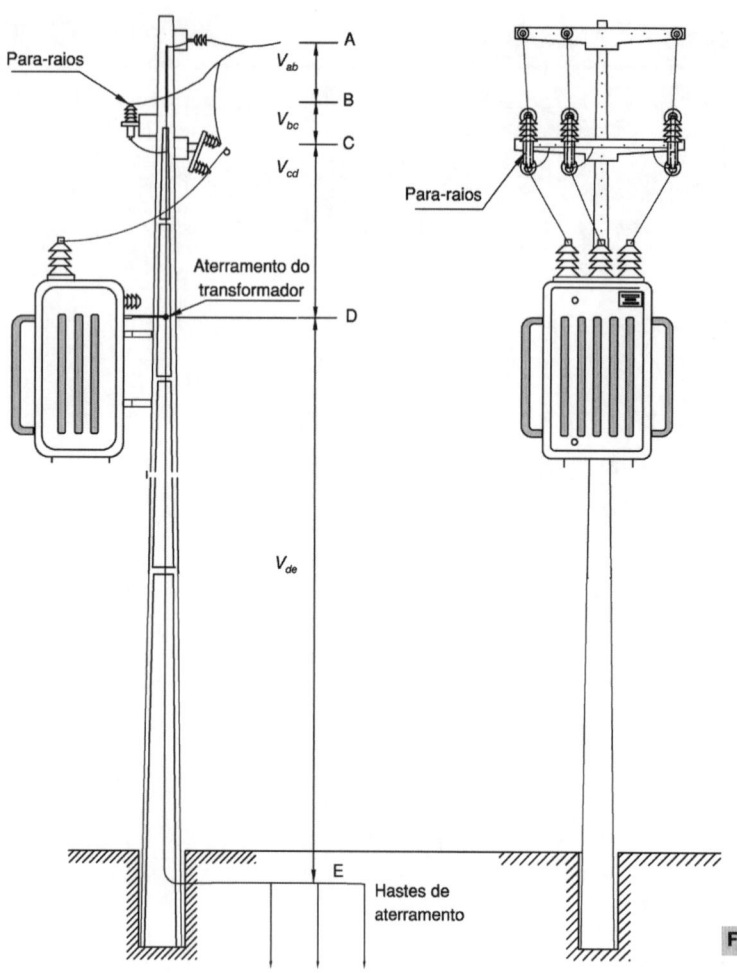

FIGURA 1.35 Aterramento dos para-raios de um transformador de distribuição.

fenômenos de sucessivas reflexões de onda que podem ser mais bem entendidos pelo diagrama de Lattice, também conhecido como diagrama de treliças, não abordado neste estudo.

$$D = \left(\frac{V_m - V_d}{K}\right) \times C \qquad (1.45)$$

V_d – tensão resultante da descarga do para-raios, isto é, tensão residual adicionada a queda de tensão nos condutores de aterramento do para-raios;
C – constante que representa a natureza do cabo entre o para-raios e o transformador:
- para cabos subterrâneos: C = 75;
- para cabos aéreos: C = 150;

K – taxa de crescimento da frente de onda, em kV/μs. Para sistemas eficazmente protegidos, verifica-se que a maior taxa de crescimento da tensão a que a isolação pode ser submetida está entre 500 e 1.000 kV/μs. Para sistemas não eficazmente protegidos o valor da taxa de crescimento da tensão pode atingir valores superiores a 1.000 kV/μs.

Uma instalação é considerada eficazmente protegida quando a probabilidade de ocorrer uma falha no cabo para-raios (cabos guarda) ou descargas de retorno do cabo para-raios ou nos suportes aterrados para condutores ou em outras partes energizadas do sistema é muito pequena e pode ser desprezada. Se não for atendida essa condição o sistema é considerado não eficazmente protegido.

Normalmente, no caso de transformadores de distribuição, segundo a Figura 1.35, pode-se escrever a Equação (1.46), que representa numericamente o valor da sobretensão que é transferida ao transformador quando aterrado à parte do cabo de aterramento do para-raios.

$$V_{st} = V_{ab} + V_{bc} + V_{cd} + V_{de} \qquad (1.46)$$

V_{st} – sobretensão a que fica submetido o transformador;
V_{ab} – queda de tensão desenvolvida no condutor AB;
V_{bc} – tensão residual do para-raios, ou seja, V_r;
V_{cd} – queda de tensão desenvolvida no condutor C-D;
V_{de} – queda de tensão desenvolvida no condutor D-E.

A queda de tensão desenvolvida no condutor de aterramento pode ser determinada a partir da Equação (1.47):

$$V_c = K \times L_c \times I_d \qquad (1.47)$$

V_c – queda de tensão nos condutores devido à corrente de descarga, em kV;
L_c – comprimento do condutor, em m;
I_d – corrente de descarga, em kA;
K – autoindutância dos condutores: 1,3 a 1,4 μH/m.

EXEMPLO DE APLICAÇÃO (1.10)

Considere a estrutura padrão da instalação de transformador de distribuição dada na Figura 1.35. Determine a sobretensão a que ficará submetido o transformador de 13,8/0,38 kV (independentemente de sua potência nominal) quando, em um dia chuvoso, a rede a que pertence sofre uma descarga atmosférica que faz circular pelos condutores uma corrente de 5 kA. Considere a hipótese de o condutor de aterramento ser único para os para-raios e para o aterramento do transformador e em seguida a hipótese de se adotar condutores de aterramento separados (não recomendado). A tensão nominal do para-raios é de 12 kV. A tensão nominal suportável de impulso atmosférico do transformador é de 95 kV.

- 1ª hipótese: condutor de aterramento único

  De acordo com a Equação (1.48), temos:

  $$V_{st} = V_{ab} + V_{bc} + V_{cd}$$
  $$V_{ab} = 1,3 \times L_c \times I_d = 1,3 \times 1,10 \times 5 = 7,15 \text{ kV}$$

$L_c = 1,10$ m (medido na estrutura entre os pontos A e B)

$I_d = 5$ kA (corrente de descarga na linha que corresponde à corrente de descarga do para-raios)

$V_{bc} = V_r = 30$ kV (Tabela 1.1: para para-raios de 12 kV de tensão nominal)

$L_c = 1,25$ m (medido na estrutura entre os pontos C e D)

$$V_{cd} = 1,3 \times L_c \times I_d = 1,3 \times 1,25 \times 5 = 8,12 \text{ kV}$$
$$V_{st} = 7,15 + 30 + 8,12 = 45,2 \text{ kV}$$

- 2ª hipótese: condutores de aterramento separados

  De acordo com a Equação (1.46), temos:

  $L_c = 7,0$ m (medido na estrutura entre os pontos D e E)

  $$V_{st} = V_{ab} + V_{bc} + V_{cd} + V_{de}$$
  $$V_{de} = 1,3 \times L_c \times I_d = 1,3 \times 7 \times 5 = 45,5 \text{ V}$$
  $$V_{st} = 7,15 + 30 + 8,12 + 45,5 = 90,7 \text{ kV}$$

Observe que esse resultado ainda não compromete a integridade do transformador, mas já atinge um valor próximo à tensão suportável de impulso desse equipamento, que é de 95 kV. Deve-se acrescentar que esse resultado não atende à norma NBR 16050, que estabelece um fator de segurança igual ou superior a 20% da tensão suportável de impulso do transformador, ou seja: 0,80 × 95 kV = 76 kV, que deve ser o limite da tensão V_{st}.

Observando-se ainda a Figura 1.35 e analisando-se a Equação (1.46), pode-se concluir que o aterramento do transformador deve ser feito no mesmo condutor de aterramento do para-raios, pois, nesse caso, o valor de V_{de} é nulo, resultando na Equação (1.48).

$$V_{st} = V_{ab} + V_{bc} + V_{cd} \quad (1.48)$$

É importante observar que, quando um para-raios protege um transformador localizado à determinada distância deste, sucessivas ondas de reflexão transientes ocorrem entre esses dois equipamentos. O tempo decorrido em cada uma das reflexões pode ser calculado pela Equação (1.49):

$$T = \frac{2 \times D}{V} \text{ μs} \quad (1.49)$$

D – distância entre o transformador e o para-raios, em m;
V – velocidade de propagação da luz, em m/μs.

Suponha que uma onda de tensão de impulso atmosférico, V_{su}, atinja, por exemplo, uma subestação consumidora conforme mostra a Figura 1.36(a), onde há um para-raios instalado a uma determinada distância D do transformador. A atuação do para-raios, em consequência da onda incidente de impulso, limita essa tensão ao valor da sua tensão residual, V_r, de acordo com o que se observa na Figura 1.36(b), e que caminha no sentido do transformador, atingindo-o e refletindo no ponto com um valor duas vezes maior, ou seja, $2 \times V_r$, conforme se observa na Figura 1.36(c). A onda refletida do transformador ao retornar ao para-raios, é refletida por ele, retornando ao transformador, conforme ilustra a Figura 1.36(d). Ao atingir novamente o transformador há nova reflexão da onda incidente cujo valor é de acordo com a Figura 1.36(e). Após sucessivas reflexões e as consequentes atenuações se estabelece finalmente a tensão residual do para-raios, V_r, tal como mostra a Figura 1.36(f).

Considerando que o para-raios esteja a 20 m do transformador, o tempo corresponde à propagação da tensão residual e a sua consequente reflexão é de:

$$T = \frac{2 \times 20 \text{ m}}{300 \text{ m/μs}} = 0,12 \text{ μs}$$

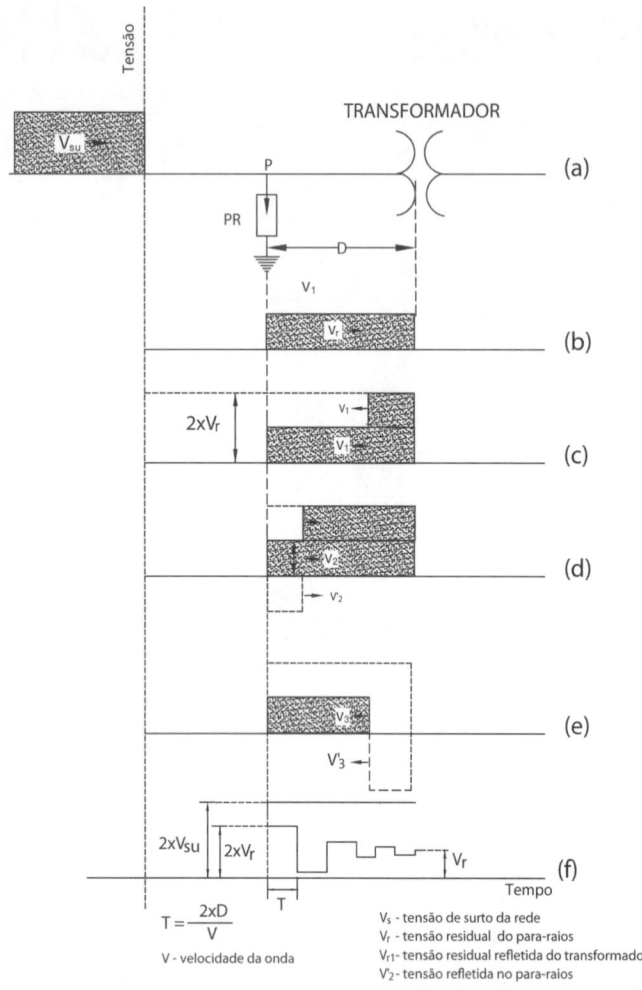

FIGURA 1.36 Comportamento da onda incidente em um transformador.

$T = \dfrac{2 \times D}{V}$

V - velocidade da onda
V_s - tensão de surto da rede
V_r - tensão residual do para-raios
V_{r1} - tensão residual refletida do transformador
V'_2 - tensão refletida no para-raios

EXEMPLO DE APLICAÇÃO (1.11)

Calcule a distância máxima a que deve ficar o para-raios que protege um transformador, localizado em conformidade com a Figura 1.37, que faz parte de uma subestação industrial de 10 MVA, cujas características principais são:

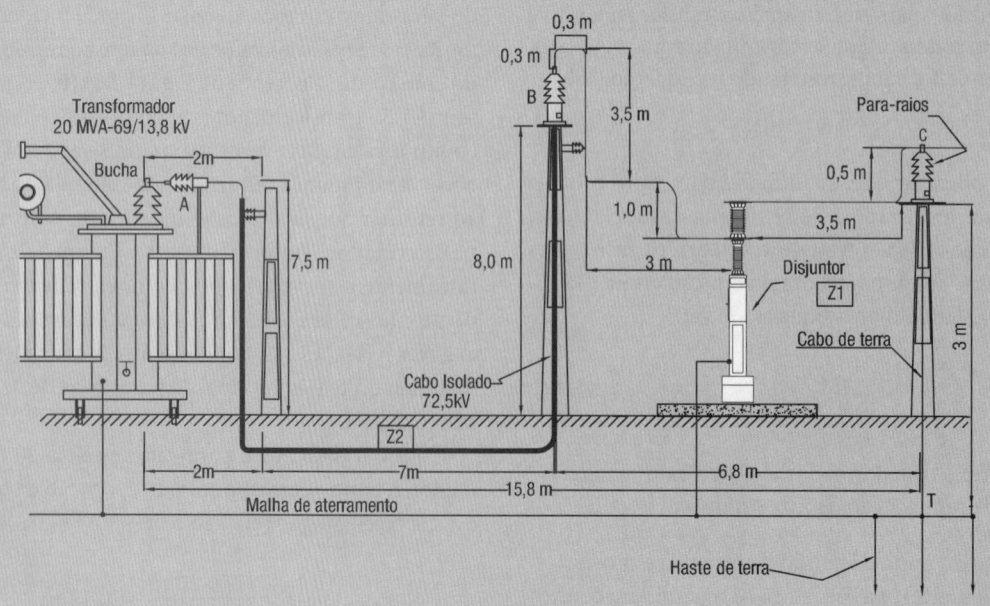

FIGURA 1.37 Distância máxima do para-raios ao transformador.

- tensão máxima de operação do sistema: $V_{ns} = 72$ kV;
- tensão suportável nominal de impulso atmosférico: $V_{sui} = 350$ kV;
- tensão residual do para-raios: $V_{res} = 156$ kV;
- impedância de surto característica do cabo subterrâneo: $Z_{sui} = 50\ \Omega$;
- impedância de surto característica do circuito aéreo: $Z_{sua} = 450\ \Omega$;
- taxa de crescimento da frente de onda: $\Delta V = 500$ kV/µs.

a) Cálculo da queda de tensão no cabo de aterramento do para-raios

$L_{autin} = 1,3$ µH/m (autoindutância do cabo de aterramento)
$L_{cpr} = 3$ m (comprimento do cabo do para-raios)

b) Taxa de crescimento da onda de corrente no cabo de terra do para-raios

Considerando a onda de tensão residual refratada na mufla (B), tem-se:

$$\frac{di}{dt} = \frac{2 \times \Delta V}{Z_{sua}} = \frac{2 \times 500}{450} = 2,22\ \text{kA/µs}.$$

c) Tensão nos terminais do para-raios

$$V_{mepr} = V_{su} + 1,3 \times \frac{di}{dt} \times L_{cpr}$$

$$V_{mepr} = 156 + 1,3 \times 2,22 \times L_{cpr} = 156 + 2,22 \times 3 = 162\ \text{kV}$$

d) Comprimento do circuito em cabo aéreo nu

$$D_{nu} = 0,3 + 0,3 + 3,5 + 1 + 3 + 3,5 + 0,5 = 12,1\ \text{m}$$

e) Tensão máxima esperada no ponto de conexão do cabo nu com o cabo isolado (ponto B)

$$V_{mepr} = V_{mepr} + L \frac{di}{dt} \times L_{coeq}\ \text{(tensão máxima esperada no ponto de conexão dos equipamentos)}$$

$$V_{mepr} = 162 + 2,22 \times 12,1 = 189\ \text{kV}$$

f) Tensão refratada na mufla (ponto B)

$$V_{rf} = Z_1 \times \left(\frac{2 \times Z_{rf}}{Z_{sua} + Z_{rf}}\right) = 189 \times \left(\frac{2 \times 50}{450 + 50}\right) = 38\ \text{kV}$$

g) Comprimento do circuito em cabo isolado

$$D_{iso} = 2 + 7,5 + 5 + 7 + 8 = 24,5\ \text{m}$$

h) Tensão máxima esperada no ponto de conexão do cabo nu com o cabo isolado (ponto A)

$$V_{mrtr} = V_{mepr} + L \frac{di}{dt} \times L_{coeq} = 38 + 2,22 \times 24,5 = 92\ \text{kV}$$

Obs.: temos uma mudança de impedância entre o cabo/mufla e o terminal do transformador, cujo valor da tensão de refração nesse ponto vale:

$$V_{vttr} = Z_{vmtr} \times \left(\frac{2 \times Z_{rf}}{Z_{sua} + Z_{rf}}\right) = 92 \times \left(\frac{2 \times 450}{450 + 50}\right) = 165\ \text{kV}$$

i) Tensão refratada na mufla/transformador (ponto A)

$$V_{rf} = 92 \times \left(\frac{2 \times Z_{rf}}{Z_{sua} + Z_{rf}}\right) = 92 \times \left(\frac{2 \times \infty}{\infty + 50}\right) = 165 \times 2 = 330\ \text{kV}$$

Obs.: a expressão anterior implica uma indeterminação que pode ser resolvida pela função $\lim_{x \to \infty} f(x)$, sendo $f(x) = \left(\frac{2 \times x}{x + 50}\right)$, que tem como resultado $\lim_{x \to \infty} f(x) = 2$.

j) Tensão máxima nos terminais do transformador (NBR 16050)

$\left(\frac{V_{sui}}{V_{rf}} - 1\right) \times 100 \geq 20\% \rightarrow \left(\frac{350}{330} - 1\right) \times 100 = 6,0\% < 20\%$ (insatisfatório: é necessário instalar para-raios nos terminais do transformador/mufla)

EXEMPLO DE APLICAÇÃO (1.12)

O leiaute de uma subestação de tensão nominal de 230 kV é constituído de um único transformador de 200 MVA – 230/34,5 kV. A tensão máxima de operação do sistema é de 245 kV. Os para-raios foram instalados no ponto de conexão da linha de transmissão com barramento da referida subestação, distando 21 metros da conexão dos terminais primários do transformador com o referido barramento. Os para-raios utilizados têm as seguintes características técnicas:

- modelo: Tabela 1.1;
- tensão nominal do para-raios: 210 kV;
- tensão de descarga do para-raios: 20 kA;
- tensão residual máxima, valor de pico, sob corrente de descarga para onda de 8/20 µs: 524 kV;
- taxa de crescimento da frente de onda de tensão: 1.000 kV/µs;
- tensão suportável de impulso atmosférico do transformador: 950 kV.

Determine se os para-raios estão protegendo o transformador no caso de ocorrer uma descarga atmosférica na linha de transmissão de 230 kV, cuja onda viajante atinja o barramento da subestação.

a) Cálculo do tempo de deslocamento da onda (ida e volta)

$L_c = 21$ m (comprimento do barramento da subestação desde o ponto de instalação dos para-raios até os terminais primários do transformador)

$V = 300$ m/µs (velocidade da onda em um cabo nu aéreo)

$$T = \frac{2 \times L_c}{V} = \frac{2 \times 21 \text{ m}}{300 \text{ m/µs}} = 0,14 \text{ µs}$$

b) Cálculo da tensão máxima que deve chegar aos terminais do transformador

$V_{str} = 950$ kV (tensão nominal suportável de impulso atmosférico do transformador)

$V_r = 524$ kV

$K = 1.000$ kV/µs

De acordo com a Equação (1.43), tem-se:

$$V_m = V_r + 2 \times K \times T = 524 + 2 \times 1.000 \times 0,14 = 804 \text{ kV}$$

$$V_m < V_{str}$$

Logo, a tensão máxima nos terminais do transformador (804 kV), para uma descarga atmosférica incidente na LT e caminhando no sentido da subestação, é inferior à tensão nominal suportável de impulso do transformador (950 kV), estando, portanto, o transformador protegido.

1.9.3 Proteção de linhas de transmissão

As linhas de transmissão são os elementos de um sistema elétrico de maior vulnerabilidade sob os mais diversos aspectos.

1.9.3.1 Descargas diretas nas linhas de transmissão

Como se observou na Figura 1.18, as descargas atmosféricas ao incidirem sobre uma linha de transmissão formam ondas viajantes que caminham para as suas duas extremidades a partir do ponto de impacto. Ao longo desses percursos pode haver disrupção pelos isoladores que oferecem um caminho para a terra, atenuando o valor da corrente de descarga que atinge os para-raios normalmente instalados nas extremidades da linha de transmissão. Pode ocorrer também que a descarga atinja dois ou os três condutores da linha de transmissão dividindo entre os para-raios o valor da corrente de descarga. No entanto, a descarga incidente pode ocorrer muito próxima aos para-raios sem chances de disrupção pelos isoladores. Nesse caso, os para-raios são solicitados a operar para o valor pleno da corrente incidente.

1.9.3.1.1 Proteção a partir da blindagem com cabos guarda

Os cabos guarda, também conhecidos como cabos para-raios, mostrados na Figura 1.38, são instalados na parte superior das torres das linhas de transmissão com o objetivo de evitar que a descarga atmosférica atinja os condutores de fase, drenando a corrente associada para a terra através de condutores de aterramento e da malha de terra do pé de torre.

Se a descarga atmosférica atinge diretamente os cabos guarda da linha de transmissão a corrente resultante é conduzida à terra pelo sistema de aterramento que está também conectado à torre metálica, por exemplo, passando pela malha de terra até se dispersar pelo solo. A impedância do circuito percorrido pela corrente de descarga resulta em uma diferença de

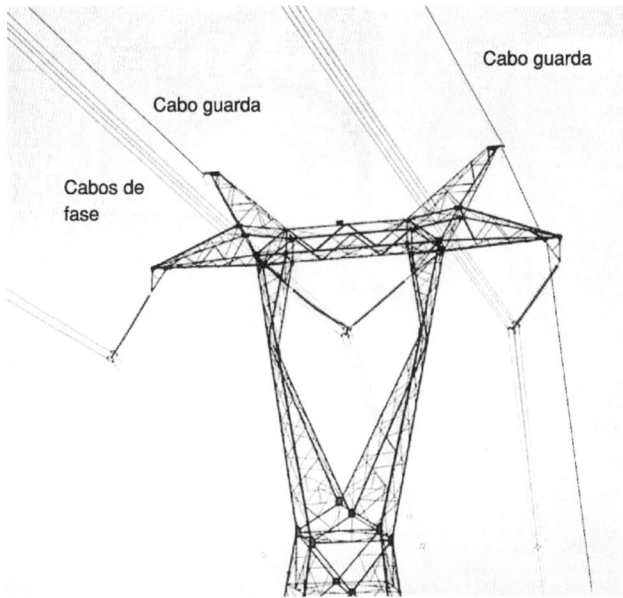

FIGURA 1.38 Linha de transmissão protegida por cabos guarda.

potencial entre a estrutura e os condutores de fase. Essa tensão está aplicada entre os terminais da cadeia de isolador, isto é, o terminal de terra e o terminal de fase. Em alguns casos pode ocorrer a disrupção dos isoladores, fenômeno denominado *backflashover*.

1.9.3.1.2 Proteção por meio de para-raios ao longo da linha

Em face do elevado índice de indisponibilidade das linhas de transmissão em decorrência das descargas atmosféricas a cada dia é mais comum a aplicação de para-raios diretamente nesses circuitos.

Os para-raios são instalados em linhas de transmissão que atravessam áreas com elevada densidade de descargas atmosféricas, onde estão submetidos às mais severas correntes de descargas e consequentemente às maiores sobretensões e a uma grande de frequência de eventos. Nessas condições os para-raios devem drenar uma grande quantidade de energia que é um fator de importância no dimensionamento deles.

A decisão de se utilizar para-raios ao longo das torres de uma linha de transmissão deve considerar a análise de custo × benefício. Nesse caso, é de fundamental importância o dimensionamento adequado ao nível de absorção de energia do para-raios, que está associado aos normalmente elevados valores de resistência de aterramento do pé da torre, ao valor da corrente de descarga e à frequência com que elas ocorrem para, finalmente, identificar no mercado o dispositivo que melhor satisfaça às severas condições de operação.

Quando os para-raios são aplicados em todas as cadeias de isoladores de uma linha de transmissão, em conformidade com a Figura 1.39, cujo detalhe de conexão está mostrado na Figura 1.40, praticamente elimina a abertura da mencionada linha devido à incidência de descargas atmosféricas. Porém, essa decisão resulta um custo elevado.

Alternativamente, os para-raios podem ser instalados apenas em algumas torres da linha de transmissão, naquelas que estão mais comprometidas com a severidade das descargas atmosféricas.

1.10 ENSAIOS E RECEBIMENTO

Os para-raios devem ser ensaiados pelo fabricante em suas instalações com a presença do inspetor do comprador. Os ensaios devem obedecer aos requisitos contidos na norma NBR 16050 – Para-raios de resistor não linear de óxido metálico com centelhadores, para circuitos de potência de corrente alternada.

Os para-raios devem ser submetidos aos ensaios parcialmente enumerados a seguir.

1.10.1 Ensaios de tipo

Também conhecidos como ensaios de protótipo, se destinam a verificar se um determinado tipo ou modelo de para-raios é capaz de funcionar satisfatoriamente nas seguintes condições especificadas:

- ensaio de tensão suportável no invólucro a impulso atmosférico;
- ensaio de tensão suportável no invólucro à frequência industrial;
- ensaios de tensão residual a impulso de corrente íngreme;
- ensaios de tensão residual a impulso de impulso atmosférico;
- ensaios de tensão residual a impulso de corrente de manobra;
- ensaios de tensão de ciclo de operação para impulso de corrente elevada;
- ensaio do desligador automático (para-raios de distribuição);
- ensaio de descargas parciais;
- ensaio de estanqueidade;
- ensaio de radiointerferência;
- ensaio de envelhecimento sob tensão de operação simulando condições ambientais;
- ensaio especial de qualificação do material polimérico;
- tensão disruptiva a impulso atmosférico;
- ciclo de operação.

Esses ensaios podem ser dispensados pelo comprador desde que o fabricante apresente documento comprobatório de cada um dos ensaios realizados.

1.10.2 Ensaios de rotina

Destinam-se a verificar a qualidade e uniformidade da mão de obra e dos materiais empregados na fabricação dos para-raios. São os seguintes:

- ensaios de tensão residual a impulso atmosférico;
- distribuição de corrente para para-raios de colunas múltiplas;
- medição de corrente de fuga total na tensão de operação contínua;
- ensaios de descargas parciais;
- ensaio dielétrico do invólucro.

FIGURA 1.39 Localização dos para-raios de linha de transmissão.

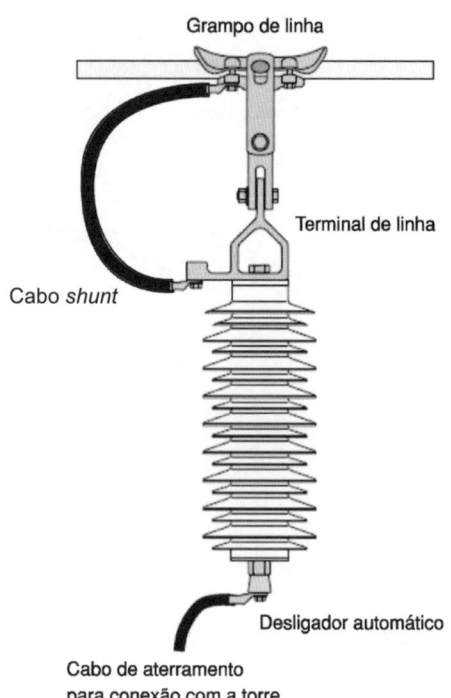

FIGURA 1.40 Detalhe de conexão do para-raios com a linha de transmissão.

1.10.3 Ensaios de recebimento

Destinam-se a verificar as condições gerais dos para-raios antes do embarque. São eles:

- ensaio de tensão residual a impulso atmosférico;
- ensaio de medição da tensão de referência;
- ensaio de descargas parciais;
- ensaio de medição de corrente de fuga total na tensão de operação contínua;
- ensaio de medição da componente resistiva da corrente de fuga medida na tensão de operação contínua;
- verificação visual e dimensional;
- ensaio de estanqueidade.

1.11 ESPECIFICAÇÃO SUMÁRIA

No pedido de compra de um para-raios é necessário que constem, no mínimo, os seguintes dados:

- tensão nominal;
- máxima tensão de operação contínua ($MCOV$);
- máxima sobretensão transitória (TOV);
- tensão disruptiva máxima de impulso atmosférico;
- tensão residual por surto de manobra;
- corrente nominal de descarga nominal com onda de 8×20 μs.

2 CHAVE FUSÍVEL INDICADORA UNIPOLAR

2.1 INTRODUÇÃO

A chave fusível é um equipamento destinado à proteção de sobrecorrentes de circuitos primários, utilizada em redes aéreas de distribuição urbana e rural e em pequenas subestações de consumidor e de concessionária. É dotada de um elemento fusível que responde pelas características básicas de sua operação.

Por tratar-se de um elemento fundamental e intimamente ligado à chave fusível, este capítulo abordará separadamente o equipamento e o seu elemento fusível correspondente.

2.2 CHAVE FUSÍVEL INDICADORA UNIPOLAR

As chaves fusíveis também são denominadas corta-circuitos e são fabricadas em diversos modelos para diferentes níveis de tensão e corrente.

2.2.1 Características mecânicas

As chaves fusíveis, de forma geral, são constituídas das partes estudadas a seguir.

2.2.1.1 Isolador

Os isoladores são normalmente de porcelana vitrificada. Dependendo do modelo, as chaves fusíveis podem ser constituídas de um ou dois isoladores, cujas características serão estudadas no Capítulo 19.

2.2.1.1.1 Isolador de corpo único

É empregado normalmente em chaves fusíveis destinadas a sistemas de distribuição para corrente nominal não superior a 200 A. Tem o formato construtivo visto na Figura 2.1.

Os isoladores das chaves fusíveis devem possuir resistência mecânica suficiente para suportar os impactos de abertura e, principalmente, fechamento. Considerando o isolador apoiado nas extremidades, este deve suportar uma força F aplicada no seu ponto médio distando D (em m) dos apoios, e dada pela Equação (2.1).

$$F = \frac{130}{D}\,(\text{kg}) \quad (2.1)$$

Por exemplo, para a chave fusível da Figura 2.1, isolada para 15 kV, cuja distância entre as extremidades é de 350 mm, a força F vale:

$$F = \frac{130}{D/2} = \frac{130}{0,35/2} = 742\ \text{kg}$$

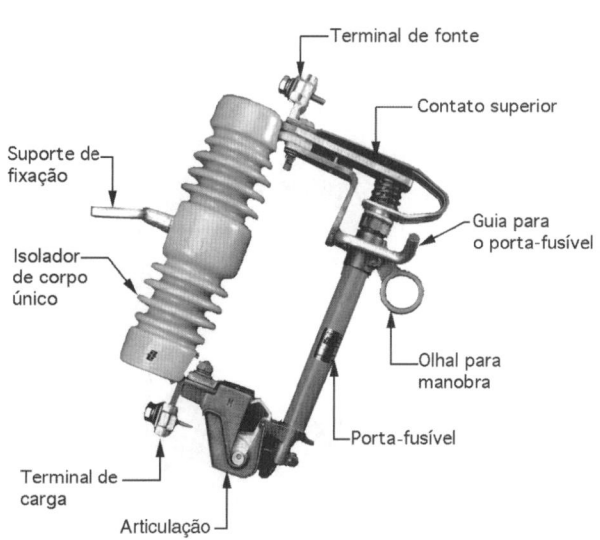

FIGURA 2.1 Chave fusível de corpo único – base C, classe 15 kV.

2.2.1.1.2 Isolador do tipo pedestal

É empregado em número de dois, apoiados em uma base metálica que também tem a função de fixar a chave na estrutura da rede de distribuição ou subestação. A chave fusível tem a forma construtiva indicada na Figura 2.2 e é normalmente empregada na proteção de subestação de alta-tensão de 69 kV.

Já as chaves fusíveis de tensões mais elevadas, como da classe de 88 a 138 kV, têm a estrutura mostrada na Figura 2.3.

As chaves fusíveis são equipamentos adequados para abertura do circuito sem carga. No caso da proteção de transformadores individuais é permitida a abertura dos seus terminais primários, circulando apenas a corrente de magnetização. Mesmo assim, verifica-se a existência de arco durante a operação da chave cuja magnitude depende da velocidade da manobra que o operador imprime na vara de manobra.

No entanto, existem chaves fusíveis que permitem a abertura do circuito circulando corrente no valor da corrente nominal da chave, sem necessidade de ferramenta especial. Em condições normais de operação, o circuito é interrompido pela queima do fusível sem a participação da câmara de extinção, tal como ocorre com as chaves fusíveis convencionais. Na operação em carga, a chave fusível dotada de câmara de extinção, conforme pode ser visto na Figura 2.4, a corrente é desviada do contato superior da chave para o contato auxiliar que está instalado dentro da câmara por meio de um braço de aço inoxidável.

Na abertura desse contato, o arco formado ficará no interior da câmara onde será gerado um gás deionizante. O gás expelido, o alongamento do arco e a velocidade de abertura do braço de aço inoxidável proporcionarão a interrupção do arco.

A instalação desse tipo de chave apresenta a mesma simplicidade das demais chaves do tipo unipolar, porém seu preço atinge valores superiores.

As chaves fusíveis unipolares são normalmente operadas por meio de varas de manobra.

As partes externas das varas de manobra são constituídas de fibras de vidro e resina epóxi. As partes internas das varas de manobra são preenchidas com poliuretano expandido, que, além de aumentar a estabilidade da vara, impede o acúmulo de umidade. São constituídas de seções com encaixe preciso e travamento por meio de pinos elásticos, com cabeçote móvel e cabeça universal em liga de cobre. A Figura 2.5 mostra as três seções de uma vara de manobra.

Existem aplicações específicas em redes de distribuição e em subestações de força de chaves fusíveis montadas em *tandem* (significado: conjunto formado por duas unidades) com seccionador unipolar, em que são utilizadas três colunas de isoladores de tipo pedestal, conforme mostrado na Figura 2.6.

Essas chaves são utilizadas com frequência em subestações para a manutenção de disjuntores e religadores automáticos, sem a interrupção no fornecimento de energia elétrica, associada à vantagem de, nesse período, não haver perda da proteção.

Eletricamente, esse sistema funciona de acordo com a Figura 2.7. Na Figura 2.7(a), o circuito está protegido pelo religador, já que a chave fusível *tandem* está aberta. No entanto, na Figura 2.7(b), o religador está em manutenção,

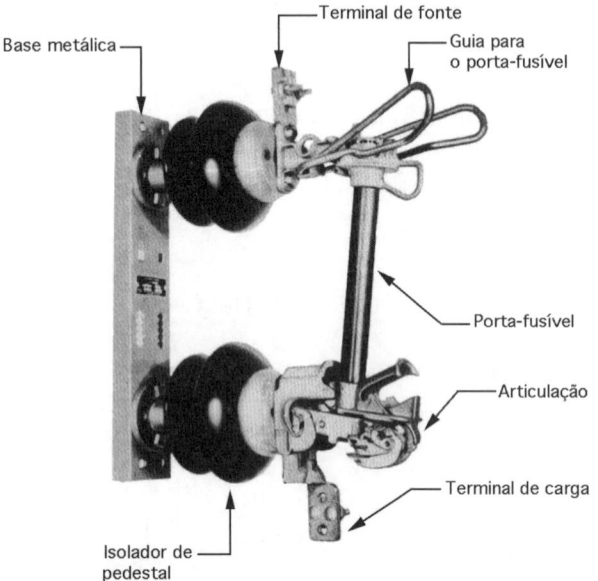

FIGURA 2.2 Chave fusível tipo pedestal, classe 15 kV.

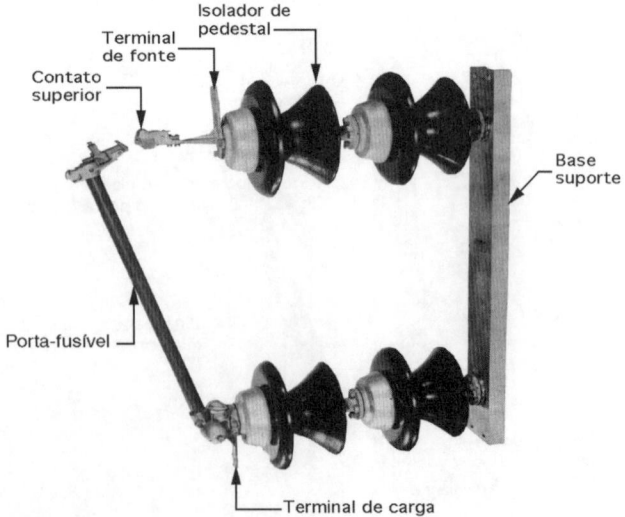

FIGURA 2.3 Chave fusível tipo pedestal, classe 72,5 kV.

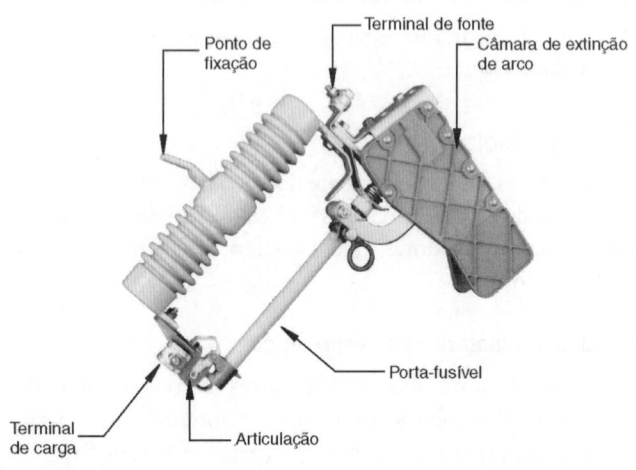

FIGURA 2.4 Chave fusível de abertura em carga, classe 15 kV (fabricação Delmar).

Chave fusível indicadora unipolar | 45

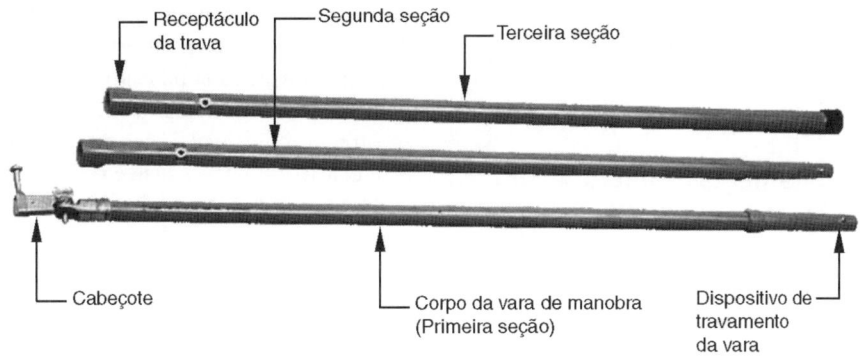

FIGURA 2.5 Vara de manobra de fibra de vidro.

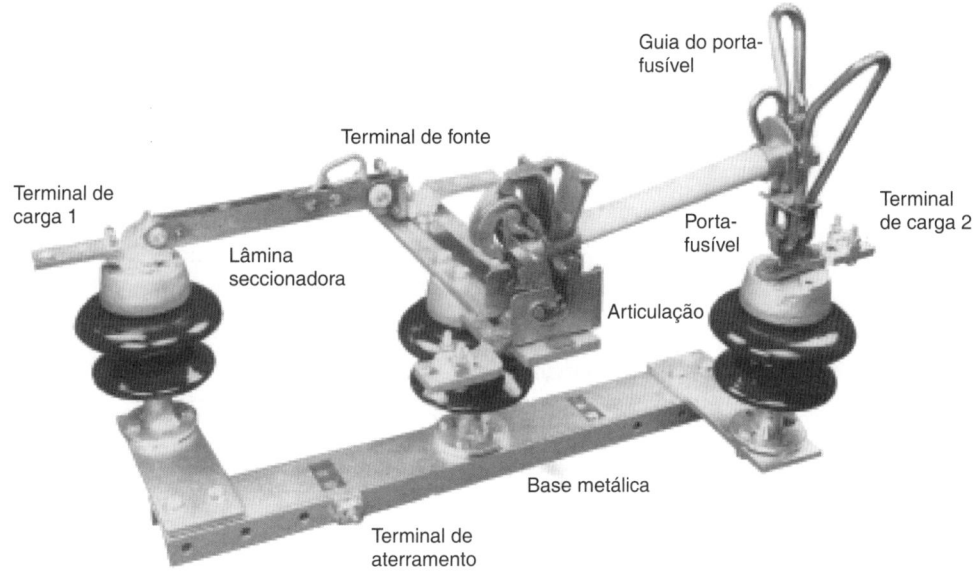

FIGURA 2.6 Chave fusível *tandem*, classe 15 kV.

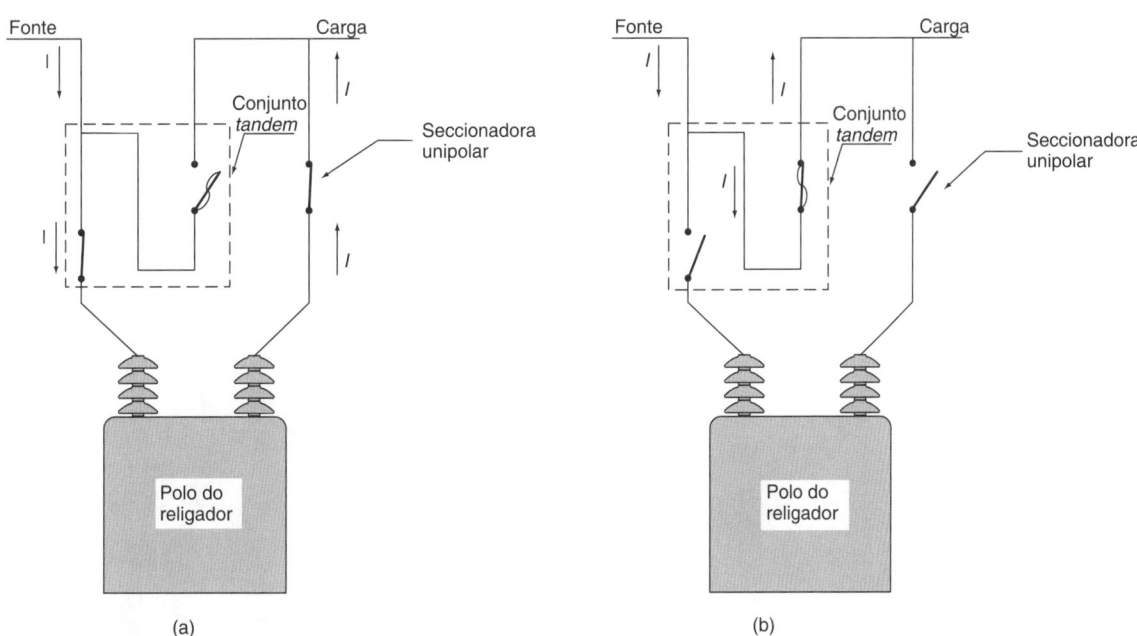

FIGURA 2.7 Esquema de ligação de uma chave *tandem* e um religador.

enquanto o sistema continua funcionando normalmente, protegido pela inserção da chave fusível acompanhada da abertura do seccionador do conjunto *tandem* e do seccionador unipolar convencional.

2.2.1.2 Gancho da ferramenta de abertura em carga (*load buster*)

As chaves fusíveis não devem ser operadas em carga, devido à inexistência de um sistema de extinção de arco. Somente a sua operação em tensão é tolerável, o que é feito normalmente pelas concessionárias. No entanto, com a utilização da ferramenta *load buster*, pode-se operar a chave fusível com circuito em plena carga, respeitando-se, nesse caso, os limites da ferramenta mencionada.

Essa ferramenta, mostrada na Figura 2.8, muitas vezes conhecida como *load buster*, consiste em um sistema que é acoplado aos terminais da chave fusível. Seu funcionamento pode ser facilmente entendido, observando-se a Figura 2.8, que mostra a referida ferramenta conectada ao dispositivo de manobra (vara de manobra).

Inicialmente, a ferramenta é fixada às duas extremidades da chave fusível conforme Figura 2.9, dividindo a circulação da corrente elétrica entre esta e a própria chave fusível. Ao primeiro movimento da alavanca da ferramenta, abre-se a chave fusível, sem, no entanto, desconectar os seus contatos internos, permitindo que toda a corrente da fase correspondente circule por ela. Em um segundo movimento da vara de manobra, os contatos são abertos no interior da câmara de extinção de arco, normalmente cheia de SF_6 ou outro meio extintor, completando, assim, a operação da chave fusível, com circuito em carga.

Para que se acople a ferramenta de abertura em carga no terminal da chave fusível, é necessário que esta seja dotada de um gancho apropriado para essa operação, conforme se observa na Figura 2.9.

2.2.1.3 Articulação

As chaves fusíveis são dotadas de um sistema de articulação do porta-fusível, cuja forma é função do modelo do fabricante, conforme indicado na Figura 2.1. No caso de chaves fusíveis empregadas nas redes de distribuição, a norma brasileira já padronizou um sistema de articulação, bem como os seus demais componentes. As figuras anteriores mostradas indicam algumas partes importantes do sistema de articulação das chaves fusíveis.

O sistema de articulação exerce uma função fundamental na operação da chave fusível. O engate do porta-fusível na articulação é feito por meio de um sistema de mola que pressiona o porta-fusível para cima quando se fixa o elo fusível na sua extremidade inferior. Dessa forma, a extremidade superior do porta-fusível penetra na extremidade superior da chave fusível com determinada pressão, o que ocasiona o seu engate. Quando o elo é rompido, relaxa a pressão exercida para cima pelo sistema de mola da articulação, em forma de feixe de lâminas, o que faz com que o porta-fusível perca pressão na sua conexão superior, ocorrendo, nesse momento, a sua abertura e o seu deslocamento descendente, girando cerca de 150°. As principais partes da articulação são as enumeradas a seguir.

a) Limitador de recuo

Tem a função de intertravar diretamente o porta-fusível ao corpo da chave, transmitindo os esforços de recuo às braçadeiras, projetadas de forma a absorvê-lo.

b) Limitador de abertura de 180°

É destinado a não permitir que o porta-fusível atinja a estrutura adjacente inferior durante a sua abertura.

c) Batentes dos contatos

Têm a função de proteger os contatos contra danos por impacto e contra deformações permanentes.

d) Amortecedor

Tem a função de suavizar o impacto da operação de abertura do porta-fusível. O amortecedor permite que o porta-fusível

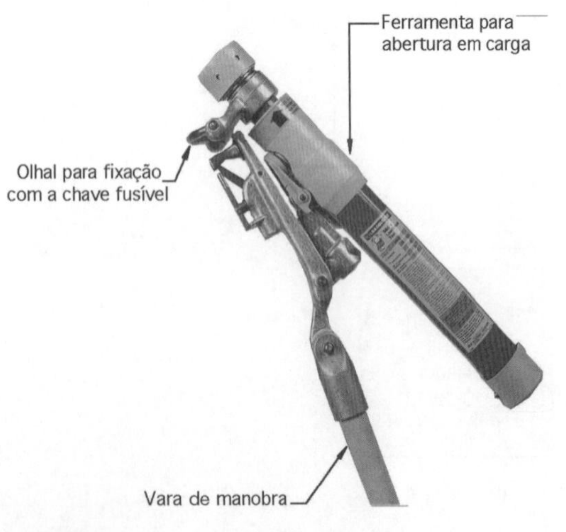

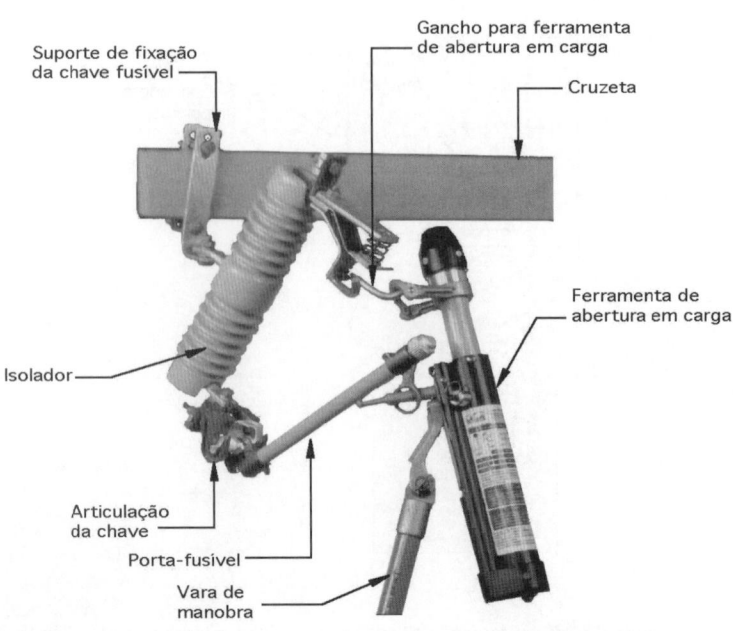

FIGURA 2.8 Ferramenta de abertura em carga na posição fechada.

FIGURA 2.9 Ferramenta de abertura em carga na posição de operação.

opere sem obstáculo, durante o seu deslocamento descendente, até cerca de 70°, durante a sua trajetória de abertura. A partir desse ponto, o porta-fusível entra em contato direto com o amortecedor que alivia o impacto resultante.

2.2.1.4 Porta-fusível ou cartucho

Conhecido popularmente como canela é o elemento principal e ativo da chave fusível. Consiste em um tubo de fibra de vidro ou fenolite, dotado de um revestimento interno que, além de aumentar a robustez do tubo, se constitui na substância principal que gera, em parte, os gases destinados à interrupção do arco. Toda vez que a chave fusível opera em serviço, ocorre uma pequena erosão no revestimento interno do tubo, porém as suas características permanecem inalteradas por um longo período, durante muitas operações.

Há dois tipos de porta-fusível que se diferenciam pela forma de evasão dos gases gerados no seu interior. Um primeiro tipo permite que a saída dos gases seja feita apenas pela sua extremidade inferior. Nesse caso, as forças resultantes são bem elevadas e transmitidas ao isolador, às ferragens e, finalmente, às estruturas da chave. Um segundo tipo permite que a saída dos gases seja feita pelas duas extremidades do porta-fusível, aliviando, assim, as forças ocasionadas pela interrupção. A Figura 2.10 mostra o comportamento desses dois porta-fusíveis.

O dimensionamento físico do porta-fusível é função da capacidade de ruptura a que se destina a chave fusível. Se uma chave fusível é aplicada em um ponto do sistema, onde o nível de curto-circuito é superior à capacidade de ruptura ou de interrupção da chave fusível, o porta-fusível não suportará as forças resultantes, danificando-se em forma de explosão. A Figura 2.11 ilustra um porta-fusível do fabricante Delmar.

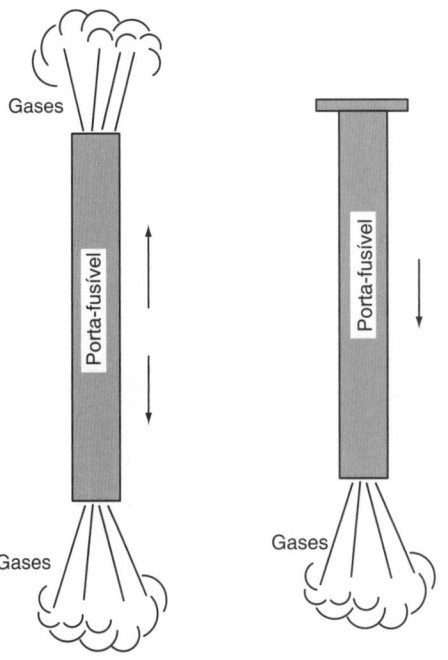

FIGURA 2.10 Expulsão dos gases do interior de um porta-fusível.

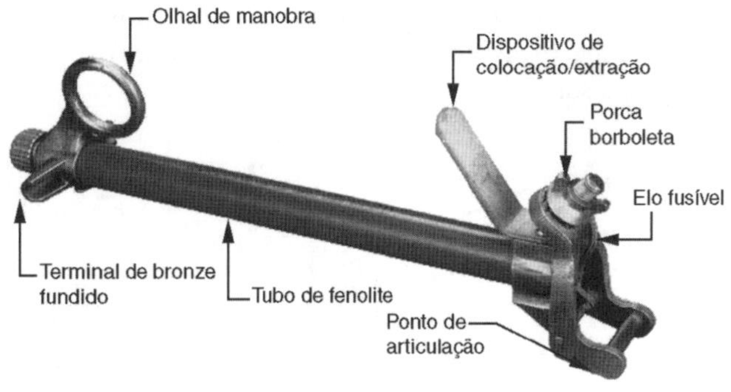

FIGURA 2.11 Porta-fusível (fabricação Delmar).

Uma das grandes preocupações das companhias concessionárias de energia elétrica é quanto à padronização dos porta-fusíveis e os correspondentes terminais das chaves. Isso é explicado pela grande quantidade de modelos diferentes que as equipes de manutenção devem possuir em suas viaturas individuais para substituir os porta-fusíveis danificados quando o sistema de distribuição possui uma grande variedade de tipos de chaves fusíveis instaladas.

O porta-fusível apresenta também uma função secundária, porém de grande importância prática. Após a operação da chave, o porta-fusível fica suspenso pela extremidade inferior desta, servindo como elemento de indicação de atuação da chave fusível, permitindo às equipes de manutenção fácil identificação do local onde ocorreu a interrupção do sistema, mesmo a certa distância da estrutura de sua instalação.

Para a proteção de banco de capacitores são fabricados porta-fusíveis especiais, conforme se pode observar na Figura 2.12. São utilizados juntamente com uma mola que tem a função de retirar a cordoalha do elo fusível de dentro do porta-fusível. Sua atuação é mais eficaz quanto maior for a pressão da mola expulsora, pois maior será a velocidade de retirada da cordoalha e, consequentemente, menor será o tempo de arco no interior do porta-fusível. Possui o contato superior em liga de cobre com alta condutividade elétrica e tubo com alma de fibra revestido em fenolite ou fibra de vidro. A mola é em aço inoxidável de arame duro com baixa memória residual. A fixação do porta-fusível é feita diretamente ao barramento de tensão, enquanto a mola é conectada ao terminal do capacitor.

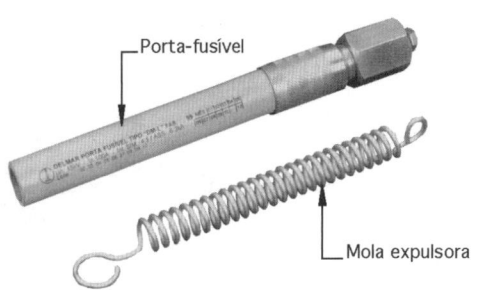

FIGURA 2.12 Porta-fusível para proteção de banco de capacitores.

A Figura 2.13 mostra dois bancos de capacitores, cujas células capacitivas estão protegidas por porta-fusíveis e mola expulsora.

FIGURA 2.13 Porta-fusível para proteção de banco de capacitores.

2.2.1.5 Terminal superior

É constituído de vários elementos metálicos que permitem um engate perfeito do porta-fusível e um excelente ponto de contato, ou seja:

a) Tranca do contato

Desempenha as seguintes funções:

- impede a abertura acidental da chave;
- permite a abertura controlada da chave;
- evita a queima dos contatos principais durante uma interrupção normal;
- reduz a queima dos contatos principais quando a chave é fechada em regime de curto-circuito.

b) Guarda do contato

Tem a função de guia do porta-fusível durante o fechamento da chave. Adicionalmente, serve para proteger os contatos principais contra avarias durante o manuseio e a operação da chave.

É bom frisar que nem todas as chaves fusíveis possuem os elementos aqui mencionados. Cada fabricante detém uma tecnologia própria, respeitando-se, no entanto, os requisitos normativos.

c) Contatos principais

São normalmente fabricados em liga de cobre, altamente resistente aos efeitos mecânicos e térmicos da corrente de curto-circuito, e têm uma forma construtiva que permite uma autolimpeza durante as operações de abertura e fechamento.

2.2.2 Características elétricas

A NBR 7282:2011 – Dispositivos fusíveis de alta-tensão – Dispositivos tipo expulsão – Requisitos e métodos de ensaio fornece todos os elementos necessários à aquisição desses equipamentos. A Tabela 2.1 indica as principais características técnicas das chaves fusíveis de média tensão empregadas nos sistemas de distribuição das concessionárias brasileiras atendendo aos requisitos da NBR 7282:2011.

As Figuras 2.14 a 2.16 mostram as chaves fusíveis indicadoras unipolares de acordo com o tipo de base.

No caso de chaves fusíveis para sistemas de potência de 69 kV, a Tabela 2.2 fornece as suas principais características, com base em chaves disponíveis no mercado.

O porta-fusível das chaves fusíveis deve apresentar adicionalmente as seguintes características:

- rigidez dielétrica transversal: 5 kV/mm;
- tensão suportável longitudinal: 1 kV/mm;
- absorção de água em 24 horas.

A operação das chaves fusíveis, em consequência de um defeito, pode liberar um arco de grande comprimento que,

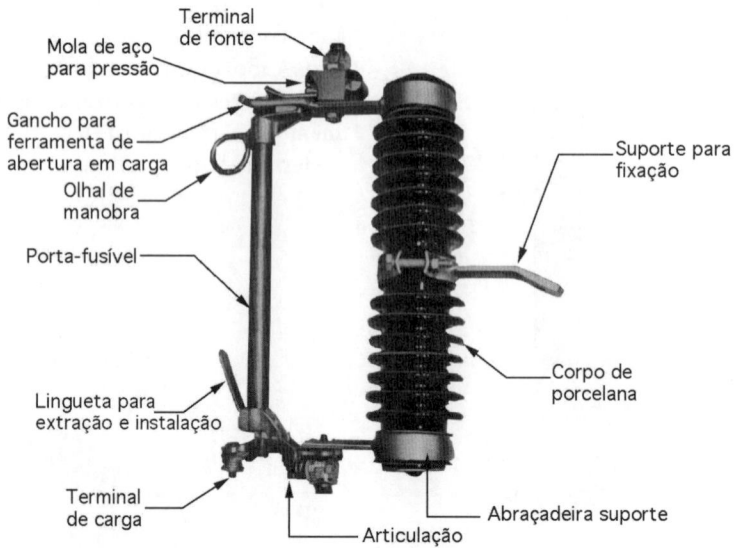

FIGURA 2.14 Chave fusível de base A.

TABELA 2.1 Características técnicas – NBR 7282:2011

Características técnicas das chaves fusíveis indicadoras unipolares							
Tensão				Corrente			Distância de escoamento
Nominal	Tensão máxima de operação	Tensão suportável de impulso atmosférico		Corrente nominal	Capacidade de interrupção		
					Simétrica	Assimétrica	
kV	kV	kV	kV	A	A	A	mm
13,8	15	95	110	100	1.400	2.000	225
					7.000	10.000	
					10.000	16.000	
				200	7.000	10.000	
34,5	38	150	165	100	3.500	5.000	432
				200	3.500	5.000	432
		170	200	400	5.000	10.000	660
				400	5.000	16.000	660

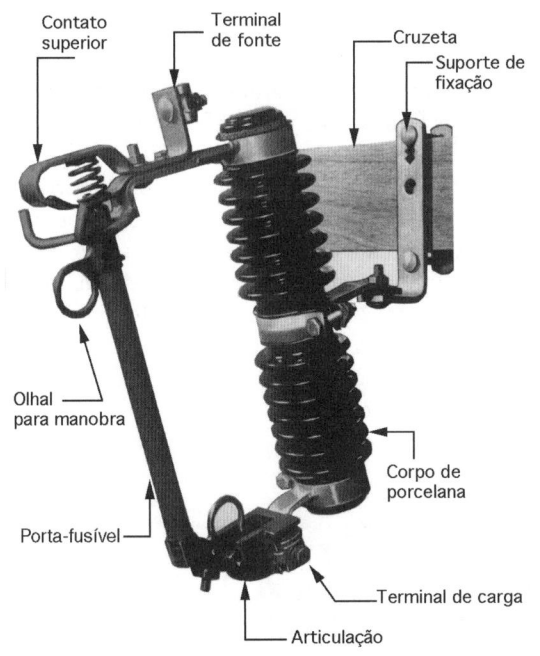

FIGURA 2.15 Chave fusível de base B.

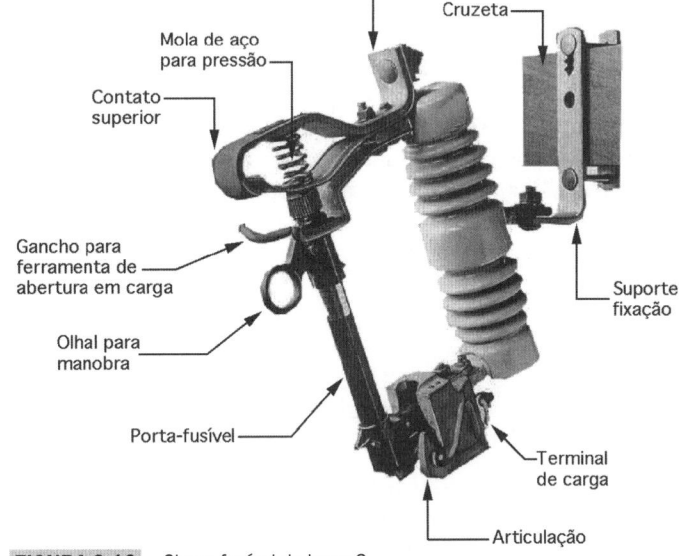

FIGURA 2.16 Chave fusível de base C.

dependendo da tecnologia do fabricante, se desenvolve tanto acima como abaixo do seu ponto de instalação. Por esse motivo, as chaves fusíveis não devem ser instaladas em cubículos de invólucro metálico, em virtude das dimensões reduzidas desses painéis. Há várias constatações de danos em invólucros metálicos dentro dos quais operavam chaves fusíveis, em decorrência de um curto-circuito na instalação. A norma de algumas companhias concessionárias de energia elétrica proíbe a instalação de chaves fusíveis nessas condições.

2.3 CHAVE FUSÍVEL INDICADORA REPETIDORA

É constituída por três chaves seccionadoras unipolares, de base tipo C, interligadas na sua parte superior por um barramento metálico em liga de cobre. Cada conjunto está conectado a uma fase. Também podem ser fornecidas com base polimérica. Logo, nas redes trifásicas, são utilizados três conjuntos de chaves por fase. Para as redes bifásicas são fabricados conjuntos com somente duas chaves por fase.

As chaves repetidoras são particularmente empregadas nos seguintes pontos do sistema:

- nos *bays* de saída de média tensão de pequenas subestações de áreas rurais e de regiões formadas por pequenas cidades do interior;
- em alimentadores que servem a áreas arborizadas;
- na derivação de alimentadores que servem a áreas de difícil acesso;
- no final de alimentadores de grande extensão como prevenção de desligamentos decorrentes de faltas permanentes nessa região.

TABELA 2.2 Características técnicas – Chave HY

Características	Valores	
Tensão nominal	69 kV	
Tensão máxima de serviço	72,5 kV	
Tensão aplicada a seco, 1 min à frequência industrial	175 kV	
Tensão de impulso, onda plena (valor de crista)	350 kV	
Corrente nominal do corta-circuito	200 A	
Corrente nominal do cartucho	200 A	
Capacidade de interrupção assimétrica	4,5 kA	2,5 kA
Capacidade de interrupção simétrica	355 MVA	190 MVA

A partir dessa aplicação, as faltas em regime transitório que se estabeleçam a jusante da chave repetidora serão eliminadas com a atuação do 1º elemento da chave e/ou do 2º elemento, no caso de o defeito permanecer ativo, mantendo-se o 3º elemento da chave em operação se o defeito for desfeito naturalmente, o que se constitui a grande maioria dos casos. Isso se materializa onde há envolvimento de galhos de árvores tocando acidentalmente a rede elétrica por conta do vento, das pipas, do vandalismo ao jogar objeto sobre os cabos etc.

As Figuras 2.17(a), (b) e (c) mostram, respectivamente, uma chave repetidora para sistemas trifásicos com base de porcelana vitrificada, base polimérica e vista frontal da chave com base de porcelana.

2.3.1 Funcionamento na abertura

Observando-se as Figuras 2.17(a), (b) e (c), a princípio tendemos a perceber que os três elementos (1), (2) e (3) estão operando em paralelo. Isso não ocorre, porque os contatos fixos e móveis da parte inferior dos elementos (2) e (3) estão separados e a corrente flui somente por **K – L – Alimentador**.

Com base nas Figuras 2.17(a), (b) e (c) iremos descrever como ocorre a operação de uma chave repetidora diante de uma falta no alimentador no qual está conectada. A corrente elétrica, em condições normais de operação, entra na barra pelo ponto **K** e flui no sentido do ponto **L** passando pelo elo fusível e saindo pelo **Alimentador** da carga, conforme Figura 2.17(c). Admitimos inicialmente um defeito monopolar na fase A, a jusante do seu ponto de instalação, fazendo atuar o elo fusível do elemento (1) da Figura 2.17(c). No final do movimento de abertura, o porta-fusível toca a barra de impacto de fim de curso, mostrada na Figura 2.17(c), carregando a mola associada ao disco que faz girar o contato auxiliar móvel correspondente, conectando-o ao contato auxiliar fixo que está fixado na parte inferior do elemento (2).

Se o defeito for eliminado, a operação de abertura está concluída e a corrente vai fluir agora por **K – M – Alimentador** em razão dos contatos fechados na parte inferior dos elementos (1) e (2). Se o defeito persistir, atua o elo fusível do elemento (2) que, no seu movimento descendente, toca a barra de impacto de fim de curso desse elemento carregando a mola associada ao disco, girando com ele o contato auxiliar móvel que se conecta com o contato auxiliar fixo do elemento (3), conforme visto na Figura 2.17(c). O tempo de religamento é da ordem de 500 ms. Nesse caso, a corrente flui por **K – N – Alimentador**, já que os contatos na parte inferior dos elementos (1), (2) e (3) estão fechados.

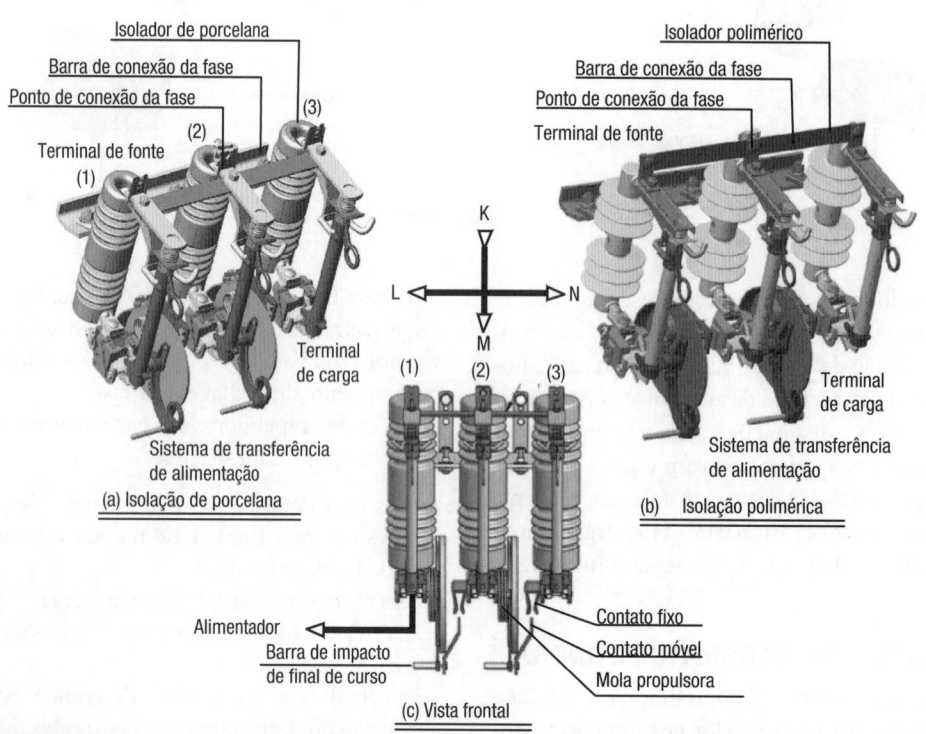

FIGURA 2.17 Chave fusível religadora (fabricação Maurízio).

Ao ser alertada na subestação pelos dispositivos de controle que registraram as ocorrências, a turma de manutenção é acionada e deverá ir ao local da chave para restabelecer a conexão dos elos fusíveis dos elementos (1) e (2) que devem ser ligados mantendo-se a continuidade do fluxo de potência até então feita por meio do elemento (3). A fim de evitar a formação de arco na recomposição dos elos fusíveis deve-se seguir a seguinte rotina:

- ligar o porta-fusível do elemento (1) da chave repetidora;
- ligar o porta-fusível do elemento (2) da chave repetidora. Nesse instante os elementos (1), (2) e (3) estão operando em paralelo, pois os contatos auxiliares fixos e móveis inferiores já estavam fechados;
- desligar o contato auxiliar móvel do elemento (3);
- desligar o contato auxiliar móvel do elemento (2). Nesse instante o fluxo de corrente segue um único sentido **K – L – Alimentador**.

Deve-se observar que se deve fechar inicialmente os contatos auxiliares móveis antes dos portas-fusíveis eliminando o arco durante o fechamento dos portas-fusíveis.

2.3.2 Funcionamento na ligação

Se a falta é de regime permanente, o elo fusível do elemento (3) da chave repetidora irá operar também, desenergizando o alimentador. A equipe de manutenção agora terá a incumbência de reparar a parte defeituosa do alimentador para em seguida recompor a chave repetidora adotando a seguinte sequência para evitar a formação de arco:

- por meio da vara de manobra abrir o contato auxiliar móvel na parte inferior do elemento (1), separando-o do contato fixo do elemento (2);
- fechar o porta-fusível do elemento (3) com segurança, pois o contato fixo do elemento (2) está isolado e, portanto, o alimentador está separado da fonte que nesse instante alimenta o elemento (3);
- ligar o contato auxiliar móvel do elemento (1). Nesse instante o alimentador fica energizado no sentido K – N – Alimentador;
- ligar o porta-fusível do elemento (1). Nesse instante os elementos (1) e (3) estão operando em paralelo;
- ligar o porta-fusível do elemento (2). Nesse instante os três elementos estão operando em paralelo;
- desligar o contato móvel do elemento (1);
- desligar o contato móvel do elemento (2). Nesse instante o fluxo de corrente segue na direção **K – L – Alimentador** que a forma correta de operação da chave repetidora.

As chaves repetidoras lembram o funcionamento dos religadores que serão estudados no Capítulo 17. Como cerca de 85% dos defeitos em linhas de distribuição de energia elétrica são fortuitos, isto é, o defeito é eliminado na maioria dos casos até a primeira repetição, as concessionárias de energia elétrica utilizam as chaves repetidoras, os religadores e os seccionalizadores, com a finalidade de reduzir a duração das interrupções de energia aos consumidores e, por consequência, reduzir os seus índices de indisponibilidade.

2.4 ELO FUSÍVEL

É um elemento metálico pelo qual flui a corrente elétrica que, quando atinge valores elevados com relação à corrente nominal do fusível, funde-se, rompendo em um intervalo de tempo inversamente proporcional à magnitude da referida corrente.

Como já se comentou anteriormente, o elo fusível é utilizado no interior do porta-fusível, fixado nas suas extremidades.

Os elos fusíveis de má qualidade constituem um grande transtorno para as concessionárias de energia elétrica, em razão de sua queima intempestiva, sem que nenhuma anomalia tenha ocorrido no sistema, acarretando custos adicionais de manutenção, perda de faturamento e comprometendo a imagem da empresa junto aos seus consumidores.

2.4.1 Características mecânicas

O elo fusível deve ser construído de um material que não se altere química e fisicamente, de maneira permanente, com a passagem da corrente elétrica ou com o decorrer do tempo de utilização. O material apropriado que obedece a essa exigência básica é uma liga de estanho com ponto de fusão de aproximadamente 230 °C.

É totalmente desaconselhável a utilização de fio de cobre nu como elemento fusível, porque o seu ponto de fusão gira em torno de 1.083 °C, o que causaria a carbonização do elemento de revestimento interno do porta-fusível, bem como do próprio tubo protetor do elo fusível. Ainda nesse sentido, o chumbo, outro elemento metálico utilizado largamente como fusível em baixa-tensão, não deve ser utilizado como elo fusível, por não possuir a necessária dureza para evitar deformações permanentes.

Existem dois diferentes tipos de elos fusíveis, cada um com a sua aplicação específica.

a) Elo fusível de botão

São assim chamados aqueles que possuem na extremidade superior um botão metálico que deve ser preso na parte superior do porta-fusível, conforme se mostra na Figura 2.18.

b) Elo fusível de argola

São assim denominados aqueles que possuem nas extremidades duas argolas. São utilizados geralmente na proteção de pequenas unidades transformadoras, principalmente de sistemas MRT (monofilar com retorno por terra). São instalados ao tempo por meio de dois dispositivos metálicos fixados um na linha e outro ligado na bucha do transformador. Tem o aspecto construtivo mostrado nas Figuras 2.18 e 2.19. A sua aplicação é observada na Figura 2.20.

Os elos fusíveis são compostos de várias partes conforme se mostra nas figuras anteriormente mencionadas.

2.4.1.1 Elemento fusível

É constituído de uma liga de estanho e representa a parte fundamental do elo fusível. Apresenta características próprias de atuação que serão estudadas posteriormente.

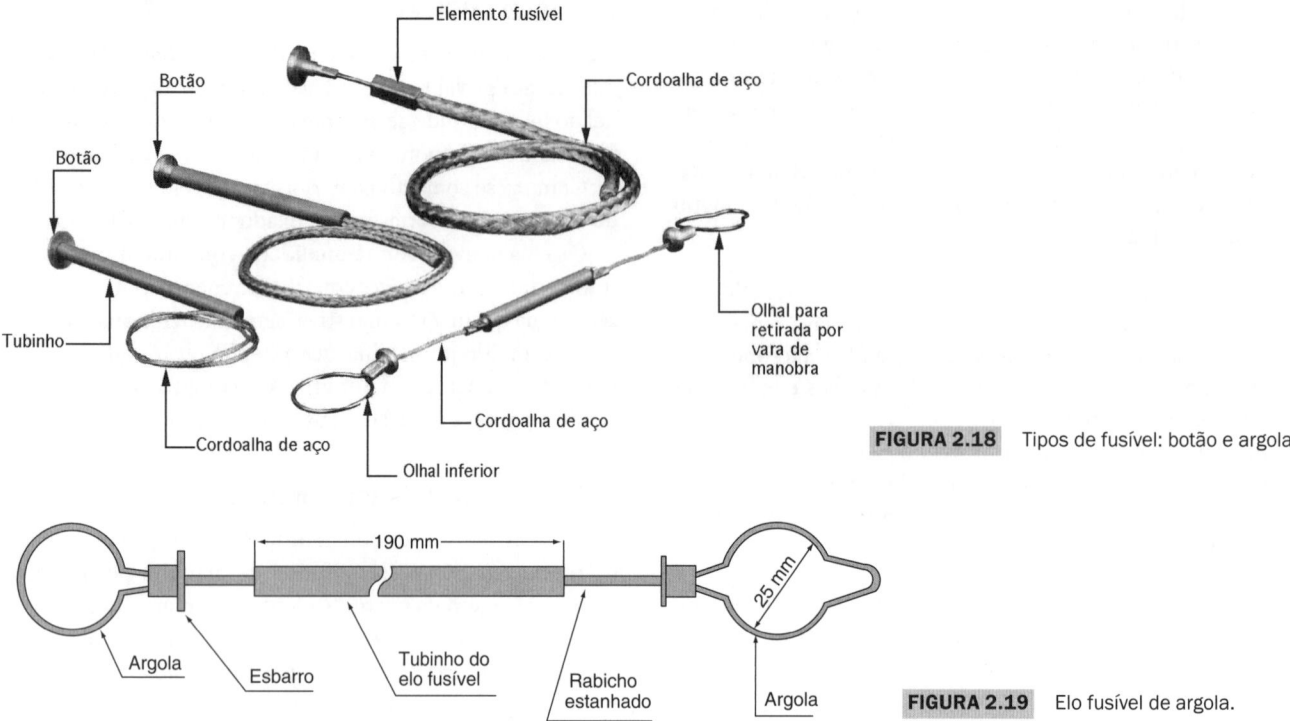

FIGURA 2.18 Tipos de fusível: botão e argola.

FIGURA 2.19 Elo fusível de argola.

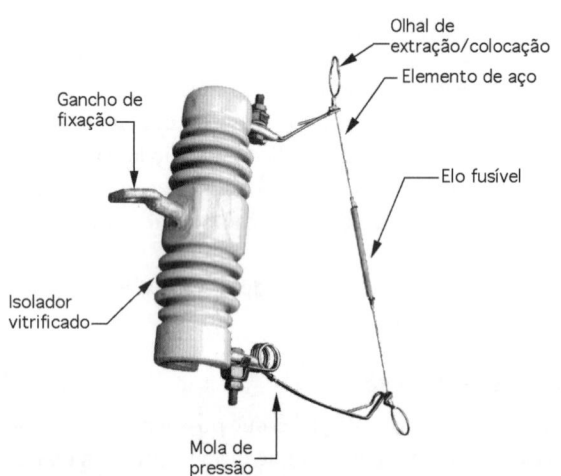

FIGURA 2.20 Aplicação do elo fusível do tipo argola.

2.4.1.2 Tubinho

É constituído de material isolante e se destina à proteção do elemento fusível. No caso do elo fusível de argola, o tubinho deve ser resistente aos efeitos do tempo e ser dotado de propriedades que auxiliem a extinção do arco.

2.4.1.3 Rabicho

É constituído de um condutor estanhado composto de vários fios de pequeno diâmetro, devendo ser altamente flexível para não interferir no funcionamento da chave fusível. O diâmetro do rabicho varia de acordo com a corrente nominal do elo fusível, sendo:

- para fusíveis de 1 a 50 A: 4 mm;
- para fusíveis de 65 a 100 A: 6,5 mm;
- para fusíveis de 140 a 200 A: 9,5 mm.

Os elos fusíveis devem ser construídos de forma a permitir um perfeito intercâmbio entre os diversos cartuchos.

Os elos fusíveis devem resistir a um esforço mínimo de 5 kg, quando ensaiados à temperatura ambiente, sem prejuízo de suas propriedades mecânicas e elétricas. Alguns elos fusíveis são constituídos de um fio de reforço em paralelo com o elemento fusível para aliviar os esforços mecânicos decorrentes de sua utilização.

2.4.2 Características elétricas

Os elos fusíveis são caracterizados pelas curvas de atuação tempo × corrente que permitem classificá-los em vários tipos.

2.4.2.1 Elo fusível do tipo H

É utilizado na proteção primária de transformador de distribuição e fabricado para correntes de até 5 A. São considerados elos fusíveis de alto surto, isto é, apresentam um tempo de atuação lento para altas correntes. A Figura 2.21 mostra a família de curvas tempo × corrente para todas as correntes nominais.

2.4.2.2 Elo fusível do tipo K

É largamente utilizado na proteção de redes aéreas de distribuição urbanas e rurais. Esses elos fusíveis são considerados fusíveis de atuação rápida e têm família de curva tempo × corrente apresentada na Figura 2.22 para elos fusíveis variando de 6 a 200 A, ou seja, de 6 a 200 K.

A coordenação entre os elos fusíveis K deve ocorrer se a corrente for igual ou inferior a 13 vezes a corrente nominal do fusível protegido.

Para que se escolha adequadamente o elo fusível destinado à proteção de um determinado transformador, basta consultar a Tabela 2.3. Os elos fusíveis marcados com (*) devem ser

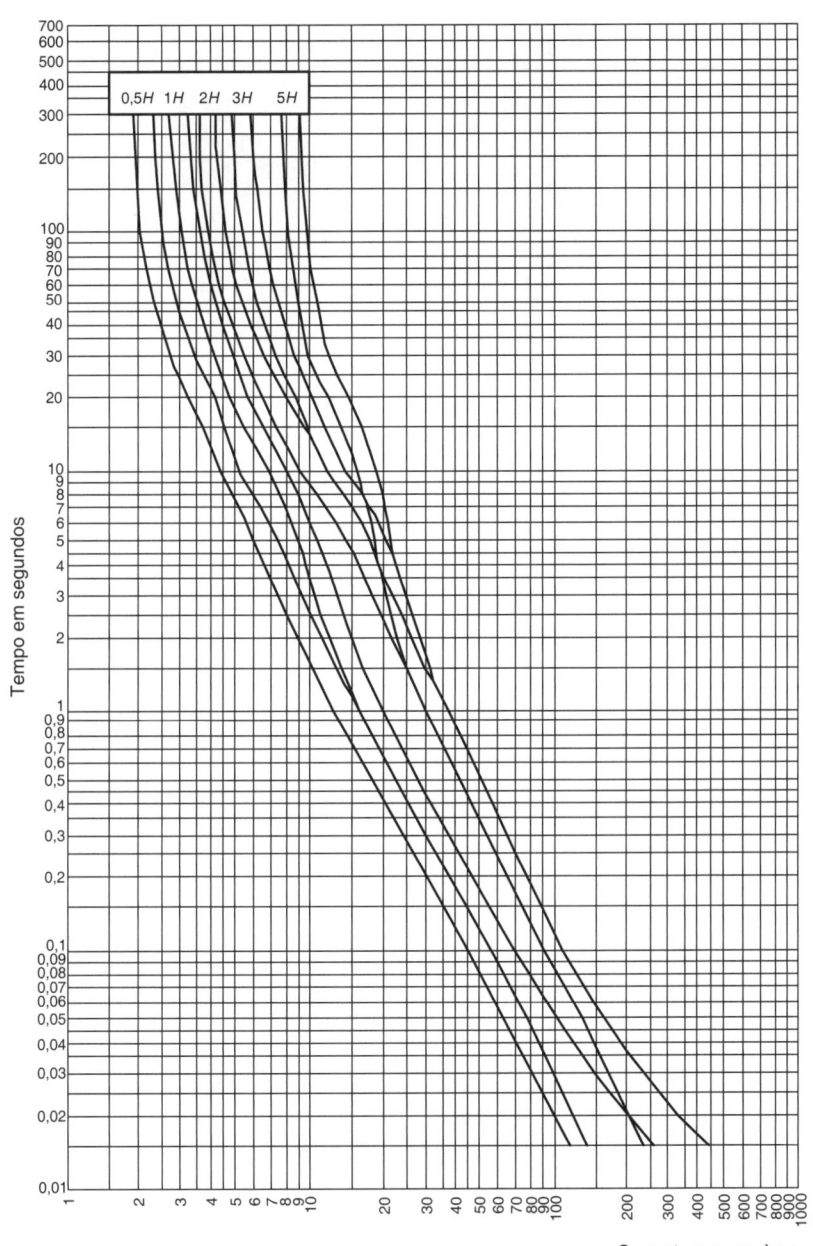

FIGURA 2.21 Curva tempo × corrente dos elos fusíveis do tipo H.

utilizados em casos normais. Quando houver queima frequente devido à presença de motores de potência elevada, utilizar o elo fusível imediatamente superior.

A coordenação entre os elos fusíveis T deve ocorrer se a corrente for igual ou inferior a 24 vezes a corrente nominal do fusível protetor.

2.4.2.3 Elo fusível do tipo T

É considerado fusível de atuação lenta. Sua aplicação principal é na proteção de ramais primários de redes aéreas de distribuição.

Para que se possa utilizar com boa técnica os elos fusíveis nas redes de distribuição aéreas, deve-se proceder à coordenação de vários elementos instalados ao longo dos alimentadores.

A regra geral seguida por norma indica que o tempo máximo total de interrupção do elo protetor não deve exceder 75% do tempo mínimo de fusão do elo protegido. Essa regra deixa uma margem de segurança que compensa alguns fatores oscilantes, tais como a variação diária de temperatura do ambiente, preaquecimento pela corrente de carga etc.

A Figura 2.23 mostra as características tempo × corrente de alguns elos fusíveis do tipo T.

Para que se possam aplicar as várias tabelas de coordenação, é necessário conhecer a posição relativa dos elementos fusíveis protegidos e protetores, o que é dado na Figura 2.24.

A Tabela 2.4 fornece a coordenação entre elos fusíveis do tipo K, enquanto a Tabela 2.5 fornece a coordenação entre os elos fusíveis K e H.

As tabelas mencionadas indicam os valores máximos, em ampères, das correntes de curto-circuito nos quais os elos fusíveis coordenam entre si.

Para proceder à coordenação entre elos fusíveis é necessário aplicar-se algumas regras básicas:

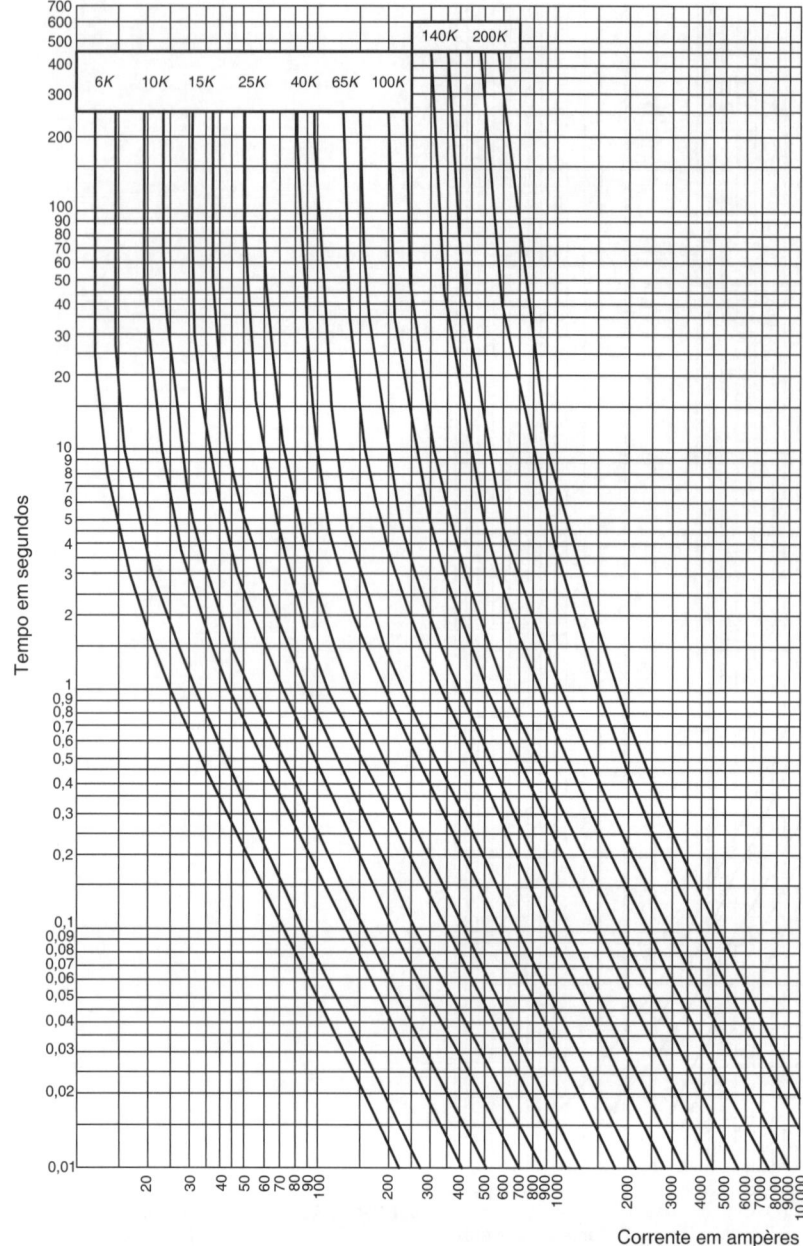

FIGURA 2.22 Curva tempo × corrente dos elos fusíveis do tipo K.

- o elo fusível protegido deve coordenar com o elo fusível protetor, para o maior valor da corrente de curto-circuito ocorrida no ponto de instalação do elo fusível protetor;
- os elos fusíveis do tipo H não devem ser utilizados nos ramais primários dos alimentadores. São próprios para proteção dos transformadores de distribuição;
- reduzir ao mínimo o número de elos fusíveis nos alimentadores;
- deve-se reduzir também ao mínimo os tipos de elos fusíveis;
- a corrente nominal do elo fusível deve obedecer às Equações (2.2) e (2.3).

$$I_{ne} \geq 1,5 \times I_{mc} \quad (2.2)$$

$$I_{ne} \leq \frac{I_{ft}}{4} \quad (2.3)$$

I_{ne} – corrente nominal do elo fusível, sendo:
- elos fusíveis preferenciais: 6-10-15-25-40-65-100-140-200 K;
- elos fusíveis não preferenciais: 8-12-20-30-50-80 K;

I_{mc} – corrente de carga máxima do alimentador;

I_{ft} – corrente de curto-circuito fase e terra.

- Escolher os elos fusíveis de acordo com as tabelas de coordenação.

TABELA 2.3 — Escolha de elos fusíveis K e H

Potência do transformador kVA	2,3 kV	3,8 kV	6,6 kV	11,4 kV	13,8 kV	22 kV	25 kV	34,5 kV
Transformadores monofásicos								
5	3H	2H	2H	1H	1H	–	–	–
7,5	5H	3H	2H	1H	1H	–	–	–
10	6K	5H	3H*	2H	1H*	1H	1H	–
15	8K	6K	3H*	2H	2H	1H	1H	–
25	10K	8K*	5H	3H*	3H	1H*	2H	–
Transformadores trifásicos								
5	2H	2H	1H	–	–	–	–	–
10	5H	3H	1H*	1H	1H	–	–	–
15	6K	5H	1H*	1H	1H	1H	1H	–
25	8K	6K	3H*	2H	1H	1H	1H	1H
30	8K	6K	3H*	3H	2H	1H*	1H	1H
37,5	10K	6K	5H	3H	3H	1H*	2H	1H
45	12K	8K	5H*	5H	3H	1H*	2H	1H
50	15K	8K*	6K	5H	3H	2H	2H	1H
75	20K	12K	8K	6K	5H	3H	3H	2H
100	25K	15K	10K	6K	6K	5H	5H	2H
112,5	30K	20K	10K*	6K	6K	5H	5H	2H
150	40K	25K	15K	8K*	8K	5H*	6K	3H
200	50K*	30K	20K	12K	10K	6K	6K	5H
225	65K	40K	20K*	12K	10K*	6K	6K	5H
250	65K	40K	25K	15K	12K	8K	8K	5H
300	80K	50K	30K	15K	15K	10K	8K	6K
400	100K	65K	40K	20K	20K	12K	10K	8K
500	140K	80K	50K	25K	25K	15K	12K	10K
600	200K	100K	65K	30K	30K	20K	15K	12K

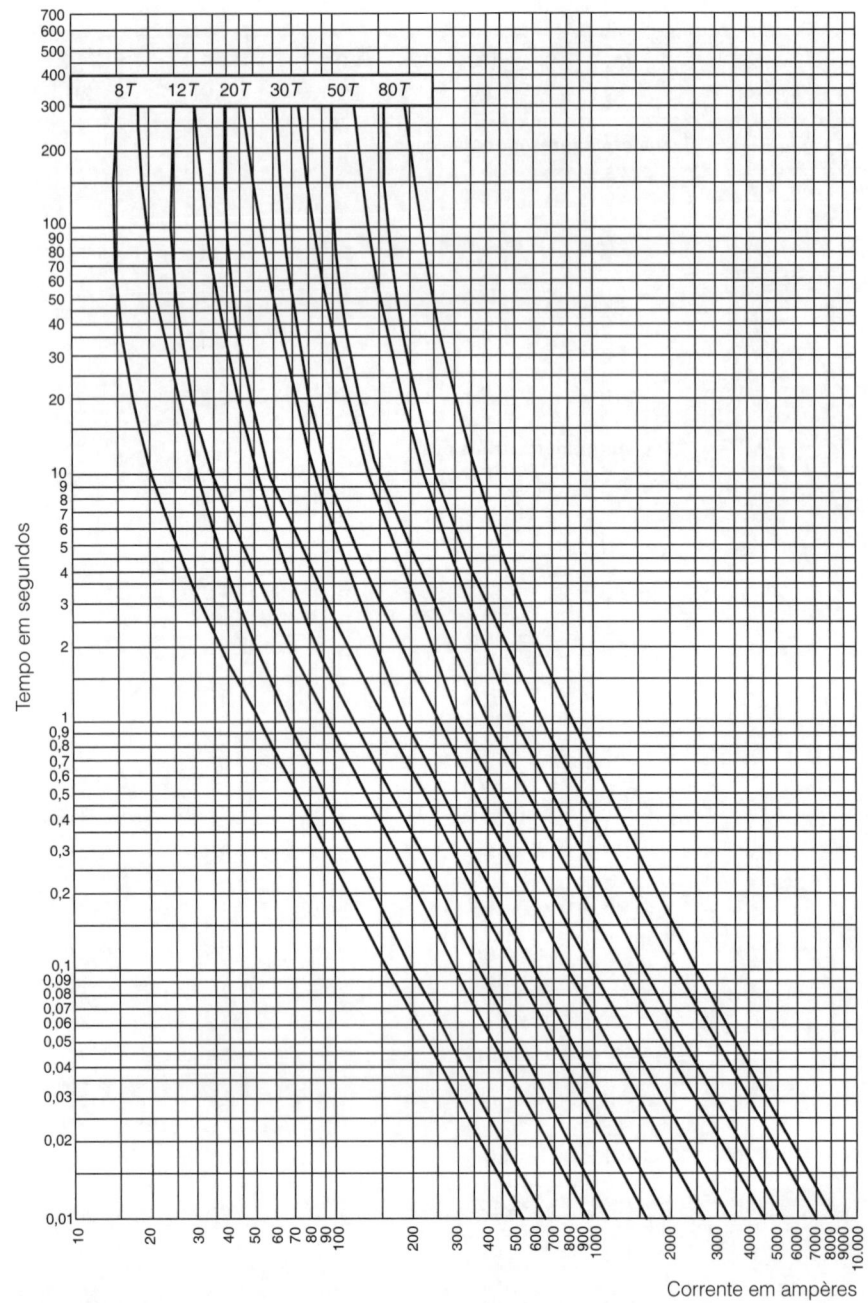

FIGURA 2.23 Curvas tempo × corrente dos elos fusíveis do tipo *T*.

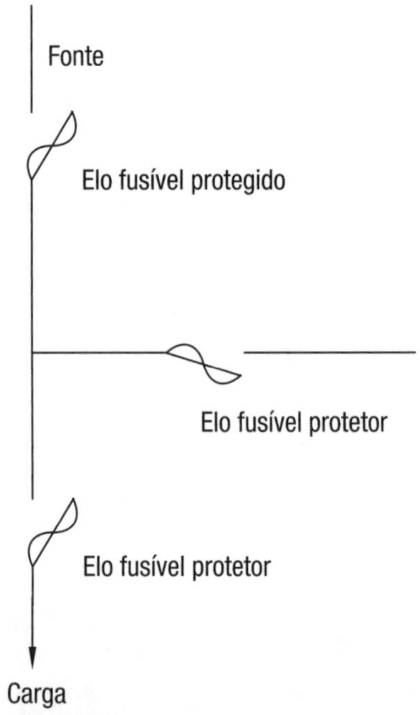

FIGURA 2.24 Posições dos elos fusíveis protegidos e protetores.

TABELA 2.4 Coordenação entre elos fusíveis K

		\multicolumn{12}{c}{Elo fusível protegido}
		12	15	20	25	30	40	50	65	80	100	140	200
F u s í v e l p r o t e t o r	6K	350	510	650	840	1.060	1.340	1.700	2.200	2.800	3.900	5.800	9.200
	8K	210	440	650	840	1.060	1.340	1.700	2.200	2.800	3.900	5.800	9.200
	10K		300	540	840	1.060	1.340	1.700	2.200	2.800	3.900	5.800	9.200
	12K			320	710	1.050	1.340	1.700	2.200	2.800	3.900	5.800	9.200
	15K				430	870	1.340	1.700	2.200	2.800	3.900	5.800	9.200
	20K					500	1.100	1.700	2.200	2.800	3.900	5.800	9.200
	25K						660	1.350	2.200	2.800	3.900	5.800	9.200
	30K							850	1.700	2.800	3.900	5.800	9.200
	40K								1.100	2.200	3.900	5.800	9.200
	50K									1.450	3.500	5.800	9.200
	65K										2.400	5.800	9.200
	80K											4.500	9.200
	100K											2.000	9.100
	140K												4.000

TABELA 2.5 Coordenação para elos fusíveis K e H

		\multicolumn{11}{c}{Elo fusível protegido}
P r o t e t o r	-	10	12	15	20	30	40	50	65	80	100	140
	1H	280	510	650	840	1.060	1.340	1.700	2.200	2.800	3.900	3.800
	2H	45	450	650	840	1.060	1.340	1.700	2.200	2.800	3.900	5.800
	3H	45	450	650	840	1.060	1.340	1.700	2.200	2.800	3.900	5.800
	5H	45	450	650	840	1.060	1.340	1.700	2.200	2.800	3.900	5.800

EXEMPLO DE APLICAÇÃO (2.1)

Calcule a coordenação dos elos fusíveis das chaves fusíveis instaladas no alimentador da Figura 2.25 que atende a uma área rural com característica de irrigação. As correntes de curto-circuito trifásicas e monofásicas são dadas, na sequência, no diagrama elétrico da Figura 2.25. A corrente máxima medida na saída do alimentador na subestação é 16,9 A.

a) Taxa de corrente

$$K = \frac{I_{máx}}{\sum P_n} = \frac{16,9}{112,5 + 150 + 75 + 225 + 150 + 30 + 45 + 30}$$

$$K = \frac{16,9}{817,5} = 0{,}02067 \text{ A/kVA}$$

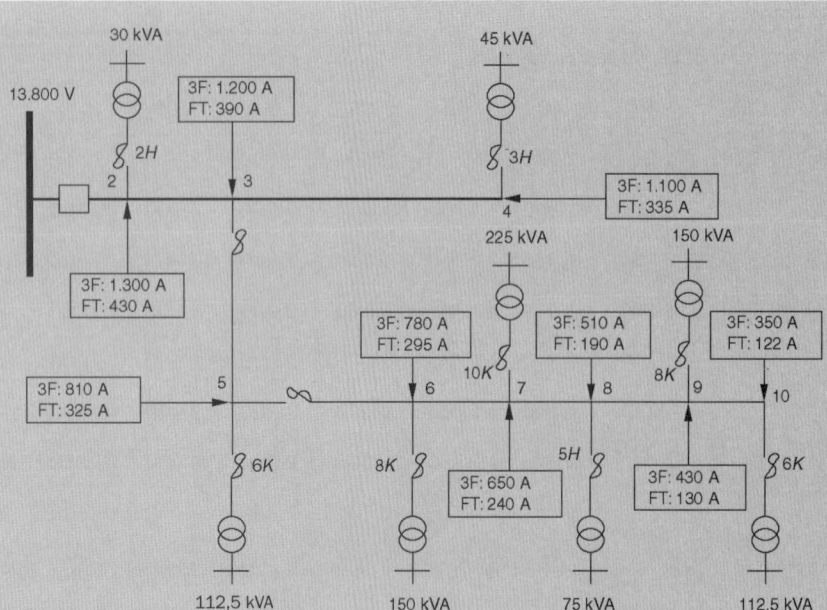

FIGURA 2.25 Alimentador de distribuição primária.

b) Escolha dos elos fusíveis dos transformadores

Deve ser em conformidade com a Tabela 2.3 e conforme indicado na Figura 2.25.

c) Dimensionamento do elo fusível do ramal derivado do ponto 5

$$I_{ne} \geq 1,5 \times I_{mc}$$

$$I_{ne} \geq 1,5 \times [(112,5 + 150 + 75 + 225 + 150) \times 0,02067]$$

$$I_{ne} \geq 1,5 \times 14,7 \geq 22 \text{ A}$$

$$I_{ne} \leq \frac{I_{ft}}{4}$$

$$I_{ne} \leq \frac{122}{4} \leq 30,5 \text{ A}$$

Para a escolha do elo fusível do ponto 5, considerar que ele deve coordenar com o maior elo fusível dos transformadores, no caso o elo fusível de 10K. Nessa condição, segundo a Tabela 2.4, temos:

$$I_{elo} = 25K$$

Observar o valor da corrente de defeito trifásico no ponto 7 ressaltada na Tabela 2.4, ou seja:

$$I_{cs} = 650 \text{ A} < 840 \text{ A}$$

d) Elo fusível no ponto 3

$$I_{ne} \geq 1,5 \times I_{ne}$$

$$I_{ne} \geq 1,5 \times [(742,5 + 112,5) \times 0,02067]$$

$$I_{ne} \geq 1,5 \times 17,67 \geq 26,50 \text{ A}$$

$$I_{ne} \leq \frac{325}{4} \leq 81,2 \text{ A}$$

De acordo com a Tabela 2.4, para coordenar com o elo fusível de 25 A, pode-se utilizar o elo fusível de 50 A, ou seja:

$$I_{co} = 50 \text{ K}$$

Observar que o valor máximo da corrente dada na Tabela 2.4, de 1.450 A, é superior à corrente trifásica de 810 A dada no diagrama elétrico.

Os estudos de proteção e coordenação entre fusíveis de diferentes tipos e entre fusíveis e os relés de sobrecorrente podem ser aprofundados em detalhes no livro *Proteção de Sistemas Elétricos de Potência*, 2ª ed., Rio de Janeiro, LTC, 2020.

2.5 ENSAIOS E RECEBIMENTO

As chaves fusíveis devem ser ensaiadas nas instalações do fabricante na presença do inspetor do comprador.

A NBR 7282:2011 descreve em detalhes todos os ensaios que devem ser realizados nas chaves fusíveis indicados resumidamente a seguir.

2.5.1 Ensaios de tipo

São os seguintes:

- capacidade de interrupção;
- tensão suportável nominal de impulso atmosférico;
- tensão suportável à frequência industrial sob chuva;
- impacto no suporte de fixação da chave;
- análise química da liga de cobre;
- resistência mecânica do isolador;
- porosidade do isolador;
- poluição artificial;
- verificação da rigidez dielétrica transversal do revestimento externo do tubo do porta-fusível;
- tensão suportável longitudinal do revestimento externo do tubo do porta-fusível;
- radiointerferência;
- corrente suportável de curta duração;
- elevação de temperatura.

2.5.2 Ensaios de rotina

- Inspeção geral.
- Verificação dimensional.
- Tensão suportável à frequência industrial a seco.
- Elevação de temperatura.
- Medição da resistência ôhmica dos contatos.
- Choques térmicos.
- Operação mecânica.
- Zincagem.
- Absorção de água pelo tubo do porta-fusível.
- Porosidade do isolador.
- Resistência mecânica do gancho e do olhal.
- Resistência à torção dos parafusos dos conectores.
- Radiointerferência.
- Estanhagem dos terminais e conectores.

2.5.3 Ensaios de recebimento

São os mesmos ensaios de rotina.

2.5.4 Ensaios adicionais para dispositivos com isoladores poliméricos

- Ensaio nas interfaces e conexões das ferragens integrantes.
- Resistência ao intemperismo artificial.
- Trilhamento elétrico e erosão.
- Roda de trilhamento.
- Penetração de água.
- Flamabilidade.
- Hidrofobicidade.

2.6 ESPECIFICAÇÃO SUMÁRIA

As chaves fusíveis devem ser ensaiadas nas instalações do fabricante na presença do inspetor do comprador.

A NBR 7282:2011 descreve em detalhes todos os ensaios que devem ser realizados nas chaves fusíveis indicados resumidamente a seguir.

No pedido de compra de chave fusível devem constar, no mínimo, as seguintes informações:

- corrente nominal, em A;
- capacidade de interrupção;
- tensão suportável de impulso;
- tipo da base;
- capacidade de interrupção;
- tensão suportável nominal de impulso atmosférico;
- tensão suportável à frequência industrial sob chuva;
- tipo (*K*, *H* ou *T*);
- modelo (botão ou argola).

Dependendo do tipo de aplicação, outros dados podem ser necessários.

MUFLAS TERMINAIS PRIMÁRIAS OU TERMINAÇÕES

3.1 INTRODUÇÃO

Mufla terminal primária ou terminação é um dispositivo destinado a restabelecer as condições de isolação da extremidade de um condutor isolado quando este é conectado a um condutor nu ou a um terminal para ligação de equipamento.

Há uma grande variedade de muflas ou terminações. Porém, as mais antigas são as muflas constituídas de um corpo de porcelana vitrificada com enchimento de composto elastomérico e fornecidas com *kit* que contém todos os materiais necessários à sua execução, incluindo a massa utilizada na sua execução.

Esse tipo de mufla pode ser singelo ou trifásico. O primeiro destina-se às terminações dos cabos unipolares (muflas terminais singelas), enquanto o segundo tipo é utilizado em cabos tripolares (muflas terminais trifásicas). As muflas podem ser utilizadas tanto ao tempo quanto em instalações abrigadas. A Figura 3.1 mostra a parte externa de uma mufla singela, enquanto a Figura 3.2 mostra os componentes interno e externo da mesma mufla.

Ainda dentro do conceito de muflas ou terminações podemos incluir os terminais desconectáveis, muito utilizados nos conjuntos de manobra de média tensão para a conexão com os cabos isolados da rede elétrica. A linha dos desconectáveis é bastante ampla, formada por diversos tipos de conexões, porém iremos restringir seu uso aos desconectáveis tipo cotovelo, muito conhecido pela denominação TDC, e aos desconectáveis tipo reto ou simplesmente TDR tipo bucha, conforme Figuras 3.3(a) e (b), mostrando os seus principais componentes externos.

Inicialmente aplicados a redes subterrâneas, seu uso se generalizou nas conexões de conjuntos de manobras em geral. São fornecidos tradicionalmente nas tensões de 15, 24 e 36 kV e em correntes nominais de 200, 630 e 1.250 A.

Os terminais desconectáveis tipo TDR são fabricados para abertura sem carga e, assim, são denominados *deadbreak* e,

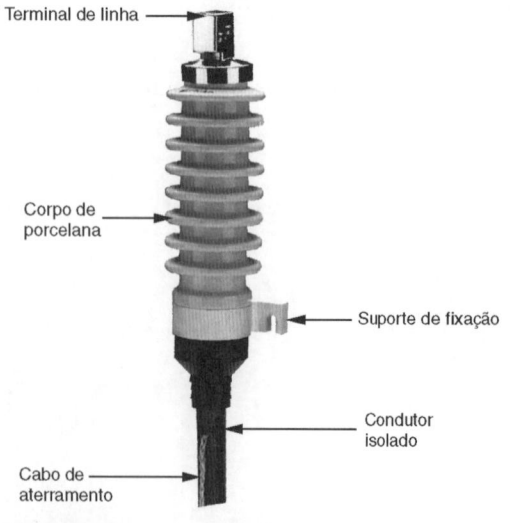

FIGURA 3.1 Vista externa de uma mufla terminal.

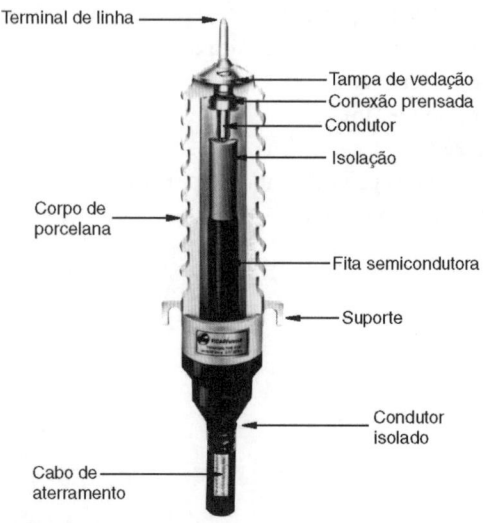

FIGURA 3.2 Vista interna de uma mufla terminal.

com carga, somente na versão 200 A, também denominados *loadbreak*. Deve-se ter bastante cuidado quando utilizar a versão *loadbreak*, pois a atuação em carga nominal normalmente se limita a dez operações. Para abertura em cargas inferiores a esse limite, o número de atuações cresce na proporção inversa.

Os terminais desconectáveis são fabricados em borracha de EPDM de alta qualidade, que permite a sua instalação em ambientes internos e externos. Possuem incorporado um conector bimetálico para aplicação em condutores de alumínio ou cobre. São utilizados em uma vasta gama seções de condutores com diferentes tipos de isolação. Dispõem de um ponto de teste para assegurar se o sistema está ou não energizado antes da sua desconexão, no caso dos desconectáveis *deadbreak*, além de uma blindagem para dissipação de campo elétrico, evitando na conexão uma densidade de linhas campo elétrico capaz de danificar o seu dielétrico. Podem ser facilmente conectados e desconectados com o uso de ferramentas manuais e equipamentos apropriados para essa finalidade.

Na linha dos desconectáveis, constam os para-raios desconectáveis, que podem ser utilizados tanto em terminais *loadbreak* como nos terminais *deadbreak*. Os terminais desconectáveis suportam também correntes de até 10 kA por um período de dez ciclos sem serem danificados.

Determinados fabricantes fornecem uma linha dos terminais desconectáveis atendendo às normas norte-americanas ANSI/IEEE 386 e à ABNT NBR 11835. Outros fabricantes fornecem esses dispositivos em uma linha que atende à norma europeia IEC.

As terminações constituídas de material contrátil a quente ou a frio têm sido utilizadas com muito sucesso em substituição às tradicionais, porém eficientes, muflas de corpo de porcelana. A simplicidade da emenda e a facilidade de sua execução, além da compatibilidade de preço, fazem das terminações contráteis um produto altamente competitivo. Hoje, as terminações ganharam o mercado substituindo praticamente o uso das muflas convencionais. A Figura 3.4 mostra a vista externa de uma terminação termocontrátil de fabricação da Raychem. Já a Figura 3.5 revela os diversos componentes utilizados na confecção de uma terminação termocontrátil que também pode ser empregada em cabos tripolares, conforme indicado na Figura 3.6. São particularmente utilizadas na conexão direta entre condutores e equipamentos, tais como disjuntores, transformadores,

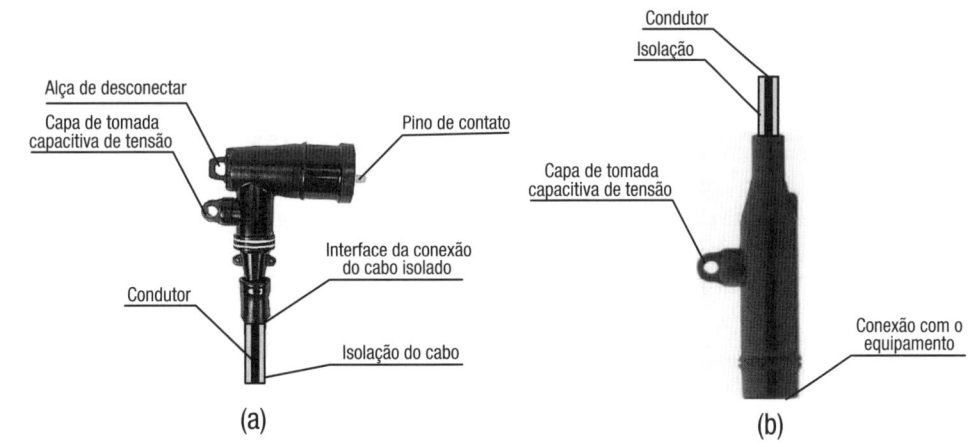

FIGURA 3.3 Terminais desconectáveis tipos TDC e TDR.

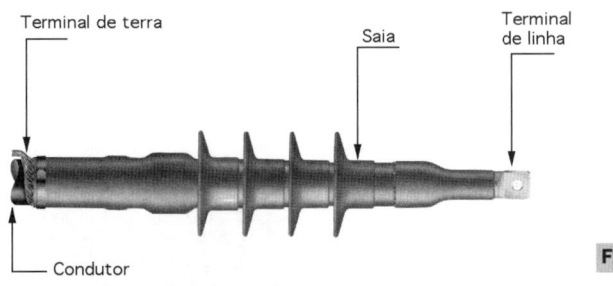

FIGURA 3.4 Vista externa da terminação termocontrátil.

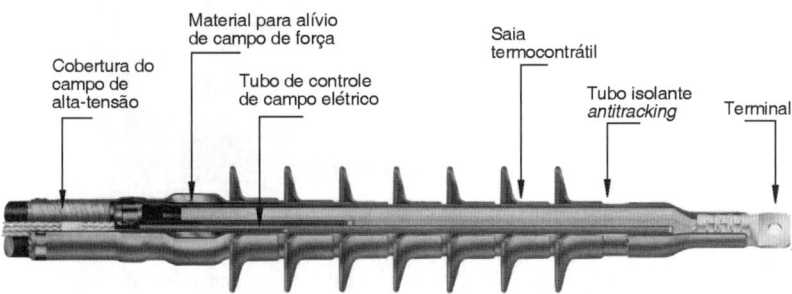

FIGURA 3.5 Vista interna da terminação termocontrátil.

chaves etc. Para ilustrar essa aplicação, no caso uma conexão tripolar, pode-se observar a Figura 3.7.

As terminações termocontráteis são fornecidas para cabos unipolares ou tripolares, com ou sem armação, para uso interno ou externo até 72 kV. Apresentam as seguintes vantagens:

- são resistentes à radiação UV (ultravioleta);
- execução simples e de rápida montagem, dispensando a utilização de massas de preenchimento;
- são flexíveis, facilitando a sua aplicação no interior de conjuntos de manobra;
- permitem instalação na posição invertida;
- possuem grande distância de escoamento, dificultando o *flashover*;
- são providas de uma selagem permanente contra a umidade e outros elementos externos;
- apresentam uma elevada resistência ao *tracking*;
- podem ser utilizadas em ambientes com alto índice de poluição por conta da resistência de sua isolação à erosão;
- sua temperatura de operação é adequada às temperaturas dos cabos isolados nos diferentes níveis de operação:
  - regime permanente 105 °C;
  - regime de sobrecarga 130 °C;
  - regime de curto-circuito 250 °C.

Aconselha-se aos profissionais que executam terminações de quaisquer tipos que preparem um local coberto, livre de poeira e poluentes atmosféricos, utilizando materiais de trabalho, limpos e secos, a fim de evitar a contaminação do interior da terminação, responsável por grande parte do rompimento do dielétrico em virtude da concentração de campo elétrico no local do material estranho. Cuidados também devem ser tomados para evitar a formação de bolhas.

3.2 DIELÉTRICO

Dielétrico é um meio isolante que se intercala entre duas superfícies condutoras submetidas a uma diferença de potencial. O ar, o plástico, a madeira, a mica, o papel e vários outros materiais são exemplos de dielétricos.

3.3 CAMPO ELÉTRICO

Quando duas superfícies condutoras estão isoladas por um meio dielétrico e submetidas a uma diferença de potencial, gera-se um campo eletrostático entre elas que pode ser percebido, na prática, se sobre esse dielétrico se depositar, por exemplo, certa quantidade de pó de mica, cujas partículas ficam orientadas segundo uma série de linhas denominadas linhas de força ou linhas de fluxo elétrico. Logo, a direção do campo elétrico fica definida pela direção da força e pelo sentido em que a força atua sobre as partículas consideradas.

A intensidade de campo elétrico gerada entre as duas superfícies condutoras e separadas pelo meio dielétrico é dada pela relação entre a diferença de potencial estabelecida e a espessura do referido dielétrico, ou seja:

$$E = \frac{\Delta V}{D}(kV/mm) \qquad (3.1)$$

ΔV – diferença de potencial estabelecida entre as duas superfícies, em kV;
D – espessura do dielétrico, em mm.

A intensidade de campo elétrico é mais conhecida como gradiente de tensão, ou simplesmente de gradiente de potencial.

3.4 CAMPO ELÉTRICO NOS CABOS DE MÉDIA E DE ALTA-TENSÃO

Um cabo de média e de alta-tensão, como será visto mais detalhadamente no Capítulo 4, é composto, entre outros elementos, de um condutor, um isolamento e uma blindagem eletrostática metálica. Assim, fica estabelecido nesse meio um campo elétrico que, em circuitos contínuos, é radial e uniforme, como pode ser visto na Figura 3.8.

O condutor e a blindagem metálica constituem superfícies condutoras, enquanto a isolação é o meio dielétrico do campo elétrico gerado.

Considerando que o cabo seja dotado de uma camada semicondutora entre o isolamento e o material condutor, são estabelecidas linhas equipotenciais longitudinais, isto é, que tenham o mesmo potencial, no meio dielétrico, cuja densidade é maior nas proximidades do condutor e menor na

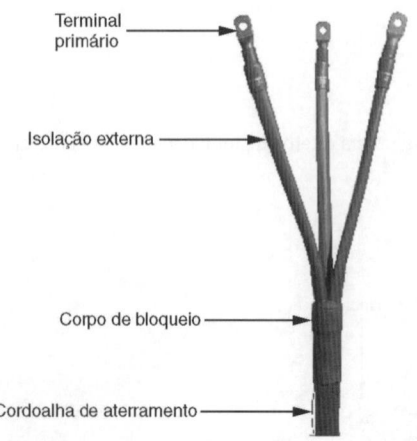

FIGURA 3.6 Terminação termocontrátil tripolar.

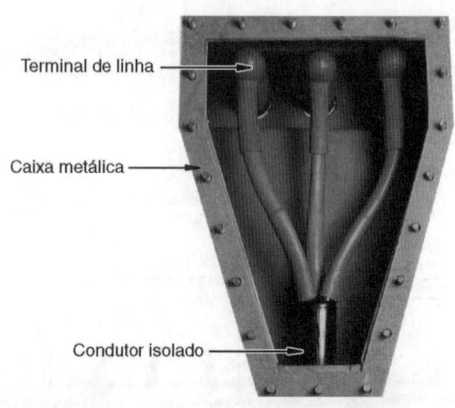

FIGURA 3.7 Terminação tripolar conectada à caixa de entrada de equipamento.

superfície do isolamento. Da mesma forma, as linhas de força radiais também apresentam maior densidade nos pontos contíguos ao condutor, donde se conclui que as maiores solicitações de um isolamento estão nas camadas elementares próximas ao material condutor, conforme se pode observar na Figura 3.9.

Quando um cabo é seccionado, para se executar a uma emenda, as linhas de campo radial convergem para a extremidade da blindagem eletrostática, provocando uma elevada intensidade de campo elétrico em torno do corte da referida blindagem. A intensidade desse campo é, entre outras, uma função da tensão aplicada. A Figura 3.9 mostra a disposição das linhas de força na extremidade de um cabo seccionado.

Nessas condições, é imperativa a necessidade de se reduzir esse gradiente de tensão, no processo de emenda do condutor. Assim, aumenta-se gradualmente a espessura da isolação, a partir do corte da blindagem até determinado ponto da extremidade do cabo, formando o que se denomina cone de alívio de tensão, ou cone de deflexão.

A Figura 3.10 mostra o resultado prático da construção de um cone de deflexão, percebendo-se claramente o novo alinhamento das linhas de campo elétrico radial e das linhas equipotenciais longitudinais. O cone de deflexão é executado somente nas muflas rígidas em corpo de porcelana.

Também a Figura 3.11 mostra a distribuição das linhas de campo elétrico em uma terminação feita com material termocontrátil, indicando as percentagens de sua distribuição ao longo da referida terminação após a aplicação do tubo de controle das linhas de força. Efeito semelhante é obtido com a utilização do cone de deflexão utilizado nas muflas terminais em porcelana.

É extremamente importante observar a distância mínima requerida pelo fabricante entre o terminal energizado e a blindagem do cabo, já que esses dois pontos estão submetidos à tensão fase-terra. Além disso, os primeiros 25 mm, a contar do terminal de tensão, são a região mais crítica, pois concentra 75% do potencial entre fase e blindagem. O ar interposto entre esses dois pontos está sujeito à ionização, cujo resultado é a redução das características isolantes.

O meio ambiente, contendo partículas condutoras em suspensão, resultantes da poluição provocada pelos processos industriais e pela névoa salina oriunda da arrebentação das ondas marítimas, favorece extremamente o surgimento de um arco entre os pontos considerados, danificando, em consequência,

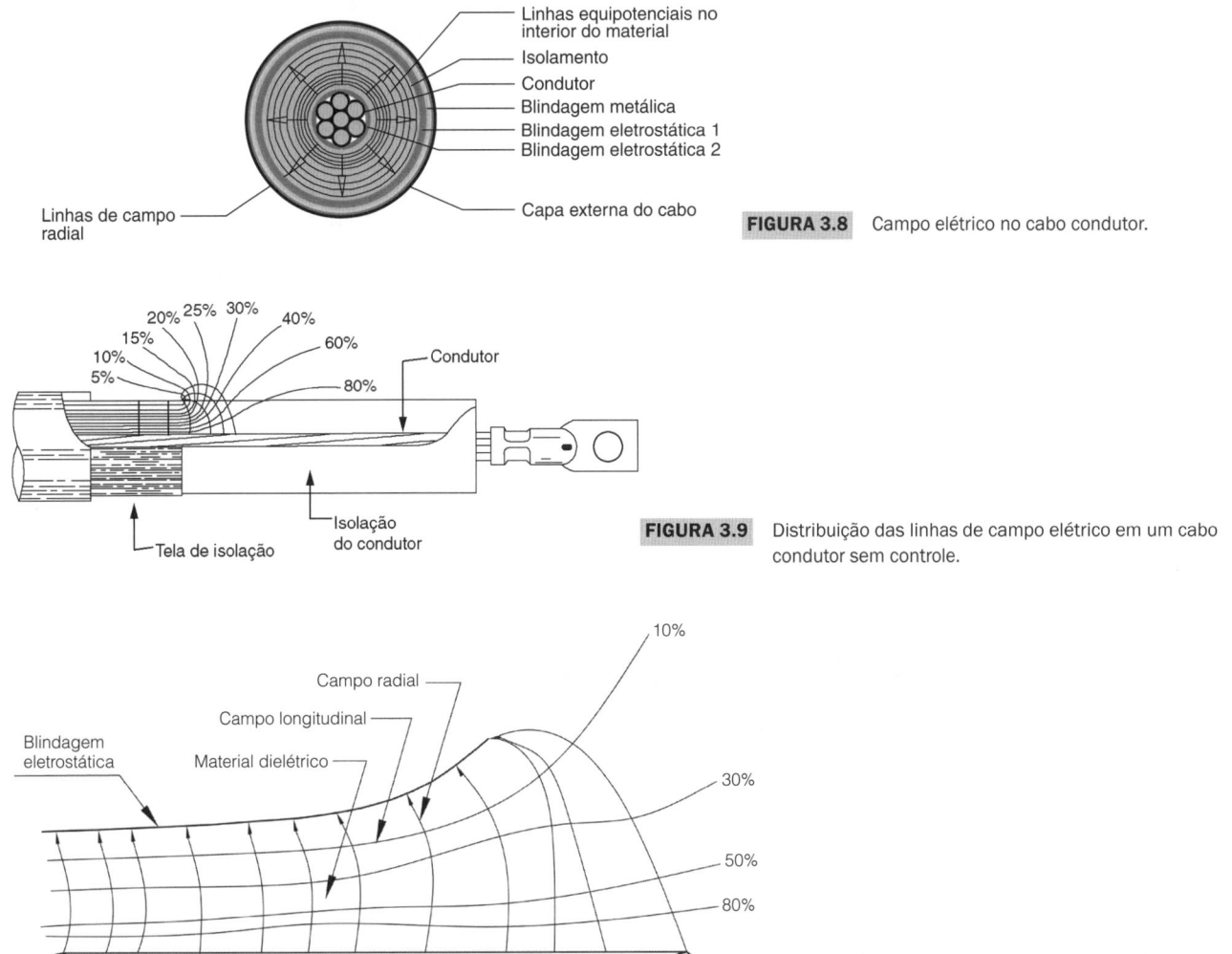

FIGURA 3.8 Campo elétrico no cabo condutor.

FIGURA 3.9 Distribuição das linhas de campo elétrico em um cabo condutor sem controle.

FIGURA 3.10 Distribuição do campo elétrico no cone de deflexão.

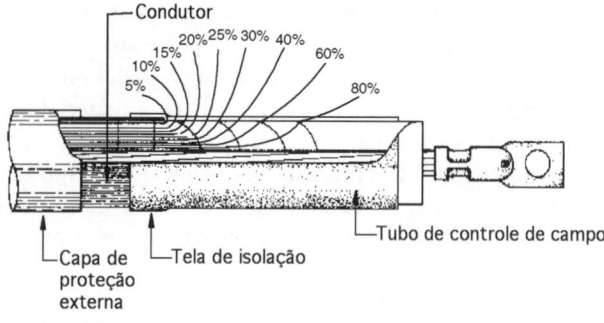

FIGURA 3.11 Distribuição das linhas de campo elétrico em um cabo condutor com controle.

3.5 SEQUÊNCIA DE PREPARAÇÃO DE UM CABO CONDUTOR

Os cabos elétricos devem ser cuidadosamente preparados antes da utilização de uma mufla, terminação contrátil a quente ou a frio e *push-on*. Essa preparação é normalmente indicada pelos fabricantes dos respectivos acessórios de conexão a fim de garantir a qualidade e a longevidade da terminação.

Para ilustrar ao leitor, será apresentada a preparação de um cabo isolado unipolar que poderá ser conectado a uma mufla, a uma terminação a quente ou a uma terminação a frio. Para qualquer uma das aplicações citadas, a preparação do cabo guarda alguma similaridade.

a isolação. Esse fenômeno, também conhecido como *flashover*, ocorre frequentemente em isoladores das redes de distribuição de energia elétrica localizadas na orla marítima ou nos distritos industriais onde estão presentes fábricas de cimento, siderurgia e outros empreendimentos que expelem para atmosfera materiais similares. A Figura 3.12 mostra a formação de um arco na extremidade de um cabo, motivada pelo processo de ionização do ar.

Outro fenômeno nocivo à isolação dos cabos é a circulação de correntes pela sua superfície, na região compreendida entre o material condutor e a blindagem metálica. Esse fenômeno é favorecido pela natureza dos poluentes na atmosfera e resulta na queima da isolação, formando inúmeros caminhos em forma arborescente. É conhecido como *tracking*, e a sua gravidade está relacionada também com o tipo de isolamento utilizado. A Figura 3.13 mostra os caminhos danificados pelas correntes de fuga.

Na realidade, pode-se considerar que o cone de alívio de tensão nas muflas em porcelana, equivalente ao tubo de alívio de campo elétrico nas terminações termocontráteis, é uma continuação da blindagem do cabo. Cuidados devem ser tomados para que nenhum vazio fique no interior do cone de alívio de tensão, pois pode ocorrer o fenômeno de descargas parciais, destruindo a terminação.

3.5.1 Aplicação de terminais termocontráteis

As terminações a quente podem ser utilizadas interna ou externamente. Quando utilizada ao tempo, adicionam-se durante a execução uma ou mais saias, conforme se observa na Figura 3.5. Podem ser empregadas em cabos singelos ou trifásicos, que, nesse caso, recebe ainda um dispositivo de bloqueio, conforme mostra a Figura 3.6.

As terminações termocontráteis não devem ser utilizadas em ambientes de elevada poluição que apresentam partículas condutoras em suspensão.

A terminação termocontrátil vem acompanhada de um *kit* de montagem constituído dos seguintes componentes:

- tubos termocontráteis;
- adesivos;
- malha de cobre;
- cordoalha de aterramento;
- conector de aterramento;
- material de limpeza;
- instrução de montagem.

A execução de uma terminação termocontrátil envolve uma quantidade de passos bem menor e uma simplicidade de trabalho característica desse material, ou seja:

- Preparação inicial do cabo:

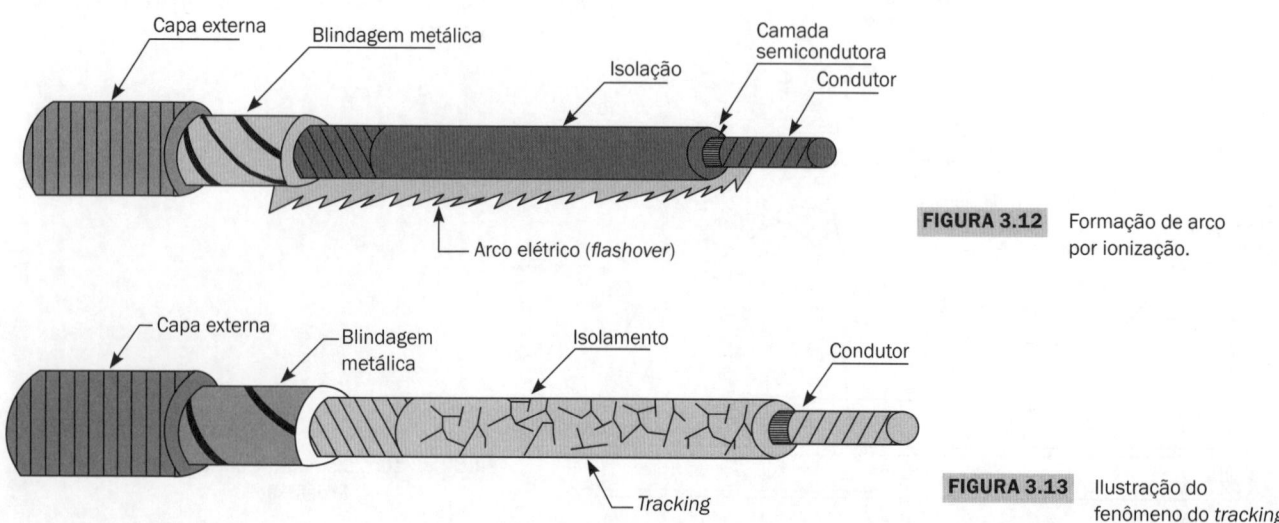

FIGURA 3.12 Formação de arco por ionização.

FIGURA 3.13 Ilustração do fenômeno do *tracking*.

- seccionar e retirar a capa externa, a blindagem metálica eletrostática, a camada semicondutora, obedecendo às medidas indicadas pelo fabricante;
- retirar, na ponta do cabo, a isolação;
- instalar o conector terminal à compressão ou outro tipo adequado na extremidade do condutor;
- proceder à soldagem da blindagem metálica eletrostática com a cordoalha de aterramento que é parte integrante do *kit*;

• Aplicar o tubo de controle de campo elétrico que deve envolver a parte da blindagem eletrostática.
• Aplicar calor sobre o tubo de controle de campo elétrico, com maçarico apropriado.
• Envolver as extremidades da terminação de uma camada de fita adesiva.
• Colocar sobre a terminação o tubo isolante.
• Aplicar novamente calor sobre o tubo isolante, utilizando o mesmo maçarico.
• Aplicar a quantidade necessária de saias, contidas no *kit*. Se a terminação for utilizada em ambiente interno pode-se dispensar a aplicação das saias. A Figura 3.14 ilustra a aplicação do maçarico na sequência de execução anteriormente exposta. A Figura 3.5 mostra o corte longitudinal de uma terminação termocontrátil já concluída.

Os polímeros de que são fabricados os terminais termocontráteis apresentam uma propriedade de contração na presença de calor denominada memória elástica, que é obtida durante uma etapa do processo de sua fabricação. Essa propriedade permite que o polímero não atinja o estado pastoso quando submetido ao calor e sem perda das suas propriedades físicas e elétricas.

3.5.2 Aplicação de terminações a frio e *push-on*

O cabo deve ser preparado de forma semelhante ao que já foi descrito. Para aplicar, por exemplo, o tubo defletor sobre a isolação do cabo, basta retirar a fita plástica espiralada instalada no interior do referido tubo (terminal *push-on*). De forma natural, o tubo se contrai sobre a isolação do cabo, aderindo uniformemente a esta. É de aplicação rápida e não utiliza nenhum artifício externo. O cabo pode ser energizado logo após a aplicação dos componentes do terminal sobre o cabo. O terminal é acompanhado de um *kit* constituído dos componentes a serem utilizados na terminação e que pode ser visto na Figura 3.15. A Figura 3.16 mostra um cabista puxando a extremidade da fita plástica espiralada de sustentação da manta que, ao fim do processo, adere à estrutura do cabo. As denominadas terminações *push-on* são terminações a frio e se diferenciam pela natureza de alguns componentes e ligeiramente na forma construtiva. A Figura 3.17 mostra um corte longitudinal de uma terminação a frio.

Aqui vai um aconselhamento aos profissionais de execução de emendas a frio. Sigam incondicionalmente as instruções do fabricante da terminação a frio, na maioria das vezes inseridas no *kit* que acompanha a embalagem do produto. Cada fabricante apresenta o passo a passo de construção de sua emenda. Na ausência das instruções, solicitá-las ao fabricante ou obtê-las no seu *site* por escrito ou minuciosamente comentadas em vídeo.

FIGURA 3.15 *Kit* de terminação a frio.

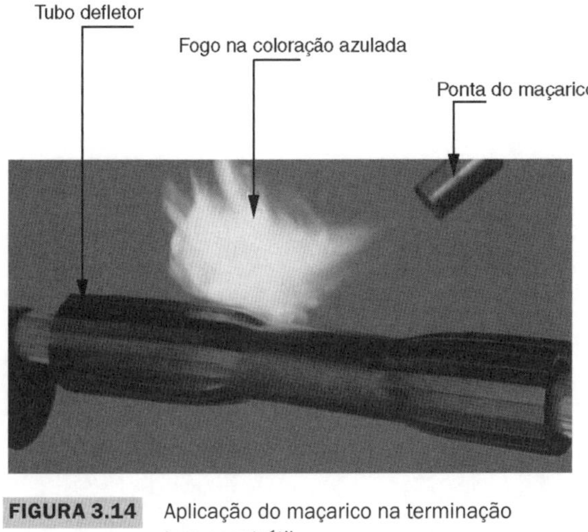

FIGURA 3.14 Aplicação do maçarico na terminação termocontrátil.

FIGURA 3.16 Execução de uma terminação a frio.

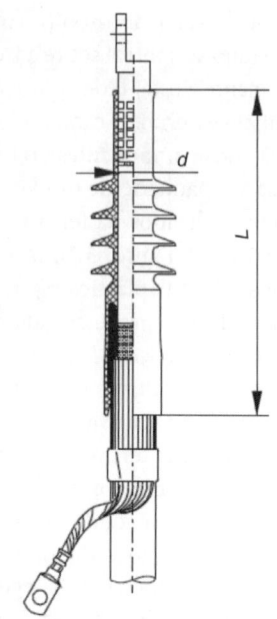

Para média tensão (terminal de 12 kV)
L = 180 mm e d = 20 a 34 mm
dependendo do diâmetro do cabo

FIGURA 3.17 Terminação a frio acabada.

3.6 APLICAÇÃO DE MUFLAS EM AMBIENTES POLUÍDOS

Quando as muflas são utilizadas em atmosferas de alta poluição marítima ou industrial, é necessário utilizar o corpo de porcelana com uma distância de escoamento superior àquela normalmente empregada em ambientes comuns. Esse procedimento dificulta a formação de centelhamento entre o ponto de conexão da mufla com o sistema e o seu ponto de fixação ou o seu próprio terminal de aterramento. Quanto maior a distância de escoamento, mais elástico é o tempo necessário para se proceder à limpeza da mufla. No caso de terminações enfaixadas ou à base de borracha, os efeitos das correntes de *flashover* são mais danosos, devido à queima da sua superfície. Por isso, aconselha-se não utilizar esses produtos em áreas de alta contaminação atmosférica. A Coelce, atualmente ENEL Distribuição Ceará, detém uma larga experiência em sistemas localizados em ambientes de elevada concentração de poluentes marítimos e, por isso, determina em seus manuais os critérios específicos para projeto de suas redes aéreas nessas áreas.

3.7 ENSAIOS E RECEBIMENTO

As terminações devem obedecer à NBR 9314 – Emendas para Cabos de Potência com Isolação para Tensões de 1 a 35 kV.

O fabricante deve ensaiar as terminações em suas instalações na presença do inspetor do comprador. Os ensaios compreendem:

- aspectos construtivos e visuais;
- ensaios no isolador de porcelana (quando for o caso), de acordo com o que se estabelece no Capítulo 19, no que for pertinente;
- ensaios nos diversos elementos componentes do *kit* (não normalizados).

3.8 ESPECIFICAÇÃO SUMÁRIA

Para se especificar corretamente uma mufla ou terminação, é necessário estabelecer os seguintes parâmetros:

- tensão nominal;
- tensão máxima de operação;
- tensão suportável de impulso;
- tensão suportável a seco durante 1 minuto;
- tensão suportável sob chuva, durante 10 segundos;
- características técnicas e dimensionais do cabo;
- nível de isolamento: 100% – para sistemas com neutro ligado à terra; e 133% para sistemas com neutro isolado;
- material do condutor: cobre ou alumínio;
- tipo do encordoamento.

4 CONDUTORES ELÉTRICOS

4.1 INTRODUÇÃO

Condutor de energia é o meio pelo qual se transporta potência desde determinado ponto, denominado fonte ou alimentação, até um terminal consumidor.

O metal de maior utilização em condutores elétricos para sistemas de potência é o alumínio, devido ao seu baixo custo de mercado, quando comparado com o cobre, intensamente empregado nas instalações prediais, comerciais e industriais.

Até o ano de 1950, a isolação dos cabos de alta-tensão era constituída de papel impregnado em óleo isolante. Nessa época, foram desenvolvidos os cabos de isolação extrudada, fabricados de materiais sintéticos de natureza polimérica. De todos os materiais isolantes estudados, destacaram-se, pelos aspectos técnicos e econômicos, o cloreto de polivinila (PVC) e o polietileno (PE). Praticamente os dois compostos foram utilizados na mesma época.

Tanto o cloreto de polivinila quanto o polietileno perdem as suas características básicas quando submetidos a temperaturas superiores a 70 °C. Para elevar o nível de temperatura de operação desses compostos, foram desenvolvidos materiais termofixos, obtidos por processos químicos de reticulação de suas moléculas, mediante a utilização de agentes que realizam as ligações entre as moléculas adjacentes de carbono-carbono, impedindo o deslocamento intermolecular que é característico dos compostos termoplásticos. Em decorrência dessa tecnologia, a isolação desses condutores pode operar em temperaturas bem mais elevadas, atingindo o valor em regime contínuo de 90 °C ou de 105 °C.

No entanto, é necessário saber que a elevação de temperatura de operação dos condutores acarreta uma elevação de perdas por efeito joule, que, dependendo do tempo de uso diário da instalação, podem significar custos inesperados na conta de energia elétrica e redução da vida útil do cabo.

Um condutor elétrico pode ser constituído por um ou vários fios componentes, desde um único fio até centenas de fios condutores. A quantidade de fios que compõem um cabo indica o maior ou menor grau de flexibilidade do cabo. A identificação adequada do nível de flexibilidade de um condutor é definida por normas técnicas, por meio da classe de encordoamento que vai de 1 a 6, ou seja:

- classe de encordoamento 1: é caracterizada pelo condutor sólido. É definida por um valor de resistência máxima a 20 °C;
- classe de encordoamento 2: é caracterizada por condutores encordoados, compactados ou não, e por um número mínimo de fios elementares no condutor. É definida por um valor de resistência máxima a 20 °C;
- classe de encordoamento 4, 5 e 6: é caracterizada por condutores flexíveis e por um número mínimo de fios elementares no condutor. É definida por um valor de resistência máxima a 20 °C.

4.2 CARACTERÍSTICAS CONSTRUTIVAS DOS CABOS ISOLADOS

Os condutores elétricos apresentam diferentes formas e tipos de fabricação, cada um deles utilizado de acordo com suas características específicas.

4.2.1 Cabos de baixa-tensão

4.2.1.1 Formação dos condutores

São diversas as formas com que os condutores são fabricados, e cada uma delas é própria para determinado tipo de aplicação. A Figura 4.1 mostra diversas formações dos condutores usuais.

4.2.1.1.1 Fio redondo sólido (a)

Esse tipo de condutor está limitado à seção de 10 mm². Acima disso apresenta pouca flexibilidade, dificultando os trabalhos de puxamento, acomodação e ligação. Por ser mais econômico, é largamente utilizado nas instalações de iluminação e força cuja carga seja compatível com as seções padronizadas. Apresenta o aspecto construtivo da Figura 4.1(a) e exemplificado na Figura 4.2.

4.2.1.1.2 Condutor redondo normal (b)

Também conhecido como condutor de formação concêntrica ou regular, classe de encordoamento 1, é o mais utilizado nas instalações elétricas industriais e prediais quando são necessárias seções superiores a 10 mm², pela sua grande flexibilidade. Pode ser empregado com quaisquer tipos de isolação. É constituído de um fio longitudinal envolvido por uma ou mais coroas de fio redondo sólido, em forma de espira, e cujas formações padronizadas, em norma, são:

- 7 fios = 1 + 6
- 19 fios = 1 + 6 + 12
- 37 fios = 1 + 6 + 12 +18
- 61 fios = 1 + 6 + 12 + 18 + 24
- 91 fios = 1 + 6 + 12 + 18 + 24 + 30

Os condutores redondos normais podem ser vistos na Figura 4.1(b) e exemplificados na Figura 4.3.

4.2.1.1.3 Condutor redondo compacto (c)

Esse tipo de condutor é construído da mesma forma que o condutor redondo normal, porém é submetido a um processo adequado de compactação que resulta na deformação dos fios elementares das diferentes coroas, reduzindo, dessa forma, o seu diâmetro. É da classe de encordoamento 2. Essa formação, no entanto, leva o cabo a uma maior rigidez e, consequentemente, à dificuldade no seu manuseio. Em contrapartida, são eliminados os vazios intersticiais, reduzindo, portanto, o seu diâmetro, conforme se observa na Figura 4.1(c) e exemplificado na Figura 4.4. Cabe ressaltar que os condutores de baixa e média tensões, em geral, nas seções de 10 a 500 mm² têm construção compactada.

4.2.1.1.4 Condutor setorial compacto (d)

É fabricado a partir da corda do condutor redondo compacto que sofre um processo de deformação específica dos fios elementares das várias coroas, por meio de um conjunto de calandras que dá uma forma setorial ao condutor. É destinado basicamente à construção de cabos tripolares e quadripolares, proporcionando uma substancial economia com a redução do seu diâmetro, devido à disposição favorável das diferentes cordas elementares. Ver Figura 4.1(d) e, como exemplo, a Figura 4.5.

4.2.1.1.5 Condutor flexível (e)

É fabricado a partir do encordoamento de vários fios elementares de diâmetro reduzido. Pode ser fabricado nas classes de encordoamento 4, 5 e 6 com diferentes graus de flexibilidade. É comercializado em diferentes seções e apropriado à alimentação de máquinas e aparelhos específicos, como pontes rolantes, escavadeiras, máquinas de solda, aspiradores industriais e domésticos, além de sua utilização rotineira em iluminação pendente. Tem a forma de acordo com a Figura 4.1(e) e é exemplificado na Figura 4.6.

Em geral, o encordoamento dos condutores é empregado de acordo com os seguintes critérios:

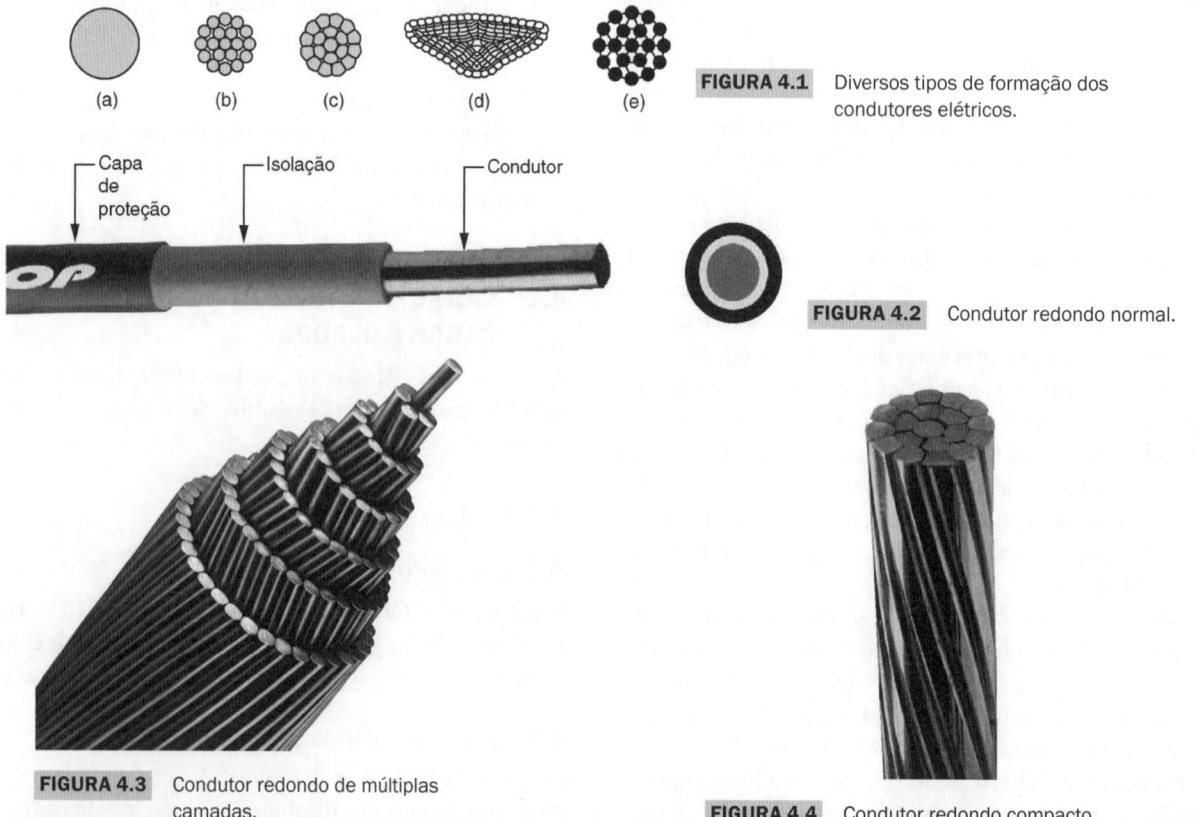

FIGURA 4.1 Diversos tipos de formação dos condutores elétricos.

FIGURA 4.2 Condutor redondo normal.

FIGURA 4.3 Condutor redondo de múltiplas camadas.

FIGURA 4.4 Condutor redondo compacto.

- Cabos de baixa-tensão
  - Encordoamento redondo normal para as seções compreendidas entre 1,5 e 10 mm².
  - Encordoamento redondo compacto para as seções superiores a 6 mm², em cabos singelos e múltiplos.
  - Encordoamento setorial compacto em cabos de 3 e 4 condutores para seções iguais ou superiores a 50 até 240 mm².

- Cabos de média tensão
  - Encordoamento redondo compacto para todas as seções de cabos.

As principais características dimensionais dos condutores estão mostradas na Tabela 4.1.

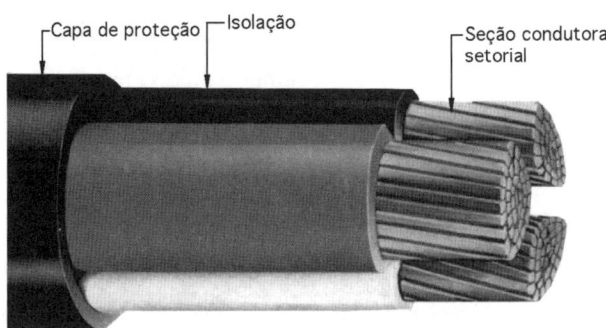

FIGURA 4.5 Condutor setorial compacto.

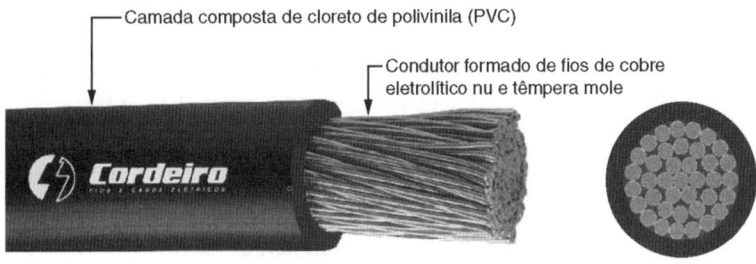

FIGURA 4.6 Condutor flexível.

TABELA 4.1 Características básicas dos condutores de cobre

Seção nominal (mm²)	Formação nominal, fios (mm)	Diâmetro externo nominal (mm)	Peso líquido nominal (kg/km)
1,5	1/1,38	1,38	13,3
2,5	1/1,78	1,78	22,2
4	1/2,25	2,25	35,4
6	1/2,76	2,76	53,3
10	1/3,57	3,57	89,1
10	7/1,35	4,05	90,3
16	1/4,5	4,5	141,6
16	7/1,7	5,1	143,2
25	1/5,65	5,65	223,1
25	7/2,14	6,42	227
35	7/2,52	7,56	314,8
50	19/1,78	8,9	428,6
70	19/2,14	10,7	619,5
95	19/2,52	12,6	859
120	37/2,03	14,21	1.089
150	37/2,25	15,75	1.338
185	37/2,52	17,64	1.678
240	61/2,25	20,25	2.210
300	61/2,52	22,68	2.772
400	61/2,85	25,65	3.545
500	61/3,2	28,8	4.469

4.2.1.1.6 Material condutor

Praticamente, só dois metais se destinam à fabricação de condutores elétricos: o alumínio e o cobre.

4.2.1.1.6.1 Condutores de alumínio

Os condutores de alumínio normalmente dominam o mercado nas aplicações de redes e linhas aéreas de distribuição e transmissão de energia elétrica não localizadas nas proximidades da orla marítima. Seu baixo custo, quando comparado ao dos condutores de cobre, a sua relação peso por área e seu excelente comportamento aos esforços mecânicos, quando encordoados com alma de aço, os credenciam, com inúmeras vantagens, para larga utilização pelas concessionárias de energia elétrica de praticamente todos os países.

Quanto à sua aplicação em cabos isolados, são comumente empregados nas redes de distribuição subterrâneas de grandes centros urbanos, tanto em média como em baixa-tensão, e também em parques eólicos e fotovoltaicos na parte CA. Na indústria, sua aplicação é muito reduzida e a norma brasileira NBR 5410 – Instalações Elétricas em Baixa-Tensão só permite a sua utilização para seções iguais ou superiores a 16 mm².

O principal obstáculo para popularizar a aplicação dos condutores de alumínio em instalações elétricas residenciais, comerciais e industriais é a dificuldade da conexão, quando o outro elemento a ser conectado é de cobre, pois nessa região de contato há uma acelerada deterioração do alumínio, com a formação de uma película de óxido de alumínio, responsável pelo aquecimento exagerado e pela destruição da conexão. Além disso, há a corrosão galvânica resultante da conexão de dois metais diferentes. Os dois metais têm potenciais-padrão diferentes: o cobre +0,35 V e o alumínio 1,5 V, formando o que se denomina pilha galvânica.

4.2.1.1.6.2 Condutores de cobre

Os condutores de cobre dominam praticamente o mercado nas aplicações de instalações elétricas, sejam prediais, comerciais ou industriais, e nas redes aéreas localizadas no litoral. O cobre utilizado nos condutores elétricos deve ser purificado por meio do processo de eletrólise, o que lhe dá o nome de cobre eletrolítico, conseguindo-se, dessa forma, um grau de pureza de 99,99%. Posteriormente, é submetido a processos térmicos para se obter a têmpera desejada.

A Tabela 4.2 fornece as principais propriedades dos materiais condutores.

4.2.1.2 Isolamento

O isolamento dos condutores elétricos é constituído de materiais sólidos extrudados.

Cabe aqui fazer uma distinção entre os termos *isolação* e *isolamento*. O primeiro exprime a parte qualitativa do material empregado, por exemplo, a expressão: isolação em polietileno reticulado. O segundo termo tem um sentido quantitativo, por exemplo, quando se diz: cabo com isolamento para 750 V.

As isolações sólidas podem ser fabricadas a partir dos seguintes materiais:

4.2.1.2.1 Termoplástico

As isolações termoplásticas são fabricadas à base de cloreto de polivinila, conhecido comumente como PVC. Têm a

TABELA 4.2 Propriedades básicas dos materiais condutores

Especificações	Fio de alumínio duro	Fio de cobre duro	IACS – padrão internacional de cobre recozido	Fio de aço zincado para alma de cabos de alumínio
Massa específica a 20 °C	2,703	8,890	8,890	7,780
Condutividade mínima a 20 °C	61,0	97,0	100,0	-
Resistividade máxima a 20 °C (Ω/mm²/m)	0,028264	0,017775	0,017241	-
Relação em peso entre condutores de igual resistência a C.C. e igual comprimento	0,500	1,030	1,000	-
Coeficiente de variação da resistência/°C a 20 °C	0,00403	0,00381	0,00393	-
Coeficiente de dilatação linear/°C	$23{,}6^{-6}$	$16{,}9 \times 10^{-6}$	$16{,}8 \times 10^{-6}$	0,00001152
Calor específico (cal/g °C)	0,2140	-	0,0921	-
Calor específico volumétrico (J/K.m³)	$2{,}5 \times 10^{-6}$	-	$3{,}45 \times 10^{-6}$	-
Condutividade térmica (cal/cm²/cm.s °C)	0,485	-	0,930	0,150
Módulo de elasticidade (kg/mm²)	7.000	12.000	9.900	20.000
Densidade (g/cm³)	2,703	-	8,9	-
Ponto de fusão (°C)	652 a 657	-	1.080,0	-
Coeficiente de expansão linear/°C a 20 °C	$23{,}6 \times 10^{-6}$	-	-	-
Carga de ruptura (kgf/mm²)	20,3	-	-	-
Alongamento a ruptura (%)	1 a 4	-	20 a 40	-

propriedade de se tornar gradativamente amolecidas a partir da temperatura de 120 °C, passando ao estado pastoso com o aumento desta, até desagregar-se do material condutor correspondente. Para mais detalhes, ver Seção 4.2.2.

4.2.1.2.2 Termofixo

As isolações termofixas são fabricadas à base de dois materiais distintos, e cada um deles apresenta características elétricas e mecânicas específicas. Para mais detalhes, ver Seção 4.2.2.

4.2.1.3 Cobertura de proteção

Também conhecida como capa protetora, a cobertura de proteção é muitas vezes de cloreto de polivinila (PVC), que mantém elevada resistência ao ozona, à umidade, aos raios solares e a gases corrosivos.

4.2.1.4 Formação dos cabos

Os cabos de energia podem ser construídos de maneiras diversas, em função da sua destinação.

4.2.1.4.1 Cabo isolado

É aquele constituído de um condutor, cobre ou alumínio, e uma isolação que tem a função adicional de cobertura. Apresenta isolação de 450/750 V. A Figura 4.7 mostra um cabo isolado de baixa-tensão.

4.2.1.4.2 Cabo unipolar para uso geral

É aquele constituído de um condutor, cobre ou alumínio, uma camada isolante e uma cobertura de proteção. Apresenta isolação 0,6/1 kV. A Figura 4.8 mostra um cabo unipolar de baixa-tensão.

4.2.1.4.3 Cabo unipolar para uso em parques fotovoltaicos

Com o advento das usinas fotovoltaicas a partir dos anos 1990 e o seu aumento expressivo nos últimos cinco anos, já sendo, hoje, a segunda fonte de energia que compõe o mix de geração do Setor Elétrico Brasileiro (SEB), foi necessário o desenvolvimento de cabos e acessórios tecnicamente adequados para essa atividade.

O cabo solar, como é comumente denominado na literatura técnica, deve ser constituído de isolante e capa de proteção resistente aos raios ultravioleta (UV), pois são aplicados na conexão entre os módulos fotovoltaicos em ligação série-paralela.

Finalmente, o cabo solar é constituído de fios condutores de cobre estanhado, têmpera mole, classe de encordoamento 5, extraflexível, isolação e cobertura em composto termofixo livre de halogênios, tensão nominal em CC no valor de 1,5 kV, tensão máxima de operação em CC no valor de 1,80 kV (equivalente à tensão nominal dos cabos unipolares de 0,6/1 kV, em CA). A Figura 4.9(a) mostra um cabo solar com isolação de 1,8 kV.

O fato de o cabo solar ser fabricado para uma tensão máxima de 1,8 kV é decorrente das sobretensões que ocorrem nas usinas fotovoltaicas em determinados instantes em seu regime de operação.

As características técnicas básicas do cabo solar são:

- tempo de vida: mínimo 25 anos sob radiação solar direta, 20.000 h a 120 °C;
- temperatura máxima em regime de operação: 90 °C ou 105 °C;
- pode suportar até 20.000 horas de operação com temperatura no condutor a 120 °C;
- resistente quanto à presença de água: classificação AD7 (imersão intermitente);
- resistente aos raios ultravioleta (UV);
- isento de halogênio;
- resistente ao ozônio;
- resistente à penetração de água do mar;
- temperatura de curto-circuito: 250 °C;
- regime de sobrecarga igual ou inferior a 130 °C para a classe 90 °C;
- resistente à pressão a temperaturas elevadas até 140 °C para a classe 105 kV;
- propriedade retardante à chama de acordo com a IEC 60332-1;
- temperatura suportável de curto-circuito: 250 °C;
- resistente às soluções ácidas e alcalinas;
- norma de referência: NBR 16612 – Cabos de potência para sistemas fotovoltaicos, não halogenados, isolados, com cobertura, para tensão de até 1,8 kV CC entre condutores – Requisitos de desempenho.

O composto termofixo tem a propriedade de o cabo suportar uma corrente superior à do cabo isolado com composto termoplástico para uma dada maneira de instalar.

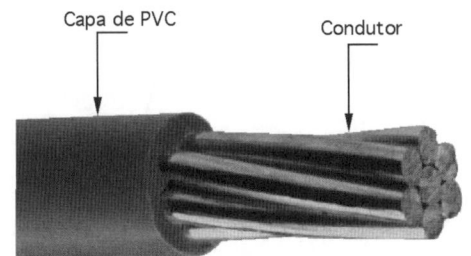

FIGURA 4.7 Componentes de um cabo isolado.

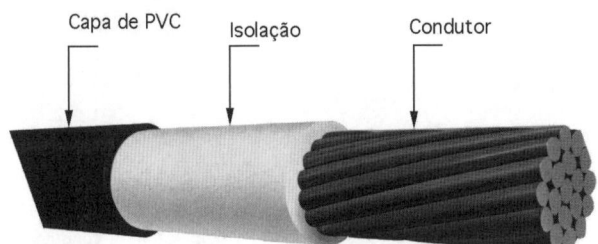

FIGURA 4.8 Componentes de um cabo unipolar.

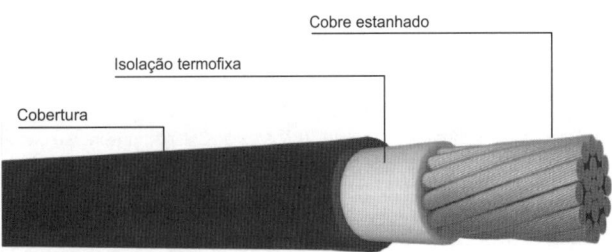

FIGURA 4.9(a) Componentes de um cabo solar unipolar.

A Tabela 4.3(a) mostra a capacidade de corrente para diferentes seções nominais e seus aspectos dimensionais.

A Tabela 4.3(b) mostra a capacidade de corrente para diferentes seções nominais e os aspectos elétricos dos cabos da Prysmian.

TABELA 4.3(a) Propriedades básicas dos cabos solares – aspectos dimensionais

Seção	Diâmetro do condutor	Espessura da isolação	Espessura da cobertura	Diâmetro externo máximo	Peso nominal	Raio de curvatura
mm²	mm	mm	mm	mm	kg/km	mm
2,5	1,9	0,7	0,8	5,3	45	24
4	2,4	0,7	0,8	8,8	60	26
6	2,9	0,7	0,8	6,3	80	30
10	3,9	0,7	0,8	7,9	120	35
16	5,0	0,7	0,8	9,6	180	40
25	6,3	0,9	1,0	11,6	290	50
35	7,4	0,9	1,1	13,2	390	56
50	8,9	1,0	1,2	15,2	550	65
70	11,2	1,1	1,2	17,2	750	75
95	12,5	1,1	1,3	19,1	980	83
120	14,2	1,2	1,3	21,2	1.200	92
150	16,3	1,4	1,4	23,7	1.510	129
185	18,3	1,6	1,6	26,1	1.910	144
240	20,1	1,7	1,7	29,6	2.390	162

TABELA 4.3(b) Propriedades básicas dos cabos solares – aspectos elétricos

Seção	Resistência elétrica CC máxima do condutor 20 °C	Queda de tensão em CC na temperatura máxima de operação de 120 °C	Capacidade de condução de corrente (A)			
mm²	mm	mm	1	2	3	4
1,5	13,700	38,170	22	20	26	22
2,5	8,210	22,870	29	26	35	29
4	5,090	14,180	39	35	46	37
6	3,390	9,445	49	44	58	46
10	1,950	5,433	68	61	80	64
16	1,240	3,455	89	79	106	83
25	0,795	2,215	117	104	139	107
35	0,565	1,574	145	128	172	133
50	0,393	1,095	181	159	215	163
70	0,277	0,772	224	196	267	-
95	0,200	0,585	267	233	319	-
120	0,164	0,457	311	271	373	-
150	0,132	0,368	355	308	426	-
185	0,108	0,301	402	347	483	-
240	0,082	0,228	477	411	575	-
300	0,065	0,182	548	471	662	-
400	0,050	0,138	652	558	790	-

(1) Dois cabos instalados ao ar livre, expostos ao Sol, na horizontal e encostados um no outro, temperatura ambiente de 60 °C e temperatura no condutor de 120 °C, por um período máximo de 20.000 horas.
(2) Dois cabos instalados ao ar livre, expostos ao Sol, na horizontal e encostados um no outro, temperatura ambiente de 40 °C e temperatura no condutor de 90 °C.
(3) Dois cabos instalados ao ar livre, expostos ao Sol, na horizontal e encostados um no outro, temperatura ambiente de 20 °C e temperatura no condutor de 90 °C.
(4) Dois cabos instalados em eletroduto não metálico embutido na parede, temperatura ambiente de 30 °C e temperatura no condutor de 90 °C.

Para mais informações sobre usinas fotovoltaicas, na forma de Geração Distribuída (GD), consultar o Capítulo 14 do livro do autor, *Instalações Elétricas Industriais*, 10ª ed., Rio de Janeiro, LTC, 2023.

4.2.1.4.4 Cabo bipolar

É aquele constituído por dois cabos unipolares reunidos em um único cabo. Tem a formação vista na Figura 4.9(b) para um cabo bipolar de baixa-tensão, juntamente com um cabo unipolar.

4.2.1.4.5 Cabo tripolar

É aquele constituído por três cabos unipolares reunidos em um único cabo. Tem a formação vista na Figura 4.10 para um cabo tripolar de baixa-tensão.

4.2.1.4.6 Cabo quadripolar

É aquele constituído por quatro cabos unipolares reunidos em um único cabo. Tem a formação vista na Figura 4.11 para um cabo quadripolar de baixa-tensão.

4.2.1.4.7 Cabos multiplexados

O padrão de rede de distribuição de energia elétrica no Brasil, bem como praticamente em todo o mundo, é o sistema de distribuição aéreo, em que os condutores são apoiados e fixados em isoladores de vidro ou de porcelana e estes são fixados por meio de pinos de ferro galvanizado em cruzetas de madeira, concreto armado ou de material sintético. Esse conjunto é fixado em postes de madeira ou concreto armado. No entanto, o impacto ambiental aliado ao impacto visual das redes de distribuição aérea vem exigindo das concessionárias de energia elétrica soluções mais criativas, de forma a reduzir ao mínimo o sistema de poda predatória das árvores que invadem o caminhamento da rede elétrica. Além do mais, a ocorrência de acidentes nas redes aéreas tem sido uma preocupação constante das concessionárias, sem contar os baixos índices de confiabilidade desses sistemas em áreas de densa arborização.

Para reduzir ou eliminar essas questões levantadas anteriormente, desde o início dos anos 1980 algumas concessionárias brasileiras vêm adotando redes aéreas de distribuição mais seguras e de maior confiabilidade. Uma das soluções adotadas é a aplicação de cabos multiplexados, tanto em redes de baixa-tensão como em redes de média tensão.

Os cabos multiplexados de baixa-tensão são constituídos, em geral, por três condutores isolados de fase em alumínio, os quais são dispostos helicoidalmente em torno de condutor nu de sustentação, que também tem a função de neutro. A isolação é normalmente em XLPE. A Figura 4.12 mostra um cabo multiplexado.

O condutor de sustentação é normalmente constituído de uma liga de alumínio 6201 cujos fios são encordoados em coroas concêntricas e apresentam uma alta resistência à tração.

4.2.1.4.8 Cabo WPP

São fabricados com fios de cobre eletrolítico ou alumínio nu com encordoamento classe 2, com capa de proteção em cloreto de polivinila (PVC).

São utilizados normalmente em redes aéreas de distribuição secundária fixados sobre isoladores de vidro ou porcelana. Uma vez que não possuem isolação, mas somente capa de proteção contra intempéries, os cabos WPP não podem ser instalados no interior de eletrodutos, forros e modos de instalação semelhantes. O espaçamento entre os cabos deve ser de, no mínimo, 20 cm e eles podem ser instalados em áreas abertas, sob o Sol, à temperatura ambiente de até 40 °C ou de 30 °C em áreas cobertas.

4.2.2 Cabos isolados de média e de alta-tensão

Com exceção dos fios redondos sólidos utilizados somente nos cabos de baixa-tensão, as demais formações dos condutores estudados na Seção 4.2.1.1 são empregadas nos cabos de média e de alta-tensão.

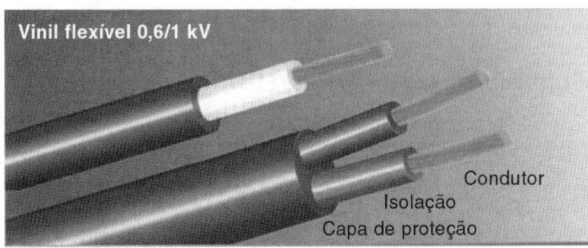

FIGURA 4.9(b) Componentes de um cabo unipolar e bipolar.

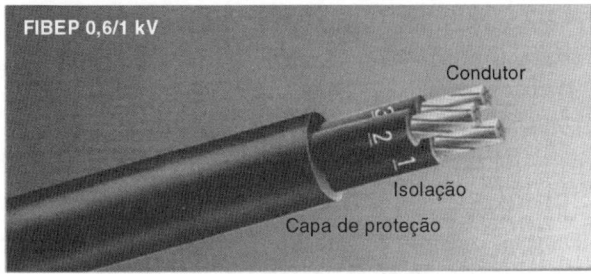

FIGURA 4.10 Componentes de um cabo tripolar.

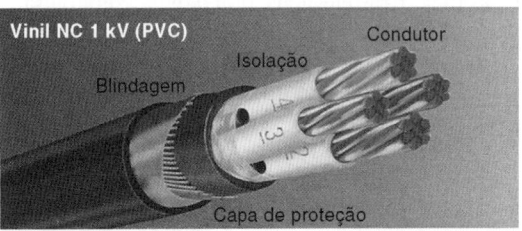

FIGURA 4.11 Componentes de um cabo quadripolar.

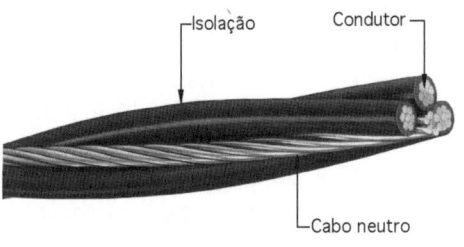

FIGURA 4.12 Cabo do tipo multiplex.

O condutor de cobre pode ser de construção bloqueada longitudinalmente. Nesse caso, os interstícios entre os fios componentes do condutor devem ser preenchidos com material química e termicamente compatível com os componentes dos cabos.

4.2.2.1 Isolamento

Excluindo os materiais estratificados, utilizados nos cabos de papel impregnado, atualmente a isolação dos condutores elétricos é constituída de materiais sólidos extrudados.

As isolações sólidas podem ser fabricadas a partir dos seguintes materiais:

4.2.2.1.1 Termoplástico

As isolações termoplásticas são fabricadas à base de cloreto de polivinila, conhecido comumente como PVC. Têm a propriedade de se tornar gradativamente amolecidas a partir da temperatura de 120 °C, passando ao estado pastoso com o aumento desta, até desagregarem-se do material condutor correspondente. A isolação termoplástica pode suportar em operação normal temperaturas de até 70 °C.

Os materiais termoplásticos são:

- Termoplástico PVC/A

É um composto isolante à base de policloreto de vinila ou copolímero de cloreto de vinila e acetato de vinila, utilizado em cabos com tensões e isolamento inferiores a 3,6/6 kV.

- Termoplástico PE

É um composto isolante à base de polietileno termoplástico utilizado em cabos com tensões de isolamento iguais e superiores a 3,6/6 kV.

A isolação termoplástica apresenta as seguintes características básicas:

- baixa rigidez dielétrica;
- péssima condução de chama, quando agregada a aditivos especiais;
- perdas dielétricas elevadas, notadamente em tensão superior a 20 kV;
- resistência ao envelhecimento regular;
- boa flexibilidade;
- baixa temperatura máxima admissível;
- boa resistência à abrasão;
- boa resistência a golpes;
- resistência regular à umidade e à água.

4.2.2.1.2 Termofixo

As isolações termofixas são fabricadas à base de dois materiais distintos, e cada um deles apresenta características elétricas e mecânicas específicas. A isolação termofixa pode suportar, em operação normal, temperaturas de até 90 °C. No entanto, são fabricados cabos com isolação termofixa mais resistente às temperaturas, podendo operar em condições normais à temperatura de até 105 °C.

Os materiais termofixos são:

- Termofixo EPR

É um composto isolante à base de copolímero etilenopropileno (EPM) ou de terpolímero etilenopropilenodieno (EPDM) utilizados em cabos com qualquer tensão de isolamento.

- Termofixo HEPR

É um composto isolante à base de copolímero etilenopropileno (EPM) ou de terpolímero etilenopropilenodieno (EPDM) de alto módulo ou composto de maior dureza, utilizados em cabos com qualquer tensão de isolamento.

- Termofixo EPR 105

É um composto isolante à base de copolímero etilenopropileno (EPM) ou de terpolímero etilenopropilenodieno (EPDM) para tensões de isolamento iguais ou superiores a 3,6/6 kV e temperatura no condutor de 105 °C, em regime permanente.

- Termofixo XLPE

É um composto isolante à base de polietileno reticulado quimicamente, utilizado em cabos com qualquer tensão de isolamento.

- Termofixo TR XLPR

É um composto isolante à base de polietileno reticulado quimicamente, utilizado em cabos para tensões de isolamento iguais ou superiores a 3,6/6 kV e retardante à arborescência.

A isolação termofixa apresenta as seguintes características básicas:

a) Polietileno reticulado (XLPE)

Esse material se destaca por apresentar as seguintes propriedades:

- baixa resistência à ionização;
- temperatura máxima admissível elevada;
- excelente resistência à abrasão;
- alta rigidez dielétrica;
- flexibilidade regular;
- boa resistência ao envelhecimento;
- baixa resistência ao *treeing*.

b) Borracha etileno-propileno (EPR)

Esse material apresenta muitas de suas características iguais às do XLPE, divergindo, no entanto, de outras propriedades, ou seja:

- elevada resistência à ionização;
- alta rigidez dielétrica;
- baixas perdas dielétricas;
- temperatura máxima admissível elevada;
- excelente resistência à abrasão;
- excelente resistência a golpes;
- grande flexibilidade;
- alta resistência à penetração de água;
- alta resistência ao *treeing*.

O *treeing* consiste no aparecimento de caminhos de formato arborescente na superfície da isolação, cujo resultado é o surgimento de descargas parciais de efeitos destrutivos.

A Tabela 4.3(c) mostra as características dielétricas das isolações.

TABELA 4.3(c) Características elétricas dos cabos isolados

Características nominais		PVC	PE	XLPE	EPR	Papel impregnado com massa	Papel impregnado com óleo
Rigidez dielétrica	CA	15	50	50	40	30	50
	Impulso	40,0	65,0	65,0	60,0	75,0	120,0
Fator de perda tg δ (10×10^{-3})		70,0	0,5	0,5	3,0	8,0	3,0
Resistividade térmica (K.m/W)		-	5,0	3,5	3,5	5,0	-	-
Estabilidade em água		má	má	regular	ótima	-	-
Limites térmicos (°C)	Permanente	70,0	75,0	90,0	90,0	-	-
	Sobrecarga	100,0	90,0	105/130	130,0	-	-
	Curto-circuito	150,0	150,0	250,0	250,0	-	-

4.2.2.2 Blindagens de campo elétrico

Também conhecidas como blindagens eletrostáticas, são materiais semicondutores que envolvem o condutor elétrico e/ou a sua isolação com a finalidade de confinar o campo eletrostático.

A blindagem de um cabo é constituída da forma descrita a seguir.

4.2.2.2.1 Blindagem do condutor

É constituída de uma fita não metálica semicondutora ou por uma camada extrudada de compostos semicondutores, também não metálica, ou, ainda, por uma combinação de ambos os processos.

A blindagem do condutor deve ser utilizada em cabos isolados em XLPE, a partir de 1,8/3 kV, ou em cabos isolados em PVC e EPR a partir de 3,6/6 kV. A presença da blindagem em contato com o condutor e com a isolação é de fundamental importância para a uniformização das linhas de campo elétrico radial e longitudinal. Considerando, por exemplo, um condutor redondo normal ou redondo compacto, pode-se perceber que a sua irregularidade superficial provoca distorção do campo elétrico, criando gradientes de tensão em determinados pontos, solicitando diferentemente o dielétrico do cabo e resultando em uma acelerada redução de sua vida útil. Esse fenômeno se torna mais grave quando existem vazios dentro do dielétrico, como será abordado posteriormente.

Para se manter a uniformidade das linhas de força radiais e longitudinais na superfície interna do dielétrico, deve-se revestir o condutor com uma fita de blindagem não metálica que faça um íntimo contato com este e com a superfície interna da isolação, eliminando, assim, os espaços vazios que são responsáveis pelo processo de descargas parciais, cujo resultado é a destruição da isolação. Do ponto de vista elétrico, pode-se considerar que a blindagem interna do condutor converte a superfície irregular dos cabos em superfície cilíndrica e praticamente lisa, minimizando a concentração de linhas de força radiais e longitudinais na superfície interna da isolação.

A Figura 4.13 ilustra um cabo de média tensão desprovido de blindagem interna, isto é, sem controle de campo, ressaltando-se a conformação do campo radial e das linhas equipotenciais que propiciam o surgimento de pontos de concentração de esforços de tensão no dielétrico. A Figura 4.14 mostra o mesmo cabo dotado de uma conveniente blindagem interna, onde se nota perfeitamente a nova orientação das linhas de força de maneira

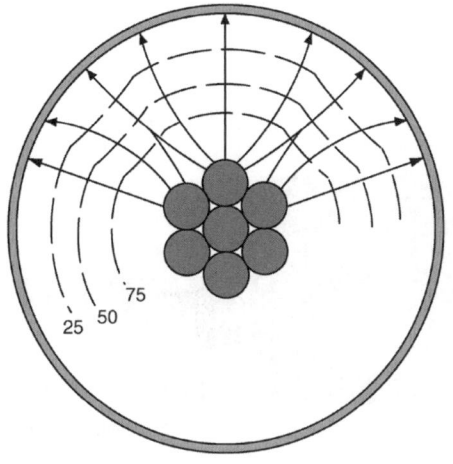

FIGURA 4.13 Cabo sem controle de campo elétrico.

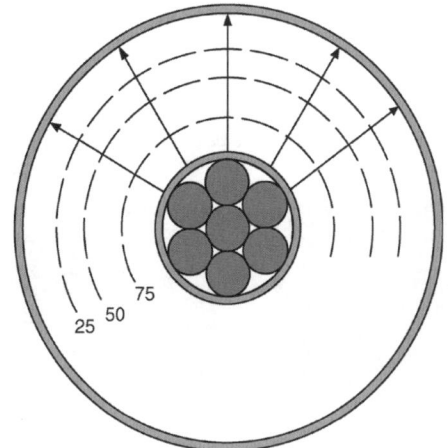

FIGURA 4.14 Cabo com controle de campo elétrico.

uniforme no interior do dielétrico. As linhas equipotenciais são mostradas nas figuras mencionadas com valores percentuais da grandeza do campo elétrico para diferentes afastamentos da superfície do condutor.

O gradiente máximo a que é submetido um cabo corresponde à superfície de contato entre o condutor e o isolamento. Já o gradiente mínimo corresponde ao contato entre a superfície externa da isolação e a terra, ou à blindagem metálica quando esta for aterrada.

4.2.2.2.2 Blindagem da isolação

A blindagem da isolação, também denominada blindagem externa, deve ser constituída por uma fita semicondutora, não metálica, com as mesmas características da anterior, associada a uma parte metálica.

A fita semicondutora é aplicada diretamente sobre a superfície da isolação. A parte metálica, por sua vez, é aplicada diretamente sobre a fita semicondutora ou por sobre os condutores blindados individualmente, nos cabos tripolares.

A blindagem sobre a isolação deve ser utilizada em cabos isolados em XLPE a partir de 1,8/3 kV ou em cabos isolados em PVC e EPR a partir de 3,6/6 kV. Os cabos destinados a tensões inferiores às mencionadas anteriormente podem ser dispensados da camada semicondutora, aplicando-se a blindagem metálica diretamente sobre a isolação. Para esses cabos, é dispensável também a camada semicondutora aplicada sobre o condutor.

A blindagem semicondutora sobre a isolação tem uma função similar àquela aplicada sobre o condutor. Seu objetivo é eliminar o efeito dos vazios ionizáveis entre a isolação e a blindagem metálica.

4.2.2.3 Blindagem metálica

A blindagem metálica pode ser constituída de fios aplicados de forma longitudinal, de fita aplicada helicoidalmente, de camada concêntrica de fios e de camada concêntrica de fios combinada com fitas. Sua função principal é confinar o campo elétrico aos limites da isolação e, ao mesmo tempo, eliminar a possibilidade de choque elétrico ao se tocar na capa do cabo desde que a blindagem metálica esteja corretamente aterrada. Além disso, a blindagem metálica propicia um caminho de baixa impedância para as correntes de falta à terra. A Figura 4.15 ilustra a aplicação da blindagem com fios metálicos. Já a Figura 4.16 mostra um cabo dotado de blindagem metálica constituída de fita e fios.

A aplicação da blindagem metálica deve permitir um íntimo contato com a blindagem de campo elétrico ao longo de toda a isolação do cabo.

Os cabos multipolares podem possuir também uma blindagem eletrostática metálica sobre a reunião dos cabos componentes, que devem ser blindados individualmente. A Figura 4.17 mostra os principais componentes de um cabo tripolar de uso convencional. Já a Figura 4.18 mostra um cabo especial tripolar com blindagem contra interferências de campo elétrico utilizado em locais em que é crítica a influência dessas interferências.

Se o cabo não possuir blindagem, as linhas de campo elétrico assumem a forma mostrada na Figura 4.19.

4.2.2.4 Cobertura de proteção

Os cabos de isolamento sólido são dotados de uma proteção externa, não metálica, normalmente constituída de uma camada de composto termoplástico à base de cloreto de polivinila (PVC). Nos cabos destinados a serviço em ambientes de elevada poluição, a capa de PVC é substituída por neoprene, que apresenta excelentes características térmicas e mecânicas, além de ser resistente a uma variedade

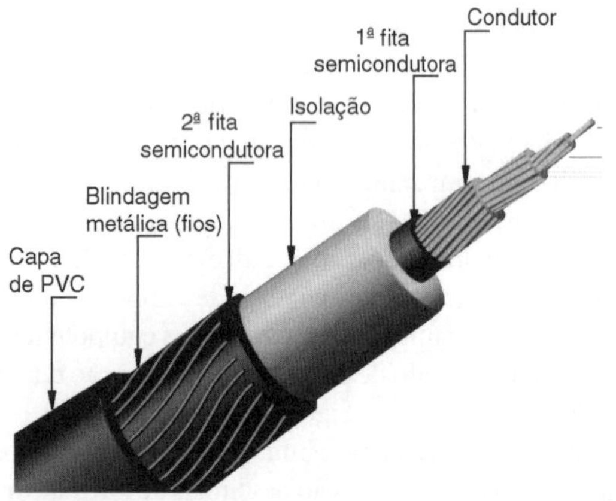

FIGURA 4.15 Componentes de cabo unipolar da classe de até 35 kV com blindagem de fios metálicos.

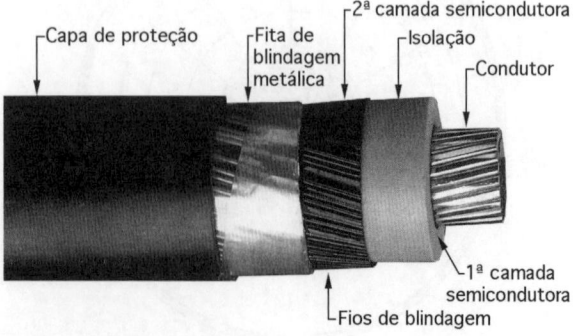

FIGURA 4.16 Componentes de cabo unipolar da classe 35 kV com blindagem metálica e fios.

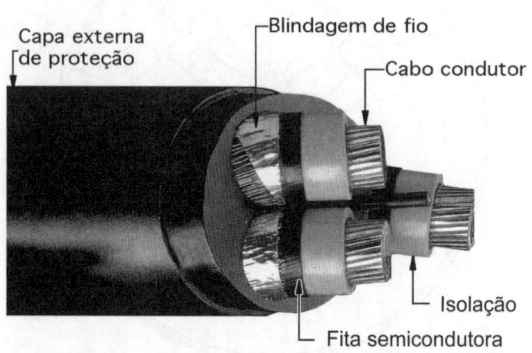

FIGURA 4.17 Componentes de cabo tripolar da classe de até 35 kV.

de agentes químicos. Já os cabos destinados a serviços nos quais haja a possibilidade de danos mecânicos devem possuir, além da capa externa, uma proteção metálica constituída por uma das seguintes formas:

- fitas planas de aço aplicadas helicoidalmente;
- fitas corrugadas de aço ou alumínio, aplicadas transversalmente.

A Figura 4.20 mostra um cabo com proteção metálica contra danos mecânicos. As proteções metálicas, em geral, são aplicadas sobre uma capa não metálica e sob uma cobertura anticorrosiva.

A NBR 6251 informa em detalhes os materiais e as condições de aplicação da cobertura.

O usuário do cabo encontra na capa a identificação do cabo, constando normalmente o número de condutores, a seção nominal do condutor e do tipo de cabo, a tensão de isolação, o fabricante e outros dados exigidos por norma.

4.2.2.5 Formação dos cabos

Os cabos de energia podem ser construídos de maneiras diversas, em função da sua destinação.

4.2.2.5.1 Cabo unipolar

É aquele constituído de um condutor, cobre ou alumínio, uma camada isolante e uma cobertura de proteção. A Figura 4.16 mostra um cabo unipolar de média e de alta-tensão.

4.2.2.5.2 Cabo bipolar

É aquele constituído por dois cabos unipolares reunidos em um único cabo. São fabricados sob encomenda.

4.2.2.5.3 Cabo tripolar

É aquele constituído por três cabos unipolares reunidos em um único cabo. Tem a formação vista na Figura 4.17 para um cabo tripolar de média e de alta-tensão.

4.2.2.5.4 Cabo quadripolar

É aquele constituído por quatro cabos unipolares reunidos em um único cabo. São fabricados sob encomenda.

4.2.2.5.5 Cabos multiplexados

São aqueles constituídos, em geral, por três condutores isolados de fase em alumínio, os quais são dispostos helicoidalmente em torno de um condutor nu de sustentação, que pode também

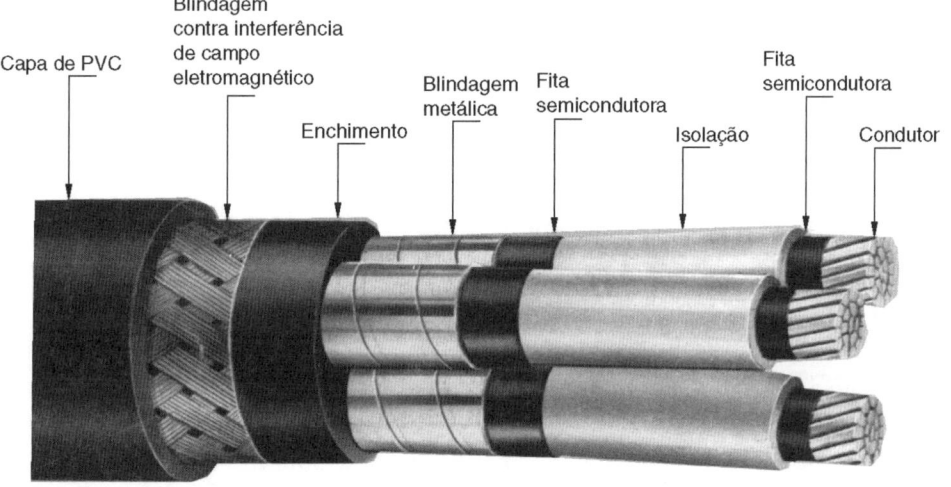

FIGURA 4.18 Componentes de cabo tripolar da classe de até 35 kV com blindagem contra interferências.

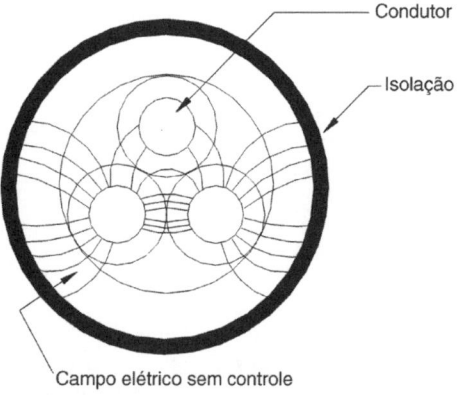

FIGURA 4.19 Orientação do campo elétrico de um cabo tripolar sem controle de campo.

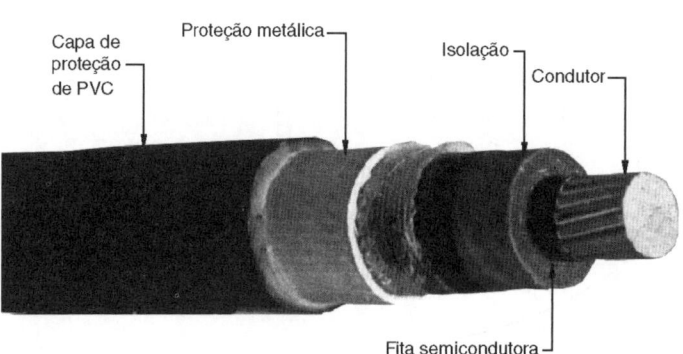

FIGURA 4.20 Exemplo de cabo com proteção metálica.

ter a função de neutro em sistema a quatro fios. A isolação normalmente é em XLPE.

São fabricados cabos multiplexados para sistemas de distribuição de 13,80 kV até sistemas de potência de 138 kV. São aplicados nas seguintes situações:

- em alimentadores na saída das subestações;
- em alimentadores troncos que atravessam áreas de densamente arborizadas;
- em alimentadores que passam próximo a sacadas de prédios;
- em alimentadores exclusivos para consumidores que necessitam de elevado nível de confiabilidade;
- em áreas de elevada poluição salina ou industrial;
- em redes elétricas que necessitam de elevado nível de confiabilidade;
- em postes com dois ou mais alimentadores.

Os cabos multiplexados de fase têm a mesma constituição dos cabos de média e de alta-tensão isolados. Dada a sua aplicação, os condutores de fase são de alumínio bloqueado longitudinalmente para evitar a penetração de umidade nociva à isolação de polietileno, além da corrosão dos condutores. Já a blindagem metálica constituída de fios de cobre é aplicada sobre a blindagem semicondutora da isolação, garantindo o confinamento do campo elétrico e permitindo um eficiente contato de aterramento do cabo durante os defeitos monopolares. A capa do cabo é normalmente de polietileno resistente às intempéries.

As redes de distribuição com cabos multiplexados devem ser multiaterradas para garantia da integridade do cabo. O aterramento deve ser realizado ao final de cada lance, que normalmente alcança uma distância entre 250 e 400 m.

O condutor de sustentação é normalmente constituído de uma liga de alumínio 6201 cujos fios são encordoados em coroas concêntricas e apresentam uma alta resistência à tração. As correntes de curto-circuito monopolares são conduzidas à malha de terra da subestação através das três blindagens metálicas, do condutor de sustentação e da terra. Isso ocorre quando o defeito no ponto F1 da Figura 4.21 (cabo multiaterrado) se dá no trecho da rede de distribuição aérea com condutor nu que é alimentado por meio de um trecho da rede em cabo multiplexado. No entanto, quando o defeito ocorre com o rompimento do cabo multiplexado no ponto F2 da Figura 4.22 (cabo aterrado em um só ponto), a corrente de curto-circuito circula somente pela blindagem metálica do condutor defeituoso até o primeiro ponto de aterramento, ponto B, quando daí por diante passa a ser conduzida até a malha de terra da subestação de potência de origem do alimentador através das três blindagens, do condutor de sustentação e da terra, como se pode observar na Figura 4.22. Para atender à condição de curto-circuito

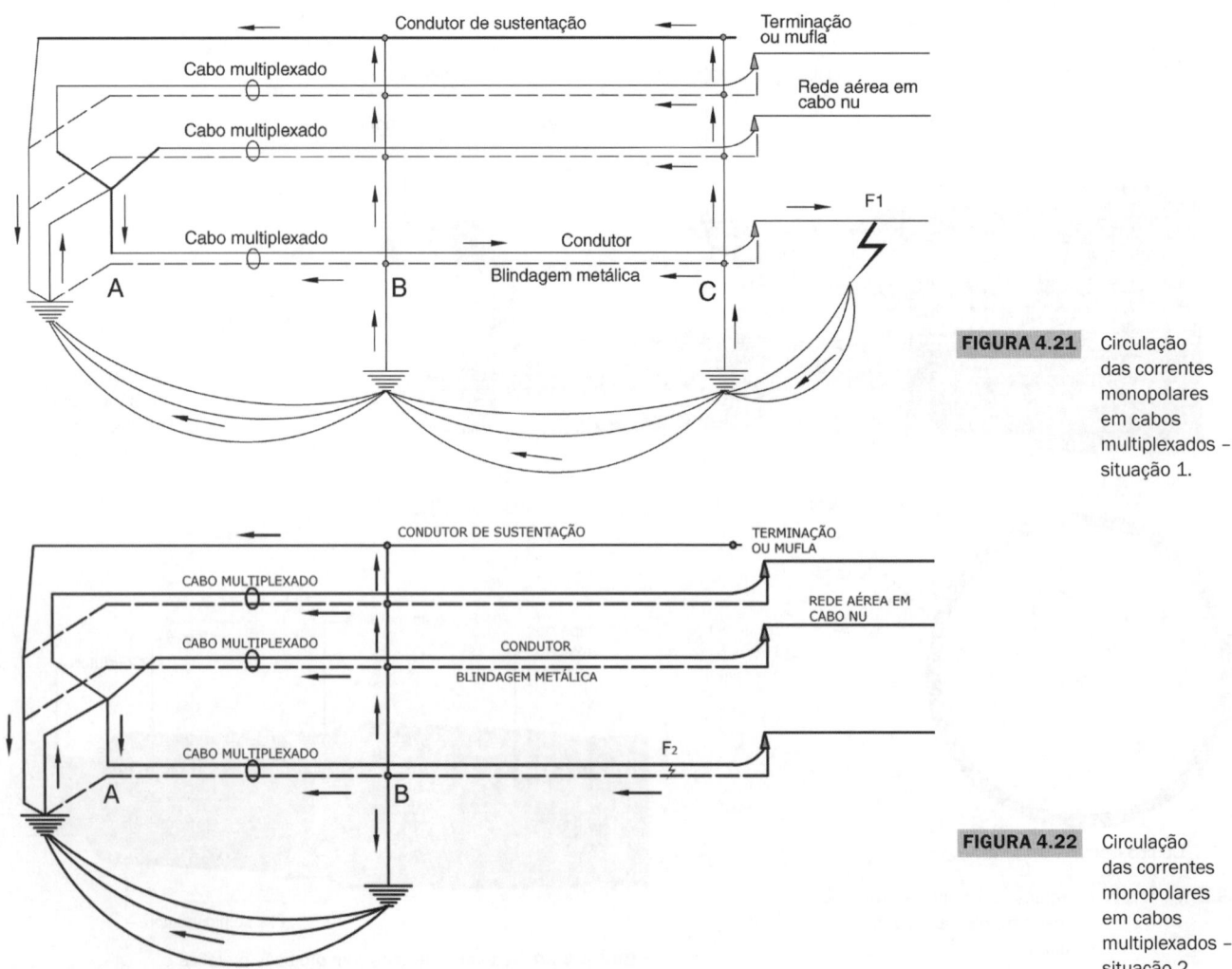

FIGURA 4.21 Circulação das correntes monopolares em cabos multiplexados – situação 1.

FIGURA 4.22 Circulação das correntes monopolares em cabos multiplexados – situação 2.

monopolar da Figura 4.21, a seção da blindagem do condutor deve ser dimensionada para o valor dessa corrente de defeito fase e terra, sob pena de se ter o cabo danificado no trecho BF2.

4.2.2.5.6 Cabos cobertos

São constituídos por um condutor, normalmente de alumínio, com cobertura de polietileno reticulado (XLPE), resistente à abrasão e à radiação solar, conforme mostrado na Figura 4.23. O condutor é constituído de fios de alumínio com bloqueio para evitar a penetração de umidade que pode danificar a capa isolante, conforme pode ser observado na Figura 4.24. A cobertura é capaz de suportar por longos períodos contatos com objetos aterrados (galho de árvores, fachadas, estrutura de anúncios publicitários etc.) sem danos no dielétrico. No entanto, faz-se necessária a inspeção periódica para identificar os pontos de contatos com objetos aterrados e providenciar o afastamento do cabo.

Os cabos cobertos não possuem blindagem interna ou externa de campo elétrico nem são envolvidos por uma blindagem metálica. Por esse motivo, quando em contato com objetos aterrados, ficam sujeitos a forte concentração de campo elétrico naquele ponto, estressando o dielétrico a ponto de rompê-lo e formar um curto-circuito fase e terra, fazendo a corrente circular somente pela terra.

Os cabos cobertos são instalados diretamente sobre os isoladores de vidro ou porcelana tal e qual são instalados os cabos nus de redes de distribuição aéreas. Têm praticamente a mesma aplicação dos cabos multiplexados. Podem, no entanto, ser instalados em espaçadores isolantes losangulares, formando redes de distribuição compactas. São normalmente fabricados em tensão de até 25 kV.

4.2.2.5.7 Cabos isolados a óleo fluido

São os cabos no qual um dos condutores é uma corda de cobre oca que serve de canal para o movimento do óleo fluido isolante ao longo do cabo, enquanto os outros condutores são cordas compactas de cobre ou alumínio. São cabos com vida útil de 30 anos, podendo ser elevada para mais de 40 anos quando operados em temperatura abaixo de 80 °C, submetidos a aumento de pressão e lavagem do cabo com óleo novo desgaseificados.

Os cabos a óleo fluido aplicados a sistemas de alta-tensão dominaram o mercado até meados dos anos 1980 quando surgiram os cabos extrudados com isolação a seco feita à base de produtos poliméricos para altas-tensões.

Existem três tipos de cabos isolados a óleo, ou seja:

4.2.2.5.7.1 Cabos isolados em papel impregnado a óleo fluido

Consiste em um condutor de cobre com um núcleo oco contendo determinada quantidade de óleo isolante sob uma pressão média de 40 a 50 psi (libras por polegada quadrada) ou sob alta pressão, que pode chegar a 200 psi. São normalmente isolados em papel impregnado com revestimento em chumbo ou alumínio para impedir a penetração de água no interior do cabo.

São utilizados normalmente na interconexão entre subestações de potência em tensões muito elevadas. Os cabos a óleo fluido são aplicados em situações críticas, como em linhas de transmissão submarina de até 2.000 m abaixo do nível do mar com tensão de até 500 kV, tanto em corrente contínua como em corrente alternada. A Figura 4.25(a) mostra um exemplo de cabo isolado em papel a óleo fluido impregnado em papel, também denominado cabo OF.

4.2.2.5.7.2 Cabos isolados em papel impregnado a óleo viscoso

São cabos a óleo impregnados com composto viscoso. Normalmente são fabricados para média tensão.

4.2.2.5.7.3 Cabos isolados em papel impregnado sob alta pressão

Também denominados cabos *pipe*, são cabos blindados dotados de condutores de cobre isolados em papel impregnado de óleo mineral. Foram utilizados em larga escala nos Estados Unidos e têm formação similar à dos cabos de papel impregnado. Esses cabos são instalados no interior de um tubo de aço revestido externamente por material anticorrosivo. O interior do tubo de aço contém óleo fluido de alta pressão.

A utilização de cabos a óleo está atualmente restrita a projetos específicos, tais como os cabos submarinos.

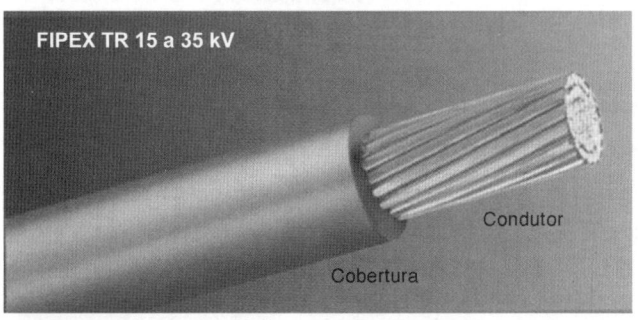

FIGURA 4.23 Cabo coberto: vista lateral.

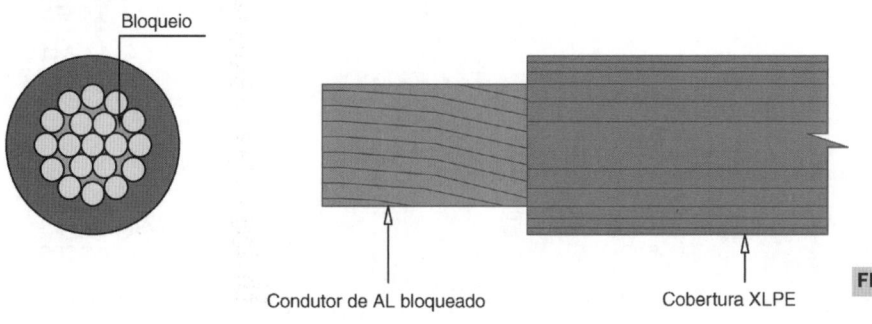

FIGURA 4.24 Cabo coberto com detalhe do bloqueio.

A Tabela 4.3(c) contém algumas características técnicas dos cabos isolados estudados anteriormente.

4.2.3 Cabos isolados de alta-tensão

Normalmente, são considerados cabos isolados de alta-tensão aqueles utilizados em sistemas elétricos com tensão igual ou superior a 69 kV. Em geral, são fabricados com isolação XLPE, podendo o condutor ser de cobre ou alumínio.

A Figura 4.25(b) mostra os componentes de um cabo de alta-tensão, podendo ocorrer variações de acordo com o tipo de aplicação e instalação do cabo. Essa representação pode ser estendida para os cabos entre 69 e 230 kV.

A Tabela 4.3(d) apresenta as características dimensionais dos cabos isolados de cobre de 69 kV, enquanto a Tabela 4.3(e) mostra as mesmas características para os cabos de alumínio.

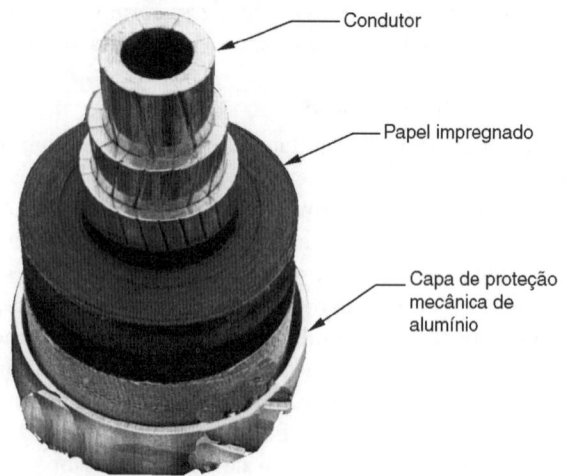

FIGURA 4.25(a) Componentes de um cabo impregnado a óleo.

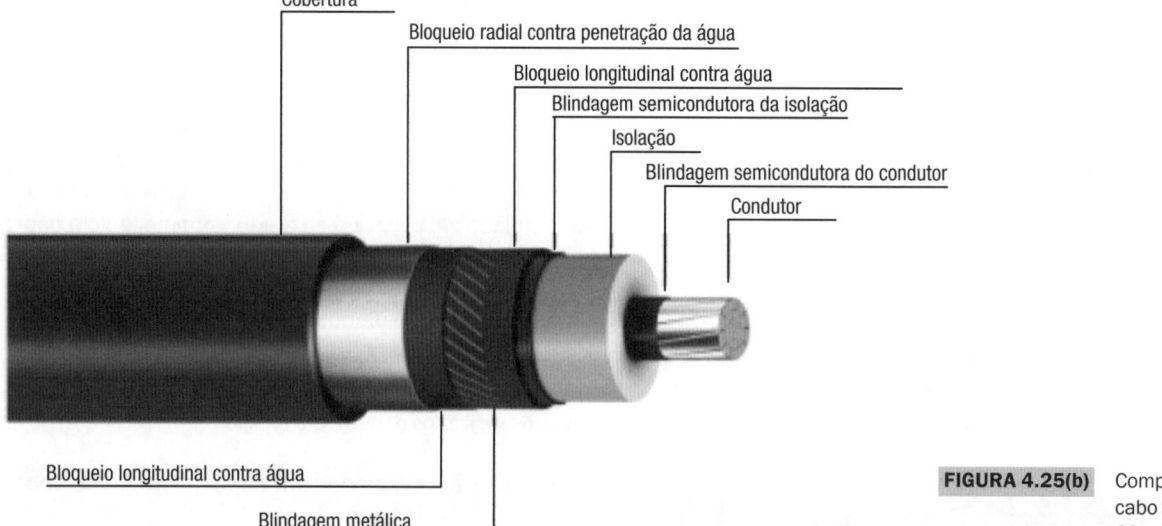

FIGURA 4.25(b) Componentes de um cabo de alta-tensão: 69 a 230 kV.

TABELA 4.3(d) Características dimensionais dos cabos de cobre isolados – 69 kV

Características dimensionais: cabo de cobre: 69 kV						
Seção mm²	Diâmetro do condutor mm	Espessura da isolação mm	Diâmetro nominal mm	Espessura nominal mm	Diâmetro nominal mm	Peso kg/km
120	12,7	11	36,3	2,5	48,0	2.829
150	13,8	11	37,4	2,5	49,1	3.120
185	15,5	11	39,1	2,6	51,0	3.529
240	18,4	11	42,0	2,7	54,1	4.175
300	20,5	11	44,1	2,8	56,4	4.841
400	23,3	11	46,9	2,9	59,4	5.719
500	26,4	11	50,0	3,0	62,7	6.922
Capacidade de corrente (A) [trifólio enterrado]						
Seção do condutor mm² – XLPE						
240	300	400	500	630	800	1.000
540	610	690	785	885	990	1.080

TABELA 4.3(e) Características elétricas dos cabos de alumínio isolados – 69 kV

Características dimensionais: cabo de alumínio 69 kV						
Seção mm²	Diâmetro do condutor mm	Espessura da isolação mm	Diâmetro nominal mm	Espessura nominal mm	Diâmetro nominal mm	Peso kg/km
120	13,2	11	36,8	2,5	48,5	2.140
150	14,3	11	37,9	2,6	49,8	2.276
185	16,3	11	39,9	2,6	51,8	2.467
240	18,5	11	42,1	2,7	54,2	2.754
300	20,8	11	44,4	2,8	56,7	3.034
400	23,3	11	46,9	2,9	59,4	3.394
500	26,2	11	49,8	3,0	62,5	3.836
600	30,5	11	54,1	3,1	67,0	4.448
Capacidade de corrente (A) [trifólio enterrado]						
Seção do condutor mm² – XLPE						
240	300	400	500	630	800	1.000
430	485	555	625	710	790	880

As principais características dos cabos de alta-tensão são:

4.2.3.1 Cabos de 69 kV

4.2.3.1.1 Características técnicas

- Em regime permanente: 90 °C.
- Em sobrecarga: 130 °C.
- Em curto-circuito: 250 °C.
- Normas de Referência: IEC 60840 – Power cables with extruded insulation and their accessories for rated voltages above 30 kV (U_m = 36 kV) up to 150 kV (U_m = 170 kV) – Test methods and requirements.
- ABNT NBR NM 280 – Condutores de cabos isolados (IEC 60228, MOD).
- Condutor: fios de cobre eletrolítico nu ou alumínio, encordoamento classe 2 compacto, com bloqueio longitudinal de umidade – conforme NBR NM 280 (IEC 60228).
- Blindagem do condutor: composto termofixo semicondutor.
- Isolação: composto termofixo de EPR (borracha de etilenopropileno) ou XLPE (polietileno reticulado), processados simultaneamente em tripla extrusão com vulcanização a seco.
- Blindagem da isolação: composto termofixo semicondutor.
- Bloqueio longitudinal contra penetração de água.
- Blindagem metálica: coroa de fios de cobre nu, seção mínima de 16 mm².
- Bloqueio radial contra penetração de água.
- Cobertura: composto termoplástico de PVC/ST2 não propagante de chama ou PE/ST7 resistente às intempéries.

4.2.3.2 Cabos de 138 kV

4.2.3.2.1 Características técnicas

- Temperatura em regime permanente: 90 °C.
- Temperatura em regime de sobrecarga: 130 °C.
- Temperatura em regime de curto-circuito: 250 °C.
- Normas de Referência: IEC 60840 – Power cables with extruded insulation and their accessories for rated voltages above 30 kV (U_m = 36 kV) up to 150 kV (U_m = 170 kV) – Test methods and requirements.
- ABNT NBR NM 280 – Condutores de cabos isolados (IEC 60228, MOD).
- Condutor: fios de cobre eletrolítico nu ou alumínio, encordoamento classe 2 compacto, com bloqueio longitudinal de umidade, conforme NBR NM 280 (IEC 60228).
- Blindagem do condutor: composto termofixo semicondutor.
- Isolação: composto termofixo de EPR (borracha de etilenopropileno) ou XLPE (polietileno reticulado), processados simultaneamente em tripla extrusão com vulcanização a seco.
- Blindagem da isolação: composto termofixo semicondutor.
- Bloqueio longitudinal contra penetração de água.
- Blindagem metálica: coroa de fios de cobre nu, seção mínima de 16 mm².
- Bloqueio radial contra penetração de água.
- Cobertura: composto termoplástico de PVC/ST2 não propagante de chama ou PE/ST7 resistente às intempéries.

As Tabelas 4.3(f) e 4.3(g) apresentam as características elétricas dos cabos isolados de 138 kV, respectivamente, para os condutores de cobre e alumínio.

4.2.3.3 Cabos de 230 kV

4.2.3.3.1 Características técnicas

- Tensão nominal: 127/220 kV.
- Tensão máxima: 245 kV.
- Tensão suportável de impulso: 1.050 kV.
- Em regime permanente: 90 °C.
- Em sobrecarga: 130 °C.
- Em curto-circuito: 250 °C, durante 0,5 s.

A Figura 4.25(b) mostra um cabo de alta-tensão de 230 kV indicando os seus elementos construtivos.

TABELA 4.3(f) Características elétricas dos cabos de cobre isolados – 138 kV

Parâmetros		Unidade	Maneira de instalar	Temperatura °C	Propriedades elétricas: condutor de cobre – 138 kV				
					Seção do condutor de cobre – 138 kV				
					500	800	1.200	1.600	2.000
Diâmetro		mm	–	–	74	83	94	102	109
Peso: blindagem com Pb		kg/km	–	–	13.500	18.500	24.500	30.000	35.500
Raio mínimo de curvatura		m	–	–	1,3	1,5	1,7	1,8	1,9
					Ω/km a 60 Hz				
Resistência em CC		–	–	20	0,04392	0,02652	0,01812	0,01356	0,10800
Resistência em CA		–	Plana	20	0,07800	0,06840	0,06240	0,06240	0,06480
				65	0,08160	0,06840	0,06120	0,06000	0,06120
				90	0,08400	0,06840	0,06000	0,05760	0,05880
			Trifólio	20	0,05520	0,04200	0,03000	0,02760	0,02640
				65	0,06240	0,04440	0,03240	0,02880	1,20000
				90	0,06600	0,04680	0,03360	0,02880	0,02640
					Capacidade de corrente a 60 Hz				
No solo a 15 °C	Plano: 65 °C		Aberto		689	888	1.131	1.306	1.454
			Fechado		779	684	751	779	784
	Trifólio: 65 °C		Aberto		651	836	1.031	1.169	1.264
			Fechado		627	770	936	1.021	1.074
	Plano: 90 °C		Aberto		817	1.055	1.340	1.553	1.734
			Fechado		713	831	922	964	979
	Trifólio: 90 °C		Aberto		770	974	1.188	1.397	950
			Fechado		751	926	1.126	1.245	1.311
No ar a 25 °C	Plano: 90 °C		Aberto		1.107	1.477	1.891	2.242	2.522
			Fechado		983	1.202	1.359	1.485	1.539
	Trifólio: 90 °C		Aberto		983	1.283	1.658	1.933	2.147
			Fechado		969	1.259	1.568	1.800	1.971

TABELA 4.3(g) Características elétricas dos cabos de alumínio isolados – 138 kV

Propriedades elétricas: cabos de alumínio isolados – 138 kV

Parâmetros	Unidade	Maneira de instalar	Temperatura	Seção do condutor de alumínio – 138 kV					
				500	800	1.200	1.600	2.000	
Diâmetro	mm	–	–	91	100	108	115	122	
Peso	kg/km	–	–	11.000	15.000	19.000	23.500	28.000	
Raio mínimo de curvatura	m	–	–	1,8	2	2,2	2,3	2,4	
				Ω/km (a 60 Hz)					
Resistência em CC	°C	–	20	0,07260	0,04404	0,02964	0,02232	0,01788	
			20	0,10680	0,08400	0,07680	0,07320	0,07440	
		Plana	65	0,11640	0,08760	0,07680	0,07440	0,07200	
Resistência em CA	°C		90	0,01212	0,08880	0,07680	0,07200	0,07080	
			20	0,08400	0,05760	0,04680	0,04080	0,03840	
		Trifólio	65	0,09600	0,06360	0,05040	0,00288	0,04080	
			90	0,10200	0,06720	0,05160	0,04440	0,04080	
Capacidade de corrente a 60 Hz									
No solo a 15 °C	Plano: 65 °C	Aberto		542	708	860	998	1.078	
		Fechado		489	589	789	689	708	
	Trifólio: 65 °C	Aberto		513	660	789	879	950	
		Fechado		504	637	741	812	860	
	Plano: 90 °C	Aberto	A	641	841	1.021	1.169	1.285	
		Fechado		584	713	798	850	874	
	Trifólio: 90 °C	Aberto		608	784	941	1.055	1.140	
		Fechado		599	760	888	983	1.045	
No ar a 25 °C	Plano: 90 °C	Aberto		869	1.173	1.444	1.625	1.881	
		Fechado		803	1.021	1.169	1.278	1.344	
	Trifólio: 90 °C	Aberto		774	1.031	1.259	1.444	1.596	
		Fechado		765	1.017	1.235	1.416	1.553	

TABELA 4.3(h) Propriedades básicas dos cabos de cobre isolados: aspectos dimensionais – 230 kV

Parâmetros	Unidade	Maneira de instalar	Temperatura °C	Seção do condutor de cobre – 230 kV (mm²)				
–	–	–	–	500	800	1.200	1.600	2.000
Blindagem	mm²	–	–	95	95	95	95	95
Diâmetro	mm	–	–	91	100	108	115	122
Peso	kg/km	–	–	11.000	15.000	19.000	23.500	28.000
Raio mínimo de curvatura	m	–	–	1,8	2	2,2	2,3	2,4
–	–	–	–	Ω/km a 60 Hz				
Resistência em CC	–	–	20	0,04392	0,02652	0,01812	0,01356	0,01080
Resistência em CA	°C	Plana	20	0,11520	0,09480	0,08760	0,08280	0,08040
		Plana	65	0,11880	0,09600	0,08760	0,08160	0,07920
		Plana	90	0,12120	0,09720	0,08760	0,08160	0,07800
		Trifólio	20	0,07080	0,05040	0,04200	0,03840	0,03600
		Trifólio	65	0,07440	0,05160	0,04320	0,03720	0,03480
		Trifólio	90	0,07800	0,05400	0,04320	0,03720	0,03480
Capacidade de corrente		Seção do condutor (MCM) – Fator de carga: 75%						
	1.000	1.250	1.500	1.750	2.000	2.500	3.000	4.000
Amps	830	940	1.020	1.090	1.160	1.370	1.496	1.660
MVA	331	374	406	434	462	546	594	661

TABELA 4.3(i) Propriedades básicas dos cabos de alumínio isolados: aspectos dimensionais – 230 kV

Parâmetros	Unidade	Maneira de instalar	Temperatura °C	Seção do condutor de alumínio – 230 kV (mm²)				
–	–	–	–	500	800	1.200	1.600	2.000
Blindagem	mm²	–	–	95	98	106	113	119
Diâmetro	mm	–	–	91	100	108	115	122
Peso	kg/km	–	–	7.500	9.000	11.000	13.000	14.500
Raio mínimo de curvatura	m	–	–	1,8	2	2,2	2,3	2,4
–	–	–	–	Ω/km				
Resistência em CC	–	–	20	0,07260	0,04404	0,02964	0,02232	0,01788
Resistência em CA	–	Plana	20	0,14400	0,11640	0,10200	0,09600	0,09240
		Plana	65	0,15240	0,12000	0,10320	0,09600	0,09120
		Plana	90	0,15840	0,12240	0,10440	0,09600	0,09120
		Trifólio	20	0,09960	0,07200	0,05880	0,05160	0,04800
		Trifólio	65	0,10920	0,07560	0,06000	0,05280	0,04800
		Trifólio	90	0,11520	0,07920	0,06240	0,05040	0,04920
Capacidade de corrente		Seção do condutor (MCM) – Fator de carga: 75%						
	1.000	1.250	1.500	1.750	2.000	2.500	3.000	4.000
Amps	660	750	820	890	950	1.090	1.190	1.430
MVA	263	299	327	355	378	434	474	570

As Tabelas 4.3(h) e 4.3(i) mostram as características dos cabos isolados de 230 kV, respectivamente, para os condutores de cobre e alumínio.

4.2.3.4 Cabos submarinos de alta-tensão

São cabos especiais construídos especificamente para instalação no fundo submarino. São utilizados em usinas de energia eólica construídas em alto-mar. O interesse por essa forma de gerar energia se deve ao fato de que o rendimento das turbinas, ou simplesmente o fator de capacidade, é superior ao das usinas implantadas *onshore*. Logo, toda a energia gerada *offshore* deve ser conduzida para o continente por meio de cabos de energia elétrica especiais capazes de suportar, por anos, a agressividade oceânica e as enormes pressões locais.

Os cabos submarinos são também utilizados nos empreendimentos da indústria do petróleo, que detém a tecnologia para trabalho em alto-mar e que, por consequência, será aplicada nos parques eólicos *offshore* no que se refere à implantação das torres e às conexões elétricas entre as subestações *offshore*, normalmente construídas na tecnologia GIS, e as subestações no continente, em geral próximas ao litoral.

A Figura 4.25(c) mostra uma usina de energia eólica localizada na Dinamarca, enquanto a Figura 4.25(d) mostra o leito submarino sobre o qual se observam os cabos tripolares submarinos conectando as torres dos aerogeradores com a subestação de energia elétrica centralizada.

Os cabos submarinos podem ser fornecidos na forma unipolar ou tripolar.

a) Cabo unipolares

São cabos que guardam alguma semelhança com os cabos de alta-tensão para uso em instalações *onshore*, conforme já estudamos anteriormente, cuja construção é mostrada na Figura 4.25(e).

b) Cabo tripolares

São constituídos por três condutores isolados, protegidos por uma armadura de aço galvanizado. São utilizados normalmente nas linhas de transmissão que conectam a(s) subestação(ões) *offshore* com as subestações *onshore*, transportando uma grande quantidade de energia gerada pelos aerogeradores *offshore*, em corrente alternada. É utilizado como isolamento o composto termofixo à base de polietileno reticulado, XLPE (*cross-linked polyethylene*). Também podem ser utilizados na interligação entre os aerogeradores e a subestação *offshore*.

Para permitir a comunicação de dados operacionais, manutenção e o comando remoto das subestações *offshore*, cabos de fibra óptica são agregados aos cabos tripolares. Esses cabos são enterrados, em geral, a uma profundidade de 1,5 m no solo marinho, evitando, desse modo, ser atingidos por âncoras de embarcações que navegam na área.

A Figura 4.25(f) mostra um cabo submarino tripolar com as indicações dos materiais utilizados na sua construção. Nessa composição, podem ser utilizados tanto em 138 como em 230 kV, variando, obviamente, as dimensões de seus elementos.

As Tabelas 4.3(j) e 4.3(k) fornecem as principais características dimensionais e elétricas dos cabos submarinos de 230 kV.

FIGURA 4.25(c) Usina de energia eólica na Dinamarca. (Thorne Derrick International – T&D)

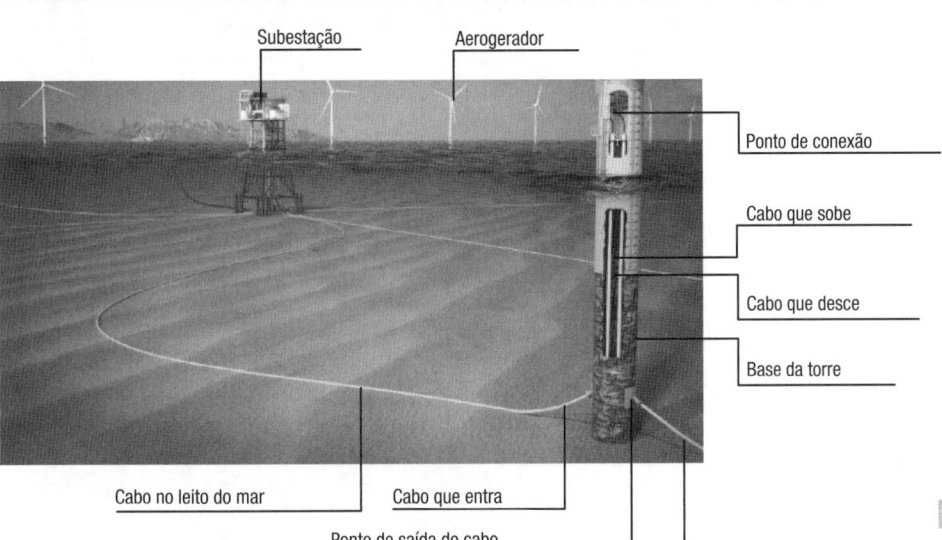

FIGURA 4.25(d) Aplicação de cabos submarinos em usinas de energia eólica *offshore*.

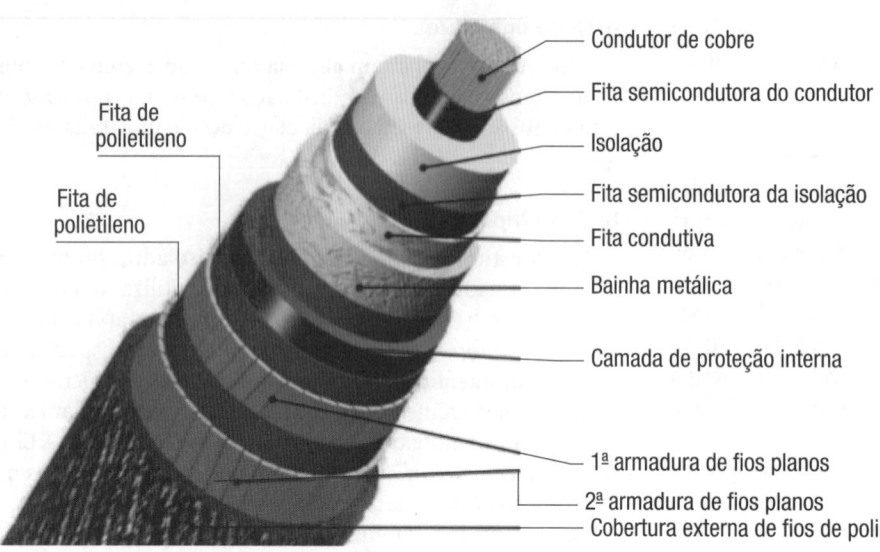

FIGURA 4.25(e) Componentes de um cabo unipolar submarino: 138 ou 230 kV. (Cable Trans More – ZMS)

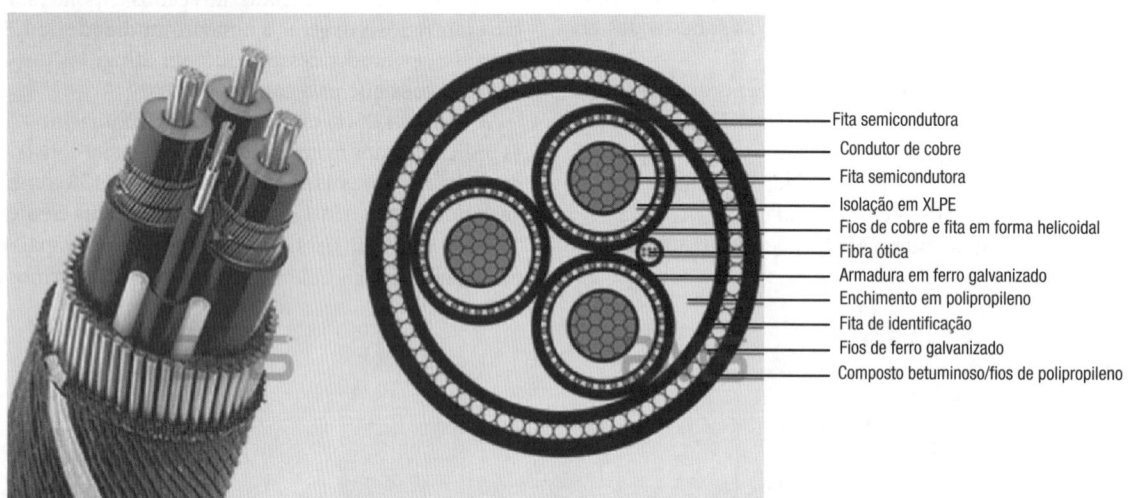

FIGURA 4.25(f) Componentes de um cabo tripolar submarino: 138 ou 230 kV. Fonte: https://kvcable.com/pt/products/submarine-cable/. Acesso em: 18 Jul. 2023.

TABELA 4.3(j) Características físicas dos cabos submarinos de 230 kV

Seção	Diâmetro do condutor	Espessura da isolação	Diâmetro nominal do cabo	Tensão no condutor	Tensão na armadura	Peso
mm²	mm	mm	mm	kN	kN	kg/km
240	18,4	19	111,8	16,8	117,1	25.369
300	20,6	19	113,0	21,0	117,0	26.113
400	23,4	18	114,2	28,0	119,5	27.440
500	26,6	17	116,4	35,0	121,9	29.207
630	29,9	17	118,7	44,0	124,4	31.039
800	33,6	16	121,8	56,0	129,2	33.853
1.000	38,0	16	127,1	70,0	134,1	37.502
1.200	42,2	16	131,2	84,0	139,0	40.918
1.400	45,6	16	135,0	98,0	143,9	44.235
1.600	48,4	16	138,6	112,0	148,8	47.625

TABELA 4.3(k) Características elétricas dos cabos submarinos de 230 kV

Seção	Resistência a 20 °C	Resistência máx. a 90 °C	Capacitância	Indutância	Capacidade a FP = 0,85	Capacidade da blindagem	Ampacidade (A)		
mm²	Ω/km	Ω/km	μF.km	nH/km	MVA	kA/1 s	Solo oceânico	Entre marés	Em terra
240	0,0754	0,0980	111,8	16,8	59,4	17,0	553	475	367
300	0,0601	0,0780	113,0	21,0	63,2	17,3	597	508	390
400	0,0470	0,0610	114,2	28,0	66,9	17,6	643	542	413
500	0,0366	0,0486	116,4	35,0	70,8	18,7	689	575	437
630	0,0283	0,0387	118,7	44,0	74,2	19,3	730	605	458
800	0,0221	0,0315	121,8	56,0	77,6	20,7	771	636	479
1.000	0,0176	0,0233	127,1	70,0	83,1	22,7	835	684	513
1.200	0,0151	0,0200	131,2	84,0	86,2	24,5	872	711	532
1.400	0,0129	0,0174	135,0	98,0	89,1	26,3	907	737	550
1.600	0,0113	0,0154	138,6	112,0	91,8	28,1	938	761	567

4.2.4 Processo de fabricação

A construção de fios e cabos isolados é um processo que requer muitos cuidados para manter um nível de qualidade que satisfaça às normas em vigor. Nesse processo, é fundamental manter a espessura normalizada da isolação ao longo de todo o revestimento do cabo. Além do mais, na fabricação dos cabos destinados a média e alta-tensão, é extremamente importante evitar a formação de bolhas no interior da isolação, o que pode surgir tanto no momento da mistura da massa isolante como no instante do processo de extrusão.

A seguir será resumido todo o processo de fabricação de fios e cabos de energia, ilustrando-se a mecanização industrial utilizada, por meio da Figura 4.26, extraída do catálogo do fabricante Ficap, atualmente Nexans.

4.2.4.1 Preparação do material condutor

A partir do lingote de cobre obtido por meio de eletrólise, com condutividade elétrica não inferior a 100% e um nível de pureza de 99,99%, prepara-se a execução do fio ou cabos condutores.

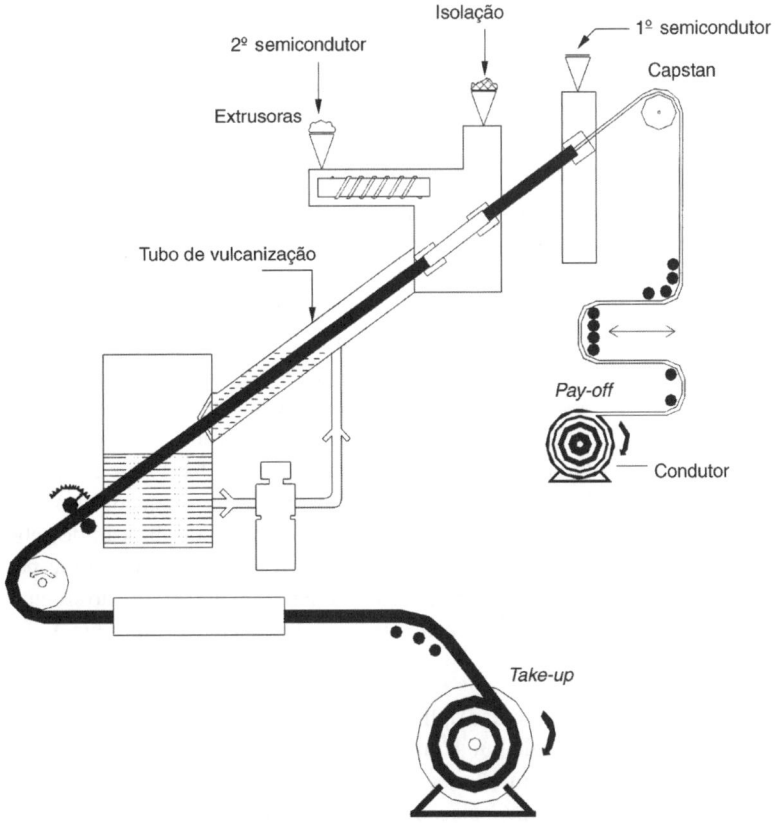

FIGURA 4.26 Processo de fabricação de cabos extrudados.

4.2.4.1.1 Laminação a quente

O lingote é levado a uma temperatura de cerca de 90 °C e introduzido no laminador, que consiste em uma máquina capaz de reduzir gradativamente a sua seção pela compressão feita por roletes ranhurados trabalhando em série, obtendo-se, no fim, um vergalhão de seção transversal desejada.

Por ser o cobre um material que depois de aquecido fica envolvido por uma fina camada de óxido de cobre, é necessário se proceder à decapagem dessa substância, por meio da imersão em uma solução de ácido sulfúrico.

Para eliminar o excesso de ácido depositado na superfície do vergalhão, este é submetido a um banho de solução à base de potássio. Se o objetivo final for o vergalhão de cobre para aplicação em barramentos de subestação, por exemplo, o material vai para o estoque de produtos acabados. Caso contrário, segue para a etapa seguinte.

4.2.4.1.2 Trefilação a frio

O vergalhão é levado à fieira que o transforma em fio de seção reduzida ao diâmetro desejado. Para manter a continuidade do fio, soldam-se de topo as extremidades dos vergalhões antes mesmo de se iniciar o processo.

O processo de trefilação altera substancialmente a estrutura do material, tornando-o endurecido. A fim de se obter a têmpera desejada (têmpera mole, dura e meio dura) em função da destinação do produto, o fio é levado a um forno com atmosfera controlada, isenta de oxigênio.

4.2.4.1.3 Estanhagem

A fim de manter a integridade do material condutor na presença dos elementos químicos componentes dos materiais isolantes, o fio deve ser submetido ao processo de estanhagem, que consiste em um banho de estanho, após ser limpo por meio do emprego de ácido muriático.

Ao fim desse processo, o condutor é levado à etapa de revestimento, no caso da fabricação de fios isolados. Se a produção se destina à fabricação de cabos, então os fios processados seguem para uma nova etapa.

4.2.4.1.4 Encordoamento

Esse processo consiste em reunir vários fios, em quantidades predeterminadas, em forma de corda, para produzir o cabo condutor na seção desejada. A formação padronizada das cordas está indicada na Seção 4.2.1.1.

As etapas de produção até aqui explanadas não estão mostradas na Figura 4.26, extraída do catálogo da Ficap, atualmente Nexans. As etapas seguintes se iniciam com a aplicação da primeira camada semicondutora sobre o condutor.

4.2.4.1.5 Preparação do material isolante

Cada fabricante guarda como segredo industrial o seu processo de preparação da massa isolante, segundo fórmulas e misturas apropriadas, fruto da capacidade e do desenvolvimento tecnológico que adquiriu ao longo dos anos.

Após obtida a mistura desejada, a massa isolante é levada ao processo de homogeneização, por meio de máquinas providas de cilindros e rosca sem-fim, de modo a evitar a concentração de determinados componentes da mistura considerada. Durante esse processo, a mistura pode levar corantes especiais que a transformam em massas coloridas na cor desejada.

4.2.3.1.6 Aplicação da camada isolante

Nos cabos destinados à média tensão, inicialmente aplica-se uma fina camada de material semicondutor sobre a superfície do condutor, cuja finalidade é manter a uniformidade do campo elétrico. Em seguida, a seção correspondente do cabo penetra nas extrusoras, que aplicam simultaneamente a camada isolante e a segunda fita semicondutora, o que pode ser visto na Figura 4.26.

4.2.4.1.7 Vulcanização

Nos processos convencionais, após a extrusão da isolação, o cabo é levado a uma caldeira especial, onde será vulcanizado. Porém, em processos mais avançados, a vulcanização é realizada através de um tubo, conforme se mostra na Figura 4.26. Na cabeça de saída do tubo de vulcanização é montado um sistema de resfriamento do cabo inclinado, cuja tensão mecânica é controlada por meio de dispositivos apropriados.

4.2.4.1.8 Aplicação da fita metálica

Nessa etapa do processo, não mostrado na Figura 4.26, o cabo recebe a fita metálica de blindagem, ou outro tipo, conforme o padrão adotado pelo fabricante.

4.2.4.1.9 Aplicação da capa

Por cima da fita metálica de blindagem, o cabo recebe finalmente a cobertura de material termoplástico, conforme normas de fabricação, cuja finalidade é preservar a integridade da fita mencionada, não permitindo que saia da sua posição original. Serve também de proteção mecânica durante o processo de manuseio e instalação do cabo.

4.2.4.1.10 Formação de cabos múltiplos

Desejando-se construir um cabo multipolar, após a aplicação da camada isolante reúnem-se tantas veias isoladas quantas forem as fases desejadas, procedendo-se ao preenchimento dos espaços vazios com material de borracha, a fim de se ter um produto acabado de forma cilíndrica.

À medida que corre o processo, os cabos vão sendo enrolados nas bobinas, fabricadas, em geral, de madeira, ou, em alguns casos, de material plástico. Os tamanhos de cada lance de cabo são determinados pelo comprador, cabendo ao fabricante acomodar o cabo na bobina de tamanho padronizado adequado às necessidades do cliente. Isso evita que durante a utilização do cabo sobrem pontas de comprimento consideravelmente grande, porém imprestável para aproveitamento em outra parte do sistema.

Há diferentes processos de fabricação dos cabos em XLPE e EPR.

- Processo da tríplice extrusão

  É aquele que consiste na extrusão e vulcanização das três camadas simultaneamente, ou seja, blindagem semicondutora do condutor, isolação e blindagem semicondutora da isolação.

- Processo *dry curing*

É aquele pelo qual a reticulação da isolação se processa sem contato com a água ou vapor do processo, permitindo uma redução considerável da formação de microvazios, também denominados *microvoids*.

4.2.5 Identificação dos condutores isolados

Segundo a NBR 6251, os condutores isolados devem ser identificados convenientemente. Qualquer sistema à base de números, palavras ou cores é permitido. No caso de identificação por cores, estas ficam a critério do fabricante, respeitadas as seguintes condições:

- as cores verde/amarela ou verde devem ser usadas exclusivamente para identificação do condutor de proteção;
- a cor azul-clara deve ser usada para identificar o condutor neutro; caso não haja o condutor neutro, poderá identificar qualquer condutor que não exerça a função exclusiva de proteção;
- a cor amarela não pode ser usada separadamente.

Ainda segundo o disciplinamento da NBR 6251, a cobertura externa dos cabos deve ser marcada convenientemente com os seguintes dizeres:

- nome do fabricante;
- número de condutores;
- seção dos condutores;
- tensão de isolamento;
- ano de fabricação.

4.2.6 Resistência dos cabos aos agentes químicos

Em contato com produtos químicos, a capa do cabo pode ser atacada, perdendo totalmente as suas propriedades físico-químicas e deixando de exercer as funções protetoras. A concentração do produto químico é uma condição fundamental para a integridade da capa do cabo.

Deve-se inicialmente entender que os materiais não metálicos não são todos totalmente impermeáveis aos diferentes produtos químicos que podem ocasionalmente entrar em contato com o cabo elétrico. O grau de impermeabilidade depende do tempo de exposição do cabo ao agente químico, da concentração do produto químico, da temperatura a que estão submetidos o cabo e o agente químico e das propriedades da capa do cabo. Se um produto químico penetra na capa do cabo, acaba atingindo a isolação, que será danificada e, consequentemente, ocorrerá uma falha. Uma forma de evitar essa contaminação é encontrar uma maneira de instalação que elimine essa possibilidade.

4.3 CARACTERÍSTICAS ELÉTRICAS DOS CABOS ISOLADOS

Após a descrição das características construtivas dos condutores elétricos e dos cabos isolados, serão estudados adiante os parâmetros elétricos envolvidos na sua operação, tanto em regime permanente como em regime transitório.

No Capítulo 3, foi estudada a formação do campo elétrico nos cabos de média e de alta-tensão. Aqui se recomenda ao leitor o conhecimento daquele conteúdo para que sejam assimilados convenientemente os fenômenos de solicitação nos dielétricos.

4.3.1 Seleção da tensão de isolamento

Os cabos são identificados, segundo a NBR 6251, por meio de dois valores de tensão V_0/V. O valor de V_0 corresponde à tensão de isolamento entre fase e terra, enquanto o valor da tensão V corresponde à tensão de isolamento entre fases. Como exemplo, um cabo identificado como 8,7/15 kV está isolado para tensão de fase de 8,7 kV e para tensão de linha de 15 kV para a qual foi dimensionada a sua isolação. No caso de cabo com blindagem metálica, V_0 é o valor da tensão entre o condutor fase e a blindagem metálica.

As tensões de isolamento dos cabos são padronizadas em 0,6/1 – 1,8/3 – 3,6/6 – 6/10 – 8,7/15 – 12/20 – 15/25 – 20/35 kV, sendo o primeiro valor a tensão entre fase e terra, e o segundo valor, a tensão entre fases.

Para a seleção adequada da tensão de isolamento, é necessário definir em que categoria se pode enquadrar o sistema elétrico ao qual os cabos serão conectados. A norma NBR 6251 define a categoria de um cabo considerando a possibilidade de ocorrer um defeito de uma fase à terra. Para isso, os sistemas são divididos em três categorias diferentes.

- Categoria A

Essa categoria compreende os sistemas em que qualquer condutor fase que faça contato com a terra ou com um condutor terra é desligado do sistema no intervalo de 1 minuto.

- Categoria B

Essa categoria compreende os sistemas em que qualquer condutor fase que faça contato com a terra ou com um condutor terra possa continuar operando por intervalo de tempo não superior a 1 hora. A norma prevê um intervalo de tempo superior a 1 hora na condição de que não seja excedido o período de 8 horas em qualquer ocasião, todavia a duração total das faltas em 12 meses consecutivos não deve ultrapassar o valor de 125 horas.

- Categoria C

Essa categoria compreende todo sistema que não se enquadre na categoria A ou B.

Deve-se entender que, em um sistema em que uma falta para a terra não é automática e prontamente eliminada, as solicitações elétricas extras na isolação dos cabos durante a falta reduzem a sua vida útil em determinado valor percentual. Se há previsão de o sistema operar com frequência, com falta permanente para a terra, é recomendável classificá-lo na categoria seguinte.

Denomina-se tensão máxima de operação do sistema (V_m) a máxima tensão fase-fase que pode ser mantida em condições normais de operação em qualquer tempo e em qualquer ponto do sistema. Para cada categoria de sistema, a tensão de isolamento do cabo não deve ser inferior ao valor estabelecido na Tabela 4.4.

A Tabela 4.5 fornece o valor da tensão suportável de impulso atmosférico do cabo em função da tensão máxima de operação do sistema V_m.

4.3.2 Gradiente de tensão

Gradiente de tensão ou de potencial é a relação entre a tensão aplicada a uma camada elementar de dielétrico e a espessura da referida camada.

O gradiente de tensão varia ao longo da isolação no sentido radial, assumindo valores máximos no ponto de contato com o condutor e o valor mínimo na superfície externa da isolação, conforme pode ser observado na Figura 4.27.

Quando o gradiente de tensão assume o valor acima do qual é capaz de perfurar determinado ponto da camada isolante do cabo, diz-se que o gradiente de potencial superou a rigidez dielétrica do cabo. É um dos parâmetros mais importantes para a definição da qualidade do cabo. A rigidez dielétrica varia para cada seção transversal do cabo, pois é diretamente proporcional ao número de bolhas ou vazios localizados em determinada região da isolação.

O surgimento de uma bolha durante o processo da mistura da massa isolante ou da sua extrusão, ou, ainda, a presença de um material estranho no seio da isolação permite uma acentuada solicitação elétrica naquele ponto localizado, podendo, com muita frequência, levar o isolamento à ruptura. Esse fenômeno acontece porque uma bolha ou um material estranho apresenta uma rigidez dielétrica inferior à do material utilizado na isolação. Como estão submetidos ao mesmo gradiente de tensão da isolação, nesse ponto localizado logo surgirá uma descarga elétrica, chamada descarga parcial, cujo resultado é a formação de ozona (O_3). Como no caso de uma bolha há sempre a presença, mesmo que em quantidades diminutas, do elemento água (H_2O), além de oxigênio (O_2) e do nitrogênio (N_2), as descargas, que na frequência industrial correspondem a 120 centelhamentos por segundo provocam a seguinte reação química:

$$H_2O + O_3 + N_2 + O_2 \rightarrow 2HNO_3 \text{ (ácido nítrico)}$$

Em decorrência da formação de ozona e de ácido nítrico, além do calor desprendido pelas descargas, a isolação vai gradativamente se deteriorando até chegar à ruptura, quando o gradiente de tensão superar a rigidez dielétrica naquele ponto localizado. Esse fenômeno praticamente inexiste nos cabos de óleo fluido, pois, com o ciclo térmico, a bolha muda de posição constantemente, evitando a sobressolicitação em um único ponto da isolação. A Figura 4.28 mostra a distribuição do gradiente de tensão quando da existência de uma bolha, em determinada região da isolação, cuja rigidez dielétrica, em geral, tem o valor de 1 kV/mm.

É praticamente impossível ao fabricante garantir a ausência de vazios no interior da isolação, em virtude do próprio processo de manufatura do cabo. Porém, a quantidade de bolhas deve ser a mínima possível, bem como as suas dimensões.

A determinação da espessura da isolação dos cabos de média tensão é independente da seção transversal dos condutores. Isso faz com que se adote um gradiente máximo de projeto que satisfaça as mais severas condições de operação do cabo. Porém, nos cabos de alta-tensão, acima de 138 kV, a espessura das isolações é determinada em função da seção e da geometria do condutor.

TABELA 4.4 Valores mínimos para V_0 em função da categoria e da tensão máxima de operação do sistema

Tensão máxima de operação do sistema (V_m)	Tensão de isolamento do cabo – V_0 (kV)	
	Categorias A e B	Categoria C
1,2	0,6	0,6
3,6	1,8	1,8
7,2	3,6	6,0
12,0	6,0	8,7
17,5	8,7	12,0
24,0	12,0	15,0
30,0	15,0	20,0
42,0	20,0	-

TABELA 4.5 Tensão de isolamento e de ensaio a impulso

Tensão máxima de operação do sistema – V_m (kV)	Tensão de ensaio de impulso – V_p (kV)
3,6	60
6,0	75
8,7	110
12,0	125
15,0	150
20,0	200

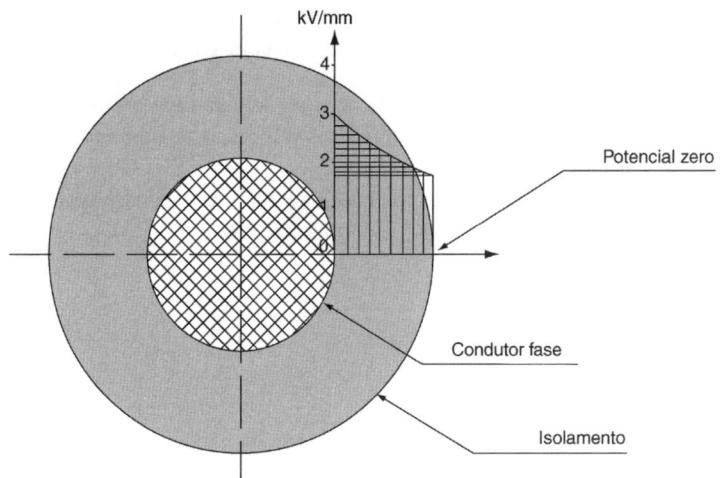

FIGURA 4.27 Distribuição de campo elétrico na isolação de um cabo.

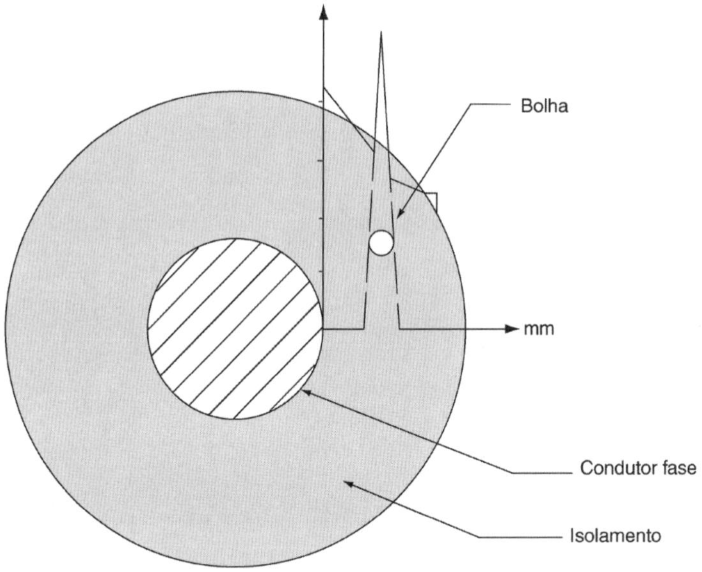

FIGURA 4.28 Orientação do campo elétrico no interior da isolação de um cabo.

A espessura das isolações é também determinada em função da tensão máxima de operação do sistema e da tensão de surto atmosférico. Por meio de exaustivos testes de perfuração por sobressolicitação do dielétrico, os fabricantes elegem seus projetos de cabos em função da sua experiência e da capacidade tecnológica, aliadas aos valores normativos que devem ser seguidos. O gráfico da Figura 4.29 ilustra o resultado de experiências típicas de um fabricante em testes de perfuração do dielétrico sólido, a 60 Hz, em função do gradiente de tensão.

O gradiente de tensão em um ponto qualquer do interior de uma massa isolante pode ser dado pela Equação (4.1):

$$V_p = \frac{0{,}869 \times V_f}{(B + R_c) \times \ln\left[(R_c + A)/R_c\right]} \text{(kV/mm)} \quad (4.1)$$

V_f – tensão de fase, em kV;
R_c – raio do condutor, em mm;
A – espessura da camada isolante, em mm;
B – distância entre o ponto considerado no interior da isolação e a superfície do condutor, em mm;
ln – logaritmo neperiano.

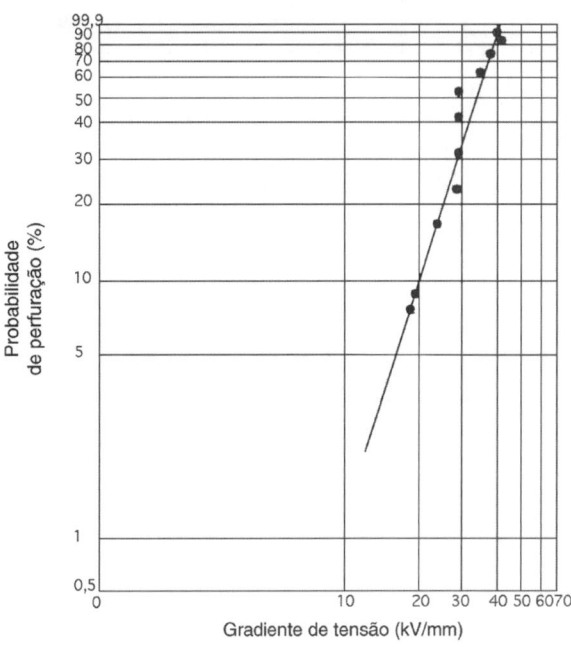

FIGURA 4.29 Resultados de testes de perfuração do dielétrico de um cabo.

A Figura 4.30 mostra a variação do gradiente de tensão em função da seção do condutor para um cabo de 20/35 kV. Obtém-se o gradiente máximo fazendo-se $B = 0$, isto é, no ponto de contato da isolação com o condutor, ou seja:

$$V_{pm} = \frac{0{,}869 \times V_f}{R_c \times \ln\left[(R_c + A)/R_c\right]} \text{(kV/mm)} \quad (4.2)$$

O gradiente de potencial a que fica submetido um vazio ou uma impureza qualquer no interior de uma isolação pode ser determinado pela Equação (4.3):

$$V_b = \frac{0{,}869 \times \varepsilon_i/\varepsilon_m \times V_f}{(B + R_c) \times \ln\left[(R_c + A)/R_c\right]} \text{(kV/mm)} \quad (4.3)$$

ε_i – constante dielétrica do material isolante;
ε_m – constante dielétrica do material que constitui a impureza.

Como o mais comum é a existência de uma bolha de ar, o valor de ε_m é igual a 1 (ar). Já os valores de ε_i estão mostrados na Tabela 4.6.

O gradiente médio de potencial em um dielétrico qualquer pode ser determinado pela Equação (4.4).

$$V_m = \frac{1{,}37 \times V_f}{R_c + A} \text{(kV/mm)} \quad (4.4)$$

TABELA 4.6 Constantes dielétricas e fatores de perda

Materiais isolantes	ϵ	tg δ (20 °C)
PVC	8,0	0,100
XLPE	2,3	0,007
EPR	2,6	0,040
Papel impregnado	4,0	0,500
Papelão isolante impregnado	4,5	0,500
Papelão endurecido	4,3	0,400
Óleo isolante	2,2	0,050
Porcelana	6,0	0,030
Mica	6,0	0,002
Ar	1,0	0,000
Madeira impregnada	4,0	0,500

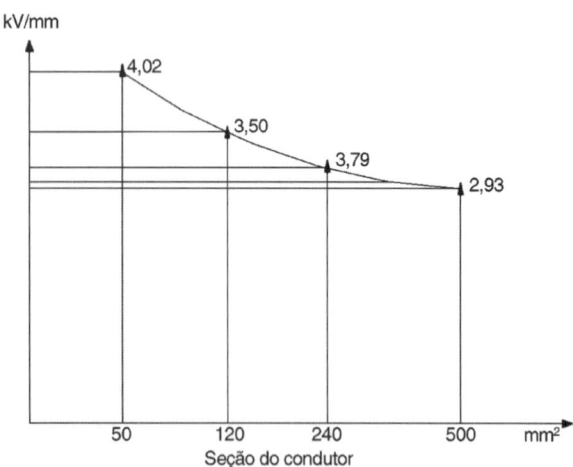

FIGURA 4.30 Variação do gradiente de tensão em função da seção do condutor.

EXEMPLO DE APLICAÇÃO (4.1)

Calcule o gradiente de tensão a que está submetida uma bolha localizada no interior de uma isolação de XLPE de um cabo de 35 mm², categoria 12/15 kV, sabendo-se que a máxima tensão de operação do sistema é de 14,4 kV medida entre fases. A bolha está localizada no ponto médio da isolação.

A Equação (4.3) fornece o gradiente de tensão a que fica submetido o vazio ou bolha.

$$V_b = \frac{0{,}869 \times \frac{2{,}3}{1} \times \frac{14{,}4}{\sqrt{3}}}{\left(\frac{1}{2} \times 4{,}5 + \frac{6{,}95}{2}\right) \times \ln\left[(6{,}95/2 + 4{,}5)/6{,}95/2\right]} = 3{,}49 \text{ kV/mm}$$

$A = 4{,}5$ mm (Tabela 4.21)
$B = 1/2 \times 4{,}5$ mm (Tabela 4.21)
$R_c = 1/2 \times 6{,}95$ mm (Tabela 4.21)
$\varepsilon_i = 2{,}3$ (Tabela 4.6)
$\varepsilon_m = 1$ (Tabela 4.6)

Considerando que a rigidez dielétrica da bolha seja de 1 kV/mm, conclui-se que haverá a formação de descargas parciais no interior da isolação e, consequentemente, a sua destruição.

Se não houvesse a bolha, esse mesmo ponto estaria submetido a um gradiente de tensão dado pela Equação (4.1).

$$V_p = \frac{0{,}869 \times \frac{14{,}4}{\sqrt{3}}}{\left(\frac{1}{2} \times 4{,}5 + \frac{6{,}95}{2}\right) \times \ln[(6{,}95/2 + 4{,}5)/6{,}95/2]} = 1{,}519 \text{ kV/mm}$$

O gradiente máximo de tensão vale:

$$V_{pm} = \frac{0{,}869 \times V_f}{R_c \times \ln[(R_c + A)/R_c]}$$

$$V_{pm} = \frac{0{,}869 \times \frac{14{,}4}{\sqrt{3}}}{\frac{6{,}95}{2} \times \ln[(6{,}95/2 + 4{,}5)/6{,}95/2]} = 2{,}50 \text{ kV/mm}$$

Para se determinar o menor gradiente de tensão que corresponde a qualquer ponto na superfície externa da isolação, aplica-se a Equação (4.1):

$$B = A = 4{,}50 \text{ mm}$$

$$V_{pmim} = \frac{0{,}869 \times \frac{14{,}4}{\sqrt{3}}}{\left(4{,}50 + \frac{6{,}95}{2}\right) \times \ln[(6{,}95/2 + 4{,}5)/6{,}95/2]} = 1{,}09 \text{ kV/mm}$$

O cálculo do gradiente médio de tensão pode ser feito pela Equação (4.4).

$$V_m = \frac{1{,}37 \times \frac{14{,}4}{\sqrt{3}}}{\frac{6{,}95}{2} + 4{,}5} = 1{,}42 \text{ kV/mm}$$

4.3.3 Perdas dielétricas

Um dielétrico pode ser considerado uma associação infinitesimal de capacitores em série, cuja corrente capacitiva em adiantamento da tensão de 90° produziria uma potência reativa sem provocar perdas. No entanto, há que se considerar que existe uma resistência em série com a associação pressuposta de capacitores e que resulta em perdas no interior do dielétrico, com a passagem de uma pequena corrente de fuga. A potência dissipada pode ser calculada pela Equação (4.5):

$$P_d = 0{,}3769 \times C \times \frac{V^2_f}{\sqrt{3}} \times \text{tg}\delta \text{ (W/m)} \quad (4.5)$$

P_d – perdas dielétricas;
V_f – tensão entre fases de máxima operação do cabo, em kV;
C – capacitância do cabo, em μF/km;
tgδ – fator de perda, dado na Tabela 4.6.

O valor da capacitância do cabo pode ser calculado pela Equação (4.6):

$$C = \frac{0{,}0556 \times \varepsilon_i}{\ln\left(\frac{D_{si}}{D_c + 2 \times E_{bi}}\right)} \text{ (μF} \times \text{km)} \quad (4.6)$$

ε_i – constante dielétrica da isolação;
D_{si} – diâmetro sobre a isolação, em mm;
D_c – diâmetro do condutor, em mm;
E_{bi} – espessura da blindagem interna das fitas semicondutoras, em mm.

Alguns fenômenos são mais diretamente responsáveis pelas perdas dielétricas nos cabos isolados e merecem especial atenção.

4.3.3.1 Ionização

Este é o caso já tratado anteriormente, quando no interior do material isolante se localiza uma bolha.

4.3.3.2 Condutância

Muitas vezes a isolação é constituída por materiais contaminados, mesmo que em quantidades diminutas, por elementos condutores, como água, vernizes etc., que, pela eletrólise, conduzem pequenas correntes, resultando em perdas por efeito joule.

4.3.3.3 Tratamento térmico

Devido a falhas na fabricação, motivadas por um tratamento térmico inadequado do material isolante, há a condução de correntes pelo dielétrico e o consequente aquecimento da isolação.

A qualidade de uma isolação pode ser avaliada, em geral, pela medida das perdas dielétricas verificadas em testes de laboratório. No entanto, o teste não permite que se determine a localização de falhas no dielétrico, desde que, em média, este apresente condições satisfatórias de desempenho. Na realidade, um dos principais ensaios feitos pelos fabricantes de cabos isolados é o de medida das suas perdas dielétricas.

EXEMPLO DE APLICAÇÃO (4.2)

Calcule a potência dissipada por perdas dielétricas no isolamento de um cabo unipolar de 8,7/15 kV, com seção nominal de 300 mm², isolação em EPR, ligado a um sistema de 14,4 kV de tensão máxima de operação, na frequência industrial, tendo 80 m de comprimento.

Da Equação (4.6), tem-se:

$$C = \frac{0,0556 \times \varepsilon_i}{\ln\left(\frac{D_{si}}{D_c + 2 \times E_{bi}}\right)} = \frac{0,0556 \times 2,6}{\ln\left(\frac{30,00}{20,40 + 2 \times 0,30}\right)} = 0,4053 \text{ µF/km}$$

$$D_{si} = D_c + 2 \times E_i + 2 \times E_{bi} = 20,40 + 2 \times 4,50 + 2 \times 0,30 = 30,00 \text{ mm}$$

$E_i = 4,50$ mm (espessura da isolação: Tabela 4.21);
$\varepsilon_i = 2,6$ (Tabela 4.6);
$E_{bi} = 0,30$ mm (blindagem de campo elétrico não condutora: valor aplicado neste exemplo);
$D_c = 20,4$ mm (Tabela 4.21).

Da Equação (4.5), tem-se:

$$P_d = 0,3769 \times C \times V_f^2 \times \text{tg}\delta = 0,3769 \times 0,4053 \times \left(\frac{14,4}{\sqrt{3}}\right)^2 \times 0,040$$

$$P_d = 0,4223 \text{ W/m}$$

$\text{tg}\delta = 0,040$ (Tabela 4.6)
A perda joule total no cabo vale:

$$P_j = L \times P_d = 80 \times 0,4392 = 35,13 \text{ W}$$

4.3.4 Impedância dos condutores

Os condutores apresentam impedâncias de sequências positiva, negativa e zero. A metodologia de cálculo é tomada com base na IEC 287-1-1 Electric cables – Calculation of the current rating – Part 1: Current rating equations.

4.3.4.1 Condutores isolados

4.3.4.1.1 Impedância de sequência positiva

Serão determinados a seguir os componentes resistivos ou reais e os componentes reativos ou imaginários dos condutores isolados.

As equações apresentadas para o cálculo das impedâncias são próprias para os cabos de média e baixa tensões.

A impedância de sequência positiva pode ser dada, de maneira geral, pela seguinte expressão.

$$\vec{Z}_p = R_p + X_p \quad (4.7)$$

R_p – resistência de sequência positiva;
X_p – reatância de sequência positiva.

4.3.4.1.1.1 Cálculo da resistência de sequência positiva

A resistência de sequência positiva é a própria resistência do condutor à corrente alternada e depende do material utilizado, da temperatura de operação, da temperatura do ambiente, do tipo de construção do condutor e do próprio cabo. É dada pela Equação (4.8).

$$R_p = R_{cc} \times (1 + Y_s + Y_p) \text{ m}\Omega/\text{m} \quad (4.8)$$

R_p – resistência à corrente alternada, em mΩ/m;
R_{cc} – resistência à corrente contínua a T °C, em mΩ/m;
Y_p – componente que corrige o efeito de proximidade entre os cabos, devido à não uniformidade da densidade de corrente, em virtude do campo magnético criado pelos condutores vizinhos;
Y_s – componente que corrige o efeito pelicular da distribuição de corrente na seção do condutor, em virtude do campo magnético criado pela própria corrente de carga. Normalmente, Y_s tem valor significativo para seções superiores a 185 mm².

O valor da resistência em corrente contínua pode ser calculado pela Equação (4.9).

$$R_{cc} = \frac{1.000 \times K_1 \times K_2 \times K_3 \times \rho_{20}}{S} \times$$

$$\times \left[1 + \alpha_{20} \times (T - 20)\right] \text{m}\Omega/\text{m} \quad (4.9)$$

K_1 – fator que depende do diâmetro dos fios elementares do condutor e do tipo de encordoamento (Tabela 4.7);
K_2 – fator que depende do tipo de encordoamento do condutor (Tabela 4.7);

TABELA 4.7 Valores médios das constantes K_1, K_2 e K_3

Fator	Condutor	Diâmetro dos fios (mm)				
		0,1	0,1-0,31	0,31-0,91	0,91-3,6	> 3,6
K_1	Fio ou encordoamento compacto	-	-	-	1,05	1,04	1,04
	Encordoamento normal	-	1,12	1,07	1,04	1,03	-
K_2	Fio ou encordoamento compacto	1	-	-	-	-	-
	Encordoamento normal ($\theta \leq 0,6$ mm)	1,04	-	-	-	-	-
	Encordoamento normal ($\theta > 0,6$ mm)	1,02	-	-	-	-	-
K_3	Cabos singelos	1	-	-	-	-	-
	Cabos multipolares	1,02	-	-	-	-	-

K_3 – fator que depende do tipo de reunião dos cabos componentes do cabo multipolar visto na Tabela 4.7;
ρ_{20} – resistividade do material condutor – para o cobre a 20 °C: 1/56 $\Omega.mm^2/m$;
α_{20} – coeficiente de temperatura do material condutor – para o cobre a 20 °C: 0,00393/°C;
S – seção do condutor, em mm^2;
T – temperatura do condutor, em °C (adotar normalmente a temperatura máxima admitida pela isolação).

Na realidade, representa o ângulo formado entre a corrente capacitiva I_c que flui pelo dielétrico e a corrente total, conforme pode ser observado na Figura 4.31, sendo I_p a corrente responsável pelas perdas joule.

O componente para corrigir o efeito pelicular vale:

$$Y_s = \frac{F_s^2}{192 + 0,8 \times F_s^2} \qquad (4.10)$$

Para 60 Hz, o valor de F_s é dado pela Equação (4.11):

$$F_s = \frac{0,15}{R_{cc}} \qquad (4.11)$$

O componente para corrigir o efeito de proximidade entre os cabos vale:

$$Y_p = Y_s \times \left(\frac{D_c}{D_{mg}}\right)^2 \times \left[\frac{1,18}{0,27+Y_s} + 0,312 \times \left(\frac{D_c}{D_{mg}}\right)^2\right] \qquad (4.12)$$

Y_p apresenta valores mais significativos quanto menor for o afastamento entre os cabos. Para cabos agrupados muito afastados, o valor de Y_p é extremamente pequeno. Quando os condutores estão afastados mais de 15 cm uns dos outros, o efeito de proximidade é desprezível;
D_c – diâmetro do condutor, em mm (Tabelas 4.20, 4.21 e 4.22);
D_{mg} – distância média geométrica do conjunto de cabos componentes, em mm.

Os valores mais comuns de D_{mg} encontrados nas aplicações práticas são dados na Figura 4.32.

4.3.4.1.1.2 Cálculo da reatância indutiva de sequência positiva

a) Blindagem do cabo aterrada em um só ponto

A reatância dos condutores depende basicamente da frequência do sistema, da distância média geométrica relativa à distância entre os eixos dos cabos e do diâmetro do condutor.

A Equação (4.13) permite calcular o valor numérico da reatância à frequência industrial de 60 Hz, para cabos com blindagem aterrada em somente um ponto.

$$X_p = 0,0754 \times \ln\left(\frac{D_{mg}}{0,779 \times R_c}\right) \, m\Omega/m \qquad (4.13)$$

R_c – raio do condutor, em mm;
ln – logaritmo neperiano.

b) Blindagem do cabo aterrada em vários pontos

Quando a blindagem dos cabos de média tensão está aterrada em vários pontos (blindagem multiaterrada) ao longo do circuito, a corrente circulante devido à tensão induzida nela é responsável por um campo magnético que atua contrariamente

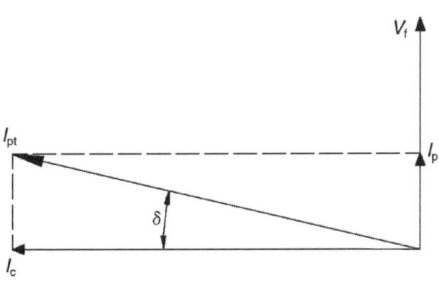

FIGURA 4.31 Diagrama de perdas dielétricas.

(a) 3 cabos unipolares	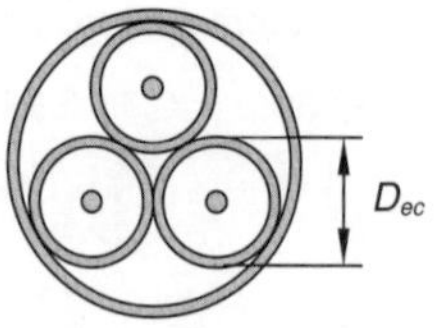	$D_{mg} = D_{ec}$
(b) 1 cabo tripolar	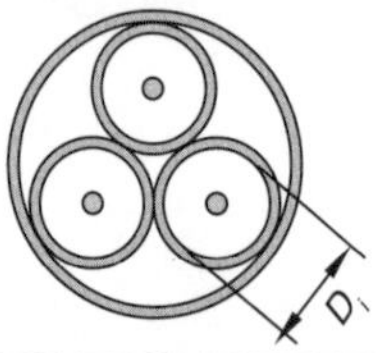	$D_{mg} = D_i$
(c) 3 cabos unipolares em triângulo equilátero	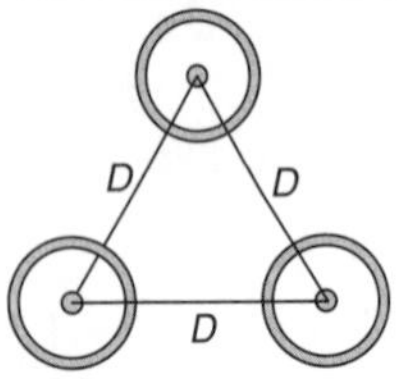	$D_{mg} = D$
(d) 3 cabos unipolares igualmente espaçados em um só plano	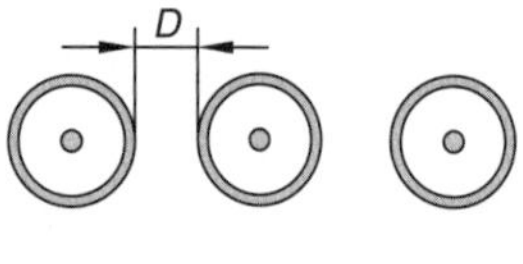	$D_{mg} = 1,26 \times D$
(e) 3 cabos unipolares espaçados assimetricamente	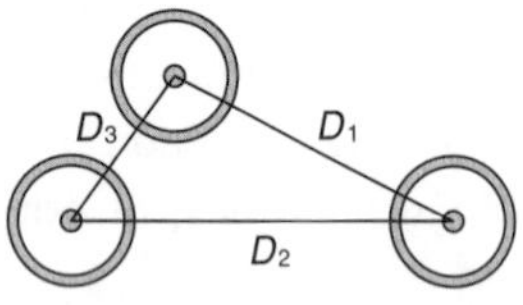	$D_{mg} = \sqrt[3]{D_1^2 + D_2^2 + D_3^2}$

FIGURA 4.32 Valores de D_{mg}.

EXEMPLO DE APLICAÇÃO (4.3)

Calcule a resistência ôhmica de sequência positiva de um condutor de cobre de 300 mm², isolação em XLPE, de 8,7/15 kV, parte de um circuito trifásico instalado em canaleta, cujos cabos estão separados por uma distância igual ao seu diâmetro, em configuração plana. Considerar a temperatura do cabo a máxima admitida pela isolação. A corrente de carga é de 650 A, e o comprimento do circuito é de 150 m.

Da Equação (4.8), tem-se:

$$R_p = R_{cc} \times (1 + Y_s + Y_p) \; m\Omega/m$$

Calculando cada termo individualmente, tem-se:

$$R_{cc} = \frac{1.000 \times K_1 \times K_2 \times K_3 \times \rho_{20}}{S} \times [1 + \alpha_{20} \times (T - 20)]$$

$K_1 = 1,04$ (encordoamento compacto);
$K_2 = 1,00$ (encordoamento compacto);
$K_3 = 1,00$ (cabos singelos);
$\rho_{20} = 1/56 \; \Omega.mm^2/m$ (ver Tabela 4.2);
$\alpha_{20} = 0,00393/°C$;
$T = 90 \; °C$.

$$R_{cc} = \frac{1.000 \times 1,04 \times 1,00 \times 1,00 \times 1/56}{300} \times [1 + 0,00393 \times (90 - 20)]$$

$$R_{cc} = 0,07893 \; m\Omega/m$$

$$Y_s = \frac{F_s^2}{192 + 0,8 \times F_s^2} = \frac{1,9004^2}{192 + 0,8 \times 1,9004^2} = 0,01853$$

$$F_s = \frac{0,15}{R_{cc}} = \frac{0,15}{0,07893} = 1,9004$$

Da Equação (4.12), tem-se:

$$Y_p = Y_s \times \left(\frac{D_c}{D_{mg}}\right)^2 \times \left[\frac{1,18}{0,27 + Y_s} + 0,312 \times \left(\frac{D_c}{D_{mg}}\right)^2\right]$$

$D_c = 20,40$ mm (Tabela 4.21).

Como os cabos estão separados a uma distância entre os seus centros igual ao diâmetro externo respectivo, então, $D = D_{ca}$, conforme a Figura 4.32.

$$D_{mg} = 1,26 \times D = 1,26 \times D_{ca} = 1,26 \times 39,3 = 49,518 \text{ mm}$$

$D_{ca} = 39,3$ mm (Tabela 4.21)

$$Y_p = 0,01853 \times \left(\frac{20,40}{49,518}\right)^2 \times \left[\frac{1,18}{0,27 + 0,01853} + 0,312 \times \left(\frac{20,40}{49,518}\right)^2\right]$$

$$Y_p = 0,01303$$

Logo, da Equação (4.8), tem-se:

$$R_p = 0,07893 \times (1 + 0,01853 + 0,01303)$$
$$R_p = 0,08142 \text{ m}\Omega/\text{m}$$

Como o comprimento do cabo é de 150 m, a resistência de sequência positiva vale:

$$R_{pt} = 0,08142 \times 150 = 12,21 \text{ m}\Omega = 0,01221 \text{ }\Omega$$

à corrente circulante no condutor elevando as suas perdas. Dessa forma, existe uma grande semelhança entre os enrolamentos primário e secundário de um transformador, na relação 1:1, e um cabo de energia dotado de blindagem aterrada em dois ou mais pontos.

O campo magnético provoca um aumento no valor da resistência do circuito e ao mesmo tempo reduz o seu componente reativo.

O valor da reatância da blindagem para os cabos com blindagem aterrada em vários pontos vale:

$$X_b = 0,0754 \times \ln\left(\frac{2 \times D_{mg}}{D_{mb}}\right) \text{ (m}\Omega/\text{m)} \quad (4.14)$$

- Acréscimo do componente resistivo

A representação das perdas adicionais no condutor devido às correntes induzidas na blindagem do cabo, que é função da tensão induzida quando a blindagem é multiaterrada, é dada pela Equação (4.15).

$$\Delta R_b = \frac{R_b}{\left[\left(\frac{R_b}{X_b}\right)^2 + 1\right]} \text{ (m}\Omega/\text{m)} \quad (4.15)$$

R_b – resistência da blindagem metálica, em mΩ/m;
X_b – reatância indutiva da blindagem metálica, em mΩ/m.

O valor da resistência da blindagem depende obviamente do seu tipo construtivo: coroas de fios, fitas em formação helicoidal etc. Pode ser calculada pela Equação (4.16):

$$R_b = \frac{1.000 \times K_4 \times \rho_b}{S_b} \times \left[1 + \alpha_b \times (T_b - 20)\right] \text{ (m}\Omega/\text{m)} \quad (4.16)$$

T_b – temperatura da blindagem, em °C;
S_b – seção reta da blindagem, em mm^2;
ρ_b – resistividade do material da blindagem, em Ω.mm^2/m;
α_b – coeficiente de temperatura do material da blindagem, em °C, em geral o cobre;
K_4 – fator que leva em consideração o tipo da blindagem:

Para fios helicoidais de cobre: $K_4 = 1,15$.
Para fita de cobre: $K_4 = 1,65$.

A seção da blindagem pode ser calculada com base nas seguintes equações:

– Blindagem constituída de fios aplicados helicoidalmente:

$$S_b = N_{fi} \times S_{fi} \text{ (mm}^2) \quad (4.17)$$

N_{fi} – número de fios que compõem a blindagem;
S_{fi} – seção unitária do fio que compõe a blindagem, em mm^2.

A seção da blindagem dos fios de cobre dos cabos de média e de alta-tensão pode ser determinada a partir da Tabela 4.8 em função do diâmetro dos fios e do número de fios utilizados para uma determinada corrente de curto-circuito.

– Seção da blindagem de fitas aplicadas helicoidalmente sem sobreposição:

$$S_b = N_{ft} \times E_{ft} \times L_{ft} \text{ (mm}^2) \quad (4.18)$$

N_{ft} – número de fitas que compõem a blindagem;

TABELA 4.8 — Seção da blindagem dos cabos isolados

Blindagens usadas nos cabos AT				
Seção da blindagem (mm²)	Nº de fios	Diâmetro dos fios, em mm	Resistência ôhmica máx. a 20 °C, em c.c. (Ω/km)	Intensidade máx. adm. em curto-circuito (1 s) kA
16	32	0,80	1,150	2,4
25	50	0,80	0,736	3,7
35	35	1,13	0,526	5,2
50	50	1,13	0,368	7,5
60	60	1,13	0,307	8,9
70	70	1,13	0,263	10,4
75	75	1,13	0,245	11,2
95	80	1,23	0,194	14,2
100	67	1,38	0,184	14,9
120	80	1,38	0,153	17,9
130	58	1,70	0,142	19,4
135	60	1,70	0,136	20,1
150	67	1,70	0,123	22,4
160	71	1,70	0,115	23,8
165	73	1,70	0,111	24,6
185	82	1,70	0,099	27,6
250	82	1,97	0,074	37,2

L_{ft} – largura da fita considerada, em mm;
E_{ft} – espessura da fita, em mm.

– Seção da blindagem de fitas aplicadas helicoidalmente com sobreposição.

$$S_b = \pi \times E_{ft} \times D_{mb} \times \sqrt{\left[\frac{100}{2 \times (100 - K_s)}\right]} \quad (4.19)$$

E_{ft} – espessura da blindagem metálica, em mm;
D_{mb} – diâmetro médio da blindagem, em mm;
K_s – fator de sobreposição, em %; normalmente, o valor de $K_s = 30\%$.

- Redução do componente reativo indutivo do circuito
A redução da indutância pode ser dada pela Equação (4.20).

$$\Delta L_b = \left[\frac{M}{(R_b/X_b)^2 + 1}\right] (mH/km) \quad (4.20)$$

M – indutância mútua média por fase, em mH/km.

A redução na reatância do condutor se deve à presença do campo magnético produzido pela circulação da corrente na blindagem. O valor da redução da reatância pode ser determinado pela Equação (4.21).

$$\Delta X_b = \left[\frac{X_b}{(R_b/X_b)^2 + 1}\right] (\Omega/km) \quad (4.21)$$

Como há tensão induzida na blindagem, pode-se determinar o seu valor com relação à terra, como mostra a Figura 4.33, e dado na Equação (4.22).

$$V_b = 0,0754 \times I_c \times \ln\left(\frac{2 \times D_{mg}}{D_{mb}}\right) (mV/m) \quad (4.22)$$

I_c – corrente que circula no condutor, em A.

A corrente que circula na blindagem, em função da tensão induzida, pode ser dada pela Equação (4.23), considerando-se que ela esteja aterrada em ambas as extremidades do cabo:

$$I_b = \frac{V_b}{\sqrt{R_b^2 + X_b^2}} (A) \quad (4.23)$$

4.3.4.1.1.3 Cálculo da reatância capacitiva de sequência positiva

A reatância capacitiva de sequência positiva pode ser conhecida pelos catálogos dos fabricantes de cabos elétricos. As Tabelas 4.23 a 4.27 fornecem o valor da reatância capacitiva, C, de sequência positiva para os cabos isolados.

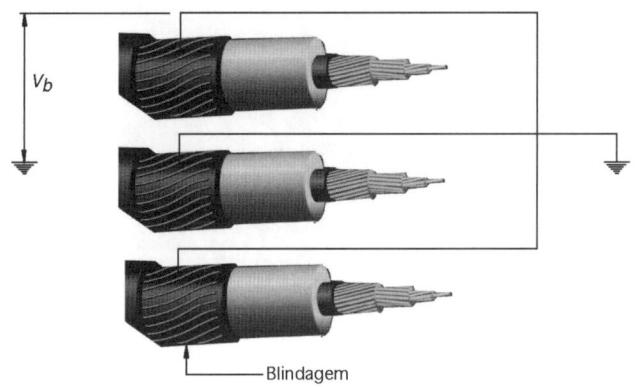

FIGURA 4.33 Aterramento da blindagem de um cabo da classe de até 35 kV.

O cálculo da reatância capacitiva pode ser realizado pela Equação (4.24).

$$X_c = \frac{10^6}{377 \times C} \ \Omega.\text{km} \quad (4.24)$$

O valor da corrente capacitiva é dado na Equação (4.25).

$$I_{ca} = \frac{V_f}{\sqrt{3} \times X_c} \ \text{A/km} \quad (4.25)$$

V_f – tensão entre fases do sistema, em V.

EXEMPLO DE APLICAÇÃO (4.4)

Calcule a reatância do circuito do Exemplo de Aplicação (4.3), considerando que:

a) As blindagens estejam aterradas somente em uma das extremidades.

$$X_p = 0{,}0754 \times \ln\left(\frac{D_{mg}}{0{,}779 \times R_c}\right) \ (\text{m}\Omega/\text{m})$$

$$R_c = \frac{20{,}40}{2} = 10{,}2 \ \text{mm}$$

$$X_p = 0{,}0754 \times \ln\left(\frac{49{,}518}{0{,}779 \times 10{,}2}\right)$$

$$X_p = 0{,}13795 \ \text{m}\Omega/\text{m}$$

Já a impedância de sequência positiva do cabo para aterramento no único ponto vale:

$$Z_p = 0{,}08142 + j0{,}13793 \ \text{m}\Omega/\text{m}$$

b) As blindagens estejam multiplamente aterradas.

Da Equação (4.14), tem-se:

$$X_b = 0{,}0754 \times \ln\left(\frac{2 \times D_{mg}}{D_{mb}}\right) = 0{,}0754 \times \ln\left(\frac{2 \times 49{,}518}{30{,}64}\right)$$

$$X_b = 0{,}08845 \ \text{m}\Omega/\text{m}$$

$$D_{mb} = D_c + 2 \times E_i + 2 \times E_{bi} + 2 \times E_{be} + \frac{E_{bm}}{2}$$

$$D_{mb} = 20{,}4 + 2 \times 4{,}50 + 2 \times 0{,}30 + 2 \times 0{,}30 + \frac{0{,}080}{2} = 30{,}64 \ \text{mm}$$

E_i = 4,50 mm de espessura da isolação, em mm (Tabela 4.21);

$E_{bi} = E_{be}$ = 0,30 mm (valor considerado para esse cabo);

E_{bm} = 0,080 mm (valor utilizado em cabos aplicados em sistemas de baixo nível de curto-circuito);

E_{be} – espessura da blindagem externa de campo elétrico, não condutora, em mm;

E_{bi} – espessura da blindagem interna de campo elétrico, não condutora, em mm;

E_{bm} – espessura da blindagem metálica, em mm;

K_4 = 1,65 (blindagem da fita com sobreposição).

A resistência da blindagem, de acordo com a Equação (4.16), vale:

$$\rho_b = 1/56 \ \Omega.\text{mm}^2/\text{m}$$

$$R_b = \frac{1.000 \times K_4 \times \rho_b}{S_b} \times [1 + \alpha_b \times (T_b - 20)] \ (\text{m}\Omega/\text{m})$$

$$R_b = \frac{1.000 \times 1,65 \times 1/56}{6,5} \times [1 + 0,00393 \times (85 - 20)]$$

$$R_b = 5,6909 \text{ m}\Omega/\text{m}$$

$\alpha_b = 0,00393/°C$ (coeficiente de temperatura para o cabo de cobre);
$T_b = 85$ °C (temperatura máxima admitida pela isolação do condutor para aquecimento da blindagem).
A redução na reatância do circuito, de acordo com a Equação (4.21), vale:

$$\Delta X_b = \left[\frac{X_b}{(R_b/X_b)^2 + 1}\right] (\text{m}\Omega/\text{km})$$

$$\Delta X_b = \left[\frac{0,08845}{(5,6909/0,08845)^2 + 1}\right]$$

$$\Delta X_b = 0,00002 \text{ m}\Omega/\text{m}$$

Da Equação (4.19), tem-se:

$$S_b = \pi \times E_{ft} \times D_{mb} \times \sqrt{\left[\frac{100}{2 \times (100 - K_s)}\right]}$$

$$S_b = \pi \times 0,080 \times 30,64 \times \sqrt{\frac{100}{2 \times (100 - 30)}}$$

$$S_b = 6,5 \text{ mm}^2$$

$E_{ft} = E_{bm} = 0,080$ mm (valor admitido para esse cabo);
$K_s = 30\%$ (sobreposição da blindagem).

- Valor da reatância indutiva de sequência positiva corrigida
  Logo, a reatância efetiva, nesse caso, vale:

$$X_{pef} = X_p - \Delta X_b = 0,13759 - 0,00002 = 0,13757 \text{ m}\Omega/\text{m}$$

- Valor da resistência de sequência positiva corrigida
  O componente resistivo variará, de acordo com a Equação (4.15), de:

$$\Delta R_b = \left[\frac{R_b}{(R_b/X_b)^2 + 1}\right] = \left[\frac{5,6909}{(5,6909/0,08845)^2 + 1}\right]$$

$$\Delta R_b = 0,00137 \text{ m}\Omega/\text{m}$$

Logo, a resistência efetiva, nesse caso, vale:

$$R_{pef} = R_p + \Delta R_b = 0,08142 + 0,00137 = 0,08279 \text{ m}\Omega/\text{m}$$

Logo, a impedância de sequência positiva do cabo para aterramento em múltiplos pontos vale:

$$Z_p = 0,08279 + j0,13757 \text{ }\Omega$$

- Cálculo da tensão induzida na blindagem e na terra

$$I_c = 650 \text{ A}$$

$$V_b = 0,0754 \times I_c \times \ln\left(\frac{2 \times D_{mg}}{D_{mb}}\right)$$

$$V_b = 0,0754 \times 650 \times \ln\left(\frac{2 \times 49,518}{30,64}\right) = 57,5 \text{ mV/m} \times 0,150 = 8,62 \text{ mV}$$

A corrente circulante na blindagem quando esta está aterrada nas extremidades, de acordo com a Equação (4.23), é:

$$I_b = \frac{V_b}{\sqrt{R_b^2 + X_b^2}} = \frac{57,5}{\sqrt{5,6909^2 + 0,08845^2}} = 10,1 \text{ A}$$

As perdas na blindagem por efeito joule valem:

$$P_b = R_b \times I_b^2 = 5,6909 \text{ m}\Omega/\text{m} \times 10^{-3} \times 150 \text{ m} \times 10,1^2 \text{ A}$$

$$P_b = 87 \text{ W}$$

- Cálculo da reatância capacitiva de sequência positiva

O valor da capacitância em Ω.km, de acordo com a Equação (4.6), é:

$$C = \frac{0,0556 \times \varepsilon_i}{\ln\left(\frac{D_{si}}{D_c + 2 \times E_{bi}}\right)} = \frac{0,0556 \times 2,3}{\ln\left(\frac{30,00}{20,40 + 2 \times 0,80}\right)} = 0,4123 \text{ }\mu\text{F/km}$$

$$D_{si} = D_c + 2 \times E_i + 2 \times E_{bi} = 20,40 + 2 \times 4,50 + 2 \times 0,30 = 30,00 \text{ mm}$$

E_i = 4,50 mm (espessura da isolação: Tabela 4.21)
ε_i = 2,3 (Tabela 4.6)
E_{bi} = 0,30 mm (espessura da blindagem de campo elétrico, não condutora)
D_c = 20,4 mm (Tabela 4.21).

O valor da reatância capacitiva em Ω.km é:

$$X_c = \frac{10^6}{377 \times C} \text{ }\Omega.\text{km}$$

$$X_c = \frac{10^6}{377 \times 0,4123} = 6.433,4 \text{ }\Omega.\text{km}$$

O valor da corrente capacitiva é:

$$I_c = \frac{V_f}{\sqrt{3} \times X_c} = \frac{13.800}{\sqrt{3} \times 6.433,4} = 1,2 \text{ A/km}$$

4.3.4.1.2 Impedância de sequência negativa

Os cabos de energia apresentam valores de impedância de sequência negativa iguais aos valores de impedância de sequência positiva.

4.3.4.1.3 Impedância de sequência zero

É aquela que o cabo oferece à passagem da corrente de sequência zero.

Em geral, pode ser dada pela Equação (4.26).

$$Z_z = R_z + jX_z \text{ (m}\Omega/\text{m)} \quad (4.26)$$

R_z – resistência de sequência zero;
X_z – reatância indutiva de sequência zero.

São três as considerações que devem ser analisadas para a determinação dos componentes de sequência zero dos cabos de energia. São elas:

- retorno da corrente de falta somente pelo solo;
- retorno da corrente de falta somente pela blindagem metálica;
- retorno da corrente de falta, parte pelo solo e parte pela blindagem metálica.

Quando o cabo não possui blindagem metálica, o retorno da corrente de sequência zero se faz somente pelo solo. Esse é o caso típico dos cabos de baixa-tensão.

Quando a blindagem dos cabos de energia está aterrada em somente um ponto ao longo do circuito, a corrente de sequência zero só pode retornar pela blindagem metálica. Esse é o caso típico dos cabos de média tensão providos de blindagem metálica aterrada, por exemplo, na derivação do circuito que alimenta uma instalação industrial.

Quando a blindagem dos cabos de energia está aterrada em vários pontos ao longo do circuito, a corrente de sequência zero pode retornar simultaneamente pelo solo e pela blindagem metálica. Esse é o caso típico dos cabos de média tensão providos de blindagem metálica aterrada em mais de um ponto.

É importante alertar que a impedância de sequência zero dos condutores deve ser calculada para cada caso em particular, pois a influência da resistividade do solo no local da instalação representa uma parcela considerável no valor da resistência, além dos fatores anteriormente mencionados. As Tabelas 4.23 a 4.27 indicam os valores das resistências e reatâncias de sequência positiva e zero considerando determinada situação específica ali mencionada.

O cálculo das impedâncias de sequência zero deve, portanto, levar em consideração todas as alternativas de circulação da corrente de retorno, ou seja:

a) Retorno da corrente de falta somente pelo solo

Nesse caso, não existe ligação entre a blindagem metálica e o solo, ou o cabo é de baixa-tensão (sem blindagem metálica).

- Cálculo da resistência de sequência zero

Pode ser calculada com base na Equação (4.27).

$$R_z = R_p + R_{rs} \; (\text{m}\Omega/\text{m}) \quad (4.27)$$

R_p – resistência de sequência positiva, em mΩ/m;
R_{rs} – resistência do circuito de retorno pelo solo, em mΩ/m (Tabela 4.9).

- Cálculo da reatância de sequência zero

Pode ser calculada com base na Equação (4.28).

$$X_z = 0{,}2262 \times \ln\left(\frac{D_{eq}}{\sqrt[3]{R_{mg} \times D_{mg}^2}}\right) \; (\text{m}\Omega/\text{m}) \quad (4.28)$$

R_{mg} – raio médio geométrico, em mm;
D_{eq} – distância equivalente do circuito de retorno pelo solo, dada na Tabela 4.9.

Para condutores compactados, o R_{mg} vale:

$$R_{mg} = 0{,}3895 \times D_c \; (\text{mm}) \quad (4.29)$$

Logo, a impedância de sequência zero vale:

$$\vec{Z}_z = R_z + jX_z \; (\text{m}\Omega/\text{m}) \quad (4.30)$$

b) Retorno da corrente de falta somente pela blindagem metálica

Nesse caso, a blindagem metálica do cabo está aterrada em somente uma extremidade.

TABELA 4.9 Parâmetros característicos do solo

Resistividade do solo (Ω.m)	Distância equivalente para o circuito de retorno (mm)	Resistência do circuito de retorno pelo solo (mΩ/m)
10	269.200	1,54
50	609.600	1,72
100	853.400	1,80
500	1.889.800	1,99
1.000	2.622.000	2,06

EXEMPLO DE APLICAÇÃO (4.5)

Considerando o circuito trifásico do Exemplo de Aplicação (4.3), calcule a sua impedância de sequência zero. Sabe-se que não existe ligação entre a blindagem metálica e o solo (o que não é pertinente), cuja resistividade é de 100 Ω.m.

- Resistência de sequência zero

De acordo com a Equação (4.27), tem-se:

$R_z = R_p + R_{rs}$ (mΩ/m)
$R_p = 0{,}08142$ mΩ/m [calculado no Exemplo de Aplicação (4.3)]
$R_{rs} = 1{,}80$ mΩ/m (Tabela 4.9)
$R_z = 0{,}08142 + 1{,}80 = 1{,}88142$ mΩ/m

- Reatância de sequência zero

$D_{eq} = 853.400$ mm (Tabela 4.9)
$D_{mg} = 49{,}518$ mm [calculado no Exemplo de Aplicação (4.3)]

$$R_{mg} = 0{,}3895 \times D_c = 0{,}3895 \times 20{,}40 = 7{,}9458 \text{ mm}$$

$$X_z = 0{,}2262 \times \ln\left(\frac{853.400}{\sqrt[3]{7{,}9458 \times 49{,}518^2}}\right) = 2{,}34446 \text{ m}\Omega/\text{m}$$

Logo, a impedância de sequência zero do cabo vale:

$$\vec{Z}_z = R_z + jX_z = 1{,}88142 + j2{,}34446 \text{ m}\Omega/\text{m}$$

$$\vec{Z}_z = R_z + jX_z \quad (4.31)$$

$$R_z = R_p + R_b \quad (4.32)$$

$$X_z = 0{,}2262 \times \ln\left(\sqrt[3]{\frac{D_{mb}}{2 \times R_{mg}}}\right) (m\Omega/m) \quad (4.33)$$

c) Retorno da corrente de falta circulando pela blindagem metálica e pelo solo

Nesse caso, a blindagem metálica do cabo está aterrada em dois ou mais pontos:

- Impedância da blindagem metálica do cabo

$$R_{cb} = R_b + R_{rs}\ m\Omega/m \quad (4.34)$$

$$X_{cb} = 0{,}2262 \times \ln\left[\frac{D_{eq}}{\sqrt[3]{\frac{D_{mb} \times D_{mg}^2}{2}}}\right] (m\Omega/m) \quad (4.35)$$

D_{eq} – distância equivalente do circuito de retorno pelo solo, dada na Tabela 4.9.

$$\vec{Z}_{cb} = R_{cb} + jX_{cb}\ (m\Omega/m) \quad (4.36)$$

- Impedância relativa ao condutor

$$R_{cb} = R_p + R_{rs}\ (m\Omega/m) \quad (4.37)$$

$$X_{cb} = 0{,}2262 \times \ln\left(\frac{D_{eq}}{\sqrt[3]{R_{mg} \times D_{mg}^2}}\right)(m\Omega/m) \quad (4.38)$$

$$Z_{cb} = R_{cb} + jX_{cb}\ (m\Omega/m) \quad (4.39)$$

- Impedância relativa ao efeito mútuo dos cabos

$$R_{mu} = R_{rs}\ (m\Omega/m)$$

$$X_{mu} = 0{,}2262 \times \ln\left[\sqrt[3]{\frac{D_{eq}}{\frac{D_{mb} \times D_{mg}^2}{2}}}\right](m\Omega/m) \quad (4.40)$$

$$\vec{Z}_{mu} = R_{mu} + jX_{mu}\ (m\Omega/m) \quad (4.41)$$

- Impedância final de sequência zero do cabo

$$\vec{Z}_z = \vec{Z}_{co} - \frac{\vec{Z}_{mu}^2}{\vec{Z}_{cm}}(m\Omega/m) \quad (4.42)$$

EXEMPLO DE APLICAÇÃO (4.6)

Considerando o circuito trifásico dos Exemplos de Aplicação (4.3), (4.4) e (4.5), calcule a sua impedância de sequência zero, sabendo-se que a blindagem dos cabos está aterrada em somente uma extremidade.

- Resistência de sequência zero

De acordo com as Equações (4.31), (4.32) e (4.33), tem-se:

$R_z = R_p + R_b = 0{,}08142 + 5{,}6909 = 5{,}77232\ m\Omega/m$

$R_{mg} = 7{,}9458$ mm [calculado no Exemplo de Aplicação (4.5)]

$R_b = 5{,}6909\ m\Omega/m$ [calculado no Exemplo de Aplicação (4.4)]

$D_{mb} = 30{,}64$ mm [calculado no Exemplo de Aplicação (4.4)]

$$X_z = 0{,}2262 \times \ln\left(\sqrt[3]{\frac{30{,}64}{2 \times 7{,}9458}}\right) = 0{,}04950\ m\Omega/m$$

Logo, a impedância de sequência zero do circuito vale:

$$\vec{Z}_z = 5{,}77232 + j0{,}04950\ m\Omega/m$$

EXEMPLO DE APLICAÇÃO (4.7)

Calcule a impedância de sequência zero do circuito dado nos Exemplos de Aplicação (4.3), (4.4) e (4.5) considerando as várias situações de aterramento da blindagem dos cabos. A resistividade do solo é de 100 Ω/m.

- A blindagem dos cabos não está aterrada (situação não aconselhável)

$R_{mg} = 7{,}9458$ mm [calculado no Exemplo de Aplicação (4.5)]

$R_z = R_p + R_{rs}\ m\Omega/m$

$R_z = 1{,}88142\ m\Omega/m$ [calculado no Exemplo de Aplicação (4.5)]

$X_z = 2{,}34446$ mΩ/m [calculado no Exemplo de Aplicação (4.5)]

Logo, a impedância do cabo vale:

$$\vec{Z_z} = R_z + jX_z \ (\text{m}\Omega/\text{m})$$

$$\vec{Z_z} = 1{,}88142 + j2{,}34446 \ \text{m}\Omega/\text{m}$$

$$|Z_z| = 3{,}006 \ \text{m}\Omega/\text{m}$$

Como o comprimento do cabo é de 150 m, o módulo da impedância vale:

$$Z_{zt} = \frac{3{,}006}{1.000} \times 150 = 0{,}4509 \ \Omega$$

- A blindagem dos cabos está aterrada em somente uma extremidade

$$\vec{R_z} = R_p + R_b \ (\text{m}\Omega/\text{m})$$

$R_b = 5{,}6909$ mΩ/m [calculado no Exemplo de Aplicação (4.4)]
$R_p = 0{,}08142$ mΩ/m [calculado no Exemplo de Aplicação (4.3)]

$$R_z = 0{,}08142 + 5{,}6909 = 5{,}77232 \ \text{m}\Omega/\text{m}$$

$X_z = 0{,}04950$ mΩ/m [calculado no Exemplo de Aplicação (4.6)]

$$\vec{Z_{cb}} = R_z + jX_z \ \text{m}\Omega/\text{m}$$

$$Z_z = 5{,}77232 + j0{,}04950 \ \text{m}\Omega/\text{m}$$

$$|Z_z| = 5{,}7725 \ \text{m}\Omega/\text{m}$$

Como o comprimento do cabo é de 150 m, o módulo da impedância vale:

$$Z_{zt} = \frac{5{,}7725}{1.000} \times 150 = 0{,}865875 \ \Omega$$

- A blindagem dos cabos está aterrada em duas ou mais extremidades
— Impedância relativa à blindagem

$$R_{rs} = 1{,}8 \ (\text{Tabela 4.9})$$

$$R_{cb} = R_b + R_{rs} \ \text{m}\Omega/\text{m}$$

$$R_{cb} = 5{,}6909 + 1{,}80 = 7{,}4909 \ \text{m}\Omega/\text{m}$$

$$X_{cb} = 0{,}2262 \times \ln\left[\frac{853.400}{\left(\sqrt[3]{\frac{30{,}64 \times 49{,}518^2}{2}}\right)}\right] (\text{m}\Omega/\text{m})$$

$D_{mb} = 30{,}64$ mm [calculado no Exemplo de Aplicação (4.4)]
$D_{mg} = 49{,}518$ mΩ/m [calculado no Exemplo de Aplicação (4.3)]

$$X_{cb} = 2{,}29495 \ \text{m}\Omega/\text{m}$$

$$\vec{Z_{cb}} = R_{cb} + jX_{cb} \ \text{m}\Omega/\text{m}$$

$$\vec{Z_{cb}} = 7{,}4909 + j2{,}29495 \ \text{m}\Omega/\text{m}$$

— Impedância relativa ao condutor
Da Equação (4.27), temos:

$$R_{co} = R_z = R_p + R_{rs} \ \text{m}\Omega/\text{m}$$

$$R_{co} = 0{,}08142 + 1{,}80 \ \text{m}\Omega/\text{m}$$

$$R_{co} = 1{,}8811 \ \text{m}\Omega/\text{m}$$

Da Equação (4.28), temos:

$$X_{co} = X_c = 0,2262 \times \ln\left[\frac{853.400}{\sqrt[3]{7,9458 \times 49,518^2}}\right]$$

$$X_{co} = 2,34446 \text{ m}\Omega/\text{m}$$

$$\vec{Z}_{co} = Z_z = R_{co} + jX_{co} \text{ m}\Omega/\text{m}$$

$$\vec{Z}_{co} = Z_z = 1,8811 + j2,34446 \text{ m}\Omega/\text{m}$$

– Impedância relativa ao efeito mútuo dos cabos

$$R_{mu} = R_{rs} = 1,80 \text{ m}\Omega/\text{m}$$

Da Equação (4.40), temos:

$$X_{mu} = 0,2262 \times \ln\left(\sqrt[3]{\frac{853.400}{\frac{30,64 \times 49,518^2}{2}}}\right) (\text{m}\Omega/\text{m})$$

$$X_{mu} = 0,23548 \text{ m}\Omega/\text{m}$$

$$\vec{Z}_{mu} = R_{mu} + jX_{mu} \text{ m}\Omega/\text{m}$$

$$\vec{Z}_{mu} = 1,80 + j0,23548 \text{ m}\Omega/\text{m}$$

– Impedância final de sequência zero

De acordo com a Equação (4.42), temos:

$$\vec{Z}_z = 1,8811 + j2,34446 - \frac{(1,80 + j0,23548)^2}{7,4909 + j2,29495}$$

$$\vec{Z}_z = 1,8811 + j2,34446 + 0,50563 - j0,15491$$

$$\vec{Z}_z = (3,0059 \angle 51,25°) - (1,0514 \angle 35,84°)$$

$$\vec{Z}_z = 2,2144 \angle 33,84° \text{ m}\Omega/\text{m}$$

$$|Z_z| = 2,2144 \text{ m}\Omega/\text{m}$$

Como o comprimento do circuito é de 150 m, o módulo da impedância total vale:

$$Z_{zt} = \frac{2,2144}{1.000} \times 150 = 0,3321 \text{ }\Omega$$

4.4 CARACTERÍSTICAS CONSTRUTIVAS DOS CONDUTORES NUS

Os cabos nus são utilizados normalmente em redes aéreas de distribuição urbanas e rurais e em linhas de transmissão para diferentes níveis de tensão. São fabricados com condutores tanto de cobre como de alumínio e utilizados para diferentes condições ambientais.

Em redes aéreas de distribuição localizadas longe da orla marítima predomina a construção com cabos de alumínio sem alma de aço (CA) em redes secundárias de distribuição. Já nas redes aéreas primárias predomina o uso do cabo de alumínio com alma de aço (CAA). Nas construções de redes aéreas sob a influência da ação marítima é dominante a utilização de cabos de cobre nus.

As normas brasileiras expressam as seções dos condutores de alumínio em mm². Para transformar um condutor cuja seção está expressa em MCM (mil circular mil) em mm², pode-se aplicar a Equação (4.33).

$$S_{mm^2} = 0,5067 \times S_{mcm} \text{ (mm}^2\text{)} \qquad (4.43)$$

Assim, um condutor de alumínio de seção igual a 477 MCM tem sua seção em mm² no valor de:

$$S_{mm^2} = 0,5067 \times 477 = 241,7 \text{ mm}^2$$

4.4.1 Condutor de alumínio CA

É um condutor com encordoamento concêntrico constituído de uma ou mais camadas, também denominadas coroas, de fios de alumínio 1350, podendo ser fornecido em diferentes têmperas e classes de encordoamento de forma a atender às condições das instalações. A NBR 7271 – Cabos de alumínio para linhas aéreas estabelece as características dos cabos de alumínio CA. Na nomenclatura internacional o condutor de alumínio CA é conhecido por ASC (*Aluminum Stranded Conductor*).

Denomina-se coroa um conjunto de fios equidistantes do fio ou fios centrais do cabo.

As propriedades gerais do alumínio são dadas na Tabela 4.2. Já as características técnicas dos cabos de alumínio CA estão contidas na Tabela 4.34.

4.4.2 Condutor de alumínio CAA

É um condutor com encordoamento concêntrico constituído de uma ou mais camadas de fios de alumínio 1350, têmpera H19, reunidas no entorno de um núcleo de aço galvanizado de elevada resistência mecânica e que pode ser constituído por um único fio ou por vários fios de aço galvanizado encordoados, dependendo da seção do cabo.

A NBR 7270 – Cabos de alumínio nus com alma de aço para linhas aéreas estabelece as características dos cabos de alumínio CAA. Na nomenclatura internacional, o condutor de alumínio CAA é conhecido por ACSR (*Aluminum Conductor Steel Reinforced*).

Denomina-se alma de aço um fio ou conjunto de fios de aço que forma a parte central de um cabo de alumínio, cujo objetivo é elevar a sua resistência mecânica.

Para se obter a melhor relação entre a capacidade de corrente e a resistência mecânica dos cabos, propriedades fundamentais na construção de linhas de transmissão, utilizam-se várias combinações entre fios de aço e de alumínio. Na sua forma mais simples de encordoamento utiliza-se um único fio de aço galvanizado com vários fios de alumínio. Para grandes seções dos condutores, utilizam-se encordoamentos com 1, 7 e 19 fios de aço para vários fios de alumínio.

As propriedades gerais do alumínio e do aço da alma de aço são dadas na Tabela 4.2.

Os condutores de alumínio podem ser fabricados com alma de aço extraforte. Estão enquadrados na categoria dos condutores CAA.

As características técnicas dos cabos de alumínio CAA estão contidas na Tabela 4.33.

4.4.3 Condutor de alumínio liga CAL

É um condutor com encordoamento concêntrico constituído de uma ou mais camadas, também denominadas coroas, de fios de liga de alumínio 6201-T81, podendo ser fornecido em diferentes classes de encordoamento de forma a atender às condições das instalações, semelhantemente ao que ocorre com os condutores CA.

Os cabos de alumínio CAL foram desenvolvidos para atender ao mercado das empresas de energia elétrica que necessitavam de um cabo que apresentasse uma resistência mecânica superior às dos cabos de alumínio CA e pudessem substituir os cabos de alumínio CAA em áreas próximas à orla marítima, cuja aplicação tradicional é a dos cabos de cobre nu, de preço muito superior ao dos cabos CAA.

A Tabela 4.35 fornece as características técnicas dos cabos de alumínio CAL.

4.4.4 Condutor de alumínio termorresistente T-CAA

Os cabos termorresistentes têm as mesmas características de conformação dos cabos de alumínio com alma de aço, ou seja, CAA. O condutor T-CAA, ou liga Tal, é do tipo concêntrico e tem a formação em conformidade com a Figura 4.34. Podem operar em altas temperaturas em regime contínuo, o que permite conduzir altas correntes de carga sem que sejam alteradas as suas características mecânicas, elevando, assim, em até 50% a sua capacidade de transmissão quando comparados aos cabos de alumínio com alma de aço CAA. São empregados com sucesso nas seguintes condições:

- em linhas de transmissão novas, quando se deseja obter uma elevada capacidade de condução de corrente em condições de emergência, ou seja, quando da perda de uma linha de transmissão que opera em paralelo com outra pode-se permitir um nível percentual de sobrecarga elevada, muito superior aos admitidos para os cabos de alumínio CAA;
- na recapacitação de linhas de transmissão que alimentam centros urbanos e por motivos de acesso, não é possível a construção de novas linhas de transmissão;
- linhas de transmissão que estão limitadas pela baixa ampacidade dos seus cabos CAA. Nesse caso, é vantajosa a substituição dos cabos existentes por cabos termorresistentes, reforçando apenas as estruturas de ancoragem e de ângulo e podendo conservar as demais estruturas existentes, lembrando ainda que a flecha do cabo T-CAA, para o mesmo comprimento de vão, é superior à flecha dos cabos CAA. Isso vai implicar na utilização de postes intermediários;
- linhas de transmissão que operam em determinado período do dia com demandas elevadas e fora dele a demanda decresce substancialmente;
- linhas de transmissão que operam com plena capacidade em algum período do ano e nos demais períodos o sistema permanece desligado. Esse é o caso das usinas termelétricas que venceram os leilões da Agência Nacional de Energia Elétrica (ANEEL) para serem despachadas somente quando solicitado pelo Operador Nacional do Sistema (ONS) em situações de baixa hidraulicidade nas bacias do Sistema Interligado Nacional (SIN).

A Tabela 4.36 mostra as características técnicas dos cabos com liga Tal.

Deve-se alertar que as redes aéreas construídas com a liga Tal apresentam perdas elétricas superiores às dos cabos equivalentes CAA, considerando a mesma curva de carga.

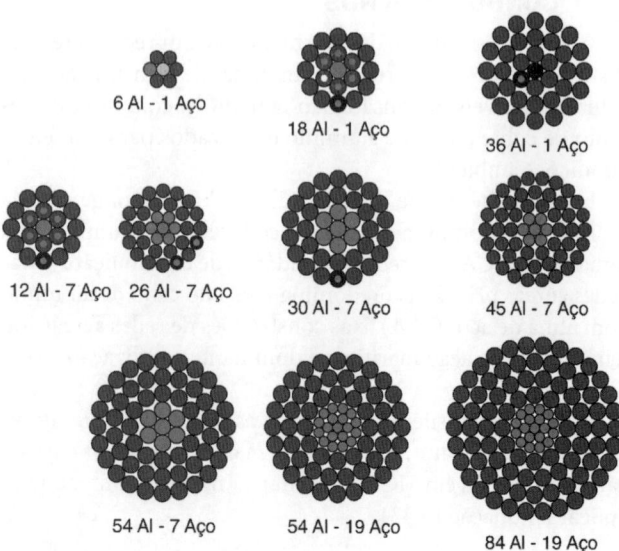

FIGURA 4.34 Encordoamento dos cabos da liga Tal.

4.4.5 Condutor de cobre

Deve ser constituído por um ou vários fios de cobre eletrolítico com 99,90% de pureza, devendo ser designado de acordo com a sua forma construtiva, em conformidade com a Figura 4.1.

O condutor de cobre deve ser estanhado, têmpera mole, de seção entre 1,5 e 1.000 mm².

4.5 CARACTERÍSTICAS ELÉTRICAS DOS CONDUTORES NUS

Os condutores de cobre nus são muito empregados em redes de distribuição urbana e de linhas de transmissão construídas nas proximidades da orla marítima. Em áreas de intensa salinização, tais como o litoral do estado do Ceará, os cabos de cobre nus são empregados até cerca de 10 km da orla marítima, tais são os efeitos de corrosão em materiais ferrosos encontrados nesses lugares.

Já os condutores de alumínio, tanto CA como CAA, são utilizados nas áreas fora da influência dos efeitos da salinização.

Serão tratadas somente as equações que permitem a determinação das impedâncias de sequência positiva, negativa e zero dos condutores operando em sistemas de frequência industrial igual a 60 Hz.

A instalação dos condutores de cobre nus em postes ou torres requer cálculos dos esforços mecânicos, cujo tema é tratado em literatura específica. Já as impedâncias desses condutores, quando instalados nas estruturas anteriormente referidas, serão estudadas a seguir.

4.5.1 Impedância de sequência positiva

A impedância de sequência positiva é composta pela soma vetorial da resistência e da reatância indutiva do condutor. Seu valor pode ser dado pela Equação (4.44).

$$\vec{Z}_p = R_p + j(X_p + X_d)\,(\Omega/km) \quad (4.44)$$

R_p – resistência de sequência positiva, em Ω/km. Os valores de resistência dos cabos utilizados em redes aéreas podem ser obtidos a partir das seguintes tabelas:

- cabo de cobre nu (Tabela 4.32);
- cabos de alumínio com alma de aço – CAA (Tabela 4.33);
- cabos de alumínio simples – CA (Tabela 4.34);
- cabos de alumínio liga – CAL (Tabela 4.35);
- cabos de alumínio liga termorresistentes – T-CAA (Tabela 4.36).

X_p – reatância indutiva de sequência positiva, em Ω/km. O valor de sua reatância, bem como as reatâncias dos demais cabos podem ser encontrados nas tabelas anteriormente mencionadas;

X_d – fator de espaçamento da reatância indutiva, em Ω/km. Seu valor pode ser calculado a partir da Equação (4.45):

$$X_d = 0{,}17364 \times \log\left(\frac{D_{eq}}{304{,}8}\right) \Omega/m \quad (4.45)$$

O valor de X_d depende do afastamento entre os condutores e da sua distância equivalente, cujo valor é obtido a partir da Equação (4.46), referente às linhas com geometria da Figura 4.35 ou similares. Para outros tipos geométricos, procurar na literatura que trata de linhas de transmissão.

$$D_{eq} = \sqrt[3]{D_{ab} \times D_{bc} \times D_{ca}} \quad (4.46)$$

D_{ab}, D_{bc} e D_{ca} – distâncias entre os centros dos condutores, tomadas em mm;

X_c – reatância capacitiva de sequência positiva, em Ω.km. Seu valor pode ser encontrado nas tabelas anteriormente mencionadas.

EXEMPLO DE APLICAÇÃO (4.8)

Determine a impedância dos condutores de uma rede de distribuição rural cuja disposição do circuito está representada na Figura 4.35. O condutor é de alumínio 1/0 AWG-CAA – Ravem, e a frequência do sistema é de 60 Hz. Considere a temperatura de serviço do condutor de 50 °C.

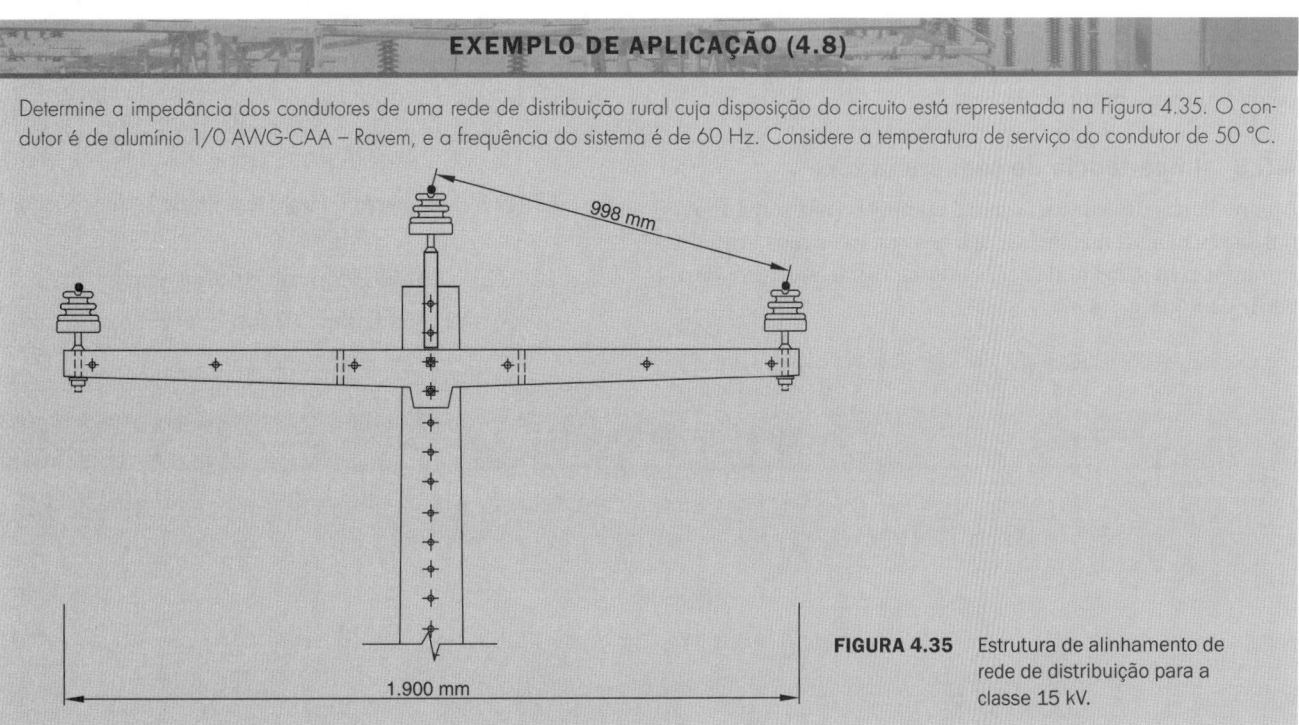

FIGURA 4.35 Estrutura de alinhamento de rede de distribuição para a classe 15 kV.

De acordo com a Equação (4.46), a distância equivalente entre os condutores vale:

$$D_{eq} = \sqrt[3]{D_{ab} \times D_{bc} \times D_{ca}} = \sqrt[3]{998 \times 998 \times 1.900}$$

$$D_{eq} = 1.237 \text{ mm}$$

Da Equação (4.44), tem-se:

$$\vec{Z_p} = R_p + j(X_p + X_d)$$

$$R_{p1} = 0,53510 \; \Omega/\text{km (Tabela 4.33)}$$

$$R_{p2} = R_{p1} \times [1 + \alpha \times (T_2 - T_1)]$$

$\alpha = 0,00403/°C$ (coeficiente de variação da resistência elétrica com a temperatura para o cabo de alumínio – Tabela 4.2)

$$R_{p2} = 0,5351 \times [1 + 0,00403 \times (50 - 20)]$$

$$R_{p2} = 0,5997 \text{ m}\Omega/\text{m}$$

$$X_p = 0,4077 \; \Omega/\text{km (Tabela 4.33)}$$

O valor de X_d é dado pela Equação (4.45).

$$X_d = 0,17364 \times \log\left(\frac{D_{eq}}{304,8}\right)$$

$$X_d = 0,17364 \times \log\left(\frac{1.237}{304,8}\right) = 0,10563 \; \Omega/\text{km}$$

Finalmente, tem-se:

$$\vec{Z_p} = 0,5997 + j(0,4077 + 0,10563)$$

$$\vec{Z_p} = 0,5997 + j0,51333 \; \Omega/\text{km}$$

4.5.2 Impedância de sequência negativa

Assim como ocorre com os condutores isolados, a impedância de sequência negativa dos condutores nus é igual à impedância de sequência positiva.

4.5.3 Impedância de sequência zero

A impedância de sequência zero é composta pela soma vetorial da resistência, reatância indutiva e reatância capacitiva do condutor. Seu valor pode ser obtido de forma aproximada a partir da Equação (4.47).

$$Z_z = R_p + R_e + j(X_p + X_e - 2 \times X_d - X_c) \quad (4.47)$$

R_p – resistência de sequência positiva, em Ω/km. Seu valor pode ser obtido por meio das Tabelas 4.33 a 4.36, para diversos tipo de condutores.

Os valores de R_e, X_e e X_c são:

$$R_e = 0,17775 \; \Omega/\text{km}$$

$X_e = 1,7949 \; \Omega$/km (para 60 Hz) e resistividade do solo igual a 100 Ω.m;

$X_e = 1,9770 \; \Omega$/km : 60 Hz e 500 Ω.m;

$X_e = 2,0553 \; \Omega$/km : 60 Hz e 1.000 Ω.m;

$$X_c = 0,2524 \; \Omega.\text{km}.$$

EXEMPLO DE APLICAÇÃO (4.9)

Considerando o Exemplo de Aplicação (4.8), calcule a reatância indutiva de sequência zero do circuito cuja estrutura está mostrada na Figura 4.35. A resistividade do solo é de 500 Ω.m.

Da Equação (4.47), tem-se:

$$\vec{Z_z} = R_p + R_e + j(X_a + X_e - 2 \times X_d - X_c)$$

$R_p = 0,5997 \; \Omega$/km [ver Exemplo de Aplicação (4.8)]

$X_p = 0,4077$ Ω/km (Tabela 4.33)

$R_e = 0,17775$ Ω/km

$X_e = 1,9770$ Ω/km: 60 Hz e 500 Ω.m;

$X_c = 0,2524$ Ω.km (Tabela 4.33)

$X_d = 0,10563$ Ω/km [calculado no Exemplo de Aplicação (4.8)]

Dessa forma, tem-se:

$$\vec{Z}_Z = 0,5997 + 0,17775 + j(0,4017 + 1,9770 - 2 \times 0,10563 - 0,2524)$$

$$\vec{Z}_Z = 0,77745 + j1,91504 \text{ Ω/km}$$

4.6 DIMENSIONAMENTO DOS CABOS ELÉTRICOS ISOLADOS

A capacidade de corrente dos condutores elétricos é fortemente influenciada pela maneira de sua instalação. De forma geral, os condutores podem ser instalados de três diferentes formas: instalação aérea (em postes ou torres), instalação em dutos (eletrodutos, calhas, canaletas etc.) e instalação diretamente enterrada.

4.6.1 Capacidade de corrente nominal

A capacidade de corrente dos condutores isolados depende fundamentalmente da maneira de instalação e das condições a que poderão ficar submetidas relativamente a temperatura, agrupamento dos cabos e dos eletrodutos etc. Assim, um condutor de mesma seção nominal e mesmo tipo de isolação pode assumir diferentes capacidades de condução de corrente nominal.

4.6.1.1 Condutores instalados em dutos

4.6.1.1.1 Cabos de baixa-tensão

O dimensionamento dos cabos de baixa-tensão está devidamente realizado no livro *Instalações Elétricas Industriais*, do autor, e é objeto da NBR 5410:2004.

4.6.1.1.2 Cabos de média tensão

O dimensionamento dos cabos de média tensão está devidamente realizado no livro *Instalações Elétricas Industriais*, do autor, e é objeto da NBR 14039:2003.

As tabelas de capacidade de corrente dos condutores isolados contidas na NBR – 14039 para diferentes maneiras de instalar, em conformidade com a Tabela 4.10, estão reproduzidas nas Tabelas 4.28 a 4.31.

O leitor pode também utilizar a capacidade de corrente dos cabos de média tensão dada nas Tabelas 4.23 a 4.27, elaboradas por fabricantes de cabos e instalados nas condições particulares adotadas nas referidas tabelas.

Deve-se alertar que a capacidade de condução dos condutores de média tensão de um circuito para alimentar determinada carga pode ser calculada a partir da NBR 11301.

Será estudada nesta seção uma maneira simples de determinar a seção dos condutores, conhecidas as condições de sua instalação e a quantidade de condutores agrupados em um mesmo duto. Será, então, particularizada a instalação de condutores no interior de canaleta e eletrocalhas, casos muito comuns principalmente nas instalações industriais. Todo o cálculo é baseado nas perdas dissipadas pelos condutores e na consequente elevação de temperatura da isolação.

TABELA 4.10 Métodos de referência

Descrição	Método de referência a utilizar para a capacidade de condução de corrente
Cabos unipolares justapostos (na horizontal ou em trifólio) e cabos tripolares ao ar livre	A
Cabos unipolares espaçados ao ar livre	B
Cabos unipolares justapostos (na horizontal ou em trifólio) e cabos tripolares em canaletas fechadas no solo	C
Cabos unipolares espaçados em canaleta fechada no solo	D
Cabos unipolares justapostos (na horizontal ou em trifólio) e cabos tripolares em eletroduto ao ar livre	E
Cabos unipolares justapostos (na horizontal ou em trifólio) e cabos tripolares em banco de dutos ou eletrodutos enterrados no solo	F
Cabos unipolares em banco de dutos ou eletrodutos enterrados e espaçados – um cabo por duto ou eletroduto não condutor	G
Cabos unipolares justapostos (na horizontal ou em trifólio) e cabos tripolares diretamente enterrados	H
Cabos unipolares espaçados diretamente enterrados	I

As perdas geradas têm três origens: perdas no condutor, perdas na blindagem e perdas no dielétrico, como já se estudou anteriormente. Seu valor é dado pela Equação (4.48), ou seja:

$$P_{tc} = P_c + P_b + P_d \, (\text{W/m}) \quad (4.48)$$

P_{tc} – perdas totais no cabo, em W/m;
P_c – perdas no condutor, em W/m;
P_b – perdas na blindagem, em W/m;
P_d – perdas no dielétrico, em W/m, de acordo com a Equação (4.49).

$$P_c = 10^{-3} \times R_p \times I_c^2 \, (\text{W/m}) \quad (4.49)$$

R_p – resistência de sequência positiva do condutor, em mΩ/m;
I_c – corrente de carga a ser transportada pelo condutor, em A.

$$P_b = R_b \times I_b^2 \, (\text{W/m}) \quad (4.50)$$

R_b – resistência da blindagem [ver Equação (4.16)];
I_b – corrente circulante na blindagem [ver Equação (4.23)].

É importante frisar que, para se determinar a seção dos condutores de vários circuitos em certa condição, é necessário se arbitrar inicialmente uma seção nominal em função da corrente de carga. Na prática, escolhe-se uma seção nominal entre 1,5 e 2 vezes superior àquela correspondente à instalação de apenas três condutores ao ar livre.

Para compensar a elevação de temperatura devido às perdas deve-se aumentar a seção transversal dos condutores, o que é feito calculando-se e aplicando-se os fatores de correção correspondentes, como mostrado a seguir.

4.6.1.1.3 Fator de correção da capacidade de condução de corrente devido ao acréscimo de temperatura na canaleta

Esse fator pode ser dado pela Equação (4.51).

$$F_c = \sqrt{\frac{T_0 - T_a - \Delta T}{T_0 - T_a}} \quad (4.51)$$

T_a – temperatura máxima do ambiente da canaleta, antes da energização dos cabos, em °C;
T_0 – temperatura máxima do condutor em regime de operação, em °C, em função da sua isolação;
ΔT – acréscimo de temperatura na canaleta. O seu valor pode ser calculado pela Equação (4.52).

O valor de F_c corrige apenas o acréscimo de temperatura no interior da canaleta devido às perdas joule e à variação de temperatura entre a máxima admitida pelo condutor e a temperatura do interior da canaleta, antes da entrada em operação do sistema. Além disso, é necessário se proceder à correção do agrupamento dos cabos. É também necessário se corrigir o efeito da temperatura ambiente, quando esta for diferente da considerada, o que pode ser feito pela Tabela 4.11.

$$\Delta T = 0{,}333 \times \frac{P_{tc}}{P_e} (°C) \quad (4.52)$$

P_e – perímetro enterrado da seção transversal da canaleta, em mm.

TABELA 4.11 Fator de correção para temperaturas ambientes e do solo

Fatores de correção para temperaturas ambientes diferentes de 30 °C para linhas não subterrâneas e de 20 °C (temperatura do solo) para linhas subterrâneas					
Temperatura °C	Isolação		Temperatura °C	Isolação	
Ambiente	EPR ou XLPE	EPR 105	Do solo	EPR ou XLPE	EPR 105
10	1,15	1,13	10	1,07	1,06
15	1,12	1,1	15	1,04	1,03
20	1,08	1,06	20	0,96	0,97
25	1,04	1,03	25	0,93	0,94
35	0,96	0,97	35	0,89	0,91
40	0,91	0,93	40	0,85	0,87
45	0,87	0,89	45	0,8	0,84
50	0,82	0,86	50	0,76	0,8
55	0,76	0,82	55	0,71	0,76
60	0,71	0,77	60	0,65	0,72
65	0,65	0,73	65	0,6	0,68
70	0,58	0,68	70	0,53	0,64
75	0,5	0,63	75	0,46	0,59
80	0,41	0,58	80	0,38	0,54

Vale ressaltar que esse procedimento pode ser estendido também aos condutores de baixa-tensão, fazendo-se apenas as perdas nulas na blindagem metálica.

4.6.1.1.4 Fator de correção de temperatura

Quando os condutores estão instalados no interior de um duto a uma temperatura diferente de 30 °C, sua capacidade de condução de corrente pode ser obtida por meio da NBR 14039:2003 ou ela é alterada segundo os fatores de correção dados na Tabela 4.11, conforme referido anteriormente.

4.6.1.1.5 Fator de correção de agrupamento

Quando os condutores estão instalados e agrupados no interior de um duto (canaletas, eletrocalhas etc.), a sua capacidade de condução de corrente é alterada segundo os fatores de correção dados na Tabela 4.12, conforme referido anteriormente.

4.6.1.2 Condutores instalados diretamente enterrados

Quando um condutor elétrico isolado está em operação, as perdas joule provocam um aumento na sua temperatura que, inicialmente, se supõe ser igual à do meio ambiente. Pelo processo natural de transferência de calor por condução, a temperatura de cada camada elementar do cabo se eleva até atingir a superfície do cabo, ou propriamente, a capa externa. Enquanto a temperatura da superfície do cabo se eleva, este vai transferindo calor para o ambiente em que se encontra instalado (solo), processo que só é interrompido quando a quantidade de calor

TABELA 4.12 Fator de correção de agrupamento dos cabos isolados

Cabos instalados em calhas	Número de eletrocalhas	Número de sistemas			Observações
		1	2	3	
	1	1,00	0,97	0,96	Aplicar esses fatores aos valores de capacidade de corrente para 3 cabos singelos instalados ao ar livre em formação horizontal
	2	0,97	0,94	0,93	
	3	0,96	0,93	0,92	
	6	0,94	0,91	0,90	
	1	1,00	0,98	0,96	Aplicar esses fatores aos valores de capacidade de corrente para 3 cabos singelos instalados ao ar livre em formação trifólio
	2	1,00	0,95	0,93	
	3	1,00	0,94	0,92	
	6	1,00	0,93	0,90	
	1	0,92	0,89	0,88	Aplicar esses fatores aos valores de capacidade de corrente para 3 cabos singelos instalados ao ar livre em formação horizontal
	2	0,87	0,84	0,83	
	3	0,84	0,82	0,81	
	6	0,82	0,80	0,79	
	1	0,95	0,90	0,88	Aplicar esses fatores aos valores de capacidade de corrente para 3 cabos singelos instalados ao ar livre em formação trifólio
	2	0,90	0,85	0,83	
	3	0,88	0,83	0,81	
	6	0,86	0,81	0,79	
Cabos fixados em estruturas ou paredes		1,00	1,00	1,00	
		0,94	0,91	0,89	Aplicar esses valores de capacidade de corrente para 3 cabos singelos instalados ao ar livre, em formação vertical

EXEMPLO DE APLICAÇÃO (4.10)

Determine as correntes nos circuitos trifásicos instalados na canaleta mostrada na Figura 4.36, sabendo-se que as suas características básicas são dadas na Tabela 4.13. A temperatura no interior da canaleta antes da operação dos cabos é de 25 °C. Considerou-se que as blindagens eletrostáticas dos cabos têm as mesmas dimensões. Em função da corrente de curto-circuito, a seção da blindagem adotada é de 25 mm².

Como prática de cálculo, adotar uma seção inicial que corresponda, aproximadamente, a 160% da corrente de carga prevista, para instalação ao ar livre, conforme se faz na Tabela 4.13. Os valores das capacidades de corrente dos cabos são obtidos da Tabela 4.28, coluna B, de acordo com o método de referência da Tabela 4.10. A isolação dos cabos é de 8,7/15 kV. As blindagens estão aterradas nas duas extremidades do cabo. No final, serão totalizados os resultados de todos os circuitos também contidos na Tabela 4.13.

TABELA 4.13 Fator de correção de agrupamento dos cabos isolados

	Condições iniciais			Condições finais						
Circuito	Tensão do sistema	Tipo de isolação	Corrente de carga	Corrente adotada (1,6*In)	Seção do condutor ao ar livre	Fatores de correção			Fator de correção final	Corrente corrigida
						Perdas	Temperatura	Agrupamento		
-	kV	-	A	A	mm²	-	°C	-	-	A
A	13,80	XLPE	302	483	150	0,64	1,04	0,94	0,63	304
B	13,80	XLPE	270	432	120	0,64	1,04	0,94	0,63	272
C	13,80	EPR	440	704	240	0,64	1,04	0,94	0,63	443
D	13,80	EPR	590	944	400	0,64	1,04	0,94	0,63	594

a) Cálculo das perdas nos condutores

$$P_c = 10^{-3} \times \Sigma \left(N_c \times R_c \times I_c^2 \right)$$

$$R_2 = R_1 \times [1 + \alpha (T_2 - T_1)]$$

Para o condutor de 150 mm² – XLPE

$$R_1 = 0,1601 \text{ m}\Omega/\text{m (Tabela 4.25)}$$
$$R_2 = 0,1601 \times [1 + 0,00393 \times (90 - 20)] = 0,2041 \text{ m}\Omega/\text{m}$$

Para o condutor de 120 mm² – XLPE

$$R_3 = 0,1993 \times [1 + 0,00393 \times (90 - 20)] = 0,2541 \text{ m}\Omega/\text{m}$$

Para o cabo de 240 mm² – EPR

$$R_4 = 0,1018 \times [1 + 0,00393 \times (90 - 20)] = 0,1298 \text{ m}\Omega/\text{m}$$

Para o cabo de 400 mm² – EPR

$$R_5 = 0,0640 \times [1 + 0,00393 \times (90 - 20)] = 0,0816 \text{ m}\Omega/\text{m}$$

Com os valores das resistências dadas nas tabelas mencionadas, tem-se:

$$P_c = \Sigma (N_c \times R_p \times I_c^2) = 10^{-3} \times (3 \times 0,2041 \times 302^2 + 3 \times 0,2541 \times 270^2 +$$
$$3 \times 0,1298 \times 440^2 + 3 \times 0,0816 \times 590^2)$$
$$P_c = 272,0 \text{ W/m}$$

b) Cálculo das perdas dielétricas nos cabos XLPE e EPR
- Diâmetro sobre a isolação

$$D_{si} = D_c + 2 \times E_i + 2 \times E_{bi}$$

$E_{bi} = 0,8$ mm (considerado para todos os cabos)

$$D_{si(150)} = 14,4 + 2 \times 4,5 + 2 \times 0,8 = 25,0 \text{ mm}$$
$$D_{si(120)} = 12,8 + 2 \times 4,5 + 2 \times 0,8 = 23,4 \text{ mm}$$

$$D_{si(240)} = 18,2 + 2 \times 4,5 + 2 \times 0,8 = 28,8 \text{ mm}$$
$$D_{si(400)} = 23,6 + 2 \times 4,5 + 2 \times 0,8 = 34,2 \text{ mm}$$

- Capacitância dos condutores

$$C = \frac{0,0556 \times \varepsilon}{\ln\left(\dfrac{D_{si}}{D_c + 2 \times E_{bi}}\right)} \; (\mu F/km)$$

$$C_{150} = \frac{0,0556 \times 2,3}{\ln\left(\dfrac{25}{14,4 + 2 \times 0,8}\right)} = 0,2865 \; \mu F/km$$

$$C_{120} = \frac{0,0556 \times 2,3}{\ln\left(\dfrac{23,4}{12,8 + 2 \times 0,8}\right)} = 0,2634 \; \mu F/km$$

$$C_{240} = \frac{0,0556 \times 2,6}{\ln\left(\dfrac{28,8}{18,2 + 2 \times 0,8}\right)} = 0,3858 \; \mu F/km$$

$$C_{400} = \frac{0,0556 \times 2,6}{\ln\left(\dfrac{34,2}{23,6 + 2 \times 0,8}\right)} = 0,4733 \; \mu F/km$$

- Perdas dielétricas

De acordo com a Equação (4.5), podemos obter as perdas totais nos dielétricos:

$$\Sigma(C \times tg\delta) = 0,2865 \times 0,007 + 0,2634 \times 0,007 + 0,3858 \times 0,04 + 0,4733 \times 0,04 = 0,03821$$

$$P_{td} = 3 \times 0,3769 \times \left(\frac{13,8^2}{\sqrt{3}}\right) \times \Sigma \times (C \times tg\delta) = 3 \times 0,3769 \times \left(\frac{13,8^2}{\sqrt{3}}\right) \times 0,03821 = 4,75 \text{ W/m}$$

$tg\delta$ – valores encontrados na Tabela 4.6.

c) Cálculo das perdas na blindagem metálica
- Diâmetro médio da blindagem

$$D_{mb} = D_c + 2 \times E_{bi} + 2 \times E_{be} + 2 \times E_i$$
$$D_{mb(150)} = 14,4 + 2 \times 0,8 + 2 \times 0,8 + 2 \times 4,5 = 26,6 \text{ mm}$$
$$D_{mb(120)} = 12,4 + 2 \times 0,8 + 2 \times 0,8 + 2 \times 4,5 = 24,6 \text{ mm}$$
$$D_{mb(240)} = 18,2 + 2 \times 0,8 + 2 \times 0,8 + 2 \times 4,5 = 30,4 \text{ mm}$$
$$D_{mb(400)} = 23,6 + 2 \times 0,8 + 2 \times 0,8 + 2 \times 4,5 = 35,8 \text{ mm}$$

- Diâmetro médio geométrico

$D_{mg} = 1,26 \times D = 1,26 \times 100 = 126$ mm (para todos os cabos, já que a distância entre eles vale 100 mm)

$D = 100$ mm (ver Figura 4.36)

- Área da blindagem metálica

$$S_b = 25 \text{ mm}^2$$

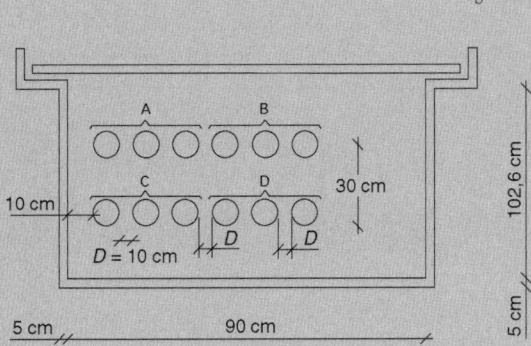

FIGURA 4.36 Instalação dos cabos na canaleta.

- Resistência da blindagem metálica

$$R_b = \frac{1.000 \times \rho_b \times K_4}{S_b} \times [1 + \alpha_b \times (T_b - 20)]$$

$$\rho_b = 1/56 \; \Omega.mm^2/m$$

$K_4 = 1,65$ (blindagem de fita de cobre)

$$\alpha_b = 0,00393/°C$$

$T_b = 85 °C$ (valor normalmente adotado)

$$R_b = \frac{1.000 \times 1/56 \times 1,65}{25} \times [1 + 0,00393 \times (85-20)]$$

$$R_b = 1,4796 \; m\Omega/m$$

- Reatância da blindagem metálica

$$X_b = 0,0754 \times \ln\left(\frac{2 \times D_{mg}}{D_{mb}}\right)$$

$$X_{b(150)} = 0,0754 \times \ln\left(\frac{2 \times 126}{26,60}\right) = 0,1695 \; m\Omega/m$$

$$X_{b(120)} = 0,0754 \times \ln\left(\frac{2 \times 126}{24,60}\right) = 0,1754 \; m\Omega/m$$

$$X_{b(240)} = 0,0754 \times \ln\left(\frac{2 \times 126}{30,40}\right) = 0,1594 \; m\Omega/m$$

$$X_{b(400)} = 0,0754 \times \ln\left(\frac{2 \times 126}{35,80}\right) = 0,1471 \; m\Omega/m$$

- Tensão na blindagem metálica
  Da Equação (4.22), tem-se:

$$V_b = 0,0754 \times I_c \times \ln\left(\frac{2 \times D_{mb}}{D_{mb}}\right)$$

Para as diversas correntes de carga dadas na Tabela 4.12, tem-se:

$$V_{bc(150)} = 0,0754 \times 302 \times \ln\left(\frac{2 \times 126}{26,60}\right) = 51,2 \; mV/m$$

$$V_{bc(120)} = 0,0754 \times 270 \times \ln\left(\frac{2 \times 126}{24,60}\right) = 47,3 \; mV/m$$

$$V_{bc(240)} = 0,0754 \times 440 \times \ln\left(\frac{2 \times 126}{30,40}\right) = 70,1 \; mV/m$$

$$V_{bc(400)} = 0,0754 \times 590 \times \ln\left(\frac{2 \times 126}{35,80}\right) = 86,8 \; mV/m$$

- Corrente da blindagem metálica
  Da Equação (4.23), tem-se:

$$I_{b(150)} = \frac{51,2}{\sqrt{1,4796^2 + 0,1695^2}} = 34,3 \; A$$

$$I_{b(120)} = \frac{47,3}{\sqrt{1,4796^2 + 0,1754^2}} = 31,7 \; A$$

$$I_{b(240)} = \frac{70,1}{\sqrt{1,4796^2 + 0,1594^2}} = 47,1 \text{ A}$$

$$I_{b(400)} = \frac{86,8}{\sqrt{1,4796^2 + 0,1471^2}} = 58,3 \text{ A}$$

- Perdas das blindagens metálicas

$$P_{tb} = 3 \times 10^{-3} \times \Sigma \left(R_b \times I_b^2 \right) = 3 \times 10^{-3} \times 1,4796 \times (34,3^2 + 31,7^2 + 47,1^2 + 58,3^2)$$

$$P_{tb} = 34,61 \text{ W/m}$$

- Perdas totais nos circuitos

$$P_{tc} = P_c + P_{td} + P_{tb}$$

$$P_{tc} = 272,0 + 4,75 + 34,61 = 311,3 \text{ W/m}$$

- Perímetro enterrado da canaleta

$$P_e = (L + 2 \times H)/100 = (90 + 2 \times 102,6)/100 = 2,952 \text{ m}$$

- Variação da temperatura no interior da canaleta

De acordo com a Equação (4.52), vale:

$$\Delta T_c = 0,333 \times \frac{P_{tc}}{P_e} = 0,333 \times \frac{311,3}{2,952} = 35,1 \text{ °C}$$

d) Fator de correção devido aos acréscimos de temperatura na canaleta (F_c)

O fator de correção para os cabos XLPE/EPR vale:

$$F_c = \sqrt{\frac{T_0 - T_a - \Delta T_c}{T_0 - T_a}} = \sqrt{\frac{90 - 30 - 35,1}{90 - 30}} = 0,64$$

- Fatores de correção da temperatura (F_t)
  Ver Tabela 4.11 – para 25 °C: 1,04
- Fatores de correção do agrupamento (F_a)
  Ver Tabela 4.12 – para cabos em bandeja para 2 sistemas: 0,94
- Fatores de correção total (F_{tc})
  Correspondem ao produto dos fatores de correção anteriormente calculados.

$$F_{ct} = F_c \times F_t \times F_a \text{ (Tabela 4.13)}$$

Portanto, as capacidades de corrente dos condutores estão contidas na Tabela 4.13.

Pode-se concluir que:
- a seção de todos os condutores está compatível com a corrente de carga. Isso pode ser observado comparando-se os valores das correntes da coluna "corrente corrigida" com os valores da coluna "corrente de carga";
- se qualquer corrente corrigida fosse inferior à corrente de carga, seria necessário se proceder a um novo cálculo elevando-se inicialmente a seção dos condutores.

transferida da superfície do cabo para o ambiente for igual à quantidade de calor que o condutor cede à superfície do cabo, atingindo-se, nesse instante, o estado térmico estacionário. Deve-se considerar que o valor calculado da máxima corrente suportada pelo cabo, dada na Equação (4.53), corresponde à sua corrente nominal para a máxima temperatura de operação contínua, levando em conta as características elétricas, térmicas e dimensionais dos diversos elementos que constituem o cabo, e também as condições de instalação. Como a fonte de calor é o condutor, a energia calorífica gerada por ele, devido às perdas ôhmicas, é naturalmente transportada para o meio externo ao cabo, cuja capa está em contato direto com o solo, que vai absorvendo essa energia gerada até ocorrer o ponto de equilíbrio.

Como o material isolante é extremamente afetado pela temperatura acima do seu limite permissível, pode-se aplicar a Equação (4.53), tomada como base a partir de documento da IEC, para se determinar o valor máximo da corrente de um cabo.

$$I_{\text{máx}} = 100 \times \sqrt{\frac{(T_c - T_a) - P_d \times \left[0,5 \times R_{t1} + N_c \times (R_{t2} + R_{t3}) \right]}{10 \times R_p \times R_{t1} + 10 \times N_c \times R_p \times \left(1 + F_{pb}\right) \times \left(R_{t2} + R_{t3}\right)}} \text{ (A)} \quad (4.53)$$

T_c – temperatura de operação do condutor, em °C;
T_a – temperatura ambiente, em °C;
P_d – perdas dielétricas, em W/m;
R_{t1} – resistência térmica entre o condutor e a blindagem metálica, em °C.m/W;
R_{t2} – resistência térmica entre a blindagem metálica e a superfície externa, em °C.m/W;
R_{t3} – resistência térmica entre a capa externa e o meio ambiente, em °C.m/W;
R_p – resistência de sequência positiva, em mΩ/m;
F_{pb} – fator de perdas da blindagem metálica;
N_c – número de condutores por cabo. Para cabos singelos: $N_c = 1$.

A Equação (4.53) deve ser aplicada convenientemente para cada tipo de condutor, considerando-se somente as variáveis que lhes são pertinentes e desprezando-se as demais. Dessa equação, alguns parâmetros ainda não são conhecidos, ou seja:

- Resistência térmica entre o condutor e a blindagem metálica

$$R_{t1} = 0{,}366 \times \rho_{t1} \times \log\left(\frac{D_{sb}}{D_c}\right) \text{ (°C.m/W)} \quad (4.54)$$

ρ_{t1} – resistividade térmica do material isolante, que vale:

- PVC: $\rho_{t1} = 6$ °C.m/W
- XLPE: $\rho_{t1} = 5$ °C.m/W
- EPR: $\rho_{t1} = 5$ °C.m/W

D_{sb} – diâmetro sobre a blindagem externa, em mm;
D_c – diâmetro do condutor, em mm.

- Resistência térmica entre a blindagem metálica e a superfície externa.

$$R_{t2} = 0{,}366 \times \rho_{t2} \times \log\left(\frac{D_{tc}}{D_{sc}}\right) \text{ (°C.m/W)} \quad (4.55)$$

ρ_{t2} – resistividade térmica do material da capa de proteção, em °C.m/W. Os valores ρ_{t2} são os mesmos de ρ_{t1} para o mesmo material;
D_{tc} – diâmetro total do cabo, em mm;
D_{sc} – diâmetro sob a capa externa, em mm.

- Resistência térmica entre a capa e o meio ambiente

$$R_{t3} = R_{ts} + \Delta T_{cv} \quad (4.56)$$

R_{ts} – resistência térmica entre o cabo e o solo para cabos diretamente enterrados, em °C.m/W;
ΔT_{cv} – aumento do valor da resistência térmica devido ao agrupamento dos cabos circunvizinhos, em °C.m/W.

Sendo, no entanto:

$$R_{ts} = 0{,}366 \times \rho_{ts} \times \log\left[\sqrt{\left(\frac{2 \times H}{D_{tc}}\right)^2 - 1} + \left(\frac{2 \times H}{D_{tc}}\right)\right] \text{ (°C.m/W)} \quad (4.57)$$

ρ_{ts} – resistividade térmica do solo, em °C.m/W;
H – profundidade da instalação do cabo, em mm.

O valor de ρ_{ts} é obtido pela Tabela 4.14 e depende da natureza do solo. Já o valor de ΔT_{cv}

$$\Delta T_{cv} = 0{,}366 \times \rho_{ts} \sum_{j=1}^{j=n} \log\left(\frac{D_{cri(j)}}{D_{cre(i)}}\right) \text{ (°C.m/W)} \quad (4.58)$$

D_{cri} – distância medida entre o cabo referência do conjunto e a imagem do cabo influência, em mm;
D_{cre} – distância entre o cabo referência e o cabo influência, em mm.

Na Figura 4.37, parte do Exemplo de Aplicação (4.11), visualiza-se a tomada das distâncias consideradas.

TABELA 4.14 Resistividade térmica do solo

ρ_{ts} (°C.cm/W)	ρ_{ts} (K.m/W)	Fator de correção	Tipo de solo
40	0,40	1,21	Terreno alagado
50	0,50	1,17	Terreno muito úmido
70	0,75	1,09	Areia úmida
85	0,85	1,02	
90	0,90	1,00	Terreno normal seco: argila, calcário
100	1,00	0,97	
120	1,20	0,91	
150	1,50	0,83	Terreno muito seco
200	2,00	0,74	Areia muito seca
250	2,50	0,68	
300	3,00	0,63	Cinzas, escórias

- Fator de perdas da blindagem metálica

$$F_{pb} = \frac{R_b}{R_p} \times$$

$$\left[\frac{0,75 \times P_b^2}{R_b^2 + P_b^2} + \frac{0,25 \times Q_b^2}{R_b^2 + Q_b^2} + \frac{\sqrt{3} \times R_b \times P_b \times Q_b \times \Delta X_b}{\left(R_b^2 + P_b^2\right) \times \left(R_b^2 + Q_b^2\right)} \right] \quad (4.59)$$

$$P_b = X_b + \Delta X_b \text{ (m}\Omega\text{/m)} \quad (4.60)$$

$$Q_b = X_b - \Delta X_b \text{ (m}\Omega\text{/m)} \quad (4.61)$$

O valor de X_b é dado na Equação (4.14).

4.6.1.2.1 Resistividade térmica do solo

Mede a transferência de calor devido à perda unitária (W) de um condutor energizado por meio da espessura unitária (m) de uma camada de solo quando submetido à diferença de temperatura (°C) entre as duas faces opostas. Sua unidade é °C.m/W.

A resistividade térmica do solo é expressa nas tabelas das normas NBR 5410 e NBR 11301 em K.m/W. A equivalência entre K.m/W e °C.cm/W é de 1 K.m/W = 100 °C.cm/W ou, ainda, 1 K.m/W = 1 °C.m/W. A Tabela 4.14 fornece o fator de correção da resistividade térmica do solo nas duas unidades conhecidas.

4.6.1.2.2 Fator de correção de corrente em função da temperatura do solo

A capacidade de condução de corrente dos cabos isolados instalados diretamente enterrados depende da temperatura do solo e da profundidade em que estão instalados. As tabelas de capacidade de corrente dos cabos de média e de alta-tensão fornecidas em norma geralmente tomam como base a temperatura do solo igual a 20 °C, considerando a temperatura máxima da isolação dos cabos instalados a uma profundidade de 0,90 m. Para temperaturas de solos diferentes de 20 °C e para diferentes temperaturas admissíveis pelo cabo, é necessário fazer a devida correção da capacidade de condução de corrente, o que pode ser obtido pela Tabela 4.15.

Além das condições térmicas do solo no qual serão instalados os cabos isolados, deve-se considerar a proximidade de outras fontes térmicas que possam trocar calor com os cabos, afetando a capacidade de condução do condutor. Para projetos de alimentadores importantes em cabos de alta-tensão, é necessário realizar a medição de resistividade do solo ao longo do percurso do cabo para definir o valor da resistividade com a qual serão realizados os cálculos elétricos para definir a capacidade nominal do cabo. Se há valores de resistividade muito discrepantes ao longo do percurso do cabo, é conveniente utilizar materiais de *backfill* nos locais onde a resistividade do solo é muito elevada, o que obrigaria utilizar cabos de maior seção. Essa alternativa deve ser considerada após um estudo de viabilidade técnico-econômica. Muitas vezes, é necessário retirar e substituir o solo natural por outro com características térmicas estabilizadas para reduzir a seção do condutor.

Existem os *backfills* naturais e aqueles denominados artificiais. Os *backfills* naturais podem ser obtidos por meio de areias selecionadas, como a areia vermelha, que contém certa concentração de ferro e é encontrada em jazidas a céu aberto, cuja granulometria do material é, em média, de 1 mm. Já os *backfills* artificiais podem ser constituídos, por exemplo, de uma composição de areia e cimento denominada argamassa. Essa composição tem como propriedade ser higroscópica, compacta e apresentar boa taxa de transferência de calor para o meio circunvizinho. Outro material artificial que pode ser utilizado como *backfill* é o pó de pedra compactado.

Denomina-se *backfill* o solo que é utilizado para o assentamento do cabo, envolvendo-o na vala, com a finalidade de reter a umidade existente no solo. O *backfill* é classificado de alta porosidade quando apresenta uma baixa densidade de compactação. A baixa densidade de compactação de um *backfill* é o resultado de uma compactação ineficiente ou uma granulometria inadequada do material do solo utilizado.

Um solo cuja resistividade térmica varia consideravelmente ao longo de determinado período de tempo é dito

TABELA 4.15 Fator de correção da temperatura do solo

Temperatura do solo °C	Temperatura admissível do condutor em regime permanente em °C								
	65	70	75	80	85	90	95	100	105
0	1,20	1,18	1,17	1,02	1,14	1,13	1,13	1,12	1,11
5	1,16	1,14	1,13	1,12	1,11	1,10	1,10	1,09	1,09
10	1,11	1,10	1,09	1,08	1,07	1,07	1,07	1,06	1,06
15	1,05	1,05	1,04	1,04	1,04	1,04	1,03	1,03	1,03
20	1	1	1	1	1	1	1	1	1
25	0,94	0,95	0,95	0,96	0,96	0,96	0,97	0,97	0,97
30	0,88	0,89	0,91	0,91	0,92	0,93	0,93	0,94	0,94
35	0,82	0,84	0,85	0,87	0,88	0,89	0,89	0,90	0,91
40	0,75	0,78	0,80	0,82	0,83	0,85	0,86	0,87	0,87
45	0,67	0,71	0,74	0,76	0,78	0,80	0,82	0,83	0,84
50	0,58	0,63	0,67	0,71	0,73	0,76	0,78	0,79	0,80

termicamente instável. Assim, o *backfill* tem a função de manter a estabilidade térmica do solo que envolve o cabo isolado.

4.6.1.2.3 Fator de correção de corrente em função da temperatura do solo e da resistividade térmica

Quando a resistividade térmica do solo é diferente da resistividade térmica a que está referida a capacidade de condução do cabo, deve-se utilizar o fator de correção de conformidade com a Tabela 4.16, que fornece o fator de correção da corrente do cabo em função da resistividade térmica do solo, da temperatura do solo, da temperatura máxima do condutor e para um fator de carga de 100%.

4.6.1.2.4 Fator de correção de corrente em função da temperatura do solo, da resistividade térmica e fator de carga

Quando a resistividade térmica do solo é diferente da resistividade térmica a que está referida a capacidade de condução do cabo de máxima temperatura de isolação conhecida, a dada temperatura do solo e para determinado fator de carga deve-se utilizar o fator de correção de corrente do cabo, em conformidade com a Tabela 4.17.

4.6.1.3 Variação da temperatura em função do carregamento do cabo

Para uma elevação de temperatura ΔT_1 de um condutor de corrente nominal I_n, cuja temperatura é utilizada nas tabelas de carregamento máximo desse condutor, obtém-se para uma corrente de carga I_c, diferente da corrente nominal I_n, uma elevação de temperatura no condutor de ΔT_2 considerando constante a sua resistência elétrica, ou seja.

$$\Delta T_2 = \Delta T_1 \times \left(\frac{I_c}{I_n}\right)^2 \ (°C) \quad (4.62)$$

ΔT_2 – elevação de temperatura máxima de operação do condutor;
I_n – corrente nominal do condutor na sua temperatura máxima de operação, em A;
I_c – corrente de carga do cabo (variável), em A.

O valor de ΔT_1 não deve ser inferior a 20 °C (temperatura do solo).

4.6.2 Capacidade de corrente de curto-circuito

Os cabos são normalmente dimensionados para operar em regime de corrente nominal. Porém, quando o sistema fica submetido a um defeito, o condutor é percorrido por uma elevada corrente de curto-circuito capaz, se não adequadamente dimensionada a proteção correspondente, de provocar esforços mecânicos e efeitos térmicos superiores aos limites suportáveis.

Os condutores dos cabos com isolação sólida devem ser dimensionados para a maior corrente de curto-circuito a que podem ficar submetidos. Em geral, a maior corrente de defeito ocorre para curto-circuito trifásico. Sabe-se que para faltas muito próximas ao transformador a corrente de defeito fase e terra supera ligeiramente a corrente de defeito trifásica no mesmo ponto.

TABELA 4.16 Fator de correção da corrente em função da resistividade do solo para $F_c = 1$

Temperatura máxima do condutor (em °C)	Temp. do solo (em °C)	Resistividade térmica do solo (em K.m/W)			
		0,7	1,0	1,5	2,5
90	5	1,07	1,00	0,94	0,89
	10	1,05	0,98	0,91	0,86
	15	1,03	0,95	0,89	0,84
	20	1,00	0,93	0,86	0,81
	25		0,90	0,84	0,78
	30		0,88	0,81	0,75
	35			0,78	0,72
	40				0,68
70	5	1,09	1,00	0,93	0,86
	10	1,06	0,97	0,89	0,83
	15	1,03	0,94	0,86	0,79
	20	1,01	0,91	0,83	0,76
	25		0,88	0,79	0,72
	30		0,85	0,76	0,68
	35			0,73	0,63
	40				0,59

TABELA 4.17 — Fator de correção corrente em função da resistividade e do carregamento do cabo

Temp. máx. do cond.	Temp. do solo	Resistividade térmica do solo K.m/W															
		0,7					1,0					1,5					2,5
		Fator de carga					Fator de carga					Fator de carga					Fator de carga
°C	°C	0,50	0,60	0,70	0,85	1,00	0,50	0,60	0,70	0,85	1,00	0,50	0,60	0,70	0,85	1,00	0,5 a 1,00
90	5	1,24	1,21	1,18	1,13	1,07	1,11	1,09	1,07	1,03	1,00	0,99	0,98	0,97	0,96	0,94	0,89
	10	1,23	1,19	1,16	1,11	1,05	1,09	1,07	1,05	1,01	0,98	0,97	0,96	0,95	0,93	0,91	0,86
	15	1,21	1,17	1,14	1,08	1,03	1,07	1,05	1,02	0,99	0,95	0,95	0,93	0,92	0,91	0,89	0,84
	20	1,19	1,15	1,12	1,06	1,00	1,05	1,02	1,00	0,96	0,93	0,92	0,91	0,9	0,88	0,86	0,81
	25						1,02	1,00	0,98	0,94	0,90	0,90	0,88	0,87	0,85	0,84	0,78
	30							0,95	0,91	0,88	0,87	0,86	0,84	0,83	0,81		0,75
	35												0,82	0,80	0,78		0,72
	40																0,68
80	5	1,27	1,23	1,20	1,14	1,08	1,12	1,10	1,07	1,04	1,00	0,99	0,98	0,97	0,95	0,93	0,88
	10	1,25	1,21	1,17	1,12	1,06	1,1	1,07	1,05	1,01	0,97	0,97	0,95	0,94	0,92	0,91	0,85
	15	1,23	1,19	1,15	1,09	1,03	1,07	1,05	1,03	0,99	0,95	0,94	0,91	0,92	0,9	0,88	0,82
	20	1,20	1,17	1,13	10,7	1,01	1,05	1,03	1,00	0,96	0,92	0,91	0,9	0,89	0,87	0,85	0,78
	25						1,03	1,00	0,97	0,93	0,89	0,88	0,87	0,86	0,84	0,82	0,75
	30							0,95	0,91	0,86	0,85	0,84	0,83	0,81	0,78		0,72
	35												0,80	0,77	0,75		0,68
	40																0,64
70	5	1,20	1,26	1,22	1,15	1,09	1,13	1,11	1,08	1,04	1,00	0,99	0,98	0,97	0,95	0,93	0,86
	10	1,27	1,23	1,19	1,13	1,06	1,11	1,08	1,06	1,01	0,97	0,96	0,95	0,94	0,92	0,89	0,83
	15	1,25	1,21	1,17	1,10	1,03	1,08	1,06	1,03	0,99	0,94	0,93	0,92	0,91	0,88	0,86	0,79
	20	1,23	1,18	1,14	1,08	1,01	1,06	1,03	1,00	0,96	0,91	0,90	0,89	0,87	0,85	0,83	0,76
	25						1,03	1,00	0,97	0,93	0,88	0,87	0,85	0,84	0,82	0,79	0,72
	30							0,94	0,89	0,85	0,84	0,82	0,80	0,78	0,76		0,68
	35												0,77	0,74	0,72		0,63
	40																0,59
65	5	1,31	1,27	1,23	1,16	1,09	1,14	1,11	1,09	1,04	1,00	0,99	0,98	0,96	0,94	0,92	0,85
	10	1,29	1,24	1,20	1,14	1,06	1,11	1,09	1,06	1,02	0,97	0,96	0,95	0,93	0,91	0,89	0,82
	15	1,26	1,22	1,18	1,11	1,04	1,09	1,06	1,03	0,98	0,94	0,93	0,91	0,9	0,88	0,85	0,78
	20	1,24	1,20	1,15	1,08	1,01	1,06	1,03	1,00	0,95	0,90	0,90	0,88	0,85	0,84	0,82	0,74
	25						1,03	1,00	0,97	0,92	0,87	0,86	0,84	0,83	0,80	0,78	0,70
	30							0,94	0,89	0,83	0,82	0,81	0,79	0,77	0,74		0,65
	35												0,75	0,72	0,7		0,60
	40																0,55
60	5	1,33	1,28	1,24	1,17	1,1	1,15	1,12	1,09	1,05	1,00	0,99	0,98	0,96	0,94	0,92	0,84
	10	1,30	1,26	1,21	1,14	1,07	1,12	1,09	1,06	1,02	0,97	0,96	0,94	0,93	0,9	0,88	0,80
	15	1,28	1,23	1,19	1,12	1,04	1,09	1,06	1,03	0,98	0,93	0,92	0,91	0,89	0,87	0,84	0,76
	20	1,25	1,21	1,16	1,09	1,01	1,06	1,03	1,00	0,95	0,9	0,89	0,87	0,86	0,83	0,8	0,72
	25						1,03	1,00	0,97	0,92	0,86	0,85	0,83	0,82	0,79	0,76	0,67
	30							0,93	0,88	0,82	0,81	0,79	0,78	0,75	0,72		0,62
	35												0,73	0,70	0,67		0,57

EXEMPLO DE APLICAÇÃO (4.11)

Calcule a corrente máxima admissível de um cabo de um circuito que interliga o secundário de um transformador de 69/13,8 kV de 10 MVA de potência instalada, compreendendo uma extensão de 150 m. Os cabos devem ser de cobre, unipolares, isolados em XLPE, 8,7/15 kV, com blindagem metálica helicoidal com sobreposição de 30% e instalados diretamente enterrados. O cabo está aterrado nas duas extremidades. Sabe-se que:

- temperatura de operação do condutor: 90 °C;
- temperatura ambiente: 20 °C;
- resistividade térmica do solo: 90 °C.cm/W = 0,9 °C.m/W = 0,9 K.m/W;
- fator de carga: 100% (considera-se que a instalação opera segundo uma curva de carga plana);
- instalação dos cabos: segundo a Figura 4.37.

A corrente de operação do cabo será calculada considerando as características elétricas, térmicas e dimensionais dos diversos elementos desse cabo, e que serão conhecidas durante a evolução do cálculo que corresponde à transferência de calor desde a fonte, que é o condutor, até a capa do cabo que normalmente cede essa energia às camadas de solo adjacentes, até se atingir o equilíbrio térmico.

a) Corrente a ser transportada

$$I = \frac{10.000}{\sqrt{3} \times 13,80} = 418,3 \text{ A}$$

b) Seção do condutor

Como ponto de partida, adotou-se o cabo de 150 mm² indicado na Tabela 4.24, condutor XLPE-8,7/15 kV, instalado diretamente enterrado no solo com resistividade térmica de 0,90 °C.m/W (ver observação 6 no pé da Tabela 4.24).

$$I_c = 451 \text{ A}$$

c) Perdas dielétricas

De acordo com a Equação (4.5), tem-se:

$$tg\delta = 0,007 \text{ (Tabela 4.6)}$$

$$P_d = 0,3769 \times C \times \frac{V_f^2}{\sqrt{3}} \times tg\delta \, (W/m)$$

$$P_d = 0,3769 \times 0,29726 \times \left(\frac{13,8^2}{\sqrt{3}}\right) \times 0,007 = 0,08623 \text{ W/m}$$

No entanto, o valor da capacitância do cabo, segundo a Equação (4.6), é:

$$D_{si} = D_c + 2 \times E_i + 2 \times E_{bi} = 14,40 + 2 \times 4,5 + 2 \times 1,125 = 25,6 \text{ mm}$$

$D_c = 14,40$ mm (Tabela 4.21)
$E_i = 4,50$ mm (Tabela 4.21)

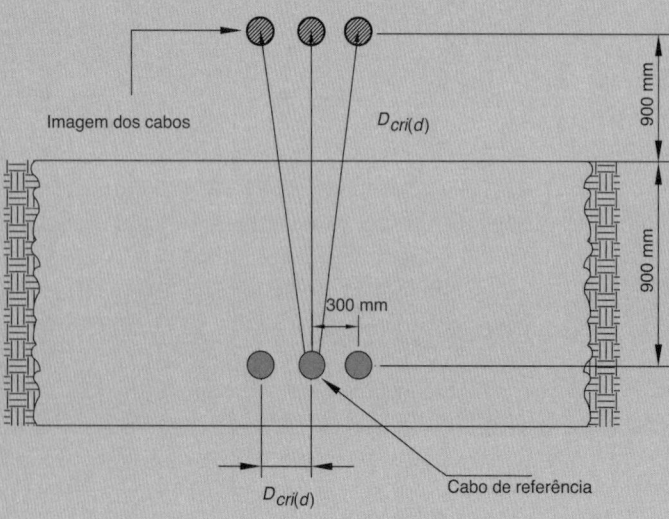

FIGURA 4.37 Artifício para o cálculo da ampacidade de um cabo.

$E_{bi} = E_{be} = 1{,}125$ mm (valor calculado no item d)
$\varepsilon_i = 2{,}3$ (Tabela 4.6)

$$C = \frac{0{,}0556 \times \varepsilon_i}{\ln[D_{si}/(D_c + 2 \times E_{bi})]} = \frac{0{,}0556 \times 2{,}3}{\ln[25{,}6/(14{,}4 + 2 \times 1{,}125)]}$$

$$C = 0{,}29726 \; \mu F/km$$

d) Resistência térmica entre condutor e blindagem metálica

De acordo com a Equação (4.54) e pela Tabela 4.21, temos:

$$D_{tc} = D_c + 2 \times E_i + 2 \times E_{bi} + 2 \times E_{be} + 2 \times E_{bm} + E_c$$

E_i – espessura da isolação, em mm;
E_{bi} – espessura da blindagem interna de campo eletrostático, em mm;
$E_{bm} = 0{,}7$ mm (valor adotado para a espessura da blindagem metálica);
E_{be} – espessura da blindagem externa de campo eletrostático, em mm ($E_{bi} = E_{be}$);
E_c – espessura da cobertura, em mm.

$$D_{tc} = 32{,}7 \text{ mm}$$
$$E_c = 1{,}70 \text{ mm (Tabela 4.21)}$$
$$32{,}7 = 14{,}4 + 2 \times 4{,}5 + 4 \times E_{be} + 2 \times 0{,}7 + 2 \times 1{,}70$$
$$32{,}7 = 28{,}20 + 4 \times E_{be}$$
$$E_{be} = 1{,}125 \text{ mm}$$

Logo:

$$D_{sb} = 14{,}4 + 2 \times 4{,}5 + 4 \times 1{,}125 + 2 \times 0{,}7 = 29{,}30 \text{ mm}$$

D_{sb} – diâmetro sobre a blindagem metálica.

$$R_{t1} = 0{,}366 \times \rho_{t1} \times \log\left(\frac{D_{sb}}{D_c}\right) = 0{,}366 \times 5 \times \log\left(\frac{29{,}30}{14{,}40}\right)$$

$$R_{t1} = 0{,}56456 \; °C.m/W$$

e) Resistência térmica entre a blindagem metálica e a superfície externa do cabo

De acordo com a Equação (4.55), tem-se:

$$\rho_{t2} = 6 \; °C.m/W \text{ (capa de PVC)}$$
$$R_{t2} = 0{,}10470 \; °C.m/W$$

f) Resistência térmica entre a capa externa e o meio ambiente (terreno)

Neste particular: $D_{sc} = D_{sb} = 29{,}30$ mm

$$R_{t2} = 0{,}366 \times \rho_{t2} \times \log\left(\frac{D_{tc}}{D_{sc}}\right) = 0{,}366 \times 6 \times \log\left(\frac{32{,}7}{29{,}3}\right)$$

$$R_{t3} = R_{ts} + \Delta T_{cv} = 0{,}67254 + 0{,}77288 = 1{,}44542 \; °C.m/W$$

$$R_{ts} = 0{,}366 \times \rho_{ts} \times \log\left[\sqrt{\left(\frac{2 \times H}{D_{tc}}\right)^2 - 1} + \left(\frac{2 \times H}{D_{tc}}\right)\right] \; (°C.m/W)$$

$$R_{ts} = 0{,}366 \times 0{,}9 \times \log\left[\sqrt{\left(\frac{2 \times 900}{32{,}70}\right)^2 - 1} + \left(\frac{2 \times 900}{32{,}70}\right)\right]$$

$$R_{ts} = 0{,}67254 \; °C.m/W$$

$H = 90$ cm $= 900$ mm (profundidade da instalação)

$$\rho_{ts} = 90 \text{ °C.cm/W} = 0,9 \text{ °C.m/W}$$

Da Equação (4.58) e da Figura 4.37, tem-se:

$$\Delta T_{cv} = 0,366 \times \rho_{ts} \sum_{j=1}^{j=n} \log\left(\frac{D_{cri(j)}}{D_{cre(j)}}\right) \text{ (°C.m/W)}$$

$D_{cre(j)} = 300$ mm (afastamento entre os centros dos cabos)

$$\Delta T_{cv} = 0,366 \times 0,9 \times \left\{ 2 \times \log \frac{1.800}{\frac{\cos[\text{arctg}(300/1.800)]}{300}} + \log\left(\frac{1.800}{300}\right) \right\}$$

$$\Delta T_{cv} = 0,366 \times 0,9 \times (1,56820 + 0,77815)$$

$$\Delta T_{cv} = 0,77288 \text{ (°C.m/W)}$$

Deve-se perceber que foram tomadas três distâncias entre o cabo referência e a imagem do cabo influência, duas delas com relação aos cabos externos, e a outra, com relação ao cabo do centro.

g) Resistência de sequência positiva

Da Equação (4.8), tem-se:

$$R_p = R_{cc} \times (1 + Y_s + Y_p)$$

$$R_p = 0,15787 \times (1 + 0,00468 + 0,000029) = 0,15861 \text{ m}\Omega/\text{m}$$

Da Equação (4.9), tem-se:

$$R_{cc} = \frac{1.000 \times 1,04 \times 1 \times 1 \times (1/56)}{150} \times [1 + 0,00393 \times (90 - 20)]$$

$$R_{cc} = 0,15787 \text{ m}\Omega/\text{m}$$

$$F_s = \frac{0,15}{0,15787} = 0,95015$$

$$Y_s = \frac{F_s^2}{192 + 0,8 \times F_s^2} = \frac{0,95015^2}{192 + 0,8 \times 0,95015^2} = 0,00468$$

$$D_{mg} = 1,26 \times D \text{ (Figura 4.32)}$$

$$D = D_{cre(a)} = 300 \text{ mm (ver Figura 4.37)}$$

$$D_{mg} = 1,26 \times 300 = 378 \text{ mm}$$

Da Equação (4.12), tem-se:

$$Y_p = Y_s \times \left(\frac{D_c}{D_{mg}}\right)^2 \times \left[\frac{1,18}{0,27 + Y_s} + 0,312 \times \left(\frac{D_c}{D_{mg}}\right)^2\right]$$

$$Y_s = 0,00468$$

$$Y_p = 0,00468 \times \left(\frac{14,40}{378}\right)^2 \times \left[\frac{1,18}{0,27 + 0,00468} + 0,312 \times \left(\frac{14,40}{378}\right)^2\right]$$

$$Y_p = 0,000029$$

h) Fator de perdas da blindagem metálica

Da Equação (4.59), tem-se:

$$F_{pb} = \frac{R_b}{R_p} \times \left[\frac{0,75 \times P_b^2}{R_b^2 + P_b^2} + \frac{0,25 \times Q_b^2}{R_b^2 + Q_b^2} + \frac{\sqrt{3} \times R_b \times P_b \times Q_b \times \Delta X_b}{(R_b^2 + P_b^2) \times (R_b^2 + Q_b^2)}\right]$$

- Área da blindagem

Da Equação (4.19), tem-se:

$$S_b = \pi \times E_{ft} \times D_{mb} \times \sqrt{\frac{100}{2 \times (100 - F_s)}}$$

$$D_{mb} = D_c + 2 \times E_i + 2 \times E_{bi} + 2 \times E_{be}$$
$$D_{mb} = 14{,}4 + 2 \times 4{,}5 + 4 \times 1{,}125 = 27{,}9 \text{ mm}$$
$$E_{ft} = E_{bm} = 0{,}70 \text{ mm}$$

F_s – fator de sobreposição da fita de blindagem: 30%

$$S_b = \pi \times 0{,}70 \times 27{,}9 \times \sqrt{\frac{100}{2 \times (100 - 30)}}$$
$$S_b = 51{,}8547 \text{ mm}^2$$

- Resistência da blindagem
Da Equação (4.16), tem-se:

$$R_b = \frac{1{,}000 \times (1/56) \times 1{,}65}{51{,}8547} \times [1 + 0{,}00393 \times (85 - 20)]$$

$$R_b = 0{,}71336 \text{ m}\Omega/\text{m}$$

- Reatância da blindagem
Da Equação (4.14), tem-se:

$$X_b = 0{,}0754 \times \ln\left(\frac{2 \times D_{mg}}{D_{mb}}\right) \text{ m}\Omega/\text{m}$$

$$X_b = 0{,}0754 \times \ln\left(\frac{2 \times 378}{27{,}9}\right)$$

$$X_b = 0{,}24878 \text{ m}\Omega/\text{m}$$

- Acréscimo de resistência devido à corrente da blindagem metálica
Como o cabo está aterrado nas duas extremidades, da Equação (4.15), tem-se:

$$\Delta R_b = \frac{0{,}71336}{\left[\left(\frac{0{,}71336}{0{,}24878}\right)^2 + 1\right]}$$

$$\Delta R_b = 0{,}0773527 \ (\text{m}\Omega/\text{m})$$

- Redução de reatância devido à corrente da blindagem metálica
Como o cabo está aterrado nas duas extremidades, da Equação (4.21), tem-se:

$$\Delta X_b = \left[\frac{X_b}{(R_b/X_b)^2 + 1}\right] (\text{m}\Omega/\text{km})$$

$$\Delta X_b = \left[\frac{0{,}24878}{(0{,}71336/0{,}24878)^2 + 1}\right]$$

$$\Delta X_b = 0{,}02698 \text{ m}\Omega/\text{km}$$

A resistência e a reatância efetivas da blindagem valem:

$$P_b = X_b + \Delta X_b = 0{,}24878 + 0{,}02698 = 0{,}27576 \text{ m}\Omega/\text{m}$$
$$Q_b = X_b - \Delta X_b = 0{,}24278 - 0{,}02698 = 0{,}21580 \text{ m}\Omega/\text{m}$$

Logo, o valor final do fator de perda é:

$$F_{pb} = \frac{0,71336}{0,15861} \times \left[\frac{0,75 \times 0,27576^2}{0,71336^2 + 0,27576^2} + \frac{0,25 \times 0,21580^2}{0,71336^2 + 0,21580^2} + \right.$$

$$\left. + \frac{\sqrt{3} \times 0,71336 \times 0,27576 \times 0,21580 \times 0,02698}{(0,71336^2 + 0,27576^2) \times (0,71336^2 + 0,21580^2)} \right] = \frac{0,71336}{0,15861} \times (0,09750 + 0,02096 + 0,00611)$$

$$F_{pb} = 0,56026$$

Corrente máxima admissível

$$I_{máx} = 100 \times \sqrt{\frac{(T_c - T_a) - P_d \times [0,5 \times R_{t1} + N_c \times (R_{t2} + R_{t3})]}{10 \times R_p \times R_{t1} + 10 \times N_c \times R_p \times (1 + F_{pb}) \times (R_{t2} + R_{t3})}} \quad (A)$$

$$I_{máx} = 100 \times \sqrt{\frac{(90 - 20) - 0,08623 \times [0,5 \times 0,56456 + 1 \times (0,10470 + 1,44542)]}{10 \times 0,15861 \times 0,56456 + 10 \times 1 \times 0,15861 \times (1 + 0,56026) \times (0,10470 + 1,44542)}}$$

$$I_{máx} = 100 \times \sqrt{\frac{69,82}{4,73}} = 384 \text{ A}$$

A capacidade inicial do cabo de seção igual a 150 mm² é de 451 A para uma resistividade do solo de 0,90 °C.m/W, conforme a Tabela 4.24 (ver observação 6 no rodapé da Tabela 4.24). Vale ressaltar que as características elétricas, térmicas e dimensionais do cabo utilizado divergem das características do cabo de 150 mm² obtidas na Tabela 4.24. Observe que é necessário redimensionar o condutor para a corrente de carga, que é de 418,3 A. Nesse caso, pode-se reiniciar o cálculo com pelo menos duas seções superiores, ou seja, 240 mm².

Já quando ocorre um defeito fase e terra, a corrente de curto-circuito resultante flui do condutor para a blindagem metálica, que deve estar aterrada em uma das extremidades do cabo ou nas duas extremidades. Dessa forma, a blindagem deve ser dimensionada para suportar essa corrente sob pena de o aquecimento atingir valores superiores aos permitidos pela isolação a que está em contato ou a capa do cabo.

4.6.2.1 Efeitos dinâmicos

Quando uma corrente atravessa um condutor, aparece uma força eletrodinâmica de repulsão ou atração que deve ser conhecida e dada pela Equação (4.63), ou seja:

$$F = 2,04 \times \frac{I_{cr}^2}{100 \times D} \times L \quad (4.63)$$

I_{cr} – corrente de curto-circuito, valor de crista, em kA;
D – distância entre os centros dos condutores, em cm;
L – comprimento do condutor, isto é, distância entre dois pontos de apoio sucessivos, em cm.

A Figura 4.38 mostra os aspectos de instalação referentes à Equação (4.63).

Quando o cabo é multipolar, os esforços eletromecânicos desenvolvidos são absorvidos pelo enchimento, pela cobertura e pela armação metálica de proteção instalada. Quando o cabo é unipolar, é necessário fixá-lo a intervalos de comprimento L para aliviar o efeito dos esforços eletromecânicos.

4.6.2.2 Efeitos térmicos

O calor desenvolvido pela passagem da corrente de alta intensidade pode comprometer a integridade da isolação, danificando o cabo. No cálculo da seção do condutor que pode suportar a corrente máxima de curto-circuito admite-se que o tempo de operação da proteção não seja superior a 5 s, de sorte que o calor desenvolvido pelo condutor, perdas Joule, fique contido nele e não seja transferido, pela isolação, para o meio ambiente.

No momento em que a corrente de curto-circuito está fluindo por um condutor de cobre com isolação EPR ou XLPE, a sua temperatura atinge o valor de 250 °C em aproximadamente 1 s, desde que a sua seção tenha sido calculada adequadamente. Assim, se uma corrente de 36 kA de curto-circuito flui pelo cabo de isolação EPR, a sua temperatura alcança o valor de 250 °C em 1 s. Logo em seguida, o cabo vai transferindo o calor para o meio externo, tempo que pode alcançar 50 minutos para que retorne à sua temperatura de operação, ou seja, 90 °C, dependendo da maneira de instalar e da sua forma geométrica.

Quando se utilizam os cabos isolados em alimentadores protegidos por religadores automáticos, como no caso de subestações de potência, deve-se considerar essa condição no dimensionamento do condutor, sob pena de submeter a isolação a elevados níveis de temperatura. Isso é mais grave no caso de se ajustar o religador automático para quatro operações.

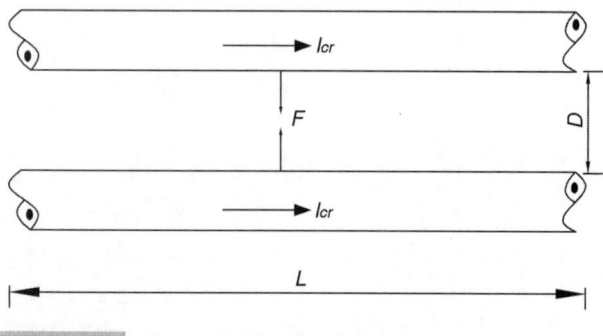

FIGURA 4.38 Força exercida sobre dois condutores transportando corrente.

4.6.2.2.1 Seção do condutor de cobre

A seção do condutor que pode suportar a corrente de curto-circuito pode ser calculada pela Equação (4.64).

$$S_{ccu} = \frac{\sqrt{T_e} \times I_{3\phi}}{0,340 \times \sqrt{\log\left(\frac{234 + T_f}{234 + T_i}\right)}} \quad (\text{mm}^2) \quad (4.64)$$

S_{ccu} – seção do condutor, em mm²;
$I_{3\phi}$ – corrente de curto-circuito trifásica, em kA;
T_e – tempo de duração da falta, em s;
T_f – temperatura máxima admissível pelo cabo em regime de curto-circuito, em °C;
T_i – temperatura máxima admissível pelo cabo para serviço contínuo, em °C. Os valores de T_f e T_i em função da isolação estão estabelecidos na Tabela 4.18.

Como os cabos se conectam aos barramentos ou a equipamentos utilizando terminações termocontráteis, terminações a frio ou simplesmente muflas, as conexões são normalmente executadas com solda de estanho-chumbo, que têm suas características mecânicas alteradas quando submetidas a temperaturas elevadas. Quando as conexões são realizadas com conectores desconectáveis normalmente são do tipo prensado, e o seu limite térmico é de 250 °C, compatível com a isolação EPR ou XLPE. Logo, o valor de T_f nesses casos fica limitado pelo tipo de conexão.

Os fabricantes de cabos informam, por meio de seus catálogos, os gráficos relativos à corrente máxima de curto-circuito admitida pelos cabos de sua fabricação. As Figuras 4.39, 4.40 e 4.41 mostram os referidos gráficos relativos à isolação de PVC, XLPE e EPR, respectivamente. Esses gráficos são traçados segundo a Equação (4.64).

4.6.2.2.2 Seção do condutor de alumínio

A seção do condutor que pode suportar a corrente de curto-circuito pode ser calculada pela Equação (4.65).

$$S_{cal} = \frac{\sqrt{T_e} \times I_{3\phi}}{0,220 \times \sqrt{\log\left(\frac{228 + T_f}{228 + T_i}\right)}} \quad (\text{mm}^2) \quad (4.65)$$

4.6.2.2.3 Seção da blindagem metálica

A seção da blindagem que deve suportar a corrente de curto-circuito monopolar é aplicada tanto para os cabos com condutores de cobre como para os cabos com condutores de alumínio, já que a blindagem é sempre de cobre, independentemente da natureza do condutor do cabo.

TABELA 4.18 Temperaturas características dos condutores

Tipo de isolação	Temperatura máxima para serviço contínuo (°C)	Temperatura limite de sobrecarga no condutor (°C)	Temperatura limite de curto-circuito no condutor (°C)	Temperatura limite para conexões soldadas (°C)	Temperatura limite para conexões prensadas (°C)
Cloreto de polivinila (PVC)	70	100	160	160	250
Polietileno (PE)	70	100	160	160	250
Borracha etileno-propileno (EPR)	90	130	250	160	250
Polietileno reticulado (XLPE)	90	130	250	160	250
Borracha etileno-propileno (EPR 105)	105	140	250	160	250

EXEMPLO DE APLICAÇÃO (4.12)

Determine a seção mínima de um condutor de cobre isolado em EPR, 0,6/1 kV, que compõe um sistema trifásico que liga o Quadro Geral de Força (QGF) de uma subestação ao Centro de Controle de Motores (CCM), em que a corrente simétrica de curto-circuito vale 35 kA. A capa do cabo é de PVC e a conexão é do tipo prensado (T_f = 250 °C). O ajuste da proteção está calibrado para um tempo de disparo de 1,0 s.

Da Equação (4.64), tem-se:

$$S_{ccu} = \frac{I_{3\phi} \times \sqrt{T_e}}{0,340 \times \sqrt{\log\left(\frac{234 + T_f}{234 + T_i}\right)}} = \frac{35 \times \sqrt{1,0}}{0,340 \times \sqrt{\log\left(\frac{234 + 250}{234 + 90}\right)}} = 246 \text{ mm}^2$$

Pelo gráfico da Figura 4.41, pode-se constatar o resultado anterior. Logo, a seção do condutor é de 300 mm².

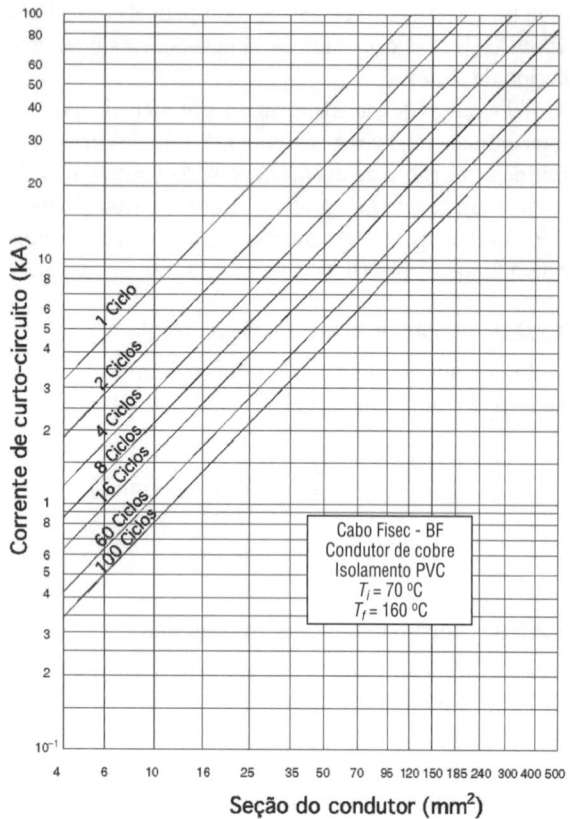

FIGURA 4.39 Suportabilidade dos cabos de isolação em PVC.

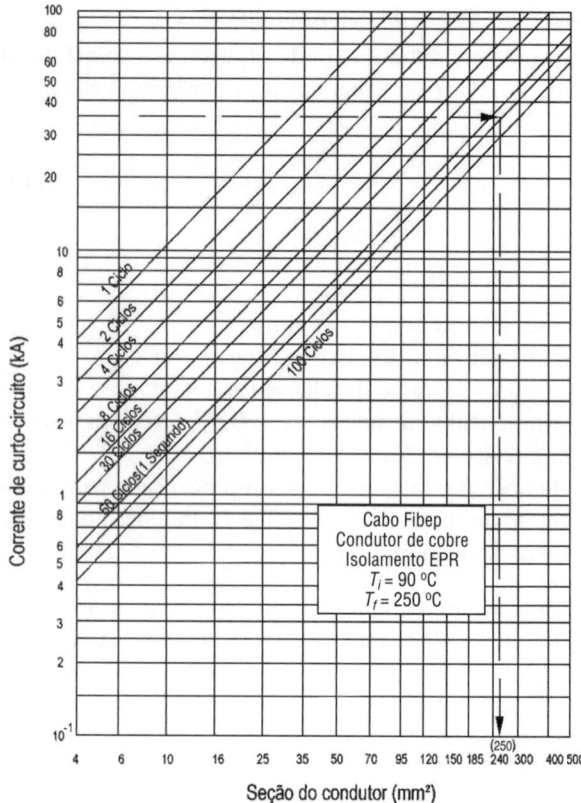

FIGURA 4.41 Suportabilidade dos cabos de isolação em EPR.

A seção do condutor que suporta a corrente de curto-circuito pode ser calculada pela Equação (4.66). Essa equação é baseada na energia térmica desenvolvida na blindagem metálica, que pode ser constituída de fita ou fio, ou de ambos, e no limite máximo de temperatura admitida pela isolação ou pela cobertura, a que for menor.

$$S_{blin} = \frac{\sqrt{T_e} \times I_{3\phi}}{0,340 \times \sqrt{\log\left(\frac{234 + T_f}{234 + T_i}\right)}} \ (\text{mm}^2) \quad (4.66)$$

S_{blin} – seção do condutor, em mm²;
$I_{1\phi}$ – corrente de curto-circuito fase e terra, em kA;
T_e – tempo de duração da falta, em s;
T_f – temperatura máxima admissível pelo cabo em regime de curto-circuito, em °C; para cabos com capa de PVC, a temperatura é de 200 °C; para cabos com capa de neoprene, a temperatura é de 250 °C;
T_i – temperatura de operação da blindagem em regime permanente: 85 °C para cabos com isolação EPR e XLPE e de 65 °C para cabos com isolação PVC.

4.7 DIMENSIONAMENTO DOS CONDUTORES ELÉTRICOS NUS

4.7.1 Capacidade de corrente nominal

A capacidade de corrente dos condutores elétricos nus deve ser determinada a partir da corrente de carga a ser transportada,

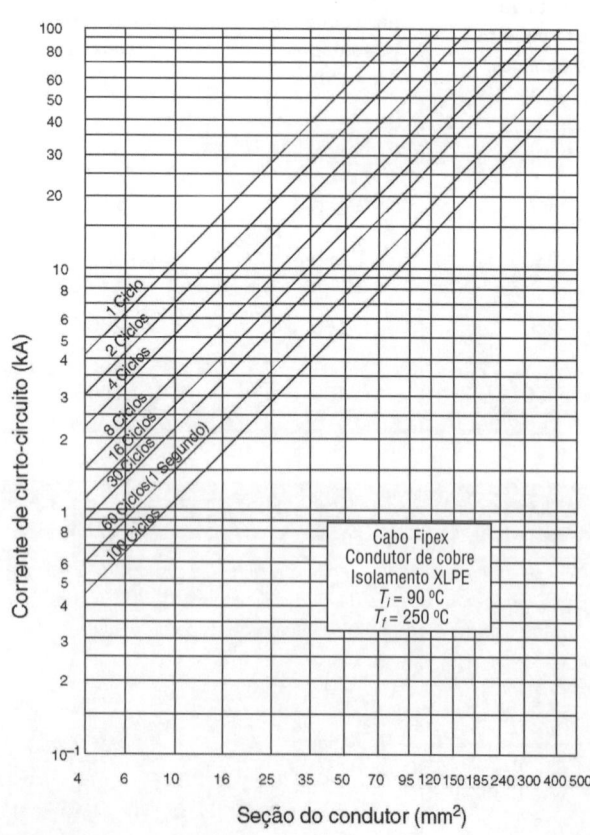

FIGURA 4.40 Suportabilidade dos cabos de isolação em XLPE.

EXEMPLO DE APLICAÇÃO (4.13)

Determine a seção mínima de um condutor de cobre isolado em EPR, 8,7/15 kV e a seção da blindagem metálica, que compõem um sistema trifásico que liga o transformador de potência de uma subestação 15 MVA – 69/13,80 kV ao Quadro de Comando, em que a corrente simétrica de curto-circuito trifásica vale 10,3 kA e a corrente de defeito à terra vale 3,5 kA. A capa do cabo é de PVC.

O ajuste da proteção está calibrado para um tempo de disparo de 1,0 s (60 ciclos).

- Cálculo da seção mínima do condutor de cobre

  Da Equação (4.64), tem-se:

  $T_e = 1$ s

  $$S_{ccu} = \frac{I_{3\phi} \times \sqrt{T_e}}{0,340 \times \sqrt{\log\left(\frac{234+T_f}{234+T_i}\right)}} = \frac{10,3 \times \sqrt{1,0}}{0,340 \times \sqrt{\log\left(\frac{234+250}{234+90}\right)}} = 72,5 \text{ mm}^2$$

  Logo, a seção mínima do condutor vale 95 mm².

- Cálculo da seção mínima da blindagem de cobre

  Da Equação (4.66), tem-se:

  $$S_{blin} = \frac{I_{1\phi} \times \sqrt{T_e}}{0,340 \times \sqrt{\log\left(\frac{234+T_f}{234+T_i}\right)}} = \frac{3,5 \times \sqrt{1,0}}{0,340 \times \sqrt{\log\left(\frac{234+200}{234+85}\right)}} = 28 \text{ mm}^2$$

  Logo, a seção mínima da blindagem vale 28 mm².

---

da queda de tensão máxima admitida entre os terminais de fonte e de carga e da corrente de curto-circuito.

As tabelas de capacidade de corrente nominal dos condutores nus, em geral, são referidas à temperatura ambiente de 25 °C e 100% da corrente de carga. Para valores diferentes de temperatura e taxa de carregamento do cabo, deve-se realizar a correção da capacidade de corrente do cabo, o que pode ser obtido por meio da Tabela 4.19.

4.7.2 Capacidade de corrente de curto-circuito

Os condutores das redes aéreas devem suportar as correntes de curto-circuito de forma que a dilatação térmica produzida seja do tipo elástico que não afete as conexões e nem altere a flecha de segurança com relação ao solo.

4.7.2.1 Condutores de cobre ou alumínio nu

A determinação da seção do cabo de cobre nu por meio da capacidade térmica, empregando a corrente de curto-circuito trifásica, simétrica, valor eficaz, é dada pela Equação (4.67). Não foram consideradas as amortizações das correntes ao longo do tempo de defeito.

$$S_{tér} = \frac{1.000 \times \sqrt{T} \times I_{cc}}{\sqrt{4,184 \times \frac{E \times \rho_d}{\alpha_{20} \times \rho_c} \ln\left[1 + \alpha_{20} \times (T_{máx} - T_i)\right]}} \text{ (mm}^2\text{)} \quad (4.67)$$

$S_{tér}$ – seção do cabo, em mm²;
T – tempo de operação da proteção, em s;
I_{cc} – corrente de curto-circuito trifásica simétrica, valor eficaz, em kA;

TABELA 4.19 Fator de correção para cabos ao ar livre à temperatura de 30 °C em função da sobrecarga

$I_{asc}/I_{máxp}$	$I_{máx}/I_{máxp}$ em função da duração da sobrecarga							
	30 min	45 min	1h	2h	3h	4h	5h	6h
25%	1,71	1,51	1,41	1,22	1,15	1,12	1,10	1,08
50%	1,65	1,47	1,37	1,21	1,15	1,11	1,09	1,08
75%	1,50	1,38	1,38	1,18	1,13	1,1	1,08	1,07
90%	1,34	1,26	1,26	1,13	1,10	1,08	1,07	1,06

I_{asc} – corrente máxima em regime permanente antes da sobrecarga
$I_{máxp}$ – corrente máxima em regime permanente de carga
$I_{máx}$ – corrente de sobrecarga máxima admissível no cabo

E – calor específico

- Para cobre: 0,0925 cal.g^{-1} °C
- Para alumínio: 0,217 cal.g^{-1} °C

ρ_d – densidade do material

- Para cobre: 8,9 g.cm^{-3}
- Para alumínio: 2,7 g.cm^{-3}

ρ_c – resistividade em $\Omega.\text{mm}^2/\text{m}$ à temperatura θ_1
$\rho_c = \rho_{20} \times [1 + \alpha_{20} \times (\theta_i - 20)]$
ρ_{20} – resistividade a 20 °C

- Para cobre: 0,0178 $\Omega.\text{mm}^2/\text{m}$
- Para alumínio: 0,0286 $\Omega.\text{mm}^2/\text{m}$

α_{20} – coeficiente de variação da resistência com a temperatura – Tabela 4.2
T_i – temperatura inicial antes do defeito, °C.

$T_{máx}$ – temperatura máxima admitida pelo cabo de cobre, em °C; normalmente esse valor é de 200 °C.

Alternativamente, por meio dos gráficos das Figuras 4.42 e 4.43, pode-se determinar facilmente as seções dos condutores de cobre e alumínio, respectivamente, em função da corrente de curto-circuito e do tempo de operação da proteção.

4.8 ENSAIOS E RECEBIMENTO

Em virtude da grande diversidade dos cabos estudados neste capítulo, indica-se para o leitor a relação das principais normas brasileiras a serem pesquisadas, nas quais estão descritos todos os ensaios necessários ao recebimento de cabos elétricos.

- NBR 5111 – Fios e cabos de cobre nus de seção circular para fins elétricos – Especificação.

EXEMPLO DE APLICAÇÃO (4.14)

Determine a seção do condutor de um alimentador de distribuição aéreo de 34,5 kV em cabo de cobre que supre uma carga de 28 MVA/34,5 kV. Sabe-se que a corrente de curto-circuito na barra da subestação de conexão do referido alimentador é de 11,42 kA. A temperatura de operação do condutor é de 50 °C. A temperatura máxima admitida em regime de curto-circuito é de 200 °C.

- Determinação da seção do condutor pela corrente de carga

$$I_c = \frac{P_c}{\sqrt{3} \times V_{3\phi}} = \frac{28.000}{\sqrt{3} \times 34,5} = 468,5 \text{ A}$$

$$S_c = 120 \text{ mm}^2$$

- Determinação da seção do condutor pela capacidade térmica

– 1ª condição: tempo da proteção é de $T = 0,5$ s

Para as condições iniciais de projeto, a seção mínima do condutor será de:

$T_i = 50$ °C
$T_{máx} = 200$ °C
$I_{cc} = 11,42$ kA

$$\rho_c = 0,0178 \times [1 + 0,00393 \times (50 - 20)] = 0,0199 \ \Omega.\text{mm}^2/\text{m}$$

$$S_{tér} = \frac{1.000 \times \sqrt{0,5} \times 11,42}{\sqrt{4,184 \times \frac{0,0925 \times 8,9}{0,004 \times 0,01994} \times \ln[1 + 0,00393 \times (200 - 50)]}}$$

$$S_{tér} = \frac{8.075}{\sqrt{4,184 \times 10.321,6 \times 0,46}} = 57 \text{ mm}^2 \text{ (esse valor pode ser comprovado no gráfico da Figura 4.42)}$$

$$S_c = 70 \text{ mm}^2.$$

Logo, a seção mínima do cabo de cobre do alimentador de distribuição aéreo deve ser pelo menos 70 mm² considerando $T = 0,5$ s.

– 1ª condição: tempo da proteção é de $T = 1,0$ s

Para uma condição mais severa, isto é, tempo de $T = 1$ s, a seção do condutor será de:

$$S_{tér} = \frac{1.000 \times \sqrt{1} \times 11,42}{\sqrt{4,184 \times \frac{0,0925 \times 8,9}{0,004 \times 0,01994} \times \ln[1 + 0,00393 \times (200 - 50)]}}$$

$$S_{tér} = \frac{11.420}{\sqrt{4,184 \times 10.321,6 \times 0,46}} = 81 \text{ mm}^2$$

(esse valor pode ser comprovado no gráfico da Figura 4.42)

$$S_c = 95 \text{ mm}^2 \text{ (valor considerado)}.$$

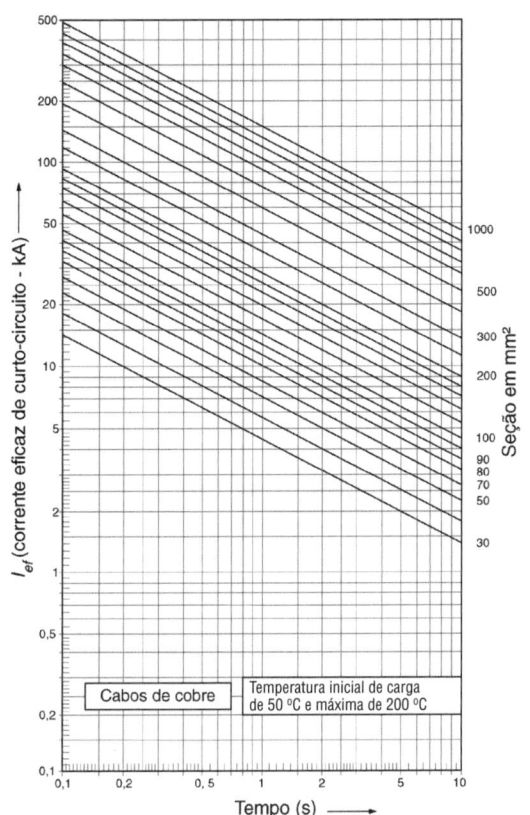

FIGURA 4.42 Gráfico da seção dos cabos de cobre nus: curvas curto-circuito × tempo.

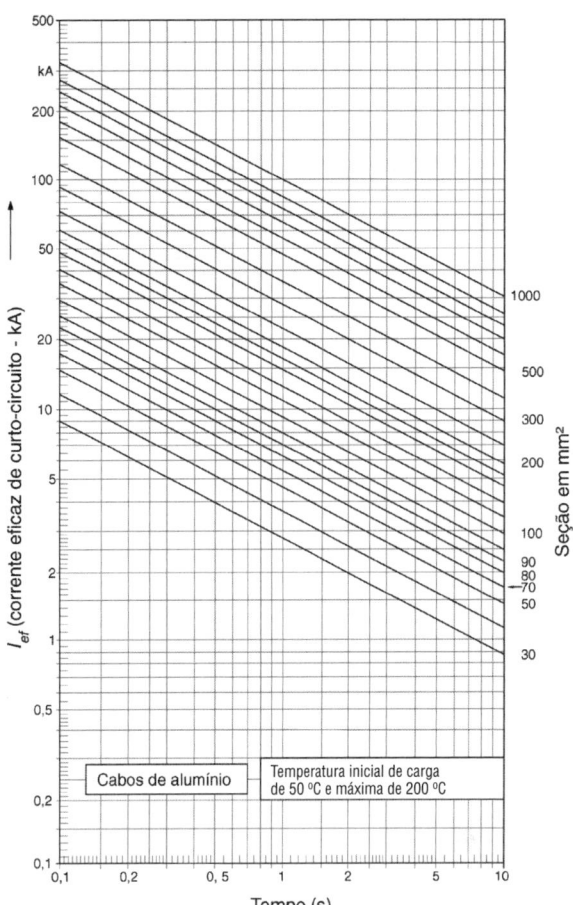

FIGURA 4.43 Gráfico da seção de cabos de alumínio nus: curva curto-circuito × tempo.

- NBR 5368 – Fios de cobre mole estanhados para fins elétricos – Especificação.
- NBRNM 247-3 – Cabos isolados com policloreto de vinila (PVC) para tensões nominais até 450/750 V – Parte 3: Condutores isolados (sem cobertura) para instalações fixas (IEC 60227-3, MOD).
- NBR 6251 – Construção de cabos de potência com isolação sólida extrudada para tensões de 1 a 35 kV – Padronização.
- NBR 7286 – Cabos de potência com isolação sólida extrudada de borracha etilenopropileno (EPR) para tensões de 1 a 35 kV – Especificação.
- NBR 7288 – Cabos de potência com isolação sólida de cloreto de polivinila (PVC) para tensões de 1 a 6 kV – Especificação.
- NBR 7287 – Cabos de potência com isolação sólida extrudada de polietileno reticulado (XLPE) para tensões de 1 a 35 kV – Especificação.

4.8.1 Inspeção e ensaios

Os Ensaios de Recebimento compreendem a execução de todos os Ensaios de Rotina e dos Ensaios de Tipo. Os Ensaios de Rotina devem ser realizados pelo fabricante. Os Ensaios de Tipo somente devem ser realizados pelo fabricante mediante solicitação expressa do comprador.

4.8.1.1 Ensaios de tipo

Ensaios realizados com a finalidade de demonstrar o comportamento do projeto do cabo para atender à aplicação prevista. Esses ensaios devem ser realizados de modo geral, uma única vez, sobre a menor e a maior seção do condutor de cada projeto elétrico.

Após a realização dos ensaios de tipo, deve ser emitido um certificado pelo fabricante ou por autoridade competente, o qual deve ser válido para as seções efetivamente ensaiadas e todas as intermediárias. Esses ensaios são:

- ensaio de resistência elétrica;
- ensaio de tensão elétrica de *screening*;
- ensaio de descargas parciais;
- ensaio de dobramento, seguido de ensaio de descargas parciais;
- ensaio de determinação do fator de perdas no dielétrico (tangente delta) em função do gradiente elétrico máximo no condutor;
- ensaio de determinação do fator de perdas no dielétrico em função da tensão aplicada;
- ensaio de ciclos térmicos;
- ensaio de tensão elétrica de impulso, seguido de ensaio de tensão elétrica de *screening*;
- ensaio de resistividade elétrica das blindagens semicondutoras.

4.8.1.2 Ensaios de rotina

Devem ser executados sobre todas as unidades que tenham cumprido o estabelecido na especificação do cliente. Devem ser aplicados os ensaios de rotina citados nas normas técnicas, aceitando-se somente as unidades que satisfizerem os requisitos especificados.

Devem ser rejeitadas, de forma individual, as unidades de expedição que não cumpram os requisitos especificados.

- Ensaio de resistência elétrica.
- Ensaio de tensão elétrica de *screening*.
- Ensaios de descargas parciais.

4.8.1.3 Ensaios especiais

Os ensaios realizados em amostras de cabos prontos ou em componentes tirados do cabo pronto têm como finalidade verificar se o cabo cumpre as especificações técnicas e devem conter:

- verificação da construção do cabo;
- ensaios de tração na isolação antes e após o envelhecimento, conforme a NBR 6251;
- ensaios de alongamento a quente na isolação conforme a NBR 6251;
- ensaio de tração na capa de separação e cobertura, conforme a NBR 6251;
- ensaio de determinação do fator de perdas no dielétrico (tangente delta), em função do gradiente elétrico máximo no condutor;
- ensaio de aderência da blindagem semicondutora da isolação;
- ensaio de conformidade da rigidez dielétrica em corrente alternada por amostragem sequencial, para cabos com tensões de isolamento iguais ou superiores a 20/35 kV, desde que tenha sido solicitado.

Se nos ensaios especiais previstos no item Ensaios Especiais, com exceção do primeiro, resultarem valores que não satisfaçam os requisitos especificados, o lote do qual foi retirada a amostra deve ser rejeitado. Já para os ensaios de tipo (verificação da construção do cabo), se resultarem valores que não satisfaçam os requisitos especificados, dois novos comprimentos suficientes de cabo devem ser retirados das mesmas unidades de expedição e novamente efetuados os ensaios para os quais a amostra precedente foi insatisfatória.

4.8.1.4 Aceitação e rejeição

Antes de qualquer ensaio, deve ser realizada uma inspeção visual sobre as unidades da expedição, para verificação das condições estabelecidas, aceitando-se somente as unidades que satisfizerem os requisitos especificados.

4.9 ESPECIFICAÇÃO SUMÁRIA

No pedido de compra de um condutor, devem constar no mínimo as seguintes informações:

- seção quadrática (mm^2);
- tipo do material condutor (cobre ou alumínio);
- número de condutores do cabo: 1, 2, 3 e 4;
- tipo (nu ou isolado);
- tipo da isolação: PVC, EPR ou XLPE;
- tensão nominal da isolação: V_0/V (se unipolar);
- seção da blindagem metálica (para cabo isolado em média tensão);
- outros dados: serão fornecidos ao fabricante de acordo com as particularidades da instalação, tais como tipo e natureza da proteção metálica, espessura e material da capa de proteção externa etc.

Condutores elétricos | **131**

TABELA 4.20 Características construtivas dos cabos de energia singelos de COBRE de baixa-tensão

Tipo da isolação 0,6/1 kV	Elementos	Seção dos condutores (mm²)																		
		1,5	2,5	4	6	10	16	25	35	50	70	95	120	150	185	240	300	400	500
Cabo isolado em PVC	Número de fios	7	7	7	7	7	7	7	7	19	19	19	37	37	37	61	61	61	61
	Diâmetro do condutor – mm	1,56	2,01	2,55	3,12	3,72	4,71	5,87	6,95	8,27	9,75	11,4	12,8	14,4	16	18,2	20,4	23,6	26,7
	Espessura da isolação – mm	0,7	0,8	0,8	0,8	1	1	1,2	1,2	1,4	1,4	1,6	1,6	1,8	2	2,2	2,4	2,6	2,8
	Diâmetro externo – mm	3	3,7	4,3	4,9	5,9	6,9	8,5	9,6	11,4	12,9	15,1	16,5	18,5	20,7	23,4	26	29,7	33,3
	Peso – kg/km	21	33	49	69	114	172	268	364	518	710	961	1.193	1.500	1.851	2.390	2.983	3.995	4.931
Cabo unipolar com isolação PVC	Número de fios	7	7	7	7	7	7	7	7	19	19	19	37	37	37	61	61	61	61
	Diâmetro do condutor – mm	1,56	2,01	2,55	3,12	3,72	4,71	5,87	6,95	8,27	9,75	11,4	12,8	14,4	16	18,2	20,4	23,6	26,7
	Espessura da isolação – mm	0,8	0,8	1	1	1	1	1,2	1,2	1,2	1,4	1,6	1,6	1,8	2,2	2,2	2,4	2,6	2,8
	Espessura da cobertura – mm	0,9	0,9	1	1	1	1	1,1	1,1	1,2	1,2	1,3	1,3	1,4	1,5	1,6	1,7	1,8	1,9
	Diâmetro externo – mm	5,2	5,6	6,8	7,3	7,9	9	10,8	12	13,9	15,5	17,7	19,2	21,4	23,8	26,7	29,6	33,5	37,1
	Peso – kg/km	38	51	76	99	142	204	309	411	578	777	1.044	1.289	1.608	1.979	2.445	3.163	4.170	5.183
Cabo isolado unipolar com isolação XLPE	Número de fios	7	7	7	7	7	7	7	7	19	19	19	37	37	37	61	61	61	61
	Diâmetro do condutor – mm	1,56	2,01	2,55	3,12	3,72	4,71	5,87	6,95	8,27	9,75	11,4	12,8	14,4	16	18,2	20,4	23,6	26,7
	Espessura da isolação s/cob. – mm	1,2	1,2	1,2	1,2	1,6	1,6	1,6	1,6	2	2	2	2,4	2,4	2,4	2,4	2,8	2,8	2,8
	Espessura da isolação c/cob. – mm	1	1	1	1	1	1	1,2	1,2	1,4	1,4	1,6	1,6	1,8	2	2,2	2,4	2,6	2,8
	Espessura da cobertura – mm	0,9	0,9	1	1	1	1	1,1	1,1	1,2	1,2	1,3	1,3	1,4	1,5	1,6	1,7	1,8	1,9
	Diâmetro externo s/cob. – mm	4,1	4,5	5,1	5,7	7,2	8,3	9,4	10,6	12,7	14,3	16	18,3	19,9	21,6	23,9	26,9	30,2	33,4
	Diâmetro externo c/cob. – mm	5,5	6	6,8	7,3	8	9	10,8	12	13,9	15,5	17,7	19,2	21,4	23,8	26,7	29,5	33,5	37,5
	Peso com cobertura – kg/km	40	52	73	95	138	200	303	403	566	762	1.024	1.266	1.579	1.942	2.498	3.105	4.096	5.092
Cabo unipolar com isolação EPR	Número de fios	7	7	7	7	7	7	7	7	19	19	19	37	37	37	61	61	61	61
	Diâmetro do condutor – mm	1,56	2,01	2,55	3,12	3,72	4,71	5,87	6,95	8,27	9,75	11,4	12,8	14,4	16	18,2	20,4	23,6	26,7
	Espessura da isolação – mm	1	1	1	1	1	1	1,2	1,2	1,4	1,4	1,6	1,6	1,8	2	2,2	2,4	2,6	2,8
	Espessura da cobertura – mm	0,9	0,9	1	1	1	1	1,1	1,1	1,2	1,2	1,3	1,3	1,4	1,5	1,6	1,7	1,8	1,9
	Diâmetro externo – mm	5,5	6	6,8	7,3	8	9	10,8	12	13,9	15,5	17,7	19,2	21,4	23,8	26,7	29,5	33,5	37,5
	Peso – kg/km	43	56	77	100	142	205	311	412	579	778	1.046	1.291	1.610	1.981	2.548	3.167	4.174	5.178

TABELA 4.21 Características construtivas dos cabos de energia de COBRE de média tensão

Cabos singelos (mm²)

Tipo da isolação	Seção dos condutores	25		35		50		70		95		120		150		185		240		300		400		500	
	Tensão de isolação (kV) V_0/V	8,7/15	12/20	8,7/15	12/20	8,7/15	12/20	8,7/15	12/20	8,7/15	12/20	8,7/15	12/20	8,7/15	12/20	8,7/15	12/20	8,7/15	12/20	8,7/15	12/20	8,7/15	12/20	8,7/15	12/20
Cabo isolado em XLPE	Número de fios	7	-	7	7	19	19	19	19	19	19	37	37	37	37	37	37	37	37	61	61	61	61	61	61
	Diâmetro do condutor – mm	5,87	-	6,95	6,95	8,27	8,27	9,75	8,27	11,4	11,4	12,8	12,8	14,4	14,4	16	16	18,2	18,2	20,4	20,4	23,6	23,6	26,7	26,7
	Espessura da isolação – mm	4,5	-	5,5	5,5	4,5	5,5	4,5	5,5	4,5	5,5	4,5	5,5	4,5	5,5	4,5	5,5	4,5	5,5	4,5	5,5	4,5	5,5	4,5	5,5
	Espessura da cobertura – mm	1,4	-	1,5	1,5	1,5	1,6	1,5	1,6	1,6	1,7	1,7	1,7	1,7	1,8	1,8	1,8	1,8	1,9	1,9	2	2	2,1	2,1	2,2
	Diâmetro externo – mm	23,3	-	24,6	26,7	26	28,2	27,5	29,8	29,4	31,7	31,1	33,1	32,7	35	34,6	36,7	36,9	39,2	39,3	41,6	42,8	45,1	46,2	48,5
	Peso – kg/km	646	-	774	846	943	1.031	1.162	1.255	1.443	1.542	1.718	1.809	2.031	2.140	2.406	2.507	2.962	3.087	3.580	3.227	4.603	4.748	5.612	5.778
Cabo isolado em EPR	Número de fios	7	-	7	7	19	19	19	19	19	19	37	37	37	37	37	37	37	37	61	61	61	61	61	61
	Diâmetro do condutor – mm	5,87	-	6,95	6,95	8,27	8,27	9,75	8,27	11,4	11,4	12,8	12,8	14,4	14,4	16	16	18,2	18,2	20,4	20,4	23,6	23,6	26,7	26,7
	Espessura da isolação – mm	4,5	-	4,5	5,5	4,5	5,5	4,5	5,5	4,5	5,5	4,5	5,5	4,5	5,5	4,5	5,5	4,5	5,5	4,5	5,5	4,5	5,5	4,5	5,5
	Espessura da cobertura – mm	1,4	-	1,5	1,5	1,5	1,6	1,5	1,6	1,6	1,7	1,7	1,7	1,7	1,8	1,8	1,8	1,8	1,9	1,9	2	2	2,1	2,1	2,2
	Diâmetro externo – mm	23,3	-	24,6	26,7	26	28,2	27,5	29,8	29,4	31,7	31,1	33,1	32,7	35	34,6	36,7	36,9	39,2	39,3	41,6	42,8	45,1	46,2	48,5
	Peso – kg/km	710	-	844	940	1.020	1.134	1.247	1.367	1.337	1.166	1.821	1.943	2.142	2.286	2.525	2.663	3.094	3.257	3.724	3.913	4.765	4.955	5.790	6.006

Cabos de 3 condutores

Tipo da isolação	Seção dos condutores	25		35		50		70		95		120		150		185		240		
	Tensão de isolação (kV) V_0/V	8,7/15	12/20	8,7/15	12/20	8,7/15	12/20	8,7/15	12/20	8,7/15	12/20	8,7/15	12/20	8,7/15	12/20	8,7/15	12/20	8,7/15	12/20
Cabo isolado em XLPE	Número de fios	7	-	7	7	19	19	19	19	19	19	37	37	37	37	37	37	37	37
	Diâmetro do condutor – mm	5,87	-	6,95	6,95	8,27	8,27	9,75	8,27	11,4	11,4	12,8	12,8	14,4	14,4	16	16	18,2	18,2
	Espessura da isolação – mm	4,5	-	4,5	5,5	4,5	5,5	4,5	5,5	4,5	5,5	4,5	5,5	4,5	5,5	4,5	5,5	4,5	5,5
	Espessura da cobertura – mm	2,2	-	2,2	2,4	2,3	2,5	2,5	2,7	2,6	2,7	2,8	2,8	2,8	2,9	2,9	3	3,1	3,2
	Diâmetro externo – mm	51,4	-	53,8	58,6	56,9	62,2	61	65,7	64,9	69,6	68,3	72,9	72	76,6	75,8	80,9	81,6	86,2
	Peso – kg/km	2.989	-	3.451	4.111	4.641	5.024	6.592	6.048	6.562	7.035	7.575	8.202	8.770	9.535	-	-	-	-
Cabo isolado em EPR	Número de fios	7	-	7	7	19	19	19	19	19	19	37	37	37	37	37	37	37	37
	Diâmetro do condutor – mm	5,87	-	6,95	6,95	8,27	8,27	9,75	8,27	11,4	11,4	12,8	12,8	14,4	14,4	16	16	18,2	18,2
	Espessura da isolação – mm	4,5	-	4,5	5,5	4,5	5,5	4,5	5,5	4,5	5,5	4,5	5,5	4,5	5,5	4,5	5,5	4,5	5,5
	Espessura da cobertura – mm	2,2	-	2,2	2,4	2,3	2,5	2,5	2,7	2,6	2,7	2,8	2,8	2,8	2,9	2,9	3	3,1	3,2
	Diâmetro externo – mm	51,4	-	53,8	58,6	56,9	62,2	61	65,7	64,9	69,6	68,3	72,9	72	76,6	75,8	80,9	81,6	86,2
	Peso – kg/km	3.194	-	3.665	4.190	4.347	4.956	5.285	5.833	6.337	6.942	7.348	7.984	8.541	9.212	9.902	-	-	-

Condutores elétricos | **133**

TABELA 4.22 Características construtivas dos cabos de energia de ALUMÍNIO de média tensão

Cabos singelos

Seção dos condutores – mm²

Tipo da isolação	Seção dos condutores	25			35			50		70		95		120		150		185		240		300		400		500	
	Tensão de isolação (kV) V_0/V	8,7/15	20/35		8,7/15	20/35		8,7/15	27/35	8,7/15	27/35	8,7/15	27/35	8,7/15	27/35	8,7/15	27/35	8,7/15	27/35	8,7/15	27/35	8,7/15	27/35	8,7/15	27/35	8,7/15	27/35
Cabo isolado em XLPE	Número de fios	7	7		7	7		19	19	19	19	19	19	19	19	19	19	37	37	37	37	37	37	61	61	61	61
	Diâmetro do condutor – mm	5,81			6,85			8,00	8,00	9,67	9,67	11,34	11,34	12,73	12,73	14,11	14,11	15,92	15,92	18,21	18,21	20,57	20,57	23,06	23,06	25,98	25,98
	Espessura da isolação – mm	4,5			4,5	10,7		4,5	10,7	4,5	10,7	4,5	10,7	4,5	10,7	4,5	10,7	4,5	10,7	4,5	10,7	4,5	10,7	4,5	10,7	4,5	10,7
	Espessura da cobertura – mm	1,4			1,5			1,5	1,9	1,5	2,0	1,6	2,0	1,7	2,1	1,7	2,1	1,8	2,2	1,8	2,3	1,9	2,3	2,0	2,4	2,1	2,5
	Diâmetro externo – mm	21,13			22,37			23,52	37,24	25,19	39,11	27,06	40,78	28,65	42,37	30,03	43,75	32,56	46,26	34,85	48,75	37,41	51,11	40,10	53,80	43,22	56,92
	Peso – kg/km	499			561			625	1.053	733	1.188	967	1.350	1.665	1.472	1.095	1.626	1.234	1.766	1.459	2.046	1.688	2.309	2.009	2.672	2.400	3.107
Cabo isolado em EPR	Número de fios	7			7			19	19	19	19	19	19	19	19	19	19	37	37	37	37	37	37	61	61	61	61
	Diâmetro do condutor – mm	5,81			6,85			8,00	8,00	9,67	9,67	11,34	11,34	12,73	12,73	14,11	14,11	15,92	15,92	18,21	18,21	20,57	20,57	23,06	23,06	25,98	25,98
	Espessura da isolação – mm		10,7		4,5	10,7		4,5	10,7	4,5	10,7	4,5	10,7	4,5	10,7	4,5	10,7	4,5	10,7	4,5	10,7	4,5	10,7	4,5	10,7	4,5	10,7
	Espessura da cobertura – mm	1,5			1,5			1,5	1,9	1,5	2,0	1,6	2,0	1,7	2,1	1,7	2,1	1,8	2,2	1,8	2,3	1,9	2,3	2	2,4	2,1	2,5
	Diâmetro externo – mm	21,13			22,37			23,52	37,24	25,19	39,11	27,06	40,78	28,65	42,37	30,03	43,75	32,56	46,26	34,85	48,75	37,41	51,11	40,10	53,80	43,22	56,92
	Peso – kg/km	382	431		498	1.197		597	1.346	710	1.502	823	1.657	945	1.820	1.094	2.014	1.378	2.297	1.631	2.597	1.631	2.597	2.003	3.060	2.366	3.467

TABELA 4.23 Parâmetros elétricos dos cabos de baixa-tensão de COBRE isolados – PVC

Seção do condutor mm²	Correntes nominais					Resistências e reatâncias em mOhm/m			
	Duto único	Ao ar livre	Dir. enterrado	Canaleta (1)	Eletroduto	R_p (1)	X_p (1)	R_z (1)	X_z (1)
						Ohm/km			
				Cabos unipolares					
1,5	20	26	30	23	18	14,8130	0,1378	16,6130	2,9262
2,5	26	35	40	32	24	8,8882	0,1345	10,6880	2,8755
4	34	46	51	42	32	5,5518	0,1279	7,3551	2,8349
6	43	59	64	53	40	3,7035	0,1225	5,3034	2,8000
10	57	79	85	70	53	2,2221	0,1207	4,0221	2,7639
16	75	106	111	93	76	1,3889	0,1173	3,1889	2,7173
25	98	140	141	122	99	0,8891	0,1640	2,6891	2,6692
35	119	173	171	149	121	0,6353	0,1128	2,4353	2,6382
50	148	217	280	184	151	0,4450	0,1127	2,2450	2,5991
70	180	269	251	225	184	0,3184	0,1076	2,1184	2,5681
95	216	329	297	271	221	0,2352	0,1090	2,0352	2,5325
120	248	382	338	311	269	0,1868	0,1076	1,9868	2,5104
150	282	438	381	354	306	0,1502	0,1074	1,9502	2,4843
185	320	506	429	403	349	0,1226	0,1073	1,9226	2,4594
240	371	597	494	469	403	0,0958	0,1070	1,8958	2,4312
300	420	687	557	533	475	0,0781	0,1086	1,8781	2,4067
400	486	821	648	625	547	0,0608	0,1058	1,8608	2,3757
500	541	942	726	706	604	0,0507	0,1051	1,8550	2,3491
				Cabos tripolares					
25	89	100	118	93	89	0,875	0,0900	1,0520	2,1718
35	108	123	142	114	108	0,6253	0,0900	0,8020	2,1550
50	134	154	173	142	134	0,4382	0,0900	0,6150	2,1419
70	163	189	209	173	163	0,3136	0,0900	0,4910	2,1265
95	196	230	247	209	205	0,2371	0,0900	0,4170	2,1146
120	224	266	282	240	235	0,1845	0,0800	0,3620	2,1038
150	255	304	317	273	266	0,1465	0,0800	0,3240	2,0951
185	288	348	356	310	301	0,1216	0,0800	0,2990	2,0869
240	332	405	406	359	357	0,0954	-	0,2730	2,0762

As condições de cálculo desta tabela são as seguintes:
1 – Para R_p, X_p, R_z, X_z os cabos estão instalados juntos na configuração PLANA.
2 – Foi adotada a temperatura máxima admitida pela isolação dos condutores: 70 °C.
3 – Para R_z e X_z dos cabos unipolares considerou-se o retorno da corrente somente pela terra.
4 – A resistividade do solo foi considerada de 100 Ohm/m no caso dos cabos unipolares.
5 – Os cabos de corrente e impedância tripolares foram extraídos dos Catálogos da Ficap.

TABELA 4.24 Parâmetros elétricos dos cabos de energia de COBRE isolados – XLPE

Seção condutor mm²	Correntes nominais											Resistências e reatâncias								
	Duto único		Ao ar livre		Dir. enterrado		Canaleta (1)		Eletroduto		R_p (1)		X_p (1)		R_z (1)		X_z (1)		X_c (1)	
	kV		kV		kV		kV		kV		kV		kV		kV		kV		kV	
	0,6/1	8,7/15	0,6/1	8,7/15	0,6/1	8,7/15	0,6/1	8,7/15	0,6/1	8,7/15	0,6/1	8,7/15	0,6/1	8,7/15	0,6/1	8,7/15	0,6/1	8,7/15	0,6/1	8,7/15
											Ohm/km								Ohm · km	
									Cabos unipolares										
1,5	23	-	31	-	34	-	28	-	22	-	14,8130	-	0,1378	-	16,6130	-	2,9262	-	-	-
2,5	30	-	42	-	46	-	38	-	29	-	8,8882	-	0,1345	-	10,6880	-	2,8755	-	-	-
4	40	-	55	-	60	-	50	-	38	-	5,5518	-	0,1279	-	7,3551	-	2,8349	-	-	-
6	50	-	70	-	75	-	63	-	48	-	3,7035	-	0,1225	-	5,3034	-	2,8000	-	-	-
10	67	-	95	-	99	-	84	-	64	-	2,2221	-	0,1207	-	4,0221	-	2,7639	-	-	-
16	87	-	126	-	130	-	111	-	91	-	1,3889	-	0,1173	-	3,1889	-	2,7173	-	-	-
25	114	129	168	190	164	168	145	161	119	141	0,8891	0,9482	0,1640	0,1924	2,6891	2,8220	2,6692	1,8222	-	15,669
35	139	155	207	209	198	202	178	194	145	170	0,6553	0,6777	0,1128	0,1838	2,4353	2,5443	2,6382	1,7669	-	14,198
50	172	189	260	287	241	246	220	238	180	208	0,4450	0,4748	0,1127	0,1748	2,2450	2,3323	2,5991	1,7047	-	12,748
70	209	228	322	357	291	296	269	288	220	352	0,3184	0,3397	0,1076	0,1651	2,1184	2,1858	2,5681	1,6399	-	11,448
95	252	270	393	425	345	351	324	342	264	299	0,2352	0,2509	0,1090	0,1599	2,0352	2,0829	2,5325	1,5721	-	10,273
120	289	307	457	490	393	399	372	392	322	356	0,1868	0,1993	0,1076	0,1554	1,9868	2,0184	2,5104	1,5179	-	9,458
150	328	347	524	526	443	451	423	444	366	404	0,1502	0,1601	0,1074	0,1503	1,9502	1,9644	2,4843	1,4606	-	8,692
185	373	389	605	640	499	507	482	502	417	454	0,1226	0,1306	0,1073	0,1466	1,9226	1,9189	2,4594	1,4059	-	8,012
240	432	447	714	752	574	584	561	581	482	523	0,0958	0,1018	0,1070	0,1417	1,8958	1,8678	2,4312	1,3364	-	7,251
300	488	502	822	826	647	659	637	658	586	606	0,0781	0,0827	0,1086	0,1378	1,8781	1,8254	2,4067	1,2718	-	6,631
400	565	579	982	1.026	753	767	748	770	654	698	0,0608	0,0640	0,1058	0,1333	1,8608	1,7721	2,3757	1,1859	-	5,896
500	630	643	1.126	1.174	845	861	844	867	722	772	0,0507	0,0531	0,1051	0,1297	1,8550	1,7271	2,3491	1,1108	-	5,334
									Cabos tripolares										
25	104	128	119	152	137	158	11	140	106	134	0,8750	0,8755	0,0900	0,1600	1,0520	1,0530	2,1718	2,2398	-	15,669
35	126	151	147	183	165	188	136	167	129	160	0,6253	0,6255	0,0900	0,1500	0,8020	0,8030	2,1550	2,2190	-	14,198
50	156	180	184	224	202	226	169	199	160	194	0,4382	0,4381	0,0900	0,1400	0,6150	0,6150	2,1419	2,1969	-	12,748
70	190	215	226	271	243	266	207	238	195	236	0,3136	0,3133	0,0900	0,1300	0,4910	0,4900	2,1265	2,1745	-	11,448
95	228	525	275	323	288	312	250	281	245	281	0,2371	0,2313	0,0900	0,1300	0,4170	0,4080	2,1146	2,1586	-	10,273
120	261	287	318	368	328	352	287	321	281	322	0,1845	0,1837	0,0800	0,1200	0,3620	0,3610	2,1038	2,1448	-	9,458
150	296	322	363	418	368	395	326	361	318	366	0,1465	0,1476	0,0800	0,1200	0,3240	0,3250	2,0951	2,1221	-	8,692
185	335	361	416	472	414	441	371	405	360	313	0,1216	0,1206	0,0800	0,1200	0,2990	0,2980	2,0869	2,1199	-	8,012
240	387	415	484	550	472	508	429	405	427	482	0,0954	0,0942	0,1100	0,1200	0,2730	0,2710	2,0762	2,1052	-	7,251

As condições de cálculo desta tabela são as seguintes:
1 – Para R_p, X_p, R_z e X_z, os cabos estão instalados juntos na configuração PLANA.
2 – Foi adotada a temperatura máxima admitida pela isolação dos condutores.
3 – Para R_z e X_z dos cabos unipolares de AT, considerou-se o retorno da corrente pela blindagem metálica e pelo terra.
4 – Para R_z e X_z dos cabos unipolares de BT, considerou-se o retorno da corrente somente pela terra.
5 – A resistividade do solo considerada foi de 100 Ohm/m, no caso dos cabos unipolares.
6 – Para cabos diretamente enterrados, a resistividade térmica do solo é de 0,90 °C.m/W.
7 – Os cabos de corrente e impedância tripolares foram extraídos dos catálogos da Ficap.

TABELA 4.25 Parâmetros elétricos dos cabos de energia de COBRE isolados – EPR

Seção condutor mm²	Correntes nominais											Resistências e reatâncias							
	Duto único		Ao ar livre		Dir. enterrado		Canaleta (1)		Eletroduto		R_p (1)		X_p (1)		R_z (1)		X_z (1)		X_c (1)	
	0,6/1 kV	8,7/15 kV	0,6/1 kV	8,7/15 kV	0,6/1 kV	8,7/15 kV	0,6/1 kV	8,7/15 kV	0,6/1 kV	8,7/15 kV	0,6/1 kV	8,7/15 kV	0,6/1 kV	8,7/15 kV	0,6/1 kV	8,7/15 kV	0,6/1 kV	8,7/15 kV
											Ohm/km						Ohm . km	
Cabos unipolares																		
1,5	23	-	31	-	34	-	28	-	22	-	14,8130	-	0,1378	-	16,6130	-	2,9262	-	-
2,5	30	-	42	-	46	-	38	-	29	-	8,8882	-	0,1345	-	10,6880	-	2,8755	-	-
4	40	-	55	-	60	-	50	-	38	-	5,5518	-	0,1279	-	7,3551	-	2,8349	-	-
6	50	-	70	-	75	-	63	-	48	-	3,7035	-	0,1225	-	5,3034	-	2,8000	-	-
10	67	-	95	-	99	-	84	-	64	-	2,2221	-	0,1207	-	4,0221	-	2,7639	-	-
16	87	-	126	-	130	-	111	-	91	-	1,3889	-	0,1173	-	3,1889	-	2,7173	-	-
25	114	129	168	190	164	168	145	161	119	141	0,8891	0,9482	0,1640	0,1924	2,6891	2,8220	2,6692	1,8222	13,058
35	139	155	207	209	198	202	178	194	145	170	0,6553	0,6777	0,1128	0,1838	2,4353	2,5443	2,6382	1,7669	11,831
50	172	189	260	287	241	246	220	238	180	208	0,4450	0,4748	0,1127	0,1748	2,2450	2,3323	2,5991	1,7047	10,623
70	209	228	322	357	291	296	269	288	220	352	0,3184	0,3397	0,1076	0,1651	2,1184	2,1858	2,5681	1,6399	9,540
95	252	270	393	425	345	351	324	342	264	299	0,2352	0,2509	0,1090	0,1599	2,0352	2,0829	2,5325	1,5721	8,561
120	289	307	457	490	393	399	372	392	322	356	0,1868	0,1993	0,1076	0,1554	1,9868	2,0184	2,5104	1,5179	7,881
150	328	347	524	526	443	451	423	444	366	404	0,1502	0,1601	0,1074	0,1503	1,9502	1,9644	2,4843	1,4606	7,243
185	373	389	605	640	499	507	482	502	417	454	0,1226	0,1306	0,1073	0,1466	1,9226	1,9189	2,4594	1,4059	6,677
240	432	447	714	752	574	584	561	581	482	523	0,0958	0,1018	0,1070	0,1417	1,8958	1,8678	2,4312	1,3364	6,043
300	488	502	822	826	647	659	637	658	586	606	0,0781	0,0827	0,1058	0,1378	1,8781	1,8254	2,4067	1,2718	5,526
400	565	579	982	1.026	753	767	748	770	654	698	0,0608	0,0640	0,1056	0,1333	1,8608	1,7721	2,3757	1,1859	4,915
500	630	643	1.126	1.174	845	861	844	867	722	772	0,0507	0,0531	0,1051	0,1297	1,8550	1,7271	2,3491	1,1108	4,445
Cabos tripolares																		
25	104	128	119	152	137	158	11	140	106	134	0,8750	0,8755	0,0900	0,1600	1,0520	1,0530	2,1718	2,2398	13,058
35	126	151	147	183	165	188	136	167	129	160	0,6253	0,6255	0,0900	0,1500	0,8020	0,8030	2,1550	2,2190	11,831
50	156	180	184	224	202	226	169	199	160	194	0,4382	0,4381	0,0900	0,1400	0,6150	0,6150	2,1419	2,1969	10,623
70	190	215	226	271	243	266	207	238	195	236	0,3136	0,3133	0,0900	0,1300	0,4910	0,4900	2,1265	2,1745	9,540
95	228	525	275	323	288	312	250	281	245	281	0,2371	0,2313	0,0900	0,1300	0,4170	0,4080	2,1146	2,1586	8,561
120	261	287	318	368	328	352	287	321	281	322	0,1845	0,1837	0,0800	0,1200	0,3620	0,3610	2,1038	2,1448	7,881
150	296	322	363	418	368	395	326	361	318	366	0,1465	0,1476	0,0800	0,1200	0,3240	0,3250	2,0951	2,1221	7,243
185	335	361	416	472	414	441	371	405	360	313	0,1216	0,1206	0,0800	0,1200	0,2990	0,2980	2,0869	2,1199	6,677
240	387	415	484	550	472	508	429	405	427	482	0,0954	0,0942	-	0,1100	0,2730	0,2710	2,0762	2,1052	6,043

As condições de cálculo desta tabela são as seguintes:
1 – Para R_p, X_p, R_z e X_z, os cabos estão instalados juntos na configuração PLANA.
2 – Foi adotada a temperatura máxima admitida pela isolação dos condutores.
3 – Para R_z e X_z dos cabos unipolares de AT, considerou-se o retorno da corrente pela blindagem metálica e pela terra.
4 – Para R_z e X_z dos cabos unipolares de BT, considerou-se o retorno da corrente somente pela terra.
5 – A resistividade do solo considerada foi de 100 Ohm/m, no caso dos cabos unipolares.
6 – Para cabos diretamente enterrados a resistividade térmica do solo é de 0,90 °C.m/W.
7 – Os cabos de corrente e impedância tripolares foram extraídos dos catálogos da Ficap.

TABELA 4.26 Parâmetros elétricos dos cabos de energia de ALUMÍNIO isolados – XLPE

Seção condutor mm²	Correntes nominais											Resistências e reatâncias										
	Duto único		Em bandeja		Dir. enterrado		Canaleta (1)		Eletroduto		R_p (1)		X_p (1)		R_z (1)		X_z (1)		X_c (1)	
	kV		kV		kV		kV		kV		kV		kV		kV		kV		kV	
	8,7/15	20/35	8,7/15	20/35	8,7/15	20/35	8,7/15	20/35	8,7/15	20/35	8,7/15	20/35	8,7/15	20/35	8,7/15	20/35	8,7/15	20/35	8,7/15	20/35
												Ohm/km									Ohm · km	
												Cabos unipolares										
25	96	-	129	-	103	-	112	-	112	-	1,5142	-	0,1670	-	-	-	-	-	14,989	-
35	115	-	157	-	123	-	135	-	135	-	1,0925	-	0,1600	-	-	-	-	-	13,734	-
50	135	140	188	196	145	146	161	167	160	165	0,8067	0,8074	0,1520	0,1870	2,2058	2,2058	0,1085	0,1046	12,593	19,830
70	166	172	235	244	177	178	199	205	198	204	0,5593	0,5601	0,1430	0,1760	1,9906	1,9669	0,0994	0,0994	11,211	18,611
95	199	205	287	296	211	212	241	247	240	246	0,4030	0,4037	0,1360	0,1670	1,8490	1,7793	0,0916	0,0913	10,042	16,939
120	227	233	331	340	239	241	275	281	275	281	0,3198	0,3205	0,1320	0,1610	1,7665	1,9515	0,0864	0,0864	9,257	15,480
150	257	260	376	385	267	269	310	316	310	316	0,2608	0,2616	0,1280	0,1560	1,7038	0,0000	0,0808	0,0807	8,588	14,475
185	289	294	434	442	302	304	354	360	355	360	0,2084	0,2092	0,1250	0,1510	1,6565	1,6118	0,0768	0,0768	7,917	13,600
240	336	341	515	522	350	352	415	420	417	421	0,1585	0,1593	0,1200	0,1450	1,6101	1,5729	0,0722	0,0722	7,186	12,703
300	380	384	593	599	395	397	472	477	475	479	0,1274	0,1281	0,1160	0,1400	1,5791	1,5535	0,0673	0,0674	6,560	11,704
400	439	444	699	704	455	458	550	554	555	558	0,1002	0,1010	0,1130	0,1350	1,5482	1,5437	0,0631	0,0631	5,934	10,828
500	486	490	791	794	503	507	613	617	620	623	0,0802	0,0809	0,1090	0,1300	1,0941	1,5296	0,0596	0,0596	5,353	9,931

As condições de cálculo desta tabela são as seguintes:

1 – Para R_p, X_p, R_z e X_z, os cabos estão instalados juntos na configuração em TRIFÓLIO.
2 – Foi adotada a temperatura máxima admitida pela isolação dos condutores: 90 °C.
3 – A capacidade de corrente está referida à maneira de instalar em trifólio.
4 – Para R_z e X_z dos cabos unipolares de AT, considerou-se o retorno da corrente pela blindagem metálica e pelo terra.
5 – Para cabos diretamente enterrados a resistividade térmica do solo é de 0,90 °C.m/W.
6 – A resistividade do solo considerada foi de 100 Ohm/m, no caso dos cabos unipolares.
7 – Seção da blindagem: 15,75 mm².

TABELA 4.27 Parâmetros elétricos dos cabos de energia de ALUMÍNIO isolados – EPR

Seção condutor mm²	Correntes nominais												Resistências e reatâncias							
	Duto único		Em bandeja		Dir. enterrado		Canaleta (1)		Eletroduto		R_p (1)		X_p (1)		R_z (1)		X_z (1)		X_c (1)	
	kV		kV		kV		kV		kV		kV		kV		kV		kV		kV	
	8,7/15	20/35	8,7/15	20/35	8,7/15	20/35	8,7/15	20/35	8,7/15	20/35	8,7/15	20/35	8,7/15	20/35	8,7/15	20/35	8,7/15	20/35	8,7/15	20/35
											Ohm/km								Ohm · km	
									Cabos unipolares											
25	89	-	121	-	99	-	107	-	106	-	1,5142	-	0,1670	-	-	-	-	-	12,491	-
35	107	-	147	-	118	-	129	-	128	-	1,0925	-	0,1600	-	-	-	-	-	11,445	-
50	126	128	177	178	140	137	154	154	153	153	0,8067	0,8074	0,1520	0,1870	2,2058	2,2058	0,1085	0,1046	10,495	-
70	155	155	221	221	171	167	190	190	190	189	0,5593	0,5601	0,1430	0,1760	1,9906	1,9669	0,0994	0,0994	9,342	18,611
95	186	184	271	269	204	200	231	229	230	228	0,4030	0,4037	0,1360	0,1670	1,8490	1,7793	0,0916	0,0913	8,368	16,939
120	211	209	313	310	232	227	264	261	264	260	0,3198	0,3205	0,1320	0,1610	1,7665	1,9515	0,0864	0,0864	7,714	15,480
150	237	233	356	351	259	253	298	294	296	293	0,2608	0,2616	0,1280	0,1560	1,7038	0,0000	0,0808	0,0807	7,157	14,475
185	268	263	411	403	293	286	341	335	341	335	0,2084	0,2092	0,1250	0,1510	1,6565	1,6118	0,0768	0,0768	6,598	13,600
240	312	-	488	477	340	332	400	392	401	392	0,1585	0,1593	0,1200	0,1450	1,6101	1,5729	0,0722	0,0722	5,989	12,703
300	351	-	563	548	383	374	455	445	457	446	0,1274	0,1281	0,1160	0,1400	1,5791	1,5535	0,0673	0,0674	5,467	11,704
400	405	-	664	645	443	432	531	518	534	520	0,1002	0,1010	0,1130	0,1350	1,5482	1,5437	0,0631	0,0631	4,945	10,828
500	447	-	752	728	489	477	592	577	597	581	0,0802	0,0809	0,1090	0,1300	1,0941	1,5296	0,0596	0,0596	4,461	9,931

As condições de cálculo desta tabela são as seguintes:
1 – Para R_p, X_p, R_z e X_z, os cabos estão instalados juntos na configuração em TRIFÓLIO.
2 – Foi adotada a temperatura máxima admitida pela isolação dos condutores: 90 °C.
3 – A capacidade de corrente está referida à maneira de instalar em trifólio.
4 – Para R_z e X_z dos cabos unipolares de AT, considerou-se o retorno da corrente pela blindagem metálica e pela terra.
5 – Para cabos diretamente enterrados a resistividade térmica do solo é de 0,90 °C.m/W.
6 – A resistividade do solo considerada foi de 100 Ohm/m, no caso dos cabos unipolares.
7 – Seção da blindagem: 15,75 mm².

TABELA 4.28 Capacidade de condução de corrente, em ampères, para os métodos de referência A, B, C, D, E, F, G, H e I

Cabos unipolares e multipolares, condutor de COBRE, isolação de XLPE e EPR;
2 e 3 condutores carregados;
Temperatura no condutor: 90 °C;
Temperatura ambiente: 30 °C e 20 °C para instalações subterrâneas.

Tensão	Seção mm²	Métodos de instalação para linhas elétricas								
		A	B	C	D	E	F	G	H	I
Tensão nominal menor ou igual a 8,7/15 kV	10	87	105	80	92	67	55	63	65	78
	16	114	137	104	120	87	70	81	84	99
	25	150	181	135	156	112	90	104	107	126
	35	183	221	164	189	136	108	124	128	150
	50	221	267	196	226	162	127	147	150	176
	70	275	333	243	279	200	154	178	183	212
	95	337	407	294	336	243	184	213	218	250
	120	390	470	338	384	278	209	241	247	281
	150	445	536	382	433	315	234	270	276	311
	185	510	613	435	491	357	263	304	311	347
	240	602	721	509	569	419	303	351	358	395
	300	687	824	575	643	474	340	394	402	437
	400	796	959	658	734	543	382	447	453	489
	500	907	1.100	741	829	613	426	502	506	542
	630	1.027	1.258	829	932	686	472	561	562	598
	800	1.148	1.411	916	1.031	761	517	623	617	655
	1.000	1.265	1.571	996	1.126	828	555	678	666	706
Tensão nominal maior que 8,7/15 kV	16	118	137	107	120	91	72	83	84	98
	25	154	179	138	155	117	92	106	108	125
	35	186	217	166	187	139	109	126	128	149
	50	225	259	199	221	166	128	148	151	175
	70	279	323	245	273	205	156	181	184	211
	95	341	394	297	329	247	186	215	219	250
	120	393	454	340	375	283	211	244	248	281
	150	448	516	385	423	320	236	273	278	311
	185	513	595	437	482	363	265	307	312	347
	240	604	702	510	560	425	306	355	360	395
	300	690	802	578	633	481	342	398	404	439
	400	800	933	661	723	550	386	452	457	491
	500	912	1.070	746	817	622	431	507	511	544
	630	1.032	1.225	836	920	698	477	568	568	602
	800	1.158	1.361	927	1.013	780	525	632	628	660
	1.000	1.275	1.516	1.009	1.108	849	565	688	680	712

TABELA 4.29 — Capacidade de condução de corrente, em ampères, para os métodos de referência A, B, C, D, E, F, G, H e I

Cabos unipolares e multipolares, condutor de ALUMÍNIO, isolação de XLPE e EPR;
2 e 3 condutores carregados;
Temperatura no condutor: 90 °C;
Temperatura ambiente: 30 °C e 20 °C para instalações subterrâneas.

Tensão	Seção mm²	Métodos de instalação para linhas elétricas								
		A	B	C	D	E	F	G	H	I
Tensão nominal menor ou igual a 8,7/15 kV	10	67	81	61	71	51	42	49	50	60
	16	88	106	80	93	67	55	63	65	77
	25	116	140	105	121	87	70	81	83	98
	35	142	172	127	147	105	83	96	99	117
	50	171	208	152	176	126	98	114	117	137
	70	214	259	188	217	156	120	139	142	166
	95	262	317	228	262	188	143	166	169	197
	120	303	367	263	300	216	163	189	192	222
	150	346	418	297	338	245	182	211	215	246
	185	398	488	339	385	279	205	239	243	276
	240	472	566	398	448	328	238	277	281	316
	300	541	649	453	508	373	267	312	316	352
	400	635	763	525	586	433	305	357	361	398
	500	735	885	601	669	496	345	406	409	447
	630	848	1.026	685	763	566	388	461	462	501
	800	965	1.167	770	856	640	432	519	517	556
	1.000	1.083	1.324	853	953	709	473	576	568	610
Tensão nominal maior que 8,7/15 kV	16	91	106	82	93	70	56	64	65	76
	25	119	139	107	121	91	71	82	83	97
	35	144	169	129	145	108	84	98	99	116
	50	174	201	154	172	129	100	115	117	137
	70	217	251	190	212	159	121	141	143	166
	95	264	306	230	256	192	145	168	170	196
	120	306	354	264	293	220	164	191	193	221
	150	348	402	299	330	248	183	213	216	246
	185	400	465	341	377	283	207	241	244	276
	240	472	550	399	440	333	239	280	282	316
	300	541	630	454	498	378	269	315	317	352
	400	643	740	525	575	437	306	361	363	399
	500	733	858	601	657	501	347	410	412	448
	630	845	994	686	750	572	391	465	465	502
	800	961	1.119	774	837	649	437	526	522	559
	1.000	1.081	1.270	858	934	722	479	584	576	614

TABELA 4.30 Capacidade de condução de corrente, em ampères, para os métodos de referência A, B, C, D, E, F, G, H e I

Cabos unipolares e multipolares, condutor de COBRE, isolação de EPR;
2 e 3 condutores carregados;
Temperatura no condutor: 105 °C;
Temperatura ambiente: 30 °C e 20 °C para instalações subterrâneas.

Tensão		Métodos de instalação para linhas elétricas								
	Seção mm²	A	B	C	D	E	F	G	H	I
Tensão nominal menor ou igual a 8,7/15 kV	10	97	116	88	102	75	60	68	70	84
	16	127	152	115	133	97	76	88	90	107
	25	167	201	150	173	126	98	112	115	136
	35	204	245	182	209	153	117	134	137	162
	50	246	297	218	250	183	138	158	162	190
	70	307	370	269	308	225	168	192	197	229
	95	376	453	327	372	273	20	229	235	270
	120	435	523	375	425	313	227	260	266	303
	150	496	596	424	479	354	254	291	298	336
	185	568	683	482	543	403	286	328	335	375
	240	672	802	564	630	472	330	379	387	427
	300	767	918	639	712	535	369	426	434	473
	400	890	1.070	731	814	613	416	483	490	529
	500	1.015	1.229	825	920	693	465	543	548	588
	630	1.151	1.408	924	1.035	777	515	609	609	650
	800	1.289	1.580	1.022	1.146	863	565	676	671	712
	1.000	1.421	1.762	1.112	1.253	940	608	738	725	769
Tensão nominal maior que 8,7/15 kV	16	131	151	118	132	102	78	90	91	106
	25	171	199	153	171	131	100	114	116	135
	35	207	240	184	206	156	118	136	138	161
	50	250	286	20	244	187	139	160	163	189
	70	284	357	272	301	230	169	195	198	228
	95	379	436	329	362	278	202	232	236	269
	120	438	503	377	414	319	229	263	267	303
	150	498	572	426	467	360	256	294	299	336
	185	571	660	484	532	409	288	331	337	375
	240	672	779	565	619	479	332	383	389	427
	300	768	891	641	699	542	372	430	436	475
	400	891	1.037	734	800	621	420	488	493	531
	500	1.018	1.192	829	905	703	469	549	553	590
	630	1.155	1.367	930	1.020	790	521	616	616	653
	800	1.297	1.518	1.033	1.124	882	574	686	682	718
	1.000	1.430	1.694	1.125	1.231	961	619	748	739	775

TABELA 4.31 Capacidade de condução de corrente, em ampères, para os métodos de referência A, B, C, D, E, F, G, H e I

Cabos unipolares e multipolares, condutor de ALUMÍNIO, isolação de EPR;
2 e 3 condutores carregados;
Temperatura no condutor: 105 °C;
Temperatura ambiente: 30 °C e 20 °C para instalações subterrâneas.

Tensão	Seção mm²	Métodos de instalação para linhas elétricas								
		A	B	C	D	E	F	G	H	I
Tensão nominal menor ou igual a 8,7/15 kV	10	75	89	68	79	58	51	53	54	64
	16	98	118	89	103	75	66	68	70	83
	25	129	156	116	134	98	85	87	89	106
	35	158	190	141	162	118	102	104	106	126
	50	191	231	169	194	141	121	123	126	148
	70	239	288	209	240	175	147	150	153	179
	95	292	352	253	289	212	177	179	182	212
	120	338	408	291	331	243	201	203	207	239
	150	385	464	329	374	275	226	227	231	266
	185	443	534	376	425	314	256	257	261	298
	240	525	629	441	495	370	298	298	303	341
	300	603	722	502	561	421	337	336	341	381
	400	708	850	582	648	488	387	386	389	430
	500	820	986	666	740	560	440	439	442	483
	630	947	1.145	760	844	639	499	498	499	542
	800	1.079	1.302	856	948	723	560	562	559	603
	1.000	1.213	1.480	950	1057	803	618	624	616	663
Tensão nominal maior que 8,7/15 kV	16	101	117	91	102	79	68	69	70	82
	25	133	154	118	133	102	87	89	90	105
	35	160	186	143	160	121	103	105	107	125
	50	194	222	171	189	145	123	124	126	147
	70	241	278	211	234	179	150	152	154	178
	95	294	339	255	282	216	179	181	183	211
	120	340	391	293	323	247	204	205	208	239
	150	387	445	330	363	279	229	230	232	265
	185	444	516	377	416	318	259	260	262	298
	240	524	610	441	485	374	302	302	304	341
	300	601	699	501	550	425	340	340	342	381
	400	705	822	581	635	493	390	389	391	431
	500	815	953	665	726	565	444	443	444	484
	630	941	1.106	760	829	646	504	503	503	543
	800	1.070	1.244	857	926	733	568	569	565	606
	1.000	1.205	1.414	953	1.034	815	628	632	624	666

Condutores elétricos | 143

TABELA 4.32 Características gerais dos condutores de COBRE nu

Seção	Diâmetro	Resistência c.c. a 20 °C	Reatância indutiva	Reatância capacitiva	Nº de fios	Corrente nominal	Carga de ruptura	Peso
mm²	mm	Ohm/km	Ohm/km	MOhm/km	-	A	kg	kg/km
25	5,87	0,862	0,37228	0,08576	7	180	852	188
35	6,95	0,547	0,35674	0,08129	7	230	1.381	299
50	8,27	0,344	0,33934	0,07706	7	310	2.155	475
70	9,75	0,272	0,33064	0,07489	7	360	2.688	599
95	11,4	0,173	0,30888	0,07035	19	480	4.362	953
120	12,8	0,147	0,30267	0,06886	19	540	5.152	1.149
150	14,4	0,121	0,29583	0,06712	19	610	6.128	1.378
185	16	0,104	0,28962	0,06575	19	670	7.071	1.609
240	18,2	0,075	0,27657	0,06239	19	840	10.210	2.297

Nota: Os valores das reatâncias indutiva e capacitiva estão referidos a 304 mm de espaçamento.
Para outros espaçamentos, consultar a Tabela 4.16.

TABELA 4.33 Características gerais dos condutores de ALUMÍNIO com alma de aço – CAA – 60 Hz

Código	Seção AWG/MCM	Seção mm² Al	Seção mm² Aço	Formação Al	Formação Aço	Peso kg/km	Corrente nominal A	Carga de ruptura kg	Resistência c.c. a 20 °C Ohm/km	Reatância indutiva Ohm/km	Reatância capacitiva MOhm × km
Swan	4	21,1	3,53	6	1	85	140	830	1,35400	0,4995	0,2746
Sparrow	2	33,6	5,6	6	1	136	180	1.265	0,85070	0,3990	0,2635
Ravem	1/0	53,4	8,92	6	1	217	230	1.940	0,53510	0,4077	0,2524
Quail	2/0	67,4	11,2	6	1	273	270	2.425	0,42450	0,3983	0,2469
Pigeon	3/0	85	14,2	6	1	344	300	3.030	0,33670	0,3959	0,2414
Penguin	4/0	107	17,9	6	1	433	340	3.820	0,26710	0,3610	0,2358
Partridge	266,8	135	22	26	7	546	460	5.100	0,21370	0,2989	0,2321
Ostrich	300	152	24,7	26	7	615	490	5.730	0,19000	0,2846	0,2268
Linnet	336,6	171	27,8	26	7	689	530	6.357	0,16940	0,2802	0,2266
Ibis	397,5	201	32,7	26	7	814	590	7.340	0,14340	0,2740	0,2266
Hawk	477	242	39,2	26	7	978	670	8.820	0,11950	0,2672	0,2201
Dove	556,5	282	45,9	26	7	1.140	730	10.190	0,10250	0,2610	0,2121
Grosbeak	636	322	52,5	26	7	1.303	789	11.428	0,08989	0,2592	0,2095
Starling	715,5	362	59,1	26	7	1.466	849	12.862	0,07975	0,2530	0,2068
Drake	795	403	65,4	26	7	1.629	900	14.175	0,07170	0,2479	0,2007

Nota: Os valores das reatâncias indutiva e capacitiva estão referidos a 304 mm de espaçamento entre condutores.

TABELA 4.34 Características gerais dos condutores de ALUMÍNIO simples – CA – 60 Hz

Código	Seção		Diâmetro	Formação	Peso	Corrente nominal	Carga de ruptura	Resistência c.c. a 20 °C	Reatância indutiva	Reatância capacitiva
	AWG/MCM	mm²	mm	-	kg/km	A	kg	Ohm/km	Ohm/km	MOhm × km
Rose	4	21,1	5,90	7 × 1,96	58,3	134	415	1,3540	0,3853	0,2782
Iris	2	33,6	7,40	7 × 2,47	92,7	180	635	0,8507	0,3566	0,2671
Poppy	1/0	53,4	9,35	7 × 3,12	147,5	242	940	0,5351	0,3377	0,2561
Aster	2/0	67,4	10,50	7 × 3,50	185,9	282	1.185	0,4245	0,3304	0,2505
Phlox	3/0	85	11,80	7 × 3,93	234,5	327	1.435	0,3367	0,3217	0,2450
Oxlip	4/0	107,2	13,25	7 × 4,42	295,6	380	1.810	0,2671	0,3129	0,2395
Daisy	266,8	135,2	14,90	7 × 4,96	372,9	443	2.280	0,2137	0,2988	0,2339
Peony	300	152	15,95	19 × 3,19	419,2	478	2.670	0,19	0,2944	0,2306
Tulip	336,6	170,5	16,90	19 × 3,38	470,1	514	2.995	0,1694	0,2913	0,2279
Canna	397,5	201,4	18,40	19 × 3,68	555,6	528	3.470	0,1434	0,285	0,2239
Cosmos	477	241,7	20,10	19 × 4,02	666,6	646	4.080	0,1195	0,2781	0,2196
Zinnia	500	253,3	20,60	19 × 4,12	698,8	664	4.275	0,1130	0,2764	0,2184
Dahlia	556,5	282	21,75	19 × 4,35	777,6	710	4.760	0,1020	0,2751	0,2159
Orchid	636	323,3	23,30	37 × 3,33	888,7	776	5.665	0,0890	0,2661	0,2125

Nota: Os valores das reatâncias indutiva e capacitiva estão referidos a 304 mm de espaçamento entre condutores.

TABELA 4.35 — Características gerais dos condutores de ALUMÍNIO LIGA – CAL – 60 Hz – Fabricação ALUBAR

AWG/MCM	Área mm²	Formação, número e diâmetro dos fios Nº × mm	Diâmetro nominal do cabo mm	Massa nominal kg/km	RMC kN	Resistência elétrica c.c. a 20 °C Ω/km	Capacidade de corrente A
31,6	16,00	7 × 1,71	5,13	44,10	5,09	2,08400	100
39,5	20,00	7 × 1,91	5,73	55,10	6,35	1,67000	115
49,3	25,00	7 × 2,13	6,39	68,90	7,90	1,34300	130
62,2	31,50	7 × 2,39	7,17	86,80	9,95	1,06700	155
78,9	40,00	7 × 2,70	8,10	110,30	12,70	0,83600	180
98,7	50,00	7 × 3,02	9,06	137,80	15,90	0,66800	210
124,3	63,00	7 × 3,39	10,17	174,70	19,10	0,53100	240
157,9	80,00	7 × 3,81	11,43	220,60	24,10	0,41900	280
197,4	100,00	7 × 4,26	12,78	275,70	30,20	0,33500	325
221,0	112,00	7 × 4,51	13,53	308,80	33,80	0,30000	350
246,7	125,00	19 × 2,89	14,45	344,60	38,30	0,26800	375
276,3	140,00	19 × 3,06	15,30	386,00	42,90	0,24000	400
315,8	160,00	19 × 3,29	16,35	441,10	46,70	0,21000	440
355,2	180,00	19 × 3,47	17,35	496,30	52,60	0,18600	475
394,7	200,00	19 × 3,66	18,30	551,40	58,60	0,16700	510
442,1	224,00	19 × 3,87	19,35	617,60	65,50	0,15000	545
493,4	250,00	19 × 4,09	20,45	689,30	73,10	0,13400	590
552,6	280,00	37 × 3,10	21,70	772,00	83,90	0,12000	630
621,7	315,00	37 × 3,29	23,03	868,50	90,20	0,10600	670
700,6	355,00	37 × 3,50	24,50	978,80	102,00	0,09410	740
789,4	400,00	37 × 3,71	25,97	1103,00	115,00	0,08300	800
888,1	450,00	37 × 3,94	27,58	1241,00	129,00	0,07400	860
986,8	500,00	37 × 4,15	29,05	1378,00	143,00	0,06700	920
1.105,2	560,00	37 × 4,39	30,73	1544,00	161,00	0,05900	990
1.243,3	630,00	37 × 4,66	32,62	1737,00	181,00	0,05300	1.045

Condições para o cálculo de ampacidade: temperatura ambiente a 25 °C, temperatura do condutor a 75 °C, velocidade do vento igual 0,61 m/s e com Sol.

TABELA 4.36 — Características gerais dos condutores de ALUMÍNIO LIGA Termorresistente – T-CAA – 60 Hz – Fabricação ALUBAR

Cabo	AWG/MCM	Área Al mm²	Área Aço mm²	Área Total mm²	Formação Al Nº × mm	Formação Aço Nº × mm	Diâmetro nominal do cabo mm	Massa Al kg/km	Massa Aço kg/km	Massa Total kg/km	RMC kN	R c.c. 20°C Ω/km	R 75°C Ω/km	R 100°C Ω/km	R 125°C Ω/km	R 150°C Ω/km	75°C A	100°C A	125°C A	150°C A
T-Dove	556,5	282,59	45,92	328,51	26 × 3,72	7 × 2,89	23,55	780,30	358,90	1139,20	99,00	0,10385	0,13020	0,14010	0,15000	0,16000	714	871	999	1.099
T-Eagle	556,5	282,10	65,80	347,90	30 × 3,46	7 × 3,46	24,21	783,50	514,50	1298,00	123,71	0,10416	0,13020	0,14010	0,15000	0,16000	714	871	999	1.099
T-Peacok	605,0	306,10	39,80	345,90	24 × 4,03	7 × 2,69	24,21	848,10	310,90	1159,00	96,12	0,09587	0,12070	0,12970	0,13880	0,14790	740	902	1.036	1.139
T-Squab	605,0	305,80	49,80	355,10	26 × 3,87	7 × 3,01	24,54	847,20	389,00	1236,20	108,14	0,09596	0,12070	0,12970	0,13880	0,14790	740	902	1.036	1.139
T-Wood Duck	605,0	306,55	71,55	378,10	30 × 3,61	7 × 3,61	25,25	851,40	558,70	1410,10	128,61	0,09568	0,12070	0,12970	0,13880	0,14790	740	902	1.036	1.139
T-Teal	605,0	306,55	69,60	376,15	30 × 3,61	19 × 2,16	25,25	852,60	544,70	1397,30	133,50	0,09568	0,12070	0,12970	0,13880	0,14790	740	902	1.036	1.139
T-Kingbird	636,0	323,00	17,90	340,90	18 × 4,78	1 × 4,78	23,88	890,50	139,30	1029,80	69,87	0,09064	0,11540	0,12390	0,13250	0,14120	765	933	1.071	1.178
T-Rook	636,0	323,10	41,90	365,00	24 × 4,14	7 × 2,76	24,82	895,20	327,30	1222,50	100,57	0,09039	0,11540	0,12390	0,13250	0,14120	762	929	1.066	1.173
T-Grosbeak	636,0	321,84	52,49	374,33	26 × 3,97	7 × 3,09	25,15	888,70	410,30	1299,00	110,38	0,09119	0,11540	0,12390	0,13250	0,14120	773	943	1.082	1.190
T-Scoter	636,0	322,22	75,26	397,48	30 × 3,70	7 × 3,70	25,88	894,90	587,30	1482,20	135,28	0,09108	0,11540	0,12390	0,13250	0,14120	773	943	1.082	1.190
T-Egret	636,0	322,22	73,55	395,77	30 × 3,70	19 × 2,22	25,88	894,90	575,60	1470,50	140,18	0,09108	0,11540	0,12390	0,13250	0,14120	773	943	1.082	1.190
T-Flamingo	666,6	337,74	43,81	381,55	24 × 4,23	7 × 2,82	25,40	936,20	342,00	1278,20	105,47	0,08694	0,11070	0,11880	0,12700	0,13520	811	985	1.129	1.238
T-Gannet	666,6	337,74	55,03	392,77	26 × 4,07	7 × 3,16	25,76	935,80	429,40	1365,20	117,48	0,08676	0,11070	0,11880	0,12700	0,13520	811	985	1.129	1.238
T-Stilt	715,5	362,58	46,97	409,55	24 × 4,39	7 × 2,92	26,31	1005,10	367,20	1372,30	113,30	0,08079	0,10400	0,11150	0,11910	0,12670	830	1.012	1.162	1.278
T-Starling	715,5	361,93	59,15	421,08	26 × 4,21	7 × 3,28	26,68	999,40	462,30	1461,70	124,26	0,08109	0,10400	0,11150	0,11910	0,12670	830	1.012	1.162	1.278
T-Redwing	715,5	362,06	82,41	444,47	30 × 3,92	7 × 2,25	27,43	1000,50	646,20	1646,70	151,98	0,08115	0,10400	0,11150	0,11910	0,12670	825	1.006	1.155	1.270
T-Tern	795,0	403,77	27,83	431,60	45 × 3,38	7 × 2,25	27,03	1118,80	217,50	1336,30	95,26	0,07296	0,09770	0,10490	0,11210	0,11930	870	1.061	1.218	1.339
T-Condor	795,0	402,84	52,19	455,03	54 × 3,08	7 × 3,08	27,74	1115,40	407,60	1523,00	125,49	0,07305	0,09770	0,10490	0,11210	0,11930	880	1.073	1.232	1.355
T-Cockoo	795,0	402,30	52,20	454,50	24 × 4,62	7 × 3,08	27,74	1115,00	407,60	1522,60	124,16	0,07295	0,09500	0,10170	0,10840	0,11520	890	1.085	1.246	1.370
T-Drake	795,0	402,84	65,51	468,35	26 × 4,44	7 × 3,45	28,14	1116,30	512,30	1628,60	140,18	0,07290	0,09500	0,10170	0,10840	0,11520	890	1.085	1.246	1.370
T-Coot	795,0	401,90	11,20	413,10	36 × 3,77	1 × 3,77	26,42	1108,00	87,10	1195,10	74,76	0,07231	0,09770	0,10490	0,11210	0,11930	890	1.085	1.246	1.370
T-Mallard	795,0	402,84	91,87	494,71	30 × 4,14	19 × 2,48	28,96	1118,90	719,50	1838,40	170,88	0,07275	0,09500	0,10170	0,10840	0,11250	895	1.091	1.253	1.378
T-Ruddy	900,0	455,50	31,67	487,17	45 × 3,59	7 × 2,40	28,74	1262,10	247,50	1509,60	106,06	0,06467	0,08800	0,09430	0,10050	0,10680	930	1.134	1.302	1.432
T-Canary	900,0	456,06	59,10	515,16	54 × 3,28	7 × 3,28	29,51	1263,40	461,70	1725,10	141,96	0,06441	0,08800	0,09430	0,10050	0,10680	927	1.130	1.297	1.427

Condição para o cálculo de ampilicidade: temperatura ambiente a 25 °C, velocidade do vento igual 1 m/s e com Sol.

TRANSFORMADORES DE CORRENTE

5.1 INTRODUÇÃO

Os transformadores de corrente (TC) são equipamentos que permitem aos instrumentos de medição e proteção funcionar adequadamente sem que seja necessário possuírem correntes nominais de acordo com a corrente de carga do circuito ao qual estão ligados. Na sua forma mais simples, eles possuem um primário, geralmente de poucas espiras, e um secundário, no qual a corrente nominal transformada é, na maioria dos casos, igual a 5 A ou igual a 1 A. Dessa forma, os instrumentos de medição e proteção são dimensionados em tamanhos reduzidos.

Os transformadores de corrente são utilizados para suprir aparelhos que apresentam baixa resistência elétrica, tais como amperímetros, relés, medidores de energia, de potência etc.

Os TCs transformam, por meio do fenômeno de conversão eletromagnética, correntes elevadas, que circulam no seu primário, em pequenas correntes secundárias, segundo determinada relação de transformação.

A corrente primária a ser medida, circulando nos enrolamentos primários, cria um fluxo magnético alternado que faz induzir as forças eletromotrizes E_p e E_s, respectivamente, nos enrolamentos primário e secundário.

Dessa forma, se nos terminais primários de um TC, cuja relação de transformação nominal é de 20:1, circular uma corrente de 100 A, obtém-se no secundário a corrente de 5 A, ou seja, 100/20 = 5 A.

O TC opera com tensão variável, dependente da corrente primária e da carga ligada no seu secundário. A relação de transformação das correntes primária e secundária é inversamente proporcional à relação entre o número de espiras dos enrolamentos primário e secundário.

5.2 CARACTERÍSTICAS CONSTRUTIVAS

Existem quatro diferentes tipos construtivos de transformadores de corrente:

- transformadores de corrente indutivos;
- transformadores de corrente com isolação a SF_6;
- transformadores de corrente ópticos;
- bobina de Rogowski.

Os transformadores de corrente podem ser construídos de diferentes formas e para diferentes usos, quais sejam:

5.2.1 Transformadores de corrente indutivos (TCI)

Podem ser construídos de diferentes formas:

a) TC tipo barra

É aquele cujo enrolamento primário é constituído por uma barra fixada na parte central do núcleo do transformador, conforme mostrado na Figura 5.1.

Os transformadores de corrente de barra fixa em baixa tensão são extensamente empregados em painéis de comando, tanto para uso em proteção quanto para medição. A Figura 5.2 mostra um modelo de fabricação nacional de largo uso

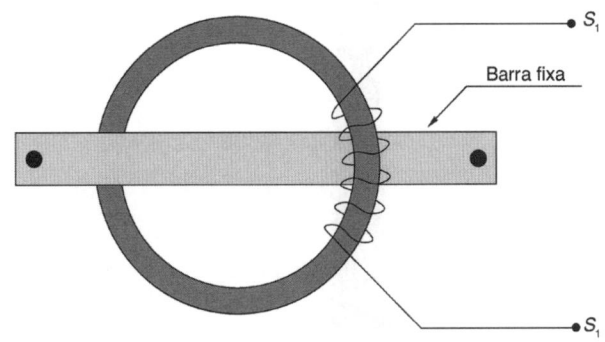

FIGURA 5.1 Representação do transformador de corrente do tipo barra.

no interior de painéis ou postos de medição de subestações de média tensão.

Os transformadores de corrente do tipo barra fixa são os mais utilizados em subestações de potência de média e de alta-tensão. No Brasil, existem diversos fabricantes e diferentes modelos de equipamentos disponíveis no mercado.

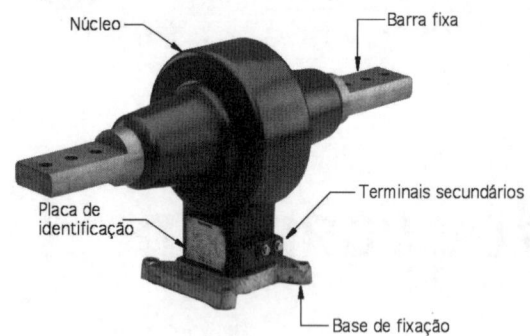

FIGURA 5.2 Transformador de corrente tipo barra.

A Figura 5.3(a) mostra um transformador de corrente da classe de 72,5 kV muito utilizado nos sistemas de proteção de subestações. Já a Figura 5.3(b) mostra um transformador de concepção similar ao anterior, detalhando os seus componentes internos.

A Figura 5.4 apresenta a vista externa de um transformador de corrente da classe de 230 kV de largo emprego em subestações de alta-tensão. As Figuras 5.5 e 5.6, vistas em corte, mostram, respectivamente, os detalhes construtivos de dois diferentes modelos de fabricação de transformadores de corrente e também de largo emprego em subestações de alta-tensão. Em geral, esses transformadores podem acomodar até quatro núcleos. O núcleo é composto por tiras de aço-silício, de grãos orientados.

O enrolamento secundário consiste em fio esmaltado e isolado com tecido de algodão. O enrolamento é uniformemente distribuído em volta do núcleo.

A reatância secundária do enrolamento entre quaisquer pontos de derivação é pequena. Os enrolamentos secundários

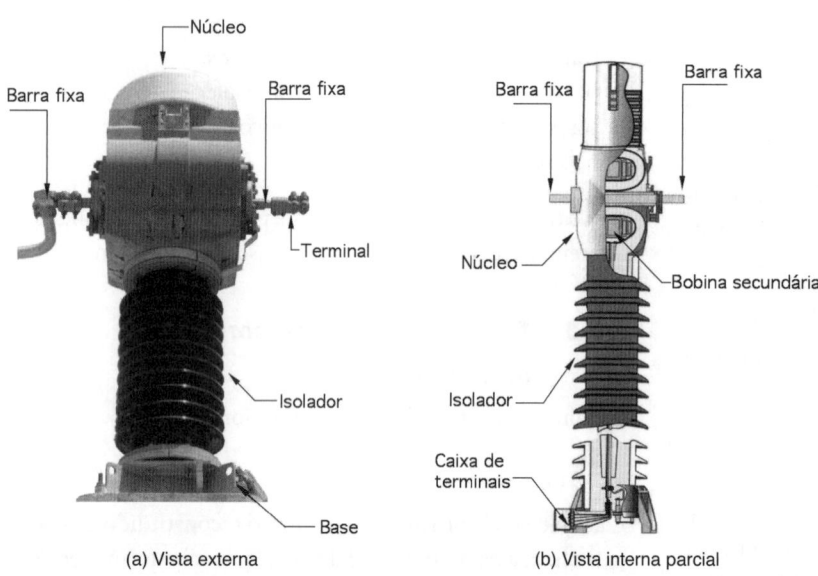

FIGURA 5.3 Transformadores de corrente tipo barra de alta-tensão.

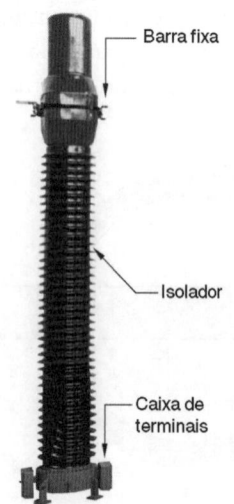

FIGURA 5.4 Vista externa de um TC classe 230 kV.

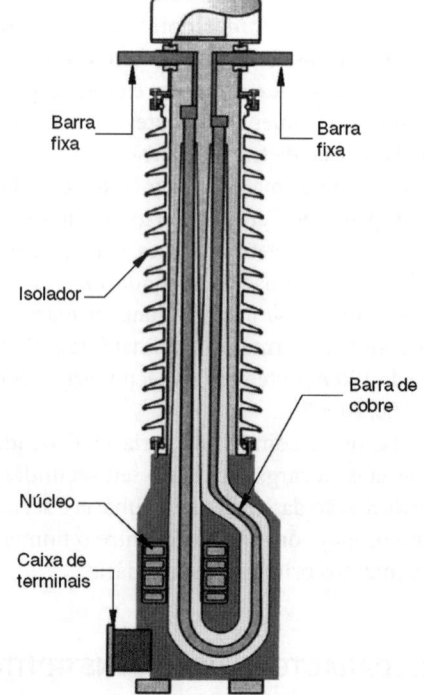

FIGURA 5.5 Vista interna de um TC de alta-tensão.

podem ser providos com uma ou mais derivações para obter relações de transformação mais baixas com um número reduzido de ampères-espiras.

A Figura 5.7 mostra a aplicação de TCs de proteção de 69 kV instalados em uma subestação de 230/69 kV, de mesma fabricação do TC visto na Figura 5.3.

b) TC tipo enrolado

É aquele cujo enrolamento primário é constituído de uma ou mais espiras envolvendo o núcleo do transformador, conforme ilustrado na Figura 5.8.

c) TC tipo janela

É aquele que não possui um primário fixo no transformador e é constituído de uma abertura no núcleo, por onde passa o condutor que forma o circuito primário, conforme se apresenta na Figura 5.9.

São muito utilizados em painéis de comando de baixa tensão em pequenas e médias correntes, quando não se deseja seccionar o condutor para instalar o transformador de corrente. Dessa forma empregada, consegue-se reduzir os espaços no interior dos painéis. A Figura 5.10 mostra um TC de largo uso em painéis de baixa-tensão.

d) TC tipo bucha

É aquele cujas características são semelhantes às do TC tipo barra, porém sua instalação é feita na bucha dos equipamentos (transformadores, disjuntores etc.), que funcionam como enrolamento primário, de acordo com a Figura 5.11.

São empregados em transformadores de potência para uso, em geral, na proteção diferencial, quando se deseja restringir ao próprio equipamento o campo de ação desse tipo de proteção.

e) TC tipo núcleo dividido

É aquele cujas características são semelhantes às do TC tipo janela, em que o núcleo pode ser separado para permitir envolver o condutor que funciona como enrolamento primário, conforme se mostra na Figura 5.12.

São basicamente utilizados na fabricação de equipamentos de medição de corrente e potência ativa ou reativa, já que permite obter os resultados esperados sem seccionar o condutor ou barra sob medição.

f) TC tipo com vários enrolamentos primários

É aquele constituído de vários enrolamentos primários montados isoladamente e apenas um enrolamento secundário, conforme a Figura 5.13.

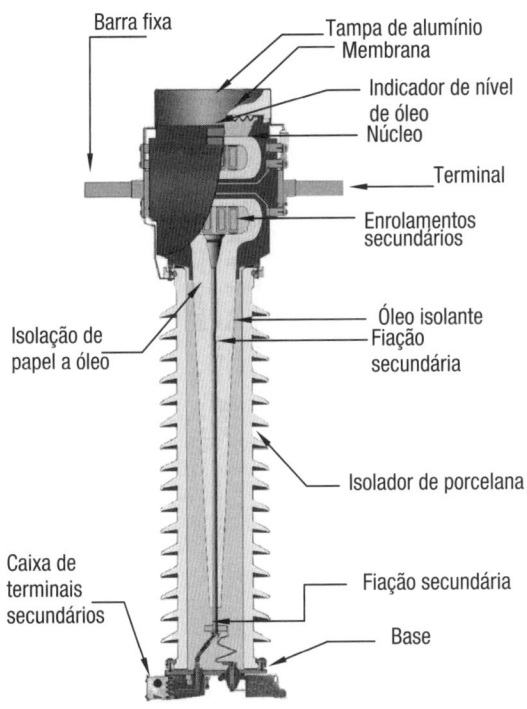

FIGURA 5.6 Detalhes construtivos de um TC de alta-tensão.

FIGURA 5.7 Aplicação de TCs de 69 kV em subestações de alta-tensão.

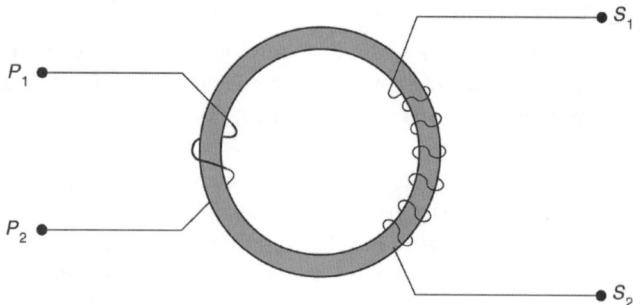

FIGURA 5.8 Transformador de corrente tipo enrolado.

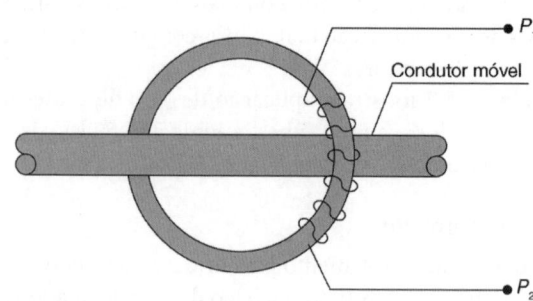

FIGURA 5.9 Transformador de corrente tipo janela.

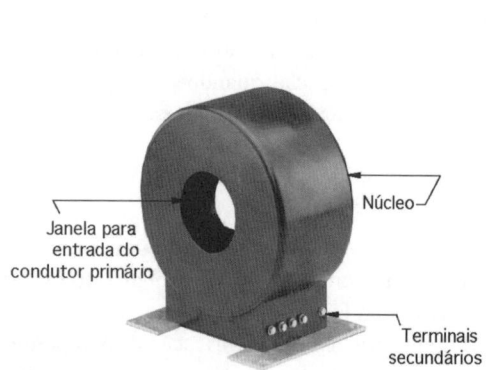

FIGURA 5.10 Transformador de corrente tipo janela.

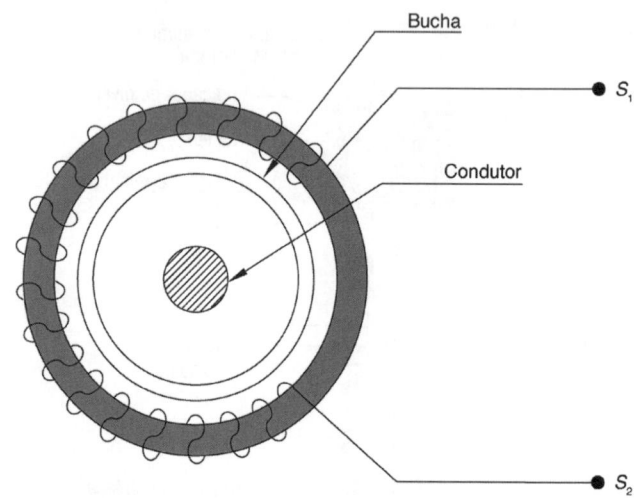

FIGURA 5.11 Transformador de corrente tipo bucha.

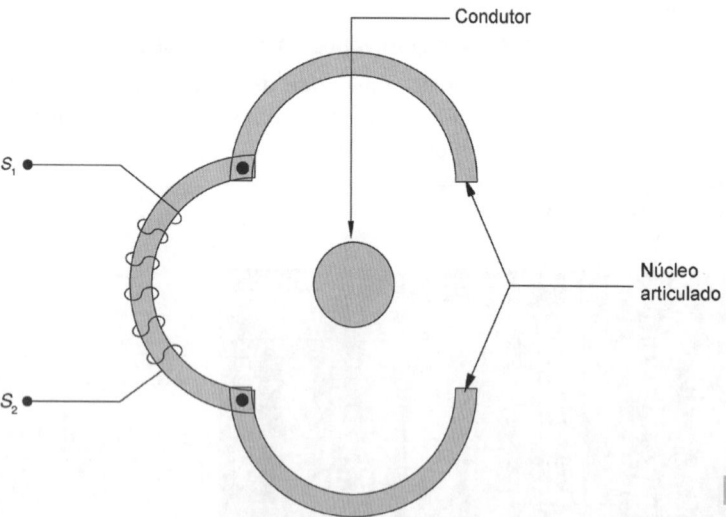

FIGURA 5.12 Transformador de corrente tipo núcleo dividido.

Nesse tipo de transformador, as bobinas primárias podem ser ligadas em série ou em paralelo, propiciando a obtenção de várias relações de transformação.

g) TC tipo com vários núcleos secundários e única barra como enrolamento primário

É aquele constituído de dois ou mais núcleos secundários montados isoladamente formando, com o enrolamento primário, um só conjunto, conforme se mostra na Figura 5.14.

Nesse tipo de transformador de corrente, a seção do condutor primário deve ser dimensionada para atender à maior das relações de transformação dos núcleos considerados.

Os transformadores de corrente de núcleos separados podem alimentar vários aparelhos que tenham diferentes funções. Assim, um TC que tenha três circuitos magnéticos separados pode alimentar:

- núcleo 1: os terminais de corrente do medidor de faturamento;

- núcleo 2: os terminais de corrente do relé de proteção de distância;
- núcleo 3: os terminais do relé de proteção de sobrecorrente.

Esse tipo de TC tem comportamento semelhante à condição de se utilizar três transformadores de corrente separados, com a vantagem de se obter menor custo devido à quantidade de equipamentos utilizados e ao espaço ganho na dimensão do pátio de manobra em subestações de alta-tensão. No entanto, em muitos casos, as concessionárias não admitem compartilhar o mesmo TC com um núcleo dedicado à sua medição de faturamento.

h) TC tipo vários enrolamentos secundários

É aquele constituído de um único núcleo envolvido pelo enrolamento primário e vários enrolamentos secundários, conforme se mostra na Figura 5.15, e que podem ser ligados em série ou paralelo.

i) TC tipo derivação no primário e secundário

É aquele constituído de um único núcleo envolvido pelos enrolamentos primário e secundário, sendo estes providos de uma ou mais derivações. Entretanto, o primário pode ser constituído de um ou mais enrolamentos, conforme se mostra na Figura 5.13. Como os ampères-espiras variam em cada relação de transformação considerada, somente é garantida a classe de exatidão do equipamento para a derivação que contiver o maior número de espiras. A versão desse tipo de TC é dada na Figura 5.16.

j) TC de barra do tipo relação múltipla com o primário em várias seções

É aquele constituído de múltiplas barras no primário que podem ser ligadas em série-paralela formando múltiplas relações, em conformidade com a Figura 5.17.

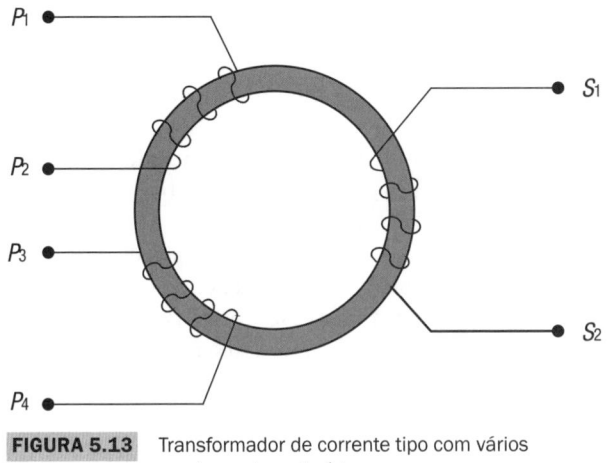

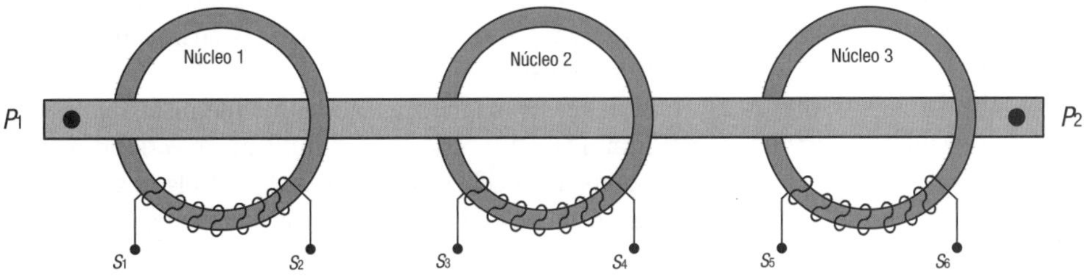

FIGURA 5.13 Transformador de corrente tipo com vários enrolamentos primários.

FIGURA 5.14 Transformador de corrente tipo com vários núcleos secundários.

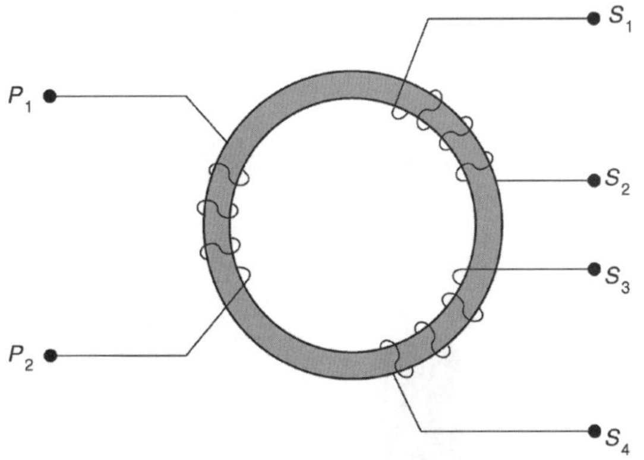

FIGURA 5.15 Transformador de corrente tipo vários enrolamentos secundários.

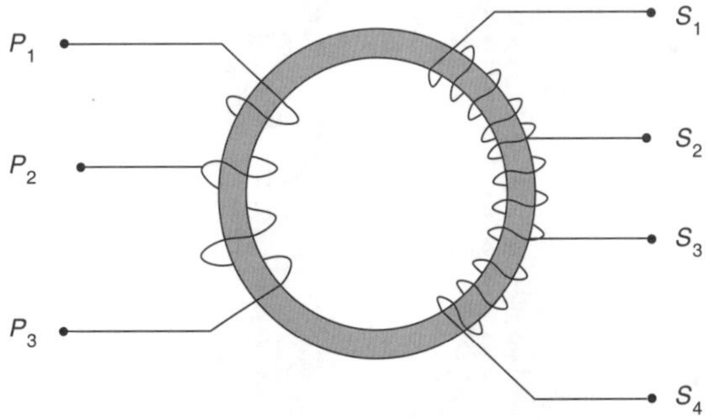

FIGURA 5.16 Transformador de corrente tipo com derivação no primário e no secundário.

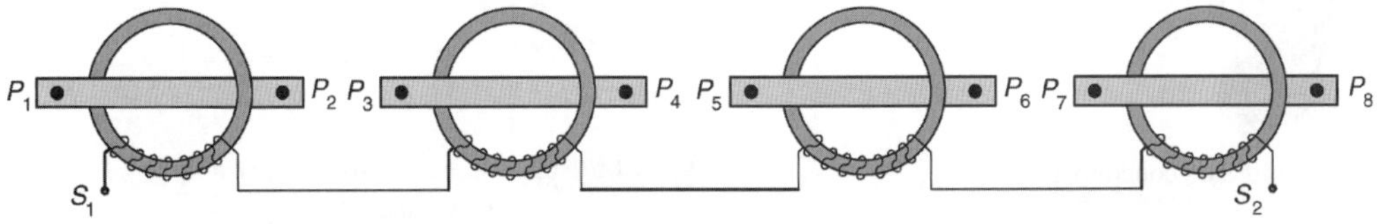

FIGURA 5.17 TC de múltiplas barras com vários núcleos secundários.

5.2.2 Tipos construtivos de transformadores de corrente

5.2.2.1 Transformadores tipo indutivo (TCIs)

a) TCs de baixa-tensão

Normalmente são isolados em resinas sintéticas.

Os transformadores de corrente de baixa-tensão normalmente têm o núcleo fabricado em ferro-silício de grãos orientados e está, juntamente com os enrolamentos primário e secundário, encapsulado em resina epóxi, submetido à polimerização, o que lhe proporciona endurecimento permanente, formando um sistema inteiramente compacto e dando ao equipamento características elétricas e mecânicas de grande desempenho, quais sejam:

- incombustibilidade do isolamento;
- elevada capacidade de sobrecarga, dada a excepcional qualidade de condutividade térmica da resina epóxi;
- elevada resistência dinâmica às correntes de curto-circuito;
- elevada rigidez dielétrica.

b) TCs de média e de alta-tensão

Para sistemas de média tensão, os TCs são normalmente isolados em resinas sintéticas ou em porcelana vitrificada.

Já os TCs de alta-tensão, normalmente empregados para uso externo, são constituídos com isolamento porcelana-óleo. Existem ainda TCs isolados a gás SF_6.

Os transformadores de corrente de média tensão, semelhantemente aos TCs de baixa-tensão, são, em geral, constituídos em resina epóxi quando destinados às instalações abrigadas.

Os transformadores de corrente fabricados em epóxi são normalmente descartáveis depois de um defeito interno. Não é possível a sua recuperação.

Os transformadores de corrente destinados a sistemas iguais ou superiores 69 kV têm os seus primários envolvidos por uma blindagem eletrostática, cuja finalidade é uniformizar o campo elétrico.

Os transformadores de corrente instalados em subestações ao tempo utilizam suporte de concreto ou estrutura metálica, de acordo com a Figura 5.18.

5.2.2.2 Transformadores de corrente com isolamento a SF_6

Os transformadores imersos em hexafluoreto de enxofre SF_6 apresentam aspectos construtivos próprios. O núcleo magnético é formado pelo empacotamento da chapa magnética e o corpo de porcelana apoiado em uma estrutura de ferro, conforme mostrado na Figura 5.19. A cuba, localizada no topo, em forma de T, é construída em alumínio anticorrosivo. Os enrolamentos primário e secundário estão localizados no interior da cuba metálica, cujo meio isolante é o SF_6.

A caixa de conexão, o controlador de densidade de gás SF_6 e a válvula de enchimento de gás são fixados no pedestal do TC.

São empregados em subestações abrigadas e ao tempo em tensões de 36 a 550 kV. A Tabela 5.1 apresenta as características básicas de transformadores de corrente com isolamento a SF_6.

5.2.2.3 Transformadores de corrente ópticos (TCOs)

Os transformadores de corrente ópticos estão fundamentados no efeito Faraday, que altera o ângulo de polarização da luz ao atravessar um campo magnético.

As ondas eletromagnéticas são normalmente formadas por fontes luminosas. Essas ondas se difundem em várias direções. Mas podemos conceber que há sempre um plano perpendicular para cada raio da onda luminosa, que denominamos luz natural, altamente abundante na natureza. Diz-se que essa luz é não polarizada. No entanto, existem materiais que quando atravessados por um feixe de luz têm a propriedade de permitir que somente parte da onda luminosa tenha continuidade. Veja

FIGURA 5.18 Instalação de TC em estrutura de concreto: poste + suporte capitel.

FIGURA 5.19 Transformador de corrente com isolação a SF_6.

TABELA 5.1 Características básicas dos transformadores isolados a SF_6

Características gerais	Tensão máxima (kV)			
	36	69	138	230
Tensão máxima do sistema (kV)	40,5	72,5	145	245
Tensão suportável de impulso (kV)	200	350	650	1.050
Distância mínima de *flashover* (mm)	385	700	1.300	2.100
Carga nominal secundária	In = 1 A ou 2 A (10 a 30 VA); In = 5A (15 a 50 VA)			
Corrente nominal primária (A)	5 a 5.000 A			
Corrente secundária (A)	1 – 2 – 5			
Corrente térmica de curto-circuito (kA)	50 kA para 3 s			
Fator limite de precisão	0,1 – 0,2 – 0,5 – 0,2S – 0,5S – 0,5P – 10P – PX			
Fator limite de exatidão para o instrumento FS	5 e 10			

o que acontece quando a luz incide sobre uma superfície de água. A luz que penetra na massa de água sofre um desvio de direção. A esse fenômeno é dado o nome de polarização da luz.

De outra forma, podemos conceituar o efeito Faraday afirmando que a corrente elétrica que circula em um condutor induz um campo magnético que, atuando sobre a fibra óptica, afeta o feixe de luz, provida pelo sensor de Faraday, que é parte do sistema óptico do TCO, que se propaga no seu interior.

Para a ativação do efeito Faraday, é necessário que um sensor, constituído por um material magneto óptico ativo, instalado na parte superior do TCO, seja submetido a um campo magnético criado pela passagem de corrente elétrica do sistema. A própria fibra óptica age como elemento sensor. Quando um feixe de luz linearmente polarizado se propaga pelo sensor de Faraday em uma direção paralela ao campo, ocorre uma rotação do plano de polarização da luz proporcional à intensidade do campo magnético aplicado. Para um sinal óptico transmitido por meio de um circuito fechado, o ângulo de rotação será proporcional à corrente circulante.

A Figura 5.20 mostra o desenho simplificado em corte de um transformador de corrente óptico no qual a corrente circula na barra que está envolvida por vários laços de fibra óptica, cuja utilização se destaca pelos seguintes motivos:

- segurança dos operadores, visto que elimina a ocorrência de falhas com explosão;
- podem ser aplicados tanto para medição de faturamento de elevada precisão quanto para proteção;
- podem ser aplicados tanto em sistemas de corrente alternada como contínua;
- sem perigo aos operadores quando os terminais secundários são abertos. No entanto, há de se considerar que se o operador remover a fibra óptica secundária sob condição de excitação luminosa e esta for acidentalmente dirigida ao olho, poderão ocorrer danos a esse órgão e sequelas irreversíveis;
- o intervalo de precisão é praticamente ilimitado;
- por não possuir materiais poluidores, é ambientalmente inofensivo à natureza;
- precisão e estabilidade nas medições de tensão e corrente;

- reproduz a onda senoidal com bastante precisão até o limite de 6 Hz;
- isento do efeito de saturação do núcleo.

Essas vantagens conduzem aos projetistas a utilização dos TCOs em substituição aos transformadores de corrente indutivos (TCIs) tradicionalmente difundidos há anos no mercado nacional e internacional. Em primeiro lugar, o preço dos TCOs é bem superior ao dos TCIs, que são utilizados em grande escala, apresentando um desempenho conhecido, consolidado e aceito pelos usuários.

Os TCOs normalmente são fabricados a partir da tensão de 72,5 a 800 kV. A Tabela 5.2 indica as principais características dos transformadores de corrente ópticos.

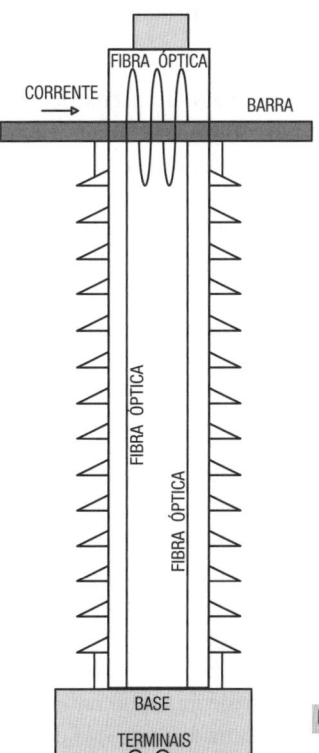

FIGURA 5.20 Corte de um transformador de corrente óptico.

TABELA 5.2 Características dos transformadores de corrente ópticos

Características gerais	Tensão máxima (kV)							
	72,5	123	145	245	362	420	550	800
Tensão máxima do sistema (kV)	72,5	121	145	245	362	420	550	800
Tensão suportável de impulso (kV)	350	550	650	1.050	1.300	1.550	1.880	2.100
Distância mínima de fuga (mm)	1.400	2.900	2.900	4.900	7.240	14.280	14.280	14.280
Altura (mm)	1.389	1.389	1.979	2.729	3.229	5.199	5.199	5.199
Peso (kg)	34	40	40	50	56	80	80	80
Potência nominal (W)	60							
Corrente contínua (A)	4.800 A							
Corrente nominal (A)	Definido pelo usuário em até 4.000 A							
Corrente térmica de curto-circuito (kA)	83 kA para 1 s							
Exatidão para medição	0,25S							
Exatidão para proteção	5P (IEC) e 10% (IEEE)							

Na aparência, os transformadores de corrente ópticos são semelhantes aos transformadores de corrente indutivos.

a) Comunicação dos transformadores de corrente ópticos com os aparelhos a jusante

Os TCOs podem se comunicar com os aparelhos por meio dos seguintes processos:

- Comunicação totalmente digital

É empregada quando os aparelhos conectados a montante dos TCOs são qualificados para comunicação com o mesmo padrão, sem a necessidade de interposição de módulos conversores ou utilização de programas multiprotocolos. Isso é possível a partir das normas IEC, que estabelecem que todos os sinais, tendo como fontes elementos sensores, devem fluir digitalmente.

- Comunicação por meio de conversores de sinais

Quando os aparelhos e equipamentos da instalação não possuem interfaces de comunicação compatíveis, são utilizados conversores digitais-analógicos, com dois níveis de saída do sinal analógico: [i] sinal analógico de baixa energia é aquele cujas tensões normalizadas de saída variam de 2 a 4 V rms, destinadas à aplicação em aparelhos de medição, e de 200 mV rms para proteção; e [ii] sinal de alta energia destinado à aplicação em aparelhos de medição com uma saída de 1 A que atende à carga típica de 2,5 VA.

5.2.2.4 Bobina de Rogowski

Tem o formato de um toroide e é constituída de enrolamento primário, por onde flui a corrente a ser medida, envolvendo um núcleo de material não magnético de seção transversal constante. É uma alternativa com relação aos transformadores de corrente tradicionais (TCIs) para determinadas aplicações.

Os terminais secundários são conectados a um integrador ou mantidos em aberto. No entanto, o núcleo não magnético pode ser contínuo ou aberto, conforme ilustrado na Figura 5.21. Já a Figura 5.22 mostra uma bobina de Rogowski de núcleo contínuo.

A bobina de Rogowski apresenta vantagens e desvantagens com relação aos transformadores de corrente indutivos convencionais:

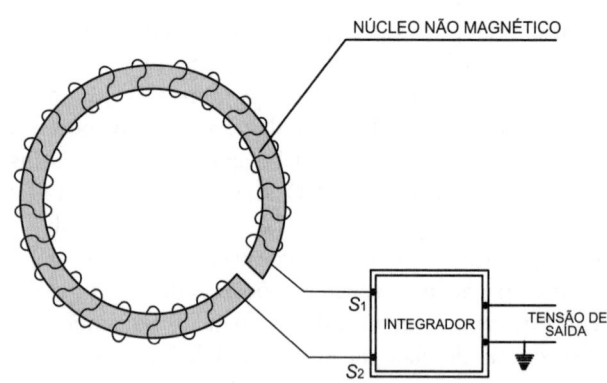

FIGURA 5.21 Esquema básico da bobina de Rogowski de núcleo aberto.

FIGURA 5.22 Bobina de Rogowski de núcleo contínuo. Disponível em: http://www.rogowski.cn/prod_view.aspx?TypeId=12&Id=182&FId=t3:12:3. Acesso em: 17 jul. 2023.

a) Vantagens

- Não há perdas no núcleo.
- Não há perdas no enrolamento secundário.
- Não há saturação e, portanto, pode ser utilizada para uma larga faixa de corrente.
- Carga secundária desprezível.
- Opera igualmente tanto em regime permanente como em regime transitório, já que não há saturação no núcleo.
- Facilidade de instalação e baixo peso.

b) Desvantagem

- Necessita de um integrador passivo (composto por resistências e capacitâncias) ou ativo (uso de amplificadores operacionais).

5.3 CARACTERÍSTICAS ELÉTRICAS (TCI)

Os transformadores de corrente do tipo indução (TCI), de modo geral, podem ser representados eletricamente por meio do esquema da Figura 5.23, em que a resistência e a reatância primárias estão definidas como R_1 e X_1, a resistência e reatância secundárias estão definidas como R_2 e X_2 e o ramo magnetizante está caracterizado pelos seus dois parâmetros, isto é, a resistência R_μ, que é responsável pelas perdas ôhmicas, pelas correntes de histerese e de Foucault, desenvolvidas na massa do núcleo de ferro com a passagem das linhas de fluxo magnético, e X_μ responsável pela corrente reativa devido à circulação das mesmas linhas de fluxo no circuito magnético.

Por meio do esquema da Figura 5.23, pode-se descrever resumidamente o funcionamento de um transformador de corrente. Determinada carga absorve da rede de energia certa corrente, I_p, por exemplo, na fase A, a qual circula no enrolamento primário do TC, cuja impedância ($Z_1 = R_1 + jX_1$) pode ser desconsiderada para TCs do tipo barra. A corrente que circula no secundário do TC, I_s, provoca uma queda de tensão na sua impedância interna ($Z_2 = R_2 + jX_2$) e na impedância da carga conectada ($Z_c = R_c + jX_c$) que afeta o fluxo principal, exigindo uma corrente magnetizante, I_e, diretamente proporcional.

O erro de relação de corrente do TC é resultante essencialmente da corrente que circula no ramo magnetizante, isto é, I_e. É simples entender que a corrente secundária, I_s, somada à corrente magnetizante, I_e, deve ser igual à corrente que circula no primário, ou seja, considerando um TC de relação 1:1, para que a corrente secundária reproduzisse fielmente a corrente do primário, seria necessário que $I_p = I_s$. Como não é, a corrente que circula no secundário (carga) não corresponde exatamente à corrente do primário, ocasionando, assim, o erro do TC.

Quando o núcleo entra em saturação, exige uma corrente de magnetização muito elevada, provocando, assim, um erro de valor considerável na medida da corrente secundária.

Para melhor se conhecer um transformador de corrente, independentemente de sua aplicação na medição e na proteção, é necessário estudar as suas características elétricas principais.

5.3.1 Correntes nominais

As correntes nominais primárias devem ser compatíveis com a corrente de carga do circuito secundário dada pela relação de transformação.

As correntes nominais primárias e as relações de transformação nominais estão discriminadas nas Tabelas 5.3 e 5.4, respectivamente, para relações nominais simples e duplas, utilizadas para ligação série/paralela no enrolamento primário de acordo com a NBR 6856:2021.

As correntes nominais secundárias são geralmente iguais a 5 A. Em alguns casos especiais, quando os aparelhos, normalmente relés de proteção, são instalados distantes dos transformadores de corrente, pode-se adotar a corrente secundária de 1 A, a fim de reduzir a queda de tensão nos fios de interligação.

A norma NBR 6856:2021 especifica as características de desempenho de transformadores de corrente, tanto aqueles utilizados nos serviços de medição de faturamento e operacional como aqueles utilizados nos esquemas de proteção e controle. A norma limita a aplicação dos TCs para tensões iguais ou inferiores a 52 kV e fabricação com isolamento sólido. Estão fora da abrangência dessa norma os transformadores de corrente para uso em laboratórios e transdutores ópticos.

A NBR 6856:2021 adota as seguintes simbologias para definir as relações de corrente:

- o sinal de dois pontos (:) deve ser usado para exprimir relações de enrolamentos diferentes, como 300:1;
- o sinal do hífen (-) deve ser usado para separar correntes nominais de enrolamentos diferentes, como: 300-5 A, 300-300-5 A (dois enrolamentos primários e um enrolamento secundário), 300-5-5 (um enrolamento primário e dois enrolamentos secundários);
- o sinal de vezes (×) deve ser usado para separar correntes primárias nominais, ou ainda relações nominais duplas, como 300 × 600-5 A (correntes primárias nominais), cujos

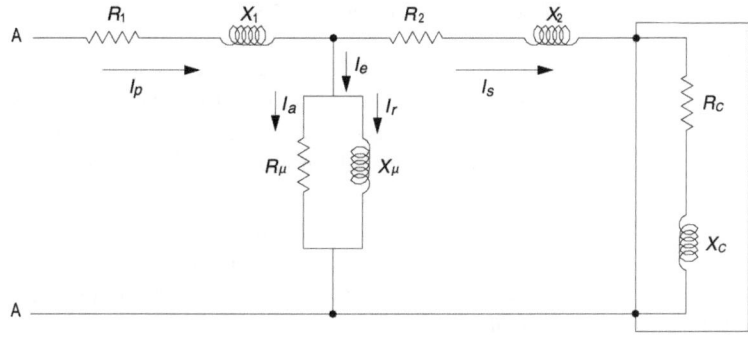

FIGURA 5.23 Diagrama representativo de um transformador de corrente.

TABELA 5.3 Correntes primárias e relações nominais

Corrente primária nominal (A)	Relação nominal (5 A)	Relação nominal (1 A)	Corrente primária nominal (A)	Relação nominal (5 A)	Relação nominal (1 A)	Corrente primária nominal (A)	Relação nominal (5 A)	Relação nominal (1 A)	Corrente primária nominal (A)	Relação nominal (5 A)	Relação nominal (1 A)
5	1:1	5:1	60	12:1	60:1	400	80:1	400:1	2.500	500:1	2.500:1
10	2:1	10:1	75	15:1	75:1	500	100:1	500:1	3.000	600:1	3.000:1
15	3:1	15:1	100	20:1	100:1	600	120:1	600:1	4.000	800:1	4.000:1
20	4:1	20:1	125	25:1	125:1	800	160:1	800:1	5.000	1.000:1	5.000:1
25	5:1	25:1	150	30:1	150:1	1.000	200:1	1.000:1	6.000	1.200:1	6.000:1
30	6:1	30:1	200	40:1	200:1	1.200	240:1	1.200:1	8.000	1.600:1	8.000:1
40	8:1	40:1	250	50:1	250:1	1.500	300:1	1.500:1	–	–	–
50	10:1	50:1	300	60:1	200:1	2.000	400:1	2.000:1	–	–	–

TABELA 5.4 Correntes primárias e relações nominais duplas para ligação série/paralelo

Corrente primária nominal (A)	Relação nominal	Corrente primária nominal (A)	Relação nominal
5 × 10	1 × 2:1	800 × 1.600	160 × 320:1
10 × 20	2 × 4:1	1.000 × 2.000	200 × 400:1
15 × 20	3 × 6:1	1.200 × 2.400	240 × 480:1
20 × 40	4 × 8:1	1.500 × 3.000	300 × 600:1
25 × 50	5 × 10:1	2.000 × 4.000	400 × 800:1
30 × 60	6 × 12:1	2.500 × 5.000	500 × 1.000:1
40 × 80	8 × 16:1	3.000 × 6.000(*)	600 × 1.200:1
50 × 100	10 × 20:1	4.000 × 8.000(*)	800 × 1.600:1
60 × 120	12 × 24:1	5.000 × 10.000(*)	1.000 × 2.000:1
75 × 150	15 × 30:1	6.000 × 12.000(*)	1.200 × 2.400:1
100 × 200	20 × 40:1	7.000 × 14.000(*)	1.400 × 2.800:1
150 × 300	30 × 60:1	8.000 × 16.000(*)	1.600 × 2.800:1
200 × 400	40 × 80:1	9.000 × 18.000(*)	1.800 × 3.600:1
300 × 600	60 × 120:1	10.000 × 20.000(*)	2.000 × 4.000:1
400 × 800	80 × 160:1	–	–
600 × 1.200	12 × 24:1	–	–

(*) NBR 6856:1992

enrolamentos podem ser ligados em série ou paralelo, segundo a Figura 5.24, que mostra o exemplo de um TC de relação 150 × 300 × 600-5 A com seus enrolamentos primários ligados de forma a fornecer as diferentes correntes indicadas;

- o sinal de barra (/) deve ser usado para separar correntes primárias nominais ou relações nominais obtidas por meio de derivações nos enrolamentos secundários, como 300-5/5 A, como visto na Figura 5.24;
- o sinal de barra dupla (//) deve ser usado para separar correntes nominais ou relações nominais obtidas por meio de derivações nos enrolamentos primários, como 200//300-5 A, como visto na Figura 5.25.

A Figura 5.25 exemplifica as possíveis ligações dos terminais primários e secundários dos TCs, formando diferentes relações de transformação, para atender às mais diversas condições operacionais exigidas nos projetos de instalações elétricas.

Já a Figura 5.26 mostra as relações nominais múltiplas dos transformadores de corrente, indicando, para cada derivação dos enrolamentos primário e secundário, as possíveis relações de transformação e a corrente elétrica correspondente no enrolamento primário.

Transformadores de corrente | **157**

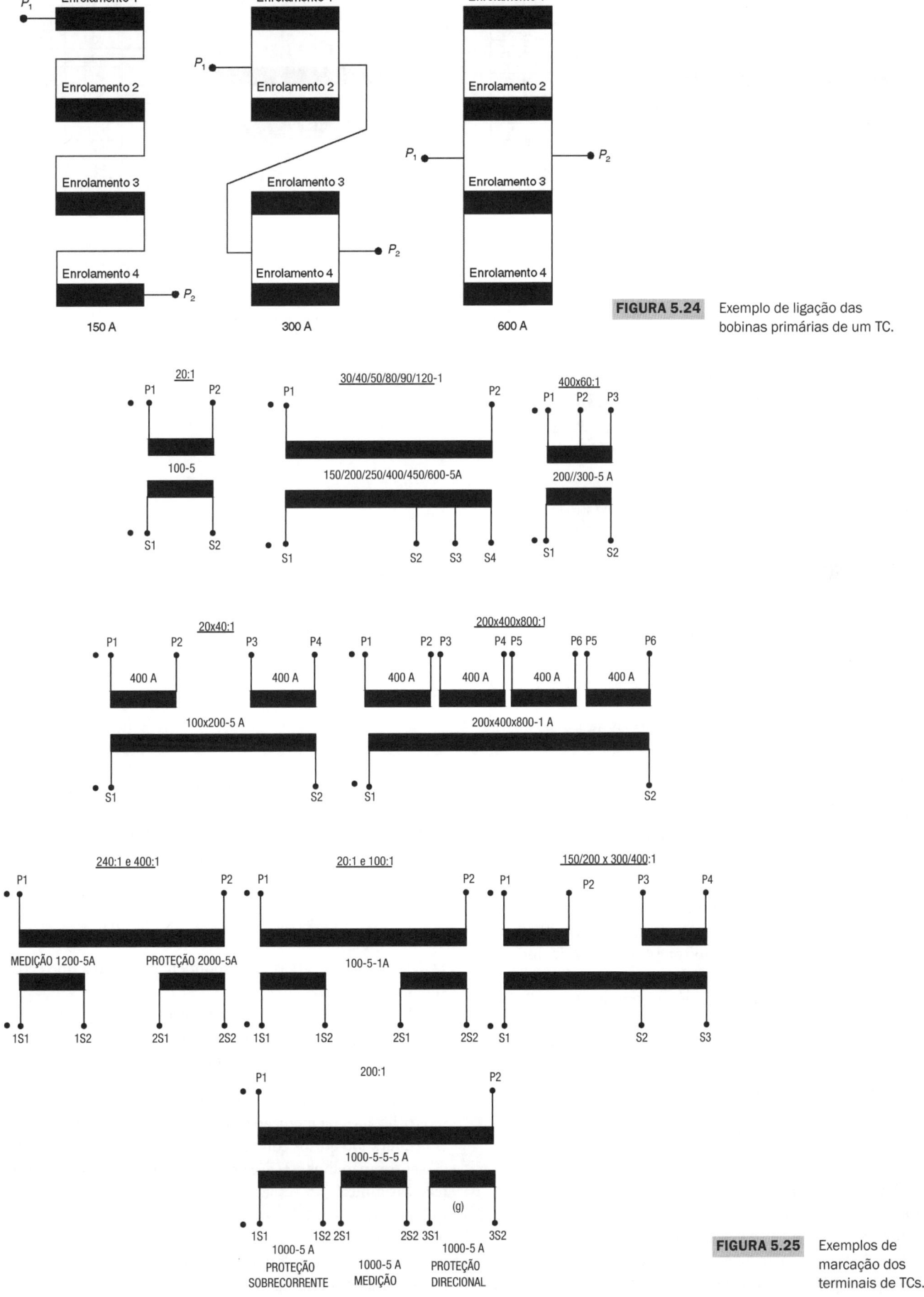

FIGURA 5.24 Exemplo de ligação das bobinas primárias de um TC.

FIGURA 5.25 Exemplos de marcação dos terminais de TCs.

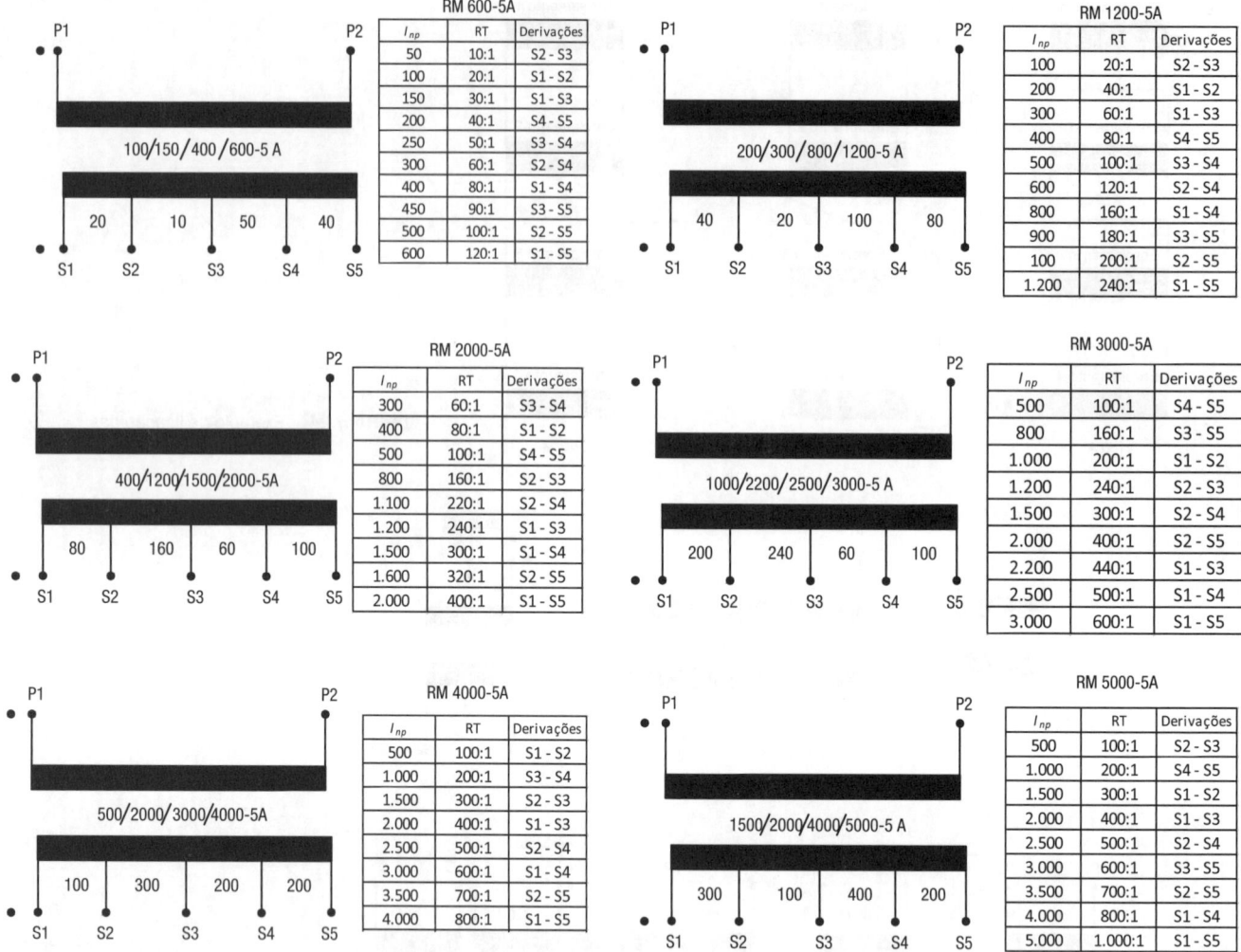

FIGURA 5.26 Exemplos de relações nominais múltiplas de TCs.

5.3.2 Cargas nominais

Os transformadores de corrente devem ser especificados de acordo com a carga que será ligada no seu secundário. Dessa forma, a NBR 6856:2021 padroniza as cargas secundárias de acordo com a Tabela 5.5.

Para determinado transformador de corrente, a carga secundária representa o valor ôhmico das impedâncias formadas pelos diferentes aparelhos ligados a seu secundário, incluindo-se aí os condutores de interligação.

Por definição, a carga secundária nominal de um TC é a impedância ligada aos terminais secundários, cujo valor corresponde à potência para a exatidão garantida, sob corrente nominal. Considerando um TC com carga nominal de 100 VA, a impedância correspondente vale 4 Ω, ou seja:

$$Z_s = \frac{P_{tc}}{I_s^2} = \frac{100}{5^2} = 4 \, \Omega$$

A carga dos aparelhos que deve ser ligada aos transformadores de corrente tem que ser dimensionada criteriosamente para se escolher o TC de carga padronizada compatível. No entanto, como os aparelhos são interligados aos TCs por meio de fios, normalmente de comprimentos diversos, é necessário calcular-se a potência dissipada nesses condutores e somá-la à potência dos aparelhos correspondentes. Assim, a carga de um transformador de corrente, independentemente de ser destinado à medição ou à proteção, pode ser dada pela Equação (5.1).

$$C_{tc} = \Sigma C_{ap} + L_c \times Z_c \times I_s^2 \, (VA) \quad (5.1)$$

ΣC_{ap} – soma das cargas correspondentes dos aparelhos considerados, em VA;
I_s – corrente nominal secundária, normalmente igual a 5 A;
Z_c – impedância do condutor, em Ω/m;
L_c – comprimento do fio condutor, em m.

A Tabela 5.6 fornece as cargas médias dos principais aparelhos utilizados na medição de energia, demanda, corrente etc. Considerando que os condutores mais utilizados na interligação entre aparelhos e TC sejam de 4, 6 e 10 mm², as suas resistências ôhmicas são, respectivamente, de 5,5518 mΩ/m, 3,7035 mΩ/m e 2,2221 mΩ/m, e as reatâncias correspondentes são: 0,1279 mΩ/m, 0,1225 mΩ/m e 0,1207 mΩ/m. Para pequenas distâncias entre os TCs e os instrumentos, pode-se desprezar a reatância dos condutores.

TABELA 5.5 Cargas nominais para TCs a 60 Hz, 1 e 5 A

Designação	Resistência Ω	Reatância indutiva mΩ	Potência nominal VA	Fator de potência -	Impedância Ω
C2,5	0,09	0,044	2,5	0,9	0,1
C5,0	0,18	0,087	5,0	0,9	0,2
C12,5	0,45	0,218	12,5	0,9	0,5
C22,5	0,81	0,392	22,5	0,5	0,9
C25,0	0,50	0,866	25,0	0,5	1,0
C45,0	1,62	0,785	45,0	0,9	1,8
C50,0	1,00	1,732	25,0	0,5	2,0
C90,0	3,24	1,569	90,0	0,5	3,6
C100	2,00	3,464	100,0	0,5	4,0
C200(*)	4,00	-	200,0	0,5	8,0
Cargas nominais para TCs a 60 Hz e 1 A					
C1,0	1,00	0,000	1,0	1,0	1,0
C2,5	2,50	0,000	2,5	1,0	2,5
C4,0	4,00	0,000	4,0	1,0	4,0
C5,0	5,00	0,000	5,0	1,0	5,0
C8,0	7,20	3,487	8,0	0,9	8,0
C10,0	9,00	4,359	10,0	0,9	10,0
C20,0	18,00	8,720	20,0	0,9	20,0

(*) NBR 6856: 1992

TABELA 5.6 Cargas aproximadas dos principais aparelhos para TCs

Aparelhos	Consumo aproximado (VA)	
	Eletromecânico	Digital
Amperímetros registradores	15 a 5	0,15 a 3,5
Amperímetros indicadores	3,5 a 15	1,0 a 2,5
Wattímetros registradores	5 a 12	0,15 a 3,5
Wattímetros indicadores	6 a 10	1 a 2,5
Medidores de fase registradores	15 a 20	2,5 a 5
Medidores de fase indicadores	7 a 20	2,5 a 5
Relés direcionais de corrente	25 a 40	2,5 a 6,5
Relés de distância	10 a 15	2,0 a 8
Relés diferenciais de corrente	8 a 15	2,0 a 8
Medidor de kW – kWh	2,2	0,94
Medidor de kvarh	2,2	0,94

É muito importante advertir que, se a carga ligada aos terminais secundários de um transformador de corrente for muito menor que sua carga nominal, ele pode sair de sua classe de exatidão, além de não limitar adequadamente a corrente de curto-circuito, permitindo a queima dos aparelhos a ele acoplados. Esse assunto será tratado posteriormente.

Como os condutores de interligação dos instrumentos correspondentes são de suma importância na composição das cargas secundárias do TC, os gráficos da Figura 5.27 fornecem as perdas ôhmicas, em função da seção nominal do condutor.

É importante observar que, para os aparelhos com fatores de potência muito diferentes ou mesmo abaixo de 0,80, é necessário se calcular a carga do TC com base na soma vetorial das cargas ativa e reativa, a fim de reduzir o erro decorrente.

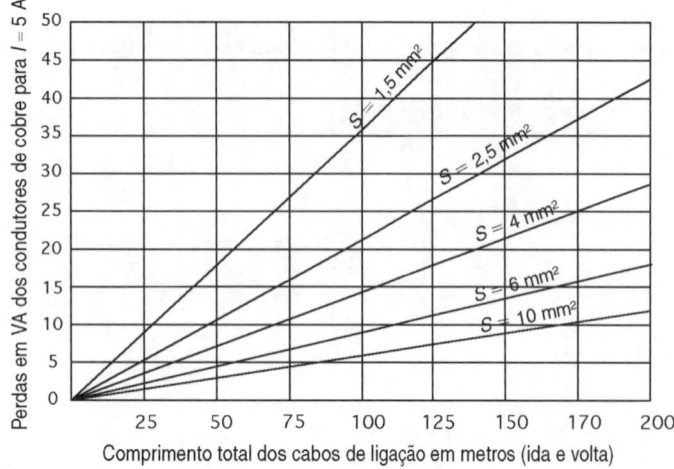

Comprimento total dos cabos de ligação em metros (ida e volta)

FIGURA 5.27 Gráfico de perdas nos condutores de ligação.

EXEMPLO DE APLICAÇÃO (5.1)

Calcule a carga do transformador de corrente, destinado à proteção direcional de um consumidor industrial. O fio de interligação é de 10 mm² de seção transversal e tem um comprimento de 100 m, ou seja: 2 × 50 m. A carga do relé digital é de 6,5 VA.

De acordo com a Equação (5.1), temos:

$$C_{tc} = \sum C_{ap} + L_c \times Z_c \times I_s^2$$

$$C_{tc} = 6,5 + \left(\frac{2 \times 50 \times 2,2221}{1.000} + j\frac{2 \times 50 \times 0,1207}{1.000}\right) \times 5^2$$

$$C_{tc} = 6,5 + (0,2221 + j0,01207) \times 5^2$$

$$C_{tc} = 6,5 + 5,5$$

$$C_{tc} = 12 \text{ VA}$$

Os valores de ΣC_{ap} podem ser obtidos genericamente na Tabela 5.6. Já os valores de Z_c são obtidos no Capítulo 4.

Logo, a carga nominal do TC deve ser de 12,5 VA.

5.3.3 Fator limite de exatidão

É o fator pelo qual se deve multiplicar a corrente nominal primária do TC para se obter a máxima corrente no seu circuito primário até o limite de sua classe de exatidão. A NBR 6856:2021 especifica o fator limite de exatidão para serviço de proteção em: 5 – 10 – 15 – 20 e 30 vezes a corrente nominal.

Quando a corrente que circula no secundário do TC ultrapassar as condições impostas pelo fator limite de exatidão, devemos nos preocupar com a segurança do equipamento que será conectado ao referido TC, pois existe uma relação perigosa entre a carga nominal do TC e a carga efetivamente conectada aos seus terminais. Quanto maior for essa relação, maior será a corrente que circulará no secundário do TC, impactando na segurança do equipamento a ele conectado. A Equação (5.2) permite determinar de forma aproximada o fator limite de exatidão do equipamento conectado em função de F_{len}.

$$F_{le} = \frac{C_n}{C_s} \times F_{len} \quad (5.2)$$

C_s – carga ligada ao secundário do TC, em VA;

F_{len} – fator limite de exatidão nominal;
C_n – carga nominal secundária do transformador de corrente.

Assim, para um TC com fator limite de exatidão de $20 \times I_{ns}$, cuja carga ligada no secundário é 30% inferior à carga nominal secundária, correspondente à corrente nominal secundária, I_{ns}, a corrente que vai circular no TC é de $36 \times I_{ns}$.

5.3.4 Identificação dos transformadores de corrente para serviço de medição

Os TCs para medição são identificados pela carga padrão secundária expressa em VA, seguida da classe de exatidão expressa em porcentagem e, quando necessário, o fator limite de exatidão.

A classe de exatidão dos transformadores de corrente para a medição são: [i] para serviço de medição de faturamento de geração e de cargas de grande porte: 0,2; [ii] para serviço de medição de faturamento de consumidores em geral: 0,3; [iii] para alimentação de medidores de contabilização de energia em setores industriais e indicadores de parâmetros elétricos operacionais: 0,6; [iv] para alimentação de indicadores de corrente eletromecânicos e elétricos: 1,2.

Assim, um TC de medição de faturamento identificado por 25 VA 0,3 significa que a carga padrão a ser conectada no seu secundário é de 25 VA e a sua classe de exatidão é de 3% de erro.

Um TC de medição de faturamento, identificado por 50 VA 0,3, significa que a carga padrão a ser conectada no seu secundário é de 50 VA e sua classe de exatidão é de 3%.

Um TC de medição de faturamento identificado por 12,5 VA 0,3 – 25 VA 1,2 significa que a carga padrão a ser conectada no seu secundário é de 12,5 VA com classe de exatidão de 3% e carga 25 VA com classe de exatidão 1,2%.

5.3.5 Identificação dos transformadores de corrente para serviço de proteção

Os transformadores de corrente destinados aos serviços de proteção podem ser identificados, segundo a NBR 6856:2021, da seguinte forma:

a) Classe P

São os TCs construídos com limites de erro para a corrente nominal primária, defasagem angular, erro composto da corrente primária e limite de exatidão. Na sua especificação deve ser expresso, em porcentagem, o maior erro composto que se deseja admitir. A classe P indica que o TC não tem controle do fluxo remanescente.

As classes de exatidão padronizadas são 5P e 10P, ou seja, 5 e 10% de erro composto da corrente primária, respectivamente. Apresentam erros de corrente primária nominal e defasamento angular para a corrente nominal iguais aos valores de (±1% e ±60 min), e (±3%), respectivamente, para as classes de exatidão de 5P e 10P.

Assim, um TC de proteção especificado como 50 VA 10P15 significa ter a carga padronizada de 50 VA, atendendo à classe de exatidão de 10% e fator limite de exatidão de 15 vezes a corrente nominal.

Deve-se entender por erro composto o valor eficaz equivalente da corrente determinada a partir da diferença entre a corrente secundária multiplicada pela relação nominal de transformação e a corrente primária.

O transformador de corrente de proteção da classe P não tem limite para o fluxo remanescente para o qual é especificado o comportamento de saturação para um curto-circuito simétrico. Assim, quando o transformador de corrente é desligado, mantém-se um fluxo magnético no núcleo do TC, denominado fluxo magnético remanescente. Se o TC tem uma carga elevada conectada no seu secundário, a saturação ocorrerá mais rapidamente, porque é exigida uma tensão mais elevada para determinado valor da corrente circulante do sistema. Sabe-se que o fluxo é proporcional à tensão.

O fluxo remanescente no núcleo do TC é função do fluxo existente imediatamente antes da desenergização do TC. O fluxo remanescente, por definição, deve permanecer no núcleo do TC após 3 minutos da interrupção de uma corrente de excitação com um valor capaz de induzir um fluxo de saturação.

Os TCs de classe P são normalmente construídos de núcleo de ferro, podendo também ser do tipo toroidal, ou seja, de baixa reatância de dispersão. São empregados para correntes de pequeno valor e a sua operação é definida pela corrente de excitação e pelo erro de relação do número de espiras.

b) Classe PR

São TCs para proteção com baixa remanescência, para a qual é especificado o comportamento de saturação para um curto-circuito simétrico.

A classe PR se caracteriza por um TC com controle do fluxo residual inferior a 10%, e tem a sua especificação de tensão de saturação definida para a corrente de curto simétrica associada ao fator limite de precisão.

Um TC 25 VA 5PR15 tem o seguinte significado: 25 VA de carga padronizada, 5% de erro composto de corrente primária e fator limite de exatidão de 15 vezes a corrente nominal.

Os transformadores de corrente classe PR possuem núcleo com entreferro que limita o fluxo remanescente, de forma a garantir a não saturação do núcleo, apresentando uma característica mais linear.

Nos projetos de proteção dotados de religamento automático, devem-se especificar os TCs do tipo PR para evitar saturação do núcleo e consequente erro de operação da proteção. Para esses TCs, não deve ocorrer saturação para a corrente simétrica de curto-circuito para a qual ele foi especificado.

c) Classe PX

A classe PX se caracteriza por TC de baixa reatância cujas propriedades são definidas pelo usuário, que deve indicar o número de espiras, a tensão de saturação relacionada com sua corrente de excitação, o fator limite de exatidão, a corrente nominal do primário e do secundário, a resistência do secundário e a resistência da carga padrão a ser conectada no secundário.

São TCs para cujo desempenho devem ser considerados os seguintes valores:

- corrente nominal primária (I_{pr});
- corrente nominal secundária (I_{sr});
- o erro de relação de espiras não deve exceder a ±0,25%;
- força eletromotriz limiar de saturação nominal (E_k);
- máxima corrente de excitação (I_e);
- máxima resistência do enrolamento secundário a 75 °C (R_{ct});
- carga resistiva nominal (R_c);
- fator limite de exatidão (K_x).

Sua designação é dada, por exemplo, por: $E_k \geq 200$ V; $I_e \leq 0{,}2$ A; $R_{ct} \leq 2{,}0$ Ω, $K_x = 30$; $R_c = 3$ Ω, ou seja, cada variável deve ser definida para o fabricante.

O transformador da classe PX é o único que não possui limite para o valor de fluxo remanescente após o desligamento do circuito. O seu núcleo é de ferro de baixa reatância de dispersão, sendo considerada desprezível para a avaliação do seu desempenho.

d) Classe PXR

São TCs para cujo desempenho devem ser considerados os valores anteriormente relacionados, ou seja, para a classe PX,

EXEMPLO DE APLICAÇÃO (5.2)

Calcule o fator limite de segurança de um instrumento conectado a um transformador de corrente destinado ao serviço de proteção, quando no seu secundário há ligada uma carga de 5,65 VA, por meio de um fio de cobre de 4 mm² e 15 m de comprimento.

$$C_s = C_{ap} + (L_c \times Z_c) \times I_s^2 = 5,65 + (2 \times 15 \times 0,0055 + j0,1279) \times 5^2$$

$$C_s = 5,65 + (0,165 + j0,1279) \times 5^2 \rightarrow C_s = 10,2 \text{ VA}$$

$$C_n = 12,5 \text{ VA, ou } 12,5 \text{ VA } 10P20$$

$$F_{le} = \frac{C_n}{C_s} \times F_{len} = \frac{12,5}{10,2} \times 20 = 24,5 \text{ (novo valor do fator limite de exatidão: o TC não irá saturar)}$$

Nesse caso, os instrumentos dedicados à proteção e a medidas operacionais seriam atravessados por uma corrente 24,5 vezes maior do que a sua corrente nominal de operação. A maioria desses aparelhos suporta valores muito superiores.

---

diferindo quanto a valores e a outras propriedades. São especificados segundo a NBR 6856:2021.

O erro de relação de espiras para um TC da classe PXR não pode superar o valor de 10%. Para saber a distinção entre as classes PX e PXR, deve-se utilizar o critério do fluxo residual.

Um TC da classe PXR designado, por exemplo, por 50 VA 10PR15 significa que é um TC de baixa remanescência, com uma carga secundária de 50 VA, dentro da classe de exatidão de 10% de erro, medido a uma corrente primária 15 vezes a corrente nominal. Detalhando os parâmetros elétricos para a especificação, temos, por exemplo: $E_k \geq 200$ V; $I_e \leq 0,2$ A; $R_{ct} \leq 2,0$ Ω, $K_x = 30$; $R_c = 3$ Ω.

A especificação da classe PXR é similar à da classe PX, havendo controle do fluxo remanescente em função de um *gap* de ar no núcleo, cujo fluxo residual deve ficar abaixo de 10%.

5.3.6 Corrente de magnetização

A corrente de magnetização dos transformadores de corrente fornecida pelos fabricantes permite que se calculem, entre outros parâmetros, a tensão induzida no seu secundário e a corrente magnetizante correspondente.

De acordo com a Figura 5.28, que representa a curva de magnetização de um transformador de corrente para serviço de proteção, a tensão obtida no joelho da curva é aquela correspondente a uma densidade de fluxo B igual a 1,20 tesla (T) a partir da qual o transformador de corrente entra em saturação. Deve-se lembrar de que 1 tesla é a densidade de fluxo de magnetização de um núcleo, cuja seção é de 1 m² e por meio da qual circula um fluxo ϕ de 1 weber (Wb). Por outro lado, o fluxo magnético representa o número de linhas de força, emanando de uma superfície magnetizada ou entrando na mesma superfície. Resumindo o relacionamento dessas unidades, tem-se:

$$1 \text{ T (tesla)} = \frac{1 \text{ weber}}{1 \text{ m}^2}$$

$$1 \text{ T (tesla)} = 10^4 \text{G (gauss)}$$

$$G(\text{gauss}) = \frac{n^\underline{o} \text{ de linhas fluxo}}{\text{cm}^2}$$

A corrente de magnetização pode ser dada pela Equação (5.3) e representa menos de 1% da corrente nominal primária, para o TC em operação em carga nominal:

$$I_e = K \times H \text{ (mA/m)} \qquad (5.3)$$

H – força de magnetização, em mA/m;
K – valor que depende do comprimento do caminho magnético e do número de espiras, cuja ordem de grandeza é dada na Tabela 5.7.

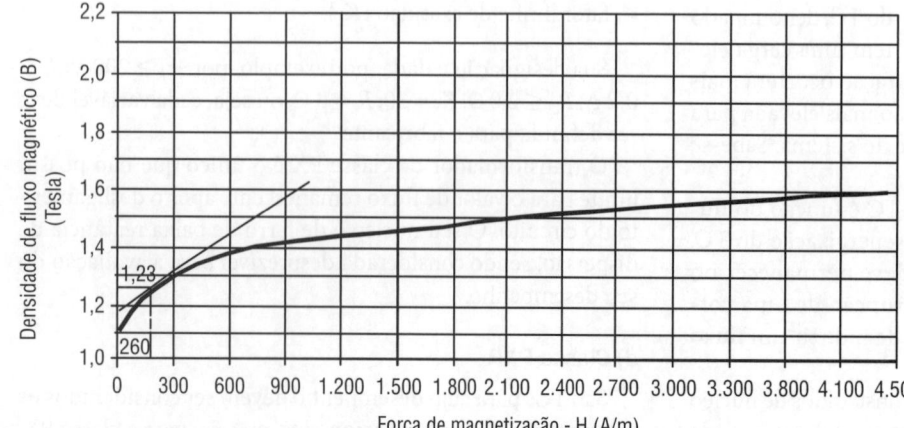

FIGURA 5.28 Curva de magnetização de um transformador de corrente.

TABELA 5.7 Ordem de grandeza de K da Equação (5.3)

Ampères-espiras (AS)	Tensão nominal do TC (kV)		
	15	34,5	72,6
100	10,3	16,6	25,0
200	5,2	8,3	12,5
300	3,4	5,5	8,3
400	2,6	4,2	6,3
500	2,0	3,3	5,0
600	1,7	2,8	4,2
800	1,3	2,1	3,2
1.000	1,0	1,6	2,5

A corrente de magnetização varia para cada transformador de corrente, devido à não linearidade magnética dos materiais de que são constituídos os núcleos. Assim, à medida que cresce a corrente primária, a corrente de magnetização não cresce proporcionalmente, mas segundo uma curva dada na Figura 5.29, e tomada como ordem de grandeza.

Os TCs destinados ao serviço de proteção, por exemplo, que atingem o início da saturação a $20 \times I_n$ ou a 1,23 T, segundo a curva da Figura 5.28, devem ser projetados para, em operação nominal, trabalhar com uma densidade magnética, aproximadamente, igual a 1,20 T, portanto abaixo de 1,23, correspondente a uma força magnetizando igual a 260 A/m.

A título de ilustração, a Figura 5.30 mostra um rolo de lâminas de aço silício utilizado em núcleos de transformadores.

O fluxo no núcleo do transformador de corrente aumenta em função da tensão estabelecida no enrolamento secundário, decorrente do aumento da carga secundária. Na região de saturação do transformador de corrente observa-se uma elevada taxa de erro provocando distorções críticas no formato de onda da corrente nos terminais secundários.

De conformidade com a Figura 5.31, o joelho da curva corresponde ao ponto de máxima permeabilidade magnética do núcleo. Quando o TC opera em um ponto inferior ao ponto de inflexão da curva (joelho), o valor do erro cometido é considerado desprezível, contrariamente ao que se observa na parte da curva acima do joelho, que corresponde à região de saturação do TC.

Conforme está mostrado no gráfico da Figura 5.31, para encontrar o ponto acima do qual inicia-se o processo de saturação observado nas curvas de um TC, traça-se uma reta tangente a um ponto da curva com inclinação de 45° em relação a uma linha horizontal quando se trata de um TC sem entreferro. Para TCs com entreferro o ângulo vale 30°. Essa conceituação é definida pela IEEE 57.13-1973. No caso do IEC, o método de definição do ponto de joelho é obtido pela Equação (5.4), ou seja, para cada 10% de aumento da tensão de excitação ocorre uma variação de 50% na corrente de excitação, conforme

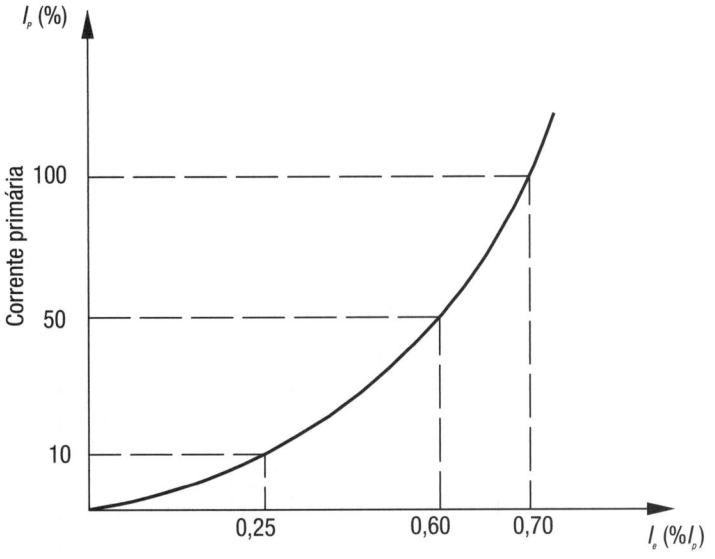

FIGURA 5.29 Curva de magnetização: $I_p \times I_e$.

FIGURA 5.30 Lâminas de aço silício laminado em rolo. Disponível em: https://www.portalaluminio.com.br/laminas-de-aco-silicio. Acesso em: 23 Nov. 2023.

demonstrado na Figura 5.32(a), em que a tangente no ponto de joelho é de 13,22°.

$$\frac{\Delta V_e}{\Delta V_s} = artg\left(\frac{\log(1+0,10)}{\log(1+0,50)}\right) = 13,22° \qquad (5.4)$$

Já a Figura 5.32(b) mostra um gráfico de saturação da corrente magnetizante × densidade de fluxo.

É importante observar que um transformador de corrente não deve ter o seu circuito secundário aberto, estando o primário ligado à rede. Isso se deve ao fato de que não há força desmagnetizante secundária que se oponha à força magnetizante gerada pela corrente primária, fazendo com que, para correntes elevadas primárias, todo o fluxo magnetizante exerça sua ação sobre o núcleo do TC, levando-o à saturação e provocando uma intensa taxa de variação de fluxo na passagem da corrente primária pelo ponto zero e resultando em uma elevada força eletromotriz induzida nos enrolamentos secundários. Logo, quando os aparelhos ligados aos TCs forem retirados do circuito, os terminais secundários devem ser curtos-circuitados. A não observância desse procedimento resultará em perdas joule excessivas, perigo iminente ao operador ou leiturista e alterações profundas nas características de exatidão dos transformadores de corrente.

Suponhamos um transformador de corrente 1000-5 A, 380 V, ligado a um instrumento de medição de corrente, cuja escala é de 0 a 1.000 A, por meio de um circuito cuja impedância é considerada desprezível. O núcleo do TC é envolvido por uma bobina primária com $N_{vp} = 2$ voltas, e no lado secundário o núcleo é envolvido por uma bobina com $N_{vs} = 400$ voltas. A impedância do instrumento ligado ao TC é de $R_s = 2\Omega$. Nesse caso, para o instrumento registrar 1.000 A circulando

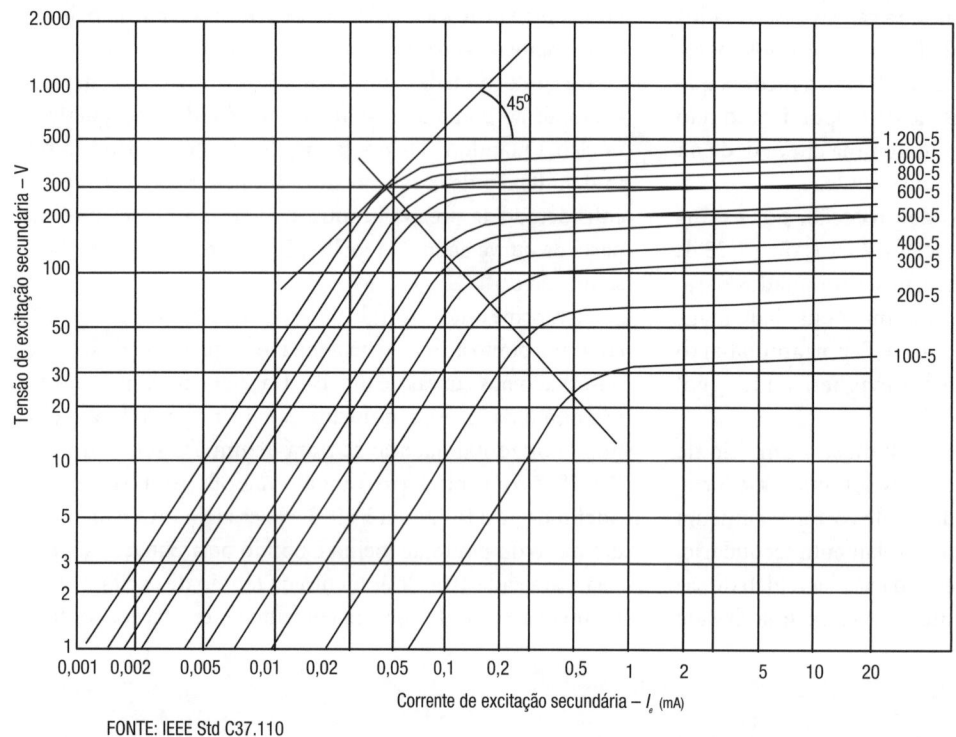

FIGURA 5.31 Curva da corrente secundária de excitação × tensão de excitação secundária.

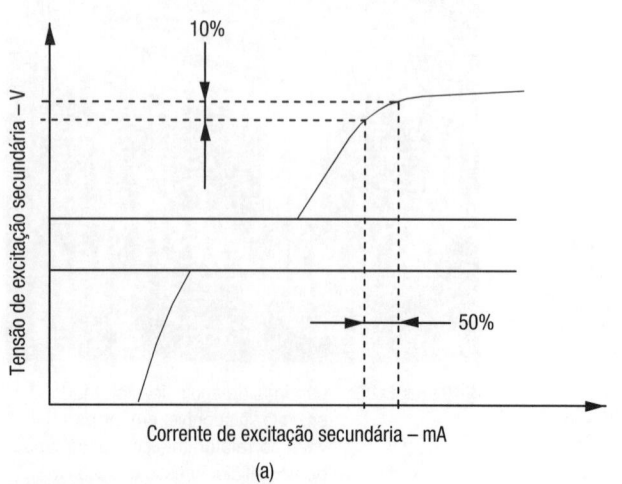

(a)

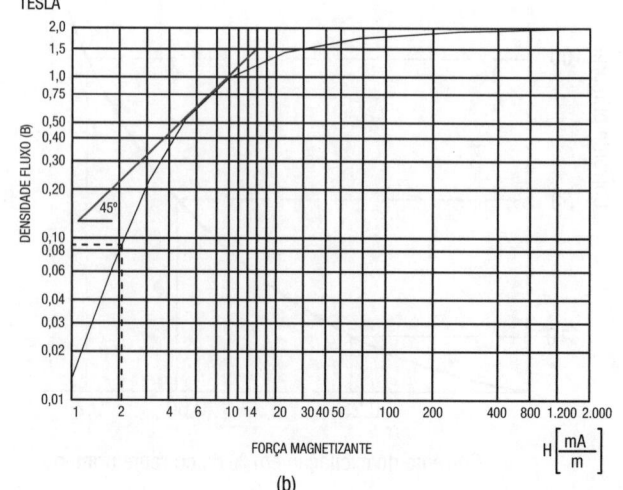

(b)

FIGURA 5.32 Identificação do ponto de saturação.

no primário, a corrente secundária deveria ter o mesmo valor dividido pela relação do número de voltas das bobinas primária, N_{vp}, e secundária, N_{vs}, desconsiderando as perdas internas do TC. Logo, a corrente secundária nominal teria o seguinte valor:

$$I_s = I_p \times \frac{N_{vp}}{N_{vs}} = 1.000 \times \frac{2}{400} = 5 \text{ A}$$

A tensão nos terminais do TC, nesse caso, teria o seguinte valor:

$$V_s = R_s \times I_s = 2 \times 5 = 10 \text{ V}$$

Se desconectarmos o instrumento do secundário do TC, sem antes curto-circuitar os seus terminais, a tensão se elevaria de 10 V para o seguinte valor:

$$\frac{V_p}{V_s} = \frac{N_{vp}}{N_{vs}} \rightarrow V_s = \frac{V_p \times N_{sv}}{N_{vp}} = \frac{380 \times 400}{2} = 76.000 \text{ V} = 76 \text{ kV},$$

o que, logicamente, destruiria o transformador de corrente podendo causar estragos no Quadro de Força e ferimentos no profissional que executou essa operação.

A permeabilidade magnética dos transformadores de corrente para serviço de medição é muito elevada, permitindo que se trabalhe, em geral, com uma densidade magnética, em torno de 0,1 T, entrando o TC em processo de saturação a partir de 0,4 T. Esses valores de permeabilidade magnética se justificam para reduzir o máximo possível a corrente de magnetização, responsável direta, como já se observou, pelos erros introduzidos na medição pelos TCs. A permeabilidade magnética se caracteriza pelo valor da resistência ao fluxo magnético oferecido por determinado material submetido a um campo magnético. Claro que, quanto maior for a permeabilidade magnética, menor será o fluxo que atravessará o núcleo de ferro do TC, e, consequentemente, menor será a corrente de magnetização.

Os transformadores de corrente destinados ao serviço de proteção apresentam um núcleo de baixa permeabilidade quando comparada com aquela dos TCs de medição, permitindo a saturação somente para uma densidade de fluxo magnético bem elevada.

5.3.7 Tensão secundária

A tensão nos terminais secundários dos transformadores de corrente está limitada pela saturação do núcleo. Mesmo assim, é possível o surgimento de tensões elevadas secundárias quando o primário dos TCs é submetido a correntes muito altas ou existe acoplada uma carga secundária de valor superior à nominal do TC.

Quando a onda de fluxo senoidal está passando por zero, ocorrem neste momento os valores mais elevados de sobretensão, já que nesse ponto se verifica a máxima taxa de variação de fluxo magnético no núcleo. A Equação (5.5) permite que se calcule a força eletromotriz induzida no secundário do TC em função das impedâncias da carga e dos enrolamentos secundários do transformador de corrente.

$$E_s = I_{cs} \times \sqrt{\left[\left(R_c + R_{tc}\right)^2 + \left(X_c + X_{tc}\right)^2\right]} \text{ (V)} \quad (5.5)$$

I_{cs} – corrente que circula no secundário, em A;

EXEMPLO DE APLICAÇÃO (5.3)

Calcule a corrente de excitação de um TC de proteção de 50 – 5 A, tensão nominal 15 kV, com designação 100 VA 10P20, operando na corrente nominal. Ao secundário do transformador de corrente está ligado um instrumento que implica a escolha da carga nominal TC de 100 VA. No projeto do TC foi adotada uma magnetização de 500 ampères-espiras. O núcleo tem seção 9 × 8 cm. A força eletromotriz no secundário é de 16,7 V.

Da Equação (5.3), tem-se:

$$I_e = K \times H$$

$$I_s \times N_2 = 500$$

$$5 \times N_2 = 500 \rightarrow N_2 = 100$$

$$K = 2 \text{ (Tabela 5.5)}$$

De acordo com a equação de densidade de fluxo magnético, tem-se:

$$S = 9 \times 8 = 72 \text{ cm}^2$$

$$B_m = \frac{10^8 \times E_2}{4,44 \times S \times F \times N_2} = \frac{10^8 \times 16,7}{4,44 \times 72 \times 60 \times 100} = 870 \text{ gauss}$$

$$B_m = \frac{870}{10^4} = 0,087 \text{ Tesla}$$

$$B_m = 8,5 \text{ (Figura 5.32(b))}: K = 2,1$$

$$I_e = 2 \times 2,1 = 4,2 \text{ mA/m}$$

R_c – resistência da carga, em Ω;
R_{tc} – resistência do enrolamento secundário do TC, em Ω;
X_c – reatância da carga, em Ω;
X_{tc} – reatância do enrolamento secundário do TC, em Ω.

A Figura 5.33 define as variáveis constantes da Equação (5.5).

Os valores da resistência e reatância das cargas padronizadas secundárias dos transformadores de corrente são dados na Tabela 5.5, enquanto as resistência e reatância dos enrolamentos secundários podem ser obtidas a partir dos ensaios de laboratório, cujos valores variam em faixas bastante largas. Como ordem de grandeza a resistência pode variar entre 0,150 e 0,350 Ω. Já a reatância também em ordem de grandeza tem valores entre 0,002 e 1,8 Ω.

Como se pode observar pela Tabela 5.5, a tensão nominal pode ser obtida diretamente em função da carga padronizada do TC, e que é resultado do produto da sua impedância pela corrente nominal secundária e pelo fator limite de exatidão, ou seja:

$$V_s = F_s \times Z \times I_s \qquad (5.6)$$

F_s – fator limite de exatidão.

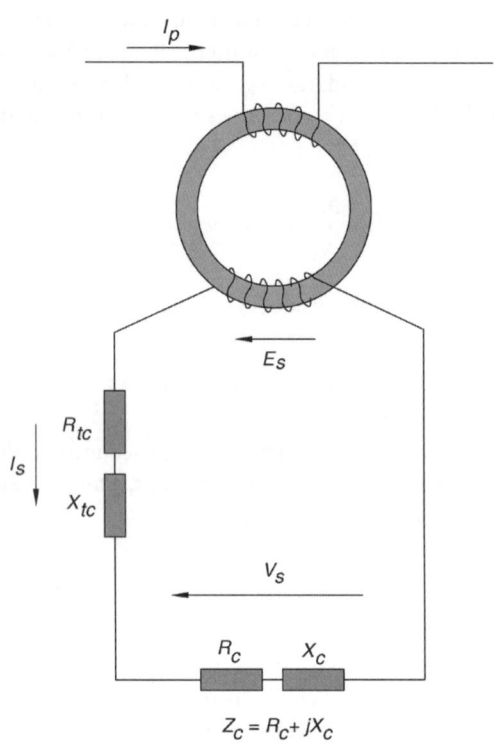

FIGURA 5.33 Diagrama representativo da Equação (5.5).

EXEMPLO DE APLICAÇÃO (5.4)

Calcule a força eletromotriz induzida no secundário de um transformador de corrente de 200-5 A, que alimenta um relé de sobrecorrente de impedância $(0,2 + j0,12)$ Ω. Determine, também, a carga e a tensão no secundário do TC em regime de acionamento do relé, ou seja, 20 vezes a corrente nominal. Admite-se no ensaio do TC:

$$R_{tc} = 0,121 \text{ Ω e } X_{tc} = 0,103 \text{ Ω}$$

Considerando desprezível o comprimento dos fios de interligação, a carga do relé vale:

$$C_c = I_s^2 \times Z_c = I_s^2 \times (R_c + jX_c) = 5^2 \times \sqrt{0,2^2 + 0,12^2} = 5,8 \text{ VA}$$

Logo, o TC com carga padronizada é 12,5 VA 10P20.

A força eletromotriz induzida nos enrolamentos secundários do TC, E_s, para 20 vezes a corrente nominal, considerando inicialmente a carga padronizada (R_s e X_s) na Tabela 5.5, vale:

$$E_s = I_{cs} \times \sqrt{\left[(R_s + R_{tc})^2 + (X_s + X_{tc})^2\right]}$$

$$R_s = 0,45 \text{ Ω (Tabela 5.5)}$$

$$X_s = 0,218 \text{ Ω (Tabela 5.5)}$$

$$E_s = 20 \times 5 \times \sqrt{\left[(0,45 + 0,121)^2 + (0,218 + 0,103)^2\right]} = 65,5 \text{ V}$$

A tensão secundária padronizada é de:

$$V_s = F_s \times I_c \times Z_c = 20 \times 5 \times 0,5 = 50 \text{ V}$$

$$Z_c = 0,5 \text{ Ω (Tabela 5.5)}$$

Considerando, no entanto, a carga do relé em vez da carga padronizada, tem-se:

$$E_s = 20 \times 5 \times \sqrt{(0,2 + 0,121)^2 + (0,12 + 0,103)^2} = 39,0 \text{ V}$$

O valor da força eletromotriz $E_s = 65,6$ V para a carga padronizada é suficiente para compensar a queda de tensão interna do transformador de corrente e manter a tensão $V_s = 50$ V nos terminais secundários.

Para evitar que o transformador de corrente venha a saturar durante a ocorrência de um curto-circuito no sistema deve-se limitar a impedância da carga conectada aos seus terminais ao valor dado na Equação (5.7).

$$Z_c < \frac{V_s}{I_{tc} \times \left(\frac{X}{R} + 1\right)} (\Omega) \quad (5.7)$$

Z_c – impedância da carga ligada ao secundário do TC, em Ω;
X/R – relação entre a reatância de sequência positiva e a resistência de sequência positiva do sistema elétrico;
V_s – tensão nos terminais do TC para 20 vezes a corrente nominal, em V;
I_{tc} – relação entre a corrente de curto-circuito trifásica e a RTC.

Como se sabe, os capacitores, quando manobrados, são elementos que produzem elevadas correntes no sistema elétrico em alta frequência e cujo resultado, para um TC instalado nesse circuito e próximo aos capacitores referidos, bem como para os instrumentos a ele ligados, é a sobressolicitação a que ficam submetidas as suas isolações.

Normalmente, o processo para determinação dos transitórios ocasionados na abertura e no fechamento de bancos de capacitores, não somente nos transformadores de corrente, mas nos demais componentes do sistema, conta com o uso do software ATP.

As tensões secundárias resultantes desse fenômeno podem ser determinadas a partir da Equação (5.21), por meio da qual trataremos sobre os efeitos danosos aos transformadores de corrente e carga associadas.

5.3.8 Fator térmico nominal

É aquele em que se pode multiplicar a corrente primária nominal de um TC para se obter a corrente que pode conduzir continuamente, na frequência nominal e com cargas especificadas, sem que sejam excedidos os limites de elevação de temperatura definidos por norma. A NBR 6856:2021 especifica os seguintes fatores térmicos nominais: 1,0 – 1,2 – 1,3 – 1,5 – 2,0.

No caso de TC com dois ou mais núcleos, sem derivações, com relações diferentes entre si, e a mesma corrente secundária nominal, o fator térmico da menor relação é um dos valores indicados anteriormente e os fatores térmicos das outras relações podem ser obtidos pela Equação (5.8).

$$F_{ti} = F_{t1} \times \frac{K_{r1}}{K_{ri}} \quad (5.8)$$

F_{ti} – fator térmico nominal das outras relações;
F_{t1} – fator térmico nominal da menor relação;
K_{r1} – relação de transformação para a menor relação;
K_{ri} – relação de transformação para as outras relações.

Vejamos a aplicação desse conceito. Um transformador de corrente com dois núcleos, um para a medição de 500-5 A com fator térmico 1,2 e outro para proteção 1.000-5 A.

500-5 A → $K_{r1} = 100:1$ → $F_{t1} = 1,2$

1.000-2 A → $K_{ri} = 200:1$ → $F_{t2} = 1,2 \times \frac{100}{200} = 0,60$

No dimensionamento de um TC, o fator térmico nominal é determinado considerando a elevação de temperatura admissível para os materiais isolantes utilizados na sua fabricação.

EXEMPLO DE APLICAÇÃO (5.5)

Considerando um TC 50 VA 10P20 com RTC 200-5, instalado nos terminais de saída de uma linha de transmissão de 138 kV, cuja resistência e reatância são iguais, respectivamente, a 0,0178 e 0,0324 pu, obtidas no cálculo das correntes de curto-circuito. Determine a impedância máxima a ser conectada nos seus terminais secundários, para uma corrente de curto-circuito de 4.000 A, de forma que o transformador de corrente não alcance a condição de saturação.

$$Z_c = 2\ \Omega \text{ (Tabela 5.5)}$$

$$V_S = F_S \times Z_S \times I_S = 20 \times 2 \times 5 = 200\ V \text{ (tensão no secundário do TC)}$$

$$RTC = \frac{200}{5} = 40$$

$$I_{tc} = \frac{I_{cc}}{RTC} = \frac{4.000}{40} = 100 \text{ (corrente nos terminais do TC)}$$

$$Z_c < \frac{V_s}{I_{tc} \times \left(\frac{X}{R}+1\right)} = \frac{200}{100 \times \left(\frac{0,0324}{0,0178}+1\right)} = 0,7091\ \Omega$$

Logo, a impedância da carga ligada aos terminais do TC deve ficar limitada a 0,7091 Ω.

Em alguns casos, os fabricantes consideram a elevação de temperatura admissível de 55 °C.

5.3.9 Corrente térmica nominal de curta duração

É o valor eficaz da corrente primária de curto-circuito simétrico que o TC pode suportar por um tempo definido, em geral, igual a 1 s, estando com o enrolamento secundário em curto-circuito, sem que sejam excedidos os limites de elevação de temperatura especificados por norma.

Ao se selecionar a corrente primária nominal de um TC devem-se considerar as correntes de carga e sobrecarga do sistema, de tal modo que estas não ultrapassem a corrente primária nominal multiplicada pelo fator térmico nominal. Porém, em instalações com elevadas correntes de curto-circuito e correntes de carga pequenas, pode ser necessário ou conveniente utilizar correntes primárias nominais maiores que as determinadas pelo critério anteriormente exposto.

No dimensionamento de um TC, a corrente térmica nominal é determinada considerando a densidade de corrente no enrolamento primário e a temperatura máxima no enrolamento.

5.3.10 Fator térmico de curto-circuito

É a relação entre a corrente térmica nominal e a corrente primária nominal, valor eficaz, que circula no primário do transformador de corrente. Pode ser dado pela Equação (5.9).

$$F_{tcc} = \frac{I_{ter}}{I_{np}} \quad (5.9)$$

I_{ter} – corrente térmica do TC, em A;
I_{np} – corrente nominal primária, em A.

5.3.11 Corrente dinâmica nominal

É o valor de impulso da corrente de curto-circuito assimétrica que circula no primário do transformador de corrente e que este pode suportar, por um tempo estabelecido de meio ciclo, estando os enrolamentos secundários em curto-circuito, sem que seja afetado mecanicamente, em virtude das forças eletrodinâmicas desenvolvidas.

A corrente dinâmica nominal é estabelecida pela NBR 6856:2021 como 2,5 vezes a corrente térmica nominal.

5.3.12 Tensão suportável à frequência industrial

O nível de isolamento nominal de um enrolamento primário de um transformador de corrente deve ser baseado na tensão máxima que o equipamento suporta. Os transformadores de corrente devem ser capazes de suportar as tensões de ensaio discriminadas na Tabela 5.8.

TABELA 5.8 Tensões suportáveis dos transformadores de corrente

Tensão máxima do equipamento	Tensão suportável nominal à frequência industrial durante 1 min	Tensão suportável nominal de impulso atmosférico
kV	kV ef	kV ef
0,6	4	–
1,2	10	30
3,6	10	20 40
7,2	20	40/60
12,0	28	60/75
15,0	34	95/110
17,5	38	95/110
24,0	50	125/150
36,0	70	170/200
72,5	95	250
145,0	230/275	550/650
242,0	360/395	850/950
362,0	450	950/1.050/1.175
460,0	620	1.425

5.3.13 Tensão suportável de impulso atmosférico (TSI)

É o valor máximo da tensão de origem atmosférica que o transformador de corrente pode suportar por meio da aplicação de tensões impulsiva com forma de onda de 1,2/50 μs. O ensaio de TSI é normalmente destrutivo. Seu valor pode ser encontrado na Tabela 5.8.

Para tensões dos enrolamentos compreendidos entre $0{,}60\ kV \leq V_{mi} \leq 460\ kV$, o nível de isolamento nominal é determinado pela tensão suportável nominal de impulso atmosférico e tensão suportável nominal à frequência industrial (sobretensão de manobra) conforme definido na Tabela 5.8.

5.3.14 Polaridade

Os transformadores de corrente destinados ao serviço de medição de energia, relés, fasímetros etc. são identificados nos terminais de ligação primário e secundário por letras convencionadas que indicam a polaridade para a qual foram construídos.

São empregadas as letras, com seus índices, P_1, P_2, P_3, P_4 e S_1, S_2, S_3, S_4, respectivamente, para designar os terminais primários e secundários dos transformadores de corrente conforme se pode, por exemplo, observar nas Figuras 5.13 e 5.17.

Diz-se que o terminal S_1 de um transformador de corrente tem a mesma polaridade do terminal P_1, quando a onda de corrente, em determinado instante, percorre o circuito primário de P_1 para P_2 e a onda de corrente correspondente no secundário assume a trajetória de S_1 para S_2, conforme se observa na

Figura 5.34. Diz-se que o TC tem polaridade aditiva. Caso contrário, a polaridade é dita subtrativa.

Os transformadores de corrente são classificados nos ensaios quanto à polaridade: aditiva ou subtrativa.

Segundo a NBR 6856:2021, os transformadores de corrente devem ter polaridade subtrativa. Somente sob encomenda são fabricados transformadores de corrente com polaridade aditiva.

Construtivamente, os terminais de mesma polaridade vêm indicados no TC em correspondência. A polaridade é obtida pelo sentido de execução do enrolamento secundário com relação ao primário, para que seja conseguida a orientação desejada do fluxo magnético.

5.4 CLASSIFICAÇÃO

Os transformadores de corrente devem ser fabricados de acordo com a sua destinação no circuito no qual irão operar. Assim, são classificados os transformadores de corrente para medição e para proteção.

5.4.1 Transformadores de corrente para serviço de medição

Os TCs empregados na medição de corrente ou energia são equipamentos capazes de transformar as correntes de carga na relação, em geral, de $I_p/5$, propiciando o registro dos valores pelos instrumentos medidores sem que estes estejam em ligação direta com o circuito primário da instalação.

Eventualmente, são construídos transformadores de corrente com vários núcleos, uns destinados à medição de energia e outros, próprios para o serviço de proteção. Porém, as concessionárias geralmente especificam em suas normas unidades separadas para a sua medição de faturamento, devendo o projetista da instalação reservar uma unidade independente para a proteção, quando for o caso.

5.4.1.1 Fator de segurança do instrumento medido

O fator de segurança estabelece o limite suportável pelo instrumento de medida conectado no secundário do transformador de corrente.

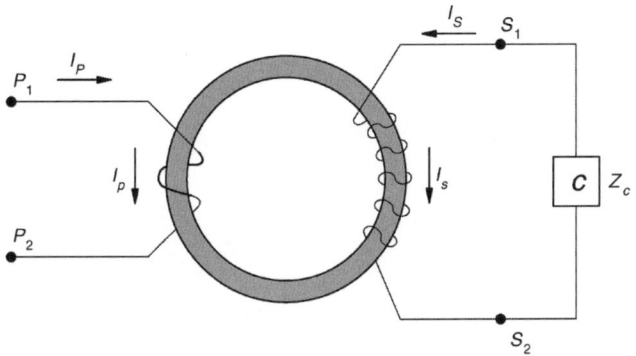

FIGURA 5.34 Ilustração de polaridade de um transformador de corrente.

Compreende-se por fator de segurança F_s o número pelo qual se multiplica a corrente primária nominal para se obter uma corrente primária na qual o erro de corrente composto do transformador de corrente seja igual ou superior a 10%. Ele é determinado pela Equação (5.10) e é exclusivo para instrumentos de medição.

$$\frac{I_e}{I_{ns} \times F_{seg}} \times 100 \geq 10\% \qquad (5.10)$$

I_e – corrente de excitação, em A;
I_{ns} – corrente nominal secundária, em A.

O fator de segurança indica o quanto o instrumento que realiza a medição deve suportar a corrente em seus terminais quando o transformador de corrente está em regime de curto-circuito. Em geral, os fatores de segurança mais usuais para a segurança dos instrumentos ligados aos TCs de medição são 5 e 10. Com frequência, os instrumentos de medição suportam correntes muito superiores a 10 vezes a corrente nominal.

O fator de segurança de um instrumento, um medidor de energia, por exemplo, alimentado por um transformador de corrente deve ser tanto maior quanto menor for o fator de segurança.

O fator F_s deve ser decidido entre fabricante e comprador desde que a Equação (5.10) seja satisfeita.

O valor do fator de segurança é especificado para a maior carga nominal designada para o TC. Ao se conectar cargas inferiores, o fator de segurança cresce inversamente proporcional à redução da carga conectada. Assim, para um instrumento cujo $F_s = 8$, ao se aplicar no secundário do TC uma carga de 50% de sua carga nominal, o fator de segurança toma o valor de: $F_s = 8/0,5 = 16$.

Normalmente, os aparelhos de medida são fabricados para suportar por um período de 1 s cerca de 50 vezes a sua corrente nominal, o que permite uma segurança extremamente grande para a operação desses equipamentos. O fator de segurança deve atender a Equação (5.10).

5.4.1.2 Erros dos transformadores de corrente

Os transformadores de corrente se caracterizam, entre outros elementos essenciais, pela relação de transformação nominal e real. A primeira exprime o valor da relação entre as correntes primária e secundária para as quais o instrumento foi projetado, e é indicada pelo fabricante. A segunda exprime a relação entre as correntes primária e secundária que se obtêm realizando medidas precisas em laboratório. Essas correntes são muito próximas dos valores nominais. Essa pequena diferença se deve à influência do material ferromagnético de que é constituído o núcleo do TC. Contudo, o seu valor é de extrema importância quando se trata de transformadores de corrente destinados à medição.

Logo, para os transformadores de corrente que se destinam apenas à medição de corrente, o importante para se saber a precisão da medida é o erro inerente à relação de transformação. No entanto, quando é necessária uma medição em que é

EXEMPLO DE APLICAÇÃO (5.6)

Considere o gráfico da Figura 5.35, que representa a curva de saturação de dois TCs de medição com as seguintes características próprias e da carga secundária:

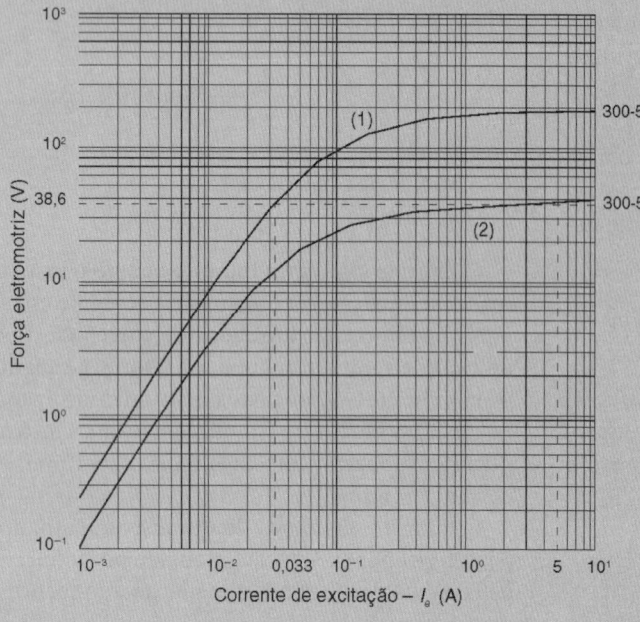

FIGURA 5.35 Curva de saturação dos transformadores de corrente.

- carga: C12,5 VA;
- relação de transformação: 60:1 A;
- classe de exatidão: 0,3;
- resistência ôhmica do enrolamento secundário: 0,2111 Ω;
- reatância do enrolamento secundário: 0,35 Ω;
- reatância de magnetização da carga: 0,218 Ω;
- resistência da carga: 0,313 Ω;
- fator de segurança: 10.

Determinar se os TCs caracterizados pelas curvas (1) e (2) satisfazem o fator de segurança.

Para o TC (1), de acordo com a Equação (5.5), tem-se:

$$E_{sc} = I_{sc} \times \sqrt{(R_c + R_{lc})^2 + (X_c + X_{lc})^2}$$

$I_{sc} = F_s \times 5 = 10 \times 5 = 50$ A (corrente máxima da carga ligada ao secundário do TC)

$$E_s = 50 \times \sqrt{(0,313 + 0,2111)^2 + (0,35 + 0,218)^2} = 38,6 \text{ V}$$

Pela Figura 5.35, tem-se:

$$I_e = 0,033 \text{ A}$$

Logo, a partir da Equação (5.10), temos:

$$\frac{I_e}{I_{ns} \times F_s} \times 100 \geq 10\%$$

$$\frac{0,033}{5 \times 10} \times 100 = 0,066\% < 10\% \text{ (não atende ao critério de segurança do instrumento)}$$

Considerando agora o TC (2), que tem uma corrente de excitação igual a 5 A para uma força eletromotriz igual a 38,6 V.

$$\frac{5}{5 \times 10} \times 100 = 10\% \text{ (atende ao critério de segurança do instrumento)}$$

importante o desfasamento da corrente com relação à tensão, deve-se conhecer o erro do ângulo de fase (β) que o transformador de corrente vai introduzir nos valores medidos. Assim, por exemplo, para medição de corrente e tensão, com a finalidade de se determinar o fator de potência de um circuito, se for utilizado um transformador de corrente que produza um retardo ou avanço na corrente com relação à tensão, no seu secundário, propiciará uma medição falsa do fator de potência verdadeiro.

Em geral, os erros de relação e de ângulo de fase dependem do valor da corrente primária do TC, do tipo de carga ligada no seu secundário e da frequência do sistema que é normalmente desprezada, devido à relativa estabilidade desse parâmetro nas redes de suprimento.

a) Erro de relação de transformação

É aquele que é registrado na medição de corrente com TC, em que a corrente primária não corresponde exatamente ao produto da corrente lida no secundário pela relação de transformação nominal.

Os erros nos transformadores de corrente são devidos basicamente à corrente do ramo magnetizante, conforme se mostra na Figura 5.36. A impedância do enrolamento primário, no caso de TCs tipo barra, não exerce nenhum efeito sobre o erro do TC, representado apenas por uma impedância série no circuito do sistema em que o equipamento está instalado, cujo valor pode ser considerado desprezível. A representação de um TC, cujo exemplo pode ser visto na Figura 5.36.

Entretanto, o erro de relação de transformação pode ser corrigido pelo fator de correção de relação real (FCR_r) e dado na Equação (5.11).

$$FCR_1 = \frac{I_s + I_e}{I_s} \quad (5.11)$$

I_s – corrente secundária de carga, em A;
I_e – corrente de excitação referida ao secundário, em A.

O valor da corrente I_e pode ser determinado a partir da curva de excitação secundária do TC que, para uma determinada marca, pode ser dado pela Figura 5.35.

O fator de correção de relação também pode ser definido como aquele que deve ser multiplicado pela relação de transformação de corrente nominal, RTC, para se obter a verdadeira relação de transformação, isto é, sem erro, ou seja:

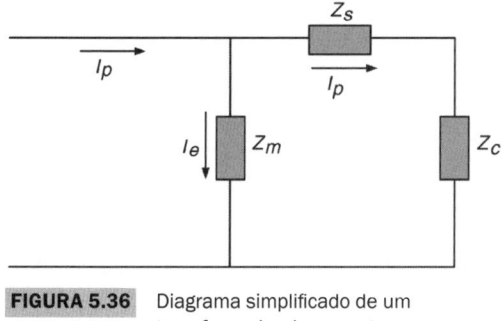

FIGURA 5.36 Diagrama simplificado de um transformador de corrente.

$$FCR_1 = \frac{RTC_r}{RTC} \quad (5.12)$$

RTC_r – relação de transformação de corrente real;
RTC – relação de transformação de corrente nominal.

Finalmente, o erro de relação pode ser calculado percentualmente pela Equação (5.13):

$$\varepsilon_p = \frac{RTC \times I_s - I_p}{I_p} \times 100\% \quad (5.13)$$

I_p – corrente primária que circula no TC.

O erro da relação também pode ser expresso pela Equação (5.14), ou seja:

$$\varepsilon_p = (100 - FCR_p)\ (\%) \quad (5.14)$$

Sendo FCR_p o fator de correção de relação percentual, é dado pela Equação (5.15):

$$FCR_p = \frac{RTC_r}{RTC} \times 100(\%) \quad (5.15)$$

Os valores percentuais de FCR_p podem ser encontrados nos gráficos das Figuras 5.37, 5.38 e 5.39, respectivamente, para as classes de exatidão iguais a 0,3 – 0,6 – 1,2 que serão estudadas no item 5.4.1.3.

b) Erro de ângulo de fase

É o ângulo (β) que mede a defasagem entre a corrente primária e a corrente secundária de um transformador de corrente, como se observa na Figura 5.42. Para qualquer fator de correção de relação (FCR_p) conhecido de um TC, os valores limites positivos e negativos do ângulo de fase (β) em minutos podem ser expressos pela Equação (5.16), em que o fator de correção de transformação (FCT_p) do referido TC assume os valores máximos e mínimos:

$$\beta = 26 \times \left(FCR_p - FCT_p\right)\ (') \quad (5.16)$$

FCT_p – fator de correção de transformação percentual.

Esse fator é definido como aquele que deve ser multiplicado pela leitura registrada por um aparelho de medição (wattímetro, varímetro etc.) ligado aos terminais de um TC, para corrigir o efeito combinado do ângulo de fase β e do fator de correção de relação percentual (FCR_p).

A relação entre o ângulo de fase β e o fator de correção de relação é obtida dos gráficos das Figuras 5.37, 5.38 e 5.39, extraídos da NBR 6856:2021. É por meio dessa equação que são elaborados os gráficos de exatidão mencionados, fazendo-se variar os valores de FCR_p e fixando os quatro valores de FCT_p para cada classe de exatidão considerada. Assim, para traçar o gráfico da Figura 5.38 referente à classe de exatidão 0,6, podemos fixar o valor do fator de correção de transformação FCT_p variando-se o valor do fator FCR_p.

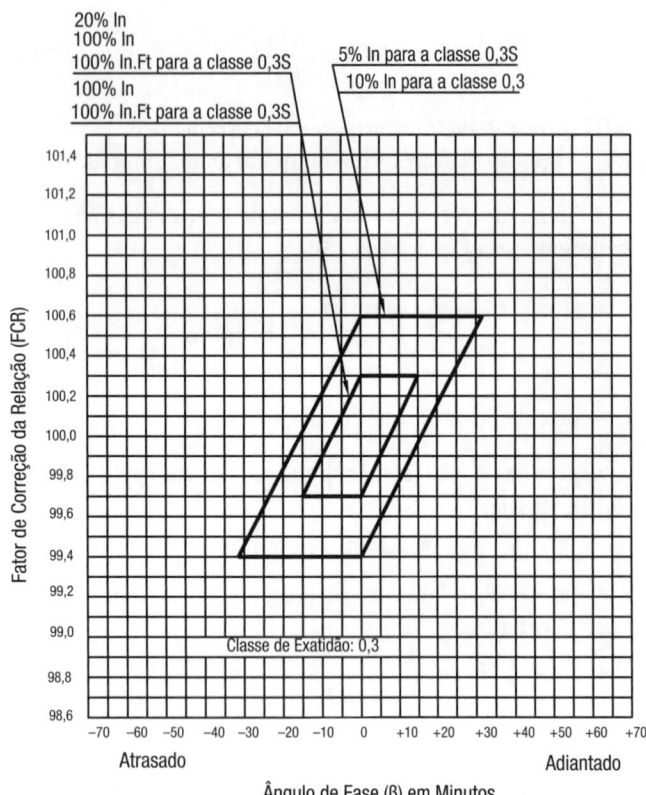

FIGURA 5.37 Gráfico de exatidão dos transformadores de corrente classe 0,3 e 0,3S.

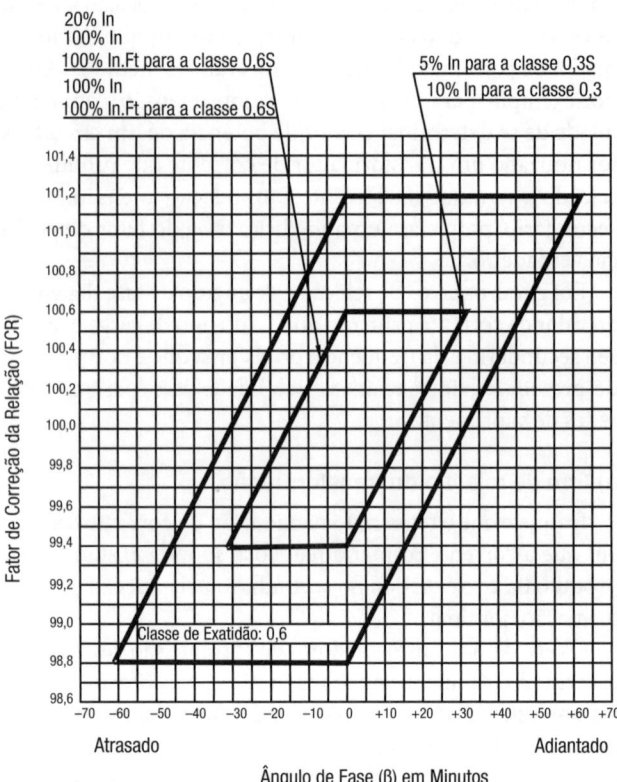

FIGURA 5.38 Gráfico de exatidão dos transformadores de corrente classe 0,6 e 0,6S.

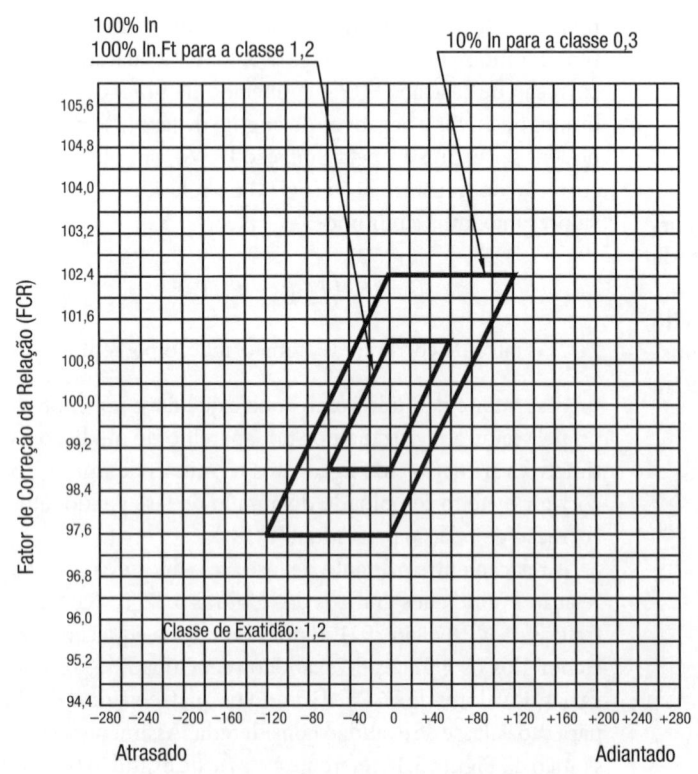

FIGURA 5.39 Gráfico de exatidão dos transformadores de corrente classe 1,2 e 1,2S.

EXEMPLO DE APLICAÇÃO (5.7)

Uma medição efetuada por um amperímetro indicou que a corrente no secundário de um transformador de corrente suprindo uma determinada carga é de 4,16 A. Calcule o valor real dessa corrente no circuito primário, sabendo-se que o TC é de 400-5 A e apresenta um fator de correção de relação igual a 100,5%.

$$RTC = \frac{400}{5} = 80$$

$$RTC \times I_s = 80 \times 4,16 = 332,8 \text{ A (corrente não corrigida)}$$

Para $FCR_p = 100,5\%$, o valor de ε_p é:

$$\varepsilon_p = (100 - 100,5) = -0,5\%$$

Logo, o valor verdadeiro da corrente é:

$$I_r = 332,8 + \left[\frac{332,8 \times (-0,5)}{100}\right] = 331,13 \text{ A}$$

Considerando o paralelogramo menor com 100% da corrente nominal, temos:

- Para $FCR_c = 1,006$

$FCR_c = 1,006 \rightarrow \beta = 2.600 \times (1,006 - 1,006) = 0'$

$FCR_c = 1,000 \rightarrow \beta = 2.600 \times (1,000 - 1,006) = -15,6'$

$FCR_c = 0,997 \rightarrow \beta = 2.600 \times (0,990 - 1,006) = -23,4'$

$FCR_c = 0,994 \rightarrow \beta = 2.600 \times (0,994 - 1,006) = -31,2'$

- Para $FCR_c = 0,994$

$FCR_c = 1,006 \rightarrow \beta = 2.600 \times (1,006 - 0,994) = 31,2'$

$FCR_c = 1,000 \rightarrow \beta = 2.600 \times (1,000 - 0,994) = 15,6'$

$FCR_c = 0,997 \rightarrow \beta = 2.600 \times (0,997 - 0,994) = 7,8'$

$FCR_c = 0,994 \rightarrow \beta = 2.600 \times (0,994 - 0,994) = 0'$

Com esses valores podemos traçar o paralelogramo menor como visto na Figura 5.38. Deixamos para o leitor obter os valores do paralelogramo maior, utilizando o mesmo processo.

Se o transformador de corrente for utilizado apenas para medir corrente, o valor do erro do ângulo de fase não tem importância no resultado da medição. Nesse caso somente deve ser considerado o erro de relação de transformação. No entanto, se o transformador de corrente for aplicado na medição de energia e demanda, é de fundamental importância o erro do ângulo de fase, além, é claro, do erro de relação de transformação.

5.4.1.3 Classe de exatidão

A classe de exatidão exprime nominalmente o erro esperado do transformador de corrente levando em conta o erro de relação de transformação e o erro de defasamento entre as correntes primária e secundária.

Considera-se que um TC para serviço de medição está dentro de sua classe de exatidão nominal, quando os pontos determinados pelos fatores de correção de relação percentual, FCR_p e pelos ângulos de fase β estiverem dentro do paralelogramo de exatidão.

De acordo com os instrumentos a serem ligados aos terminais secundários do TC, as classes de exatidão dos TCs devem ser as seguintes:

- aferição e calibração dos instrumentos de medidas de laboratório: 0,1;
- alimentação de medidores de demanda e consumo ativo e reativo para fins de faturamento de grandes empreendimentos de geração: 0,2;
- alimentação de medidores de demanda e consumo ativo e reativo para fins de faturamento: 0,3;
- alimentação de medidores para fins de acompanhamento de custos industriais: 0,6;
- alimentação de amperímetros indicadores e registradores: 1,2;
- alimentação de instrumentos de medida de ponteiro: 3.

A classe de exatidão 3 não tem limitação de erro de ângulo de fase e o seu fator de correção de relação percentual FCR_p deve situar-se entre 103 e 97% para que possa ser considerado dentro de sua classe de exatidão. Como o erro de um transformador de corrente depende da corrente primária, para se determinar a sua classe de exatidão, a NBR 6856:2021 especifica que sejam realizados dois ensaios que correspondem, respectivamente, aos valores de 10 e 100% da corrente nominal primária.

A norma 6856:2021 estabelece transformadores de corrente de medição empregados em casos especiais em que corrente primária apresenta uma grande faixa de variação. São classificados nas classes 0,3S e 0,6S.

Considera-se que um TC com classe de exatidão 0,3S ou 0,6S está dentro da sua classe quando o FCR e o ângulo de fase β encontram-se dentro do paralelogramo menor para 20% da corrente nominal, para corrente nominal e corrente térmica contínua nominal, e dentro do paralelogramo maior para 5% da corrente nominal.

Uma análise dos paralelogramos de exatidão indica que, quanto maior for a corrente primária, menor será o erro de relação permitido para o TC. Contrariamente, quanto menor for a corrente primária, maior será o erro de relação permitido. Isso se deve à influência da corrente de magnetização.

Como exemplo de aplicação dos gráficos de exatidão anteriormente apresentados, a Figura 5.40 fornece o erro do ângulo de fase em função do múltiplo da corrente nominal de alguns transformadores comerciais. Do mesmo modo, a Figura 5.41 fornece também o erro de relação percentual, bem como o fator de correção de relação em função do múltiplo da corrente nominal dos transformadores de corrente já mencionados.

Por meio da construção do diagrama fasorial de um transformador de corrente, podem-se visualizar os principais parâmetros elétricos envolvidos na sua construção, conforme visto na Figura 5.42.

Com base na Figura 5.42, as variáveis são assim reconhecidas:

I_e – corrente de excitação;
β – ângulo de fase;
V_s – tensão no secundário do TC;
I_s – corrente do secundário;
$R_s \times I_s$ – queda de tensão resistiva do secundário;
$X_s \times I_s$ – queda de tensão reativa de dispersão do secundário;
E_s – força eletromotriz do enrolamento secundário;
I_p – corrente circulante no primário;
I_f – corrente de perdas ôhmicas no ferro.

A representação do circuito equivalente de um transformador de corrente pode ser feita conforme a Figura 5.43. A queda de tensão primária no diagrama fasorial da Figura 5.42 foi omitida por serem os valores de R_p e X_p muito pequenos, não influenciando, praticamente, em nada as medidas efetuadas. Pode-se, também, perceber no diagrama da Figura 5.42 o ângulo de fase β formado pela corrente secundária I_s, tomada no seu inverso, e a corrente primária I_p.

5.4.2 Transformadores de corrente destinados à proteção

Os transformadores de corrente destinados à proteção de sistemas elétricos são equipamentos capazes de transformar elevadas correntes de sobrecarga ou de curto-circuito em pequenas correntes, propiciando a operação dos relés sem que estes estejam em ligação direta com o circuito primário da instalação, oferecendo garantia de segurança aos operadores, facilitando a manutenção dos seus componentes e, por fim, tornando-se aparelhos extremamente econômicos, já que envolvem reduzido emprego de matérias-primas.

Ao contrário dos transformadores de corrente para medição, os TCs para serviço de proteção não devem saturar para correntes de elevado valor, tais como as que se desenvolvem durante a ocorrência de um defeito no sistema. Caso contrário, os sinais de corrente recebidos pelos relés estariam mascarados, permitindo, dessa forma, uma operação inconsequente do sistema elétrico. Assim, os transformadores de corrente para serviço de proteção apresentam um nível de saturação elevado, considerando a carga padronizada ligada no seu secundário, conforme se pode mostrar na curva da Figura 5.44.

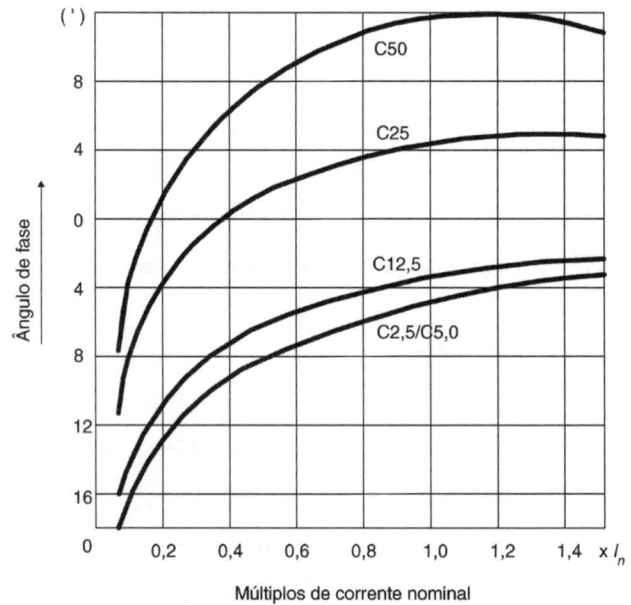

FIGURA 5.40 Gráfico do ângulo de fase de um TC para diferentes múltiplos da corrente.

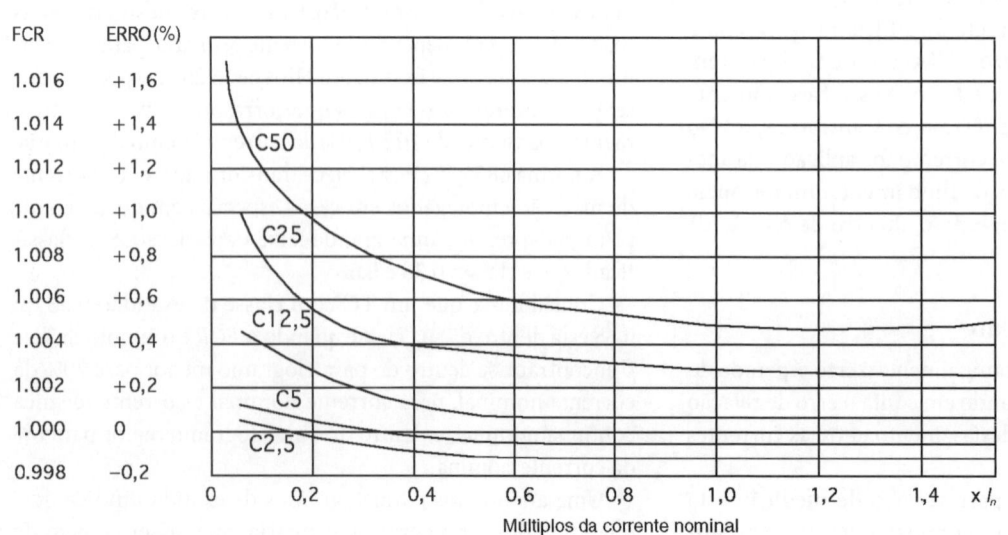

FIGURA 5.41 Gráfico de erro de relação percentual e fator de correlação.

EXEMPLO DE APLICAÇÃO (5.8)

Em um ensaio de um transformador de corrente de 300-5 A ao qual estava ligada uma carga de 24 VA, foram anotados os seguintes resultados:
- Para 100% da corrente de carga nominal:
  - $FCR_p = 100,8\%$
  - $\beta = 10'$
- Para 10% da corrente de carga nominal padrão:
  - $FCR_p = 102,0\%$
  - $\beta = 60'$

Sabendo-se que o TC tem impresso em sua placa a classe de exatidão 1,2, determine se os resultados conferem com a afirmação do fabricante.

Observando os paralelogramos de exatidão da Figura 5.39, conclui-se que tanto em 10% como em 100% da corrente nominal, o TC está dentro de sua classe de exatidão 1,2. Mesmo assim, o TC apresenta os seguintes erros percentuais de relação nas condições consideradas:

$$\varepsilon_{p1} = (100 - FCR_p) = (100 - 100,8) = -0,8\%$$

$$\varepsilon_{p2} = (100 - 102,0) = 2\%$$

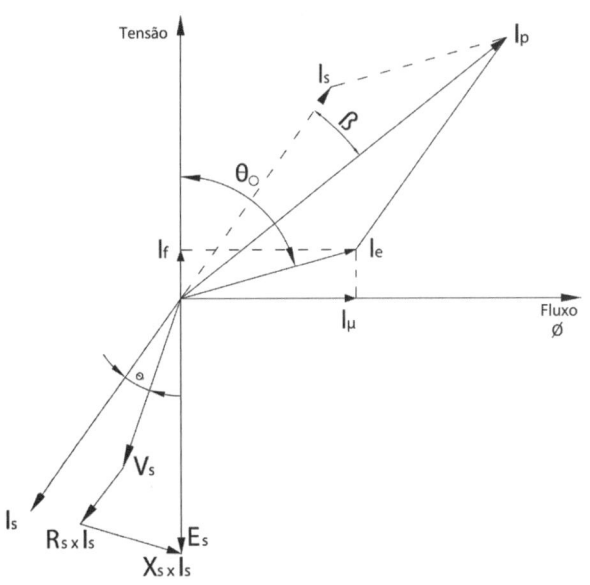

FIGURA 5.42 Diagrama fasorial de um transformador de corrente.

Pode-se perfeitamente concluir que jamais se deve utilizar transformadores de proteção em serviço de medição e vice-versa.

Muito conteúdo sobre transformadores de corrente para proteção já foi abordado ao longo deste capítulo. Vamos nos concentrar fundamentalmente na questão de saturação dos TCs nos eventos de curto-circuito.

Os transformadores de corrente para proteção com núcleo convencional, sem entreferro, oferecem uma excelente fidelidade à corrente de curto-circuito de valor simétrico, na relação primário para o secundário, o que não ocorre com as correntes de configuração assimétrica. Com base na Figura 5.45, considerar que em um determinado sistema esteja fluindo a corrente de carga nominal I_n antes da ocorrência de um de defeito assimétrico. A corrente nominal corresponde à geração de fluxo ϕ no núcleo do TC, muito abaixo do seu valor de saturação, ϕ_s, supondo que o TC alimenta uma carga igual ao seu valor padrão nominal e que a corrente de defeito é superior a sua corrente nominal primária vezes o fator limite de exatidão ($20 \times I_{np}$). Dessa forma, o núcleo desse equipamento entraria em um processo de saturação antes de 1/4 de ciclo, obrigando a corrente secundária a anular-se, já que nesse instante não há variação do fluxo, isto

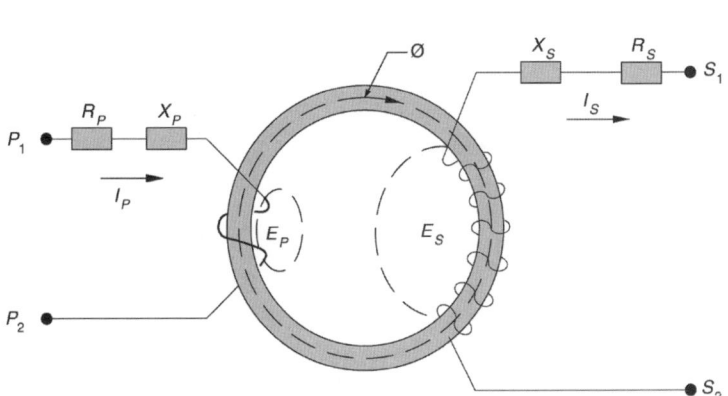

FIGURA 5.43 Circuito equivalente de um transformador de corrente.

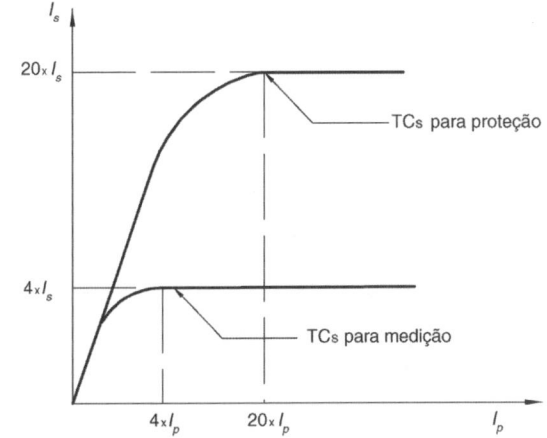

FIGURA 5.44 Gráfico ilustrativo de saturação dos transformadores de corrente.

é: $I = d\phi/dt$; se $d\phi = 0$, logo $I = 0$. A corrente primária I_p passa a fluir no ramo magnético do TC. No quarto de ciclo seguinte, quando o núcleo se desmagnetizar, pela alternância da corrente, o TC volta a reproduzir para o secundário a corrente de defeito, desde que o valor assimétrico dessa corrente seja inferior a 20 vezes a corrente nominal do TC. Como se deduz, um esquema de proteção nessas circunstâncias estaria seriamente afetado, já que a corrente secundária vista pelo relé durante frações de ciclo pelo menos permanece nula.

Outro fato que merece importância é o religamento de um sistema após uma curta interrupção, fato muito comum nos alimentadores que dispõem de religadores ou disjuntores com relé de religamento. Nesse caso, devido à remanência do núcleo do TC pode ocorrer uma saturação antes do ponto previsto. Para evitar essa inconveniência, os transformadores de proteção devem apresentar um núcleo antirremanente, o que é conseguido com inserção de um entreferro.

Os transformadores de corrente especiais com núcleo linear, são aqueles em que os entreferros estão distribuídos ao longo do núcleo magnético. Esses equipamentos operam normalmente com um fluxo elevado. Por apresentarem uma defasagem angular entre as correntes primária e secundária de cerca de 3° elétricos, devem ter o seu emprego restrito aos equipamentos de proteção de sobrecorrente, que não operam com necessidade do ângulo de defasagem.

Para se determinar o valor da tensão que pode surgir no lado secundário do transformador de corrente, quando ele é atravessado por uma corrente de curto-circuito pode-se aplicar a Equação (5.17) e comparar o seu resultado com a tensão secundária, para um fator limite da exatidão, vezes a corrente nominal, dada na Tabela 5.3, ou seja:

$$V_{sec} = 0{,}5 \times K_s \times \frac{I_{as}}{RTC} \times Z_{cs} \qquad (5.17)$$

V_{sec} – tensão nos terminais secundários do transformador de corrente, valor de pico, em V;
I_{as} – corrente assimétrica de curto-circuito, em kA;
Z_{cs} – impedância da carga ligada ao secundário do TC (impedância do aparelho adicionada à impedância dos cabos de ligação);
K_s – fator de saturação; pode ser determinado pela Equação (5.18):

$$K_s = 2\pi \times F \times C_t \times (1 - e^{-T/C_t}) + 1 \qquad (5.18)$$

T – tempo de atuação do elemento instantâneo, em s;
C_t – constante de tempo do sistema elétrico.

As Equações (5.17) e (5.18) são uma forma alternativa dada na Equação (5.7) para verificação da condição indesejada de saturação do TC.

Como sabemos, a saturação do transformador de corrente normalmente incorre na atuação ou não do relé ao qual está conectado durante um evento de curto-circuito, podendo ocasionar graves danos nos equipamentos ligados a essa instalação. Saber com precisão o comportamento do TC nessas circunstâncias não é uma tarefa fácil em razão da quantidade de variáveis envolvidas no cálculo, compreendendo muitas vezes dados inerentes à fabricação e ensaios desse equipamento. Porém, o processo a seguir pode ser utilizado para dar um mínimo de garantia no desempenho da proteção quando da ocorrência de uma falta no sistema, seja ela monofásica, bifásica e trifásica, conhecendo-se o valor da carga e a sua natureza: resistiva, indutiva ou aparente.

Para determinar diretamente a tensão de saturação de um transformador de corrente, pode-se empregar a Equação (5.19).

$$V_{sat} > \frac{I_s}{RTC} \times \left(\frac{X_{sis}}{R_{sis}} + 1 \right) \times Z_{cs} \qquad (5.19)$$

$$Z_{cs} = (R_{cir} + jX_{cir}) + (R_{ins} + jX_{ins}) \qquad (5.20)$$

V_{sat} – tensão de saturação do TC, em V;
I_s – corrente que circula no secundário do transformador no momento do curto-circuito, em A;
Z_{cs} – impedância da carga compreendendo a impedância do instrumento conectado (relé, por exemplo) associado ao circuito de ligação até os terminais do TC, em Ω;
R_{ins} – resistência do aparelho a ser conectado ao secundário do transformador associado ao circuito de ligação até os terminais do TC, em Ω;
X_{ins} – reatância do aparelho a ser ligado ao secundário do transformador associado ao circuito de ligação até os terminais do TC, em Ω;
R_{cir} – resistência equivalente do sistema de potência ao qual está conectada a subestação, em Ω;
X_{cir} – reatância equivalente do sistema de potência ao qual está conectada a subestação, em Ω.

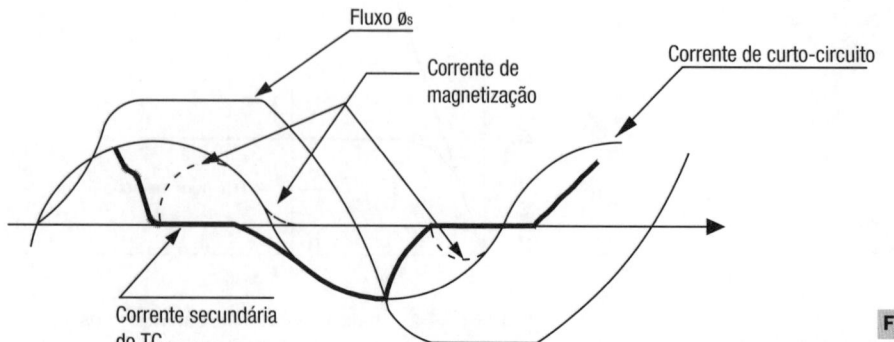

FIGURA 5.45 Comportamento do TC durante a saturação.

EXEMPLO DE APLICAÇÃO (5.9)

Calcule a tensão nos terminais secundários de um TC que alimenta uma carga de impedância igual a $(1,414 + j0)\ \Omega$, sabendo-se que a corrente simétrica de curto-circuito é de 5.100 A. A proteção do elemento instantâneo atua em 0,020 s. A impedância do sistema de potência que alimenta a subestação onde está instalado o transformador de corrente de proteção vale $(1,324 + j0,620)$ pu. O defeito ocorreu na extremidade oposta à linha de transmissão. O TC é de 300-5A, 50 VA 10P20. A impedância do circuito de interligação entre o relé e o TC é desprezível.

$$C_t = \frac{X}{2\pi \times F \times R} = \frac{0,620}{2\pi \times 60 \times 1,324} = 0,00124\ s\ \text{(constante de tempo)}$$

$$K_s = 2 \times \pi \times 60 \times 0,00124 \times \left(1 - e^{-0,020/0,00124}\right) + 1$$

O fator de assimetria vale:

$$K = \frac{X}{R} = \frac{0,620}{1,324} = 0,46 \rightarrow F_{as} = 1\ \text{(ver Capítulo 5 do livro \textit{Instalações Elétricas Industriais}, do autor)}$$

$$\overline{Z}_{cs} = 1,414 + j0 \rightarrow Z_c = 1,414\ \Omega\ \text{(impedância da carga secundária)}$$

$$C_c = Z_c \times I_{nc}^2 = 1,414 \times 5^2 = 35,3\ W$$

$$I_{tc} = \frac{I_{cc}}{F_s} = \frac{5.100 \times 1}{20} = 255\ A$$

A tensão a que ficará submetido o secundário do TC será de:

$$RTC = 300 - 5: 60$$

$$I_{cc} = 5.100\ A$$

$$V_{sec} = 0,5 \times 1,46 \times \frac{5.100 \times 1}{60} \times 1,414 = 87,7\ V\ \text{(valor de pico)}$$

A tensão no secundário do TC para 20 vezes a corrente nominal vale, segundo a Equação (5.6):

$$Z_c = 2\ \Omega\ \text{(impedância da carga padrão do TC – Tabela 5.5)}$$

$$V_s = F_s \times Z_c \times I_s = 20 \times 2 \times 5 = 200\ V\ (50\ VA\ 10P20)$$

$$V_{sec} < V_s\ \text{(condição satisfeita: logo, o TC não irá saturar)}$$

Aplicando a Equação (5.6), considerando a carga nominal do TC, tem-se:

$$R_c = \frac{I_{cc}}{RTC} = \frac{5.100 \times 1}{60} = 85$$

$$Z_c < \frac{V_s}{R_c \times (X/R + 1)} < \frac{200}{85 \times (0,46 + 1)} = 1,6152\ \Omega\ \text{(impedância da carga para a tensão secundária de 200 V)}$$

Como $Z_{sc} < Z_c$ (condição satisfeita: o transformador de corrente não irá saturar).

5.4.2.1 Transformadores de corrente instalados próximos a banco de capacitores

Em geral, nas subestações de potência são instalados bancos de capacitores para controlar o nível de tensão ao longo da curva de carga, principalmente quando a carga possui um alto valor de potência reativa indutiva, o que ocorre normalmente no período de carga leve em face da capacitância das linhas de transmissão.

Os bancos de capacitores quando são energizados faz circular no sistema uma elevada corrente (denominada corrente de energização) com alta frequência. Também, ao contribuir com a corrente de curto-circuito, o banco de capacitores injeta no sistema uma elevada corrente até o ponto de defeito que passam pelos transformadores de corrente. Essas correntes são responsáveis por sobretensões nos secundários dos transformadores de corrente que podem danificá-los e as cargas a eles associadas.

A tensão nos terminais secundários dos transformadores de corrente nas condições anteriormente mencionadas vale:

$$V_s = \frac{I_{tr} \times F_{tr} \times X_{sec}}{RTC \times F_i} \quad (V) \qquad (5.21)$$

V_s – tensão impulsiva no secundário do TC, valor de pico, em V;
I_{tr} – corrente transitória em seu valor de pico;
F_{tr} – frequência transitória, em Hz;
F_i – frequência industrial, em Hz;

X_{sec} – reatância da carga conectada ao secundário do TC correspondente à carga do relé e do cabo que conecta o relé ao transformador de corrente;
RTC – relação de transformação de corrente.

O valor da tensão V_s não deve ultrapassar o valor da tensão suportável pela carga ligada ao secundário do TC que normalmente vale cerca de 2.200 V, valor de pico, e nem o valor da tensão suportável pelo próprio secundário do TC que é de aproximadamente 3.500 V, valor de pico.

EXEMPLO DE APLICAÇÃO (5.10)

Um transformador de corrente integra a proteção de sobrecorrente de um banco de capacitores de 7.200 kVAr/13,80 kV. A carga do TC é composta de um relé digital de 1,3 VA alimentado por um condutor de seção 10 mm² cujo comprimento dos cabos vale 30 m (ida e volta). Determine a sobretensão no secundário do transformador de corrente quando a 10 m do ponto de instalação do banco de capacitores ocorre um defeito trifásico. O cabo de cobre que interliga o banco ao barramento da subestação é de 120 mm². A potência de curto-circuito no barramento da subestação vale 597 MVA.

- Cálculo da carga secundária do banco de capacitores

$$\vec{C}_{tc} = \Sigma \vec{C}_{ap} + L_c \times \vec{Z}_c \times I_s^2$$

$$\vec{C}_{tc} = 1,3 + \left(\frac{2 \times 30 \times 2,222}{1.000} + j\frac{2 \times 30 \times 0,1207}{1.000}\right) \times 5^2$$

$$C_{tc} = 1,3 + (0,1333 + j0,0072) \times 25 = 1,3 + 0,1334 \times 25 = 4,63 \text{ VA} \rightarrow \text{TC: 5 VA 10P20}$$

A indutância secundária padronizada vale 0,087 mH, de acordo com a Tabela 5.3.

- Cálculo da reatância secundária padronizada do transformador de corrente

$$X_{sec} = \frac{2\pi \times F \times L}{1.000} = \frac{2\pi \times 60 \times 0,087}{1.000} = 0,0328 \text{ }\Omega$$

A capacitância do banco de capacitor vale:

$$C = \frac{1.000 \times P_c}{2 \times \pi \times F \times V^2} = \frac{1.000 \times 7.200}{2 \times \pi \times 60 \times 13,8^2} = 100,3 \text{ }\mu F = 100,3 \times 10^{-6} \text{ F}$$

- Cálculo da corrente impulsiva

Pelo Capítulo 13, obtém-se a seguinte expressão:

$$I_c = 0,816 \times V_{nc} \times \sqrt{\frac{C}{L}} = 0,816 \times 13,80 \times \sqrt{\frac{100,3 \times 10^{-6}}{4,12 \times 10^{-6}}} = 55,5 \text{ kA} = 55.500 \text{ A}$$

O valor da indutância entre o banco de capacitor e o ponto de defeito vale:

$$X_e = 0,1554 \text{ }\Omega \text{ (reatância indutiva do cabo de 120 mm}^2 - \text{ver Capítulo 4)}$$

$$L = \frac{X_e}{2 \times \pi \times F} \times D = \frac{0,1554}{2 \times \pi \times 60} \times \frac{10}{1.000} = 4,12 \times 10^{-6} \text{ H}$$

Desprezou-se a impedância do sistema.
- Cálculo da RTC

$$I_{nc} = \frac{7.200}{\sqrt{3} \times 13,80} = 301,2 \text{ }\Omega$$

Logo, será utilizado um TC de 400-5:80

- Cálculo da frequência impulsiva

  De acordo com a seguinte equação vista no Capítulo 13, a frequência registrada no evento vale:

  $$F_{fr} = F_n \times \sqrt{\frac{P_{cc}}{P_{nb}}} = 60 \times \sqrt{\frac{597.000}{7.200}} = 546,3 \text{ Hz}$$

- Cálculo da tensão impulsiva no secundário do TC

  $$V_s = \frac{I_{if} \times F_{fr} \times X_{sec}}{RTC \times F_i} = \frac{55.500 \times 546,3 \times 0,0328}{80 \times 60} = 207,10 \text{ V}$$

5.5 CLASSIFICAÇÃO DOS ENSAIOS

São as seguintes as principais normas técnicas nacionais e internacionais que se aplicam aos transformadores de corrente:

- NBR 6856:2021 – Transformador de corrente com isolação sólida para tensão máxima igual ou inferior a 52 kV – Especificação e ensaios;
- ANSI/IEEE c57.13/2003: Standard Requirements for Instrument Transformers;
- ANSI/IEEE c37.110/2007: Guide for the Application of Current Transformers used for Instrument Transformers;
- IEC 60044-1: Instruments Transformers – Part 1: Current 38 Transformers;
- IEC 60044-6: Instruments Transformers – Part 6: Requirements for Protective Current Transformers for Transient Performance.

Os ensaios dos transformadores de corrente devem ser executados segundo a NBR 6856:2021. Na falta dela, utilizar as normas internacionais. São os seguintes os ensaios que devem ser realizados nos TCs.

5.5.1 Ensaios de tipo

Os ensaios de tipo são realizados para se comprovar se determinado modelo ou tipo de TC é capaz de funcionar satisfatoriamente nas seguintes condições especificadas. Devem ser realizados em um transformador de cada tipo e projeto.

- Verificação e marcação dos terminais e polaridade.
- Medição de descaras parciais.
- Ensaio de tensão suportável à frequência industrial em enrolamentos primários.
- Ensaio de tensão suportável à frequência industrial em enrolamentos secundários.
- Ensaio de impulso atmosférico.
- Ensaio de impulso de manobra.
- Ensaio de sobretensão entre espiras.
- Ensaio de exatidão.
- Ensaio de estanqueidade a quente.
- Ensaio de elevação de temperatura.
- Ensaio de tensão aplicada sob chuva para transformadores de uso externo.
- Ensaio de tensão de radiointerferência ≥145 kV.
- Fator de segurança do instrumento quando aplicável para enrolamentos de medição.
- Erro composto para as classes P e PR.
- Determinação do fator de remanescência para as classes P e PXR.
- Determinação da constante de tempo secundária para a classe PR.
- Medição de resistência ôhmica dos enrolamentos secundários para as classes PX, PXR e PR.
- Levantamento das características de excitação para os núcleos de proteção.
- Ensaios de impactos mecânicos.

5.5.2 Ensaios de rotina

Esses ensaios se destinam a verificar a qualidade e a uniformidade da mão de obra e dos materiais empregados na fabricação dos TCs. Devem ser realizados pelo fabricante em cada unidade produzida durante o processo de fabricação.

- Levantamento de características de excitação para núcleos de proteção.
- Resistência ôhmica dos enrolamentos para equipamento com tensão igual ou superior a 72,5 kV.
- Tensão induzida.
- Sobretensão entre espiras.
- Tensão suportável à frequência industrial.
- Medição de descargas parciais.
- Polaridade.
- Exatidão.
- Erro composto para classes P e PR.
- Ensaio de estanqueidade para transformadores de líquido isolante.
- Resistência ôhmica dos enrolamentos secundários.
- Fator limite de exatidão.

5.5.3 Ensaios especiais

Quaisquer ensaios diferentes dos ensaios de tipo e de rotina devem ser considerados ensaios especiais e, portanto, devem ser acordados entre o fabricante e o usuário, exceto o ensaio para a determinação do valor da tensão de circuito aberto no secundário.

5.5.4 Ensaios de recebimento

Também denominados ensaios de aceitação, devem ser realizados na presença do inspetor do comprador por ocasião da inspeção. Quando o comprador especifica os ensaios de recebimento ou aceitação, estes devem ser realizados mediante acordo entre o fabricante e o comprador, em 100% do lote a ser fornecido ou em quantidade amostral a ser especificada.

- Verificação da marcação dos terminais e polaridade.
- Ensaio de tensão suportável à frequência industrial em enrolamentos primários.
- Ensaio de medição de descargas parciais.
- Exatidão.
- Fator limite de exatidão.
- Erro composto para classes P e PR.
- Ensaio de tensão suportável à frequência industrial em enrolamentos secundários e entre seções.
- Levantamento de características de excitação para núcleos de proteção.
- Resistência ôhmica dos enrolamentos para equipamento com tensão igual ou superior a 72,5 kV.
- Medição de capacitância e fator de perdas dielétricas.
- Ensaio de sobretensão entre espiras.
- Ensaio de estanqueidade para transformadores de líquido isolante.

5.6 ESPECIFICAÇÃO SUMÁRIA

A especificação de um transformador de corrente implica o conhecimento prévio do emprego desse equipamento: para serviço de medição ou de proteção.

No caso de transformadores de corrente para serviço de medição, é necessário determinar a carga que será acoplada ao seu secundário. No caso de transformadores destinados ao serviço de proteção, é necessário conhecer, além da carga dos aparelhos que serão ligados ao seu secundário, as condições transitórias das correntes de defeito.

De forma geral, na especificação de um transformador de corrente deve-se explicitar:

- destinação (medição ou proteção);
- uso (interior ou exterior);
- fator limite de exatidão;
- classe de exatidão padronizada;
- polaridade;
- gravação da placa de identificação;
- fator de segurança do instrumento para o núcleo de medição;
- limites da elevação de temperatura;
- classe de tensão;
- número de enrolamentos primários e secundários;
- fator térmico;
- carga nominal;
- relação de transformação;
- nível de isolamento;
- tensões suportáveis à frequência industrial e ao impulso atmosférico;
- tipo de encapsulamento.

6

TRANSFORMADOR DE POTENCIAL

6.1 INTRODUÇÃO

Os transformadores de potencial são equipamentos que permitem aos instrumentos de medição e proteção funcionarem adequadamente sem que seja necessário possuir tensão de isolamento de acordo com a da rede à qual estão ligados.

Na sua forma mais simples, os transformadores de potencial possuem um enrolamento primário de muitas espiras e um enrolamento secundário por meio do qual se obtém a tensão desejada, normalmente padronizada em 115 V ou $115/\sqrt{3}$ V. Dessa forma, os instrumentos de proteção e medição são dimensionados em tamanhos reduzidos com bobinas e demais componentes de baixa isolação.

Os transformadores de potencial são equipamentos utilizados para suprir aparelhos que apresentam elevada impedância, tais como voltímetros, relés de tensão, medidores de energia etc. São empregados nos sistemas de proteção e medição de energia elétrica de acordo com as suas características elétricas. Em geral, são instalados junto aos transformadores de corrente, tal como se observa na Figura 6.1, no caso, uma subestação ao tempo de 230 kV de tensão nominal. Já a Figura 6.2 mostra a instalação de um transformador de potencial no seu suporte de concreto armado.

Os transformadores para instrumentos (TP e TC) devem fornecer corrente e/ou tensão aos instrumentos conectados nos seus enrolamentos secundários de forma a atender às seguintes prescrições:

- o circuito secundário deve ser galvanicamente separado e isolado do primário a fim de proporcionar segurança aos operadores dos instrumentos ligados ao TP;

FIGURA 6.1 Instalação de um conjunto TP-TC.

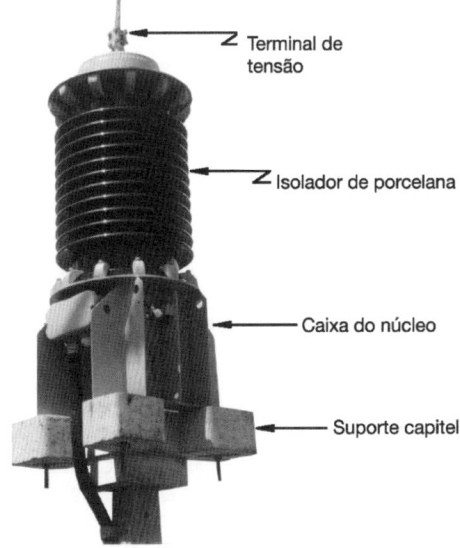

FIGURA 6.2 Instalação de um conjunto TP.

- a medida da grandeza elétrica deve ser adequada aos instrumentos que serão utilizados.

6.2 CARACTERÍSTICAS CONSTRUTIVAS

Existem vários tipos construtivos e funcionais de transformadores de potencial para uso em subestações:

- transformadores de potencial indutivos com isolação a seco (TPI);
- transformadores de potencial indutivos com isolamento imerso em óleo isolante (TPI);
- transformadores de potencial indutivos isolados a gás (TPI);
- transformadores de potencial capacitivos (TPC);
- transformadores de potencial indutivos trifásicos;
- conjunto polimérico de transformadores de potencial e de corrente.

Os transformadores de potencial são fabricados em conformidade com o grupo de ligação requerido, com as tensões primárias e secundárias necessárias e com o tipo de instalação.

O enrolamento primário é constituído de uma bobina de várias camadas de fio, submetida a uma esmaltação, em geral dupla, enrolada em um núcleo de ferro magnético sobre o qual também se envolve o enrolamento secundário.

Já o enrolamento secundário é de fio de cobre duplamente esmaltado e isolado do núcleo e do enrolamento primário por meio de fitas de papel especial.

Se o transformador for construído em epóxi, o núcleo com as respectivas bobinas é encapsulado por meio de processos especiais de modo a evitar a formação de bolhas no seu interior, o que, para tensões elevadas, se constitui em fator de defeito grave. Nessas condições, esse transformador se torna compacto, de peso relativamente pequeno, porém descartável ao ser danificado.

Se o transformador for de construção em óleo, o núcleo e as respectivas bobinas serão submetidos ao vácuo e ao calor para retirada da umidade. O transformador, ao ser completamente montado, é tratado a vácuo para em seguida ser preenchido com óleo isolante.

O tanque, dentro do qual é acomodado o núcleo juntamente com os enrolamentos, é construído com chapa de ferro pintada ou galvanizada a fogo. Na parte superior são fixados os isoladores de porcelana vitrificada, dois para TPs do grupo 1 e somente um para os TPs dos grupos 2 e 3. Alguns transformadores possuem tanque de expansão de óleo, localizado na parte superior da porcelana.

Na parte inferior do TP está localizado o tanque com os elementos ativos, onde se acha a caixa de ligação dos terminais secundários. O tanque também dispõe de um terminal de aterramento do tipo parafuso de aperto.

6.2.1 Transformadores de potencial do tipo indutivo

São, desse modo, construídos basicamente todos os transformadores de potencial para utilização até a tensão de 138 kV, por apresentarem custo de produção inferior ao do tipo capacitivo ou de isolação a gás. Assim, na construção de um TP indutivo, à medida que a tensão primária aumenta é necessário aumentar o número de espiras para manter a densidade de campo magnético desejada, em geral, de 1,6 Wb/m². Com o aumento do número de espiras e tensões primárias elevadas reduz-se a seção dos condutores e aumenta-se a espessura dos isolamentos, crescendo a possibilidade de rompimento dos fios das espiras durante o processo de bobinamento e a elevação dos custos de produção. Esses fatos explicam o limite construtivo dos TPs indutivos até a tensão primária de 138 kV.

Os transformadores de potencial indutivo são dotados de um enrolamento primário que envolve um núcleo de ferro-silício comum ao enrolamento secundário, conforme se mostra na Figura 6.3.

Os transformadores de potencial funcionam com base na conversão eletromagnética entre os enrolamentos primário e secundário. Assim, para determinada tensão aplicada nos enrolamentos primários, obtém-se nos terminais secundários uma tensão reduzida dada pelo valor da relação de transformação de tensão. Da mesma forma que, se aplicada certa tensão no secundário, obtém-se nos terminais primários uma tensão elevada de valor dado pela relação de transformação considerada. Se, por exemplo, é de 13.800 V a tensão aplicada nos bornes primários de um TP, cuja relação de transformação nominal é de 120, logo se obtém no seu secundário a tensão convertida de 115 V, ou seja: 13.800/120 = 115 V, desconsideradas as quedas de tensão internas.

Os transformadores de potencial indutivos são construídos segundo três grupos de ligação previstos pela NBR 10020 –

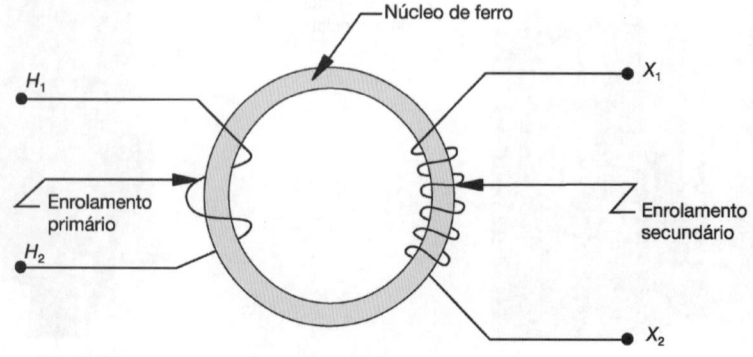

FIGURA 6.3 Representação de um transformador de potencial.

Transformadores de potencial de tensão máxima de 15, 24,2 e 36,2 kV:

- Grupo 1 – são aqueles projetados para ligação entre fases. São basicamente os do tipo utilizado nos sistemas de até 34,5 kV. Os transformadores enquadrados nesse grupo devem suportar continuamente 10% de sobrecarga. A Figura 6.4 mostra um transformador de potencial do grupo 1, em óleo mineral, classe 15 kV. Já a Figura 6.5 mostra um TP do mesmo grupo, em epóxi.
- Grupo 2 – são aqueles projetados para ligação entre fase e neutro de sistemas diretamente aterrados, isto é: $\dfrac{R_{uz}}{X_{up}} \le 1$, sendo R_{uz} o valor resistência de sequência zero do sistema e X_{up} o valor reatância de sequência positiva do sistema.
- Grupo 3 – são aqueles projetados para ligação entre fase e neutro de sistemas em que não se garanta a eficácia do aterramento.

Os transformadores enquadrados nos grupos 2 e 3 são construídos segundo a Figura 6.6.

A tensão primária desses transformadores corresponde à tensão entre fase e terra da rede, enquanto no secundário as tensões podem ser de $115/\sqrt{3}$ V ou 115 V, ou ainda as duas tensões mencionadas, obtidas por meio de uma derivação, conforme se mostra na Figura 6.7. A Figura 6.8 mostra um transformador de potencial do grupo 2, a óleo mineral, classe 230 kV.

Existem transformadores de potencial que, por causa da sua classe de tensão e consequentemente de suas dimensões, são constituídas de duas partes acopladas formando uma única unidade de conformidade com a Figura 6.9.

Os TPs dos Grupos 2 e 3 são normalmente conectados na configuração estrela aterrada no primário e estrela aterrada no secundário.

6.2.2 Transformador de potencial do tipo capacitivo

Os transformadores desse tipo são construídos basicamente com a utilização de dois conjuntos de capacitores que servem para fornecer um divisor de tensão e permitir a comunicação por meio do sistema *carrier*, tendo a capacidade de transmitir sinais de alta frequência por meio das linhas, denominados sinais de onda portadora. São construídos normalmente para

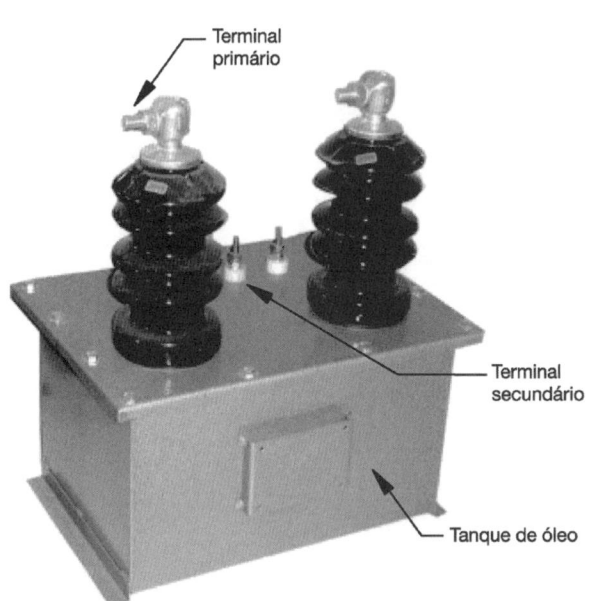

FIGURA 6.4 TP de 15 kV, tipo óleo mineral.

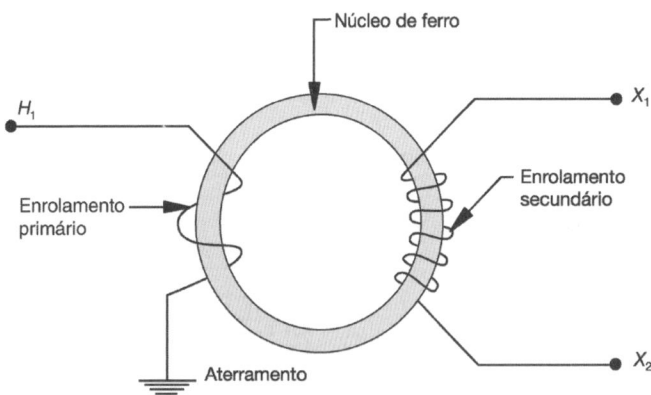

FIGURA 6.6 Representação dos transformadores de potencial dos grupos 2 e 3.

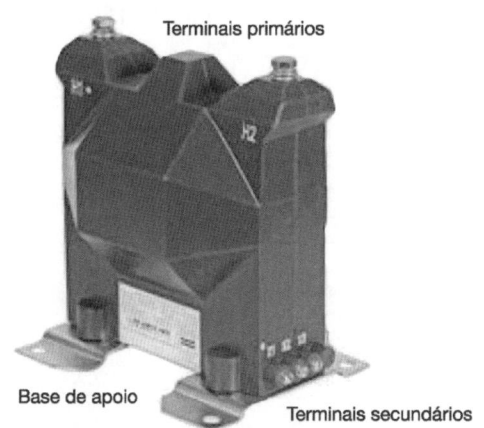

FIGURA 6.5 TP de 15 kV, isolação a seco.

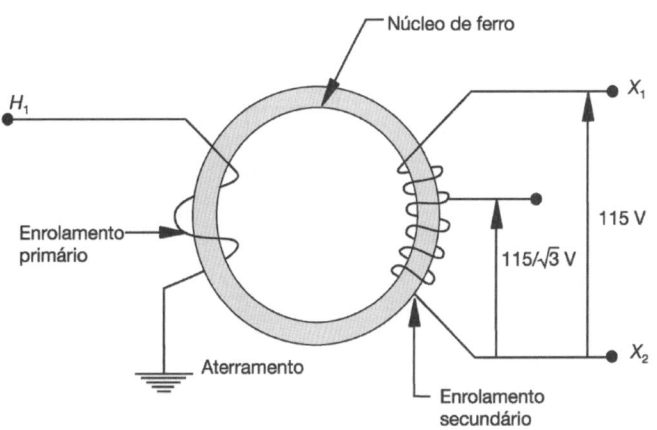

FIGURA 6.7 Representação de um TP com derivação.

tensões iguais ou superiores a 138 kV e apresentam como esquema básico a Figura 6.10.

Na base do cabeçote do TPC, na parte que separa a unidade capacitiva da parte indutiva do equipamento, há um terminal de alta frequência para a transmissão do sinal de onda portadora.

O transformador de potencial capacitivo é constituído de um divisor capacitivo, cujas células que formam o condensador são ligadas em série e o conjunto fica imerso no interior de um invólucro de porcelana. O divisor capacitivo é ligado entre fase e terra. Uma derivação intermediária alimenta um grupo de medida de média tensão que compreende, basicamente, os seguintes elementos:

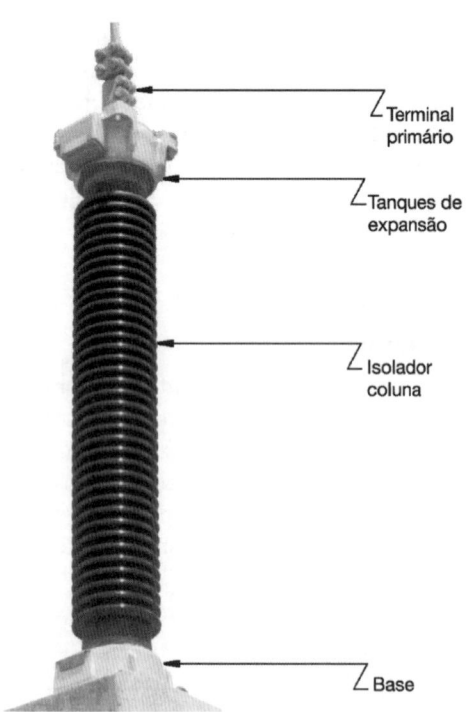

FIGURA 6.8 Transformador de potencial da classe 230 kV.

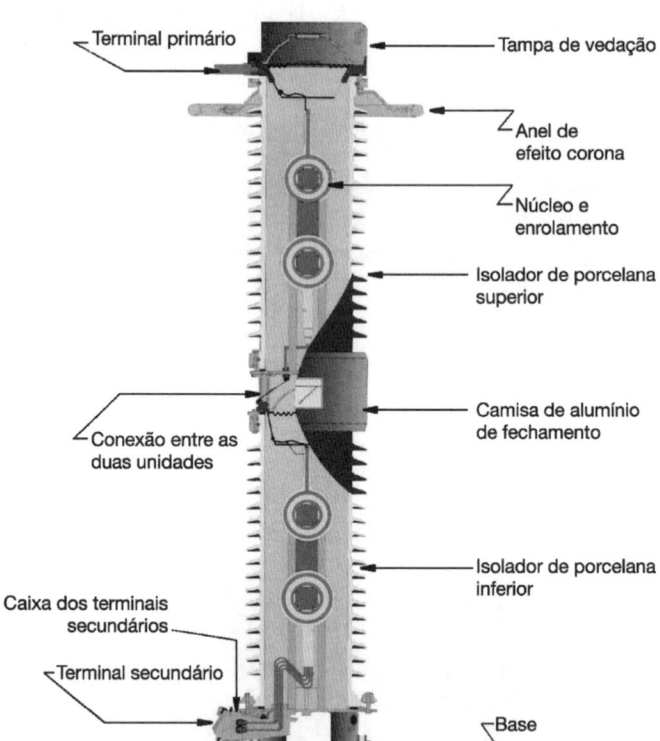

FIGURA 6.9 Transformador de potencial indutivo formado por duas seções.

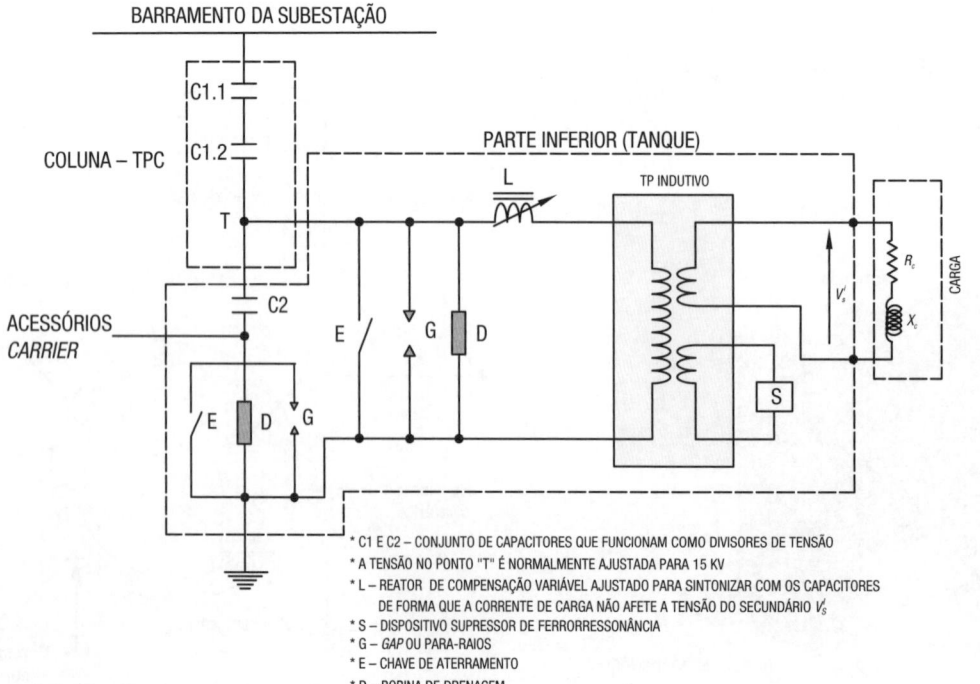

FIGURA 6.10 Circuito equivalente de um transformador de potencial capacitivo.

- um transformador de potencial indutivo ligado na derivação intermediária, por meio de um ponto de conexão, fornecendo as tensões secundárias desejadas;
- um reator de compensação ajustável para controlar as quedas de tensão e a defasagem no divisor capacitivo, na frequência nominal, independentemente da carga, porém nos limites previstos pela classe de exatidão considerada;
- um dispositivo de amortecimento dos fenômenos de ferrorressonância;
- deve-se ajustar o valor da indutância L no reator para que a tensão secundária, V'_s, refletida no primário independa da corrente de carga secundária, I'_s, refletida no primário;
- o "gap" tem como função limitar a tensão no ponto T no valor da tensão suportável pelo capacitor C2.

A não ser pela classe de exatidão, os transformadores de potencial não se diferenciam entre aqueles destinados à medição e à proteção. Contudo, são classificados de acordo com o erro que introduzem nos valores medidos no secundário.

A Figura 6.11 mostra um transformador de potencial capacitivo, detalhando as suas partes componentes.

A escolha entre a utilização dos transformadores de potencial indutivos ou capacitivos está baseada no preço ou na necessidade de teleproteção e comunicação por meio de sinais das linhas de transmissão que compõem o sistema elétrico.

Os TPCs reproduzem com precisão a tensão do sistema quando operam em regime permanente. Porém, durante os eventos de defeito, os TPCs já não são tão eficientes, pois nos seus terminais secundários a tensão é composta por componentes transitórios produzindo erros nos resultados de sua medição. O mesmo ocorre durante os eventos de manobra e de correntes de curto-circuito que podem conduzir a erros operacionais dos elementos de proteção do sistema.

6.3 CARACTERÍSTICAS ELÉTRICAS DOS TRANSFORMADORES INDUTIVOS

Serão estudadas agora as características elétricas dos transformadores de potencial, particularizando cada parâmetro que mereça importância para o conhecimento desse equipamento.

Os transformadores de potencial são bem caracterizados por dois erros que cometem ao reproduzir no secundário a tensão a que está submetido no primário. Esses erros são: o erro de relação de transformação e o erro de ângulo de fase.

6.3.1 Erro de relação de transformação

Esse tipo de erro é registrado na medição de tensão com TP, em que a tensão primária não corresponde exatamente ao produto da tensão lida no secundário pela relação de transformação de potencial nominal. Esse erro pode ser corrigido pelo fator de correção de relação (FCR). O produto entre a relação de transformação de potencial nominal (RTP) e o fator de correção de relação real (FCR_r) resulta na relação de transformação de potencial real (RTP_r), ou seja:

$$FCR_r = \frac{RTP_r}{RTP} \quad (6.1)$$

Finalmente, o erro de relação pode ser calculado percentualmente pela Equação (6.2).

$$\varepsilon_p = \frac{RTP \times V_s - V_p}{V_p} \times 100\% \quad (6.2)$$

V_p – tensão aplicada no primário do TP.

O erro de relação percentual também pode ser expresso pela Equação (6.3), ou seja:

$$\varepsilon_p = (100 - FCR_p)\,(\%) \quad (6.3)$$

FCR_p – fator de correção de relação percentual dado pela Equação (6.4).

$$FCR_p = \frac{RTP_r}{RTP} \times 100\% \quad (6.4)$$

Os valores percentuais de FCR_p podem ser encontrados nos gráficos da Figura 6.12, que compreendem as classes de exatidão 0,3 – 0,6 – 1,2.

Devem ser feitas algumas observações envolvendo as relações de transformação nominal e real, ou seja:

- se o $RTP > RTP_r$ o fator de correção de relação percentual $FCR_p < 100\%$ e o erro de relação $\varepsilon_p > 0\%$: o valor real da tensão primária é menor que o produto $RTP \times V_s$;
- se o $RTP < RTP_r$ o fator de correção de relação percentual $FCR_p > 100\%$ e o erro de relação $\varepsilon_p < 0\%$: o valor real da tensão primária é maior que o produto $RTP \times V_s$.

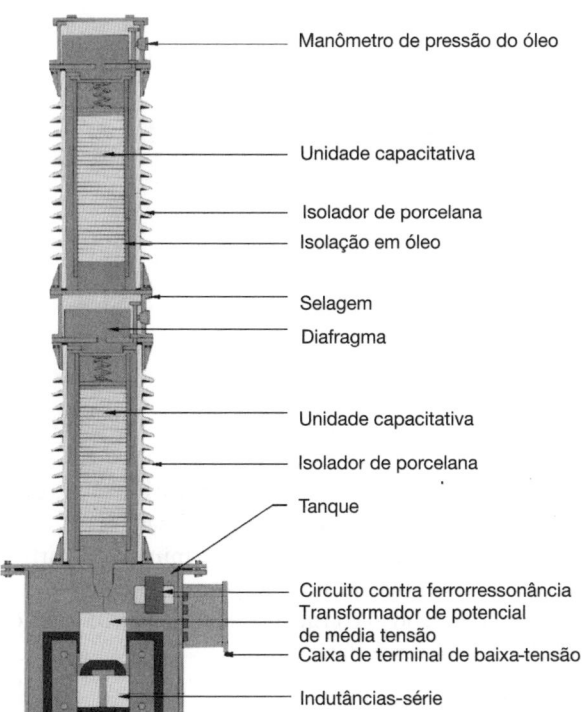

FIGURA 6.11 Transformador de potencial capacitivo.

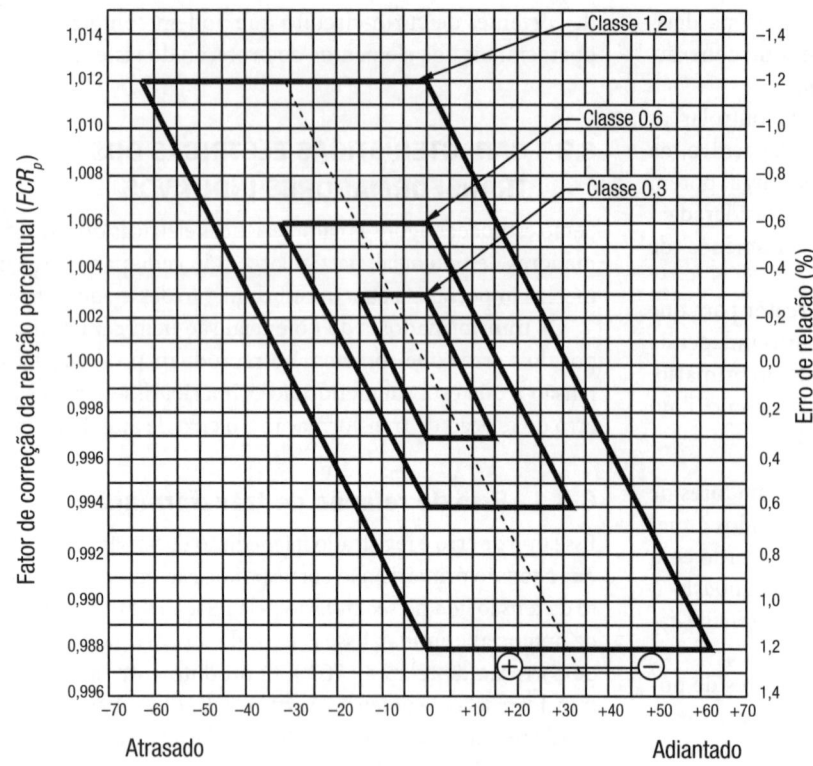

FIGURA 6.12 Gráficos da classe de exatidão dos transformadores de potencial.

EXEMPLO DE APLICAÇÃO (6.1)

Uma medição efetuada por um voltímetro indicou que a tensão no secundário do transformador de potencial é de 112,9 V. Calcule o valor real da tensão primária, sabendo-se que o TP é de 13.800 V, e que ele apresenta um fator de correção de relação igual a 100,5%.

A relação de transformação nominal vale:

$$RTP = \frac{13.800}{115} = 120$$

O valor da tensão não corrigida é de:

$$RTP \times V_s = 120 \times 112,9 = 13.548 \text{ V}$$

Para um fator de correção de relação $FCR_p = 100,5\%$, tem-se:

$$\varepsilon_p = (100 - 100,5) = -0,5\%$$

Logo, o verdadeiro valor da tensão é:

$$V_r = 13.548 - \left[\frac{13.548 \times (-0,5)}{100}\right] = 13.615 \text{ V}$$

6.3.2 Erro de ângulo de fase

É o ângulo γ que mede a defasagem entre a tensão vetorial primária e a tensão vetorial secundária de um transformador de potencial. Pode ser expresso pela Equação (6.5).

$$\gamma = 26 \times (FCT_p - FCR_p) \; (') \qquad (6.5)$$

FCT_p é o fator de correção de transformação que considera tanto o erro de relação de transformação (FCR_p) como o erro do ângulo de fase nos processos de medição de potência. A relação entre o ângulo de fase (γ) e o fator de correção de relação é dado nos gráficos da Figura 6.13, extraída da NBR 6855.

Os gráficos da Figura 6.12 são determinados a partir da Equação (6.5). Assim, fixando-se os valores de FCT_p para cada classe de exatidão considerada e variando-se os valores de FCR_p, tem-se para a classe 0,6:

$FCT_p = 100,6\%$ (valor fixo)

$FCR_p = 100,6$ a $99,4\%$ – variando para três pontos, por exemplo, tem-se:

$\gamma = 26 \times (100{,}6 - 100{,}6) = 0°$; $\gamma = 26 \times (100{,}6 - 98{,}8) = 46{,}8°$; $\gamma = 26 \times (100{,}6 - 99{,}4) = 31{,}2°$; e ainda:

$FCT_p = 99{,}4\%$ (valor fixo)

$FCR_p = 100{,}6$ a $99{,}4\%$ – variando para três pontos, por exemplo, tem-se:

$\gamma = 26 \times (99{,}4 - 100{,}6) = -31{,}2°$; $\gamma = 26 \times (99{,}4 - 100{,}4) = -26°$; $\gamma = 26 \times (99{,}4 - 99{,}4) = 0°$

6.3.3 Classe de exatidão

A classe de exatidão exprime nominalmente o erro esperado do transformador de potencial, levando em conta o erro de relação de transformação e o erro de defasamento angular entre as tensões primária e secundária. Esse erro é medido pelo fator de correção de transformação.

Dessa forma, conclui-se que o FCT_p é o número que deve ser multiplicado pelo valor da leitura de determinados aparelhos de medida, tais como o medidor de energia elétrica e de demanda, wattímetro, varímetro etc., de sorte a se obter a correção dos efeitos simultâneos do fator de correção de relação e do ângulo de defasagem entre V_s e V_p.

Os erros verificados em determinado transformador de potencial estão representados com a carga secundária a ele acoplada e ao fator de potência correspondente dessa mesma carga.

Considera-se que um TP está dentro de sua classe de exatidão, quando os pontos determinados pelos fatores de correção de relação percentual (FCR_p) e pelos ângulos de fase (γ) estiverem dentro do paralelogramo de exatidão, correspondente à sua classe de exatidão.

Para se determinar a classe de exatidão do TP, são realizados ensaios a vazio e em carga com valores padronizados por norma. Cada ensaio correspondente a cada carga padronizada é efetuado para as seguintes condições:

- ensaio sob tensão nominal;
- ensaio a 90% da tensão nominal;
- ensaio a 110% da tensão nominal.

Os transformadores de potencial podem apresentar as seguintes classes de exatidão: 0,3 – 0,6 – 1,2, existindo ainda TPs da classe de exatidão 0,1. Os TPs construídos na classe de exatidão 0,1 são utilizados nas medições em laboratório ou em outras que requeiram uma elevada precisão de resultado.

Já os TPs enquadrados na classe de exatidão 0,3 são destinados à medição de energia elétrica com fins de faturamento. Enquanto isso, os TPs da classe 0,6 são utilizados no suprimento de aparelhos de proteção e medição de energia elétrica sem a finalidade de faturamento. Os TPs da classe 1,2 são aplicados na medição indicativa de tensão.

No caso de um transformador de potencial da classe de exatidão 3, considera-se que ele está dentro de sua classe de exatidão em condições especificadas quando, nessas condições, o fator de correção de relação estiver entre os limites 1,03 e 0,97.

Os transformadores de potencial com um único enrolamento secundário devem estar dentro de sua classe de exatidão quando submetidos às tensões compreendidas entre 90 e 110% da tensão nominal e para todos os valores de cargas nominais desde a sua operação a vazio até a carga nominal especificada. O mesmo TP deve estar dentro de sua classe de exatidão para todos os valores de fator de potência indutivo medidos em seus terminais primários, compreendidos entre 0,6 e 1,0, cujos limites definem os gráficos do paralelogramo de exatidão.

As Figuras 6.13 e 6.14 mostram como exemplos as curvas obtidas no ensaio de exatidão, desenhadas para uma impedância secundária correspondente a 0 a 100% da carga nominal e, relativa, respectivamente, ao erro de relação de transformação percentual e ao deslocamento da fase. Por meio da construção do diagrama fasorial de um transformador de potencial, podem-se visualizar os principais parâmetros elétricos envolvidos na sua construção. As áreas em cinza indicam a faixa de tensão entre 90 e 110% da tensão nominal.

Por meio da construção do diagrama fasorial de um transformador de potencial pode-se visualizar os principais parâmetros envolvidos na sua construção.

Com base na Figura 6.15, as variáveis são assim reconhecidas:

E_s – força eletromotriz induzida no secundário;
V'_p – tensão primária;
V_s – tensão secundária;
I'_p – corrente primária;
I_s – corrente secundária;
I_a – corrente de perda ativa no núcleo em fase com E_s;
I_e – corrente de magnetização;
I_ϕ – corrente magnetizante responsável pelo fluxo ϕ;
γ – ângulo de defasamento entre V_s e V'_p;
ϕ – ângulo de defasamento entre E_s e I_s;

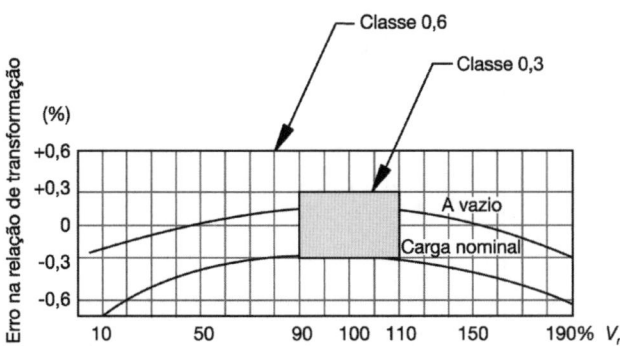

FIGURA 6.13 Curvas de ensaio de exatidão: erro de relação de transformação.

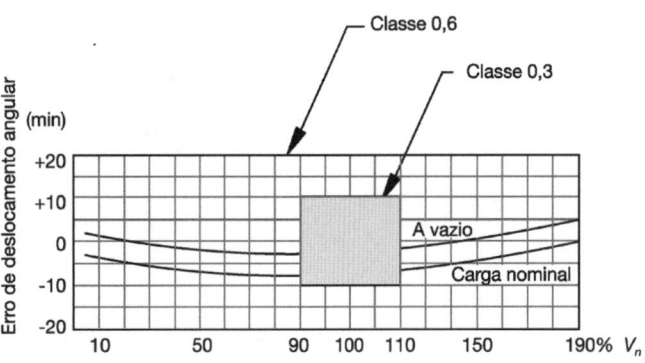

FIGURA 6.14 Curvas de ensaio de exatidão: erro do ângulo de fase.

R'_p e R_s – resistência dos enrolamentos primário e secundário;
X'_p e X_s – reatância dos enrolamentos primário e secundário.

A representação do circuito equivalente de um transformador de potencial pode ser feita segundo a Figura 6.16. Já a Figura 6.17 mostra o diagrama elétrico equivalente referido ao secundário construído a partir do circuito mostrado na Figura 6.16. Pode-se perceber no diagrama da Figura 6.15 o ângulo de fase (γ) formado pela tensão secundária V_s, tomada no seu inverso, e a tensão primária.

A Figura 6.18 mostra também a influência do fator de potência ϕ da carga para um TP da classe de exatidão 0,3.

Assim, um transformador de potencial, cuja curva de ensaio consta da Figura 6.8, deve manter a sua exatidão a vazio e para todas as cargas intermediárias normalizadas, variando desde 12,5 VA até a sua potência nominal. Dessa forma, um TP 0,3P200 deve manter a sua exatidão colocando-se cargas no seu secundário de valores 12,5 VA, 25 VA, 75 VA e 200 VA, considerando os fatores de potência indicados.

Quando ao secundário de um TP é acoplada uma carga de valor elevado, ligada à extremidade de um circuito de grande extensão, pode-se ter uma queda de tensão de valor significativo que venha a comprometer a exatidão da medida, já que a tensão nos terminais da carga não corresponde à sua tensão nominal.

Quando se consideram os efeitos simultâneos da resistência e da reatância dos condutores secundários de um circuito de um TP, é importante calcular o fator de correção de relação de carga total secundária pela Equação (6.6) e pelo ângulo do fator de potência.

$$FCR_{ct} = FCR_r + \frac{I_c \times L_c}{V_s} \times \left(R_c \times \cos\theta + X_c \times \sen\theta\right) \quad (6.6)$$

FCR_{ct} – fator de correção de relação compreendendo a carga e os condutores do circuito secundário;
FCR_r – fator de correção de relação, dado na Equação (6.1);
I_c – corrente de carga, em A;
V_s – tensão secundária, em V;

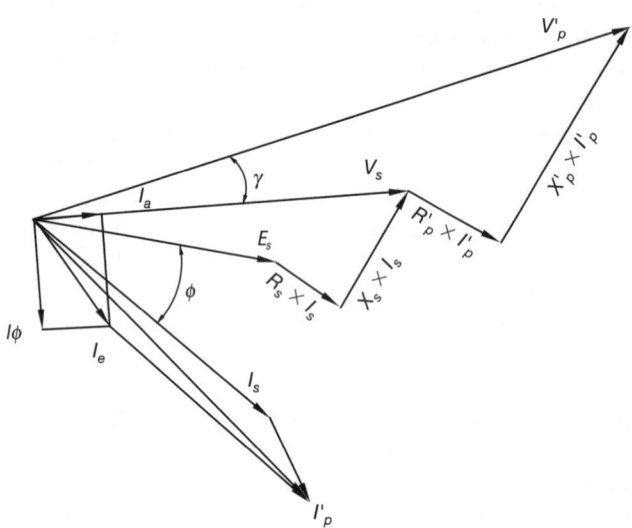

FIGURA 6.15 Diagrama fasorial de um TP.

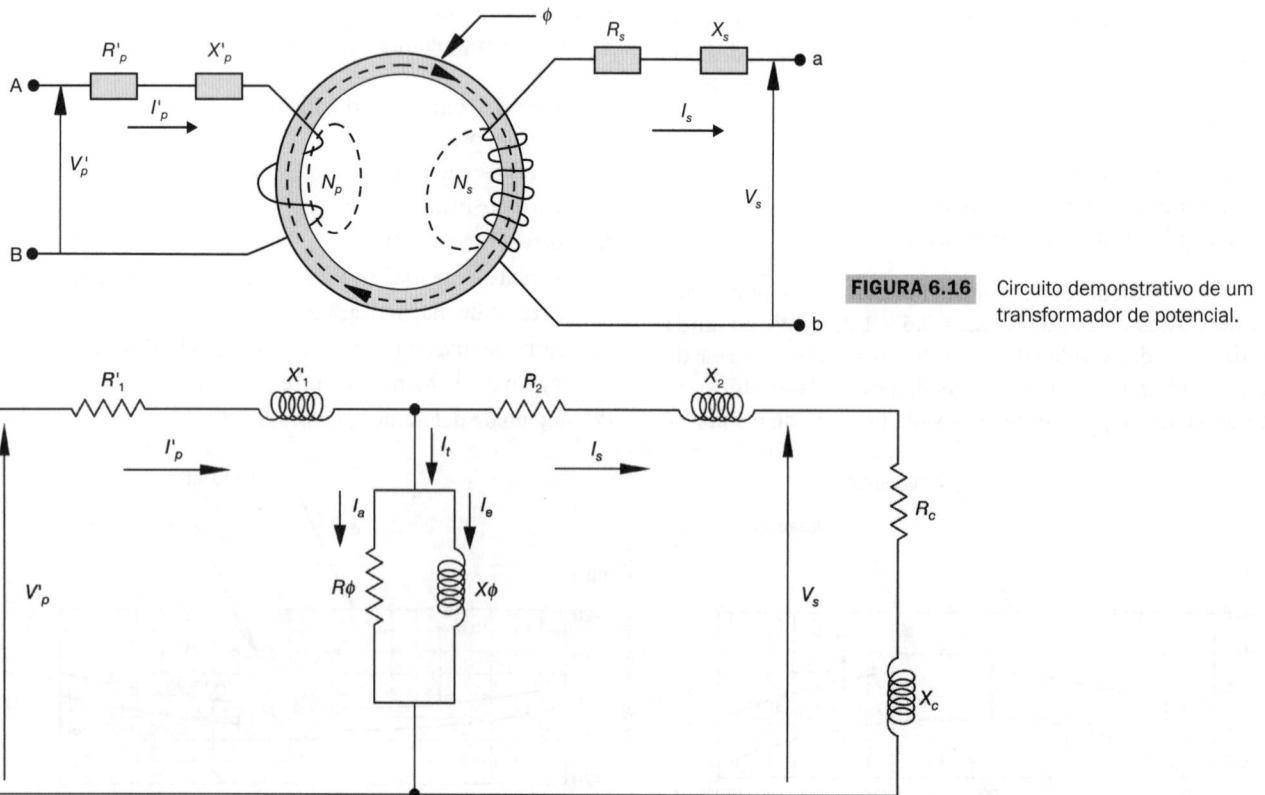

FIGURA 6.16 Circuito demonstrativo de um transformador de potencial.

FIGURA 6.17 Circuito elétrico de um transformador de potencial.

V'_p - tensão primária referida ao secundário
I_e - corrente de magnetização

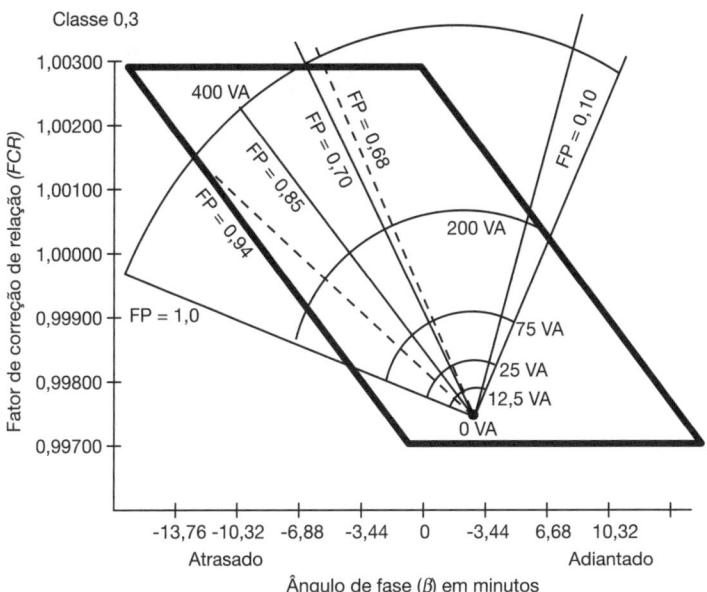

FIGURA 6.18 Curva de ensaio de excitação de um transformador de potencial: erro de ângulo de fase.

EXEMPLO DE APLICAÇÃO (6.2)

No ensaio de um transformador de potencial de 13.800-115 V, grupo de ligação 1, foram anotados os seguintes resultados:

- tensão primária aplicada: 13.800 V;
- tensão secundária medida: 114,1 V;
- erro de ângulo de fase: −24′.

Com base nesses resultados, determine a classe de exatidão do transformador sob ensaio.

- Relação de transformação nominal (RTP)

$$RTP = \frac{13.800}{115} = 120$$

- Relação de transformação real (RTP_r)

$$RTP_r = \frac{13.800}{114,1} = 120,94$$

- Fator de correção de relação real

$$FCR_r = \frac{RTP_r}{RTP} = \frac{120,94}{120} = 1,00783$$

- Fator de correção de relação percentual

$$FCR_p = \frac{RTP_r}{RTP} \times 100 = 100 \times 1,00783 = 100,783\%$$

- Erro de relação percentual

$$\varepsilon_p = (100 - FCR_p) = 100 - 100,783 = -0,783\%$$

No caso em questão, diz-se que o erro, relativamente à tensão primária, é por falta, pois o valor correto seria:

$$V_p = V_s \times RTP_r = 114,1 \times 120 = 13.692 \text{ V}$$

Isso daria uma diferença real de:

$$\Delta V_p = 13.800 - 13.692 = 108 \text{ V}$$

Logo, o transformador de potencial, de acordo com o paralelogramo de exatidão da Figura 6.12, está dentro dos limites da classe de exatidão 1,2%.

EXEMPLO DE APLICAÇÃO (6.3)

Calcule a queda de tensão no terminal de um circuito alimentado por um TP 1,2P200 (200 VA de potência nominal), sabendo-se que a carga é de 194 VA e o fator de potência é igual a 0,85. Sabe-se também que o circuito é de fio de cobre de seção 10 mm², de comprimento igual a 90 m e o TP é do grupo 2, com tensão primária igual a $69.000/\sqrt{3}$ V e relação 350:1.

- Tensão secundária do TP

$$V_s = \frac{V_p}{RTP} = \frac{69.000}{\sqrt{3}} \times \frac{1}{350} \cong 115 \text{ V}$$

- Corrente de carga

$$I_c = \frac{P_c}{V_s} = \frac{194}{115} = 1,68 \text{ A}$$

- Queda de tensão no circuito

$$\Delta V_s = I_c \times R_c \times L_c = \frac{1,68 \times 2,2221 \times 180}{1.000} = 0,67 \text{ V}$$

$R_c = 2,2221$ mΩ/m (Tabela do Capítulo 4)
$L_c = 2 \times 90 = 180$ m (ida e retorno)
Obs.: desprezou-se a queda de tensão na reatância.
Percentualmente, a queda de tensão vale:

$$\Delta V\% = \frac{0,67}{115} \times 100 = 0,58\%$$

R_c – resistência do condutor do circuito secundário, em Ω/m;
X_c – reatância do condutor do circuito secundário, em Ω/m;
L_c – comprimento do circuito, em m (considerar o condutor de ida e o de retorno);
θ – ângulo do fator de potência.

Para se determinar o desvio angular total pode-se aplicar a Equação (6.7), ou seja:

$$\gamma_{ct} = \gamma + \frac{3.438 \times I_c \times L_c}{V_s} \times \left(R_c \times \text{sen}\phi + X_c \times \cos\phi \right) \quad (6.7)$$

γ_{ct} – ângulo de fase compreendendo a carga e os condutores do circuito secundário, em (');
γ – ângulo de fase, dado pela Equação (6.5).

EXEMPLO DE APLICAÇÃO (6.4)

Considerando os dados oferecidos no Exemplo de Aplicação (6.3), determine o fator de correção de relação total e o ângulo de fase total. Sabe-se, pelos ensaios, que o erro de relação percentual é de +0,4% e que o erro de ângulo de defasagem é de 10'.

- Fator de correção de relação, FCR
A relação de transformação percentual real vale:

$$RTP = 350:1 = 350$$

$$RTP_r = \frac{350 \times (100 - 0,4)}{100} = 348,6$$

De acordo com a Equação (6.1), tem-se:

$$FCR_r = \frac{RTP_r}{RTP} = \frac{348,6}{350} = 0,996$$

Logo, o fator de correção de relação percentual vale:

$$FCR_p = \frac{RTP_r}{RTP} \times 100 = \frac{348,6}{350} \times 100 = 99,6\%$$

Da Equação (6.3), tem-se também:

$$\varepsilon_p = (100 - FCR_p) = 100 - 99,6 = 0,4$$

Da Equação (6.4), tem-se também:

$$RTP_r = \frac{RTP \times FCR_p}{100} = \frac{350 \times 99,6}{100} = 348,6$$

- Fator de correção de relação de carga secundária

  $R_c = 2,2221$ mΩ/m (Tabela do Capítulo 4)
  $X_c = 0,1207$ mΩ/m (Tabela do Capítulo 4)
  $\cos \theta = 0,85$
  $\text{sen } \theta = \text{sen}(ar \cos 0,85) = 0,52$

$$FCR_{ct} = FCR_r + \frac{I_c \times L_c}{V_s} \times (R_c \times \cos\theta + X_c \times \text{sen}\theta)$$

$$FCR_{ct} = 0,996 + \frac{1,68 \times 180}{115} \times \left(\frac{2,2221 \times 0,85 + 0,1207 \times 0,52}{1.000}\right)$$

$FCR_{ct} = 0,996 + 0,01001 = 1,0060$
ou: $FCR_{ctp} = 100,60\%$

- Desvio angular total

  Da Equação (6.7), tem-se:

$$\gamma = +10'$$

$$\gamma_{ct} = 10 + \frac{3.438 \times 1,68 \times 180}{115} \times \left(\frac{2,2221 \times 0,52 + 0,1207 \times 0,85}{1.000}\right)$$

$$\gamma_{ct} = 10 + 11,37 = 21,37'$$

Pode-se perceber pela Figura 6.12 que, nessas condições, o TP está dentro dos limites da classe de exatidão 0,6. Isto é obtido considerando-se $\gamma_{ct} = 21,37'$ e $FCR_{ctp} = 100,60\%$.

O fator de potência da carga exerce uma grande influência na exatidão de uma medida efetuada com um transformador de potencial. Para comprovar essa afirmativa basta analisar a Figura 6.18, em que se fez variar o fator de potência de uma carga padronizada de 400 VA ligada a um TP de 0,3P400 entre 0 e 1,00. Pode-se observar que o TP mantém a sua classe de exatidão no intervalo do fator de potência de 0,68 a 0,94. Já para uma carga menor, 200 VA, ligada ao TP de 0,3P400, os limites do fator de potência que mantêm a classe de exatidão são ampliados.

6.3.4 Tensões nominais

Os transformadores de potencial, por norma, devem suportar tensões de serviço de 10% acima de seu valor nominal, em regime contínuo, sem nenhum prejuízo à sua integridade.

Tensões nominais primárias devem ser compatíveis com as tensões de operação dos sistemas primários aos quais os TPs estão ligados. A tensão secundária é padronizada em 115 V, para TPs do grupo 1 e de 115 V e $115/\sqrt{3}$ V para TPs pertencentes aos grupos 2 e 3.

As tensões primárias e as relações nominais estão especificadas na Tabela 6.1. A notação das relações nominais adotadas pela NBR 6855-2021 é:

- o sinal de dois pontos (:) deve ser usado para representar relações nominais como 120:1;
- o hífen (-) deve ser usado para separar relações nominais e tensões primárias de enrolamentos diferentes, como: 69.000-115 V (1 enrolamento primário e 1 enrolamento secundário); 69.000/$\sqrt{3}$ − 115V; 69.000/$\sqrt{3}$ − 115 − 115/$\sqrt{3}$ V (1 enrolamento primário e 2 enrolamentos secundários);
- o sinal de vezes ($\times$) deve ser usado para separar tensões primárias nominais e relações nominais de enrolamentos destinados a serem ligados em série ou paralelo, por exemplo: 6.900 $\times$ 13.800 − 115 V, ou ainda: 69.000/$\sqrt{3}$ $\times$ 13.800/$\sqrt{3}$ − 115 − 115/$\sqrt{3}$, que corresponde a um TP de 2 enrolamentos primários religáveis e 2 enrolamentos secundários, sendo um deles com derivação;
- a barra (/) deve ser usada para separar tensões primárias nominais e relações nominais obtidas por meio de

TABELA 6.1 Tensões primárias nominais e relações nominais

Grupo 1		Grupos 2 e 3		
Para ligação de fase para fase		Para ligação fase para neutro		
Tensão primária nominal (V)	Relação nominal	Tensão primária nominal (V)	Relação nominal	
			Tensão secundária de $115/\sqrt{3}$ (V)	Tensão secundária de aproximadamente 115 V
115	1:1	-	-	-
230	2:1	-	-	-
402,5	3,5:1	-	-	-
460	4:1	-	-	-
575	5:1	-	-	-
2.300	20:1	$2.300/\sqrt{3}$	20:1	12:1
3.475	30:1	$3.475/\sqrt{3}$	30:1	17,5:1
4.025	35:1	$4.025/\sqrt{3}$	35:1	20:1
4.600	40:1	$4.600/\sqrt{3}$	40:1	24:1
6.900	60:1	$6.900/\sqrt{3}$	60:1	35:1
8.050	70:1	$8.050/\sqrt{3}$	70:1	40:1
11.500	100:1	$11.500/\sqrt{3}$	100:1	60:1
13.800	120:1	$13.800/\sqrt{3}$	120:1	70:1
23.000	200:1	$23.000/\sqrt{3}$	200:1	120:1
34.500	300:1	$34.500/\sqrt{3}$	300:1	175:1
44.000	400:1	$44.000/\sqrt{3}$	400:1	240:1
69.000	600:1	$69.000/\sqrt{3}$	600:1	350:1
-	-	$88.000/\sqrt{3}$	800:1	480:1
-	-	$115.000/\sqrt{3}$	1.000:1	600:1
-	-	$138.000/\sqrt{3}$	1.200:1	700:1
-	-	$161.000/\sqrt{3}$	1.400:1	800:1
-	-	$196.000/\sqrt{3}$	1.700:1	1.700:1
-	-	$230.000/\sqrt{3}$	2.000:1	1.200:1

derivações, seja no enrolamento primário, seja no enrolamento secundário, por exemplo: $230.000/\sqrt{3} - 115/115/\sqrt{3}$, que corresponde a um TP do grupo 2 ou 3, com um enrolamento primário e um enrolamento secundário com derivação. Tem-se também: $230.000/\sqrt{3} - 115 - 115/115/\sqrt{3}$, que corresponde a um TP do grupo 2 ou 3, com 1 enrolamento primário e 2 enrolamentos secundários, sendo um deles em derivação.

6.3.5 Cargas nominais

A soma das cargas que são acopladas a um transformador de potencial deve ser compatível com a carga nominal desse equipamento padronizada pela NBR 6855 e dada na Tabela 6.2.

Ao contrário dos transformadores de corrente, a queda de tensão nos condutores de interligação entre os instrumentos de medida e o transformador de potencial é muito pequena. Contudo, deve-se tomar precauções quanto às quedas de tensão secundárias para circuitos muito longos, que podem ocasionar erros de medida, como se estudou anteriormente.

Conforme se observa na Tabela 6.2, os transformadores de potencial alimentam cargas cujas impedâncias normalmente são muito elevadas. Como a corrente secundária é muito pequena, pode-se concluir que esses equipamentos operam praticamente a vazio. Porém, nos cálculos do fator de correção de relação de carga total e do ângulo de defasagem, deve-se levar em consideração a reatância indutiva dos condutores secundários de alimentação das cargas.

TABELA 6.2 Cargas normalizadas (NBR 6855)

Designação		Potência aparente	Fator de potência	Resistência	Reatância indutiva	Impedância
ABNT	ANSI	VA	-	Ω	Ω	Ω
Características: 60 Hz e 120 V						
P5	-	5	1,00	2.880,0	0,0	2.880,0
P10	-	10	1,00	1.440,0	0,0	1.440,0
P15	-	15	1,00	960,0	0,0	960,0
Características: 60 Hz e 69,3 V						
P5	-	5	1,00	960,0	0,0	960,5
P10	-	10	1,00	480,0	0,0	480,0
P15	-	15	1,00	320,0	0,0	320,0
Características: 60 Hz e 120 V						
P25	X	25	0,70	403,2	411,3	576,0
P35	-	35	0,20	82,2	412,7	411,0
P75	Y	75	0,85	163,2	101,1	192,0
P100	-	100	0,85	115,2	86,4	144,0
P200	Z	200	0,85	61,2	37,9	72,0
Características: 60 Hz e 69,3 V						
P25	X	25	0,70	134,0	137,3	192,0
P35	-	35	0,20	27,4	134,4	137,0
P75	Y	75	0,85	54,4	33,7	64,0
P100	-	100	0,85	38,1	28,6	47,6
P200	Z	200	0,85	20,4	12,6	24,0

NOTA 1: As características a 60 Hz e 120 V são válidas para tensões secundárias entre 100 e 130 V, e as características a 60 Hz e 69,3 V são válidas para tensões entre 50,8 e 75 V. Em tais condições, as potências aparentes são diferentes das especificadas.

NOTA 2: As cargas com fator de potência unitária são indicadas para casos em que o enrolamento será conectado a instrumentos eletrônicos. As cargas com fator de potência diferente da unidade são indicadas para os casos em que o enrolamento será conectado a instrumentos de procedimento eletromecânico ou eletromagnético.

As características dos TPs dados na Tabela 6.2 são válidas para tensões secundárias entre 100 e 130 V, para TPs com relação de transformação igual a 120. Para TPs com RTP de 69,3 V, essas características são válidas para tensões entre 58 e 75 V.

A Tabela 6.3 indica, em média, as cargas dos principais aparelhos que normalmente são ligados a transformadores de potencial, devendo-se alertar para o fato de que, na elaboração de um projeto, é necessário conhecer a carga real do aparelho, pelo fato de esse valor variar sensivelmente entre modelos e entre fabricantes.

Nesse ponto, já é possível identificar os transformadores de potencial por meio de seus parâmetros elétricos básicos. Dessa forma, a NBR 6855 designa um TP, colocando em ordem a classe de exatidão e a carga nominal, por exemplo, 0,3P200.

Já as normas ANSI e IEEE C57-13 especificam o TP colocando em ordem a classe de exatidão e a letra correspondente à carga nominal. Assim, um TP 0,3P200 designado pela NBR 6855 leva a seguinte designação na norma ANSI: 0,3Z. No caso de classes de exatidão diferentes para as cargas normalizadas pode-se ter, por exemplo, a seguinte designação: 0,3 WX, 0,6Y, 1,2Z, isto é, classe 0,3 para as cargas de 12,5 e 25 VA, classe 0,6 para a carga de 75 VA e classe 1,2 para a carga de 200 VA. Esses valores podem ser obtidos também na Tabela 6.2.

Um caso particular na utilização de transformadores de potencial é a sua aplicação na alimentação de circuitos de comando de motores e outras cargas que devem ser acionadas a distância.

As normas de equipamentos elétricos para manobras de máquinas prescrevem que os circuitos de comando devem ser ligados, no máximo, em tensão de 220 V, o que leva a se proceder à ligação entre fase e neutro em sistemas de 380 V. No entanto, esse procedimento se torna inadequado, dada a possibilidade de deslocamento de neutro, em razão do desequilíbrio de carga entre as fases componentes, conforme se pode observar na Figura 6.19. Nesse caso, a bobina da chave de comando, normalmente um contator, pode ficar submetida a uma diferença de potencial inferior à mínima permitida para manutenção do fechamento ou do comando de ligação, propiciando condições indesejáveis de operação.

É conveniente, nesse caso, que os circuitos de comando sejam conectados ao sistema por meio de transformadores de potencial, ligados entre fases, o que permitiria uma alimentação com tensão estável, em 220 V, como prescrevem as normas.

TABELA 6.3 Cargas das bobinas dos aparelhos de medição e proteção

Aparelhos	Potência ativa W	Potência reativa var	Potência total VA
Medidor kWh	2,0	7,9	8,1
Medidor kvarh	3,0	7,7	8,2
Wattímetro	4,0	0,9	4,1
Motor do conjunto de demanda	2,2	2,4	3,2
Autotransformador de defasamento	3,0	13,0	13,3
Voltímetro	7,0	0,9	7,0
Frequencímetro	5,0	3,0	5,8
Fasímetro	5,0	3,0	5,8
Sincronoscópio	6,0	3,0	6,7
Cossifímetro			12,0
Registrador de frequência			12,0
Emissores de pulso			10,0
Relógios comutadores			7,0
Totalizadores			2,0
Emissores de valores medidos			2,0

Como os contatores são elementos mais comumente utilizados nas instalações elétricas industriais, a seguir estão prescritas algumas condições básicas que devem ser obedecidas na ligação de suas bobinas, quais sejam:

- a queda de tensão no circuito de comando não deve ultrapassar 5%, em regime intermitente;
- a carga a ser computada para o dimensionamento do transformador de potencial deve levar em consideração a potência das lâmpadas de sinalização, a carga consumida continuamente pelas bobinas e a sua potência de operação;
- no cálculo da carga total deve-se levar em consideração tanto as cargas ativas como as cargas reativas das bobinas em regime contínuo e em regime de operação.

A Tabela 6.4 fornece os valores de potência típica das bobinas de contatores, tanto em regime permanente como em regime de curta duração.

A Tabela 6.5 fornece as cargas admissíveis no secundário dos transformadores de potencial em regimes contínuo e de curta duração, em função do fator de potência, considerando que a queda de tensão no secundário do transformador não seja superior a 5%.

Nesse ponto, pode-se estabelecer uma analogia entre um transformador de potencial e um transformador de corrente, ou seja:

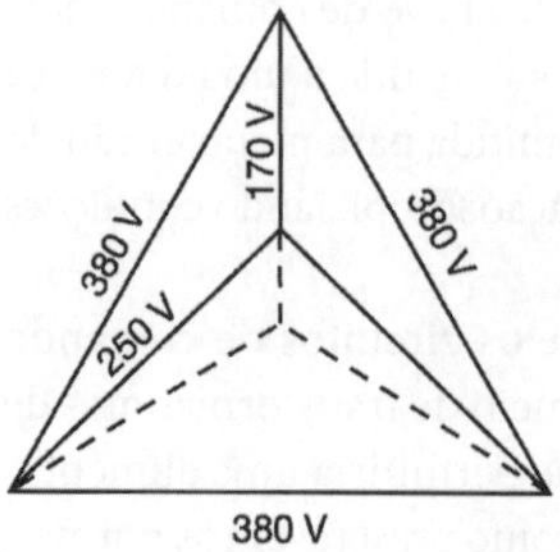

- Corrente:
  - TC: valor constante;
  - TP: valor variável.
- Tensão:
  - TC: valor variável;
  - TP: constante.
- A grandeza da carga estabelece:
  - TC: a tensão;
  - TP: a corrente.
- Ligação do equipamento à rede:
  - TC: série;
  - TP: em paralelo.
- Ligação dos aparelhos no secundário:
  - TC: em série;
  - TP: em paralelo.
- Causa do erro de medida:
  - TC: corrente derivada em paralelo no circuito magnetizante;
  - TP: queda de tensão em série.
- Aumento da carga secundária:
  - TC: para aumento de Z_s;
  - TP: para redução de Z_s.

6.3.6 Fator de sobretensão nominal

É aquele que estabelece a tensão máxima suportada pelo transformador de potencial considerando a máxima tensão de operação do sistema ao qual está conectado e as condições de aterramento do enrolamento primário. A Tabela 6.6, reproduzida da ABNT NBR 6855, fornece os fatores de utilização em função das características do sistema.

FIGURA 6.19 Deslocamento do neutro por desequilíbrio de carga.

TABELA 6.4 Cargas absorvidas pelas bobinas dos contatores

Contator A	Carga de curta duração				Carga permanente			
	Potência	Potência	Potência	Fat. potência	Potência	Potência	Potência	Fat. potência
-	VA	W	var	-	VA	W	var	-
22	72	53	48	0,74	10,5	3,15	10,0	0,30
35	75	56	49	0,75	10,5	3,15	10,0	0,30
55	76	59	47	0,78	10,0	3,15	10,0	0,30
90	194	62	183	0,32	21,0	7,14	19,7	0,34
100	365	164	325	0,45	35,0	9,10	33,7	0,26
110	365	164	325	0,45	35,0	9,10	33,7	0,26
180	530	217	483	0,41	40,0	11,20	38,4	0,28
225	730	277	675	0,38	56,0	13,44	54,3	0,24
350	1.060	371	992	0,35	79,0	21,33	76,2	0,27
450	2.140	342	2.041	0,30	140,0	36,40	135,5	0,26

TABELA 6.5 Cargas admissíveis no secundário dos TPs em regime de curta duração

Fator de potência							
0,3	0,4	0,5	0,6	0,7	0,8	1	Regime contínuo (VA)
Potências dos TPs em VA – curta duração							
60	50	50	50	40	40	30	20
110	90	80	70	70	60	60	40
180	150	140	120	110	100	80	60
310	260	230	200	180	160	140	100
530	450	390	340	300	270	250	150
890	750	640	570	500	500	430	230
1.470	1.240	1.100	1.000	900	850	740	370
2.480	2.060	1.800	1.700	1.500	1.400	1.400	580
3.300	2.800	2.400	2.000	1.900	1.800	1.500	930
5.600	4.700	4.100	3.600	3.400	3.000	1.700	1.500
9.000	7.600	6.600	5.900	5.300	5.000	4.500	2.400
13.300	11.600	11.000	9.400	8.600	8.000	7.900	3.700
17.500	15.700	15.000	13.900	13.000	13.000	13.800	5.900
26.000	24.000	23.000	21.300	21.000	20.000	24.000	9.300

TABELA 6.6 Fatores de sobretensão nominal

Grupo de ligação	Fator de sobretensão nominal	Duração	Forma de conexão do enrolamento primário e condições do sistema de aterramento
1	1,2	Contínuo	Entre fases de qualquer sistema
2	1,2	Contínuo	Entre fase e terra de um sistema com neutro eficazmente aterrado
	1,5	30 s	
3a	1,2	Contínuo	Entre fase e terra de um sistema de neutro não eficazmente aterrado, com remoção automática da falha
	1,9	30 s	
3b	1,2	Contínuo	Entre fase e terra de um sistema de neutro não eficazmente aterrado, sem remoção automática da falha
	1,9	Contínuo (*)	

(*) Esse fator de sobretensão torna-se necessário, em virtude das sobretensões que podem ocorrer em um sistema trifásico não aterrado, durante faltas de fase para a terra. Por não ser possível definir a duração de tais faltas, essa condição deve ser considerada regime contínuo. Embora os TPIs sejam capazes de suportar em regime contínuo tal condição, isso não significa que eles possam ser instalados em circuito cuja tensão nominal exceda 120% da tensão nominal primária.

EXEMPLO DE APLICAÇÃO (6.5)

Dimensione um transformador de potencial ao qual serão ligados três contatores de corrente permanente igual a 90 A, dois de corrente permanente igual a 225 A e cinco lâmpadas de sinalização de 1,5 W cada. O TP será ligado entre fases de um sistema (autotransformador) de 380 V, obtendo-se no secundário 220 V para alimentação da carga. Os contatores de corrente permanente iguais a 225 A operam simultaneamente.

O transformador de potencial deve ser dimensionado para que satisfaça simultaneamente as condições de carga permanente e de curta duração que correspondem às cinco lâmpadas ligadas, os outros três contatores de 90 A e os dois contatores de 225 A em regime permanente, bem como os dois contatores de 225 A, em regime de curta duração. A carga das bobinas dos contatores consta da Tabela 6.4.

- Regime permanente

$$P_a = 5 \times 1,5 + 3 \times 7,14 + 2 \times 13,44 = 55,8 \text{ W}$$

$$P_r = 3 \times 19,7 + 2 \times 54,3 = 167,7 \text{ VAr}$$

$$P_t = \sqrt{55,8^2 + 167,7^2} = 176,7 \text{ VA}$$

$$F_p = \frac{P_a}{P_t} = \frac{55,8}{176,7} = 0,31$$

- Regime de curta duração

$$P_a = 5 \times 1,5 + 3 \times 62 + 2 \times 277 = 744 \text{ W}$$

$$P_r = 3 \times 183 + 2 \times 675 = 1.899 \text{ VAr}$$

$$P_t = \sqrt{744^2 + 1.899^2} = 2.039 \text{ VA}$$

$$F_p = \frac{P_a}{P_t} = \frac{744}{1.986} = 0,37$$

Logo, pela Tabela 6.5, o transformador de potencial deve ter 600 VA (≥580 VA – em regime contínuo) de carga nominal, o que satisfaz também a condição de curta duração, ou seja, 2.060 VA para fator de potência igual a 0,4.

6.3.7 Polaridade

Os transformadores de potencial destinados ao serviço de medição de energia elétrica, relés direcionais de potência etc., são identificados nos terminais de ligação primário e secundário por letras convencionadas que indicam a polaridade para a qual foram construídos.

São empregadas as letras, com seus índices H_1 e H_2, X_1 e X_2, respectivamente, para designar os terminais primários e secundários dos transformadores de potencial, conforme se pode observar na Figura 6.20.

Diz-se que um transformador de potencial tem polaridade subtrativa, por exemplo, quando a onda de tensão, em determinado instante, atingindo os terminais primários, tem direção H_1 para H_2 e a correspondente onda de tensão secundária está no sentido de X_1 para X_2. Caso contrário, diz-se que o transformador de potencial tem polaridade aditiva.

A maioria dos transformadores de potencial tem polaridade subtrativa, sendo inclusive indicada pela NBR 6855. Somente sob encomenda são fabricados transformadores de potencial com polaridade aditiva.

Construtivamente, os terminais de mesma polaridade vêm indicados no TP em correspondência. A polaridade é obtida orientando-se o sentido de execução do enrolamento secundário em relação ao primário, de modo a se conseguir a orientação desejada do fluxo magnético.

6.3.8 Descargas parciais

Os transformadores de potencial de média tensão fabricados em epóxi estão sujeitos, durante o encapsulamento dos enrolamentos, à formação de bolhas no interior da massa isolante. Além disso, com menor possibilidade, pode-se ter, misturada ao epóxi, alguma impureza indesejável.

Assim, como acontece com os cabos condutores isolados de média tensão, estudados no Capítulo 4, a formação de uma bolha ou a presença de uma impureza qualquer resulta no surgimento de descargas parciais no interior do vazio ou entre as paredes que envolvem a referida impureza. Disso decorrem a formação de ozona e a destruição gradual da isolação.

As normas prescrevem os valores limites e o método para a medição das descargas parciais, tanto para transformadores

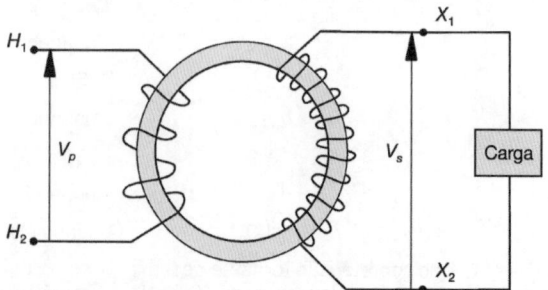

FIGURA 6.20 Representação da polaridade de um transformador de potencial.

imersos em óleo isolante como para aqueles encapsulados em epóxi.

6.3.9 Potência térmica nominal

Corresponde à maior potência que um transformador de potencial pode fornecer no seu secundário, sem compromisso com os limites de erro especificado, quando em operação na tensão e frequência nominais.

A potência térmica nominal pode ser obtida multiplicando-se o fator de sobretensão nominal ao quadrado pela maior carga secundária especificada em VA ou carga simultânea, ou seja, de acordo com a Equação (6.8).

$$P_{th} = F_{stn}^2 \times P_c \text{ (VA)} \qquad (6.8)$$

P_c – potência da carga secundária em VA;
F_{stn} – fator de sobrecorrente nominal, dado na Tabela 6.6.

Assim, um TP do grupo 3a, com fator de sobretensão nominal igual a 1,2 (ver Tabela 6.6) e uma carga ligada no terminal secundário no valor de 130 VA, deve ter uma potência térmica igual ou superior a 187,20 VA, ou seja: 200 VA, valor padronizado.

$$P_{th} = F_{stn}^2 \times P_c = 1{,}2^2 \times 130 = 187{,}2 \text{ VA}$$

Tratando-se de TPs com o número de secundários superior a 1, a potência térmica nominal deve ser distribuída entre os diversos secundários, proporcionalmente à maior carga nominal de cada um deles.

Para os transformadores de potencial pertencentes aos grupos de ligação 1 e 2, a potência térmica nominal não deve ser inferior a 1,33 vez a carga nominal mais elevada, relativamente à classe de exatidão.

O valor da potência térmica de um transformador de potencial dos grupos 1 e 2 pode ser determinado a partir da Equação (6.9), quando a carga é dada em Ω.

$$P_{th} = 1{,}21 \times K \times \frac{V_s^2}{Z_{cn}} \text{ (VA)} \qquad (6.9)$$

V_s – tensão secundária nominal;
Z_{cn} – impedância correspondente à carga nominal, em Ω. Pode ser encontrada na Tabela 6.2;
$K = 1{,}33$ – para TPs dos grupos 1 e 2;
$K = 3{,}6$ – para TPs do grupo 3.

Alternativamente à Equação (6.9), a potência térmica dos transformadores de potencial padronizados pode ser obtida a partir da Tabela 6.7.

6.3.10 Níveis de isolamento

O nível de isolamento dos transformadores de corrente deve ser determinado considerando a tensão suportável de impulso atmosférico e a tensão suportável nominal à frequência industrial desses equipamentos. Os níveis de isolamento para TPs de tensão nominal entre 1,2 e 242 kV podem ser obtidos na Tabela 6.8.

6.3.11 Ferrorressonância

A ferrorressonância é um fenômeno oscilatório não linear que pode ocorrer em circuitos ressonantes com a presença de capacitâncias associadas a indutâncias não lineares. São fenômenos bastante complexos e imprevisíveis que aparecem em forma de sobretensões decorrentes de fenômenos com elevadas taxas de conteúdo harmônico e que têm afetado, de forma geral, os equipamentos elétricos, notadamente, a integridade de transformadores de potencial, na forma de queima dos enrolamentos ou mesmo resultando em explosão.

Para que ocorra um fenômeno de ferrorressonância é necessário que exista um circuito dotado de uma fonte de tensão senoidal, uma reatância capacitiva formada por unidades capacitivas e pelo menos uma reatância indutiva não linear formada por material ferromagnético que possa saturar.

Com a disseminação de grandes parques eólicos e fotovoltaicos, o fenômeno de ressonância tem crescido muito com perdas de equipamentos e, consequentemente, perda de faturamento de empresas geradoras.

Para melhor entendimento, veja a Figura 6.21, que mostra uma fonte de tensão associada a uma reatância capacitiva

TABELA 6.7 Potência térmica dos TPs

Designação	Potência térmica – 115 V	
	Grupos 1 e 2	Grupo 3
	VA	VA
P5	9	60
P10	15	120
P15	22	180
P25	37	300
P35	52	417
P75	110	822
P100	144	1.200
P200	295	2.380

EXEMPLO DE APLICAÇÃO (6.6)

Calcule a potência térmica de um transformador de potencial de 75 VA de potência aparente, tensão secundária de 115 V, grupo de ligação 1.

$$Z_{cn} = 192 \, \Omega \text{ (Tabela 6.2)}$$

$$P_{th} = 1{,}21 \times K \times \frac{V_s^2}{Z_{cn}} = 1{,}21 \times 1{,}33 \times \frac{115^2}{192} = 110{,}8 \cong 110 \text{ VA}$$

X_c e a uma reatância indutiva variável X_l ligadas em paralelo, cuja impedância equivalente pode ser dada na Equação (6.10).

$$Z_{eq} = \frac{jX \times (-jC)}{jX - jC} \quad (6.10)$$

Como a capacitância e a reatância de um sistema variam constantemente em função da carga e de outros diversos fatores, podemos observar, por meio da Equação (6.10), que se a capacitância X_c e a reatância X_l tornarem-se iguais em determinado momento a impedância equivalente tende ao infinito impondo, como consequência, uma tensão extremamente elevada sobre os equipamentos ligados a esse sistema.

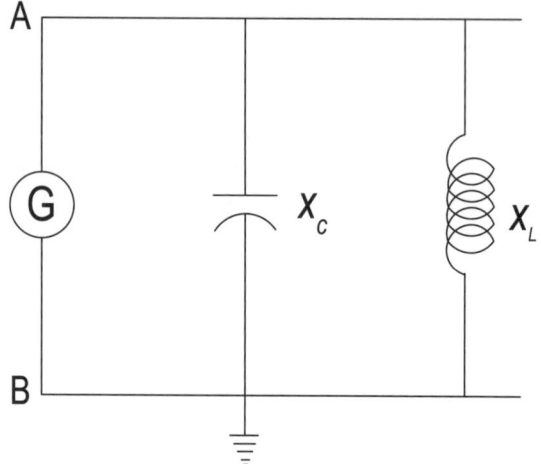

FIGURA 6.21 Representação simplificada de um circuito ressonante.

Os sistemas elétricos em geral operam em uma curva de carga normalmente muito variável, o que afeta o valor da tensão de operação a que estão submetidos os equipamentos. No caso particular do transformador de potencial, cujo núcleo opera normalmente na região linear da curva de saturação, fica submetido a uma elevação de tensão em razão da variação da curva de carga, notadamente, no período da madrugada, quando o sistema se torna predominantemente capacitivo, em face da influência das linhas de transmissão conduzindo uma baixa potência. Nesse caso, pode surgir o fenômeno de ferrorressonância e a queima desses equipamentos. A análise oscilográfica normalmente é utilizada para detectar esses fenômenos e permitir um estudo para mitigar a severidade do evento, inserindo muitas vezes um resistor de amortecimento nos terminais secundários dos TPs.

Uma operação bastante simples que pode provocar ferrorressonância é a abertura de uma chave fusível monopolar de uma rede aérea de distribuição, conforme foi estudado no item 1.4.1.3 do Capítulo 1.

6.4 APLICAÇÃO DOS TRANSFORMADORES DE POTENCIAL

Os transformadores de potencial devem ser especificados diferentemente para aplicação nos serviços de medição e de proteção.

6.4.1 TPs para serviços de medição de faturamento

As principais características são:

TABELA 6.8 Níveis de isolamento dos transformadores de potencial

Tensão máxima do equipamento	Tensão nominal suportável à frequência industrial durante 1 min nominal à frequência industrial	Tensão nominal suportável de impulso atmosférico
kVef	kVef	kVcr
0,6	4	30
1,2	10	40
7,2	20	40
		60
15	34	95
		110
24,2	50	125
		150
36,2	70	150
		170
		200
72,5	140	350
92,4	185	450
145	230	550
	275	650
242	360	850
	395	950

- Faixa de operação da tensão: $(0,9 \text{ a } 1,1) \times V_n$
- Classe de exatidão
  - Erro de relação de tensão: varia entre $-0,3$ e $+0,3\%$ para classe 0,30.
  - Erro de ângulo de fase (minutos): varia entre $-15'$ e $+15'$ para classe 0,30.
- Fator de potência: 0,60 a 1,0.
- Carga secundária: pode variar entre 0 e 100% da nominal, a fator de potência entre 0,6 e 1,0, mantendo a classe de exatidão como anteriormente especificada.

6.4.2 TPs para serviços de proteção

As principais características são:

- Faixa de operação da tensão: $(0,05 \text{ a } 1,9) \times V_n$
- Classe de exatidão
  - Erro de relação de tensão: nunca superior a 3%; nas aplicações práticas utiliza-se entre $-0,6$ e $+0,6\%$ para classe 0,60.
  - Erro de ângulo de fase (minutos): varia entre $-31,2'$ e $+31,2'$ para classe 0,60.
- Fator de potência: 0,80
- Carga secundária: pode variar entre 10 e 100% da nominal, a fator de potência 0,80, mantendo a classe de exatidão como anteriormente especificada.

6.5 CONJUNTO DE MEDIÇÃO POLIMÉRICO TC/TP

As concessionárias de distribuição de energia elétrica vêm aplicando cada vez mais os conjuntos poliméricos de medição de faturamento de seus consumidores de média tensão, em que estão associados transformadores de corrente e transformadores de potencial instalados em poste de concreto armado. Esse procedimento tem sido adotado pelas empresas para garantir a integridade dos valores medidos e a facilidade permitida para efetuar o corte de forma eficaz, quando a unidade consumidora não quita seus débitos nos prazos estabelecidos pela legislação.

A Figura 6.22 mostra a estrutura padrão de medição de faturamento externa da ENEL – Distribuição Ceará. Já a Figura 6.23 mostra o detalhe externo de um conjunto polimérico de medição.

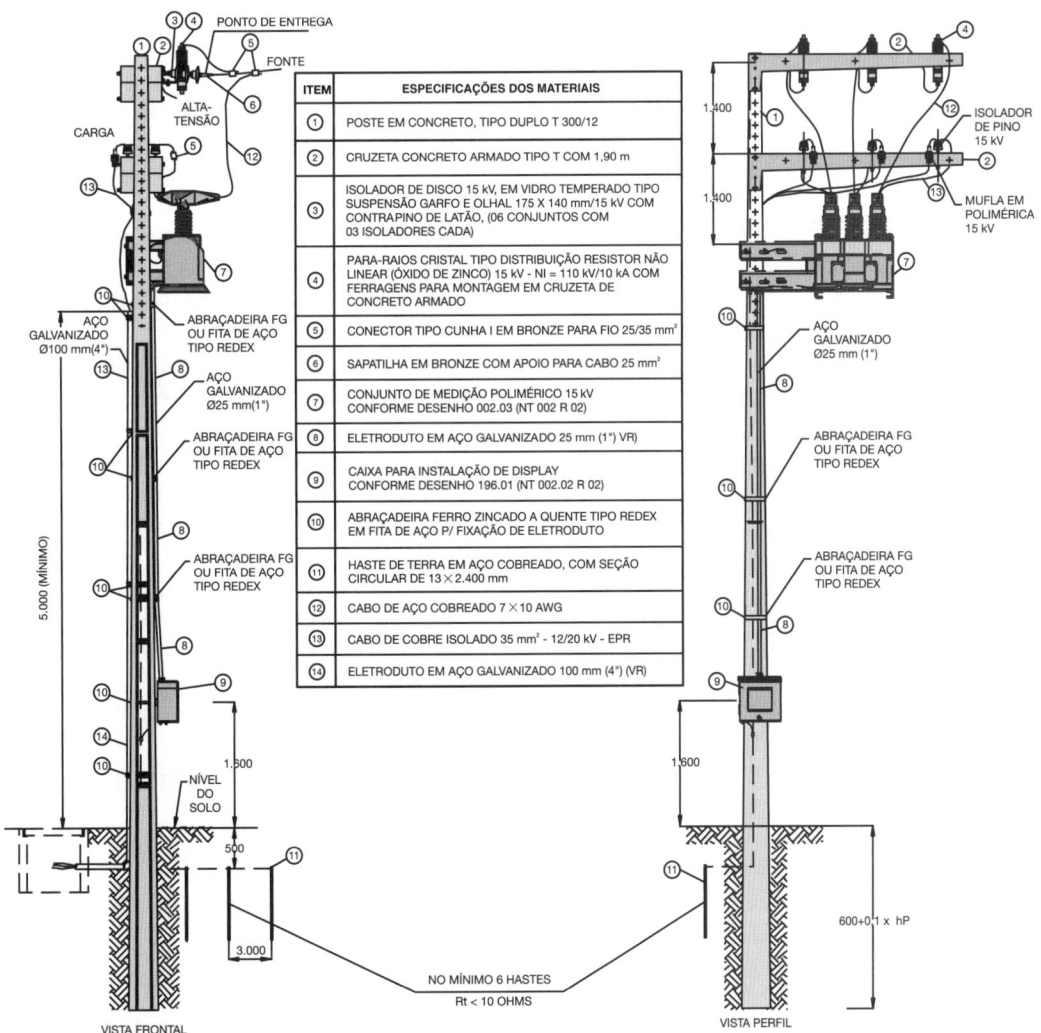

FIGURA 6.22 Estrutura de concreto de um conjunto polimérico de medição de faturamento.

FIGURA 6.23 Conjunto polimérico de medição de faturamento.

6.6 DISTÂNCIAS DE ESCOAMENTO

É a menor distância entre duas partes condutoras ao longo da superfície de um material isolante. Se considerarmos a coluna isolante de um transformador de potencial, a distância de escoamento é o comprimento da linha traçada sobre toda a superfície isolante desde o ponto de conexão do TP com rede elétrica até o ponto de fixação com a sua base (ver Figura 6.8). Esse valor está relacionado com a tensão nominal do transformador de potencial.

Existe uma clara diferença entre a distância de escoamento e a distância de isolação. Esta última é definida pela distância entre o menor caminho entre duas partes condutoras, ou seja, é a distância obtida quando se traça uma linha reta entre o ponto de conexão do TP com a rede elétrica e o ponto de fixação com a sua base. Esse valor está relacionado com a tensão suportável de impulso atmosférico nominal do transformador de potencial.

A distância de escoamento é muito afetada pelo nível de poluição atmosférica para qualquer equipamento que esteja operando ao tempo. No caso de equipamentos que operam no interior de uma edificação, podem ser afetados a depender do nível de particulados que circulam no ar, no caso de indústrias que, no seu processo de produção, emitem poluentes no ambiente interior.

Os documentos normativos classificam a poluição em diferentes níveis, indicando a distância de escoamento específica mínima que possibilita determinar a distância de escoamento dos equipamentos.

a) **Nível I: Leve**
- Distância de escoamento específica mínima: 16 mm/kV.
- Relação entre a distância de escoamento e a distância de arco: ≤ 3,5.

b) **Nível II: Médio**
- Distância de escoamento específica mínima: 20 mm/kV.
- Relação entre a distância de escoamento e a distância de arco: ≤ 3,5.

c) **Nível III: Pesado**
- Distância de escoamento específica mínima: 25 mm/kV.
- Relação entre a distância de escoamento e a distância de arco: ≤ 4,0.

d) **Nível IV: Muito pesado**
- Distância de escoamento específica mínima: 31 mm/kV.
- Relação entre a distância de escoamento e a distância de arco: ≤ 4,0.

Para se obter a distância de escoamento mínima de um equipamento, em mm, deve-se multiplicar a tensão máxima do equipamento pelo valor da distância específica mínima correspondente ao nível de poluição para o qual o equipamento foi especificado. Por exemplo, um transformador de potencial de 69 kV, cuja tensão máxima de operação é de 72,5 kV, que será instalado em uma subestação ao tempo classificada com nível de poluição *pesado*. Para se obter a distância de escoamento dos equipamentos que lá serão instalados, deve-se multiplicar a tensão de 72,5 kV por 25 mm/kV, obtendo-se uma distância de escoamento de 1.812 mm.

Tratando-se de áreas de poluição muito leve podem ser utilizadas distâncias de escoamento específicas inferiores a 16 mm/kV, não devendo ser inferiores a 12 mm/kV.

Nos casos em que o nível de poluição do local onde vai ser instalado o equipamento é muito elevado, por exemplo, determinadas áreas litorâneas do Nordeste, notadamente a costa do Estado do Ceará e do Rio Grande do Norte, pode-se elevar a distância específica mínima do equipamento acima de 31 mm/kV, para um valor determinado em laboratório utilizando névoa salina equivalente, ou adotar o sistema de lavagem periódica.

6.7 ENSAIOS E RECEBIMENTO

São as seguintes as normas técnicas nominais que se aplicam aos transformadores de potencial:

- NBR 6855 – Transformadores de potencial indutivos;
- NBR 10020 – Transformadores de potencial de tensão máxima de 15 kV, 24,2 kV e 36,2 kV – Características específicas;
- NBR 10022 – Transformadores de potencial com tensão máxima de 15 kV, 24,2 kV e 36,2 kV.

6.7.1 Ensaios de tipo

Os ensaios de tipo são efetuados para determinar se certo tipo ou modelo de TP é capaz de funcionar satisfatoriamente nas condições estabelecidas por norma. São eles:

- resistência dos enrolamentos;
- corrente de excitação e perdas em vazio;
- tensão de curto-circuito e perdas em carga;
- tensão suportável a impulso atmosférico;
- resistência de pressão interna a quente;
- tensão suportável de impulso de manobra;
- elevação de temperatura;
- curto-circuito;
- exatidão;
- estanqueidade a quente;
- impedância de curto-circuito;
- tensão de radiointerferência;
- tensão aplicada sob chuvas para TPs de uso ao tempo.

6.7.2 Ensaios de rotina

Esses ensaios são efetuados para comprovar a qualidade e a uniformidade da mão de obra e dos materiais empregados, e devem ser aplicados em cada transformador individualmente. São eles:

- verificação e marcação dos terminais;
- ensaio de tensão suportável à frequência industrial nos enrolamentos primários;
- ensaio de tensão suportável à frequência industrial nos enrolamentos secundários e entre seções;
- medição da capacitância e fator de perdas dielétricas;
- medição de descargas parciais;
- exatidão;
- estanqueidade a frio.

A norma recomenda que os ensaios de exatidão devem ocorrer após a realização de todos os ensaios.

6.7.3 Ensaios especiais

São considerados ensaios especiais aqueles que devem ser realizados em TPs desde que haja acordo entre o fabricante e o comprador. São eles:

- ensaios mecânicos;
- ensaios de sobretensões permitidas.

Para mais detalhes sobre os ensaios anteriormente mencionados, consultar a NBR 6855.

6.8 ESPECIFICAÇÃO SUMÁRIA

A especificação de um transformador de potencial implica o conhecimento prévio do emprego desse equipamento para serviço de medição de energia elétrica, para faturamento ou para medição indicativa, comando e proteção.

No caso de transformadores de potencial para serviço de medição de faturamento, deve-se calcular a carga em função dos consumos das bobinas de tensão dos aparelhos em regime permanente, indicando a classe de exatidão desejada: 0,3 – 0,6 e 1,2 ou até 3.

De modo geral, na especificação de um transformador de potencial deve-se explicitar:

- uso: interior ou exterior;
- classe de exatidão;
- número de enrolamentos secundários ou derivações;
- grupo de ligação: 1, 2 ou 3;
- potência térmica;
- carga nominal;
- relação de transformação;
- nível de isolamento;
- tensão suportável à frequência industrial;
- distância de escoamento;
- tipo: encapsulado em epóxi ou imerso em líquido isolante.

7 BUCHA DE PASSAGEM

7.1 INTRODUÇÃO

Buchas de passagem são elementos isolantes próprios para instalação em cubículos metálicos ou de alvenaria e em equipamentos diversos cuja finalidade é permitir a passagem de um circuito de determinado ambiente para outro.

Além dos componentes normais, as buchas podem ser equipadas com outros recursos auxiliares, tais como transformadores de corrente, chifres metálicos para disrupção de tensões impulsivas etc.

7.2 CARACTERÍSTICAS CONSTRUTIVAS

As buchas de passagem podem ser classificadas em dois tipos básicos, como se verá a seguir.

7.2.1 Quanto à instalação

7.2.1.1 Buchas de passagem para uso exterior

São as buchas em que os dois terminais estão expostos ao meio exterior. Os detalhes construtivos são encontrados na Figura 7.1, e suas dimensões, tomadas em ordem de grandeza, são dadas na Tabela 7.1. Sua aplicação é restrita a casos especiais, tais como alimentadores de cubículos de alta-tensão separados por barreiras construídas em concreto armado.

7.2.1.2 Buchas de passagem para uso interior

São as buchas em que os dois terminais estão contidos em um ambiente abrigado não sujeito às intempéries. Esse tipo de bucha é constituído de um isolador, em geral de superfície lisa ou ligeiramente corrugada, atravessada longitudinalmente por um vergalhão maciço de cobre eletrolítico, ou, em alguns casos, alumínio. São destinadas à instalação em ambientes abrigados, como na passagem de cubículos adjacentes de subestações em alvenaria ou na passagem entre módulos de subestação em invólucro metálico. Podem ser construídas com isoladores de porcelana vitrificada ou em resina epóxi. A Figura 7.2 mostra o detalhe construtivo do primeiro tipo mencionado, enquanto a Tabela 7.2 fornece a ordem de grandeza de suas dimensões básicas. Já a Figura 7.3 mostra uma bucha de passagem fabricada

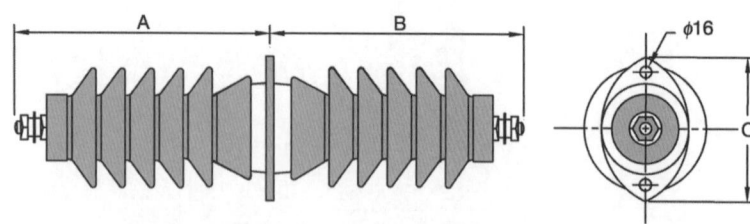

FIGURA 7.1 Detalhes construtivos das buchas de passagem para uso exterior, classe 15 kV.

TABELA 7.1 Bucha de passagem para uso exterior (dimensões em ordem de grandeza)

Corrente nominal (A)	Tensão (kV)	Dimensões		
		A	B	C
400	15	245	245	85
	25	311	311	98
	36	394	394	112

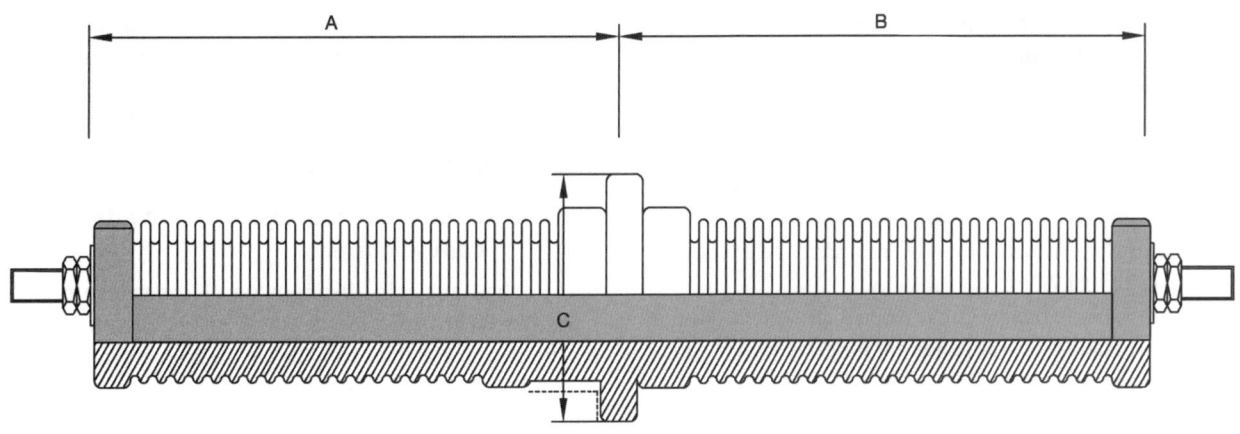

FIGURA 7.2 Detalhes construtivos das buchas de passagem para uso interior, classe 15 kV.

TABELA 7.2 Bucha de passagem para uso interior-exterior (dimensões em ordem de grandeza)

Corrente nominal (A)	Tensão (kV)	Dimensões		
		A	B	C
400	15	245	300	135
	25	311	340	135
	36	394	440	154

em porcelana vitrificada e de largo uso em subestações de potência, classe 15 kV.

As buchas de passagem para uso interior são muito aplicadas em subestações prediais e industriais de média tensão, conforme se mostra na Figura 7.4.

7.2.1.3 Buchas de passagem para uso interior-exterior

São aquelas em que um dos terminais está exposto ao meio ambiente abrigado, enquanto o outro está instalado ao tempo.

Esse tipo de bucha de passagem é constituído de isolador para uso ao tempo, isto é, dotado de saias apropriadas, e de outro isolador, em geral de superfície lisa ou ligeiramente corrugada, próprio para instalação abrigada. São atravessadas por um vergalhão maciço de cobre eletrolítico ou de alumínio que permite a continuidade elétrica entre os ambientes considerados.

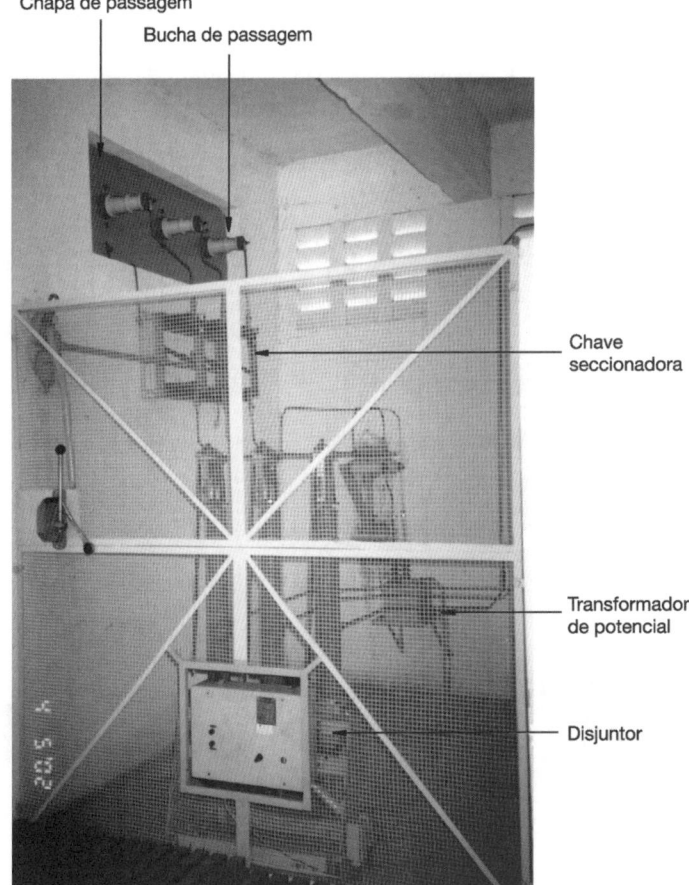

FIGURA 7.3 Bucha de passagem para uso interior, classe 15 kV.

FIGURA 7.4 Aplicação de buchas de passagem para uso interior em cubículo de alvenaria.

São destinadas à instalação em subestações em alvenaria em que o ramal de ligação é aéreo, possibilitando a continuidade entre os condutores externos do ramal com os barramentos de descida fixados internamente. Também são utilizadas em cubículos metálicos, permitindo a sua alimentação por um circuito aéreo. A Figura 7.5 mostra os detalhes construtivos de uma bucha de passagem para uso interior-exterior, cujas dimensões, tomadas em ordem de grandeza, são dadas na Tabela 7.2.

Já a Figura 7.6 mostra uma bucha de passagem fabricada em porcelana vitrificada muito utilizada em subestações abrigadas em alvenaria, na passagem do cabo da rede aérea da concessionária para o interior da referida subestação.

7.2.1.4 Buchas para uso em equipamentos

São aquelas em que um terminal fica exposto ao meio ambiente, normalmente próprio para operação ao tempo, e o outro é voltado para o interior do equipamento, geralmente cheio de óleo mineral isolante. São exemplos de bucha para equipamentos as buchas terminais de alta-tensão de transformadores de potência, as buchas de reatores, reguladores, seccionalizadores, religadores etc.

Essas buchas são normalmente construídas de porcelana vitrificada, no interior da qual se atravessa longitudinalmente um vergalhão de cobre eletrolítico ou de alumínio. A parte da porcelana voltada para o meio ambiente é dotada de saias e apresenta características elétricas para operação ao tempo. Já a parte montada no interior do tanque do equipamento é normalmente lisa ou ligeiramente corrugada. A Figura 7.7 mostra uma bucha para transformador de distribuição da classe 15 kV. Já a Figura 7.8 mostra a aplicação de uma bucha em um transformador, classe 15 kV.

7.2.2 Quanto à construção

7.2.2.1 Buchas de passagem sem controle de campo elétrico

São buchas que não dispõem de elementos apropriados para distribuir uniformemente as linhas de força resultantes do campo elétrico; constituem-se na maioria das buchas de média tensão utilizadas em subestações industriais e em equipamentos.

7.2.2.2 Buchas de passagem condensivas

Também conhecidas como buchas capacitivas, são aquelas na qual o condutor metálico está instalado no interior do isolador de porcelana e envolvido com materiais especiais, com a finalidade de assegurar a distribuição uniforme das linhas de campo elétrico. Dessa forma, evita-se a ionização do ar na região do flange, onde são fixadas à estrutura de sustentação.

Essas buchas são próprias para instalação em equipamentos em que o nível de tensão é muito elevado.

O controle do campo elétrico é feito por meio de um sistema de condensadores cilíndricos montados em formação concêntrica. A isolação principal das buchas condensivas é feita por meio de papel *kraft* aglutinado, normalmente em resina, podendo ser ainda impregnado em óleo isolante. Também são encontradas buchas com isolação moldada.

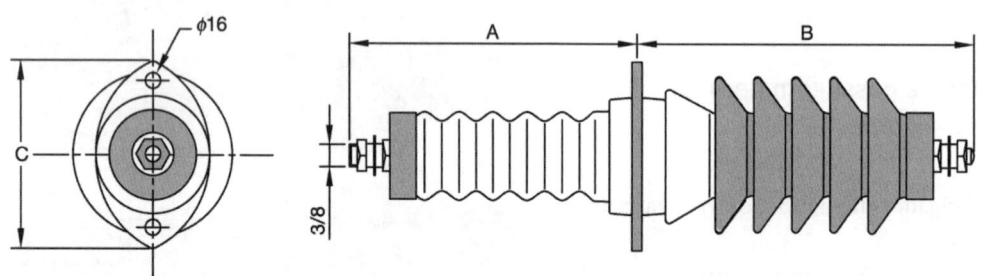

FIGURA 7.5 Detalhes construtivos das buchas de passagem para uso interior-exterior.

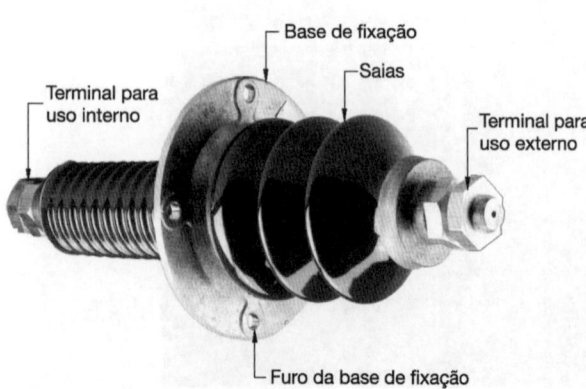

FIGURA 7.6 Bucha de passagem para uso interior-exterior, classe 15 kV.

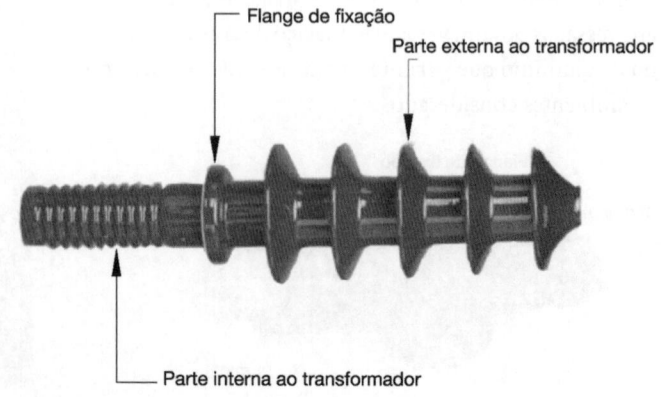

FIGURA 7.7 Bucha de passagem para uso em transformador, classe 15 kV.

FIGURA 7.8 Transformador, classe 15 kV, e as buchas de média tensão.

O núcleo da bucha é constituído de um vergalhão de cobre eletrolítico em torno do qual são montadas as diversas camadas de material semicondutor, que formam os condensadores cilíndricos de controle do campo elétrico. O espaço interno, formado entre o núcleo e o corpo isolante da bucha, é preenchido por um composto de material isolante e é totalmente vedado por gaxetas de neoprene, devendo-se evitar a formação de bolhas no seu interior.

A parte superior da bucha é protegida por um cabeçote de alumínio fundido, acima do qual fica a conexão do condutor a ser instalado externamente. As buchas do tipo condensivas podem ser montadas nas posições horizontal, vertical e inclinada. A Figura 7.9 mostra os detalhes construtivos de uma bucha condensiva. Já a Figura 7.10 mostra uma bucha condensiva em corte, detalhando os cilindros equipotenciais.

A distribuição de campo elétrico nas extremidades das buchas condensivas pode ser vista na Figura 7.11, cujo alinhamento das linhas de força guarda bastante diferença do alinhamento das linhas de força de uma bucha convencional, visto na mesma figura.

Na parte média das buchas condensivas existe uma derivação de tensão que é normalmente aterrada, quando esta não é utilizada para outras finalidades, como para a medição de intensidade das descargas parciais.

As buchas de passagem, independentemente de suas características construtivas, são dotadas de um flange preso ao corpo isolante e destinado à fixação do conjunto.

Quando instaladas em cubículos de alvenaria, devem ser fixadas por meio de uma chapa metálica de resistência mecânica adequada, com espessura não inferior a 2,5 mm e com dimensões compatíveis com o nível de tensão do sistema.

7.3 CARACTERÍSTICAS ELÉTRICAS

As principais características elétricas das buchas são apresentadas a seguir.

7.3.1 Tensão nominal

É o valor eficaz da tensão de linha para a qual a bucha foi construída. As tensões nominais das buchas devem ser

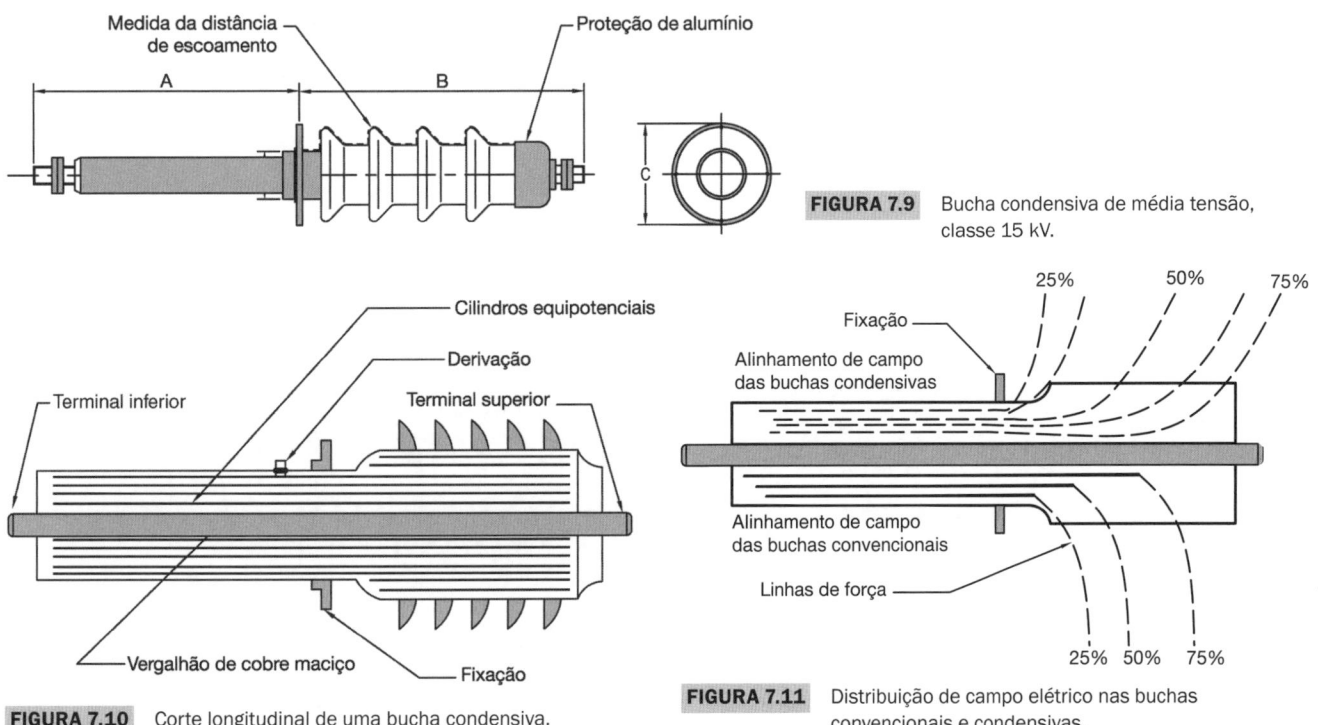

FIGURA 7.9 Bucha condensiva de média tensão, classe 15 kV.

FIGURA 7.10 Corte longitudinal de uma bucha condensiva.

FIGURA 7.11 Distribuição de campo elétrico nas buchas convencionais e condensivas.

escolhidas entre os valores discriminados a seguir, de acordo com a NBR 5034: 1,3 – 3,6 – 7,2 – 12 – 15 – 25,8 – 38 – 48,3 – 72,5 – 92,4 – 145 – 242 – 362 – 460 – 800 kV.

7.3.2 Corrente nominal

É o valor da corrente que a bucha suporta continuamente em condições de tensão e frequência nominais. Segundo a NBR 5034, as correntes nominais das buchas devem ser escolhidas entre os seguintes valores: 100 – 160 – 250 – 400 – 630 – 800 – 1.000 – 1.250 – 1.600 – 2.000 – 2.500 – 3.150 – 4.000 – 5.000 – 6.300 – 8.000 – 10.000 – 12.500 – 16.000 – 20.000 – 31.500 A.

As buchas para aplicação em transformadores de potência devem ser dimensionadas para 20% de sobrecarga contínua.

7.3.3 Distância de escoamento

Representa a distância mais curta ou a soma das distâncias mais curtas ao longo do contorno da superfície externa do invólucro isolante, entre a parte metálica condutora e o ponto de terra, normalmente aquele que serve de suporte à bucha.

Na Figura 7.9, pode-se perceber, por meio de uma linha cheia, o contorno mencionado, que caracteriza a distância de escoamento considerada. Como todo corpo isolante está sujeito à deposição de elementos poluentes sobre a sua superfície, as buchas devem possuir distâncias de escoamento adequadas para o ambiente em que serão instaladas. Tomando como base a relação entre a distância de escoamento nominal, em milímetros, e a tensão correspondente, os valores mínimos de distância de escoamento específica previstos pela NBR 5034 são:

- para atmosferas ligeiramente poluídas: 16 mm/kV;
- para atmosferas medianamente poluídas: 20 mm/kV;
- para atmosferas fortemente poluídas: 25 mm/kV;
- para atmosferas extremamente poluídas: 31 mm/kV.

7.3.4 Níveis de isolamento nominais

As buchas de passagem devem suportar os níveis de tensão previstos na Tabela 7.3, de acordo com a NBR 5034.

7.3.5 Sobretensões temporárias

Quando a instalação está operando normalmente, a tensão a que ficam submetidas as buchas deve ser a tensão de fase do sistema. No entanto, para certos tipos de sistemas industriais, como os sistemas de neutro aterrado sob uma impedância elevada, a tensão resultante de fase para a terra pode atingir valores muito altos. Segundo a NBR 5034, as buchas devem ser capazes de funcionar submetidas a uma tensão fase-terra igual à tensão de linha, para tensões inferiores a 145 kV, durante períodos de tempo preestabelecidos.

No caso de sistemas em que o neutro não é aterrado, em que há possibilidade de se obter tensões mais severas, é de todo conveniente escolher buchas de passagem com tensão nominal superior à normalmente requerida.

TABELA 7.3 Níveis de isolamento nominais de buchas

Tensão nominal	Tensão nominal suportável à frequência industrial a seco e sob chuva	Tensão suportável de impulso atmosférico 1,2 × 50 μs
kV	kVcr	kVcr
1,2	10	30
7,2	20	40
		60
15,0	34	95
		110
24,2	50	125
		150
36,2	70	150
		170
		200
72,5	140	350
92,4	185	450
145,0	230	550
	275	650
242,0	360	850
	395	950

7.3.6 Altitude

As buchas são projetadas para altitudes de até 1.000 m. Quando utilizadas em locais de altitudes superiores, deve-se prever um acréscimo de espaçamento em ar. Isso se deve ao fato de que a densidade do ar, nessas circunstâncias, é inferior à densidade do ar no nível do mar, resultando em uma redução de sua rigidez dielétrica. Em consequência, os espaçamentos entre partes vivas e aterradas podem ser comprometidos, isto é, insuficientes para as condições do nível de tensão desejadas.

É bom lembrar que o aumento do nível de isolamento das buchas ou outro elemento do sistema elétrico deve respeitar a classe de tensão da instalação. O interessante, nesse caso, é especificar uma bucha de passagem com espaçamento em ar superior para compensar a perda de rigidez dielétrica do ar, mantendo a mesma tensão suportável de impulso. Para essa finalidade, as buchas são adquiridas sob encomenda. O acréscimo do nível de isolamento sobre o qual se baseiam os espaçamentos em ar para altitudes superiores a 1.000 m é, segundo a NBR 5034, de 1% para cada 100 m, ou fração, que ultrapassar a altitude mencionada.

7.3.7 Resistência à flexão

Segundo a NBR 5034, a bucha deve suportar, durante 1 min, a carga de flexão dada na Tabela 7.4, aplicada perpendicularmente ao seu eixo, no ponto médio dos terminais.

7.3.8 Capacidade de corrente de curto-circuito

As buchas de passagem devem suportar os efeitos térmicos e mecânicos das correntes de curto-circuito do sistema.

a) Corrente térmica nominal

É o valor eficaz da corrente simétrica de curto-circuito que a bucha deve suportar termicamente por um período de tempo definido, considerando-se que ela esteja em operação, sob corrente nominal, a uma temperatura de 40 °C.

A corrente térmica nominal não deve ser inferior a 25 vezes a corrente nominal, considerando-se um período de tempo de 1 s. Para um tempo de 0,3 a 0,5 s, a corrente térmica nominal pode ser dada pela relação entre 15 vezes a corrente nominal e $\sqrt{T}$, sendo T o valor do tempo considerado.

b) Corrente dinâmica de curto-circuito

É o valor de crista da corrente de curto-circuito, considerando-se o seu primeiro semiciclo. O valor normalizado é de 2,5 vezes a corrente térmica de curto-circuito.

A determinação do valor da corrente de uma bucha pode ser feita, em ordem de grandeza, pela consulta aos gráficos das Figuras 7.12 e 7.13.

Tomando-se como base a relação entre o valor de crista da corrente de curto-circuito, I_c (corrente dinâmica), e o valor da corrente simétrica, I_s, determina-se o incremento de tempo ΔT, que deve ser somado ao tempo de atuação da proteção, o que pode ser feito como se vê na Figura 7.12.

TABELA 7.4 Cargas das buchas (kgf)

Tensão nominal kV	Correntes nominais (A)			
	$I_n \leq 800$	$1.000 \leq I_n \geq 1.600$	$2.000 \leq I_n \geq 2.500$	$I_n \geq 3.500$
$V_n \leq 48,3$	1.000	1.250	2.000	3.000
$72,5 \leq V_n \geq 145$	1.000	1.250	2.000	4.000
$145 \leq V_n \geq 145$	1.250	1.600	2.500	4.000
$362 \geq V_n$	2.500	2.500	3.150	5.000

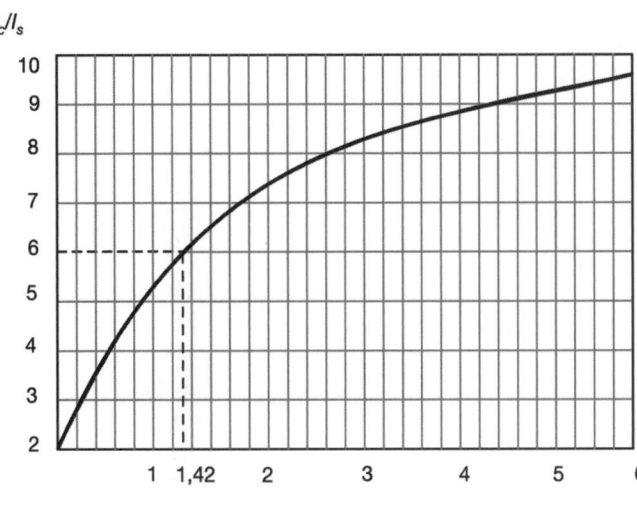

FIGURA 7.12 Gráfico para determinação da corrente nominal de buchas.

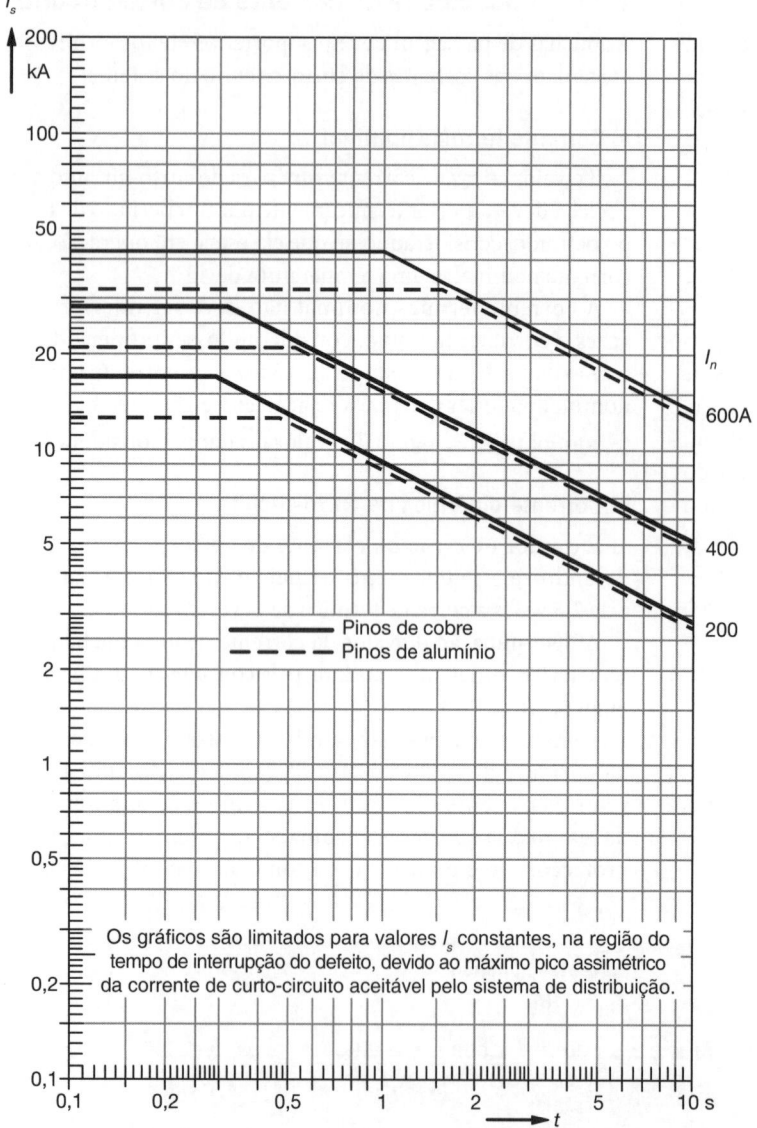

FIGURA 7.13 Limite térmico da corrente de curto-circuito para buchas de passagem.

EXEMPLO DE APLICAÇÃO (7.1)

Calcule a corrente nominal de uma bucha de passagem de uma subestação de 1.500 kVA, sabendo-se que as correntes de crista e a corrente simétrica de curto-circuito valem, respectivamente, 60 e 10 kA. O tempo da proteção é de 0,5 s.

$$\frac{I_c}{I_s} = \frac{60}{10} = 6 \rightarrow \Delta t = 1{,}42 \text{ s (Figura 7.12)}$$

$$T_s = 0{,}5 + \Delta t = 0{,}5 + 1{,}42 = 1{,}92 \text{ s.}$$

Logo, pela Figura 7.13, com os valores de $T + \Delta t = 1{,}92$ s e $I_s = 10$ kA, a corrente nominal da bucha é de 400 A.

Com o valor da relação anteriormente mencionada e com o tempo de disparo da proteção do sistema, procura-se no gráfico da Figura 7.13 o valor da corrente nominal da bucha que satisfaz as condições de curto-circuito previstas. Pode-se perceber que, quanto maior for o tempo previsto para atuação da proteção, maior deve ser o valor da corrente nominal da bucha, mantida a relação entre a corrente de crista e a corrente simétrica de curto-circuito.

São as seguintes as normas técnicas nacionais que se aplicam às buchas de passagem:

- NBR 5034 – Buchas para tensões alternadas superiores a 1 kV;
- NBR 5435 – Buchas para transformadores imersos em líquido isolante – tensão nominal 15, 24,2 e 36,2 kV.

7.4 ENSAIOS E RECEBIMENTO

As buchas de passagem devem ser submetidas aos ensaios normalizados nas instalações do fabricante ou em institutos autorizados, na presença do inspetor do comprador.

7.4.1 Ensaios de tipo

São os ensaios realizados para comprovar se determinado protótipo funciona satisfatoriamente nas condições especificadas. São eles:

- tensão suportável nominal à frequência industrial e sob chuva para a extremidade instalada externamente, ou para ambas, quando a bucha for de instalação externa;
- tensão suportável nominal de impulso atmosférico a seco para todos os tipos;
- tensão suportável nominal de impulso de manobra a seco e sob chuva, conforme o tipo de instalação;
- estabilidade térmica do dielétrico;
- corrente térmica de curto-circuito;
- resistência dinâmica de curto-circuito;
- resistência à flexão;
- elevação de temperatura (somente para as buchas condensivas).

CHAVES SECCIONADORAS PRIMÁRIAS

8.1 INTRODUÇÃO

Chave é um dispositivo mecânico de manobra que na posição aberta assegura uma distância de isolamento e na posição fechada mantém a continuidade do circuito elétrico nas condições especificadas do projeto.

O seccionador pode ser também definido como um dispositivo mecânico de manobra capaz de abrir e fechar um circuito, quando uma corrente de intensidade desprezível é interrompida ou restabelecida e quando não ocorre variação de tensão significativa por meio dos seus terminais. É também capaz de conduzir correntes sob condições normais do circuito e, durante um tempo especificado, correntes sob condições anormais, tais como curtos-circuitos.

Por interruptor se entende o dispositivo mecânico de manobra capaz de fechar e abrir, em carga, circuitos de uma instalação sem defeito, com capacidade adequada de resistir aos esforços decorrentes.

Já o seccionador interruptor é o dispositivo definido como interruptor e que, além de desempenhar essa função, é capaz de, na posição aberta, garantir a distância de isolamento requerida pelo nível de tensão do circuito. Ao longo deste capítulo, o seccionador também será chamado de chave seccionadora ou simplesmente chave, tendo em vista o uso já consagrado desses termos.

Os seccionadores são utilizados em subestações para permitir manobras de circuitos elétricos, sem carga, isolando disjuntores, transformadores de medida e de proteção e barramentos. Também são utilizados em redes aéreas de distribuição urbana e rural com a finalidade de seccionar os alimentadores durante os trabalhos de manutenção ou realizar manobras diversas previstas pela operação. Os seccionadores podem ser fabricados tanto em unidades monopolares como em unidades tripolares.

A operação dos seccionadores com o circuito em carga provoca desgaste nos contatos e põe em risco a vida do operador. Porém, podem ser operados quando são previstas, no circuito, pequenas correntes de magnetização de transformadores de potência e reatores ou, ainda, correntes capacitivas.

Os seccionadores podem ainda desempenhar várias e importantes funções dentro de uma instalação, quais sejam:

- manobrar circuitos, permitindo a transferência de carga entre barramentos de uma subestação;
- isolar um equipamento qualquer da subestação, tais como transformadores, disjuntores etc. para execução de serviços de manutenção ou outra utilidade;
- propiciar o *by-pass* de equipamentos, notadamente os disjuntores e religadores da subestação.

Os seccionadores compõem-se de várias partes, e as mais importantes são as que se seguem:

a) Circuito principal

Compreende o conjunto das partes condutoras inseridas no circuito que a chave tem por função abrir ou fechar.

b) Circuitos auxiliares e de comando

São aqueles destinados a promover a abertura ou o fechamento da chave.

c) Contatos

Compreendem o conjunto de peças metálicas destinado a assegurar a continuidade do circuito, quando se tocam.

d) Terminais

São a parte condutora da chave, cuja função é fazer a ligação com o circuito da instalação.

e) Dispositivo de operação

São aqueles por meio dos quais se processa a abertura ou o fechamento dos contatos principais do seccionador.

f) Dispositivo de bloqueio

É o dispositivo mecânico que indica ao operador a posição assumida pelos contatos móveis principais, após a efetivação de determinada manobra.

8.2 CARACTERÍSTICAS CONSTRUTIVAS

São os mais diversos os tipos de construção das chaves seccionadoras, dependendo da finalidade e da tensão do circuito em que serão instaladas.

Os seccionadores podem ser constituídos de um só polo (chaves seccionadoras unipolares) ou de três polos (chaves seccionadoras tripolares). Os seccionadores tripolares são dotados de mecanismo que obriga a abertura simultânea dos três polos, quando impulsionado manualmente ou por ação de um motor que carrega a mola de fechamento.

8.2.1 Seccionadores para uso interno

Os seccionadores para uso interno são destinados à operação em subestações de consumidor, em geral de pequeno e médio portes, de instalação abrigada, livre das intempéries. Nesse tipo se enquadram as subestações construídas em alvenaria e de módulo metálico.

Quanto à construção, as chaves seccionadoras de instalação abrigada podem ser classificadas como descrito a seguir.

8.2.1.1 Seccionadores simples

São constituídos por uma lâmina condutora (seccionadores unipolares) ou por três lâminas condutoras (seccionadores tripolares) de abertura simultânea, acionadas por meio de mecanismo articulado. Esse tipo de seccionador tripolar é utilizado com muita frequência em subestações de alvenaria. A Figura 8.1(a) mostra um tipo de chave seccionadora tripolar de larga utilização em subestações da classe 15 kV. A Figura 8.1(b)

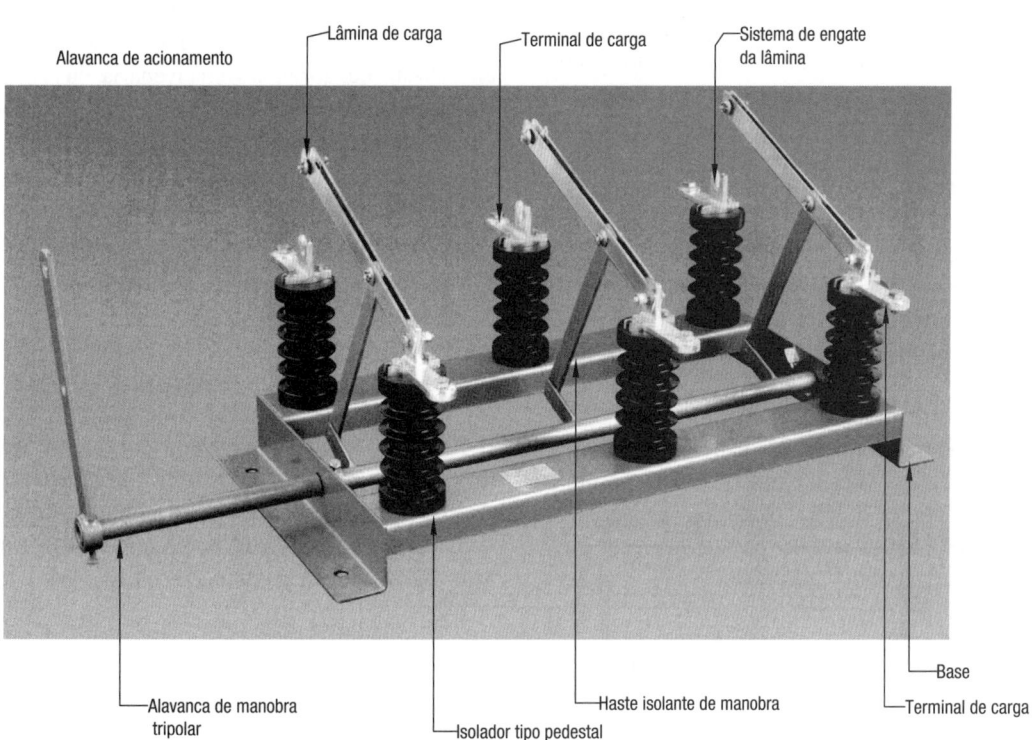

FIGURA 8.1(a) Chave seccionadora tripolar comando simultâneo, abertura sem carga.

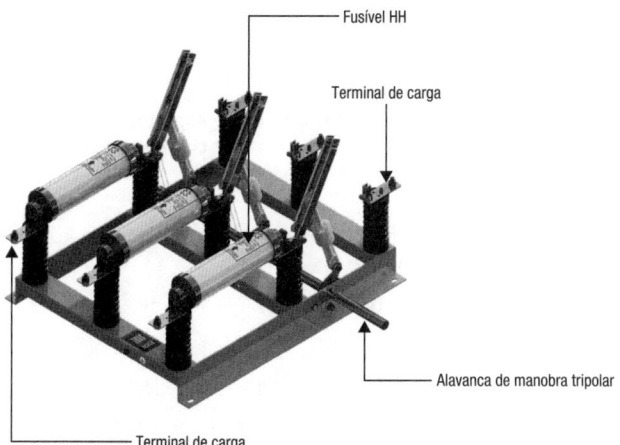

FIGURA 8.1(b) Chave seccionadora tripolar comando simultâneo, abertura sem carga com proteção fusível HH. Fonte: http://www.sarel.com.br/produtos/sec/saf/. Acesso em 10 Ago. 2023.

mostra o mesmo tipo de chave seccionadora acrescido dos fusíveis HH. Já a Figura 8.2 mostra o seu aspecto construtivo. A Tabela 8.1 complementa as informações da Figura 8.2 indicando as suas dimensões básicas.

O seccionador simples é montado sobre estrutura metálica, constituída de chapa de ferro dobrada em U que sustenta os três polos e o eixo do mecanismo de acionamento manual na extremidade do qual pode ser montada a alavanca.

As lâminas e os contatos são fabricados em cobre eletrolítico. Cada lâmina é constituída por um conjunto de facas duplas ou até por três conjuntos de facas duplas, dependendo do modelo e da capacidade de condução de corrente nominal. A fixação do seccionador à parede da subestação ou cabine metálica é feita por meio de parafusos presos à estrutura do próprio seccionador. Podem ser fornecidos, também, com alguns acessórios opcionais, tais como contatos auxiliares.

8.2.1.2 Seccionadores com buchas passantes

São fabricados com isoladores de porcelana vitrificada, próprios para instalação abrigada, ou, ainda, com isoladores de resina epóxi. A Figura 8.3 mostra o seu aspecto construtivo básico, que é idêntico aos seccionadores simples, com exceção da bucha passante.

Opcionalmente, esses seccionadores podem ser fabricados com um sistema de terra para dar maior segurança à manutenção do circuito elétrico. A Figura 8.3 mostra um seccionador com buchas passantes que pode possuir ou não, a depender da especificação técnica, um microcontato que permite a abertura do disjuntor no caso de manobra do seccionador sob condição de carga.

O seccionador é montado sobre uma estrutura de ferro dobrado que sustenta os três polos e as alavancas de manobra previstas. As lâminas e os contatos são constituídos de maneira idêntica à dos seccionadores simples. A sua fixação é própria para painéis metálicos e feita através de parafusos presos à estrutura do próprio seccionador.

8.2.1.3 Seccionadores fusíveis

São chaves seccionadoras dotadas de três hastes isolantes, normalmente de resina epóxi ou de fenolite, montadas em paralelo a três cartuchos fusíveis, também fabricados em epóxi ou fenolite, ou ainda três unidades fusíveis de alta capacidade de ruptura. Como as demais, o acionamento da chave é tripolar e de comando simultâneo por meio do mesmo mecanismo articulado. Além disso, os isoladores são da mesma construção dos modelos anteriores.

As hastes isolantes servem para permitir a operação simultânea das três fases, o que seria impraticável somente com os fusíveis. Quando atua um elemento fusível, o cartucho é acionado da sua posição original, indicando a ruptura do elo fusível. Como a haste isolante não permite a continuidade do circuito, a instalação passa a operar com apenas duas fases, desde que não se disponha de elementos de proteção adequados. Quando são utilizados fusíveis de alta capacidade de ruptura, o visualizador do fusível indica a sua condição de queima.

A utilização desses seccionadores é própria para instalação em subestações abrigadas em alvenaria, na proteção de pequenas unidades de transformação. Deve ser evitado o uso em cubículos metálicos, já que os elos fusíveis, quando operam, permitem a formação de arco no interior do cartucho, que é expulso pela parte inferior, podendo atingir o invólucro metálico. Isso propicia uma falta a arco, isto é, um curto-circuito fase-terra através do arco.

Os seccionadores fusíveis, como o próprio nome sugere, exercem as funções simultâneas de proteção e seccionamento. A Figura 8.4 mostra detalhes construtivos desse tipo de seccionador.

Os elos fusíveis são instalados no interior do cartucho, tal como se procede nas chaves fusíveis unipolares convencionais. A substituição do elemento fusível implica a abertura do seccionador, assegurando-se, antes, que a carga esteja desconectada. Tanto a retirada como a recolocação do cartucho devem

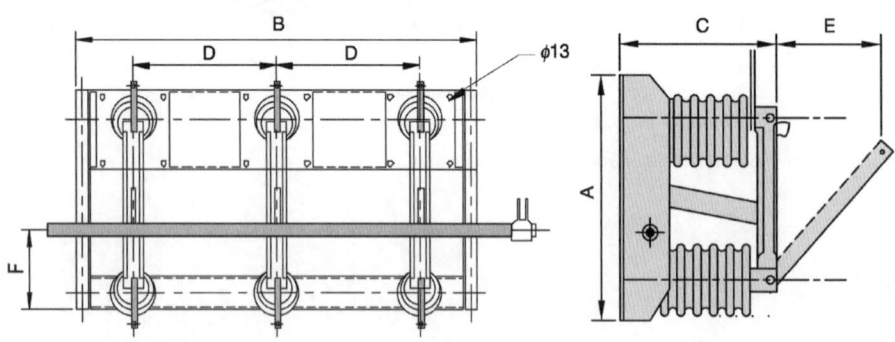

FIGURA 8.2 Aspectos construtivos da chave seccionadora tripolar.

TABELA 8.1 Dimensões de chaves seccionadoras

Corrente nominal (A)	Tensão (kV)	Dimensões (mm)					
		A	B	C	D	E	F
400	15	376	880	275	300	235	120
e	25	476	1.100	335	350	315	150
600	36	608	1.378	410	415	430	190

ser feitas por meio de vara de manobra com gancho apropriado na extremidade.

O fechamento do seccionador somente deve ser feito quando os cartuchos estiverem convenientemente instalados, isto é, com os contatos superiores fechados. Opcionalmente, podem ser fornecidos contatos auxiliares NA (normalmente aberto) ou NF (normalmente fechado) que possibilitam intertravamento com o disjuntor correspondente.

8.2.1.4 Seccionadores interruptores

São formados por uma chave tripolar, comando simultâneo das três fases, podendo ser acionada manualmente por um mecanismo articulado que libera a força de uma mola previamente carregada, ou então por um dispositivo percussor de que dispõem os fusíveis de alta capacidade de ruptura, atuando sobre o sistema de bloqueio da mola. A Figura 8.5 mostra um seccionador interruptor de muita utilização em subestações industriais.

Nesse caso, os seccionadores devem possuir câmaras de extinção de arco, já que operam apenas com pequenas correntes indutivas ou capacitivas, mas são próprios, em geral, para serem acionados com correntes iguais à nominal da chave.

Os fusíveis de alta capacidade de ruptura, cujo assunto será abordado no Capítulo 9, assumem a proteção contra curtos-circuitos, dispensando-se, dessa forma, a utilização de um interruptor de potência. Quando qualquer fusível se funde, o seccionador opera as três fases, não permitindo o funcionamento da instalação em duas fases, ao contrário do seccionador fusível.

A extinção do arco durante uma manobra com carga é feita no interior de uma câmara especial, quando a lâmina principal é acionada, desconectando-se dos contatos fixos instalados dentro da câmara. Uma segunda haste condutora de seção inferior à principal é presa a esta por meio de um mecanismo de mola e trava, acionado logo que a lâmina principal abandona o interior da câmara e se encontra em uma posição de, aproximadamente, 80% da sua trajetória de manobra.

A lâmina auxiliar, quando desconectada, o faz com extrema velocidade, em virtude do desbloqueio da mola fixada na haste condutora principal.

Quando aquecida, a câmara libera um gás proveniente de material especial de que são revestidas suas paredes internas.

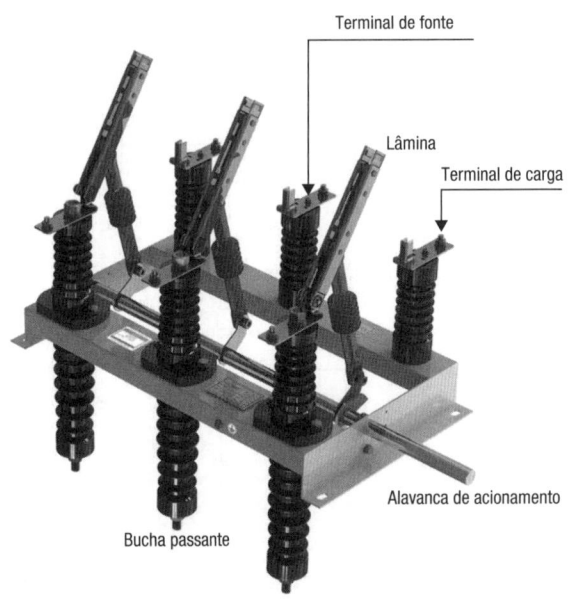

FIGURA 8.3 Chave seccionadora com buchas passantes.
Fonte: https://sarel.ind.br/produto/seccionador-modelo-sabpe/. Acesso em 10 Ago. 2023.

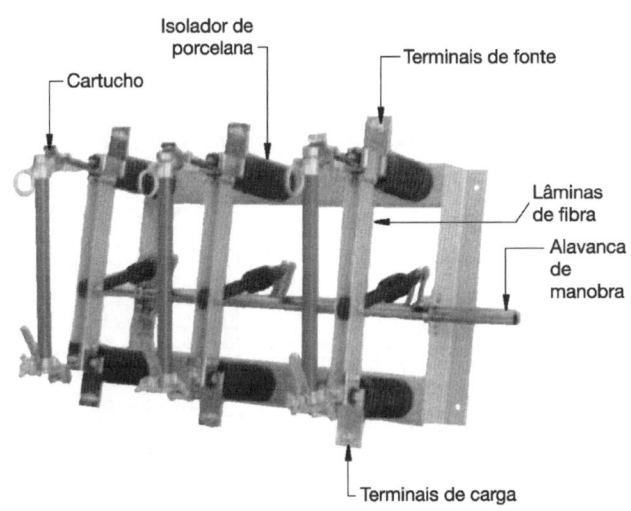

FIGURA 8.4 Chave seccionadora fusível.

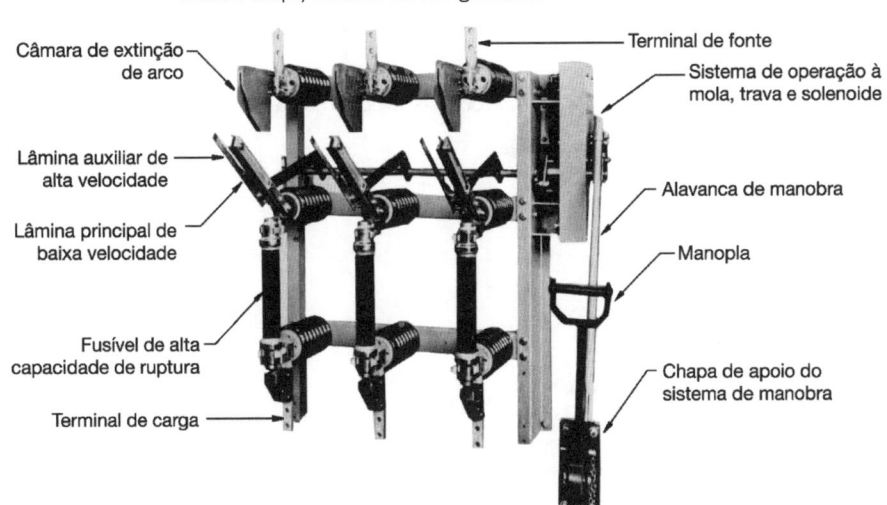

FIGURA 8.5 Chave tripolar de abertura em carga ou interruptor seccionador.

Através do gás liberado e pelo efeito de resfriamento das paredes da câmara, consegue-se uma rápida e eficaz extinção do arco. As Figuras 8.6(a), (b), (c) e (d) mostram o princípio de desconexão e conexão de uma chave seccionadora conforme se descreveu.

8.2.1.5 Seccionadores reversíveis

Seccionadores reversíveis são chaves que permitem, normalmente, a transferência de carga de um circuito para o outro circuito. São muito utilizados em subestações de consumidor, quando se tem uma geração de emergência ou alternativa que não possa ser feita em tensão secundária, em virtude das distâncias em que se acham as cargas. Um exemplo dessa aplicação é dado no diagrama simplificado da Figura 8.7.

Já a Figura 8.8 mostra os aspectos dimensionais desse seccionador, cujos valores estão expressos na Tabela 8.2.

8.2.2 Seccionadores para uso externo

Esse tipo de seccionador é destinado à operação em redes de distribuição urbanas e rurais ou, ainda, em subestações de instalação externa de pequeno, médio e grande portes.

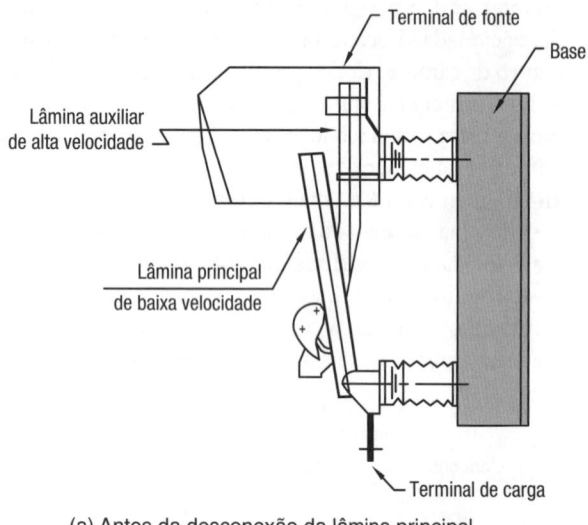

(a) Antes da desconexão da lâmina principal

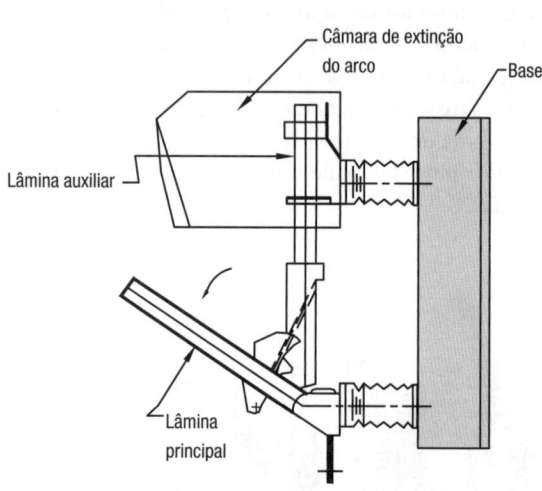

(b) Após a desconexão da lâmina principal

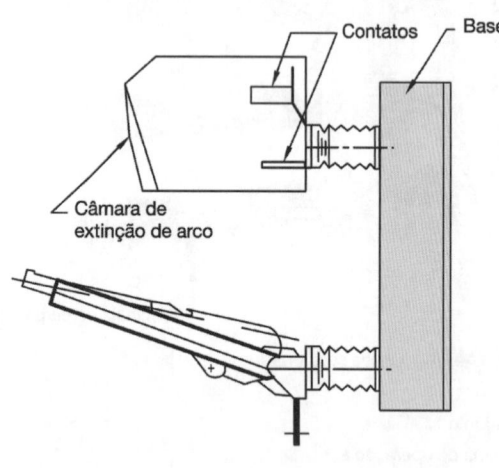

(c) Após a desconexão da lâmina auxiliar

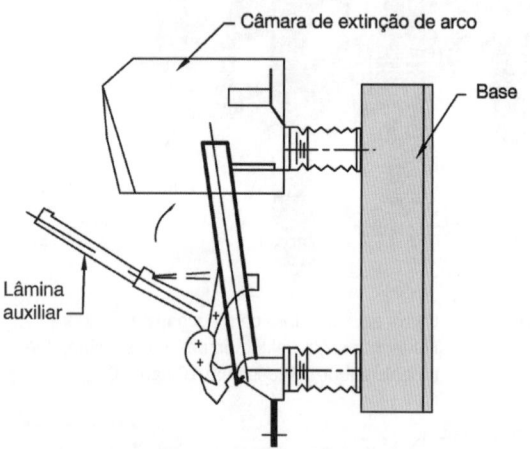

(d) Processo de conexão da chave

FIGURA 8.6 Acionamento da chave seccionadora tripolar de abertura em carga.

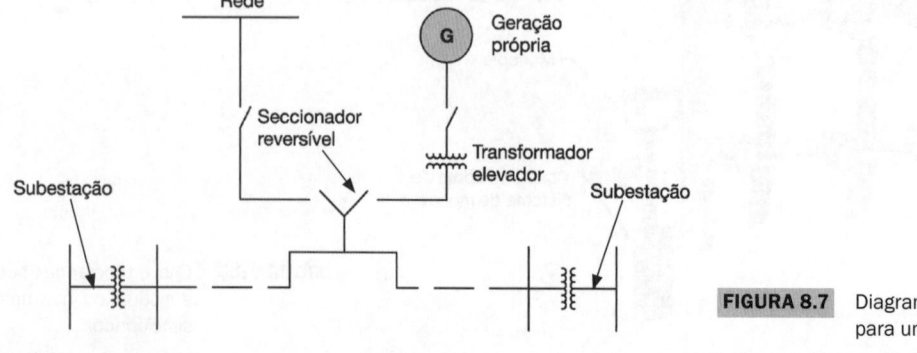

FIGURA 8.7 Diagrama unifilar simplificado para um sistema de reversão.

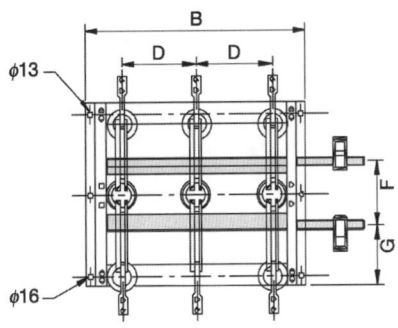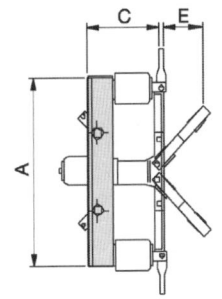

FIGURA 8.8 Chave seccionadora reversível.

TABELA 8.2 Dimensões de chaves seccionadoras reversíveis (ordem de grandeza)

Corrente nominal (A)	Tensão (kV)	Dimensões (mm)						
		A	B	C	D	E	F	G
400	15	726	900	275	300	235	217	217
e	25	926	1.100	335	350	315	280	280
600	36	1.115	1.378	410	415	430	361	361

Os seccionadores podem ser classificados quanto à aplicação em seccionadores de redes de distribuição aérea e seccionadores de subestações de potência.

8.2.2.1 Seccionadores para redes de distribuição

Esses seccionadores podem ser de construção monopolar ou tripolar. Os seccionadores monopolares são normalmente utilizados em redes de distribuição.

Já os seccionadores tripolares são utilizados com menor frequência em redes de distribuição e é de uso intenso em subestação de potência, sejam elas de instalações industriais ou de concessionária de energia elétrica.

A Figura 8.9 mostra uma chave seccionadora monopolar, classe 15 kV, uso externo, de muita utilização em rede de distribuição urbana ou rural.

Já a chave seccionadora da Figura 8.10, fabricação monopolar, classe 36,2 kV, é também muito utilizada em redes urbanas, em geral, em áreas industriais ou na interligação entre subestações.

8.2.2.2 Seccionadores para subestações de potência

São normalmente de fabricação tripolar e apresentam diferentes tipos construtivos.

8.2.2.2.1 Seccionadores de abertura lateral singela (ALS)

Esse tipo de seccionador se caracteriza por apresentar as hastes condutoras se abrindo lateralmente, conforme mostra a Figura 8.11. O comando é feito em uma das colunas isolantes que gira em torno do seu próprio eixo até atingir um ângulo de aproximadamente 60°. Uma haste metálica pode ligar rigidamente o comando de três chaves, formando um conjunto único de acionamento tripolar.

A Tabela 8.3 fornece os valores principais indicados na Figura 8.12, tomados como ordem de grandeza, já que, como os demais, variam para cada fabricante.

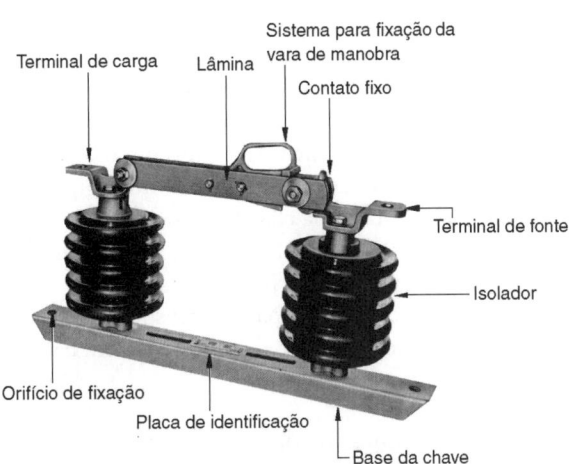

FIGURA 8.9 Chave seccionadora monopolar, classe 15 kV.

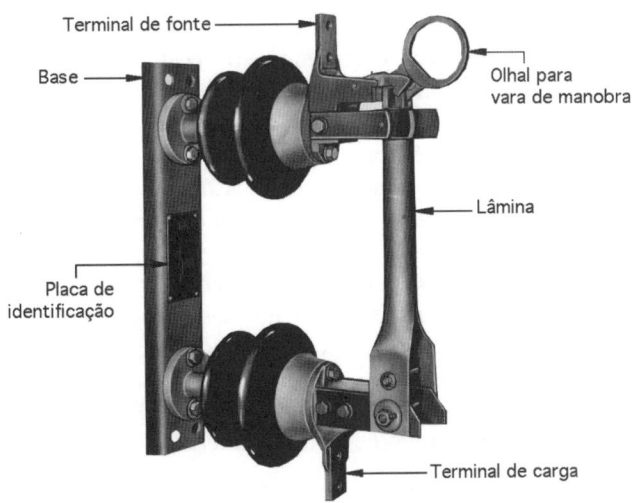

FIGURA 8.10 Chave seccionadora monopolar, classe 36,2 kV.

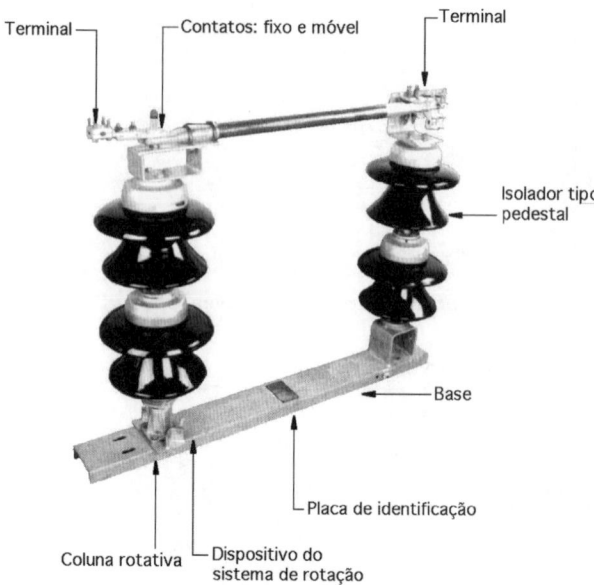

FIGURA 8.11 Chave seccionadora de abertura lateral, classe 72,5 kV.

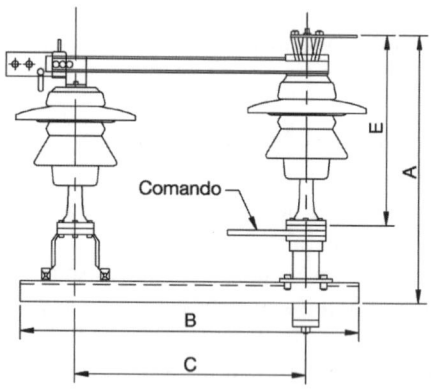

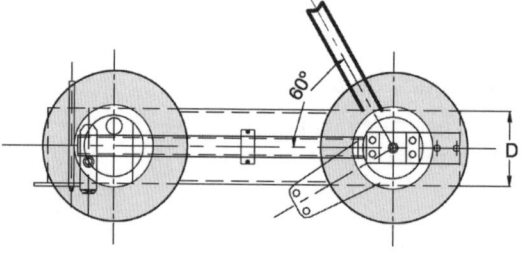

TABELA 8.3 Dimensões dos seccionadores ALS (ordem de grandeza)

Corrente nominal (A)	Tensão (kV)	Dimensões (mm)				
		A	B	C	D	E
600	15	537	737	381	152	254
	24,2	598	813	457	152	305
	36,2	674	966	610	152	381
	46	750	1.118	762	152	457
	72,5	1.030	1.423	1.067	152	737

FIGURA 8.12 Aspectos dimensionais das chaves seccionadoras ALS.

8.2.2.2.2 Seccionadores de abertura central (AC)

Esse tipo de seccionador se caracteriza por apresentar duas hastes condutoras de comprimentos iguais, ambas abrindo lateralmente, conforme mostra a Figura 8.13, e construídas com lâminas paralelas, classe 72,5 kV. Já a Figura 8.14 mostra uma chave seccionadora, classe 138 kV, cujas lâminas são construídas de tubos metálicos. O comando é realizado simultaneamente nas duas colunas isolantes que giram em torno do seu próprio eixo até atingir um ângulo de aproximadamente 60°. Uma haste metálica é fixada rigidamente nas duas colunas, garantindo a simultaneidade de comando. Nos seccionadores tripolares existe um eixo único de comando, formando um conjunto único de acionamento tripolar.

Para classe de tensão de 230 kV e superior, as chaves seccionadoras de abertura central são dotadas de anéis de equalização de campo elétrico nos contatos móveis, conforme se mostra na Figura 8.15.

8.2.2.2.3 Seccionadores de dupla abertura lateral (DAL)

Esses seccionadores são constituídos de uma lâmina condutora fixada no ponto central da chave, que gira juntamente com o mecanismo de manobra, conforme pode ser observado na Figura 8.16.

A lâmina gira lateralmente segundo a direção indicada na Figura 8.17. Uma haste metálica pode ligar rigidamente os três seccionadores, formando um conjunto tripolar de acionamento simultâneo das três fases.

Existem diferentes tipos construtivos de chaves seccionadoras de dupla abertura lateral. No caso dos seccionadores mostrados nas Figuras 8.16 e 8.17, as lâminas são constituídas de tubos metálicos com dimensões adequadas à corrente nominal da chave e aos esforços mecânicos exercidos durante a ocorrência de curtos-circuitos e operação normal do equipamento. Já a Figura 8.18 mostra uma chave seccionadora de dupla abertura lateral, classe 36,2 kV, cujas lâminas são constituídas de chapas metálicas fixadas de forma paralela.

A Tabela 8.4 fornece as principais dimensões desses seccionadores, tomadas como ordem de grandeza, com base na Figura 8.19.

8.2.2.2.4 Seccionadores de abertura vertical (AV)

São seccionadores constituídos, em geral, de três colunas isolantes cujas lâminas condutoras principais são articuladas a

Chaves seccionadoras primárias | **217**

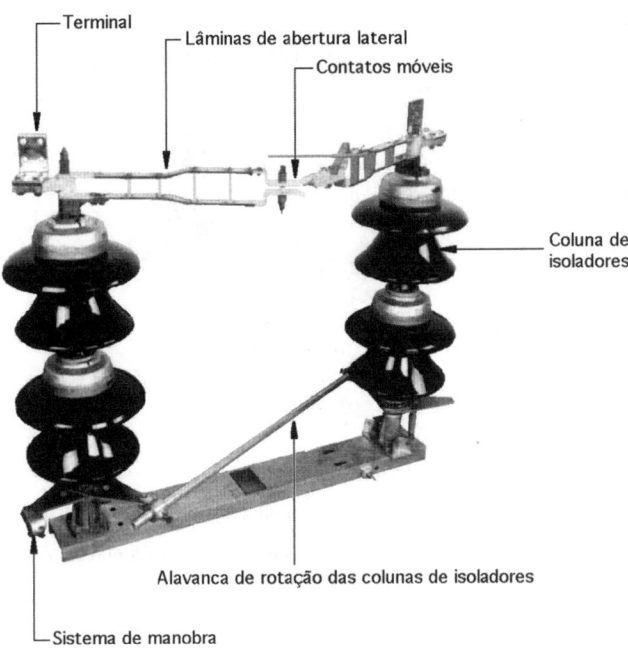

FIGURA 8.13 Chave seccionadora de abertura central com lâminas paralelas, classe 72,5 kV.

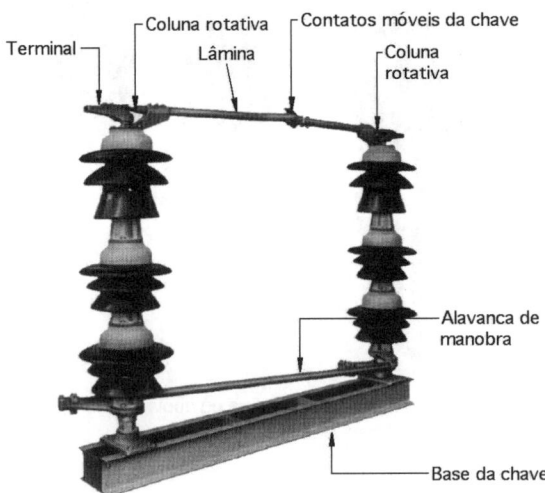

FIGURA 8.14 Chave seccionadora de abertura central com tubo metálico, classe 138 kV.

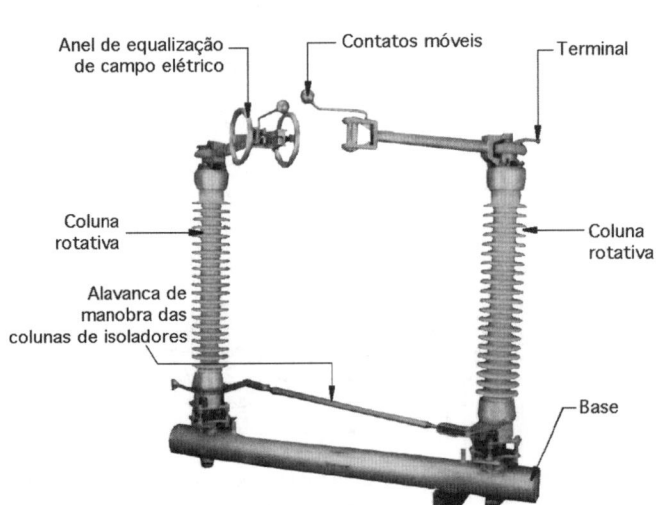

FIGURA 8.15 Chave seccionadora de abertura central com tubo metálico, classe 230 kV.

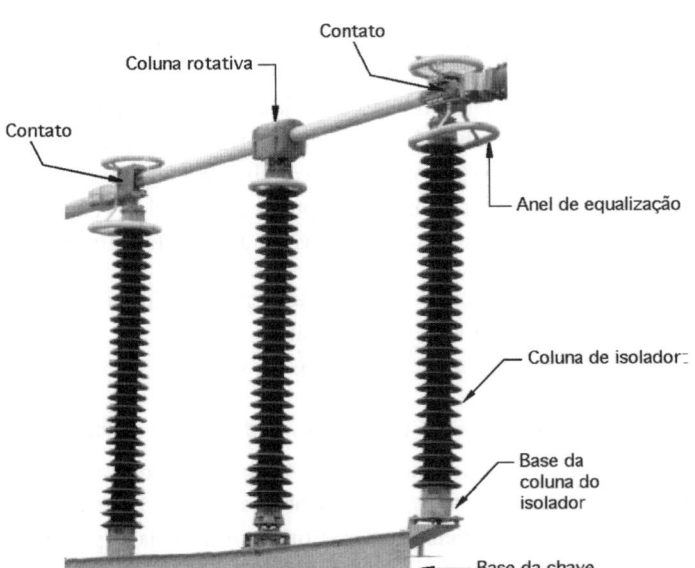

FIGURA 8.16 Chave seccionadora de dupla abertura lateral, classe 500 kV.

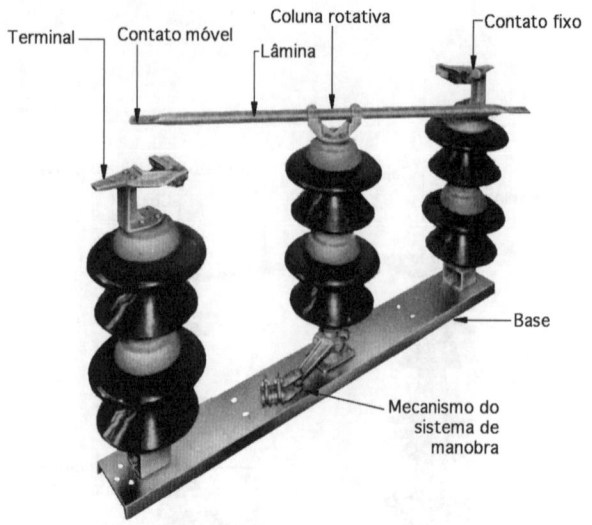

FIGURA 8.17 Chave seccionadora de dupla abertura lateral, classe 72,5 kV.

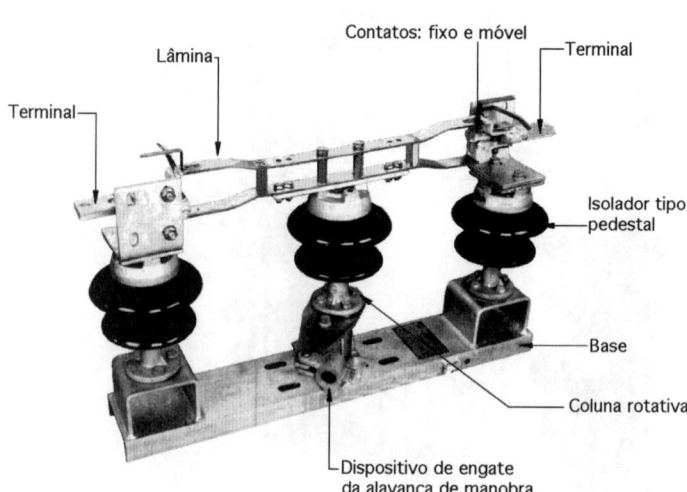

FIGURA 8.18 Chave seccionadora de dupla abertura horizontal com lâminas paralelas, classe 36,2 kV.

TABELA 8.4 Dimensões dos seccionadores DAL (ordem de grandeza)

Corrente nominal (A)	Tensão (kV)	Dimensões (mm)				
		A	B	C	D	E
	15	475	966	610	152	254
	24,2	526	1.118	762	152	305
600	36,2	602	1.270	914	152	381
	46	678	1.424	1.168	152	457
	72,5	958	1.880	1.524	152	737

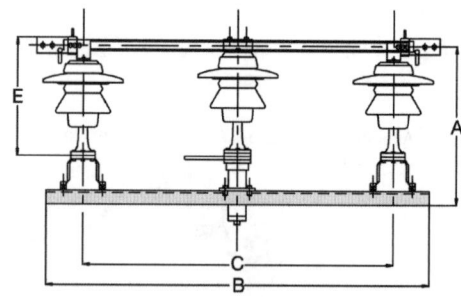

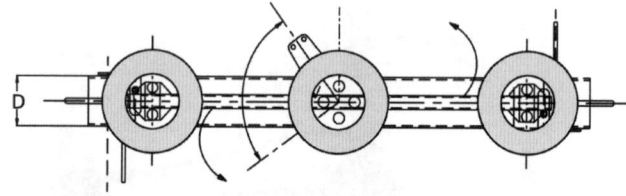

FIGURA 8.19 Indicações dimensionais das chaves seccionadoras de dupla abertura.

partir de uma coluna intermediária abrindo verticalmente, conforme se pode observar na Figura 8.20. A Tabela 8.5 fornece as suas dimensões principais, tomando como base a Figura 8.20.

Existem seccionadoras de abertura vertical com recursos adicionais. No caso da Figura 8.21(a), o seccionador monopolar é dotado de uma lâmina de terra que garante a segurança pessoal das turmas de manutenção. Já a Figura 8.21(b) mostra uma chave seccionadora tripolar, classe 15 kV, para fechamento em curto-circuito nas três fases. São utilizadas na segurança durante os serviços de manutenção.

8.2.2.2.5 Seccionadores pantográficos

São seccionadores cuja operação é feita verticalmente. São constituídos de um contato fixo, em geral montado no barramento da subestação, e de um contato móvel fixado na extremidade superior de um mecanismo articulado, que formam uma série de paralelogramos, chamados pantógrafos e suportados por uma coluna isolante fixada sobre uma base metálica e acionada por uma coluna rotativa paralela à anterior, mostrada na Figura 8.22.

A Tabela 8.6 apresenta as principais dimensões dos seccionadores pantográficos, com base na Figura 8.22.

Existem diferentes tipos de seccionadores pantográficos. De operação semelhante aos citados, existem ainda:

- seccionadores semipantográficos [Figura 8.22(b)];
- seccionadores basculantes;
- seccionadores semibasculantes.

8.2.2.2.6 Seccionadores de haste vertical

São seccionadores de operação semelhantes aos seccionadores pantográficos, mas constituídos de uma haste vertical abrindo verticalmente em substituição ao sistema de pantógrafos. Tem como exemplo a chave vista na Figura 8.23.

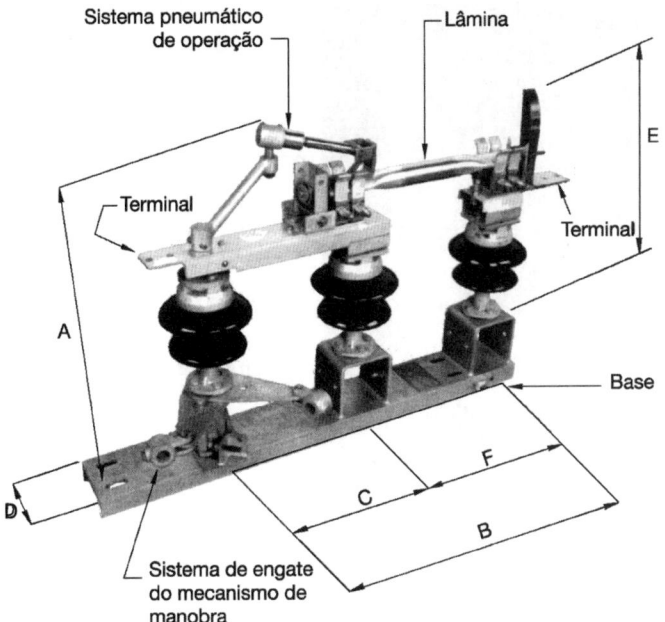

FIGURA 8.20 Chave seccionadora de abertura vertical, classe 36,2 kV.

TABELA 8.5 Dimensões dos seccionadores AV (ordem de grandeza)

Corrente nominal (A)	Tensão (kV)	Dimensões (mm)					
		A	B	C	D	E	F
600	15	1.020	1.076	578	152	650	498
	24,2	1.350	1.136	638	152	701	498
	36,2	1.427	1.316	788	152	777	528
	46	1.653	1.496	938	152	856	558
	72,5	2.350	1.826	1.226	152	1.160	558

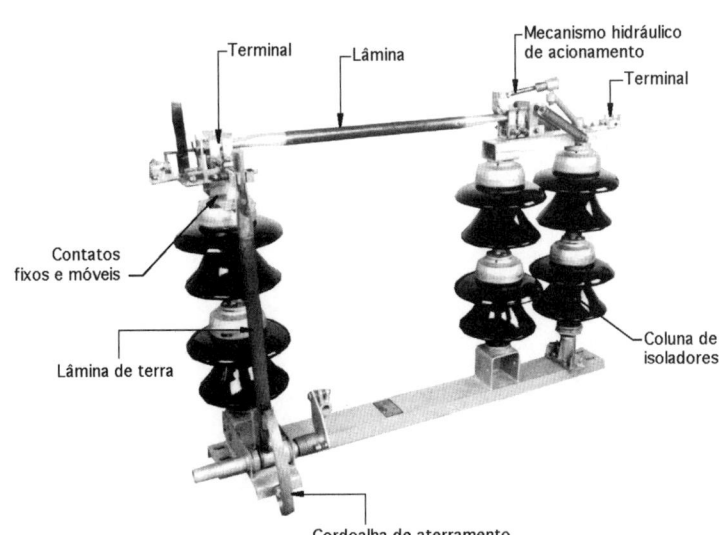

FIGURA 8.21(a) Chave seccionadora de abertura vertical com lâmina de terra, classe 72,5 kV.

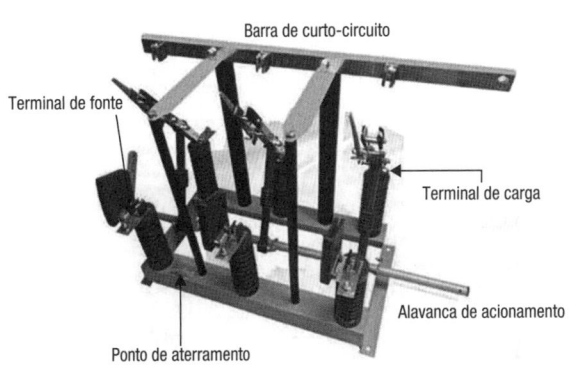

FIGURA 8.21(b) Chave seccionadora tripolar de aterramento trifásico. Fonte: https://schak.com.br/chave-seccionadora-tripolar-com-sistema-de-aterramento. Acesso em 10 Ago. 2023.

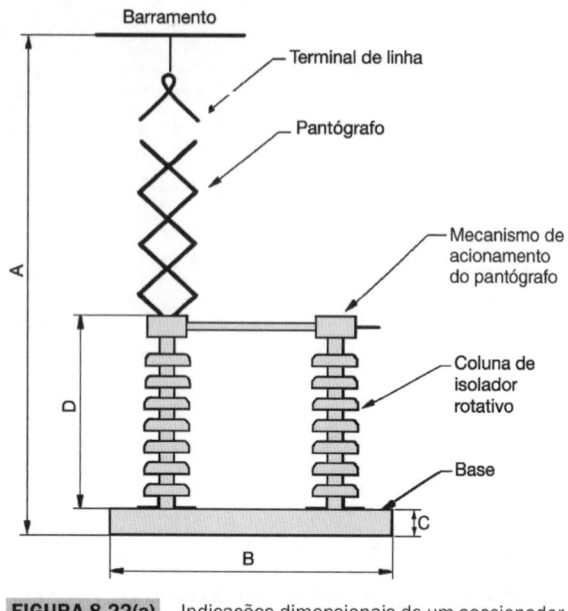

FIGURA 8.22(a) Indicações dimensionais de um seccionador pantográfico.

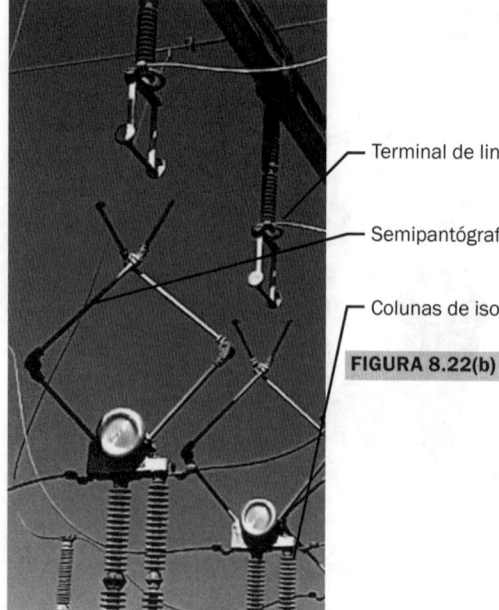

FIGURA 8.22(b) Seccionador pantográfico no momento de operação (abertura ou fechamento). Fonte: https://www.tiktok.com/@operarioinvestidor/video/7187419695451032838. Acesso em 10 Ago. 2023.

TABELA 8.6 Dimensões dos seccionadores pantográficos (ordem de grandeza)

Corrente nominal (A)	Tensão (kV)	Dimensões (mm)			
		A	B	C	D
600	15	1.084	330	100	406
	24,2	1.195	320	100	457
	36,2	1.421	610	100	533
	46	1.647	830	100	609
	72,5	2.257	830	100	889

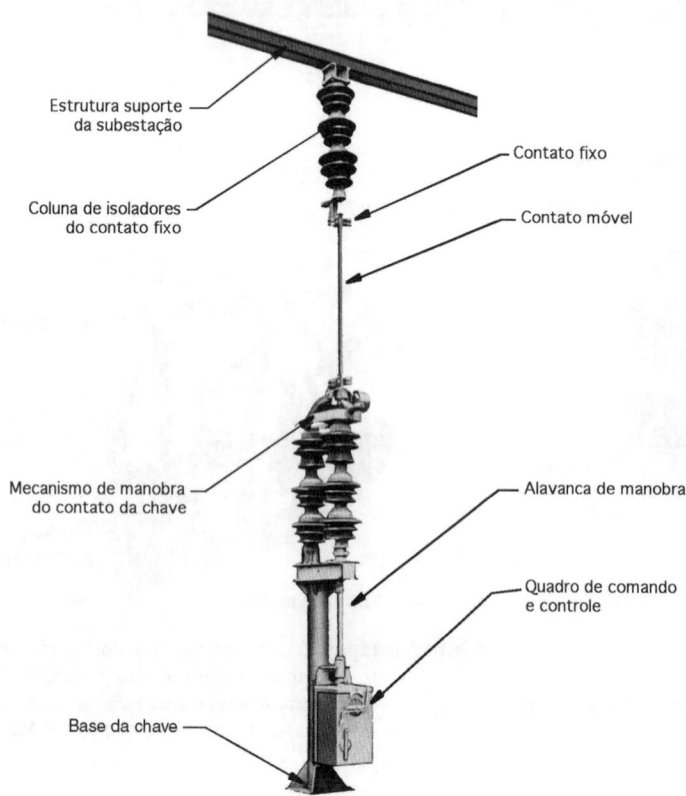

FIGURA 8.23 Chave seccionadora monopolar de haste vertical.

Também são construídas chaves seccionadoras tripolares com abertura vertical com duas seções articuladas, conforme mostrado na Figura 8.24.

A título de compreensão sobre a instalação das chaves seccionadoras em uma subestação, pode-se observar a Figura 8.25, que representa uma vista lateral de uma subestação de potência de 230 kV onde se observam a montagem de chaves seccionadoras tripolares de montagem vertical do tipo abertura vertical com duas seções (Figura 8.24) e de chaves seccionadoras tripolares de montagem horizontal e abertura vertical.

8.2.2.2.7 Seccionadores de uso específico

São seccionadores empregados em redes de distribuição urbana ou rural e em subestações de potência para finalidades específicas de manobra e funções de aterramento. Existem diferentes modelos e forma de uso.

a) Seccionadores do tipo derivação ou *by-pass*

Têm a sua construção demonstrada na Figura 8.26. São constituídos de três seccionadores monopolares de distribuição montados em grupo sobre perfil metálico na forma de "U" sobre uma base única. São empregados em instalações de religadores, seccionalizadores, *auto booster* e reguladores de tensão em que é necessária inspeção periódica. Nesse caso não há necessidade de desligar o alimentador durante a manutenção, já que é possível manter a continuidade do circuito manobrando adequadamente o seccionador derivação.

b) Seccionadores de transferência tipo *tandem*

Têm sua construção visualizada na Figura 8.27. São constituídos por dois seccionadores monopolares montados em grupo sobre uma base única. São empregados em subestações de potência, para acionamento durante o período de manutenção de equipamentos tais como religadores, seccionalizadores etc., de forma a não prejudicar a continuidade do alimentador.

c) Seccionadores com lâmina de terra

Podem ser vistos na Figura 8.28. São constituídos de um único polo de uma chave seccionadora monopolar e uma lâmina metálica fixada na base da chave que, quando manobrada, conecta a fase do alimentador à terra por meio de uma cordoalha. São empregados nos serviços de manutenção de alimentadores de distribuição, de forma a garantir a segurança dos eletricistas durante o período de trabalho.

8.2.3 Características mecânicas operacionais

Dentre os tipos construtivos de chaves vistos anteriormente, os seccionadores podem ser operados basicamente de três diferentes formas.

a) Operação manual

A maioria dos seccionadores para instalação abrigada é operada manualmente, por meio de mecanismos articulados que podem ter vários pontos fixos, dependendo do leiaute do cubículo onde irá operar.

A Figura 8.29 mostra o tipo mais simples de operação manual de seccionadores, constituído de uma alavanca única que gira em torno de um eixo, resultando na movimentação do mecanismo articulado. Mais simplesmente, os seccionadores também podem ser operados manualmente por meio de varas de manobra, empregadas geralmente em redes de distribuição das concessionárias.

A Figura 8.5 mostra também o acionamento de um seccionador de operação automática e manual, feito por meio de um sistema de mola e trava. Quando acionado o mecanismo de operação no sentido de fechar a chave, carrega-se a mola até

FIGURA 8.24 Montagem de uma chave seccionadora de abertura vertical com duas seções, classe 230 kV.

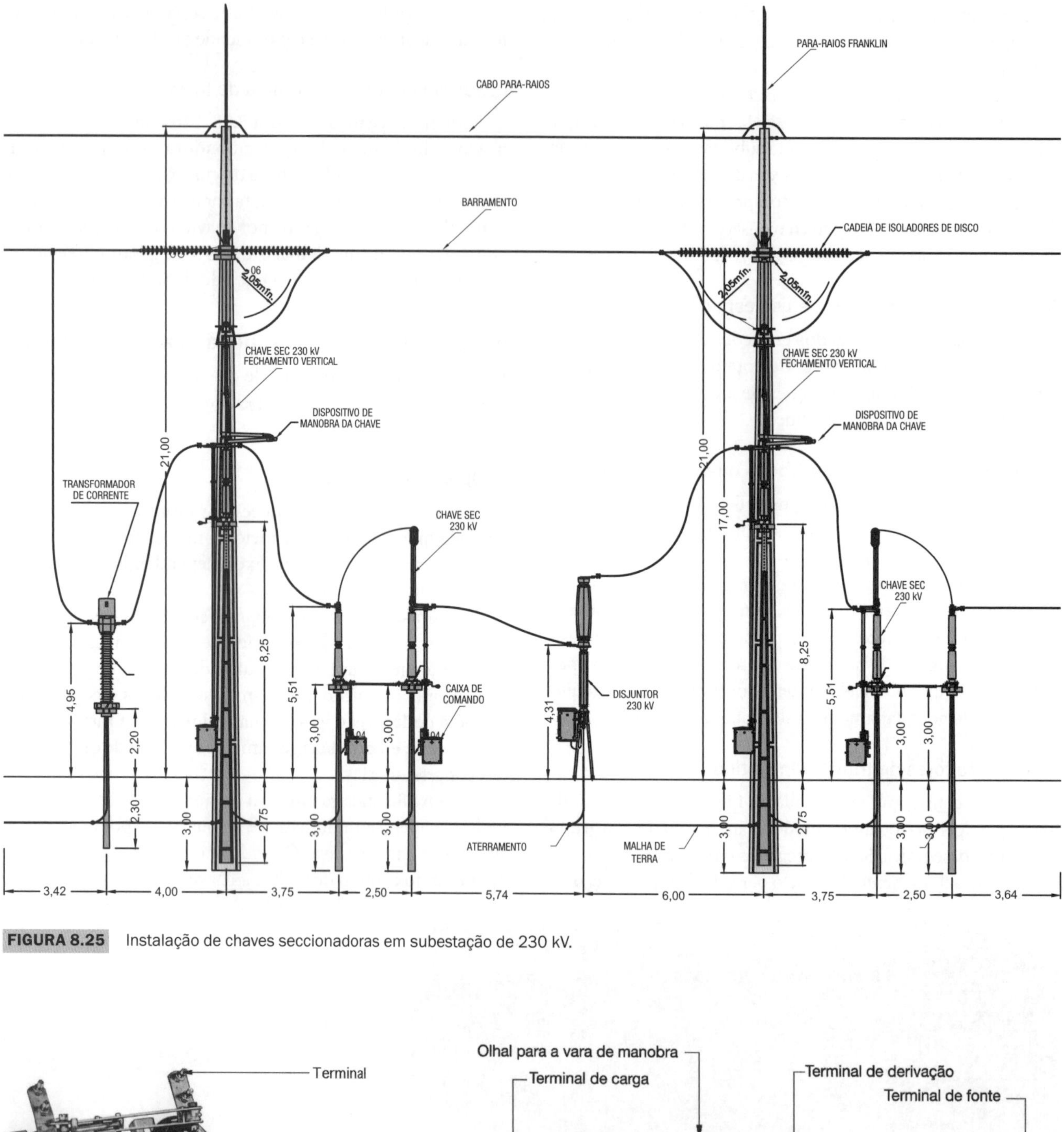

FIGURA 8.25 Instalação de chaves seccionadoras em subestação de 230 kV.

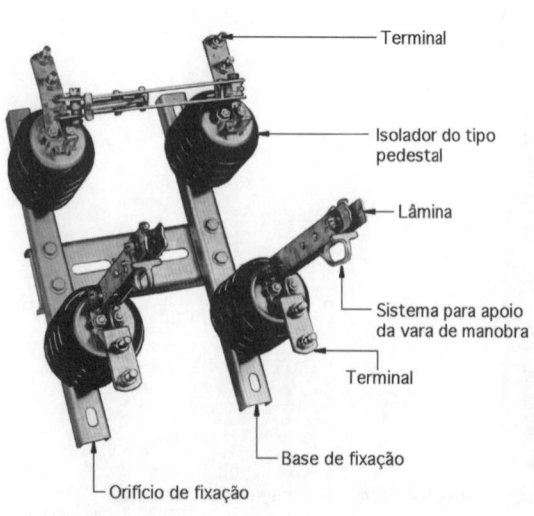

FIGURA 8.26 Seccionador derivação.

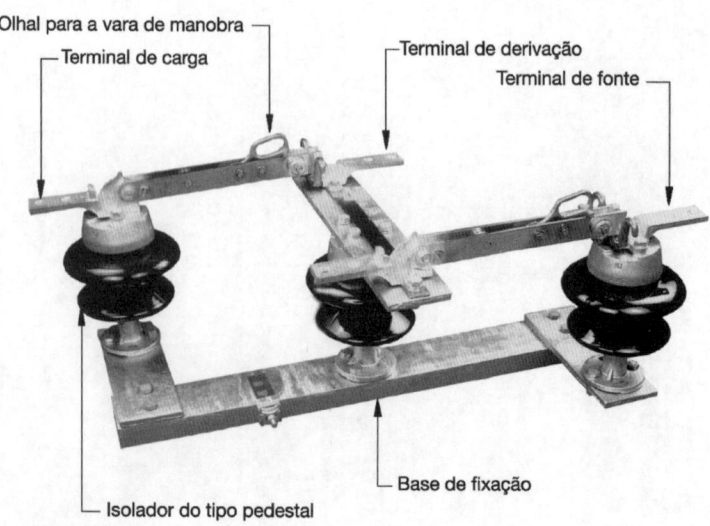

FIGURA 8.27 Chave seccionadora *tandem*.

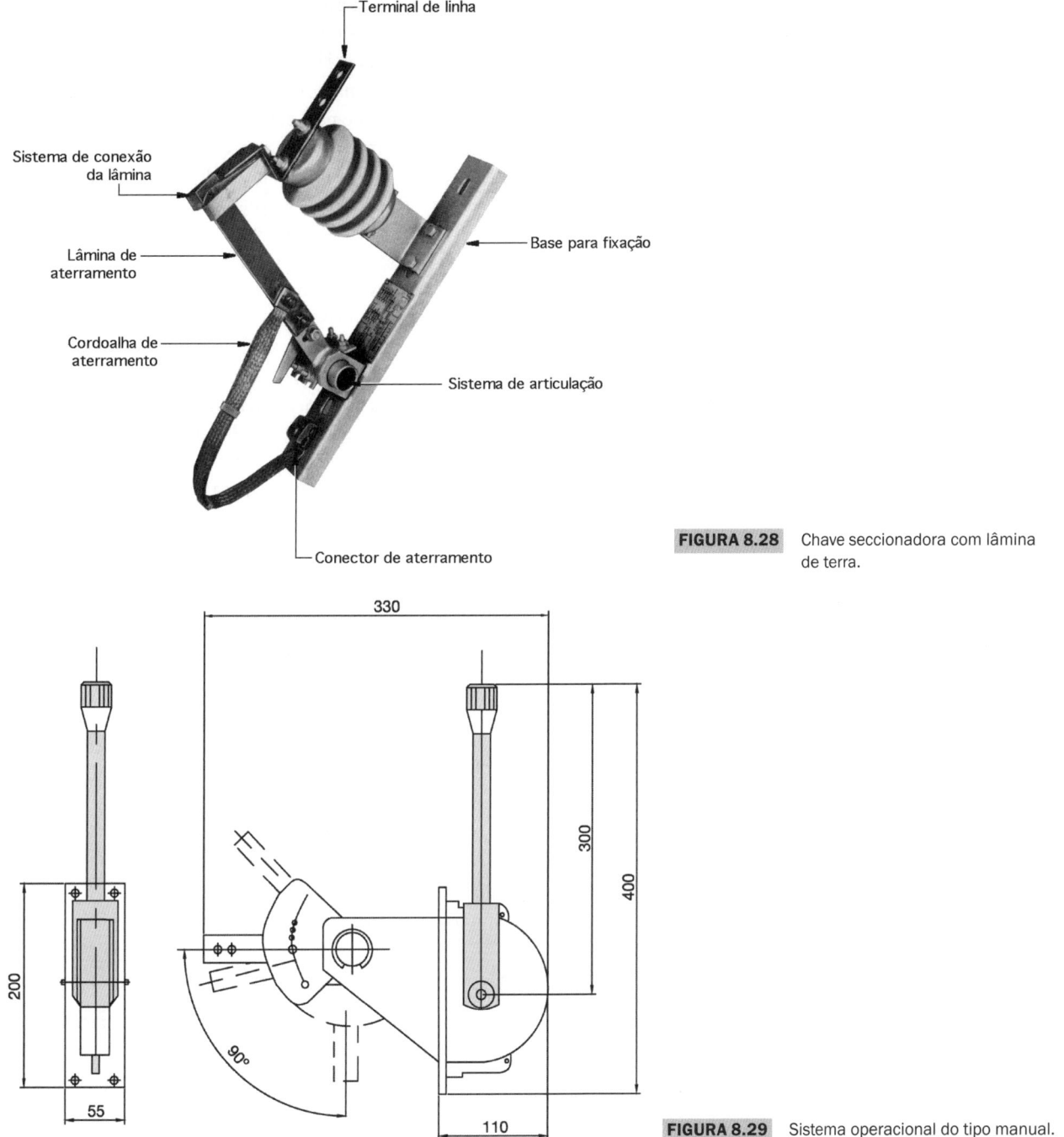

FIGURA 8.28 Chave seccionadora com lâmina de terra.

FIGURA 8.29 Sistema operacional do tipo manual.

que ela seja travada. O sistema de trava é retirado por meio de um solenoide operado localmente ou a distância, ou ainda pela queima do fusível da chave, o que libera toda a energia potencial armazenada na mola.

Dentro de uma análise mais genérica, a operação manual pode ser feita de maneiras dependente e independente. Na operação manual dependente, o esforço de acionamento é aplicado diretamente ao mecanismo de manobra, e a velocidade de fechamento depende exclusivamente da ação voluntária do operador. As chaves com essa característica operacional não são apropriadas para manobra em carga, já que a velocidade de operação é um parâmetro fundamental para esse tipo de aplicação e está ligada à subjetividade do operador, que pode manobrá-la com maior ou menor rapidez.

Na operação independente, o acionamento é feito pela energia acumulada em uma mola, cuja ação de carregamento e disparo é realizada em uma só manobra, de modo que a velocidade dos contatos móveis e a força resultante independam da ação subjetiva do operador. As chaves com essa característica operacional são apropriadas para acionamento em carga, já que a velocidade é um parâmetro conhecido e dependente do projeto do equipamento.

b) Operação motorizada

É aquela decorrente da energia de uma fonte não manual que é aplicada ao mecanismo de operação de uma chave, tais como motores, solenoides, sistemas pneumáticos etc., sendo, no entanto, mais utilizada a operação com motores de CA e CC.

Os seccionadores motorizados podem ser acionados manualmente, quando se verifica um defeito no sistema de motorização. Normalmente, são acionados a partir dos painéis de comando instalados a distância ou localmente.

A Figura 8.30 mostra um mecanismo motorizado acoplado a um seccionador, detalhando os elementos principais.

Já a Figura 8.31 mostra o diagrama básico de comando do seccionador mencionado anteriormente. Seu funcionamento pode ser explicado da seguinte forma: para fechar o seccionador aperta-se o botão L, que energiza o contator CA. Em decorrência, fecham-se os contatos auxiliares CA1 e CA2, energizando o motor M, que por sua vez carrega um sistema de mola que, após acumular certa quantidade de energia, se descarrega sobre o mecanismo de operação da chave. Durante o acionamento da mola de fechamento da chave, carrega-se a mola de abertura, que fica travada nessa posição. Para se proceder à operação de abrir o seccionador, aperta-se o botão D, energizando o contator CB. Nesse momento, o contato da chave de fim de curso b2 se encontra fechado, e seu correspondente b1, aberto, devido ao acionamento do motor, o que desenergiza o contator CA e, consequentemente, corta a alimentação do motor M pela abertura do contato CA2. Logo, a energização de CB faz fechar os contatos auxiliares CB1 e CB2, acionando o solenoide S, que destrava agora o mecanismo de abertura, constituído da mola anteriormente carregada.

8.2.4 Características mecânicas de projeto

A construção eletromecânica dos seccionadores é relativamente simples, desde que todos os materiais já tenham sido dimensionados para as condições de operação preestabelecidas.

A seguir, serão discriminados alguns princípios básicos que devem ser respeitados no projeto e construção das chaves seccionadoras.

a) O projeto não deve permitir que nenhuma corrente de fuga perigosa originada em um terminal tenha um caminho qualquer que possa atingir o outro terminal da chave. Essa precaução se torna mais evidente quando a chave está instalada em ambientes de elevada poluição industrial ou marítima.

b) As bases das chaves devem ser providas de um terminal de aterramento para condutor de seção de, no mínimo, 25 mm², sendo, no entanto, calculado para suportar as correntes de curto-circuito. A ligação do cabo de aterramento entre eixos de rotação deve ser feita em cabo flexível cuja seção não deve ser inferior a 50 mm².

c) As chaves, juntamente com os mecanismos de operação, não devem permitir o deslocamento de suas partes móveis acionadas pela ação da gravidade, do vento, ou movimentadas pela ação intermitente de vibrações ou choques de natureza moderada.

d) Quando o acionamento da chave for manual, o mecanismo de manobra deve possuir dispositivos que bloqueiam a sua operação nas posições aberta ou fechada. O mesmo princípio se aplica às chaves de comando remoto ou automático.

e) Quando manobrada, deve ser possível identificar a posição da chave, ou por meio de uma distância de abertura visível, ou pela posição dos contatos móveis individuais, que garanta a distância de isolamento requerida e seja indicada por dispositivo de confiança.

f) Os contatos auxiliares somente devem sinalizar para indicar a posição aberta da chave quando os seus contatos móveis estiverem suficientemente afastados com a abertura não inferior a 80% da distância total da abertura.

8.3 CARACTERÍSTICAS ELÉTRICAS

A seguir, serão descritas as principais características que identificam os vários tipos de seccionadores.

8.3.1 Tensão nominal

É aquela para a qual o seccionador foi projetado para funcionar em regime contínuo, e deve ser igual à tensão máxima de operação prevista para o sistema em que será instalado.

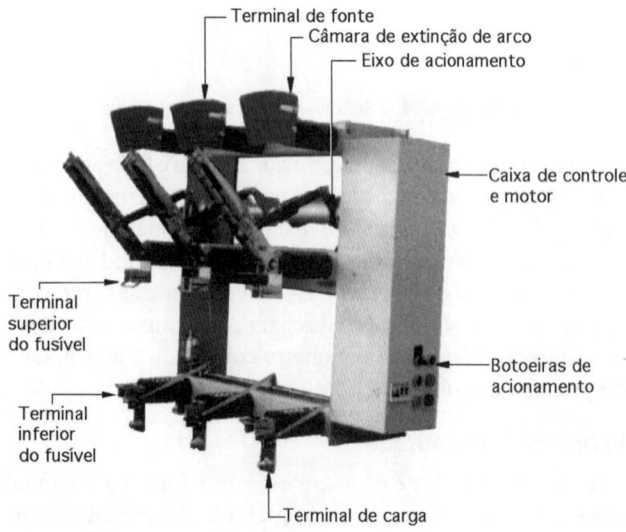

FIGURA 8.30 Chave seccionadora motorizada.

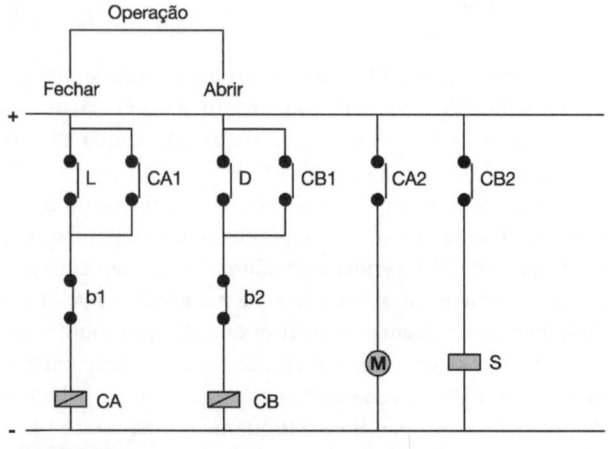

FIGURA 8.31 Diagrama elétrico de comando de uma chave motorizada.

8.3.2 Corrente nominal

Corrente nominal é aquela que o seccionador deve conduzir continuamente sem que sejam excedidos os limites de temperatura previstos em norma.

Os valores de corrente nominal padronizados pela ABNT 7571-2011 são 200 – 400 – 600 – 800 – 1.200 – 1.600 – 2.000 – 2.500 – 3.000 – 4.000 – 5.000 – 6.000 A.

Em subestações de consumidor industrial de 15 kV, o mais comum é a utilização de seccionadores de 200, 400 e 600 A. Já em tensão de 69 kV, o mais frequente é a utilização de seccionador de 1.200, 1.600 e 2.000 A.

Os seccionadores devem suportar condições de trabalho acima dos valores nominais durante intervalos de tempo específicos, como se verá a seguir.

a) Sobrecarga contínua

Caracteriza-se pela porcentagem de corrente adicional que o seccionador pode suportar dentro dos limites de temperatura normalizados.

Outra maneira de definir uma sobrecarga contínua é a corrente de qualquer valor superior à corrente nominal do seccionador, que é capaz de conduzi-la durante um período de tempo suficientemente longo para permitir a estabilização de sua temperatura de operação.

Como a sobrecarga de um seccionador é função da elevação de temperatura sofrida pelo equipamento, é necessário, então, se estabelecer os limites admissíveis de temperatura suportável, de sorte a não provocar modificações temporárias ou permanentes das características técnicas de qualquer de seus componentes. Admitindo-se, por exemplo, um aquecimento exagerado nos componentes condutores de cobre. Estes podem chegar ao ponto de recozimento, com drástica redução das suas propriedades mecânicas.

A norma estabelece que a máxima temperatura ambiente admitida para seccionadores é de 40 °C. Se essas chaves operarem em temperaturas inferiores à temperatura ambiente, é admissível uma sobrecarga contínua de conformidade com a Equação (8.1). É preciso ressaltar que o limite de elevação de temperatura é estabelecido para o componente do seccionador que primeiro atingir a sua temperatura máxima de operação.

$$I_{sc} = I_n \times \sqrt{\frac{T_m - T_a}{T_m - 40}} \, (A) \quad (8.1)$$

I_{sc} – corrente de sobrecarga admissível na temperatura ambiente considerada, em A;

I_n – corrente nominal do seccionador referida à temperatura ambiente de 40 °C;

T_m – temperatura permissível no ponto mais quente do seccionador que normalmente se localiza nos contatos, conexões e terminações e que resumidamente pode ser obtida pela Tabela 8.7;

T_a – temperatura ambiente.

Logo, o fator de sobrecarga vale:

$$F_s = \frac{I_{sc}}{I_n} \quad (8.2)$$

b) Sobrecarga de curta duração

Caracteriza-se pela corrente que o seccionador pode conduzir acima da sua capacidade nominal, durante um período de tempo especificado, sem que sejam excedidos os limites de temperatura dados por norma.

Na prática, para se determinar a sobrecarga de curta duração permitida para um seccionador, pode-se aplicar a Equação (8.3), ou seja:

TABELA 8.7 Limites de temperatura e sua elevação

Partes do equipamento	Temperatura máxima (°C)	Limites de elevação de temperatura para ambiente que exceda a 40 °C
Contatos:		
– liga de cobre nu no ar	75	35
– liga de cobre nu no óleo	80	40
– prateados ou niquelados no ar	105	65
– prateados ou niquelados no óleo	90	50
Conexões aparafusadas ou equivalentes	–	–
– cobre nu ou liga e alumínio no ar	90	50
– cobre nu ou liga e alumínio no óleo	100	60
– prateadas ou niqueladas no ar	115	75
– prateadas ou niqueladas no óleo	100	60
Óleos para disjuntores a óleo	90	50
Partes metálicas atuando como mola	90	50
Esmalte sintético classe H	120	80

EXEMPLO DE APLICAÇÃO (8.1)

Calcule o fator de sobrecarga admissível em uma chave seccionadora unipolar de 630 A/15 kV, instalada em uma rede aérea em que a temperatura ambiente é de 25 °C.

$$I_{sc} = I_n \times \sqrt{\frac{T_m - T_a}{T_m - 40}} = 630 \times \sqrt{\frac{75 - 25}{75 - 40}} = 753 \text{ A}$$

$$F_{sc} = \frac{I_{sc}}{I_n} = \frac{753}{630} = 1,2$$

$T_m = 75$ °C (Tabela 8.7 – temperatura máxima admissível para contatos de liga de cobre nu no ar).

$$I_{sc} = I_n \times \sqrt{1 + \frac{40 - T_a}{\Delta T_m \times (1 - e^{-T/\tau})}} \text{ (A)} \qquad (8.3)$$

ΔT_m – elevação de temperatura máxima admissível para qualquer componente do seccionador, em °C;
T – tempo de circulação da corrente para o qual se inicia o processo de estabilização térmica, em minutos;
τ – constante de tempo térmica do equipamento. Para um valor crescente de T/τ, a corrente de sobrecarga admissível da corrente de curta duração se aproxima do valor admissível da corrente de sobrecarga contínua. A constante de tempo térmica admitida para seccionadores de 15 kV é de 40 minutos.

A sobrecarga admissível de curta duração é inversamente proporcional à temperatura ambiente. Para tempos de sobrecarga pequenos, maiores são os valores admissíveis da sobrecarga de curta duração.

EXEMPLO DE APLICAÇÃO (8.2)

Determine a corrente máxima de sobrecarga de curta duração para o exemplo anterior, considerando que o tempo de sobrecarga é de 70 minutos, o suficiente para se realizar uma transferência de carga entre alimentadores a fim de possibilitar um reparo na rede de distribuição sem desligar os consumidores da área.

$$I_{sc} = 630 \times \sqrt{1 + \frac{40 - 25}{35 \times (1 - e^{-70/40})}} = 776,3 \text{ A}$$

$\Delta T_m = 35$ °C (Tabela 8.7 – para ligas de cobre no ar).

Isso representa uma sobrecarga com relação à nominal de:

$$\Delta I\% = \frac{776,3 - 630}{630} \times 100 = 23,3\%$$

Se o tempo de transferência de carga atingisse 140 minutos, a corrente de sobrecarga de curta duração permitida diminuiria para 20%, com relação à corrente nominal, isto é:

$$I_{sc} = 630 \times \sqrt{1 + \frac{40 - 25}{35 \times (1 - e^{-140/40})}} = 756,5 \text{ A}$$

$$\Delta I\% = \frac{756,5 - 630}{630} \times 100 = 20,0\%$$

Porém, se a temperatura ambiente, no primeiro caso, fosse de 35 °C, a corrente de sobrecarga de curta duração permitida seria de apenas 682,3 A, ou seja:

$$I_{sc} = 630 \times \sqrt{1 + \frac{40 - 35}{35 \times (1 - e^{-70/40})}} = 682,3 \text{ A}$$

8.3.3 Nível de isolamento

Caracteriza-se pela tensão suportável do dielétrico às solicitações de impulso atmosférico e de manobra.

As isolações dos seccionadores são todas elas do tipo regenerativo, isto é, rompido o dielétrico pela aplicação de determinado impulso de tensão, suas condições retornam aos valores iniciais logo que cessa o fenômeno que provocou a disrupção. A Tabela 8.8 fornece os valores de nível de isolamento das chaves seccionadoras.

8.3.4 Solicitações das correntes de curto-circuito

Os seccionadores devem permitir a condução da corrente de curto-circuito por um tempo previamente determinado até que a proteção de retaguarda atue eliminando a parte do sistema defeituoso.

A corrente de curto-circuito é constituída por dois fatores, sendo um componente alternado simétrico e outro contínuo. O valor resultante em qualquer instante dos componentes contínuo e alternado simétrico fornece o valor do componente alternado assimétrico. Este estudo pode ser aprofundado no livro do autor *Instalações Elétricas Industriais*, 10ª edição, Rio de Janeiro, LTC, 2023.

A Figura 8.32 representa um oscilograma de um curto-circuito, destacando-se a evolução dos seus componentes ao longo do tempo.

8.3.4.1 Corrente dinâmica de curto-circuito

O primeiro semiciclo da corrente de curto-circuito tem um valor muito elevado, declinando logo em seguida, segundo uma taxa que depende da relação entre a reatância e a resistência do circuito X/R desde a fonte até o ponto de defeito.

Quando as lâminas dos seccionadores são atravessadas por uma corrente de curto-circuito, surgem forças dinâmicas capazes de provocar esforços extremamente elevados no conjunto, sobrecarregando mecanicamente a coluna dos isoladores, os suportes e as próprias lâminas condutoras, que devem ser suficientemente robustas para suportar os efeitos resultantes.

A Equação (8.4) permite que se determine o valor dessa força, em função do valor da corrente de crista e das dimensões do seccionador.

$$F = 2{,}04 \times \frac{I^2_{cim}}{100 \times D} \times L \; (\text{kgf}) \qquad (8.4)$$

I^2_{cim} – corrente de curto-circuito tomada no seu valor de crista, em kA;

D – distância entre as lâminas, cujos valores podem ser dados na Tabela 8.9, em cm;

L – comprimento livre da lâmina, em cm.

Quando os seccionadores são instalados externamente e apresentam grandes dimensões, isto é, para tensões nominais elevadas, deve-se considerar o efeito do vento sobre a sua estrutura, compreendendo as colunas dos isoladores, lâminas e

TABELA 8.8 Nível de isolamento

Tensão nominal kV eficaz	Tensão suportável nominal de impulso atmosférico kV (crista)				Tensão suportável nominal à frequência industrial durante 1 minuto kV (eficaz)	
	Lista 1		Lista 2			
	À terra e entre polos	Entre contatos abertos	À terra e entre polos	Entre contatos abertos	À terra e entre polos	Entre contatos abertos
7,2	40	46	60	70	20	23
15	95	110	–	–	36	40
15	–	–	110	125	50	55
25,8	125	140	150	165	60	66
38	150	165	200	220	80	88
48,3	250	275	250	275	95	110
72,5	325	375	350	385	140	160

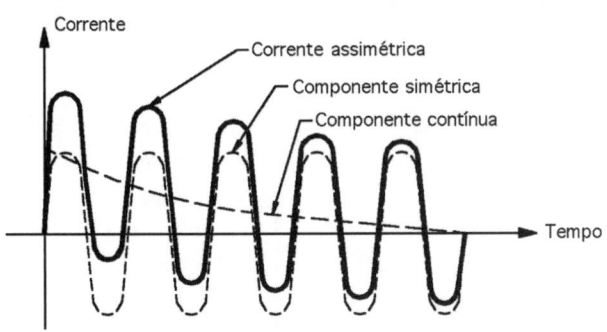

FIGURA 8.32 Oscilograma de uma corrente de curto-circuito.

TABELA 8.9 — Espaçamento para chaves

Tensão nominal máxima	Distância mínima entre fases	Espaçamento entre fases eixo a eixo	
		Chaves de abertura vertical	Chaves de abertura lateral
kV	mm	mm	mm
8,25	178	457	762
15,5	305	610	762
25,8	381	762	914
38	457	914	1.220
48,3	533	1.220	1.520
72,5	787	1.530	1.830

suportes metálicos. Esse esforço deve ser somado com a força F, devido ao efeito dinâmico da corrente de curto-circuito, resultando no valor do esforço final que o seccionador deve suportar.

O esforço do vento em superfícies planas pode ser dado pela Equação (8.5), enquanto em superfícies cilíndricas pode ser expresso pela Equação (8.6).

$$F_p = 0,007 \times S \times V_v^2 \; (\text{kgf}) \tag{8.5}$$

$$F_c = 0,0042 \times S \times V_v^2 \; (\text{kgf}) \tag{8.6}$$

F_p – esforço do vento em superfícies planas, em kgf;
F_c – esforço do vento em superfícies cilíndricas, em kgf;
S – superfície sobre a qual atua o vento, em m²;
V_v – velocidade do vento, em km/h.

O esforço total sobre os isoladores deve ser resultado dos esforços correspondentes à corrente de curto-circuito, ao vento sobre as lâminas condutoras e ao vento sobre o próprio corpo das colunas dos isoladores. Enquanto isso, o esforço total sobre as lâminas deve corresponder à força devido ao curto-circuito e à força do vento sobre a sua própria superfície.

8.3.4.2 Corrente térmica de curto-circuito

Assim como a corrente de curto-circuito, valor de crista, solicita mecanicamente um seccionador, a corrente térmica do mesmo defeito pode provocar aquecimento exagerado nas partes condutoras, nos contatos e nas terminações.

A corrente térmica de curto-circuito, em seu valor eficaz, gera a mesma quantidade de calor produzida pela corrente de curto-circuito simétrica que percorre o equipamento, durante um tempo definido. Dessa forma, a corrente térmica é uma função dos componentes contínuo e alternado que constituem

---

EXEMPLO DE APLICAÇÃO (8.3)

Calcule o esforço que atua sobre um seccionador de 600 A/72,5 kV, abertura lateral, instalado externamente, e cujas dimensões são dadas na Figura 8.12, quando atravessado por uma corrente de curto-circuito, com valor de crista, igual a 15 kA.

A força eletrodinâmica vale:

$$F_e = 2,04 \times \frac{I_{cim}^2}{100 \times D} \times L = 2,04 \times \frac{15^2}{100 \times 183} \times 106,7 = 2,6 \; \text{kgf}$$

$L = 1.067$ mm $= 106,7$ cm (distância de C vista na Tabela 8.3);
$D = 1.830$ mm $= 183$ cm (espaçamento entre fases, eixo a eixo de chaves de abertura lateral, valor dado).

Quanto ao esforço do vento em relação às estruturas cilíndricas, tem-se:

$$F_c = 0,0042 \times S \times V_v^2 = 0,0042 \times 0,43 \times 90^2 = 14,6 \; \text{kgf}$$

O esforço do vento sobre as lâminas da chave vale:

$$F_c = 0,0070 \times S \times V_v^2 = 0,0070 \times (1,067 \times 0,10) \times 90^2 = 6,0 \; \text{kgf}$$

$$H_e = 10 \; \text{cm} = 0,10 \; \text{m} \; (\text{altura da lâmina})$$

$V_v = 90$ km/h (valor característico das rajadas de vento das mais variadas regiões brasileiras);
$S = 0,43$ m² (valor médio estimado, que corresponde à área plana dos isoladores sob ação dos ventos).

Logo, a força resultante vale:

$F_r = F_e + F_c = 2,6 + 14,6 + 6,0 = 23,2$ kgf (supõem-se que as forças envolvidas têm o mesmo sentido).

a corrente de curto-circuito e do tempo em que o defeito persistiu no sistema.

Quando da aplicação de um seccionador, deve-se calcular o valor da corrente térmica de curto-circuito do sistema no ponto de sua instalação e compará-lo com o valor da corrente térmica nominal para o tempo de curto-circuito admitido pelo fabricante. O valor da corrente térmica pode ser dado pela Equação (8.7).

$$I_{th} = I_{cis} \times \sqrt{m+n} \; (\text{A}) \qquad (8.7)$$

I_{cis} – corrente eficaz inicial de curto-circuito, valor simétrico, em kA (ver o livro *Instalações Elétricas Industriais*, do autor);
m – fator de influência do componente de corrente contínua dado na Tabela 8.10;
n – fator de influência do componente de corrente alternada dado na Tabela 8.11.

EXEMPLO DE APLICAÇÃO (8.4)

Verifique se o seccionador, cuja corrente térmica é de 20 kA para um tempo de 1 s, pode ser instalado em uma subestação de 13,8 kV, em que a corrente de curto-circuito inicial simétrica é de 12 kA e a relação entre esta e a corrente de curto-circuito simétrica vale 1,5. O fator de assimetria calculado para este caso é de 1,7.

$$I_{th} = I_{cis} \times \sqrt{m+n} = 12 \times \sqrt{0{,}0 + 0{,}84} = 11 \, \text{kA}$$

m = 0,0 (Tabela 8.10)
n = 0,84 (Tabela 8.11)

Como a corrente térmica no ponto de instalação da chave é inferior ao seu valor nominal, o seccionador poderá ser empregado na subestação.

TABELA 8.10 Fator de influência do componente contínuo m

Tempo de duração (s)	Fator de assimetria								
	1,1	1,2	1,3	1,4	1,5	1,6	1,7	1,8	1,9
0,01	0,50	0,64	0,73	0,92	0,07	1,26	1,45	1,67	1,800
0,02	0,28	0,35	0,50	0,60	0,72	0,88	1,14	1,40	1,620
0,03	0,17	0,23	0,33	0,41	0,52	0,62	0,88	1,18	1,470
0,04	0,11	0,17	0,25	0,3	0,41	0,50	0,72	1,00	1,330
0,05	0,08	0,12	0,19	0,28	0,34	0,43	0,60	0,87	1,250
0,07	0,03	0,08	0,15	0,17	0,24	0,29	0,40	0,63	0,930
0,10	0,00	0,00	0,00	0,01	0,15	0,23	0,35	0,55	0,830
0,20	0,00	0,00	0,00	0,00	0,15	0,10	0,15	0,30	0,520
0,50	0,00	0,00	0,00	0,00	0,00	0,00	0,12	0,19	0,200
1,00	0,00	0,00	0,00	0,00	0,00	0,00	0,00	0,00	0,017

TABELA 8.11 Fator de influência do componente alternado n

Tempo de duração (s)	Relação entre corrente inicial/corrente simétrica								
	6,0	5,0	4,0	3,0	2,5	2,0	1,5	1,25	1,00
0,01	0,92	0,93	0,94	0,95	0,96	0,97	0,98	1,00	1,00
0,02	0,87	0,90	0,92	0,94	0,96	0,97	0,98	1,00	1,00
0,03	0,84	0,87	0,89	0,92	0,94	0,96	0,98	0,00	1,00
0,04	0,78	0,84	0,86	0,88	0,91	0,95	0,98	0,99	1,00
0,05	0,76	0,80	0,84	0,88	0,91	0,95	0,98	0,99	1,00
0,07	0,70	0,75	0,80	0,86	0,88	0,92	0,96	0,97	1,00
0,10	0,68	0,70	0,76	0,83	0,86	0,90	0,95	0,96	1,00
0,20	0,53	0,58	0,67	0,75	0,8	0,85	0,92	0,95	1,00
0,50	0,38	0,44	0,53	0,64	0,70	0,77	0,87	0,94	1,00
1,00	0,27	0,34	0,40	0,50	0,60	0,70	0,84	0,91	1,00
2,00	0,18	0,23	0,30	0,40	0,50	0,63	0,78	0,87	1,00
3,00	0,14	0,17	0,25	0,34	0,40	0,58	0,73	0,86	1,00

8.3.5 Coordenação dos valores nominais

A escolha do valor da corrente nominal de um seccionador depende de vários parâmetros elétricos da instalação, além da corrente de carga.

Essa coordenação é função da corrente suportável de curta duração, valor eficaz, e do valor de crista da corrente suportável. A Tabela 8.12 da NBR-IEC 62271-102 fornece os valores de corrente nominal que satisfazem aos parâmetros anteriormente mencionados. No entanto, a mesma norma não obriga a sua utilização, apenas a recomenda como um guia indicativo dos valores preferenciais.

Dessa forma, torna-se evidente o conhecimento dos valores das correntes de curto-circuito em cada ponto do sistema em que esteja instalada a chave considerada.

EXEMPLO DE APLICAÇÃO (8.5)

Calcule a corrente nominal de uma chave seccionadora de uma subestação de 10 MVA, na tensão nominal de 69 kV, sabendo-se que o valor de crista da corrente de curto-circuito é de 35 kA, enquanto o valor eficaz da corrente de curta duração, ou simplesmente corrente térmica, é de 15 kA, referida a 1 s.

$$I_n = \frac{10.000}{\sqrt{3} \times 69} = 83,6 \text{ A}$$

Da Tabela 8.12, tem-se: I_n = 800 A (coluna 6), que satisfaz concomitantemente a condição de corrente de curta duração (15 kA) e de crista (35 kA).

TABELA 8.12 Coordenação de valores nominais de 7,2 a 72,5 kV

Tensão nominal kV (eficaz)	Corrente suportável de curta duração kA (eficaz)	Valor de crista da corrente suportável kA (crista)	Corrente nominal A (eficaz)							
1	2	3	4	5	6	7	8	9	10	11
7,2	8	20	400	–	–	1.250	–	–	–	–
	12,5	32	400	630	–	1.250	–	–	–	–
	16	40	–	630	–	1.250	–	–	–	–
	25	63	–	630	–	1.250	1.600	–	–	–
	40	100	–	–	–	1.250	1.600	2.000	3.150	4.000
15	8	20	400	630	–	1.250	–	–	–	–
	12,5	32	–	630	–	1.250	–	–	–	–
	16	40	–	630	–	1.250	–	–	–	–
	25	63	–	–	–	1.250	1.600	–	–	–
	40	100	–	–	–	1.250	1.600	2.000	–	–
25,8	8	20	400	630	–	1.250	–	–	–	–
	12,5	32	–	630	–	1.250	–	–	–	–
	16	40	–	630	–	1.250	–	–	–	–
	25	63	–	–	–	1.250	1.600	2.000	–	–
	40	100	–	–	–	–	1.600	2.000	3.150	4.000
38	8	20	–	630	–	–	–	–	–	–
	12,5	32	–	630	–	1.250	–	–	–	–
	16	40	–	630	–	1.250	–	–	–	–
	25	63	–	–	–	1.250	1.600	–	–	–
	40	100	–	–	–	–	1.600	2.000	3.150	4.000
48,3	8	20	–	–	800	–	–	–	–	–
	12,5	32	–	–	–	1.250	–	–	–	–
	20	50	–	–	–	1.250	1.600	2.000	–	–
72,5	12,5	32	–	–	800	1.250	–	–	–	–
	16,5	40	–	–	800	1.250	–	–	–	–
	20	50	–	–	–	1.250	1.600	2.000	–	–
	31,5	80	–	–	–	1.250	1.600	2.000	–	–

8.3.6 Capacidade de interrupção

Como foi afirmado inicialmente, os seccionadores são equipamentos incapazes de interromper correntes elevadas, a não ser alguns tipos construídos para média tensão, que dispõem de câmaras de interrupção adequadas, em geral para correntes nunca superiores à nominal, os chamados seccionadores interruptores.

Contudo, os seccionadores devem abrir e fechar circuitos indutivos e capacitivos onde podem ocorrer elevadas correntes de magnetização, tais como na energização de transformadores de potência ou de banco de capacitores.

Para se determinar a capacidade de interrupção dos seccionadores, pode-se empregar a Equação (8.8).

$$I_i = \frac{D}{V_l} \times K \quad (8.8)$$

I_i – corrente de interrupção, valor eficaz, em A;
V_l – tensão de linha, isto é, entre fases, em kV;
D – distância mínima entre as lâminas adjacentes, em mm;
K – fator de correção, que vale:
  $K = 0,4$ – abertura para correntes de carga;
  $K = 0,2$ – abertura de transformadores a vazio;
  $K = 0,6$ – abertura de capacitores.

8.4 ENSAIOS E RECEBIMENTO

São as seguintes as normas técnicas nominais que se aplicam às chaves seccionadoras primárias:

- NBR/IEC – 62271-102: Equipamentos de alta-tensão – Seccionadores e chaves de aterramento;
- NBR/IEC – 62271-1: Manobra e comando de alta-tensão – Parte 1: Especificações comuns para normas de equipamentos de manobra de alta-tensão e mecanismo de comando;
- NBR 10860: Chaves tripolares para redes de distribuições – Operações em carga.

As chaves seccionadoras devem ser submetidas aos ensaios especificados nas normas, realizados nas instalações do fabricante na presença do inspetor do comprador. Esses ensaios são examinados a seguir.

8.4.1 Ensaios de tipo

Em geral, os ensaios de tipo são dispensados pelo comprador quando o fabricante exibe resultados de ensaios de tipo anteriormente executados sobre chaves seccionadoras do mesmo projeto. Caso contrário, é sempre conveniente a presença de um inspetor na fábrica durante a realização dos ensaios.

- Ensaios para verificar o nível de isolamento, inclusive os ensaios de tensão, aplicada, à frequência industrial nos equipamentos auxiliares.
- Ensaios para comprovar que a elevação de temperatura de qualquer parte não exceda os valores especificados pela norma.
- Ensaios para comprovar se as chaves suportam o valor de crista nominal da corrente suportável e o valor da corrente suportável nominal de curta duração.
- Ensaios para comprovar a operação satisfatória e a resistência mecânica.
- Ensaios do nível de interferência de radiofrequência.

8.4.2 Ensaios de rotina

Os ensaios de rotina são:

- ensaio de tensão suportável à frequência industrial a seco, no circuito principal;
- ensaio de tensão aplicada nos circuitos auxiliares de comando e de acionamento;
- ensaio de resistência ôhmica do circuito principal;
- ensaio de operação.

EXEMPLO DE APLICAÇÃO (8.6)

Calcule a corrente de interrupção de um seccionador de 630 A/15 kV, instalado em uma subestação, e destinado à operação de um transformador de potência de 1.500 kVA, a vazio.

$$I_i = \frac{D}{V_l} \times K = \frac{300}{13,8} \times 0,2 = 4,3 \text{ A}$$

$D = 300$ mm (Tabela 8.1)

A corrente nominal do transformador de 1.500 kVA vale:

$$I_r = \frac{1.500}{\sqrt{3} \times V_n} = \frac{1.500}{\sqrt{3} \times 13,8} = 62,7 \text{ A}$$

Como a corrente de magnetização de um transformador já em operação está compreendida entre 1 e 6% da corrente nominal, logo, considerando-se um valor médio de 3,5%, tem-se:

$$I_0 = \frac{3,5 \times I_n}{100} = \frac{3,5 \times 62,7}{100} = 2,19 \text{ A}$$

Dessa forma $I_0 < I_i$ (condição satisfeita).

8.5 ESPECIFICAÇÃO SUMÁRIA

No pedido de compra de um seccionador, devem constar pelo menos as seguintes informações que caracterizam o equipamento apropriado para as necessidades da instalação em que irá operar:

- tensão nominal;
- corrente nominal;
- tensão suportável de impulso atmosférico e de manobra;
- frequência nominal;
- corrente nominal suportável de curta duração;
- duração da corrente suportável de curto-circuito;
- valor de crista nominal da corrente suportável;
- tensão de operação dos circuitos auxiliares;
- tensão nominal dos dispositivos de comando.

FUSÍVEIS LIMITADORES PRIMÁRIOS

9.1 INTRODUÇÃO

Os fusíveis limitadores primários são dispositivos extremamente eficazes na proteção de circuitos de média tensão devido às suas excelentes características de tempo e corrente. São utilizados na proteção de transformadores de força, acoplados, em geral, a um seccionador interruptor, ou, ainda, na substituição do disjuntor geral de uma subestação de consumidor de pequeno porte, quando associados a um seccionador interruptor automático.

A principal característica desse dispositivo de proteção é a sua capacidade de limitar a corrente de curto-circuito devido aos tempos extremamente reduzidos em que atua. Além disso, possui uma elevada capacidade de ruptura, o que torna esse tipo de fusível adequado para aplicação em sistemas em que o nível de curto-circuito é de valor muito alto.

Normalmente, os fusíveis limitadores podem ser utilizados em ambientes tanto internos como externos, dependendo apenas das características de uso dos seccionadores aos quais estão associados.

9.2 CARACTERÍSTICAS CONSTRUTIVAS

Os fusíveis limitadores primários são constituídos de um corpo de porcelana vitrificada, ou simplesmente esmaltada, de grande resistência mecânica, dentro do qual estão os elementos ativos desse dispositivo. A Figura 9.1 mostra um fusível limitador de largo uso em instalações industriais, enquanto a Figura 9.2 apresenta o desenho construtivo dos fusíveis limitadores.

A Figura 9.3 mostra um fusível limitador de 32 A, classe 15 kV instalado na sua base com dimensões definidas, em ordem de grandeza, na Tabela 9.1 a partir das indicações dadas na Figura 9.4. São também utilizados em bases incorporadas aos seccionadores sobre os quais vão atuar, conforme a Figura 9.5.

As principais partes construtivas de um fusível limitador, também denominado HH, são:

a) Contatos

Conforme se observa na Figura 9.1, o fusível possui uma capa metálica instalada nas extremidades do corpo cerâmico construída em cobre eletrolítico tratado superficialmente com uma camada de estanho para garantir a menor resistência de contato com a base.

b) Corpo cerâmico

O corpo cerâmico é fabricado em porcelana vitrificada na forma tubular no interior do qual é instalado o elemento fusível. O corpo cerâmico também abriga o elemento extintor do arco, no caso, areia de quartzo.

c) Meio extintor

No interior do tubo cerâmico é colocada areia de quartzo de granulometria muito reduzida e homogênea, sob pressão,

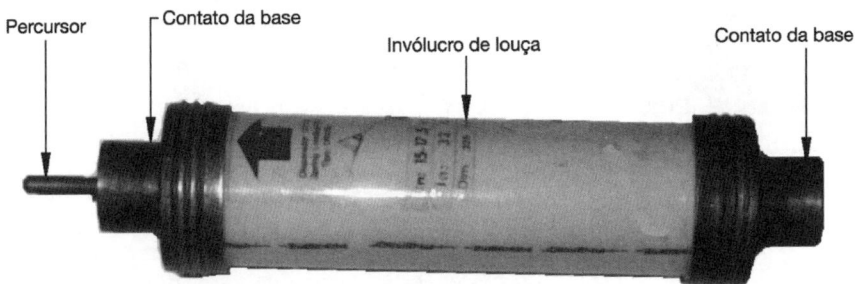

FIGURA 9.1 Fusível limitador de corrente.

envolvendo o elemento fusível. A areia de quartzo tem elevada capacidade de absorção de calor que permite esfriar o vapor metálico resultante da fusão do elemento fusível durante a interrupção da corrente de curto-circuito.

d) Fusível

É constituído por um condutor, muitas vezes em forma de fita, com uma ou mais seções reduzidas ao longo do elemento condutor, resultando em elevada resistência elétrica nessas seções e grande aquecimento durante a passagem de correntes elevadas. A fusão do elemento condutor ocorrerá quando a temperatura alcançar valores próximos à máxima temperatura suportável. A fusão ocorre nas seções reduzidas fundindo a areia de quartzo que ocupa o espaço deixado pelo elemento metálico, separando as extremidades do fusível conectadas do lado da carga e do lado da fonte.

e) Pino percursor

É um dispositivo mecânico que permite a abertura da chave interruptora. O pino percursor é instalado na extremidade do contato do fusível HH que se conecta aos terminais de carga da chave interruptora. É mantido sob pressão por meio de uma mola. A força resultante do pino percursor que dispara, devido à fusão do elemento fusível e consequentemente com a queima do fio-guia do próprio pino percursor, provoca o deslocamento da trava da chave interruptora e a sua abertura. A força desenvolvida pelo pino percursor pode ser obtida a partir do diagrama da Figura 9.6. O pino percursor é fabricado em latão com uma cobertura de prata.

Nem todos os fusíveis HH são dotados de pino percursor. Em vez do pino percursor, há fusíveis que trazem apenas um dispositivo de sinalização visual, indicando a condição de disparo.

9.3 CARACTERÍSTICAS ELÉTRICAS

Como poderá ser visto posteriormente, é importante que se observem as características elétricas dos fusíveis limitadores primários, principalmente no seu comportamento quanto às pequenas correntes de interrupção.

9.3.1 Corrente nominal

É aquela que o elemento fusível deve suportar continuamente sem que seja ultrapassado o limite de temperatura estabelecido.

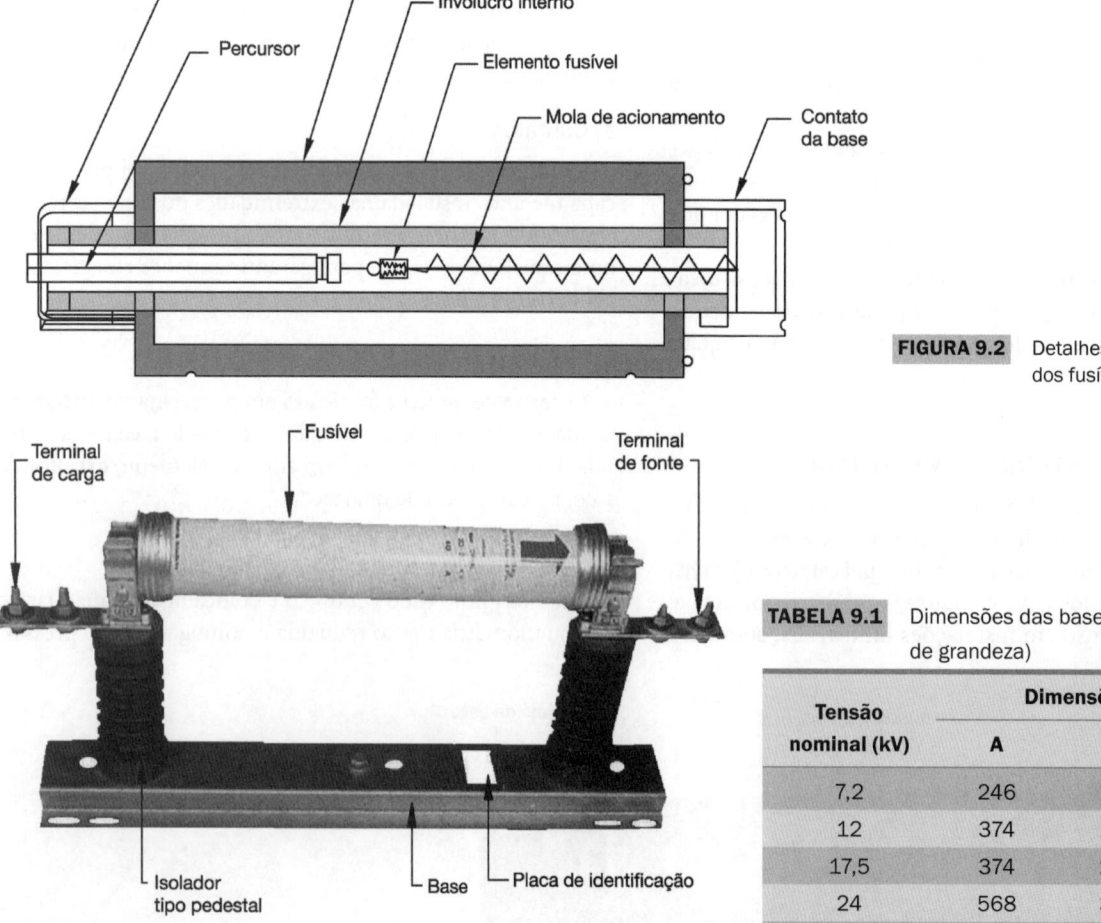

FIGURA 9.2 Detalhes construtivos dos fusíveis.

FIGURA 9.3 Base e fusível.

TABELA 9.1 Dimensões das bases e fusíveis (ordem de grandeza)

Tensão nominal (kV)	Dimensões em mm		
	A	B	C
7,2	246	275	292
12	374	275	292
17,5	374	290	292
24	568	330	443
36,2	605	410	537

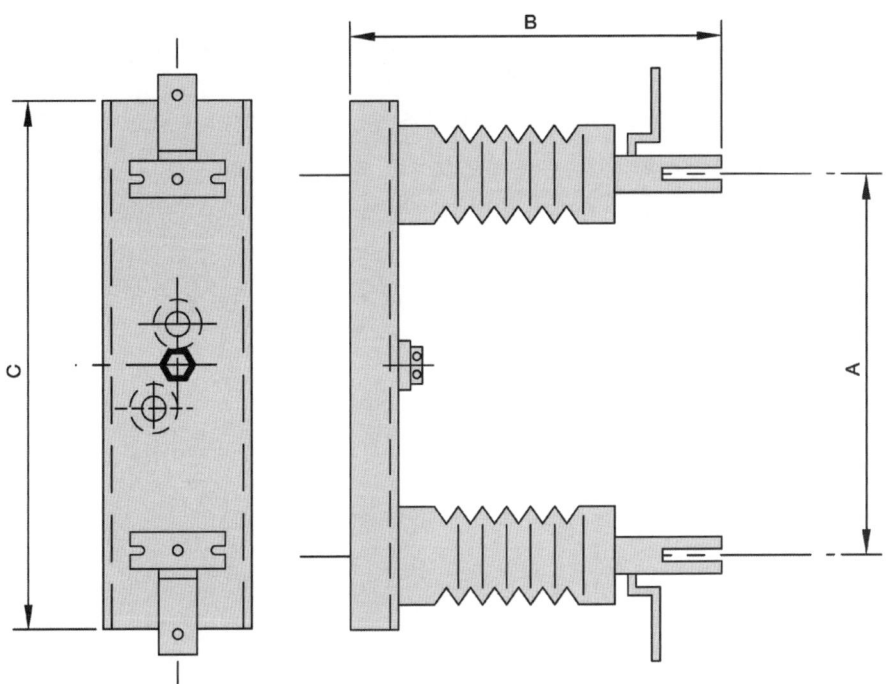

FIGURA 9.4 Detalhes construtivos de uma base para fusível.

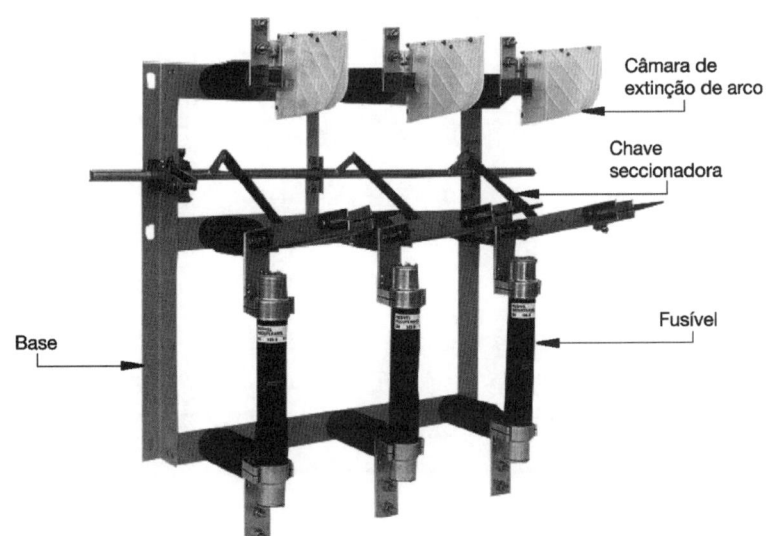

FIGURA 9.5 Chave seccionadora fusível, abertura manual.

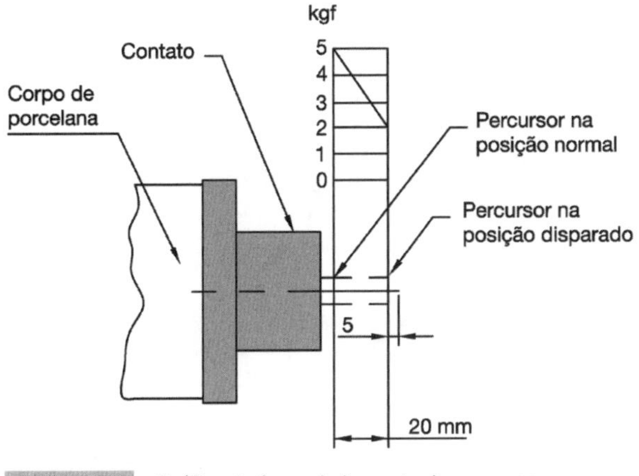

As correntes nominais variam frequentemente em função do fabricante, porém com diferenças relativamente pequenas. Da mesma forma, são as dimensões dos fusíveis, consequentemente, as suas bases. A Tabela 9.2 fornece as correntes nominais dos fusíveis limitadores em função da tensão nominal.

Quando a corrente do circuito for superior a 150 A, podem ser utilizados dois fusíveis limitadores em paralelo.

9.3.2 Tensão nominal

É aquela para a qual o fusível foi dimensionado, respeitadas as condições de corrente e temperatura especificadas.

Os fusíveis limitadores apresentam duas tensões nominais, sendo uma indicativa da tensão de serviço, e outra, da sobretensão permanente do sistema. Em geral, esses fusíveis são fabricados para as seguintes tensões nominais:

FIGURA 9.6 Gráfico da força de impacto do percursor.

TABELA 9.2 — Correntes nominais dos fusíveis para várias tensões

Correntes nominais dos fusíveis (A)	Tensão nominal (kV)									
	3/3,6	6/7,2			10/12	15/17,5			20/24	30/36
	1	2	3	4	5	6	7	8	9	10
0,50	x	x	x	x	x	x	x	x	x	x
1,00	x	x	x	x	x	x	x	x	x	x
2,50	x	x	x	x	x	x	x	x	x	x
4,00	x	x	x	x	x	x	x	x	x	x
5,00	x	x	x	x	x	x	x	x	x	x
6,00	x	x	x	x	x	x	x	x	x	x
8,00	x	x	x	x	x	x	x	x	x	
10,00	x	x	x	x	x	x	x	x	x	x
12,50	x	x	x	x	x	x	x	x	x	x
16,00	x	x	x	x	x	x	x	x	x	x
20,00	x	x	x	x	x	x	x	x	x	x
32,00	x	x	x	x	x	x	x	x	x	x
40,00	x	x	x	x	x	x	x	x	x	x
50,00	x	x	x	x	x	x	x	x	x	x
63,00	x	x	x	x	x	x	x	x	x	x
75,00	x		x	x	x	x	x	x	x	x
80,00	x		x	x	x	x	x	x	x	x
125,00	x		x	x	x		x	x		
160,00	x		x	x	x		x	x		
200,00	x		x	x			x	x		
250,00	x		x	x						
315,00	x		x	x						
400,00	x		x	x						
500,00	x		x	x						

Nota: os fusíveis apresentam os seguintes tamanhos:

1 – 192 x 225 mm   4 – 442 x 475 mm   7 – 442 x 475 mm   9 – 442 x 475 mm
2 – 192 x 225 mm   5 – 292 x 325 mm   8 – 537 x 570 mm   10 – 537 x 570 mm
3 – 292 x 325 mm   6 – 292 x 325 mm

3/3,6 – 6/7,2 – 10/12 – 15/17,5 – 20/24 – 30/36 kV, conforme mostrado na Tabela 9.2.

9.3.3 Correntes de interrupção

São aquelas capazes de sensibilizar a sua operação, como se verá a seguir. Podem ser reconhecidas em duas faixas distintas.

9.3.3.1 Correntes de curto-circuito

São assim consideradas as correntes elevadas que provocam a atuação do elemento fusível em tempos extremamente curtos. A interrupção dessas correntes pode ser feita no primeiro semiciclo da onda, conforme a Figura 9.7.

As correntes de curto-circuito podem ser interrompidas antes que atinjam o seu valor de crista. Por essa peculiaridade, esses fusíveis são denominados fusíveis limitadores de corrente. Essa característica é de extrema importância para os

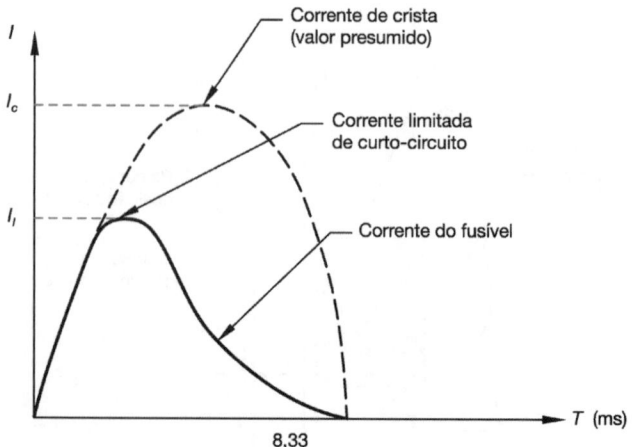

FIGURA 9.7 Detalhes do primeiro semiciclo de uma corrente de curto-circuito.

sistemas elétricos, já que os esforços resultantes das correntes de curto-circuito são extremamente reduzidos, podendo-se dimensionar os equipamentos com capacidade de corrente dinâmica inferior à corrente de crista do sistema em questão. As correntes de curto-circuito, cuja ordem de grandeza é de 15 vezes a corrente nominal dos fusíveis, podem ser limitadas em um tempo inferior a 5 ms.

Pelos gráficos da Figura 9.8 podem-se determinar os valores da corrente de curto-circuito limitada pelos fusíveis, em função de sua corrente nominal, considerando a corrente de curto-circuito simétrica, valor eficaz, presente no sistema no ponto de sua instalação.

Para uma corrente de curto-circuito simétrica, valor eficaz, de 10 kA, um fusível de 100 A de corrente nominal limitaria o valor de crista em 9,4 kA, sem o qual essa corrente atingiria no primeiro semiciclo um valor de 25 kA, conforme a Figura 9.8, sobressolicitando mecanicamente os equipamentos do sistema. De forma semelhante, o ábaco da Figura 9.9 permite chegar-se ao mesmo resultado.

9.3.3.2 Correntes de sobrecarga

Os fusíveis limitadores de corrente primária não apresentam um bom desempenho quando solicitados a atuar em baixas correntes, em torno de 2,5 vezes a sua corrente nominal. Assim, a norma IEC define a corrente mínima de interrupção como o menor valor da corrente presumida que um fusível limitador é capaz de interromper a uma dada tensão. Para correntes inferiores à mínima de interrupção, o tempo de fusão do elemento fusível torna-se extremamente elevado, podendo atingir frações de horas, liberando, desse modo, uma elevada quantidade de energia que poderia levar à ruptura o corpo de porcelana. Isso porque os diversos elementos do fusível, possuindo coeficientes de dilatação diferentes e submetidos às mesmas condições térmicas, se dilatam de maneira desigual, resultando forças internas extremamente elevadas, que podem culminar com a explosão do invólucro de porcelana. Juntamente com esse fenômeno surgem outras dificuldades de natureza dielétrica. Assim, para correntes um pouco acima da corrente mínima de fusão, pelo fato de o elemento fusível não fundir uniformemente, verificam-se alguns pontos de reacendimento, dada a redução da rigidez dielétrica do meio isolante, em virtude da geração de energia decorrente do tempo excessivamente longo de duração da corrente.

Assim, os fusíveis limitadores primários não apresentam uma resposta satisfatória para correntes baixas com características de sobrecarga. Uma maneira de se evitar isso é dotar os circuitos elétricos de elementos de sobrecarga capazes de atuar nas correntes perigosas aos fusíveis limitadores, antes que estes atinjam as condições descritas.

Como consequência dos reacendimentos devido às baixas correntes, surgem sobretensões elevadas no sistema, que podem comprometer o desempenho do sistema de proteção.

As características de tempo × corrente dos fusíveis limitadores primários são dadas pelos gráficos da Figura 9.10. As linhas pontilhadas indicam o limite da corrente mínima de interrupção, abaixo da qual o fusível não apresenta condições normais de atuação. Assim, para um fusível de 25 A de corrente

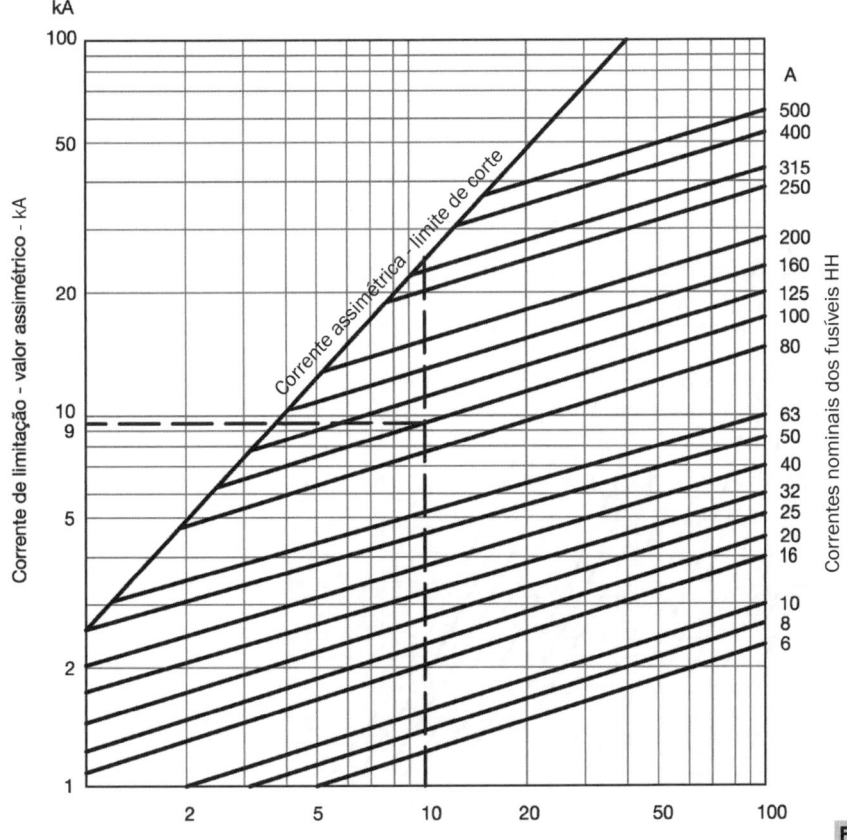

FIGURA 9.8 Gráfico de limitação de corrente dos fusíveis HH.

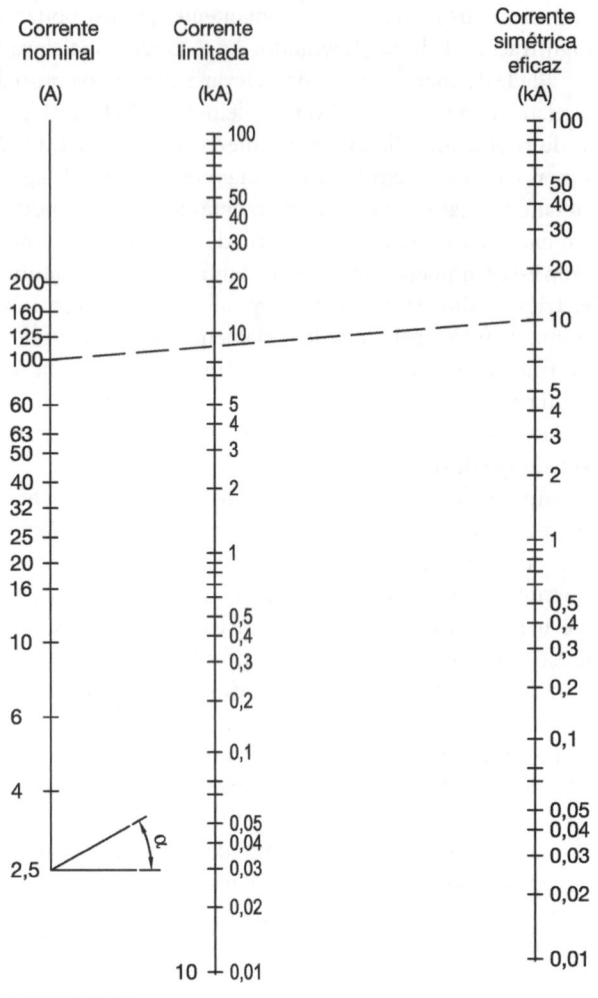

FIGURA 9.9 Gráfico para a determinação da capacidade de interrupção dos fusíveis.

nominal, a corrente mínima de interrupção é de 63 A, ou seja, 2,5 vezes a corrente nominal para tempo de 12 s. Para correntes superiores a 63 A, o fusível de 25 A atuaria dentro de suas características nominais.

É aconselhável que a determinação da corrente nominal do fusível seja feita para um valor igual a 150% da corrente de carga máxima prevista para o sistema. Dessa forma, um circuito com carga de 16 A deve ser protegido por um fusível de 25 A. Pode-se perceber pelo gráfico da Figura 9.10 que para essa corrente o fusível não vai atuar.

9.3.4 Efeitos das correntes de curto-circuito

Como se sabe, as correntes de curto-circuito solicitam demasiadamente os sistemas elétricos por meio de dois parâmetros: a corrente térmica e a corrente dinâmica.

9.3.4.1 Corrente térmica de curto-circuito

Como os fusíveis limitadores atuam em um tempo extremamente curto, os efeitos térmicos da corrente de curto-circuito são muito reduzidos, já que dependem do tempo que perdurou a corrente no circuito. O efeito térmico pode ser medido pela Equação (9.1), que expressa a energia dissipada na operação.

$$E = 10^6 \times I_f^2 \times \Delta t \; (A^2.s) \qquad (9.1)$$

I_f – corrente de curto-circuito limitada pelo fusível, em kA;
Δt – tempo de resposta do fusível, em s.

Para se avaliar o desempenho desses dispositivos é só comparar os efeitos térmicos proporcionados por eles com os efeitos térmicos resultantes, no caso da utilização de disjuntores.

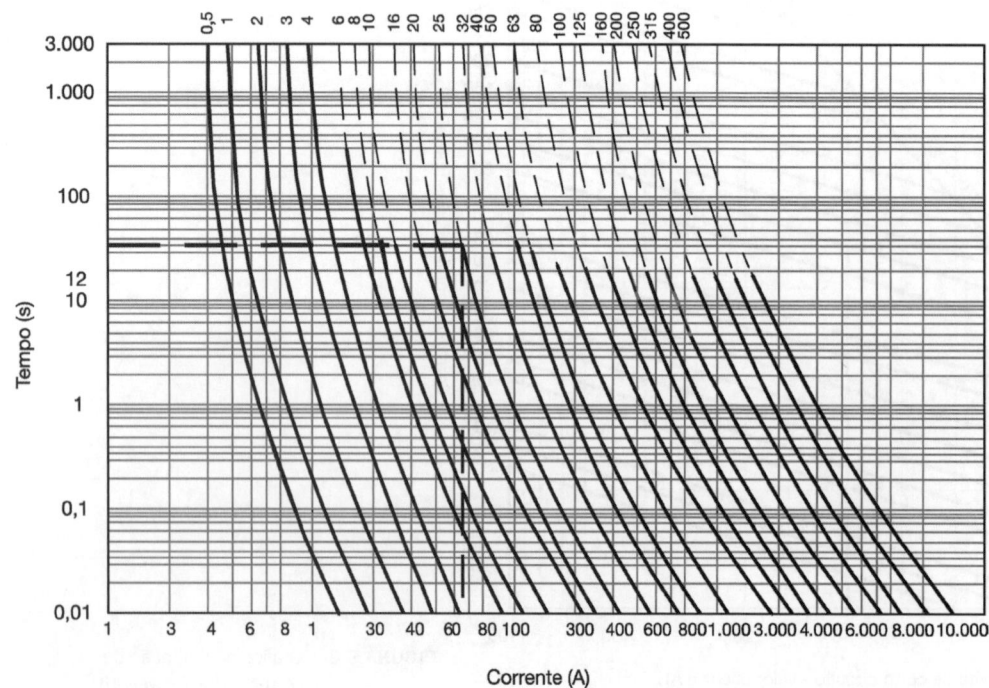

FIGURA 9.10 Gráfico de tempo × corrente dos fusíveis HH.

O efeito térmico da corrente de curto-circuito pode ser avaliado no Capítulo 8. É interessante comparar os efeitos térmicos das correntes de curto-circuito, quando se utilizam chaves e disjuntores, a fim de avaliar o desempenho desses dispositivos durante os transitórios de sobrecorrentes.

9.3.4.2 Corrente dinâmica de curto-circuito

Os efeitos dinâmicos das correntes de curto-circuito podem afetar mecanicamente chaves, barramentos, isoladores, suportes etc., podendo esses equipamentos, inclusive, chegar à ruptura. Como os fusíveis limitadores não permitem que a corrente de curto-circuito atinja o seu valor de pico, dependendo da sua corrente nominal, como é mostrado na Figura 9.8, logo o sistema fica aliviado de receber uma carga mecânica, às vezes extremamente elevada.

9.3.5 Capacidade de ruptura

Os fusíveis limitadores apresentam uma elevada capacidade de ruptura, que normalmente supera os valores das correntes de curtos-circuitos encontrados na maioria dos casos práticos. A corrente nominal de ruptura é geralmente fornecida pelo fabricante para um fator de potência de curto-circuito muito baixo, da ordem de 0,15. Esse valor deve ser comparado com os valores das correntes de curto-circuito obtidos nos pontos em que serão instalados os fusíveis limitadores. A Tabela 9.3 fornece, como valor médio, a capacidade de ruptura dos fusíveis limitadores.

9.4 PROTEÇÃO OFERECIDA PELOS FUSÍVEIS LIMITADORES

Além de servirem como proteção geral de uma subestação, por exemplo, os fusíveis limitadores podem ser utilizados para a proteção de vários equipamentos, tais como transformadores de força, de potencial e motores de alta-tensão.

9.4.1 Proteção de transformadores de força

Na proteção geral de circuitos primários, a corrente nominal dos fusíveis limitadores deve ser dimensionada para um número de 150% da corrente prevista no circuito. Quando esse dispositivo está protegendo um transformador, o valor da sua corrente nominal poderá ser admitido como 150% da corrente nominal do transformador.

TABELA 9.3 Capacidade de ruptura dos fusíveis limitadores

Tensão nominal	Potência de ruptura
kV	MVA
3/3,6	700
7,2/12	1.000
15/17,5	1.000
20/24	1.000
30/36	1.500

Contudo, deve ser visto o efeito da corrente de magnetização do transformador no momento da ligação desse equipamento, já que o seu valor é muito elevado, mas o tempo correspondente, muito pequeno.

Em termos médios, a corrente de magnetização de um transformador é de oito vezes a sua corrente nominal, para um tempo da ordem de grandeza de 3 a 10 ms.

Pelos postulados de proteção, é necessário que se estabeleça uma seletividade de atuação entre os elementos de proteções primárias e secundárias, a fim de se manter um elevado desempenho do sistema.

Para que haja seletividade entre as proteções secundárias e os fusíveis limitadores, é necessário que as calorias desenvolvidas nos elementos de baixa tensão sejam maiores que as calorias desenvolvidas no fusível primário.

A Tabela 9.4 fornece as correntes nominais dos fusíveis limitadores instalados para a proteção de transformadores de potência. Adotando-se os valores nominais dos fusíveis previstos na Tabela 9.4 praticamente se garante que não haverá atuação deles durante a energização dos transformadores. No entanto, se for necessário manter a seletividade com outras proteções a montante e a jusante, pode-se utilizar o fusível mínimo que corresponde a 150% da corrente nominal do transformador.

9.4.2 Proteção de transformadores de potencial

Nesse caso, como as correntes dos transformadores de potencial são muito pequenas pode-se utilizar o fusível de menor corrente nominal, que é geralmente de 0,5 A, ou mesmo ainda o fusível de 1 A.

9.4.3 Proteção de motores de média tensão

Muitas vezes, pode-se utilizar essa proteção primária em motores de média tensão (2,3 a 13,8 kV), apesar de não ser uma prática consagrada. Porém, quando isso for necessário para limitar o valor de crista da corrente de curto-circuito, devem-se tomar as seguintes precauções:

- o fusível não deve atuar para a corrente de partida do motor. Nesse caso, deve-se conhecer o valor da corrente de partida e verificar, pelas curvas de tempo × corrente da Figura 9.10, a característica de fusão do elemento fusível, admitindo-se, em média, se não houver um valor conhecido para o motor em questão, um tempo de partida de 1,5 s, considerando o acionamento a plena tensão;
- é imprescindível dotar os circuitos de motores protegidos por fusíveis limitadores contra eventuais faltas de fase decorrentes da queima de um desses elementos, o que resulta no funcionamento bifásico do motor e na possível queima dos seus enrolamentos, caso não sejam tomadas medidas de proteção adequadas.

A fim de que o motor não venha a operar em duas fases devido à queima de um dos fusíveis limitadores adotados anteriormente, é necessário utilizar uma chave seccionadora interruptora, já estudada anteriormente, acionada pelo percursor do fusível mencionado.

TABELA 9.4 Seleção dos fusíveis limitadores de corrente tipo HH para transformadores

Potência trifásica	Tensão nominal do fusível																			
	3,6 kV		7,2 kV		12 kV		17,5 kV		17,5 kV		25 kV		25 kV		36 kV		52 kV		72,5 kV	
	Tensão nominal do sistema																			
	3,3 kV		6,6 kV		Us 11,9 kV		13,2 kV		13,8 kV		23 kV		25 kV		34,5 kV		44 kV		72,5 kV	
kVA	Int.	Inf.	Int.	Inf.	Int.	Inf.	Int.	Inf.	Int.	Inf.	Int.	Inf.	Int.	Inf.	Int.	Inf.	Int.	Inf.	Int.	Inf.
10	1,75	4	0,87	4	0,49	4	0,44	4	0,42	4	-	-	-	-	-	-	-	-	-	-
15	2,62	6	1,31	4	0,73	4	0,66	4	0,63	4	-	-	-	-	-	-	-	-	-	-
30	5,25	12,5	2,62	7,5	1,46	4	1,31	4	1,26	4	0,75	4	0,69	4	-	-	-	-	-	-
45	7,87	20	3,94	10	2,18	5	1,97	5	1,88	5	1,13	5	1,04	4	0,75	4	-	-	-	-
75	13,12	30	6,56	20	3,64	10	3,28	10	3,14	10	1,88	5	1,73	5	1,26	4	0,98	4	-	-
112,5	19,68	40	9,84	25	5,46	15	4,92	12,5	4,71	12,5	2,82	7,5	2,60	7,5	1,88	5	1,48	5	-	-
150	26,24	50	13,12	30	7,28	20	6,56	15	6,28	15	3,77	10	3,46	10	2,51	6	1,97	6	1,19	4
225	39,37	75	19,68	40	10,92	25	9,84	25	9,41	25	5,65	12,5	5,20	12,5	3,77	10	2,95	7,5	1,79	5
300	52,49	100	26,24	60	14,56	30	13,12	30	12,55	30	7,53	20	6,93	15	5,02	12,5	3,94	10	2,39	6
500	87,48	200	43,74	100	24,26	50	21,87	50	20,92	50	12,55	30	11,55	25	8,37	20	6,56	15	3,98	10
750	131,22	250	65,61	150	36,39	75	32,80	75	31,38	60	18,83	40	17,32	40	12,55	25	9,84	20	5,97	12,5
1.000	174,96	300	87,48	200	48,52	100	43,74	100	41,84	90	25,10	90	23,09	50	16,74	40	13,12	25	7,96	20
1.500			131,22	300	72,78	150	65,61	150	62,76	120	37,65	75	34,64	75	25,10	50	19,68	40	11,95	25
2.000					97,20	200	87,60	180	83,68	150	50,30	100	46,30	100	33,47	80	26,24	50	15,93	40
2.500									104,60	180	62,90	120	57,80	120	41,84	100	32,80	60	19,91	50

Int. - Corrente nominal do transformador.
Inf. - Corrente nominal do fusível limitador tipo HH.

EXEMPLO DE APLICAÇÃO (9.1)

Determine o valor da corrente nominal do fusível limitador primário do diagrama da Figura 9.11, bem como identifique se ele é seletivo com o fusível NH de baixa-tensão.

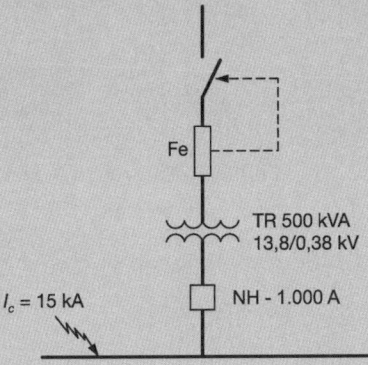

FIGURA 9.11 Diagrama unifilar.

A corrente nominal secundária do transformador vale:

$$I_{ns} = \frac{500}{\sqrt{3} \times 0{,}38} = 759{,}7 \text{ A}$$

A corrente primária vale:

$$I_{np} = \frac{500}{\sqrt{3} \times 13{,}8} = 20{,}9 \text{ A}$$

A corrente nominal do fusível limitador vale:

$$I_{nf} = 1{,}5 \times I_{nf} = 1{,}5 \times 20{,}9 = 31{,}3 \text{ A}$$

Logo, $I_{nf} = 32$ A (Tabela 9.2 – fusível mínimo) que será adotado inicialmente, ou:

$I_{nf} = 50$ A (Tabela 9.4)

A corrente nominal do fusível NH de proteção do secundário é de 1.000 A.

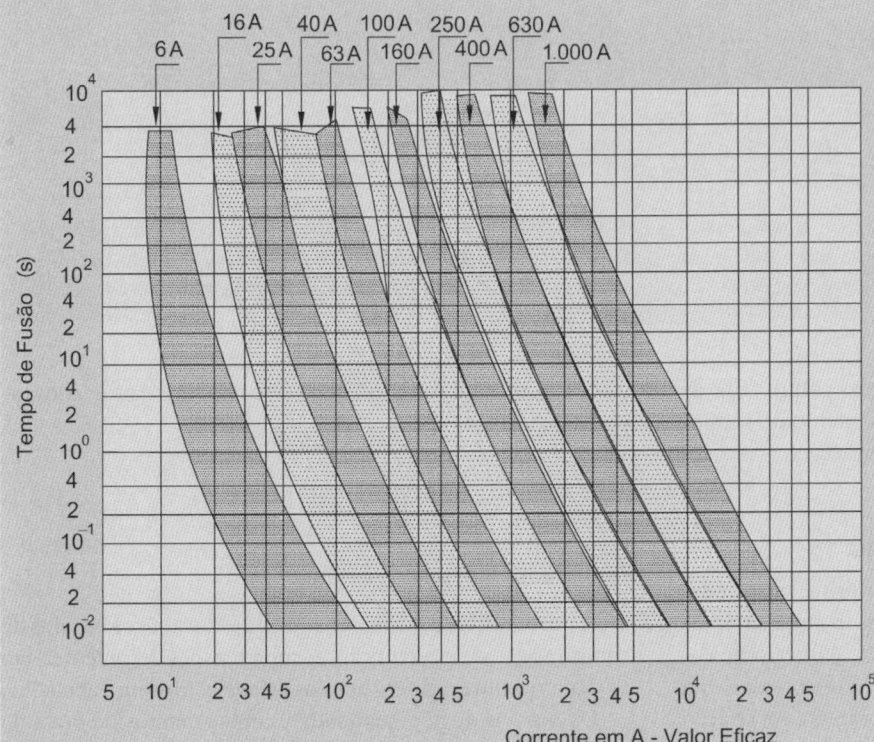

FIGURA 9.12 Gráfico de tempo × corrente dos fusíveis NH.

As calorias resultantes das correntes de curto-circuito nos fusíveis primários (32 A) e secundários (1.000 A) valem:

$$E_p = I_p^2 \times T_p = 413^2 \times 0{,}0120 = 2{,}0 \times 10^3 \text{ A}^2\cdot\text{s}$$

$$I_p = \frac{380}{13.800} \times 15.000 = 413 \text{ A}$$

I_p – corrente de curto-circuito secundária referida ao primário;
T_p = 0,0120 s (Figura 9.10 – para uma corrente de 413 A)

Para se determinar aproximadamente as calorias desenvolvidas pelo fusível NH-1.000 A de proteção do secundário, basta se obter o tempo de atuação para a corrente de curto-circuito no lado de baixa tensão, que é de 15.000 A. Para o valor dessa corrente, o fusível NH de 1.000 A não limita o seu valor de crista. Isso pode ser constatado no Capítulo 10 do livro do autor: *Instalações Elétricas Industriais*, 10ª edição, Rio de Janeiro, LTC, 2023. Observe também, na Figura 9.8, que o fusível primário não limita o valor de crista correspondente à corrente de curto-circuito de 413 A cujo tempo de atuação é de 2,1 s. A partir do gráfico da Figura 9.12 (curvas características tempo × corrente dos fusíveis NH), obtém-se T = 0,70 s para uma corrente de 15.000 A atravessando o fusível NH – 1.000 A, ou seja:

$$E_s \cong 15.000^2 \times 0{,}7 = 157.500 \times 10^3 \text{ A}^2\cdot\text{s}$$

Nesse caso, os fusíveis são seletivos, pois $E_p < E_s$. Pode-se, no entanto, utilizar o fusível HH 50 A, pois a coordenação está garantida, e não haverá interrupção do fusível motivada pela corrente de energização do transformador.

EXEMPLO DE APLICAÇÃO (9.2)

Determine a corrente nominal de um fusível limitador para proteção de um motor de 1.500 cv/2.800 V, IV polos.

A corrente nominal do motor vale:

$$I_m = \frac{736 \times P_m}{\sqrt{3} \times V_n \times \eta \times \cos\psi} = \frac{736 \times 1.500}{\sqrt{3} \times 2.800 \times 0{,}98 \times 0{,}87} = 267 \text{ A}$$

η = 0,98 (valor estimado do rendimento);
cos ψ = 0,87 (valor estimado do fator de potência)

A corrente de partida direta vale:

$$I_p = 6 \times I_m = 6 \times 267 = 1.602 \text{ A}$$

A corrente nominal do fusível vale:

$$I_n = 1{,}5 \times I_m = 1{,}5 \times 267 = 400 \text{ A}$$

Adotar o fusível de 400 A de corrente nominal.

Por meio do gráfico da Figura 9.10, pode-se conhecer a característica do fusível para a corrente de partida, ou seja, o fusível funde-se em 6 s para a corrente de partida considerada. Pode-se perceber, ainda no mesmo gráfico, que, se o fusível atuasse, o faria em condições desfavoráveis, já que o ponto de interrupção se daria na parte da linha cheia da curva, que corresponde a uma corrente abaixo da sua corrente mínima de atuação.

Alternativamente, podem-se utilizar relés contra falta de fases, atuando sobre a bobina de um acionamento do seccionador automático ou de um disjuntor de proteção.

9.5 SOBRETENSÕES POR ATUAÇÃO

Durante a atuação de um fusível limitador primário, podem surgir sobretensões no sistema decorrentes do curto intervalo de tempo que a corrente de curto-circuito é interrompida. Como a expressão da tensão de circuito indutivo é dada na Equação (9.2), logo, para uma variação da corrente em relação ao tempo di/dt extremamente elevada, a tensão de autoindução pode assumir um valor indesejável se não forem utilizados fusíveis de técnicas aprimoradas.

$$V = L\frac{di}{dt} \tag{9.2}$$

L – indução própria do circuito.

A norma IEC 282-1 recomenda que, durante os ensaios de comprovação de interrupção, as sobretensões decorrentes não assumam valores superiores aos estabelecidos na Tabela 9.5.

Os fusíveis de boa qualidade usam elementos de prata de seções diferentes ao longo do seu comprimento, o que implica

TABELA 9.5 Sobretensões máximas nos ensaios de interrupção

Tensão nominal do fusível (kV)	3,6	7,2	12	15	24	36
Sobretensão máxima admitida (kVcr)	12	23	38	47	75	112

a fusão inicial das seções mais reduzidas e, consequentemente, um tempo de arco menor, cujo valor vai-se elevando à medida que as seções maiores começam a atuar. Isso reduz sensivelmente as sobretensões decorrentes.

9.6 ENSAIOS E RECEBIMENTO

Devem ser consultadas as normas IEC 282.1, ou ainda, as normas alemãs DIN 43625, nas quais se baseiam os fabricantes nacionais para produzir os fusíveis limitadores primários.

9.7 ESPECIFICAÇÃO SUMÁRIA

Para aquisição de um fusível limitador primário devem constar, no mínimo, as seguintes informações:

- corrente nominal;
- tensões nominais superior e inferior;
- corrente mínima de interrupção;
- curvas características de tempo × corrente;
- capacidade de ruptura na tensão inferior e na tensão superior;
- informação sobre a aquisição do fusível com indicador de defeito ou com percussor.

10

CONJUNTOS DE MANOBRA

10.1 INTRODUÇÃO

Um conjunto de manobra genericamente compreende um conjunto de equipamentos de abertura e fechamento de circuitos elétricos associados, algumas vezes, a dispositivos de proteção, comando, medição e controle complementados por acessórios instalados internamente a um cubículo, em geral metálico, dotado de estruturas de suporte.

Já os painéis são conjuntos de manobra formados por cubículos metálicos no interior dos quais são instalados exclusivamente dispositivos de proteção, controle e supervisão.

Este capítulo dará ênfase aos conjuntos de manobra normalizados pela NBR IEC 62271-200, que, na sua última revisão, priorizou nos seus fundamentos a continuidade de serviço da instalação atentando para os acessos aos compartimentos controlados por intertravamento e procedimentos de segurança para proteção dos usuários.

As características gerais de um conjunto de manobra estão fundamentadas nas suas especificações básicas.

- Instalação de disjuntores e interruptores – chaves seccionadoras isoladas a gás SF_6.
- Isolamento a ar das partes ativas.
- Facilidade de acessos aos dispositivos de comando e controle.
- Em muitos casos, providos de proteção contra arco elétrico.
- Fácil acesso aos dispositivos instalados.
- Isolamentos com grandes linhas de fuga.
- Possibilidade de expansão com anexação de outros conjuntos de manobra.
- Fornecidos com acessos às partes ativas somente pela parte frontal ou pela parte frontal e fundo.

Os conjuntos de manobra podem ser classificados de diferentes formas, ou seja:

a) Quanto ao nível de tensão

O nível de tensão de um conjunto de manobra está relacionado com a classe de tensão dos equipamentos no interior dos quais estão instalados.

Em geral, os conjuntos de manobra são classificados em dois níveis de tensão:

- Conjunto de manobra de baixa-tensão

São aqueles no interior dos quais são instalados equipamentos de manobra, controle, medição, proteção e demais dispositivos necessários ao seu funcionamento, em que o nível de tensão é igual ou inferior a 1.000 V. Podem ser construídos para diferentes aplicações, conforme a Figura 10.1.

– Para alimentação de motores elétricos: são denominados Centro de Controle de Motores (CCM). Veja exemplo na Figura 10.2.
– Para alimentação de circuitos de distribuição de iluminação: são denominados Quadros de Distribuição de Luz (QDL).

FIGURA 10.1 Vista interna de um conjunto de manobra de baixa-tensão.

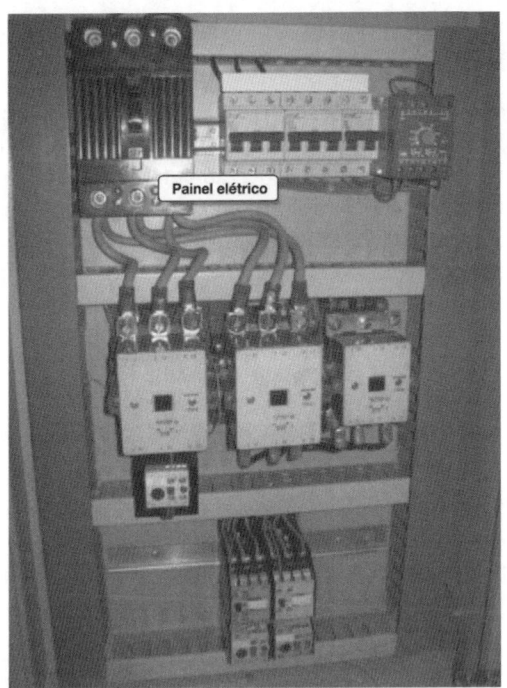

FIGURA 10.2 Vista interna de um Centro de Controle de Motores (CCM) de baixa-tensão.

- Quando alimentados por um ou mais transformadores que fazem o suprimento a diversos conjuntos de manobra: são denominados Quadro Geral de Força (QGF).
- Para alimentação de equipamentos específicos: capacitores de baixa-tensão, por exemplo.
- Para alimentação de circuitos de instalações residenciais.

- Conjunto de manobra de média tensão: quando instalados dispositivos de manobra e seccionamento e outros dispositivos, frequentemente nas tensões de 6,6 a 36 kV.

b) Quanto à função

Os conjuntos de manobra podem ser projetados para desempenharem diferentes funções dentro de uma instalação elétrica.

- Comando e manobra

Quando nele são instalados equipamentos de comando e manobra de circuitos de baixa ou média tensões, tais como disjuntores, contatores, chaves seccionadoras, chaves inversoras etc.

- Painel de controle

Quando nele são instalados dispositivos e circuitos destinados a realizar de forma remota o controle de equipamentos a partir de sinais enviados por relés ou por outros dispositivos nele instalados. Veja exemplo na Figura 10.3.

- Painel de medição

Quando nele são instalados equipamentos e dispositivos destinados à medição de parâmetros elétricos, tais como consumo, demanda, corrente etc.

- Conjunto metálico para banco de capacitores

Quando nele são instaladas unidades capacitivas, chaves de comando e controlador de fator de potência (opcional)

destinado ao controle do fator de potência para evitar o pagamento por excesso de energia reativa e demanda reativa da instalação, conforme visto na Figura 10.4.

c) Quanto à forma construtiva

Os conjuntos de manobra podem ser construídos em diferentes formatos.

- Conjunto de manobra do tipo armário

É constituído de uma única coluna ou módulo fechado, podendo ser dotado de várias seções ou compartimentos, sendo

FIGURA 10.3 Painel de controle.

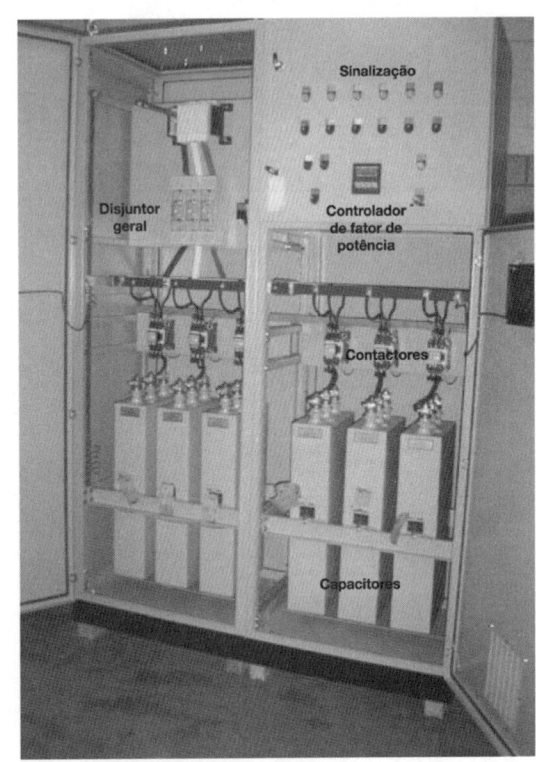

FIGURA 10.4 Conjunto metálico para banco de capacitores.

do tipo autoportante e fixado no piso. Tem o aspecto construtivo mostrado na Figura 10.5.

- Conjuntos de manobra do tipo múltiplas colunas
Também denominado multicoluna, é constituído de vários módulos fixados lateralmente, formando um único conjunto. Tem o aspecto construtivo mostrado na Figura 10.6.

- Painéis do tipo mesa de comando
É constituído de um conjunto metálico na forma de mesa e geralmente inclinado com ângulo aproximado de 15° de forma a facilitar o acesso aos diversos dispositivos de comando. Tem o aspecto construtivo mostrado na Figura 10.7.

- Conjunto de manobra do tipo modular
É formado por um conjunto metálico para instalação normalmente na posição vertical, conforme mostrado na Figura 10.8.

- Conjunto de manobra do tipo multimodular
É formado por dois ou mais conjuntos metálicos do tipo modular fixados lateralmente uns aos outros, com barramentos e cabos passando pelas respectivas aberturas laterais, conforme mostrado na Figura 10.9.

- Conjunto de manobra do tipo fixo/extraível
É formado por componentes ou equipamentos que podem ser extraídos sem auxílio de ferramentas, estando o conjunto de manobra energizado ou não, desde que o circuito do componente a ser extraído não esteja conduzindo durante a operação de extração. Os componentes podem ser compostos por gavetas extraíveis e os equipamentos podem ser chaves ou disjuntores, conforme mostra a Figura 10.10.

10.2 CARACTERÍSTICAS TÉCNICAS NOMINAIS DE UM CONJUNTO DE MANOBRA

Todos os conjuntos de manobra devem ser definidos por um conjunto de características técnicas que determinam o seu uso e os diferentes limites de operação.

FIGURA 10.5 Conjunto de manobra do tipo armário.

FIGURA 10.6 Conjunto de manobra do tipo multicoluna.

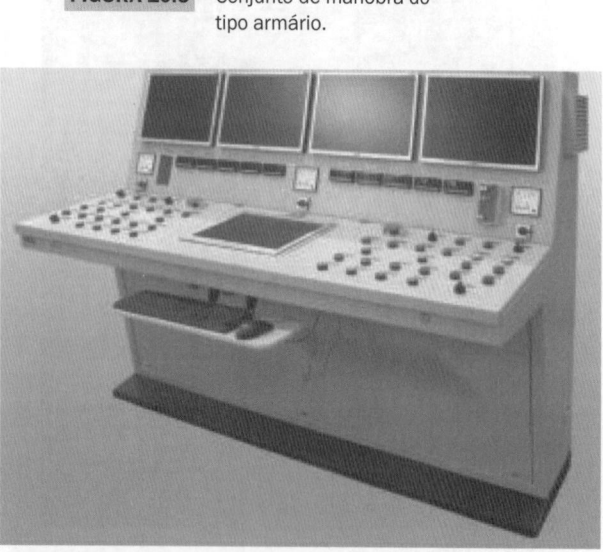

FIGURA 10.7 Painéis do tipo mesa de comando e controle.

FIGURA 10.8 Conjunto de manobra do tipo modular.

FIGURA 10.9 Conjunto de manobra do tipo multimodular.

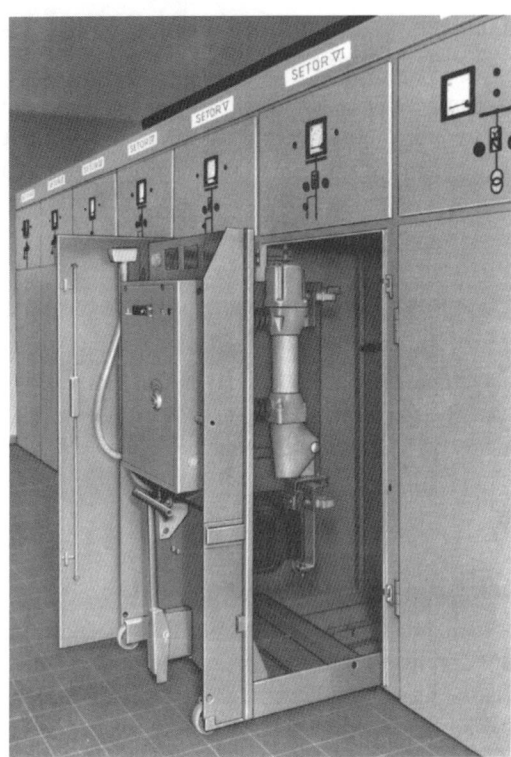

FIGURA 10.10 Conjunto de manobra do tipo extraível.

10.2.1 Tensão nominal

É o valor da tensão a que é submetido o conjunto de manobra em condições normais de operação e que, associada à corrente nominal do circuito principal (barramento), determina a sua utilização. Nos circuitos trifásicos, a tensão nominal é a tensão entre fases.

10.2.2 Corrente nominal de regime contínuo

É a corrente que deve ser conduzida pelo conjunto de manobra e pelos seus diversos componentes sem que haja elevação de temperatura superior ao valor definido, por norma, para cada componente. A corrente nominal é definida pelo fabricante em função da capacidade individual de seus componentes nas condições de operação exigidas.

10.2.3 Corrente dinâmica nominal de curto-circuito

É a corrente de curto-circuito no seu valor de pico que o circuito principal possa conduzir sem que nenhum componente do conjunto de manobra possa ser danificado mecanicamente, sob condição de ensaio.

10.2.4 Corrente térmica nominal de curto-circuito

É a corrente de curto-circuito no seu valor eficaz que o circuito principal possa conduzir durante 1 s ou outro tempo especificado pelo fabricante, sem que nenhum componente do conjunto de manobra possa ser danificado termicamente, sob condição de ensaio.

10.2.5 Corrente nominal condicional de curto-circuito

É o maior valor da corrente de curto-circuito trifásica ou fase e terra a que pode ficar submetido o circuito principal do conjunto de manobra no horizonte do projeto, e que deve estar protegido por um dispositivo de proteção contra curto-circuito, especificado pelo fabricante. Todos os elementos do conjunto de manobra que são atravessados pela corrente nominal de curto-circuito devem suportar térmica e mecanicamente durante o tempo de operação do dispositivo de proteção nas condições de ensaio.

10.2.6 Tensão nominal de isolamento

É a tensão à qual estão referidas as tensões dos ensaios dielétricos e as distâncias de escoamento, e que a tensão nominal de isolamento deve ser sempre igual ou superior à tensão nominal de operação.

10.2.7 Frequência nominal

É a frequência nominal em que todos os elementos do conjunto de manobra operam em condições nominais, admitindo-se uma variação de $+/- 2\%$, ou outro valor designado pelo fabricante.

10.2.8 Temperatura ambiente

A temperatura ambiente pode ser classificada para duas condições de instalação:

10.2.8.1 Temperatura ambiente para instalações abrigadas

É a temperatura ambiente máxima do local onde opera o conjunto de manobra que não exceda o valor normativo estabelecido de +40 °C e que, na média de um período de 24 horas, não exceda a +35 °C, tendo como limite inferior a temperatura de −5 °C.

10.2.8.2 Temperatura ambiente para instalações ao tempo

É a temperatura ambiente máxima do local onde opera o conjunto de manobra que não exceda o valor normativo estabelecido de +40 °C e que, na média de um período de 24 horas, não exceda a +35 °C, tendo como limite inferior a temperatura de −25 °C para clima tropical.

10.2.9 Umidade do ambiente

A umidade do ambiente associada à temperatura influencia nas condições operacionais do conjunto de manobra, especialmente sob condição de condensação. Pode ser classificada para duas condições de instalação:

10.2.9.1 Umidade do ambiente para instalações abrigadas

Para a temperatura máxima de +40 °C, a umidade relativa do ar não deve exceder o valor de 50%. Podem ser permitidas umidades relativas superiores desde que associadas a temperaturas inferiores a +40 °C.

10.2.9.2 Umidade do ambiente para instalações ao tempo

Para a temperatura máxima de +25 °C, a umidade relativa do ar pode atingir temporariamente o valor de 100%.

10.3 PROJETO E CONSTRUÇÃO

De acordo com a NBR IEC 62271-200: 2007 "os conjuntos de manobra e controle em invólucro metálico devem ser projetados de forma que as operações de serviço normal, inspeção e manutenção, determinação do estado energizado ou desenergizado do circuito principal, inclusive a verificação da sequência de fase, aterramento de cabos conectados, localização de defeitos em cabos, ensaios de tensão em cabos ou outros dispositivos conectados e eliminação de cargas eletrostáticas perigosas, possam ser realizadas com segurança".

Os conjuntos de manobra são projetados e construídos seguindo três diferentes conceitos.

10.3.1 Conceito de conjunto de manobra do tipo *block*

Os conjuntos de manobra do tipo *block* são do tipo aberto, em que os equipamentos, barramento e terminais de cabos estão expostos no seu interior sem barreiras contra contatos diretos. Quando aplicadas, essas barreiras são constituídas normalmente em chapa de acrílico transparente instalada na parte frontal interna. Devem-se seguir algumas recomendações no projeto de conjunto de manobra do tipo *block*:

- sempre que possível, evitar o uso de chaves seccionadoras com abertura sem carga a fim de reduzir o risco de manobras indevidas;
- prever intertravamento entre chaves seccionadoras e o respectivo disjuntor de média tensão para garantir a máxima segurança na realização de manobras;
- deve-se assegurar que o conjunto de manobra opere dentro dos limites de capacidade térmica e dinâmica;
- projetar o conjunto de manobra com previsão de intercambialidade entre disjuntores a fim de permitir manutenção preventiva periódica.

A Figura 10.11 mostra a parte interna de um conjunto de manobra do tipo *block* de baixa-tensão.

FIGURA 10.11 Conjunto de manobra do tipo *block* de baixa-tensão.

10.3.2 Conceito de conjunto de manobra do tipo *metal enclosed*

Os conjuntos de manobra do tipo *metal enclosed*, também conhecidos como conjuntos de manobra não blindados, são construídos com três divisórias internas. Devem-se seguir algumas recomendações no projeto de conjunto de manobra do tipo *metal enclosed*:

- deve-se prever dispositivo de cobertura automático dos terminais vivos (guilhotina) quando da retirada do disjuntor da sua posição de funcionamento normal;
- deve-se isolar a parte de baixa-tensão por meio de divisões a fim de evitar eventos de curto-circuito;
- separar os cubículos com chapas de aço a fim de evitar que o arco resultante de defeitos internos migre para o cubículo adjacente.

A Figura 10.12 mostra um conjunto de manobra construído sob o conceito de *metal enclosed*.

Já a Figura 10.17 mostra a parte frontal de um sistema modular, enquanto a Figura 10.18 mostra a vista tridimensional de um sistema modular.

FIGURA 10.12 Conjunto de manobra do tipo *metal enclosed*.

10.3.3 Conceito de conjunto de manobra do tipo *metal clad*

Os conjuntos de manobra do tipo *metal clad*, também conhecidos como conjuntos de manobra blindados, são constituídos por divisões metálicas internas isolantes cujo objetivo é aumentar o nível de segurança nos trabalhos de manutenção com o conjunto de manobra energizado. São divididos em:

- compartimento de manobra (disjuntor ou chave);
- compartimento de barras;
- compartimento dos transformadores de corrente e tensão, bem como terminais dos cabos;
- compartimento de baixa-tensão.

A Figura 10.13 mostra a vista externa tridimensional de um conjunto de manobra *metal clad*. Já a Figura 10.14 mostra a vista interna de um conjunto de manobra *metal clad*. Para complementar o entendimento do assunto, pode-se observar na Figura 10.15 a parte interna de um conjunto de manobra *metal clad* de média tensão e diversos equipamentos instalados, ou seja, transformador de corrente, disjuntor, transformador de potencial, barramentos, relés etc.

A Tabela 10.1 relaciona as diferenças entre as principais características construtivas quando se comparam os três diferentes tipos de conjuntos de manobra.

10.3.4 Sistema modular

São conjuntos de manobra normalmente fabricados para sistemas de média tensão e caracterizados por construção de colunas com dimensões padronizadas. Em cada coluna são instalados equipamentos que exercem uma única função, como se pode observar na Figura 10.16.

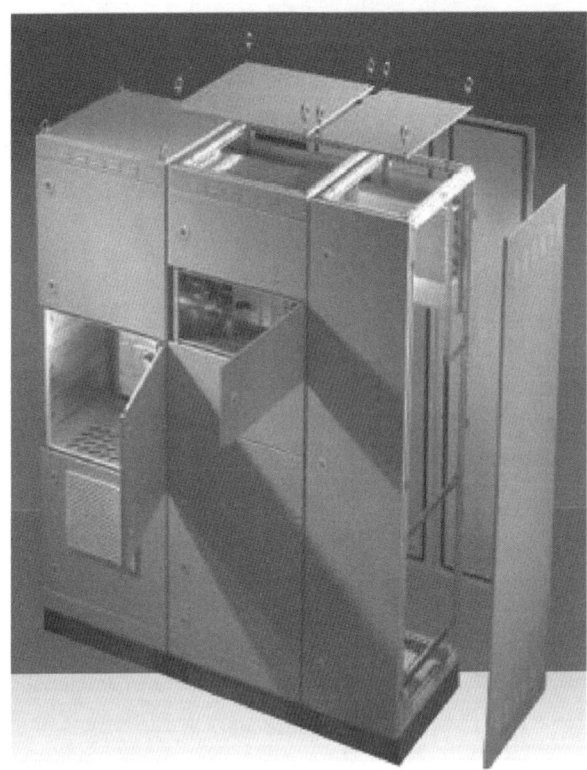

FIGURA 10.13 Conjunto de manobra do tipo *metal clad*.

FIGURA 10.14 Conjunto de manobra do tipo *metal clad*, vista interna.

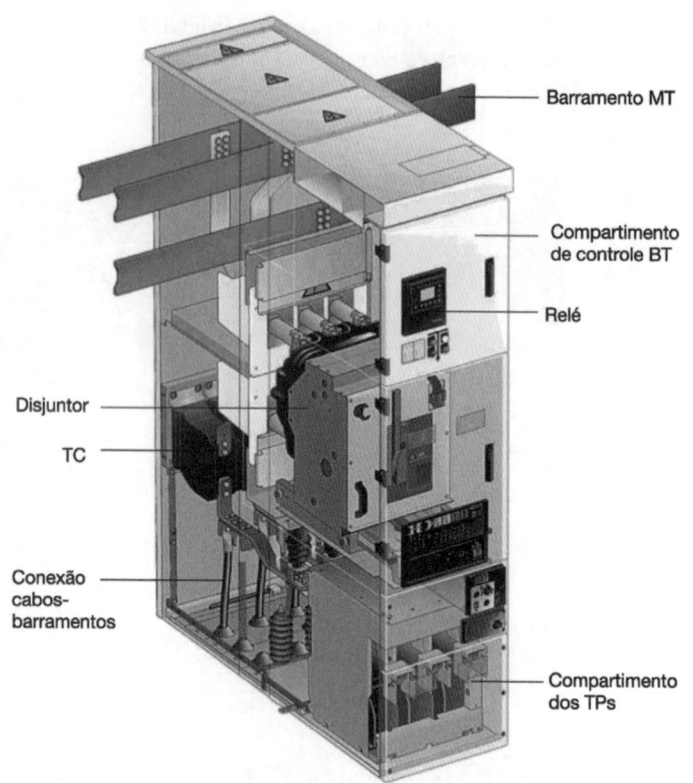

FIGURA 10.15 Conjunto de manobra de média tensão.

TABELA 10.1 Comparativo entre as principais características dos conjuntos de manobra

Características	Block	Metal enclosed	Metal clad
Número de compartimentos	Máximo 2	Igual a 3	Igual ou superior a 3
Instalação de buchas de passagem	Não há buchas	Possível de haver	Sempre haverá
Proteção de acesso às partes vivas do painel	Sem proteção	Com proteção	Com proteção
Quanto à facilidade de operação durante o funcionamento do painel	Mais complexa e cautelosa	Fácil operação	Fácil operação
Propagação de arco no interior do painel para defeitos internos	Normalmente ocorre	Pode ocorrer	Dificilmente ocorre

10.3.5 Requisitos normativos

A NR10 – Norma Regulamentadora nº 10 do Ministério do Trabalho e da Previdência Social, que estabelece os limites de segurança em instalações e serviços de eletricidade, é um importante instrumento que deve ser seguido nos projetos e construção de conjuntos de manobra.

Para atender aos requisitos da norma NR10, os conjuntos de manobra devem ser projetados e construídos de acordo com as seguintes condições:

10.3.5.1 Proteção contra choques elétricos

10.3.5.1.1 Condições gerais

- As partes vivas energizadas não devem ser acessíveis a pessoas posicionadas interna ou externamente ao conjunto de manobra.
- As massas ou partes condutivas acessíveis a pessoas não devem oferecer perigo a elas nas diversas condições de operação do conjunto de manobra e, principalmente, para o caso de ocorrência de alguma falha que possa energizar acidentalmente esses elementos. Para isso, todas as massas e partes condutivas devem ser aterradas por meio de um sistema de equipotencialização.
- Deve ser prevista uma proteção básica com a isolação dos condutores e equipamentos utilizados, mantendo determinada separação com as partes vivas e acondicionando-os de forma adequada.
- Deve ser prevista uma proteção suplementar por meio de um sistema de equipotencialização e seccionamento automático da alimentação.
- Deve ser instalada trava mecânica para impedir a extração de disjuntores energizados.
- Deve ser instalada trava mecânica para impedir a abertura da porta do conjunto de manobra com o disjuntor energizado.

10.3.5.1.2 Proteção contra contatos diretos

A construção dos conjuntos de manobra deve ser tomada de cuidados para evitar que pessoas possam entrar em contato direto com partes vivas condutoras.

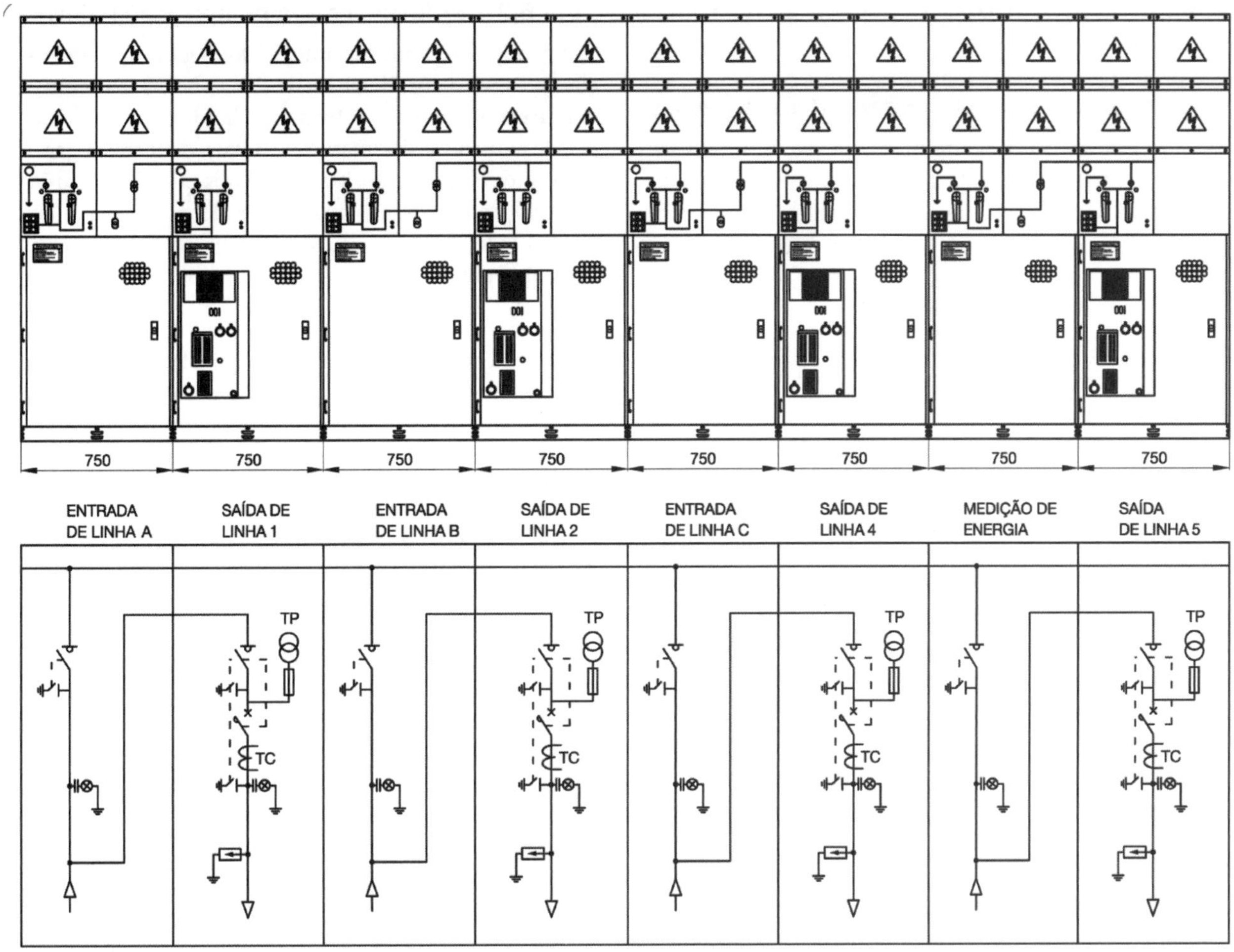

Conjuntos de manobra | **251**

FIGURA 10.16 Conjunto de manobra em sistema modular.

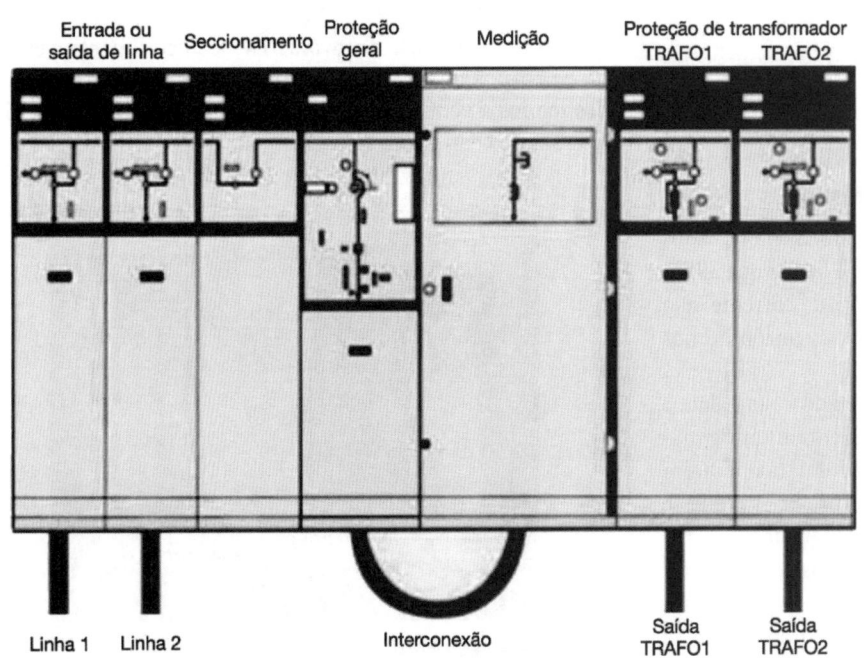

FIGURA 10.17 Vista de um conjunto de manobra de um sistema modular.

FIGURA 10.18 Vista tridimensional de um conjunto de manobra de um sistema modular.

A forma mais usual utilizada é o emprego dos condutores de proteção PE e PEN.

a) Proteção com o uso de isolação das partes energizadas

Todas as partes vivas dos circuitos condutores devem ser revestidas por material isolante adequado no nível de tensão do conjunto de manobra e que somente pode ser removido por meio de sua destruição.

b) Proteção por meio de barreiras

- As barreiras podem ser caracterizadas por meio de portas, tampas e subtampas.
- As barreiras devem apresentar um grau de proteção contra contatos diretos não inferiores a IP2X ou IP XXB (proteção contra a penetração do dedo que corresponde a uma abertura igual ou inferior a 12 mm).
- As barreiras somente podem ser deliberadamente removidas utilizando-se ferramenta adequada, permitindo-se, no entanto, a remoção dessas barreiras sem o uso de ferramentas desde que as partes vivas energizadas que possam ser eventualmente tocadas sejam desconectadas da fonte de energia antes de sua retirada.
- As barreiras não devem impedir que, intencionalmente, a pessoa possa acessar as partes vivas condutoras com elas desenergizadas. Esse é o caso típico da substituição de fusíveis dos tipos NH ou diazed.

10.3.5.1.3 Proteção contra contatos indiretos

Geralmente, a proteção contra contatos indiretos pode ser realizada por duas diferentes formas: (i) as que utilizam o condutor de proteção e (ii) as medidas de proteção por meio do seccionamento automático do circuito de alimentação. No primeiro caso, a proteção é garantida pelas seguintes ações:

- separação elétrica;
- aplicação de isolação equivalente à classe II (é um dispositivo fabricado que dispensa o uso do condutor de proteção);
- ligações equipotenciais de locais não aterrados.

10.3.5.2 Proteção contra efeitos térmicos

- Os componentes vivos das instalações fixas energizados devem ser dimensionados e instalados de forma que as superfícies externas, em condições máximas de corrente, não alcancem temperaturas capazes de provocar incêndio nos materiais adjacentes.
- Os componentes vivos devem ser projetados e instalados separados das estruturas condutivas dos conjuntos de manobra utilizando-se materiais especificados para operarem nas temperaturas máximas de operação previstas e que se caracterizem por uma baixa resistividade térmica.
- Os componentes vivos devem estar afastados dos materiais que possam ser danificados pelo excesso de temperatura de operação desses componentes, garantindo-se que a quantidade de calor gerada seja dissipada de forma segura para o meio exterior.

10.3.5.3 Proteção contra energização indevida

A Norma Regulamentadora nº 10 – Segurança em Instalações e Serviço em Eletricidade – "estabelece os requisitos e condições mínimas objetivando a implementação de medidas de controle e sistemas preventivos, de forma a garantir a segurança e a saúde dos trabalhadores que, direta ou indiretamente, interajam em instalações elétricas e serviços com eletricidade". Serão transcritos alguns pontos que julgamos ser importantes para elaboração de projetos em conjuntos de manobra.

- "É obrigatório que os projetos de instalações elétricas especifiquem dispositivos de desligamento de circuitos que possuam recursos para impedimento de reenergização para sinalização de advertência com indicação da condição operativa."

Para atender a esse requisito, por exemplo, os disjuntores devem possuir dispositivos de segurança para evitar a reenergização do circuito, como mostrado na Figura 10.19.

- "O projeto elétrico, na medida do possível, deve prever a instalação de dispositivo de seccionamento de ação simultânea, que permita a aplicação de impedimento à reenergização do circuito."
- "O projeto de instalações elétricas deve considerar o espaço seguro, quanto ao dimensionamento e à localização de seus componentes e às influências externas, quando da operação e da realização de serviços de construção e manutenção."
- "Sempre que for tecnicamente viável e necessário, devem ser projetados dispositivos de seccionamento que incorporem recursos fixos e equipotencialização e aterramento do circuito seccionado."

10.3.6 Grau de proteção

Determina a proteção de invólucros metálicos quanto à entrada de corpos estranhos e penetração de água pelos orifícios destinados à ventilação ou instalação de instrumentos, pelas junções de chapas, portas etc.

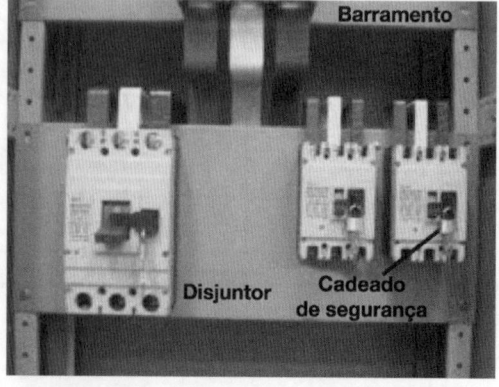

FIGURA 10.19 Vista frontal de um conjunto de manobra com dispositivos de segurança.

As normas especificam os graus de proteção por um código composto pelas letras IP, seguidas de dois números que significam:

a) Primeiro algarismo

Indica o grau de proteção quanto à penetração de corpos sólidos e contatos acidentais, ou seja:

0 – sem proteção;
1 – corpos estranhos com dimensões acima de 50 mm;
2 – corpos estranhos com dimensões acima de 12 mm;
3 – corpos estranhos com dimensões acima de 2,5 mm;
4 – corpos estranhos com dimensões acima de 1 mm;
5 – proteção contra acúmulo de poeira prejudicial ao equipamento;
6 – proteção contra penetração de poeira.

b) Segundo algarismo

Indica o grau de proteção quanto à penetração de água internamente ao invólucro, ou seja:

0 – sem proteção;
1 – pingos de água na vertical;
2 – pingos de água até a inclinação de 15° com a vertical;
3 – água de chuva até a inclinação de 60° com a vertical;
4 – respingos em todas as direções;
5 – jatos de água em todas as direções;
6 – imersão temporária;
7 – imersão;
8 – submersão.

Por meio das várias combinações entre os algarismos citados, pode-se determinar o grau de proteção desejado para determinado tipo de invólucro metálico, em função de sua aplicação em uma atividade específica. Porém, por economia de escala, os fabricantes de invólucros metálicos padronizam seus modelos para alguns tipos de grau de proteção, sendo os mais comuns os de grau de proteção IP55, destinados a ambientes externos contendo poeira que possa prejudicar o equipamento, e os de grau de proteção IP53, utilizados em ambientes abrigados também sujeitos à poeira.

Quando uma das proteções não for importante para o uso do conjunto de manobra, o número correspondente pode ser omitido. Por exemplo, um conjunto de manobra especificado para ser instalado em um ambiente industrial fechado, sem a presença de água, mas sujeito à presença de poeira de produtos manufaturados, pode ter seu grau de proteção assim definido: IP5X, já que não há necessidade de proteção contra a penetração de água.

Adicionalmente, podem ser utilizados códigos definidos pelas letras conforme se segue:

a) 1ª letra – A, B, C, D: classifica os conjuntos de manobra quanto à proteção de pessoas contra acesso a partes perigosas.

- A – costas e mão;
- B – dedo;
- C – ferramenta;
- D – fio.

b) 2ª letra – H, M, S, W: classifica os conjuntos de manobra quanto aos meios de proteção de equipamentos com as seguintes informações complementares:

- H – aparelhagem de média e de alta-tensão;
- M – teste com água em movimento;
- S – teste com água parada;
- W – condição do tempo.

10.3.7 Aterramento

Os conjuntos de manobra devem ser aterrados para prevenir acidentes durante o seu funcionamento. O aterramento deve obedecer aos seguintes critérios.

a) Aterramento do invólucro metálico

- O conjunto de manobra deve possuir uma barra de cobre nua na qual serão aterradas todas as partes metálicas não condutoras, tais como portas, divisões, suportes e a própria estrutura. A barra de aterramento, normalmente de cobre, deve possuir uma seção nominal cuja densidade de corrente de defeito não exceda a 200 A/mm² para curtos-circuitos com duração não superior a 1 s e de 125 A/mm² para corrente de defeito com duração não superior a 3 s, não sendo aceitável seção inferior a 30 mm².
- A forma construtiva dos conjuntos de manobra deve assegurar uma continuidade elétrica entre as estruturas, portas, divisões e suporte.
- A barra de aterramento deve ser conectada à malha de aterramento por um condutor capaz de conduzir a corrente de curto-circuito fase-terra máxima prevista em projeto.

b) Aterramento do circuito principal

A segurança durante os trabalhos de manutenção deve ser assegurada pelo aterramento do circuito principal, normalmente o barramento principal do conjunto de manobra. Esse requisito não se aplica às partes removíveis que se separam do conjunto de manobra durante os trabalhos de manutenção e que se tornem acessíveis.

Esse procedimento assegura que, se durante os trabalhos de manutenção ocorrer a energização acidental do circuito principal (barramento), ele esteja aterrado, evitando o estabelecimento da tensão nominal perigosa para a pessoa.

10.3.8 Barramentos e condutores elétricos

Os barramentos são os componentes dos conjuntos de manobra para onde converge o fluxo de corrente das fontes de alimentação e ao mesmo tempo distribui esse fluxo de corrente para os diversos circuitos de carga a eles conectados. Já os cabos elétricos são os elementos de interconexão entre os barramentos e os diversos componentes do conjunto de manobra ou entre os próprios componentes do conjunto de manobra.

10.3.8.1 Identificação dos barramentos

A princípio, os barramentos são dimensionados em função da corrente da carga que será alimentada. Normalmente, os barramentos são construídos em barra de cobre pintada dimensionados também para suportar mecanicamente as correntes de curto-circuito, valor de pico, para afastamento entre barras e distância entre apoios determinados, e suportar termicamente o valor eficaz simétrico dessas correntes. Os barramentos devem ser montados sobre bases isolantes capazes também de suportar os esforços eletromecânicos. Eletricamente, essas bases devem ser dimensionadas para o nível de tensão a que se destina o conjunto de manobra e suportar níveis de sobretensão de diversas origens: atmosférica, de manobra etc. Já o dimensionamento eletromecânico dos barramentos está contido na Seção 10.3.17.

10.3.8.1.1 Indicação de cores dos barramentos

Os barramentos devem ser pintados nas seguintes cores:

a) Barramento em corrente alternada
- Fase A: cor azul-escuro.
- Fase B: cor branca.
- Fase C: cor violeta ou marrom.

b) Barramento em corrente contínua
- Positivo: cor vermelha.
- Negativo: cor preta.

10.3.8.2 Condutores elétricos

Além dos barramentos, os conjuntos de manobra possuem cabos elétricos para interconexão entre os barramentos e os diversos componentes ou equipamentos instalados no seu interior. São dimensionados para conduzir as correntes máximas de operação e isolados para as tensões dos respectivos circuitos.

a) Condições gerais
- Para facilidade de manutenção, a fiação deve ser facilmente acessível e os circuitos devem ser identificados em todos os terminais com um código alfanumérico correspondente à identificação dos diagramas topográficos.
- Os condutores devem ser contínuos, sem emendas e instalados de tal forma que a isolação não esteja sujeita a danos mecânicos.
- As aberturas devem ser dimensionadas de forma a permitir a instalação fácil de todos os cabos de controle necessários, bem como de eventuais acréscimos de cabos correspondentes à reserva de 20% dos terminais.
- Os circuitos de cada módulo devem ser protegidos por meio de disjuntores adequados.
- Os condutores devem ser de cobre, flexível, formação mínima 19 fios, com isolamento anti-higroscópico, não propagante de chamas, classe de isolamento 1 kV, de acordo com as normas aplicáveis.
- Toda a fiação interior dos módulos deve ser feita entre terminais, sem emendas ou derivações.
- Todas as ligações terminais com parafusos devem ser providas de uma arruela lisa e uma arruela de pressão.
- A fiação para os circuitos de força e para os transformadores de corrente deve ter seção mínima de 4 mm² e, para os circuitos de controle e para os transformadores de potencial a fiação, deve ter, no mínimo, 2,5 mm² de seção, com temperatura de operação de 90 °C.
- Toda fiação deve correr em calhas plásticas com tampa removível, evitando, ao máximo, fiação externa.
- Os blocos terminais devem ser do tipo régua de borne multipolares em bronze estanhado, classe de isolamento 750 V, corrente de 30 A, com placa separadora entre polos e conexões por meio de parafuso passante. Em cada módulo devem ser instalados 20% de bornes de reservas.
- As interligações entre os módulos devem ser feitas pelas réguas terminais instaladas, em separado, em cada módulo, especialmente para este fim e com identificação própria. Deverá ser incluída a letra "T" imediatamente após a letra "X" (régua de borne, ABNT-NBR 5280) no código de identificação dos blocos terminais de interligação e obedecendo as demais regras para a identificação dos componentes.
- Todas as extremidades dos condutores devem ser providas de terminais à compressão do tipo olhal em bronze estanhado. Faz-se exceção nos componentes onde não for possível a sua utilização, sendo permitido, nesses casos, o uso de terminais em bronze. Na régua de borne, fica obrigado o uso de terminal tipo olhal.
- Todas as borneiras utilizadas nos módulos devem ter um fácil acesso para a verificação do cabo e posterior conexão dos circuitos externos na obra.
- A isolação dos condutores deve ser livre de halogênios, resistente à chama e à umidade, não sendo aceita isolação de PVC.
- Todas as terminações dos cabos serão do tipo prensado.
- Os condutores devem ser identificados em ambas as extremidades, de acordo com os Diagramas de Fiação, por meio de anilhas plásticas com algarismos e/ou letras de forma visível e indelével, de modo que, voltados para a extremidade do condutor, fiquem o código e o borne do componente ao qual essa extremidade deve ser ligada. Como exemplo, a fiação deve ter as seguintes cores:

b) Sistemas de corrente alternada
- Circuito de tensão e força
  – Fase A – vermelho (VM).
  – Fase B – azul (AZ).
  – Fase C – branco (BR).

- Circuito de corrente
  – Fase A – vermelho e preto (VM/PR).
  – Fase B – azul e preto (AZ/PR).
  – Fase C – branco e preto (BR/PR).

c) Neutro e aterramento – preto (PR)

d) Controle – marrom (MR)

e) Sistema de corrente contínua
- Positivo – amarelo (AM).
- Negativo – verde (VD).
- Controle – cinza (CZ).

10.3.9 Atuadores de botoeiras

Os atuadores devem ser identificados por cor de acordo com a Norma IEC 60204-1, segundo a função que exercem:

- atuação em eventos considerados normais: cor verde;
- atuação em condições anormais: cor amarela (por exemplo: intervenção para rearmar um ciclo automático interrompido);
- atuação em eventos considerados de emergência: cor vermelha;
- atuação em eventos considerados obrigatórios: azul (por exemplo: função de reset);
- atuação em eventos em geral excluídos os de emergência: branca, cinza ou preta (por exemplo: ON – ligar; OFF – parada).

10.3.10 Plaqueta de identificação dos componentes

Na tampa ou subtampa dos conjuntos de manobra, cada componente deve ser identificado por meio de plaquetas fixadas acima ou abaixo do referido componente.

- os módulos dos conjuntos de manobra devem ter plaquetas de identificação em acrílico, dimensões $100 \times 40 \times 7$ mm, gravação em baixo relevo na cor branca com fundo na cor preta, fixadas por parafusos no centro da parte superior da área frontal de cada módulo;
- todos os componentes mantidos da parte frontal dos módulos devem ser identificados por plaquetas de acrílico, dimensões $60 \times 20 \times 3$ mm, gravação branca em fundo preto, fixadas por parafusos preferencialmente acima do respectivo componente;
- todos os demais componentes, inclusive os componentes instalados na parte frontal, devem ser identificados por meio de plaquetas internas. As plaquetas devem ser fixadas próximo aos componentes por material adesivo.

A Figura 10.20 mostra a parte frontal de um conjunto de manobra de baixa-tensão contendo várias plaquetas de identificação, lâmpadas de sinalização, um atuador de botoeira, além de um voltímetro e um amperímetro, ambos analógicos.

10.3.11 Sinótico

Para melhor orientar o operador da instalação, muitas vezes é desenhado um diagrama sinótico contendo os principais equipamentos a serem operados, conforme se mostra na Figura 10.21.

Com o advento da tecnologia de automação e supervisão dos sistemas elétricos o diagrama sinótico passou a ter menor uso, já que é disponibilizado ao operador um terminal de vídeo com os diagramas unifilares de cada conjunto de manobra da instalação por meio dos quais o operador pode realizar as mais diversas operações de comando, controle e supervisão, conforme ilustrado na Figura 10.22.

10.3.12 Processo de tratamento e pintura das chapas

Em geral, os conjuntos de manobra são construídos em chapas metálicas de aço-carbono. No entanto, alguns conjuntos de manobra de baixa-tensão para uso com pequeno número de circuitos, notadamente para circuitos de iluminação, são construídos de materiais não ferrosos, ou mais precisamente, por materiais sintéticos.

Os conjuntos de manobra metálicos podem ser utilizados em diferentes ambientes com diferentes graus de agressividade. Ambientes com elevado nível de névoa salina requerem um processo mais rigoroso no tratamento e na pintura das chapas metálicas. Já em ambientes internos sem nenhum poluente agressivo à integridade de chapas metálicas podem-se aplicar

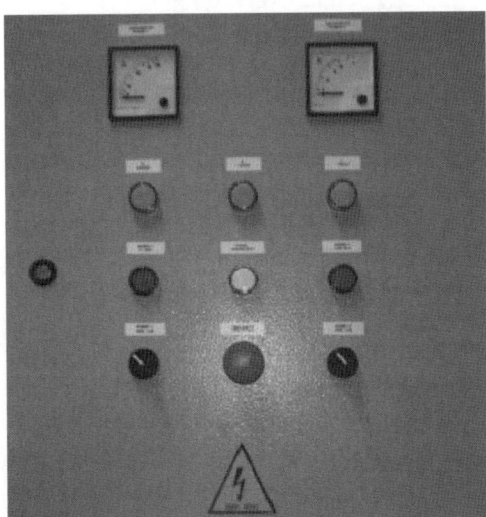

FIGURA 10.20 Vista frontal de um conjunto de manobra: plaquetas, atuadores de botoeira, chaves de acionamento etc.

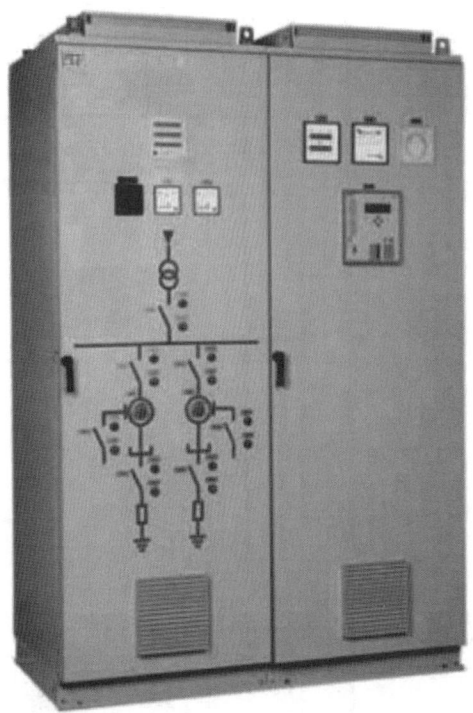

FIGURA 10.21 Conjunto de manobra: quadro sinótico.

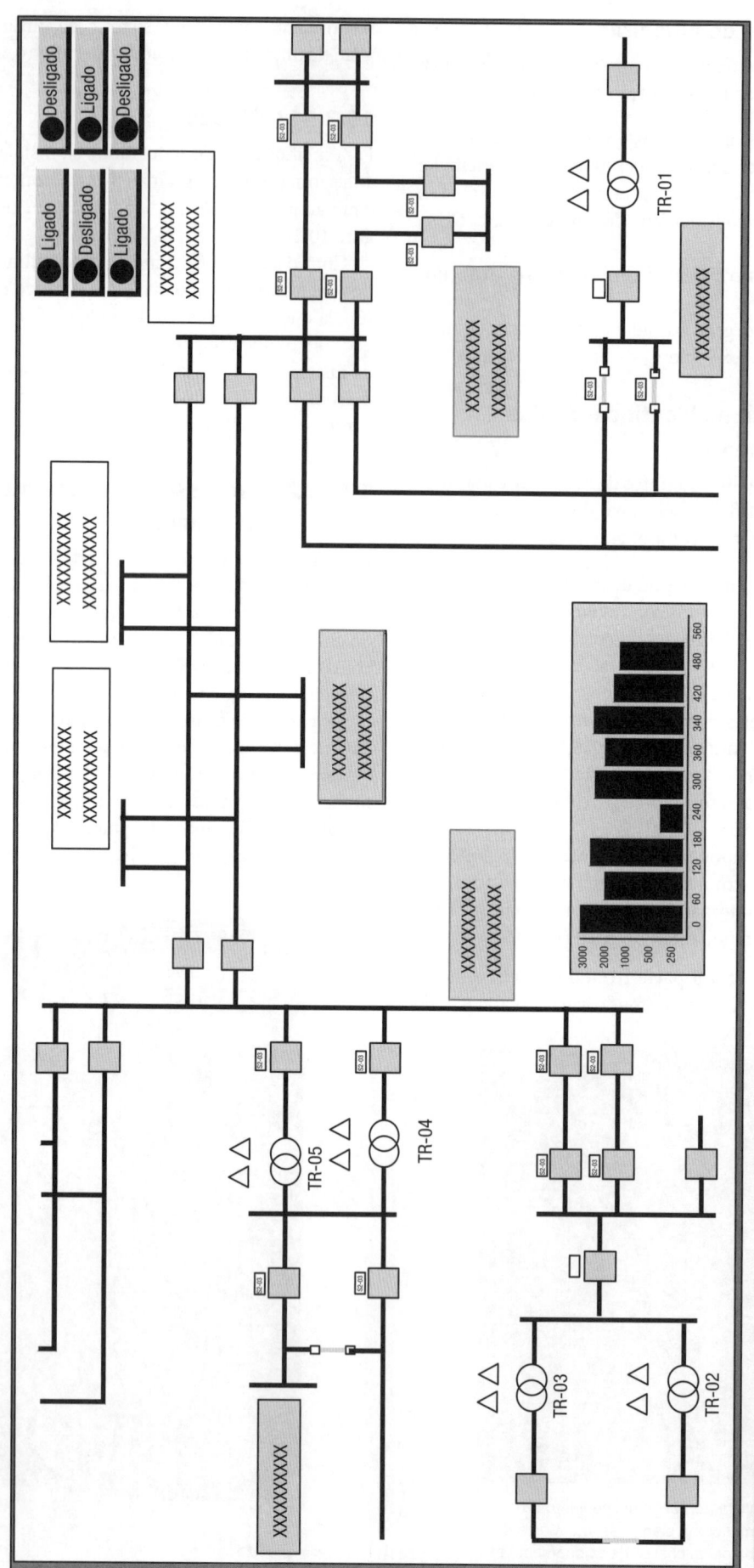

FIGURA 10.22 Ilustração de tela de um sistema supervisório.

processos menos custosos. Na especificação de um conjunto de manobra normalmente são citadas as condições ambientais a que ele ficará submetido.

Existem vários processos industriais desde o tratamento inicial da chapa nua até o acabamento final. Cada um desses processos permite garantir uma resistência maior ou menor ao processo de corrosão.

10.3.12.1 Pré-tratamento da chapa

Todas as superfícies internas e externas do conjunto de manobra e demais componentes, logo após sua fabricação, devem ser imediatamente limpas por jatos de granalha. A limpeza deve tornar a superfície das chapas isentas, por completo, de gorduras, óleos, graxas, ferrugem, excesso de solda e quaisquer outras impurezas que possam prejudicar a qualidade da pintura e da operação anticorrosiva.

Sobre a superfície limpa deve ser feita uma proteção antiferruginosa, podendo ser por meio de zincagem, que é a aplicação de uma camada de zinco para evitar a penetração de água e ar atmosférico, ou pela galvanização, que é o processo de zincagem por imersão a quente, inserindo a peça em um recipiente cheio de zinco fundido a 460 °C.

Já os elementos metálicos ferrosos não pintados devem ser zincados por imersão a quente, atendendo às exigências da NBR-6323. Antes da zincagem as peças devem estar limpas e isentas de sinais de oxidação, rebarbas, limalhas, óleos e graxa, pela aplicação de jato de areia ou processo equivalente até o metal branco.

As saliências eventualmente formadas no material galvanizado por excesso de zinco, com exceção de parafusos e furos roscados, devem ser esmerilhadas ou limadas sem atingir a peça a fim de que não se projetem a mais de 3 mm da superfície.

10.3.12.2 Tratamento

Dependendo do ambiente onde será instalado o conjunto de manobra, pode-se adicionalmente aplicar uma camada de tinta rica em zinco que oferece uma proteção a mais ao processo de corrosão.

10.3.12.3 Pintura

As superfícies externas e internas dos conjuntos de manobra e as partes metálicas integradas a ele devem receber duas demãos de tinta à base de epóxi com espessura mínima de 40 micrômetros. Como acabamento final, deverão ser aplicadas duas demãos de tinta sintética cor cinza-claro ANSI nº 6,5 – Notação Munsell, ou outra cor conforme solicitado pelo usuário, com espessura mínima total de 120 micrômetros.

As notações de cores da pintura podem ser conhecidas pela Tabela 10.2. Na Notação Munsell, são utilizadas letras e números de 0 a 10. O número 0 representa o preto absoluto, enquanto o número 10 representa o branco absoluto. As combinações, números e letras, significam a tonalidade, a luminosidade e a saturação de cada cor. O significado das letras que compõem a codificação pode ser conhecido a seguir.

a) Letras que representam os códigos principais

- Vermelho – Red (R)
- Amarelo – Yellow (Y)
- Verde – Green (G)
- Azul – Blue (B)
- Violeta – Purple (P)

b) Letras que representam os códigos intermediários

- Amarelo Avermelhado – Yellow – Red (YR)
- Vermelho Amarelado – Green – Yellow (GY)
- Azul Esverdeado – Blue – Green (BG)
- Púrpura Azulado – Purple – Blue (PB)
- Vermelho Púrpura – Red – Purple (RP)

As tintas aplicadas devem ter grau de pureza suficiente para resistirem ao tempo. As camadas de tinta devem ser aplicadas de modo a resultar uma superfície contínua, uniforme e lisa.

Os parafusos da parte estrutural devem ser de aço-carbono, completamente zincados por imersão a quente, inclusive na sua parte roscada.

10.3.13 Placa de identificação dos conjuntos de manobra

O conjunto de manobra deve possuir placa de identificação em aço inoxidável, com espessura mínima de 1,00 mm, localizada em posição visível, contendo as seguintes informações:

- nome da empresa contratante;
- nome do fabricante e local da fabricação (cidade e estado – CGC);
- nome do equipamento: conjunto de manobra, por exemplo;
- número de série;
- número de Autorização de Fornecimento de Material (AFM) e item;
- ano de fabricação;
- tipo: segundo a classificação do fabricante;
- número de fases;
- frequência nominal;
- tipo ou modelo do fabricante;
- grau de proteção;
- capacidade de curto-circuito;
- tensão, corrente em CA, frequência;
- tensão, corrente em CC;
- massa total do conjunto de manobra (M-Total);
- número e data da norma aplicável;
- demais características elétricas que sejam relevantes.

10.3.14 Aquecimento dos conjuntos de manobra

Os conjuntos de manobra são constituídos de muitos elementos que produzem calor por efeito Joule pela passagem da corrente elétrica. Essas perdas devem ser mantidas em valores aceitáveis para que a temperatura no interior do conjunto de manobra não ultrapasse os limites definidos por cada um desses elementos. A retirada de calor do interior dos conjuntos de manobra pode ser feita de diferentes modos, desde aberturas feitas nas partes externas, que permitem a circulação natural de ar entre o seu interior e o meio exterior e vice-versa, até a circulação forçada do ar pelos exaustores instalados na parte superior.

TABELA 10.2 Notação das cores da pintura: notação RAL e notação Munsell

Cores	Notação RAL	Cores	Notação Munsell	Cores	Notação Munsell
Preto	8022	Cinza-pastel	5 GY 6/1	Bege	10 YR 7/6
Cinza-claro	7001	Verde-claro	2,5 G 9/2	Castanho	7,5 YR 7/6
Cinza médio	7037	Verde-jade	7,5 G 6/4	Marrom	2,5 YR 2/4
Cinza-escuro	7024	Verde-piscina	2,5 G 8/8	Púrpura	10 P 4/10
Cinza-gelo	7035	Verde-limão	2,5 G 7/2	Púrpura segurança	2,5 RP 4/10
Cinza	7032	Verde-pastel	10 G 6/4	Púrpura	7,5 P 4/6
Verde	6018	Verde segurança	10 GY 6/3	Branco	N 9,5
Verde	6001	Verde	2,5 G 3/4	Preto	N 1,0
Verde	6020	Verde	2,5 G 5/6	Rosa	2,5 YR 7/6
Verde	6016	Verde	5 GY 8/4	Bordeaux	2,5 R 3/10
Verde	6000	Verde	10 GY 6/6	Óxido ferro	10 N 3/6
Verde	6005	Verde-escuro	2,5 G 4/8	Cinza-claro	N 6,5
Azul	5015	Azul-claro	5 B 7/4	Cinza médio	N 5
Azul	5000	Azul médio	7,5 B 6/8	Cinza-escuro	N 3,5
Azul	5012	Azul-escuro	2,5 PB 3/4	Cinza-gelo	N 8,0
Amarelo	1004	Azul-pastel	2,5 PB 6/4	Creme-areia	2,5 Y 8/2
Amarelo segurança	1021	Azul cinzento	7,5 PB 7/2	Creme-claro	2,5 Y 9/4
Amarelo	1016	Azul	2,5 PB 4/10	Gelo	10 Y 9/1
Laranja segurança	3026	Azul-pastel	2,5 PB 8/4	Bege-cáqui	2,5 Y 5/6
Vermelho segurança	3000	Azul	7,5 PB 3/8	-	-
Vermelho	3002	Amarelo-ouro	10 YR 7/14	-	-
Bege	1002	Amarelo	7,5 R 7/14	-	-
Marrom	8017	Amarelo segurança	5 Y 8/12	-	-
Púrpura	5014	Laranja segurança	2,5 YR 6/14	-	-
Branco	9010	Vermelho segurança	5 R 4/14	-	-
Rosa	3015	Creme	5 Y 3/16	-	-

Além dos elementos que produzem calor, as conexões tidas às centenas no interior dos conjuntos de manobra também são fontes de perdas elétricas importantes que contribuem para a elevação de temperatura interna deles.

10.3.14.1 Perdas elétricas nas barras

Normalmente todos os conjuntos de manobra possuem um barramento, que é o elemento para o qual fluem as correntes dos circuitos de alimentação e ao mesmo tempo fluem para a carga as correntes dos diferentes circuitos. Assim, essas correntes agindo na resistência das barras, em geral de cobre, produzem perdas elétricas que podem ser calculadas pela Equação (10.1).

$$P_e = \frac{\rho_m \times L}{S_b} \times \left\{ 1 + \alpha \times \left[30 \times \left(\frac{I_r}{I_m} \right)^2 + T_a - 20 \right] \right\} \times \left(\frac{I_r}{I_m} \right)^2 \quad (10.1)$$

P_e – perdas elétricas na barra, em W;
ρ_m – resistividade do cobre referida a 20 °C;
L – comprimento da barra, em m;
S_b – seção da barra, em mm²;
α – coeficiente de resistência térmica, em /°C, que para o cobre vale 0,00391 /°C, a 20 °C;
I_r – corrente a que está referida a perda da barra, em A;
I_m – corrente máxima admitida pela barra, em A;
T_a – temperatura ambiente no interior do compartimento onde a barra está instalada, em °C.

10.3.14.2 Perdas elétricas nas conexões

As conexões de uma instalação elétrica, seja ela uma indústria, uma subestação de média ou de alta-tensão, uma linha de transmissão etc., normalmente são contadas em grandes quantidades. São pontos do sistema elétrico em que se desenvolve um aumento da resistência elétrica ao longo do tempo. Como consequência, há gradativamente um aumento de temperatura no ponto de conexão elevando ainda mais a resistência elétrica, sendo esse fenômeno cumulativo e crescente tanto na resistência quanto na temperatura.

As conexões mais usuais nos conjuntos de manobra são formadas por condutores de cobre. As conexões em alumínio são menos frequentes. Logo após a realização da conexão entre condutores de cobre, barra × barra ou barra × condutor circular, inicia-se a formação de uma fina camada de óxido de cobre na periferia da conexão. Essa formação normalmente avança cobrindo, após determinado tempo, toda a área de contato, resultando em um aumento da resistência e o desenvolvimento de perdas elétricas. O mesmo acontece com as conexões em condutores de alumínio, em que há formação de uma fina camada de óxido de alumínio.

O valor das perdas elétricas depende de diferentes condições de execução e dos materiais empregados, ou seja:

- torque exercido sobre o parafuso da conexão;
- rugosidade das áreas de contato;
- dimensão das áreas de contato;
- espessura do material oxidante;
- intensidade da corrente circulante na conexão.

As perdas nas conexões influenciam na temperatura interna dos conjuntos de manobra e podem trazer consequências sérias na sua integridade se não ocorrer periodicamente uma inspeção utilizando um equipamento de termovisão, aparelho apropriado para encontrar "pontos quentes" nas conexões.

O cálculo das perdas elétricas nas conexões é uma tarefa árdua e por isso a norma IEC 60890 estabelece essas perdas.

10.3.14.3 Perdas elétricas nos equipamentos

Os equipamentos elétricos pelos quais flui a corrente de carga possuem partes condutoras que emitem calor por efeito Joule dessas correntes. Essas perdas dependem da grandeza do equipamento, e principalmente do seu projeto definido pelo fabricante e limitado por documentos normativos.

10.3.14.3.1 Perdas elétricas nos fusíveis

Os fusíveis instalados no interior dos conjuntos de manobra são fonte de calor devido às perdas Joule que se desenvolvem durante o seu uso. A norma IEC 60269-2-1 estabelece as perdas máximas permitidas para os fusíveis gL, gG e aM (fusíveis NH), considerando como base a sua corrente nominal. Os valores dessas perdas são dados pela Tabela 10.3, aqui reproduzida da IEC 60269-2-1.

Para se determinar as perdas dissipadas pelos fusíveis para correntes diferentes da sua corrente nominal, pode-se empregar a Equação (10.2).

$$P_{ef} = \frac{P_{nf}}{(1 + \alpha \times \Delta T)} \times \left[1 + \alpha \times \Delta T \times \left(\frac{I_r}{I_{nf}}\right)^2\right] \times \left(\frac{I_p}{I_{nf}}\right)^2 \quad (10.2)$$

P_{ef} – perdas elétricas no fusível, em W;
P_{nf} – perda do fusível para a sua corrente nominal, em W;
α – coeficiente de resistência térmica, em /°C, que para o cobre vale 0,00391 /°C, a 20 °C;
I_r – corrente a que está referida a perda no fusível, em A;
I_{nf} – corrente nominal do fusível, em A;
ΔT – variação da temperatura, em K (diferença entre a temperatura da barra e a temperatura ambiente).

Pode-se admitir o valor de $\Delta T = 100$ K (numericamente a variação é a mesma em °C).

10.3.14.3.2 Perdas elétricas nas chaves seccionadoras

Existe uma grande quantidade de tipos de chaves seccionadoras no mercado. Essas chaves instaladas no interior dos conjuntos de manobra desenvolvem perdas Joules apreciáveis, contribuindo para a elevação de temperatura nos referidos conjuntos de manobra. As perdas elétricas dessas chaves são normalmente fornecidas pelos fabricantes quando solicitadas pelo comprador. Quando na falta de valores específicos do fabricante das chaves seccionadoras que estão sendo utilizadas no interior do conjunto de manobra, podem-se adotar os valores "orientativos" da Tabela 10.4.

Os valores das perdas nas chaves seccionadoras podem ser calculados pela Equação (10.3).

$$P_{ech} = \frac{P_{nch}}{(1 + \alpha \times \Delta T)} \times \left[1 + \alpha \times \Delta T \times \left(\frac{I_r}{I_{nch}}\right)^2\right] \times \left(\frac{I_r}{I_{nch}}\right)^2 \quad (10.3)$$

TABELA 10.3 Comparativo entre as principais características dos conjuntos de manobra

Tamanho do fusível	Perda máxima permitida em W	
	500 V	690 V
NH-000	7,5	12
NH-000	12	12
NH-1	23	32
NH-2	34	45
NH-3	48	60
NH-4	90	90

TABELA 10.4 Perdas elétricas em chaves seccionadoras tripolares de baixa-tensão

Corrente nominal da chave seccionadora	Perdas em W nos três polos	Corrente nominal da chave seccionadora	Perdas em W nos três polos
63	18	630	147
100	24	800	176
160	30	1.000	186
200	36	1.250	198
250	45	1.600	305
315	63	2.500	498
400	75	3.150	645
500	115	–	–

P_{ech} – perdas elétricas na chave seccionadora, em W;

P_{nch} – perda da chave seccionadora para a sua corrente nominal, em W;

α – coeficiente de resistência térmica do material condutor da chave seccionadora, em /°C;

I_r – corrente a que está referida a perda na chave seccionadora, em A;

I_{nch} – corrente nominal da chave seccionadora, em A;

ΔT – variação da temperatura, em K (diferença entre a temperatura da barra e a temperatura ambiente).

Pode-se admitir o valor de $\Delta T = 70$ K (numericamente a variação é a mesma em °C).

10.3.14.3.3 Temperatura interna dos conjuntos de manobra

A temperatura interna dos conjuntos de manobra deve ser calculada e/ou medida pelo fabricante considerando os seguintes requisitos:

- as perdas dos fusíveis instalados;
- as perdas nas barras e nos cabos;
- as perdas das chaves seccionadoras;
- as perdas dos contatores;
- as perdas dos demais equipamentos ou dispositivos instalados no conjunto de manobra, tais como: chaves Soft Starters, inversores etc.;
- características construtivas dos conjuntos de manobra:
  - área da base do conjunto de manobra;
  - área das faces externas laterais dos conjuntos de manobra;
  - área da superfície do conjunto de manobra que efetivamente dissipa calor;
  - largura do conjunto de manobra;
  - número de compartimentos do conjunto de manobra;
  - relação entre a altura e a base;
  - relação entre a altura e a largura;
  - elevação de temperatura dentro do conjunto de manobra;
  - elevação de temperatura do ar interno na parte superior do conjunto de manobra;
  - elevação de temperatura do ar interno no ponto médio do conjunto de manobra;
  - elevação de temperatura do ar interno no ponto a 3/4 da altura do conjunto de manobra.

A norma internacional IEC 60890 apresenta um método prático para o cálculo da elevação de temperatura no interior

---

EXEMPLO DE APLICAÇÃO (10.1)

Determine a contribuição das perdas Joule no interior de um conjunto de manobra quando nele estão instaladas 4 chaves seccionadoras tripolares 630 A/660 V, alimentando cargas cuja corrente é de 476 A.

A partir da Equação (10.3), tem-se:

$$P_{nch} = 147 \text{ W (Tabela 10.4)}$$

$$\alpha = 0,00391/°C \text{ (Tabela 4.2)}$$

$$I_r = 476 \text{ A}$$

$$I_{nch} = 630 \text{ A}$$

$$\Delta T = 70 \text{ °C}$$

$$P_{nch} = 4 \times \frac{147}{(1+0,00391 \times 70)} \times \left[1 + 0,00391 \times 70 \times \left(\frac{476^2}{630}\right)\right] \times \left(\frac{476}{630}\right)^2$$

$$P_{nch} = 4 \times 115,4 \times 1,15 \times 0,57 = 4 \times 75,6 = 302,4 \text{ W}$$

de um conjunto de manobra limitado a algumas premissas básicas nela mencionadas.

10.3.15 Proteção contra arcos internos nos conjuntos de manobra

Os conjuntos de manobra devem ser construídos para suportar os arcos que possam surgir como resultado das correntes de curto-circuito em qualquer parte interna, a fim de proteger os operadores. Existem diferentes formas de se obter essa proteção.

As medidas principais para evitar arcos internos são:

- tempo rápido para eliminação dos defeitos realizado por meio de detectores sensíveis à luz, à pressão ou ao calor. Podem também realizar a proteção por meio de relés diferenciais de barramento;
- eliminação rápida do arco por meio de dispositivos de detecção e de fechamento rápido (eliminador de arco);
- utilização de fusível limitador da corrente de defeito com tempo de abertura inferior à duração de 1/4 de ciclo;
- dispositivo de alívio de pressão, conforme mostrado nas Figuras 10.23(a) e (b);
- inserção ou extração de componentes somente com a porta fechada.

10.3.16 Proteção por relés dedicados contra arcos internos nos conjuntos de manobra

A proteção contra arcos internos tem por objetivo evitar que um defeito no interior do conjunto de manobra, algumas vezes seguido de um arco com intensidade proporcional à corrente de falta, provoque o rompimento das suas partes frontais e/ou laterais que, arremessadas para fora, atinjam as pessoas presentes no ambiente. Esses acidentes têm consequências imprevisíveis, podendo ocasionar queimaduras graves associadas ou não a lesões no corpo das pessoas.

A proteção contra arcos internos normalmente é obtida por meio de unidades sensores de luz, instaladas nos pontos de maior probabilidade de falta interna associadas à variação significativa da corrente de carga que significa a presença de curto-circuito. O valor da corrente de carga ajustada deve ser inferior à corrente de defeito fase e terra e à corrente de defeito trifásica e superior à corrente de carga máxima do sistema. Pode-se considerar o ajuste da corrente de carga igual a 2 vezes a corrente máxima admitida no sistema. Assim, se ocorrer um curto-circuito fora do conjunto de manobra, o relé de proteção de arco interno não atuará, pois não foi detectada a presença de luz pelos sensores internos. Da mesma forma, se o operador focar, por exemplo, com uma lanterna no interior do conjunto de manobra atingindo os sensores, não haverá a atuação do relé de proteção contra arcos internos, pois, nesse caso, não está ocorrendo variações significativas da corrente de carga que denota a presença de defeito, independentemente de ser defeito interno ou externo ao conjunto de manobra. Além disso, durante a partida de grandes motores elétricos que provoca elevadas correntes no sistema não haverá atuação do relé, pois não houve detecção de presença de luz no interior do conjunto de manobra.

Há dois tipos de sensores de luz: sensores de luz pontual e sensores de luz regional. Os primeiros são dispositivos localizados nos pontos que inspiram maiores cuidados na formação de arcos elétricos, por exemplo, partes móveis do conjunto de manobra, como no caso dos contatos de extração e inserção de disjuntores extraíveis. Já o segundo tipo de sensores de luz é constituído por cabos sensores de luz que circulam as regiões mais críticas do conjunto de manobra onde pode mais facilmente ocorrer a formação de arcos. A Figura 10.24 mostra esquematicamente como podem ser utilizados esses tipos de sensores.

As unidades sensores de luz são interligadas por fibra ótica ao relé de proteção contra arcos internos. A esse relé podem também estar integradas as demais funções de proteção.

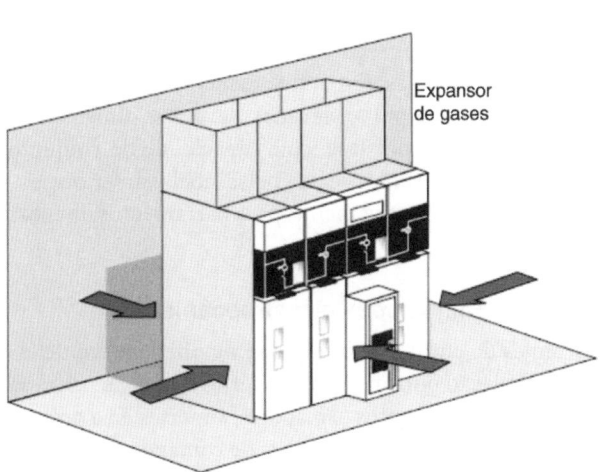

(a) Exaustão na parte superior e 4 acessos

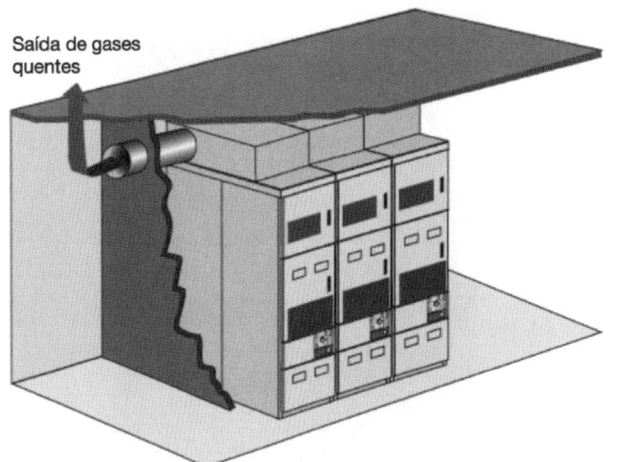

(b) Exaustão lateral e acesso frontal

FIGURA 10.23 Conjunto de manobra: exaustão na parte superior e 4 acessos.

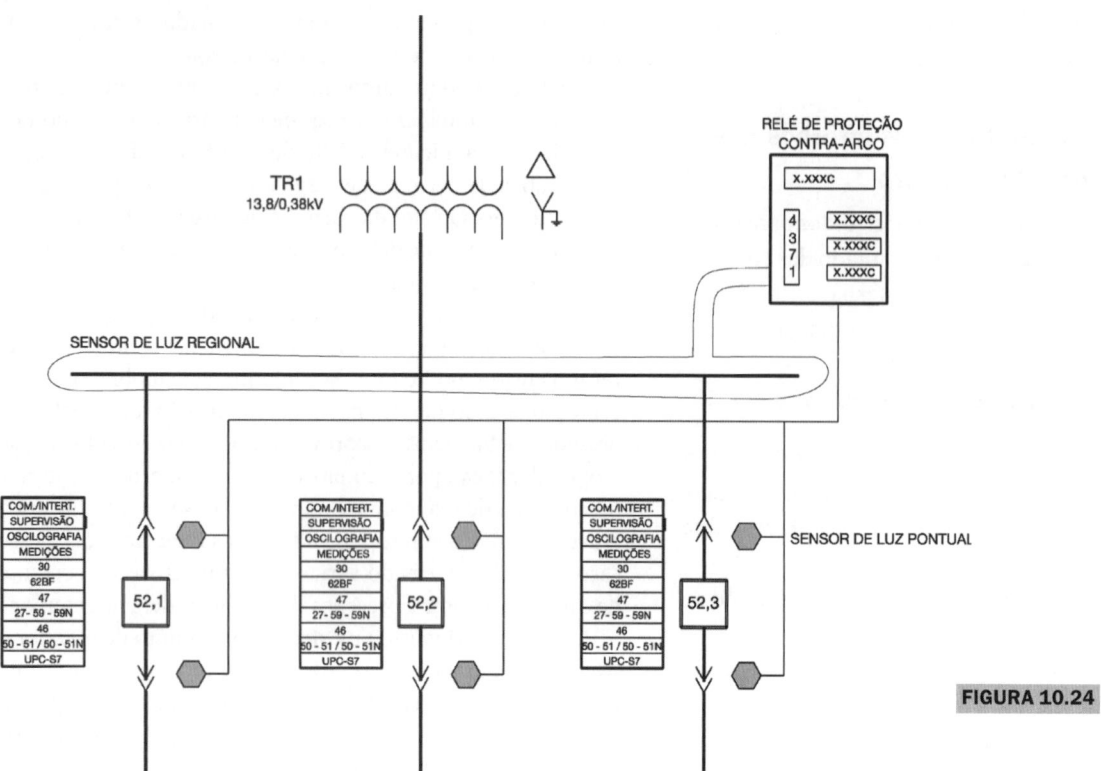

FIGURA 10.24 Diagrama unifilar: utilização dos sensores de luz pontual e regional.

Tem-se como exemplo o relé SEL751A da Schweitzer Engineering Laboratories.

A sensibilidade dos sensores na presença de luz é equivalente à intensidade luminosa entre 20.000 e 1.000.000 lux, que corresponde à intensidade luminosa do arco elétrico (*arc-flash*). Para fins de comparação, a intensidade luminosa da luz do sol de verão a céu aberto é de 100.000 lux.

O ajuste da intensidade luminosa contra arco interno deve ser superior à intensidade luminosa medida no ambiente de instalação do conjunto de manobra.

A Figura 10.25 mostra os efeitos de um defeito interno quando o conjunto de manobra não possui nenhum sistema de proteção ou alívio da expansão de gases.

FIGURA 10.25 Conjunto de manobra: expansão dos gases para defeitos internos.

10.3.17 Dimensionamento dos barramentos

Os barramentos dos conjuntos de manobra devem ser dimensionados tomando como base três princípios básicos: a capacidade máxima da carga a ser conectada, os esforços eletromecânicos e os efeitos térmicos.

Os barramentos normalmente são fabricados em barras de seção retangular de cobre e em alguns casos específicos em barras retangulares de alumínio. Podem ser pintadas ou simplesmente instaladas sem pintura.

10.3.17.1 Corrente máxima da carga conectada

Para a determinação da seção inicial do barramento, deve-se conhecer a corrente correspondente à carga máxima a ser conectada nele. A partir desse valor, consultar as Tabelas 10.5 e 10.6, que fornecem as seções padronizadas de barras retangulares comercializadas, respectivamente, de cobre e de alumínio. Para correntes muito elevadas, devem-se dimensionar duas ou mais barras por fase, cuja capacidade do conjunto fica reduzida e pode ser fornecida pelas tabelas anteriormente mencionadas, respectivamente, para barramentos de cobre e alumínio.

10.3.17.2 Solicitações eletromecânicas

As correntes de curto-circuito que se manifestam em determinada instalação podem provocar sérios danos de natureza mecânica nos barramentos, isoladores, suportes e na própria estrutura dos conjuntos de manobra de comando e proteção.

Quando as correntes elétricas percorrem dois condutores (barras ou cabos), mantidos paralelos e próximos entre si, aparecem forças de deformação que, dependendo de sua intensidade, podem danificar mecanicamente esses condutores.

TABELA 10.5 Características técnicas dos barramentos de cobre

Largura	Espessura	Seção	Peso	Resistência	Reatância	Capacidade de corrente permanente (A)					
						Barra pintada			Barra nua		
						Número de barras por fase					
mm	mm	mm²	kg/m	mOhm/m	mOhm/m	1	2	3	1	2	3
12	2	23,5	0,209	0,9297	0,2859	123	202	228	108	182	216
15	2	29,5	0,262	0,7406	0,2774	148	240	261	128	212	247
15	3	44,5	0,396	0,4909	0,2619	187	316	381	162	282	361
20	2	39,5	0,351	0,5531	0,2664	189	302	313	162	264	298
20	3	59,5	0,529	0,3672	0,2509	273	394	454	204	348	431
20	5	99,1	0,882	0,2205	0,2317	319	560	728	274	500	690
20	10	199,0	1,770	0,1098	0,2054	497	924	1.320	427	825	1.180
25	3	74,5	0,663	0,2932	0,2424	287	470	525	245	412	498
25	5	125,0	1,110	0,1748	0,2229	384	662	839	327	586	795
30	3	89,5	0,796	0,2441	0,2355	337	544	593	285	476	564
30	5	140,0	1,330	0,1561	0,2187	447	760	944	379	627	896
30	10	299,0	2,660	0,0731	0,1900	676	1.200	1.670	573	1.060	1.480
40	3	119,0	1,050	0,1836	0,2248	435	692	725	366	600	690
40	5	199,0	1,770	0,1098	0,2054	573	952	1.140	482	836	1.090
40	10	399,0	3,550	0,0548	0,1792	850	1.470	2.000	715	1.290	1.770
50	5	249,0	2,220	0,0877	0,1969	697	1.140	1.330	583	994	1.260
50	10	499,0	4,440	0,0438	0,1707	1.020	1.720	2.320	852	1.510	2.040
60	5	299,0	2,660	0,0731	0,1900	826	1.330	1.510	688	1.150	1.440
60	10	599,0	5,330	0,0365	0,1639	1.180	1.960	2.610	989	1.720	2.300
80	5	399,0	3,550	0,0548	0,1792	1.070	1.680	1.830	885	1.450	1.750
80	10	799,0	7,110	0,0273	0,1530	1.500	2.410	3.170	1.240	2.110	2.790
100	5	499,0	4,440	0,0438	0,1707	1.300	2.010	2.150	1.080	1.730	2.050
100	10	988,0	8,890	0,0221	0,1450	1.810	2.850	3.720	1.490	2.480	3.260
120	10	1.200,0	10,700	0,0182	0,1377	2.110	3.280	4.270	1.740	2.860	3.740
160	10	1.600,0	14,200	0,0137	0,1268	2.700	4.130	5.360	2.220	3.590	4.680
200	10	2.000,0	17,800	0,0109	0,1184	3.290	4.970	6.430	2.690	4.310	5.610

Condições de instalação:
Temperatura da barra: 65 °C
Temperatura ambiente: 35 °C
Afastamento entre as barras paralelas: igual à espessura
Distâncias entre as barras: 7,5 cm
Posição das barras: vertical
Distâncias entre os centros de fases: > 0,80 vez o afastamento entre fases

Os sentidos de atuação dessas forças dependem dos sentidos em que as correntes percorrem os condutores, podendo surgir forças de atração ou repulsão.

Considerando-se duas barras paralelas e biapoiadas nas extremidades, percorridas por correntes de forma de onda complexa, a determinação das solicitações mecânicas pode ser obtida resolvendo-se a Equação (10.4).

$$F_b = 2{,}04 \times \frac{I_{cim}^2}{100 \times D} \times L_b \text{ (kgf)} \qquad (10.4)$$

F_b – força de atração ou repulsão exercida sobre as barras condutoras, em kgf;
D – distância entre as barras, em cm;
L_b – comprimento da barra, isto é, distância entre dois apoios sucessivos, em cm;
I_{cim} – corrente de curto-circuito, tomada no seu valor de crista, em kA.

A seção transversal das barras deve ser suficientemente dimensionada para suportar a força F, sem deformar-se. Os esforços resistentes das barras podem ser calculados por meio das Equações (10.5) e (10.6).

TABELA 10.6 Características técnicas dos barramentos de alumínio

Barras de alumínio retangulares no interior de painéis											
Largura	Espessura	Seção	Peso	Resistência	Reatância	Capacidade de corrente permanente (A)					
						Barra pintada			Barra nua		
mm	mm	mm²	kg/m	mOhm/m	mOhm/m	Número de barras por fase					
						1	2	3	1	2	3
12	2	23,5	0,0633	1,4777	0,2859	97	160	178	84	142	168
15	2	29,5	0,0795	1,1771	0,2774	118	190	204	100	166	193
	3	44,5	0,1200	0,7803	0,2619	148	252	300	126	222	283
20	2	39,5	0,1070	0,8791	0,2664	150	240	245	127	206	232
	3	59,5	0,1610	0,5836	0,2509	188	312	357	159	272	337
	5	99,1	0,2680	0,3504	0,2317	254	446	570	214	392	537
	10	199,0	0,5380	0,1745	0,2054	393	730	1.060	331	643	942
25	3	74,5	0,2010	0,4661	0,2424	228	372	412	190	322	390
	5	124,0	0,3350	0,2800	0,2232	305	526	656	255	460	619
30	3	89,5	0,2420	0,3880	0,2355	267	432	465	222	372	441
	5	149,0	0,4030	0,2331	0,2163	356	606	739	295	526	699
	10	299,0	0,8080	0,1161	0,1900	536	956	1.340	445	832	1.200
40	3	119,0	0,3230	0,2918	0,2248	346	550	569	285	470	540
	5	199,0	0,5380	0,1745	0,2054	456	762	898	376	658	851
	10	399,0	1,0800	0,0870	0,1792	677	1.180	1.650	557	1.030	1.460
50	5	249,0	0,6730	0,1395	0,1969	566	916	1.050	455	786	995
	10	499,0	1,3500	0,0696	0,1707	815	1.400	1.940	667	1.210	1.710
60	5	299,0	0,8080	0,1161	0,1900	655	1.070	1.190	533	910	1.130
	10	599,0	1,6200	0,0580	0,1639	951	1.610	2.200	774	1.390	1.940
80	5	399,0	1,0800	0,0870	0,1792	851	1.360	1.460	688	1.150	1.400
	10	799,0	2,1600	0,0435	0,1530	1.220	2.000	2.660	983	1.720	2.380
100	5	499,0	1,3500	0,0696	0,1707	1.050	1.650	1.730	846	1.390	1.660
	10	999,0	2,7000	0,0348	0,1446	1.480	2.390	3.110	1.190	2.050	2.790
	15	1.500,0	4,0400	0,0232	0,1292	1.800	2.910	3.730	1.450	2.500	3.220
120	10	1.200,0	3,2400	0,0289	0,1377	1.730	2.750	3.540	1.390	2.360	3.200
	15	1.800,0	4,8600	0,0193	0,1224	2.090	3.320	4.240	1.680	2.850	3.650
160	10	1.600,0	4,3200	0,0217	0,1268	2.220	3.470	4.390	1.780	2.960	4.000
	15	2.400,0	6,4700	0,0145	0,1115	2.670	4.140	5.230	2.130	3.540	4.510
200	10	2.000,0	5,4000	0,0174	0,1184	2.710	4.180	5.230	2.160	3.560	4.790
	15	3.000,0	8,0900	0,0116	0,1031	3.230	4.950	6.240	2.580	4.230	5.370

Condições de instalação:
Temperatura da barra: 65 °C
Temperatura ambiente: 35 °C
Afastamento entre as barras paralelas: igual à espessura
Afastamento entre os centros das barras: 7,5 cm
Posição das barras: vertical
Distâncias entre os centros de fases: > 0,80 vez o afastamento entre fases

$$W_b = \frac{B \times H^2}{6.000} \text{ (cm}^3\text{)} \quad (10.5)$$

$$M_f = \frac{F_b \times L_b}{12 \times W_b} \text{ (kgf/cm}^2\text{)} \quad (10.6)$$

W_b – momento resistente da barra, em cm³;
M_f – tensão à flexão, em kgf/cm²;
H – altura da seção transversal, em mm;
B – base da seção transversal, em mm.

EXEMPLO DE APLICAÇÃO (10.2)

Considere o conjunto de manobra de média tensão, 13,80 kV, mostrado na Figura 10.26. Dimensione as barras verticais pintadas sabendo que a corrente de curto-circuito trifásico é de 25 kA, valor de pico. A Figura 10.26 mostra a disposição das barras (faces de menor dimensão paralelas) e seus respectivos apoios. A corrente máxima de carga é de 490 A.

Aplicando-se a Equação (10.4), tem-se:

$$I_{cim} = 25 \text{ kA (valor já calculado)}$$
$$D = 350 \text{ mm} = 35 \text{ cm (ver Figura 10.26)}$$
$$L_b = 516 \text{ mm} = 51,6 \text{ cm (ver Figura 10.26)}$$

$$F_b = 2,04 \times \frac{25^2}{100 \times 35} \times 51,6 = 18,8 \text{ kgf}$$

Portanto, a resistência mecânica das barras deve ser superior ao valor do esforço produzido por F_b acima calculado. Além disso, os isoladores e suportes devem ter resistências compatíveis com o mesmo esforço de solicitação.

O valor da resistência mecânica da barra adotada (30 × 10 mm) disposta com as faces de menor dimensão paralelas vale:

$B = 10$ mm
$H = 30$ mm
$L_b = 516$ mm $= 51,6$ cm

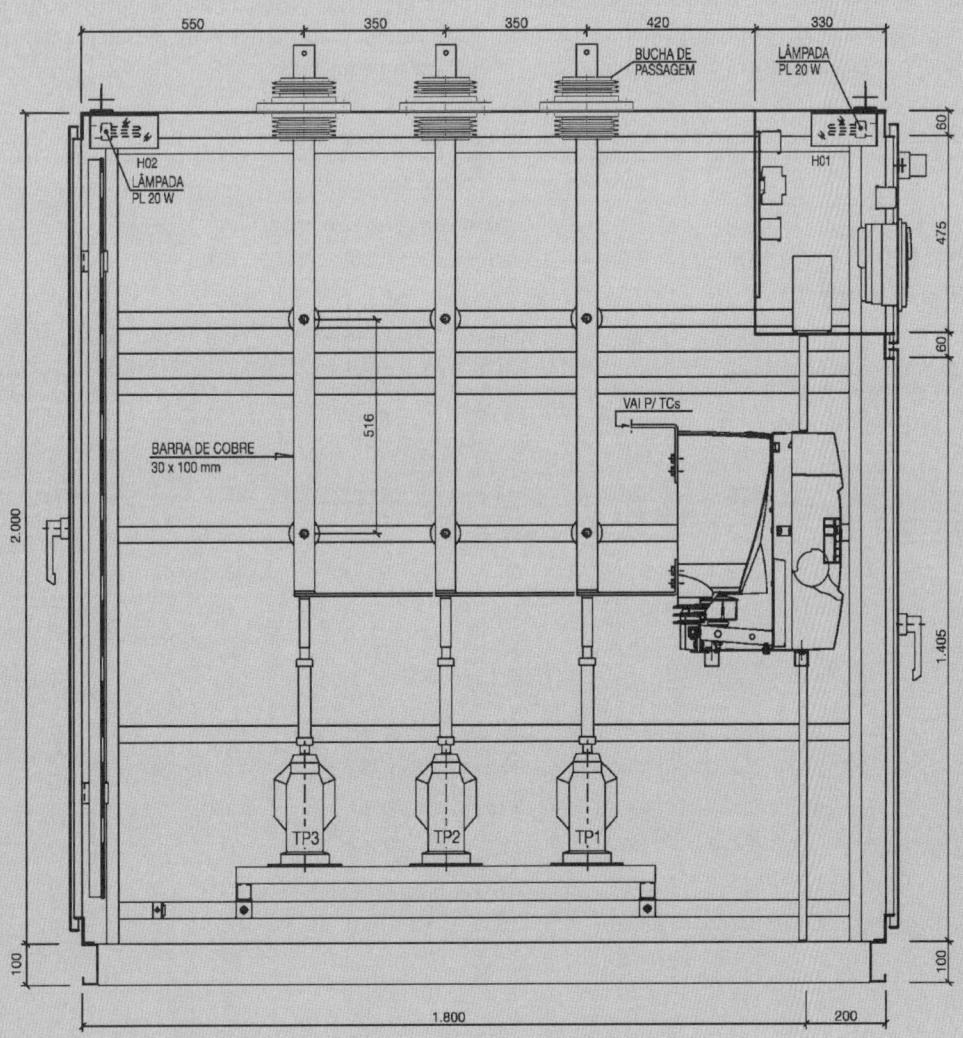

FIGURA 10.26 Conjunto de manobra de média tensão: vista interna.

O momento resistente da barra vale:

$$W_b = \frac{B \times H^2}{6.000} = \frac{10 \times 30^2}{6.000} = 1,5 \text{ cm}^3$$

A tensão à flexão vale:

$$M_f = \frac{F_b \times L_b}{12 \times W_b} = \frac{18,8 \times 51,6}{12 \times 1,5} = 53,9 \text{ kgf/cm}^2$$

Comparando-se o valor de M_f com o máximo permissível para o cobre, observa-se que a barra suporta os esforços resultantes, isto é: $M_f > M_{fcu}$.

As barras podem ser dispostas com as faces de maior dimensão paralelas ou com as faces de menor dimensão paralelas. No primeiro caso, a tensão à flexão M assume um valor inferior ao encontrado para o segundo caso.

Sendo o cobre o material mais comumente utilizado em conjuntos de manobra de comando industriais, os esforços atuantes nas barras ou vergalhões não devem ultrapassar a $M_{fcu} \leq 2.000$ kgf/cm² (= 20 kgf/mm²), que corresponde ao limite à flexão. Para o alumínio, o limite é $M_{fal} \leq 900$ kgf/cm² (= 9 kgf/mm²).

O dimensionamento dos barramentos requer especial atenção quanto às suas estruturas de apoio, principalmente o limite dos esforços permissíveis nos isoladores de suporte.

As Tabelas 10.7 e 10.8 fornecem os esforços mecânicos a que ficam submetidos os barramentos dos conjuntos de manobra de comando durante a ocorrência de um curto-circuito. A Tabela 10.7 é aplicada quando as barras estão com as faces de maior dimensão em paralelo, enquanto a Tabela 10.8 se destina aos barramentos em que as faces de menor dimensão estão em paralelo.

10.3.17.3 Solicitações térmicas

As correntes de curto-circuito provocam efeitos térmicos nos barramentos, cabos, chaves e outros equipamentos, danificando-os, caso não estejam suficientemente dimensionados para suportá-las.

TABELA 10.7 Dimensionamento de barramentos de cobre pelo esforço mecânico (faces de maior dimensão em paralelo)

Barramento		Esforços mecânicos em kgf/mm²							
		Corrente de curto-circuito em kA							
B	H	5	10	15	20	30	40	50	60
19,0	1,59	107,5	430,0	967,5	1.720,0	3.870,0	6.880,1	10.750,2	15.480,3
25,4	1,59	80,4	321,6	723,7	1.286,6	2.894,9	5.146,5	8.041,5	11.579,7
12,7	3,18	40,2	160,8	361,8	643,3	1.447,4	2.573,2	4.020,7	5.789,8
19,0	3,18	26,8	107,5	241,8	430,0	967,5	1.720,0	2.687,5	3.870,0
25,4	3,18	20,1	80,4	180,9	321,6	723,7	1.286,6	2.010,3	2.894,9
38,1	3,18	13,4	53,6	120,6	214,4	482,4	857,7	1.340,2	1.929,9
25,4	4,77	8,9	35,7	80,4	142,9	321,6	571,8	893,5	1.286,6
38,1	4,77	5,9	23,8	53,6	95,3	214,4	381,2	595,6	857,7
50,8	4,77	4,4	17,8	40,2	71,4	160,8	285,9	446,7	643,3
25,4	6,35	5,0	20,1	45,3	80,6	181,5	322,6	504,1	726,0
38,1	6,35	3,3	13,4	30,2	53,7	121,0	215,1	336,1	484,0
50,8	6,35	2,5	10,0	22,6	40,3	90,7	161,3	252,9	363,0
63,5	6,35	2,0	8,0	18,1	32,2	72,6	129,0	201,6	290,4
70,2	6,35	1,8	7,3	16,4	29,2	65,6	116,7	182,4	262,6
88,9	6,35	1,4	5,7	12,9	23,0	51,8	92,1	144,0	207,4
101,6	6,35	1,2	5,0	11,3	20,1	45,3	80,6	126,0	181,5
25,4	12,70	1,2	5,0	11,3	20,1	45,3	80,6	126,0	181,5
50,8	12,70	0,6	2,5	5,6	10,1	22,6	40,3	63,0	90,7
76,2	12,70	0,4	1,6	3,7	6,7	15,1	26,8	42,0	60,5
101,6	12,70	0,3	1,2	2,8	5,0	11,3	20,1	31,5	45,3

Condições: espaçamento entre dois apoios consecutivos das barras: 550 mm; distância entre barras: 80 mm.

TABELA 10.8	Dimensionamento de barramentos de alumínio pelo esforço mecânico (faces de menor dimensão em paralelo)								
		Esforços mecânicos em kgf/mm²							
Barramento		Corrente de curto-circuito em kA							
B	H	5	10	15	20	30	40	50	60
1,59	19,0	9,0	35,9	80,9	143,9	323,8	575,7	899,6	1.295,4
1,59	25,4	5,0	20,1	45,3	80,5	181,2	322,1	503,3	724,8
3,18	12,7	10,0	40,2	90,6	161,0	362,4	644,3	1.006,7	1.449,7
3,18	19,0	4,5	17,9	40,4	71,9	161,9	287,8	449,8	647,7
3,18	25,4	2,5	10,0	22,6	40,2	90,6	161,0	251,8	362,4
3,18	38,1	1,1	4,4	10,0	17,9	40,2	71,6	111,8	161,0
4,77	25,4	1,6	6,7	15,1	26,8	60,4	107,4	167,8	241,6
4,77	38,1	0,7	2,9	6,7	11,9	26,8	47,7	74,5	107,4
4,77	50,8	0,4	1,6	3,7	6,7	15,1	26,8	41,9	60,4
6,35	25,4	1,2	5,0	11,3	20,1	45,3	80,6	126,0	181,5
6,35	38,1	0,5	2,2	5,0	8,9	20,1	35,8	56,0	80,7
6,35	50,8	0,3	1,2	2,8	5,0	11,3	20,1	31,5	45,4
6,35	63,5	0,2	0,8	1,8	3,2	7,2	12,9	20,1	29,0
6,35	70,2	0,2	0,6	1,5	2,6	5,9	10,5	16,5	23,7
6,35	88,9	0,1	0,4	0,9	1,6	3,7	6,6	10,2	14,8
6,35	101,6	-	0,3	0,7	1,2	2,8	5,0	7,8	11,3
12,70	25,4	-	2,5	5,6	10,0	22,6	40,3	63,0	90,7
12,70	50,8	-	0,6	1,4	2,5	5,6	10,0	15,7	22,6
12,70	76,2	-	0,2	0,6	1,1	2,5	4,4	7,0	10,0
12,70	101,6	-	0,1	0,3	0,6	1,4	2,5	3,9	5,6

Condições: espaçamento entre dois apoios consecutivos entre barras: 550 mm; distância entre barras: 80 mm.

EXEMPLO DE APLICAÇÃO (10.3)

Dimensione o barramento de um QGF, em que a corrente de curto-circuito simétrica tem valor eficaz de 30 kA, considerando-se que a distância entre os apoios isolantes é de 550 mm e a distância entre as barras é de 80 mm. As barras estão com as faces de maior dimensão em paralelo.

Para que os esforços na barra não ultrapassem o limite de 20 kgf/mm² (= 2.000 kgf/cm²), toma-se a barra de 76,2 × 12,70 mm na Tabela 10.7, cuja seção transversal é de 918 mm². Comercialmente, seriam adquiridas barras de cobre de 100 × 10 mm², conforme a Tabela 10.5, cuja seção transversal é de 1.000 mm².

Os efeitos térmicos dependem da duração da corrente de curto-circuito e do valor de sua intensidade. São calculados pela Equação (10.7).

$$I_{th} = I_{cis} \times \sqrt{M + N} \text{ (kA)} \qquad (10.7)$$

I_{cis} – corrente eficaz inicial de curto-circuito simétrica, em kA;
M – fator de influência do componente de corrente contínua, dado na Tabela 10.9;
N – fator de influência do componente de corrente alternada, dado na Tabela 10.10;
I_{th} – valor térmico médio efetivo da corrente.

Em geral, os fabricantes indicam os valores da corrente térmica nominal de curto-circuito que seus equipamentos, cabos etc., podem suportar durante um período de tempo T_{th}, normalmente definido em 1 s.

10.3.18 Exemplo de especificação de um conjunto de manobra

10.3.18.1 Conjuntos de manobra de média tensão

- Tipo do conjunto de manobra .... Metal enclosed
- Tipo de instalação.. Abrigado
- Função...Proteção e manobra
- Tensão nominal (eficaz) .... 15 kV
- Tensão máxima de operação contínua .... 17,5 kV
- Corrente nominal mínima dos barramentos (eficaz).. 2.000 A
- Corrente simétrica de interrupção (eficaz).............. 40 kA
- Fator de assimetria 1,20
- Corrente mínima de curta duração (1 segundo) (eficaz) .... 40 kA

TABELA 10.9 — Fator de influência do componente contínuo de curto-circuito (M)

Duração T_d (s)	Fator de assimetria								
	1,1	1,2	1,3	1,4	1,5	1,6	1,7	1,8	1,9
0,01	0,50	0,64	0,73	0,92	1,07	1,26	1,45	1,67	1,80
0,02	0,28	0,35	0,50	0,60	0,72	0,88	1,14	1,40	1,62
0,03	0,17	0,23	0,33	0,41	0,52	0,62	0,88	1,18	1,47
0,04	0,11	0,17	0,25	0,30	0,41	0,50	0,72	1,00	1,33
0,05	0,08	0,12	0,19	0,28	0,34	0,43	0,60	0,87	1,25
0,07	0,03	0,08	0,15	0,17	0,24	0,29	0,40	0,63	0,93
0,10	0,00	0,00	0,00	0,01	0,15	0,23	0,35	0,55	0,83
0,20	0,00	0,00	0,00	0,00	0,15	0,10	0,15	0,30	0,52
0,50	0,00	0,00	0,00	0,00	0,00	0,00	0,12	0,19	0,20
1,00	0,00	0,00	0,00	0,00	0,00	0,00	0,00	0,00	0,01

TABELA 10.10 — Fator de influência do componente alternado de curto-circuito (N)

Duração T_d (s)	Relação entre I_{cis}/I_{cs}								
	6,0	5,0	4,0	3,0	2,5	2,0	1,5	1,25	1,0
0,01	0,92	0,93	0,94	0,95	0,96	0,97	0,98	1,00	1,00
0,02	0,87	0,90	0,92	0,94	0,96	0,97	0,98	1,00	1,00
0,03	0,84	0,87	0,89	0,92	0,94	0,96	0,98	1,00	1,00
0,04	0,78	0,84	0,86	0,90	0,93	0,96	0,97	0,99	1,00
0,05	0,76	0,80	0,84	0,88	0,91	0,95	0,97	0,99	1,00
0,07	0,70	0,75	0,80	0,86	0,88	0,92	0,96	0,97	1,00
0,10	0,68	0,70	0,76	0,83	0,86	0,90	0,95	0,96	1,00
0,20	0,53	0,58	0,67	0,75	0,80	0,85	0,92	0,95	1,00
0,50	0,38	0,44	0,53	0,64	0,70	0,77	0,87	0,94	1,00
1,00	0,27	0,34	0,40	0,50	0,60	0,70	0,84	0,91	1,00
2,00	0,18	0,23	0,30	0,40	0,50	0,63	0,78	0,87	1,00
3,00	0,14	0,17	0,25	0,34	0,40	0,58	0,73	0,86	1,00

EXEMPLO DE APLICAÇÃO (10.4)

Em uma instalação industrial, a corrente inicial eficaz simétrica de curto-circuito no barramento do QGF é de 50 kA, sendo a relação X/R igual a 1,40. Calcule a corrente térmica mínima de curto-circuito que deve ter as chaves seccionadoras ali instaladas.

$$I_{cis} = I_{cs}$$

Como já mencionado anteriormente, essa relação só é válida quando o ponto de geração está distante do ponto de defeito.

$\dfrac{X}{R} = 1,40 \rightarrow F_a = 1,10$ (veja o livro *Instalações Elétricas Industriais*, do autor, 10ª edição, Rio de Janeiro, LTC, 2023).

Para $F_a = 1,10$ e $T_d = 1$ s $\rightarrow M = 0$ (Tabela 10.9).

Para $I_{cis}/I_{cs} = 1$ e $T_d = 1$ s $\rightarrow N = 1$ (Tabela 10.10).

$I_{th} = I_{cis} \times \sqrt{N + M} = 50 \times \sqrt{1 + 0} = 50$ kA.

- Corrente nominal mínima suportável de crista .... 75 kA
- Corrente de resistência ao arco interno.............. 40 kA/1 s
- Frequência .... 60 Hz
- Tensão do circuito de aquecimento e
  iluminação..220 Vca
- Tensão suportável à frequência industrial
  (1 minuto)... 38 kV
- Tensão suportável de impulso atmosférico............ 110 kV
- Grau de proteção IP51
- Manutenção do conjunto de
  manobra... Frontal e posterior
- Entrada e saída dos cabos.................................... Inferior
- Estrutura do conjunto de manobras ....Aço-carbono
- Espessura da estrutura e portas .... 2,65 mm
- Espessura da placa de montagem.......................... 1,90 mm
- Tratamento das chapas....................................Fosfatizada
- Acabamento externo ....Cinza RAL 7032 – tinta pó
- Acabamento interno.................Cinza RAL 7032 – tinta pó
- Partes internas....................................Chapas galvanizadas
- Altura + base .... 2.000 + 100 mm
- Largura .... 800 mm
- Profundidade .... 1.000 mm

10.3.18.2 Conjuntos de manobra de baixa-tensão

- Tensão nominal .... 220/380/440/480 V
- Frequência nominal ....60 Hz
- Tensão de isolação ....600 V
- Tensão do sistema de controle .... 24Vcc – 220 Vca
- Tensão dos serviços auxiliares .... 220 Vca
- Corrente máxima suportável de curto-circuito,
  valor de crista .... 100 kA
- Corrente suportável de curto-circuito
  simétrica (1 s)...48 kA
- Corrente nominal do barramento principal ....4.000 A
- Corrente nominal do barramento derivação ....1.000 A
- Esquema de aterramento ....TNS
- Nível básico de isolação ....4 kV
- Tipo do conjunto de manobra .... *Metal enclosed*
- Tipo de instalação...Abrigado
- Grau de proteção IP40
- Gavetas de saída tipo................................... Fixa/Extraível
- Manutenção do conjunto de manobras .... Frontal e posterior
- Entrada e saída dos cabos.................. Inferior ou superior
- Estrutura do conjunto de manobras ....Aço-carbono
- Espessura da estrutura e portas .... 2,65 mm
- Espessura da placa de montagem.......................... 1,90 mm
- Tratamento das chapas....................................Fosfatizada
- Acabamento externo .... Cinza RAL 7032 – tinta pó
- Acabamento interno................. Cinza RAL 7032 – tinta pó
- Partes internas....................................Chapas galvanizadas
- Altura + base ....2.000 + 100 mm
- Largura .... 800 mm
- Profundidade .... 1.000 mm

10.4 ENSAIOS

Os ensaios têm como objetivo assegurar se o projeto e a fabricação do conjunto de manobra, incluindo os seus componentes, estão de acordo com as normas vigentes e se atendem às condições de segurança operacionais. Os ensaios devem ser realizados reproduzindo-se as condições mais severas a que pode ficar submetido o conjunto de manobra.

10.4.1 Conceitos de ensaios TTA e PTTA

É o conjunto de ensaios definidos pela NBR IEC 60439-1 destinado a garantir o desempenho e a segurança de operação dos conjuntos de manobra de baixa-tensão.

10.4.1.1 Ensaio TTA (*Type Tested Assembly*)

Os conjuntos de manobra são classificados como TTA quando obtiveram sucesso em todos os ensaios realizados de acordo com a NBR IEC 60439-1 – Conjuntos de Manobra e Controle de Baixa-Tensão até 1 kV – Parte 1: Conjuntos com Ensaio de Tipo Totalmente Testados (TTA) e Conjuntos com Ensaio de Tipo Parcialmente Testados (PTTA). Os ensaios considerados de tipo são:

- verificação dos limites de elevação de temperatura;
- verificação das propriedades dielétricas;
- verificação da corrente suportável de curto-circuito;
- verificação da eficácia do circuito de proteção;
- verificação das distâncias de escoamento e de isolação;
- verificação do funcionamento mecânico dos componentes;
- verificação do grau de proteção.

10.4.1.2 Ensaio PTTA (*Partially Tested Assembly*)

Os conjuntos de manobra são classificados como PTTA quando obtiveram sucesso nas partes submetidas aos ensaios realizados de acordo com a NBR IEC 60439-1, também conhecidos como conjunto de manobra parcialmente testado.

Os conjuntos de manobra PTTA são construídos de acordo com um projeto elétrico e mecânico, e sua *performance* garantida por meio de cálculos ou testes realizados nos componentes que satisfizerem aos ensaios realizados no TTA ou em conjuntos de manobra considerados similares nos diversos aspectos de utilização e operação.

A característica de conjuntos de manobra PTTA tem origem na dificuldade de definição de sua utilização, pois muitas vezes a mesma aplicação pode necessitar de requisitos diferentes para a realização dos ensaios.

10.4.2 Ensaio de tipo

Também conhecido como ensaio de protótipo, destina-se a verificar se determinado tipo ou modelo de conjuntos de manobra é capaz de funcionar satisfatoriamente em condições especificadas. Os ensaios de tipo normalmente são realizados em uma amostra dos conjuntos de manobra fabricados ou em partes definidas do conjunto de manobra tomando como base seu projeto ou conjunto de manobra de características técnicas semelhantes.

Quando um conjunto de manobra é submetido aos ensaios de tipo, as partes ensaiadas podem sofrer danos que venham a comprometer a utilização do referido conjunto de manobra. O seu uso somente deve ocorrer se houver um acordo entre o fabricante e o usuário.

Os ensaios de tipo podem ser realizados a partir da solicitação do comprador ou por iniciativa do próprio fabricante. São eles:

10.4.2.1 Conjuntos de manobra de baixa-tensão

Os ensaios dos conjuntos de manobra de baixa-tensão são regidos pela NBR IEC 60439-1 – Dispositivos de proteção contra surtos em baixa-tensão – Parte 1: Dispositivos de proteção conectados a sistemas de distribuição de energia de baixa-tensão – Requisitos de desempenho e métodos de ensaio. A seguir, serão mencionados os principais ensaios estabelecidos pela referida norma.

- Verificação dos limites de elevação da temperatura.
- Verificação das propriedades dielétricas.
- Verificação da corrente suportável de curto-circuito.
- Verificação da eficácia do circuito de proteção.
- Verificação das distâncias de escoamento e de isolação.
- Verificação do funcionamento mecânico.
- Verificação do grau de proteção.

10.4.2.2 Conjuntos de manobra de média tensão

Os ensaios dos conjuntos de manobra de média tensão são regidos pela norma NBR IEC 62271-200 – Conjunto de manobra e controle de alta-tensão – Parte 200 – Conjunto de manobra e controle de alta-tensão em invólucro metálico para tensões acima de 1 kV até 52 kV. A seguir, serão mencionados os principais ensaios estabelecidos pela referida norma.

10.4.2.2.1 Ensaio dielétrico

Esse ensaio verifica o nível de isolamento do conjunto de manobra e deve ser realizado de acordo com o item 6.2 da NBR IEC 62271-200.

- Ensaios de tensão à frequência industrial.
- Ensaio de tensão de impulso atmosférico.
- Ensaios de descargas parciais.

10.4.2.2.2 Ensaio de elevação de temperatura

Deve ser realizado de acordo com o item 6.5 da NBR IEC 62271-200.

10.4.2.2.3 Ensaios de corrente suportável de curta duração e valor de crista da corrente suportável

Devem ser realizados de acordo com o item 6.6 da NBR IEC 62271-200. São ensaiados:

- os circuitos principais;
- os circuitos de aterramento.

10.4.2.2.4 Ensaio de compatibilidade eletromagnética (CEM)

Deve ser realizado de acordo com o item 6.9 da NBR IEC 62271-200.

10.4.2.2.5 Verificação da proteção

Deve ser realizada de acordo com o item 6.7 da NBR IEC 62271-200. Esses ensaios têm como objetivo garantir a proteção das pessoas contra o acesso às partes perigosas do conjunto de manobra e à penetração de objetos sólidos estranhos. São eles:

- verificação do código de IP;
- ensaio de impacto mecânico.

10.4.2.2.6 Ensaio de impacto mecânico

Deve ser realizado em atendimento ao item 6.7.2 da NBR IEC 60694.

10.4.2.2.7 Ensaio de estanqueidade

Deve ser realizado atendendo o item 6.8 da NBR IEC 60694.

10.4.2.2.8 Verificação das capacidades de estabelecimento e de interrupção

Esse ensaio deve ser realizado de acordo com o item 6.101 da NBR IEC 62271-200.

10.4.2.2.9 Ensaio de operação mecânica

Deve ser realizado de acordo com o item 6.102 da NBR IEC 62271-200. São ensaiados:

- dispositivos de manobra e partes removíveis;
- intertravamentos.

10.4.2.2.10 Ensaio de suportabilidade à pressão para compartimentos preenchidos a gás

Deve ser realizado de acordo com o item 6.103 da NBR IEC 62271-200. São eles:

- ensaios de suportabilidade à pressão para compartimentos preenchidos a gás com dispositivos de alívio de pressão;
- ensaios de suportabilidade à pressão para compartimentos preenchidos a gás sem dispositivos de alívio de pressão.

10.4.2.2.11 Ensaio em divisões e obturadores não metálicos

Deve ser realizado de acordo com o item 6.104 da NBR IEC 62271-200. São eles:

- ensaios dielétricos;
- medição de corrente de fuga.

10.4.2.2.12 Ensaio de proteção contra intempéries

Deve ser realizado de acordo com o item 6.105 da NBR IEC 62271-200. Esses ensaios são realizados somente em conjuntos de manobra metálicos para uso ao tempo.

10.4.2.2.13 Ensaio de arco interno

Deve ser realizado de acordo com o item 6.106 da NBR IEC 62271-200. Esse ensaio se aplica a conjuntos de manobra, previstos para serem qualificados na classe IAC, visando à segurança das pessoas quando da ocorrência de um defeito interno ao conjunto de manobra seguido de arco elétrico. "Os compartimentos que são protegidos por fusíveis limitadores de corrente que satisfazem os seus ensaios de tipo devem ser ensaiados com o tipo de fusível que produza a mais alta corrente de corte (corrente passante). A duração real do fluxo de corrente é controlada pelos fusíveis. O compartimento ensaiado é designado como protegido por fusível. Os ensaios devem realizados à tensão máxima nominal do equipamento."

10.4.3 Ensaios de rotina

Destinam-se a verificar a qualidade e uniformidade da mão de obra e dos materiais empregados na fabricação dos conjuntos de manobra. Normalmente, esses ensaios são realizados pelo fabricante e/ou solicitados pelo comprador. São os seguintes:

10.4.3.1 Conjuntos de manobra de baixa-tensão

- Inspeção do conjunto de manobra.
- Ensaio dielétrico.
- Verificação da continuidade elétrica dos circuitos auxiliares e de proteção.

10.4.3.2 Conjuntos de manobra de média tensão

Os ensaios de rotina devem ser realizados nos laboratórios do fabricante do conjunto de manobra antes do embarque de cada unidade e têm como objetivo assegurar que o conjunto de manobra esteja em conformidade com o conjunto de manobra submetido aos ensaios de tipo. A seguir, serão mencionados os principais ensaios de rotina. Alguns deles são iguais aos ensaios de tipo.

- Ensaio dielétrico do circuito principal
  - Deve ser realizado de acordo com o item 7.1 da ABNT NBR IEC 60694.
- Ensaio nos circuitos auxiliares e de controle
  - Deve ser realizado de acordo com o item 7.2 da ABNT NBR IEC 60694.
- Ensaio de estanqueidade
  - Deve ser realizado de acordo com a ABNT NBR IEC 60694.
- Ensaio de verificação de projeto e aspectos visuais
  - Deve ser realizado de acordo com a ABNT NBR IEC 60694.
- Medição de descargas parciais
  - Normalmente, essa medição deve ser realizada apenas quando solicitada pelo usuário.
- Ensaio de operação mecânica
  - Esse ensaio deve assegurar que os dispositivos de conexão, as partes removíveis e as travas mecânicas funcionem de acordo com as condições de projeto.
- Ensaio de pressão de compartimentos preenchido a gás
  - Cada compartimento deve ser submetido ao ensaio com uma pressão igual a 1,3 da pressão estabelecida em projeto durante 1 min.
- Ensaio de dispositivos auxiliares elétricos, pneumáticos e hidráulicos

11

DISJUNTORES DE ALTA-TENSÃO

11.1 INTRODUÇÃO

Os disjuntores são equipamentos destinados à interrupção e ao restabelecimento das correntes elétricas em determinado ponto do circuito.

Os disjuntores sempre devem ser instalados acompanhados da aplicação dos relés respectivos, que são os elementos responsáveis pela detecção das correntes, tensões, frequência, etc. do circuito que, após analisadas por sensores previamente ajustados, podem enviar ou não a ordem de comando para a sua abertura. Um disjuntor instalado sem os relés correspondentes transforma-se apenas em uma excelente chave de manobra, sem nenhuma característica de proteção.

A função principal de um disjuntor é interromper as correntes de defeito de determinado circuito durante o menor espaço de tempo possível. Porém, os disjuntores são também solicitados a interromper correntes de circuitos operando a plena carga e a vazio, e a energizar os mesmos circuitos em condições de operação normal ou em falta.

O disjuntor é um equipamento cujo funcionamento apresenta aspectos bastante singulares. Opera, continuamente, sob tensão e corrente de carga muitas vezes em ambientes muito severos no que diz respeito à temperatura, à umidade, à poeira etc. Em geral, após longo tempo nessas condições, às vezes até anos, é solicitado a operar por conta de um defeito no sistema. Nesse instante, todo o seu mecanismo, inerte até então, deve operar com todas as suas funções, realizando tarefas tecnicamente difíceis, em questão de décimos de segundo.

11.2 ARCO ELÉTRICO

O arco elétrico é um fenômeno que ocorre quando se separam dois terminais de um circuito que conduz determinada corrente de carga, sobrecarga ou de defeito. Pode ser definido também como um canal condutor, formado em um meio fortemente ionizado, provocando um intenso brilho e elevando, consideravelmente, a temperatura do meio em que se desenvolve. Para melhor entendimento do fenômeno, considere a abertura do polo de um disjuntor representada na Figura 11.1, em seus vários instantes, durante o período de manobra.

Inicialmente, na posição (a), o polo apresenta os seus contatos fechados por onde circula determinada corrente elétrica, cuja resistência é formada basicamente pela pressão dos contatos metálicos, resultando em uma pequena perda por efeito joule. No instante inicial do movimento do contato móvel, a pressão entre os contatos diminui, aumentando, consequentemente, a resistência elétrica entre eles e conduzindo a corrente a circular apenas por algumas saliências existentes nas superfícies dos contatos. Isso acarreta grandes perdas ôhmicas, elevando consideravelmente a temperatura das superfícies condutoras, o que pode ser observado na posição (b).

Imediatamente após a separação dos contatos, a corrente continua passando através do meio fortemente ionizado, de acordo com a posição (c). Ao se proceder ao afastamento total dos contatos, observa-se a formação do arco que precisa ser extinto o mais rapidamente possível, de sorte a evitar a fusão dos contatos.

As saliências nas superfícies dos contatos são de tamanho microscópico e normal a qualquer metal, mesmo que seja dispensado um tratamento de alisamento no acabamento das superfícies.

É bom lembrar, também, que, ao se ligar um disjuntor ou mesmo uma chave sob pressão de mola, por exemplo, há uma deformação elástica e plástica dos contatos. Como consequência da deformação elástica, há um processo de recocheteamento dos contatos que pode se repetir várias vezes e somente cessa quando toda a energia cinética do mecanismo do contato móvel transforma-se em calor.

Como as superfícies dos contatos apresentam uma temperatura extremamente elevada, inicia-se um processo denominado termoemissão ou de emissão térmica. Nesse processo, cada átomo do metal de que são constituídos os contatos recebe uma

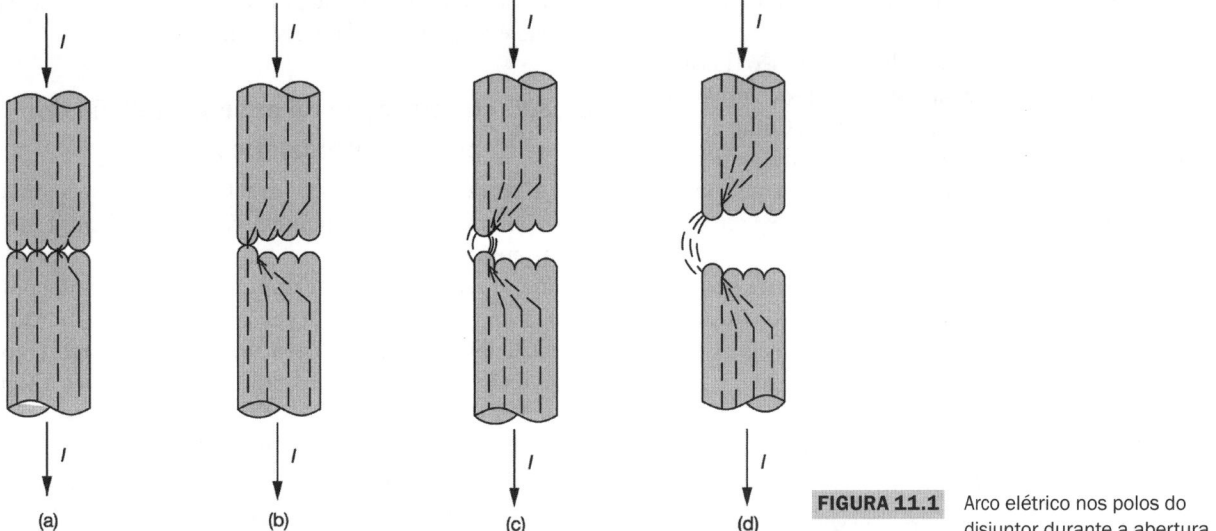

FIGURA 11.1 Arco elétrico nos polos do disjuntor durante a abertura.

elevada quantidade de energia, fazendo com que os elétrons que estão em órbita em torno do núcleo sejam atirados para as camadas posteriores, afastando-se do núcleo, até serem liberados para fora de sua influência.

A liberação dos elétrons também é facilitada pela ionização do meio extintor devido à temperatura elevada nessa região. Os íons positivos, assim formados, se dirigem para o catodo, enquanto os elétrons se dirigem para o anodo. No choque, os íons cedem ao catodo determinada quantidade de energia cinética, que, associada à temperatura elevada, propicia a liberação dos elétrons desse terminal.

A Figura 11.2 mostra a estrutura de um átomo constituído de prótons e nêutrons formando o núcleo. Em sua órbita aparecem os elétrons ocupando camadas distintas a certa distância do núcleo. Os nêutrons não apresentam nenhuma carga elétrica; já os prótons são dotados de carga elétrica positiva. Como ambos estão localizados no núcleo, este fica carregado positivamente. Os elétrons possuem carga elétrica negativa e são em igual número aos prótons, neutralizando eletricamente o átomo. Se este perde ou ganha um ou mais elétrons, deixa de manter a sua neutralidade elétrica, tornando-se, dessa forma, o que se chama de íon carregado positiva ou negativamente, conforme o caso.

O processo de ionização é acelerado quando os elétrons, arrancados de suas órbitas, se chocam violentamente com os átomos do meio existente entre os contatos, que pode ser o ar, no caso de um seccionamento ao tempo ou de disjuntores a ar comprimido; o óleo, no caso de disjuntores a óleo; ou o gás, no caso de disjuntores a SF_6. Esse processo é acelerado devido à presença do campo elétrico que aparece nesse instante entre os contatos a partir de sua abertura.

É nesse meio fortemente ionizado, contendo elétrons arrancados do catodo e os íons resultantes do meio existente, que a corrente elétrica continua a ser conduzida entre os terminais abertos. É importante observar que a corrente de arco é constituída por dois conjuntos de elétrons, isto é, os elétrons, originados no processo de ionização, que se deslocam do catodo no sentido do anodo (contatos fixo e móvel) e os elétrons de que é constituída a corrente elétrica da carga propriamente dita, que muda de sentido a cada meio ciclo.

Para que cesse a condução de corrente elétrica no meio ionizado, é necessário que esse meio sofra um processo de desionização. Isso pode ser feito substituindo-se, por um processo qualquer, o meio ionizado por um meio não ionizado. No caso do disjuntor a ar comprimido, o ar ionizado no interior da câmara é substituído por uma nova quantidade de ar sob pressão em forma de sopro. Já no caso do disjuntor a SF_6, o gás ionizado é substituído por uma nova quantidade de gás dirigido sobre a região dos contatos.

Ao mesmo tempo em que o meio extintor é substituído por outro, se processa o resfriamento na zona do arco, o que

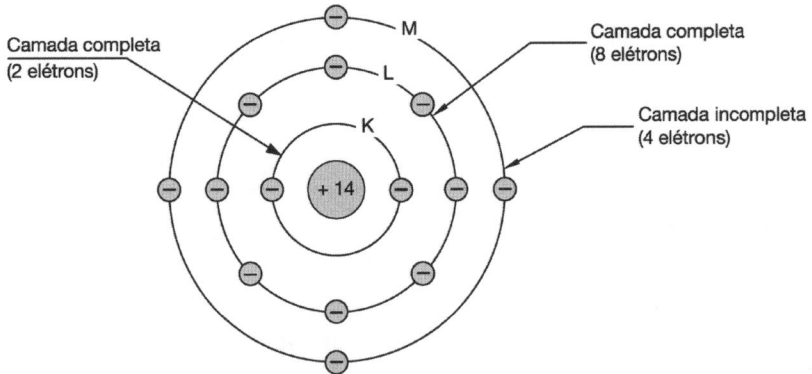

FIGURA 11.2 Representação atômica.

contribui significativamente para a desionização da região dos contatos.

A corrente elétrica I conduzida pelo arco elétrico (plasma) encontra determinada resistência por parte deste, provocando uma queda de tensão ΔV entre os contatos. Como a resistência do arco varia de acordo com a temperatura, a queda de tensão ΔV também varia. A Figura 11.3 mostra graficamente as características $V \times I$ do arco elétrico de acordo com o que se expôs anteriormente.

O arco pode atingir cerca de 4.000 K na sua periferia, podendo chegar a aproximadamente 15.000 K no seu núcleo. Os valores dessas temperaturas podem variar em função do meio extintor.

11.3 PRINCÍPIO DE INTERRUPÇÃO DA CORRENTE ELÉTRICA

A operação de qualquer interruptor se faz separando-se os seus respectivos contatos, que permitem, quando fechados, a continuidade elétrica do circuito. Durante essa separação, devido à energia armazenada no circuito, há o surgimento do arco elétrico, que precisa ser prontamente eliminado, sob pena de consequências danosas ao sistema.

O arco formado dessa maneira torna-se agora o meio de continuidade do circuito mencionado, até que a corrente atinja o seu ponto zero, durante o ciclo senoidal, quando, nesse momento, se dá a interrupção do disjuntor. Porém, se o meio em que se dá a abertura dos contatos permanecer ionizado, durante o meio ciclo seguinte, a corrente poderá ter a sua continuidade elétrica restabelecida com a formação de um novo arco.

Como princípio básico para a extinção de um arco elétrico qualquer, é necessário que se provoque o seu alongamento por meios artificiais, se reduza a sua temperatura e se substitua o meio ionizado entre os contatos por um meio isolante eficiente que pode ser o ar, o óleo ou o gás, o que permite, assim, classificar o tipo do meio extintor, consequentemente, as características construtivas dos disjuntores.

Porém, se durante a interrupção de uma corrente elétrica ela é reduzida abruptamente a zero, surgem sobretensões no circuito, tendo como resultado a liberação da energia armazenada no momento da interrupção. Essas sobretensões são capazes de provocar danos ao sistema e aos aparelhos consumidores correspondentes.

Para se conhecer o princípio da interrupção elétrica, é necessário estudar separadamente os meios extintores.

11.3.1 Interrupção no ar sob condição de pressão atmosférica

Esse tipo de interrupção é característico de seccionadores tripolares, que operaram em carga, e de disjuntores de baixa-tensão.

Para se realizar uma interrupção no ar sob condições de pressão atmosférica, podem ser empregados recursos adicionais que facilitam com grande eficiência a extinção do arco. Os processos mais comuns de interrupção no ar são citados a seguir.

a) Por alongamento e resfriamento do arco

Esse é o processo mais simples e rudimentar de extinção do arco. Utilizando-se duas hastes metálicas, em forma de chifre, dispostas frontalmente conforme a Figura 11.4, o arco formado entre elas provoca o aquecimento do ar que as envolve. A tendência ascendente do ar quente leva consigo o próprio arco, alongando-o, em função da forma das hastes e, ao mesmo tempo, resfriando-o até a sua extinção total nas partes superiores do dispositivo.

Esse processo é utilizado em certos seccionadores que operam sob tensão em redes aéreas de distribuição e na proteção de isolação de certos equipamentos, como os transformadores de potência, caracterizada pelo *gap* instalado entre os terminais de cada bucha e a carcaça, conforme mostrado na Figura 11.5.

Como se pode notar, esse processo de interrupção requer um tempo bastante longo, muitas vezes incompatível com a segurança e a integridade do sistema elétrico como um todo.

Na prática, esse processo de extinção de arco utilizado em seccionadores sob carga está associado, geralmente, a outro processo, que é o da alta velocidade de manobra.

b) Por alta velocidade de manobra

Consiste em imprimir aos contatos móveis do equipamento uma grande velocidade na abertura ou no fechamento, de forma a se conseguir um tempo relativamente curto na separação dos respectivos contatos e, consequentemente, na extinção do arco.

Os interruptores que se utilizam desse processo dispõem de um conjunto de molas previamente carregado antes da

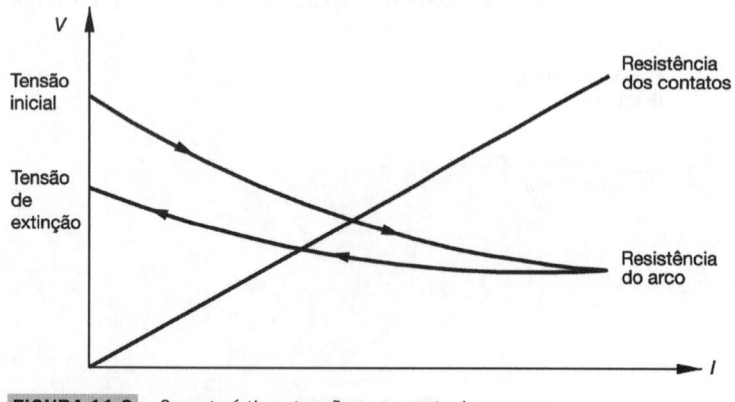

FIGURA 11.3 Características tensão × corrente de um arco.

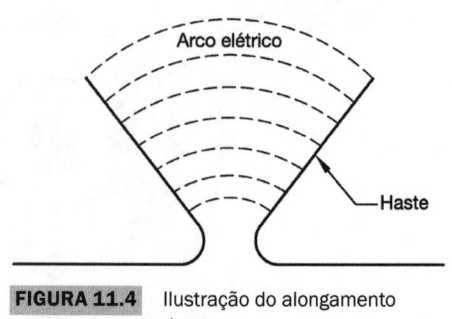

FIGURA 11.4 Ilustração do alongamento do arco.

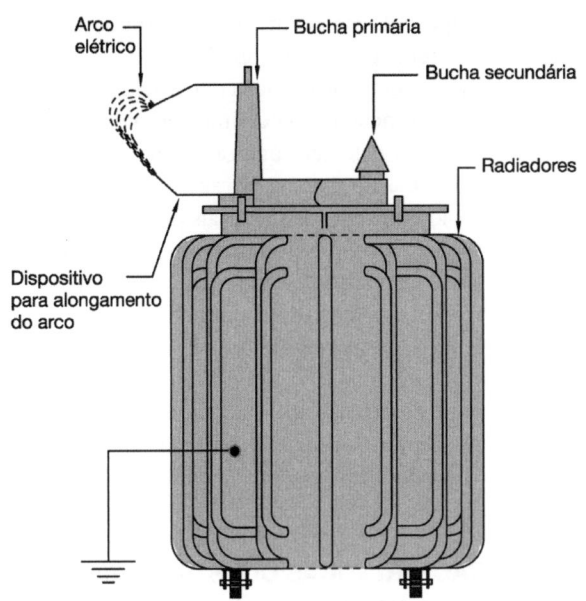

FIGURA 11.5 Aplicação de dispositivos em equipamentos para alongamento do arco.

execução da manobra. Isso substitui a habilidade do operador, cuja velocidade de manobra pode variar para cada indivíduo.

c) Por fracionamento do arco

Nesse processo, são utilizadas câmaras de material incombustível contendo certa quantidade de lâminas metálicas, cobre ou aço inox, cuja função é dividir e resfriar o arco, facilitando a desionização do meio extintor. Essas lâminas são montadas em paralelo entre suportes de material isolante, que podem ser de plástico resistente ou fibra de vidro, no caso de disjuntores de alta-tensão, e de cerâmica, no caso de seccionadores de baixa-tensão.

A Figura 11.6 ilustra a extinção de um arco no interior de uma câmara de fracionamento.

Quando o contato móvel se afasta do contato fixo, surge o arco que se alonga progressivamente até se interiorizar entre as lâminas metálicas, dividindo-o em tantos fragmentos quantas forem as respectivas lâminas. Se a câmara é construída de cerâmica, esta absorve certa quantidade de calor do arco, resfriando-o mais rapidamente devido à sua característica térmica.

Nas câmaras utilizadas em circuitos de tensão elevada, além de ser de construção bastante complexa, a extinção do arco pode ser ajudada, empregando-se meios artificiais de interiorizar o arco entre lâminas por meio de injeção de ar comprimido. Esse processo é comum nos interruptores de corrente contínua, em que a corrente, devido à sua característica não senoidal (não há passagem pelo zero natural), apresenta dificuldades adicionais de ser interrompida.

d) Por sopro magnético

Nesse processo, são utilizadas duas bobinas, excitadas pela corrente do circuito a ser interrompido, cujo campo magnético resultante provoca o deslocamento do arco para o interior da câmara desionizante, fracionando-o, resfriando-o e extinguindo-o na primeira passagem da corrente pelo zero natural.

11.3.2 Interrupção no óleo

Esse processo consiste na abertura dos contatos do interruptor no interior de um recipiente que contém determinada quantidade de óleo mineral.

Quando da separação dos contatos, há a formação de um arco entre eles, logo circundado pelo óleo existente na região dos polos. Como o arco elétrico apresenta uma temperatura excessivamente elevada, as primeiras camadas de óleo que tocam o arco são decompostas e gaseificadas, resultando na liberação de certa quantidade de gases, compostos na sua maioria por hidrogênio, associado a uma porcentagem de acetileno e metano. A tendência dos gases é elevar-se para a superfície do óleo; nessa trajetória leva consigo o próprio arco, que se alonga e resfria ainda nas imediações dos contatos, extinguindo-se, em geral, logo na primeira passagem da corrente pelo zero natural.

O hidrogênio, por apresentar uma condutividade térmica muito elevada, favorece o resfriamento do arco, retirando-lhe calor. No entanto, quando a corrente a ser interrompida é muito grande para a capacidade nominal do disjuntor, o arco se forma de maneira intensa, fazendo com que o mecanismo de

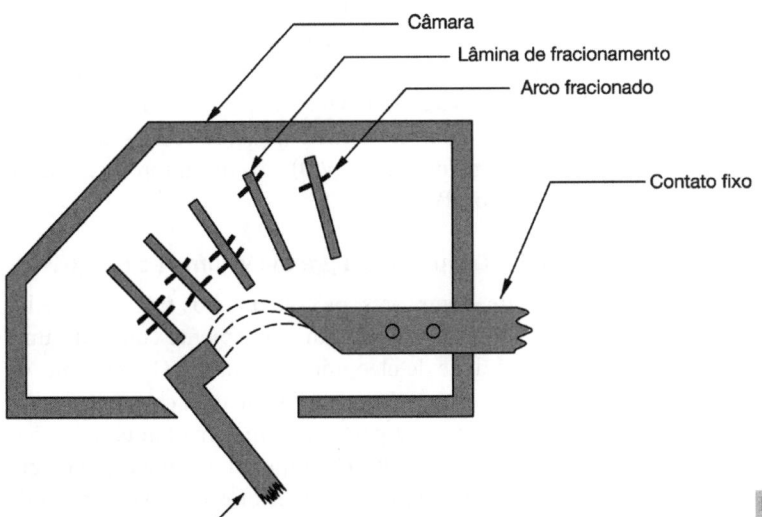

FIGURA 11.6 Ilustração da extinção de arco no interior de uma câmara de disjuntor.

abertura do disjuntor, associado aos efeitos de resfriamento e alongamento do arco, seja insuficiente para extingui-lo, ocasionando a explosão do equipamento.

11.3.3 Interrupção no gás SF$_6$

Esse processo consiste na abertura dos contatos do interruptor no interior de um recipiente contendo certa quantidade do gás hexafluoreto de enxofre – SF$_6$.

O princípio básico de interrupção em SF$_6$ se fundamenta em sua capacidade de levar rapidamente a zero a condutibilidade elétrica do arco, absorvendo os elétrons livres na sua região, e de restabelecer com extrema velocidade a sua rigidez dielétrica após cessados os fenômenos que motivaram a formação do arco. Isso porque o SF$_6$ é um gás eletronegativo, o que lhe propicia facilidades de capturar os elétrons livres presentes no plasma de um arco elétrico, reduzindo, portanto, a sua condutibilidade à medida que a corrente tende ao seu zero natural.

Por ser um gás extremamente pesado e incolor, deve-se tomar cuidado ao manipulá-lo em ambientes fechados, pois, caso haja um vazamento, o SF$_6$ se acumula nas regiões inferiores do ambiente, substituindo o ar e provocando asfixia ao atingir determinado nível. Em contato com a água, pode formar substâncias extremamente corrosivas, que atacam os materiais metálicos em que estão contidas. Contudo, não é tóxico e não apresenta cheiro, o que pode não ser uma boa característica quanto ao aspecto de segurança durante o seu manuseio.

Durante a operação de um disjuntor, há decomposição de certa quantidade de SF$_6$, produzindo fluoretos como o SF$_2$ e SF$_4$, que são produtos tóxicos, porém, logo em seguida, se recombinam, originando substâncias não tóxicas. Outra propriedade interessante do SF$_6$ é a de que a sua rigidez dielétrica não é seriamente afetada quando se mistura com o ar em proporções não superiores a 1/5.

À medida que se pressiona o SF$_6$, a sua rigidez dielétrica aumenta substancialmente. Para cerca de 2 kg/cm^2, a sua rigidez dielétrica é a mesma da do óleo mineral isolante de boa qualidade. Para se precaver contra perda excessiva de pressão no vaso que contém o SF$_6$, os disjuntores são providos de um sistema que permite sinalização e intertravamento, evitando a sua operação em situações perigosas.

11.3.4 Interrupção no vácuo

Esse processo consiste na abertura dos contatos do interruptor no interior de uma ampola em que se fez um elevado nível de vácuo. É considerada a condição de vácuo, quando a pressão atinge 10^{-8} torr, que corresponde a uma pressão negativa de $1,3595 \times 10^{-7}$ kgf/m^2, ou seja, 1 torr equivale a 1 mm de coluna de mercúrio, ou 13,95 kgf/m^2.

A câmara de vácuo apresenta um funcionamento bastante peculiar. Mediante a separação dos contatos, surge um arco entre eles de grande intensidade, acompanhado de certa quantidade de vapor metálico resultante de uma pequena decomposição dos contatos, formando um plasma. Após a extinção do arco, restabelece-se a rigidez dielétrica entre os contatos do disjuntor. A intensidade com que se forma o vapor metálico durante a disrupção do arco é diretamente proporcional à intensidade da corrente que é interrompida.

Desse modo, correntes de pequena intensidade não mantêm a descarga do vapor metálico, sendo interrompidas antes mesmo da sua passagem pelo zero natural, o que pode provocar sobretensões elevadas no sistema. No entanto, na composição dos contatos, são empregados materiais de liga especial que podem interromper correntes de baixo valor, da ordem de 5 A.

O processo de formação de condensação dos vapores metálicos é realizado em tempo extremamente curto, na faixa de microssegundos. A tensão resultante da formação do arco fica limitada a praticamente 200 V.

Como se pode observar, o arco não sofre nenhum processo de resfriamento durante a sua extinção, o que diferencia substancialmente esse tipo de disjuntor de muitos outros.

11.4 CARACTERÍSTICAS CONSTRUTIVAS DOS DISJUNTORES

Os tipos construtivos dos disjuntores dependem dos meios que utilizam para extinção do arco. Existe no mercado uma grande quantidade de marcas e tipos de disjuntores empregando as mais variadas técnicas, às vezes particulares para certas aplicações.

Independentemente das características elétricas disponíveis entre os vários disjuntores comercializados, estes podem ser estudados quanto às duas formas básicas: o sistema de interrupção do arco e o sistema de acionamento.

11.4.1 Quanto ao sistema de interrupção do arco

Os disjuntores podem ser classificados como a seguir.

11.4.1.1 Disjuntores a óleo

Nos sistemas de média tensão e para aplicação geral em subestações consumidoras de pequeno e médio portes, os disjuntores a óleo têm uma forte presença no mercado, devido a seu custo reduzido, robustez construtiva, simplicidade operativa e reduzidas exigências de manutenção, dadas as características de operação desses sistemas. No entanto, vêm perdendo mercado para o seu principal concorrente que é o disjuntor a vácuo.

Os disjuntores a óleo podem ser fabricados de acordo com duas diferentes técnicas de interrupção, ou seja, os disjuntores a grande volume de óleo (GVO) e os disjuntores a pequeno volume de óleo (PVO).

11.4.1.1.1 Disjuntores a grande volume de óleo (GVO)

Nesse tipo de disjuntores, os contatos dos três polos se localizam no interior de um único recipiente contendo uma grande quantidade de óleo mineral isolante. O recipiente, ou simplesmente tanque, é constituído de uma chapa de aço robusta e contém na sua parte superior uma tampa metálica, cujas guarnições em borracha especial garantem uma completa vedação do conjunto. O interior do tanque é revestido de material isolante.

Os contatos de cada polo são instalados no interior de uma pequena câmara de extinção constituída de um tubo de fenolite robusto e altamente resistente. No interior da referida câmara, circundando os contatos, existe um sistema de celas anulares. Os contatos estão profundamente imersos no volume de óleo, o que impede, dentro dos limites da capacidade de interrupção do disjuntor, o restabelecimento do arco pelo resfriamento eficaz efetuado pelos gases ascendentes.

A superfície dos contatos é prateada, com a finalidade de evitar a oxidação que acarretaria uma elevada resistência de contato e, consequentemente, uma sobre-elevação de temperatura. Os contatos fixos são construídos em forma de tulipa e constituídos de um vergalhão de cobre com a extremidade ovalada.

Os disjuntores a grande volume de óleo de média tensão são, em grande parte, construídos para serem utilizados com relés eletromecânicos ou eletrônicos de ação direta, instalados em suas buchas de alimentação. Para isso, são providos de hastes de fenolite fixadas, na parte superior, aos dispositivos de acionamento dos relés eletromecânicos e, na parte inferior, a um sistema de bielas que transmite o movimento à caixa de comando que atua sobre o eixo de acionamento, operando o disjuntor.

A Figura 11.7 mostra a vista externa de um disjuntor a grande volume de óleo de fabricação Sace.

Já os disjuntores GVO, para tensões superiores a 15 kV, são providos de mecanismos de abertura que permitem a utilização de relés secundários de indução ou digitais.

Os disjuntores GVO de média tensão são operados, em geral, manualmente, introduzindo-se uma haste metálica de dimensões adequadas no orifício da ogiva, localizada na caixa de comando, normalmente fixada na parte frontal do equipamento, e girando-a até que se estabeleça o fim de curso no qual a mola de fechamento adquire a posição de carga. Ao ser destravada a mola, os polos do disjuntor são fechados. Esse movimento comprime uma mola ligada ao mecanismo móvel do disjuntor e destinada a sua abertura, que ocorre quando é liberada a trava mecânica que a mantém nessa posição. Essa trava pode ser removida pelo mecanismo de disparo dos relés ou, manualmente, por meio de dispositivo montado na caixa de comando.

Opcionalmente, os disjuntores GVO podem ser dotados de comando motorizado e são próprios para atuação através de relés secundários de ação indireta, alimentados por transformadores de corrente.

Os disjuntores devem ser sempre guardados antes da sua entrada em operação com o tanque cheio de óleo mineral, em ambiente seco, de baixa umidade, além de outras recomendações dadas pelos fabricantes. Podem ser fornecidos para instalação em suportes fixos ou dotados de rodas de ferro com superfície de rolagem lisa.

A tecnologia dos disjuntores GVO está ultrapassada, apesar de sua elevada capacidade de ruptura e ótimo desempenho. Por não conseguir competir no mercado nacional com os disjuntores a pequeno volume de óleo e com os disjuntores a vácuo, praticamente desapareceu do mercado.

11.4.1.1.2 Disjuntores a pequeno volume de óleo (PVO)

Nesse tipo de disjuntor, os contatos são instalados no interior de câmaras de extinção individualmente separadas, e montadas juntamente com a caixa do mecanismo de comando em uma estrutura de cantoneiras de ferro galvanizado. Pode ser identificado na Figura 11.8.

Outro tipo de câmara de comprimento curto pode ser visto na Figura 11.9.

Os polos que contêm a câmara de extinção, os contatos fixos e móveis de abertura/fechamento e o líquido de extinção do arco são os principais elementos do disjuntor.

Cada polo é dotado de um bujão superior para enchimento e inferior para a drenagem do óleo isolante, cujo nível pode ser controlado através de um visor de material transparente, instalado na altura da câmara de extinção.

Na câmara de extinção de arco, ilustrada na Figura 11.10, se processa a interrupção da corrente elétrica do circuito. É constituída basicamente de três partes: o compartimento superior onde são extintas as correntes de pequena intensidade; a base da câmara, que permite, juntamente com o cabeçote, a

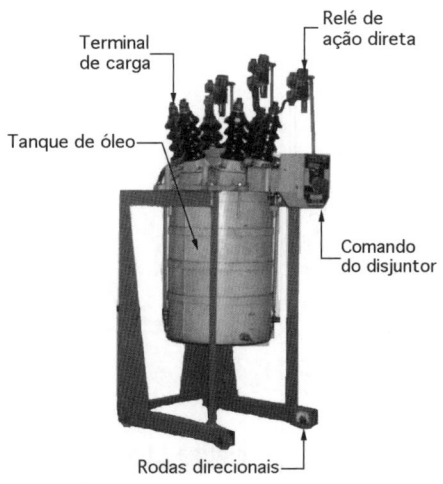

FIGURA 11.7 Disjuntor a grande volume de óleo (GVO).

FIGURA 11.8 Disjuntor a pequeno volume de óleo (PVO).

injeção dirigida do óleo sobre o arco resultante de correntes de grande intensidade; e o canal, destinado a conduzir o óleo até o arco, em alta pressão.

De acordo com a Figura 11.10, podem-se observar três momentos distintos da operação de um disjuntor. Na Figura 11.10(a), o disjuntor está na posição ligado, em que os contatos fixos e móveis estão solidamente unidos no interior da câmara. Ao se proceder a operação de abertura, o contato móvel é levado para a parte inferior do polo, o que provoca, nesse instante, a formação do arco no interior da câmara. Então, certa quantidade de óleo flui da parte inferior do polo, pelo interior da haste oca do contato móvel, e que é injetada sobre o arco em formação, por meio dos orifícios múltiplos, contidos no cabeçote do próprio contato móvel, o que ocorre na posição da Figura 11.10(b). Se a corrente a ser interrompida for de pequeno valor, não importando que a sua origem seja de carga indutiva ou capacitiva, a extinção do arco é efetuada normalmente nessa fase. Porém, quando o disjuntor está submetido a uma corrente de curto-circuito, o arco não se extingue nessa fase, penetrando na parte inferior da câmara à medida que a haste do contato móvel se desloca para baixo. Os gases, até então formados no compartimento superior da câmara, se encaminham para a câmara de alta pressão. Enquanto isso, na parte inferior da câmara, forma-se uma bolha de gás de alta pressão, constituída de metano, hidrogênio e acetileno, que é impedida de passar entre o cabeçote e as laterais internas da base da câmara, forçando o deslocamento do óleo contido no espaço inferior com intensa pressão através do canal, atingindo o arco em todas as direções (360°), conforme se pode observar na Figura 11.10(c). Nessa condição, o óleo injetado transversalmente sobre a coluna do arco provoca o seu resfriamento nesse ponto de aplicação, e, consequentemente, a sua extinção na primeira passagem da corrente pelo zero natural.

Nesse caso, a câmara não propicia o alongamento do arco. Essas câmaras de extinção são chamadas câmaras axiais, pois o arco, mesmo após receber transversalmente o jato de óleo, não abandona a posição axial que ocupa no eixo da câmara.

Existe outro tipo de câmara denominada câmara de jato transversal lateral. Nesse caso, o óleo é injetado para o interior da câmara de forma transversal, apenas por um lado, forçando o arco a abandonar a sua posição central axial, deslocando-se para o lado oposto e ficando obrigado a penetrar por aberturas feitas na câmara, onde é fracionado e resfriado.

A Figura 11.11 mostra esquematicamente o modo de atuação desse tipo de câmara.

O óleo utilizado nos disjuntores pode ser do tipo parafínico ou naftênico, conforme a especificação do disjuntor feita pelo fabricante.

Cada polo do disjuntor é constituído de um cilindro de fibra de vidro e resina epóxi com parede de grande espessura capaz de suportar elevadas pressões internas durante a operação.

Os contatos fixo e móvel são a parte do disjuntor de maior desgaste. Sua vida útil está diretamente ligada ao número de interrupções alcançadas pelo disjuntor e ao valor da corrente interrompida. O contato móvel é constituído de uma haste cilíndrica oca de cobre, dotada de uma ponta resistente às altas

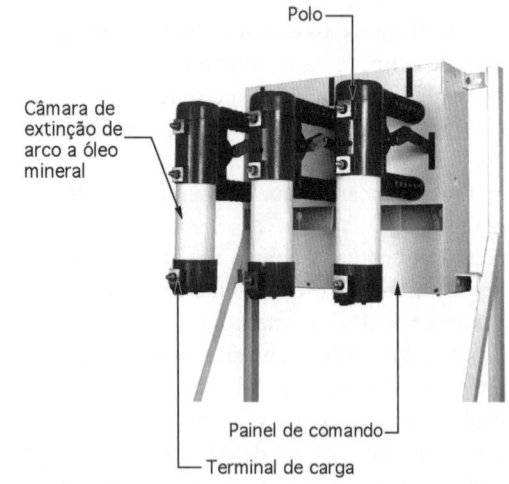

FIGURA 11.9 Disjuntor a pequeno volume de óleo (PVO).

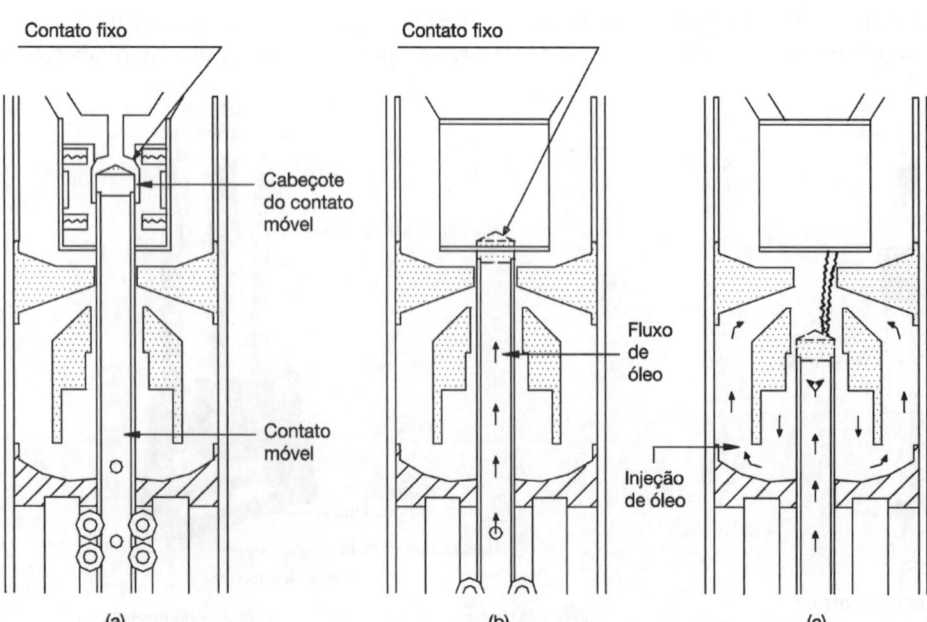

FIGURA 11.10 Ilustração durante a abertura dos polos de um disjuntor a óleo mineral.

temperaturas resultantes do arco elétrico, que podem atingir cerca de 10.000 °C, em média.

O sistema de acionamento dos disjuntores, na maioria dos casos, é do tipo mecânico e utiliza o princípio da energia armazenada por mola.

Os disjuntores a pequeno volume de óleo são normalmente construídos em duas versões que serão estudadas a seguir.

a) Disjuntores de construção aberta

São assim denominados os disjuntores que, dada a sua construção, devem ser instalados em cubículos de alvenaria ou metálicos devido à exposição de seus componentes ativos e cujo grau de proteção é IP00. São os disjuntores mais comercializados em instalações industriais de pequeno e médio portes. Apresentam o aspecto construtivo mostrado nas Figuras 11.7 e 11.8. Normalmente, são instalados em lugares abrigados. São montados em suportes metálicos do tipo perfil L assentados sobre quatro rodas também metálicas que têm a função apenas de deslocamento para retirada do equipamento do cubículo. Quando em operação, a sua base deve ser fixada ao solo por meio de parafusos chumbadores.

b) Disjuntores de construção do tipo extraível (Conjunto de Manobra)

São assim denominados os disjuntores construídos para funcionar normalmente em cubículos metálicos apropriados, chamados de *metal clad*, dotados de contatos fixos que se acoplam aos contatos móveis externos do disjuntor.

Os disjuntores do tipo extraível são constituídos de duas partes distintas. A primeira é o próprio disjuntor de construção específica, no que diz respeito aos polos que contêm externamente os terminais móveis de acoplamento aos terminais fixos, montados no interior do cubículo metálico, que se constitui na segunda parte do disjuntor. A Figura 11.12 mostra a parte móvel do disjuntor, encaixada na parte fixa localizada no interior do cubículo metálico. Já a Figura 11.13 mostra em detalhe a parte móvel (extraível) do disjuntor, onde se acham os respectivos terminais de acoplamento. A parte extraível do disjuntor completamente montada pode ser vista na Figura 11.14.

A parte móvel do disjuntor se desloca sobre as rodas metálicas apoiadas em perfis metálicos que também servem de guia. Sob pressão do operador, os terminais da parte extraível se acoplam aos terminais do cubículo.

Esse sistema funciona como um seccionamento visível, prescindindo da chave seccionadora tripolar, normalmente instalada antes do disjuntor no sentido fonte-carga.

Esses disjuntores são providos de intertravamento e bloqueio mecânico, que somente permitem inserir ou extrair a parte móvel do disjuntor mediante a abertura dos contatos dos polos, evitando-se, dessa forma, um seccionamento em carga do disjuntor, o que poderia ocasionar sérios danos na instalação.

Os disjuntores extraíveis podem ser construídos com comando para fechamento automático à mola pré-carregada, tanto nas versões de operação manual como motorizada, de acordo com o que já foi mencionado.

Os disjuntores extraíveis podem ser fabricados em duas versões quanto ao sistema de proteção por relés. Como está apresentado na Figura 11.13, o disjuntor é destinado a um circuito com proteção por meio de relés de ação indireta ou simplesmente relés secundários digitais. Caso o sistema seja projetado levando-se em conta o uso de relés primários de ação direta, o disjuntor será fornecido com a haste de acionamento do relé.

O disjuntor do tipo extraível instalado no cubículo metálico, conforme visto na Figura 11.12, é fabricado com dispositivos de travamento e intertravamento para atender aos seguintes requisitos:

- a inserção ou extração do disjuntor somente deverá ser possível quando ele estiver na posição aberta;
- a operação do disjuntor somente deverá ser possível quando ele estiver nas posições inserido ou de teste;

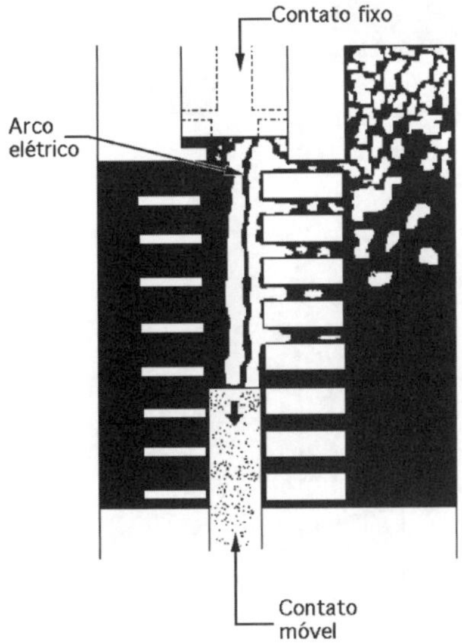

FIGURA 11.11 Ilustração de extinção de arco em uma câmara de jato transversal lateral.

FIGURA 11.12 Conjunto de manobra com disjuntor a óleo do tipo extraível.

- o disjuntor não poderá ser ligado quando na posição de serviço, sem que seu circuito auxiliar de corrente também esteja conectado;
- existe um dispositivo de travamento entre os disjuntores do cubículo metálico quando o carrinho de manobra do disjuntor estiver na posição de teste. Diz-se que o carrinho de manobra do disjuntor está na posição de teste quando na posição anterior à posição de separação;
- existe um dispositivo de bloqueio ou travamento do disjuntor na posição aberta enquanto não se fizer um contato perfeito com os dispositivos primários de desconexão ou não existir uma distância segura de separação;
- existe um dispositivo de acionamento automático para desligamento do disjuntor quando o carrinho de manobra estiver sendo afastado, por defeito do intertravamento, da sua posição de disjuntor ligado, sendo a abertura do disjuntor efetuada antes da separação dos contatos dos dispositivos primários de desconexão;
- o sistema de bloqueio/intertravamento do disjuntor deve executar as suas funções básicas de segurança quando este estiver na posição de inserido/serviço de tal forma a:
  - impedir de mover o disjuntor caso esteja ligado;
  - impedir de fechar a chave de aterramento;
  - impedir de abrir a porta do compartimento do disjuntor;
- o sistema de bloqueio/intertravamento do disjuntor deverá executar as suas funções básicas de segurança quando este ocupar a posição de inserido/teste/extraído de tal forma a:
  - impedir de abrir a porta do compartimento do disjuntor;
  - impedir de ligar o disjuntor;
  - impedir de fechar a chave de aterramento;
  - impedir de desligar o plugue de comando do disjuntor;
- o sistema de bloqueio/intertravamento do disjuntor deve executar as suas funções básicas de segurança quando na posição de teste/extraído de tal forma a:
  - impedir de mover o disjuntor caso esteja ligado;
  - impedir de mover o disjuntor se a chave de aterramento estiver fechada;
  - impedir de fechar a porta do compartimento do disjuntor sem conectar o plugue de comando do disjuntor.

Os disjuntores a óleo são muito afetados pelo número de interrupções que efetua. O óleo mineral sofre decomposição e perda de rigidez dielétrica na presença dos arcos elétricos. Já os contatos estão sujeitos a desgastes que encurtam a vida desses disjuntores em instalações que necessitam de um grande número de manobras.

A Figura 11.15 mostra um gráfico característico do número máximo de operações suportáveis pelos contatos de um disjuntor a óleo e de um disjuntor a vácuo, em função do módulo da corrente de interrupção. O gráfico refere-se a disjuntores de 400 A de corrente nominal e 25 kA/7,2 kV. Assim, pelo gráfico, um disjuntor a óleo pode interromper uma corrente de curto-circuito de 10 kA realizando 15 operações, enquanto o disjuntor a vácuo pode realizar 900 operações. Para a corrente de interrupção nominal do disjuntor, ou seja, 25 kA, o disjuntor pode realizar 4 operações, enquanto para o disjuntor a vácuo o número máximo de manobras é 100. Deve-se entender que esses valores são de referência. O fabricante do disjuntor deve fornecer ao seu cliente as limitações do seu equipamento.

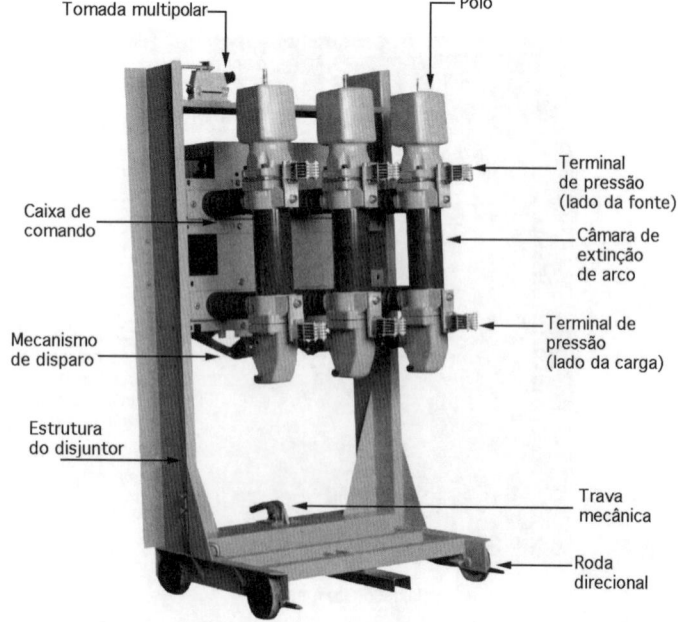

FIGURA 11.13 Parte extraível do disjuntor.

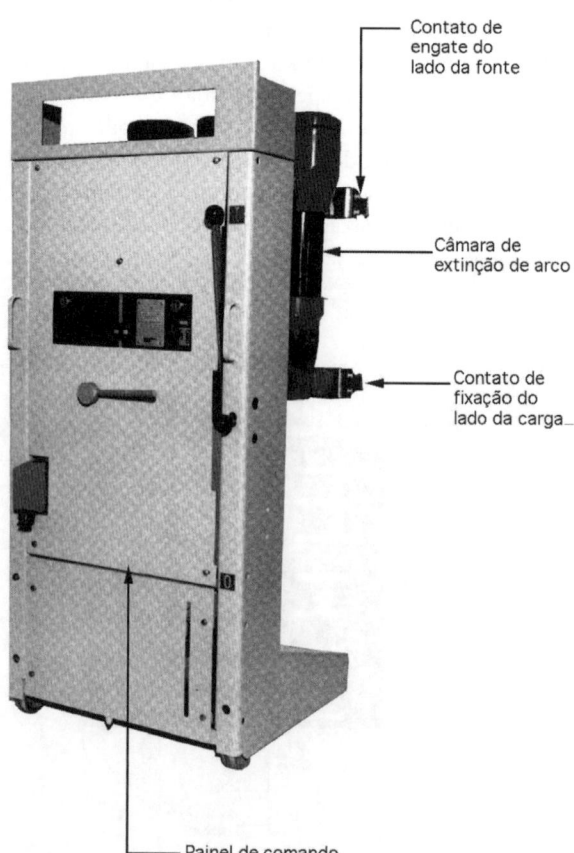

FIGURA 11.14 Parte extraível frontal de um disjuntor do tipo extraível.

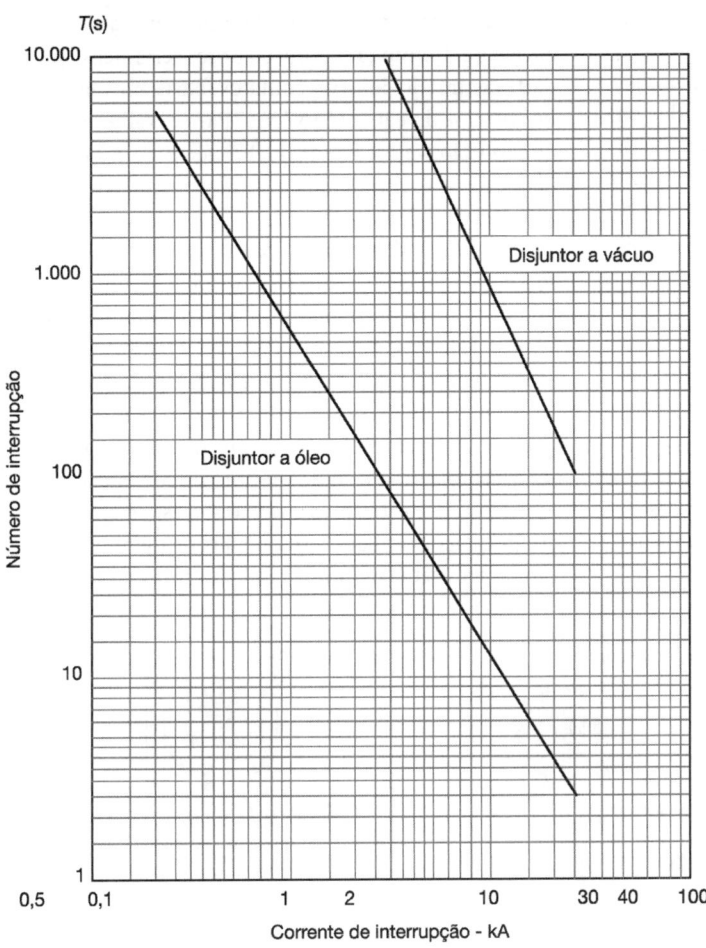

FIGURA 11.15 Número máximo de operação de um disjuntor a óleo.

11.4.1.2 Disjuntores a sopro magnético

São assim denominados os disjuntores que utilizam o princípio da força eletromagnética para conduzir o arco elétrico a uma câmara de extinção, onde o arco é dividido, desionizado, resfriado e finalmente extinto.

Esse tipo de disjuntor é utilizado para interrupção em sistemas de corrente contínua dentro de limitações técnicas definidas pelo fabricante. Também encontra larga aplicação nos sistemas de corrente alternada. É constituído das seguintes partes de acordo com as técnicas desenvolvidas pelo fabricante:

- câmara de extinção;
- mecanismo de operação;
- sopradores;
- invólucro metálico.

A câmara de extinção é construída em poliéster reforçado, que lhe empresta extrema robustez. Em geral, apresenta a sequência de operação que pode ser mais bem entendida pela Figura 11.16. Quando os terminais do disjuntor se separam, comandados por um sinal externo, surge um arco entre o contato fixo e o móvel, que se afasta em uma velocidade extremamente elevada, conforme posição da Figura 11.16(a). Nesse momento, o arco, por efeito pneumático, é conduzido dos contatos principais para os contatos auxiliares, atingindo a entrada da câmara de extinção [Figura 11.16(b)]. Movido pelo efeito magnético e térmico, o arco penetra no interior da câmara onde é fracionado, alongado e finalmente extinto, conforme Figura 11.16(c).

Um sistema pneumático é constituído pelo próprio mecanismo de acionamento do disjuntor, auxiliando na condução do arco para o interior da câmara de extinção.

Nesse tipo de disjuntor, a interrupção é feita em câmara de ar à pressão natural. O arco, ao ser conduzido para o interior da câmara, sofre um processo de alongamento que faz aumentar sensivelmente a sua resistência elétrica e, consequentemente, a tensão de arco. Ao penetrar o interior da câmara, ele é seccionado por um sistema de placas paralelas, ao mesmo tempo em que é resfriado ao contato com as paredes da câmara mencionada.

Como a extinção do arco é feita no ar, os contatos desses disjuntores estão sujeitos a forte oxidação, o que pode ocasionar uma elevada resistência de contato e um consequente dano do disjuntor, se não for providenciada a manutenção rotineira. Não existindo nenhum componente inflamável, podem ser utilizados em ambiente separado no interior das edificações onde há presença de pessoas, conforme estabelece a NBR 14039.

Os disjuntores a sopro magnético estão sujeitos a uma operação desfavorável quando a corrente a ser interrompida é de pequeno valor, cerca de 150 A ou menor. Nessa condição, o campo magnético, impulsionador do arco para o interior da câmara, é muito fraco devido ao baixo valor da corrente elétrica, e o arco é conduzido pelo efeito do sistema pneumático. Dessa forma, o tempo de exposição do arco é muito longo, ocasionando um aquecimento exagerado na câmara de extinção.

Esses disjuntores não devem ser utilizados em locais sujeitos a umidade elevada, salinização, poeira ou partículas em suspensão em quantidades anormais. Sua condição de operação normal é para temperatura ambiente entre 30 e 40 °C em altitudes não superiores a 1.000 m. Esses disjuntores são fabricados para operar em sistemas de média tensão até o valor de 24 kV, montados em cubículos metálicos.

Normalmente, a sua atuação é feita por sistema de mola pré-carregada e operação motorizada.

11.4.1.3 Disjuntores a vácuo

Disjuntores a vácuo são os que utilizam a câmara de vácuo como elemento de extinção do arco. São constituídos de três polos individualmente instalados por meio de isoladores suporte em epóxi na caixa de manobra, dotada de todos os mecanismos destinados à operação do equipamento.

Cada polo é constituído de uma câmara a vácuo, apoiada em suas extremidades por isoladores cerâmicos, que ocupam a parte central do polo. Os contatos fixos e móveis são montados no interior da câmara a vácuo. Para detalhes da constituição de um polo, veja a Figura 11.17. Já a Figura 11.18 mostra um disjuntor a vácuo de largo uso nas instalações industriais e comerciais de média tensão.

A vida útil dos contatos de um disjuntor a vácuo é muito longa, sendo indicado para instalações que requeiram um grande número de manobras. Por não possuírem meio extintor líquido (óleo) nem gasoso (SF_6), são também indicados para atuarem em redes elétricas que necessitam de religamento.

A Figura 11.15 mostra um gráfico característico do número máximo de operações suportáveis pelos contatos de um disjuntor a vácuo, em função do módulo da corrente de interrupção.

Assim, os disjuntores a vácuo são especialmente utilizados em instalações em que a frequência de manobra é intensa, não sendo aconselhável o uso de disjuntores a óleo nesses casos.

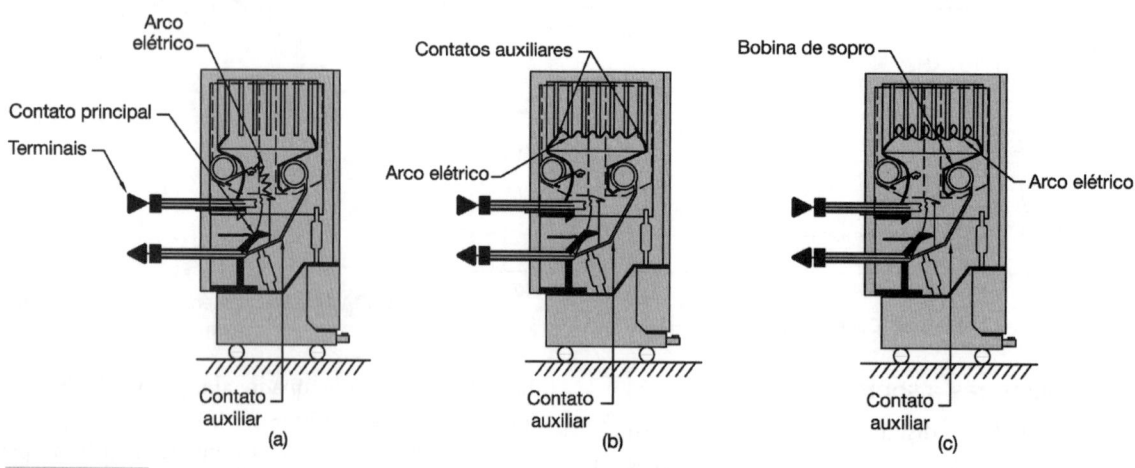

FIGURA 11.16 Ilustração da operação de um disjuntor a sopro magnético.

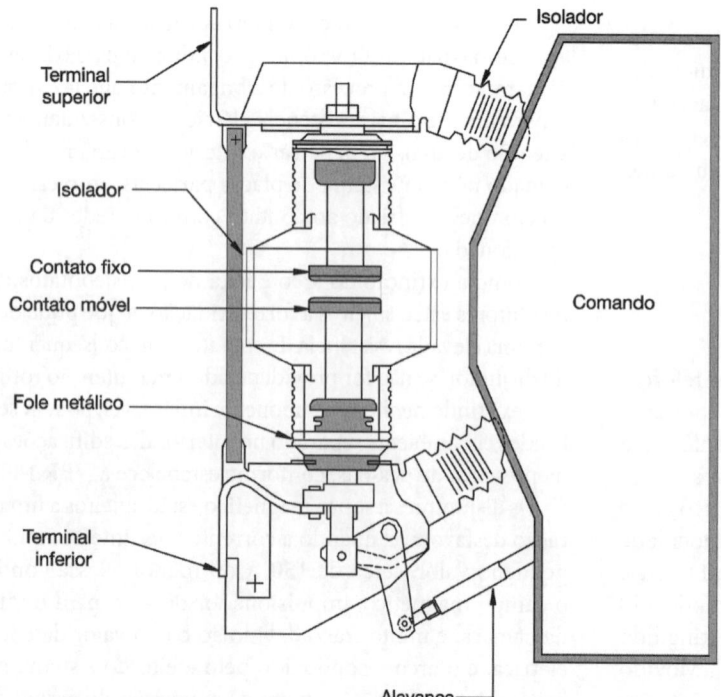

FIGURA 11.17 Componentes de uma câmara de disjuntor a vácuo.

Para exemplificar, o seu uso é bastante acentuado no circuito de transformadores de fornos a arco em virtude da grande frequência de manobras, que pode chegar a mais de 300 operações mensais na corrente nominal. Nesse caso, o disjuntor poderia realizar muito acima de 10.000 operações, de acordo com a Figura 11.15. Os disjuntores a vácuo podem permanecer até 10 anos em operação sem nenhuma necessidade de inspeção. A pressão negativa no interior da câmara é da ordem de 10^{-7} kgf/m².

Os disjuntores a vácuo são montados em estrutura metálica, em perfis de aço, e fixados ao solo quando em operação. Também são fabricados para funcionar como disjuntores do tipo extraível, cujo sistema *metal clad* é semelhante ao mencionado para disjuntores a pequeno volume de óleo, como visto nas Figuras 11.12 e 11.13.

Os disjuntores a vácuo são constituídos de três câmaras de interrupção sob vácuo, conforme visto na Figura 11.18, dois suportes respectivos e acionamento mecânico. Devido às suas dimensões reduzidas, é possível montar os disjuntores em instalações de distribuição bastante compactas.

Ao se abrirem os contatos do disjuntor inicia-se, através da corrente a ser interrompida, uma descarga do arco voltaico por meio do vapor metálico. A corrente flui até chegar a sua primeira passagem pelo ponto zero natural da senoide. O arco extingue-se nas proximidades desse ponto, e o vapor metálico liberado das superfícies dos contatos fixos e móveis se condensa em poucos microssegundos sobre as superfícies metálicas dos respectivos contatos de onde foi liberado. Desse modo, o dielétrico entre os contatos fixos e móveis é reconstituído rapidamente, em geral inibindo os fenômenos transitórios posteriormente estudados.

Para a manutenção do arco no vapor metálico, torna-se necessária determinada corrente mínima. Quando a corrente é inferior a esse valor mínimo, pode ser extinta antes da passagem pelo zero natural.

A fim de evitar ou reduzir o valor das sobretensões durante a abertura do disjuntor, no momento da interrupção de circuitos com predominância de correntes indutivas, a corrente de corte deve ser limitada a valores muito pequenos, que em geral não ultrapassam 5 A.

Devido ao restabelecimento rápido do dielétrico, o arco é ainda extinto com segurança, mesmo quando a separação dos contatos ocorre pouco antes da passagem da corrente pelo ponto zero natural da senoide. Por esse motivo, a duração máxima do arco é, em geral, inferior a 10 ms, no polo mais desfavorável.

Nos disjuntores de corrente alternada, a finalidade do sistema de extinção é desionizar a câmara de interrupção, imediatamente após a passagem da corrente pelo ponto zero natural da senoide.

Nos sistemas tradicionais de extinção de arco, como no óleo, no ar etc., o resfriamento do arco ocorre antes de ser atingida a distância mínima de extinção e de ter ocorrido a passagem da corrente do circuito pelo seu ponto zero natural.

Em decorrência desse fenômeno nos meios de extinção tradicionais, eleva-se a potência do arco. Já nos disjuntores a vácuo, ao contrário, o arco voltaico não é resfriado. O plasma de vapor metálico tem uma elevada condutibilidade. Daí resulta uma tensão de arco extremamente pequena com um valor compreendido entre 20 e 200 V. Por esse motivo e devido à curta duração do arco, a energia liberada é muito pequena. Assim se explica a elevada duração da vida útil dos contatos, e finalmente do disjuntor.

A trajetória da corrente e do arco entre os terminais de fonte e carga do disjuntor pode ser observada na Figura 11.19.

Em virtude da magnitude do vácuo no interior da câmara de extinção, cujo valor é de aproximadamente 10^{-8} bar, é necessária uma distância entre os contatos de apenas 6 a 20 mm, o que explica também as reduzidas dimensões dos disjuntores a vácuo.

A fim de permitir a interrupção de correntes elevadas sem sobreaquecimento localizado em certos pontos dos contatos fixos e móveis, estes contatos são executados de tal forma que o arco sobre as superfícies destes não se fixa em determinado ponto, sendo estimulado a deslocar-se pela influência do seu próprio campo magnético, em conformidade com a ilustração da Figura 11.19.

Os disjuntores a vácuo são extremamente eficientes para interromper correntes em média tensão. Para tensões mais elevadas, como a extra-alta-tensão, há necessidade de um aperfeiçoamento na tecnologia de fabricação desses equipamentos.

Os disjuntores a vácuo são fabricados até a tensão de 36 kV.

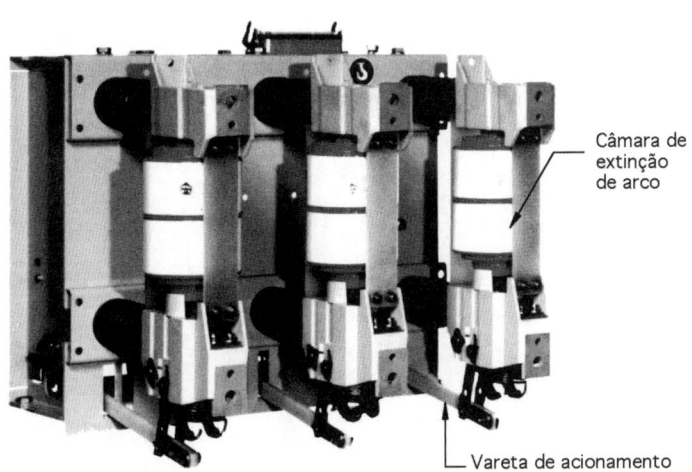

FIGURA 11.18 Disjuntor a vácuo.

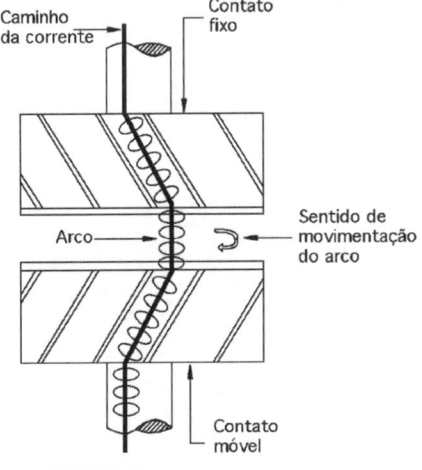

FIGURA 11.19 Trajetória do arco no polo de um disjuntor.

11.4.1.4 Disjuntores a SF_6

Há disjuntores que utilizam o gás hexafluoreto de enxofre como meio de interrupção de corrente.

Foram desenvolvidas várias técnicas para a interrupção de correntes elétricas utilizando-se o SF_6, como se verá a seguir.

a) Dupla pressão

É a técnica que utiliza dois vasos de pressão durante o funcionamento do disjuntor. Quando este inicia o processo de abertura, é liberada de um vaso de alta pressão, da ordem de 16 kgf/cm², certa quantidade de SF_6 dirigida sobre a região dos contatos. Logo em seguida, o gás é levado ao vaso de baixa pressão, da ordem de 3 kgf/cm². Depois, o SF_6 é bombeado para o vaso de alta pressão, completando o ciclo de interrupção desse tipo de disjuntor. Atualmente essa técnica está em desuso, cedendo espaço a outras de maior eficiência.

b) Autocompressão

Também denominada impulso, é aquela que utiliza um único vaso de pressão. Nesse caso, quando o disjuntor atua, o deslocamento do êmbolo, em cuja extremidade se encontra o contato móvel, pressiona o SF_6, no interior do vaso, cujo gás é forçado a penetrar na região dos contatos, atingindo o arco de forma transversal, roubando calor e extinguindo-o rapidamente.

A Figura 11.20 mostra a sequência do processo de abertura de um disjuntor utilizando a técnica de autocompressão. Nesse caso, ao se iniciar a interrupção, o volume de gás contido no cilindro de compressão (2) é pressionado devido ao deslocamento para baixo do conjunto formado pelo próprio cilindro, pelo contato móvel (6) e pelo bocal de injeção (5). Com esse movimento, a corrente deixa de ser conduzida pelos contatos paralelos (4), passando a fluir apenas através do pino de contato (3). A separação desses dois elementos, efetuada logo após, gera um arco voltaico. Devido ao aumento da pressão no cilindro, um intenso sopro de gás SF_6 é dirigido para essa região, resfriando o arco e extinguindo-o durante a passagem da corrente pelo zero natural.

c) Arco girante

Quando o disjuntor atua e os contatos se separam, forma-se entre eles um arco que produz um campo magnético agindo sobre o próprio arco, fazendo-o movimentar-se em um percurso anelar no interior da câmara de SF_6. Nesse momento, a corrente a ser interrompida passa a ser conduzida por uma bobina ligada em série com o contato de arco fixo e que é envolvida pelo contato principal fixo do disjuntor. A força F, desenvolvida pela presença do campo magnético B e pela corrente elétrica I, atua sobre o arco, acelerando a sua movimentação ao longo dos contatos. A utilização da bobina proporciona uma elevada velocidade no deslocamento do arco, resfriando-o de maneira eficiente. Quanto maior for a corrente a ser interrompida, maior será a velocidade de movimentação do arco e, consequentemente, maior será o seu resfriamento, reduzindo o desgaste dos contatos, já que os pontos quentes provocam vapores metálicos. A movimentação no sentido rotativo dura cerca de meio ciclo.

A Figura 11.21 mostra o detalhe das extremidades dos contatos fixos e móveis de um disjuntor a SF_6, destacando-se a intensidade da força F, que provoca o deslocamento do arco em

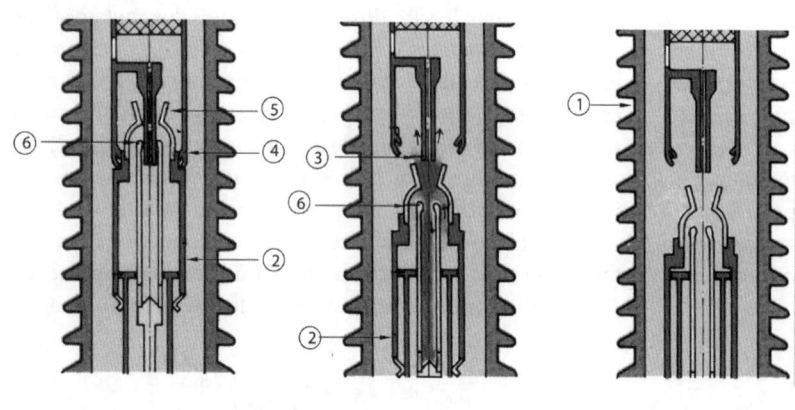

1 - polo; 2 - cilindro de compressão; 3 - pino de contato; 4 - contatos paralelos; 5 - bocal de injeção; 6 - contato móvel

FIGURA 11.20 Processo de abertura dos polos de um disjuntor.

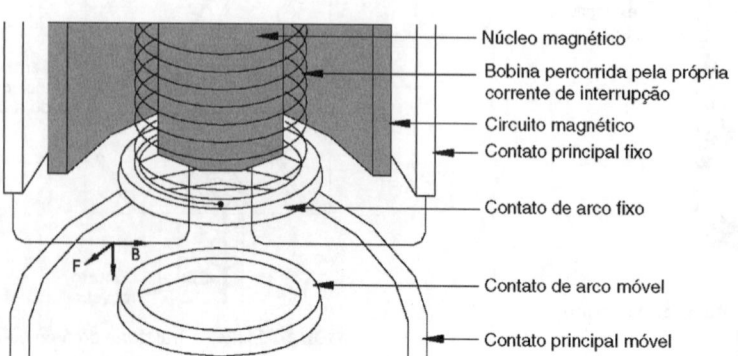

FIGURA 11.21 Extinção do arco auxiliada pela técnica do arco girante.

função do valor da corrente a ser interrompida e do campo magnético B.

Esses equipamentos são montados no interior de carcaças metálicas, mecânicas e eletricamente unidas, formando um conjunto compacto dentro do qual se injeta determinada quantidade de gás SF_6, sob pressão constante de cerca 3 kgf/cm². Todo esse sistema é supervisionado para controlar quaisquer vazamentos do gás armazenado.

A Figura 11.22 mostra em detalhes os componentes de um polo de disjuntor a SF_6. Destaca-se na Figura 11.22 o mecanismo de acionamento motorizado e operado a mola. Já a Figura 11.23 mostra um disjuntor de alta-tensão instalado em uma subestação ao tempo, observando-se a presença dos transformadores de corrente para proteção.

Observa-se na Figura 11.23 que a câmara do disjuntor é do tipo I utilizada comumente nos disjuntores da classe de tensões elevadas.

Os disjuntores a SF_6 para uso externo da classe de tensão superior a 230 kV possuem duas câmaras de interrupção por polo e podem extinguir correntes de interrupção de até 50 kA.

As câmaras de interrupção funcionam de acordo com o princípio do pistão de compressão de gás e estão equipadas com dois sistemas de contatos. Uma rigidez dielétrica elevada é assegurada pela grande distância entre os contatos abertos.

O mecanismo de operação aciona, por meio de uma haste isolante de comando, as duas câmaras de interrupção conectadas na forma de V, conforme mostrado na Figura 11.24.

O acionamento funciona pelo princípio de pistão diferencial e o seu movimento é amortecido pneumaticamente.

Esses disjuntores, muitas vezes, são dotados de resistência de pré-inserção a fim de limitar as sobretensões de manobra nas redes de alta-tensão.

A resistência e o contato de pré-inserção são alojados, cada um, em uma câmara isolante própria.

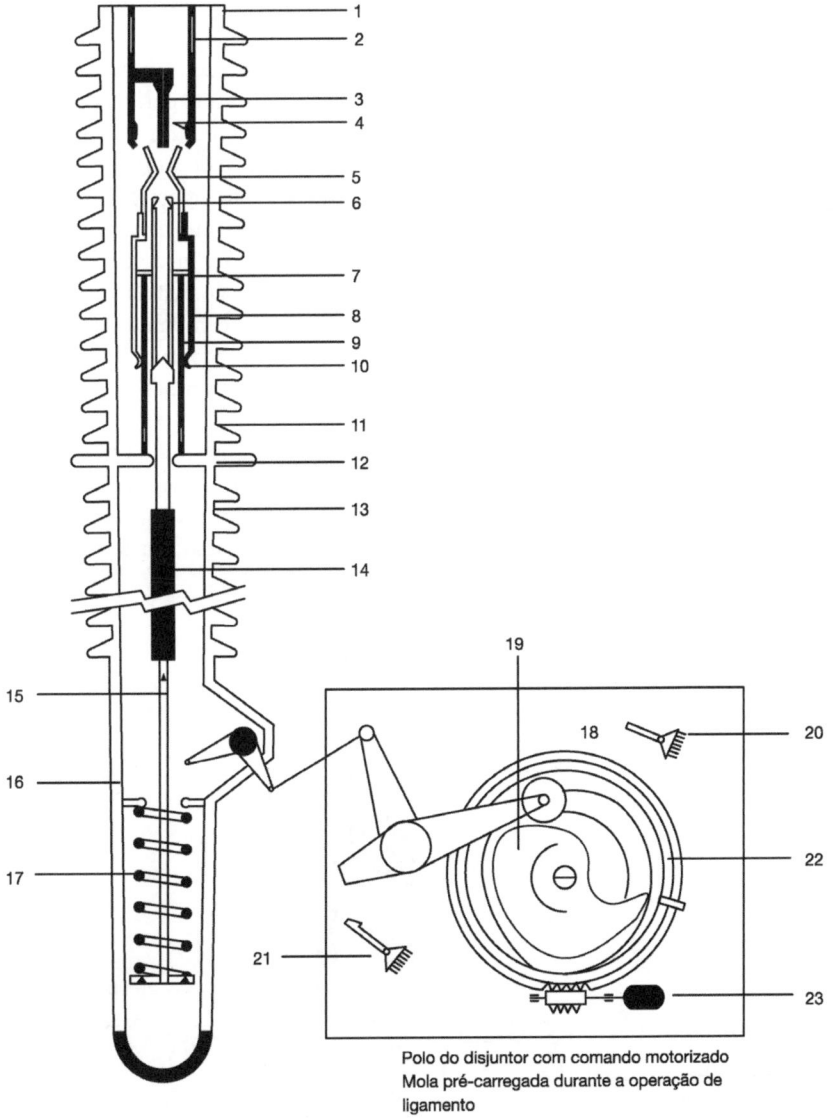

FIGURA 11.22 Componentes de um polo de disjuntor a SF_6.

1 - Tampa. 2 - Tubo de extinção. 3 - Pino de contato. 4 - Contato paralelo. 5 - Bocal de injeção. 6 - Contato móvel. 7 - Pistão. 8 - Cilindro de compressão. 9 - Contato fixo. 10 - Contato deslizante. 11 - Isolador de porcelana da câmara de interrupção. 12 - Flange intermediário. 13 - Isolador suporte. 14 - Haste isolante. 15 - Eixo do polo. 16 - Carcaça do mecanismo. 17 - Mola de abertura. 18 - Alavanca de rolo. 19 - Curvilíneo. 20 - Lingueta de fechamento. 21 - Lingueta de abertura. 22 - Mola de fechamento. 23 - Motor de carregamento.

FIGURA 11.23 Vista de instalação de um disjuntor de câmara em I.

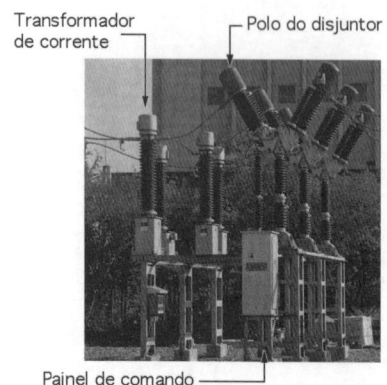

FIGURA 11.24 Vista de instalação de um disjuntor em V.

A câmara do contato de pré-inserção é acoplada à câmara principal, contendo também gás SF_6.

Os disjuntores a gás SF_6, dependendo do fabricante e do tipo de acionamento, podem ser equipados com um conjunto autônomo de alimentação pneumática dotado de um compressor a seco, requerendo pouca manutenção. Para grandes instalações, a alimentação através de uma central de ar comprimido apresenta-se como uma solução mais econômica, com alta disponibilidade.

11.4.1.5 Disjuntores a ar comprimido ou de sopro magnético

São disjuntores que utilizam o nitrogênio do ar sob alta pressão para resfriar e extinguir o arco elétrico. Possuem um vaso que contém ar sob pressão, de cerca de 200 kgf/cm², e que apresenta uma comunicação com a câmara de extinção que contém os contatos fixo e móvel e determinada quantidade de ar comprimido sob pressão aproximada de 20 kgf/cm².

Os disjuntores podem ser construídos com base em duas diferentes técnicas para extinção do arco. Na primeira, o arco é extinto por meio do sopro unidirecional do ar, conduzido até a região dos contatos pelo interior do próprio dispositivo que os contém, conforme pode ser visto na Figura 11.25. O ar, após ser descarregado longitudinalmente sobre o arco, sai pela válvula superior do contato móvel.

Com as dificuldades mecânicas resultantes desse tipo de técnica, foram desenvolvidos os disjuntores que utilizam o sopro bidirecional. Nesse caso, o ar é levado à região do arco de maneira semelhante, porém o seu escape se dá pelo interior das hastes que contêm os contatos fixo e móvel, separando a trajetória do arco em duas direções diametralmente opostas, conforme se pode observar na Figura 11.25.

No processo de extinção do arco, a possibilidade de reignição, após a passagem da corrente pelo zero natural, é bastante remota devido à retirada do meio ionizado da região entre os contatos.

O ar utilizado nesses disjuntores deve ser praticamente puro e com total ausência de umidade. Para isso são utilizados filtros e desumidificadores. O ar comprimido também é empregado na movimentação do sistema mecânico de acionamento do próprio disjuntor.

Os disjuntores de ar comprimido são utilizados somente em subestações com tensões iguais ou superiores a 230 kV. Podem ser dotados individualmente de um sistema de alimentação e compressão de ar, no caso de subestações de pequeno porte. Em subestações de grande porte, utiliza-se, em geral, uma central de ar comprimido, que abastece todos os disjuntores, tanto para o sistema de extinção do arco como para o mecanismo de acionamento. São instalações de custo mais elevado, mas que são economicamente mais vantajosas quando comparadas com o emprego individual de cada unidade disjuntora portadora de um compressor para gerar o meio extintor do arco elétrico.

A operação dos disjuntores a ar comprimido vem perdendo mercado nos últimos anos para os disjuntores a SF_6, à medida que a técnica de utilização desse gás foi aperfeiçoada para utilização em sistema de tensões elevadas, ou seja, 230, 326, 550 e 800 kV.

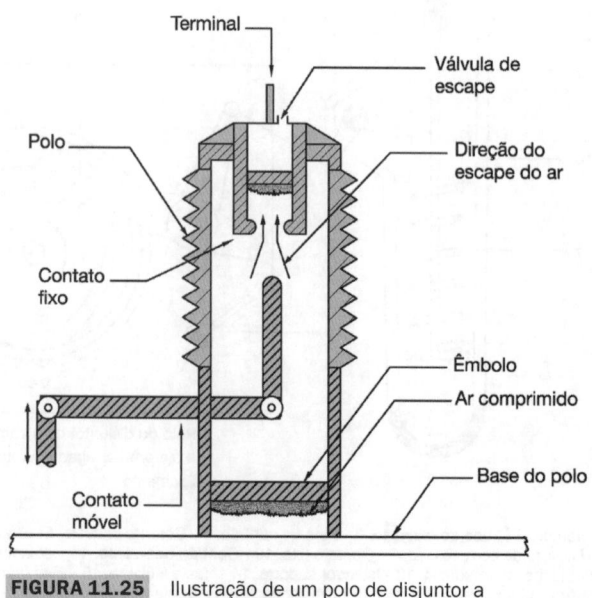

FIGURA 11.25 Ilustração de um polo de disjuntor a ar comprimido.

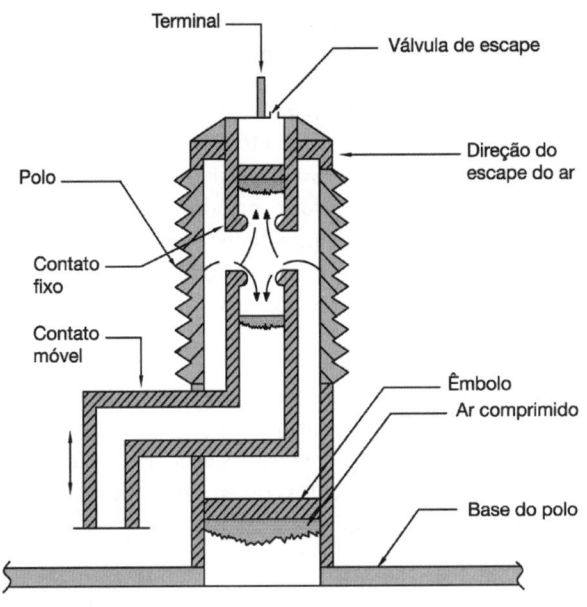

FIGURA 11.26 Ilustração de polo de disjuntor a ar comprimido.

11.4.2 Quanto ao sistema de acionamento

11.4.2.1 Sistema de mola

O sistema de mola é o mais comum no acionamento dos disjuntores, principalmente por apresentar grande simplicidade de operação e custos reduzidos. É empregado basicamente em todos os disjuntores de média tensão e na maioria dos disjuntores de alta-tensão.

O sistema de acionamento por meio de mola é utilizado nos disjuntores a óleo, de pequeno ou grande volumes, nos disjuntores a SF_6, a sopro magnético e a vácuo. Consiste em uma mola, ou conjunto de molas, que ao ser destravada libera toda a sua energia mecânica armazenada para o deslocamento da haste que porta os contatos móveis do disjuntor. Esse acionamento pode ser feito individualmente por polo ou de forma tripolar, em comando simultâneo.

O sistema de acionamento dos disjuntores, na maioria dos casos, é do tipo mecânico e utiliza o princípio da energia armazenada, que tem as seguintes funções básicas:

- armazenar energia mecânica carregando uma mola de fechamento, utilizando-se, para isso, de uma haste metálica, que faz girar o disco do sistema de manobra, ou empregando-se um motor do tipo universal;
- ceder esta energia a um sistema de fechamento ultrarrápido dos contatos fixo e móvel ao mesmo tempo e transferir parte dessa energia para o carregamento simultâneo da mola de abertura.

O sistema de acionamento por mola permite dotar os disjuntores de vários mecanismos peculiares a cada fabricante. Esses mecanismos são resumidamente descritos a seguir.

a) Fechamento automático

Nessa concepção, o disjuntor é ligado imediatamente após o carregamento da mola de fechamento e pode ser acionado por dois diferentes meios:

- Operação manual

Nesse caso, o disjuntor é manobrado por meio de uma alavanca introduzida no mecanismo de acionamento na parte frontal da caixa de manobra. Inicialmente, ao se mover a alavanca no sentido ascendente, carrega-se a mola de fechamento que, no fim de curso do mecanismo acionador, provoca o descarregamento da mola sobre o dispositivo de fechamento do disjuntor, ao mesmo tempo em que predispõe a mola de abertura a atuar, mediante o acionamento do mecanismo de desligamento comandado manualmente ou por relés.

- Operação motorizada

A alavanca de manobra de carregamento das molas, nesse caso, é substituída por um motor do tipo universal, que pode ser acionado no painel da caixa de comando ou de um ponto remoto.

A Figura 11.27 sintetiza os passos da operação de um disjuntor acionado automaticamente, tanto por meio de alavanca de manobra como por motorização.

b) Fechamento à mola pré-carregada

Nessa concepção, o disjuntor permanece desligado mesmo após o carregamento da mola de fechamento. No entanto, nessa posição, está predisposto ao fechamento. Semelhantemente ao caso anterior, os disjuntores são construídos em duas versões:

- Operação manual

Utiliza-se, nesse caso, uma alavanca de acionamento e procede-se da mesma forma já descrita. Porém, ao fim do processo

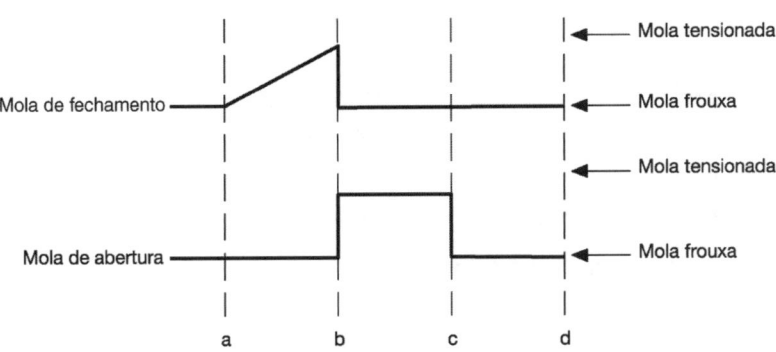

a - Disjuntor desligado: início do carregamento da mola de fechamento; b - Disjuntor ligado; c - Disjuntor desligado: na posição de permitir o carregamento da mola de fechamento; d - Disjuntor desligado.

FIGURA 11.27 Gráfico de tensionamento da mola de um disjuntor.

de acionamento, o disjuntor permanece desligado até que se pressione um dispositivo mecânico ou eletromagnético que permita o destravamento do sistema de fechamento. Após acionado esse dispositivo, o disjuntor é imediatamente ligado, o que provoca a armação da mola de abertura, que fica predisposta ao acionamento mediante o comando do relé.

- Operação motorizada

A alavanca de manobra é substituída por um motor do tipo universal, que pode ser acionado no painel de comando ou de um ponto remoto de forma semelhante ao que já foi anteriormente descrito. A Figura 11.28 sintetiza os passos da operação de um disjuntor fabricado na concepção de fechamento à mola pré-carregada.

Já o acionamento dos disjuntores com tensão igual ou superior a 72,5 kV pode ser executado por meio de sistemas mecânicos, hidráulicos ou por meio de ar comprimido, principalmente quando se trata de um equipamento que utiliza esse último sistema como o de princípio de extinção do arco.

O motor elétrico de comando dos disjuntores da classe de 15 a 24 kV normalmente é opcional. O sistema de carregamento de mola, feito manual ou eletricamente, é independente. A princípio, após o fechamento do disjuntor, o motor é automaticamente acionado para recarregar a mola de fechamento, em um tempo, em geral, não superior a 5 s.

Os disjuntores possuem associados ao seu sistema de mola alguns componentes que, quando ativados, propiciam o destrave da mola carregada, fazendo atuar o equipamento. Esses componentes são chamados dispositivos de disparo, cuja variedade de aplicação é função do modelo do disjuntor e do seu fabricante.

A função básica dos dispositivos de disparo é ampliar o sinal elétrico, ou mecânico, que ordena a retirada da trava do mecanismo de abertura. Os dispositivos de disparo mais vulgarmente utilizados nos disjuntores, principalmente das classes de 15 a 38 kV, são:

- Dispositivo de disparo de subtensão

É constituído de um transformador de potencial que alimenta uma bobina (bobina de abertura), cuja força magnética está limitada a uma tensão predeterminada. Abaixo dessa tensão, normalmente fixada em 65% da nominal, a bobina relaxa, provocando a retirada da trava da mola e a consequente abertura do disjuntor. Nesse caso, o disjuntor também pode ser desligado intencionalmente por uma botoeira cujo contato está em série com a bobina de abertura.

- Disparadores em derivação

São utilizados para desligamento automático de disjuntores por meio do relé de proteção correspondente e para desligamento intencional por meio de comando elétrico ou mecânico. São próprios para serem alimentados por uma fonte externa de tensão contínua ou alternada, podendo excepcionalmente ser alimentados por um transformador de potencial.

- Disparadores mecânicos

São utilizados em disjuntores desligados manualmente ou quando são utilizados relés primários de ação direta. Esse tipo de disjuntor foi empregado em subestações de pequeno porte instaladas em estabelecimentos comerciais e industriais. Atualmente não é mais utilizado.

- Bobina de fechamento

Permite o fechamento do disjuntor por meio de comando local ou remoto. É montada no dispositivo de acionamento, substituindo o mecanismo de operação manual. Pode ser energizada por fonte de corrente contínua ou alternada.

Para melhor entendimento do funcionamento de atuação do mecanismo de mola, pode-se observar a Figura 11.29. O motor elétrico, ao ser acionado, carrega o sistema de mola helicoidal de fechamento. No final de curso, esse sistema de mola para e se mantém nessa posição por meio da trava mecânica de fechamento. A mola de fechamento está comprimida e pronta para atuar caso a trava de fechamento seja removida de sua posição.

Ao ser retirada a trava mecânica de fechamento, por meio da atuação da bobina de fechamento, que pode ser feito por um dispositivo mecânico ou elétrico, a mola de fechamento libera a sua energia armazenada, fazendo o eixo do contato móvel se deslocar violentamente para cima, pelo mecanismo de rotação, provocando o fechamento do disjuntor. Nesse percurso, a mola de abertura, fixada ao longo do eixo do contato móvel, é comprimida, acarretando ao mesmo tempo a rotação, no sentido anti-horário, do mecanismo de manobra, até que seja travado pela trava mecânica de abertura. Dessa forma, o disjuntor está ligado e predisposto a abrir se a trava mecânica de abertura for retirada por meio de um dispositivo qualquer, mecânico ou elétrico, no caso, um dispositivo de disparo.

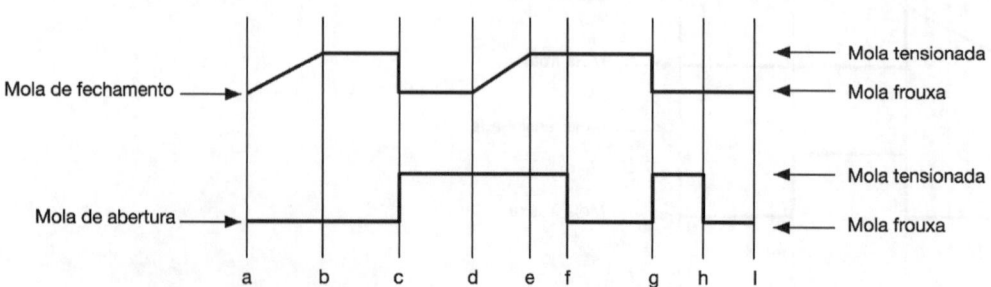

a - Disjuntor desligado: início do carregamento da mola de fechamento; b - Disjuntor desligado: predisposto ao fechamento; c - Disjuntor ligado: início do carregamento da mola de fechamento; d - Disjuntor ligado: execução do carregamento da mola de abertura; h - Disjuntor desligado: predisposto ao carregamento da mola de fechamento; i - Início de um novo ciclo.

FIGURA 11.28 Gráfico de tensionamento da mola de um disjuntor.

Os disjuntores motorizados são dotados de um motor do tipo universal, cuja tensão de movimentação pode variar entre 24 e 125 V em corrente contínua. No caso de a alimentação ser em corrente alternada, independentemente da rede, a tensão pode ser em 110 ou 220 V. A potência do motor é cerca de 1/4 cv, considerando-se que ele normalmente opera em sobrecarga durante o carregamento da mola.

Para se entender o sistema de comando de um disjuntor, de forma geral, pode-se analisar o esquema elétrico da Figura 11.30, com base em um disjuntor de acionamento motorizado, sendo as bobinas de fechamento e abertura alimentadas por corrente contínua ou alternada.

Ao ser acionada a botoeira L da bobina BF, fecham-se os contatos BF2, BF4, BF6 BF7 e BF8, normalmente abertos, abrindo-se ao mesmo tempo os contatos BF5, BF9 e BF10, normalmente fechados. O disjuntor DI fecha então os seus contatos pela retirada da trava da mola de fechamento. Com o fechamento do contato BF4, a bobina antibombeamento AB atua, fechando os contatos AB1 (contato de autosselo), abrindo AB2 e desenergizando BF, já que o contato, normalmente aberto, 52 do disjuntor está fechado pela operação de fechamento do próprio disjuntor. Quando a mola de abertura chega ao fim da sua posição de tensionamento, carregada pela mola de ligamento, fecha-se o contato FCM2, ligando a bobina BM, que aciona o motor para recarregar a mola de fechamento, ao mesmo tempo que se abre o contato FCM1. O contato FCM3 está fechado para mola de fechamento relaxada. Quando a mola de fechamento chega ao final de curso, abre-se o contato FCM3, desligando o motor M.

A bobina antibombeamento tem a função de evitar religações sucessivas do disjuntor, o que pode acontecer quando, por descuido de operação ou falha nos contatos auxiliares, a bobina de fechamento se mantém energizada e o disjuntor é ligado com o sistema sob defeito sustentado. Dessa forma, o disjuntor é ligado e religado repetidas vezes, podendo resultar em danos irreparáveis ou mesmo na explosão do equipamento. A bobina antibombeamento tem retardo próprio de 80 ms.

Para desligar o disjuntor, basta acionar a botoeira D, que energiza a bobina de abertura BA, retirando a trava mecânica da mola de abertura.

11.4.2.2 Sistema de solenoide

É utilizado no carregamento da mola de abertura do disjuntor, ao mesmo tempo que propicia a operação do seu sistema de fechamento. É constituído basicamente de um solenoide e, em geral, empregado somente na abertura do disjuntor. Tem utilização limitada devido à pouca energia que consegue transferir para o carregamento da mola de abertura.

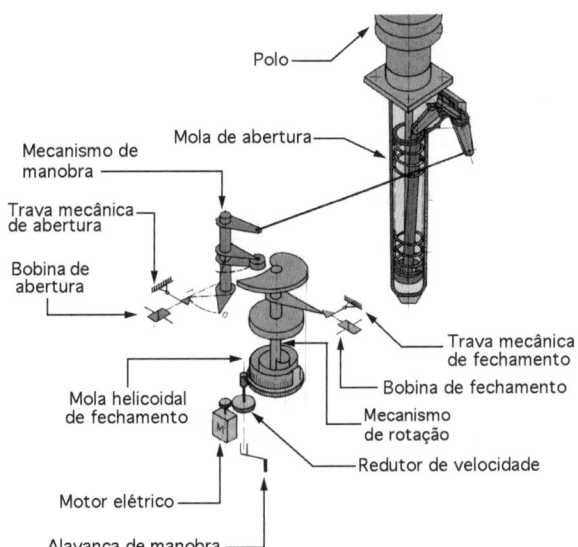

FIGURA 11.29 Mecanismo de acionamento de um polo de um disjuntor.

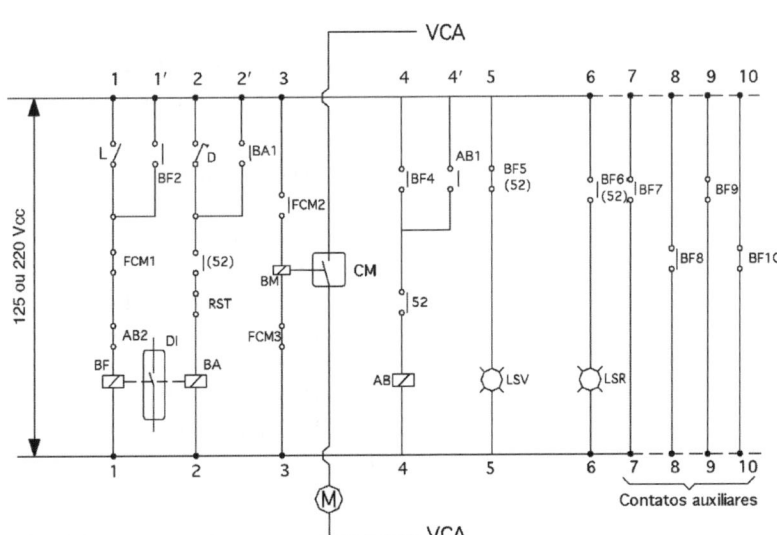

L - Botoeira liga. D - Botoeira desliga. DI - Disjuntor do sistema de potência. BF - Bobina de fechamento. BA - Bobina de abertura. BM - Bobina da chave do motor de carregamento da mola. CM - Chave de ligação do motor. BF2, BF4...- Contatos da bobina de fechamento. BA1, BA2...- Contatos da bobina de abertura. RST - Contato do relé de subtensão. FCM1, FCM2...- Contatos do fim de curso da mola. LSR - Lâmpada de sinalização vermelha. LSV - Lâmpada de sinalização verde. AB - Bobina antibombeamento. AB1, AB2... - Contatos da bobina antibombeamento. 52 - Contato auxiliar do disjuntor.

FIGURA 11.30 Diagrama elétrico típico do circuito de operação de um disjuntor.

11.4.2.3 Sistema a ar comprimido

Esse sistema é praticamente empregado nos disjuntores que utilizam o ar comprimido como meio de extinção do arco.

Nesse caso, o ar comprimido exerce tanto a função do meio extintor do arco como a de acionador do mecanismo de disparo do disjuntor. O ar é armazenado em vasos cilíndricos de alta pressão e distribuído através de uma rede de tubulação aos diversos disjuntores do sistema. No entanto, o disjuntor pode conter o seu próprio vaso de pressão.

11.4.2.4 Sistema hidráulico

É simplesmente constituído de um vaso de óleo (1), visto na Figura 11.31(a), que recebe uma elevada pressão da bomba hidráulica, B, comprimindo o êmbolo do vaso (1) contra certo volume de nitrogênio, N_2, armazenando, dessa forma, uma grande quantidade de energia. A bomba hidráulica chega a imprimir uma pressão de aproximadamente 200 kgf/cm² no reservatório (1).

Para se proceder à abertura do disjuntor, energiza-se o solenoide K_1, que abre a válvula correspondente, permitindo que o óleo depositado sob pressão na parte inferior do reservatório (2), pelos condutos a e d, se escoe para o reservatório (3). Assim, o solenoide K_2 mantém a válvula correspondente fechada, conservando a pressão do óleo contido na parte superior do reservatório.

Para se proceder ao fechamento do disjuntor, aciona-se o solenoide K_1, permitindo a passagem do óleo sob pressão pelos condutos c e a para o reservatório (2); ao mesmo tempo, aciona-se o solenoide K_2, fazendo o óleo, sem pressão, escoar para o reservatório (3) através dos condutos b e e. Dessa forma, o êmbolo, que contém o contato móvel, é empurrado violentamente para cima, fechando os contatos do disjuntor.

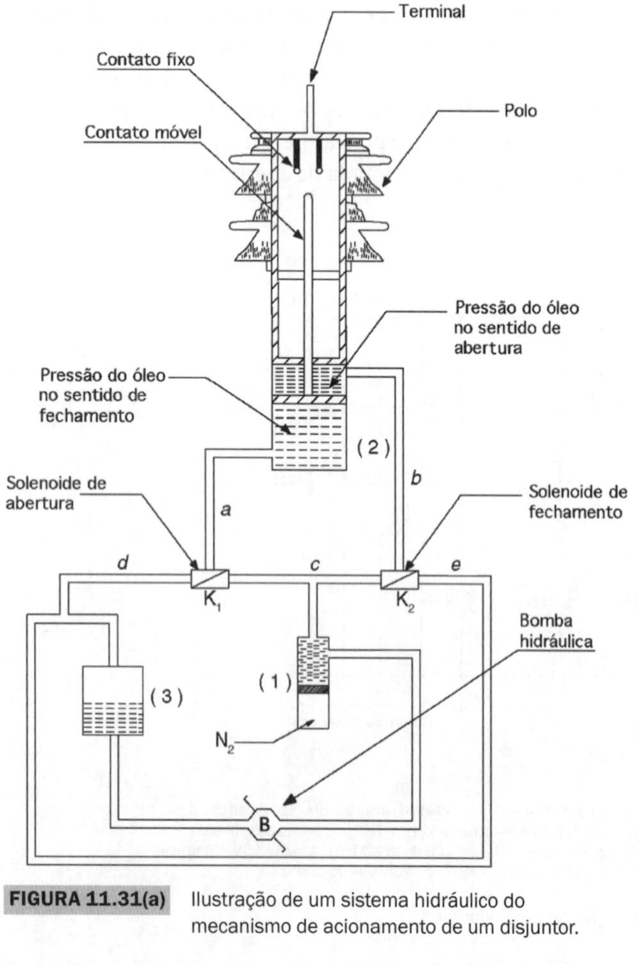

11.4.3 Sequência de operação

Os disjuntores são dimensionados para operar dentro de suas características nominais, considerando o ciclo de operação determinado pelo fabricante. Em geral, o ciclo de operação é designado por duas sequências, ou seja:

a) Sequência O-t-CO

O – operação de abertura (*open*);
t – tempo para o fechamento após a abertura;
C – operação de fechamento (*close*).

Muitas vezes, a sequência de operação vem acompanhada dos tempos correspondentes, ou seja, O-0,35s-CO.

b) Sequência O-t-CO-t-CO

Nesse caso, a capacidade de interrupção do disjuntor é reduzida em cerca de 20% da capacidade registrada na operação anterior.

Muitas vezes, a sequência de operação vem acompanhada dos tempos correspondentes, ou seja, O-0,35s-CO-3min-CO.

11.4.4 Quanto ao sistema de aterramento do tanque

Há dois tipos de disjuntores quanto ao aterramento da câmara do interruptor no interior da qual ocorre a extinção da corrente elétrica. Dependendo do aterramento, são denominados tanque vivo (*live tank*) e tanque morto (*dead tank*).

11.4.4.1 Disjuntores tanque vivo

São aqueles cuja câmara de interrupção do disjuntor está isolada da terra por meio de um isolante qualquer, sendo a porcelana o mais utilizado. Em virtude dessa característica, a câmara de interrupção fica submetida a um potencial muito elevado.

São disjuntores eficazes na interrupção das correntes de energização sem a ocorrência de reignição.

Em geral, o meio extintor do arco é o gás SF_6. A câmara de interrupção tem a propriedade de comprimir o gás durante o processo de abertura, ao mesmo tempo alongando-o e resfriando.

A Figura 11.31(b) mostra um disjuntor tanque vivo de 72,5 kV a SF_6.

11.4.4.2 Disjuntores tanque morto

São aqueles cuja câmara de interrupção está instalada no interior de invólucro metálico, normalmente em liga de alumínio, conectado ao sistema de aterramento.

Com essa tecnologia, são fabricados disjuntores de alta-tensão até a classe de 550 kV. Os disjuntores a grande volume

FIGURA 11.31(a) Ilustração de um sistema hidráulico do mecanismo de acionamento de um disjuntor.

de óleo e a pequeno volume de óleo são também exemplos de disjuntores tanque morto. Os disjuntores a pequeno volume de óleo com câmaras de extinção inseridas em polos separados são exemplos de disjuntores tanque morto. As Figuras 11.7, 11.13 e 11.14 são exemplos de disjuntores tanque morto.

A diferença básica entre os disjuntores tanque vivo e tanque morto é o fato de que a câmara de interrupção do disjuntor tanque morto está equipotencializada com o aterramento da instalação, enquanto a câmara de interrupção do disjuntor tanque vivo está no potencial de fase.

11.5 CARACTERÍSTICAS ELÉTRICAS DOS DISJUNTORES

O estudo dos disjuntores está, em sua grande parte, voltado para as condições transitórias que ocorrem nos sistemas durante o processo de sua operação.

Os disjuntores são dimensionados para atuar em corrente alternada. Em casos específicos, são fabricados para operação em corrente contínua. A interrupção em corrente contínua é muito mais difícil e complexa de se realizar do que a interrupção em corrente alternada, porque nessa corrente a extinção do arco é obtida quando a corrente passa pelo seu zero natural, o que, evidentemente, não pode ocorrer em corrente contínua. Ao se analisar o circuito da Figura 11.32, observa-se que, além dos parâmetros normais do circuito, a resistência R e a indutância L, em alguns disjuntores existe uma resistência R_i inserida entre os contatos de mesmo polo destinados a reduzir as sobretensões resultantes da operação de energização do sistema.

Durante a energização de uma linha de transmissão por um disjuntor, inicialmente fecha-se a chave C1, conectando-se assim a resistência R_i em série com a referida linha. Decorrido um curto intervalo de tempo, da ordem de 5 a 15 ms, fecha-se a chave C2, fazendo com que a corrente do circuito seja conduzida por ela, eliminando a ação do resistor. Dessa forma, o circuito é energizado em dois diferentes tempos, resultando na ocorrência de duas sobretensões: a primeira se verificou na presença do resistor R_i, e a segunda, no momento da sua eliminação do circuito pelo fechamento da chave C2. O valor da sobretensão depende do valor da resistência do resistor de inserção.

Quando o disjuntor abre os seus contatos, o arco é levado para uma câmara de desionização, na qual sofre alongamento e resfriamento, resultando em uma resistência artificialmente inserida, denominada resistência de arco R_a. Nesse momento, uma tensão V_1 aparece nos terminais dos contatos do disjuntor devido à variação di/dt da corrente. Logo em seguida, os valores de V_1 e I_1 diminuem rapidamente, até que a corrente final resulte em:

$$I = \frac{V_0}{R_a + R} \quad (11.1)$$

Nos disjuntores de corrente contínua, o tempo de arco é normalmente longo, porém o suficiente para não deteriorar os contatos do polo. O que acontece na interrupção em corrente alternada é um fenômeno mais simples, em que a resistência, a reatância e a capacitância apresentam um papel de extrema importância.

Quando um sistema elétrico está operando, guarda determinada energia de origem magnética nos seus componentes indutivos e certa energia de origem capacitiva nos seus componentes capacitivos. Os componentes indutivos de um sistema são os transformadores, motores, reatores e a própria indutância dos condutores. Já os componentes capacitivos são os capacitores e a própria capacitância dos condutores entre fases e entre fases e terra. Isso porque, nessa condição de estabilidade ou *estado estacionário*, o sistema pode, instantaneamente, sofrer alterações bruscas quando acontece um defeito, por exemplo, um curto-circuito. Nesse instante, ocorre um complexo jogo de transferência de energia entre os componentes

FIGURA 11.31(b) Disjuntor de 72,5 kV tipo tanque vivo (fabricante: Sieyuan).

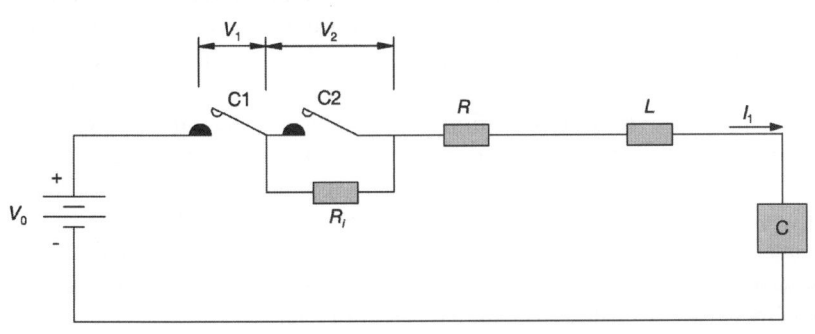

FIGURA 11.32 Circuito elétrico simplificado de um sistema elétrico.

do sistema, ocasionando uma série de fenômenos que se pode chamar de *estado transitório* do sistema.

A Equação (11.2) exprime matematicamente as duas situações admitidas para qualquer sistema elétrico, conforme descrito anteriormente.

$$I = \frac{V}{R} - \frac{V}{R}e^{-R\times T/L} \qquad (11.2)$$

V – tensão do sistema;
R – resistência ôhmica do sistema;
L – indutância do sistema.

O primeiro termo, isto é, V/R, representa o estado estacionário do sistema e é independente do tempo. Já o segundo termo da Equação (11.2) aproxima-se de zero quando o valor de T é grande. Para $T = 0$, o segundo termo assume o valor de $-V/R$.

Supondo agora que determinado sistema, caracterizado por uma resistência R e uma indutância L, é energizado instantaneamente no tempo $T = 0$, a corrente que era imediatamente antes de $T = 0$ igual a V/R se elevará de zero, em $T = 0$, para V/R, para $T = \infty$, condição em que o segundo termo é zero.

O estado transitório é normalmente de tempo muito curto, porém extremamente severo quanto à integridade dos equipamentos do sistema.

Para que se possa estudar inteiramente um disjuntor, é necessário particularizá-lo, em operação, em várias situações que levem o sistema de um estado estacionário a um estado transitório. Esse estudo pode ser realizado tanto para solicitações encontradas em serviço normal como para solicitações existentes em condições de defeito. Não será abordado aqui, pois foge ao nível deste trabalho.

Inicialmente, serão estudados os principais parâmetros elétricos que caracterizam os disjuntores.

11.5.1 Características elétricas principais

11.5.1.1 Tensão nominal

É o valor eficaz da tensão pela qual o disjuntor é designado, e ao qual são referidos os outros valores nominais. A tensão nominal do disjuntor deve ser igual à tensão máxima de operação do sistema no qual o disjuntor é previsto operar. Se for instalado em determinado sistema com tensão nominal inferior à tensão nominal do disjuntor, a capacidade de interrupção desse equipamento será reduzida.

11.5.1.2 Nível de isolamento

É o conjunto de valores de tensões suportáveis nominais que caracterizam o isolamento de um disjuntor com relação à sua capacidade de suportar os esforços dielétricos.

O nível de isolação de um isolamento no ar, como o que existe entre os terminais de um seccionador de construção aberta, é função da altitude em que o referido equipamento está instalado. A maioria das normas nacionais e internacionais especifica que os equipamentos podem ser instalados até uma altitude de 1.000 m sem nenhuma restrição. Porém, nessa altitude, a redução do nível de isolação de um isolamento no ar fica reduzido cerca de 10%, valor já considerado no projeto dos fabricantes.

11.5.1.3 Tensão suportável à frequência industrial

É o valor eficaz da tensão senoidal de frequência industrial que um disjuntor deve suportar, em condições de ensaio especificadas.

11.5.1.4 Tensão nominal suportável a impulso (TNSI)

É o valor de impulso normalizado, atmosférico pleno ou de manobra, que um disjuntor deve suportar em condições previstas de ensaios.

No caso de descargas atmosféricas, podem-se encontrar duas situações. A primeira é quando a descarga atmosférica se desenvolve nas proximidades da linha de transmissão, chamada descarga indireta, em que o crescimento da onda de tensão induzida atinge cerca de 10 kV/μs, correspondente a um pico quase sempre inferior a 100 kV. Essas descargas não apresentam nenhum risco para os sistemas de tensão superior a 36 kV. É importante frisar que as descargas indiretas atuam simultaneamente em todas as fases do sistema, desenvolvendo ondas de tensão e corrente da mesma forma.

No segundo caso, são constatadas as descargas atmosféricas que incidem diretamente sobre as linhas de transmissão. A velocidade de crescimento da onda de tensão pode atingir valores elevados, variando de 100 a 1.000 kV/μs, sendo o seu valor muito elevado, ocasionando no sistema uma tensão também muito elevada.

11.5.1.5 Tensão de restabelecimento

É a tensão que aparece entre os terminais de um polo do disjuntor depois da interrupção da corrente. Essa tensão é responsável pela reignição do arco entre os terminais de um polo de um disjuntor.

11.5.1.6 Tensão de restabelecimento transitória (TRT)

É a tensão de restabelecimento no intervalo de tempo em que ela tem uma característica transitória apreciável. Em outras palavras, a tensão de restabelecimento transitória é a tensão que aparece entre os contatos de um polo do disjuntor, logo após a interrupção da corrente, no intervalo de tempo que caracteriza o período transitório, antes do amortecimento das oscilações.

A tensão de restabelecimento transitória mais desfavorável para o disjuntor é aquela que ocorre para defeitos trifásicos nos terminais do disjuntor ou para defeitos verificados a distância entre centenas de metros e alguns quilômetros. Por defeito nos terminais do disjuntor, deve-se entender aquele que ocorre entre os próprios terminais do disjuntor, ou nos barramentos da subestação ou ainda nos terminais de saída das linhas de transmissão ou alimentadores.

Para melhor se entender o conceito do processo de desenvolvimento da tensão de restabelecimento transitória, deve-se analisar o circuito da Figura 11.33.

Quando o sistema está em plena operação, a sua capacitância paralela entre condutores, ou entre condutores e terra, armazena determinada quantidade de energia cuja polaridade é função da frequência do sistema. Isto é, quando a onda de tensão alternada está crescendo no seu valor positivo, a capacitância está se carregando, para logo em seguida se descarregar com o decréscimo da onda de tensão, e se recarregando, agora no sentido inverso, com o crescimento da onda de tensão na parte negativa. Da mesma forma, a indutância armazena determinada quantidade de energia em função da corrente que circula na linha de transmissão.

Ao se analisar a Figura 11.33, percebe-se que tanto do lado da fonte como do lado da carga existem os parâmetros anteriormente considerados, agindo sobre os mesmos princípios.

Quando processada a abertura do disjuntor D, inicia-se uma sequência de transferência de blocos de energia armazenada entre a capacitância e a indutância, em uma frequência bastante elevada. Dessa forma, os contatos de um mesmo polo do disjuntor ficam submetidos a tensões de fonte e de carga, o que se denomina tensão de restabelecimento transitória (TRT), provocando o reacendimento do arco entre os referidos contatos caso a rigidez dielétrica do meio extintor seja inferior ao valor da TRT do disjuntor.

Os disjuntores, então, devem ser dimensionados para suportar o valor da TRT para cada condição anteriormente considerada. Assim, a tensão de restabelecimento transitória é um dos parâmetros fundamentais, para a especificação do disjuntor a ser utilizado em determinada instalação.

O cálculo da TRT é um processo que demanda muito trabalho e é normalmente resolvido pelo software ATP (*Alternative Transients Program*), que simula os fenômenos transitórios eletromagnéticos. Por meio dessa ferramenta é possível determinar os disjuntores instalados no sistema elétrico que estão superados ou não. Atualmente, com o número crescente de fontes de geração entrando em operação no Sistema Interligado Nacional (SIN), as empresas proprietárias de subestações de alta-tensão estão exigindo dos acessantes a elaboração desses estudos para certificar-se de que os sucessivos incrementos das correntes de curto-circuito não possam levar à superação dos seus disjuntores.

11.5.1.7 Taxa de crescimento da tensão de restabelecimento transitória (TCTRT)

É a relação entre o valor de crista da TRT e o tempo gasto para atingir essa tensão.

A TCTRT para alguns tipos de serviço mais comumente encontrados na prática é:

- abertura de transformador a vazio: $\leq 0,1$ kV/μs;
- abertura de transformador em carga: $\leq 0,2$ kV/μs;
- abertura de circuito de motores em carga: $\leq 0,2$ kV/μs;
- abertura do circuito em condições de defeito: ≤ 1 kV/μs.

11.5.1.8 Corrente nominal

É o valor eficaz da corrente de regime contínuo que o disjuntor deve ser capaz de conduzir indefinidamente sem que a elevação de temperatura das suas diferentes partes exceda os valores determinados nas condições especificadas nas respectivas normas.

11.5.1.9 Corrente de interrupção

É a corrente em um polo de um disjuntor, no início do arco, durante uma operação de abertura.

11.5.1.10 Corrente de interrupção simétrica nominal

É o valor eficaz da componente alternada da corrente de interrupção nominal em um curto-circuito.

Esse valor exprime a capacidade de ruptura do disjuntor e é um dos parâmetros básicos para o seu dimensionamento em função do nível de curto-circuito atual e futuro da instalação considerada. A Tabela 11.1 fornece, a título de ilustração, a capacidade de interrupção de curto-circuito simétrico e assimétrico para disjuntores de vários fabricantes nacionais.

11.5.1.11 Corrente de estabelecimento

É o valor de crista da primeira alternância da corrente em determinado polo de um disjuntor, durante o período transitório que se segue ao instante do estabelecimento da corrente, em uma operação de fechamento.

11.5.1.12 Corrente suportável de curta duração

É o valor eficaz da corrente que um disjuntor pode suportar, na posição fechada, durante um curto intervalo de tempo especificado nas condições prescritas de emprego e de funcionamento.

11.5.1.13 Duração nominal da corrente de curto-circuito

É aquela durante a qual o disjuntor, quando fechado, pode suportar a corrente de interrupção simétrica nominal.

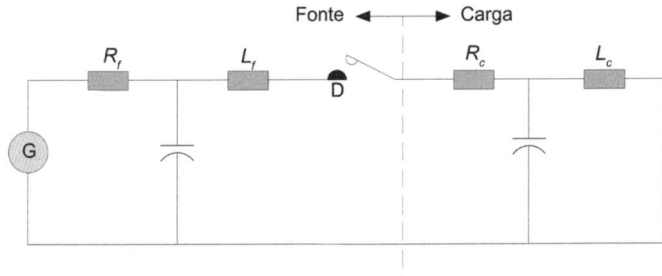

FIGURA 11.33 Circuito elétrico simplificado de um sistema elétrico.

Com base nos parâmetros anteriormente descritos, seguem, a título de ilustração, os principais dados técnicos de disjuntores, reunidos nas Tabelas 11.1, 11.2 e 11.3.

11.5.2 Solicitações em serviço normal

As solicitações em serviço normal são as que se caracterizam pela operação do disjuntor em condições de manobra intencional. São as descritas a seguir.

TABELA 11.1 Correntes de interrupção de disjuntores

Tensão de serviço	Simétrica		Assimétrica	
	Corrente	Potência	Corrente	Potência
kV	kA	MVA	kA	MVA
Tensão nominal: 13,8 kV				
13,8	10,5	250	11,5	280
Tensão nominal: 20/24 kV				
20	10	350	11,7	400
Tensão nominal: 72,5 kV				
72,5	31,5	3.950	37,8	4.740
69	31,5	3.950	37,8	4.510
60	31,5	3.950	37,8	3.920
52	31,5	3.950	37,8	3.410
<52	31,5	3.950	37,8	3.410
Tensão nominal: 145 kV				
145	31,5	7.900	37,8	9.480
132	31,5	7.900	37,8	9.480
<132	31,5	7.900	37,8	9.480

TABELA 11.2 Características elétricas gerais de disjuntores

Características		Valores	
Tipo	Ud	HPF	HPF 409/38,5
Tensão nominal	kV	52/72,5	34,5
Tensão máxima de serviço	kV	72,5	38
Frequência nominal	Hz	50/60	50/60
Corrente nominal	A	2.000	2.000
Corrente nominal simétrica de interrupção	kA	31,5	31,5
Corrente nominal de ligação (crista)	kA	80	80
Tempo de operação			
• tempo de ligamento	s	0,16	0,16
• tempo próprio na abertura	s	0,025	0,025
• tempo total de interrupção	s	0,025	0,05
• tempo em oposição de fase	s	0,06	0,06
Tensões de prova			
• tensão de 50/60 Hz 1 m seco entre fase-terra	kV	160	80
• tensão suportável de impulso	kV	350	200

TABELA 11.3 Características elétricas de disjuntores HPF de 145 e 245 kV

Características		Valores			
Tipo	Ud	D(KU)356/20		D(KU)506/20	
Tensão nominal	kV	20/24	13,2	20/24	13,2
Corrente nominal	A	630	630	630	630
Capacidade de ruptura nominal	A	350	250	500	350
Potência de interrupção (simétrica)	MVA	10	11	14,5	15,5
Corrente de ligação (simétrica)	kA	25	28	36	39
Corrente de curta duração (1 s)	kA	20	20	20	20
Tempo de ligação	s	0,11		0,12	
Tempo de desligamento	s	0,6		0,065	
Tempo de interrupção	s	0,14		0,16	
Tempo de ligação-desligamento	s	0,04		0,06	
Tensão de ensaio: 60 Hz/1 min	kV	55			
Tensão de impulso: 1/50 µs	kV	125			
Distância de escoamento	mm	248			
Distância fase-terra	mm	180			

11.5.2.1 Abertura de transformadores a vazio

Quando um transformador é desligado por meio de um disjuntor, a sua energia magnética, armazenada na indutância própria, é liberada em forma de energia elétrica, com base na Equação (11.3).

$$W_m = \frac{1}{2} \times L \times I^2 \qquad (11.3)$$

A energia capacitiva, mesmo de pequena expressão, armazenada no transformador, também é liberada, e seu valor pode ser dado pela Equação (11.4).

$$W_c = \frac{1}{2} \times \frac{V^2}{C} \qquad (11.4)$$

Como há uma troca de energia de igual valor entre os circuitos indutivos e capacitivos, $W_m = W_c$, a tensão V toma um valor muito elevado, ou seja:

$$V = I \times \sqrt{\frac{L}{C}} \qquad (11.5)$$

A sobretensão resultante do desligamento de um transformador pode acarretar uma série de descargas internas ao equipamento e levar à perfuração dos seus enrolamentos. Outra forma de analisar esse fenômeno é considerar, por exemplo, o desligamento de um transformador quando a corrente de magnetização I_m está em seu valor máximo, como no caso de I_{nm} na Figura 11.35. Nesse instante, a corrente é abruptamente levada a zero, passando do ponto a ao ponto c da mesma figura. Dessa forma, a energia abc armazenada no circuito magnético é transferida para a capacitância, provocando uma sobretensão no sistema.

A Equação (11.6) fornece aproximadamente o valor de pico da sobretensão produzida pelo desligamento de um transformador.

$$V_p = I_c \times \sqrt{\frac{\eta_m \times L_m}{C_e}} \qquad (11.6)$$

V_p – tensão de pico, em V;
I_c – corrente de corte, ou de *chopping*, em A;
η_m – rendimento magnético para motores e reatores $\eta_m \cong 1$;
L_m – indutância de magnetização do transformador, em H.

O rendimento magnético se caracteriza pela energia magnética liberada pelo núcleo do equipamento durante o processo de magnetização.

O valor da indutância magnética em H do transformador pode ser calculado pela Equação (11.7), ou seja:

$$L_m = \frac{1.000 \times Z_{nt} \times V_{nt}^2}{2\pi \times F \times P_{nt}} \text{ (H)} \qquad (11.7)$$

Z_{nt} – impedância nominal do transformador, em pu;
V_{nt} – tensão nominal do transformador, em kV;
P_{nt} – potência nominal do transformador, em kVA.

Já a capacitância efetiva com uma tensão impulsiva pode ser fornecida pelo gráfico da Figura 11.34. Nele, pode-se determinar, aproximadamente, tanto a capacitância série C_s entre espiras, como a capacitância do enrolamento para a terra C_t. A capacitância por fase dos enrolamentos do transformador, C_e, pode finalmente ser calculada pela Equação (11.8).

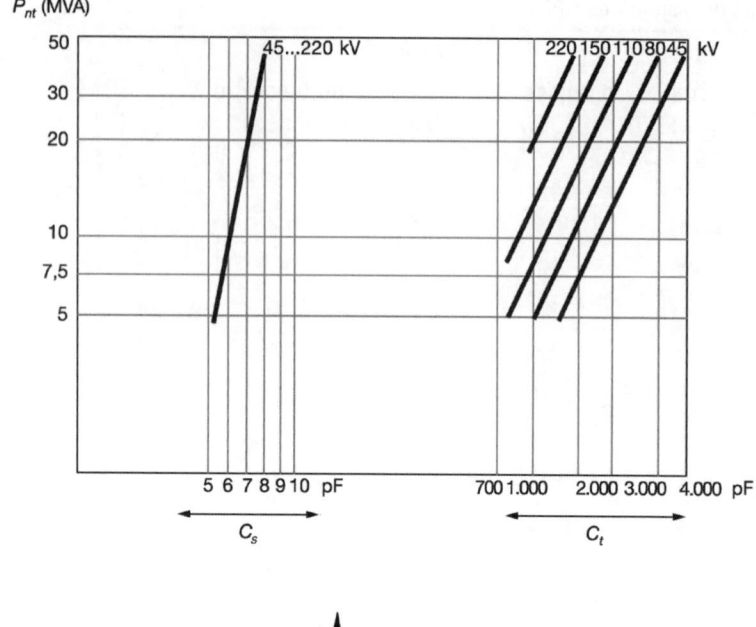

FIGURA 11.34 Gráfico das capacitâncias de transformadores de força.

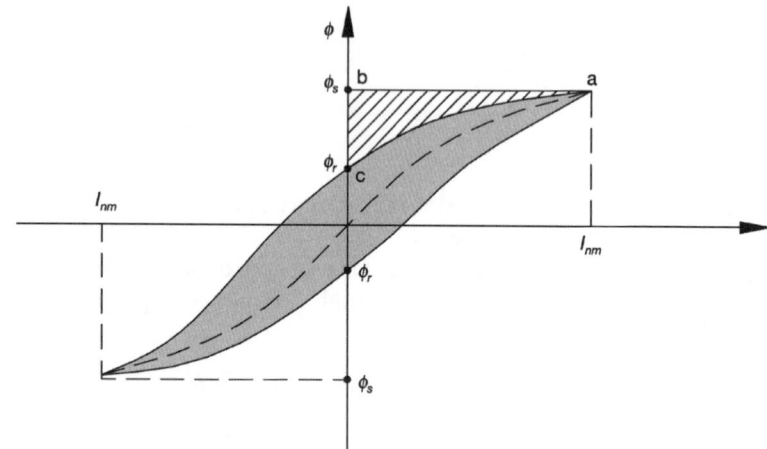

FIGURA 11.35 Curva de magnetização ou de histerese.

$$C_e = \sqrt{C_t \times C_s} \ (\text{pF}) \quad (11.8)$$

C_t – capacitância do enrolamento para a terra, em pF;
C_s – capacitância série entre espiras, em pF.

Para se determinar aproximadamente a frequência das oscilações de 1/4 da onda, pode-se empregar a Equação (11.9).

$$F_0 = \frac{1}{2 \times \pi \times \sqrt{L_m \times C_t}} \ (\text{Hz}) \quad (11.9)$$

sendo L_m e C_t dados, respectivamente, em henry e faraday. É importante lembrar que a Equação (11.8) é válida somente para transformadores ligados em estrela-triângulo.

11.5.2.2 Abertura de pequenas cargas indutivas

Esse é o caso característico de abertura do disjuntor quando está ligado ao sistema transformadores com baixo nível de carregamento, alimentando motores, reatores etc.

Na abertura dos contatos do disjuntor, há certa instabilidade do arco quando a corrente ao ser interrompida se aproxima do seu zero natural, ocorrendo, nessas circunstâncias, um corte prematuro, o que resulta em sobretensões em todo o sistema. Assim, quando o disjuntor abre os seus contatos, há uma transferência de energia do circuito indutivo para as capacitâncias naturais do sistema. Porém, nem toda energia do circuito magnético é integralmente transferida para as capacitâncias. A taxa de transferência depende do rendimento magnético do núcleo dos equipamentos, que pode variar entre 0,3 e 0,9. Se ao secundário do transformador estiver ligado um reator, por exemplo, para limitar a corrente de curto-circuito, o valor do rendimento magnético pode atingir até a unidade. O mesmo se pode dizer dos motores, quando o elemento de partida é uma chave dotada de reatores, a exemplo da chave compensadora. Tratando-se de transformadores a vazio, o rendimento magnético é de aproximadamente 0,4.

Disjuntores de alta-tensão | 297

EXEMPLO DE APLICAÇÃO (11.1)

Um transformador de 20 MVA Δ-Y- 69/13,8 kV de impedância igual a 7% é desenergizado a vazio pela abertura do seu disjuntor a SF_6 correspondente. Calcule a sobretensão resultante e a frequência das oscilações.

A indutância de magnetização vale:

$$L_m = \frac{1.000 \times Z_{nt} \times V_{nt}^2}{2\pi \times F \times P_{nt}}$$

$$L_m = \frac{1.000 \times 0,07 \times 69^2}{2\pi \times 60 \times 20.000} = 0,044 \text{ H}$$

A capacitância série das espiras dos enrolamentos e a respectiva capacitância para a terra podem ser determinadas pelo gráfico da Figura 11.34. A capacitância dos enrolamentos por fase é dada pela Equação (11.8).

$$C_e = \sqrt{C_t \times C_s}$$

$$C_e = \sqrt{2.800 \times 7} = 700 \text{ pF} = 700 \times 10^{-12} \text{ F}$$

$$C_t = 2.800 \text{ pF (Figura 11.34)}$$

$$C_s = 7 \text{ pF (Figura 11.34)}$$

Aplicando a Equação (11.6), tem-se:

$$V_p = I_c \times \sqrt{\frac{\eta_m \times L_m}{C_e}} = 5 \times \sqrt{\frac{0,60 \times 0,044}{700 \times 10^{-12}}} = 30.705 \text{ V/fase} = 30,7 \text{ kV}$$

$I_c = 5$ A (valor considerado da corrente de magnetização ou de corte ou *chopping*; ver item 11.5.2.2);

$\eta = 0,6$ (valor considerado).

A Equação (11.9) dá a frequência das oscilações para 1/4 da onda:

$$F_O = \frac{1}{2 \times \pi \times \sqrt{L_m \times C_t}} = \frac{1}{2 \times \pi \times \sqrt{0,044 \times 2.800 \times 10^{-12}}}$$

$$F_O = 14.338 \text{ Hz} = 14,8 \text{ kHz}$$

O corte prematuro da corrente pelo disjuntor é conhecido como corrente de corte ou de *chopping*, que é característica dos disjuntores a SF_6 e a ar comprimido. Pode ocorrer também, com menor frequência, nos demais equipamentos, porque esses disjuntores são normalmente construídos para uma elevada capacidade de ruptura, próprios para operar em correntes de curto-circuito de valor muito alto. Porém, quando são solicitados a operar em corrente de pequeno valor, o seu mecanismo de abertura apresenta uma sobrecapacidade de interrupção, o que faz acelerar a extinção do arco antes da passagem da corrente pelo seu zero natural, acarretando, em consequência, os fenômenos de sobretensão. O *chopping* é, enfim, o valor da corrente em seu ciclo senoidal a partir do qual o disjuntor extingue a corrente instantaneamente.

A determinação da corrente de *chopping* é difícil devido à incerteza de se estabelecer certos parâmetros do circuito que participam do cálculo, como os valores das capacitâncias da unidade de interrupção e da própria carga, além de outras características técnicas não reveladas pelos fabricantes dos disjuntores. Sua determinação não será, portanto, avaliada aqui porque foge ao escopo deste trabalho.

11.5.2.3 Abertura de motores de indução

A interrupção de um circuito de motor de indução operando a plena carga constitui-se em um fator normal sem maiores solicitações de corrente e sobretensões. No entanto, se o motor estiver operando a vazio, o sistema poderá sofrer severas solicitações de sobretensões. Outro fato importante decorre da possibilidade de interrupção da corrente do motor durante o processo de acionamento. Como se pode perceber, ambos os casos são caracterizados por uma manobra com baixo fator de potência, o que significa uma carga de forte conteúdo indutivo. No primeiro caso, o disjuntor irá operar com uma carga basicamente indutiva de pequeno valor; já no segundo caso, a manobra do disjuntor será feita sob condição de uma carga indutiva elevada. O desligamento de motores em operação a vazio é muito comum nas instalações industriais. A interrupção da corrente durante a partida do motor pode ocorrer nas seguintes situações:

- quando se deseja saber o sentido de rotação do rotor, principalmente quando o motor é recém-instalado à rede elétrica;

- quando a proteção de sobrecorrente está ajustada para uma corrente inferior ao valor da corrente de partida;
- quando o conjugado resistente da carga é superior ao conjugado motor.

As sobretensões devido à interrupção da corrente de partida podem atingir valores bastante elevados, cerca de cinco a dez vezes a tensão nominal, cuja consequência é a descarga que pode se verificar entre os terminais do motor, no interior da sua caixa de ligação. É bom notar que os valores dessas sobretensões dependem do tipo do disjuntor responsável pela respectiva manobra.

Os motores mais sujeitos às sobretensões transitórias são os de potência com valores compreendidos entre 15 e 1.500 cv nas tensões de 4,16 a 6 kV.

Se houver reignição após o primeiro corte de corrente, devido à tensão de restabelecimento, as sobretensões tornam-se mais perigosas para o motor. Para garantir a resistência dos motores contra os processos de sobretensão, são realizados ensaios de rigidez dielétrica, à frequência industrial, com valor dado pela Equação (11.10), para motores de indução com potência inferior a 13.000 cv, com mínimo de 1.500 V.

$$V_e = 2 \times V_{nm} + 1.000 \quad (11.10)$$

V_e – tensão de ensaio, em V;
V_{nm} – tensão nominal do motor, em V.

A tensão V_e é aplicada entre cada fase e as outras duas remanescentes, considerando que elas estejam ligadas à terra. A duração do ensaio é fixada em 1 min. Nesse caso, um motor de indução de 1.000 cv/IV polos/4.160 V de tensão nominal é submetido, durante 1 min, à tensão de:

$$V_e = 2 \times 4.160 + 1.000 = 9.320 \text{ V}$$

As sobretensões de manobra efetuam-se à frequência industrial. O seu valor máximo pode ser determinado a partir da Equação (11.11), ou seja:

$$V_{ms} = \sqrt{V_i^2 + Z_m^2 \times I_c^2} \ (V) \quad (11.11)$$

V_{ms} – valor máximo da sobretensão, em V;
V_i – valor instantâneo da tensão, valor de pico entre fase e terra, nos terminais do motor, no momento da variação da corrente, em V;
Z_m – impedância característica do motor, em Ω;
I_c – corrente cortada pelo disjuntor, em A.

A impedância característica do motor, Z_m, varia de acordo com a potência e tensão nominais da máquina e com a sua velocidade síncrona. Quanto maiores forem a tensão e a velocidade, maior será o valor da impedância, que é também inversamente proporcional à potência nominal da máquina. Em termos médios aproximados, a impedância, Z_m, pode assumir os seguintes valores:

- motores de 150 a 300 cv: 1.000 Ω;
- motores de 500 a 1.500 cv: 400 Ω.

A corrente de corte ou de *chopping* do disjuntor, discutida anteriormente, pode ser avaliada em função do seu tipo, conforme mostra a Tabela 11.4. Essa corrente, que corresponde àquela a partir da qual o disjuntor interrompe instantaneamente antes que atinja o zero natural, provoca sobretensões no sistema, podendo danificar o motor.

Pode-se afirmar que a corrente de corte é diretamente proporcional à capacitância paralela, C_p, nos terminais do disjuntor, compreendendo as capacitâncias da carga e da fonte, inclusive a da câmara de interrupção do próprio disjuntor. Considerando, como ordem de grandeza, uma capacitância paralela de 2×10^{-6} F no circuito de alimentação de um motor de indução durante a sua partida, a corrente de *chopping* em um disjuntor a pequeno volume de óleo pode adquirir o valor de:

$$\frac{I_c}{\sqrt{C_p}} = 10 \times 10^4 \text{ (Tabela 11.4)}$$

$$I_c = \sqrt{C_p} \times 10 \times 10^4 = \sqrt{2 \times 10^{-6}} \times 10 \times 10^4 = 141,4 \text{ A}$$

A corrente de corte, I_c, capaz de provocar sucessivas reignições nos disjuntores está compreendida entre 20 e 500 A. Valores inferiores a 20 A, que correspondem à desenergização de transformadores a vazio, não provocam sobretensões perigosas para o disjuntor.

As sobretensões podem ser mais bem avaliadas analisando-se o fator de sobretensão, que corresponde à relação entre a tensão máxima transitória e a tensão nominal do motor em seu valor de pico. Pode ser dada pela Equação (11.12):

$$F = \frac{V_{ms}}{0,82 \times V_{nmp}} \quad (11.12)$$

11.5.3 Energização de componentes do sistema

11.5.3.1 Energização de transformadores

Durante a energização de um transformador surgem correntes de valor significativamente elevado que podem causar

TABELA 11.4 Relação de corrente de corte ou de *chopping* em função da capacitância

Tipo de disjuntor	$\dfrac{I_c}{\sqrt{C_p}}$
Pequeno volume de óleo	10×10^4
Disjuntor a SF$_6$	17×10^4
Disjuntor a ar comprimido	20×10^4

EXEMPLO DE APLICAÇÃO (11.2)

Considere um motor de rotor em curto-circuito, com potência nominal de 1.250 cv/polos/4.160 V. Calcule a sobretensão a que ficará submetido o motor quando, durante os instantes iniciais de partida, for desligado da rede.

a) Corrente nominal do motor

$$I_{nm} = \frac{1.250 \times 0,736}{\sqrt{3} \times 4,16 \times (0,86 \times 0,92)} = 161,3 \text{ A}$$

$F_p = 0,86$ (fator de potência nominal);

$\eta = 0,92$ (rendimento nominal).

b) Corrente de *chopping* do disjuntor

$I_c = 141,4$ A (valor calculado anteriormente)

c) Sobretensão no desligamento durante a partida, valor de pico

De acordo com a Equação (11.11), tem-se:

$$V_{ms} = \sqrt{V_i^2 + Z_m^2 \times I_c^2}$$

$$V_i = \frac{4.160}{\sqrt{3}} \times \sqrt{2} = 3.396,6 \text{ V}$$

$$Z_m = 400 \text{ }\Omega$$

$$V_{ms} = \sqrt{3.396,6^2 + 400^2 \times 141,4^2} = 56.661,8 \text{ V}$$

d) Fator de sobretensão

De acordo com a Equação (11.12), tem-se:

$$F = \frac{V_{ms}}{0,82 \times V_{nmp}} = \frac{56.661,8}{0,82 \times 4.160 \times \sqrt{2}} = 11,7$$

---

sérias perturbações ao sistema, inclusive fazendo atuar a proteção de sobrecorrente do equipamento caso o seu ajuste não esteja adequado. O valor da corrente de energização, conhecida também como *corrente de inrush*, pode atingir várias vezes a corrente nominal, em média, até oito vezes esse valor. Porém, o seu valor depende da polaridade e da grandeza do magnetismo residual que o núcleo do transformador acumulou após a sua última operação. Em determinadas circunstâncias, podem atingir valores superiores a 20 vezes a corrente nominal do transformador com forte conteúdo harmônico, principalmente a 2ª harmônica. O tempo de duração ocorre em vários ciclos.

As principais consequências da corrente de energização dos transformadores são:

- operação inconsequente dos dispositivos de proteção;
- sobretensões no sistema devido aos efeitos da ressonância harmônica, notadamente em instalações industriais que operam com filtros;
- afundamentos de tensão;
- solicitações térmicas e eletromecânicas nos componentes do sistema elétrico e no próprio transformador.

O fenômeno da corrente de *inrush* pode ser explicado analisando-se a curva de magnetização residual característica de um transformador.

Como se pode observar pela curva da Figura 11.35, a corrente de magnetização, I_{nm}, assume rapidamente valores elevados a partir do ponto de magnetização ϕ_s, em que o núcleo se encontra praticamente saturado.

Em resumo, em um transformador recém-construído, ao ser energizado pela primeira vez, o seu núcleo não armazena nenhum fluxo residual. No instante da energização, supondo, por exemplo, a tensão passando pelo zero natural do sistema e o fluxo ϕ atrasado de 90° elétricos com relação à tensão e assumindo o seu valor máximo negativo ϕ_m, resultaria um fluxo no núcleo do transformador que teria que passar instantaneamente de zero (transformador sem magnetismo residual) até o valor máximo negativo ϕ_m. Como isso não é possível, já que o fluxo magnético não pode ser criado instantaneamente, surge um componente transitório alternado de fluxo ϕ_i, cujo valor inicial é o resultado da diferença entre o fluxo nominal ϕ_n e o fluxo residual ϕ_r do núcleo do transformador, criando uma condição em que o fluxo de magnetização se inicie a partir do ponto *c* da curva de histerese, ou seja, ϕ_r, seguindo a sua trajetória, segundo a Figura 11.35, até o ponto *a*, que define o valor máximo da corrente de magnetização I_{nm}, que corresponde ao núcleo saturado.

Assim, conclui-se que quando o transformador é energizado no momento em que o fluxo magnético está passando pelo seu valor máximo negativo, a tensão está passando pelo ponto zero da sua trajetória senoidal e o seu núcleo magnético detém o máximo fluxo residual, circulando no transformador o maior fluxo transitório.

Quando o transformador está em operação e é desenergizado, o seu núcleo armazena determinada quantidade de magnetismo residual, ϕ_r, mostrado na Figura 11.35. Se o transformador é reenergizado, supondo-se, por exemplo, que a tensão esteja em um ponto que corresponda a um fluxo magnético de valor igual ao do magnetismo residual do núcleo, ϕ_r, conforme a Figura 11.35, então não haverá transitório, já que a magnetização do transformador acompanhará a sua curva. Essa conceituação é bastante teórica e na prática isso dificilmente ocorre, dado o caráter aleatório do instante da ligação do transformador.

11.5.3.2 Energização de capacitores

Quando um banco de capacitores é aberto, esses equipamentos permanecem sob tensão remanescente imediatamente após essa operação, cujo valor praticamente fica constante por algum tempo, diminuindo lentamente devido às correntes de fuga naturais. Nessas condições, os contatos do disjuntor do lado da carga estão submetidos à tensão remanescente do capacitor, enquanto os contatos do disjuntor do lado da fonte estão submetidos à tensão do sistema na frequência industrial. A Figura 11.36 pode melhor esclarecer essa questão.

Assim, a tensão entre os contatos abertos do disjuntor cresce, podendo haver reacendimento do arco. O exame da Figura 11.37 facilita a compreensão dos fenômenos que acontecem em um polo durante a operação do disjuntor.

Nesse caso, a corrente de carga I_c dos capacitores está adiantada da tensão de 90° (carga capacitiva). Suponha que no ponto a os contatos do disjuntor se abram. Então, surge um arco entre os contatos em processo de abertura, que perdura até que a corrente atinja o ponto b, que é o seu zero natural, quando o arco é então extinto. Nesse momento, a tensão passa por uma pequena instabilidade devido à troca de energia entre as capacitâncias e indutâncias do sistema. Assim, o capacitor em carga permanece com uma tensão V_2, enquanto a tensão do sistema V_1, lado da fonte, evolui para o seu valor máximo negativo, quando fica estabelecida uma diferença de potencial elevada (V_2-V_1), duas vezes superior à tensão do sistema, conforme se pode observar no ponto c da Figura 11.37.

Se a rigidez dielétrica entre os contatos for inferior ao valor de (V_2-V_1), ocorrerá uma reignição do arco entre os contatos já abertos do disjuntor, alimentando novamente o capacitor com a corrente transitória I, o que o deixa com uma tensão remanescente de valor igual V_{21}, porém com a polaridade negativa, conforme pode ser observado no ponto d da Figura 11.37. Como a tensão V_{21} no capacitor aumentou, a tensão de restabelecimento (V_2-V_1) também se eleva, provocando uma nova reignição entre os contatos do disjuntor. Teoricamente, esse processo de reignição continuaria indefinidamente com tensões de reignição cada vez maiores. Porém, ele é interrompido, na prática após algumas reignições, limitado pelos parâmetros do próprio circuito. A Figura 11.37 representa a tensão de restabelecimento analisada.

11.5.3.3 Energização de linhas de transmissão

Uma linha de transmissão pode ser representada, eletricamente, pelas indutâncias e capacitâncias próprias entre fases e entre fases e terra. De forma simplificada, pode-se admitir o esquema da Figura 11.38, onde estão representadas somente as capacitâncias. Desse modo, para efeito de energização da linha, o comportamento do disjuntor é idêntico ao descrito para o caso da energização de um banco de capacitores.

11.5.4 Solicitações em regime transitório

São as solicitações que se caracterizam pela operação do disjuntor em condições de defeito no sistema.

11.5.4.1 Abertura em regime de curto-circuito nos terminais do disjuntor

a) Circuitos monofásicos

É considerado circuito monofásico, semelhante ao mostrado na Figura 11.42, aquele representado por um sistema dotado de seus parâmetros naturais que são a resistência, a reatância e

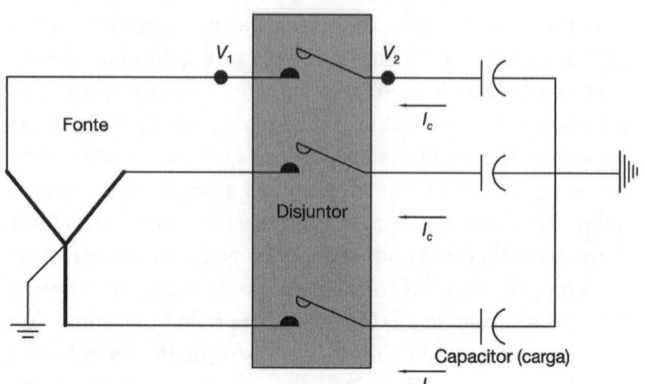

FIGURA 11.36 Esquema básico de um sistema elétrico com capacitâncias de fase.

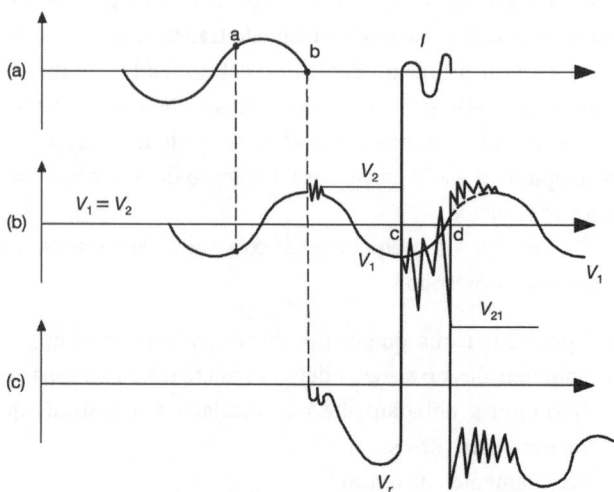

FIGURA 11.37 Sobretensões no sistema por carregamento da capacitância.

a capacitância. Considerando que em regime de curto-circuito o fator de potência é extremamente reduzido, pode-se admitir que o valor da resistência da fonte R_f é muito inferior ao da reatância dada pela indutância da fonte L_f. Em consequência, a corrente de defeito está atrasada aproximadamente 90° com relação à tensão, conforme pode ser observado na Figura 11.39.

Como já foi comentado anteriormente, após a abertura dos contatos do disjuntor, o arco somente é extinto no momento da passagem da corrente pelo zero natural. Nesse caso em análise, quando a corrente atinge o zero natural, a tensão está no seu valor máximo V_m, considerando-se aí o tempo inicial T_0 para a contagem dos fenômenos da presente interrupção.

Como se verifica na Figura 11.39(c), a corrente que se estabelece no circuito é do tipo oscilatório. Esse fato é explicitado considerando-se que, imediatamente após a falta nos terminais do disjuntor, a tensão se anula, descarregando toda a capacitância da fonte C_f. Em seguida, se processa a abertura do disjuntor D, como se analisou anteriormente, enquanto a tensão V_m da fonte G, que no momento da extinção do arco estava no seu valor máximo, inicia o carregamento da capacitância C_f, através da indutância e da resistência da fonte.

Mesmo após carregada a capacitância com a tensão máxima da fonte, V_m, a indutância, através de seu campo magnético, continua descarregando toda a sua energia armazenada sobre a mesma capacitância, que agora passa a apresentar nos seus terminais uma tensão superior à tensão da fonte. Quando toda a energia magnética da indutância for transferida e transformada em energia elétrica na capacitância, a corrente cessa e inicia imediatamente o processo de retorno de toda a sua energia elétrica armazenada, transferindo-a para a indutância, e transformando-se em energia magnética novamente. Cria-se, então, um circuito oscilatório, cuja tensão atinge duas vezes a tensão V_m, conforme se pode ver na Figura 11.39(d). A resistência R_f é responsável pelo amortecimento da energia transferida entre a indutância e a capacitância, transformando-a em energia de perda.

b) Circuitos trifásicos

Na análise de interrupção de uma corrente de curto-circuito trifásica pelo disjuntor, deve-se levar em consideração que as três correntes de defeito estão defasadas entre si em 120°, enquanto a passagem pelo ponto zero natural se dá a cada 60° por qualquer uma das três correntes do sistema.

Considerando que os três contatos do disjuntor se separam nas três fases praticamente no mesmo instante, pode-se perceber facilmente que a interrupção nos três polos ocorre em tempos diferentes. Isto é, se um polo, em determinado instante, interrompe a corrente que está passando pelo seu zero natural, nos outros dois polos a corrente de defeito continua circulando, à semelhança de um circuito bifásico.

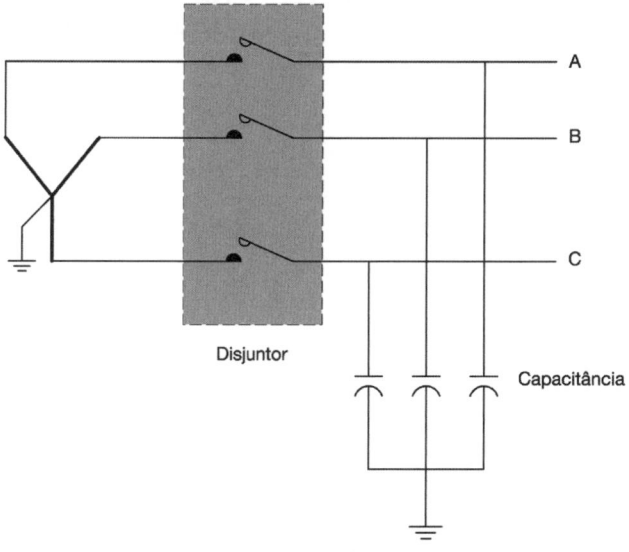

FIGURA 11.38 Esquema básico de um circuito elétrico com capacitâncias de terra.

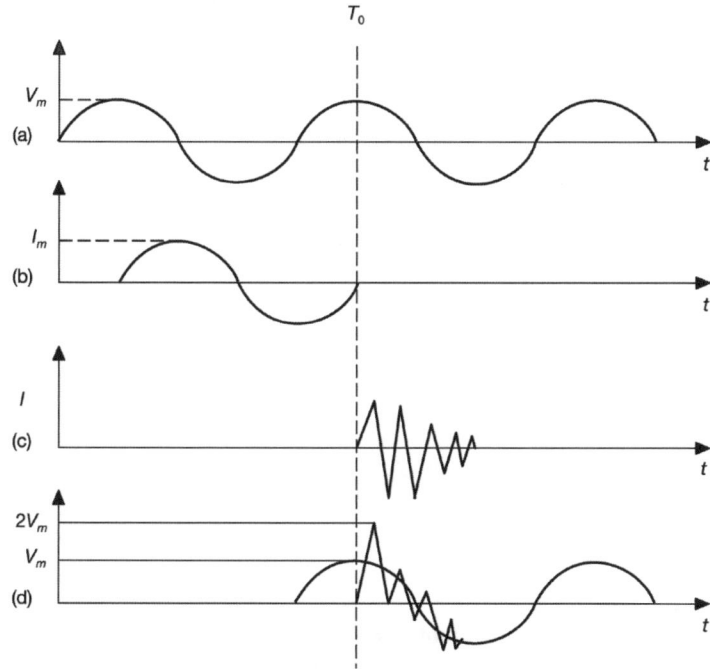

FIGURA 11.39 Tensões e corrente na abertura monopolar de um disjuntor.

A Figura 11.40 demonstra, de forma clara, o processo de interrupção de uma corrente em um circuito trifásico.

Ao se abrirem os contatos do disjuntor em um ponto qualquer, T_0, a corrente do primeiro polo somente atingirá o seu zero natural no tempo T_1, quando o arco, nesse polo, for extinto inicialmente, o que pode ser visto na Figura 11.40(a). Enquanto isso, as correntes no segundo e terceiro polos ainda não atingiram o seu zero natural, por estarem defasadas da corrente do primeiro polo, 60° e 120°, respectivamente. Nesse instante, o circuito passa a ter características bifásicas, percebendo-se, pela Figura 11.41, que as indutâncias estão em série, fazendo com que as correntes das fases B e C assumam valores iguais e de sinais contrários. Para isso, a corrente da fase B atinge prematuramente o ponto zero, enquanto a da fase C sofrerá um retardo de igual valor. Ao cabo do tempo T_2, o circuito trifásico está completamente aberto e não circulará mais nenhuma corrente, a menos que haja uma reignição devido à tensão de restabelecimento.

Observe, na Figura 11.40, que as correntes das fases B e C, ou seja, I_2 e I_3, assumem valores iguais aos do seu valor anterior à interrupção I_1, ficando ainda em quadratura, isto é, em oposição de fase. Pode-se, também, deduzir que a maior solicitação do disjuntor se refere ao primeiro polo, pois os outros dois polos dividem a interrupção das correntes das fases restantes.

Analisando agora o desenvolvimento da tensão nas três fases, pode-se afirmar que:

- a tensão transitória de restabelecimento é 1,5 vez maior do que a tensão máxima do sistema V_m;
- a tensão máxima transitória de restabelecimento V_{mt} é 1,4 vez maior do que a tensão transitória de restabelecimento (sem considerar os efeitos transitórios).

Chama-se fator de primeiro polo a relação entre a tensão transitória de restabelecimento e a tensão máxima do sistema.

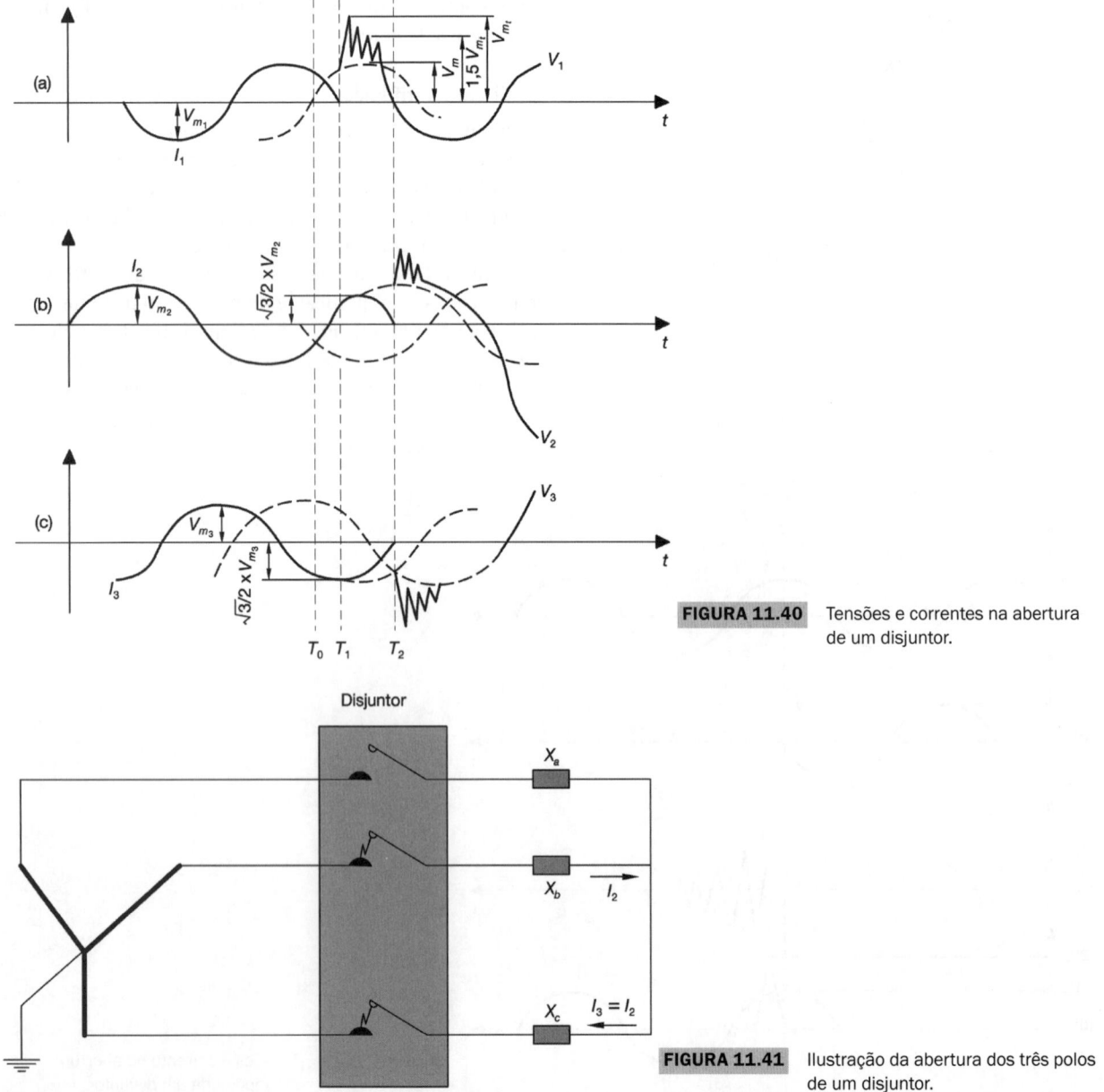

FIGURA 11.40 Tensões e correntes na abertura de um disjuntor.

FIGURA 11.41 Ilustração da abertura dos três polos de um disjuntor.

11.5.4.2 Abertura em regime de curto-circuito distante dos terminais do disjuntor

Nesse caso, há uma intensa transferência de energia armazenada entre a capacitância e a indutância do sistema desenergizado.

A frequência dessas oscilações pode ser dada pela Equação (11.13).

$$F_{cs} = \frac{1}{2\pi \times \sqrt{L_c \times C_c}} \quad (11.13)$$

Considere o sistema com uma fonte geradora G, alimentando uma longa linha de transmissão, cujo circuito simplificado é dado na Figura 11.42, onde são mostrados os principais parâmetros do circuito, isto é, a resistência, a reatância e a capacitância.

R_f, L_f e C_f são, respectivamente, a resistência, a indutância e a capacitância do sistema gerador, enquanto R_c, L_c e C_c são, respectivamente, a resistência, a indutância e a capacitância do sistema de transmissão.

Ao abrir o disjuntor D, o arco é extinto quando a corrente passa pelo seu zero natural. Por tratar-se de um curto-circuito, a tensão está adiantada da corrente de um ângulo próximo a 90°, portanto, assumindo o seu valor máximo. Assim, no instante da interrupção da corrente, a capacitância, C_c, do sistema está plenamente carregada em virtude da posição da tensão no seu valor máximo. Efetuada a interrupção pelo disjuntor, a capacitância, C_c, eletricamente separada do circuito fonte, transfere a sua energia armazenada para a indutância L_c, que imediatamente transfere a mesma energia de volta para a capacitância C_c, criando, dessa forma, um circuito oscilante de frequência F_{cs}, definida na Equação (11.13). As transferências de energia são amortecidas pela resistência R_c do sistema de transmissão. Quanto maior for R_c, menor será o tempo do regime transitório. Quanto à condição de tensão no lado da geração, o fenômeno se processa de modo idêntico ao que se descreveu para o regime de curto-circuito nos terminais do disjuntor.

11.5.4.3 Abertura em regime de curto-circuito a curta distância dos terminais do disjuntor

Quando ocorre um curto-circuito a determinada distância do disjuntor, que pode variar de algumas centenas de metros a poucos quilômetros, o sistema sofre solicitações severas de alta frequência, em um fenômeno comumente chamado *curto-circuito quilométrico*.

A severidade a que fica submetido o disjuntor, nessas condições, não é devido ao valor da corrente de defeito, mas à tensão transitória de restabelecimento (TRT) que surge entre os seus contatos. É necessário que o meio de extinção do arco apresente uma rigidez dielétrica elevada; caso contrário, o disjuntor será seriamente danificado, pois essa é a condição mais perigosa para esse equipamento. Para análise do fenômeno, considerar a Figura 11.43.

Devido à ocorrência do defeito no ponto A, o disjuntor é solicitado a interromper a corrente de curto-circuito. Devem ser considerados dois fenômenos transitórios distintos, que, por ação mútua, resultam em uma série de perturbações para o sistema.

Analisando inicialmente o que ocorre no lado da fonte, pode-se afirmar que a capacitância, C_f, fica descarregada imediatamente após o defeito, visto que a tensão foi a zero. Porém, a fonte a alimenta através da indutância L_f, que transfere toda a sua energia armazenada.

Como já se descreveu esse processo anteriormente, durante a abertura, em regime de curto-circuito nos terminais do disjuntor, a partir desse instante ocorre uma série de transferências de energia entre a indutância e a capacitância, estabelecendo, desse modo, uma tensão transitória oscilante elevada.

Já a tensão transitória do lado da carga é reduzida rapidamente a zero, conforme V_{ccl} na Figura 11.44, devido ao efeito acelerado de amortecimento, função da impedância de surto da linha. Dessa forma, entre os contatos do disjuntor aparecerá uma diferença de tensão bastante acentuada que corresponde à tensão de restabelecimento transitória V_{rt} muito severa para

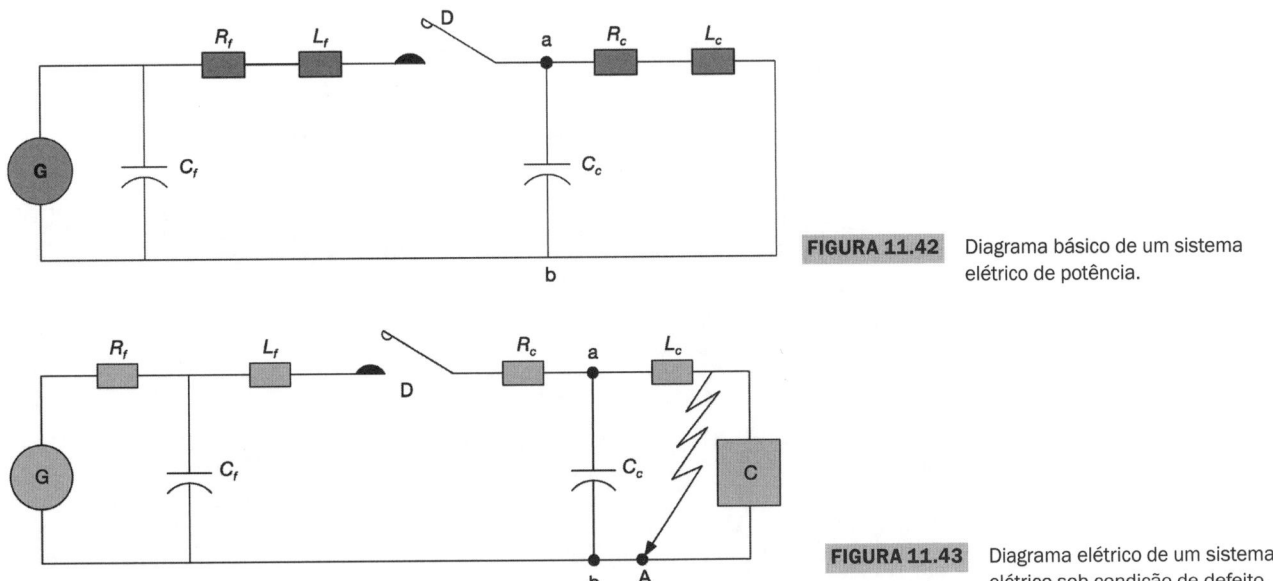

FIGURA 11.42 Diagrama básico de um sistema elétrico de potência.

FIGURA 11.43 Diagrama elétrico de um sistema elétrico sob condição de defeito.

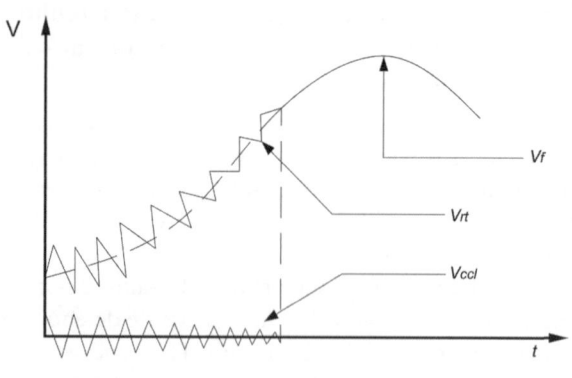

FIGURA 11.44 Tensão transitória de restabelecimento nos terminais de um disjuntor.

o disjuntor, podendo provocar várias reignições perigosas. O fato preponderante para a severa solicitação que sofre o disjuntor é a elevada taxa de crescimento verificada pela tensão de restabelecimento transitória (TRT). A taxa de crescimento da tensão de restabelecimento, TCTRT, do lado da linha pode ser expressa pela Equação (11.14).

$$S = 2 \times \sqrt{2} \times 10^{-6} \times \pi \times F \times I_{cc} \times Z_c \quad (11.14)$$

S – taxa de crescimento da TRT do lado da linha, em kV/μs;
I_{cc} – corrente de curto-circuito, em kA;
Z_c – impedância característica do sistema, em Ω.

Para se expressar a severidade com que o disjuntor fica submetido, adotou-se designar o curto-circuito quilométrico pela relação entre a corrente de defeito quilométrico, I_{ccq}, e a corrente de curto-circuito característica de um defeito nos terminais do disjuntor I_{cct}. Quando se diz que um curto-circuito quilométrico é de 80% significa que a corrente de curto-circuito, tomada a determinada distância do disjuntor, curto-circuito quilométrico, é 0,8 da corrente de curto-circuito verificada nos terminais do disjuntor.

A tensão transitória de restabelecimento nos terminais do disjuntor assume a forma de onda dada pela Figura 11.44. Conforme pode ser observado nessa figura, a tensão de restabelecimento transitória aplicada aos terminais de um mesmo polo do disjuntor pode ser dada pela Equação (11.15).

$$V_{rt} = V_f - V_{ccl} \quad (11.15)$$

V_{ccl} – tensão transitória de curto-circuito entre fase e terra nos terminais de linha do disjuntor;
V_f – tensão transitória entre fase e terra nos contatos de fonte do disjuntor;
V_{rt} – tensão de restabelecimento transitória entre os contatos de fonte e de linha de um mesmo polo do disjuntor.

O defeito quilométrico resulta nas maiores taxas de crescimento da TRT devido à influência da impedância da linha de transmissão no trecho compreendido entre o ponto de defeito e o disjuntor que faz reduzir o valor da corrente de curto-circuito, fazendo atenuar consequentemente os valores de pico de tensão. Já para os defeitos nos terminais do disjuntor resulta os valores máximos de tensão de pico da TRT devido às reflexões dos surtos de manobra ocorridas no trecho na linha de transmissão.

11.5.4.4 Abertura em regime de oposição

Quando um disjuntor mantém em serviço em paralelo duas fontes de geração, conforme Figura 11.45, e uma dessas fontes é submetida a um distúrbio que faça circular uma elevada corrente no alimentador, o disjuntor deve intervir através das proteções associadas, abrindo os seus contatos, quando nesse instante as tensões nas duas fontes geradoras mencionadas estão defasadas em certo ângulo de fase. A condição mais desfavorável é aquela em que as tensões em cada terminal de um polo do disjuntor estão desfasadas 180°, quando se diz que o disjuntor operou em regime de oposição fase.

Nesse caso, a tensão de restabelecimento transitória pode assumir valores muito elevados, superiores até mesmo àqueles

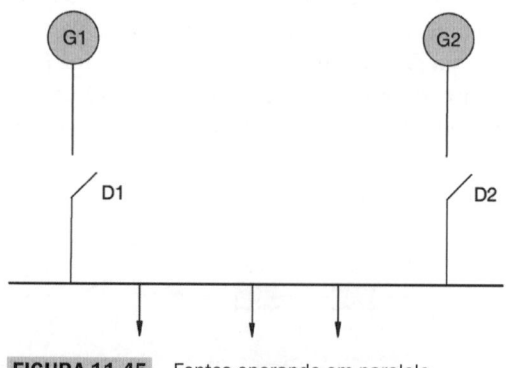

FIGURA 11.45 Fontes operando em paralelo.

EXEMPLO DE APLICAÇÃO (11.3)

Calcule a taxa de crescimento da TRT para um curto-circuito, cuja corrente é de 20 kA, em uma linha de transmissão de 69 kV.

$$F = 60 \text{ Hz}$$

$$I_{cc} = 20 \text{ kA}$$

$$Z_c = 350 \text{ Ω (valor médio admitido)}.$$

Aplicando a Equação (11.14), tem-se:

$$S = 2 \times \sqrt{2} \times 10^{-6} \times \pi \times 60 \times 20 \times 350 = 3,7 \text{ kV/μs}$$

resultantes dos processos de curto-circuito a curta distância da barra.

Já a corrente resultante do fenômeno é consideravelmente inferior àquela referente a um curto-circuito nos terminais do disjuntor, e é normalmente dada em porcentagem desta. Para um disjuntor, por exemplo, de 72,5 kV, a capacidade de interrupção em oposição de fase assume os seguintes valores:

- máxima tensão de restabelecimento à frequência nominal (valor eficaz): 105 kV;
- capacidade de corrente de interrupção em oposição de fases: 25% de I_{cc} = 7,9 kA;
- máxima tensão de restabelecimento transitória: 185 kV.

11.6 ENSAIOS E RECEBIMENTO

11.6.1 Características dos ensaios

Todos os ensaios devem ser realizados pelo fabricante na presença do inspetor ou não, em conformidade com as prescrições contidas no documento de aquisição do comprador.

11.6.1.1 Ensaios de rotina

Devem ser executados em todas as unidades produzidas. São os seguintes:

- ensaios de tensão suportável a seco, à frequência industrial no circuito principal;
- ensaios de tensão aplicada nos circuitos de comando e auxiliar;
- medição da resistência no circuito principal;
- ensaios de operação mecânica;
- ensaios nas buchas;
- ensaios de vazamento (óleo, ar comprimido, gás);
- ensaios de pressão (gás, ar comprimido);
- ensaios dos ajustes mecânicos;
- ensaios de operação mecânica;
- ensaios dos tempos de operação tanto no fechamento como na abertura;
- ensaios de suportabilidade dos componentes isolantes principais, à tensão de frequência industrial.

11.6.1.2 Ensaios de tipo

Em geral, os ensaios de tipo são dispensados pelo comprador quando o fabricante exibe os resultados dos ensaios de tipo anteriormente executados sobre disjuntores fabricados com base no mesmo projeto. Caso contrário, é sempre conveniente a presença de um inspetor na fábrica durante a realização dos ensaios, que são:

- ensaios de comprovação do desempenho mecânico;
- ensaios de comprovação de operação;
- ensaios de comprovação da elevação máxima de temperatura;
- ensaios de impulso de manobra;
- ensaios de impulso atmosférico;
- ensaios de tensão aplicada à frequência industrial;
- ensaios de descarga parcial;
- ensaios de estabelecimento de correntes de curto-circuito;
- ensaios de corrente crítica;
- ensaios de interrupção de corrente de curto-circuito monofásico;
- ensaios de interrupção de falta quilométrica;
- ensaios de abertura em discordância de fases;
- ensaios de suportabilidade à corrente de curta duração admissível;
- ensaios de abertura de linha a vazio;
- ensaios de manobra de banco de capacitores (abertura e fechamento);
- ensaios de abertura do transformador a vazio;
- ensaios de interrupção de falta com a operação de disjuntores em paralelo.

11.6.1.3 Ensaios de recebimento

Para o recebimento dos disjuntores, são considerados os aspectos citados a seguir.

- Transporte
  O transporte deve ser feito com todos os cuidados necessários a fim de que o equipamento não sofra nenhum dano, incluindo-se aí o embarque e o desembarque.

- Inspeção visual
  Antes do embarque, os disjuntores devem sofrer uma inspeção visual abrangendo os seguintes aspectos:

  - confrontar as características de placa com o pedido de compra;
  - verificar a inexistência de fissuras ou lascas nas buchas e de danos no tanque ou nos acessórios;
  - examinar se há indícios de corrosão;
  - observar se há vazamentos de óleo através das buchas, bujões e solda;
  - verificar o estado da embalagem.

11.7 ESPECIFICAÇÃO SUMÁRIA

Para aquisição de um disjuntor, é necessário que se especifiquem, no mínimo, os seguintes casos:

- tensão nominal;
- corrente nominal;
- corrente de interrupção simétrica, valor eficaz;
- corrente de interrupção assimétrica, valor eficaz;
- potência de interrupção;
- frequência nominal;
- tempo de interrupção;
- tensão suportável de impulso à frequência industrial;
- tipo de construção (aberta ou blindada);
- tipo de comando (manual ou motorizado).

12
TRANSFORMADORES DE POTÊNCIA

12.1 INTRODUÇÃO

Transformador é um equipamento de operação estática que por meio de indução eletromagnética transfere energia de um circuito, chamado primário, para um ou mais circuitos denominados, respectivamente, secundário e terciário, sendo, no entanto, mantida a mesma frequência, porém com tensões e correntes diferentes.

Para que os aparelhos consumidores de energia elétrica sejam utilizados com segurança pelos usuários, é necessário que se faça sua alimentação com tensões adequadas, normalmente inferiores a 500 V.

No Brasil, as tensões nominais, aplicadas aos sistemas de distribuição secundários das concessionárias de energia elétrica, variam em função da região. No Nordeste, a tensão predominante é de 380 V entre fases e de 220 V entre fase e neutro. Já na Região Sudeste, a tensão convencionalmente utilizada é de 220 V entre fases e 127 V entre fase e neutro. No entanto, em alguns sistemas isolados, são aplicadas tensões diferentes destas, como a de 110 V entre fase e neutro.

Em um sistema elétrico, os transformadores são utilizados desde as usinas de produção, onde a tensão gerada é elevada a níveis adequados para permitir a transmissão econômica de potência, até os grandes pontos de consumo, em que a tensão é reduzida ao nível de subtransmissão e de distribuição, alimentando as redes urbanas e rurais, nas quais novamente é reduzida para poder, enfim, ser utilizada com segurança pelos usuários do sistema, conforme já se mencionou.

Os transformadores são adjetivados em função da posição em que ocupam no sistema, conforme se observa na Figura 12.1, que trata de um esquema de geração, transmissão, subtransmissão e distribuição de energia elétrica.

A Figura 12.2 mostra uma subestação de 230 kV em fase final de acabamento, destacando o transformador de 100 MVA – 230/69 kV e dois transformadores de 20/26 MVA.

12.2 CARACTERÍSTICAS GERAIS

12.2.1 Princípio de funcionamento

Na sua concepção mais simples, um transformador é constituído de dois enrolamentos: o enrolamento primário, que recebe a energia do sistema supridor, e o enrolamento secundário, que transfere essa energia para o sistema de distribuição, descontando as perdas internas referentes a tal transformação.

A Figura 12.3 mostra um circuito magnético fechado representando um transformador na sua forma mais simples.

No seu estudo de funcionamento, os transformadores devem ser analisados nas três situações particularmente mais importantes que assumem durante a sua operação, como se verá a seguir.

12.2.1.1 Operação a vazio

Quando um transformador está energizado e não há nenhum aparelho consumidor ligado ao seu enrolamento secundário, diz-se que opera a vazio. Nesse caso, uma tensão V_1 é aplicada ao seu enrolamento primário, fazendo aparecer no enrolamento secundário uma tensão V_2. Dessa forma, no enrolamento primário circulará uma corrente I_0, denominada corrente a vazio.

Conforme o diagrama da Figura 12.4, essa corrente poderá ser decomposta em dois componentes, sendo I_μ a corrente responsável pela magnetização do núcleo, enquanto I_p é a corrente que o transformador absorve da rede de alimentação para suprir as perdas internas, devido às correntes parasitas ou de Foucault e às perdas por histerese. Os valores de I_μ e I_p são expressos de acordo com as Equações (12.1) e (12.2).

$$I_p = I_0 \times \cos\psi_0 \qquad (12.1)$$
$$I_\mu = I_0 \times \sen\psi_0 \qquad (12.2)$$

A corrente I_0 é normalmente muito pequena e, em geral, atinge cerca de 8% da corrente primária com o transformador

Transformadores de potência | 307

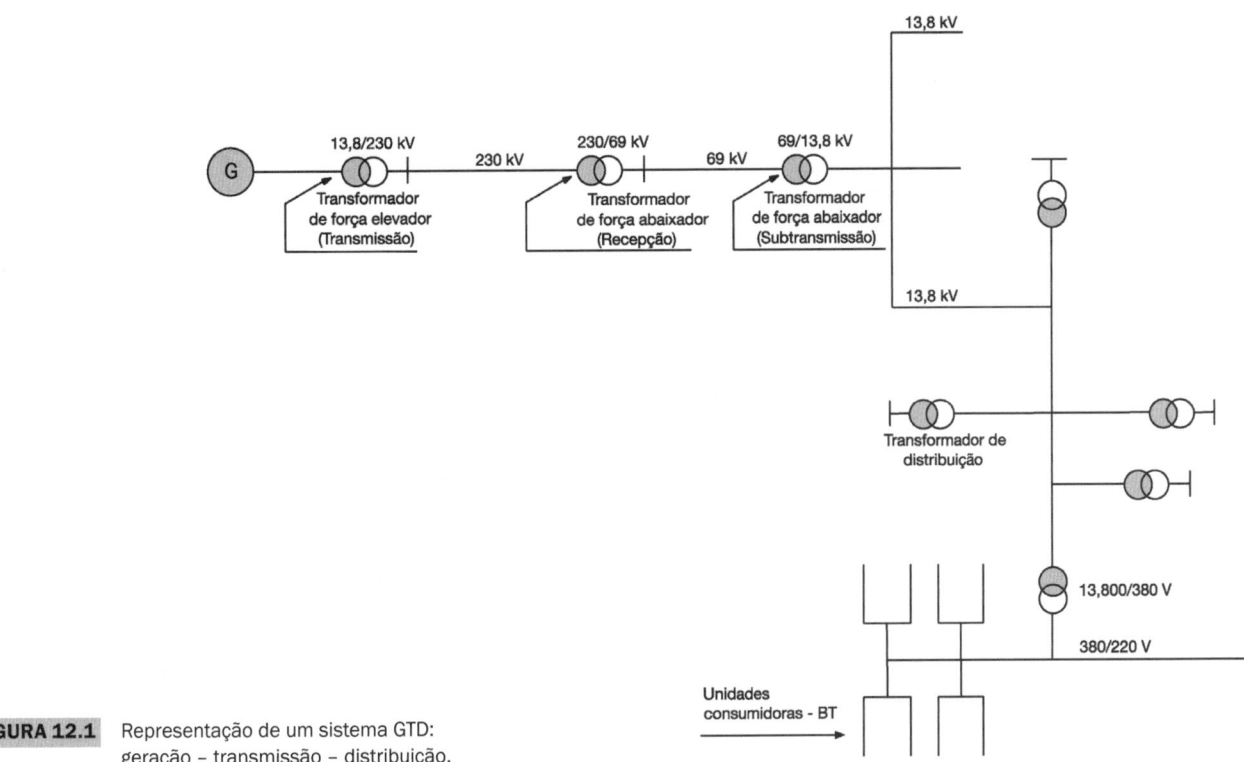

FIGURA 12.1 Representação de um sistema GTD: geração – transmissão – distribuição.

FIGURA 12.2 Vista geral de uma subestação de 230 kV.

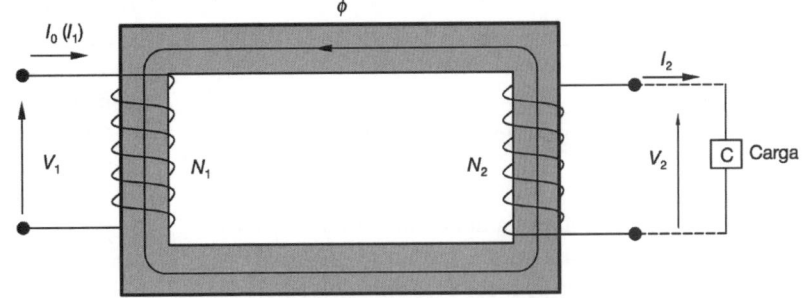

FIGURA 12.3 Circuito magnético elementar de um transformador.

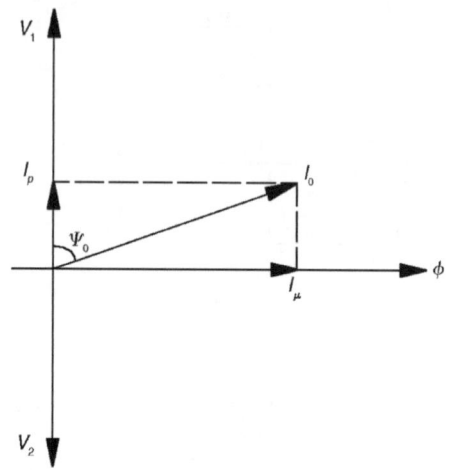

FIGURA 12.4 Diagrama vetorial da corrente de magnetização.

em operação a vazio. Já a corrente I_p pode variar entre 2 e 15% do valor da corrente I_0, valor este que depende da qualidade da chapa utilizada na fabricação do núcleo. Para muitas considerações práticas, o valor de I_0 é tomado igual a I_μ. O cosseno do ângulo ψ_0 representa o fator de potência do transformador em operação a vazio, e é normalmente muito pequeno, em virtude do valor elevado deste ângulo, ou seja:

$$F_{po} = \cos\psi_0 \qquad (12.3)$$

Em operação a vazio do transformador, define-se intensidade de campo magnético H_0 como o valor da corrente elétrica de excitação I_0 que circula em determinada quantidade de espiras primárias N_1, cujo comprimento total mede L_m, envolvendo o núcleo do transformador. Pode ser dada pela Equação (12.4).

$$H_0 = \frac{I_0 \times N_1}{L_m} \qquad (12.4)$$

H_0 – intensidade de campo magnético, em ampères × espiras/m.

Finalmente, a potência absorvida da rede por um transformador monofásico em operação a vazio pode ser determinada a partir da Equação (12.5).

$$P_1 = V_1 \times I_0 \qquad (12.5)$$

Para um transformador monofásico de 15 kVA (1F + N), a potência absorvida da rede de alimentação quando operado a vazio, na tensão de $13{,}8/\sqrt{3}$ kV, é cerca de:

$$I_{nt0} = \frac{P}{V_1} = \frac{15}{13{,}8/\sqrt{3}} = \frac{15}{7{,}96} = 1{,}88 \text{ A}$$

$$P_0 = V_1 \times I_0 = 7{,}96 \times \left[1{,}88 \times \left(\frac{8}{100}\right)\right] = 1{,}19 \text{ kVA}$$

Quando o transformador está operando a vazio, nenhuma corrente percorre o enrolamento secundário. O fluxo ϕ_m que se desenvolve no núcleo pode ser determinado a partir da Equação (12.6) desde que sejam consideradas nulas as resistências ôhmicas dos enrolamentos, e, portanto, nula a queda de tensão correspondente, bem como nulas as dispersões dos fluxos magnéticos produzidos, isto é, todas as linhas de fluxo são admitidas circulando na massa de ferro do núcleo considerado.

$$\phi_m = \frac{10^8 \times V_1}{4{,}44 \times F \times N_1} \text{ (Wb)} \qquad (12.6)$$

ϕ_m – fluxo magnético, em Weber (Wb);
V_1 – tensão aplicada ao enrolamento, em V;
F – frequência do sistema, em Hz;
N_1 – número de espiras do enrolamento primário.

Considerando o fluxo magnético percorrendo determinada seção transversal do núcleo, pode-se determinar a sua densidade a partir da Equação (12.7), em seu valor máximo.

$$B_m = \frac{10^8 \times V_1}{4{,}44 \times S \times F \times N_1} \text{(gauss)} \qquad (12.7)$$

S – seção transversal do núcleo, em cm^2;
B_m – densidade do fluxo magnético, em gauss (linhas/cm^2).

O valor de B_m pode ser também expresso pela unidade tesla (T), em que 1 T = 1 Wb/m^2, ou ainda, 1 gauss é igual a 10^{-4} T.

O fluxo magnético representa o número de linhas de força magnética entrando ou saindo de uma superfície magnetizada. A densidade de fluxo magnético relaciona o número das linhas de força, entrando ou saindo de uma superfície magnetizada pela área transversal perpendicular, com as linhas de fluxo.

Os transformadores apresentam, em geral, uma densidade de fluxo variando entre 10.000 e 16.000 gauss.

Ao se analisar as equações anteriores, pode-se comentar sobre alguns dados importantes na operação dos transformadores:

- a redução da seção transversal do núcleo resulta no aumento da densidade de fluxo magnético e, em consequência, no aumento das perdas no ferro, acarretando maior corrente de excitação, I_0;
- a redução proporcional do número de espiras N_1 e N_2 corresponde a um aumento da corrente em operação a vazio, e das perdas por histerese e por correntes de Foucault;
- a elevação da tensão aplicada aos terminais primários do transformador resulta em um aumento da corrente em operação a vazio, em perdas no ferro mais elevadas e em um maior número de correntes harmônicas;
- transformadores com perdas no ferro e correntes em operação a vazio de pequeno valor possuem menores correntes harmônicas, porém, apresentam custos bem mais elevados;
- se o transformador for submetido a uma frequência de alimentação superior a sua nominal, a densidade de fluxo magnético é reduzida na proporção inversa da frequência correspondente, diminuindo as perdas no ferro;
- os transformadores destinados a um ciclo de carga de tempo reduzido, como, em geral, acontece com transformadores rurais, podem apresentar perdas maiores no cobre, porém, devem possuir baixas perdas no ferro;

- os transformadores destinados a um ciclo de carga de tempo elevado devem apresentar baixas perdas no cobre e no ferro.

A Figura 12.55 permite que se determinem as perdas totais nas chapas de ferro de fabricação Armco, utilizadas na construção de transformadores de distribuição e de força. Assim, um transformador, em cujo projeto se admitiu uma indução magnética de 12.600 gauss (12,6 kgauss) utilizando-se uma chapa M5, na frequência de 60 Hz, apresentará uma perda no ferro correspondente de 0,880 W para cada kg de peso do núcleo. Se o núcleo pesa 80 kg, logo a perda resultante é de 70,40 W.

As relações fundamentais dos transformadores são dadas pela Equação (12.8):

$$\frac{V_1}{V_2} = \frac{I_2}{I_1} = \frac{N_1}{N_2} \qquad (12.8)$$

12.2.1.2 Operação em carga

Quando uma carga é ligada aos bornes secundários do transformador, circula nesse enrolamento uma corrente de valor I_2 que, em consequência, faz surgir no primário, além da corrente de valor I_0, uma nova corrente de valor I_1', cuja composição resulta na corrente que circula no primário, I_1, conforme mostrado no diagrama da Figura 12.5. A força magnetomotriz $N_1 \times I_1'$ provocada por essa corrente equilibrará a força magnetomotriz (f.m.m.) gerada no secundário com a circulação da corrente de carga I_2.

O diagrama vetorial da Figura 12.5 indica os novos valores elétricos com a ligação de uma carga indutiva no enrolamento secundário. Dessa forma, pode-se concluir que, quando determinada carga faz circular uma corrente I_2 no enrolamento secundário de um transformador, o enrolamento primário absorve da rede de alimentação uma corrente total I_1 que compreende a corrente magnetizante I_0 e a corrente de reação I_1' a qual está defasada com relação à tensão de um ângulo ψ_1, cujo valor depende do ângulo do fator de potência da carga, ψ_2.

Quando a carga do secundário é reduzida, I_2 diminui e, consequentemente, a corrente primária I_1 também diminui.

Se a carga é, finalmente, retirada I_2 torna-se nula, e o transformador absorve da rede apenas a corrente de excitação I_0.

Quando o transformador trabalha em carga plena, a corrente de reação I_1' é, aproximadamente, igual à corrente total primária I_1, já que a corrente a vazio é muito pequena, como já se mencionou anteriormente. Dessa forma, as relações fundamentais expressas na Equação (12.8) ficam praticamente inalteradas para a grande parte das aplicações.

Porém, nem todo fluxo gerado pelos ampères-espiras $N_1 \times I_1'$ do enrolamento primário abraça o enrolamento secundário, e também nem todos os ampères-espiras gerados pelo enrolamento secundário, $N_2 \times I_2$, abraçam o enrolamento primário. Isso porque parte dos fluxos gerados circula por fora do núcleo, o que é denominado fluxo de dispersão.

A Figura 12.6 representa um transformador ideal mostrando o percurso dos fluxos de dispersão gerados pelos ampères-espiras primário e secundário e, respectivamente, simbolizados por ϕ_1 e ϕ_2.

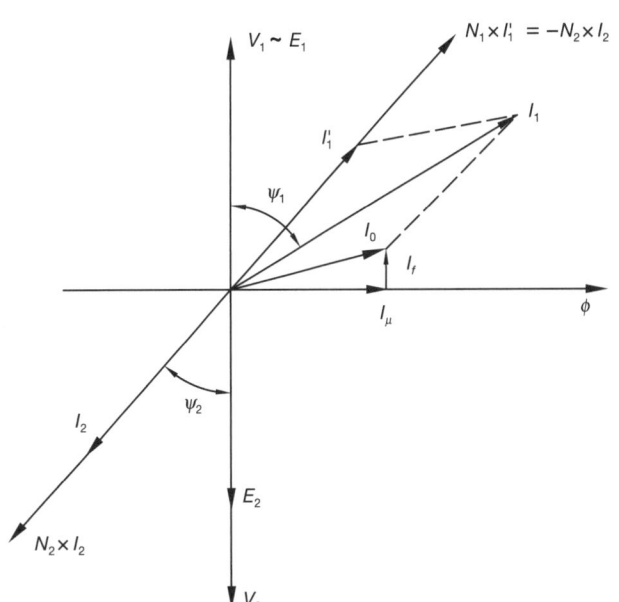

FIGURA 12.5 Diagrama vetorial de um transformador em carga.

EXEMPLO DE APLICAÇÃO (12.1)

Um transformador monofásico de tensões primária e secundária respectivamente iguais a 7,96 kV e 220 V tem um núcleo magnético com área da seção transversal igual a 30 × 42 cm. Sabendo-se que a frequência é de 60 Hz, calcule o número de espiras nos dois enrolamentos, considerando uma densidade de fluxo igual a 12.000 gauss.

Da Equação (12.7), tem-se:

$$N_1 = \frac{10^8 \times V_1}{4{,}44 \times B_m \times S \times F} = \frac{10^8 \times 7.960}{4{,}44 \times 12.000 \times 1.260 \times 60}$$

$$S = 30 \times 42 = 1.260 \text{ cm}^2$$

$$N_1 = 197 \text{ espiras primárias}$$

$$\frac{V_1}{V_2} = \frac{N_1}{N_2} = \frac{7.960}{220} = \frac{197}{N_2}$$

$$N_2 \cong 6 \text{ espiras secundárias}$$

O fluxo ϕ_1, disperso no ar, mantém certa proporção com a corrente I_1, o que é verdadeiro para o fluxo ϕ_2, com relação à corrente de carga I_2. Quanto mais distantes são colocados os enrolamentos primário e secundário, maior é a quantidade das linhas de fluxo magnético produzidas por um enrolamento que não abraça outro, dispersando-se no ar, conforme mostrado na Figura 12.6. Para reduzir essa dispersão, os transformadores são construídos com os enrolamentos primários e secundários colocados na mesma coluna e concêntricos, ficando o enrolamento primário superposto ao secundário. Com isso também se reduzem os efeitos provocados pela intensa força produzida durante a ocorrência de curtos-circuitos no secundário do transformador, devido ao menor diâmetro, formado pelo conjunto dos enrolamentos.

Um transformador pode ser representado pelo diagrama da Figura 12.7, no qual o enrolamento primário é identificado por uma resistência R_1 e uma reatância X_1 que, percorridas por uma corrente I_1, provoca uma queda de tensão de valor igual a $(I_1 \times R_1 + jI_1 \times X_1)$. Já no enrolamento secundário, a corrente de carga I_2 provoca uma queda de tensão nesse enrolamento de valor igual a $(I_2 \times R_2 + jI_2 \times X_2)$.

O diagrama da Figura 12.7 representa o circuito equivalente de um transformador real em que os fluxos de dispersão ϕ_1 e ϕ_2 foram substituídos pelas reatâncias X_1 e X_2, chamadas de reatâncias de dispersão.

O diagrama da Figura 12.8 permite determinar as quedas de tensão primária e secundária em um transformador real, cujo circuito equivalente está representado na Figura 12.7. Dessa forma, a queda de tensão $R_2 \times I_2$ está em fase com a corrente de carga I_2, enquanto $X_2 \times I_2$ está defasado de 90°, em avanço, a I_2. Assim, a tensão disponível nos terminais secundários do transformador fica expressa pela Equação (12.9):

$$\vec{V_2} = \vec{E_2} - \left(R_2 \times I_2 + jX_2 \times I_2\right) \quad (12.9)$$

De modo semelhante, no enrolamento primário a queda de tensão $R_1 \times I_1$ está em fase com a corrente da rede de alimentação I_1, enquanto $X_1 \times I_1$ está em avanço de 90° com relação à mesma corrente. Assim, o valor da tensão V_1 é dado pela Equação (12.10):

$$\vec{V_1} = \vec{E_1} + \left(R_1 \times I_1 + jX_1 \times I_1\right) \quad (12.10)$$

É importante observar que a f.e.m. E_1 gerada quando o transformador está em carga é inferior à f.e.m. para a condição de operação a vazio. Assim, mantendo-se constante o valor de V_1 e elevando-se a corrente de carga I_2, cresce o valor da corrente de reação primária I_1', provocando uma queda de tensão na impedância $(R_1 + jX_1) \times I_1$, o que resulta em um decréscimo do valor de E_1. A redução de E_1 é função da queda na impedância primária mencionada. Embora o valor de E_1 diminua, ainda permanece próximo ao da tensão aplicada V_1. O valor do fluxo magnético ϕ também fica reduzido quando se aplica determinada carga no secundário do transformador.

12.2.1.3 Operação em curto-circuito

Quando se ligam os terminais secundários de um transformador por meio de um condutor de impedância $Z_2 = R_2 + jX_2$ muito pequena, a tensão que se mede entre esses terminais é praticamente nula. A força eletromotriz gerada nessas condições resulta em uma corrente secundária defasada desta de um ângulo ϕ_{cc}, dado pela Equação (12.11):

$$\operatorname{tg}\phi_{cc} = \frac{X_2}{R_2} \quad (12.11)$$

Os valores de R_2 e X_2 podem ser observados no diagrama equivalente de um transformador, conforme a Figura 12.9.

Os parâmetros R_{1a} e X_{1a} são, respectivamente, a resistência e a reatância secundárias transferidas ao primário pela relação da Equação (12.12):

$$m = \frac{N_1}{N_2} \quad (12.12)$$

As quedas de tensão no secundário do transformador, $R_2 \times I_2$ e $X_2 \times I_2$, podem facilmente ser representadas no primário pelas Equações (12.13) e (12.14):

$$R_{1a} = m^2 \times R_2 \quad (12.13)$$
$$X_{1a} = m^2 \times X_2 \quad (12.14)$$

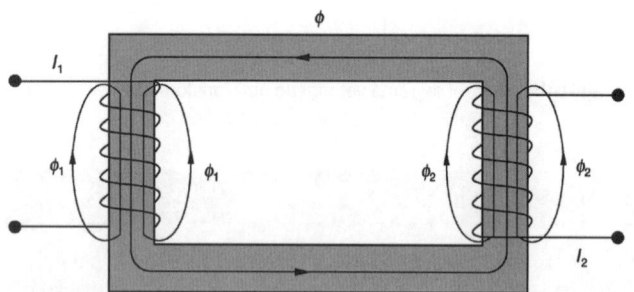

FIGURA 12.6 Representação de um transformador ideal e os fluxos de dispersão.

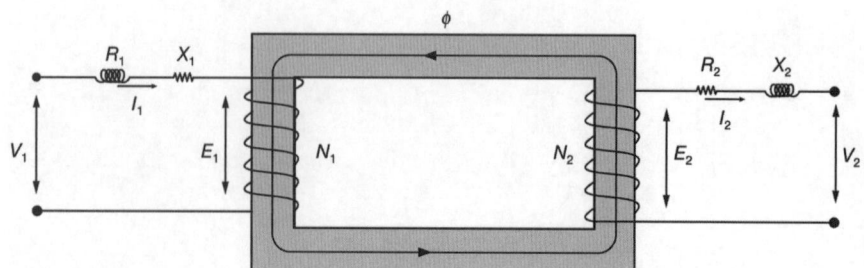

FIGURA 12.7 Diagrama elétrico representativo de um transformador real.

Nos ensaios de curto-circuito de um transformador, aplica-se uma tensão V_{1cc} nos terminais primários para se obter nos terminais secundários em curto-circuito uma corrente I_{2cc} de valor igual ao da corrente nominal do transformador I_{nt}. A essa tensão V_{1cc} dá-se o nome de tensão de curto-circuito, sendo seu valor muito pequeno, variando entre 3,5 e 5,5% da tensão nominal primária para transformadores de distribuição. Assim, em um ensaio de tensão de curto-circuito de um transformador de 150 kVA, é necessário aplicar uma tensão de 483 V nos terminais primários para se obter nos enrolamentos secundários em curto-circuito a corrente nominal secundária no valor de 227,9 A, encontrando-se dessa forma o valor da impedância percentual do transformador com relação à sua tensão nominal, ou impedância de curto-circuito, fazendo-se $Z = V_{apl}/V_n$ = 483/13.800 = 0,035, ou seja, a impedância percentual do transformador é 3,5%, conforme mostra a Tabela 12.10.

O transformador submetido a essa condição de curto-circuito apresenta um fluxo magnético no núcleo muito baixo, cerca de 5% do fluxo registrado em regime de carga. Desta feita, a força eletromotriz gerada também é pequena, de tal forma que os ampères-espiras primários $N_1 \times I_1$ são praticamente iguais aos ampères-espiras secundários $N_2 \times I_2$.

Como o fluxo nessas condições é muito pequeno, as perdas no ferro do transformador são muito baixas, registrando-se como significativas as perdas Joule, que correspondem às perdas nos enrolamentos de cobre ou, simplesmente, perdas no cobre.

12.3 CARACTERÍSTICAS CONSTRUTIVAS

Os transformadores são construídos com as mais diversas características que dependem do tipo de carga que se quer alimentar ou mesmo do ambiente onde se pretende instalar.

Atualmente, existem no Brasil algumas dezenas de indústrias que fabricam transformadores de distribuição e de força. O processo de fabricação e a linha de produção dessas fábricas são, de maneira geral, semelhantes, logicamente apresentando sensíveis diferenças quanto aos recursos técnicos disponíveis, o que muitas vezes implica a qualidade final do equipamento.

A fabricação de um transformador começa com a construção do núcleo. Inicialmente, uma guilhotina, contendo na extremidade um rolo de chapa de ferro-silício, processa o corte com dimensões e formatos devidamente especificados pelo setor de projeto. À medida que a chapa é cortada, a própria máquina (guilhotina) efetua um empilhamento inicial, de modo a facilitar a execução de várias unidades de transformação de uma mesma potência e característica. Após o corte, se efetua a montagem do núcleo, empilhando as chapas, de acordo com o tipo a ser fabricado.

Em uma linha de produção paralela se processa a fabricação dos enrolamentos, tanto primários como secundários. Nos transformadores de distribuição, por exemplo, os fios dos enrolamentos primários são de cobre, porém de seção circular, enquanto os fios dos enrolamentos secundários são também de cobre, mas de seção retangular. Os enrolamentos podem ser executados de três diferentes modos:

a) Tipo camada

É o caso mais comum na execução dos enrolamentos dos transformadores de distribuição, em que são empregados fios de pequena seção. Nesse caso, os fios são enrolados em formação helicoidal com espiras sucessivas e imediatamente adjacentes, podendo-se ter uma ou mais camadas de acordo com o projeto. No final, obtém-se uma bobina única.

b) Tipo panqueca

Também conhecido como disco, é um enrolamento constituído de várias seções ou pequenas bobinas enroladas de forma helicoidal com espiras sucessivas e imediatamente adjacentes. As panquecas são montadas verticalmente e ligadas em série. Normalmente, são utilizadas em enrolamentos primários de

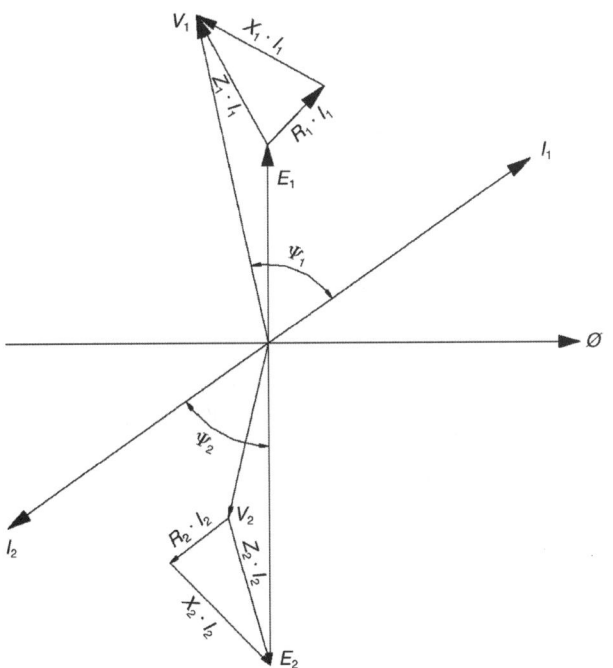

FIGURA 12.8 Diagrama vetorial de um transformador real.

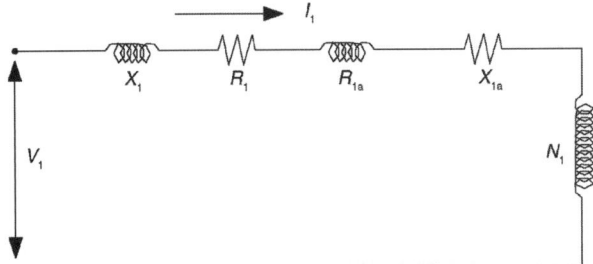

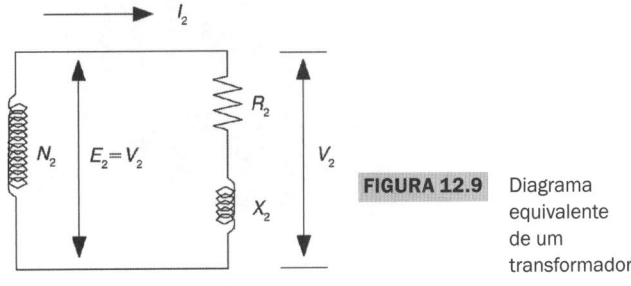

FIGURA 12.9 Diagrama equivalente de um transformador.

transformadores de distribuição. Do ponto de vista de manutenção, são economicamente viáveis, já que, para pequenas falhas internas no transformador, em geral, somente uma panqueca necessita ser substituída, em vez do enrolamento completo da coluna correspondente.

A Figura 12.10 mostra um núcleo de transformador trifásico observando as bobinas primárias constituídas de panquecas.

Com os enrolamentos concluídos, inicia-se a montagem deles sobre o núcleo de ferro, complementando-se com a execução das conexões e colocação dos comutadores.

Cabe muito cuidado aos montadores para evitar, nessa ocasião, a formação de partículas condutoras ou isolantes que venham a prejudicar as características dielétricas do óleo mineral isolante.

Após a sua montagem, o núcleo do transformador é submetido a uma circulação de ar quente e depois levado à estufa, onde se processará a secagem da parte ativa para se retirar toda a água impregnada na isolação, devido ao próprio meio ambiente.

Os processos de secagem variam de acordo com cada fabricante e o seu nível de qualificação técnica. São mais comumente utilizados os seguintes processos:

- secagem em estufas com ar quente;
- secagem em estufas com ar quente na presença de vácuo;
- secagem em estufas por meio de vapor de solvente.

O primeiro processo é mais simples, porém, impreciso quanto à determinação do ponto considerado, em que a parte ativa se encontra livre de umidade. Nesse processo, a secagem se faz no interior de uma estufa contendo ventiladores em pontos convenientes que permitem a circulação do ar quente, uniformizando o processo.

No segundo caso, além das condições anteriores, o interior da estufa é submetido a uma pressão negativa, a fim de acelerar a retirada da umidade do núcleo. Pela quantidade de água condensada, da temperatura e da pressão, pode-se precisar o momento em que o núcleo está em condições adequadas para ser levado ao tanque.

No terceiro e último processo, o núcleo é colocado na estufa onde é feita uma pressão negativa. Utiliza-se um evaporador, dentro do qual é colocada certa quantidade de solvente, que é aquecido até atingir determinada pressão (positiva). Ao se abrir a válvula de comunicação entre a estufa e o evaporador, o solvente, por ser higroscópico, retira a umidade do núcleo, no que é auxiliado pela pressão negativa do interior da estufa.

As estufas são, normalmente, de grandes dimensões, de forma a acomodar vários núcleos ao mesmo tempo, no caso de transformadores de distribuição. O tempo de secagem pode oscilar de cerca de 10 horas a cinco dias, dependendo da grandeza e da quantidade de núcleos.

Concluindo o processo de secagem, o núcleo está pronto para ser colocado dentro da carcaça. Porém, antes de iniciar o enchimento do tanque com óleo mineral e com o respectivo núcleo montado no seu interior, devem ser observadas algumas questões básicas, quais sejam:

- que a parte isolante esteja isenta de gases. Para isso, o transformador deve ser mantido sob condição de vácuo antes de se proceder ao enchimento;
- que o óleo esteja a uma temperatura suficientemente elevada para não degradar as suas características químico-físicas e não absorver umidade.

Além dos cuidados anteriormente descritos, muitos outros devem ser observados, principalmente quando se trata de transformadores de grande porte.

Concluída a fase de montagem do núcleo e de fabricação da carcaça, inicia-se o processo de colocação do núcleo no interior do tanque.

A Figura 12.11 mostra o momento em que o núcleo é introduzido no interior do tanque ou carcaça.

Após essa operação, o núcleo é fixado por meio de parafusos e, em seguida, o tanque recebe o óleo mineral isolante na quantidade adequada ao projeto do transformador.

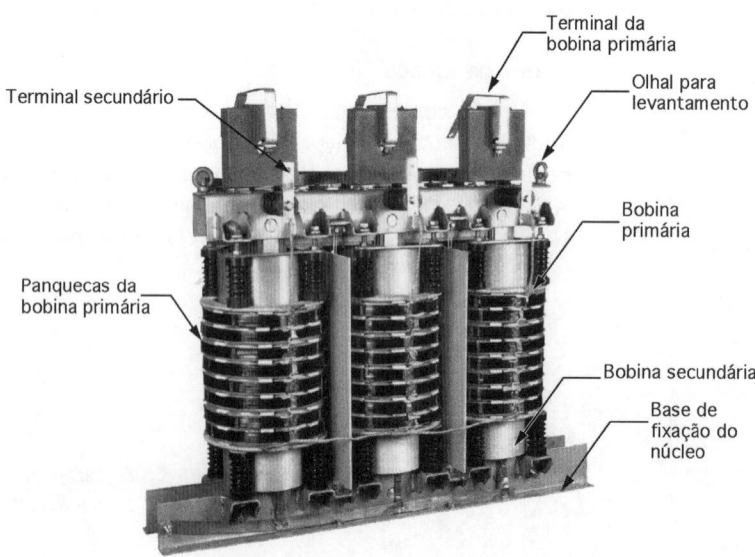

FIGURA 12.10 Núcleo de um transformador.

Normalmente, é pintada no interior do tanque a marca do limite do nível de óleo.

Montados as buchas e os acessórios, o transformador está concluído e deve seguir para a área do laboratório de ensaio, a fim de ser submetido aos ensaios de rotina, ao término dos quais será destinado ao pátio de armazenamento à espera do embarque.

12.3.1 Formas construtivas

12.3.1.1 Quanto ao número de fases

Considerando somente os transformadores de distribuição e de força, podem ser construídos, quanto ao número de fases, de acordo com a característica da carga que será alimentada, os seguintes tipos:

a) Transformadores monobuchas

São aqueles construídos para serem instalados em sistemas de distribuição rural caracterizados por monofilar com retorno por terra (MRT). São transformadores com somente uma bucha no primário e uma bucha no secundário (ou, eventualmente, duas ou mais buchas secundárias). Apresentam baixo custo e têm potência nominal, geralmente, não superior a 15 kVA na classe de tensão de 15 kV. Operam com terminal primário ligado à fase e o outro à terra, conforme mostra a Figura 12.12.

Esses transformadores atendem a cargas rurais monofásicas de pequeno porte, na tensão padronizada pelas concessionárias para seu sistema distribuidor. Na maioria das concessionárias do Nordeste que utilizam sistemas MRT, as tensões aplicadas são de $13,8/\sqrt{3}$ kV (7.968 V) no primário e 220 V no secundário.

A Figura 12.13 mostra um transformador monobucha e os seus diversos componentes.

b) Transformadores bifásicos

São aqueles construídos para operar individualmente em redes de distribuição rural, ou em formação de bancos de transformação, em poste ou em cabines, como é prática em algumas regiões americanas. Quando utilizados sozinhos atendem a cargas monofásicas. Quando operados em banco podem alimentar cargas monofásicas e trifásicas.

A Figura 12.14 mostra um transformador bifásico de largo uso em redes de distribuição rural e em áreas urbanas de baixo consumo.

Vale ressaltar que os transformadores de potência muito elevada, normalmente em tensão de 500 kV e acima, são constituídos de três transformadores monofásicos, formando um banco de transformador. Essa solução é praticada para facilitar o transporte desses equipamentos por rodovias e vias urbanas. Sua maior vantagem reside no fato de um defeito em uma fase do transformador afetar apenas um dos transformadores monofásicos, o que pode ser mais facilmente substituído.

c) Transformadores trifásicos

São os mais empregados, tanto nos sistemas de distribuição e transmissão de energia elétrica das concessionárias como no atendimento a cargas industriais.

Por serem de utilização praticamente generalizada na maioria das aplicações, serão objetos de maior atenção neste estudo.

São constituídos de um núcleo de lâminas de aço empacotadas, com colunas envolvidas por um conjunto de bobinas, normalmente de fios de cobre, que formam os enrolamentos

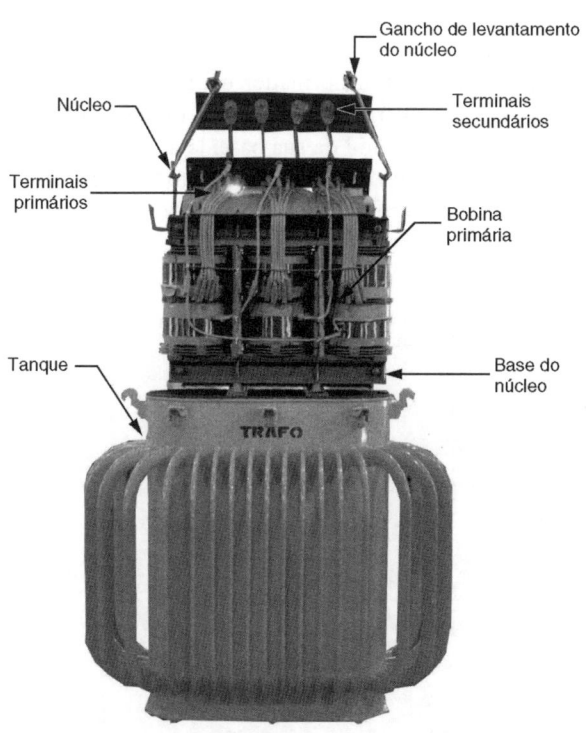

FIGURA 12.11 Vista do núcleo baixando no interior da carcaça de um transformador de distribuição.

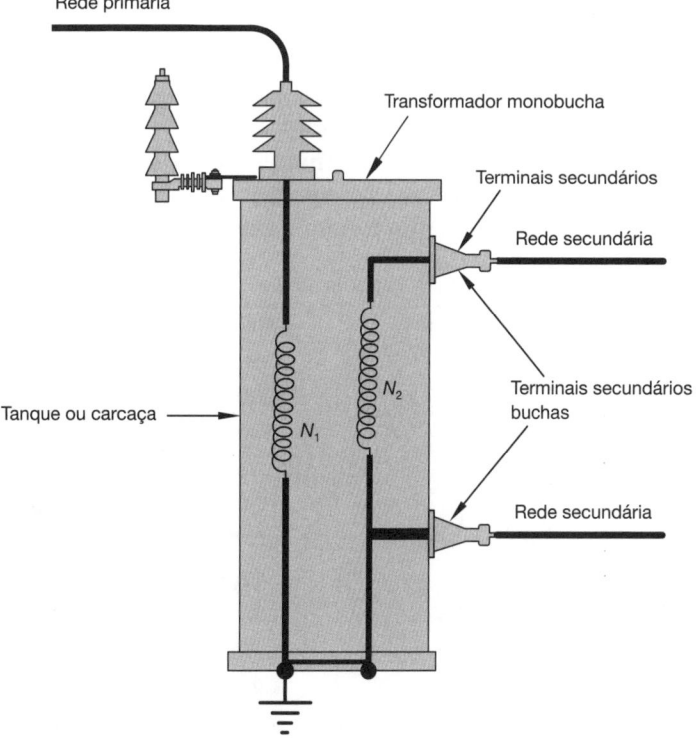

FIGURA 12.12 Desenho de um transformador monobucha (MRT).

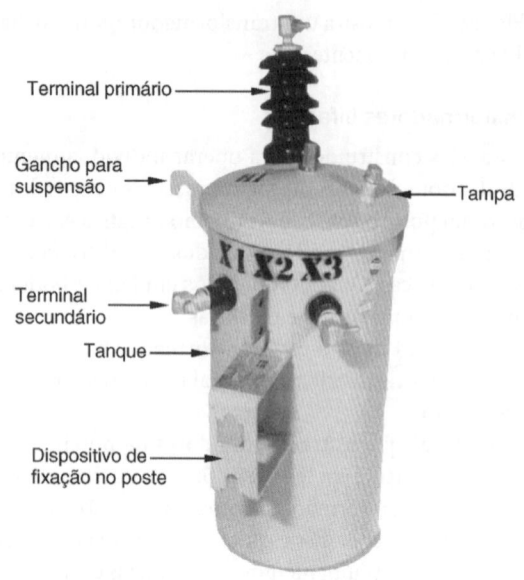

FIGURA 12.13 Transformador monobucha (MRT).

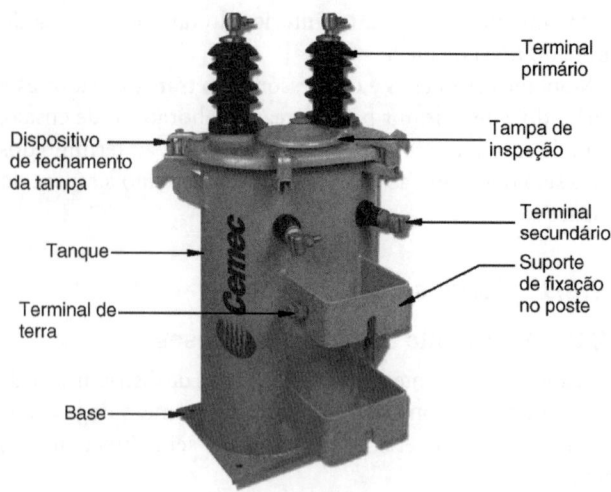

FIGURA 12.14 Transformador bifásico.

primários e secundários, iniciando uma estrutura rígida com a aplicação de barrotes de madeira ou vigas de aço, devidamente fixadas de modo a prender o conjunto laminado. A tudo isso se dá simplesmente o nome de núcleo, mostrado na Figura 12.10. Todo esse conjunto é colocado dentro de um tanque, adequadamente, cheio de um líquido isolante. O acesso aos terminais das bobinas se faz por meio de um conjunto de buchas de tensões apropriadas às características elétricas do transformador, chamadas buchas primárias e secundárias. Para refrigeração do líquido isolante, são construídos sistemas de radiadores térmicos com formatos e características diversos.

A Tabela 12.1 mostra as principais dimensões e pesos dos transformadores da classe 15 kV.

Dependendo da potência e do tipo de utilização do transformador, outros acessórios são necessários, o que será objeto de estudo posterior.

A Figura 12.15 mostra as vistas frontal, lateral e superior de um transformador trifásico de pequena potência, tipo distribuição. No presente caso, o transformador de distribuição contém adicionalmente um para-raios nas suas buchas primárias. Também está provido de proteção contra sobrecorrente através de disjuntor de baixa-tensão de instalação interna.

Já a Figura 12.16 apresenta um transformador de força de média tensão para aplicação em subestações blindadas normalmente utilizadas em instalações industriais.

Os transformadores utilizados em redes subterrâneas são de construção específica e estão sujeitos a operar, em geral, no interior da câmara subterrânea. Têm sua construção apresentada na Figura 12.17.

A título de informação, os transformadores de força de 69 kV apresentam, em média, as dimensões e os pesos mostrados na Tabela 12.2. Essas dimensões e pesos podem variar bastante a depender das características do transformador. Se ao transformador está incorporado um comutador de derivação automático em carga, essas dimensões e pesos ganham outros valores.

Para a instalação do transformador, é fundamental conhecer o seu peso bruto (parte metálica + óleo mineral) a fim de realizar o cálculo estrutural da sua base. Já as dimensões do transformador implicam o dimensionamento (largura e altura) das estruturas de ferro ou concreto armado que formam a subestação na qual será instalado.

TABELA 12.1 Valores médios dimensionais de transformadores trifásicos de média tensão

Potência	Altura	Largura	Profundidade	Peso
kVA	mm	mm	mm	kg
15	920	785	460	271
30	940	860	585	375
45	955	920	685	540
75	1.010	1.110	690	627
112,5	1.070	1.350	760	855
150	1.125	1.470	810	950
225	1.340	1.530	930	1.230
300	1.700	1.690	1.240	1.800
500	1.960	1.840	1.420	2.300
750	2.085	2.540	1.422	2.600
1.000	2.140	2.650	1.462	2.800

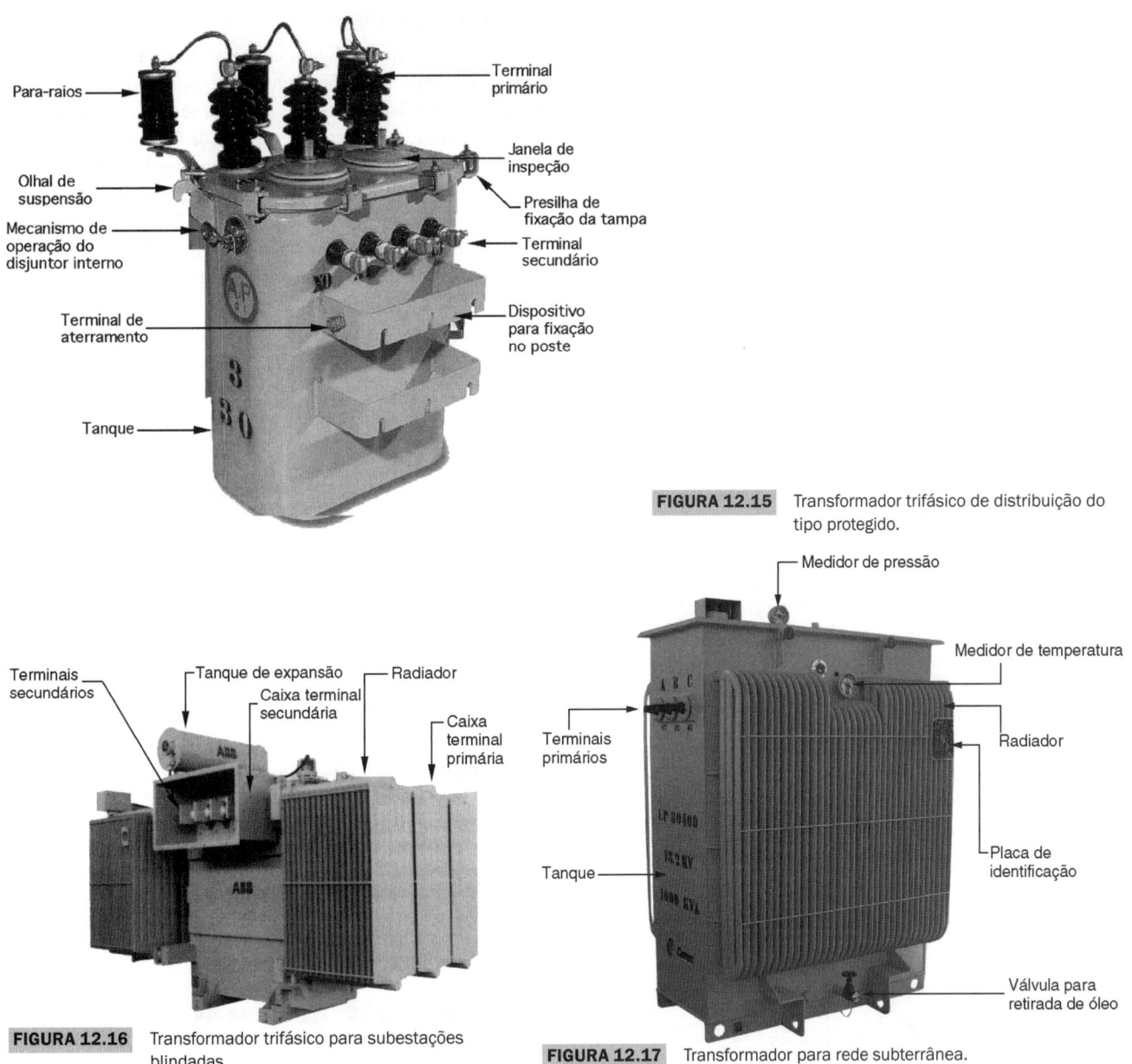

FIGURA 12.15 Transformador trifásico de distribuição do tipo protegido.

FIGURA 12.16 Transformador trifásico para subestações blindadas.

FIGURA 12.17 Transformador para rede subterrânea.

TABELA 12.2 Valores dimensionais médios de transformadores de 69 kV

Potência	Largura	Altura	Profundidade	Peso
MVA	mm	mm	mm	kg
5/6,25	3.500	4.000	3.500	15.000
10/12,5	4.000	4.200	3.800	20.000
20/26,6	4.200	4.500	4.000	30.000

12.3.1.2 Quanto ao tipo de ligação

Os transformadores trifásicos, os mais comumente utilizados, podem ter os seus enrolamentos ligados de três maneiras diferentes, dependendo da configuração do sistema em que será aplicado.

a) Ligação triângulo

É aquela em que se ligam os terminais das bobinas entre si (fim de uma bobina ao início da outra), permitindo a alimentação em cada ponto de ligação. A tensão que se aplica entre dois quaisquer desses pontos é chamada tensão de linha, e a corrente que entra em quaisquer desses pontos é chamada similarmente de corrente de linha. A corrente que circula em quaisquer das bobinas é denominada corrente de fase. Nesse tipo de ligação tem-se:

$$V_1 = V_f \tag{12.15}$$

$$I_1 = \sqrt{3} \times I_f \tag{12.16}$$

V_l – tensão de linha;
I_l – corrente de linha;
V_f – tensão de fase;
I_f – corrente de fase.

A Figura 12.18 mostra o esquema de ligação das bobinas em triângulo e a Figura 12.19 demonstra a Equação (12.16).

A ligação em triângulo é comumente utilizada no primário dos transformadores de força e de distribuição, podendo, no entanto, ser utilizada no secundário, em alguns casos particulares, como nos transformadores de forno a arco ou em aplicações em que não se deseja a circulação de correntes de terra no caso de um primeiro defeito entre fase e terra.

b) Ligação estrela

É aquela em que se ligam os terminais das bobinas a um ponto comum, podendo resultar essa ligação em três ou quatro fios. A tensão que se aplica entre dois quaisquer dos fios é chamada tensão de linha, e a corrente que circula em quaisquer desses fios é chamada corrente de linha. Já a tensão que se mede entre o ponto comum de onde deriva o quarto fio (neutro) e quaisquer dos fios é denominada tensão de fase. Nesse tipo de ligação tem-se:

$$V_l = \sqrt{3} \times V_f \qquad (12.17)$$

$$I_l = I_f \qquad (12.18)$$

A Figura 12.20 mostra o esquema de ligação das bobinas em estrela e a Figura 12.21 demonstra a Equação (12.17).

A ligação estrela é comumente utilizada no secundário dos transformadores de força e de distribuição, podendo, também, ser utilizada no primário.

c) Ligação zigue-zague

É aquela em que se ligam em série dois enrolamentos em cada fase e, em seguida, se ligam três terminais quaisquer a um ponto comum. Nesse caso, as bobinas são ligadas em oposição. A Figura 12.22 mostra o esquema de ligação mencionado.

Esse tipo de ligação atenua os efeitos dos harmônicos de 3ª ordem, permitindo, ao mesmo tempo, a possibilidade de três tensões de utilização, conforme se vê na Figura 12.22. No entanto, esses transformadores apresentam custos relativamente elevados, cerca de 30% maiores do que um transformador,

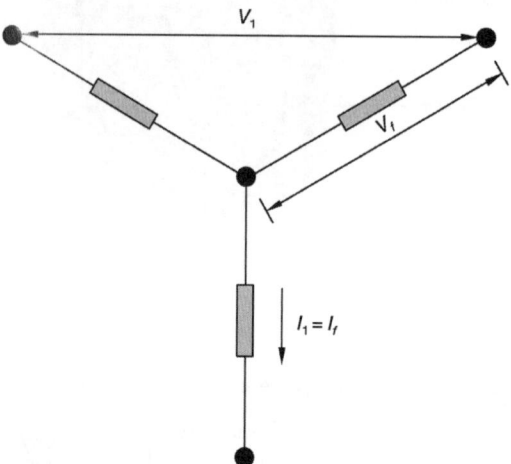

FIGURA 12.20 Ligação da bobina em estrela.

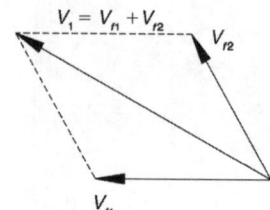

FIGURA 12.21 Diagrama vetorial das tensões.

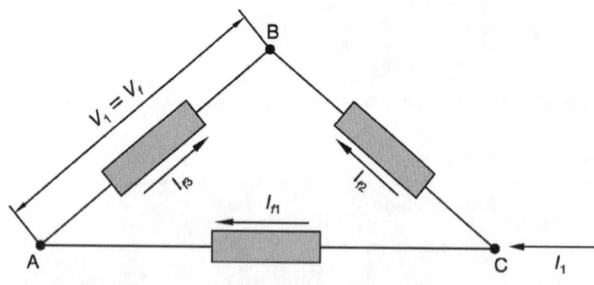

FIGURA 12.18 Ligação da bobina em triângulo.

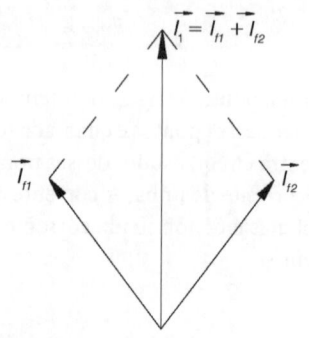

FIGURA 12.19 Diagrama vetorial das correntes.

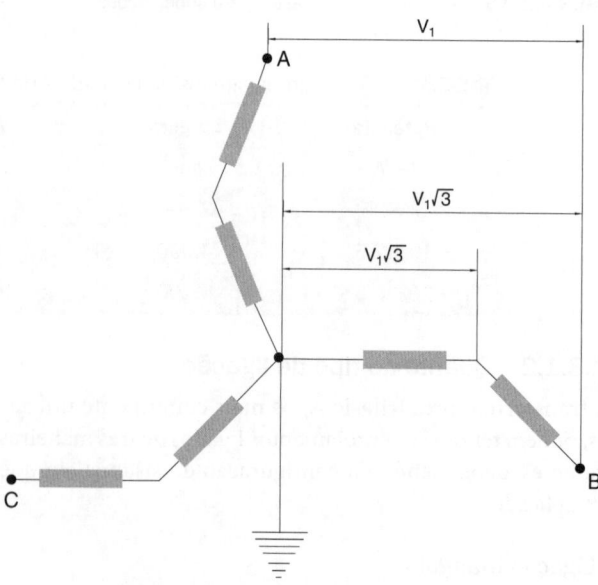

FIGURA 12.22 Bobinas ligadas na configuração zigue-zague.

por exemplo, em ligação triângulo-estrela de mesma potência e tensão nominal. No caso de transformadores estrela-zigue-zague, pode-se utilizar o neutro no secundário, admitindo toda espécie de desequilíbrio.

A grande aplicação dos transformadores zigue-zague é nos sistemas onde não há possibilidade de ligação à terra (sistema delta). Por exemplo, no sistema de 230 kV (Rede Básica) no Nordeste, o primário dos transformadores é ligado na configuração estrela com o ponto neutro aterrado, enquanto o secundário (69 ou 138 kV) é ligado em triângulo. Logo, para permitir um ponto à terra no secundário do transformador conecta-se um transformador de aterramento, normalmente ligado na configuração zigue-zague com o ponto neutro aterrado.

12.3.1.3 Quanto ao meio isolante

Os transformadores são classificados quanto ao meio isolante em dois grandes grupos: transformadores em líquido isolante e transformadores a seco.

a) Transformadores em líquido isolante

São de emprego generalizado em sistemas de distribuição e força e em plantas industriais comuns.

Existem três tipos de líquidos isolantes que são usados em transformadores: óleo mineral, silicone e ascarel. A utilização do ascarel em território nacional está proibida por lei há muitos anos. Esses líquidos serão estudados detalhadamente na Seção 12.3.2.5.

b) Transformadores a seco

São de emprego bastante específico por se tratar de um equipamento de custo atualmente um pouco maior, comparativamente aos transformadores em líquido isolante.

São utilizados mais especificamente em instalações em que os perigos de incêndio e explosão são iminentes, tais como refinarias de petróleo, indústrias petroquímicas, grandes centros comerciais, em que os documentos normativos proíbem o uso de transformadores a óleo mineral, além de outras instalações que requeiram um nível de segurança elevado contra explosões de inflamáveis.

A Figura 12.23 mostra em detalhes os principais elementos construtivos de um transformador a seco.

A Figura 12.24 mostra o emprego de um transformador a seco alimentando uma máquina, motivando uma grande economia à instalação.

Os transformadores a seco são constituídos, semelhantemente aos transformadores a líquido isolante, de núcleo de ferro-silício laminado a frio e isolado com material inorgânico, e enrolamentos primários e secundários.

Os enrolamentos primários, geralmente, são constituídos de fita de alumínio, formando as bobinas, que são colocadas no interior de um molde de ferro e, em seguida, encapsuladas em epóxi em ambiente de vácuo e sob temperatura elevada por um tempo determinado, durante o qual são resfriadas sob temperatura controlada.

Os enrolamentos secundários, em geral, são constituídos de folhas de alumínio, com altura da chapa igual à altura da bobina. A isolação da chapa é feita com produto inorgânico à base de resina. O conjunto sofre um tratamento térmico específico de sorte a se obter a polimerização da isolação, que resulta na união das diversas camadas, formando um bloco sólido e mecanicamente robusto. No caso de bobinas primárias, a utilização de fitas de alumínio resulta na construção de enrolamentos mecanicamente resistentes e isentos de absorção de umidade. Com os enrolamentos secundários em chapa de alumínio obtém-se uma elevada resistência mecânica, necessária às altas solicitações devido às correntes de curto-circuito.

Quando da montagem completa do transformador, é necessário deixar grandes canais de ventilação entre o núcleo de ferro propriamente dito e os enrolamentos secundários, e entre estes e os enrolamentos primários, com dimensões adequadas

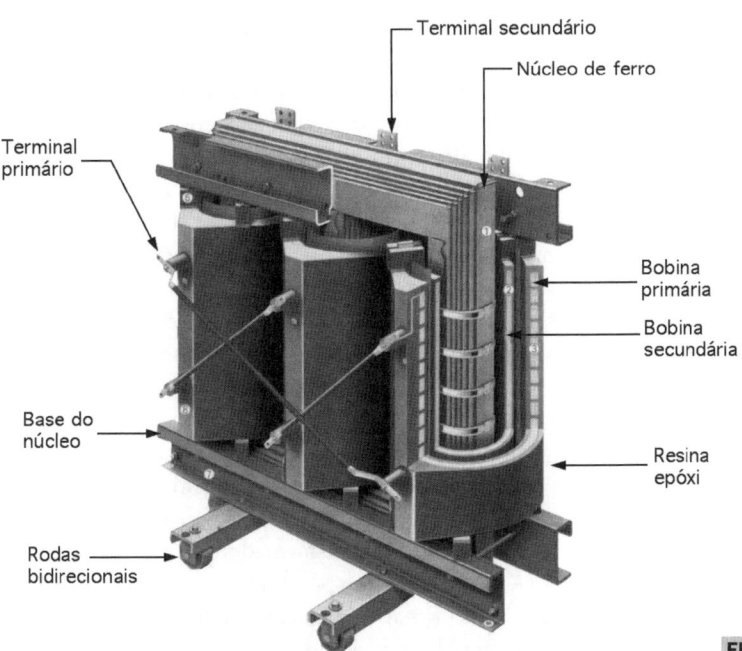

FIGURA 12.23 Transformador trifásico a seco.

FIGURA 12.24 Aplicação de transformadores a seco no interior da máquina.

ao nível de isolamento do transformador e à condução de ar para refrigeração, conforme pode-se observar na Figura 12.23.

Os transformadores a seco podem ser fabricados com invólucro metálico, quando destinados à instalação externa, ao passo que, quando usados em instalações abrigadas, são fornecidos sem o respectivo invólucro, porém devem estar protegidos por barreiras contra aproximação.

Quando fabricados com invólucro metálico sua capacidade nominal é reduzida drasticamente, podendo diminuir cerca de até 40%, implicando custos elevados, o que desencoraja a sua utilização.

A Figura 12.25 mostra os detalhes construtivos de uma bobina encapsulada primária. O encapsulamento das bobinas dos transformadores a seco pode ser feito por meio de dois processos industriais.

a) Encapsulamento reforçado

Consiste em enrolar fios de fibra de vidro impregnados em epóxi sobre os condutores montados em um cilindro-base, empregando uma trançagem especial nos fios, de modo a resultar em uma bobina completamente encapsulada. As bobinas primárias são constituídas de várias camadas, colocando-se dutos de ventilação entre elas.

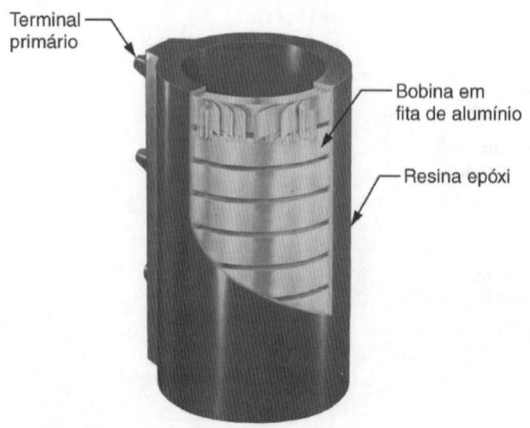

FIGURA 12.25 Bobina de transformador a seco.

b) Encapsulamento sob vácuo

Consiste em colocar os enrolamentos no interior de moldes aplicando-se, em seguida, certa quantidade de epóxi, dosado com sílica e talco, sob vácuo, que tem a função de eliminar as bolhas e evitar as descargas parciais.

O processo de encapsulamento reforçado apresenta vantagens de custo quando se trata de transformadores de potência elevada e altas tensões, evitando-se, desse modo, grandes massas de epóxi, que podem apresentar descargas parciais e redução acelerada da vida útil do transformador. Já para os equipamentos de potência reduzida e baixas tensões, é mais econômico o emprego do processo a vácuo.

A isolação dos enrolamentos não garante uma proteção adequada contra contatos diretos. É necessário que o transformador seja protegido por barreiras que podem consistir em cercas metálicas, invólucros metálicos em chapa ou em tela.

Um dos graus de dificuldade na construção dos transformadores a seco é a diferença entre os coeficientes de dilatação térmica do alumínio e da resina epóxi, pois quando o transformador aquece aparecem tensões mecânicas fortes devido às dilatações diferentes que esses materiais sofrem, estando rigidamente unidos. No entanto, como esses coeficientes não são tão diferentes, dentro dos limites de temperatura adotados na operação do equipamento, os esforços resultantes são compatíveis com os métodos de construção empregados. Se o material utilizado nos enrolamentos fosse o cobre, maiores dificuldades construtivas seriam percebidas dada a diferença entre seus coeficientes de dilatação, o que constitui uma vantagem adicional à utilização do alumínio na fabricação das bobinas.

Em geral, é de classe B o material isolante utilizado nos enrolamentos primários do transformador. Já no enrolamento secundário, utiliza-se normalmente material de classe F.

Os transformadores a seco exigem que se determine o para-raios de acordo com seus níveis de impulso, algumas vezes inferiores aos dos transformadores a óleo mineral.

A elevação de temperatura, em geral, admitida nos enrolamentos primários é igual ou superior a 80 °C, dependendo do material utilizado no encapsulamento. Nos enrolamentos secundários, a elevação de temperatura admitida é, em média, de 100 °C, considerando que a temperatura ambiente máxima permitida seja de 40 °C, e a temperatura média, de 30 °C.

Da mesma forma que os transformadores em líquido isolante, os transformadores a seco têm uma vida útil calculada, em função da porcentagem de sobrecarga em que operam durante determinado período. Se o transformador, em carga nominal, funciona em ambiente com temperaturas inferiores às mencionadas anteriormente, a sua vida útil pode aumentar, ou então se pode utilizar uma potência superior àquela indicada como nominal de placa. Caso contrário, quando o transformador opera em regime de carga nominal em ambiente com temperaturas superiores às referidas, a sua vida útil se reduz. Para que isso não aconteça, é necessário diminuir o carregamento máximo do transformador.

Como será visto posteriormente no estudo dos transformadores de líquido isolante, os transformadores a seco podem sofrer períodos de sobrecarga, sem afetar a sua vida útil, desde que a sua temperatura de operação não supere os valores máximos admitidos para a classe de isolamento considerada. Muitas vezes, em algumas plantas industriais, por força do regime de utilização das máquinas, é necessário sobrecarregar os transformadores por um período curto. Se nesse período pressupõe-se que os limites de temperatura sejam superados, podem-se utilizar ventiladores manobrados em diferentes estágios do regime, sem que isso implique a redução de sua vida útil, desde que as temperaturas máximas admitidas para a classe de isolação sejam respeitadas.

Os gráficos das Figuras 12.26 e 12.27 (sobrelevação de temperatura de 80°/100 °C) e das Figuras 12.28 e 12.29 (sobrelevação de temperatura de 90°/100 °C) permitem que se determine a sobrecarga máxima característica admitida nos

Transformadores Geafol
75 a 300 kVA

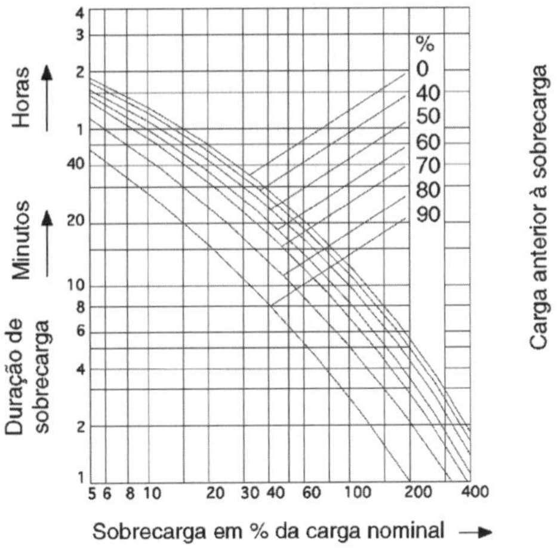

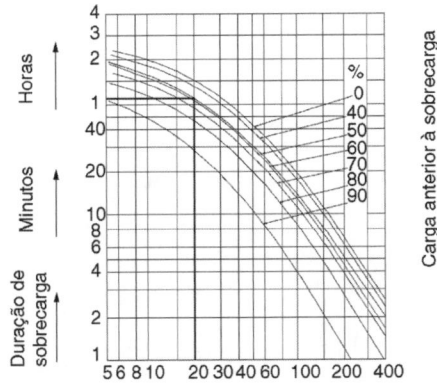

FIGURA 12.26 Sobrelevação de temperatura de um transformador a seco: 80 °C/100 °C.

Transformadores Geafol
500 a 1.500 kVA

FIGURA 12.27 Sobrelevação de temperatura de um transformador a seco: 80 °C/100 °C.

Transformadores Geafol
75 a 300 kVA

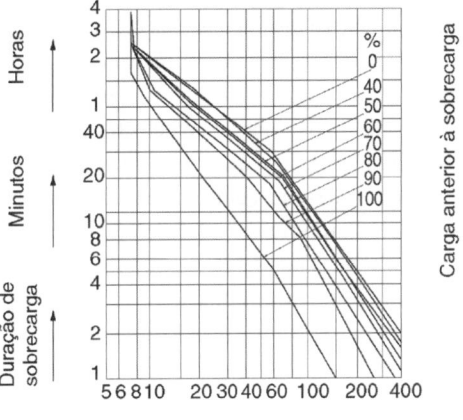

FIGURA 12.28 Sobrelevação de temperatura de um transformador a seco: 90 °C/110 °C.

Transformadores Geafol
500 a 750 kVA

FIGURA 12.29 Sobrelevação de temperatura de um transformador a seco: 90 °C/110 °C.

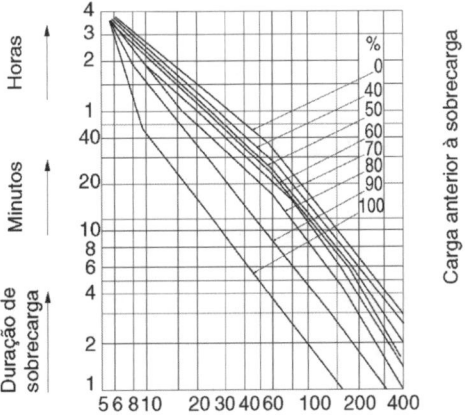

transformadores Geafol da Siemens. Para exemplificar a utilização desses gráficos, suponha uma indústria que apresente uma curva de carga em conformidade com a Figura 12.30. Comprovar se o transformador de 750 kVA, tipo Geafol, é capaz de suportar o pico de carga previsto sem afetar a sua vida útil. A sobrecarga requerida é de:

$$\Delta C = \frac{900 - 750}{750} \times 100 = 20\%$$

Pelo gráfico da Figura 12.27, para uma sobrecarga de 20%, a duração do pico é cerca de 1,1 h, ou seja, 66 minutos, considerando que a carga anterior à sobrecarga é 50% da nominal, conforme a curva da Figura 12.30, isto é:

$$C = \frac{375}{750} \times 100 = 50\%$$

Esse carregamento não afetará a vida útil do transformador.

Para poder controlar a temperatura dos enrolamentos dos transformadores a seco, alguns fabricantes inserem nas bobinas sensores térmicos capazes de detectar o limite de temperatura permissível e de acionar um disparador eletrônico que, por sua vez, atua sobre a bobina de uma chave magnética responsável pela manobra do referido transformador. Essa chave poderá ser instalada tanto no lado primário como no secundário. Podem ser utilizados sensores térmicos tipo lâmina bimetálica ou sensores a resistência variável, chamados termistores.

Em geral, os transformadores a seco são construídos para tensões de até 38 kV e capacidade nominal de 6 MVA ou mais. São providos de derivações primárias de ±2 a 2,5% ou com outros valores, conforme pedido. A impedância percentual do transformador também é definida pelo usuário e normalmente é de cerca de 5%.

As dimensões dos transformadores variam para cada fabricante. Como valores médios, pode-se fornecer a Tabela 12.3, cujas dimensões são mostradas na Figura 12.31.

12.3.2 Partes construtivas

Os transformadores são constituídos de diferentes partes, cada uma com características específicas. A Figura 12.32 identifica os principais componentes de um transformador, muitos dos quais serão estudados a seguir.

12.3.2.1 Tanque

É assim denominada a parte metálica do transformador que abriga o núcleo, contém óleo isolante, transmite ao meio exterior o calor gerado na parte ativa e onde são fixados os suportes de sustentação (transformadores para uso em poste).

O tanque, também chamado comumente de carcaça, é construído em tamanhos e formatos diversos, dependendo da potência do transformador.

Os transformadores de pequeno porte, ditos tipo distribuição, com potência nominal inicial de cerca de 15 kVA, apresentam um tanque com formato ovalado e que normalmente é

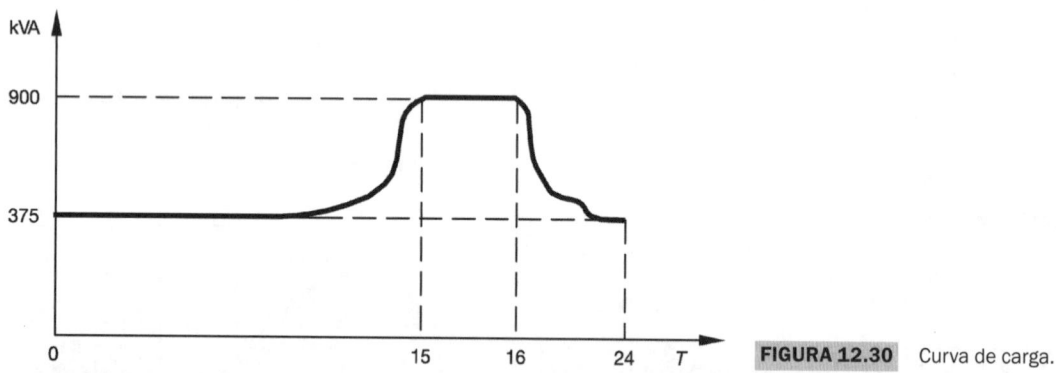

FIGURA 12.30 Curva de carga.

TABELA 12.3 Valores dimensionais médios dos transformadores a seco

Características construtivas				
Potência	Dimensões (mm)			Peso
kVA	A	B	C	kg
15	1.000	360	710	380
30	1.250	500	910	445
45	1.330	620	1.000	510
75	1.450	640	1.100	535
112,5	1.630	810	1.100	790
150	1.800	850	1.140	815
300	2.010	1.100	1.300	993
500	2.300	1.220	1.530	1.100
750	2.800	1.400	1.730	1.210

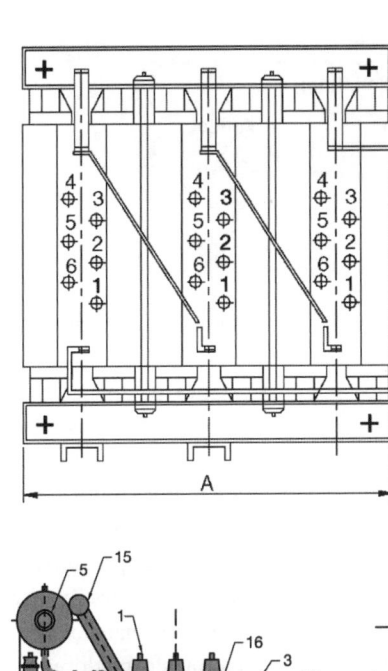
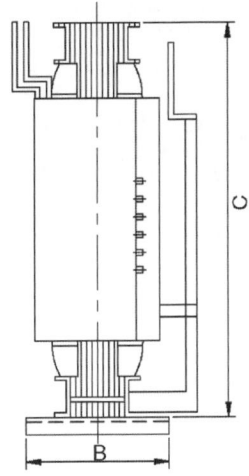

FIGURA 12.31 Dimensional dos transformadores a seco.

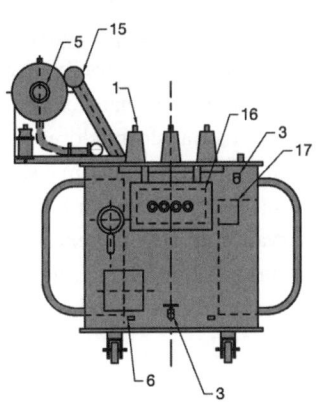
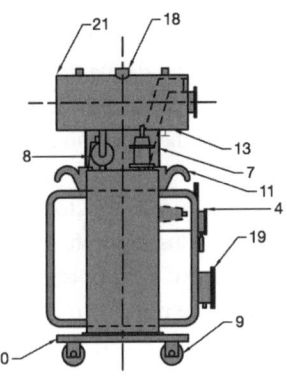

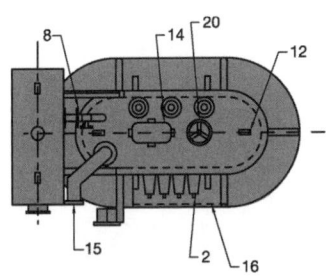

1 – buchas primárias; 2 – buchas secundárias; 3 – válvula de drenagem com conexão para filtro prensa e amostragem do líquido isolante; 4 – termômetro indicador; 5 – indicador do nível magnético; 6 – terminal de aterramento; 7 – secador de ar com sílica-gel; 8 – relé de Buchholz; 9 – rodas orientáveis; 10 – apoio para macaco; 11 – olhais de suspensão do transformador; 12 – olhais de suspensão da tampa; 13 – bujão de drenagem; 14 – tampa de inspeção; 15 – válvula de segurança; 16 – caixa de proteção das buchas secundárias; 17 – placa de identificação e diagramática; 18 – bujão de enchimento; 19 – caixa de proteção dos terminais dos aparelhos auxiliares; 20 – comando externo do comutador; 21 – conservador de líquido isolante

FIGURA 12.32 Partes componentes de um transformador a óleo mineral.

responsável pela transferência de calor para o meio exterior. Acima dessa potência, já é necessária a utilização de radiadores com área total de transferência de calor de acordo com a potência do equipamento.

A construção do tanque deve ser suficientemente robusta, para suportar tanto a suspensão como a fixação (transformadores de distribuição) do transformador. A Tabela 12.4 mostra os valores da espessura das chapas que são empregadas na construção das diferentes partes do tanque dos transformadores de distribuição.

A opção pela utilização de radiadores em tubo ou em chapa de aço é uma função das características de projeto. Normalmente, para os transformadores com potência superior a 500 kVA os radiadores são construídos em chapa de aço. Para potências menores são encontrados transformadores com radiadores tanto em tubo como em chapa de aço.

A área de dissipação dos radiadores somada à área do tanque propriamente dito deve ser suficiente para dissipar todo o calor gerado pelas perdas internas do transformador. A espessura mínima dos tubos dos radiadores deve estar de acordo com a NBR 5440 – Transformadores para redes aéreas de distribuição – Requisitos.

O tanque dos transformadores está sujeito a processos acelerados de corrosão, principalmente quando são instalados no interior de ambientes agressivos (câmaras de transformação de redes subterrâneas submersíveis) e nas proximidades da orla marítima. Dessa forma, são utilizadas as chapas de aço com características apropriadas a esses ambientes. Experiências demonstraram o excelente desempenho dos transformadores construídos em chapa de alumínio especial para uso em ambientes de elevada atmosfera salina. No entanto, transformadores fabricados com chapa de aço inoxidável (ligas ASTM-304 e ASTM-316L) não foram bem-sucedidos nos mesmos ambientes anteriormente mencionados. Em ambientes normais, a utilização genérica é a de chapa de aço-carbono ASTM-1020, devidamente tratada. O processo anticorrosivo

TABELA 12.4 Espessura da chapa do tanque de transformadores a óleo mineral

Potência do transformador	Espessura mínima (mm)		
kVA	Tampa	Corpo	Fundo
$P \leq 15$	1,90	1,90	1,90
Superior a 15 e igual e inferior a 225	2,65	2,65	3,15
Igual e superior a 300	3,15	3,15	3,15

mais comumente utilizado é o de decapagem do tanque por meio de jateamento abrasivo ao metal quase ao branco ou o processo químico. Isso é feito após concluído todo o processo de soldagem. Em seguida, deve ser aplicada internamente uma tinta que serve de base antiferruginosa, com espessura mínima de 30 μm e que não afete nem seja afetada pelo líquido isolante.

A pintura externa é composta por uma base antiferruginosa com espessura mínima, quando seca, de 40 μm, por cima da qual é aplicada uma tinta de acabamento compatível com a base utilizada, na cor cinza-clara, em geral, na notação MUNSELL N6,5, com espessura mínima de 40 μm, o que é conseguido com aplicação, geralmente, de duas demãos de tinta.

12.3.2.2 Conservador de líquido isolante

Consiste em um reservatório fixado ao transformador, na parte superior da carcaça. É destinado a receber o óleo do tanque quando este se expande, devido aos efeitos do aquecimento por perdas internas.

Os transformadores necessitam, portanto, de uma câmara de compensação e expansão do líquido isolante. Em unidades, em geral, superiores a 2.000 kVA, o tanque é construído para permanecer completamente cheio, o que implica a utilização do conservador de líquido. Já em unidades de menor potência, geralmente, o tanque recebe o líquido isolante até aproximadamente 15 cm de sua borda, ficando o espaço vazio destinado à câmara de compensação. Os transformadores que não possuem o tanque de expansão são denominados transformadores selados. A Figura 12.33(a) mostra um transformador com o seu respectivo conservador de líquido (óleo), enquanto a Figura 12.33(b) ilustra um tanque conservador de óleo contendo no seu interior uma bolsa de borracha, parte do sistema de selagem que permite o confinamento dos gases filtrados pelo

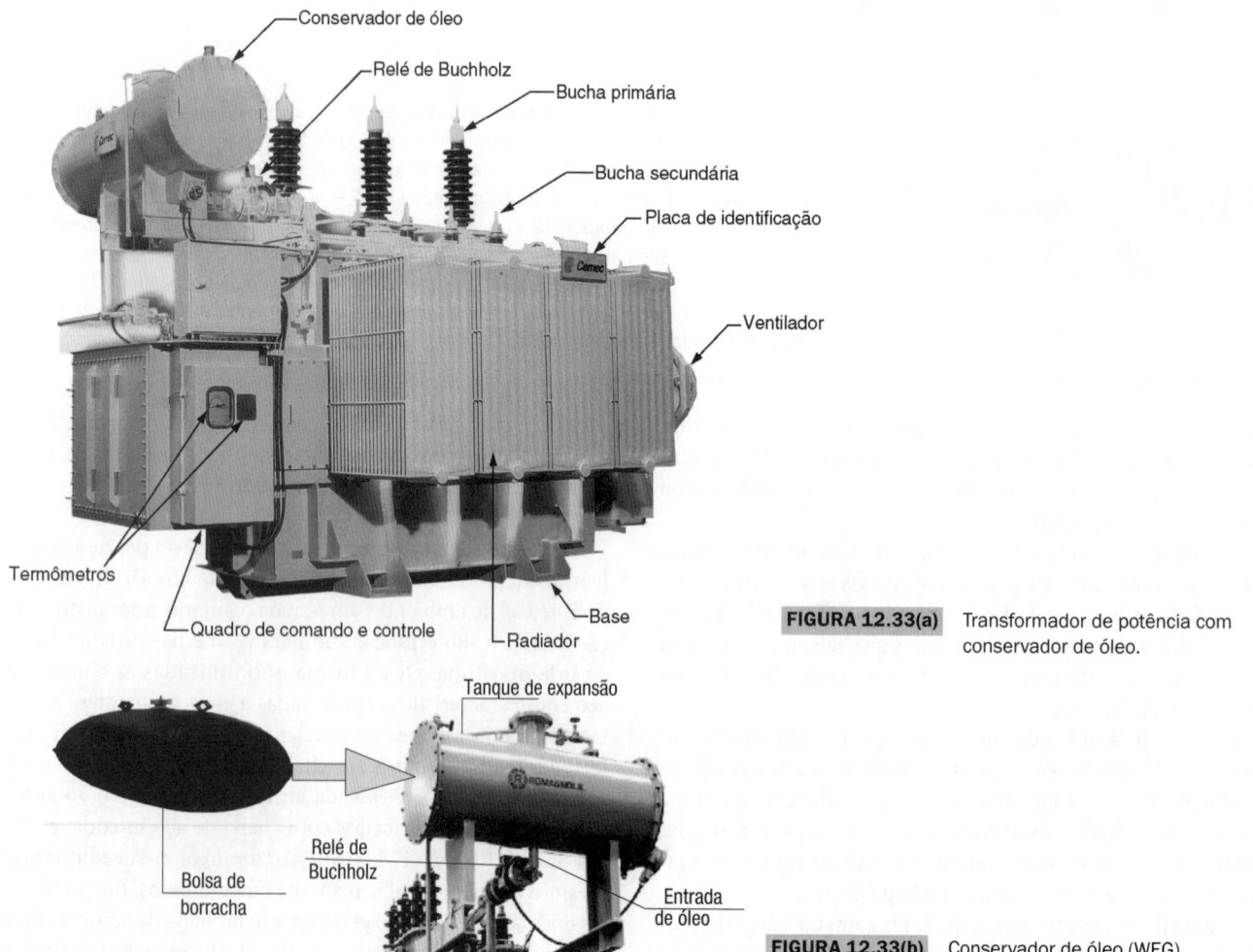

FIGURA 12.33(a) Transformador de potência com conservador de óleo.

FIGURA 12.33(b) Conservador de óleo (WEG).

secador de ar e que ocupa o espaço entre o conservador de óleo e a bolsa flexível.

Esse sistema evita a contaminação do óleo do transformador que se expande e contrai em conformidade com a variação da carga do sistema.

A inexistência do conservador de óleo impossibilita o uso do relé de Buchholz, que é necessário para a detecção de pequenas falhas internas. Assim, os transformadores de potência elevada necessitam do conservador de óleo, e, além do mais, seria extremamente onerosa a sua construção selada devido à grande espessura das chapas, necessária para suportar as grandes pressões internas. Já os transformadores providos de conservador de óleo sofrem grandes restrições quando destinados a ambientes com intensa poluição. Nesse caso, os transformadores selados seriam mais recomendados.

12.3.2.3 Secador de ar

Como se sabe, os transformadores operam normalmente com um ciclo de carga variável, provocando aquecimento do líquido isolante em períodos de carga máxima e resfriamento em períodos de carga leve. Assim, toda vez que é aquecido, o líquido isolante se expande, expulsando o ar que fica contido na câmara de compensação ou no conservador de óleo. Contrariamente, no período de carga leve, o líquido se resfria, provocando a entrada de ar no interior do tanque, exceto nos transformadores selados, normalmente de pequena potência. Dessa forma, pode-se dizer que o transformador *respira*.

Transformadores selados são aqueles que têm uma camada de gás inerte entre a tampa e o nível do líquido isolante, e quando este se expande, como resultado de um aquecimento devido à carga, a camada de gás é comprimida, exercendo um grande esforço no tanque. Nesse caso, todas as gaxetas e acessórios que se ligam ao interior do transformador devem ser dimensionados para operar nessas condições de sobrepressão, tais como termômetro, válvulas, buchas etc. O limite prático de potência para construção desses transformadores é cerca de 2.000 kVA. São próprios para operar em ambientes agressivos ou extremamente úmidos onde o uso do secador de ar é desaconselhável.

A penetração de umidade no interior do transformador reduz substancialmente as características dielétricas do líquido isolante, resultando em perdas de isolamento das partes ativas e na consequente queima do equipamento. Para evitar, portanto, a penetração do ar úmido no interior do transformador, instala-se um recipiente contendo sílica-gel, que serve de comunicação entre o interior do tanque e o ambiente externo. Esse assunto será adequadamente desenvolvido no item 12.3.2.16.

12.3.2.4 Núcleo

O núcleo consiste basicamente no laminado de ferro-silício, enrolamentos primários e secundários e acessórios para mudança de tensão (comutador de tapes). Tem as seguintes partes:

a) Núcleo de aço

É constituído de uma grande quantidade de chapas de ferro-silício de grãos orientados, montadas em superposição.

As chapas de ferro-silício possuem uma espessura variada e são fabricadas de acordo com padrões internacionais cuja nomenclatura corrente é a da Armco. Apresentam códigos dados pelos números 5, 6, 7 e 8. O número mais baixo indica chapas com menor corrente de excitação e menores perdas por histerese. As chapas de ferro-silício são ligas que contêm cerca de 5% de silício, cuja função é reduzir as perdas por histerese e aumentar a resistência do ferro permitindo, dessa forma, reduzir as correntes parasitas.

As chapas de ferro-silício são laminadas a frio, seguidas de um tratamento térmico adequado, que permite que os grãos magnéticos sejam orientados no sentido da laminação. São cobertas por uma fina camada de material isolante e fabricadas dentro de limites máximos de perdas eletromagnéticas, que variam entre 1,28 W/kg e uma densidade de fluxo de 1,50 T (tesla) a 1,83 W/kg, correspondente a uma densidade de fluxo de 1,7 T, na frequência industrial. Além disso, as chapas de ferro-silício devem apresentar uma massa específica de cerca de 7,65 kg/dm^3 e uma resistência à tração de cerca de 3,4 kgf/mm^2. A Tabela 12.5 mostra as perdas específicas das chapas de ferro-silício da Armco, usadas na fabricação de transformadores e relativas a uma indução magnética de 15.000 gauss que corresponde a 15.000 linhas/cm^2, ou 1,50 T. O desempenho magnético do transformador vai depender da qualidade da mão de obra empregada nessa tarefa. Em um transformador de 112,5 kVA, por exemplo, são utilizadas cerca de 2.600 chapas num só núcleo. As chapas são montadas de sorte a se ter todas as junções desencontradas alternadamente. As chapas do núcleo dos transformadores de grande potência sofrem um processo de colagem por meio de um composto de resina epóxi, de modo a evitar a vibração delas, o que poderia resultar em danos na

TABELA 12.5 Perdas específicas das chapas da Armco: W/kg

Tipo	Indução magnética B = 15.000 gauss			
	50 Hz		60 Hz	
	Espessura			
	0,304	0,356	0,304	0,356
M5	0,97	-	1,28	-
M6	1,07	1,11	1,41	1,46
M7	1,19	1,22	1,57	1,61
M8	-	1,36	-	1,76

fina camada isolante de que são revestidas. Essas vibrações são percebidas por meio de um ruído intermitente no interior do transformador. Quando a isolação das chapas é afetada, as perdas do transformador aumentam significativamente devido às correntes de Foucault. A Figura 12.34 mostra com detalhes o núcleo de um transformador trifásico.

O dimensionamento do núcleo magnético deve ser feito equilibrando-se o número de espiras da bobina com as dimensões do núcleo de ferro. Utilizando-se bobinas com poucas espiras, é necessário empregar um núcleo de ferro de grandes dimensões. No caso de se utilizar bobinas com muitas espiras, o núcleo de ferro pode ganhar pequenas dimensões.

Os núcleos dos grandes transformadores são fabricados com lâminas empacotadas em vários conjuntos que, quando montadas, formam os canais de refrigeração, que têm como objetivo dissipar o calor resultante das correntes de Foucault e das perdas por histerese, conforme mostra a Figura 12.35.

As dimensões do núcleo dos transformadores de potência podem ser obtidas a partir de consulta à literatura específica.

b) Enrolamentos

São formados de bobinas primárias e secundárias e, em alguns casos, terciárias. Os fios são normalmente de cobre eletrolítico, isolados com esmalte, fitas de algodão ou papel especial. A classe de isolamento dos enrolamentos pode ser:

- Classe A – limite: 105 °C;
- Classe E – limite: 120 °C;
- Classe B – limite: 130 °C;
- Classe F – limite: 155 °C;
- Classe H – limite: 180 °C.

A utilização de isolamento de algodão implica um acréscimo da espessura da seção do condutor que chega a 0,5 mm para condutores de até 25 mm², e a 1 mm para condutores de seção de 95 mm², aproximadamente. Já no isolamento em esmalte, o acréscimo é de cerca de 0,15 mm. Os enrolamentos primários podem ser construídos em panquecas, comumente chamadas de pastilhas, ou bobina única. O enrolamento em panqueca consiste na construção da bobina em vários segmentos com determinado gradiente de tensão. A especificação técnica de algumas concessionárias exige que os seus transformadores de distribuição, classe 15 kV, sejam fornecidos com os enrolamentos primários divididos em quatro panquecas, resultando em um gradiente de tensão de 3.450 V, isto é, 13.800/4 = 3.450 V.

O enrolamento em panquecas facilita a manutenção do transformador no caso de avaria na bobina, pois permite que se recupere somente a fração danificada. No sistema de bobina única, é necessário substituí-la por completo, encarecendo a manutenção do equipamento no caso de uma simples avaria que danifique somente algumas espiras da bobina. Já os enrolamentos secundários são construídos em bobina única. A seção dos condutores das bobinas primárias e secundárias é função da densidade de corrente fixada no projeto do equipamento. Transformadores de potência elevada requerem uma densidade de corrente inferior à dos transformadores de menor potência. Isso se deve ao fato de que, quanto maior for o volume do transformador, maiores são as dificuldades de refrigeração, necessitando-se, pois, reduzir as perdas por efeito Joule, o que é conseguido diminuindo-se a densidade de corrente. Na prática, as densidades de corrente utilizadas são dadas na Tabela 12.6.

Conhecida a densidade de corrente, a seção dos enrolamentos pode ser calculada pelas Equações (12.19) e (12.20):

$$S_1 = \frac{I_1}{D} \text{ (mm}^2\text{)} \tag{12.19}$$

$$S_2 = \frac{I_2}{D} \text{ (mm}^2\text{)} \tag{12.20}$$

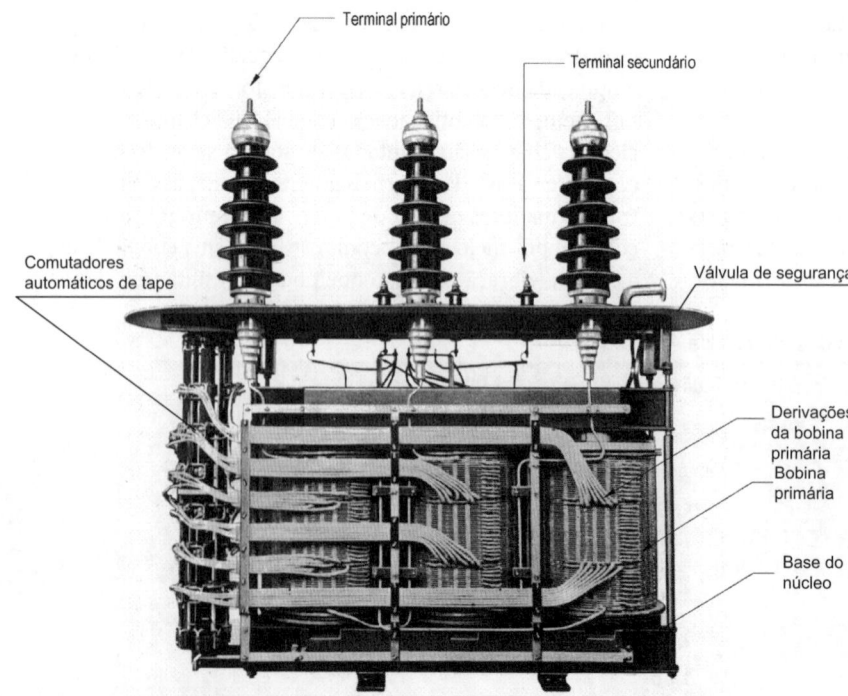

FIGURA 12.34 Vista do núcleo de um transformador trifásico.

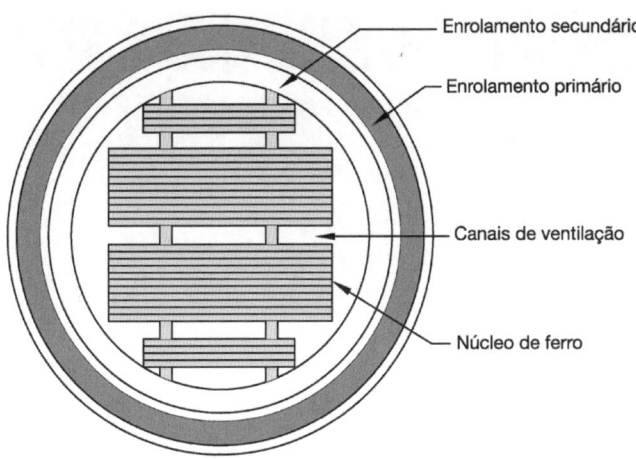

FIGURA 12.35 Vista superior de uma coluna do núcleo de um transformador.

S_1 – seção do condutor do enrolamento primário, em mm²;
S_2 – seção do condutor do enrolamento secundário, em mm²;
I_1 – corrente nominal primária, em A;
I_2 – corrente nominal secundária, em A;
D – densidade de corrente, em A/mm².

Geralmente, são utilizadas barras de cobre retangulares ou quadradas nos enrolamentos, cuja seção seja igual ou superior a 10 mm².

Para se determinar o número de espiras de uma bobina, podem-se utilizar as Equações (12.21) e (12.22):

$$N_1 = \frac{10^8 \times V_1}{4,44 \times B_m \times S_m \times F} \quad (12.21)$$

$$N_2 = \frac{1,1 \times 10^8 \times V_2}{4,44 \times B_m \times S_m \times F} \quad (12.22)$$

N_1 – número de espiras das bobinas primárias;
N_2 – número de espiras das bobinas secundárias;
V_1 – tensão do circuito primário, em V;
V_2 – tensão do circuito secundário, em V;
B_m – indução máxima do ferro, em gauss, cujo valor, em média, se pode adotar como igual a:

- para transformadores de distribuição: 11.000 gauss;
- para transformadores de potência: 15.000 gauss;

S_m – seção quadrática do núcleo de ferro, em cm².

O fator 1,1 da Equação (12.22) é utilizado para compensar a queda de tensão no enrolamento secundário.

Quanto ao núcleo, os transformadores podem ser classificados em dois tipos, quais sejam:

TABELA 12.6 Densidade de corrente dos fios das bobinas dos transformadores

Potência	Densidade de corrente
kVA	A/mm²
10-15	3,2
30-45	2,9
75-112,5	2,8
150-500	2,6
1.000-2.500	2

EXEMPLO DE APLICAÇÃO (12.2)

Calcule a seção dos condutores das bobinas primárias e secundárias de um transformador trifásico de potência nominal igual a 500 kVA, de tensões 13.800-380/220 V/60 Hz.

$$I_1 = \frac{500}{\sqrt{3} \times 13,8} = 20,9 \text{ A}$$

$$I_2 = \frac{500}{\sqrt{3} \times 0,38} = 759,6 \text{ A}$$

$$S_1 = \frac{20,9}{2,6} = 8,0 \text{ mm}^2$$

$$S_2 = \frac{759,6}{2,6} = 292,1 \text{ mm}^2$$

Logo, tem-se a escala de fios comerciais:

S_1 = 10 mm²
S_2 = 300 mm², ou barra de 1¹/2" × 1¹/8", aproximadamente.

EXEMPLO DE APLICAÇÃO (12.3)

Calcule o número de espiras primárias e secundárias do exemplo anterior, sabendo-se que a seção do núcleo magnético é de 302 cm².

$$N_1 = \frac{10^8 \times 13.800}{4,44 \times 15.000 \times 302 \times 60} = 1.143 \text{ espiras}$$

$$N_2 = \frac{1,1 \times 10^8 \times 380}{4,44 \times 15.000 \times 302 \times 60} = 34 \text{ espiras}$$

Esses resultados devem satisfazer a equação fundamental dos transformadores, ou seja:

$$\frac{N_1}{N_2} = \frac{V_1}{V_2}$$

$$\frac{1.143}{34} = \frac{13.800}{380}$$

$$33,6 \cong 36,3$$

a) Transformadores de núcleo envolvido

São assim denominados aqueles em que as bobinas envolvem o núcleo, conforme se pode mostrar na Figura 12.36.

b) Transformadores de núcleo envolvente

São assim denominados aqueles em que as bobinas são abraçadas pelo núcleo de ferro, conforme a Figura 12.37.

A construção de transformadores de um ou outro tipo é uma questão técnico-econômica não tratada neste estudo.

12.3.2.5 Líquidos isolantes

São compostos líquidos, de baixa viscosidade, destinados à refrigeração de transformadores, ao transferir o calor gerado por efeito Joule às paredes do tanque. São caracterizados por uma elevada rigidez dielétrica, que, ao impregnar-se nos elementos isolantes, aumenta o poder desses materiais.

Os óleos minerais são também empregados em capacitores, disjuntores e cabos elétricos, desempenhando funções específicas em cada componente em que é utilizado, além daquelas já mencionadas anteriormente.

São utilizados dois tipos de líquido isolante em transformadores fabricados no Brasil, quais sejam:

a) Óleo mineral

É o fluido mais comumente utilizado em transformadores, quer nos de distribuição, quer nos de força. Tem a sua origem em um processo químico de fracionamento do petróleo,

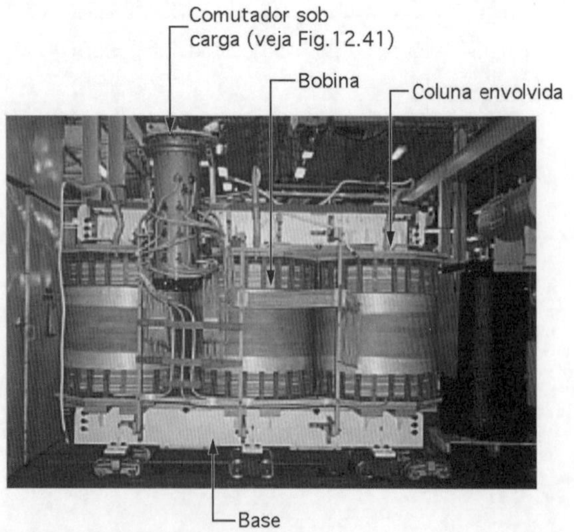

FIGURA 12.36 Núcleo de um transformador trifásico do tipo envolvido.

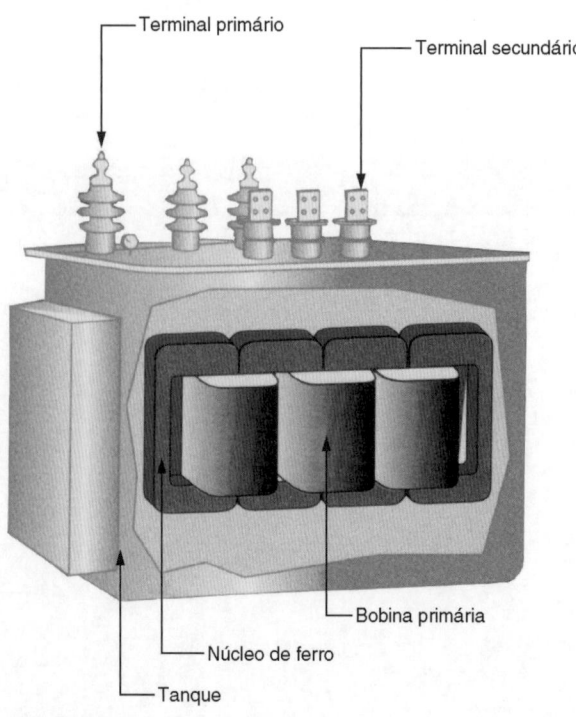

FIGURA 12.37 Núcleo de um transformador trifásico do tipo núcleo envolvente.

para logo em seguida ser submetido a um rigoroso sistema de refinação.

Apresenta um baixo ponto de combustão, resultando em perigo constante a sua utilização em transformadores localizados em prédios residenciais, comerciais e em áreas contendo produtos inflamáveis que possam causar sérios perigos à vida e ao patrimônio.

O óleo mineral deve estar livre de impurezas, tais como umidade, poeiras e outros agentes que afetam sensivelmente o seu poder dielétrico, que não deve ser inferior a 30 kV/mm. Contudo, o tempo provoca um processo de envelhecimento do óleo, que resulta na formação de ácidos que são prejudiciais aos materiais isolantes do transformador. Ademais, com a perda das características isolantes, o óleo vai-se tornando imprestável para o uso em equipamentos elétricos.

Um dos principais fatores de degradação do óleo em transformadores é a sobrecarga que provoca uma elevação de temperatura, às vezes acima dos limites admissíveis. O contato do óleo com o ar ambiente (oxigênio) também é um fator de degeneração, o que geralmente ocorre durante a abertura do transformador para troca de tapes e outros serviços necessários.

O óleo mineral, quando perde as suas qualidades dielétricas, pode ser regenerado pela aplicação de produtos químicos especiais denominados inibidores. Também pode ser recuperado pela sua passagem por um filtro-prensa, largamente utilizado nos trabalhos de manutenção de transformadores.

Há dois diferentes tipos de óleo mineral isolante atualmente comercializados no Brasil:

- óleo tipo *A* ou naftênico;
- óleo tipo *B* ou parafínico.

Até a crise do petróleo no ano de 1973, basicamente o óleo utilizado no Brasil e em outros países da América Latina era de origem naftênica. Com a escassez dos crus naftênicos, totalmente importados dos países do Oriente Médio, foram iniciados vários estudos em diferentes países procurando uma alternativa técnica e economicamente viável. Cerca de quatro anos após as primeiras pesquisas, foram obtidos bons resultados com o óleo tipo *B* derivado de crus parafínicos. A partir de então, a Eletrobras e a Petrobras passaram a defender as qualidades do óleo mineral isolante do tipo parafínico, e que, aliado à escassez dos naftênicos, levou o mercado a absorver sem dificuldade esse produto.

A Tabela 12.7 mostra as características dos óleos minerais do tipo *S*, parafínico, e do tipo *M*, naftênico mexicano.

Óleos minerais, quando submetidos a descargas internas no interior do transformador, podem sofrer decomposições moleculares, cujo resultado é a formação de outros produtos que

TABELA 12.7 Características dos óleos tipo *S* e tipo *M*

Parâmetros	Tipo S Parafínico	Tipo M Nafênico
Cor ASTM	1,0 máximo	1,0 máximo
Densidade 20°/40 °C	0,870 máximo	0,865 a 0,910
Ponto de fulgor, °C	145 mínimo	145 mínimo
Ponto de fluidez, °C	−26 mínimo	−40 mínimo
Viscosidade a 37,8 °C	10,4 máximo	10,4 máximo
Tensão interfacial a 25 °C, dina/cm	36 mínimo	40 mínimo
Enxofre corrosivo	Não corrosivo	Não corrosivo
Índice de neutralização (IAT), mg KOH/g	0,03 máximo	0,03 máximo
Cloretos e sulfatos	Negativo	Negativo
Enxofre total, % peso	4,0 máximo	0,1 máximo
Teor de carbonos aromáticos		
* % peso	4,0 máximo	6,0 máximo
Rigidez dielétrica, kV		
* elet. disco (2,50 mm)	30 mínimo	30 mínimo
* elet. VDE (1,02 mm)	20 mínimo	20 mínimo
Fator de potência 60 Hz, %		
* a 25 °C	0,05 máximo	0,05 máximo
* a 100 °C	0,5 máximo	0,5 máximo
Estabilidade à oxidação (CEI – 74)		
* ind neutr. (IAT), mg KOH/g	0,4 máximo	0,4 máximo
* borra, % peso	0,1 máximo	0,1 máximo

juntos se denominam *lama*. Por ter densidade superior à do óleo propriamente dito, a lama desce para o fundo do tanque do transformador, podendo depositar-se, em sua trajetória, sobre as bobinas do núcleo, acarretando sérios danos à isolação. Sendo a lama um produto com poder dielétrico baixo, a deposição entre os fios das bobinas pode acarretar a sua absorção pelo material isolante, normalmente o papel, que recobre os fios condutores, facilitando a ocorrência de descargas entre espiras e a consequente queima da bobina. Além disso, a lama pode solidificar-se nas paredes do tanque do transformador, dificultando a transferência do calor gerado por efeito das perdas internas para o meio externo. A consequência imediata é a deterioração do isolamento do transformador e a queima dos seus enrolamentos.

A fim de reduzir as consequências da explosão de um transformador sobre o transformador instalado ao seu lado, as subestações são dotadas de barreiras corta-fogo construídas com colunas verticais de concreto armado, e paredes em placas pré-moldadas de concreto armado, dotadas de revestimento interno que possibilita amortecer o impacto da explosão do transformador. As paredes corta-fogo são construídas entre os transformadores, em conformidade com a Figura 12.38. Esse procedimento restringe os danos da explosão, reduzindo o tempo de inatividade da subestação.

b) Óleos de silicone

São assim denominados os fluidos líquidos utilizados em transformadores, constituídos de polímero sintético, cujo principal elemento é o silício. É um líquido claro e incolor. Apresenta uma excelente estabilidade térmica. Não é tóxico e é quimicamente inerte.

O silicone apresenta uma viscosidade sensivelmente superior à dos óleos minerais anteriores, o que implica o dimensionamento adequado das partes ativas dos transformadores.

Normalmente, os transformadores que utilizam óleo de silicone são projetados para a classe de temperatura A, apesar de existirem, em menor quantidade, transformadores fabricados nas classes, B, F e H.

O óleo de silicone é caracterizado por possuir um ponto de chama em torno de 300 °C, sendo, por isso, indicado também para uso como lubrificante em máquinas que operam em temperaturas elevadas. Outra característica importante do óleo de silicone é a propriedade que possui, na ocorrência de um incêndio, de formar uma delgada camada de dióxido de silício na sua superfície, não permitindo o contato do oxigênio do ar ambiente com o líquido propriamente dito, o que resulta, pois, na extinção rápida da chama.

Em virtude dessas características do óleo de silicone, ele é indicado, por algumas normas de concessionárias de energia elétrica, para aplicação em transformadores destinados a edifícios residenciais e comerciais, onde se deve preservar a segurança das pessoas. Também são bastante utilizados em plantas industriais de elevada periculosidade.

Porém, devido ao seu custo mais elevado, o emprego em transformadores, nesse caso, fica reduzido basicamente às prescrições normativas.

A manutenção de transformadores a óleo de silicone sofre os mesmos procedimentos dos transformadores a óleo mineral.

12.3.2.6 Derivações

Normalmente, todos os transformadores de distribuição são dotados de uma ou mais derivações nos enrolamentos primários. O número de derivações e as relações de tensão podem ser conhecidos na Tabela 12.8.

No comutador de tape mais simples, para trocar a posição do tape é necessário levantar a tampa de inspeção do transformador

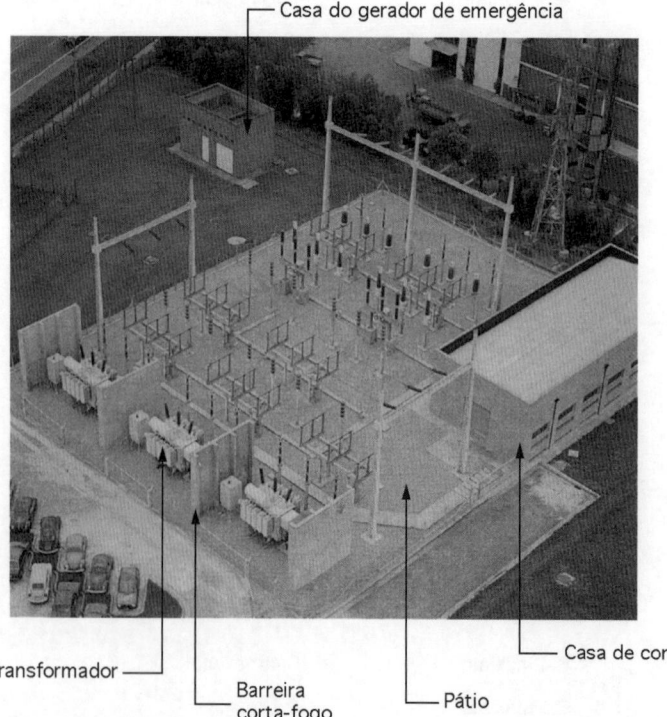

FIGURA 12.38 Vista de uma subestação com paredes corta-fogo.

localizada na sua parte superior e introduzir a mão com uma ferramenta para alterar a posição da chapa de conexão dos terminais dos tapes, conforme se observa na Figura 12.39. Ainda existem muitos transformadores em operação com esse tipo de comutador de tape. Atualmente, está em desuso.

No entanto, para se realizar a mudança de derivação (tape), a mesma especificação estabelece que o sistema seja de comando rotativo, com mudança simultânea nas três fases, para operação sem tensão, com comando interno visível e acessível através de abertura para inspeção. Para que o óleo do transformador não seja contaminado, o comando do comutador deve ser instalado acima da superfície do nível do óleo. O acesso ao comando deve ser feito pela janela de inspeção vazada na tampa do transformador.

Como o sistema de mudança de derivação é a única peça móvel do transformador, constitui-se no ponto sujeito ao maior índice de falhas. Por esse motivo, algumas concessionárias encomendam seus transformadores com uma única tensão primária, o que pode ser inconveniente na aplicação em algumas redes rurais de grande extensão.

Cada fabricante produz um modelo diferente de comutador de derivação, e a Figura 12.40 mostra um dos tipos utilizados por vários fornecedores de transformadores de distribuição para operação externa ao transformador.

O comutador de derivação tem a função básica de elevar ou reduzir a tensão secundária do transformador conforme o nível da tensão primária. O comutador de derivação não corrige a falta de regulação do sistema. Quando a variação de tensão em uma rede é muito grande em diferentes pontos da curva de carga diária, a mudança de derivação deve ser tomada com cautela, para que não se tenham, em determinado momento, níveis de tensão intoleráveis no secundário. Portanto, a utilização correta do comutador se faz quando a tensão está permanentemente baixa ou permanentemente alta.

TABELA 12.8 Tensões das derivações dos transformadores de média tensão

Tensão máxima do equipamento	Derivação	Tensão (V)			
		Primário		Secundário	
		Trifásico e monofásico	Monofásico	Trifásico	Monofásico
kV eficaz		(FF)	(FN)		
15	1	13.800	7.960	380/220	2 terminais 220/127
	2	13.200	7.621		
	3	12.600	7.275		
24,2	1	23.100	13.337	380/220	2 terminais ou 3 terminais
	2	22.000	12.702		
	3	20.900	12.067		
36,2	1	34.500	19.919	220/127	440/220 254/127 240/120 230/115
	2	33.000	19.053		
	3	31.500	18.187		

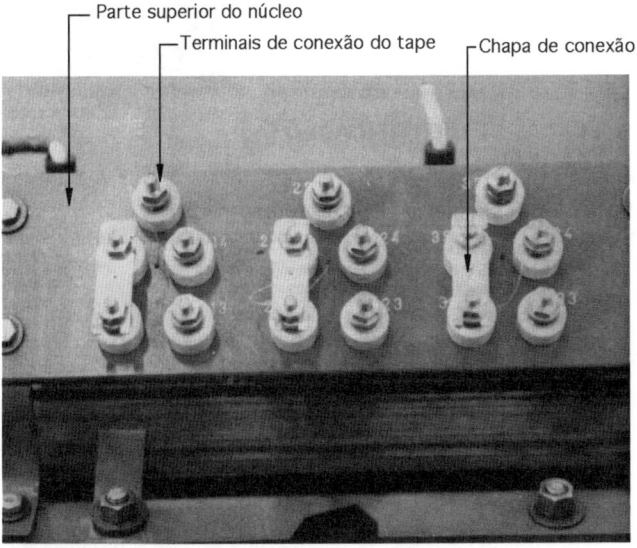

FIGURA 12.39 Comutador de derivação (tape) de um transformador do tipo distribuição.

Os comutadores de derivação são classificados como operação sem carga e com carga. No caso do comutador de derivação da Figura 12.39, a operação deve ser feita sem tensão, até porque, nesse caso, o comutador está instalado internamente ao transformador. No caso de comutadores de derivação sem carga, existem dois tipos básicos: comutadores de régua, conforme visto na Figura 12.39, e os comutadores rotativos, mostrados na Figura 12.40. São utilizados normalmente nos transformadores de subestações industriais. No entanto, o comutador de derivação da Figura 12.41 é próprio para operação em carga e muito utilizado pelas concessionárias de distribuição para prover uma melhor regulação no seu sistema elétrico e utilizados em transformadores de grande porte.

12.3.2.7 Placa de identificação

Todo transformador deve possuir uma placa que identifique as suas principais características elétricas e funcionais.

A placa de identificação, em geral, tem formato retangular, com espessura mínima de 0,8 mm. Os dados impressos na placa devem ser legíveis, e sua disposição deve estar de acordo com o fixado na Figura 12.42.

A placa pode ser de material de alumínio anodizado ou aço inox. Deve ser fixada, por meio de rebites de material resistente à corrosão, em um suporte com base que impeça a sua deformação. Esse suporte é soldado ao tanque ou aos radiadores, exceto quando forem construídos em chapa, condição em que não é permitida a sua fixação. Deve ser também observado um afastamento de, no mínimo, 20 mm entre o corpo do transformador e qualquer parte da placa.

12.3.2.8 Termômetro

Normalmente, os transformadores de força com potência superior a 500 kVA dispõem de termômetro localizado na sua parte superior, para que se tenha informações da temperatura instantânea e da máxima registrada no período. Os termômetros possuem contatos auxiliares que possibilitam o acionamento da sinalização de advertência, ou da abertura do disjuntor, quando a temperatura atingir níveis preestabelecidos. A Figura 12.43 mostra um termômetro para obtenção da temperatura no topo do óleo. O bulbo contém em seu interior uma coluna de mercúrio (Hg) que transmite as variações de temperatura até o bimetálico existente, que move a agulha indicadora.

12.3.2.9 Indicador de nível de óleo

Os indicadores magnéticos de nível têm por finalidade indicar o nível dos líquidos, e ainda, quando providos de contatos para alarme, servirem como aparelhos de proteção à máquina para a qual operam.

Os transformadores de potência são, geralmente, dotados de dispositivos externos que permitem indicar o nível do óleo no tanque. Normalmente, são construídos em carcaça de alumínio com as partes móveis em latão. O ponteiro estabelece dois contatos, sendo um no nível mínimo e outro no nível máximo. A Figura 12.44 mostra um indicador de nível de óleo do tipo magnético.

A NBR 9368 – Transformadores de potência de tensões nominais até 145 kV – Padronização – estabelece que o indicador de nível de óleo deve ser magnético com as inscrições *mín*, 25 °C, e *máx* correspondentes aos níveis mínimo, normal a 25 °C e máximo, respectivamente. Deve ter boia, cujos contatos a ela acoplados podem acionar o sistema de sinalização ou provocar, quando projetado, a abertura do disjuntor.

Os indicadores magnéticos de nível possuem a sua carcaça em alumínio fundido, sendo a indicação de nível feita por ponteiro acoplado a um ímã permanente, de grande sensibilidade, fato este que o torna bastante preciso.

12.3.2.10 Quadro de comando e controle

Os transformadores de potência dotados de controle de temperatura, nível de óleo etc. possuem uma caixa metálica com

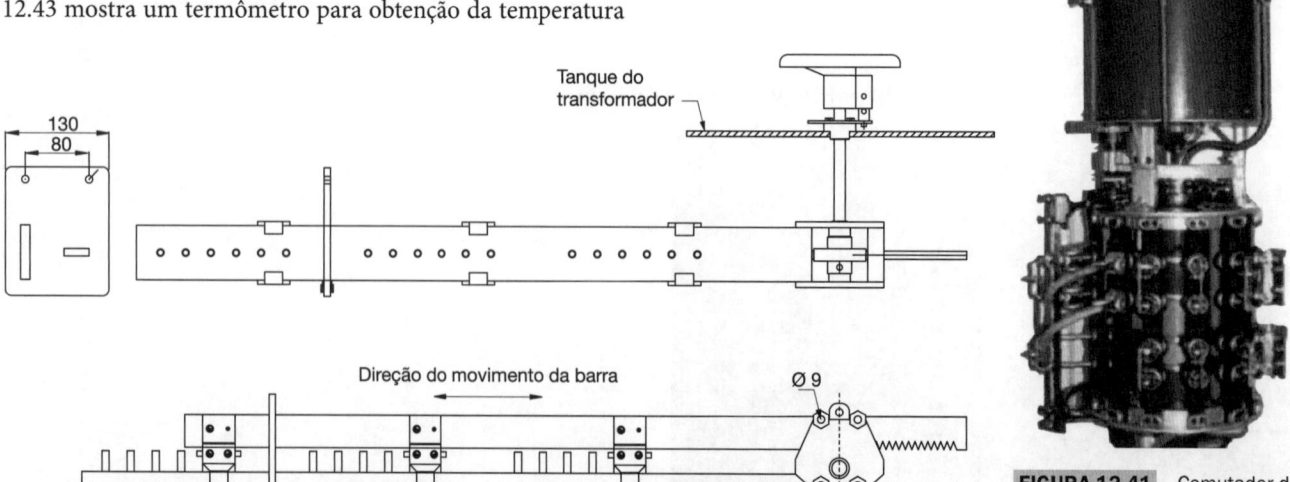

FIGURA 12.41 Comutador de derivação em carga de um transformador de potência.

FIGURA 12.40 Vistas superior e lateral de uma régua de tape do comutador de derivação rotativo.

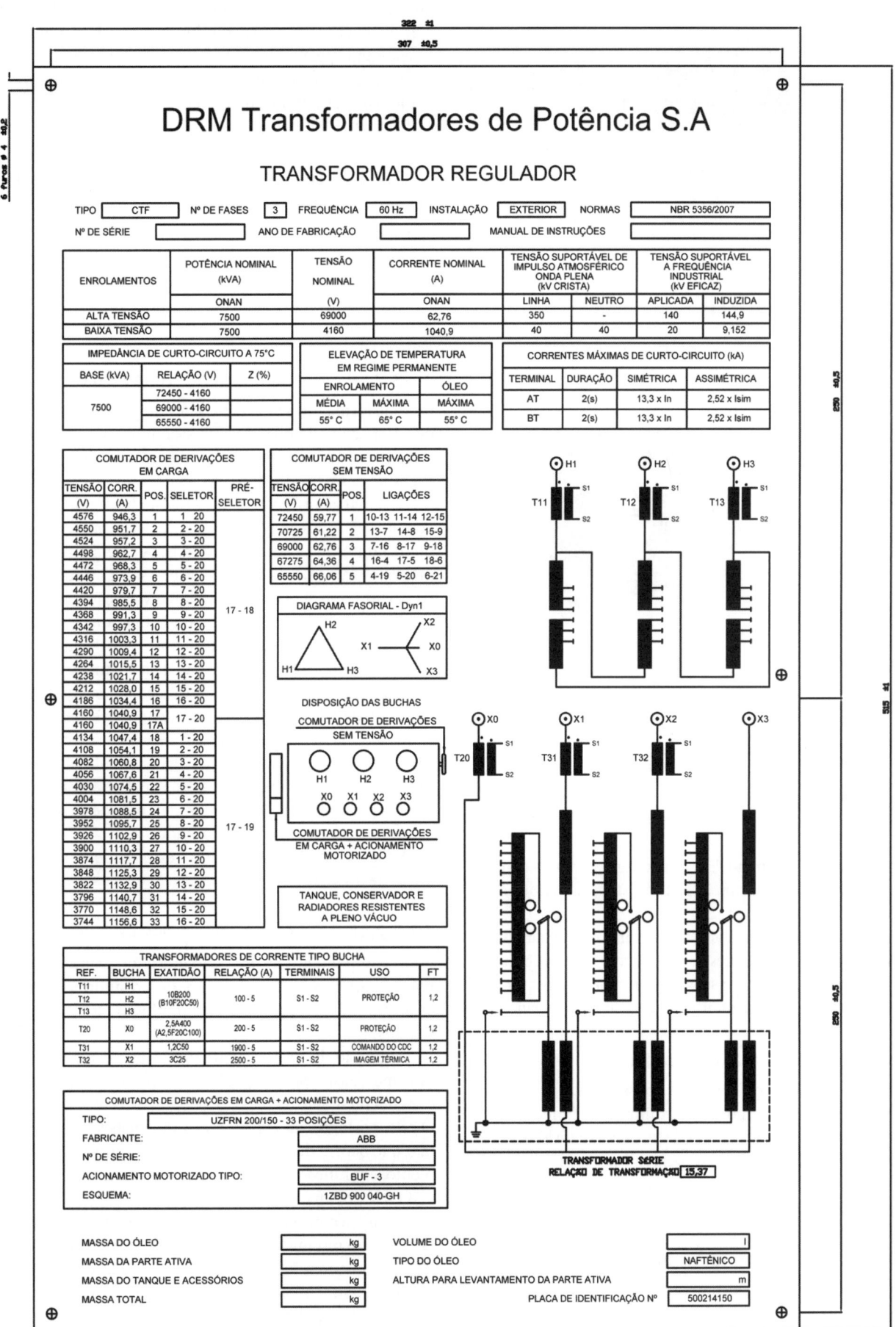

FIGURA 12.42 Exemplo de placa de identificação do transformador de 69 kV.

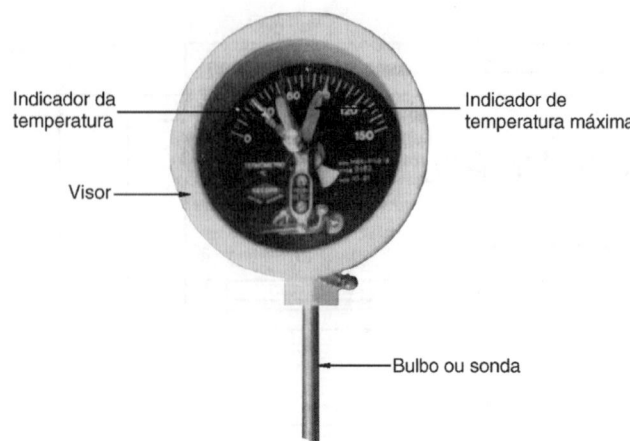

FIGURA 12.43 Termômetro para medição da temperatura no topo do óleo.

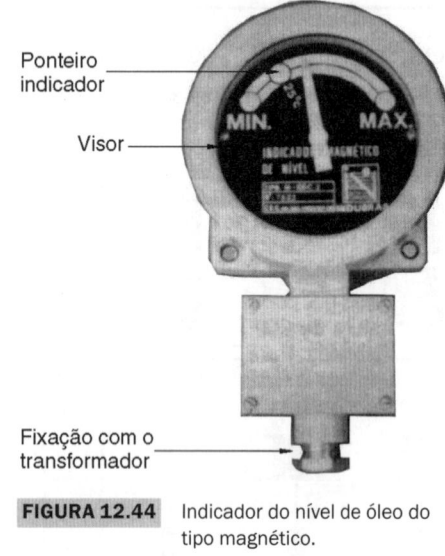

FIGURA 12.44 Indicador do nível de óleo do tipo magnético.

grau de proteção mínima IP54, fixada rigidamente à carcaça do transformador ou por meio de um sistema antivibratório, conforme visto na Figura 12.33.

Os dispositivos que utilizam sondas para realizar a medição de dados dos transformadores, tais como temperatura, pressão, nível de óleo etc., podem ter seus registros fornecidos por instrumentos digitais que se interligam ao sistema supervisório.

12.3.2.11 Base para arrastamento

Os transformadores de distribuição possuem uma base com as laterais dobradas, de modo a permitir que o fundo não toque o piso. Já os transformadores de força possuem longarinas transversais fixadas em sua base, permitindo que sejam arrastados sem afetar a sua base, conforme pode ser observado na Figura 12.52.

12.3.2.12 Base com rodas bidirecionais

A fim de permitir o deslocamento dos transformadores de potência elevada, superior a 1.000 kVA, esses equipamentos devem ser dotados de rodas orientáveis, feitas de aço, que possibilitem a sua movimentação bidirecional sobre trilhos, cuja distância entre os centros dos boletos é, preferencialmente, a adotada pela NBR 9368:2011, de 1.435 mm. As unidades menores possuem, também, rodas de aço com superfície de apoio lisa, para deslocamento em superfície plana. A Figura 12.53 mostra o detalhe de aplicação das rodas bidirecionais.

12.3.2.13 Dispositivo para retirada da amostra de óleo

Normalmente, os transformadores são dotados de um dispositivo para retirada de amostra de óleo, localizado na parte inferior, onde se concentra o volume contaminado do óleo. Esse dispositivo normalmente consta de uma válvula de drenagem provida de bujão, conforme se observa na Figura 12.52.

12.3.2.14 Válvula para alívio de pressão

Os transformadores de potência devem possuir um dispositivo que seja acionado quando a pressão interna do equipamento atingir um valor superior ao limite admissível, permitindo uma eventual descarga do óleo.

As válvulas utilizadas para essa finalidade devem possuir contatos elétricos auxiliares a fim de permitir o desligamento do disjuntor de proteção. A diferença entre um relé de súbita pressão e uma válvula de alívio de pressão é a de que o primeiro atua durante a ocorrência de uma variação instantânea de pressão interna, enquanto a segunda opera na eventualidade de a pressão ultrapassar um limite preestabelecido.

As válvulas de alívio de pressão de fechamento automático são instaladas em transformadores imersos em líquido isolante com a finalidade de protegê-los contra possível deformação ou ruptura do tanque, em casos de defeito interno com aparecimento de pressão elevada. São extremamente rápidas e operam em aproximadamente 2 ms, fechando-se automaticamente após a operação, impedindo assim a entrada de qualquer agente externo no interior do transformador.

A Figura 12.45 mostra a parte externa de uma válvula de alívio de pressão.

12.3.2.15 Relé de súbita pressão

É um equipamento de proteção que atua quando o transformador sofre um defeito interno, provocando uma elevação anormal na sua pressão. É destinado aos transformadores selados.

A atuação do relé de súbita pressão só se efetua mediante uma mudança rápida da pressão interna do transformador, independentemente da pressão de operação em regime normal. O relé, portanto, não opera ante mudanças lentas da pressão, fato que ocorre durante o funcionamento normal do equipamento, em função das variações de temperatura.

O relé possui uma câmara na qual se encontra um fole, que se comunica com a parte interna do transformador. A câmara também se comunica com o interior do transformador através de um pequeno orifício que tem a função básica de equalizar a pressão. Assim, quando ocorre um defeito no transformador, surge, muito rapidamente, um aumento de pressão no interior do tanque. Porém, o pequeno orifício permite que, por alguns instantes, a pressão na câmara seja inferior à pressão no interior do tanque, fazendo com que o fole sofra um alongamento, provocando o fechamento de um contato elétrico que aciona o alarme, ou o disjuntor de proteção. A Figura 12.46 mostra, esquematicamente, o relé em questão. Se a pressão sobe lentamente, o fole não se alonga devido à pressão da câmara se igualar à pressão interna do transformador, através do pequeno orifício mencionado. Já a Figura 12.47 mostra a parte exterior de um relé de súbita pressão.

12.3.2.16 Dispositivo de absorção de umidade

É construído de um recipiente contendo determinada quantidade de sílica-gel destinada a retirar a umidade do ar durante o processo de resfriamento do transformador.

O dispositivo de absorção de umidade é instalado somente em transformadores dotados de câmara de expansão.

Quando o transformador está operando em carga crescente, o ar contido no interior do tanque de expansão, mas isolado do óleo por uma bolsa de material sintético, conforme mostrado na Figura 12.33(b), é expulso por meio do dispositivo de absorção de umidade. No entanto, quando o transformador está em processo de resfriamento pelo decréscimo da carga, o ar exterior penetra pelo dispositivo de absorção de umidade motivado pela redução da pressão no interior do tanque de expansão. Como o ar atmosférico contém impurezas e umidade, ao passar pelo dispositivo de absorção de umidade, a sílica-gel nele contida absorve toda a umidade, deixando passar para o interior do tanque de expansão o ar seco.

A sílica-gel é um produto químico de cor azulada que tem uma elevada capacidade de absorção de umidade. Em ambientes excessivamente úmidos, é necessária a troca da sílica-gel, periodicamente, a fim de que não fique saturada e permita a entrada de umidade no interior do conservador de óleo.

A sílica-gel serve também como indicador de umidade e é fornecida nas cores laranja ou azul, para que seja possível verificar-se visualmente, sem a necessidade de análises, o momento da troca do material quando estiver saturado de umidade.

A Figura 12.48 mostra um dispositivo de absorção de umidade de largo uso em transformadores de 69 kV e acima.

A sílica-gel tem constituição vítrea. É, quimicamente, quase neutra e altamente higroscópica. É formada de silício impregnado com cloreto de cobalto, tendo aspecto cristalino quando em estado ativo. É capaz de absorver água até 40% do seu peso próprio.

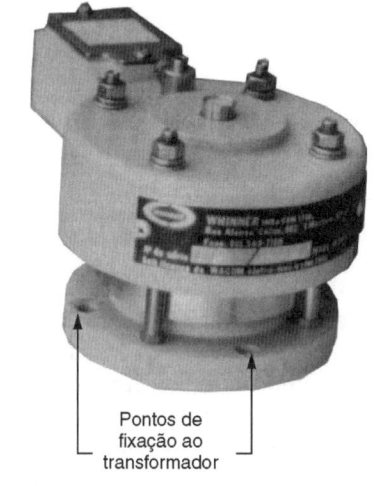

FIGURA 12.45 Válvula de alívio de pressão.

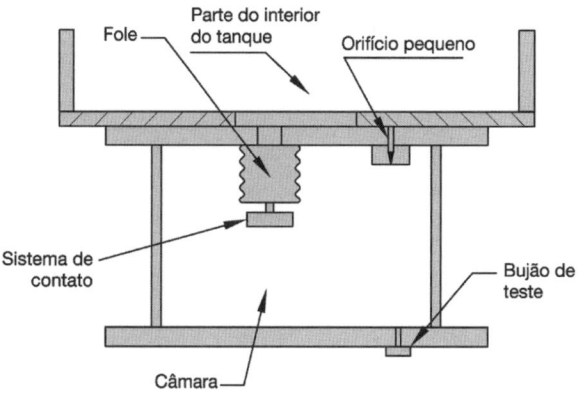

FIGURA 12.46 Ilustração do funcionamento de um relé de súbita pressão.

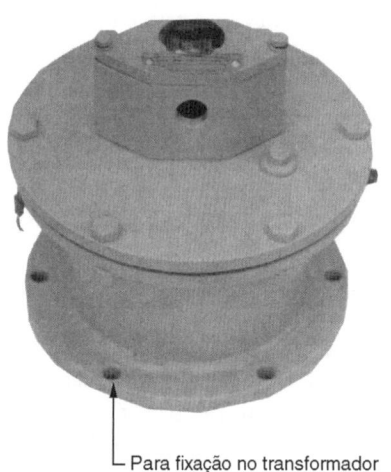

FIGURA 12.47 Relé de súbita pressão.

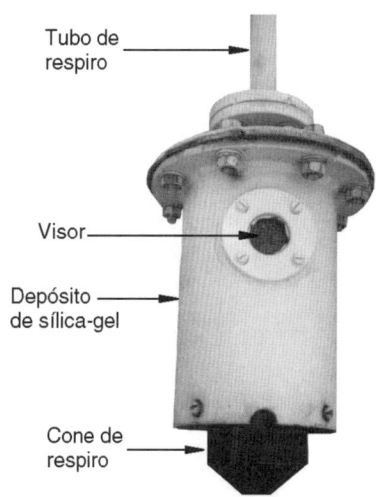

FIGURA 12.48 Dispositivo de absorção da umidade.

Quando a sílica-gel absorve uma quantidade de água que atinja o seu nível de saturação, adquire uma coloração rósea, devendo então ser substituída.

Por processo de secagem, a sílica-gel pode ser regenerada e reutilizada por diversas vezes. A sua regeneração é obtida pela elevação de temperatura de um recipiente apropriado contendo o produto, entre 200 e 300 °C. Dessa forma, evapora-se a água absorvida. Após a sua regeneração, a sílica-gel deve ser imediatamente armazenada em recipiente seco e hermeticamente fechado.

12.3.2.17 Sistema de ventilação forçada

Os transformadores de potência, em geral, com capacidade superior a 2,5 MVA, são dotados de ventiladores acoplados ao seu tanque com a finalidade de refrigeração forçada do equipamento. Os ventiladores, normalmente ligados em estágios, operam à medida que o transformador adquire uma temperatura predeterminada nos seus enrolamentos. Dessa forma, pode-se aumentar a capacidade nominal do transformador em cerca de 25%.

Os transformadores dotados de ventilação forçada são designados por dois ou três valores de potência nominal, por exemplo, 80/100/125 MVA. O primeiro valor se refere à potência do equipamento sem o funcionamento dos ventiladores, enquanto o segundo e terceiro valores consideram a capacidade nominal do equipamento com o funcionamento de todos os estágios do sistema de ventilação forçada. A Figura 12.49 mostra simplificadamente o diagrama de controle do sistema de resfriamento forçado de um transformador com ventiladores, conforme a NBR 9368:2011.

A tensão de alimentação deve ser de 220 ou 380 V, em sistema trifásico e de frequência 60 Hz. A proteção térmica dos motores dos ventiladores deve ser individual para cada unidade. Deve possuir, também, uma proteção por falta de fase. Quando o número de ventiladores for inferior ou igual a sete, cada circuito deverá ser protegido individualmente. Para um número maior de ventiladores, cada grupo de dois ventiladores deve ter a sua proteção.

Os elementos utilizados na proteção contra curto-circuito podem ser fusíveis, de preferência do tipo *NH*, ou disjuntores do tipo magnético.

Os ventiladores são fixados do lado externo dos radiadores, de forma a retirar a maior quantidade de calor contida no óleo circulante. A Figura 12.53 mostra um detalhe da instalação de quatro ventiladores em um transformador de força.

12.3.2.18 Sistema de resfriamento

Os transformadores em operação geram internamente uma grande quantidade de calor que necessita ser levada ao meio externo, a fim de não prejudicar a qualidade da isolação dos enrolamentos.

O calor gerado é resultado das perdas ôhmicas nos fios dos enrolamentos, quando o transformador está em carga, e das perdas por histerese e correntes de Foucault, em qualquer condição de operação. O calor assim gerado é transferido ao meio de resfriamento interno, que é o óleo mineral isolante, e que em contato com as paredes do tanque ou por meio dos radiadores é conduzido ao meio ambiente. Os processos de transferência de calor, tanto interna como externamente, são realizados das seguintes formas:

- condução;
- radiação;
- convecção.

A contribuição da transferência de calor por condução e radiação é de pouca importância e pode ser desprezada para fins práticos. Dessa forma, o processo de convecção é basicamente o responsável tanto pela transferência de calor do núcleo para o óleo como do tanque para o meio ambiente. No entanto, a transferência de calor do óleo à carcaça do transformador é feita por condução.

O processo de transferência de calor por convecção pode ser feito por duas formas diferentes:

- convecção natural;
- convecção forçada.

Na convecção natural, a massa de ar aquecida em contato com o corpo do transformador movimenta-se para cima, sendo substituída por uma massa de ar mais frio que, ao ser aquecida, circula como a anterior, em um processo lento e contínuo. Quando a massa de óleo quente atinge a parte superior do transformador, inicia o caminho de retorno através dos radiadores, cedendo calor ao meio exterior, chegando à sua parte inferior já bastante resfriada. Como se pode notar, a convecção natural apresenta baixas taxas de transferência de calor nos transformadores.

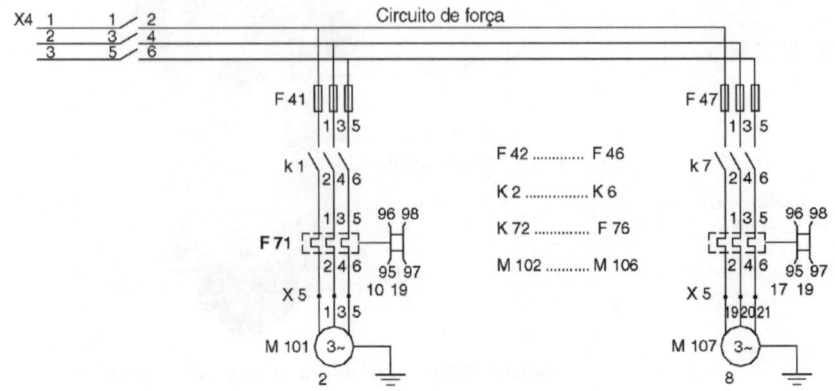

FIGURA 12.49 Circuito elétrico dos ventiladores de resfriamento do transformador.

No caso da convecção forçada, é necessária a utilização de motores acoplados a ventiladores que aceleram a movimentação das massas de ar quente, que são imediatamente substituídas por massas de ar frio, em um processo rápido e contínuo. Esse processo é comum aos transformadores de potência, principalmente os de tensão nominal de 69 kV e acima. Apresenta um custo de valor absoluto significativo, porém economicamente viável, já que se obtém, por esse processo, uma capacidade adicional de potência nominal do transformador. Por exemplo, um transformador de 20 MVA/69 kV pode ser operado continuamente com até 26,6 MVA (1º estágio de ventilação), dentro dos requisitos de expectativa de vida esperada. Cada estágio de ventilação eleva a potência do transformador em aproximadamente 25%.

Os transformadores são designados quanto ao tipo de resfriamento por um conjunto de letras que representam as iniciais de palavras correspondentes, ou seja, transformador a:

- óleo natural com resfriamento natural – ONAN (Óleo Natural, Ar Natural);
- óleo natural com ventilação forçada – ONAF (Óleo Natural, Ar Forçado);
- óleo com circulação forçada do líquido isolante e com ventilação forçada – OFAF (Óleo Forçado, Ar Forçado);
- óleo com circulação forçada do líquido isolante e com resfriamento a água – OFWF [Óleo Forçado, Água (*water*) Forçada];
- seco com resfriamento natural – NA (Ar Natural);
- seco com ventilação forçada – AF (Ar Forçado).

12.3.2.19 Relé de Buchholz

É um dispositivo instalado entre o tanque do transformador e o tanque de expansão de óleo. É destinado à proteção do transformador quando do aparecimento de gases internos devido à queima de material isolante. Nesse caso, o relé de Buchholz sinalizaria no Quadro de Controle da subestação, indicando a presença de gases no interior do transformador. Se o transformador é submetido a uma intensa corrente de curto-circuito, o deslocamento do óleo do interior do tanque no sentido do tanque de expansão sensibilizaria o relé, que ordenaria a operação disjuntor de proteção. A Figura 12.50 mostra a instalação de um relé de Buchholz em um transformador de potência.

Os diversos componentes empregados nos transformadores podem ser observados na sequência de montagem, de forma a fornecer ao leitor um subsídio visual importante para o entendimento da constituição de um transformador. Essa figura mostra os componentes de um transformador tipo distribuição, de forma detalhada.

Já a Figura 12.52 mostra um transformador da classe 15 kV de potência elevada, de largo uso em instalações industriais, indicando os diversos componentes de instalação externa ao tanque.

No caso de transformadores da classe 145 kV, mostram-se na Figura 12.53 os diversos componentes de instalação externa ao tanque. Esse tipo de transformador é muito utilizado em instalações industriais e em subestações de subtransmissão das companhias de distribuição de energia elétrica.

12.4 CARACTERÍSTICAS ELÉTRICAS E TÉRMICAS

Os transformadores possuem características elétricas que devem ser cuidadosamente estudadas antes de sua aplicação, visando uma operação segura e econômica.

12.4.1 Potência nominal

Potência nominal de um transformador é o valor convencional da potência aparente que serve de base ao projeto, aos ensaios e às garantias do fabricante que determina a corrente nominal que circula, sob tensão nominal, nas condições específicas.

Se um transformador possuir algum sistema de resfriamento, conforme já esclarecido anteriormente, a sua potência nominal é definida como a máxima potência que pode fornecer nas condições específicas. Se o transformador possui vários enrolamentos, deve-se declarar a potência nominal de cada um deles.

Considerando os limites práticos de construção de transformadores, pode-se afirmar que as potências nominais crescem mais rapidamente que os respectivos pesos. Outro dado importante diz que os transformadores de potência nominal elevada apresentam rendimentos maiores que os de menor potência nominal.

FIGURA 12.50 Relé de Buchholz.

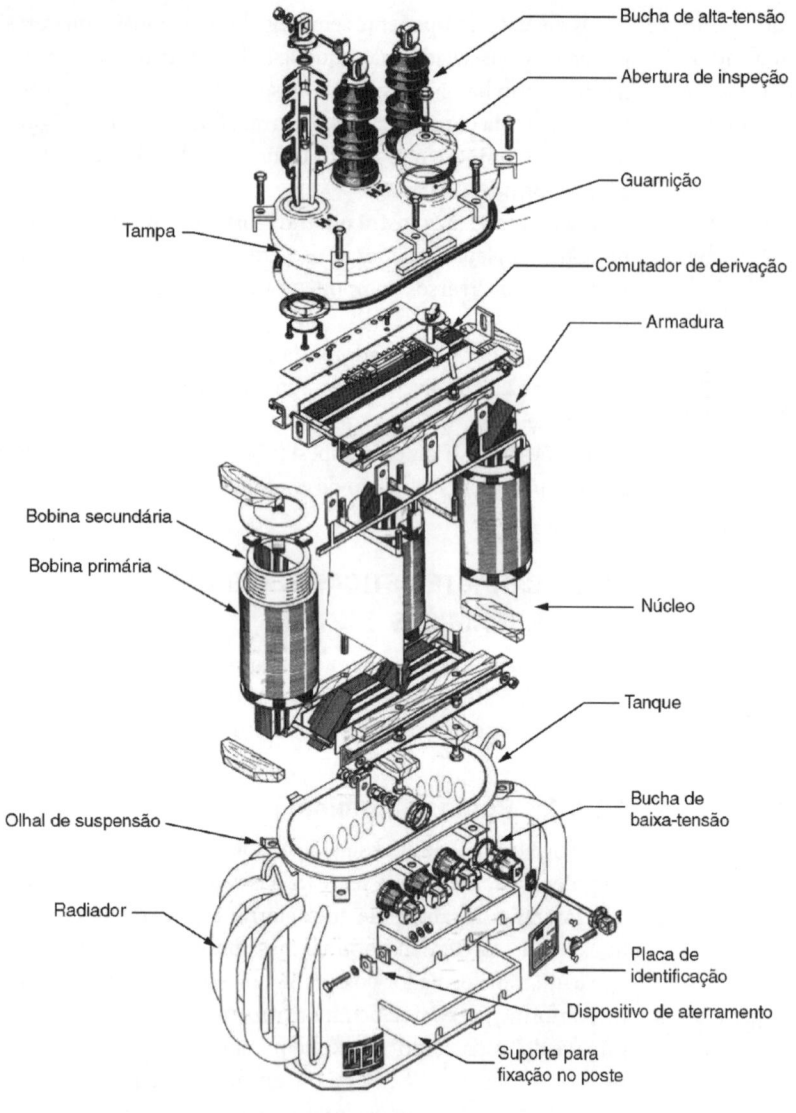

FIGURA 12.51 Ilustração da montagem de um transformador (WEG).

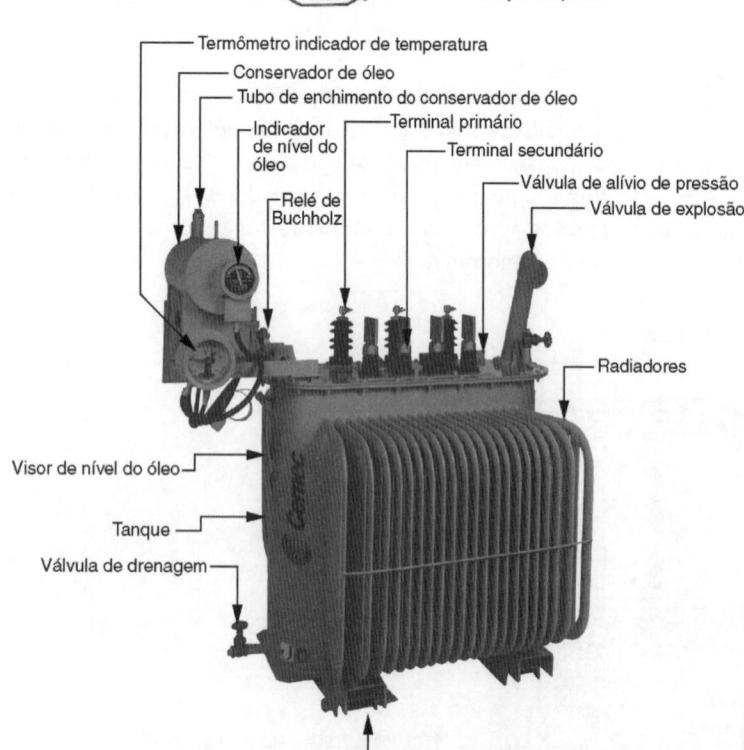

FIGURA 12.52 Vista dos componentes externos de um transformador de média tensão.

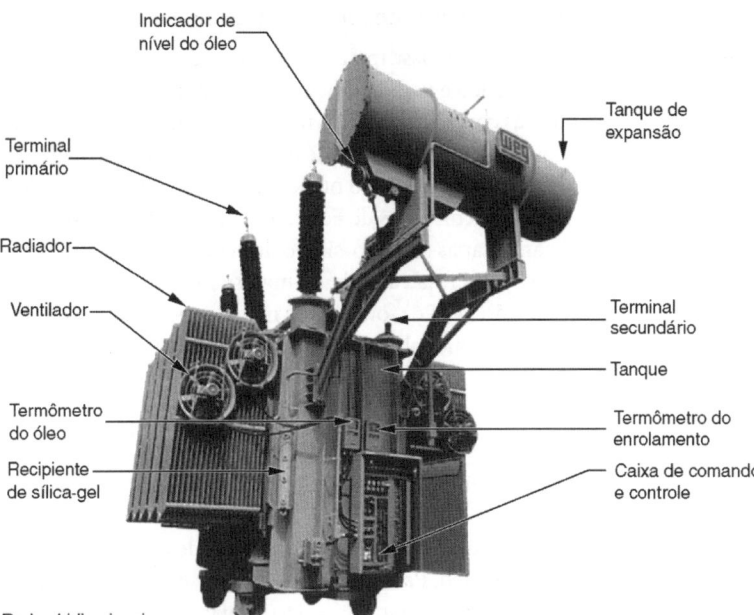

FIGURA 12.53 Vista dos componentes externos de um transformador de alta-tensão.

12.4.2 Tensão nominal

É a tensão aplicada aos terminais de linha dos enrolamentos do transformador. Nos transformadores trifásicos, se as bobinas forem ligadas em triângulo, a tensão nominal dos enrolamentos coincide com a tensão nominal do transformador. Se ligadas em estrela, a tensão nominal dos enrolamentos é $\sqrt{3}$ inferior à tensão nominal do transformador.

12.4.3 Corrente nominal

É a corrente que circula no terminal de linha dos enrolamentos. Seu valor é obtido pelas Equações (12.23) e (12.24):

- Transformadores monofásicos (F-N) ou bifásicos (F-F)

$$I_{nt} = \frac{P_{nt}}{V_{nt}} \text{ (A)} \qquad (12.23)$$

- Transformadores trifásicos

$$I_{nt} = \frac{P_{nt}}{\sqrt{3} \times V_{nt}} \qquad (12.24)$$

P_{nt} – potência nominal do transformador, em kVA;

V_{nt} – tensão entre os terminais de linha do transformador, em kV.

12.4.4 Frequência nominal

É a frequência em que foram determinados todos os parâmetros elétricos do transformador. Deve ser a mesma da rede de energia elétrica em que o transformador vai operar.

A partir do valor da frequência da rede de alimentação à qual será conectado, pode-se determinar, de forma aproximada, a potência aparente nominal do transformador por meio da Equação (12.25).

$$P_{nt} = F \times \left(\frac{S_{fe}}{K_{tr}}\right)^2 \times 10^{-2} \text{ kVA} \qquad (12.25)$$

F – frequência da rede na qual será utilizado o transformador, em Hz;

S_{fe} – seção do núcleo magnético de aço silício laminado do transformador, em cm²;

K_{tr} – variável adimensional que oscila entre 6 e 9; seu valor é definido no projeto do transformador e tem influência fundamental no custo do transformador, pois para dada potência nominal desejada, a seção do núcleo magnético tomará um valor em função de K_{tr}, consequentemente, alterando o desempenho e o custo do equipamento.

EXEMPLO DE APLICAÇÃO (12.4)

Determinar a potência nominal aparente de um transformador sabendo-se que a frequência nominal do sistema ao qual será conectado é de 60 Hz. Foi determinada uma seção do núcleo magnético de 283,1 cm² em função da densidade do fluxo magnético, corrente de excitação e número de espiras. Para o presente caso, adotou-se um valor de $K_{tr} = 8$.

$$P_{nt} = F \times \left(\frac{S_{fe}}{K_{tr}}\right)^2 = 60 \times \left(\frac{283,1}{8}\right)^2 \times 10^{-3} = 75,1 \cong 75 \text{ kVA}$$

12.4.5 Perdas

Perda é a potência absorvida pelo transformador e dissipada, em forma de calor, pelos enrolamentos primários e secundários e pelo núcleo de ferro.

As perdas de um transformador podem ser analisadas sob duas diferentes formas de operação, como se mostra a seguir.

12.4.5.1 Perdas a vazio

Perda a vazio é aquela absorvida pelo transformador quando alimentado em tensão e frequência nominais, estando os enrolamentos secundários ou terciários em aberto.

As perdas a vazio do transformador se resumem nas perdas no núcleo de ferro que se caracterizam pelas perdas produzidas pelas correntes parasitas ou de Foucault e pela histerese magnética.

Pelas Figuras 12.54(a) e (b), que complementam a Figura 12.4, pode-se observar o diagrama das correntes em operação a vazio e suas componentes.

O ábaco da Figura 12.55 permite determinar as perdas totais específicas de uma chapa de ferro-silício de grãos orientados tipo M5 e espessura 0,304 mm, em função da indução magnética máxima, B_m, e da frequência a que está submetida.

Esse ábaco pode ser comparado com a Tabela 12.5, que corresponde a uma chapa de fabricação Armco.

a) Perdas por correntes parasitas ou de Foucault

Quando uma massa metálica é submetida a uma variação de fluxo magnético é gerada uma força eletromotriz E que resulta em intensas correntes elétricas no seu interior, provocando perdas de potência. Essas perdas de potência são transformadas em calor gerado no interior do núcleo de ferro do transformador.

Para que as correntes de Foucault sejam bastante reduzidas, se utilizam chapas de ferro-silício de pequena espessura, separadas com uma fina camada de material isolante.

A Equação (12.26) fornece, de maneira geral, as perdas por correntes de Foucault, em sua forma simplificada, referida a 1 kg de lâmina de ferro-silício:

$$P_{cf} = 2{,}0 \times 10^{-11} \times B_m^2 \times F^2 \times E_c^2 \times K \text{ (W/kg)} \quad (12.26)$$

B_m – máxima indução magnética nas lâminas, em gauss;
F – frequência da rede, em Hz;
K – coeficiente que depende do material de que é constituída a chapa do núcleo. Para chapas siliciosas, seu valor é de, aproximadamente, 1,10, para B_m = 16.000 gauss, com F = 60 Hz;
E_c – espessura da chapa, em mm.

b) Perdas por histerese magnética

Todos os materiais ferromagnéticos apresentam uma estrutura molecular que se assemelha a minúsculos ímãs contendo

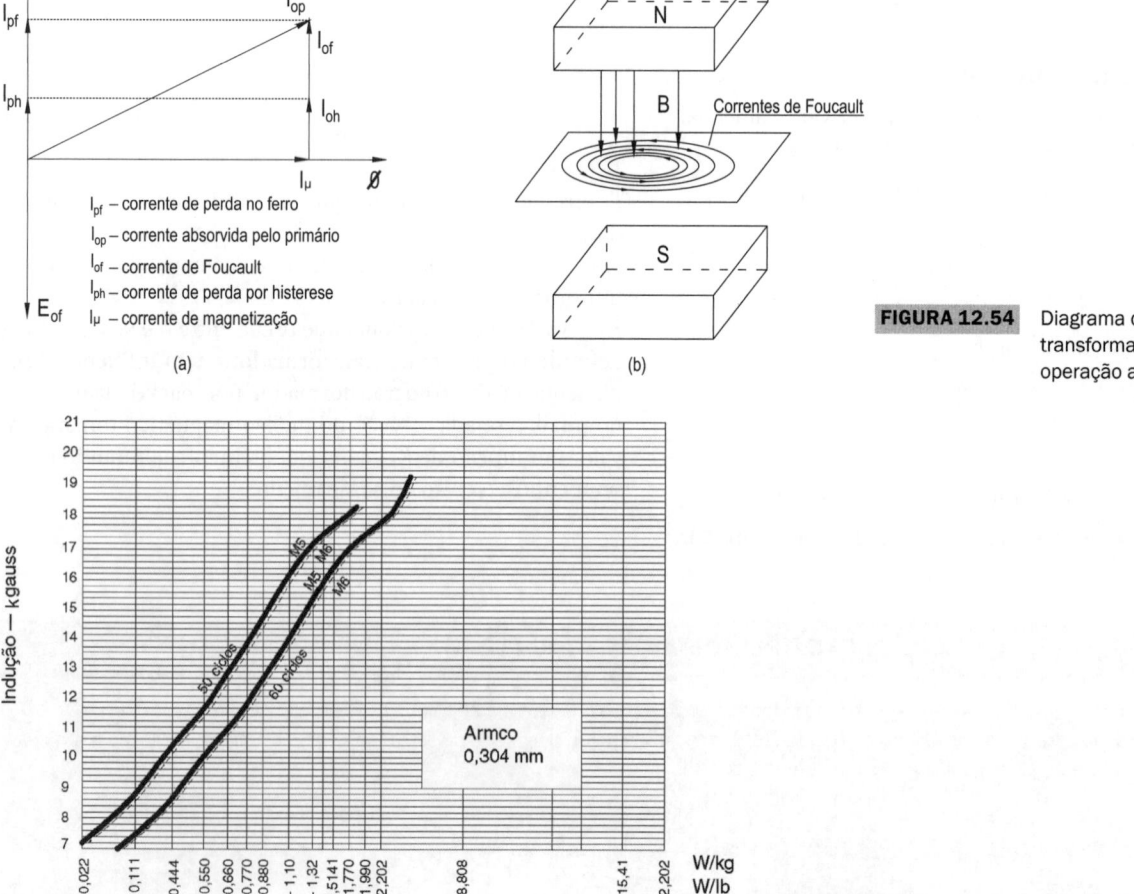

FIGURA 12.54 Diagrama das correntes do transformador em regime de operação a vazio.

FIGURA 12.55 Gráfico da indução magnética de lâminas de aço para o núcleo de transformadores.

> ### EXEMPLO DE APLICAÇÃO (12.5)
>
> Determine as perdas por corrente de Foucault em um transformador de 225 kVA, sabendo-se que a frequência da rede é de 60 Hz, as lâminas são do tipo siliciosas, o valor máximo de indução nas lâminas é de 16.000 gauss e a chapa tem espessura de 0,304 mm.
>
> $$P_{cf} = 2{,}0 \times 10^{-11} \times 16.000^2 \times 60^2 \times 0{,}304^2 \times 1{,}1$$
> $$P_{cf} = 1{,}87 \text{ W/kg}$$
>
> Considerando que o peso do ferro no transformador de 225 kVA seja igual a 350 kg, as perdas por efeito das correntes de Foucault valem:
>
> $$P_{cfn} = 1{,}87 \times 350 = 654{,}5 \text{ W}$$

um polo norte N e um polo sul S. Quando esses materiais são submetidos a um campo magnético, seus minúsculos ímãs tendem a se alinhar com o referido campo, resultando em um campo magnético maior do que o produzido pela bobina, considerando-se que a permeabilidade desses materiais seja superior à unidade. À medida que se eleva a corrente na bobina, maior é a quantidade de dipolos que se alinham ao campo magnético, até que, para acréscimos sucessivos de corrente, se obtenham reduzidas variações do campo magnético. Para essa condição, diz-se que o material ferromagnético está saturado. A Figura 12.56 mostra esquematicamente esse fenômeno.

Para melhor representar esse fenômeno, costuma-se plotar em um gráfico os valores da intensidade do campo magnético H e do fluxo magnético correspondente B.

Entende-se por intensidade de campo magnético H a força magnetomotriz que se desenvolve por unidade de comprimento do fio da bobina que a produz, o que corresponde, também, aos ampères-espiras gerados por unidade de comprimento da referida bobina.

O ciclo histerético que provoca as perdas por histerese, aqui analisadas, está representado na Figura 12.57. À medida que aumenta a corrente na bobina, produz-se uma intensidade de campo magnético H maior, iniciando-se no ponto O e findando no ponto A (curva de magnetização inicial). Ao se remover o campo magnético, os materiais ferromagnéticos retêm parte do magnetismo chamado magnetismo residual, o que corresponde ao ponto B da Figura 12.57.

Ao se inverter o sentido do campo magnético, pode-se anular o fluxo magnético, o que é obtido no ponto C da mesma figura. Aumentando-se a intensidade do campo magnético no sentido inverso, o material irá magnetizar-se novamente até saturar-se no ponto D. Retirando-se o campo magnético, o material retém parte do magnetismo, o que corresponde ao ponto E. Aumentando-se, agora, o referido campo, pode-se saturar novamente o material ferromagnético, até o ponto A, completando-se assim um ciclo histerético.

Se o material ferromagnético é submetido a um campo alternado, como é o núcleo de um transformador, é necessário que o circuito elétrico, primário do transformador, ceda energia ao campo magnético, que é devolvida em forma de calor. A essa energia dá-se o nome perdas por histerese.

A Equação (12.27) permite, de forma geral, que se calcule simplificadamente as perdas por histerese de um núcleo de um transformador, para 1 kg de ferro-silício.

$$P_{hmm} = 2 \times 10^{-10} \times B_m^{1,8} \times F \times K \text{ (W/kg)} \quad (12.27)$$

12.4.5.2 Perdas em carga

Perda em carga é a que corresponde à potência ativa absorvida na frequência nominal, quando os terminais primários de linha são percorridos pela corrente nominal, estando os terminais secundários em curto-circuito. Esse é o procedimento adotado no ensaio de perdas do transformador, objeto de estudo posterior.

As perdas em carga são causadas unicamente pela resistência ôhmica das bobinas dos transformadores, portanto denominadas perdas no cobre. Essas perdas são desprezíveis quando o transformador opera a vazio e são máximas quando o transformador opera em carga máxima. No primeiro caso, as perdas no cobre correspondem somente à corrente de magnetização que percorre o enrolamento primário do transformador, e, no segundo caso, à corrente absorvida pela carga ligada aos seus terminais secundários.

Simplificadamente, as perdas no cobre de um transformador podem ser expressas pela Equação (12.28), para 1 kg de fio de cobre:

$$P_{cu} = 2{,}43 \times D^2 \text{ (W/kg)} \quad (12.28)$$

D – densidade de corrente em A/mm². É tomada como média das densidades de corrente dos enrolamentos primários e secundários.

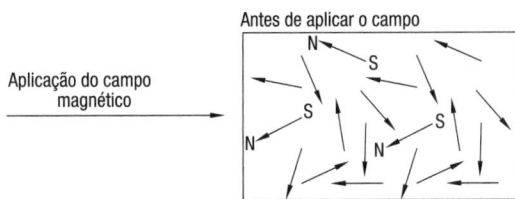
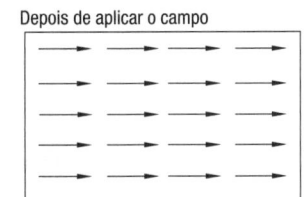

FIGURA 12.56 Ilustração da aplicação de um campo magnético em uma lâmina de aço.

EXEMPLO DE APLICAÇÃO (12.6)

Considerando o exemplo anterior, determine as perdas por histerese.

$$P_{hmm} = 2 \times 10^{-10} \times 16.000^{1,8} \times 60 \times 1,1$$
$$P_{hmm} = 0,48 \text{ W/kg}$$

Logo, a perda para 350 kg de ferro-silício vale:

$$P_{hmm} = 0,48 \times 350 = 168,0 \text{ W}$$

Nas perdas a vazio de um transformador é, portanto, considerada a soma das perdas por correntes de Foucault e das perdas por histerese. No caso dos exemplos anteriores, a perda total do transformador a vazio de 225 kVA vale:

$$P_{otm} = P_{cfn} + P_{hmm} = 654,5 + 168,0 = 822,5 \text{ W}$$

Essas mesmas perdas podem ser determinadas diretamente pela Tabela 12.10.

A densidade de corrente pode ser determinada com base na seção transversal dos fios dos enrolamentos primários e secundários. As perdas totais de um transformador podem ser determinadas em qualquer regime de carga pela Equação (12.29), ou seja:

$$P_t = P_{fe} + F_c^2 \times P_{cu} \quad (12.29)$$

P_t – perdas totais no transformador, em W;
F_c – fator de carga;
P_{fe} – perdas totais no ferro, em W, dado por:

$$P_{fe} = P_{cfn} + P_{hmm}$$

12.4.6 Rendimento

Rendimento é a relação entre a potência elétrica fornecida pelo secundário do transformador e a potência elétrica absorvida pelo primário. A Equação (12.30) expressa a conceituação feita anteriormente:

$$\eta = \frac{P_s}{P_p} \quad (12.30)$$

P_s – potência absorvida pelo secundário;
P_p – potência absorvida pelo primário.

A Equação (12.31) fornece o rendimento do transformador, considerando o fator de potência da carga, o fator de carga e as perdas do equipamento, ou seja:

$$\eta = 100 - \frac{100 \times \left(P_{fe} + F_c^2 \times P_{cu}\right)}{F_c \times P_{nt} \times \cos\psi \times P_{fe} + F_c^2 \times P_{cu}} \quad (12.31)$$

P_{fe} – perdas no ferro, compreendendo as perdas por correntes de Foucault e por histerese, em kW;
F_c – fator de carga do período em que se está analisando o rendimento do transformador;
P_{cu} – perdas nos enrolamentos de cobre, em kW;
$\cos \psi$ – fator de potência da carga;
P_{nt} – potência nominal do transformador, em kVA.

O ábaco da Figura 12.58 permite que se calcule o rendimento dos transformadores, tomando como base a fração de carga que está ligada ao seu secundário e as perdas no ferro em porcentagem dessa mesma potência. Por exemplo, um trans-

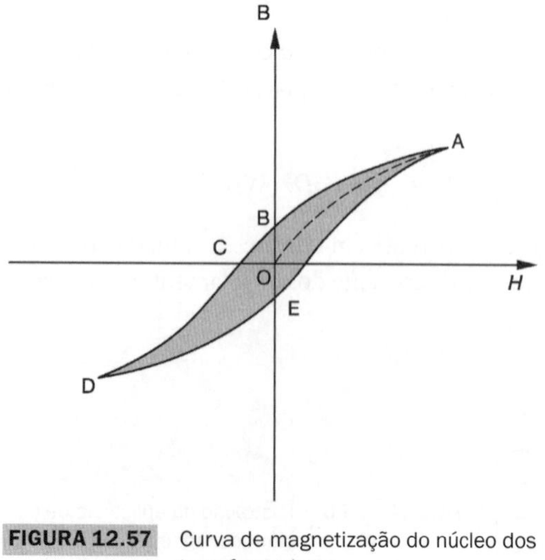

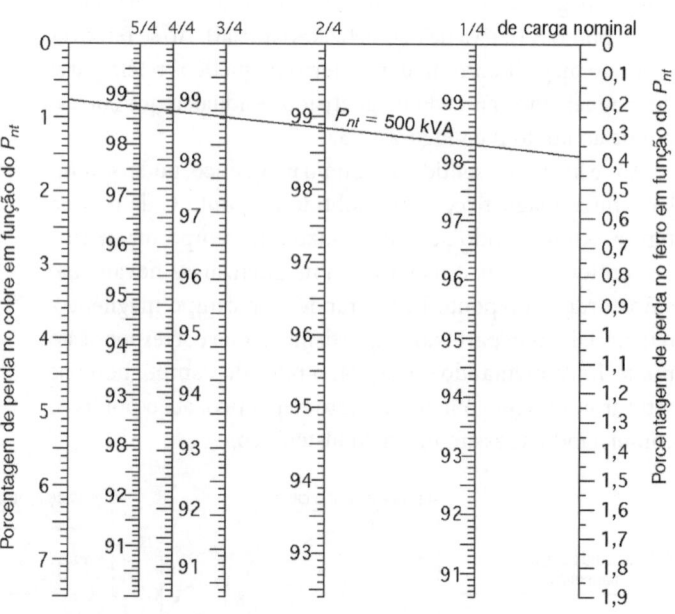

FIGURA 12.57 Curva de magnetização do núcleo dos transformadores.

FIGURA 12.58 Ábaco para a determinação do rendimento dos transformadores.

EXEMPLO DE APLICAÇÃO (12.7)

Ainda com base no Exemplo 12.6, determine as perdas no cobre do transformador de 225 kVA.

- Corrente primária:

$$I_p = \frac{225}{\sqrt{3} \times 13,8} = 9,4 \text{ A}$$

- Corrente secundária:

$$I_s = \frac{225}{\sqrt{3} \times 0,38} = 341,8 \text{ A}$$

- Densidade de corrente adotada:

Será adotada a densidade de corrente de 3 A/mm².
- Seção do condutor primário:

$$S_p = \frac{I_p}{D} = \frac{9,4}{3} = 3,1 \text{ mm}^2$$

Logo, $S_p = 4$ mm²
- Seção do condutor secundário:

$$S_s = \frac{I_s}{D} = \frac{341,8}{3} = 113,9 \text{ mm}^2$$

Logo, $S_s = 120$ mm² (o condutor será em barra de cobre de 30 × 4 mm)
- Densidade de corrente primária:

$$D_p = \frac{I_p}{S_p} = \frac{9,4}{4} = 2,35 \text{ A/mm}^2$$

- Densidade de corrente secundária:

$$D_s = \frac{I_s}{S_s} = \frac{341,8}{120} = 2,84 \text{ A/mm}^2$$

- Densidade de corrente média:

$$D_m = \frac{2,35 + 2,84}{2} = 2,59 \cong 2,60 \text{ A/mm}^2$$

- Perdas no cobre:

$$P_{cu} = 2,43 \times 2,60^2 = 16,42 \text{ W/kg}$$

Considerando que os enrolamentos de cobre pesem cerca de 170 kg, as perdas totais nas bobinas valem:

$$P_{cu} = 16,42 \times 170 = 2.791,4 \text{ W (ver Tabela 12.10)}$$

EXEMPLO DE APLICAÇÃO (12.8)

Determine as perdas totais de um transformador de 1.000 kVA/13.800-380/220 V, operando com determinada carga média de 70% de sua capacidade nominal.

De acordo com a Equação (12.28), tem-se:

$$P_t = P_{fe} + F_c^2 \times P_{cu}$$

$$F_c = 0,70$$

$$P_{fe} = P_{cfn} + P_{hmm} = 3 \text{ kW (Tabela 12.10)}$$

$$P_{cu} = 11 \text{ kW (Tabela 12.10)}$$

$$P_t = 3 + 0,7^2 \times 11 = 8,39 \text{ kW}$$

formador de 500 kVA, operando a 50% da sua capacidade nominal e tendo como característica os dados de perda a seguir discriminados, apresenta um rendimento de 98,85%, ou seja:

$$P_{fe} = 1.900 \text{ W} = 1,9 \text{ kW}$$
$$P_{cu} = 4.300 \text{ W} = 4,3 \text{ kW}$$

As perdas percentuais valem:

$$P_{pf} = \frac{1,9}{500} \times 100 = 0,38\%$$

$$P_{pc} = \frac{4,3}{500} \times 100 = 0,86\%$$

Conforme está indicado na Figura 12.58, o rendimento $\eta = 98,85\%$.

Para determinar o rendimento máximo de um transformador, deve-se modular a carga de tal modo que se obtenha um fator de carga dado pela Equação (12.32):

$$F_c = \sqrt{\frac{P_{fe}}{P_{cu}}} \qquad (12.32)$$

Portanto, para que um transformador, trabalhando em regime de plena carga, tenha um rendimento máximo, é necessário que as perdas nominais no ferro e no cobre sejam iguais, isto é: $P_{fe} = P_{cu}$. Na prática, um transformador de 500 kVA que apresente, respectivamente, perdas no ferro e no cobre iguais a 1.455 e 6.100 W o seu nível de carregamento para se obter o melhor rendimento operacional seria de $F_c = \sqrt{\frac{1.455}{6.100}} = 0,488$, ou seja, 48,8%.

O rendimento de um transformador diminui quando o fator de potência da carga também diminui, mantendo-se a carga constante. Conservando-se fixo o fator de potência, o rendimento varia em função da modulação da carga. A Tabela 12.9 fornece o rendimento de um transformador em função de sua potência nominal, do fator de potência igual a 0,85, das perdas normalizadas pela ABNT e de um fator de carga igual a 1.

É bom frisar que, em muitos casos, os transformadores do tipo distribuição são dimensionados para uma situação de fator de carga igual a 0,50, o que é encontrado na prática nas redes das concessionárias. Isso permite uma redução de custo de fabricação desses equipamentos, quando comparado a

TABELA 12.9 Rendimento dos transformadores para fatores de carga igual a 1 e 0,85

Classe (kV)	Potência nominal								
	Transformadores trifásicos								
	15	30	45	75	112,5	150	225	300	500
15	96,52	97,07	97,35	97,66	97,88	98,04	98,15	98,27	98,42
25,8	96,08	96,74	97,06	97,4	97,88	97,81	98,01	98,15	98,48
38	96,08	96,74	97,06	97,4	97,65	97,81	98,01	98,15	98,36
	Transformadores monofásicos (F-N)								
-	5	10	15	25	3.705	50	75	100	-
15	96,26	96,92	97,18	97,52	97,76	98,02	98,15	98,21	-
25,8	95,94	96,59	96,88	97,25	97,52	97,68	98	98,15	-
38	95,94	96,59	96,88	97,25	97,52	97,68	96	98,15	-

EXEMPLO DE APLICAÇÃO (12.9)

Calcule o rendimento de um transformador de 500 kVA, em cujos ensaios foram constatadas perdas no cobre iguais a 6.000 W, em carga plena, e perdas no ferro iguais a 1.700 W. O fator de potência da carga, em média, é igual a 0,80. Sabe-se que a instalação opera praticamente com fator de carga unitário ($F_c = 1$).

$$\eta = 100 - \frac{100 \times (1,7 + 1^2 \times 6,0)}{1 \times 500 \times 0,8 + 1,7 + 1^2 \times 6,0} = 98,11\%$$

O rendimento máximo desse transformador seria para operação cuja modulação da carga fornecesse um fator de carga igual a 0,53, ou seja:

$$F_c = \sqrt{\frac{1,7}{6,0}} = 0,53 = 53\%$$

Nesse caso, o rendimento valeria:

$$\eta = 100 - \frac{100 \times (1,7 + 0,53^2 \times 6,0)}{0,53 \times 500 \times 0,8 + 1,7 + 0,53^2 \times 6,0} = 98,42\%$$

transformadores de força, que são projetados, em geral, para uma condição de fator de carga igual a 1.

Dependendo do tipo de carga que será alimentada pelo transformador, pode-se objetivar um rendimento máximo para a condição que corresponda ao maior tempo de operação. Se o transformador é destinado a uma instalação industrial cujo fator de carga é elevado e a carga se mantém praticamente constante ao longo do tempo, tal como nas indústrias têxteis, deve-se especificar o transformador de sorte que o rendimento máximo se dê em condições mais próximas à da carga nominal. Nesse caso, o transformador deve ser projetado para uma perda mínima no cobre.

Sem considerar os aspectos econômicos, o ponto de carregamento que corresponde ao maior rendimento do transformador é, para a condição de um dado fator de carga da instalação, cerca de 0,55. Como em projetos normais os transformadores apresentam perdas no cobre, em plena carga, bem superiores às perdas no ferro, logo, para melhor condição de rendimento, é necessário empregar condutores de maiores seções nos enrolamentos, para reduzir as perdas, mas acarretando custos adicionais intoleráveis na fabricação do transformador.

De modo contrário é a especificação de um transformador para aplicação em redes de distribuição rural, que na maior parte do tempo opera a vazio (exceção para sistemas de irrigação). Nesse caso, podem-se admitir perdas no cobre elevadas e procurar reduzir as perdas fixas no ferro. Estudos realizados demonstram que os transformadores rurais operam, em média, com 1/3 da carga nominal, ou seja, com um fator de carga igual a 33,3%.

12.4.7 Regulação

A regulação representa a variação de tensão no secundário do transformador, desde o seu funcionamento a vazio até a operação a plena carga, considerando a tensão primária constante. Também denominada queda de tensão industrial, pode ser calculada em função dos componentes ativo e reativo, da impedância percentual do transformador, do fator de potência e do fator de carga, conforme a Equação (12.33):

$$R = F_c \times \left[R_{pt} \times \cos\psi + X_{pt} \times \sen\psi + \frac{(X_{pt} \times \cos\psi - R_{pt} \times \sen\psi)^2}{200} \right]$$

(12.33)

R – regulação do transformador, em %;
R_{pt} – resistência percentual do transformador;
X_{pt} – reatância percentual do transformador;
ψ – ângulo do fator de potência da carga.

O valor da tensão no secundário do transformador corresponde às condições de carga a que está submetido e é dado pela Equação (12.34):

$$V_{st} = V_{ns} \times \left(1 - \frac{R}{100}\right) (V)$$

(12.34)

V_{ns} – tensão nominal do secundário, em V.

Quanto maior for a queda de tensão interna do transformador, maior será o valor da regulação. Isso significa impedâncias elevadas.

A regulação também pode ser calculada pelo ábaco da Figura 12.59, para um fator de carga igual a 1.

Considerando uma instalação com um fator de carga igual a 1, $R_{pt} = 1{,}31\%$ e $X_{pt} = 4{,}52\%$, e consultando o ábaco da Figura 12.59, obtém-se o valor de $R = 3{,}79\%$, conforme se mostra na interseção da reta com a escala correspondente ao fator de potência igual a 0,80. O mesmo resultado pode ser obtido pela Equação (12.33).

12.4.8 Impedância percentual

Conhecida também como tensão nominal de curto-circuito, a impedância percentual representa numericamente a impedância do transformador em porcentagem da tensão de ensaio de curto-circuito, com relação à tensão nominal. É medida, provocando-se um curto-circuito nos terminais secundários e aplicando-se uma tensão nos terminais primários que faça

---

EXEMPLO DE APLICAÇÃO (12.10)

Calcule a regulação de um transformador de 750 kVA 13.800-380/220 V, sabendo-se que a sua resistência percentual é de 1,28% e a sua reatância percentual, de 4,6% a fator de potência 0,80 e para um fator de carga da instalação igual a 0,70.

$$R = 0{,}70 \times \left[1{,}28 \times 0{,}80 + 4{,}6 \times 0{,}6 + \frac{(4{,}6 \times 0{,}8 - 1{,}28 \times 0{,}6)^2}{200}\right]$$

$$R = 2{,}67\%$$

A tensão no secundário desse transformador, nestas condições, vale:

$$V_{st} = 380 \times \left(1 - \frac{2{,}67}{100}\right) = 369{,}8 \text{ V} \cong 370 \text{ V}$$

Pode-se concluir que todo transformador deve possuir um baixo valor de regulação, a fim de manter a tensão secundária, em carga plena, próxima da sua tensão nominal.

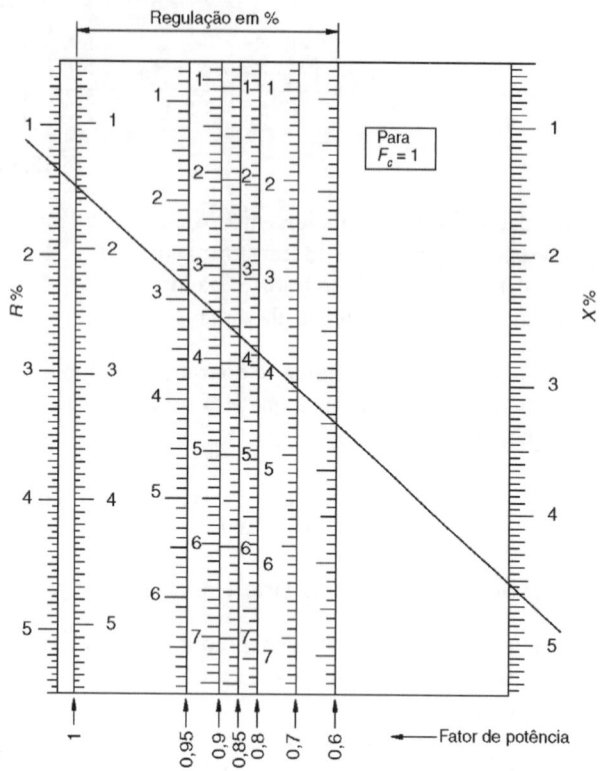

FIGURA 12.59 Ábaco para determinação da regulação de tensão dos transformadores.

circular nesse enrolamento a corrente nominal. A Equação (12.35) expressa a definição anterior:

$$Z_{pt} = \frac{V_{nccp}}{V_{npt}} \times 100(\%) \qquad (12.35)$$

V_{nccp} – tensão nominal de curto-circuito, aplicada aos terminais do enrolamento primário;
V_{npt} – tensão nominal primária do transformador;
Z_{pt} – impedância percentual, ou tensão nominal de curto-circuito, em % da tensão nominal do transformador.

Quando se diz que um transformador trifásico de 300 kVA-13.800 V tem uma impedância percentual de 4,5%, quer-se dizer que, provocando um curto-circuito nos seus terminais secundários e aplicando nos terminais primários uma tensão de 621 V, faz-se circular nos enrolamentos primários e secundários as respectivas correntes nominais que são de 12,5 e 455,8 A. Logo, 4,5 é a porcentagem da tensão primária de curto-circuito, V_{nccp}, com relação à nominal, ou seja:

$$Z_{pt} = \frac{621}{13.800} \times 100 = 4,5\%$$

A Figura 12.60 pode esclarecer a descrição anterior.

Também se pode expressar a impedância percentual do transformador em função da impedância equivalente no circuito primário.

A Figura 12.61 representa o circuito equivalente de um transformador, mostrando as resistências e reatâncias primárias e secundárias. Já a Figura 12.62 representa o circuito simplificado do transformador em que as resistências e reatâncias primárias foram substituídas por resistência e reatâncias primárias equivalentes. Logo, tem-se:

$$R_{pt} = \frac{I_1 \times R_e}{V_1} \times 100(\%) \qquad (12.36)$$

$$X_{pt} = \frac{I_1 \times X_e}{V_1} \times 100(\%) \qquad (12.37)$$

R_e – resistência equivalente, em Ω;
X_e – reatância equivalente, em Ω;
R_{pt} – resistência percentual;
X_{pt} – reatância percentual.

É importante saber que os valores de $\left[\dfrac{N_1}{N_2}\right]^2 \times R_2$ e $\left[\dfrac{N_1}{N_2}\right]^2 \times X_2$, expressos no diagrama equivalente do transformador da Figura 12.61, correspondem a uma resistência e a uma reatância que, transferidas para o primário e adicionadas às resistências e reatâncias primárias, produziriam a mesma queda de tensão que as resistências e reatâncias secundárias quando tomadas no próprio secundário.

As resistências e reatâncias equivalentes podem ser determinadas a partir das expressões a seguir, ou seja:

$$R_e = R_1 + \left[\frac{N_1}{N_2}\right]^2 \times R_2 \qquad (12.38)$$

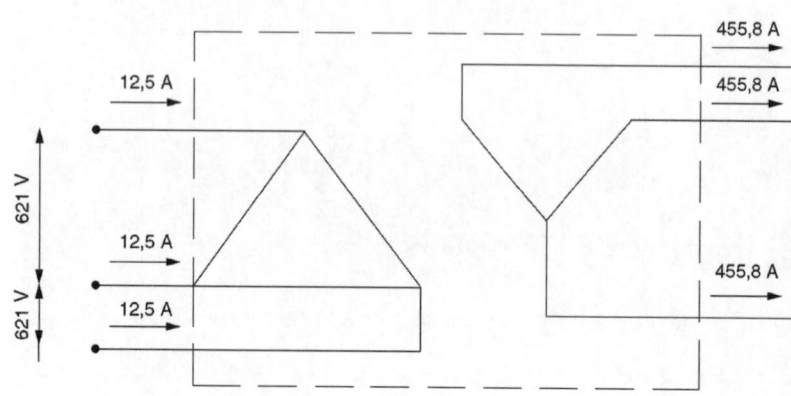

FIGURA 12.60 Terminais secundários do transformador em curto-circuito.

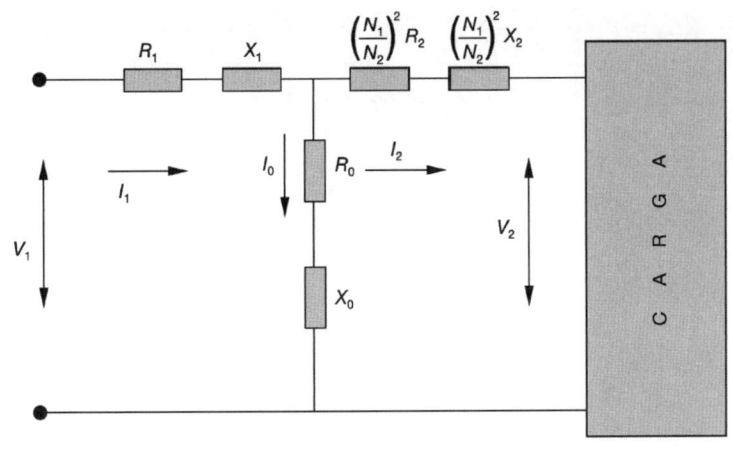

FIGURA 12.61 Diagrama das impedâncias transferidas do primário para o secundário de um transformador.

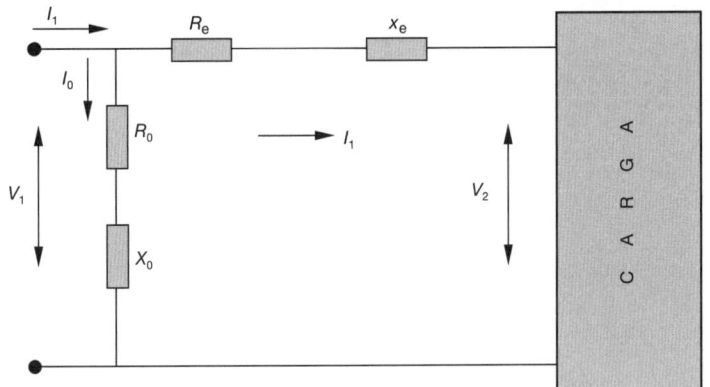

FIGURA 12.62 Diagrama das impedâncias consideradas no lado do primário.

$$X_e = X_1 + \left[\frac{N_1}{N_2}\right]^2 \times X_2 \quad (12.39)$$

Os valores de R_e e X_e são importantes devido à dificuldade de se determinar separadamente os valores de R_1 e X_1 do transformador.

Como se indica na Figura 12.62, as resistências e reatâncias equivalentes quando consideradas no lado primário do transformador (R_0 e X_0 foram removidos para antes de R_1 e X_1) produzem a mesma queda de tensão que produziriam as resistências e reatâncias primárias e secundárias tomadas separadamente, desde que seja desprezada a influência da corrente I_0.

O valor da resistência equivalente do transformador referida ao primário pode ser determinado pela Equação (12.40), com base nos ensaios de curto-circuito, ou seja:

$$R_{ep} = \frac{P_{cu}}{I_1^2} \, (\Omega) \quad (12.40)$$

R_{ep} – resistência equivalente do transformador, em Ω;
P_{cu} – perdas no cobre, durante o ensaio de curto-circuito, em W;
I_1 – corrente primária do transformador, em A.

Ainda com base nos ensaios de curto-circuito, pode-se determinar a impedância equivalente, pela Equação (12.41):

$$Z_{ep} = \frac{V_{cc}}{I_1} \, (\Omega) \quad (12.41)$$

Nos ensaios de curto-circuito, a potência registrada e dissipada nos enrolamentos, chamada potência de curto-circuito, mede, aproximadamente, as perdas no cobre, conforme expressa a Equação (12.40).

As resistências e reatância equivalentes são, normalmente, admitidas no lado primário do transformador. Para tomá-las no lado secundário, basta multiplicar seus valores por $(N_2/N_1)^2$ ou pela relação de transformação $(V_2/V_1)^2$.

Quando se trabalha com as resistência e reatância percentuais, não há necessidade de identificar a que lado do transformador se quer referi-las, já que seus valores são iguais.

A Tabela 12.10 expressa as principais características elétricas dos transformadores de potência da classe 15 kV. A Tabela 12.11 fornece as principais características elétricas de transformadores de 69 kV, referentes a diversos fabricantes.

Complementando as Equações (12.36) e (12.37), a impedância de curto-circuito varia proporcionalmente ao valor de Z_e, ou seja:

$$Z_{pt} = \frac{Z_e \times I_1 \times 100}{V_1} \quad (12.42)$$

Z_e – impedância do transformador, em Ω;
V_1 – tensão nominal primária do transformador;
I_1 – corrente nominal primária do transformador.

12.4.9 Corrente de excitação

Corrente de excitação é aquela que percorre os terminais de linha de um transformador, quando em operação, sob condições

EXEMPLO DE APLICAÇÃO (12.11)

Calcule as resistências e reatâncias equivalentes de um transformador de 300 kVA/13.800-380/220 V, normalizado na Tabela 12.10.

$$I_1 = \frac{300}{\sqrt{3} \times 13,8} = 12,5 \text{ A}$$

As resistências e reatâncias equivalentes referidas ao primário valem:

$$P_{cu} = \frac{3.700}{3} = 1.233,3 \text{ W/fase}$$

$$R_{ep} = \frac{P_{cu}}{I_1^2} = \frac{1.233,3}{12,5^2} = 7,89 \text{ Ω}$$

A tensão de curto-circuito vale:

$$V_{cc} = 0,045 \times \frac{13.800}{\sqrt{3}} = 358,53 \text{ V}$$

$$Z_{ep} = \frac{V_{cc}}{I_1} = \frac{358,53}{12,5} = 28,68 \text{ Ω}$$

$$X_{ep} = \sqrt{Z_{ep}^2 - R_{ep}^2} = \sqrt{28,68^2 - 7,89^2} = 27,57 \text{ Ω}$$

$$V_1 = \frac{13.800}{\sqrt{3}} = 7.967,4 \text{ V}$$

Considerando, inicialmente, o lado primário do transformador, tem-se:

$$R_{pf} = \frac{I_1 \times R_{ep}}{V_1} \times 100 = \frac{12,5 \times 7,89}{7.967,4} \times 100$$

$$R_{pf} = 1,23\%$$

$$X_{pf} = \frac{I_1 \times X_{ep}}{V_1} \times 100 = \frac{12,5 \times 27,57}{7.967,4} \times 100$$

$$X_{pf} = 4,32\%$$

$$Z_{pf} = \sqrt{1,23^2 + 4,32^2} = 4,5\% \text{ (de acordo com a Tabela 12.10)}$$

Considerando agora o lado secundário do transformador, as resistências e reatâncias equivalentes valem:

$$R_{es} = \left[\frac{N_2}{N_1}\right]^2 \times R_{ep} = \left[\frac{V_2}{V_1}\right]^2 \times R_{ep} = \left(\frac{380}{13.800}\right)^2 \times 7,89$$

$$R_{es} = 0,00598 \text{ Ω}$$

$$X_{es} = \left[\frac{N_2}{N_1}\right]^2 \times X_{ep} = \left[\frac{V_2}{V_1}\right]^2 \times X_{ep} = \left(\frac{380}{13.800}\right)^2 \times 27,57$$

$$X_{es} = 0,0209 \text{ Ω}$$

$$I_2 = \frac{300}{\sqrt{3} \times 0,38} = 455,8 \text{ A}$$

$$V_2 = 220 \text{ V}$$

$$R_{pf} = \frac{I_2 \times R_{es}}{V_2} \times 100 = \frac{455,8 \times 0,00598}{220} \times 100$$

$$R_{pf} = 1,23\%$$

$$X_{pf} = \frac{I_2 \times X_{es}}{V_2} \times 100 = \frac{455,8 \times 0,0209}{220} \times 100$$

$$X_{pf} = 4,33\%$$

Logo, demonstra-se que os valores percentuais das resistências e reatâncias são iguais.

A queda de tensão referida à impedância equivalente do lado secundário vale:

$$\Delta \vec{V}_2 = (R_{es} + jX_{es}) \times I_2$$

$$\Delta \vec{V}_2 = (0{,}00598 + j0{,}0209) \times 455{,}8 = 0{,}0217 \times 455{,}8$$

$$\Delta V_2 = 9{,}89 \text{ V}$$

A força eletromotriz induzida, tomada à corrente nominal secundária e a fator de potência 0,80, vale:

$$\vec{E}_2 = (V_2 \times \cos\psi_2 + I_2 \times R_{es}) + j(V_2 \times \text{sen}\,\psi_2 + I_2 \times X_{es})$$

O valor de E_2 está demonstrado graficamente na Figura 12.8.

$$\vec{E}_2 = (220 \times 0{,}8 + 455{,}8 \times 0{,}00598) + j(220 \times 0{,}6 + 455{,}8 \times 0{,}0209)$$

$$\vec{E}_2 = 178{,}72 + j141{,}52 \text{ V}$$

$$\vec{E}_2 = 227{,}9 \text{ V}$$

A regulação pode ser calculada por:

$$R = \frac{E_2 - V_2}{V_2} \times 100 = \frac{227{,}9 - 220}{220} \times 100 = 3{,}59\%$$

TABELA 12.10 Dados característicos de transformadores trifásicos a óleo mineral, classe 15 kV

Potência kVA	Tensão secundária (V)	Perdas A vazio P_{fe} (W)	Perdas Cobre P_{cu} (W)	Rendimento Cos = 0,8 %	Regulação Cos = 0,8 %	Impedância a 75 °C %
15	220 a 440	120	300	96,24	3,22	3,5
30	220 a 440	200	570	96,85	3,29	3,5
45	220 a 440	260	750	97,09	3,19	3,5
75	220 a 440	390	1.200	97,32	3,15	3,5
112,5	220 a 440	520	1.650	97,51	3,09	3,5
150	220 a 440	640	2.050	97,68	3,02	3,5
225	220		2.950	97,88	3,67	4,5
	380 ou 440	900	2.800	97,96	3,63	4,5
300	220		3.900	97,96	3,66	4,5
	380 ou 440	1.120	3.700	98,04	3,61	4,5
500	220		6.400	98,02	3,65	4,5
	380 ou 440	1.700	6.000	98,11	3,60	4,5
750	220		10.000	98,04	4,32	5,5
	380 ou 440	2.000	8.500	98,28	4,20	5,5
1.000	220		12.500	98,10	4,27	5,5
	380 ou 440	3.000	11.000	98,28	4,19	5,5
1.500	220		18.000	98,20	4,24	5,5
	380 ou 440	4.000	16.000	98,36	4,16	5,5

de tensão e frequência nominais, mantendo em aberto os terminais secundários.

A corrente de excitação dos transformadores trifásicos é diferente para cada uma das fases. No caso de transformadores com ligação primária em estrela, as correntes de excitação das fases externas são maiores do que as da fase central. Isso se deve à dissimetria dos circuitos magnéticos nas três colunas do transformador.

A corrente de excitação é conhecida também como corrente a vazio. É de pequeno valor e considerada desprezível quando o transformador está em carga. Para núcleos de chapas de cristais orientados, com laminação a frio, seu valor pode chegar a cerca de 8% da corrente nominal primária.

Como as correntes de excitação são diferentes em cada fase, devem-se expressá-las como a média das correntes medidas nas três fases do transformador.

TABELA 12.11 Características típicas dos transformadores trifásicos a óleo na tensão 69 kV

Parâmetros elétricos			Potência nominal (MVA)						
	Pot. c/vent.nat.		2,5	5		10		20	
	Pot. c/vent.		2,5	5	6,25	10	12,5	20	26,6
	% V_n		–	–	–	–	–	–	–
Perdas a vazio (W)	90		–	6.450	6.680	10.560	10.329	15.739	15.874
	100		4.150	8.640	8.720	14.320	14.392	21.738	21.903
	110		–	11.640	11.866	19.841	19.928	29.883	30.041
	Tapes (kV)		–	–	–	–	–	–	–
Perdas no cobre (W) 75 °C	72,60		16.340	21.102	32.796	38.730	60.578	65.993	118.915
	70,95		–	21.340	33.424	38.985	61.513	68.509	119.966
	69,30		16.730	21.698	34.263	39.938	62.887	69.997	122.106
	67,65		–	22.173	34.266	40.252	62.613	70.600	124.097
	66,00		17.280	23.702	35.108	41.767	64.383	72.361	128.159
Impedância a 75 °C %	72,60		–	5,92	6,85	6,97	8,66	6,98	9,34
	70,95		–	6,92	8,64	6,98	8,73	7,03	9,31
	69,30		7,12	6,94	8,66	7,01	8,73	7,09	9,43
	67,65		–	6,99	8,77	7,01	8,80	7,14	9,51
	66,00		–	7,09	8,86	7,03	8,76	7,22	9,65
Regulação (%)	FP	% carga	–	–	–	–	–	–	–
	0,8	100	4,78	4,63	5,86	4,69	5,92	4,59	6,21
		75	–	3,45	4,35	3,49	4,39	–	–
		50	–	2,28	2,87	2,31	2,90	–	–
	1,0	100	0,90	0,67	0,92	0,63	0,88	0,57	0,88
		75	–	0,46	0,62	0,43	0,57	–	–
		50	–	0,28	0,37	0,26	0,34	–	–
Rendimento (%)	0,8	100	99,09	99,26	99,16	99,34	99,26	99,45	99,34
		75	–	99,33	99,28	99,40	99,37	–	–
		50	–	99,33	99,34	99,40	99,41	–	–
	1,0	100	99,27	99,41	99,33	99,47	99,4	99,56	99,46
		75	–	99,46	99,42	99,52	99,5	–	–
		50	–	99,46	99,47	99,52	99,53	–	–

A corrente a vazio se eleva quando se alimenta o transformador com uma tensão superior à sua nominal, provocando o aumento das perdas no ferro.

A corrente a vazio do transformador não é perfeitamente senoidal, apesar de, na prática, ser conveniente considerá-la uma onda senoidal. Na realidade, a corrente a vazio toma forma de um sino. Assim, os transformadores são geradores de harmônicos, principalmente os de terceira ordem.

12.4.10 Deslocamento angular

É a diferença entre os fatores que representam as tensões entre o ponto neutro (real ou ideal) e os terminais correspondentes de dois enrolamentos, quando um sistema de sequência positiva de tensão é aplicado aos terminais de tensão mais elevada, na ordem numérica desses terminais. Admite-se que os fasores girem no sentido anti-horário (NBR 5356).

Para determinar o ângulo de deslocamento entre os fasores das tensões primária e secundária, é prático comparar os referidos fasores com os ponteiros de um relógio, posicionando o ponteiro dos minutos em 12 horas, tendo a sua origem em um ponto neutro real ou imaginário (H_0) e atingindo um terminal de linha do enrolamento de tensão superior (H_1). Já o ponteiro representativo do fasor de tensão inferior, ponteiro das horas, com origem no mesmo ponto anterior ($H_0 = X_0$), atinge o terminal de linha do outro enrolamento correspondente (X_1). O ângulo contado entre H_0-H_1 e X_0-X_1 marcado no sentido anti-horário chama-se por definição deslocamento angular. (H_0-H_1) é tomado como vetor de referência.

Esse procedimento é prático quando se deseja construir o diagrama a partir do conhecimento do ângulo de defasamento. Para se definir o defasamento, considerar positivos os ângulos contados entre (H_0-H_1) e (X_0-X_1) no sentido anti-horário no

EXEMPLO DE APLICAÇÃO (12.12)

Calcule a resistência e a reatância percentuais de um transformador de 1.000 kVA-13.800-380/220 V, sabendo-se que no ensaio de curto-circuito a tensão medida foi de 760 V. A potência de curto-circuito registrada foi de 18.930 W. Determine também a impedância equivalente do transformador.

$$Z_{pt} = \frac{V_{nccp}}{V_{npt}} \times 100 = \frac{760}{13.800} \times 100 = 5,5\%$$

$$R_{pt} = \frac{P_{cu}}{10 \times P_{nt}} = \frac{P_{ccr}}{10 \times P_{nt}} = \frac{18.930}{10 \times 1.000} = 1,89\%$$

P_{ccr} – potência absorvida no ensaio de curto-circuito.

$$X_{pt} = \sqrt{5,5^2 - 1,89^2} = 5,16\%$$

Logo, a impedância do transformador em pu, nas bases de sua potência e tensão nominais, vale:

$$Z_{ppt} = 0,0189 + j0,0516 \; pu$$

A impedância equivalente do transformador vale:

$$I_n = \frac{1.000}{\sqrt{3} \times 13,80} = 41,8 \; A$$

$$Z_{ep} = \frac{Z_t \times V_{nt}}{I_{nt}} = \frac{0,055 \times 13.800}{41,8} = 18,1 \; \Omega$$

intervalo dos pontos de 6-0 (12) visto, por exemplo, na Figura 12.63. Nesse caso, com relação ao sentido anti-horário, o vetor referência (H_0-H_1) está em adiantado de (X_0-X_1). A partir do ponto 0, ainda no sentido anti-horário, os ângulos contados entre (H_0-H_1) e (X_0-X_1) são negativos.

As Figuras 12.63 a 12.66 mostram exemplos para a determinação do deslocamento angular a partir do tipo de conexão dos enrolamentos do transformador.

Considerando os ponteiros de um relógio, no seu sentido anti-horário, tem-se que o deslocamento angular do transformador representado na Figura 12.63 é de +150°. Nesse caso, o ponteiro das horas está à direita do ponteiro dos minutos (referência) no sentido horário, perfazendo, assim, um ângulo positivo de 150°. No caso da Figura 12.64, o deslocamento angular é +30, enquanto o da Figura 12.65 é de –30°, pois o ponteiro das horas está à esquerda do ponteiro dos minutos (referência). Já a Figura 12.66 representa um transformador com o deslocamento angular de +60°, pois o ponteiro das horas está à direita do ponteiro dos minutos.

O deslocamento angular é designado pela simbologia apresentada na Figura 12.67, indicando-se através das letras maiúsculas D e Y as conexões primárias do transformador, triângulo (delta) e estrela (ípsilon), enquanto as letras minúsculas d, y e z representam o tipo de conexão dos enrolamentos secundários, respectivamente iguais a triângulo, estrela e zigue-zague.

A essas letras segue-se um número que varia de 0 a 11, cada um representando o ângulo correspondente ao

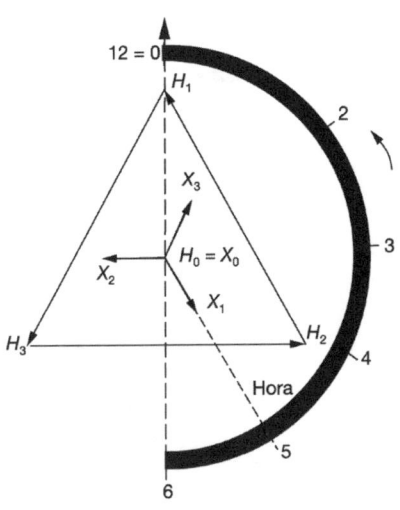

FIGURA 12.63 Deslocamento angular +150°.

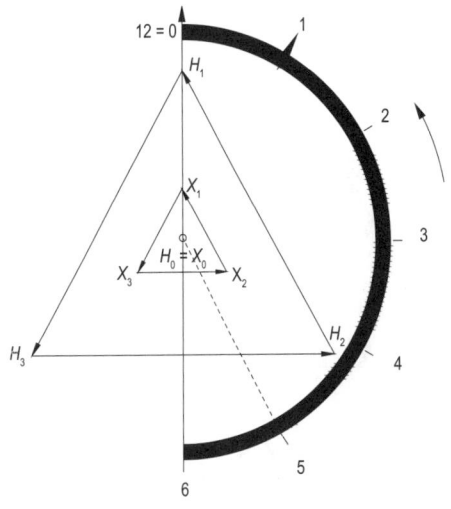

FIGURA 12.64 Deslocamento angular +150°.

deslocamento angular. Dessa forma, tem-se: deslocamento angular = 30 × horas.

Para exemplificar, no caso da Figura 12.63, a designação completa da conexão dos enrolamentos do transformador é Dy5, enquanto a da Figura 12.65 é Dy11. Assim, o transformador da Figura 12.63 apresenta um deslocamento angular de: 30 × 5 = 150°, enquanto o da Figura 12.65 vale: 30 × 11 = 330° (se considerar invertido o sentido de contagem do ângulo, ou seja, sentido horário) ou −30°, contado no sentido anti-horário. O deslocamento angular de um transformador é obtido em laboratório utilizando-se o medidor digital de ângulo de fase.

O principal objetivo de se conhecer o valor do ângulo do defasamento é a necessidade que se tem de se colocar corretamente dois ou mais transformadores em serviço em paralelo. No caso de transformadores trifásicos, devem-se comparar as tensões entre fases das bobinas dos transformadores que se quer operar em paralelo, ligando-se as que correspondem à mesma polaridade.

E para se determinar a polaridade de um transformador pode-se aplicar um dos mais fáceis métodos de laboratório, que é o método do golpe indutivo, como alternativa da medição pelo medidor de ângulo de fase.

A partir de um amperímetro de zero central, liga-se o borne positivo de uma fonte de corrente contínua, bateria ou pilha, a um dos bornes do aparelho, de modo que o seu ponteiro deflita para a esquerda, por exemplo, o que se convenciona como positivo. Em seguida, liga-se a mesma fonte aos terminais primários do transformador, conforme se mostra na Figura 12.68. Com o amperímetro anterior, determina-se o sentido de deflexão do ponteiro, ligando-o entre os terminais X_1X_2, X_1X_3 e X_2X_3, conforme indicado na mesma figura.

Ao se ligar a chave S, se observa que o ponteiro poderá defletir no sentido positivo, negativo ou manter-se na posição central, permitindo-se organizar a Tabela 12.12. Conforme a deflexão dos ponteiros, durante as medições, identifica-se o ângulo de defasamento do transformador.

É fácil compreender como se obtêm os resultados anteriores, bastando observar as medições feitas em um transformador com ligação triângulo-triângulo, com deslocamento angular zero. Pode-se perceber pela Figura 12.69 as indicações do amperímetro, nas três medições realizadas (a), (b) e (c), e compará-las com a primeira linha da Tabela 12.12. Para outros transformadores, observar as demais medições.

12.4.11 Efeito Ferranti

Todo transformador apresenta uma queda de tensão interna que varia com o fator de carga, o fator de potência da carga, a resistência e reatância percentuais, tornando a tensão secundária variável, com relação à tensão primária, de acordo com a **regulação**.

Normalmente, a queda de tensão interna no transformador resulta em uma tensão menor no secundário. Porém, em certos casos, quando a carga apresenta um fator de potência capacitivo, a tensão nos terminais secundários do transformador é maior do que quando a vazio, demonstrando que a queda de tensão interna é negativa. As Figuras 12.70, 12.71 e 12.72 mostram, graficamente, a queda de tensão interna de um transformador em função da natureza da carga. Na Figura 12.70, a carga é predominantemente indutiva, enquanto na Figura 12.71, a carga é basicamente resistiva. Já na Figura 12.72 a carga é praticamente capacitiva.

No primeiro caso, a corrente de carga I_2 está em atraso de um ângulo ψ com relação à tensão secundária V_2. Para satisfazer a queda de tensão com carga indutiva $I_2 \times (R_2 + jX_2)$ é necessária uma tensão primária V_1 para se ter no secundário uma tensão V_2. No caso da Figura 12.71, o ângulo ψ é praticamente zero, tendo-se ainda uma tensão $V_1 > V_2$. Porém, no caso da Figura 12.72 a corrente I_2 está em avanço (carga capacitiva) com relação à tensão V_2, o que resulta em uma queda de tensão negativa, provocando no secundário uma tensão superior à que teria o transformador quando a vazio.

Isso se explica tendo em vista que o fluxo no transformador, em operação com carga indutiva reativa, é inferior ao fluxo em operação a vazio, pois, mantendo-se constante a tensão de alimentação V_1, pode-se afirmar que as cargas indutivas provocam a desexcitação do núcleo do transformador, reduzindo, dessa forma, o fluxo resultante, isto é, os ampères-espiras propiciados pela carga, $N_2 \times I_2$, que agem no sentido de reduzir o

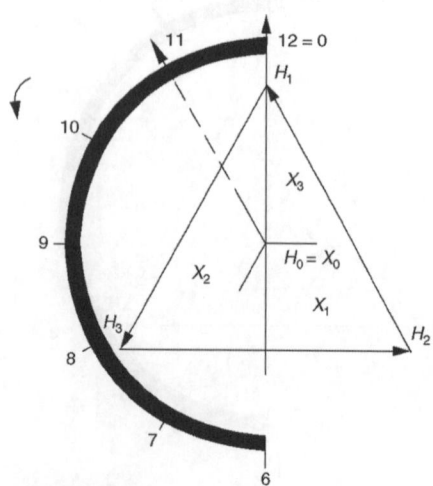

FIGURA 12.65 Deslocamento angular −30°.

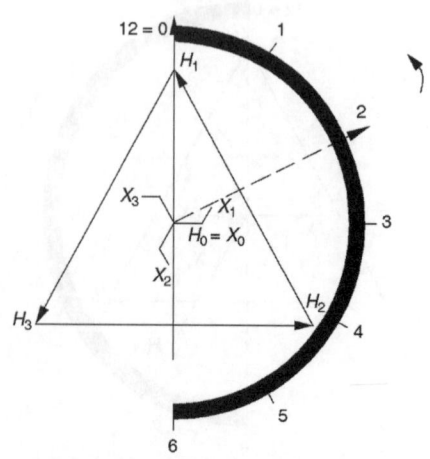

FIGURA 12.66 Deslocamento angular +60°.

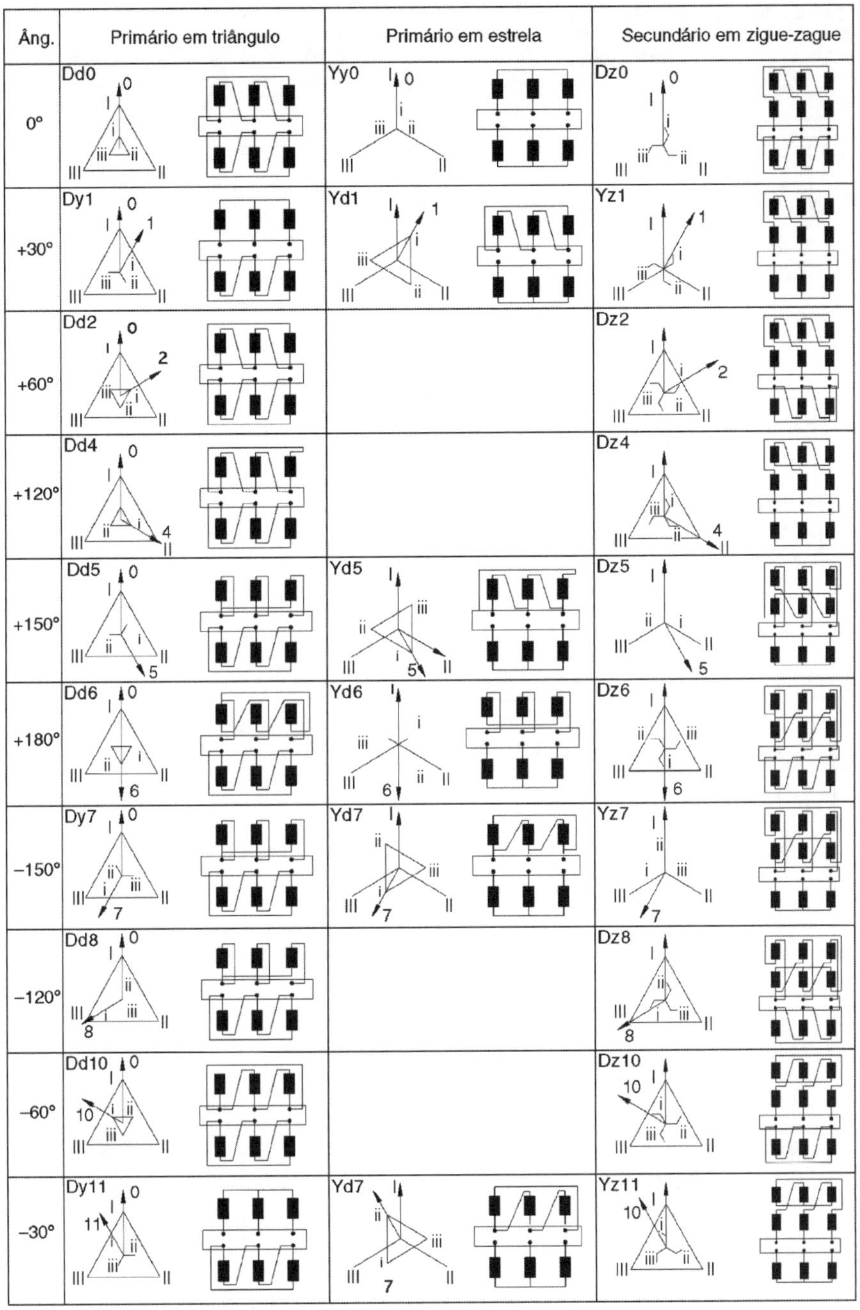

Âng.	Primário em triângulo	Primário em estrela	Secundário em zigue-zague
0°	Dd0	Yy0	Dz0
+30°	Dy1	Yd1	Yz1
+60°	Dd2		Dz2
+120°	Dd4		Dz4
+150°	Dd5	Yd5	Dz5
+180°	Dd6	Yd6	Dz6
−150°	Dy7	Yd7	Yz7
−120°	Dd8		Dz8
−60°	Dd10		Dz10
−30°	Dy11	Yd7	Yz11

FIGURA 12.67 Diagramas fasoriais.

fluxo magnetizante, $N_1 \times I_0$. Já as cargas capacitivas propiciam fluxos maiores no transformador, excitando-o.

Assim é que em muitas instalações industriais, quando se mantém ligado o banco de capacitores, após o encerramento das atividades produtivas, se verifica um acentuado aumento na queima de equipamento, principalmente os de tecnologia da informação. Dessa forma, é necessário manobrar o banco de capacitores, fracionando as unidades, de sorte a manter sempre o fator de potência indutivo, porém elevado.

12.4.12 Carregamento

A utilização correta de um transformador, seja ele de distribuição ou de potência, propicia vida longa ao equipamento e pode significar a redução nos investimentos do projeto. É comum, em

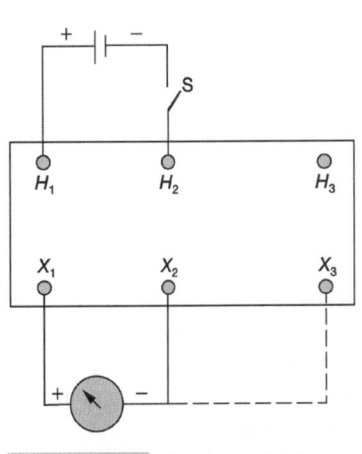

FIGURA 12.68 Determinação do defasamento angular.

TABELA 12.12 Determinação do defasamento angular

Medições							
a		b		c		-	
X_1	X_2	X_1	X_3	X_2	X_3	Ângulo	Def. angular
+	−	+	−	+	−	0	0
+	−	0	0	−	+	30°	1
−	+	−	−	+	−	180°	6
−	+	0	0	+	−	210°	7

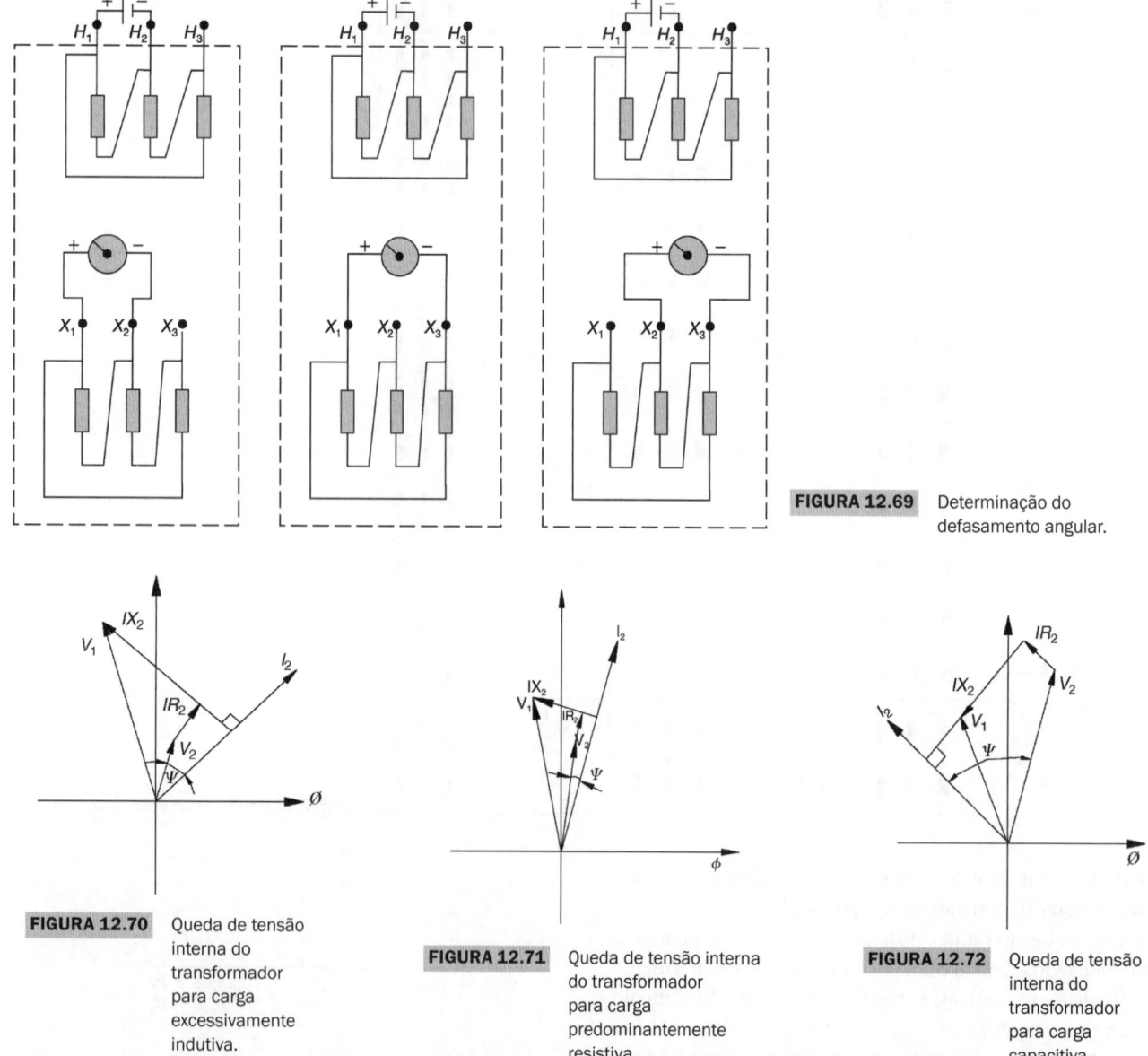

FIGURA 12.69 Determinação do defasamento angular.

FIGURA 12.70 Queda de tensão interna do transformador para carga excessivamente indutiva.

FIGURA 12.71 Queda de tensão interna do transformador para carga predominantemente resistiva.

FIGURA 12.72 Queda de tensão interna do transformador para carga capacitiva.

muitas instalações industriais, o responsável ordenar a troca do transformador por outro de maior capacidade pelo simples fato de que em determinado período do seu ciclo de operação a carga a ele conectada superou a sua potência nominal.

O transformador pode suportar uma carga superior à sua nominal, desde que não se ultrapassem as temperaturas limites previstas por norma. O carregamento de um transformador não deve afetar a sua vida útil, exceto em situações de emergência, quando a perda da produção em uma instalação industrial, devido à queima de uma unidade de transformação em uma subestação que contém dois transformadores, justifica esse procedimento.

A norma NBR 5356-7:2017 – Guia de carregamento para transformadores imersos em líquido isolante – estabelece as

EXEMPLO DE APLICAÇÃO (12.13)

Determine a tensão no secundário de um transformador de 300 kVA/13.800-380/220 V, que, em certo horário noturno, apresenta a seguinte carga ligada:

- 30 lâmpadas de led de 100 W;
- 1 banco de capacitores de 200 kVAr.

A potência de carga vale:

$$P_{ac} = \frac{30 \times 100}{1.000} = 3 \text{ kW}$$

$$P_{rc} = -200 \text{ kVAr}$$

As perdas ôhmicas são praticamente nulas, enquanto as perdas no ferro valem, segundo a Tabela 12.10:

$$P_{fe} = 1.120 \text{ W} = 1,12 \text{ kW}$$

As potências ativa e reativa resultantes são:

$$P_a = 1,12 + 3 = 4,12 \text{ kW}$$
$$P_r = -200 \text{ kVAr}$$
$$P_t = \sqrt{4,12^2 + (-200)^2}$$
$$P_t = 200,04 \text{ kVA}$$

O fator de potência nessas condições vale:

$$F_p = \frac{P_a}{P_t} = \frac{4,12}{200,04} = 0,020 \text{ (capacitivo)}$$

A Figura 12.73 explica a natureza do fator de potência.

O ângulo do fator de potência vale:

$$\psi = \text{arcos}(0,020) = -88,8° \text{ (fator de potência capacitivo)}$$
$$\cos(-88,8°) = 0,020$$
$$\text{sen}(-88,8°) = 20,999$$

O fator de carga, nessas condições, pode ser substituído por:

$$F_c = \frac{D_{méd}}{D_{máx}} = \frac{200,04}{200,04} = 1,0$$

As resistências e reatâncias do transformador valem:

$$R_{pt} = \frac{3.700}{10 \times 300} = 1,23\%$$

$$X_{pt} = \sqrt{4,5^2 - 1,23^2} = 4,32\%$$

Aplicando a Equação (12.33) e considerando negativa a queda de tensão na indutância, tem-se:

$$R = F_c \times \left[R_{pt} \times \cos\psi + X_{pt} \times \text{sen}\psi + \frac{(X_{pt} \times \cos\psi - R_{pt} \times \text{sen}\psi)^2}{200} \right]$$

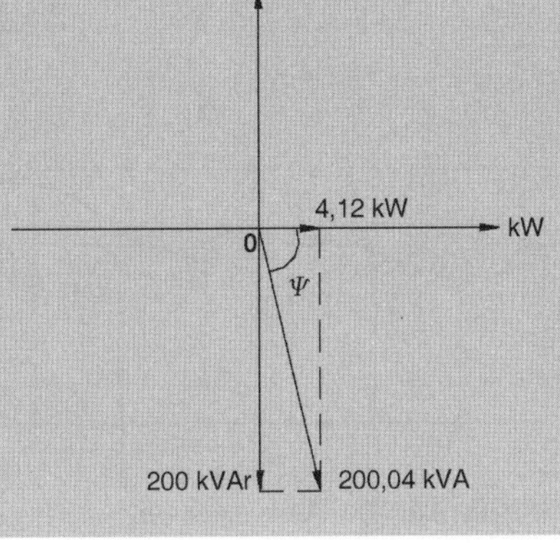

FIGURA 12.73 Diagrama de carga.

$$R = 1,0 \times \left[1,23 \times 0,020 + 4,32 \times (-0,999) + \frac{(4,32 \times 0,020 - 1,23 \times (-0,999)^2)}{200}\right]$$

$$R = -4,28\%$$

Logo, a tensão no secundário do transformador ficará, de acordo com a Equação (12.34), em:

$$V_s = 380 \times \left(1 - \frac{-4,28}{100}\right) = 396,2 \text{ V}$$

Pode-se observar que o acréscimo de tensão na carga é de:

$$\Delta V = \frac{396,2 - 380}{380} \times 100 = 4,26\%$$

Como no horário de carga leve o nível de tensão das redes elétricas de distribuição é normalmente acima do valor nominal, as indústrias dotadas de grandes bancos de capacitores não manobráveis podem ficar submetidas a tensões muito elevadas, associando a isso a contribuição do efeito Ferranti.

condições básicas para que se proceda com segurança o cálculo de carregamento de um transformador em uma condição particular de carga. A carga limite estabelecida pela norma é de 150% tanto para transformadores de 55 °C (de uso mais comum) como para os de 65 °C, em condições de regime programado. Para regime de emergência de curta duração, a norma admite até 200% de carregamento.

12.4.12.1 Equivalência entre um ciclo de carga real e um ciclo de carga considerado

Em uma instalação industrial, em que a curva de carga é normalmente muito irregular, deve-se determinar a carga equivalente à curva de carga real para que se possa atribuir ao transformador determinado valor de carregamento que, em média, estaria experimentando ao longo do ciclo considerado. Isso quer dizer que um transformador alimentando uma carga variável sofre uma perda de vida útil variável, cujo efeito é aproximadamente o mesmo que o de uma carga intermediária mantida constante pelo mesmo período de tempo.

A carga equivalente de um ciclo de carga qualquer pode ser dada pela Equação (12.43):

$$C_{eq} = \sqrt{\frac{P_1^2 \times T_1 + P_2^2 \times T_2 + P_3^2 \times T_3 + \ldots P_n^2 \times T_n}{T_1 + T_2 + T_3 \ldots T_n}} \quad (12.43)$$

$P_1, P_2,\ldots, P_n$ – potência demandada em um determinado tempo $T_1, T_2,\ldots, T_n$, em kVA;
$T_1, T_2,\ldots, T_n$ – tempo de duração da potência demandada, em horas.

A Figura 12.74 mostra uma curva de carga aleatória que, para efeito de carregamento do transformador de força, necessitaria ser convertida em uma curva equivalente.

12.4.12.2 Expectativa de vida

Quando a carga ligada a um transformador, instalado à temperatura ambiente de projeto, demanda uma potência contínua superior a sua capacidade nominal, os papéis isolantes perdem gradativamente a sua termoestabilidade, degradando-se de forma a eliminar o seu poder isolante. Quanto maior for o excesso de carga e/ou de temperatura mais acelerada a degradação dos papéis isolantes e menor é a expectativa de vida do transformador. Logo, os papéis isolantes são os componentes que determinam a expectativa de vida dos transformadores.

Há dois tipos de papel isolante:

a) Papel termoestabilizado

É aquele que possui a capacidade de neutralizar a produção de ácidos decorrentes da reação que provoca a decomposição ou alteração do material motivada pela água, processo denominado hidrólise do material isolante, causando o seu envelhecimento precoce. Quanto maior é a elevação de temperatura, mais ativo é esse fenômeno.

b) Papel não termoestabilizado

É aquele que não possui as características do papel termoestabilizado e se diferencia pelo tempo de envelhecimento entre eles influenciado pela temperatura e umidade.

As sobrecargas nos transformadores podem acarretar:

- alteração na isolação e no óleo;
- aumento da densidade de fluxo de dispersão fora do núcleo e o consequente aumento da temperatura;
- níveis operacionais intoleráveis com o aumento da temperatura do óleo isolante/refrigerante, da temperatura dos

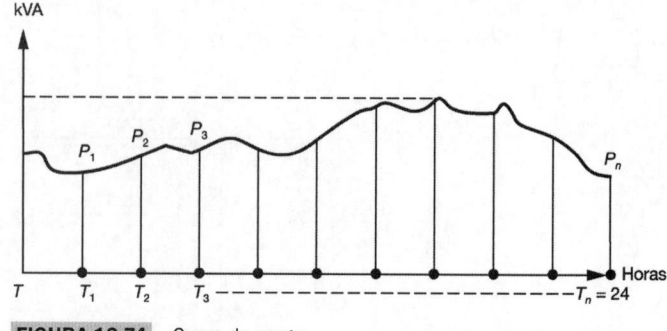

FIGURA 12.74 Curva de carga.

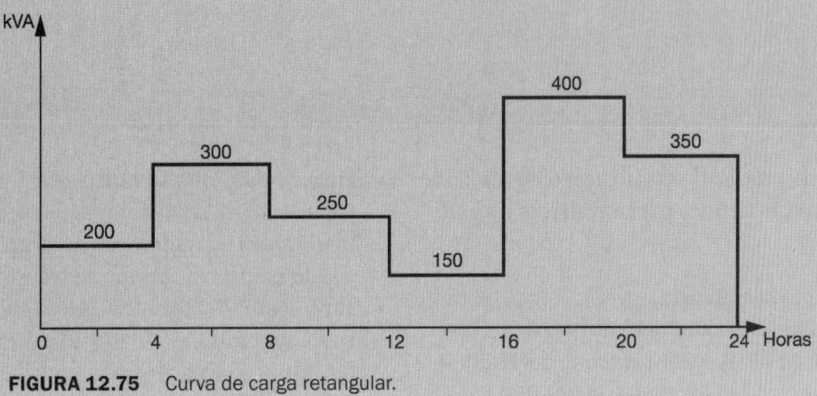

EXEMPLO DE APLICAÇÃO (12.14)

Determine a carga equivalente da curva de carga simplificada (curva de carga retangular da Figura 12.75).

$$C_{eq} = \sqrt{\frac{200^2 \times 4 + 300^2 \times 4 + 250^2 \times 4 + 150^2 \times 4 + 400^2 \times 4 + 300^2 \times 4}{4+4+4+4+4+4}}$$

$$C_{eq} = 278 \text{ kVA}$$

Isso quer dizer que esta instalação poderia ser alimentada por um transformador de potência nominal igual a 300 kVA, em vez de um transformador de 500 kVA, como se poderia imaginar, em função da carga de demanda máxima de 400 kVA. É necessário ainda verificar a perda de vida útil adicional para concretizar a decisão. É bom alertar que, quando se admite uma sobrecarga em um transformador, deve-se analisar antes a capacidade de corrente dos cabos e os ajustes de sobrecorrente das proteções.

FIGURA 12.75 Curva de carga retangular.

enrolamentos, dos elementos de fixação e dos materiais isolantes;
- falhas prematuras do transformador decorrentes do excesso de fluxo de corrente e de temperatura, cujos danos podem ocorrer no curto prazo se houver persistência no uso contínuo do transformador em condições inadequadas de operação, ou no longo prazo se a persistência no uso do equipamento nas condições anteriores ocorrer em intervalos de tempo maiores.

A taxa de envelhecimento do papel em função da temperatura do ponto mais quente pode ser fornecida pela Tabela 12.13, de acordo com a NBR 5356-7.

Para a determinação da taxa de envelhecimento relativo dos papéis isolantes pode-se empregar as Equações (12.44) e (12.45), respectivamente aos papéis termoestabilizados e não termoestabilizados.

- Papéis termoestabilizados

$$\Delta V = e^{\left[\frac{15.000}{T_h+273} - \frac{15.000}{110"+273}\right]} \quad (12.44)$$

- Papéis não termoestabilizados

$$\Delta V = 2^{\left[\frac{T_h-98}{6}\right]} \quad (12.45)$$

ΔV – taxa de envelhecimento;

T_h – temperatura do ponto mais quente, em °C.

O valor de 110 °C da Equação (12.44) é referente à temperatura no interior do tubo de ensaio dos papéis isolantes, retendo 50% da tração nominal depois de 65.000 horas no interior de um tubo selado à temperatura mencionada.

A NBR 5356-7 classifica os transformadores em três categorias quanto à potência e, em decorrência, aumenta o tamanho do transformador, pois os transformadores de maior volume são geralmente submetidos a maiores severidades em condições operacionais. Desse modo, quanto maior for a potência nominal:

- maiores são os esforços eletromecânicos a que são submetidos na ocorrência de curtos-circuitos;
- mais elevado é o fluxo de dispersão;
- mais difícil é a detecção de pontos quentes internos.

Os transformadores, de forma geral, operam submetidos a diferentes temperaturas ambientes e ciclos de carga variáveis ao longo de seu funcionamento. Considerando os transformadores imersos em óleo mineral, a forma como ocorrem o aquecimento e o resfriamento de sua parte ativa e do próprio óleo leva a norma a estabelecer duas classes de referência para os transformadores quanto à elevação de temperatura sobre o meio ambiente, ou seja, transformadores da classe 55 °C e de 65 °C.

Para definir o tamanho do transformador, a norma assume as seguintes definições:

- Transformadores de distribuição
  São aqueles cuja potência trifásica máxima é de 2.500 kVA ou 833 kVA quando monofásico. Nesse caso, somente levam-se

TABELA 12.13 Taxa de envelhecimento relativo do papel em função da temperatura do ponto mais quente

Temperatura T_h	Papel isolante não termoestabilizado	Papel isolante termoestabilizado
°C	ΔV	ΔV
80	1,125	0,036
86	0,250	0,073
92	0,500	0,145
98	1,000	0,282
104	2,000	0,536
110	4,000	1,000
116	8,000	1,830
122	16,000	3,290
128	32,000	5,800
134	64,000	10,100
140	128,000	17,200

em consideração as temperaturas do ponto mais quente dos enrolamentos e a deterioração térmica para a avaliação do grau de risco de operação.

- Transformadores de média potência

São aqueles cujas potências trifásica e monofásica ficam limitadas entre 10 e 100 MVA, respectivamente, devendo-se considerar as variações nos métodos de refrigeração na avaliação do grau de risco de operação.

- Transformadores de grande potência

São aqueles cuja potência trifásica ou monofásica é superior à dos transformadores anteriormente classificados, devendo-se considerar também que os efeitos de fluxo de dispersão sejam significativos e, como decorrência, as falhas sejam severas para avaliação do grau de risco de operação.

As sobrecargas nos transformadores podem ocorrer em duas diferentes formas:

- Sobrecarga emergencial de curta duração

Esse tipo de sobrecarga é comum, entre outros casos, quando a subestação é constituída de dois transformadores operando em paralelo ou não e ocorre um defeito em uma das unidades durante um período de produção intensa, o que obriga o engenheiro de operação e manutenção a permitir o funcionamento do outro transformador para que assuma a carga afetada. Esse tipo de operação é perfeitamente usual desde que se estabeleça um critério para identificar as cargas prioritárias que deverão ser mantidas em operação de forma a não prejudicar o fluxo de produção industrial. Muitas vezes admite-se uma sobrecarga por tempo limitado com perda controlada do tempo de vida do transformador.

Quando a sobrecarga não é administrada, podem ocorrer os seguintes casos:

- surgimento de bolhas de gás na massa de óleo, nas isolações sólidas e na superfície de partes metálicas que podem ser aquecidas pelo fluxo de dispersão produzido pelas bobinas;
- degradação temporária das propriedades mecânicas dos isolantes sólidos, reduzindo a sua capacidade de suportar as correntes de curto-circuito;
- atuação da proteção intrínseca, função 63, devido ao deslocamento de certo volume de óleo do tanque do transformador para o tanque de conservação de óleo, normalmente fixado na parte superior do transformador;
- vazamento de óleo através das gaxetas das buchas primárias e secundárias devido ao excesso de pressão que pode ter, como consequência, uma falha no transformador;
- sobrecarga emergencial de longa duração.

Esse tipo de sobrecarga deve ser permitido somente quando se tem uma avaliação de perda de vida do transformador e conhecer, sobretudo, o seu histórico operacional, isto é, o seu tempo de operação, o número de curtos-circuitos que fluíram por ele, o tempo a que esteve submetido a sobrecargas e o valor delas etc.

Um longo período de sobrecarga pode acarretar as seguintes consequências:

- degradação das propriedades mecânicas e elétricas das partes condutoras do transformador, ou seja, elevação da resistência elétrica desses condutores que geram crescentemente maior quantidade de calor devido a perdas joule;
- aumento da temperatura das conexões devido à expansão das partes metálicas e ao aumento da resistência de contato com o tempo, agravando ainda mais as condições operacionais;
- aumento da temperatura dos contatos dos comutadores sob carga de acordo com os mesmos princípios anteriormente mencionados.

Porém, como o transformador muitas vezes é solicitado a operar em condições acima dos valores de placa, a NBR 5356-7 estabeleceu valores limitantes de corrente e temperatura para orientar os profissionais de operação e manutenção de forma cautelosa na utilização desse equipamento.

a) Ciclo normal de carregamento

- Transformadores de distribuição: (i) corrente máxima 1,5 pu; (ii) temperatura do ponto mais quente do enrolamento e partes metálicas em contato com o material isolante

celulósico: 120 °C; (iii) temperatura do ponto mais quente de outras partes metálicas em contato com o óleo, papel aramida e materiais de fibra de vidro: 140 °C e (iv) temperatura no topo do óleo: 105 °C.
- Transformadores de média potência: (i) corrente máxima 1,5 *pu*; (ii) temperatura do ponto mais quente do enrolamento e partes metálicas em contato com o material isolante celulósico: 120 °C; (iii) temperatura do ponto mais quente de outras partes metálicas em contato com o óleo, papel aramida e materiais de fibra de vidro: 140 °C e (iv) temperatura no topo do óleo: 105 °C.
- Transformadores de grande potência: (i) corrente máxima 1,3 *pu*; (ii) temperatura do ponto mais quente do enrolamento e partes metálicas em contato com o material isolante celulósico: 120 °C; (iii) temperatura do ponto mais quente de outras partes metálicas em contato com o óleo, papel aramida e materiais de fibra de vidro: 140 °C e (iv) temperatura no topo do óleo: 105 °C.

b) Carregamento de emergência de longa duração
- Transformadores de distribuição: (i) corrente máxima 1,8 *pu*; (ii) temperatura do ponto mais quente do enrolamento e partes metálicas em contato com o material isolante celulósico: 140 °C; (iii) temperatura do ponto mais quente de outras partes metálicas em contato com o óleo, papel aramida e materiais de fibra de vidro: 160 °C e (iv) temperatura no topo do óleo: 115 °C.
- Transformadores de média potência: (i) corrente máxima 1,5 *pu*; (ii) temperatura do ponto mais quente do enrolamento e partes metálicas em contato com o material isolante celulósico: 140 °C; (iii) temperatura do ponto mais quente de outras partes metálicas em contato com o óleo, papel aramida e materiais de fibra de vidro: 160 °C e (iv) temperatura no topo do óleo: 115 °C.
- Transformadores de grande potência: (i) corrente máxima 1,3 *pu*; (ii) temperatura do ponto mais quente do enrolamento e partes metálicas em contato com o material isolante celulósico: 140 °C; (iii) temperatura do ponto mais quente de outras partes metálicas em contato com o óleo, papel aramida e materiais de fibra de vidro: 160 °C e (iv) temperatura no topo do óleo: 115 °C.

c) Carregamento de emergência de curta duração
- Transformadores de distribuição: (i) corrente máxima 2,0 *pu*; (ii) temperatura do ponto mais quente do enrolamento e partes metálicas em contato com o material isolante celulósico: não limitada por impraticabilidade; (iii) temperatura do ponto mais quente de outras partes metálicas em contato com o óleo, papel aramida e materiais de fibra de vidro: não limitada por impraticabilidade e (iv) temperatura no topo do óleo: não limitada por impraticabilidade.
- Transformadores de média potência: (i) corrente máxima 1,8 *pu*; (ii) temperatura do ponto mais quente do enrolamento e partes metálicas em contato com o material isolante celulósico: 160 °C; (iii) temperatura do ponto mais quente de outras partes metálicas em contato com o óleo, papel aramida e materiais de fibra de vidro: 180 °C e (iv) temperatura no topo do óleo: 115 °C.
- Transformadores de grande potência: (i) corrente máxima 1,5 *pu*; (ii) temperatura do ponto mais quente do enrolamento e partes metálicas em contato com o material isolante celulósico: 160 °C; (iii) temperatura do ponto mais quente de outras partes metálicas em contato com o óleo, papel aramida e materiais de fibra de vidro: 180 °C e (iv) temperatura no topo do óleo: 115 °C.

12.4.12.3 Determinação das temperaturas do transformador

12.4.12.3.1 Elevação da temperatura do ponto mais quente em regime contínuo

A temperatura do ponto mais quente deve ser referida à temperatura do óleo adjacente, ou seja, é a temperatura do topo do óleo que circula em determinado momento no interior do enrolamento cujo valor depende do tipo de resfriamento do transformador. Seu valor pode ser de até 15 K mais elevada do que a temperatura do topo do óleo contido no tanque. Os valores dessas duas temperaturas são obtidos pela medição, como será visto adiante, ou por meio de ensaios dos transformadores.

A NBR 5356-7 assume como premissa que a elevação de temperatura do topo do óleo do tanque, ΔT_{or}, toma como base a temperatura ambiente considerando as perdas nominais, e que a elevação de temperatura do ponto mais quente acima da temperatura do topo do óleo do tanque, ΔT_{or}, considera a condição de operação à corrente nominal.

12.4.12.3.2 Temperatura do topo do óleo e do ponto mais quente em função das variações de temperatura ambiente e condições de carga

A NBR 5356-7 disponibiliza dois métodos de cálculo: (i) solução de equações exponenciais e (ii) solução de equações de diferença. Trataremos somente do primeiro método.

A solução por meio das equações exponenciais utiliza uma função de degrau em que cada degrau de acréscimo de carga é seguido por um degrau de decréscimo de carga. No caso de *N* sucessivos degraus de acréscimo de carga, cada um dos primeiros (*N* – 1) degraus precisa ser longo o suficiente para que o gradiente do ponto mais quente sob o topo do óleo ΔT_h alcance o regime permanente. A mesma condição é válida no caso de *N* sucessivos degraus de decréscimo. Veja a curva da Figura 12.76.

12.4.12.3.2.1 Cálculo da temperatura do ponto mais quente

É igual à soma da temperatura ambiente, da elevação da temperatura do óleo no tanque e da diferença de temperatura entre o ponto mais quente e o topo do óleo no tanque, cujos valores podem ser obtidos pelas Equações (12.46) e (12.47).

Vale alertar que ao longo do desenvolvimento dos cálculos será utilizada a escala em graus Celsius (°C) para definir as temperaturas ambientes, do enrolamento, do óleo etc. Já para as diferenças de temperatura é utilizada a escala de temperatura termodinâmica Kelvin (K). Sabe-se que a diferença de temperatura de 1 °C é equivalente a uma diferença de 1 K, ou seja, o tamanho da unidade em cada escala é a mesma. Isso significa que 0 °C, previamente definido como o ponto de congelamento da água, é então definido como equivalente a 273 K.

Os limites de temperatura dos transformadores que serão ligados à Rede Básica devem obedecer aos seguintes valores:

a) Carregamento de 1,4 *pu* por 4 horas

- Temperaturas-limite:
  - topo do óleo: 110 °C;
  - ponto mais quente do enrolamento: 130 °C;
  - partes metálicas sem contato com celulose: 160 °C.

b) Carregamento de 1,4 *pu* por 30 minutos

- Temperaturas-limite:
  - topo do óleo: 110 °C;
  - ponto mais quente do enrolamento: 140 °C;
  - partes metálicas sem contato com celulose: 180 °C.

O aumento da temperatura do ponto mais quente para determinado fator de carga pode ser estimado pela Equação (12.46).

$$T_{h>}(t) = T_a + \Delta T_{oi} + \left\{\Delta T_{or} + \left[\frac{1+R\times K^2}{1+R}\right]^X - \Delta T_{oi}\right\}$$
$$\times F_1(t) + \Delta T_{hi} + \left\{H\times G_r \times K^Y - \Delta T_{hi}\right\}\times F_2(t) \quad (12.46)$$

A diminuição da temperatura do ponto mais quente para determinado fator de carga pode ser estimada pela Equação (12.47).

$$T_{h<}(t) = T_a + \Delta T_{or}\times\left[\frac{1+R\times K^2}{1+R}\right]^X +$$
$$\left\{\Delta T_{oi} - \Delta T_{or}\times\left[\frac{1+R\times K^2}{1+R}\right]^X\right\}\times F_3(t) + H\times G_r\times K^Y \quad (12.47)$$

$$F_1(t) = \left[1 - e^{\left(\frac{-T}{K_{11}\times T_o}\right)}\right] \quad (12.48)$$

$$F_2(t) = K_{21}\times\left[1 - e^{\left(\frac{-T}{K_2\times T_w}\right)}\right] - (K_{21}-1)\times\left(1 - e^{\frac{-T}{T_o/K_{22}}}\right) \quad (12.49)$$

$$F_3(t) = e^{\left(\frac{-T}{K_{11}\times r_0}\right)} \quad (12.50)$$

T_a – temperatura ambiente, em °C;
ΔT_{oi} – elevação da temperatura do topo do óleo (no tanque) no instante inicial do carregamento, em K;

ΔT_{or} – elevação da temperatura do topo do óleo (no tanque) em regime permanente nas perdas nominais, ou seja, perdas em vazio acrescidas das perdas em carga, em K;
ΔT_{hi} – gradiente definido pela diferença entre as temperaturas do ponto mais quente e a do topo do óleo (no tanque) no instante inicial do carregamento, em K;
K – fator de carga (corrente de carga/corrente nominal);
R – relação entre perdas em carga sob carga nominal e as perdas a vazio;
Y – expoente de potência da corrente *versus* elevação de temperatura (expoente do enrolamento);
X – expoente de potência da perda total *versus* topo do óleo (em tanque) da elevação de temperatura (expoente do óleo);
T – tempo, em minutos;
H – fator do ponto mais quente do enrolamento e é específico para cada enrolamento. Pode variar entre 1,0 e 2,1 a depender da capacidade nominal do transformador e é medido durante o ensaio de elevação de temperatura. Na falta dessa medida podem ser adotados os seguintes valores: transformadores de distribuição padronizados para uma impedância inferior a 8% o valor é de $H = 1,1$; transformadores de média potência e transformadores de grande porte o valor é de $H = 2,1$;
G_r – gradiente de temperatura entre a temperatura média do enrolamento e a temperatura média do óleo no tanque na corrente nominal, em K, cujo valor típico é 15,2 K;
T_o – constante de tempo médio do óleo, em minutos;
T_w – constante de tempo do enrolamento, em minutos;
$F_1(t)$ – representa o acréscimo da elevação da temperatura do topo do óleo em relação ao seu valor em regime permanente considerado unitário;
$F_2(t)$ – representa o acréscimo relativo do gradiente do ponto mais quente acima do topo do óleo em relação ao valor em regime permanente considerado unitário. Essa função modela o fato de levar certo tempo antes da circulação do óleo ter adaptado a sua velocidade correspondente ao acréscimo do nível de carga;
$F_3(t)$ – representa o decréscimo relativo do gradiente do topo do óleo sobre o ambiente, de acordo com o valor da diminuição total considerado unitário;
K_{11}, K_{21}, K_{22} – constantes do modelo térmico dados na Tabela 12.14.

12.4.12.4 Perda percentual de vida útil do transformador

É o envelhecimento equivalente em horas sobre um período de tempo (usualmente 24 horas) vezes 100 dividido pelo tempo de vida esperado para o isolamento do transformador. O envelhecimento equivalente em horas é obtido pela multiplicação da taxa de envelhecimento relativo pelo número de horas.

Pode ser conhecida pela Equação (12.44) e determinada pela Equação (12.51), segundo a NBR 5356-7.

$$PV = \sum_{n=1}^{N} T_{env}\times \Delta T \quad (12.51)$$

T_{env} – taxa de envelhecimento relativo durante o intervalo ΔT considerado;

TABELA 12.14 Características térmicas recomendadas para as equações exponenciais (NBR 5356-7)

Constantes e expoentes	Transformadores de distribuição		Transformadores de média e grande potência					
	ONAN	ONAN restrito	ONAN	ONAF restrito	ONAF	OF restrito	OF	OD
Expoente do óleo x	0,8	0,8	0,8	0,8	0,8	1,0	1,0	1,0
Expoente do enrolamento y	1,6	1,3	1,3	1,3	1,3	1,3	1,3	2,0
Constante k_{11}	1,0	0,5	0,5	0,5	0,5	1,0	1,0	1,0
Constante k_{21}	1,0	3,0	2,0	3,0	2,0	1,45	1,3	1,0
Constante k_{22}	2,0	2,0	2,0	2,0	2,0	1,0	1,0	1,0
Constante de tempo T_o	180	210	210	150	150	90	90	90
Constante de tempo T_w	4	10	10	7	7	7	7	7

NOTA - Se um enrolamento de um transformador com resfriamento tipo ON ou OF for resfriado com guia de óleo em zigue-zague, uma espessura radial dos espaçadores menor que 3 mm pode causar restrição à circulação do óleo, ou seja, um maior valor máximo da função $F_2(t)$ do que o obtido para espaçadores maiores ou iguais a 3 mm.

ΔT – intervalo de tempo considerado, em horas;
n – número de cada intervalo de tempo;
N – intervalo de tempo considerado, em horas.

Na avaliação da expectativa da vida útil do transformador, deve-se considerar a temperatura ambiente média da região onde será instalado o equipamento, acrescida da temperatura do local (ao tempo ou no interior da edificação em que será instalado). Já na avaliação das temperaturas máximas deve-se considerar a temperatura média máxima da região acrescida da temperatura local, cujo valor deve ser, no mínimo, de 40 °C.

As temperaturas do ponto mais quente dos enrolamentos, obtidas nos ensaios dos transformadores, podem ser utilizadas para avaliação da perda de sua vida útil durante os ciclos de sobrecarga e utilizadas para a determinação da expectativa da vida útil esperada do equipamento que é de 35 anos.

De acordo com a NBR 5356-7, considerando as condições da resistência à tração no seu valor inicial, a uma temperatura de referência de 110 °C com baixas concentrações de oxigênio e umidade, a vida normal da isolação vale:

- 50% da resistência à tração inicial da isolação: 65.000 horas ou 7,42 anos. Esse valor é a expectativa da vida útil de um transformador de 55 °C de elevação de temperatura, operando a 95 °C continuamente;
- 25% da resistência à tração inicial da isolação: 135.000 horas ou 15,41 anos.

EXEMPLO DE APLICAÇÃO (12.15)

Determine a perda de vida útil de um transformador de 20 MVA/69 – 13,80 kV, transformador de média potência, no período de 24 horas, cuja curva de carregamento médio ocorrido em um dia de contingência é mostrada na Tabela 12.15 e representada no gráfico da Figura 12.76. O transformador é do tipo ONAN. A temperatura ambiente é de 30 °C e considerada constante ao longo da curva de carga. O ensaio do transformador foi realizado pelo método do curto-circuito.

TABELA 12.15 Carga do transformador durante o ensaio

-	Ciclos da curva de carga					
-	Ciclo 1	Ciclo 2	Ciclo 3	Ciclo 4	Ciclo 5	Ciclo 6
Tempo (min.)	00:00-03:00	03:00-08:00	08:00-10:00	10:00-12:00	12:00-12:00	20:00-24:00
Carga (MVA)	9	14	20	26	13	9
Fator de carga	0,45	0,70	1,0	1,3	0,65	0,45

Dados característicos do transformador, definidos no seu projeto, nos ensaios de rotina e também nas condições operacionais

ΔT_a = 30 °C (temperatura ambiente);
ΔT_{or} = 55 K;
X = 0,8 (expoente do óleo – Tabela 12.14);
Y = 1,3 (expoente do enrolamento – Tabela 12.14);
R = 5 (valor característico para transformadores de média potência – ONAN);

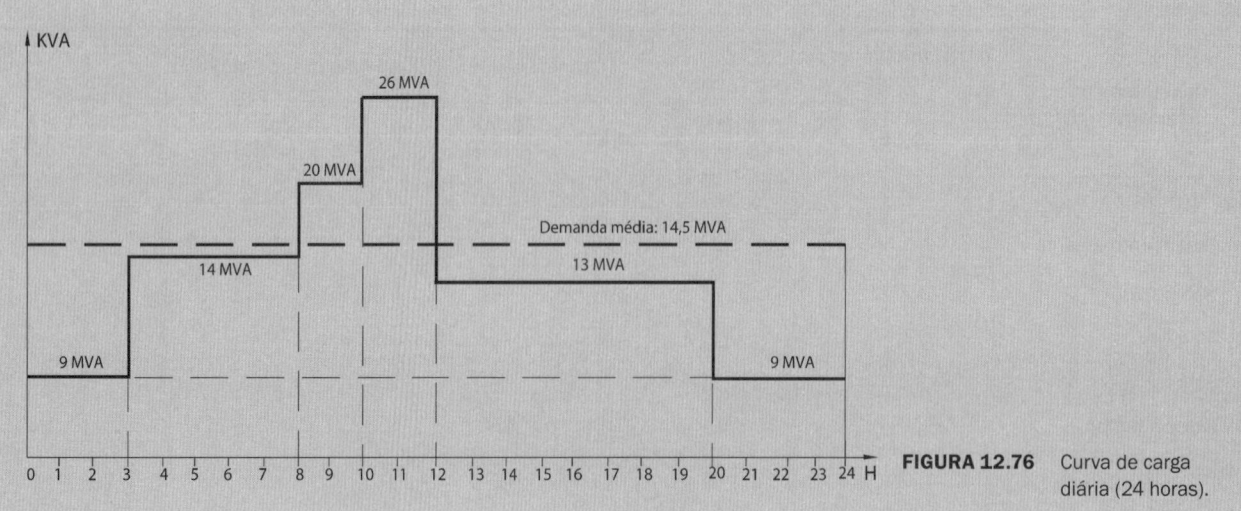

FIGURA 12.76 Curva de carga diária (24 horas).

$H = 1,3$ [fator do ponto mais quente (valor característico para transformadores de média potência – ONAN)];
$G_r = 15,2$ K (valor típico);
K (varia com o carregamento do transformador – Tabela 12.15);
$K_{11} = 0,5$ (constante para transformadores ONAN – Tabela 12.14);
$K_{21} = 2,0$ (constante para transformadores ONAN – Tabela 12.14);
$K_{22} = 2,0$ (constante para transformadores ONAN – Tabela 12.14);
$T_o = 210$ minutos (constante de tempo do óleo para transformadores ONAN, em min – Tabela 12.14);
$T_w = 10$ minutos (constante de tempo do enrolamento para transformadores ONAN – Tabela 12.14).
Aplicando a metodologia descrita anteriormente, tem-se:

a) Elevação/diminuição da temperatura no ponto mais quente do ciclo de carga durante o aquecimento e o resfriamento

Inicialmente serão determinadas as funções $F_1(t)$, $F_2(t)$ e $F_3(t)$ a serem utilizadas no cálculo da temperatura do ponto mais quente.

$$F_1(t) = \left[1 - e^{\left(\frac{-T}{K_{11} \times T_o}\right)}\right] = \left[1 - e^{\left(\frac{-T}{0,5 \times 210}\right)}\right] = \left[1 - e^{-(0,00952 \times T)}\right]$$

$$F_2(t) = K_{21} \times \left[1 - e^{\left(\frac{-T}{K_{22} \times T_w}\right)}\right] - (K_{21} - 1) \times \left(1 - e^{\left(\frac{-T}{T_o / K_{22}}\right)}\right) = \left\{2 \times \left[1 - e^{\left(\frac{-T}{2 \times 10}\right)}\right]\right\} - \left\{(2-1) \times \left(1 - e^{\left(\frac{-T}{210/2}\right)}\right)\right\}$$

$$F_2(t) = \left\{2 \times \left[1 - e^{-(0,050 \times T)}\right]\right\} - \left[1 - e^{(0,00952 \times T)}\right]$$

$$F_3(t) = e^{\left(\frac{-T}{K_{11} \times T_o}\right)} = e^{\left(\frac{-T}{0,5 \times 210}\right)} = e^{-(0,00952 \times T)}$$

- Ciclo 1 – intervalo: (0h – 3h) → $T = 3$ horas = 180 minutos (aquecimento)
  $\Delta T_{oi1} = 10$ K (ao iniciar o primeiro ciclo de carga à 0 hora a elevação de temperatura do topo do óleo do transformador com relação à temperatura do ponto mais quente era de 10 K);
  $\Delta T_{hi1} = 0,0$ K (gradiente de temperatura dada pela diferença entre as temperaturas do ponto mais quente e do topo do óleo, no instante inicial do ciclo de carga);
  $K_1 = 0,45$ (fator de carga – Tabela 12.15).

– Aumento da temperatura

A partir dos intervalos de carregamento do transformador pode-se determinar a sua temperatura de aquecimento/resfriamento, utilizando-se as Equações (12.46) e (12.47).

$$T_{h1>}(t) = T_a + \Delta T_{oi1} + \left\{\Delta T_{or} \times \left[\frac{1+R\times K_1^2}{1+R}\right]^X - \Delta T_{oi1}\right\} \times F_1(t) + \Delta T_{hi1} + \left\{H\times G_r \times K_1^{1,3} - \Delta T_{hi1}\right\} \times F_2(t)$$

$$T_{h1>}(t) = 30+10+\left\{55\times\left[\frac{1+5\times 0,45^2}{1+5}\right]^{0,8}-10\right\}\times\left[1-e^{-(0,00952\times 180)}\right]+$$

$$+0,0+\left\{1,3\times 15,2\times 0,45^{1,3}-0,0\right\}\times\left\{2\times\left[1-e^{-(0,050\times 180)}\right]-\left[1-e^{-(0,0952\times 180)}\right]\right\}$$

$$T_{h1>}(t) = 40+(12,95)\times 0,819+0,0+(6,99)\times(2-1,0)=57,59\ °C$$

– Taxa de envelhecimento

De acordo com a Equação (12.44) para papéis termoestabilizados, temos:

$$\Delta V_1 = e^{\left[\frac{15.000}{110°+273}-\frac{15.000}{T_{h1>}+273}\right]} = e^{\left[\frac{15.000}{110°+273}-\frac{15.000}{57,59+273}\right]}=e^{-0,21}=0,00201$$

• Ciclo 2 – intervalo: (0h30 – 8h) → $T = 5$ horas = 300 minutos (aquecimento)
– Elevação da temperatura no ponto no topo do óleo no instante inicial do ciclo atual

De acordo com a 3ª e a 4ª parcelas da Equação (12.47), temos:

$$\Delta T_{oi2} = \left\{\Delta T_{or}\times\left[\frac{1+R\times K_1^2}{1+R}\right]^X-\Delta T_{oi1}\right\}\times F_1(t)+\Delta T_{oi1}$$

$$\Delta T_{oi2} = \left\{55\times\left[\frac{1+5\times 0,45^2}{1+5}\right]^{0,8}-10\right\}\times\left[1-e^{-(0,00952\times 180)}\right]+10 = (22,95-10,0)\times 0,82+10,0 = 20,61\ K$$

– Elevação da temperatura no ponto mais quente do enrolamento, no instante inicial do ciclo atual

De acordo com a 5ª parcela da Equação (12.46), temos:

$$\Delta T_{hi2} = \left(H\times G_r\times K_1^2 - \Delta T_{hi1}\right)\times F_2(t)$$

$$F_2(t) = \left\{2\times\left[1-e^{-(0,050\times T)}\right]\right\}-\left[1-e^{-(0,00952\times T)}\right]=\left\{2\times\left[1-e^{-(0,050\times 180)}\right]\right\}-\left[1-e^{-(0,00952\times 180)}\right]$$

$$F_2(t) = 1,999 - 0,819 = 1,180$$

$$\Delta T_{hi2} = \left(1,3\times 15,2\times 0,45^{1,3}-0,0\right)\times 1,180 = 8,25\ K$$

$$K_2 = 0,70\ (\text{fator de carga – Tabela 12.15})$$

– Aumento da temperatura

De acordo com a Equação (12.46), temos:

$$T_{hi2>}(t) = T_a + \Delta T_{oi2} + \left\{\Delta T_{or}\times\left[\frac{1+R\times K_2^2}{1+R}\right]^X-\Delta T_{oi2}\right\}\times F_1(t)+\Delta T_{hi2}+\left\{H\times G_r\times K_2^Y-\Delta T_{hi2}\right\}\times F_2(t)$$

$$T_{hi2>}(t) = 30+20,61+\left\{55\times\left[\frac{1+5\times 0,70^2}{1+5}\right]^{0,8}-20,61\right\}\times\left[1-e^{-0,00952\times 300}\right]+$$

$$+8,25+\left(1,3\times 15,2\times 0,70^{1,3}-8,25\right)\times\left(1-e^{-2,856}\right)$$

$$T_{hi2>}(t) = 50,61+14,71\times 0,942+8,25+4,17\times 0,942 = 76,64\ °C$$

– Taxa de envelhecimento

De acordo com a Equação (12.44) para papéis termoestabilizados, temos:

$$\Delta V_2 = e^{\left[\frac{15.000}{110°+273} - \frac{15.000}{T_{h>}+273}\right]} = e^{\left[\frac{15.000}{110°+273} - \frac{15.000}{76,64°+273}\right]} = e^{-3,7367} = 0,02383$$

- Ciclo 3 – intervalo: (0h08 – 10h) → T = 2 horas = 120 minutos (aquecimento)
  - Elevação da temperatura no ponto no topo do óleo no instante inicial do ciclo atual

  De acordo com a 3ª e a 4ª parcelas da Equação (12.47), temos:

$$\Delta T_{oi3} = \left\{\Delta T_{or} \times \left[\frac{1+R \times K_2^2}{1+R}\right]^X - \Delta T_{oi2}\right\} \times F_1(t) + \Delta T_{oi2}$$

$$\Delta T_{oi3} = \left\{55 \times \left[\frac{1+5 \times 0,70^2}{1+5}\right]^{0,8} - 20,61\right\} \times \left[1-e^{-(0,00952 \times 300)}\right] + 20,61 = 14,71 \times 0,942 + 20,61 = 34,45 \text{ K}$$

– Elevação da temperatura no ponto mais quente do enrolamento no instante inicial do ciclo atual

De acordo com a 5ª parcela da Equação (12.46), temos:

$$\Delta T_{hi3} = \left(H \times G_r \times K_2^Y - \Delta T_{hi2}\right) \times F_2(t)$$

$$F_2(t) = \left\{2 \times \left[1-e^{-(0,050 \times 300)}\right]\right\} - \left[1-e^{-(0,00952 \times 300)}\right] = 2 - 0,942 = 1,058 \text{ K}$$

$$\Delta T_{hi3} = \left(1,3 \times 15,2 \times 0,70^{1,3} - 8,25\right) \times 1,058 = 4,4207 \text{ K}$$

$$K_3 = 1,0 \text{ (fator de carga – Tabela 12.15)}$$

– Aumento da temperatura

De acordo com a Equação (12.46), temos:

$$T_{hi3>}(t) = T_a + \Delta T_{oi3} + \left\{\Delta T_{or} \times \left[\frac{1+R \times K_3^2}{1+R}\right]^X - \Delta T_{oi3}\right\} \times F_1(t) + \Delta T_{hi3} + \left\{H \times G_r \times K_3^Y - \Delta T_{hi3}\right\} \times F_2(t)$$

$$T_{h3>}(t) = 30 + 34,46 + \left\{55 \times \left[\frac{1+5 \times 1,0^2}{1+5}\right]^{0,8} - 34,46\right\} \times \left[1-e^{-(0,00952 \times 120)}\right] +$$

$$+ 4,4207 + \left(1,3 \times 15,2 \times 1,0^{1,3} - 4,4207\right) \times 0,681$$

$$T_{h3>}(t) = 64,46 + 20,54 \times 0,681 + 4,4207 + 15,31 \times 0,81 = 95,269 \text{ °C}$$

– Taxa de envelhecimento

De acordo com a Equação (12.44) para papéis termoestabilizados, temos:

$$\Delta V_3 = e^{\left[\frac{15.000}{110°+273} - \frac{15.000}{T_{h3>}+273}\right]} = e^{\left[\frac{15.000}{110°+273} - \frac{15.000}{95,269°+273}\right]} = e^{-1,5997} = 0,20875$$

- Ciclo 4 – intervalo: (10h – 12h) → T = 2 horas = 120 minutos (resfriamento)
  - Elevação da temperatura no ponto no topo do óleo no instante inicial do ciclo atual

  De acordo com a 3ª e a 4ª parcelas da Equação (12.46), temos:

$$\Delta T_{oi4} = \left\{\Delta T_{or} \times \left[\frac{1+R \times K_3^2}{1+R}\right]^X - \Delta T_{oi3}\right\} \times F_1(t) + \Delta T_{oi3}$$

$$\Delta T_{oi4} = \left\{55 \times \left[\frac{1+5 \times 1,0^2}{1+5}\right]^{0,8} - 34,46\right\} \times \left[1 - e^{-(0,00952 \times 120)}\right] + 34,46 = 20,54 \times 0,681 + 34,46 = 48,44 \text{ K}$$

– Elevação da temperatura no ponto mais quente do enrolamento no instante inicial do ciclo atual
De acordo com a 5ª parcela da Equação (12.46), temos:

$$\Delta T_{hi4} = \left(H \times G_r \times K_3^2 - \Delta T_{hi3}\right) \times F_2(t)$$

$$F_2(t) = \left\{2 \times \left[1 - e^{-(0,050 \times 120)}\right]\right\} - \left[1 - e^{-(0,00952 \times 120)}\right] = 1,995 - 0,680 = 1,315 \text{ K}$$

$$\Delta T_{hi4} = \left(1,3 \times 15,2 \times 1,0^{1,3} - 4,441\right) \times 1,315 = 20,14 \text{ K}$$

$$K = 1,3 \text{ (fator de carga – Tabela 12.15)}$$

– Aumento da temperatura
De acordo com a Equação (12.46), temos:

$$T_{hi4>}(t) = T_a + \Delta T_{oi4} + \left\{\Delta T_{or} \times \left[\frac{1+R \times K_4^2}{1+R}\right]^X - \Delta T_{oi4}\right\} \times F_1(t) + \Delta T_{hi4} + \left\{H \times G_r \times K_4^Y - \Delta T_{hi4}\right\} \times F_2(t)$$

$$T_{h4>}(t) = 30 + 48,44 + \left\{55 \times \left[\frac{1+5 \times 1,3^2}{1+5}\right]^{0,8} - 48,44\right\} \times \left[1 - e^{-(0,00952 \times 120)}\right] +$$

$$+ 20,14 + \left\{1,3 \times 15,2 \times 1,3^{1,3} - 20,14\right\} \times \left[1 - e^{-(0,00952 \times 120)}\right]$$

$$T_{h4>}(t) = 78,44 + 30,66 \times 0,680 + 20,14 + 7,65 \times 0,68 = 124,63 \text{ °C}$$

– Taxa de envelhecimento
De acordo com a Equação (12.44), temos:

$$\Delta V_4 = e^{\left[\frac{15.000}{110° + 273} - \frac{15.000}{T_{h4>} + 273}\right]} = e^{\left[\frac{15.000}{110° + 273} - \frac{15.000}{124,63° + 273}\right]} = e^{-1,4098} = 0,23670$$

- Ciclo 5 – intervalo: (12h – 20h) → T = 8 horas = 480 minutos (resfriamento)
  – Elevação da temperatura no ponto no topo do óleo no instante inicial do presente ciclo

$$\Delta T_{oi5} = \left\{\Delta T_{or} \times \left[\frac{1+R \times K_4^2}{1+R}\right]^X - \Delta T_{oi4}\right\} \times F_1(t) + \Delta T_{oi4}$$

$$\Delta T_{oi5} = \left\{55 \times \left[\frac{1+5 \times 1,3^2}{1+5}\right]^{0,8} - 48,35\right\} \times \left[1 - e^{-(0,00952 \times 120)}\right] + 48,35 = 30,752 \times 0,681 + 48,35 = 69,29 \text{ K}$$

– Elevação da temperatura no ponto mais quente do enrolamento no instante inicial do ciclo atual
De acordo com a 5ª parcela da Equação (12.46), temos:

$$\Delta T_{hi5} = \left(H \times G_r \times K_4^Y - \Delta T_{hi4}\right) \times F_2(t)$$

$$F_2(t) = \left\{2 \times \left[1 - e^{-(0,050 \times 120)}\right]\right\} - \left[1 - e^{-(0,00952 \times 120)}\right] = 1,995 - 0,681 = 1,314 \text{ K}$$

$$\Delta T_{hi5} = \left(1,3 \times 15,2 \times 1,3^{1,3} - 20,14\right) \times 1,314 = 10,054 \text{ K}$$

$$K_5 = 0,65 \text{ (fator de carga – Tabela 12.15)}$$

– Diminuição da temperatura
De acordo com a Equação (12.47), temos:

$$T_{h5<}(t) = T_a + \Delta T_{or} \times \left[\frac{1+R \times K_5^2}{1+R}\right]^X + \left\{\Delta T_{oi5} - \Delta T_{or} \times \left[\frac{1+R \times K_5^2}{1+R}\right]^X\right\} \times F_3(t) + H \times G_r \times K_5^Y$$

$$T_{h5<}(t) = 30 + 55 \times \left[\frac{1+5 \times 0{,}65^2}{1+5}\right]^X + \left\{69{,}29 - 55 \times \left[\frac{1+5 \times 0{,}65^2}{1+5}\right]^{0{,}8}\right\} \times e^{-(0{,}00952 \times 480)} + 1{,}3 \times 15{,}2 \times 0{,}65^{1{,}3}$$

$$T_{h5<}(t) = 30 + 32{,}53 + (69{,}29 - 32{,}53) \times 0{,}1036 + 11{,}28 = 77{,}61\ °C$$

– Taxa de envelhecimento

De acordo com a Equação (12.44), temos:

$$\Delta V_5 = e^{\left[\frac{15.000}{110°+273} - \frac{15.000}{T_{h>}+273}\right]} = e^{\left[\frac{15.000}{110°+273} - \frac{15.000}{77{,}61°+273}\right]} = e^{-3{,}6695} = 0{,}02555$$

- Ciclo 6 – intervalo: (20h – 24h) → $T = 4$ horas = 240 minutos (resfriamento)
  – Elevação da temperatura no ponto no topo do óleo no instante inicial do presente ciclo
  De acordo com a Equação (12.46), temos:

$$\Delta T_{oi6} = \left\{\Delta T_{or} \times \left[\frac{1+R \times K_5^2}{1+R}\right]^X - \Delta T_{oi5}\right\} \times F_1(t) + \Delta T_{oi5}$$

$$\Delta T_{oi6} = \left\{55 \times \left[\frac{1+5 \times 0{,}65^2}{1+5}\right]^{0{,}8} - 69{,}29\right\} \times \left[1 - e^{-(0{,}00952 \times 480)}\right] + 69{,}29 = -36{,}756 \times 0{,}989 + 69{,}29 = 33{,}92\ K$$

– Elevação da temperatura no ponto mais quente do enrolamento no instante inicial do ciclo atual

De acordo com a 5ª parcela da Equação (12.46), temos:

$$\Delta T_{hi6} = \left(H \times G_r \times K_5^2 - \Delta T_{hi5}\right) \times F_2(t)$$

$$F_2(t) = \left\{2 \times \left[1 - e^{-(0{,}050 \times 480)}\right]\right\} - \left[1 - e^{-(0{,}00952 \times 480)}\right] = 2 - 0{,}989 = 1{,}1011\ K$$

$$\Delta T_{hi6} = \left(1{,}3 \times 15{,}2 \times 0{,}65^{1{,}3} - 10{,}054\right) \times 1{,}011 = 1{,}24645\ K$$

$$K_6 = 0{,}45\ \text{(fator de carga – Tabela 12.15)}$$

– Diminuição da temperatura

De acordo com a Equação (12.47), temos:

$$T_{h<}(t) = T_a + \Delta T_{or} \times \left[\frac{1+R \times K_6^2}{1+R}\right]^X + \left\{\Delta T_{oi6} - \Delta T_{or} \times \left[\frac{1+R \times K_6^2}{1+R}\right]^X\right\} \times F_3(t) + H \times G_r \times K_6^{1{,}3}$$

$$T_{h6>}(t) = 30 + 55 \times \left[\frac{1+5 \times 0{,}45^2}{1+5}\right]^{0{,}8} + \left\{33{,}92 - 55 \times \left[\frac{1+5 \times 0{,}45^2}{1+5}\right]^{0{,}8}\right\} \times e^{-(0{,}00952 \times 240)} + 1{,}3 \times 15{,}2 \times 0{,}45^{1{,}3}$$

$$T_{h6>}(t) = 30 + 22{,}952 + (33{,}92 - 22{,}952) \times 0{,}10179 + 6{,}9978 = 61{,}066\ °C$$

– Taxa de envelhecimento

De acordo com a Equação (12.44), temos:

$$\Delta V_6 = e^{\left[\frac{15.000}{110°+273} - \frac{15.000}{T_{h6>}+273}\right]} = e^{\left[\frac{15.000}{110°+273} - \frac{15.000}{61{,}066°+273}\right]} = e^{-5{,}7368{2}} = 0{,}00323$$

b) Cálculo da perda de vida do transformador

De acordo com a Equação (12.51), temos:

$$PV = \sum_{n=1}^{N} T_{env} \times \Delta T$$

$PV = 0,00201 \times 180 + 0,02383 \times 300 + 0,20875 \times 120 + 0,23670 \times 120 + 0,02555 \times 480 + 0,00323 \times 240$

$PV = 0,36180 + 7,1490 + 25,0500 + 28,40400 + 6,02640 + 0,77520 = 67,77$ minutos

Logo, a perda de vida do transformador no período de 24 horas operando na curva de carga dada na Figura 12.76 é de 67,77 minutos, ou seja, 1,1295 hora ou, ainda, 0,0470 dia. A vida esperada para um transformador é de 65.000 horas ou 2.708 dias equivalentes a 7,42 anos, considerando a isolação a 50% da resistência à tração inicial da isolação.

c) Cálculo da curva de carga média

De acordo com Equação (12.43), temos:

$$C_{eq} = \sqrt{\frac{P_1^2 \times T_1 + P_2^2 \times T_2 + P_3^2 \times T_3 + \ldots P_n^2 \times T_n}{T_1 + T_2 + T_3 \ldots T_n}}$$

$$C_{eq} = \sqrt{\frac{9^2 \times 3 + 14^2 \times 5 + 20^2 \times 2 + 26^2 \times 2 + 13^2 \times 8 + 9^2 \times 4}{3 + 5 + 2 + 2 + 8 + 4}} = \sqrt{\frac{5.051}{24}} = 14,5 \text{ MVA}$$

12.4.13 Refrigeração do local de instalação do transformador

Todo transformador dissipa potência interna em forma de calor, que é transferido ao meio ambiente onde está instalado, através dos seus elementos de refrigeração, que podem ser a própria carcaça do equipamento, com os radiadores nela instalados, ou ainda os ventiladores a eles acoplados. Pode-se, facilmente, perceber que é necessário retirar esse calor do recinto para que o transformador não seja prejudicado com a elevação de temperatura do meio ambiente que pode prejudicar a sua vida útil.

Dessa forma, os cubículos de transformação devem conter aberturas de ventilação necessárias para permitir a passagem do ar quente para o meio exterior.

Como já se viu anteriormente, o calor gerado durante a operação de um transformador se deve às perdas de energia no núcleo de ferro e nos enrolamentos de cobre do transformador.

Uma regra simples, porém imprecisa, para se determinar as aberturas de ventilação, mas muito utilizada, é considerar 0,30 m² de abertura para cada 100 kVA de potência de transformação instalada.

As janelas de ventilação devem ser construídas em posições opostas, sendo uma aproximadamente a 20 cm do piso e outra cerca de 10 cm abaixo do teto, conforme se mostra na Figura 12.77. Dessa maneira, o ar frio é conduzido segundo a trajetória mostrada na mesma figura, atingindo o tanque do transformador, aquecendo-se e saindo pelo canal de ventilação oposto.

Para calcular a área de ventilação necessária em um cubículo de transformação, pode-se aplicar o monograma da Figura 12.78, cujos valores dimensionais podem ser conhecidos na Figura 12.77:

P – potência a ser dissipada do interior do cubículo, em kW;

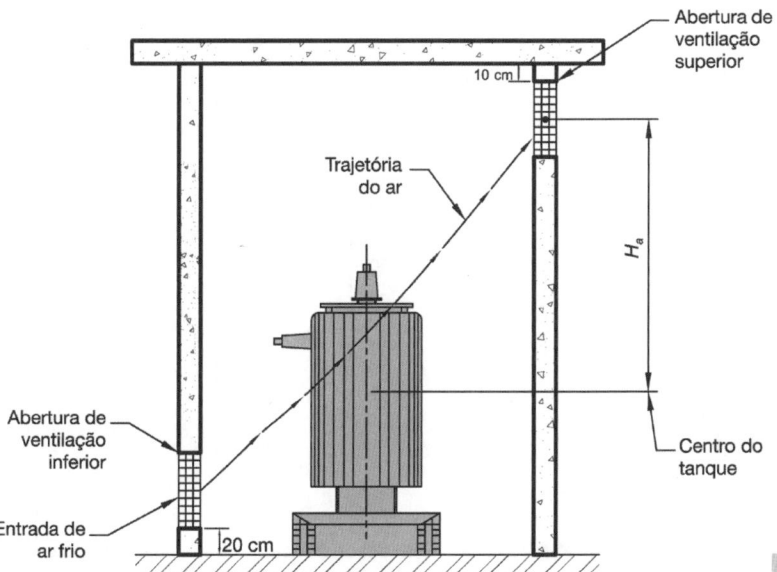

FIGURA 12.77 Correntes de ar natural de um cubículo.

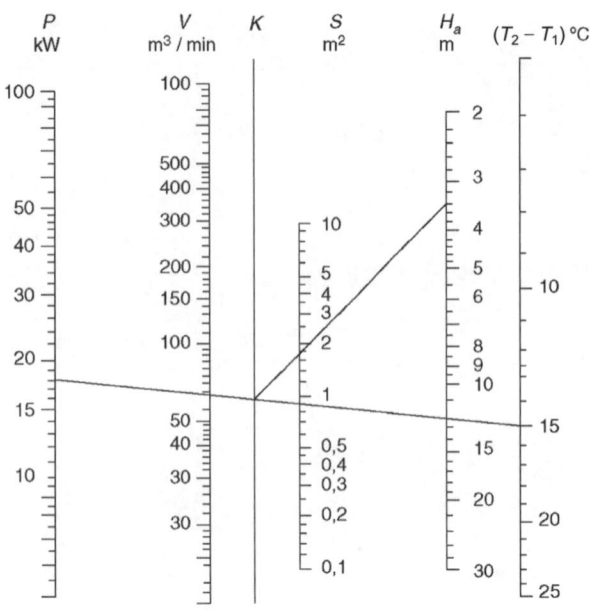

FIGURA 12.78 Monograma para determinação da área de ventilação.

V – volume de ar necessário para ventilação do cubículo, em m³/min;
S – seção de abertura de ventilação, em m²;
H_a – diferença entre o centro do transformador até a abertura superior de ventilação, em m;
T_1 – temperatura do ar externo (aquele que vai penetrar na abertura de ventilação inferior), em °C;
T_2 – temperatura do ar que sai na abertura de ventilação superior, em °C.

Além do gráfico anteriormente mencionado, as aberturas de ventilação podem ser determinadas pelo seguinte método:

a) Volume de ar necessário para dissipar as perdas internas do transformador:

$$V_{ar} = \frac{P_{fe} + P_{cu} + P_a}{1{,}16 \times (T_2 - T_1)} \, (\text{m}^3/\text{s}) \quad (12.52)$$

P_{fe} – total das perdas no ferro dos transformadores instalados no cubículo, em kW;
P_{cu} – total das perdas no cobre dos transformadores instalados no cubículo, em kW;
$(T_2 - T_1)$ – elevação de temperatura permitida no interior do cubículo;
P_a – perdas adicionais, relativas aos equipamentos que normalmente são instalados no interior da subestação, tais como o disjuntor de proteção geral primária, transformadores de corrente e potencial para a medição, e muitas vezes o próprio Quadro Geral de Força. O valor de P_a é bastante variável em função do que está instalado no interior do cubículo. Pode-se admitir, com certa aproximação, que os transformadores de medida e o disjuntor, todos da classe 15 kV, dissipam cerca de 0,16 kW de potência. Quanto ao QGF, as perdas são função da quantidade de equipamentos instalados no seu interior.

É importante frisar que a Equação (12.57) supõe condições de temperatura ambiente de 35 °C, à pressão atmosférica ao nível do mar, ou seja, 760 mmHg.

b) Quantidade de kcal/h acumulada no recinto da subestação em função de um diferencial de temperatura de 35 °C.

O ábaco da Figura 12.79 fornece a quantidade de kcal/h acumulada, ou a potência correspondente em kW quando existe uma diferença de temperatura de 35 °C entre o meio externo e o ar no interior de um recinto. Esse calor deve ser adicionado à potência normalmente dissipada pelos equipamentos elétricos instalados no interior do recinto mencionado. O total do calor deve agora ser transferido para o meio exterior, de forma a manter um diferencial de temperatura o menor possível entre o ambiente externo e o interior da subestação considerada. Essa solução é mais completa, pois é grande a quantidade de calor gerada no interior da subestação devido a um diferencial de temperatura, o que não ocorre na solução anterior.

As escalas do ábaco mencionado correspondem às seguintes variáveis:

- Escala A

(1) construção em alvenaria com paredes de dupla espessura ou concreto armado, dotada de aberturas com área suficiente para circulação do ar refrigerante;

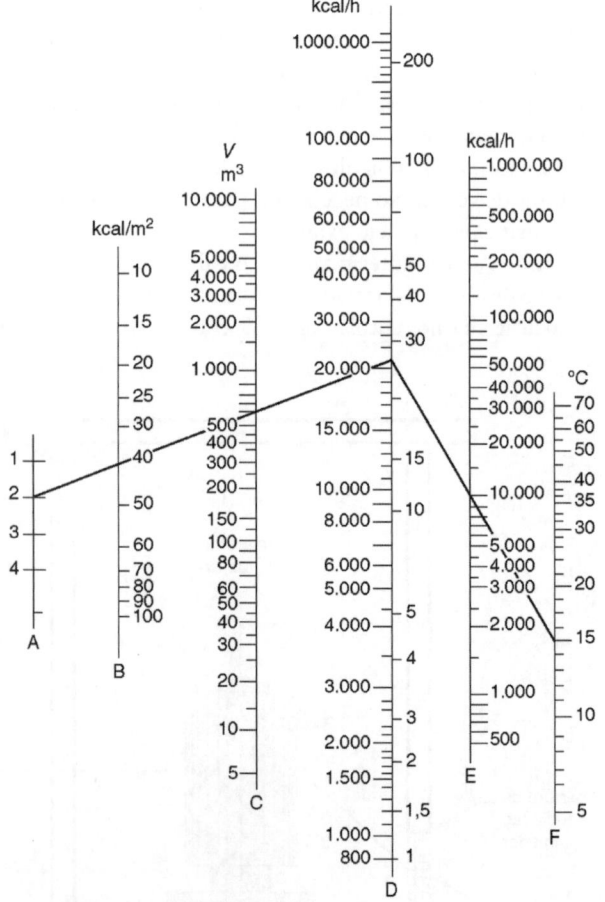

FIGURA 12.79 Quantidade de kcal/h acumulada no cubículo em função do diferencial de temperatura.

(2) construção em alvenaria com paredes simples, dotada de aberturas com área de circulação do ar refrigerante;

(3) construção em alvenaria de paredes de dupla espessura ou concreto armado com deficiência de circulação natural do ar refrigerante;

(4) construção em alvenaria com paredes simples com deficiência de circulação natural do ar refrigerante.

- Escala B: quantidade de calorias em kcal/m³ necessária para ser retirada para uma diferença de temperatura entre o meio externo e o interno da subestação de 35 °C, isto é, $(T_2 - T_1) = 35$ °C.
- Escala C: volume do ambiente da subestação, em m³.
- Escala D: quantidade total do calor acumulado em kcal/h, ou potência correspondente em kW, no interior do ambiente, em função somente do diferencial de temperatura de 35 °C, entre o meio externo e o interno.
- Escala E: quantidade total de calorias, em kcal/h, considerando-se que a diferença de temperatura seja diferente de 35 °C.
- Escala F: diferença de temperatura $(T_2 - T_1)$ que se deseja manter entre o meio externo e o interior da subestação.

Muitas vezes é necessário se retirar, artificialmente, determinada quantidade de calor do interior da subestação, o que pode ser feito por meio de exaustores. A Tabela 12.16 fornece, aproximadamente, a capacidade que devem ter os exaustores para retirar do interior do recinto uma quantidade de potência dissipada em kW, a fim de manter um diferencial de temperatura de cerca de 15 °C.

Se desejar utilizar aparelhos de ar-condicionado para a refrigeração do interior da subestação, pode-se empregar a Tabela 12.17. Algumas vezes isso é necessário, quando não se dispõe de área para localização da subestação que permita a circulação de ar natural, como a construção de subestação em subsolos de edificações.

c) Área de ventilação superior (saída de ar quente)

Pode ser dada pela Equação (12.53), ou seja:

$$A_s = \frac{V_{ar}}{V_s} \times 1,10 \ (\text{m}^2) \qquad (12.53)$$

V_{ar} – volume do ar necessário para a ventilação do cubículo, calculado pela Equação (12.52);

TABELA 12.16 Dimensionamento de exaustores $(T_2 - T_1)$

Perdas a dissipar (kW)	Vazão dos exaustores m³/min
1,60	6
2,17	12
2,70	16
3,70	27
4,82	38
7,70	67
10,50	95
14,00	128
20,00	188

TABELA 12.17 Potência em kW de condicionadores de ar

Tipo janela			Minicentrais e centrais		
Capacidade nominal		Potência	Capacidade nominal		Potência
BTU/h	kcal/h	kW	TR/h	kcal/h	kW
7.100	1.775	1,10	3	9.000	5,2
8.500	2.125	1,50	4	12.000	7,0
10.000	2.500	1,65	5	15.000	8,7
12.000	3.000	1,90	6	18.000	10,4
14.000	3.500	2,10	7,5	22.500	13,0
18.000	4.500	2,85	8	24.000	13,9
21.000	5.250	3,08	10	30.000	18,9
27.500	6.875	3,70	12,5	37.500	21,7
30.000	7.500	4,00	15	45.000	26,0
Nota: 1 TR/h = 12.000 BTU/h			17	51.000	29,5
			20	60.000	34,7

V_s – velocidade do ar de refrigeração, em m/s. Essa velocidade pode ser determinada a partir da Tabela 12.18, considerando-se uma elevação de temperatura permissível no interior do cubículo de transformação ($T_2 - T_1$) igual a 20 °C e uma diferença entre o centro do tanque do transformador e a abertura superior H_a, variável.

A constante 1,10 da Equação (12.53) representa o acréscimo de área da abertura para compensar as obstruções referentes às telas metálicas de proteção cuja malha não deve ser inferior a 12 mm.

Deve-se considerar, também, que as paredes do cubículo dissipam calor para o meio exterior, o que a Equação (12.52) não levou em conta, propiciando, dessa forma, uma área de ventilação inferior àquela normalmente requerida. Para determinar as perdas dissipadas pelas paredes, pode-se aplicar a Equação (12.54):

$$P_p = K \times S \times (T_2 - T_1) \quad (12.54)$$

P_p – perdas dissipadas pelas paredes, em kW;
S – superfície do cubículo que contribui com a dissipação das perdas geradas internamente, em m²;
K – condutividade térmica (kW/m².°C):
$K = 0{,}002$ – paredes de alvenaria e teto de concreto;
$K = 0{,}005$ – paredes metálicas.

Para um cálculo mais preciso, na Equação (12.52) deve-se subtrair as perdas dissipadas pelas paredes do cubículo, o que resulta na Equação (12.55):

$$V_{ar} = \frac{\left(P_{fe} + P_{cu} + P_a\right) - P_p}{1{,}16 \times \left(T_2 - T_1\right)} (m^3/s) \quad (12.55)$$

É interessante observar que, se o cubículo é construído em locais elevados onde a pressão atmosférica é inferior a 760 mmHg (= 1.013 bar), o volume de ar deve ser corrigido pela Equação (12.56):

$$V_c = V_{ar} \times \frac{P_b}{1{,}013} (m^3/s) \quad (12.56)$$

P_b – pressão atmosférica do local de instalação do cubículo de transformação, em bar.

d) Área de ventilação inferior (entrada do ar refrigerante)

Como o volume do ar frio é inferior ao ar aquecido, a janela de entrada de ar refrigerante pode ter uma área inferior à janela superior, destinada à saída do ar:

$$A_i = 0{,}90 \times \frac{V_{ar}}{V_s} \times 1{,}10 \, (m^2) \quad (12.57)$$

A_i – área da abertura de entrada, em m².

Considerando-se o efeito de obstrução da tela metálica de proteção, que corresponde aproximadamente a 10% da área total, a abertura de entrada deve ser dada na Equação (12.58), ou seja:

$$A_i = \frac{V_{ar}}{V_s} (m^2) \quad (12.58)$$

Muitas vezes, pode-se querer calcular a Equação (12.55) em m³/min, o que pode ser feito pela Equação (12.59):

$$V_{ar} = \frac{\left(P_{fe} + P_{cu} + P_a\right) - P_p}{0{,}0193 \times \left(T_2 - T_1\right)} (m^3/min) \quad (12.59)$$

TABELA 12.18 Velocidade do ar de refrigeração para ($T_2 - T_1$)

Diferença H_a	Velocidade de saída m/s	Diferença H_a	Velocidade de saída m/s
3	0,81	12	1,66
4	0,94	14	1,79
5	1,07	16	1,9
6	1,18	18	2,05
7	1,28	20	2,15
8	1,35	22	2,22
9	1,44	24	2,34
10	1,51	26	2,44

EXEMPLO DE APLICAÇÃO (12.16)

Calcule as dimensões das áreas das janelas de ventilação de uma subestação de transformação, contendo um cubículo de medição, com 2 TPs e 2 TCs, um cubículo de disjunção e dois cubículos de transformação contendo um transformador de 750 kVA e outro de 1.000 kVA. Considerando que o QGF esteja instalado no interior da subestação, admita para ele uma perda de 3,5 kW de potência dissipada.

A temperatura média do ano é de 30 °C. Admita uma elevação de temperatura máxima de 15 °C no interior da subestação. A tensão dos transformadores é de 13.800-380/220 V. Considere que a subestação tem pé-direito igual a 5,5 m e dimensões de 14,0 × 7,0 m. A subestação tem um portão de aço de 4 × 3 m, a construção das paredes é de alvenaria simples e permite fácil circulação do ar refrigerante. O teto é de concreto armado.

a) Cálculo das perdas

$$P_{fe} = 2.000 + 3.000 = 5.000 \text{ W} = 5,0 \text{ kW (Tabela 12.10)}$$

$$P_{cu} = 8.500 + 11.000 = 19.500 \text{ W} = 19,5 \text{ kW (Tabela 12.10)}$$

$$P_a = 4 \times 0,16 + 0,16 + 3,5 = 4,3 \text{ kW (perdas: TPs, TCs, cubículos e disjuntor QGF)}$$

b) Cálculo do volume de ar de refrigeração

$$V_{ar} = \frac{(P_{fe} + P_{cu} + P_a)}{1,16 \times (T_2 - T_1)} = \frac{5 + 19,5 + 4,3}{1,16 \times (45 - 30)} = 1,65 \text{ m}^3/\text{s}$$

$$T_2 - T_1 = 15 \text{ °C}$$

$$T_2 - 30 = 15$$

$$T_2 = 45 \text{ °C}$$

c) Cálculo da área necessária da abertura superior

$$A_s = \frac{V_{ar}}{V_s} \times 1,10 \text{ (m}^2\text{)}$$

Para saber o valor de V_s, é necessário conhecer a altura H_a (ver Figura 12.77). Considerando que o ponto médio do tanque do transformador de 1.000 kVA está a 90 cm do piso, a altura do ponto médio da abertura de ventilação superior seja 0,6 m do teto, a distância entre a parte superior da abertura e o teto seja de 10 cm e a largura da tela é de 0,80 m, tem-se:

$$H_a = 5,5 - (0,90 + 0,50)$$

$$H_a = 4,1 \text{ m}$$

As dimensões do transformador estão na Tabela 12.1. A partir da Tabela 12.18, a velocidade necessária de ar com circulação natural para resfriar o ambiente interior da subestação, a fim de não permitir uma elevação de temperatura superior a 15 °C, vale:

$$V_s \cong 0,94 \text{ m/s}$$

Como a Tabela 12.18 foi elaborada para $(T_2 - T_1) = 20$ °C, logo, aproximadamente, pode-se considerar a proporção:

$$K' = \frac{15}{20} = 0,75$$

Isto é, com a redução do diferencial de temperatura entre o meio ambiente interno e o externo, a velocidade do ar entre as aberturas de entrada e saída também será reduzida. Logo:

$$V_s = 0,94 \times K' = 0,94 \times 0,75 = 0,705 \text{ m/s}$$

$$A_s = \frac{V_{ar}}{V_s} \times 1,10 = \frac{1,65}{0,705} \times 1,10 = 2,57 \text{ m}$$

Como se considerou de 1,0 m a altura da abertura superior, a sua largura então vale:

$$A_s = H \times L$$

$$2,57 = 1,0 \times L$$

$$L = 2,57 \text{ m}$$

Assim, as dimensões são: altura: 1,0; largura: 2,57 m.

d) Cálculo da área necessária da abertura inferior

$$A_i = \frac{V_{ar}}{V_s} \times 1,10 = \frac{1,65}{0,705} \times 1,10 = 2,5 \text{ m}^2$$

$$A_i = H \times L$$

$$2,5 = 1,0 \times L$$

$$L = 2,5 \text{ m}$$

Assim, as dimensões são: altura: 1,0; largura: 2,5 m

Se for considerada a contribuição das paredes na dissipação do calor, pode-se aplicar a Equação (12.54), ou seja:

$$P_p = K \times S \times (T_2 - T_1)$$

$$K_1 = 0,002$$

$$K_2 = 0,005$$

$$S_1 = (S_{pc} \times 2 + S_{pl} \times 2) \times H_{se} + S_{teto} - S_{por} - S_{jan}$$

$$S_1 = (14 \times 2 + 7 \times 2) \times 5,5 + (14 \times 7) - 4 \times 3 - (2,5 \times 1 + 2,57 \times 1) = 312 \text{ m}^2$$

S_1 – área de contribuição das paredes e teto;
S_{pc} – área da parede no sentido do comprimento da subestação;
S_{pl} – área da parede no sentido da largura da subestação;
H_{se} – altura da subestação;
S_{teto} – área do teto;
S_{jan} – área das janelas superior e inferior;

$$S_{por} = 4 \times 3 = 12 \text{ m}^2$$

S_{por} – área de contribuição do portão de ferro.

$$P_p = (K_1 \times S_1 + K_2 \times S_2) \times (T_2 - T_1)$$
$$P_p = (0,002 \times 312 + 0,005 \times 12) \times 15$$
$$P_p = 10,2 \text{ kW}$$

O volume de ar necessário nessa condição vale, de acordo com a Equação (12.59):

$$V_{ar} = \frac{(P_{fe} + P_{cu} + P_a) - P_p}{1,16 \times (T_2 - T_1)} = \frac{(5 + 19,5 + 4,3) - 10,2}{1,16 \times (45 - 30)}$$

$$V_{ar} = 1,06 \text{ m}^3/\text{s}$$

As novas dimensões da janela de ventilação superior serão:

$$A_s = \frac{V_{ar}}{V_s} \times 1,10 = \frac{1,06}{0,705} \times 1,10$$

$$A_s = 1,65 \text{ m}^2$$

$$1,65 = H \times L = 1 \times L$$

$$L = 1,65 \text{ m}$$

Assim, as dimensões são: altura: 1,0; largura: 1,65 m.

Para abertura da ventilação inferior, tem-se:

$$A_i = \frac{V_{ar}}{V_s} = \frac{1,06}{0,705} = 1,50 \text{ m}^2$$

$$1,50 = H \times L = 1 \times L$$

$$L = 1,50 \text{ m}$$

Assim, as dimensões são: altura: 1,0; largura: 1,50 m.

Para conferir os resultados, pode-se utilizar o ábaco da Figura 12.78, ou seja:

$$P = 5 + 19,5 + 4,3 - 10,2 = 18,6 \text{ kW}$$

$$H_a = 3,5 \text{ m}$$

$$T_2 - T_1 = 15 \text{ °C}$$

Com esses dados se deseja saber o volume de ar necessário e a área de abertura de ventilação. Deve-se assim proceder: com os valores de $P = 18,6$ kW e $(T_2 - T_1) = 15$ °C, ligam-se esses pontos, obtendo-se o valor de $V \cong 60$ m³/min. A partir da interseção dessa reta com a vertical K, une-se esse ponto ao valor $H_a = 3,5$ m, obtendo-se $S = 1,80$ m². Sendo $H = 1,0$ m, tem-se:

$$A_i = H \times L$$
$$1,80 = 1,0 \times L$$
$$L = 1,80 \text{ m}$$

Para se comparar o volume do ar de circulação obtido no gráfico com o valor calculado, tem-se, de acordo com a Equação (12.59):

$$V_{ar} = \frac{(P_{fe} + P_{cu} + P_a) - P_p}{0,0193 \times (T_2 - T_1)} = \frac{(5 + 19,5 + 4,3) - 10,2}{0,0193 \times 15}$$

$V_{ar} = 64,2$ m³/min ($\cong 60$ m³/min), de acordo com o gráfico da Figura 12.78.

Considere, agora, outra solução fundamentada na quantidade de calor devido ao diferencial de temperatura do meio externo e interno e determine as dimensões das aberturas de ventilação inferior e superior. Nesse caso, basta calcular a potência dissipada no interior da subestação e adicionar as perdas devidas aos equipamentos elétricos, aplicando-se a Equação (12.59). Essa solução é mais completa.

Inicialmente, usa-se o ábaco da Figura 12.79, adotando o seguinte procedimento:

- ligar o ponto 2 (construção de alvenaria de paredes simples e de boa circulação de ar) da escala A ao ponto da escala C que representa o volume do ambiente interno da subestação, que no caso vale:

$$V_r = 5,5 \times 14 \times 7 = 539 \text{ m}^3$$

- obtém-se na escala B a quantidade de kcal/m³ gerada no interior da subestação devido a um diferencial de temperatura de 35 °C, cujo valor é de 39 kcal/m³;
- obtém-se na escala D a quantidade de kcal/h (22.000 kcal/h) equivalente a uma dissipação térmica de 25,5 kW, devido a um diferencial de temperatura entre o meio externo e interno de 35 °C;
- como se deseja, nesse caso, que este diferencial não ultrapasse o valor de 15 °C, isto é, $(T_2 - T_1) = 15$ °C, deve-se corrigir o valor do diferencial de 35 °C, ligando-se o ponto de 25,5 kW da escala D ao ponto de 15 °C na escala F;
- obtém-se na escala E o novo valor da quantidade de calor gerado no interior da subestação, que é de 9.000 kcal/h, relativa a um diferencial de temperatura de 15 °C. Sabendo que 1 kcal/h = $1,16 \times 10^{-3}$ kW, tem-se que a potência equivalente dissipada é de:

$$P = 9.000 \times 1,16 \times 10^{-3} = 10,44 \text{ kW}$$

Para se calcular o volume de ar de refrigeração a circular, deve-se aplicar a Equação (12.55):

$$V_{ar} = \frac{(P_{fe} + P_{cu} + P_a) - P_p}{1,16 \times (T_2 - T_1)} \text{ (m}^3/\text{s)}$$

Desse modo, às perdas adicionais devem-se somar as perdas geradas no interior da subestação devido ao diferencial de temperatura interna-externa, de 15 °C, ou seja:

$$V_{ar} = \frac{(5 + 19,5 + 4,3 + 10,44) - 10,2}{1,16 \times (45 - 30)} = 1,66 \text{ m}^3/\text{s}$$

Logo, as aberturas superiores e inferiores valem:

$$A_s = \frac{V_{ar}}{V_s} \times 1,10 = \frac{1,66}{0,705} \times 1,10 = 2,6 \text{ m}^2$$

$V_s = 0,705$ m/s (valor já corrigido e anteriormente calculado)

$$A_s = 2,6$$
$$A_s = H \times L$$
$$2,6 = 1,0 \times L$$
$$L = 2,6 \text{ m}$$

Assim, as dimensões são: altura: 1,0; largura: 2,6 m

$$A_i = \frac{V_{ar}}{V_s} = \frac{1,65}{0,705} = 2,3 \text{ m}^2$$

$$A_i = H \times L$$

$$2,3 = 1,0 \times L$$

$$L = 2,3 \text{ m}$$

Logo, as dimensões são: altura: 1,0; largura: 2,3 m

Se fossem utilizados exaustores na subestação, em vez das aberturas de ventilação, seria possível calcular a sua capacidade através da Tabela 12.16, ou seja:

• Perdas a dissipar

$$P_d = (5 + 19,5 + 4,3 + 10,44 - 10,2) = 29 \text{ kW}$$

• Adotando-se exaustores comerciais de 67 m³/min, serão necessárias 4 unidades, ou seja:

$$N_e = \frac{29}{7,70} = 3,7 \rightarrow N_e = 4$$

Se fossem utilizados aparelhos de ar-condicionado, a sua capacidade poderia ser calculada pela Tabela 12.17, ou seja:

• Perdas a dissipar, em kcal/h

$$P_{kcal/h} = \frac{29}{1,16 \times 10^{-3}} = 25.000 \text{ kcal/h}$$

• Capacidade do ar-condicionado

5 unidades × 5.250 kcal/h, ou ainda:

1 unidade de 27.500 BTU/h

12.4.14 Transformador em regime de desequilíbrio

Somente há desequilíbrio de corrente em transformadores trifásicos que podem ser considerados um agrupamento de três transformadores monofásicos.

Normalmente, nos estudos de carregamento de transformadores, se considera que ele alimenta uma carga perfeitamente equilibrada, tal como são as cargas constituídas por motores trifásicos. Porém, a prática ensina que a maioria dos transformadores em operação está submetida a cargas diferentes, ligadas entre as fases, acarretando, em consequência, correntes desequilibradas. Dessa forma, para efetuar quaisquer estudos com transformadores, até então considerados alimentadores de cargas equilibradas, deve-se considerar o valor das cargas ligadas entre cada uma das fases e o neutro e o tipo de agrupamento das fases primárias e secundárias. Como na maioria dos casos os transformadores são ligados em triângulo no primário e estrela aterrada no secundário, se dará ênfase ao exame dessa alternativa.

12.4.14.1 Transformadores com ligação triângulo no primário e estrela no secundário

Observando a Figura 12.80, quando se aplica somente uma carga C_1 entre o terminal X_1 e o neutro X_0, pode-se perceber

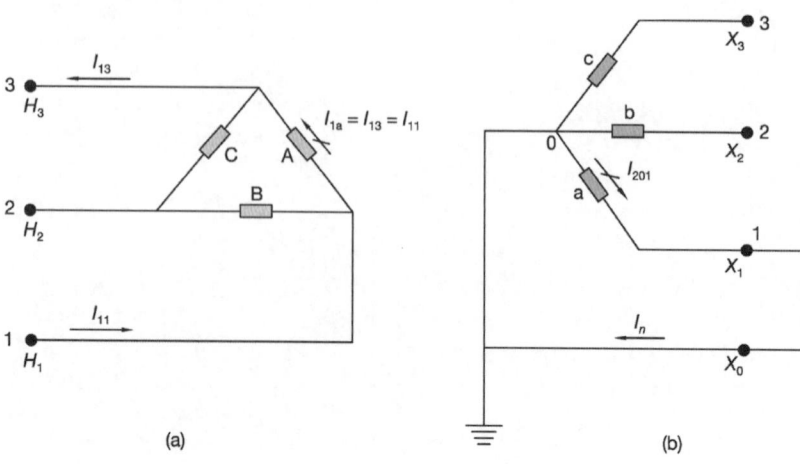

FIGURA 12.80 Transformador em regime de desequilíbrio.

que a corrente de carga I_{201} gera no enrolamento primário uma corrente correspondente de valor igual a I_{1a} que circula entre H_1 e H_3, não interferindo no enrolamento H_2.

Há de se acrescentar com relação à Figura 12.80 que o enrolamento $H_1 - H_3$ (A) envolve física e magneticamente o enrolamento $X_0 - X_1$ (a). Logo, a potência desenvolvida no secundário, $P_s = V_{s01} \times I_{201}$ corresponde à potência solicitada no enrolamento primário $P_p = V_{p13} \times I_{1a}$. Se for considerado que C_1 equivale a uma carga de 18 kW com fator de potência 0,8, a distribuição das correntes primárias e secundárias fica assim determinada, admitindo-se que seja um transformador de 13.800-380/220 V. Considera-se, também, que as perdas internas são desprezíveis, isto é:

$$P_p = P_s$$
$$V_{p13} \times I_{13} = V_{s01} \times I_{201}$$

V_{s01} – tensão secundária entre fase e neutro.

$$P_s = V_{s01} \times I_{201} = \frac{18.000}{0,8} = 22.500 \text{ VA}$$

$$I_{201} = \frac{22.500}{220} = 102,2 \text{ A}$$

$$I_{11} = \frac{V_{s01}}{V_{p13}} \times I_{201} = \frac{220}{13.800} \times 102,2$$

$$I_{11} = 1,62 \text{ A}$$
$$I_{13} = I_{11} = 1,62$$
$$I_{12} = 0 \text{ A}$$

Esse mesmo procedimento se aplica quando ocorre um curto-circuito no sistema secundário do transformador. Se a corrente de curto-circuito entre o terminal X_1 e o neutro ou a terra for, por exemplo, de 530 A, a distribuição das correntes nos terminais primários fica igual a:

$$I_{cc} = \frac{V_{s01}}{V_{p13}} \times I_{201} = \frac{220}{13.800} \times 530$$

$$I_{11} = I_{cc} = 8,44 \text{ A}$$
$$I_{12} = 0$$
$$I_{13} = I_{11} = 8,44 \text{ A}$$

No caso da ligação de uma carga entre fases, C_2, mostrada na Figura 12.81, a distribuição das correntes pode ser definida de modo semelhante. Assim, a corrente de carga I_{203}, de igual valor a I_{202}, estabelece no primário a corrente $I_c = I_{13}$, no enrolamento C, saindo no sentido de H_2.

Considerando que C_2 seja uma carga bifásica de 30 kVA, a distribuição das correntes nas fases primárias pode ser determinada de acordo com o princípio da igualdade das potências consumidas no secundário e fornecidas pelo primário:

$$P_p = P_s$$
$$V_{p23} \times I_{13} = V_{s23} \times I_{203}$$

$$I_{203} = \frac{30.000}{380} = 78,9 \text{ A}$$

$$I_c = I_{13} = \frac{V_{s23}}{V_{p23}} \times I_{203} = \frac{380}{13.800} \times 78,9 = 2,17 \text{ A}$$

$I_{13} = I_{11} = 2,17$ A (com base no mesmo procedimento)
$$I_{12} = I_{11} + I_{13} = 2,17 + 2,17 = 4,34 \text{ A}$$

Esse mesmo procedimento se aplica quando ocorre um curto-circuito monopolar entre duas quaisquer das fases. Considerando que a corrente de defeito entre os terminais $X_2 - X_3$ seja de 4.080 A, a distribuição das correntes nos terminais primários fica:

$$I_{13} = \frac{V_{s23}}{V_{p23}} \times I_{203} = \frac{380}{13.800} \times 4.800 = 132,1 \text{ A}$$

$$I_{11} = I_{13} = 132,1 \text{ A}$$
$$I_{12} = I_{11} + I_{13} = 132,1 + 132,1 = 264,2 \text{ A}$$

No caso da ligação de uma carga trifásica perfeitamente equilibrada, no secundário do transformador, as correntes nesses terminais se dividem igualmente. O mesmo caso ocorre durante um curto-circuito trifásico nos terminais secundários do transformador, em que as correntes são perfeitamente iguais, resultando no primário correntes de mesma correspondência.

12.4.14.2 Transformadores com ligação estrela no primário e no secundário

Os transformadores ligados nessa configuração, quando estão submetidos a cargas desequilibradas no seu secundário, propiciam a geração de fluxos homopolares que resultam no deslocamento do ponto neutro, conforme pode ser visto na Figura 12.82.

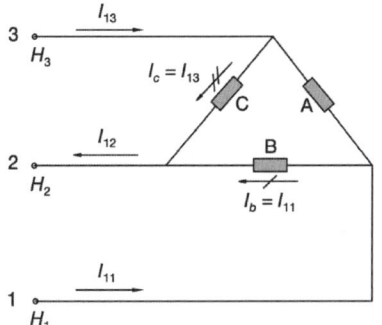
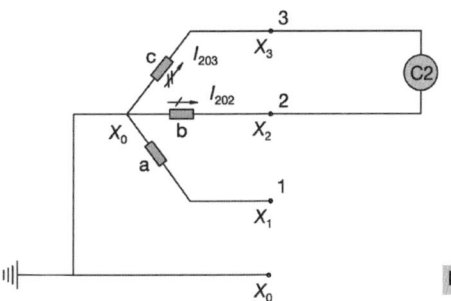

FIGURA 12.81 Transformador em regime de carga bifásica.

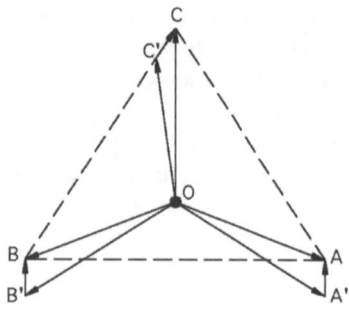

OA - OB - OC - Forças eletromotrizes resultantes; AA'-CC'- Forças eletromotrizes induzidas pelos fluxos homopolares; OA'-OB'-OC'- Forças eletromotrizes primárias a vazio.

FIGURA 12.82 Transformador estrela-estrela submetido à carga desequilibrada.

Os fluxos homopolares de natureza alternada são o resultado da falta de compensação dos ampères-espiras em cada coluna do núcleo. Esses fluxos estão em fase e em sua grande parte se fecham pela carcaça do transformador, provocando um aquecimento adicional.

Uma carga monopolar aplicada no secundário resulta em correntes desequilibradas nos enrolamentos primários. A distribuição das correntes no primário, I_{101}, I_{102} e I_{103}, é percentualmente dada em função do valor da corrente da carga secundária. Se a carga está aplicada conforme a Figura 12.83 entre a fase a e o neutro, é o seguinte o valor das correntes primárias:

$$I_{101} = -0,666 \times R \times I_{201}$$
$$I_{102} = 0,333 \times R \times I_{201} \quad (12.60)$$
$$I_{103} = 0,333 \times R \times I_{201}$$

R – relação de transformação.

Na prática, só se utilizam transformadores na ligação estrela no primário e no secundário quando o desequilíbrio de corrente não superar os 10%.

EXEMPLO DE APLICAÇÃO (12.17)

Calcule as correntes primárias em um alimentador que supre um transformador conectado em estrela no primário e no secundário, sabendo-se que na condição mais desfavorável lhe é aplicada uma carga monopolar de 60,8 kVA. O transformador tem a potência nominal de 150 kVA e tensões primária 13.800 V e secundária 380/220 V.

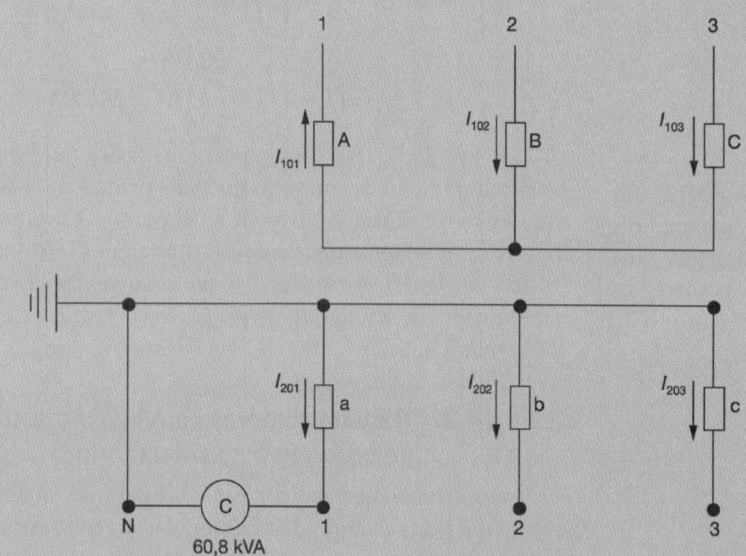

FIGURA 12.83 Transformador com ligação estrela-estrela e uma carga monofásica.

Analisando a Figura 12.83, tem-se:

$$I_{201} = \frac{P}{V_{s01}} = \frac{60,8}{0,22} = 276,3 \text{ A}$$
$$I_{202} = 0$$
$$I_{203} = 0$$

A relação nominal de transformação vale:

$$R = \frac{380}{13.800} = 0,02753$$

As correntes primárias, de acordo com as Equações (12.60), valem:

$$I_{101} = -0{,}666 \times R \times I_{201} = -0{,}666 \times 0{,}02753 \times 276{,}3$$
$$I_{101} = -5{,}06 \text{ A}$$
$$I_{102} = 0{,}333 \times R \times I_{201} = 0{,}333 \times 0{,}02753 \times 276{,}3$$
$$I_{102} = 2{,}53 \text{ A}.$$
$$I_{103} = 0{,}333 \times R \times I_{201} = 0{,}333 \times 0{,}02753 \times 276{,}3$$
$$I_{103} = 2{,}53 \text{ A}.$$

12.4.15 Operação em serviço em paralelo

Se dois ou mais transformadores de potência nominais iguais, construídos à base do mesmo projeto eletromecânico, forem postos em serviço em paralelo, a carga, para fins práticos, se distribuirá igualmente pelas referidas unidades. No entanto, considerando-se que esses transformadores tenham potências nominais iguais e impedâncias percentuais diferentes, o que constitui um caso de natureza prática muito improvável, a carga se redistribuirá diferentemente em cada unidade de transformação.

Em instalações industriais com potência nominal de até 500 kVA, se considera a instalação de um único transformador, por motivo econômico, pela importância do empreendimento e a relativa facilidade com que se pode adquirir outro transformador com esta potência no mercado, no caso de um defeito no transformador da subestação, pois é bem mais difícil a disponibilidade de unidades de transformação de maior potência, logicamente a depender do mercado local.

Em subestações de potência superior a 500 kVA, normalmente são projetados com dois transformadores operando em paralelo devido à maior segurança na continuidade de serviço, quando uma unidade de transformação apresentar um defeito.

Para que dois ou mais transformadores operem em paralelo, é necessário que tenham:

- a mesma relação de transformação nominal;
- a mesma polaridade ou deslocamento angular.

Quando dois ou mais transformadores estão em serviço em paralelo, não tendo o mesmo deslocamento angular ou a mesma sequência de fase, resultam as seguintes consequências:

- primeira condição: existirá uma diferença de potencial entre os secundários dos transformadores, propiciando uma circulação de corrente nos enrolamentos;
- segunda condição: existirá uma diferença de tensão cíclica, produzindo, também, uma circulação de corrente nos enrolamentos. Essa circulação de corrente poderá ser determinada ligando-se um voltímetro entre as fases dos transformadores, conforme mostrado na Figura 12.84.

É interessante se proceder a uma análise de paralelismo de transformadores considerando as seguintes circunstâncias:

12.4.15.1 Tensões primárias iguais e relação de transformação diferente

Considerando dois transformadores em paralelo, a corrente de circulação a vazio tomada em porcentagem da corrente nominal do transformador T_1 é dada pela Equação (12.61):

$$I_{cir} = \frac{\Delta R_{tp}}{Z_{pt1} + Z_{pt2} \times (P_{nt1}/P_{nt2})} \times 100 \text{ (\%)} \quad (12.61)$$

$$\Delta R_{tp} = \frac{R_{t2} - R_{t1}}{R_t} \times 100 \text{ (\%)} \quad (12.62)$$

$$R_t = \sqrt{R_{t1} \times R_{t2}} \quad (12.63)$$

R_{t1} – relação de transformação do transformador 1;
R_{t2} – relação de transformação do transformador 2;
R_t – relação de transformação média;
ΔR_{tp} – variação percentual das relações de transformação dos transformadores T_1 e T_2;
Z_{pt1} – impedância percentual do transformador T_1;
Z_{pt2} – impedância percentual do transformador T_2;
P_{nt1} – potência nominal do transformador T_1, em kVA;
P_{nt2} – potência nominal do transformador T_2, em kVA.

12.4.15.2 Defasagens angulares diferentes

Quando dois ou mais transformadores são postos em paralelo, é de fundamental importância que as forças eletromotrizes formadas pelos circuitos secundários sejam iguais e opostas anulando-se. Pode-se constatar, então, que na ligação de dois transformadores cujas tensões secundárias se somam a corrente de circulação se igualará à corrente de curto-circuito e é dada segundo a Equação (12.64):

$$I_{cir} = \frac{2 \times V_s}{Z_{t1} + Z_{t2}} \quad (12.64)$$

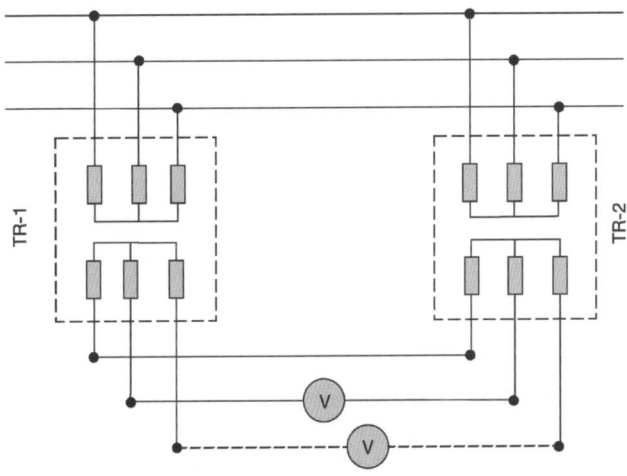

FIGURA 12.84 Medição de tensão com transformadores em paralelo.

EXEMPLO DE APLICAÇÃO (12.18)

Dois transformadores de 500 kVA-13.800/13.200-380/220 V estão em paralelo. Porém, um dos transformadores foi erradamente ligado no tape de 13.200 V, enquanto o outro se manteve no tape de 13.800 V. Calcule a corrente de circulação entre as duas unidades.

- Relações de transformação

$$R_{t1} = \frac{380}{13.800} = 0,02753$$

$$R_{t2} = \frac{380}{13.200} = 0,02878$$

- Relação de transformação média

$$R_t = \sqrt{0,02878 \times 0,02753} = 0,02814$$

- Variação da relação de transformação

$$\Delta R_{tp} = \frac{0,02878 - 0,02753}{0,02814} \times 100 = 4,44\%$$

- Corrente de circulação a vazio em porcentagem da corrente nominal do transformador T_1

$$I_{cir} = \frac{\Delta R_{tp}}{Z_{pt1} + Z_{pt2} \times (P_{nt1}/P_{nt2})}$$

$$I_{cir} = \frac{4,44}{4,5 + 4,5 \times (500/500)} \times 100 = 49,3\%$$

$Z_{pt1} \cong Z_{pt2} \geq 4,5\%$ (na realidade $Z_{pt1} > Z_{pt2}$)

$$I_{nt1} = \frac{500}{\sqrt{3} \times 0,38} = 759,6 \text{ A}$$

A corrente efetiva de circulação a vazio em ampères vale:

$$I_{cire} = \frac{49,3 \times 759,6}{100} = 374,4 \text{ A}$$

Observe que se esses transformadores operam em carga plena sofrerão um forte aquecimento, pois à corrente de circulação deve-se adicionar a corrente de carga.

I_{cir} – corrente de circulação, em A;
V_s – tensão entre os terminais secundários de fase do transformador, em V;
Z_{t1} e Z_{t2} – impedâncias dos transformadores, em Ω.

Considerando genericamente a ligação de dois transformadores em paralelo com defasagens angulares diferentes, porém com os demais parâmetros elétricos iguais, a corrente de circulação vale:

$$I_{cir} = \frac{I_{ns} \times \text{sen}(\alpha/2)}{Z_{pt1}} \times 100 \qquad (12.65)$$

I_{cir} – corrente de circulação, em A;
I_{ns} – corrente nominal secundária;
α – diferença do ângulo de defasagem entre os secundários dos dois transformadores, em graus elétricos;
Z_{pt1} – impedância percentual do transformador ($Z_{pt1} = Z_{pt2}$ $\cdots = Z_p$).

12.4.15.3 Impedâncias diferentes e potências nominais diferentes

Considerando, agora, o caso de ligação de dois ou mais transformadores em paralelo com potências nominais diferentes, que possuem impedâncias percentuais diferentes, a distribuição de carga pelas diversas unidades de transformação pode ser calculada de acordo com as Equações (12.66) dadas para o caso específico de três transformadores:

$$P_{ct1} = \frac{P_c \times P_{nt1} \times Z_{mt}}{(P_{nt1} + P_{nt2} + P_{nt3}) \times Z_{nt1}}$$

$$P_{ct2} = \frac{P_c \times P_{nt2} \times Z_{mt}}{(P_{nt1} + P_{nt2} + P_{nt3}) \times Z_{nt2}} \qquad (12.66)$$

$$P_{ct3} = \frac{P_c \times P_{nt3} \times Z_{mt}}{(P_{nt1} + P_{nt2} + P_{nt3}) \times Z_{nt3}}$$

P_{ct1}, P_{ct2}, P_{ct3} – potências de carregamento de cada transformador em paralelo, em kVA;

EXEMPLO DE APLICAÇÃO (12.19)

Calcule a corrente de circulação resultante do paralelo de dois transformadores de 500 kVA/13.800-380/220V com as ligações respectivas iguais a Dy1 e Dy5.

$$I_{nt} = \frac{500}{\sqrt{3} \times 0{,}38} = 759{,}6 \text{ A}$$

$$Dy5 \rightarrow \alpha_5 = 150°$$

$$Dy1 \rightarrow \alpha_1 = 30°$$

$$\alpha = 150 - 30 = 120°$$

$$I_{cir} = \frac{759{,}6 \times \text{sen}(120/2)}{4{,}5} \times 100 = 14.618 \text{ A}$$

No caso de dois transformadores Dd2 e Dy1, se teria:

$$Dd2 \rightarrow \alpha_2 = 60°$$

$$Dy1 \rightarrow \alpha_1 = 30°$$

$$\alpha = 60 - 30 = 30°$$

$$I_{cir} = \frac{759{,}6 \times \text{sen}(30/2)}{4{,}5} \times 100 = 4.368 \text{ A}$$

Se a diferença entre os ângulos de defasamento for nula, não haverá corrente de circulação, como no caso dos transformadores Dy1 e Yd1, ou seja:

$$Dy1 \rightarrow \alpha_1 = 30°$$

$$Yd1 \rightarrow \alpha_1 = 30°$$

$$\alpha = 30 - 30 = 0°$$

$$I_{cir} = \frac{759{,}6 \times \text{sen}(0/2)}{4{,}5} \times 100 = 0$$

No caso de dois transformadores Dy5 e Dy11, em que $\alpha = 180°$, teria-se a maior corrente de circulação, ou seja:

$$Dy5 \rightarrow \alpha_5 = 150°$$

$$Dy11 \rightarrow \alpha_{11} = -30°$$

$$\alpha = 150 - (-30) = 180°$$

$$I_{cir} = \frac{759{,}6 \times \text{sen}(180/2)}{4{,}5} \times 100 = 16.880 \text{ A}$$

Esse mesmo resultado pode ser obtido utilizando-se a Equação (12.40), como se verá adiante.

- Resistência equivalente referida ao lado primário do transformador

$$R_{ep} = \frac{P_{cu}}{I_1^2} = \frac{6.000/3}{20{,}9^2} = 4{,}57 \text{ } \Omega$$

$$P_{cu} = 6.000 \text{ W (ver Tabela 12.10)}$$

$$I_1 = \frac{500}{\sqrt{3} \times 13{,}80} = 20{,}9 \text{ A}$$

- Impedância equivalente do lado primário do transformador

$$Z_{ep} = \frac{V_{cc}}{I_p} = \frac{358{,}53}{20{,}9} = 17{,}15 \text{ } \Omega$$

$$V_{cc} = 4,5\% \times V_{np} = \frac{0,045 \times 13.800}{\sqrt{3}} = 358,53 \text{ V}$$

V_{cc} – tensão de curto-circuito.

- Reatância equivalente do lado primário do transformador

$$X_{ep} = \sqrt{Z_{ep}^2 - R_{ep}^2} = \sqrt{17,15^2 - 4,57^2} = 16,53 \text{ } \Omega$$

- Resistência equivalente do lado secundário do transformador

$$R_{es} = R_{ep} \times \left[\frac{V_2}{V_1}\right]^2 = 4,57 \times \left(\frac{380}{13.800}\right)^2 = 0,00346 \text{ } \Omega$$

- Reatância equivalente do lado secundário

$$X_{es} = X_{ep} \times \left[\frac{V_2}{V_1}\right]^2 = 16,53 \times \left(\frac{380}{13.800}\right)^2 = 0,01253 \text{ } \Omega$$

- Impedância equivalente do lado secundário

$$Z_{es} = \sqrt{0,00346^2 + 0,01253^2} = 0,01299 \text{ } \Omega$$

$$Z_{t1} = Z_{t2} = \sqrt{3} \times Z_{es} = \sqrt{3} \times 0,01299 = 0,0225 \text{ } \Omega$$

- Corrente de circulação entre os secundários dos dois transformadores

$$I_c = \frac{2 \times 380}{2 \times 0,0225} = 16.888 \text{ A}$$

Observe que esse resultado é igual ao que se obteve anteriormente.

P_c – potência demandada de carga, em kVA;
P_{nt1}, P_{nt2}, P_{nt3} – potências nominais dos transformadores em paralelo;
Z_{nt1}, Z_{nt2}, Z_{nt3} – impedâncias percentuais dos transformadores em paralelo;
Z_{mt} – impedância média dos transformadores dada pela Equação (12.67):

$$Z_{mt} = \frac{P_{nt1} + P_{nt2} + P_{nt3}}{\dfrac{P_{nt1}}{Z_{nt1}} + \dfrac{P_{nt2}}{Z_{nt2}} + \dfrac{P_{nt3}}{Z_{nt3}}} \quad (12.67)$$

12.4.15.4 Grupos de ligação e índices horários

É importante neste ponto se proceder a uma análise de paralelismo de transformadores, considerando os enquadramentos por grupo e as possibilidades das respectivas ligações, com ângulos de defasagem diferentes.

Como foi abordado anteriormente, era necessário, para que dois ou mais transformadores pudessem operar em paralelo, a igualdade de polaridade ou de defasagem angular. Porém, quando se tem transformadores com defasagens angulares diferentes, pode-se colocá-los em serviço em paralelo, desde que sejam observadas algumas condições. Para essa análise, podem-se dividir os transformadores em quatro grupos por tipo de ligação, de acordo com a Figura 12.67, ou seja:

- grupo I: índices 0, 4 e 8;
- grupo II: índices 2, 6 e 10;
- grupo III: índices 1 e 5;
- grupo IV: índices 7 e 11.

Para exemplificar, observando a Figura 12.67 identificam-se como transformadores do grupo I aqueles designados por Dd0, Dd4, Dd8, Yy0, Dz0, Dz4 e Dz8.

O estudo para verificar a possibilidade de se colocar dois ou mais transformadores em paralelo pode ser assim efetuado:

a) Transformadores de qualquer grupo de ligação com o mesmo índice

Nesse caso, não é necessário nenhum estudo preliminar, pois os transformadores podem ser ligados para operar em paralelo. Como exemplo, pode-se citar o caso de dois transformadores com o tipo de ligação Dy1, enquadrados no grupo III. Também podem ser operados em paralelo os transformadores Dd0-Yy0, ou ainda os transformadores Dy7-Yd7, e igualmente, para os demais grupos.

b) Transformadores pertencentes a determinado grupo com índices diferentes

Os transformadores nessa condição, apesar de apresentarem defasagens desiguais, diferenciam-se do mesmo número de graus elétricos de duas fases.

Para que a ligação seja efetuada, deve-se assim proceder:

- fazer a ligação dos terminais primários A_1-A_2, B_1-B_2 e C_1-C_2, no caso de dois transformadores;
- efetuar a ligação dos terminais secundários obedecendo às seguintes condições:
    - se a diferença entre os índices dos dois transformadores do mesmo grupo for 4, fazer as ligações: a_2b_1, b_2c_1 e c_2a_1, conforme a Figura 12.85;
    - se a diferença entre os índices dos dois transformadores do mesmo grupo for 8, fazer as ligações: a_2c_1, b_2a_1 e c_2b_1, conforme a Figura 12.86.

Para melhor visualização, observe as ligações mostradas na Figura 12.85, correspondentes à conexão de dois transformadores dos tipos Dd0-Dd4, em que a diferença dos índices é 4. Já na Figura 12.86, observa-se a ligação de dois transformadores, cuja diferença dos índices é 8, por exemplo, os transformadores Dd2-Dd10.

c) Transformadores pertencentes a grupos de ligação distintos

Com base no resultado da Equação (12.68), podem-se ter os seguintes casos:

$$K = \frac{A - B - 2}{4} \qquad (12.68)$$

- Se resultar $K = 0$, as ligações do paralelo se efetuam modificando duas quaisquer ligações de fase no primário do segundo transformador, de acordo com a Figura 12.87. Nas ligações secundárias invertem-se entre si os terminais correspondentes ao primário.
- Se resultar $K \neq 0$, as ligações primárias se efetuam da maneira anterior, enquanto a ligação dos terminais secundários é efetuada fazendo-se a rotação de uma posição cíclica, quando $K = 1$ ($a - b - c$ / $a - c - b$), e de duas posições para $K = 2$ ($a - b - c$ / $c - b - a$), sempre no sentido de avanço. A Figura 12.88 mostra a ligação de dois transformadores quando $K = 2$.

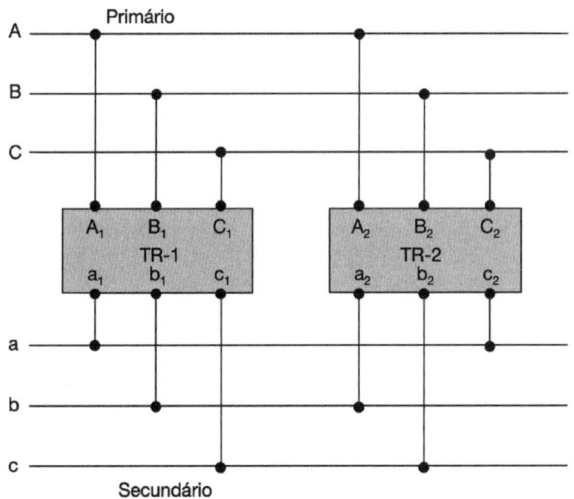

FIGURA 12.85 Transformadores em paralelo com ligação Dd0-Dd4.

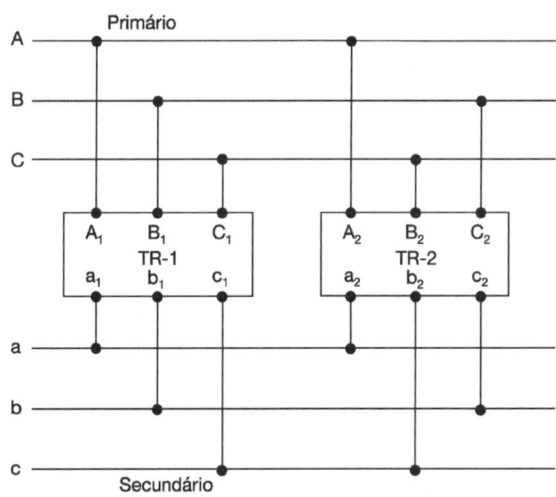

FIGURA 12.87 Transformadores em paralelo para $K = 0$ (Equação 12.68).

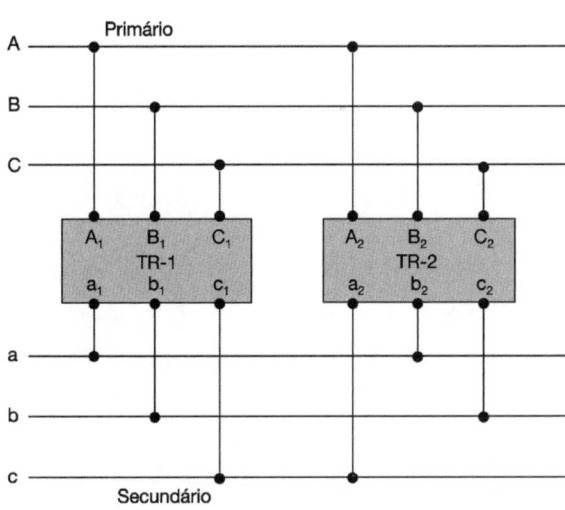

FIGURA 12.86 Transformadores em paralelo com ligação Dd2-Dd10.

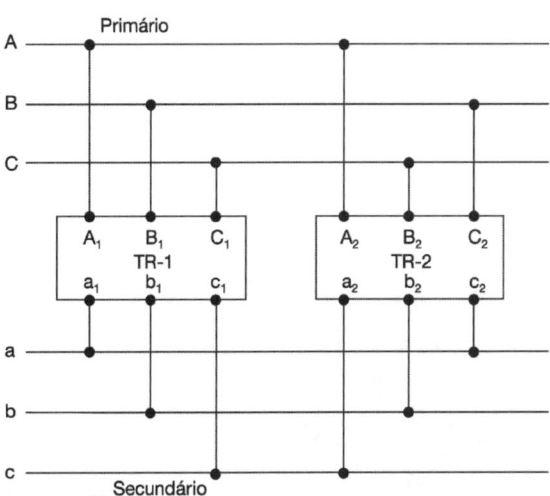

FIGURA 12.88 Transformadores em paralelo para $K \neq 0$ (Equação 12.68).

Se fossem postos dois transformadores Dy11 e Dy5 em serviço em paralelo, teríamos:

$$A = 11$$
$$B = 5$$
$$K = \frac{11 - 5 - 2}{4} = 1$$

Quando os transformadores a serem colocados em paralelo não dispõem dos grupos de ligação e nem dos índices respectivos, deve-se submetê-los a um ensaio que consiste no seguinte procedimento: ligar, aleatoriamente, à rede de energia elétrica os terminais primários dos dois transformadores. Ligar também, aleatoriamente, um terminal secundário de um transformador ao do outro, conforme se pode observar na Figura 12.89. De posse de um voltímetro que possua uma escala de alcance duplo, relativamente à tensão nominal secundária dos transformadores, procuram-se identificar dois bornes quaisquer secundários, de modo que não haja diferença de tensão entre eles e nem com os demais. Se, dessa forma, não se obtiver nenhum resultado, liga-se o primeiro borne do primeiro transformador com o segundo borne do segundo transformador, repetindo-se o procedimento da medição.

Se, por acaso, não se obtiver resultados nulos de medição, recorrer às ligações primárias, permutando as conexões dos transformadores, seguindo o mesmo procedimento com relação às medições entre os terminais secundários. Se forem esgotadas todas as hipóteses e não se obtiver nenhum resultado, pode-se concluir que os transformadores em questão não podem operar em serviço em paralelo.

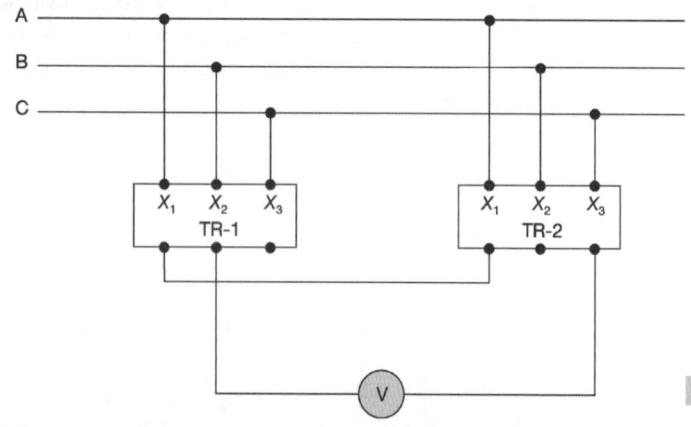

FIGURA 12.89 Teste para indicar a viabilidade de paralelismo dos transformadores.

EXEMPLO DE APLICAÇÃO (12.20)

Considere três transformadores em paralelo com as seguintes características:

- Transformador 1

$$P_{n1} = 1.000 \text{ kVA}$$
$$Z_{nt1} = 4,5\%$$

- Transformador 2

$$P_{n2} = 1.250 \text{ kVA}$$
$$Z_{nt2} = 5,0\%$$

- Transformador 3

$$P_{n3} = 1.500 \text{ kVA}$$
$$Z_{nt3} = 5,5\%$$

Sabendo-se que a demanda solicitada é de 3.800 kVA, determine a distribuição da carga pelas três unidades:

$$Z_{mt} = \frac{1.000 + 1.250 + 1.500}{\frac{1.000}{4,5} + \frac{1.250}{5,0} + \frac{1.500}{5,5}} = 5,0$$

Logo, a distribuição da carga para cada transformador vale:

$$P_{ct1} = \frac{3.800 \times 1.000 \times 5}{(1.000 + 1.250 + 1.500) \times 4,5} = 1.125 \text{ kVA}$$

$$P_{ct2} = \frac{3.800 \times 1.250 \times 5}{(1.000 + 1.250 + 1.500) \times 5,0} = 1.266 \text{ kVA}$$

$$P_{ct3} = \frac{3.800 \times 1.500 \times 5}{(1.000 + 1.250 + 1.500) \times 5,5} = 1.381 \text{ kVA}$$

Percentualmente, a distribuição das cargas vale:

$$C_1\% = \frac{1.125 - 1.000}{1.000} \times 100 = 12,5\% \text{ em sobrecarga}$$

$$C_2\% = \frac{1.266 - 1.250}{1.250} \times 100 = 1,28\% \text{ em sobrecarga}$$

$$C_3\% = \frac{1.381 - 1.500}{1.500} \times 100 = -7,93\% \text{ em subcarga}$$

Logo, as características dos transformadores não são adequadas para que eles operem em paralelo com a demanda citada.

12.4.16 Descargas parciais

Os transformadores com deficiência de projeto, defeitos de fabricação e construídos com materiais de baixa qualidade estão sujeitos a descargas parciais quando entram em operação. As descargas parciais podem se apresentar nos transformadores nas seguintes formas:

- nos pontos com elevado gradiente de tensão, superior aos limites estabelecidos, e normalmente causados por desuniformidade do campo elétrico;
- descargas na superfície dos isolantes sólidos motivadas, normalmente, por acúmulo de sujeiras.

As descargas parciais provocam degradação acelerada no papel isolante, resultando na formação de gases que podem ser absorvidos, reduzindo a vida útil do equipamento.

As descargas parciais podem ser definidas como descargas de baixa energia, contrariamente a um curto-circuito que é uma descarga de alta energia.

Para que se fabriquem transformadores de alta qualidade, a norma estabelece o ensaio de tipo de descargas parciais, cujos métodos e valores fazem parte de seu conteúdo.

12.4.17 Corrente de energização

Quando se ligam os terminais primários de um transformador, surge no sistema uma elevada corrente circulante que pode ser igual à própria corrente de curto-circuito nos terminais primários do equipamento. Em outras palavras, essa corrente, em média, é cerca de oito vezes a corrente nominal do transformador em consideração. O tempo de circulação dessa corrente é muito curto, porém deve ser levado em consideração na calibração dos dispositivos de proteção, que devem sofrer um retardo no seu tempo de disparo para essa condição particular.

Se o transformador é ligado quando a tensão está passando pelo seu valor máximo, então o fluxo ϕ e a corrente de excitação nesse momento estão no seu ponto zero. O contrário se verifica quando a tensão está no seu valor nulo no sentido ascendente. A partir desse instante, o fluxo é ascendente, proporcionando uma corrente de valor elevado.

12.4.18 Geração de harmônicos

A prática tem demonstrado que alguns aparelhos elétricos, tais como os conversores estáticos, motores, geradores e transformadores, são fontes de tensões e correntes de forte conteúdo harmônico que poluem os sistemas em que estão ligados. A esses aparelhos dá-se o nome cargas não lineares. Uma das consequências indesejáveis, devido à circulação de harmônicas, é a interferência nos circuitos de comunicação que porventura estejam instalados paralelos e próximos às redes elétricas submetidas aos efeitos de tensões e correntes harmônicas. Essa interferência se manifesta em forma de ruído nos receptores.

No caso de transformadores, os harmônicos são consequência da relação não linear entre o fluxo de magnetização e a corrente de excitação correspondente. Nessas condições são geradas a onda fundamental de frequência industrial (60 Hz) e as várias componentes harmônicas de ordem ímpar (3ª, 5ª, 7ª, 9ª etc.) destacando-se, pela importância, a harmônica de terceira ordem, devido à sua magnitude que é cerca de 40% da onda fundamental.

Ao se analisar a Figura 12.90, pode-se perceber a relação entre a corrente de magnetização na frequência fundamental,

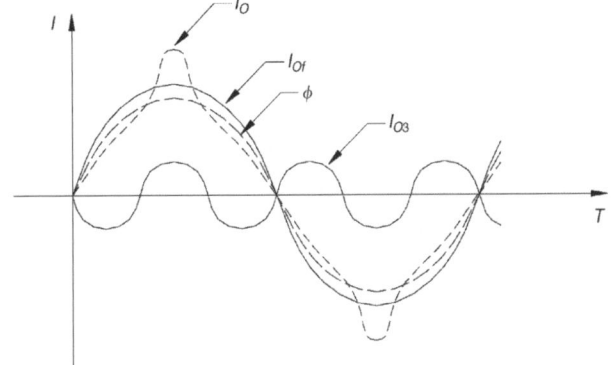

FIGURA 12.90 Corrente harmônica de 3ª ordem.

I_0, o fluxo magnetizante correspondente, ϕ, a corrente harmônica (de magnetização, I_{03}) de terceira ordem e a corrente de magnetização resultante, I_0.

A seguir, serão resumidos os efeitos práticos motivados pela circulação da onda harmônica de terceira ordem.

Os transformadores ligados em triângulo no primário geram harmônicas de terceira ordem e seus múltiplos, independentemente de estarem operando em carga ou vazio. As correntes harmônicas de terceira ordem estão em fase, cuja soma nos pontos de conexão do triângulo com os terminais da rede é nula, e, portanto, não circulam nos condutores de alimentação do transformador. Nesse caso, as correntes harmônicas circulam somente no interior do circuito em triângulo.

Os transformadores ligados em estrela não aterrada no primário não contribuem com tensões harmônicas, entre fases, de terceira ordem.

Os transformadores com ligação em triângulo no primário e estrela não aterrada no secundário proporcionam, entre cada fase e neutro, uma pequena tensão harmônica de terceira ordem. No entanto, as tensões de terceira harmônica entre as fases secundárias são nulas.

Os transformadores ligados em triângulo no primário e estrela aterrada no secundário, tendo acoplada aos seus terminais uma carga conectada em triângulo, não permitem a circulação de correntes harmônicas no circuito compreendido entre o transformador e a carga.

Os transformadores ligados em triângulo no primário e estrela aterrada no secundário, tendo acoplada aos terminais uma carga conectada em estrela, também aterrada, permitem a circulação de correntes harmônicas de terceira ordem, como se pode observar na Figura 12.91. As correntes harmônicas nas três fases são iguais e estão em fase.

Os transformadores ligados em triângulo no primário e triângulo no secundário proporcionam a circulação de correntes harmônicas de terceira ordem no interior dos respectivos enrolamentos, não circulando nos circuitos primários nem nos secundários.

Os transformadores monofásicos ligados em banco na configuração de triângulo aberto podem sofrer uma elevação de tensão nos dois terminais não conectados, cujo valor é igual à soma dos harmônicos de terceira ordem correspondentes.

12.5 AUTOTRANSFORMADOR

Autotransformador é um equipamento destinado a elevar ou reduzir a tensão, de modo semelhante a um transformador de potência, e que possui parte dos enrolamentos primários comuns aos enrolamentos secundários.

Os autotransformadores podem ser monofásicos ou trifásicos. Quando trifásicos, geralmente são ligados em estrela, podendo, no entanto, ser ligados em triângulo. A Figura 12.92 mostra o diagrama de um autotransformador monofásico. Já as Figuras 12.93 e 12.94 mostram os diagramas de autotransformadores trifásicos ligados, respectivamente, em triângulo e estrela.

Como se pode verificar, o autotransformador trifásico é formado pela composição de três autotransformadores monofásicos.

Aplicando-se uma tensão V_1 nos terminais A-B de um autotransformador monofásico, conforme a Figura 12.92, sem

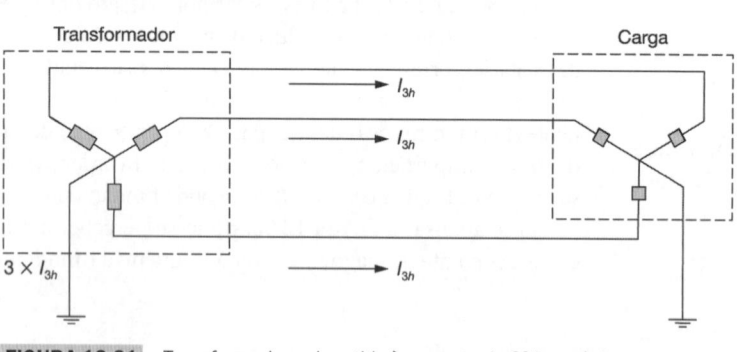

FIGURA 12.91 Transformador submetido à corrente de 3ª harmônica.

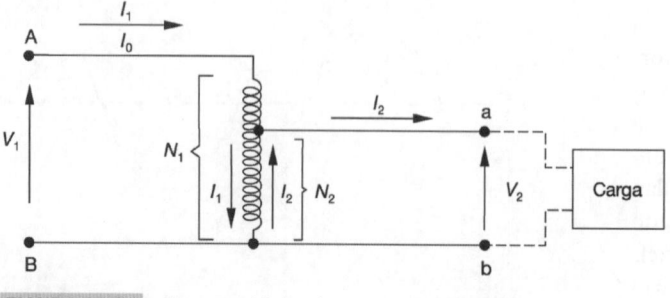

FIGURA 12.92 Esquema básico de um autotransformador.

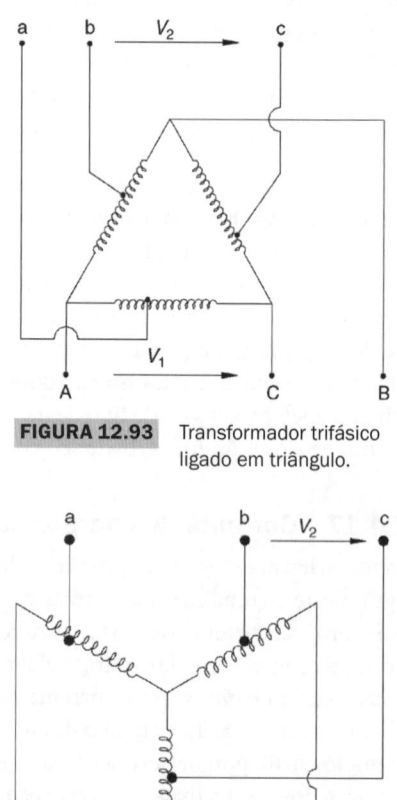

FIGURA 12.93 Transformador trifásico ligado em triângulo.

FIGURA 12.94 Transformador trifásico ligado em estrela.

nenhuma carga ligada nos terminais a-b, este absorve da linha uma corrente de valor I_0, correspondente à geração de um fluxo ϕ, que produz no mesmo enrolamento uma força eletromotriz f.e.m., E_1, que se contrapõe à tensão aplicada V_1, o que resulta em uma força eletromotriz secundária E_2. Dessa forma, fica satisfeita a expressão básica dos transformadores dada na Equação (12.8).

Considerando, agora, uma carga ligada nos terminais secundários a-b da Figura 12.92 absorvendo uma corrente I_2, resulta no enrolamento primário uma corrente I_1, composta pela corrente de excitação adicionada à corrente de reação devido à carga.

Os autotransformadores são dotados de uma estrutura magnética compatível com a dos transformadores, porém divergindo quanto à característica dos enrolamentos. Os autotransformadores apresentam custos menores, pois parte dos enrolamentos é comum ao primário e ao secundário, no caso, as espiras N_2 da Figura 12.92. Por outro lado, a seção do condutor das espiras N_2 deve ser dimensionada somente pela corrente resultante da diferença entre $I_2 - I_1$. Essa economia no peso do cobre faz com que os autotransformadores tenham custos mais reduzidos que os transformadores normais. Porém, essa vantagem tem um limite quando a relação de transformação é superior a 3.

Os autotransformadores ainda apresentam outras vantagens caracterizadas pelo melhor rendimento, já que suas perdas internas são menores. Além disso, as quedas de tensão internas são também menores, apresentando ainda correntes a vazio de valor inferior ao dos transformadores normais.

Observando a Figura 12.92, pode-se perceber que a economia no peso do cobre é inversamente proporcional à diferença entre $(V_2 - V_1)$. Quanto maior essa diferença, maior será a corrente circulante I_2, acarretando seções maiores de condutor.

Nos autotransformadores, parte da potência é transferida do primário para o secundário por condução, e a outra parte, por ação de transformação eletromagnética. A potência transferida por condução é chamada potência transformada, que serve de base para o desenvolvimento do projeto do equipamento. A potência transferida eletromagneticamente é chamada potência própria ou potência interna. A Equação (12.69) fornece o valor da potência transformada de um autotransformador monofásico:

$$P_t = I_1 \times (V_1 - V_2) \qquad (12.69)$$

Já a potência nominal ou potência própria do autotransformador monofásico é dada pela Equação (12.70).

$$P_{nat} = I_1 \times V_1 \qquad (12.70)$$

EXEMPLO DE APLICAÇÃO (12.21)

Calcule as potências transformadas de dois autotransformadores trifásicos de 300 kVA, ligação Y, sendo o primeiro de 440/380 V, e o outro, de 440/220 V, frequência 60 Hz, ligação em estrela.

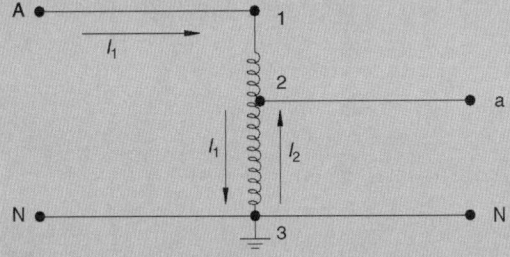

FIGURA 12.95 Autotransformador monofásico.

Tomando somente uma fase dos autotransformadores trifásicos, conforme a Figura 12.95, tem-se:

$$V_{1.1} = V_{1.2} = \frac{440}{\sqrt{3}} = 254 \text{ V}$$

$$V_{2.1} = \frac{380}{\sqrt{3}} \cong 220 \text{ V}$$

$$V_{2.2} = \frac{220}{\sqrt{3}} = 127 \text{ V}$$

$V_{1.1}$ – tensão primária (1) do autotransformador (1);

$V_{2.1}$ – tensão secundária (2) do autotransformador (1);

$V_{2.2}$ – tensão secundária (2) do autotransformador (2).

a) Autotransformador 1
- Potência nominal por fase

$$P_{at} = V_1 \times I_1 = \frac{300}{3} = 100 \text{ kVA}$$

- Potência transformada por fase

$$P_{t1} = \frac{I_1 \times (V_{1,1} - V_{2,1})}{1.000} = \frac{393,7 \times (254 - 220)}{1.000} = 13,38 \text{ kVA}$$

$$I_1 = \frac{100}{254} \times 1.000 = 393,7 \text{ A}$$

- Potência transformada trifásica

$$P_{t3} = 3 \times P_{t1} = 3 \times 13,38 = 40 \text{ kVA}$$

Observar, na Figura 12.95, que a parte dos enrolamentos responsável pela potência de transformação eletromagnética, trecho 2-3, deve ser dimensionada somente para a corrente circulante de 60,8 A, ou seja:

$$I_2 = \frac{100 \times 1.000}{220} = 454,5 \text{ A}$$

$$I_{2,3} = (I_2 - I_1) = (454,5 - 393,7) = 60,8 \text{ A}$$

Ou ainda:

$$I_{2,3} = \frac{13,38}{0,22} = 60,8 \text{ A}$$

Já a parte do enrolamento primário 1-2 deve ser dimensionada para a corrente $I_1 = 393,7$ A.

b) Autotransformador 2
- Potência nominal por fase

$$P_{nat} = I_1 \times V_1 = \frac{300}{3} = 100 \text{ kVA}$$

- Potência transformada por fase

$$I_1 = \frac{100}{254} \times 1.000 = 393,7 \text{ A}$$

$$P_{t2} = \frac{I_1 \times (V_{1,2} - V_{2,2})}{1.000} = \frac{393,7 \times (254 - 127)}{1.000} = 50 \text{ kVA}$$

- Potência transformada trifásica

$$P_{t3} = 3 \times P_{t2} = 3 \times 50 = 150 \text{ kVA}$$

A seção do condutor da parte dos enrolamentos responsável pela potência de transformação eletromagnética deve ser dimensionada somente para a corrente circulante de 393,7 A, ou seja:

$$I_{23} = (I_2 - I_1) = (787,4 - 393,7) = 393,7 \text{ A}$$

$$I_2 = \frac{100 \times 1.000}{127} = 787,4 \text{ A}$$

Como se pode notar, neste exemplo, para dois autotransformadores de uma mesma potência nominal há duas potências transformadas correspondentes. A Figura 12.96 é a representação da ligação dos transformadores em questão.

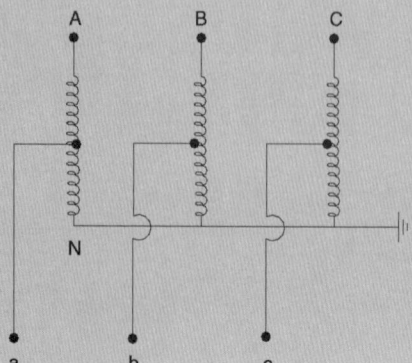

FIGURA 12.96 Esquema básico de um autotransformador trifásico.

É preciso lembrar que o projeto do transformador depende da potência transformada, e não da sua potência nominal.

Os autotransformadores apresentam uma impedância interna muito pequena, o que inicialmente parece ser uma vantagem. Porém, quando submetidos a um curto-circuito no seu secundário, a corrente correspondente assume valores muito elevados, o que pode danificá-los. É necessário, pois, indicar em sua placa o valor máximo da corrente ou potência de curto-circuito que o equipamento pode suportar. Dessa forma, deve-se contar com a impedância natural da instalação a montante do ponto de ligação do autotransformador, a fim de reduzir a corrente de curto-circuito.

Os autotransformadores devem ter o ponto comum 3, na Figura 12.97, ligado permanentemente à terra, a fim de evitar tensões elevadas quando da ocorrência de um defeito no circuito primário. Supor que o ponto K do autotransformador da Figura 12.97 foi levado à terra. Com a fase A aterrada, o ponto b está em um potencial igual a $4.160/\sqrt{3}$ V, ou 2.401 V. Já o potencial na fase a vale 2.401 − 800 V = 1.601 V, tornando o sistema extremamente perigoso a acidentes. Logo, o ponto 3 deve ser aterrado com segurança, conforme se mostra na Figura 12.98.

Os autotransformadores não são equipamentos que convenientemente possam operar em paralelo, devido aos baixos valores das impedâncias que dificultam essa ligação.

12.5.1 Vantagens e desvantagens dos autotransformadores

Os autotransformadores são muito utilizados na indústria para adequação da tensão de determinada máquina ou setor de produção com relação à tensão disponível. Apresentam vantagens e desvantagens que devem ser conhecidas antes de sua utilização.

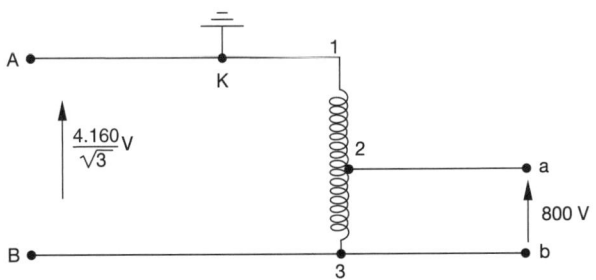

FIGURA 12.97 Autotransformador monofásico.

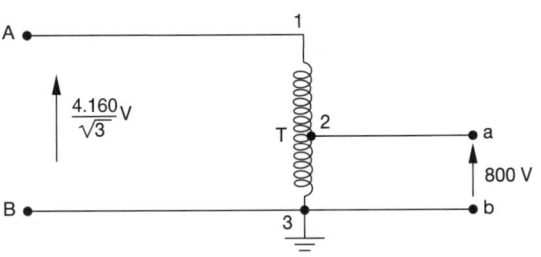

FIGURA 12.98 Autotransformador monofásico aterrado.

a) Vantagens

- Para a mesma capacidade nominal, os autotransformadores apresentam dimensões inferiores aos transformadores convencionais.
- Por utilizarem menor quantidade de cobre, o preço é de menor valor.
- São mais eficientes por possuírem menores perdas elétricas no ferro e no cobre.
- Apresentam uma melhor regulação de tensão.

b) Desvantagens

- Não possuem isolamento entre os enrolamentos primários e secundários, tornando inseguro o seu uso, principalmente quando a relação entre as tensões primárias e secundárias é grande. O uso convencional das relações de tensões dos autotransformadores trifásicos é de 440/220 V e 380/220 V.
- No caso de curtos-circuitos no lado secundário, a corrente resultante é de valor muito elevado em razão da baixa impedância dos autotransformadores.
- Quando o enrolamento do circuito secundário está aberto, não há circulação de corrente no secundário e, consequentemente, seu funcionamento é interrompido. Nesse caso, a tensão primária será aplicada diretamente nos terminais secundários.
- O condutor neutro é comum aos enrolamentos de tensão superior e inferior. Assim, o aterramento do enrolamento secundário se constitui no elemento terra do primário.

12.6 REATORES DE POTÊNCIA

As linhas de transmissão de comprimento longo, normalmente de tensões elevadas, possuem uma capacitância própria de valor expressivo que pode provocar sobretensões perigosas durante carga leve ou no momento de chaveamento. Também algumas linhas de transmissão ou de subtransmissão possuem elevados níveis de curto-circuito trifásicos e monofásicos, obrigando a utilização de equipamentos de elevada capacidade de interrupção (disjuntores) ou de elevadas correntes térmicas e dinâmicas (chaves seccionadoras) onerando o custo do sistema.

Para compensar os efeitos negativos desses eventos, deve-se inserir uma reatância indutiva no sistema por meio de um reator de potência.

Existem muitos tipos de aplicação de reatores: (i) reatores limitadores de corrente; (ii) reatores de aterramento de neutro; (iii) reatores de filtro de harmônicos; (iv) reatores de derivação ou *shunt*; (v) reatores de amortecimento; (vi) reatores de fornos a arco; (vii) reatores de partida de motores etc.

Nesta seção, serão tratados somente os reatores limitadores de corrente com núcleo refrigerado a ar ou com o núcleo refrigerado a óleo e os reatores de aterramento.

Os reatores de potência são constituídos de uma ou mais bobinas de cobre ou alumínio montadas sobre suportes isolantes, de acordo com a Figura 12.99.

Os reatores refrigerados a ar e os reatores refrigerados a óleo são igualmente empregados na função de limitação de

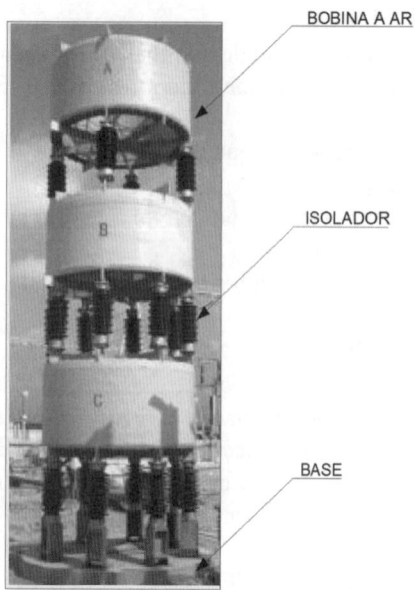

FIGURA 12.99 Reator de potência monofásica.

12.6.1 Reatores limitadores de corrente

São aplicados para limitar as correntes de curto-circuito, sendo ligados em série com o circuito que pode ser de baixa, média ou alta-tensão. Ao reduzir a corrente de curto-circuito podem-se especificar os equipamentos de proteção e de manobra, especialmente disjuntores, chaves seccionadoras, seccionadores automáticos e religadores com menores capacidades térmicas e dinâmicas com consequentes resultados econômicos relevantes.

Os reatores limitadores de corrente série podem ser instalados no secundário do transformador de potência ou conectados em cada alimentador que deriva do barramento secundário. Os reatores a seco, quando instalados internamente a um cubículo ou casa de alvenaria, têm a necessidade de um projeto de sistema de ventilação natural ou forçado devido ao aquecimento do equipamento. Devem-se projetar os afastamentos entre as paredes do cubículo e o reator com 1/3 do seu diâmetro para melhor prover a circulação do ar refrigerante. Para reatores refrigerados a óleo proceder da mesma forma como se procede com um transformador refrigerado a ar.

Os reatores limitadores de corrente são dimensionados para determinada impedância que, além de limitar a corrente de curto-circuito por um tempo definido, suporte continuamente a corrente nominal.

O valor da reatância/fase do reator limitador de corrente pode ser determinado pela Equação (12.71), desconsiderando nesse caso a impedância equivalente do sistema de suprimento.

$$X_{reator} = V_{ns}^2 \times \left(\frac{1}{P_{ccf}} - \frac{1}{P_{cci}} \right) (\Omega) \qquad (12.71)$$

V_{ns} – tensão nominal do sistema entre fases, em kV;
P_{cci} – potência de curto-circuito trifásica inicial, em MVA;
P_{ccf} – potência de curto-circuito trifásica após a inserção do reator limitador, em MVA.

O valor da potência nominal do reator limitador pode ser dado pela Equação (12.72).

$$Q_{reator} = I_{ccf}^2 \times X_{reator} \text{ (kVA/fase)} \qquad (12.72)$$

I_{ccf} – corrente de curto-circuito trifásica após a inserção do reator limitador, em kA.

corrente de curto-circuito. Cada um é utilizado em função das condições vantajosas que oferecem. Os reatores refrigerados a ar têm como vantagem: (i) não saturam; (ii) não há risco de explosão; (iii) sua indutância é constante independentemente do módulo da corrente de defeito e (iv) são particularmente robustos. Como desvantagem tem-se: (i) devem ser instalados com determinadas distâncias de outros equipamentos e estruturas superiores àquelas previstas em documentos normativos ou de segurança, em função do intenso campo magnético que geram afetando a operação e a integridade dos aparelhos de tecnologia da informação e (ii) induzem correntes em estruturas metálicas, cabos de aterramento e estruturas de concreto de edificações próximas.

Há duas diferentes formas para realizar inserção dos reatores de potência em um circuito elétrico: reatores ligados em série ou reatores ligados em paralelo (reator *shunt*). Quando os reatores são ligados em série, têm a finalidade de limitar a corrente de defeito. Quando ligados em paralelo, têm como objetivo compensar as correntes capacitivas de linhas de transmissão de grande comprimento, permitindo, assim, elevar a capacidade do fluxo de potência ativa nessas linhas.

Os reatores *shunt* também podem ser empregados para reduzir as sobretensões nas linhas de transmissão operando em carga leve e, por consequência, reduzir as perdas por efeito corona.

EXEMPLO DE APLICAÇÃO (12.22)

Considere uma Usina de Energia Eólica (UEE) com capacidade nominal de 360 MW cuja conexão com a Rede Básica é feita por uma linha de transmissão de 230 kV cujas impedâncias equivalentes de sequência positiva e zero são, respectivamente, $Z_{eqp} = 6,1496 \angle 67,2° \Omega$ e $Z_{eqz} = 13,0285 \angle 72,3° \Omega$ na barra de 230 kV em que se realiza a conexão dos transformadores elevadores da UEE. Determine a impedância do reator limitador de corrente a ser conectado conforme a Figura 12.100, de sorte que a corrente de curto-circuito não supere o valor de 25 kA para permitir que todos os equipamentos de proteção conectados na barra de 69 kV possam ser especificados com capacidade de interrupção de, no máximo, igual a 15 kA para os disjuntores, e capacidade térmica para as chaves seccionadoras.

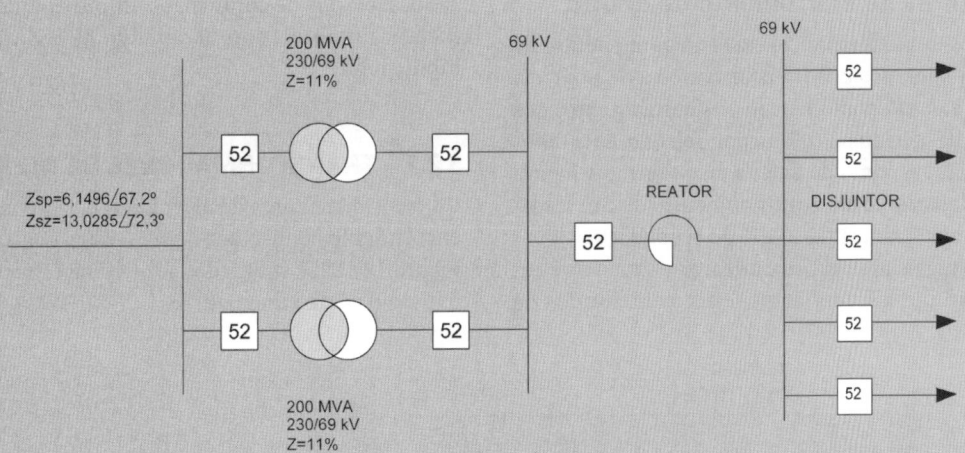

FIGURA 12.100 Diagrama unifilar do sistema.

- Cálculo das impedâncias equivalentes do sistema referidas à barra de 69 kV da SE elevadora

$$Z_{eqp} = 6{,}1496\angle 67{,}2° \times \left(\frac{69}{230}\right)^2 = 0{,}5534\angle 67{,}2° = 0{,}2145 + j0{,}5101\ \Omega$$

$$Z_{eqz} = 13{,}0285\angle 72{,}3° \times \left(\frac{69}{230}\right)^2 = 1{,}1725\angle 72{,}3° = 0{,}3564 + j1{,}1170\ \Omega$$

- Cálculo da impedância do transformador referida ao secundário

$$Z_{tr} = X_{tr} = \frac{10 \times V_{nt}^2 \times Z_{tr}}{P_{nt}} = \frac{10 \times 69^2 \times 11}{200.000} = 2{,}6185\ \Omega$$

- Cálculo da impedância total reduzida na barra de 69 kV

$$Z_{t69} = Z_s + Z_{ptr} = 0{,}5534\angle 67{,}2° + \frac{2{,}6185\angle 90°}{2} = 1{,}8320\angle 83{,}2° = 0{,}2169 + j1{,}8191\ \Omega$$

- Cálculo da corrente de curto-circuito na barra de 69 kV

$$I_{cc} = \frac{V_n}{Z_{t69}} = \frac{69.000}{\sqrt{3} \times 1{,}8320} = 21{,}74\ kA$$

Como a corrente de curto-circuito trifásico no barramento de 69 kV é superior ao valor de 15 kA, é preciso inserir um reator limitador de corrente.

- Cálculo do valor da reatância do reator limitador aplicando a Equação (12.71) simplificada

$$P_{ccf} = \sqrt{3} \times V_{ns} \times I_{ccf} = \sqrt{3} \times 69 \times 15 = 1.792\ MVA$$

$$P_{cci} = \sqrt{3} \times V_{ns} \times I_{cci} = \sqrt{3} \times 69 \times 21{,}74 = 2.598\ MVA$$

$$X_{rl} = V_{ns}^2 \times \left(\frac{1}{P_{ccf}} - \frac{1}{P_{cci}}\right) = 69^2 \times \left(\frac{1}{1.792} - \frac{1}{2.598}\right) = 0{,}8242\ \Omega$$

- Cálculo da potência do reator série

$$P_{rl} = I_{ccf}^2 \times X_{reator} = 15^2 \times 0{,}8242 = 185\ MVA\ (\text{potência nominal/fase})$$

- Cálculo do valor da indutância do reator limitador

$$L_{rl} = \frac{X_{rl}}{2 \times \pi \times F} = \frac{0{,}8242}{2 \times \pi \times 60} = 0{,}00219\ H = 2{,}19\ mH$$

12.6.2 Reatores de aterramento de neutro

São equipamentos monofásicos, inseridos no ponto neutro da conexão dos enrolamentos dos transformadores de potência ligados em estrela ou no ponto neutro dos enrolamentos dos transformadores de aterramento. Têm por objetivo, em ambos os casos, reduzir as correntes de defeito fase e terra. A Figura 12.101 mostra a ligação de um reator no neutro de um transformador ligado em Δ no primário e Y no secundário.

Uma das principais aplicações do reator de neutro é em sistemas cujos circuitos secundários sejam constituídos de cabos isolados de cobre ou alumínio dotados de blindagem metálica (cobre), com o objetivo de reduzir a seção dessa blindagem.

12.7 TRANSFORMADORES DE ATERRAMENTO

Os transformadores de aterramento são constituídos de seis enrolamentos conectados em zigue-zague, de acordo com a Figura 12.102, e montados sobre uma estrutura de ferro formando o núcleo magnético.

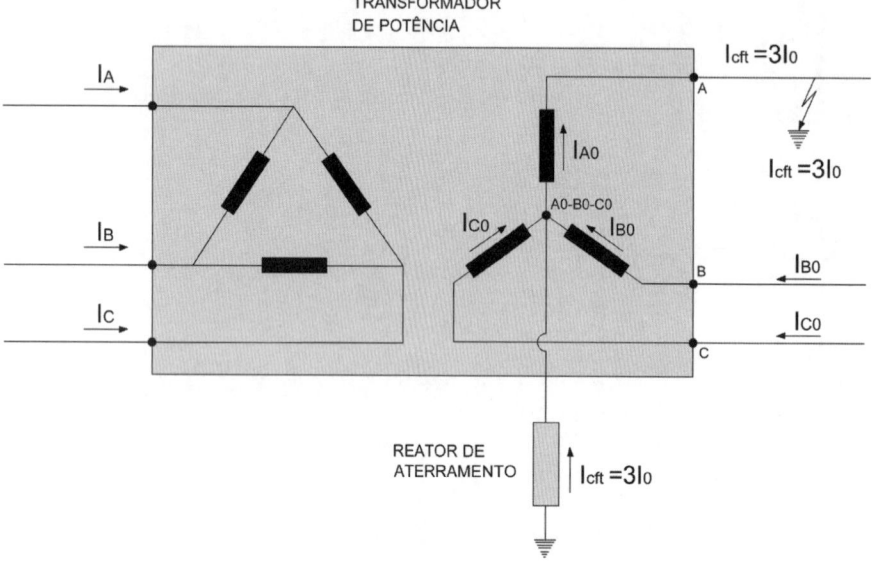

FIGURA 12.101 Ligação de um reator de aterramento no neutro do transformador de potência Δ-Y.

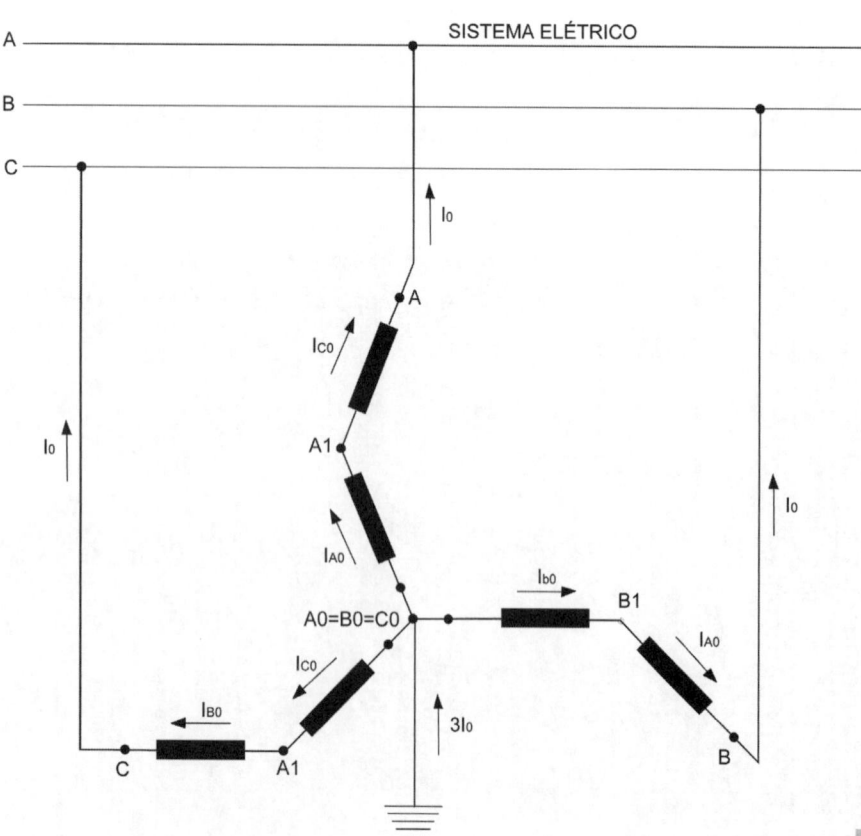

FIGURA 12.102 Ligação de um transformador de aterramento.

EXEMPLO DE APLICAÇÃO (12.23)

Considere uma usina de geração de energia eólica com capacidade de 12 MW, cuja subestação elevadora de 13,80/69 kV tem capacidade nominal de 15 MVA. A rede coletora é constituída de cabos isolados em XLPE de 8,7/15 kV. A potência de curto-circuito fase e terra é de 3.700 A no barramento de 13,80 kV. Determine a potência do reator de aterramento a ser conectado ao neutro do transformador elevador, que é ligado em Δ em 69 kV e Y aterrado em 13,80 kV, com o objetivo de especificar a blindagem dos cabos isolados da rede coletora para uma seção mínima de 12 mm². Considere o tempo de atuação da proteção de 0,50 s.

- Cálculo da seção mínima da blindagem (cobre) dos cabos isolados com base na capacidade térmica

   Veja inicialmente a Seção 4.6.2.2.3. Da Equação (4.66), tem-se:

$$S_{blin} = \frac{I_{ft} \times \sqrt{T_e}}{0,340 \times \sqrt{\log\left(\frac{234+T_f}{234+T_i}\right)}} = \frac{3,7 \times \sqrt{0,50}}{0,340 \times \sqrt{\log\left(\frac{234+200}{234+85}\right)}} = 21 \text{ mm}^2$$

- Cálculo da corrente de curto-circuito para se adotar a seção da blindagem no valor de 12,0 mm²

$$I_{ftr} = \frac{0,340 \times \sqrt{\log\left(\frac{234+T_f}{234+T_i}\right)} \times S_{blin}}{\sqrt{0,50}} = \frac{0,340 \times \sqrt{\log\left(\frac{234+200}{234+85}\right)} \times 12}{\sqrt{0,50}} = 2,11 \text{ kA} = 2.109,8 \text{ A}$$

- Cálculo da reatância do reator de aterramento

   Utilizando-se a equação de curto-circuito fase e terra, temos:

$$P_{cci} = \left(\frac{V_{ns}}{\sqrt{3}}\right) \times I_{ftr} = \left(\frac{13,80}{\sqrt{3}}\right) \times 3,7 = 29,4 \text{ MVA} \quad \text{(para a corrente inicial de curto-circuito de 3,7 kA)}$$

$$P_{ccf} = \left(\frac{V_{ns}}{\sqrt{3}}\right) \times I_{ftr} = \left(\frac{13,80}{\sqrt{3}}\right) \times 2,11 = 16,81 \text{ MVA} \quad \text{(para a corrente limitada de curto-circuito de 2,11 kA)}$$

$$X_{rl} = \left(\frac{V_{ns}}{\sqrt{3}}\right)^2 \times \left(\frac{1}{P_{ccf}} - \frac{1}{P_{cci}}\right) = \left(\frac{13,8}{\sqrt{3}}\right)^2 \times \left(\frac{1}{16,8} - \frac{1}{29,4}\right) = 1,62 \text{ Ω}$$

- Cálculo do valor da indutância do reator limitador

   Considerando a reatância nominal do reator, temos:

$$L_{rl} = \frac{X_{rl}}{2 \times \pi \times F} = \frac{1,62}{2 \times \pi \times 60} = 0,0043 \text{ H} = 4,3 \text{ mH}$$

- Cálculo da potência do reator série

$$P_{rl} = I_{ccf}^2 \times X_{rl} = 2,11^2 \times 1,6 = 7,1 \text{ MVA/fase}$$

Deve-se realizar um estudo técnico-econômico para validar ou não a solução.

A seleção de um transformador de aterramento a ser aplicado em um determinado sistema elétrico deve ser fundamentada em uma série de critérios e premissas:

- nos sistemas de potência ($V_n \geq 230$ kV), no lado de tensão mais elevada, é mais econômica a utilização de transformadores de potência com os enrolamentos primários ligados em estrela e o ponto neutro aterrado, pois a tensão nominal deles é $\sqrt{3}$ vezes inferior à tensão entre fases, afetando o aspecto econômico. Assim, os transformadores das empresas concessionárias e geradoras ligadas ao Sistema Interligado Nacional (SIN) utilizam nos sistemas de 230 kV, transformadores cujo primário é conectado em estrela com o ponto neutro aterrado;
- no lado da tensão mais baixa é mais econômica a utilização de transformadores de potência com os enrolamentos secundários ligados em triângulo, pois as correntes que circulam neles são $\sqrt{3}$ inferiores à corrente de carga ou corrente da linha, pois o cobre é um componente de preço elevado;
- para eliminar as tensões harmônicas de 3ª ordem, devido à circulação dessas correntes geradas pela carga do sistema, é vantajoso que as conexões dos enrolamentos secundários dos transformadores de potência sejam arranjadas em

triângulo, pois essas correntes harmônicas circulam em seu interior não afetando o primário;
- como as bobinas secundárias estão arranjadas em delta, não existe circulação de corrente de sequência zero quando ocorre um defeito entre fase e terra. Somente circulará corrente se ocorrer dois defeitos à terra simultâneos e em fases diferentes. Essa condição não é desejável;
- os defeitos monopolares, no sistema secundário do transformador de potência ligado em estrela, podem proporcionar sobretensões nas fases não atingidas que devem ser eliminadas pelo sistema de proteção utilizando a função 59.

Apesar das vantagens econômicas e elétricas proporcionadas pela ligação estrela aterrada no primário e delta no secundário, há necessidade de solucionar a questão da falta de circulação de correntes de sequência zero, que pode facilmente ser resolvida com a aplicação no secundário do transformador de potência de um transformador de aterramento, algumas vezes também denominado reator de terra.

Assim, o transformador de aterramento é um equipamento ligado aos terminais do transformador de potência cuja conexão das bobinas esteja arranjada em delta fechado ou delta aberto, permitindo um caminho de circulação da corrente de sequência zero decorrente de um defeito fase e terra, em conformidade com a Figura 12.103.

De forma geral, esses equipamentos são aplicados em sistemas isolados que necessitam de ponto de contato com a terra. Como se pode observar, o transformador de aterramento não possui enrolamento secundário.

É possível conectar somente um transformador de aterramento no barramento da subestação quando existirem dois ou mais transformadores de potência; porém, do ponto de vista operacional não é adequado, pois a perda do transformador de aterramento paralisa a operação da subestação. Também pode-se instalar outro transformador de aterramento no barramento secundário para reduzir a relação X_z/X_p quando ela estiver superior a 3, pois os dois transformadores de aterramento terão suas impedâncias em paralelo, resultando assim um sistema solidamente aterrado desde que se tenha $X_z/X_p \leq 3$.

Em sistemas trifásicos equilibrados, são praticamente infinitas as impedâncias de sequência positiva e negativa que representam os transformadores de aterramento, enquanto as impedâncias de sequência zero, ao contrário, são de baixo valor.

A Figura 12.104 representa o transformador de aterramento em operação normal, no qual circulam nos seus enrolamentos apenas a corrente de magnetização. Nessa condição de operação, as impedâncias de sequência positiva e negativa são muitas vezes superiores à impedância do sistema, podendo ser consideradas como infinitas.

Já a Figura 12.105 representa os fluxos das correntes de sequência zero do transformador de aterramento quando a fase A está posta à terra. Como se observa, as três correntes de sequência zero estão em fase em cada coluna e, em decorrência, a soma dos campos produzidos em cada bobina se anula, restando apenas a reatância de sequência zero do próprio transformador de aterramento ou reatância de dispersão do enrolamento.

Quando se deseja uma redução elevada da corrente de curto-circuito monopolar pode-se utilizar um resistor de aterramento conectado a um transformador de aterramento, de acordo com a Figura 12.106.

O transformador de aterramento tem uma relação de transformação de 1:1. A forma de conexão de suas bobinas somente permite a circulação das correntes de sequência zero formadas pelas componentes $I_{a0} = I_{b0} = I_{c0} = I_0$, sendo a reatância de dispersão Z_{tr0} do transformador o caminho natural do fluxo da corrente de sequência zero.

Sendo a reatância de sequência zero do transformador de aterramento geralmente muito pequena, a conexão do seu ponto neutro à terra é caracterizada como um aterramento por meio de um reator. Se a corrente de defeito monopolar à terra for elevada e houver necessidade de reduzir o seu valor a níveis adequados

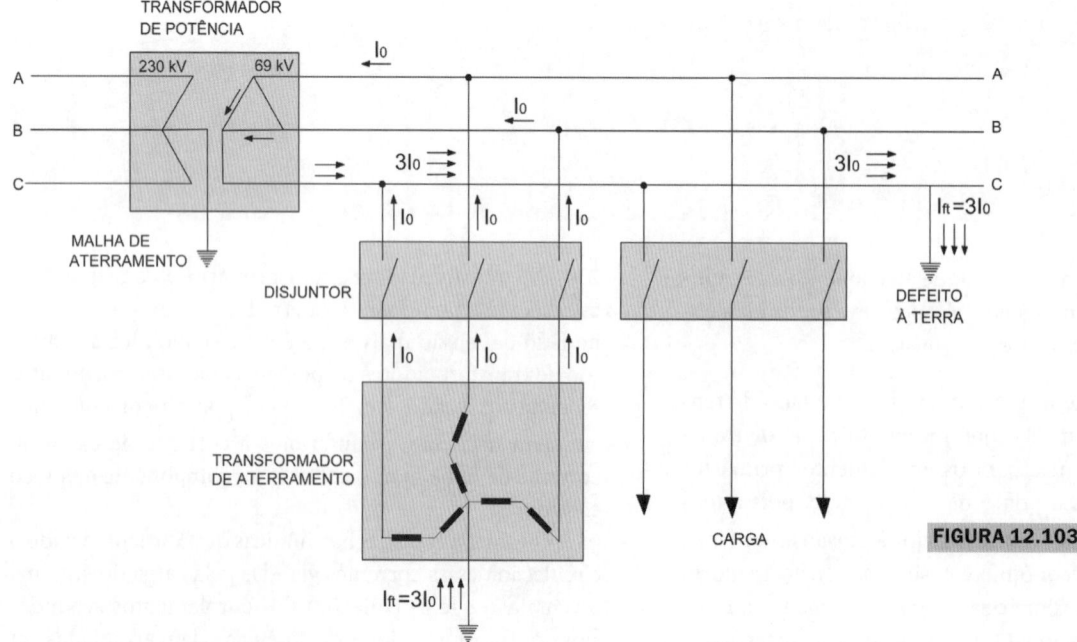

FIGURA 12.103 Ligação de um transformador de aterramento no lado delta do transformador de potência.

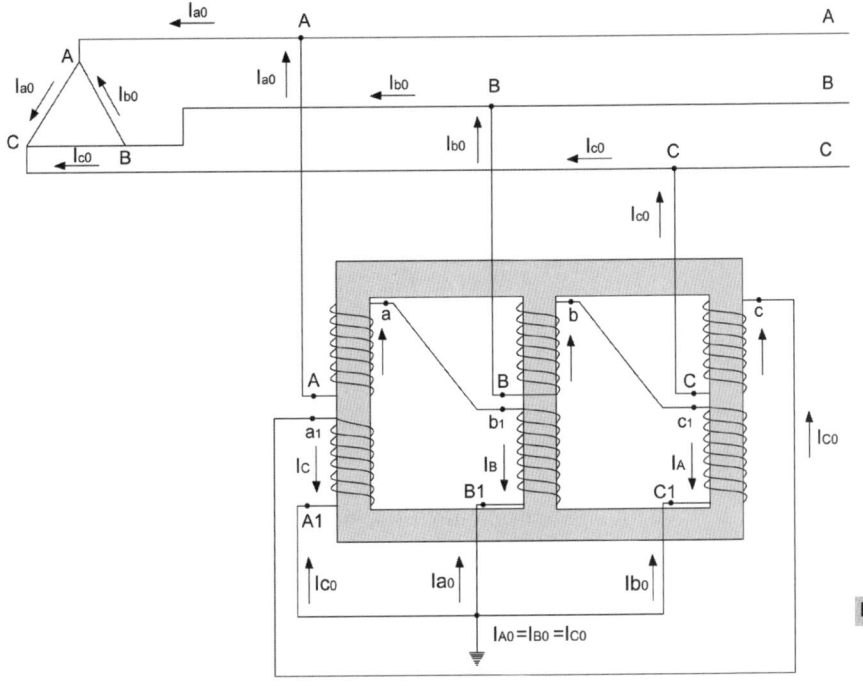

FIGURA 12.104 Estrutura do núcleo (bobina e ferro) e sentido das correntes em operação normal.

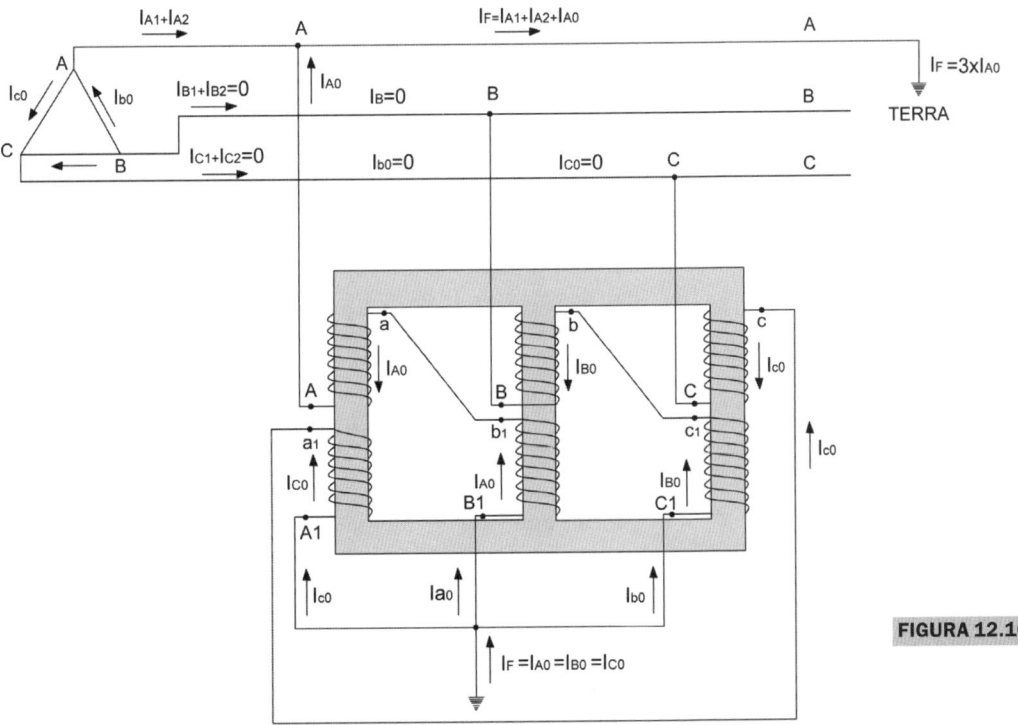

FIGURA 12.105 Estrutura do núcleo (bobina e ferro) e sentido das correntes de curto-circuito fase-terra.

às necessidades do sistema, podem ser utilizadas duas formas de aterramento complementar. A primeira consiste em introduzir entre o ponto neutro da conexão zigue-zague e a terra um resistor de aterramento, assunto este que será tratado no Capítulo 15. A segunda forma consiste também em introduzir entre o ponto neutro da conexão zigue-zague e a terra, um reator de aterramento já estudado na Seção 12.6 deste capítulo.

A utilização do resistor de aterramento é uma solução mais econômica do que a utilização do reator de aterramento. No entanto, o reator de aterramento é uma solução mais eficaz.

Com a implantação das usinas de geração de energias eólica e fotovoltaica de grande porte – nos quais são utilizados cabos isolados de 20/35 kV na rede coletora na tensão nominal de 34,5 kV, responsável pela ligação dos aerogeradores, no caso das usinas eólicas e, das subestações coletoras elevadoras, no caso das usinas fotovoltaicas – são muito utilizados resistores de aterramento conectados ao ponto neutro do transformador de aterramento.

Diz-se que um sistema é solidamente aterrado quando são satisfeitas as relações entre as reatâncias de sequência zero e

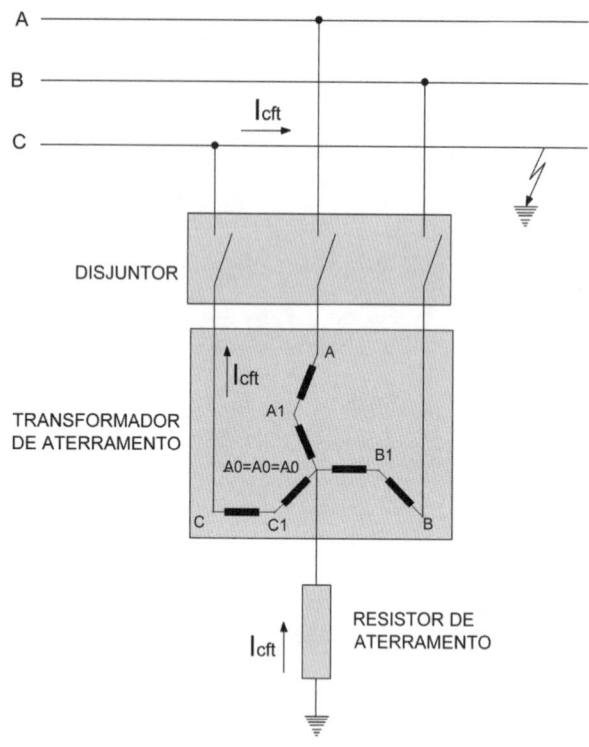

FIGURA 12.106 Funcionamento combinado do transformador de aterramento e do resistor de aterramento.

positiva e as resistências de sequência zero e positiva satisfazendo às condições da Equação (12.73).

$$0 \le \frac{X_z}{X_p} \le 3 \text{ e } 0 \le \frac{R_z}{R_p} \le 1 \qquad (12.73)$$

X_z – reatância de sequência zero do sistema, em Ω ou pu;
X_p – reatância de sequência positiva do sistema, em Ω ou pu.

12.7.1 Determinação da potência de um transformador de aterramento

A capacidade dos transformadores de potência é definida pela corrente da carga ou de geração a que estão conectados. Já a capacidade nominal de um transformador de aterramento deve ser definida pela corrente de defeito monopolar que flui pelos seus enrolamentos quando uma das fases vai à terra. Como o tempo de duração dessa corrente é pequena devido à atuação da proteção do sistema, a potência nominal do transformador de aterramento deve ser referida a determinado tempo específico, em geral, 10 s.

Para se obter a potência nominal do transformador de aterramento, toma-se uma porcentagem da corrente de curto-circuito fase e terra dada em função do seu tempo de duração (corrente de curta duração), de acordo com a Equação (12.74).

$$P_{nta} = K \times \frac{V_{ns}}{\sqrt{3}} \times I_{ft} \qquad (12.74)$$

P_{nta} – potência nominal do transformador de aterramento, em kVA;
V_{ns} – tensão nominal trifásica do sistema, kV;
$I_{ft} = 3 \times I_z$ – corrente de curto-circuito fase e terra no ponto de instalação do transformador de aterramento, em A;
K – fator de multiplicação dado na Tabela 12.19.

Como a Tabela 12.19 não oferece mais detalhes quanto ao nível de tensão do sistema, ao tipo de conexão e ao número de polos (monofásico, bifásico ou trifásico) do transformador de aterramento, pode-se adotar o método apresentado no *Transmission and Distribution Reference Book* e que tem como base os fatores estabelecidos na Tabela 12.20.

12.7.2 Cálculo da impedância do transformador de aterramento

Quando ocorre um defeito monopolar no sistema no qual opera um transformador de aterramento, a corrente de sequência zero flui através das suas bobinas ligadas em zigue-zague, conforme a Figura 12.105. O dimensionamento do transformador de aterramento deve seguir os critérios para os quais se destina o projeto.

Em grandes parques eólicos e fotovoltaicos, a rede coletora é projetada na tensão nominal de 34,5 kV, e são utilizados cabos isolados, em geral, na tensão nominal de 20/35 kV, e lançados no interior de uma vala na maneira de instalar diretamente enterrado.

Os cabos isolados possuem uma blindagem metálica, conforme estudado no Capítulo 4 deste livro, através da qual circulam as correntes de defeitos fase e terra, cuja seção deve ser dimensionada para o valor máximo dessa corrente. Reduzindo-se a corrente de curto-circuito fase e terra reduz-se a seção da blindagem, obtendo-se um ganho econômico apreciável na aquisição dos cabos isolados, como ocorre em alguns projetos de usinas de energia eólica e fotovoltaica que utilizam sistema subterrâneo para a rede coletora.

TABELA 12.19 Fator de multiplicação para a determinação da potência do transformador de aterramento IEEE 32 (§ 2.2)

Corrente nominal em função do tempo de funcionamento normal	
Tempo de funcionamento normal	Corrente nominal em regime contínuo em % da corrente nominal de curta duração
	Fator de multiplicação
10 s	3
1 min	7
10 min	30

Algumas vezes a aplicação do transformador de aterramento em uma subestação pode não atender à relação $0 \leq X_z/X_p \leq 3$, que caracteriza um sistema solidamente aterrado, onde se obtém baixos níveis de sobretensão em decorrência de defeitos monopolares.

A reatância do transformador de aterramento pode ser determinada, simplificadamente, por meio da relação dada na Equação (12.75).

$$X_{ta} = \frac{\left(\dfrac{X_0}{X_1} \times V_{ns}^2\right)}{P_{cc3f}} \qquad (12.75)$$

P_{cc3f} – potência de curto-circuito trifásico, em MVA.

12.7.3 Determinação do nível de sobretensão

Nos sistemas solidamente aterrados ($0 \leq X_z/X_p \leq 3$), a ocorrência de um defeito fase e terra não implica sobretensões nas fases não atingidas. No entanto, quando os sistemas são aterrados sob uma impedância ($X_z/X_p > 3$) durante uma falta fase e terra, as duas fases não atingidas podem ficar submetidas a sobretensões elevadas que chegam a atingir o valor de $\sqrt{3} \times V_{nft}$, em que V_{nft} é a tensão nominal fase e terra. Essas sobretensões devem ser de pequena duração para não danificar os equipamentos ligados ao sistema. A Equação (12.76) determina a tensão a que ficam submetidas as fases não envolvidas no defeito fase e terra.

$$V_{ft} = \frac{V_{ff}}{\sqrt{3}} \times F_s \qquad (12.76)$$

EXEMPLO DE APLICAÇÃO (12.24)

Determine a potência nominal de um transformador de aterramento conectado no barramento de 34,5 kV da subestação elevadora de uma Usina de Energia Eólica (UEE) de 75 MVA – 34,5/230 kV, ligação estrela aterrada na tensão mais elevada e ligação delta no lado de menor tensão. A corrente de curto-circuito fase e terra não poderá ser superior a 2.136 A para satisfazer à seção da blindagem dos condutores de 20/35 kV que ligam o secundário do transformador de potência ao Cubículo de Comando e Proteção.

a) Para o tempo de operação da proteção no valor de 10 s, temos:

$$I_{cft} = 2.136 \text{ A} \rightarrow T_{op} = 10 \text{ s} \rightarrow K = 3\% \text{ (Tabela 12.19)}$$

- Potência nominal do transformador de aterramento

$$P_{nta} = K \times \frac{V_{ns}}{\sqrt{3}} \times I_{ft} = 0{,}03 \times \frac{34{,}5}{\sqrt{3}} \times 2.136 \text{ A} = 1.276 \text{ kVA/fase}$$

Logo, a potência trifásica vale:

$$P_{at3} = 3 \times 1.276 = 3.820 \text{ kVA} \cong 4.000 \text{ kVA}$$

- Corrente nominal

$$I_n = \frac{4.000}{\sqrt{3} \times 34{,}5} = 67 \text{ A}$$

b) Para o tempo de operação da proteção no valor de 1 minuto, temos:

$$I_{cft} = 2.136 \text{ A} \rightarrow T_{op} = 1 \text{ minuto} \rightarrow K = 7\% \text{ (Tabela 12.16)}$$

- Potência nominal do transformador de aterramento

$$P_{nta} = K \times \frac{V_{ns}}{\sqrt{3}} \times I_{ft} = 0{,}07 \times \frac{34{,}5}{\sqrt{3}} \times 2.136 \text{ A} = 2.978 \text{ kVA/fase}$$

Logo, a potência trifásica vale:

$$P_{at3} = 3 \times 2.978 = 8.934 \text{ kVA} \cong 9.000 \text{ kVA}$$

- Corrente nominal

$$I_n = \frac{9.000}{\sqrt{3} \times 34{,}5} = 150 \text{ A}$$

TABELA 12.20 Fator de multiplicação para a determinação da potência do transformador de aterramento

Tempo	Tipo de conexão			
	Y-D	Zigue-zague		
Segundos		13,8 kV	34,5 kV	69 kV
Transformadores de aterramento monofásicos: K_m				
60	0,057	0,033	0,037	0,043
120	0,080	0,046	0,051	0,060
180	0,098	0,057	0,064	0,074
240	0,113	0,065	0,073	0,084
Transformadores de aterramento trifásicos: K_t				
10	-	0,064	0,076	0,085
60	0,170	0,104	0,110	0,118
120	0,240	0,139	0,153	0,167
180	0,295	0,170	0,187	0,204

EXEMPLO DE APLICAÇÃO (12.25)

Tomando o Exemplo de Aplicação (12.24), determine a potência nominal do transformador de aterramento trifásico.

a) Para o tempo de operação da proteção no valor de 1 minuto, temos:

$$I_{cft} = 2.136 \text{ A} \rightarrow T_{op} = 1 \text{ minuto} \rightarrow K_t = 0,11\% \text{ (Tabela 12.20)}$$

- Potência nominal do transformador de aterramento

$$P_{nta} = K \times \frac{V_{ns}}{\sqrt{3}} \times I_{ft} = 0,11 \times \frac{34,5}{\sqrt{3}} \times 2.136 \text{ A} = 4.680 \text{ kVA/fase}$$

Logo, a potência trifásica vale:

$$P_{at3} = 3 \times 4.680 = 14.040 \text{ kVA} = 14.000 \text{ kVA}$$

- Corrente nominal

$$I_n = \frac{14.000}{\sqrt{3} \times 34,5} = 234 \text{ A}$$

EXEMPLO DE APLICAÇÃO (12.26)

Considere uma usina de geração fotovoltaica (UFV) com capacidade nominal de 68 MW. Determine a impedância do transformador de aterramento a ser conectado no secundário (34,5 kV) de um transformador potência de capacidade nominal de 75 MVA, conexão estrela aterrada no primário e triângulo no secundário (230 kV). As impedâncias do sistema de sequência positiva e zero reduzidas (equivalentes) na barra do Cubículo de Comando e Proteção, de 36 kV, são $Z_{equ} = 10,4196 \angle 73,2° \, \Omega$ e $Z_{sz} = 23,3085 \angle 70,7° \, \Omega$, respectivamente.

- Valores das resistências e reatâncias equivalentes

$$Z_{top} = 10,4196 \angle 73,2° \, \Omega = (R_{sp} + jX_{sp}) = (3,0116 + j9,9749) \, \Omega \text{ (sequência positiva)}$$

$$Z_{sz} = 23,3085 \angle 70,7° \, \Omega = (R_{sz} + jX_{sz}) = (7,7037 + j21,9985) \, \Omega \text{ (sequência zero)}$$

- Cálculo da potência de curto-circuito trifásica na barra do Cubículo de Proteção e Comando

$$I_{cc3f} = \frac{V_{ns}}{Z_{sp}} = \frac{34.500}{10,4196} = 3.311 \text{ A}$$

$$P_{cc3f} = \sqrt{3} \times V_{ns} \times I_{cc3f} = \sqrt{3} \times 34,5 \times 3.311 = 197.851 \text{ kVA} = 197,85 \text{ MVA}$$

- Cálculo da relação X_z/X_p

$$\frac{X_{sz}}{X_{sp}} = \frac{21,9985}{9,9749} = 2,2$$

- Cálculo da reatância do transformador de aterramento

$$X_{ta} = \frac{\left(\frac{X_z}{X_p} \times V_{ns}^2\right)}{P_{cc3f}} = \frac{(2,2 \times 34,5^2)}{197,85} = 13,2 \, \Omega$$

V_{ff} – tensão entre fases do sistema;
F_s – fator de sobretensão; pode ser dado pela Tabela 12.21, em que $K = X_z/X_p$.

$$F_s = \sqrt{0,75 + \left(0,50 + \frac{K-1}{K+2}\right)^2} \quad (12.77)$$

Quanto maior for o valor de K maior será o fator de sobretensão e, portanto, maior será a sobretensão.

TABELA 12.21 Fatores de sobretensão em função da relação (X_z/X_p)

Relação $K = X_z / X_p$	Fatores de sobretensão
1	1,0000
2	1,1456
3	1,2490
4	1,3229
20	1,5207
30	1,6124
∞	1,7321

EXEMPLO DE APLICAÇÃO (12.27)

Determine a impedância de um transformador de aterramento visando propiciar uma corrente de curto-circuito fase-terra de 1.600 A, que permita a blindagem do cabo de média tensão no valor máximo de 16 mm². As impedâncias equivalentes primárias do sistema são: (i) sequência positiva: $Z_{eqp} = 5,7516\angle 69,4°\,\Omega$; e (ii) impedância de sequência zero: $Z_{eqz} = 15,3125\angle 72,6°\,\Omega$. A potência nominal do transformador abaixador é de 120 MVA 230/34,5 kV com impedância de 15%. Despreze a resistência do transformador de potência.

- Cálculo da impedância de sequência positiva do transformador referidas ao primário

$$Z_{tr} = X_{ptr} = X_{ntr} = X_{ztr} = \frac{10 \times V_{ns}^2 \times Z_{nt}}{P_{nt}} = \frac{10 \times 230^2 \times 15}{120.000} = 66,1\angle 90°\,\Omega$$

- Cálculo da impedância equivalente de sequência positiva referida ao secundário

$$Z_{eqp} = (5,7516\angle 69,4° + 66,1\angle 90°) \times \left(\frac{34,5}{230}\right)^2 = 1,6090\angle 88,37°\,\Omega = (0,0457 + j1,6083)\,\Omega$$

Como as impedâncias de sequência positiva, negativa e zero de um transformador são muito próximas, podemos considerar que sejam iguais.

- Cálculo da impedância equivalente de sequência positiva zero referida ao secundário

$$Z_{eqz} = (15,3125\angle 72,6° + 66,1\angle 90°) \times \left(\frac{34,5}{230}\right)^2 = (4,5790 + j14,6118 + j66,1) \times \left(\frac{34,5}{230}\right)^2$$

$$Z_{eqz} = (0,1030 + j0,3287 + j1,4872) = 0,1030 + j1,8159 = 1,8188\angle 86,7°\,\Omega$$

- Cálculo da corrente monopolar de curto-circuito no secundário

$$I_{cc34,5} = \frac{3 \times V_{ns}}{2 \times Z_{eqp} + Z_{tr} + Z_{eqz}} = \frac{3 \times \left(34.500/\sqrt{3}\right)}{2 \times 1,6090\angle 88,3° + 1,4872\angle 90° + 1,8188\angle 86,7°} = 15.867 \text{ A}$$

- Cálculo da corrente de defeito fase e terra para se obter uma seção de blindagem igual a 16 mm²

$$I_{ftr} = \frac{0,340 \times \sqrt{\log\left(\frac{234 + T_f}{234 + T_i}\right)} \times S_{blin}}{\sqrt{0,50}} = \frac{0,340 \times \sqrt{\log\left(\frac{234 + 200}{234 + 85}\right)} \times 16}{\sqrt{0,50}} = 2,813 \text{ kA} = 2.831 \text{ A}$$

- Cálculo da reatância do reator de aterramento que permite adotar uma seção de blindagem do cabo no valor de 16 mm²

$$I_{cc34,5} = \frac{V_{ns}}{2 \times Z_{eqp} + Z_{tr} + Z_{eqz}} = \frac{3 \times (34.500/\sqrt{3})}{2 \times 1,6090\angle 88,3° + 1,4872\angle 90° + 3 \times 1,8188\angle 86,7° + X_{rea}}$$

$$2.831 = \frac{59.755}{4,6982\angle 85,4° + X_{rat}} \rightarrow X_{rat} = \frac{59.755}{2.831} = 21,1 \, \Omega \text{ (reatância do reator de aterramento)}$$

- Cálculo das resistências e reatâncias de sequência zero na barra de 34,5 kV

$$R_{eqz} = 15,3125 \times \cos(72,6°) \times \left(\frac{34,5}{230}\right)^2 = 0,1030 \, \Omega$$

$$X_{eqc} = \left(15,3125 \times \text{sen}(72,6°) + 66,1\angle 90°\right) \times \left(\frac{34,5}{230}\right)^2 = 1,8159 \, \Omega$$

- Cálculo das relações entre as reatâncias e resistências

$$\frac{X_{eqzt}}{X_{eqpt}} = \frac{1,8159}{1,6083} = 1,1290$$

$$\frac{R_{eqzt}}{R_{eqpt}} = \frac{0,1030}{0,0457} = 2,2538$$

- Classificação do sistema

$$\frac{X_z}{X_p} = \frac{X_{eqzt}}{X_{eqpt}} = 1,1290 < 3 \text{ (sistema não eficazmente aterrado)}$$

$$\frac{R_z}{R_p} = \frac{R_{eqzt}}{R_{eqpt}} = 2,2538 > 1 \text{ (sistema não eficazmente aterrado)}$$

- Cálculo da impedância nominal do reator de aterramento

$$P_{cc3f} = \sqrt{3} \times 34,5 \times 2.831 = 169.168 \text{ kVA (potência de curto-circuito trifásica)}$$

De acordo com a Equação (12.75), temos:

$$X_{ta} = \frac{\left(\frac{X_z}{X_p} \times V_{ns}^2\right)}{P_{cc3f}} = \frac{1,12 \times 34,50^2}{169,168} = 7,8 \, \Omega$$

Logo, o valor da impedância do transformador de aterramento deve ser de $X_{trat} = 7,8 \, \Omega$.

- Cálculo do nível de sobretensão
  De acordo com a Tabela 12.21 e a Equação (12.77), temos:

$$\frac{X_{eqzt}}{X_{eqpt}} = 1,1290$$

Interpolando os valores da Tabela 12.21, encontraremos o valor de K:

$$\frac{1-2}{1-1,1456} = \frac{1-1,1290}{1-K} \rightarrow 6,8681 = \frac{-0,1290}{1-K} \rightarrow 6,8681 - 6,8681 \times K = -0,1290 \rightarrow K = \frac{6,9971}{6,8681} = 1,0187$$

$$F_s = \sqrt{0,75 + \left(0,50 + \frac{K-1}{K+2}\right)^2} = \sqrt{0,75 + \left(0,50 + \frac{1,0187-1}{1,0187+2}\right)^2} = 1,0031$$

Logo, durante os eventos de curto-circuito ocorrerá uma sobretensão no valor de:

$$V_{ft} = \frac{V_{ff}}{\sqrt{3}} \times F_s = \frac{34,5}{\sqrt{3}} \times 1,12 = 22,5 \text{ kV}$$

12.8 SELEÇÃO ECONÔMICA DOS TRANSFORMADORES

O transformador de potência é o equipamento mais importante e o de maior preço individual no orçamento de projeto de subestações de média e alta-tensão. Sua aquisição merece ser precedida de uma especificação técnica consistente definindo claramente todos os itens que devem ser obedecidos na fabricação e nos ensaios.

O transformador deve ser especificado de acordo com as características da carga e das condições do sistema elétrico ao qual será conectado.

No processo de aquisição de transformadores de distribuição e de potência, devem-se perseguir dois pontos fundamentais. O primeiro refere-se à qualidade e ao desempenho do transformador quando posto em operação. O segundo diz respeito ao custo de aquisição e ao consequente resultado dos ensaios, notadamente os ensaios de perdas, que indicarão os custos operacionais ao longo da vida útil do transformador.

12.8.1 Análise das propostas

Durante o processo de compra do transformador, uma etapa importante é a análise das propostas dos diversos fabricantes ou fornecedores, que deve ser iniciada com a verificação detalhada dos itens que dizem respeito à qualidade do produto e se a proposta apresenta algum desvio com relação à especificação técnica do comprador à qual todos os proponentes devem balizar as suas propostas.

Concluída a fase de análise dos itens relativos à qualidade e ao desempenho do transformador, o analista das propostas deve separar aquelas que atendem a esses requisitos e focar a sua atenção não somente nos preços, mas também nos custos durante o funcionamento do transformador durante um período de longo prazo que julgar suficiente para atingir a vida útil do equipamento ou o tempo de amortização esperado. Normalmente, são utilizados os períodos de 10, 20 e 30 anos.

Seguem as rotinas para a realização dessa análise:

12.8.1.1 Determinação do fator de valor atual (F_{va})

É o valor que representa o preço da proposta atualizado considerando os custos do transformador durante determinado período de seu funcionamento. É dado pela Equação (12.78). Pode-se agregar ao F_{va} o número de horas N durante o qual o transformador permanece energizado no período de um ano, normalmente estimado em 8.760 horas;

$$F_{va} = \left[\frac{(1+I)^n - 1}{I \times (1+I)^n}\right] \times N \quad (12.78)$$

I – taxa de juro anual;
n – número de anos durante o qual o transformador permanece energizado.

Os valores de I, N e n devem constar na especificação técnica para que os fornecedores tenham ciência das premissas a serem utilizadas no julgamento das propostas. Normalmente, o valor de I é dado em função das taxas de juros do mercado naquele momento. Não necessariamente o valor de I deve ser o valor oficial praticado no mercado naquele momento, até porque pode haver variações entre o tempo em que se elabora a especificação técnica e a data de análise da documentação. Como nas propostas dos fabricantes ou fornecedores será utilizado o mesmo valor de I, o resultado da análise não seria afetado. O importante é que os dados estejam em uma mesma base.

12.8.1.2 Determinação do valor da energia e demanda cobradas pela concessionária local (C_{ed})

Esse valor pode ser obtido a partir da planilha de tarifas da concessionária local ou por meio da Equação (12.79). Como alternativa, pode-se construir a Tabela 12.22 utilizada no Exemplo de Aplicação (12.28).

$$C_{ed} = P_{kWh} + \frac{P_{kW}}{N_h \times F_c} \quad (12.79)$$

C_{ed} – preço médio da energia cobrado pela concessionária local, em R$/kW;
P_{kWh} – preço médio da energia, em kWh, praticado pela concessionária local, na data da proposta;
P_{kW} – preço médio da demanda, em kW, praticado pela concessionária local, na data da proposta;
F_c – fator de carga;
N_h – número de horas/ano que o transformador permanece ligado.

O preço médio da energia deveria ser expresso em valor anual para ser compatível com outros valores utilizados na Equação (12.80). No entanto, a obtenção desse valor apresenta maior dificuldade.

Esses valores devem constar na especificação técnica do transformador que será enviada aos fabricantes e fornecedores, a fim de que haja paridade no conhecimento dos dados que serão considerados no julgamento das propostas.

A Equação (12.79) pode ser substituída com melhor resultado pela Planilha de Cálculo da Tabela 12.22, principalmente porque os valores tarifários atualmente são fatiados para melhor conhecimento do consumidor, o que não permite a Equação (12.79). Quando o consumidor é tarifado nos segmentos azul ou verde, deve-se simular o preço médio da energia utilizando os consumos e as demandas de ponta e fora de ponta, considerando a empreendimento em operação plena, cujo resultado pode ser mais facilmente obtido pela Planilha de Cálculo já mencionada. Nesse caso, deve-se informar diretamente no bojo da proposta o preço da energia média que será utilizada para efeito de análise das propostas.

12.8.1.3 Determinação do valor presente da proposta (P_{ap})

O preço atualizado da proposta é dado pela Equação (12.80).

$$P_{ap} = P_p + F_{va} \times C_{ed} \times \left[P_{fe} + \left(0,3 \times F_c + 0,70 \times F_c \right) \times P_{cu} \right] \quad (12.80)$$

P_{cu} – perdas garantidas em carga, em kW, fornecidas na proposta do fabricante ou fornecedor;
P_{fe} – perdas garantidas no ferro, em kW, fornecidas na proposta do fabricante ou fornecedor;
F_c – fator de carga do sistema a ser suprido pelo transformador, fornecido na especificação técnica do comprador.

O fator de carga deve representar a média anual para ser compatível com os demais valores indicados com outros valores utilizados na Equação (12.80), por exemplo, a taxa de juro. Normalmente, o valor do fator de carga anual é inferior ao valor de carga mensal. No entanto, se não for possível utilizar o fator de carga anual pode-se optar pelo valor mensal, que é mais fácil de ser obtido. Como todos os proponentes irão utilizar o mesmo fator de carga, a análise das propostas não ficará prejudicada.

A proposta eleita no certame deve ser aquela que apresente o menor valor de P_{ap}.

EXEMPLO DE APLICAÇÃO (12.28)

Durante a aquisição de um transformador de 100/125/156 MVA–230/69 kV foram fornecidas três propostas de três fabricantes. Após a análise técnica das propostas, apenas duas foram consideradas aptas para a análise econômica.

a) Dados das propostas

Proposta A
- P_{pA} = R$ 21.400.000,00 (preço do transformador, fornecido na proposta);
- P_{feA} = 108.500 W = 108,5 kW (perdas garantidas a vazio, em kW, na tensão nominal de 230.000 V);
- P_{cuA} = 592.800 W = 592,8 kW (perdas garantidas em carga, em kW, na potência de 100 MVA;
- F_c = 68% = 0,68 (fator de carga médio anual; fornecido na especificação técnica do transformador).

Proposta B
- P_{pB} = R$ 22.800.000,00 (preço do transformador fornecido na proposta);
- P_{feB} = 82.060 W = 82,06 kW (perdas garantidas a vazio, em kW, na tensão nominal de 230 kV);
- P_{cuB} = 505.300 W = 505,3 kW (perdas garantidas em carga, em kW, na potência de 100 MVA);
- F_c = 68% = 0,68 (fator de carga médio anual, fornecido na especificação técnica do transformador).

b) Determinação do fator de atualização dos custos do transformador

Para subsidiar a simulação, iremos determinar o fator de valor atual considerando os seguintes valores:

- I = 12% [taxa de juros ao ano; valor fornecido na especificação técnica do transformador];
- N_h = 8.760 horas [tempo durante o qual o transformador permanece ligado];
- N_a = 20 anos (número de anos durante o qual o transformador permanece energizado).

De acordo com a Equação (12.80), temos:

$$F_{va} = \frac{(1+0,12)^{20} - 1}{0,12 \times (1+0,12)^{20}} \times 8.760 = 7,46944 \times 8.760 = 65.432$$

c) Determinação do custo médio da energia e demanda mensal

O valor médio poderia ser calculado por meio da Equação (12.80). No entanto, o valor mais representativo pode ser conhecido por meio da Tabela 12.22.

TABELA 12.22 Simulação da tarifa média do consumidor de 230 kV

Tarifas sem ICMS	Consumidor horo-sazonal azul (tarifa média 2023)						
	Tarifas				Demanda faturada	Energia faturada	Total da fatura
Descrição	Demanda	TUSD	TE	Barreira tarifária azul			
	R$/kW	R$/kWh	R$/kWh	R$/kWh	kW	kWh	R$/mês
Demanda da ponta	45,22	–	–	–	5.700	–	257.754,00
Demanda da F ponta	18,24	–	–	–	13.600	–	248.064,00
Consumo ponta	–	0,05912	–	–	–	376.200	22.240,94
Consumo F ponta	–	0,05912	–	–	–	7.180.800	424.528,90
Consumo ponta	–	–	0,48566	–	–	376.200	182.705,29
Consumo F ponta	–	–	0,29080	–	–	7.180.800	2.088.176,64
Consumo ponta	–	–	–	0,54478	–	376.200	204.946,24
Consumo F ponta	–	–	–	0,34993	–	7.180.800	2.512.777,34
Totais mensais – R$						7.557.000	5.941.193,35
Tarifa média mensal – R$/MWh							786,18

Nota: para melhor entendimento da Tabela 12.22, visitar o Capítulo 1.

d) Preços atualizados dos transformadores considerando os custos operacionais

d1) Proposta A

P_{feA} = 108.500 W = 108,5 kW (perdas garantidas, a vazio, em kW, na tensão nominal de 230.000 V);

P_{cuA} = 592.800 W = 592,8 kW (perdas garantidas, em carga, em kW, na potência de 100 MVA).

O valor atualizado da proposta vale:

$$P_{cuA} = 21.400.000 + 65.432 \times 0,78618 \times [108,5 + (0,3 \times 0,68 + 0,7 \times 0,68^2) \times 592,8]$$

$$P_{cuA} = 21.400.000,00 + 20.858.343,14 = R\$ \ 42.258.343,14$$

d2) Proposta B

- P_{feB} = 82.060 W = 82,06 kW (perdas garantidas, a vazio, em kW, na tensão nominal de 230.000 V);
- P_{cuB} = 505.300 W = 505,3 kW (perdas garantidas, em carga, em kW, na potência de 100 MVA);
- $P_{aB} = 22.800.000 + 65.432 \times 0,78618 \times [82,06 + (0,3 \times 0,68 + 0,7 \times 0,68^2) \times 505,3]$;
- $P_{aB} = 22.800.000,00 + 17.937.422,13 = R\$ \ 40.732.422,13$.

d3) Diferença entre as propostas

$$\Delta P_{A-B} = 42.258.343,14 - 40.732.422,13 = R\$ \ 1.525.921,01$$

Observa-se que a proposta B foi a vencedora por ter o custo final atualizado inferior ao da proposta A.

12.8.2 Análise das propostas

- **Análise dos ensaios de recebimento do transformador**

Conhecido o vencedor da concorrência, o passo seguinte é a contratação do fornecimento do transformador. Normalmente, um transformador de grande porte, nas tensões de 138 kV e de 230 kV e potências nominais superiores a 100 MVA e inferiores a 300 MVA, tem um prazo de entrega longo e, dependendo do aquecimento do mercado, pode ser entregue entre 8 e 24 meses.

Todos os equipamentos devem ser recebidos em fábrica pelo inspetor do comprador, assunto a ser abordado no item 12.10.

Nos ensaios dos transformadores, há um detalhe importante a ser considerado. São os ensaios de perdas nos enrolamentos (perdas no cobre) quando o transformador está submetido à carga nominal e tensão nominal, e perdas no ferro, quando o transformador está energizado sem carga nos terminais secundários e sob tensão nominal no primário.

EXEMPLO DE APLICAÇÃO (12.29)

Tomando o Exemplo de Aplicação (12.28) de aquisição de um transformador de 100/125/156 MVA–230/69 kV, determinar o valor atualizado das perdas, a maior, obtida nos ensaios de perdas no ferro e no cobre cujos valores são:

P_{fem} = 85,09 kW (valor médio das perdas a vazio, medidas no ensaio de perdas);

P_{cum} = 519,76 kW (valor médio das perdas em carga, medidas no ensaio de perdas);

P_{feB} = 82.060 W = 82,06 kW (perdas garantidas, a vazio, em kW, na tensão nominal de 230.000 V);

P_{cuB} = 505.300 W = 505,3 kW (perdas garantidas em carga, em kW, na potência de 100 MVA).

Logo, o valor presente dessas perdas ao longo de 20 anos de operação do transformador vale:

$$V_r = 65.432 \times 0,78618 \times [(85,09 - 82,06) + (0,3 \times 0,68 + 0,7 \times 0,68^2 \times (519,76 - 505,3)]$$

$$V_r = R\$ \ 407.127,91 \text{ (valor presente a ser reduzido da proposta amortizado no prazo de 20 anos)}$$

Em geral, as especificações técnicas das empresas contêm penalidades claras para a ultrapassagem das perdas nos ensaios. Uma das formas mais severas de penalidade aplicada no mercado é a seguinte: para cada 1,5% de perdas totais, ou fração disso, medidas a plena carga, nas tensões nominais à frequência nominal, acima do valor garantido contratualmente, o fornecedor pagará ao comprador uma multa equivalente a 1% do preço cotado para a unidade completa, acrescido dos encargos financeiros e dos reajustes de preço, quando existir.

Considerando que não houve encargos financeiros na transação nem reajustes de preço, o valor da multa para essa condição vale:

$$\frac{(85,09 - 82,06) + (519,76 - 505,30)}{82,06 + 505,30} \times 100 = \frac{3,03 + 14,16}{132,36} \times 100 = \frac{17,19}{132,36} \times 100 = 12,9\%$$ (valor em percentagem das perdas totais acima das perdas garantidas).

Ou seja, 12,9% correspondem a 8,3 vezes 1,5%. A multa, então, é de 1% × R\$ 22.800.000,00 × 8,3 = R\$ 1.892.400,00. Para evitar disputas judiciais, a especificação e/ou contrato entre fornecedor e comprador deve ser bem clara, sem margem para dúvida de interpretação.

Há várias outras formas de ressarcimento por ultrapassagem das perdas garantidas.

Os resultados desses ensaios devem ser confrontados com os valores de perda no ferro e no cobre garantidos na proposta do fabricante. Se as perdas forem inferiores aos valores garantidos, o transformador pode receber autorização do inspetor para embarque, desde que os demais ensaios apresentem compatibilidade com as exigências contidas na especificação técnica. Caso contrário, deverá ser realizada uma análise para identificar o quanto essas perdas irão afetar os custos operacionais do transformador. Para isso pode ser empregada a Equação (12.81).

$$V_r = F_{va} \times C_{ed} \times \left[\left(P_{fe2} - P_{fe1} \right) + (0,3 \times F_c + 0,70 \times F_c^2 \times \left(P_{cu2} - P_{cu1} \right) \right] \quad (12.81)$$

As variáveis dessa expressão já foram analisadas no item 12.8. No entanto, o significado dos valores de perda tem outra conotação:

V_r – valor presente das perdas, em R\$;
P_{fe1} – valor da perda em vazio garantida na proposta, em kW;
P_{fe2} – valor médio das perdas em vazio medidas nos ensaios de perdas;
P_{cu1} – valor da perda, em carga, garantida na proposta, em kW;
P_{cu2} – valor médio das perdas, em carga, medidas nos ensaios de perda;
F_c = 68% = 0,68 (fator de carga médio anual, fornecido na especificação técnica do transformador);
F_{va} – fator de atualização dado na Equação (12.78).

12.9 ESPECIFICAÇÃO DO TRANSFORMADOR

As especificações técnicas constituem uma das partes de projeto de subestações que tem a maior relevância técnica e econômica.

Em geral, os projetos de uma subestação são desenvolvidos em três diferentes fases.

- Projeto conceitual

Nessa fase, o projetista esboça preliminarmente um diagrama unifilar definindo a concepção do barramento e o arranjo da subestação, que são as bases fundamentais para a progressão do projeto, tomando como princípio as necessidades do cliente manifestadas em um primeiro contato, normalmente em reunião presencial ou virtual.

São elaborados alguns desenhos da planta baixa e cortes para melhor visualização do projeto. Atualmente, com o Autodesk Revit operando em um ambiente BIM, pode-se elaborar um projeto conceitual bem consistente com muitas informações. Agregando as plantas mencionadas a um relatório descritivo sucinto e a uma relação de material resumida, encerra-se essa parte inicial, cujo objetivo é fornecer ao cliente e ao seu corpo técnico os fundamentos do projeto da subestação.

Com base nesse material deverão ser discutidos os princípios básicos do empreendimento, a relação do custo envolvido *versus* confiabilidade e flexibilidade operacional, de forma a se definir um projeto conceitual final para aprovação do cliente.

- **Projeto básico**

Definido o projeto conceitual, a empresa projetista inicia a fase do projeto básico, que consiste no detalhamento preliminar que possibilite ao cliente enviar esse projeto a várias empresas de construção e montagem para que elas formulem suas propostas técnico-econômicas a fim de que seja selecionada a empresa com menor custo e prazo e melhor técnica.

Essa fase de projeto tem seu início no projeto conceitual consolidado e seu final até onde se inicia o projeto executivo. Vamos descrever esses limites para melhor entendimento do leitor. No detalhamento do projeto básico, não é possível detalhar, por exemplo, a base do transformador e o seu projeto estrutural civil, pois não se conhecem os dimensionais do transformador a ser adquirido. No entanto, a empresa projetista elabora um desenho com o transformador instalado em uma base de concreto, ambos retirados de sua biblioteca a partir de projetos anteriores semelhantes. Assim, será realizado todo o detalhamento de montagem dos equipamentos e estruturas, muito próximo ao que será realizado no projeto executivo, o que possibilita que as empresas que irão fornecer propostas de construção e montagem da subestação tenham acesso ao máximo de informações possíveis.

Além disso, não é possível elaborar o projeto elétrico, normalmente dividido em três diferentes segmentos: os diagramas funcionais, os diagramas de interligação dos equipamentos e os diagramas de lógica. Isso se deve ao fato de a empresa projetista não possuir as informações técnicas de equipamentos que ainda serão adquiridos. Por exemplo, os fabricantes de equipamentos como transformadores de medida, transformadores de potência, disjuntores etc., no momento da entrega da proposta ou algumas semanas após ter recebido a Ordem de Compra, fornecem seus respectivos diagramas elétricos de funcionamento e demais dados do produto. No caso dos transformadores de potência, o fabricante fornece todos os diagramas de controle, por exemplo, os diagramas das proteções intrínsecas, entre outros. Somente a partir desse e dos demais diagramas é possível elaborar o diagrama de interligação entre os transformadores de medida e os disjuntores de proteção correspondentes, bem como as informações de estado desse equipamento, tais como temperatura, ventilação forçada etc.

Na elaboração do projeto básico, a projetista deverá elaborar todas as especificações técnicas detalhadas dos equipamentos a serem utilizados no projeto. É a fase de maior importância do projeto básico. Normalmente, são elaboradas as especificações técnicas em fascículos, para permitir que os proponentes do certame, normalmente empresas de montagem, forneçam aos fabricantes e fornecedores específicos as especificações técnicas detalhadas, a fim de obter os preços desses equipamentos, e a partir dos quais cada proponente irá elaborar a sua proposta a ser apresentada ao cliente.

Somente quando todo esse material técnico for disponibilizado a empresa projetista poderá dar início ao projeto executivo. A projetista normalmente tem prazo para conclusão de todas as etapas do projeto. No entanto, em geral, a projetista fica disponível durante todo o processo de construção e montagem da subestação para que, no caso da necessidade de alteração do projeto por qualquer motivo tecnicamente justificável, seja realizada a alteração no menor prazo possível a fim de evitar atraso nas obras.

Sendo o transformador o equipamento de maior custo individual e o de maior importância do empreendimento, na elaboração de sua especificação técnica a projetista normalmente estabelece um item de grande interesse que pode impactar a seleção do fornecedor dos transformadores de potência. E nesse ponto entra o conceito: nem sempre o menor preço do transformador representa o menor custo final para o cliente. Pois, como se sabe, durante a operação do transformador as perdas elétricas exercem uma grande influência no custo final do equipamento.

A seguir, faremos uma análise de julgamento das propostas e outra análise após os ensaios de recebimento dos transformadores. O conteúdo dessas análises deve constar na especificação técnica do transformador para dar ciência aos fornecedores.

12.9.1 Análise e julgamento das propostas técnicas

Agora que já se tem conhecimento das informações técnicas dos transformadores ofertados em consonância com a especificação técnica da empresa projetista, pode-se avançar na análise para definição da proposta vencedora desses equipamentos, não somente os de elevada capacidade nominal, em tensões elevadas, mas também os transformadores de distribuição de média tensão comprados normalmente em larga escala pelas concessionárias de energia elétrica.

Para tornar o assunto bem prático, vamos imaginar que um grande empreendimento industrial tenha necessidade de aquisição de um transformador trifásico, do tipo abaixador para uso em uma subestação industrial, com capacidade de 100/125/156 MVA-230/69 kV, especificado com o fornecimento do comutador de derivação em carga e sistema de ventilação forçada em dois estágios, ONAN/ONAF1/ONAF2. Na especificação deve constar que cabe aos fabricantes assumirem a garantia de fornecer o equipamento com as perdas nas seguintes condições:

- perdas em vazio, em kW, na derivação 230.000-69.000 V;
- perdas em carga, em kW, em regime ONAN, na potência base de 100 MVA.

Para iniciar o julgamento das propostas, o analista deverá utilizar a Equação (12.82) fornecida na especificação técnica do transformador, com base na qual deveriam ser elaboradas as propostas técnico-econômicas dos fabricantes contendo as características técnicas e o preço do equipamento. Em geral, essa especificação técnica faz parte do contrato celebrado entre o comprador e o fabricante.

$$P_a = P_i + F_{va} \times C_m \times \left[P_{fe} + \left(0,3 \times F_c + 0,70 \times F_c^2\right) \times P_{cu} \right] \quad (12.82)$$

P_a – preço atualizado do transformador no instante da apresentação da proposta, em R$;
P_i – preço inicial do transformador, no instante da apresentação da proposta, em R$;

F_{va} – fator de valor atual;
P_{fe} – perdas garantidas, a vazio, em kW, na base da tensão nominal 230.000 V, fornecido na proposta;
P_{cu} – perdas garantidas, em carga, em kW, fornecida na proposta na base de 100 MVA e tensão 230.000 V;
C_e – custo médio da energia a ser consumida, em R$/kWh, considerando o fator de carga, F_c, da indústria;
F_c – fator de carga da indústria.

Se a aquisição do transformador for destinada a uma usina de energia eólica, por exemplo, deverá ser considerado o fator de capacidade da usina. A título de informação, o fator de capacidade média das usinas de energia eólica do Estado do Ceará é de 47,6%. No caso de um empreendimento industrial, o fator de carga, equivalente ao fator de capacidade anteriormente citado, é normalmente modelado na elaboração do projeto básico da indústria. No caso de usinas de energia eólica e fotovoltaicas, pode-se utilizar o fator de capacidade previsto na fase dos estudos de viabilidade técnico-econômica do empreendimento, valor médio anual.

Os valores elétricos contidos na Equação (12.82) devem ser fornecidos pelo fabricante na sua proposta. Porém, os outros valores devem ser gerados preliminarmente, e constar no texto da especificação técnica enviada aos fornecedores. O termo fator de valor atual, F_{va}, pode ser conhecido por meio da Equação (12.83).

$$F_{va} = \frac{(1+I)^{N_a} - 1}{I \times (1+I)^{N_a}} \times N_h \qquad (12.83)$$

I – taxa de juro anual;
N_h – número de horas durante o qual o transformador permanece energizado ao ano, normalmente estimado em 8.760 horas;
N_a – número de anos durante o qual o transformador permanece energizado; o valor normalmente estimado para esse cálculo está compreendido entre 10, 20 e 30 anos.

Os valores de I, N_h e N_a devem ser fornecidos na especificação técnica para que os fornecedores tenham ciência das premissas a serem utilizadas no julgamento das propostas. Normalmente, o valor de I é dado em função das taxas de juros do mercado. Não necessariamente o valor de I deve ser o valor praticado no mercado naquele momento, até porque podem ocorrer variações entre o momento em que se elabora a especificação técnica e a data de análise da documentação. Como os proponentes deverão utilizar o mesmo valor de I, não afetará o resultado da análise, já que a base é a mesma para todos os proponentes.

A Equação (12.83) é largamente empregada na área financeira. Assim, no caso de um empréstimo, quando conhecemos a taxa de juros $I = 12\%$, o número de prestações $N_a = 20$ meses e o valor da prestação $N_h =$ R$ 10.000,00, podemos determinar o preço atualizado desse financiamento, ou seja:

$$F_{va} = \frac{(1+0,12)^{20} - 1}{0,12 \times (1+0,12)^{20}} \times 10.000 = 7,469443 \times 10.000 =$$

R$ 74.694,43, que é o valor atual do empréstimo.

Para subsidiar a simulação, iremos determinar o *fator de valor atual*, de acordo com a Equação (12.83), considerando os seguintes valores:

$I = 12\%$ (taxa de juros ao ano);
$N_h = 8.760$ horas (número de horas normalmente utilizado nas simulações), já que em geral o transformador permanece ligado continuamente;
$N_a = 30$ anos (adotaremos o valor de 30 anos por ser o tempo de vida útil mais próximo dos transformadores de grande capacidade). Com esses valores podemos encontrar o valor de F_{va}:

$$F_{va} = \frac{(1+I)^{N_a} - 1}{I \times (1+I)^{N_a}} \times N_h = \frac{(1+0,12)^{30} - 1}{0,12 \times (1+0,12)^{30}} \times 8.760 =$$
$$= 8,05518 \times 8.760 = 70.563 \text{ h}$$

Já o valor do custo médio da energia, C_m, pode ser determinado pela Equação (12.84).

$$C_m = P_{kWh} + \frac{P_{kW}}{N \times D} \qquad (12.84)$$

P_{kWh} – preço médio da energia, em kWh, pago pelo comprador, na data da proposta;
P_{kW} – preço médio do kW, pago pelo comprador na data da proposta.

Esses valores devem constar na especificação técnica do transformador que será enviada aos fornecedores, a fim de que haja paridade no conhecimento dos dados que serão considerados no julgamento das propostas. Para usinas de geração, deve-se utilizar o valor médio da energia a ser vendida. Para empreendimentos industriais, os valores de P_{kW} e P_{kWh} podem ser obtidos da tabela de tarifa normalmente disponível pela concessionária local, considerando P_{kW} o valor da demanda máxima contratada ou faturada fora de ponta e P_{kWh} o valor da tarifa de consumo TE. Para aquisição de transformadores para ampliação de empreendimentos industriais, pode-se obter um valor mais próximo do real utilizando a Planilha de Cálculo da Tabela 12.22, com base na curva de carga existente acrescida da nova carga a ser ligada.

Com os valores conhecidos de P_a calculados para cada proposta, o comprador pode selecionar o fornecedor do transformador que ofereça a melhor condição técnico-econômica ao longo dos anos de funcionamento desse equipamento.

12.9.1.1 Aplicação do método de análise das propostas

Foram apresentadas propostas técnico-econômicas por três fabricantes. A análise técnica reprovou a proposta de um fabricante por alguns desvios com relação à especificação técnica, enquanto duas propostas, tecnicamente compatíveis com a especificação técnica fornecida, serão submetidas à análise de perdas para seleção do fornecedor.

Os dados fornecidos pelos proponentes relativos à análise técnico-econômica das propostas têm os seguintes valores:

- Proposta A

  P_i = R$ 21.400.000,00 (preço do transformador);

  P_{feA} = 108.500 W = 108,5 kW (perdas garantidas a vazio, em kW, na tensão nominal de 230.000 V);

  P_{cuA} = 592.800 W = 592,8 kW (perdas garantidas em carga, em kW na potência de 100 MVA).

- Proposta B

  P_i = R$ 22.800.000,00 (preço do transformador);

  P_{feB} = 82.060 W = 82,06 kW (perdas garantidas a vazio, em kW, na tensão nominal de 230.000 V);

  P_{cuB} = 505.300 W = 505,3 kW (perdas garantidas em carga, em kW na potência de 100 MVA).

a) Análise das propostas

- Proposta A
  - Cálculo do preço médio da energia a ser pago pelo comprador

Por se tratar de um consumidor do grupo tarifário A1 (230 kV), seu consumo e demanda serão tarifados nos horários de ponta e fora de ponta, conforme Planilha de Cálculo da Tabela 12.23. Nesse caso, a tarifa média é de R$ 698,54/MWh = R$ 0,69854/kWh.

Com os dados já obtidos, podemos determinar o preço atualizado do transformador aplicando a Equação (12.82):

$P_a = P_i + F_{va} \times C_m \times [P_{fe} + (0,3 \times F_c + 0,70 \times F_c) \times P_{cu}]$

F_c = 68% = 0,68 (fator de carga do empreendimento)

P_a = 21.400.000,00 + 70.563 × 0,69854 × [108,5 + (0,3 × 0,68 + 0,7 × 0,68²) × 592,8]

P_a = 21.400.000,00 + 20.766.760,19 = R$ 42.166.760,09

- Proposta B

$P_a = P_i + F_{va} \times C_m \times [P_{feB} + (0,3 \times F_c + 0,70 \times F_c^2) \times P_{cuB}]$

P_a = 22.800.000,00 + 70.563 × 0,69854 × [82,06 + (0,3 × 0,68 + 0,7 × 0,68²) × 505,3]

P_a = 22.800.000,00 + 17.187.636,44 = R$ 39.987.636,44

- Diferença entre as Propostas A e B

ΔP_{ab} = R$ 42.166.760,09 − R$ 39.987.636,44 = R$ 2.179.123,56

Podemos observar que há uma diferença entre os preços atualizados dos dois transformadores no valor de R$ 2.179.123,65 a favor da proposta B, apesar de seu preço inicial ser mais elevado no momento da oferta. A diferença do preço na apresentação das propostas é de R$ 1.400.000 a favor da proposta A. Logo, a proposta B é a vencedora do certame.

Podemos refazer a análise para um tempo de 10 anos de operação do transformador. Nesse caso, teremos:

$$F_{va} = \frac{(1+I)^{N_a}-1}{I \times (1+I)^{N_a}} \times N_h = \frac{(1+0,12)^{10}-1}{0,12 \times (1+0,12)^{10}} \times 8.760 = 49.495 \text{ h}$$

- Proposta A

$P_a = P_i + F_{va} \times C_m \times [P_{fe} + (0,3 \times F_c + 0,70 \times F_c) \times P_{cu}]$

P_a = 21.400.000,00 + 49.495 × 0,69854 × [108,5 + (0,3 × 0,70 + 0,7 × 0,7²) × 592,8]

P_a = 21.400.000,00 + 9.928.746,54 = R$ 31.328.746,54

- Proposta B

P_a = 22.800.000,00 + 49.495 × 0,69854 × [82,06 + (0,3 × 0,476 + 0,7 × 0,476²) × 505,3]

P_a = 22.800.000,00 + 8.102.794,95 = R$ 30.902.794,95 = R$ 425.951,59

A diferença atualizada entre as propostas para 10 anos de análise é de R$ 425.951,59 a favor da proposta B.

TABELA 12.23 Simulação da tarifa média do consumidor de 230 kV

	Consumidor Horo-sazonal azul (tarifa média 2021)						
Tarifas sem ICMS		Tarifas			Demanda faturada	Energia faturada	Total da fatura
Descrição	Demanda	TUSD	TE	Barreira tarifária azul			
	R$/kW	R$/kWh	R$/kWh	R$/kWh	kW	kWh	R$/mês
Demanda da ponta	4,58	–	–	–	36.000	–	164.880,00
Demanda da F ponta	4,46	–	–	–	142.000	–	633.320,00
Consumo ponta	–	0,02693	–	–	–	1.587.600	42.754,07
Consumo F ponta	–	0,02693	–	–	–	20.874.000	562.136,82
Consumo ponta	–	–	0,48566	–	–	1.587.600	771.033,82
Consumo F ponta	–	–	0,29080	–	–	20.874.000	6.070.159,20
Consumo ponta	–	–	–	0,51259	–	1.587.600	813.787,88
Consumo F ponta	–	–	–	0,31773	–	20.874.000	6.632.296,02
Totais mensais – R$						22.461.600	15.690.367,81
Tarifa média mensal – R$/MWh							698,54

Concluída a análise das propostas e emitida a ordem de compra do transformador para o vencedor do certame, devemos nos preparar para realizar uma segunda análise, agora baseada nos resultados dos ensaios de perda que devem ser exigidos na especificação técnica. Os valores dessas perdas conduzirão o comprador a aceitar o produto se elas estiverem iguais ou inferiores aos valores garantidos pelo fabricante durante o teste de aceitação de fábrica (TAF). Caso contrário, será necessária uma segunda análise que expressará o custo a ser arcado pelo comprador ao longo da operação do transformador.

12.9.2 Análise das perdas no ensaio de recebimento do transformador

Essa análise é importante para o comprador, pois a proposta vencedora certamente foi eleita com base nas perdas garantidas, já que os demais itens técnicos das propostas foram considerados aceitáveis. Para realizar esse estudo, pode-se aplicar a Equação (12.81), em que V_r é o valor reduzido da proposta.

As variáveis dessa expressão já foram analisadas. No entanto, o significado dos valores de perda tem outra conotação:

P_{feg} – valor da perda a vazio, garantida na proposta, em kW;
P_{fem} – valor médio das perdas a vazio, medidas nos ensaios de perdas;
P_{cug} – valor da perda em carga, garantida na proposta, em kW;
P_{cum} – valor médio das perdas em carga, medidas nos ensaios de perda.

Assim, na continuação do processo de compra do transformador de 100/125/156 MVA-230/69 kV vencido pela proposta B, passaremos para a sua fase final, que é o estudo comparativo dos resultados dos ensaios de perda realizados na fábrica ou em laboratório de notável competência.

Ao final dos trabalhos de recebimento do transformador, o Inspetor recebeu o Relatório dos Ensaios com os seguintes valores de perda média:

$P_{feB} = 85,09$ kW (valor médio das perdas a vazio, medidas no ensaio de perdas);
$P_{cuB} = 519,76$ kW (valor médio das perdas em carga, medidas no ensaio de perdas).

Observamos que há uma diferença, a maior, nos ensaios realizados que resulta um custo adicional que deve ser considerado para fins de descontos no preço do transformador, justamente a ser reivindicado pelo comprador. Esse valor pode ser obtido a partir Equação (12.81).

As perdas garantidas na proposta foram:

$P_{fe2} = 82,06$ kW
$P_{cu2} = 505,3$ kW
$V_r = 70.563 \times 0,69854 \times [(85,09 - 82,06) + (0,3 \times 0,68 + 0,7 \times 0,68^2) \times (519,76 - 505,3)]$
$V_r = R\$ 525.455,35$ (valor a ser reduzido da proposta amortizado no prazo de 30 anos)

Percebe-se ainda que a diferença percentual entre as perdas garantidas e as perdas medidas nos ensaios é: (i) para perdas a vazio: 3,69%; (ii) para perdas em carga: 2,86%.

Nesse caso, o comprador deve legalmente ser ressarcido em decorrência das perdas, a maior, que lhe imputarão custos adicionais durante a operação do transformador.

Em geral, as especificações técnicas das empresas concessionárias de energia elétrica contêm penalidades claras para a ultrapassagem das perdas nos ensaios. Uma das formas de penalidade pode ser estabelecida neste texto: para cada 1,5% de perdas totais, ou fração disto, medidas a plena carga, nas tensões nominais à frequência nominal, acima do valor garantido contratualmente, o fornecedor pagará ao comprador uma multa equivalente a 1% do preço cotado para a unidade completa, acrescido dos encargos financeiros e dos reajustes de preço, quando existirem.

Há várias outras formas de ressarcimento por ultrapassagem das perdas garantidas, devendo constar uma delas na especificação técnica a ser fornecida pelo comprador.

12.10 ENSAIOS E RECEBIMENTO

12.10.1 Características dos ensaios

As fábricas de transformadores necessitam de laboratórios bem equipados; neles são realizados testes e ensaios que darão garantia à qualidade do produto. Um dos principais elementos de um laboratório de ensaio de transformadores é a ponte capacitiva, destinada aos ensaios dielétricos. A Figura 12.107 mostra o núcleo de um transformador em preparação para ser submetido aos ensaios dielétricos ao lado da ponte capacitiva.

Todos os ensaios devem ser realizados pelo fabricante na presença do inspetor, ou não, de conformidade com as prescrições contidas no documento de aquisição do comprador. Os ensaios de recepção devem ser realizados de acordo com a NBR 5356 e estão enumerados a seguir.

12.10.1.1 Ensaios de rotina

Devem ser executados em todas as unidades de produção. São os seguintes:

- resistência elétrica dos enrolamentos;
- relação de tensões;
- polaridade;
- deslocamento angular e sequência de fases;
- perdas (a vazio e em carga);
- corrente de excitação;
- tensão de curto-circuito;
- ensaios dielétricos;
- tensão suportável nominal à frequência industrial (tensão aplicada);
- tensão induzida (transformadores com tensão máxima igual ou inferior a 145 kV);
- tensão suportável nominal de impulso de manobra (transformadores com tensão máxima igual ou superior a 242 kV);
- tensão suportável nominal de impulso atmosférico (transformadores com tensão máxima igual ou superior a 242 kV);

FIGURA 12.107 Ponte capacitiva para ensaio de tensão de impulso.

- tensão induzida de longa duração (transformadores com tensão máxima igual ou superior a 242 kV);
- estanqueidade e resistência à pressão, a quente, em transformadores de potência nominal igual ou superior a 750 kVA;
- verificação do funcionamento dos acessórios.

Está incluído, ainda, nesses ensaios o funcionamento dos seguintes acessórios:

- indicador externo do nível de óleo;
- indicador de temperatura do óleo;
- comutador de derivações sem tensão;
- comutador de derivações em carga;
- relé de Buchholz;
- indicador de temperatura do enrolamento;
- ventilador;
- bomba de circulação de óleo;
- dispositivo de alívio de pressão.

12.10.1.2 Ensaios de tipo

Em geral, os ensaios de tipo são dispensados pelo comprador quando o fabricante exibe resultados de ensaios de tipo anteriormente executados sobre transformadores do mesmo projeto. Caso contrário, é sempre conveniente a presença de um inspetor na fábrica durante a realização dos ensaios que são:

- todos os ensaios de rotina;
- fator de potência do isolamento;
- elevação de temperatura;
- nível de ruído;
- nível de tensão de radiointerferência;
- tensão suportável nominal de impulso atmosférico para transformadores com tensão máxima do equipamento igual ou inferior a 145 kV.

12.10.1.3 Ensaios especiais

Às vezes, dada a importância da instalação ou o seu grau de periculosidade, podem ser exigidos, ainda, os seguintes ensaios:

- ensaio de curto-circuito;
- medição da impedância de sequência zero (em transformadores trifásicos);
- medição dos harmônicos na corrente de excitação;
- medição da potência absorvida pelos motores de bombas de óleo e ventiladores;
- análise cromatográfica dos gases dissolvidos no óleo isolante.

A descrição de cada um desses ensaios está contida na NBR 5356 – Transformador de potência.

12.10.2 Recebimento

Para o recebimento dos transformadores são considerados os seguintes aspectos, definidos na NBR 7036:2022.

12.10.2.1 Inspeção visual

O transformador deve sofrer uma inspeção visual abrangendo os seguintes itens:

- confrontar as características da placa com o pedido de compra;
- verificar a inexistência de fissuras ou lascas nas buchas e danos externos no tanque ou acessórios;
- verificar o nível correto do líquido isolante;
- verificar a exatidão dos instrumentos, por meio de leituras;
- examinar se há indícios de corrosão;
- examinar a marcação correta dos terminais;
- observar se há vazamentos através das buchas, bujões e soldas;

- verificar os componentes externos do sistema de comutação;
- verificar o estado da embalagem quando existir.

12.11 ESPECIFICAÇÃO SUMÁRIA

Para se formular o pedido de um transformador, são necessários, no mínimo, os seguintes dados:

- tensão primária;
- tensão secundária fase-fase e fase-neutro;
- derivações desejadas (tapes);
- potência nominal;
- deslocamento angular;
- número de fases (monobucha, monofásico, bifásico ou trifásico);
- tensão suportável de impulso;
- impedância percentual;
- acessórios desejados.

13

CAPACITORES DE POTÊNCIA

13.1 INTRODUÇÃO

Capacitor, também conhecido como condensador, é um dispositivo capaz de armazenar determinada quantidade de energia em um campo elétrico.

O primeiro dispositivo inventado acidentalmente no ano de 1746 que foi capaz de armazenar energia elétrica é conhecido como garrafa de Leiden, desenvolvido pelo professor Pieter da Universidade de Leiden, na Holanda.

Uma das principais aplicações dos capacitores está relacionada com a correção de fator de potência para evitar que a unidade de consumo definida pela legislação seja onerada na sua conta de energia no final do mês devido ao excesso de consumo de energia reativa indutiva e/ou de demanda de potência reativa indutiva no horário das 6 às 24 h. Para isso, são instalados bancos de capacitores de baixa ou média tensões comandados ou não por contatores, disjuntores ou por chaves apropriadas, como no caso das chaves de média tensão para manobra.

Os capacitores reunidos em banco sem nenhum controle da potência capacitiva injetada no sistema elétrico são denominados banco fixo. Já os bancos de capacitores manobrados por meio de controlador de fator de potência são denominados bancos automáticos e são empregados na compensação de cargas reativas indutivas cuja variação de demanda é lenta e que resulta em poucas manobras do banco de capacitores.

No entanto, há cargas indutivas cuja variação da demanda é muito frequente, como no caso de indústrias da área metal-mecânica dotadas de um elevado número de prensas e de máquinas de solda cuja operação implica demandas elevadas em curtos intervalos de tempo. Nesse caso, não seria aconselhável o uso de bancos manobrados por contatores ou uso de resistores de pré-inserção devido ao elevado número de manobras necessário ao controle da demanda de potência reativa indutiva.

Além de corrigir o fator de potência das instalações de energia, os capacitores propiciam muitos benefícios aos sistemas elétricos no que diz respeito à regulação de tensão nos sistemas de transmissão e de distribuição, à liberação da capacidade de transformação dos transformadores e de geração dos geradores, além de outras melhorias oferecidas.

A vida útil dos capacitores em condições razoáveis de operação é de aproximadamente 15 anos. No entanto, quando operados sob condições de tensões elevadas e/ou em sistemas em que há grande quantidade de cargas não lineares geradoras de frequências harmônicas de diversas ordens podem ser danificados encurtando drasticamente a sua vida útil. Também quando os capacitores são instalados em sistemas em que operam cargas lineares, mas de acentuado conteúdo indutivo, como fornos de indução, podem ficar submetidos a uma frequência ressonante que é função da impedância do sistema de alimentação, gerando picos de tensão elevados prejudiciais à vida útil dos capacitores.

13.2 FATOR DE POTÊNCIA

13.2.1 Conceitos básicos

Matematicamente, o fator de potência pode ser definido como a relação entre o componente ativo da potência e o valor total da potência, ou seja:

$$F_p = \frac{P_{at}}{P_{ap}} \quad (13.1)$$

F_p – fator de potência da carga;
P_{at} – componente ativo da potência, em W, ou seus múltiplos e submúltiplos;
P_{ap} – potência total da carga, em VA, ou seus múltiplos e submúltiplos.

O fator de potência, por ser a relação entre duas quantidades representadas pela mesma unidade de potência, é um número adimensional. O fator de potência pode ser também definido como o cosseno do ângulo formado entre a potência ativa e o componente total da potência, ou seja:

$$F_p = \cos \phi \qquad (13.2)$$

O triângulo da Figura 13.1 ilustra e demonstra esse conceito, sendo ϕ o ângulo do fator de potência. Pelos lados do referido triângulo pode-se escrever a seguinte equação:

$$P_{ap} = \sqrt{P_{at}^2 + P_{re}^2} \qquad (13.3)$$

P_{re} – potência reativa, em var ou seus múltiplos e submúltiplos.

Fisicamente, o fator de potência representa o cosseno do ângulo de defasamento entre a onda senoidal da tensão e a onda senoidal da corrente. Quando a onda da corrente está atrasada em relação à onda de tensão, o fator de potência é dito indutivo. Caso contrário, o fator de potência é dito capacitivo. No entanto, se uma carga resistiva é alimentada por uma fonte de tensão senoidal de 380 V, valor eficaz, flui uma corrente senoidal de 56,6 A, valor eficaz, registrando-se os valores senoidais da tensão e da corrente vistos na Figura 13.2. Nesse caso, a tensão e a corrente estão em fase e $\phi = 0$. Os valores de pico correspondentes a 380 V e 56,6 A valem, respectivamente, 537 V e 80 A. Nesse caso, o fator de potência é unitário, ou seja, $F_p = 1$.

Se a carga é constituída, por exemplo, por um motor de indução de 50 cv, corrente nominal em valor eficaz de 68,8 A e 97 A de valor de pico, conectado a uma rede elétrica de 380 V, valor eficaz, registram-se os valores senoidais da tensão e da corrente conforme a Figura 13.3 e cuja tensão está adiantada da corrente de um ângulo ϕ. Nesse caso, o fator de potência é dito indutivo e seu valor é inferior a 1.

Porém, se a carga é constituída de potência capacitiva, em predominância, por exemplo, 80 A capacitivos, valor de pico, ou seja, 56,6 A em valor eficaz, e está ligada à mesma rede elétrica anteriormente mencionada, os valores senoidais da tensão e da corrente são registrados em conformidade com a Figura 13.4 e cuja tensão está em atraso em relação à corrente de um ângulo ϕ. Nesse caso, o fator de potência é dito capacitivo e seu valor é inferior a -1.

13.2.2 Causas do baixo fator de potência

Para uma instalação industrial, podem ser apresentadas as seguintes causas que resultam em um baixo fator de potência:

- motores de indução trabalhando a vazio, durante um longo período de operação;
- motores superdimensionados para as máquinas a eles acopladas;
- transformadores em operação a vazio ou em carga leve;
- grande número de reatores de baixo fator de potência suprindo lâmpadas de descarga (lâmpadas fluorescentes, vapor de mercúrio, vapor de sódio etc.);
- fornos a arco;
- fornos de indução eletromagnética;
- máquinas de solda a transformador;
- equipamentos eletrônicos;
- grande número de motores de pequena potência em operação, durante um longo período de tempo.

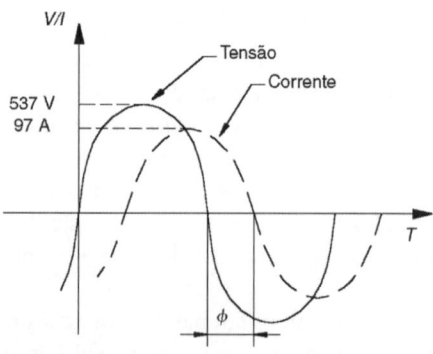

FIGURA 13.3 Registro da tensão e corrente para fator de potência indutivo.

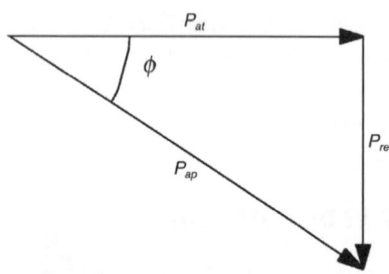

FIGURA 13.1 Diagrama das potências.

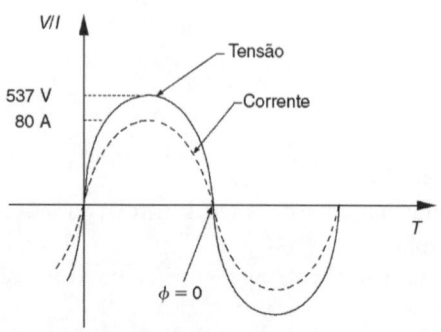

FIGURA 13.2 Registro da tensão e corrente para fator de potência unitário.

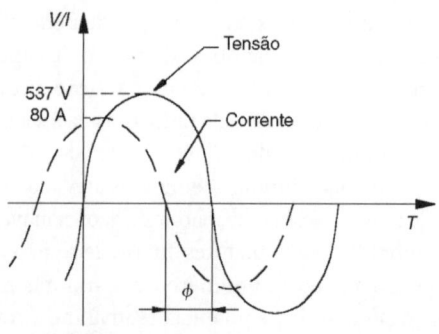

FIGURA 13.4 Registro da tensão e corrente para fator de potência capacitivo.

Tratando-se de instalações industriais, há predominância de motores elétricos de indução no valor total da carga, o que torna necessário tecer algumas considerações sobre a sua influência no comportamento do fator de potência. Segundo as curvas da Figura 13.5, pode-se observar que a potência reativa absorvida por um motor de indução se eleva moderadamente, desde a sua operação a vazio até a sua operação a plena carga. Porém, a potência ativa absorvida da rede cresce proporcionalmente ao aumento das frações da carga acoplada ao eixo do motor. Como resultado das variações das potências ativa e reativa na operação dos motores de indução desde o trabalho a vazio até a plena carga, o fator de potência varia também proporcionalmente a essa variação, tornando-se importante o controle operativo dos motores.

Para exemplificar, reduzindo-se a carga solidária ao eixo de um motor de indução de 50 cv a 50% de sua carga nominal, o fator de potência cai de 0,85, obtido durante o regime de operação nominal, para 0,79, enquanto a potência reativa, originalmente igual a 23 kVAr, reduz-se para 14 kVAr. Se a redução da carga fosse de 75% da nominal, o fator de potência cairia para 0,63 e a potência reativa atingiria o valor de apenas 12 kVAr.

13.2.3 Custo financeiro pelo baixo fator de potência

Considerando o fato de que a potência reativa não produz trabalho útil, porém deva ser transportada desde a geração até a unidade consumidora, sem que as empresas concessionárias transformem essa energia em receita, a legislação expressa na Resolução nº 417/2010 da Agência Nacional de Energia Elétrica (ANEEL) estabelece em 0,92 o valor mínimo para o fator de potência das cargas dessas unidades consumidoras. Para valores inferiores a esse será cobrado do consumidor um adicional na sua fatura de energia elétrica.

Os princípios fundamentais da legislação são os seguintes:

- necessidade de liberação da capacidade do sistema elétrico nacional;
- promoção do uso racional de energia;
- redução do consumo de energia reativa indutiva que provoca sobrecarga no sistema das empresas fornecedoras e concessionárias de energia elétrica, principalmente nos períodos em que ele é mais solicitado;
- redução do consumo de energia reativa capacitiva nos períodos de carga leve que provoca elevação de tensão no sistema de suprimento, havendo necessidade de investimento na aplicação de equipamentos corretivos e realização de procedimentos operacionais nem sempre de fácil execução;
- criação de condições para que os custos de expansão do sistema elétrico nacional sejam distribuídos para a sociedade de forma mais justa.

De acordo com a legislação, tanto o excesso de energia reativa indutiva como de energia reativa capacitiva serão medidos e faturados. O ajuste por baixo fator de potência, de acordo com os limites da legislação, será realizado por meio do faturamento do excedente de energia reativa indutiva consumida pela instalação e do excedente de energia reativa capacitiva fornecida à rede da concessionária pela unidade consumidora.

O fator de potência deve ser controlado de forma que permaneça dentro do limite de 0,92 indutivo e 0,92 capacitivo; sua avaliação é horária durante as 24 horas e em tempos definidos.

Para a apuração da energia reativa e da demanda reativa por posto tarifário, deve-se considerar a Resolução Normativa nº 414 da ANEEL, de 3 de dezembro de 2019, que prevê que consumidores do grupo A (industriais e comerciais) sejam taxados caso apresentem um fator de potência abaixo de 0,92 dentro dos limites previstos, ou seja:

a) **O período de 6 horas consecutivas, compreendido, a critério da distribuidora, entre 23h30 e 6h30, apenas os fatores de potência inferiores a 0,92 capacitivo, verificados em cada intervalo de 1 hora.**

b) **O período diário complementar ao definido no item anterior, apenas os fatores de potência inferiores a 0,92 indutivo, verificados em cada intervalo de 1 hora.**

De acordo com a legislação, para cada kWh de energia ativa consumida, a concessionária permite a utilização de 0,425 kVArh de energia reativa indutiva ou capacitiva, sem acréscimo no faturamento.

A avaliação do fator de potência deverá ser feita por meio da avaliação horária.

13.3 CARACTERÍSTICAS GERAIS

13.3.1 Dielétrico

Atualmente, as unidades capacitivas são constituídas de uma fina camada de filme de polipropileno metalizado a zinco com dielétrico seco.

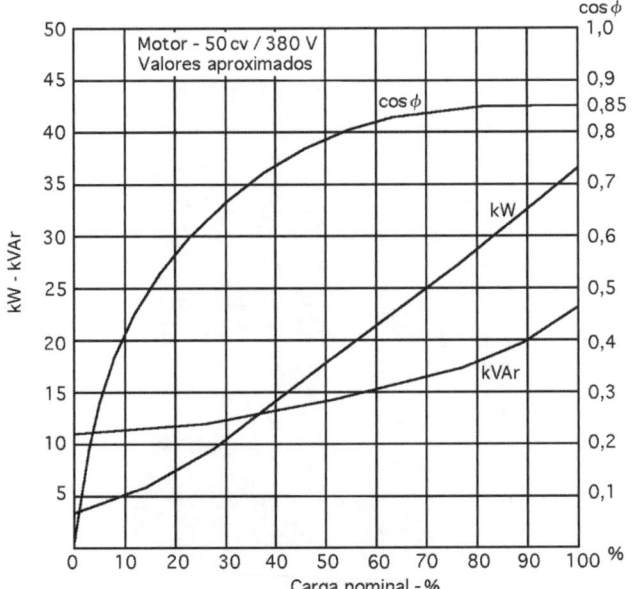

FIGURA 13.5 Gráfico do fator de potência e rendimento para um motor de 50 cv.

O filme de polipropileno apresenta a característica autorrecuperante, em que as propriedades do dielétrico, quando submetido a uma tensão de surto que provoca a sua disrupção em determinado ponto do capacitor, são rapidamente restabelecidas.

13.3.2 Resistor de descarga

Quando a tensão é retirada dos terminais de um capacitor, a carga elétrica armazenada necessita ser drenada, para que a tensão resultante seja eliminada, evitando-se situações perigosas de contato com os referidos terminais. Para que isso seja possível, insere-se entre os terminais um resistor com a finalidade de transformar em perdas Joule a energia armazenada no dielétrico, reduzindo para 5 V o nível de tensão em um tempo máximo de 1 min para capacitores de tensão nominal de até 660 V, e 5 min para capacitores de tensão nominal superior ao valor anterior. Esse dispositivo de descarga pode ser instalado interna ou externamente à célula, sendo mais comum a primeira solução, localizando-se entre a parte ativa e a tampa do capacitor, conforme mostrado na Figura 13.6.

13.3.3 Processo de construção

Os capacitores têm como construção básica duas placas paralelas separadas por um dielétrico.

A parte ativa dos capacitores é constituída de eletrodos de alumínio ou zinco separados entre si pelo dielétrico de polipropileno metalizado bobinado associado a líquidos impregnantes, formando o que se denomina armadura, bobina ou elemento.

Esses elementos são montados no interior da caixa metálica e ligados adequadamente em série, paralelo ou série-paralelo, de forma a resultar na potência reativa desejada ou na capacitância requerida em projeto.

O conjunto é colocado no interior de estufas com temperatura controlada por um período aproximado de 3 a 7 dias, tempo suficiente para que se processe a secagem das bobinas, com a retirada total da umidade da célula. Nesse processo, aplica-se uma pressão negativa da ordem de 10^{-3} mmHg no interior da caixa, acelerando a retirada da umidade.

Se a secagem não for perfeita, pode permanecer no interior da célula capacitiva determinada quantidade de umidade, o que certamente provocará, quando em operação, descargas parciais no interior do capacitor, reduzindo a sua vida útil, com a consequente queima da célula.

Concluído o processo de secagem, mantendo-se ainda sob vácuo toda a célula, inicia-se o processo de impregnação, utilizando-se o líquido correspondente, após o que a caixa metálica é totalmente vedada.

O processo continua com a pintura da caixa, recebendo posteriormente os isoladores, terminais e placa de identificação. Finalmente, a célula capacitiva se destina ao laboratório do fabricante, onde são realizados todos os ensaios previstos por norma, estando, então, pronta para o embarque.

A fim de permitir um melhor entendimento, serão mostrados os tipos de células capacitivas de uso comercial atual. A Figura 13.7 mostra em detalhes o interior de uma célula capacitiva de baixa-tensão do tipo seco. Já a Figura 13.8 mostra células capacitivas que podem ser montadas em módulos formando células capacitivas de diferentes potências nominais. É de uso bastante prático. A Figura 13.9 mostra uma célula capacitiva do tipo a seco em caixa metálica e de uso atual bastante difundido em instalações de baixa-tensão.

Para utilização em alta-tensão, a Figura 13.10 mostra várias células capacitivas de tensão nominal $13.800/\sqrt{3}$ montadas em estrutura de aço galvanizado e de uso bastante comum pelas concessionárias de energia elétrica.

A Figura 13.11 mostra uma estrutura de banco de capacitores em tensão primária de distribuição ($13.800/\sqrt{3}$) muito empregada em subestações de 72,5/13,80 kV, bem como em subestações de 138/13,80 kV.

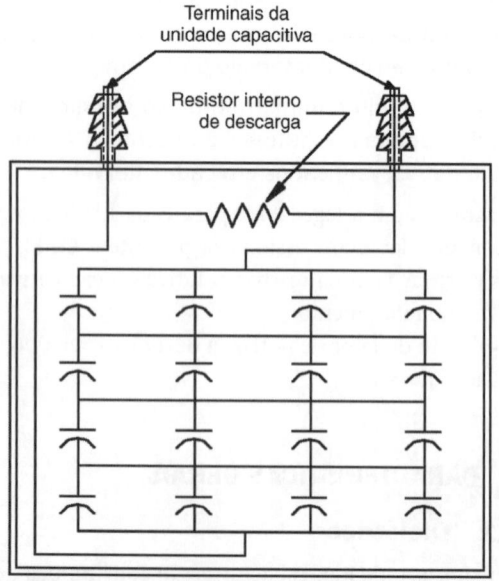

FIGURA 13.6 Representação interna de arranjo de uma unidade capacitiva.

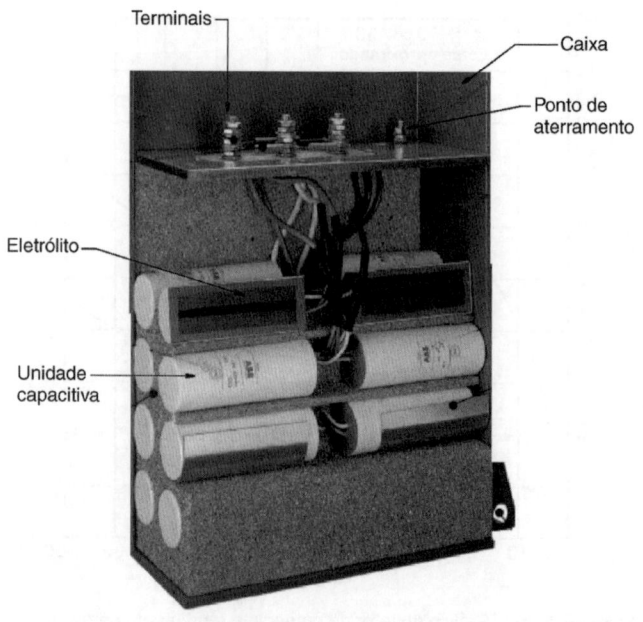

FIGURA 13.7 Vista interna de uma célula capacitiva.

Capacitores de potência | **411**

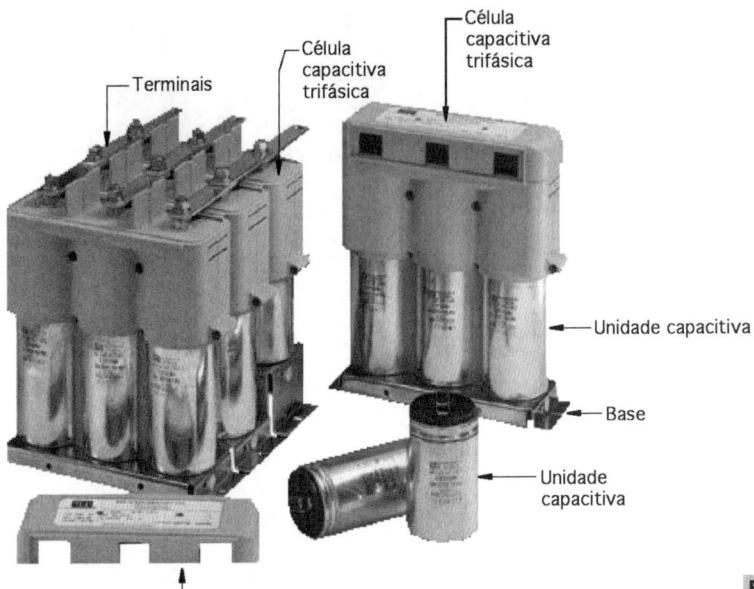

FIGURA 13.8 Células capacitivas de baixa-tensão do tipo modular.

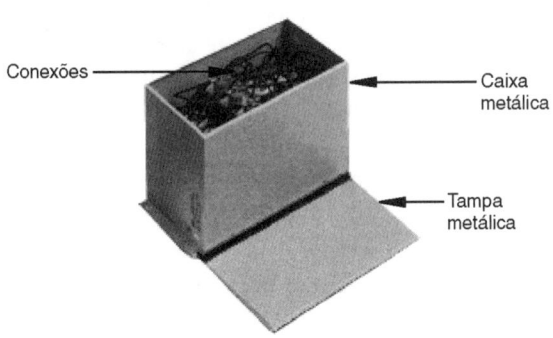

FIGURA 13.9 Células capacitivas de baixa-tensão em caixa metálica.

A Figura 13.12 mostra várias células capacitivas de diferentes potências nominais, de uso comum em banco de capacitores em subestações de potência, bem como em instalações em redes de distribuição urbana e rural.

13.4 CARACTERÍSTICAS ELÉTRICAS

13.4.1 Conceitos básicos

13.4.1.1 Potência nominal

Os capacitores são normalmente designados por sua potência nominal reativa, contrariamente aos demais equipamentos, cuja característica principal é a potência nominal aparente ou ativa.

A potência nominal de um capacitor em kVAr é aquela absorvida do sistema quando este está submetido à tensão e frequência nominais a uma temperatura ambiente não superior a 20 °C (ABNT). Conhecida a potência nominal do capacitor, pode-se facilmente calcular a sua capacitância pela Equação (13.4):

$$C = \frac{1.000 \times P_c}{2\pi \times F \times V_n^2} \quad (13.4)$$

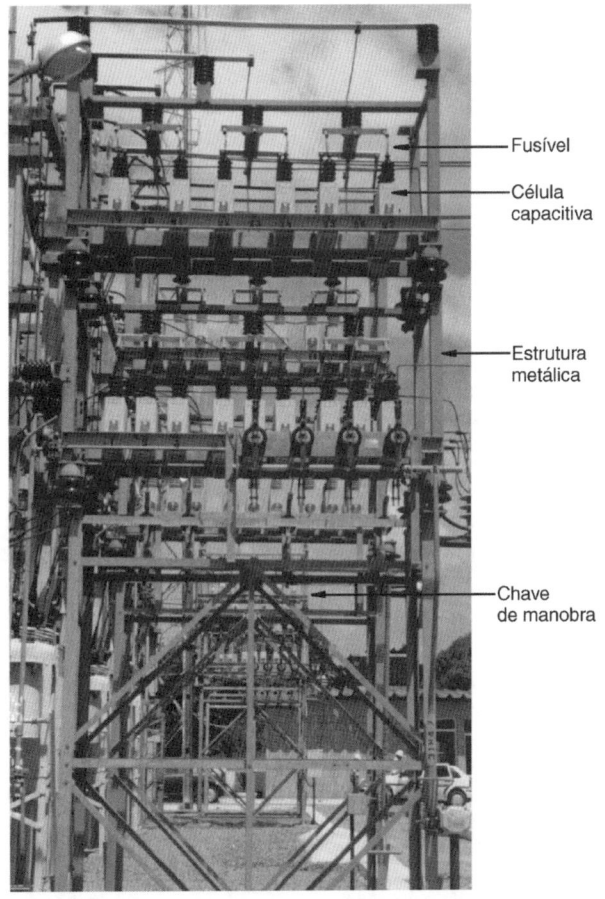

FIGURA 13.10 Banco de capacitores de média tensão: células capacitivas de 13.800/√3 – montagem vertical.

P_c – potência nominal do capacitor, em kVAr;
F – frequência nominal, Hz;
V_n – tensão nominal, em kV;
C – capacitância, em μF.

FIGURA 13.11 Banco de capacitores de média tensão em montagem vertical.

Para capacitores até 660 V, a potência nominal não ultrapassa normalmente 50 kVAr, em células trifásicas, e 30 kVAr, em células monofásicas. Já os capacitores de tensão de isolamento de 2,2 a 25 kV são geralmente monofásicos com potências padronizadas dos capacitores. A Tabela 13.1 fornece a capacidade nominal dos capacitores de baixa-tensão e demais informações para sua instalação. Já a Tabela 13.2 fornece a capacidade nominal dos capacitores de média tensão.

Os isolantes sólidos e os líquidos de impregnação, que constituem o dielétrico dos capacitores, apresentam constante dielétrica variável em função da temperatura ambiente e da temperatura interna devido às perdas na parte ativa, principalmente as dielétricas. Quanto maior for a temperatura menor é a constante dielétrica, influindo diretamente na capacitância e reduzindo a potência capacitiva absorvida pelo capacitor. Assim, ao longo de um período de operação a potência capacitiva poderá sofrer variações que são consideradas normais, o que não deve ser confundido com a perda de alguma unidade capacitiva ou perda de alguma célula do banco de capacitores.

A temperatura ambiente mínima considerada para a instalação dos capacitores é de 25 °C, enquanto a temperatura máxima é de 55 °C para a classe de temperatura D.

13.4.1.2 Frequência nominal

No Brasil, os capacitores devem operar normalmente na frequência de 60 Hz. Para outras frequências é necessário especificar o seu valor corretamente, já que a sua potência nominal é diretamente proporcional a esse parâmetro.

13.4.1.3 Tensão nominal

Os capacitores são normalmente fabricados para a tensão nominal do sistema entre fases ou entre fase e neutro, respectivamente, para células trifásicas e monofásicas.

FIGURA 13.12 Células capacitivas de diferentes potências nominais.

No caso de capacitores de baixa-tensão, cuja maior utilização é em sistemas industriais de pequeno e médio portes, são fabricados para 220, 380, 440 e 480 V, independentemente de que sejam células monofásicas e trifásicas. Já os capacitores de tensão primária são normalmente fabricados para as tensões de 2.300 a 25.000 V. Para tensões superiores, somente são fabricados sob encomenda.

13.4.1.4 Tensão máxima de operação

Os capacitores podem ser submetidos a uma tensão não superior a 110% da sua tensão nominal.

É importante frisar que não é conveniente especificar a tensão do capacitor superior à tensão nominal do sistema no qual vai operar, porque a sua potência nominal fica reduzida na proporção inversa do quadrado da tensão. Isso pode ser percebido na Equação (13.4). Assim, um capacitor de 8,764 kV de tensão nominal e capacitância nominal de 3,456 μF fornece uma potência nominal de:

$$P_{c1} = \frac{2\pi \times F \times C \times V_n^2}{1.000} = \frac{2\pi \times 60 \times 3,456 \times 8,764^2}{1.000} = 100 \text{ kVAr}$$

Se esse capacitor for operar em um sistema cuja tensão nominal seja de $13,8/\sqrt{3} = 7,967$ kV, a potência fornecida será agora de:

$$P_{c2} = \frac{2\pi \times 60 \times 3,456 \times 7,967^2}{1.000} = 82,7 \text{ kVAr}$$

Nesse caso, verificou-se uma perda de potência de 20,9%. Por outro lado, se a regulação do sistema é precária, o capacitor poderá ficar submetido a sobretensões que reduziriam drasticamente a sua vida útil. Nessa situação, muitas vezes preferem-se utilizar, por exemplo, células capacitivas de 8,764 kV em detrimento das células de 7,967 kV.

13.4.1.5 Sobretensão

Segundo a NBR 5282 – Capacitores de potência em derivação para sistema de tensão nominal acima de 1.000 V –

TABELA 13.1 Capacitores trifásicos de baixa-tensão: condutor, fusível e chave

kVAr	220 Volts				380 Volts				440 Volts				480 Volts			
	Corrente Amps	Seção do cabo	Fusível Amps	Chave Amps	Corrente Amps	Seção do cabo	Fusível Amps	Chave Amps	Corrente Amps	Seção do cabo	Fusível Amps	Chave Amps	Corrente Amps	Seção do cabo	Fusível Amps	Chave Amps
0,5	1,3	1,5	3	30	0,8	1,5	3	30	0,7	1,5	3	30	0,6	1,5	3	30
1	2,6	1,5	6	30	1,5	1,5	3	30	1,3	1,5	3	30	1,2	1,5	3	30
1,5	3,9	1,5	10	30	2,3	1,5	6	30	2,0	1,5	6	30	1,8	1,5	3	30
2	5,2	1,5	10	30	3,0	1,5	6	30	2,6	1,5	6	30	2,4	1,5	6	30
2,5	6,6	1,5	15	30	3,8	1,5	10	30	3,3	1,5	6	30	3,0	1,5	6	30
3	7,9	1,5	15	30	4,6	1,5	10	30	3,9	1,5	10	30	3,6	1,5	6	30
4	10,5	1,5	20	30	6,1	1,5	15	30	5,2	1,5	10	30	4,8	1,5	10	30
5	13,1	2,5	25	30	7,6	1,5	15	30	6,6	1,5	15	30	6,0	1,5	10	30
6	15,7	4,0	30	30	9,1	1,5	20	30	7,9	1,5	15	30	7,2	1,5	15	30
7,5	19,7	4,0	35	60	11,4	1,5	20	30	9,8	1,5	20	30	9,0	1,5	15	30
8	21,0	6,0	35	60	12,2	2,5	25	30	10,5	1,5	20	30	9,6	1,5	20	30
10	26,2	6,0	50	60	15,2	2,5	30	30	13,1	2,5	25	30	12,0	2,5	20	30
12,5	32,8	10,0	60	60	19,0	4,0	35	60	16,4	4,0	30	30	15,0	2,5	25	30
15	39,4	16,0	80	100	22,8	6,0	40	60	19,7	4,0	35	60	18,0	4,0	30	30
17,5	45,9	16,0	80	100	26,6	6,0	50	60	23,0	6,0	40	60	21,0	6,0	35	60
20	52,5	25,0	100	100	30,4	10,0	60	60	26,2	6,0	50	60	24,1	6,0	40	60
22,5	59,0	25,0	100	100	34,2	10,0	60	60	29,5	10,0	50	60	27,1	10,0	50	60
25	65,6	25,0	125	200	38,0	16,0	80	100	32,8	10,0	60	60	30,1	10,0	50	60
30	78,7	35,0	150	200	45,6	16,0	80	100	39,4	16,0	80	100	36,1	10,0	60	60
35	91,9	50,0	175	200	53,2	25,0	100	100	45,9	16,0	80	100	42,1	16,0	80	100
40	105,0	70,0	175	200	60,8	25,0	125	200	52,5	25,0	100	100	48,1	16,0	80	100
45	118,1	70,0	200	200	68,4	35,0	125	200	59,0	25,0	100	100	54,1	25,0	100	100
50	131,2	95,0	250	400	76,0	35,0	150	200	65,6	25,0	125	200	60,1	25,0	100	100
60	157,5	120,0	300	400	91,2	50,0	175	200	78,7	35,0	150	200	72,2	35,0	125	200
75	196,8	150,0	350	400	114,0	70,0	200	400	98,4	50,0	175	200	90,2	50,0	150	200
80	210,0	185,0	350	400	141,6	70,0	250	400	105,0	70,0	175	200	96,2	50,0	175	200
90	236,2	240,0	400	400	136,7	95,0	250	400	118,1	70,0	200	200	108,3	70,0	200	200
100	262,4	240,0	500	600	151,9	95,0	300	400	131,2	95,0	250	400	120,3	70,0	200	200
120	314,9	400,0	600	600	182,3	150,0	350	400	157,5	120,0	300	400	144,3	95,0	250	400
125	328,0	400,0	600	600	189,9	150,0	350	400	164,0	120,0	300	400	150,4	95,0	250	400
150	393,7	500,0	750	800	227,9	185,0	400	400	196,8	150,0	350	400	180,4	150,0	300	400
180	472,4	2×240,0	800	800	273,5	300,0	500	600	236,2	240,0	400	400	216,5	185,0	400	400
200	524,9	2×240,0	1.000	1.000	303,9	300,0	600	600	262,4	240,0	500	600	240,6	240,0	400	400
240	-	-	-	-	364,7	400,0	750	800	314,9	400,0	600	600	288,7	300,0	500	600
250	-	-	-	-	379,8	500,0	750	800	328,0	400,0	600	600	300,7	300,0	500	600
300	-	-	-	-	455,8	2×185,0	800	800	393,7	500,0	750	800	360,9	400,0	600	600
360	-	-	-	-	547,0	2×300,0	1.000	1.000	472,4	2×240,0	800	800	433,0	2×185,0	750	800
400	-	-	-	-	607,8	2×300,0	1.250	1.250	524,9	2×240,0	1.000	1.000	481,1	2×240,0	800	800

Especificação, os capacitores devem suportar os seguintes limites de sobretensão:

- 100% da tensão nominal em regime de operação contínua;
- 110% da tensão nominal durante 12 horas por um período de 24 horas, desde que a tensão de crista, incluindo todos os harmônicos, não exceda $1,2 \times \sqrt{2}$ vezes a tensão nominal (aproximadamente $1,70 \times V_{nc}$) e a potência não exceda 144% da potência nominal;
- 115% da tensão nominal durante 30 minutos por um período de 24 horas;
- 120% da tensão nominal durante 5 minutos;
- 130% da tensão nominal durante 1 minuto.

13.4.1.5.1 Tensão de manobra

A tensão residual no capacitor antes da sua energização não deve ser superior a 10% da sua tensão nominal. As sobretensões

TABELA 13.2 Potências nominais das células capacitivas de média tensão

Potência nominal (kVAr)	Tensão nominal (V)
25	2.400 a 7.200
25	7.620 a 14.400
50	2.400 a 7.200
50	7.620 a 14.400
50	2.400 a 3.810
100	4.160 a 7.200
100	7.620 a 14.400
100	17.200 a 24.940
150	2.400 a 7.200
150	7.620 a 14.400
150	17.200 a 24.940
200	2.400 a 3.810
200	4.160 a 7.200
200	7.620 a 14.400
200	17.200 a 24.940
300	7.620 a 14.400
300	17.200 a 24.940
400	7.620 a 14.400
400	17.200 a 24.940

ocorridas quando o banco de capacitores é manobrado por um disjuntor sem reignição podem atingir aproximadamente um valor eficaz $1{,}70 \times V_{nc}$, sendo V_{nc} a tensão nominal do capacitor cuja duração máxima do evento é de ½ ciclo.

13.4.1.6 Níveis de isolamento

13.4.1.6.1 Níveis de isolamento das unidades com caixa aterrada

Os níveis de isolamento previsto pela NBR 5282 estão reproduzidos a seguir, sendo TSI a tensão suportável de impulso e TSFN a tensão suportável à frequência nominal.

- Tensão máxima do equipamento: 1,2 kV: TSI = 30 kV – TSFI = 10 kV.
- Tensão máxima do equipamento: 7,2 kV: TSI = 40 kV ou TSI = 60 kV – TSFI = 20 kV.
- Tensão máxima do equipamento: 15 kV: TSI = 95 kV ou TSI = 110 kV – TSFI = 34 kV.
- Tensão máxima do equipamento: 24,2 kV: TSI = 125 kV – TSFI = 34 kV ou TSI = 150 kV – TSFI = 50 kV.
- Tensão máxima do equipamento: 36,2 kV: TSI = 150 kV – TSFI = 50 kV ou TSFI = 70 kV ou TSI = 200 kV – TSFI = 70 kV.
- Tensão máxima do equipamento: 72,5 kV: TSI = 350 kV – TSFI = 140 kV.
- Tensão máxima do equipamento: 92,4 kV: TSI = 380 kV – TSFI = 150 kV ou TSI = 450 kV – TSFI = 185 kV.
- Tensão máxima do equipamento: 145 kV: TSI = 450 kV – TSFI = 185 kV ou TSI = 550 kV – TSFI = 230 kV ou TSI = 650 kV – TSFI = 275 kV.
- Tensão máxima do equipamento: 242 kV: TSI = 750 kV – TSFI = 325 kV ou TSI = 850 kV – TSFI = 360 kV ou TSI = 950 kV – TSFI = 395 kV.

13.4.1.6.2 Níveis de isolamento das unidades capacitivas com caixa isolada da terra

As unidades capacitivas devem possuir uma isolação que suporte as tensões de frequência nominal entre os terminais e a caixa ou plataforma provocadas pelas quedas de tensão entre os terminais das próprias unidades capacitivas. Os níveis suportáveis de tensão podem ser obtidos para diferentes configurações do banco de capacitores na NBR 5282.

13.4.1.7 Corrente máxima permissível

Os capacitores devem suportar em operação contínua, respeitando-se as condições indicadas na Seção 13.4.1.5, uma corrente de $1{,}31 \times I_{nc}$, sendo I_{nc} a corrente nominal do capacitor, excluindo-se a manifestação dos transitórios.

Já a máxima corrente permissível pode atingir $1{,}44 \times I_{nc}$, considerando o valor real da capacitância que não pode ser superior a $1{,}10 \times C_{nc}$, sendo C_{nc} a capacitância nominal da unidade capacitiva. Esses valores de sobrecorrente já consideram os efeitos cumulativos das sobretensões de $1{,}10 \times V_{nc}$ e dos componentes harmônicos presentes no sistema.

13.4.1.8 Perdas dielétricas

Os capacitores produzem perdas Joule devido à corrente que flui no seu meio dielétrico e no resistor de descarga. As perdas médias obtidas nas células capacitivas variam entre 0,5 e 0,8 W/kVAr. Já as perdas somente no dielétrico situam-se entre 0,12 e 0,4 W/kVAr.

Chama-se tangente do ângulo de perdas (tan δ) a relação entre as perdas do capacitor P_w e a sua potência reativa P_r, como se pode notar pelo gráfico da Figura 13.13.

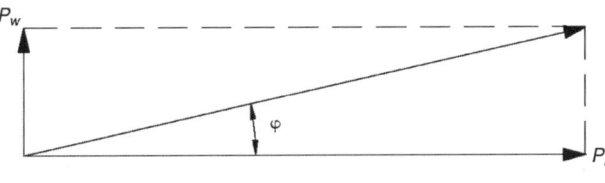

FIGURA 13.13 Diagrama de perdas no dielétrico.

13.5 APLICAÇÕES DOS CAPACITORES

Os capacitores podem ser instalados de duas diferentes formas para atender a dois diferentes requisitos do sistema elétrico. Assim, quando o sistema necessita de energia reativa junto a uma carga ou grupo de cargas deve ser instalado banco de capacitores em derivação ou paralelo com a referida carga. No entanto, quando se deseja manter em determinada linha de transmissão uma compensação de tensão em função do seu carregamento, deve-se utilizar um banco de capacitores em série.

13.5.1 Banco de capacitores em derivação

Costumeiramente, os capacitores têm sido aplicados nas instalações industriais e comerciais para corrigir o fator de potência, geralmente acima do limite mínimo estabelecido pela legislação em vigor, que é de 0,92. Além disso, são utilizados com muita intensidade nos sistemas de distribuição das concessionárias e nas subestações de potência, com a finalidade de reduzir as perdas e elevar a tensão do sistema.

Inicialmente, será feito um estudo sumário sobre a aplicação de capacitores nas instalações comerciais e industriais, destacando-se esta última. Adiante, serão estudadas as aplicações dos capacitores nos sistemas de potência.

Na realidade, quando se aplica um capacitor em uma fábrica, está-se instalando uma fonte de potência reativa localizada, suprindo as necessidades das cargas daquele projeto, em vez de utilizar a potência reativa do sistema supridor, acarretando sobrecarga e perdas na geração, transmissão e distribuição de energia. Por esse motivo, as concessionárias aplicam multas severas aos consumidores, com base na regulamentação da ANEEL, que não respeitam as limitações legais do fator de potência, pois, caso contrário, elas teriam de suprir essa potência a um custo extremamente elevado, acima dos custos requeridos para a instalação de capacitores nas proximidades das cargas consumidoras.

Os capacitores-derivação são utilizados em diferentes partes de um sistema elétrico, ou seja:

a) Nos sistemas de geração, transmissão e distribuição

Nesse caso, apresentam as seguintes vantagens:

- liberam os geradores para fornecer maior potência ativa ao sistema;
- corrigem o fator de potência na geração;
- reduzem as perdas nas linhas de transmissão;
- melhoram a regulação do sistema elétrico;
- elevam o nível de tensão na carga;
- reduzem as perdas por efeito Joule na resistência do sistema elétrico.

b) Nos sistemas industriais e comerciais

Nesse caso, apresentam as seguintes vantagens:

- corrigem o fator de potência da instalação, evitando o pagamento de potência reativa excedente e energia reativa excedente;
- liberam os transformadores da subestação para fornecer maior potência ativa às instalações elétricas do empreendimento;
- liberam os circuitos de distribuição do empreendimento e os respectivos circuitos terminais secundários para transportar maior potência ativa;
- reduzem as perdas por efeito Joule na resistência do sistema elétrico do empreendimento;
- elevam o nível de tensão na carga;
- aliviam os equipamentos de manobra dos motores quando os capacitores estão ligados junto a seus terminais de ligação.

A aplicação correta dos capacitores-derivação em uma instalação industrial deve ser precedida de um estudo rigoroso para evitar o dimensionamento de células desnecessárias no ponto de aplicação de utilidade duvidosa.

Para melhor entendimento, basta observar com atenção a Figura 13.14, na qual se pode perceber o funcionamento de um banco de capacitores em um sistema em que a corrente reativa capacitiva é fornecida à carga, liberando o alimentador de parte dessa tarefa.

Os pontos indicados para a localização dos capacitores em uma instalação industrial são:

a) No sistema primário

Nesse caso, os capacitores devem ser localizados após a medição no sentido da fonte para a carga. Em geral, o custo final de sua instalação, principalmente em subestações abrigadas, é superior a um banco equivalente, localizado no sistema secundário. A grande desvantagem dessa localização é a de não permitir a liberação de carga do transformador ou dos circuitos secundários da instalação consumidora. Assim, a sua função se restringe somente à correção do fator de potência e em segundo plano à liberação de carga da rede da concessionária.

b) No secundário do transformador de potência

Nesse caso, a localização dos capacitores geralmente ocorre no barramento do QGF (Quadro Geral de Força). Tem sido a de maior utilização na prática, por resultar, em geral, em menores custos finais. Tem a vantagem de liberar potência do(s) transformador(es) de força e de poder instalar-se no interior da subestação, local normalmente utilizado para instalação do próprio QGF.

c) No ponto de concentração de carga específica

Quando uma carga especificada, como no caso de um motor, apresenta baixo fator de potência, deve-se fazer a sua correção, alocando um banco de capacitores nos terminais de alimentação dessa carga.

No caso específico de motores de indução, de uso generalizado em instalações industriais, o banco de capacitores deve ter a sua potência limitada, aproximadamente, a 90% da potência absorvida pelo motor em operação sem carga que pode ser determinada a partir da corrente a vazio e que corresponde entre 20 e 30% da corrente nominal, para motores de IV polos e velocidade síncrona de 1.800 rpm.

Essa limitação tem como fundamento o fato de que, quando um motor de indução é desligado da rede, o seu rotor ainda continua em movimento por alguns instantes devido à inércia. Ademais, o capacitor, após ser desligado da rede, juntamente com o motor, mantém determinada quantidade de energia armazenada no seu dielétrico, por alguns instantes, o que resulta em uma tensão em seus terminais. Nessas condições, o estator do motor ficaria submetido à tensão dos terminais do capacitor e funcionaria como um gerador. No instante em que a impedância indutiva do motor for igual à reatância capacitiva do capacitor se estabelecerá o fenômeno de ferrorressonância, em que a impedância à corrente seria a resistência do próprio bobinado e do circuito de ligação entre motor e capacitor. Devido a isso, surgiriam sobretensões perigosas à integridade do motor e do próprio capacitor.

Por motivo econômico, quando um capacitor for instalado junto a um motor de indução, a chave de comando do motor deverá também secionar e energizar o capacitor, conforme mostra a Figura 13.15. Nessas condições, a capacidade dos condutores que ligam o capacitor ao circuito terminal do motor não deverá ser inferior a 1/3 da capacidade do circuito de alimentação que supre os terminais do motor.

Quando o motor é acionado por uma chave estrela-triângulo, a ligação do capacitor no sistema deve obedecer ao esquema da Figura 13.16.

Dentro dessas considerações, o estudo pormenorizado das condições da instalação e da carga direcionará o melhor procedimento para a localização do banco de capacitores necessário à correção do fator de potência ou liberação da carga de uma parte qualquer da planta.

Um dos benefícios da instalação de capacitores-derivação é a elevação do nível de tensão. Porém, em instalações industriais ou comerciais, não se usa esse artifício para melhorar o nível de tensão, já que a mudança de *tape* do transformador é tradicionalmente mais vantajosa, desde que a regulação do sistema de suprimento não venha a provocar sobretensões em certos períodos de operação.

O estudo para aplicação de banco de capacitores-derivação pode ser dividido em dois grupos distintos. O primeiro é o estudo para aplicação de capacitores-derivação em instalações industriais em fase de projeto. O segundo estudo é destinado às instalações industriais em pleno processo de operação. A aplicação de capacitores-derivação em ambas as situações está estudada detalhadamente no livro do autor *Instalações Elétricas Industriais*, 10ª edição, Rio de janeiro, LTC, 2023. É importante frisar que a sobrecompensação, isto é, o excesso de potência capacitiva na instalação, pode causar sobretensões nas instalações e, consequentemente, a queima de equipamentos. Isso é muito comum quando se instala um banco de capacitores com potência elevada no QGF nas proximidades do transformador da subestação e, no momento de carga leve, mantém o referido banco ligado. Essa sobretensão pode ser calculada pela Equação (13.5):

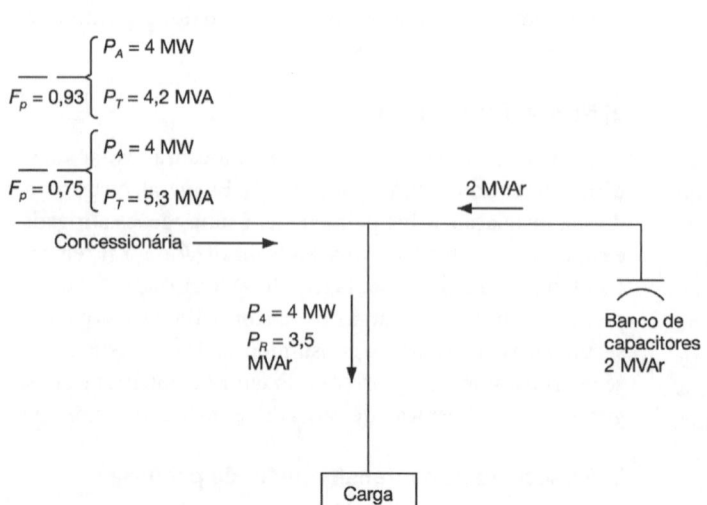

FIGURA 13.14 Diagrama de influência do capacitor na carga.

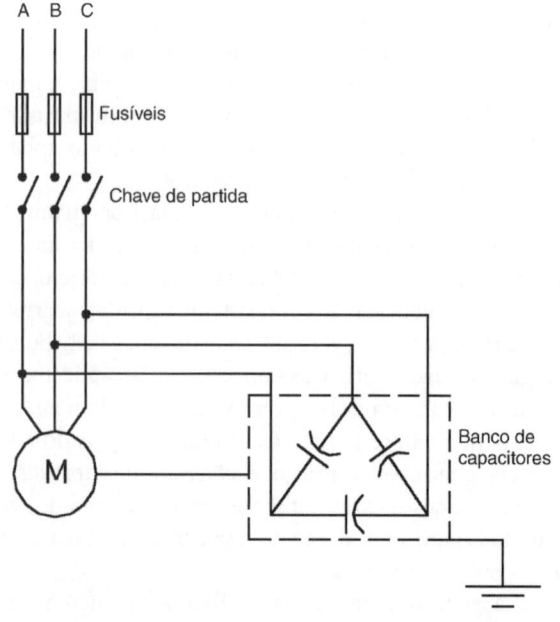

FIGURA 13.15 Diagrama de instalação de capacitores junto aos motores.

$$V_{st} = V_{ns} \times \left(1 - \frac{R}{100}\right) \quad (13.5)$$

V_{st} – valor da sobretensão, em V;
V_{ns} – tensão nominal do secundário do transformador, em V;
R – regulação do sistema (Capítulo 16).

13.5.2 Compensação estática

A compensação estática é empregada onde é exigido um controle rápido e contínuo de potência reativa. Esse controle pode ser exercido por meio dos compensadores estáticos, que são equipamentos formados por capacitores-derivação e reatores controlados eletronicamente por um sistema de supervisão.

Antes do uso da eletrônica de potência nos sistemas elétricos, a compensação de reativos era realizada por compensadores síncronos rotativos que são máquinas rotativas com capacidade de gerar ou absorver potência reativa a depender das necessidades do sistema elétrico ao qual está associado. A quantidade de energia gerada ou absorvida é continuamente controlada pelo regulador de tensão do gerador síncrono que opera sem carga no eixo, isto é, gerando potência ativa nula.

Já a compensação estática é constituída de banco de capacitores arranjado em vários módulos, conectados em série às pontes tiristorizadas de controle e que associados aos reatores formam o sistema de compensação, em conformidade com a Figura 13.17. Em geral, o banco de capacitores está ligado ao sistema de potência por meio de transformadores elevadores.

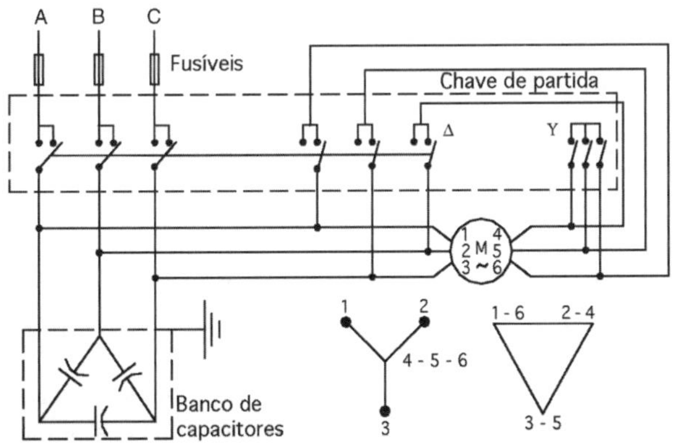

O sistema de controle do compensador estático introduz ou retira os módulos de capacitores do sistema de potência, de forma a manter a tensão dentro dos limites estabelecidos de projeto.

A compensação estática é empregada notadamente em sistemas de transmissão de energia elétrica ou em cargas industriais de grande porte dotadas de operação oscilante, tais como os fornos a arco de indústrias siderúrgicas. Também é empregada para diminuir os efeitos da redução da tensão durante a partida frequente de motores elétricos de indução.

Existem diferentes tipos de tecnologias empregadas na concepção de um compensador estático, ou seja:

- capacitor comandado por tiristores;
- reator controlado a tiristores e banco de capacitor fixo;
- reator chaveado por tiristores e banco de capacitores comandado por tiristores.

A Figura 13.17 mostra um esquema básico de um compensador estático do tipo reator chaveado por tiristores e capacitor comandado por tiristores.

Os principais benefícios de um sistema de compensação estática são:

- regularização da estabilidade dinâmica do sistema;
- regularização da estabilidade do sistema em regime permanente;
- amortecimento das oscilações subsíncronas;
- redução do nível de *flicker* (esse assunto pode visto no livro do autor *Instalações Elétricas Industriais*);
- redução dos níveis de sobretensão;
- redução dos desequilíbrios de tensão e corrente.

13.5.3 Banco de capacitores série

Os capacitores série são aplicados em linhas de transmissão radiais que alimentam cargas que consomem potência reativa em excesso, resultando um baixo fator de potência, normalmente entre 70 e 90%.

FIGURA 13.16 Diagrama de partida de um motor por uma chave estrela × triângulo associada a um banco de capacitores.

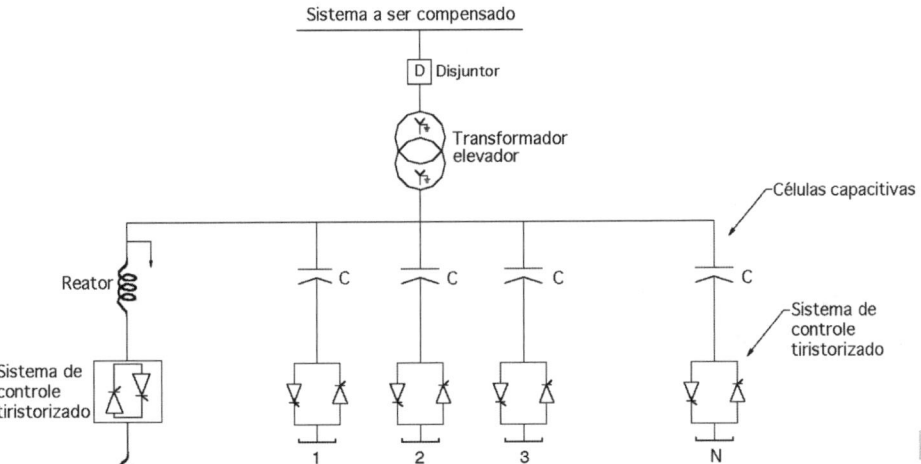

FIGURA 13.17 Esquema básico de um compensador estático.

Já ocorreram várias tentativas de implantar com sucesso banco de capacitores série em redes de distribuição de média tensão em alimentadores de grande comprimento, notadamente em circuito de eletrificação rural de carga elevada em substituição aos reguladores de tensão. Devido aos elevados custos envolvidos, principalmente com a chave de *by-pass* do banco de capacitores utilizada nos momentos de defeito e as sobretensões resultantes das faltas monopolares, não foi possível viabilizar essa tecnologia em redes de distribuição de média tensão, ficando a aplicação dos capacitores série somente para linhas de transmissão de alta-tensão, normalmente de 500 kV.

Os capacitores série atuam no sistema fornecendo uma compensação de tensão em linhas de transmissão submetidas a elevadas quedas de tensão. Quanto maior for o fluxo de corrente da linha de transmissão maior será o valor da compensação da tensão, de sorte que a potência capacitiva fornecida pelo banco de capacitores série varia com o quadrado dessa corrente. Nessa condição, o banco de capacitores série comporta-se como um regulador de tensão regulando de forma contínua o nível de tensão da linha de transmissão. Como consequência, a queda de tensão resultante pode ser obtida pela Equação (13.6), em que a reatância indutiva da linha de transmissão é deduzida da reatância capacitiva dada pelos capacitores série, podendo a impedância do sistema ficar reduzida à resistência do circuito.

$$\Delta V = I \times R_l \times \cos\gamma + I \times (X_l - X_c) \times \text{sen}\gamma \quad (13.6)$$

ΔV – valor da sobretensão, em V;
I – corrente que circula na linha de transmissão, em A;
R_l – resistência da linha de transmissão, em Ω;
X_l – reatância da linha de transmissão, em Ω;
X_c – reatância capacitiva devido à introdução do banco de capacitores série, em Ω.

A partir da Equação (13.6) pode-se concluir:

- como em geral a reatância indutiva das linhas de transmissão é muito superior à sua resistência ôhmica, a maior contribuição da queda de tensão é dada pela expressão $I \times X_l \times \text{sen}\gamma$;
- para $X_l = X_c$ a queda de tensão na linha de transmissão fica restrita à expressão $I \times R_l \times \cos\gamma$, que depende significativamente do fator de potência da carga;
- para $X_l > X_c$ a linha de transmissão está subcompensada;
- para $X_l < X_c$ a linha de transmissão está sobrecompensada, assumindo o risco de ficar submetida, no seu terminal de carga de níveis de tensão, muito elevada, superior à tensão do terminal de geração. Isso pode ocorrer quando o fluxo de corrente da linha de transmissão é muito elevado e de baixo fator de potência.

13.6 CORREÇÃO DO FATOR DE POTÊNCIA

Como ficou evidenciado anteriormente, é de suma importância para o industrial manter o fator de potência de sua instalação com valor igual ou superior a 92%, estabelecido pela Resolução nº 414/2010 da ANEEL. A correção do fator de potência em sistemas de potência será tratada mais adiante.

Agora, serão estudados os métodos utilizados para corrigir o fator de potência, quando já é conhecido o valor atual medido ou determinado.

Para se obter melhoria do fator de potência, podem-se indicar algumas soluções que devem ser adotadas, dependendo das condições particulares de cada instalação.

13.6.1 Correção do fator de potência em instalações de baixa-tensão

As instalações em baixa-tensão de prédios comerciais e industriais necessitam de correção de fator de potência para fugir do pagamento de excesso do consumo de demanda e energia reativa. Normalmente essa correção é obtida com a instalação de bancos de capacitores conectados no barramento do Quadro Geral de Força (QGF), ou, no caso das instalações industriais, conectados em alguns Centros de Controle de Motores (CCMs). Esses capacitores em forma de banco podem ser operados de duas diferentes formas: banco de capacitores fixos e banco de capacitores automático.

A Figura 13.18 mostra vetorialmente como um banco de capacitores opera em um sistema. Para uma carga com potência aparente P_t, em kVA, e uma correspondente potência ativa P_{at}, em kW, proporcionando um ângulo de fator de potência de ϕ_1 cujo valor necessita de compensação de reativos capacitivos, pode-se instalar um banco de capacitores com capacidade nominal de P_c para se obter uma redução da potência reativa da carga do valor de P_{re1} para P_{re2}, proporcionando um fator de potência corrigido cujo ângulo é de ϕ_2.

13.6.1.1 Banco de capacitores fixos

É formado por um conjunto de capacitores de mesma potência nominal ou de potências nominais diferentes de forma que, conectados em grupos, fornecem determinada quantidade de energia reativa capacitiva, praticamente constante, independente da variação da carga.

Os bancos de capacitores fixos são muito utilizados em sistema de distribuição urbanos e rurais para reduzir as perdas no sistema e elevar a capacidade de fluxo de potência nos alimentadores. Nesse caso, normalmente são instalados em postes ou plataformas de concreto. Já na indústria é utilizado para prover reativos em uma base de carga mínima, deixando para o banco de capacitores automático a compensação dos reativos com a flutuação da carga.

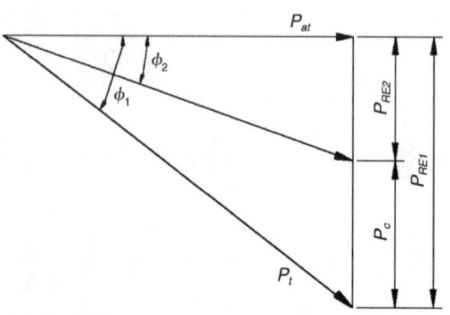

FIGURA 13.18 Diagrama de potência.

EXEMPLO DE APLICAÇÃO (13.1)

Uma carga industrial foi medida registrando-se um valor médio de demanda aparente de 1.230 kVA, uma demanda reativa de 730 kVAr. Necessita-se praticar um fator de potência de 0,95. Determine o valor do banco de capacitores que deverá ser instalado nessa indústria.

A potência ativa vale:

$$P_{at} = \sqrt{P_{ap}^2 - P_{re}^2} = \sqrt{1.230^2 - 730^2} = 990 \text{ kW}$$

Logo, o fator de potência da demanda atual vale:

$$F_p = \frac{P_{at}}{P_{ap}} = \frac{990}{1.230} = 0,80$$

Para se obter um fator de potência igual a 0,95, devem-se instalar capacitores com a seguinte capacidade nominal:

$$F_{pn} = \frac{P_{at}}{P_{ap}} = 0,95 \rightarrow P_{ap} = \frac{990}{0,95} = 1.042 \text{ kVA}$$

$$P_{re} = \sqrt{P_{ap}^2 - P_{at}^2} = \sqrt{1.042^2 - 730^2} = 743,5 \text{ kVAr}$$

Logo, a capacidade nominal dos capacitores vale: 15 capacitores de 50 kVAr, que é igual a 750 kVAr.

13.6.1.2 Banco de capacitores automático

É formado por um conjunto de capacitores de mesma potência nominal ou de potências nominais diferentes de forma que, conectados em grupos, fornecem a energia reativa capacitiva necessária em função da variação da carga. A conexão à rede dos grupos das unidades capacitivas é feita por meio do controlador do fator de potência (CFP), um pequeno dispositivo microprocessado que, sentindo a necessidade de injeção de reativos na instalação, conecta as unidades capacitivas em número adequado de forma a se obter o fator de potência requerido em um tempo muito pequeno e realizando o menor número de operações de comando (contatores ou disjuntores) responsáveis por essas conexões.

O banco de capacitores automático pode ser arranjado utilizando a associação de unidades capacitivas de menor e maior potência reativa. A formação de grupos com potências capacitivas elevadas associadas a unidades capacitivas de menor potência é normalmente aplicada quando se deseja manter o fator de potência em valores próximos ao requerido com as pequenas variações da carga. Já a formação de grupos com apenas potências capacitivas elevadas objetiva corrigir o fator de potência para variações significativas do fator de potência. Nesse caso, o número de operações torna-se menor, reduzindo o desgaste das unidades capacitivas, bem como o das chaves de comando.

A Figura 13.19 mostra um banco de capacitores automático instalado em cubículo metálico contendo as unidades capacitivas, o CFP, as chaves de comando e demais acessórios.

Já a Figura 13.20 mostra o frontal de um controlador de fator de potência cujas características podem variar de acordo com o fabricante. No mercado existe uma grande quantidade de CFP que atende às mais diversas necessidades dos sistemas elétricos de baixa-tensão. As principais características de CFP são:

- o CFP deve possuir um programa que realiza as conexões das diferentes unidades capacitivas de forma circular, de modo que a vida útil das unidades seja afetada uniformemente;
- o CFP deve ser dotado de uma unidade de alarme que é ativada nas seguintes situações:
  - quando a temperatura no interior do CFP atingir um valor em torno de 85 °C;
  - na ausência da fonte de alimentação do CFP;

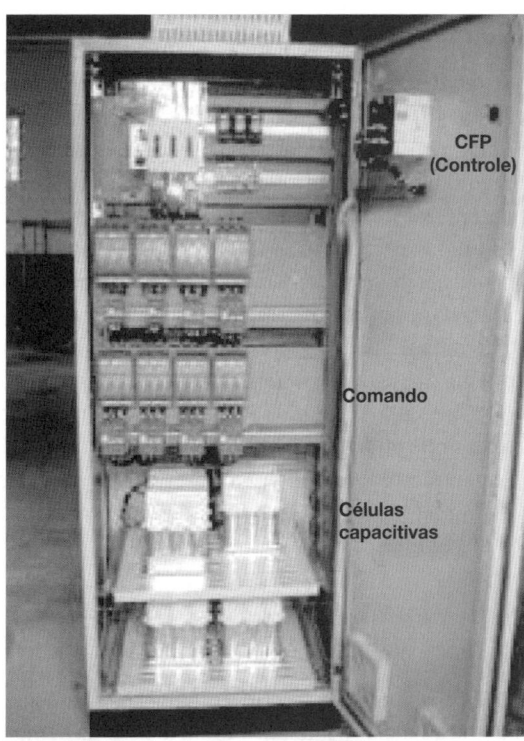

FIGURA 13.19 Banco de capacitores automático em cubículo metálico.

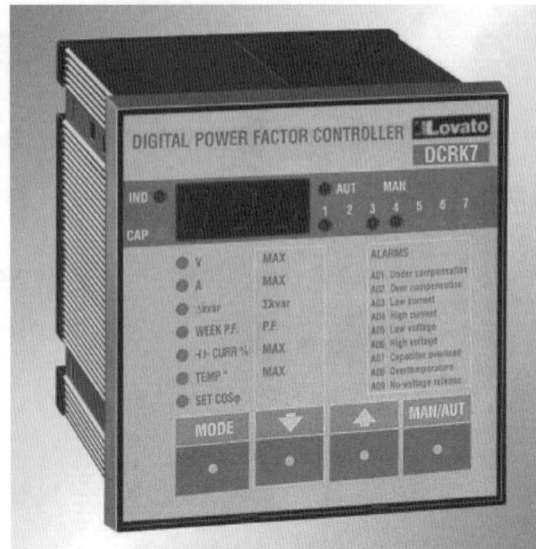

FIGURA 13.20 Controlador de fator de potência.

- quando o valor do fator de potência requerido e ajustado não for alcançado em um tempo previamente ajustado, em geral, da ordem de 5 minutos, ao final da conexão da última unidade capacitiva;
- o CFP pode ser ajustado para operação do banco na forma automática ou manual;
- podem ser programados no CFP os seguintes parâmetros:
  - o fator de potência desejado;
  - a sequência de comutação das unidades capacitivas;
  - número de terminais de saídas ativas;
  - tempo de espera da comutação entre duas unidades capacitivas ou grupo de unidades capacitivas, conforme for o arranjo do banco;
- o CFP deve possuir a seguinte estratégia de comutação:
  - durante o tempo de espera de comutação, o CFP identifica o número de grupos ou de unidades capacitivas que podem ser manobradas, tomando como base os valores medidos de demanda de energia reativa;
  - ao realizar a comutação, o CFP conecta os grupos ou as unidades capacitivas com as maiores potências nominais, evitando a conexão de unidades menores que acarretam um maior número de operação;
  - a comutação para o grupo ou unidade capacitiva subsequente é realizada em um intervalo de tempo da ordem de 15 segundos, evitando-se assim transientes desnecessários que podem prejudicar a qualidade de energia da instalação e superando os valores de compatibilidade eletromagnética (EMC) requeridos em norma;
- tipos de comutação:
  - linear;
  - circular;
  - progressivo/direto.

Nesse tipo de programação da comutação, os estágios são chaveados sequencialmente um a um. No caso da comutação direta, o chaveamento se inicia no maior estágio corrigindo mais rapidamente o fator de potência.

- O CFP deve possuir unidades de medição e monitoramento com os seguintes parâmetros:
  - potência ativa – kW;
  - potência reativa – kVAr;
  - potência aparente – kVA;
  - potência reativa necessária para alcançar o fator de potência ajustado – kVAr;
  - frequência na barra do banco de capacitores – F;
  - tensão na barra do banco de capacitores – V;
  - distorção total de harmônica de tensão – THD V, em %;
  - distorção total de harmônica de corrente – THD I, em %.
- Medição operacional:
  - fator de potência;
  - tensão harmônica que ocorra entre a 2ª e a 49ª ordens;
  - corrente harmônica que ocorra entre a 2ª e a 49ª ordens.
- Comunicação:
  - saída para impressora específica, normalmente fornecida pelo fabricante do CFP;
  - saída para o adaptador Modbus;
  - saída para alarme externo.

13.6.2 Correção de reativos indutivos em sistemas de distribuição

O objetivo da instalação de banco de capacitores em redes de distribuição urbana ou rural é obter vários benefícios que podem assim ser resumidos:

- melhoria do fator de potência do sistema;
- aumento da capacidade do fluxo de potência ativa, retardando investimento para atendimento a novos consumidores;
- controle do fluxo de potência;
- redução das perdas ôhmicas nos condutores e consequentemente redução das despesas operacionais;
- melhoria no perfil da tensão nos alimentadores de distribuição.

Nos sistemas de distribuição de energia elétrica a instalação de banco de capacitores pode ser realizada de três diferentes formas, cada uma delas beneficiando o sistema em condições específicas a um custo determinado.

13.6.2.1 Banco de capacitores fixos instalado na rede de distribuição em postes

É a solução mais econômica do ponto de vista de investimento inicial, pois os capacitores são instalados em postes normais da rede de distribuição. No entanto, há limitações técnicas que restringem a sua aplicação a condições específicas de carga e perfil de tensão do sistema. Para cargas com baixa variação de demanda e um perfil de tensão de pouca variação ao longo do dia e das semanas, a instalação de banco de capacitores fixos pode ser uma solução interessante para reduzir as perdas Joules nos condutores. No entanto, para alimentadores com fortes variações de demanda ao longo do dia e um perfil de tensão muito irregular essa solução não é adequada.

13.6.2.2 Banco de capacitores automático instalado na rede de distribuição em postes

A instalação de capacitores automáticos em postes da rede de distribuição urbana e rural é de forma semelhante à instalação de capacitores fixos. Acrescenta-se à estrutura um conjunto de transformadores de potencial e de corrente, além das chaves de manobra do banco.

Os bancos de capacitores automáticos têm a função básica de injetar uma quantidade de potência reativa capacitiva requerida no alimentador de distribuição, reduzindo a queda de tensão e as variações de tensão ao longo do dia. Podem ser instalados em diferentes pontos do alimentador e, em geral, a capacidade nominal de cada banco é de 600 kVAr. Nos alimentadores longos, os bancos de capacitores automáticos podem ser instalados juntamente com banco de reguladores de tensão em pontos bem definidos em função da distribuição de carga, fornecendo uma melhor regulação de tensão. Para melhor compreensão dessa questão, consultar o Capítulo 16 – Reguladores de Tensão.

13.6.2.3 Banco de capacitores automático instalado na barra da subestação

Em geral, as concessionárias de distribuição de energia elétrica adotam o procedimento de instalar bancos de capacitores automáticos conectados ao barramento das subestações de distribuição para regular o nível de tensão em seu sistema distribuidor. Muitas concessionárias brasileiras adotam essa solução. Quando compartilhada com a instalação de capacitores automáticos nos alimentadores apresenta-se como a melhor solução de compensação de reativos. A Figura 13.21 mostra a instalação de um banco de capacitores instalado no barramento de média tensão de uma subestação de distribuição de energia.

13.6.3 Correção de reativos indutivos em sistemas de alta-tensão

A compensação de reativos nas subestações de tensão igual ou superior a 230 kV normalmente é feita com a instalação de compensadores estáticos controlados a tiristores, onde está presente um grande banco de capacitores associado a reatores, ambos controlados por tiristores, e que tem como objetivo permitir uma excelente estabilidade ao sistema elétrico.

13.7 LIGAÇÃO DOS CAPACITORES EM BANCOS

Os capacitores podem ser ligados em várias configurações, formando bancos, cujo número de células deve ser limitado, em função de determinados critérios, a serem posteriormente estudados. A Figura 13.22 ilustra um banco de capacitores formado por diversas células capacitivas montadas em estrutura metálica sobre coluna de isoladores. A formação mais comum dos bancos de capacitores é apresentada a seguir.

FIGURA 13.21 Banco de capacitores automáticos instalado em subestação de distribuição.

FIGURA 13.22 Banco de capacitores montados em estrutura metálica.

13.7.1 Configuração em estrela aterrada

Nesse tipo de arranjo, as células capacitivas podem ser ligadas tanto em série como em paralelo, conforme as Figuras 13.23 e 13.24.

Esse tipo de arranjo só deve ser empregado em sistemas cujo neutro seja efetivamente aterrado, o que normalmente ocorre nas subestações de potência dos sistemas elétricos das concessionárias e das instalações industriais. Dessa forma, esse sistema oferece uma baixa impedância para a terra às correntes harmônicas, reduzindo substancialmente os níveis de sobretensão devido às harmônicas referidas.

Não é recomendável a utilização de banco de capacitores contendo apenas um único grupo série, por fase, de células capacitivas, conforme será estudado posteriormente. Isso se deve ao fato de o banco apresentar, em cada fase, uma baixa reatância, resultando em elevadas correntes de curto-circuito e, em consequência, proteção fusíveis individuais de elevada capacidade de ruptura.

Não se deve empregar esse tipo de arranjo em sistemas cujo ponto neutro é isolado, pois se estaria criando um caminho de circulação das correntes de sequência zero, o que poderia ocasionar elevados níveis de sobretensão nas fases não atingidas, quando uma delas fosse levada à terra.

Esse tipo de arranjo oferece algumas desvantagens e acaba sendo pouco utilizado, devido à interferência em circuitos de comunicação, à possibilidade de atuação da proteção de sobrecorrente em face à circulação de uma corrente de energização de baixo amortecimento e também à possibilidade de danificar as cargas secundárias dos TCs.

13.7.2 Configuração em estrela isolada

Esse tipo de arranjo pode ser utilizado tanto em sistemas com neutro aterrado como em sistemas com neutro isolado.

Por não possuírem ligação com a terra, os bancos de capacitores em estrela isolada não permitem a circulação de correntes de sequência zero, nos defeitos de fase e terra. As Figuras 13.25 e 13.26 mostram a ligação básica desse tipo de arranjo, tanto com a ligação dos capacitores em série como em paralelo.

Como resultado de manobras ou pela eliminação das células defeituosas ou com a operação dos seus respectivos fusíveis, os bancos de capacitores com essa configuração permitem que o potencial de neutro atinja o valor do potencial de fase, devendo-se nesse caso isolar o banco para a tensão de fase.

Esse tipo de configuração apresenta como vantagem a insensibilidade quanto à circulação das correntes de terceira harmônica.

Uma análise de custo, nesse tipo de arranjo, para um banco de tensão mais elevada, 13,8 kV por exemplo, pode torná-lo antieconômico, devido à sua isolação à terra, comparando-se a outros arranjos.

13.7.3 Configuração em triângulo (delta)

Esse tipo de arranjo geralmente é utilizado em banco de capacitores ligados à rede secundária. Sua ligação é mostrada nos esquemas básicos das Figuras 13.27 e 13.28, para as células capacitivas tanto em série como em paralelo.

Esse tipo de configuração não permite a circulação de correntes de terceira harmônica. Essas correntes circulam no Δ em fase entre si, anulando-se.

13.7.4 Configuração em dupla estrela isolada

Esse tipo de arranjo somente é utilizado em bancos de grande capacidade. A Figura 13.29 mostra as ligações básicas com capacitores em série.

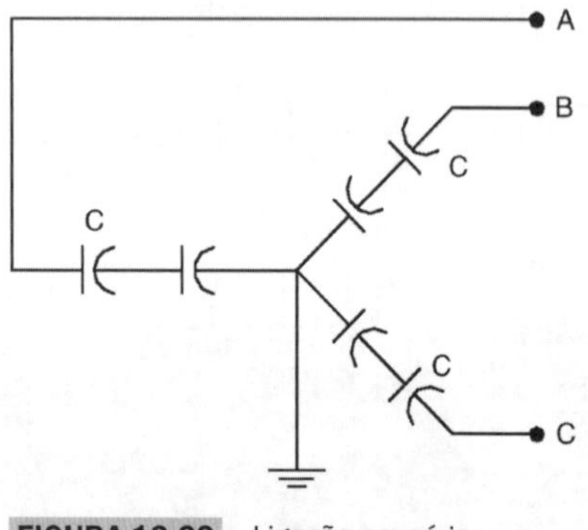

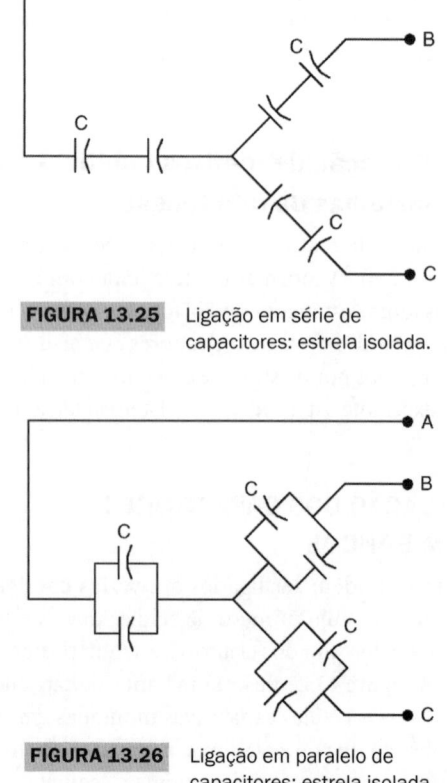

FIGURA 13.23 Ligação em série: estrela aterrada.

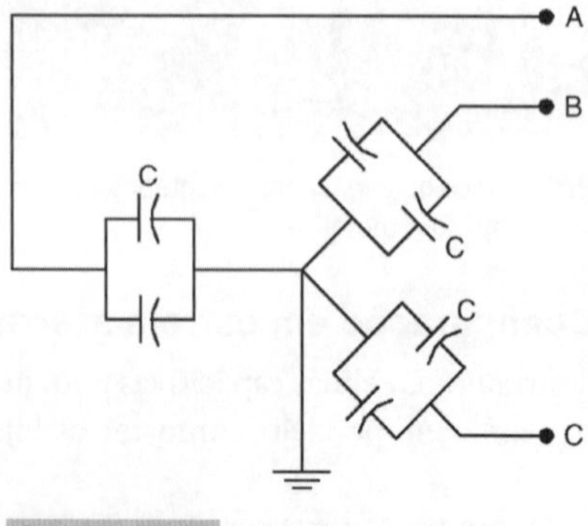

FIGURA 13.24 Ligação em paralelo: estrela aterrada.

FIGURA 13.25 Ligação em série de capacitores: estrela isolada.

FIGURA 13.26 Ligação em paralelo de capacitores: estrela isolada.

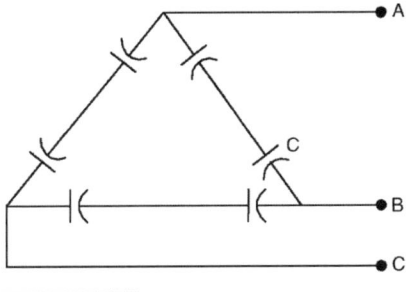

FIGURA 13.27 Ligação em série de capacitores: banco em delta.

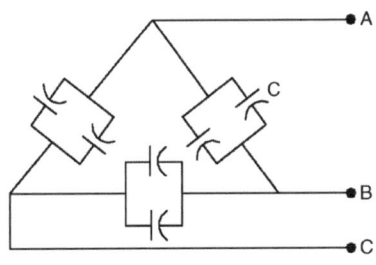

FIGURA 13.28 Ligação paralela de capacitores: banco delta.

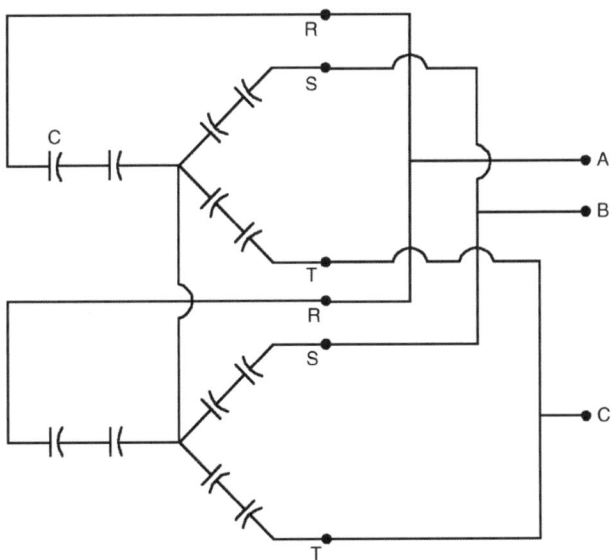

FIGURA 13.29 Ligação em série de capacitores: banco em dupla estrela isolada.

Como no caso de uma única estrela isolada, essa configuração é insensível à circulação de correntes de sequência zero. De modo semelhante, o neutro está sujeito à tensão de fase quando da eliminação de células capacitivas pelos fusíveis correspondentes ou por ocasião de manobras no banco.

13.8 DIMENSIONAMENTO DE BANCOS DE CAPACITORES

A potência total de um banco de capacitores, independentemente do nível de tensão do sistema, é ditada pela necessidade da potência reativa determinada em projeto. Porém, o arranjo e o número de células capacitivas formando os grupos correspondentes devem obedecer a determinadas precauções.

No caso de bancos de capacitores secundários, a potência nominal das células padronizadas pode ser obtida na Tabela 13.1. Para potência de até 30 kVAr/60 Hz são comercializados capacitores tanto monofásicos como trifásicos, tanto nas tensões de 220 – 380 – 440 e 480 V. Para potências superiores a 30 kVAr e não superiores a 50 kVAr, são fornecidas somente células capacitivas trifásicas.

No caso de banco de capacitores primários (tensão igual ou superior a 2,2 kV), as células são fornecidas preferencialmente nas potências nominais de 25, 50, 100, 300, 400, 500 e 700 kVAr, sendo a de maior emprego em subestações de 69/13,80 kV as células de 200 kVAr. As tensões nominais de fabricação normalmente são: 2,20 – 2,40 – 3,80 – 6,64 – 7,62 – 7,96 – 12,70 – 13,20 – 13,80 – 14,40 – 17,20 – 24,9 kV, conforme a Tabela 13.2.

A utilização de capacitores de menor ou maior potência nominal é uma questão, a princípio, econômica na formação do banco. Porém, outros parâmetros estão envolvidos na determinação da potência unitária das células capacitivas em função do número de capacitores utilizado por grupo. Um número reduzido de grupos de capacitores em série por fase ou um número pequeno de capacitores em paralelo por grupo e por fase pode implicar sobretensões quando da eliminação de uma ou mais células do grupo pela atuação dos fusíveis correspondentes. Dessa forma, o número de células em paralelo por grupo e por fase está diretamente comprometido com o nível de sobretensão nos capacitores remanescentes, cujo valor não deve superar as determinações da NBR 5282 – Capacitores de potência em derivação para sistemas de tensão nominal acima de 1.000 V, que é de 110% da tensão nominal da célula. Para cada configuração, é diferente o número mínimo de capacitores em paralelo por grupo e por fase, bem como as tensões e correntes resultantes, cuja análise será feita adiante.

Em qualquer tipo de arranjo, quando ocorre um defeito no interior de um capacitor ligado em paralelo em determinado grupo, todas as células remanescentes descarregam a energia armazenada no núcleo do capacitor que apresentou o defeito. Dessa forma, costuma-se dimensionar o número máximo de capacitores em paralelo, que compõe determinado grupo por fase, de sorte que a energia a ser transferida para o capacitor danificado não seja superior a 10.000 W × s. Com isso, pretende-se garantir que não haja explosão, ou mesmo que leve à ruptura da caixa metálica da célula capacitiva.

Esse procedimento implica que os grupos não sejam compostos por células capacitivas cuja potência supere os 3.100 kVAr por fase, o que significa uma potência muito elevada e satisfaz a maioria das aplicações.

Outro procedimento muito importante no dimensionamento de bancos de capacitores é a limitação da quantidade de potência capacitiva que se pode manobrar, a fim de não permitir uma elevação de tensão superior a 10%.

A Equação (13.7) revela a carga máxima capacitiva que pode ser manobrada simultaneamente para limitar a elevação de tensão na barra da subestação, em $\Delta V\%$. Esse valor depende do nível de curto-circuito presente na barra, ou seja:

$$P_{máx} = 10 \times P_{cc} \times \Delta V\% \text{ (kVAr)} \quad (13.7)$$

$P_{máx}$ – potência máxima reativa a ser manobrada, em kVAr;
P_{cc} – potência de curto-circuito na barra da subestação, em MVA;
$\Delta V\%$ – sobretensão resultante da manobra de $P_{máx}$.

Finalmente, para se dimensionar corretamente um banco de capacitores, devem-se adotar as seguintes prescrições:

- a célula capacitiva pode ser especificada para uma tensão nominal igual ou inferior à máxima tensão prevista para operação do sistema. Deve-se, também, avaliar quanto ao aspecto de rendimento do capacitor que, nessas condições, fica reduzido;
- devem-se escolher, de preferência, células capacitivas de maior potência nominal, visando reduzir a relação custo/kVAr instalado;
- limitar o número de células capacitivas eliminadas para não causar uma sobretensão no sistema superior a 10%;
- limitar o número de estágios do banco, de sorte a não provocar sobretensão superior a 10%, durante a manobra de energização desses estágios.

13.8.1 Configuração em estrela aterrada ou triângulo

A determinação do número de células capacitivas em paralelo, que deve ter um banco ligado em estrela aterrada ou triângulo para não permitir uma sobretensão superior a 10%, quando são eliminadas uma ou mais células, pode ser feita de acordo com a Equação (13.8):

$$N_{mcp} = \frac{11 \times N_{ce} \times (N_{gs} - 1)}{N_{gs}} \quad (13.8)$$

N_{mcp} – número mínimo de capacitores em paralelo em cada grupo série por fase;
N_{gs} – número de grupos em série por fase;
N_{ce} – número de células capacitivas eliminado de um único grupo série.

É bom frisar que, nesse caso, quando há somente um grupo de capacitores em série por fase e a proteção fusível de uma célula capacitiva atuar, não ocorrerá sobretensão nas células remanescentes do grupo. Nesse caso, $N_{gs} = 1$, resultando em $N_{mcp} = 0$.

No caso de vários grupos em série por fase, a tensão resultante nas demais células capacitivas em paralelo do mesmo grupo, quando da queima da proteção fusível de N_{ce} capacitores, pode ser dada pela Equação (13.9):

$$V_{ur} = V_{fn} \times \frac{N_{cp}}{N_{gs} \times (N_{cp} - N_{ce}) + N_{ce}} \text{(kV)} \quad (13.9)$$

Deve-se ter: $V_{ur} \geq V_c$

V_c – tensão em cada grupo, quando todas as células estão em operação;

V_{fn} – tensão entre fase e neutro do sistema, em kV.

Quando o banco está ligado em triângulo V_{fn} deve ser substituído por V_{ff} (tensão entre fases).

N_{cp} – número de capacitores paralelo em cada grupo série;
V_{ur} – tensão resultante nas células remanescentes do mesmo grupo com N_{ce} capacitores excluídos, em kV.

Para se determinar a tensão nos outros grupos em série ($N_{gs} > 1$) da mesma fase, pode-se utilizar a Equação (13.10):

$$V_{gr} = V_{fn} \times \frac{N_{cp} - N_{ce}}{N_{gs} \times (N_{cp} - N_{ce}) + N_{ce}} \text{(kV)} \quad (13.10)$$

Deve-se ter: $V_{gr} < V_c$.

Se o banco está ligado na configuração triângulo, a tensão tomada será entre fases, V_{ff}, em vez de V_{fn}.

A determinação da corrente que circula na fase afetada pela saída dos N_{ce} capacitores, para ligação em triângulo, pode ser dada pela Equação (13.11):

$$I_{fa} = I_n \times \frac{N_{gs} \times (N_{cp} - N_{ce})}{N_{gs} \times (N_{cp} - N_{ce}) + N_{ce}} \quad (13.11)$$

I_n – corrente nominal de fase do banco, em A.

A corrente que circula para a terra pelo neutro do sistema quando são excluídos N_{ce} capacitores de um grupo vale:

$$I_t = I_n \times \frac{N_{ce}}{N_{gs} \times (N_{cp} - N_{ce}) + N_{ce}} \quad (13.12)$$

13.8.2 Configuração em estrela isolada

O número mínimo de células em paralelo por grupo e por fase para limitar em 10% a sobretensão nas células remanescentes do grupo com N_{ce} capacitores fora de operação vale:

$$N_{mcp} = \frac{11 \times N_{ce} \times (3 \times N_{gs} - 2)}{3 \times N_{gs}} \quad (13.13)$$

Para um arranjo em que há um ou mais grupos em série por fase, contendo cada um deles uma quantidade de capacitores ligados em paralelo, a queima de um elo fusível ou mais, em uma ou mais células capacitivas, acarreta um desequilíbrio no sistema, cuja tensão nas células capacitivas remanescentes do grupo considerado pode ser bastante elevada, de acordo com a Equação (13.14):

$$V_{ur} = V_{fn} \times \frac{3 \times N_{cp}}{3 \times N_{gs} \times (N_{cp} - N_{ce}) + 2 \times N_{ce}} \quad (13.14)$$

Deve-se ter: $V_{ur} > V_c$.

V_c é a tensão em cada grupo, quando este é operado com todas as suas células capacitivas. A tensão nos grupos restantes ($N_{gs} > 1$) da mesma fase vale:

$$V_{gr} = V_{fn} \times \frac{3 \times (N_{cp} - N_{ce})}{3 \times N_{gs} \times (N_{cp} - N_{ce}) + 2 \times N_{ce}} \quad (13.15)$$

Deve-se ter: $V_{gr} > V_c$.

Nesse caso, a tensão é sempre inferior à tensão de neutro do grupo. A corrente que circula na fase é dada pela Equação (13.16):

$$I_d = I_n \times \frac{3 N_{gs} \times (N_{cp} - N_{ce})}{3 \times N_{gs} \times (N_{cp} - N_{ce}) + 2 \times N_{ce}} \quad (13.16)$$

A tensão entre o neutro e a terra, com a queima de N_{ce} capacitores de determinado grupo, vale:

$$V_{nt} = V_{fn} \times \frac{N_{ce}}{3 \times N_{gs} \times (N_{cp} - N_{ce}) + 2 \times N_{ce}} \quad (13.17)$$

13.8.3 Configuração em dupla estrela isolada

O arranjo de um banco de capacitores exige que se tomem precauções para que após a eliminação de uma ou mais células capacitivas, por meio da queima de seus elementos fusíveis, a tensão nas células remanescentes não ultrapasse 10% da sua tensão nominal, conforme já frisado anteriormente. A Equação (13.18) fornece o número mínimo de capacitores que cada grupo série deve ter por fase para que essa prescrição seja atendida, quando o banco está ligado na configuração em dupla estrela isolada.

Se o projetista desconsiderar a queima de células capacitivas, que pode implicar sobretensões nas células remanescentes, deve contornar essa questão por critérios de proteção do banco, evitando danos.

$$N_{mcp} = \frac{11 \times N_{ce} \times (6 \times N_{gs} - 5)}{6 \times N_{gs}} \quad (13.18)$$

Assim, a tensão que resulta nas células sobejantes do mesmo grupo vale:

$$V_{ur} = V_{fn} \times \frac{6 \times N_{cp}}{6 \times N_{gs} \times (N_{cp} - N_{ce}) + 5 \times N_{ce}} \quad (13.19)$$

Deve-se ter: $V_{ur} > V_c$.

Consequentemente, a tensão em cada um dos demais grupos (para $N_{gs} > 1$) da fase afetada vale:

$$V_{gr} = V_{fn} \times \frac{6 \times (N_{cp} - N_{ce})}{6 \times N_{gs} \times (N_{cp} - N_{ce}) + 5 \times N_{ce}} \quad (13.20)$$

Deve-se ter: $V_{gr} < V_c$.

A corrente que circula entre os neutros após a eliminação de uma ou mais células capacitivas de determinado grupo vale:

$$I_d = I_{mf} = \frac{3 \times N_{ce}}{6 \times N_{gs} \times (N_{cp} - N_{ce}) + 5 \times N_{ce}} \quad (13.21)$$

I_{mf} – corrente que circula na meia fase do banco.

Se o neutro do banco de capacitores está à terra através de uma impedância elevada, a tensão que ocorre entre o neutro e a terra, após a eliminação de uma ou mais células capacitivas, vale:

$$V_{nd} = V_{fn} \times \frac{N_{ce}}{6 \times N_{gs} \times (N_{cp} - N_{ce}) + 5 \times N_{ce}} \quad (13.22)$$

13.8.4 Configuração em dupla estrela aterrada

O número mínimo de capacitores em paralelo por grupo e por fase a fim de que a tensão nas demais células do mesmo grupo não ultrapasse 10%, quando uma ou mais células são eliminadas do grupo pela abertura do elo fusível, é dado pela Equação (13.23), considerando-se que o banco esteja ligado ao ponto médio interligado em cada uma das meias fases. Para melhor compreensão, analisar a Figura 13.30. No caso, por exemplo, se denomina meia fase para a fase S da Figura 13.30 aquela em que estão ligados os grupos G1 a G4. A outra meia fase corresponde àquela em que estão ligados os grupos G5 a G8. Para melhor entendimento, considerar nas explicações posteriores que as células danificadas e tomadas como referência são as do grupo G13 da Figura 13.30.

Para limitar a 10% a sobretensão nas unidades restantes do grupo em N_{ce} capacitores excluídos, tem-se:

$$N_{mcp} = \frac{N_{ce} \times (22 \times N_{gs} - 3 \times N_{gs})}{2 \times N_{gs}} \quad (13.23)$$

A tensão que aparece nas demais células do mesmo grupo (grupos G13-G14) atingido vale:

$$V_{ur} = V_{fn} \times \frac{2 \times N_{cp}}{2 \times N_{gs} \times (N_{cp} - N_{ce}) + 3 \times N_{ce}} \quad (13.24)$$

V_{fn} – tensão fase e neutro aplicada ao grupo em análise.

A tensão V_{ur} deve ser superior à tensão em cada grupo do banco considerado com todas as suas células em operação (V_c), isto é:

$$V_{ur} > V_c$$

Nesse caso, a tensão a que ficam submetidos os grupos sobejantes ($N_{gs} > 1$) da mesma meia fase, que corresponde ao grupo G14 da Figura 13.30, vale:

$$V_{gr} = V_{fn} \times \frac{2 \times (N_{cp} - N_{ce})}{2 \times N_{gs} \times (N_{cp} - N_{ce}) + 3 \times N_{ce}} \quad (13.25)$$

Deve-se ter: $V_{gr} < V_c$.

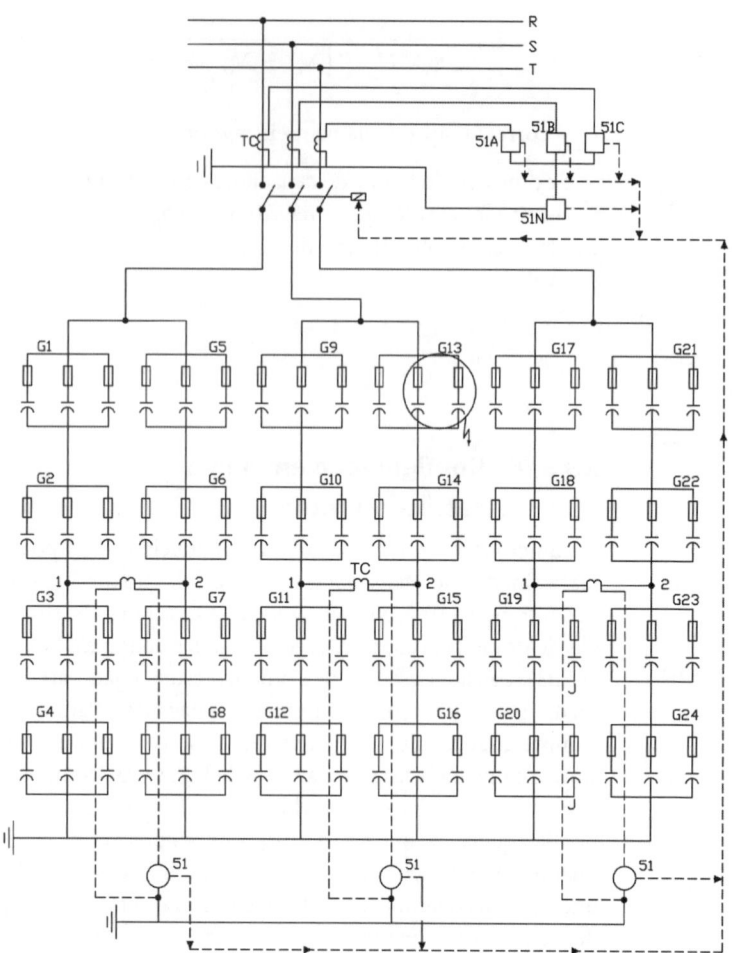

FIGURA 13.30 Banco de capacitores de 14.400 kVAr em dupla estrela aterrada.

A tensão a que fica submetido cada um dos grupos da outra meia fase correspondente, isto é, os grupos G9 e G10, pode ser calculada de acordo com a Equação (13.26):

$$V_{gr} = V_{fn} \times \frac{2 \times N_{gs} \times (N_{cp} - N_{ce}) + 4 \times N_{ce}}{2 \times N_{gs}^2 \times (N_{cp} - N_{ce}) + 3 \times N_{gs} \times N_{ce}} \quad (13.26)$$

Deve-se ter: $V_{gr} > V_c$.

A tensão resultante em cada um dos grupos restantes localizados na outra metade do circuito, dividido com a instalação do TC, isto é, aqueles que correspondem aos grupos G11 e G12/G15 e G16 da Figura 13.30, vale:

$$V_{gr} = V_{fn} \times \frac{2 \times N_{gs} \times (N_{cp} - N_{ce}) + 2 \times N_{ce}}{2 \times N_{gs}^2 \times (N_{cp} - N_{ce}) + 3 \times N_{gs} \times N_{ce}} \quad (13.27)$$

Deve-se ter: $V_{gr} < V_c$.

A corrente que circula nos grupos da meia fase em que ocorreu a falta, isto é, grupos G13 e G14 no caso da Figura 13.30, vale:

$$I_d = I_{mf} \times \frac{2 \times N_{gs} \times (N_{cp} - N_{ce})}{2 \times N_{gs} \times (N_{cp} - N_{ce}) + 3 \times N_{ce}} \quad (13.28)$$

I_{mf} – corrente nominal da meia fase do banco.

Deve-se ter: $I_d < I_n$.

A corrente que circula nos grupos restantes, localizados na outra metade do circuito, dividido com a instalação do TC, isto é, nos grupos G11 e G12/G15 e G16 da Figura 13.30, vale:

$$I_d = I_{mf} \times \frac{2 \times N_{gs} \times (N_{cp} - N_{ce}) + 2 \times N_{ce}}{2 \times N_{gs} \times (N_{cp} - N_{ce}) + 3 \times N_{ce}} \quad (13.29)$$

Deve-se ter: $I_d < I_{mf}$.

A corrente que circula nos grupos das meias fases correspondentes ao grupo defeituoso, isto é, os grupos G9 e G10 da Figura 13.30, vale:

$$I_d = I_n \times \frac{2 \times N_{gs} \times (N_{cp} - N_{ce}) + 4 \times N_{ce}}{2 \times N_{gs} \times (N_{cp} - N_{ce}) + 3 \times N_{ce}} \quad (13.30)$$

Sendo: $I_d < I_{mf}$.

A corrente que circula nos TCs instalados, conforme a Figura 13.30, vale:

$$I_{tc} = I_{mf} \times \frac{2 \times N_{ce}}{2 \times N_{gs} \times (N_{cp} - N_{ce}) + 3 \times N_{ce}} \quad (13.31)$$

EXEMPLO DE APLICAÇÃO (13.2)

Uma subestação industrial necessita de cerca de 3.600 kVAr de potência reativa para compensação. O sistema é de 69 kV no primário, em triângulo, e de 13,2 kV no secundário, em estrela aterrada. Determine a configuração do banco de capacitores a ser ligado no secundário.

- Número mínimo de capacitores em paralelo em cada grupo e por fase.

A potência por fase é:

$$P_f = \frac{P_t}{3} = \frac{3.600}{3} = 1.200 \text{ kVAr/fase}$$

Arbitrando-se, inicialmente em 2, o número de grupos em série por fase, tem-se:

$$P_g = \frac{1.200}{2} = 600 \text{ kVAr}$$

Logo, o número mínimo de capacitores por grupo e por fase para a condição de estrela aterrada e apenas uma célula excluída vale:

$$N_{mcp} = \frac{11 \times N_{ce} \times (N_{gs} - 1)}{N_{gs}} = \frac{11 \times 1 \times (2 - 1)}{2} = 5,5 \cong 6$$

- A potência de cada célula vale:

$$P_c = \frac{600}{6} = 100 \text{ kVAr}$$

Logo, a potência nominal de cada célula vale:

$$P_c = 100 \text{ kVAr}$$

A Figura 13.31 mostra a configuração adotada. A tensão de cada célula é de:

$$V_c = \frac{1}{2} \times \frac{V_f}{\sqrt{3}} = \frac{1}{2} \times \frac{13,2}{\sqrt{3}} = 3,81 \text{ kV}$$

Se fosse cogitado apenas um grupo de capacitores em série, teria-se:

$$N_{mcp} = \frac{11 \times (1 - 1)}{1} = 0$$

Poder-se-ia arranjar o banco com células de 100 kVAr de 7,62 kV, de acordo com a Figura 13.32, empregando 12 células por fase no único grupo de cada fase. Essa configuração não é recomendável devido à baixa reatância e elevada corrente de curto-circuito.

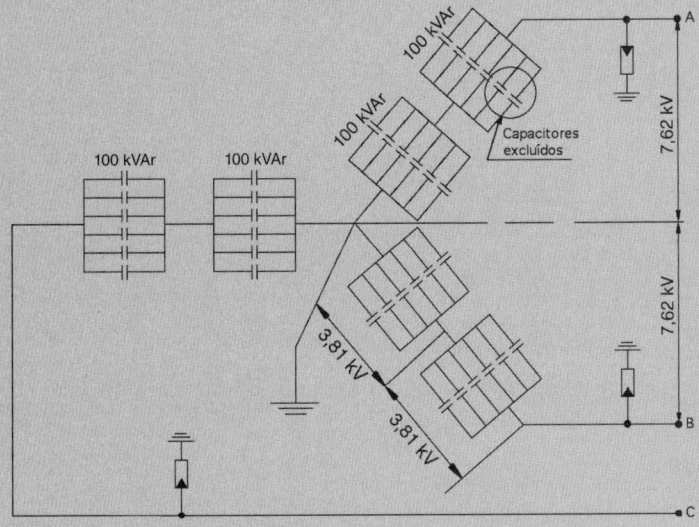

FIGURA 13.31 Ligação de células em paralelo e grupos série na configuração estrela aterrada.

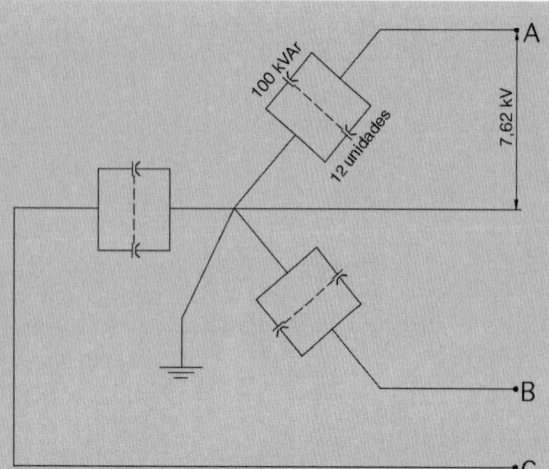

FIGURA 13.32 Ligação de células em paralelo e 1 grupo série na configuração estrela aterrada.

- A potência total do banco seria:

$$P_t = 12 \times 100 \times 3 = 3.600 \text{ kVAr}$$

Considerando que no banco, mostrado na Figura 13.31, houvesse a exclusão de dois capacitores na fase A, determine as tensões resultantes nas células capacitivas remanescentes, no grupo série não afetado, e a corrente que circularia na fase em que estão instalados os referidos grupos de capacitores.

A tensão nas quatro células restantes do grupo vale:

$$V_{ur} = V_{fn} \times \frac{N_{cp}}{N_{gs} \times (N_{cp} - N_{ce}) + N_{ce}}$$

$$V_{ur} = \frac{13,2}{\sqrt{3}} \times \frac{6}{2 \times (6-2) + 2} = 4,99 \text{ kV}$$

- A tensão no grupo série não afetado vale:

$$V_{gr} = V_{fn} \times \frac{N_{cp} - N_{ce}}{N_{gs} \times (N_{cp} - N_{ce}) + N_{ce}}$$

$$V_{gr} = \frac{13,2}{\sqrt{3}} \times \frac{(6-2)}{2 \times (6-2) + 2} = 3,32 \text{ kV}$$

Logo, a sobretensão nas quatro células do grupo afetado é de:

$$V_{sf} = \frac{4,99 - 3,81}{3,81} \times 100 = 30,9\%$$

- Percentualmente, a redução da tensão no grupo não afetado da mesma fase A vale:

$$V_g = \frac{3,81 - 3,32}{3,32} \times 100 = 15,0\%$$

- A corrente na fase A vale:

$$I_f = I_n \times \frac{N_{gs} \times (N_{cp} - N_{ce})}{N_{gs} \times (N_{cp} - N_{ce}) + N_{ce}}$$

$$I_n = \frac{2 \times 6 \times 100}{13,2/\sqrt{3}} = 157,4 \text{ A}$$

$$I_{fa} = 157,4 \times \frac{2 \times (6-2)}{2 \times (6-2) + 2} = 125,9 \text{ A}$$

- A redução da corrente é de:

$$\Delta I = \frac{157,4 - 125,9}{125,9} \times 100 = 25,0\%$$

É comum adotar-se para banco de capacitores com potência superior a 1.800 kVAr a configuração de dupla estrela isolada, devido à redução de custo na formação do banco. No caso do exemplo anterior, haveria seis capacitores de 100 kVAr/7,62 kV em cada fase de cada estrela, de acordo com a Figura 13.33.

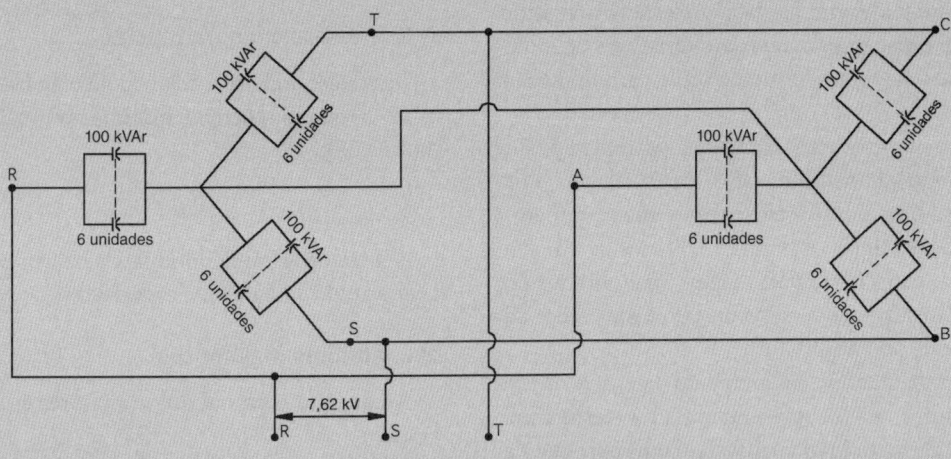

FIGURA 13.33 Ligação de células em paralelo na configuração dupla estrela isolada.

13.8.5 Análise dos tipos de ligação de banco de capacitores

A partir dos estudos anteriormente efetuados, podem ser feitas as seguintes considerações sobre a ligação de banco de capacitores:

13.8.5.1 Bancos conectados em triângulo

a) Vantagens

- Não há circulação de correntes harmônicas.
- Conexão em redes elétricas com tensão inferior a 2.400 V.

b) Desvantagens

- Custo elevado da proteção, especialmente quando é necessária a proteção diferencial.
- Sensibilidade moderada dos relés de sobrecorrente, notadamente quando se trata de grandes bancos, em que o desequilíbrio de corrente é muito pequeno comparativamente à corrente nominal.

13.8.5.2 Bancos conectados em estrela com neutro aterrado

a) Vantagens

- Pode-se ter um maior número de capacitores com defeito antes que se atinja o limite de 10% de sobretensão.
- Custo de instalação inferior ao custo de outras configurações.
- Ocupação de uma pequena área.
- O banco de capacitores é autoprotegido contra corrente de descargas atmosféricas, já que fornecem uma via de escoamento para essas correntes. Em alguns casos, pode-se dispensar a proteção de para-raios.

b) Desvantagens

- As proteções devem ser dotadas de filtros contra terceira harmônica.
- Pode haver interferência nos circuitos de comunicação devido ao fluxo de terceira harmônica para a terra.

13.8.5.3 Bancos conectados em estrela com neutro isolado

a) Vantagens

- As correntes de defeito são limitadas pela impedância das fases não atingidas.
- Não há circulação de correntes harmônicas de terceira ordem.

b) Desvantagem

- O neutro deve ser isolado para a tensão de fase, devido aos surtos de manobra.

13.8.5.4 Bancos conectados em dupla estrela isolada

a) Vantagens

- Não há circulação de correntes harmônicas de terceira ordem.
- Banco de baixo custo.

b) Desvantagens

- Uso de células capacitivas em quantidade superior a de outros esquemas para satisfazer ao número mínimo de células capacitivas em paralelo.
- O neutro deve ter o mesmo nível de isolamento do sistema.
- É necessário dispor de maior área para instalação do banco, comparativamente com outros esquemas.

13.9 DISPOSITIVOS DE MANOBRA DE BANCOS DE CAPACITORES

Em geral, os capacitores ligados às redes de baixa-tensão são manobrados juntamente com carga a que estão corrigindo. No caso típico de capacitores ligados aos terminais de motores, a chave de acionamento do motor serve para manobrar os capacitores.

No entanto, se os capacitores estão ligados em grupos de acordo com o comportamento da carga da instalação, é necessário que a manobra dos diversos grupos que compõem o banco seja feita por estágios. A Figura 13.34 mostra um controle de grupos de capacitores por estágios, manobrados por contatores tripolares cujo comando parte do controlador automático de fator de potência (CFP).

É importante salientar que, no momento da ligação de um banco de capacitores, este se apresenta para o sistema como uma condição de curto-circuito, absorvendo uma corrente elevada, que é limitada apenas pela impedância da rede. Já o desligamento de capacitores é uma manobra menos severa, pois este não procura manter a corrente que absorve como acontece com uma carga indutiva, a exemplo de um motor de indução.

Dessa forma, os contatos das chaves de manobra, ao se ligar um capacitor ou banco, são extremamente solicitados pela corrente inicial, devendo-se dimensionar essas chaves para correntes bem superiores à sua capacidade nominal. O fechamento dos contatos das chaves deve ser simultâneo para as três fases, a fim de se evitar a formação de arco elétrico, extremamente danosa para a vida dos contatos. No caso de capacitores de baixa-tensão, o seu desligamento da rede não provoca, em geral, a formação de arco nos contatos da chave.

Os dispositivos de manobra, controle e proteção devem ser projetados para suportar permanentemente uma corrente não inferior a 1,35 vez a corrente do banco de capacitores, para uma tensão senoidal de valor eficaz igual à tensão nominal, na frequência nominal.

13.9.1 Bancos secundários

Os bancos de capacitores trifásicos de baixa-tensão podem ser manobrados pelos seguintes equipamentos:

a) Chave seccionadora tripolar

Nesse caso, a chave seccionadora tripolar deve ser de abertura em carga, cuja corrente mínima nominal é dada pela Equação (13.32):

$$I_{ch} \geq 1{,}35 \times I_c \quad (13.32)$$

I_{ch} – corrente mínima nominal da chave, em A;
I_c – corrente do banco de capacitores.

b) Contatores magnéticos

A corrente nominal dos contatores é dada pela Equação (13.33):

$$I_{co} \geq 1{,}5 \times I_c \quad (13.33)$$

Os contatores são normalmente utilizados quando se deseja manobrar o banco de capacitores a distância ou quando o banco é seccionado e se deseja manobrar as diversas seções do banco automaticamente por meio de sensores de tensão, corrente, fator de potência etc.

c) Disjuntores

São muito empregados na manobra de banco de capacitores. A corrente da unidade térmica deve ser ajustada pela Equação (13.34):

$$I_a \geq 1{,}35 \times I_c \quad (13.34)$$

Um caso particular interessante é a manobra de bancos de capacitores para compensar individualmente motores de indução trifásicos. Algumas prescrições devem ser observadas, como se verá a seguir.

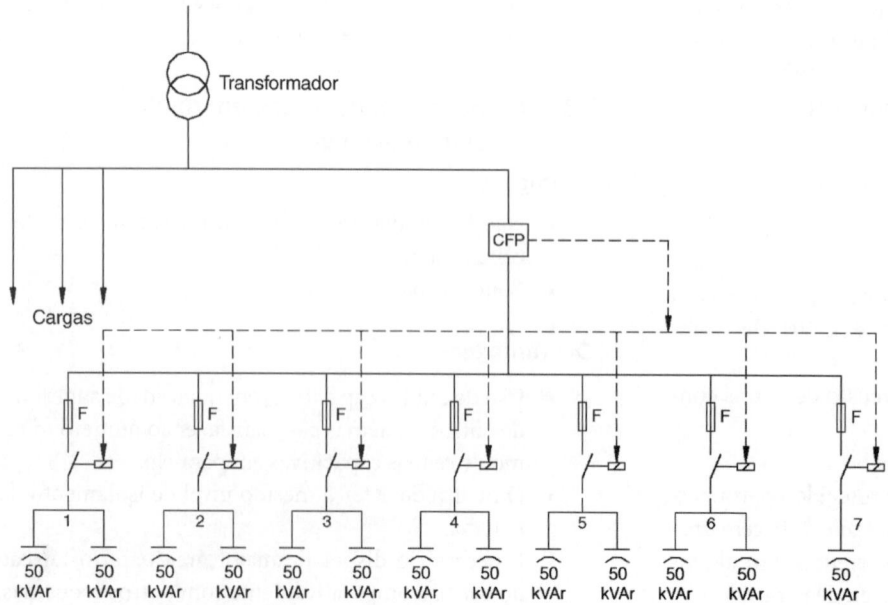

FIGURA 13.34 Controle de banco de capacitores por grupo.

EXEMPLO DE APLICAÇÃO (13.3)

Calcule a potência máxima que deve ter um banco de capacitores monofásicos, ligado, segundo a Figura 13.35, para corrigir o fator de potência do motor de 150 cv, IV polos, 380 V/60 Hz, cuja corrente nominal é de 194,2 A.

Ao se aplicar a Equação (13.35), considera-se o banco de capacitores como uma célula capacitiva trifásica, ou seja:

$$P_c \leq 0{,}420 \times V_m \times I_m$$
$$P_c \leq 0{,}420 \times 0{,}38 \times 194{,}2$$
$$P_c \leq 30{,}9 \text{ kVAr}$$

A potência unitária dos capacitores, no caso da utilização de células capacitivas monofásicas, é de:

$$P_{uc} = \frac{30{,}9}{3} = 10{,}3 \text{ kVAr}$$

Logo, cada capacitor deve ter uma potência nominal de 10 kVAr/60 Hz e o banco deve ser ligado de acordo com a Figura 13.35. Caso se fosse utilizar uma célula trifásica, sua potência seria de 30 kVAr.

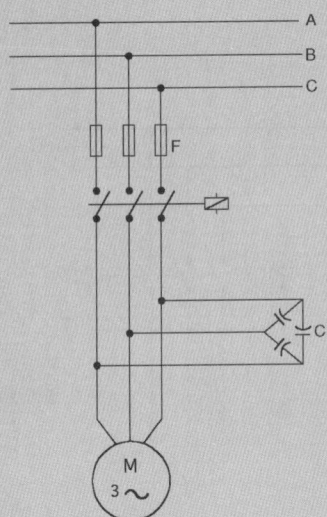

FIGURA 13.35 Representação de um banco de capacitores operando nos terminais de um motor.

a) É economicamente importante seccionar simultaneamente o motor e o capacitor ou banco. Nesse caso, a potência do banco de capacitores deve ficar limitada a 90% da potência do motor em operação a vazio. Em média, os motores trifásicos com velocidade síncrona de 1.800 rpm apresentam uma corrente variando entre 24 e 27% da corrente nominal quando funcionam a vazio. Logo, a potência máxima do banco de capacitores trifásicos pode ser dada aproximadamente pela Equação (13.35):

$$P_c \leq 0{,}420 \times V_m \times I_m \quad (13.35)$$

P_c – potência máxima trifásica do banco de capacitores, em kVAr;
V_m – tensão nominal entre fases do motor, em kV;
I_m – corrente nominal do motor, em A.

b) Se a potência do capacitor ou banco de capacitores obrigar a utilização de uma chave independente do motor para manobrar o referido banco, se utilizará a configuração conforme mostra a Figura 13.36. A chave que

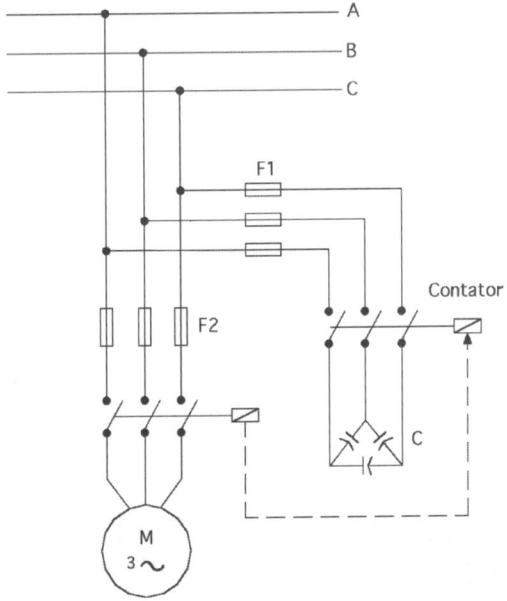

FIGURA 13.36 Representação de banco de capacitores operando com camadas independentes.

desligar o motor deve ser intertravada com a chave que desligar o banco de capacitores.

c) Se o motor é acionado por meio de uma chave estrela-triângulo, o capacitor ou banco deve permanecer ligado à rede durante a manobra de comutação da chave, da posição estrela para a posição final em triângulo.

A Figura 13.37 mostra esquematicamente a ligação correta de um banco de capacitor aos terminais de um motor acionado por uma chave estrela-triângulo. O circuito de comando do esquema anterior está mostrado na Figura 13.38.

No caso de motores com rotor bobinado, os capacitores devem ser ligados aos terminais de saída da chave de comando do motor, conforme mostra a Figura 13.39, restringindo-se a sua potência às condições estabelecidas para os motores de indução com rotor em curto-circuito. Se o motor de indução, com rotor em curto-circuito, é acionado por meio de uma chave compensadora automática ou não, o capacitor deve ficar ligado aos terminais de cargas de saída da referida chave, conforme a ligação da Figura 13.40.

Nos motores acionados pela chave *softstart*, os capacitores podem ficar conectados aos terminais de carga da referida chave.

13.9.2 Bancos primários

A interrupção de correntes em circuitos capacitivos submete os dispositivos de manobra a severas condições de operação. Como se sabe, os capacitores armazenam certa quantidade de

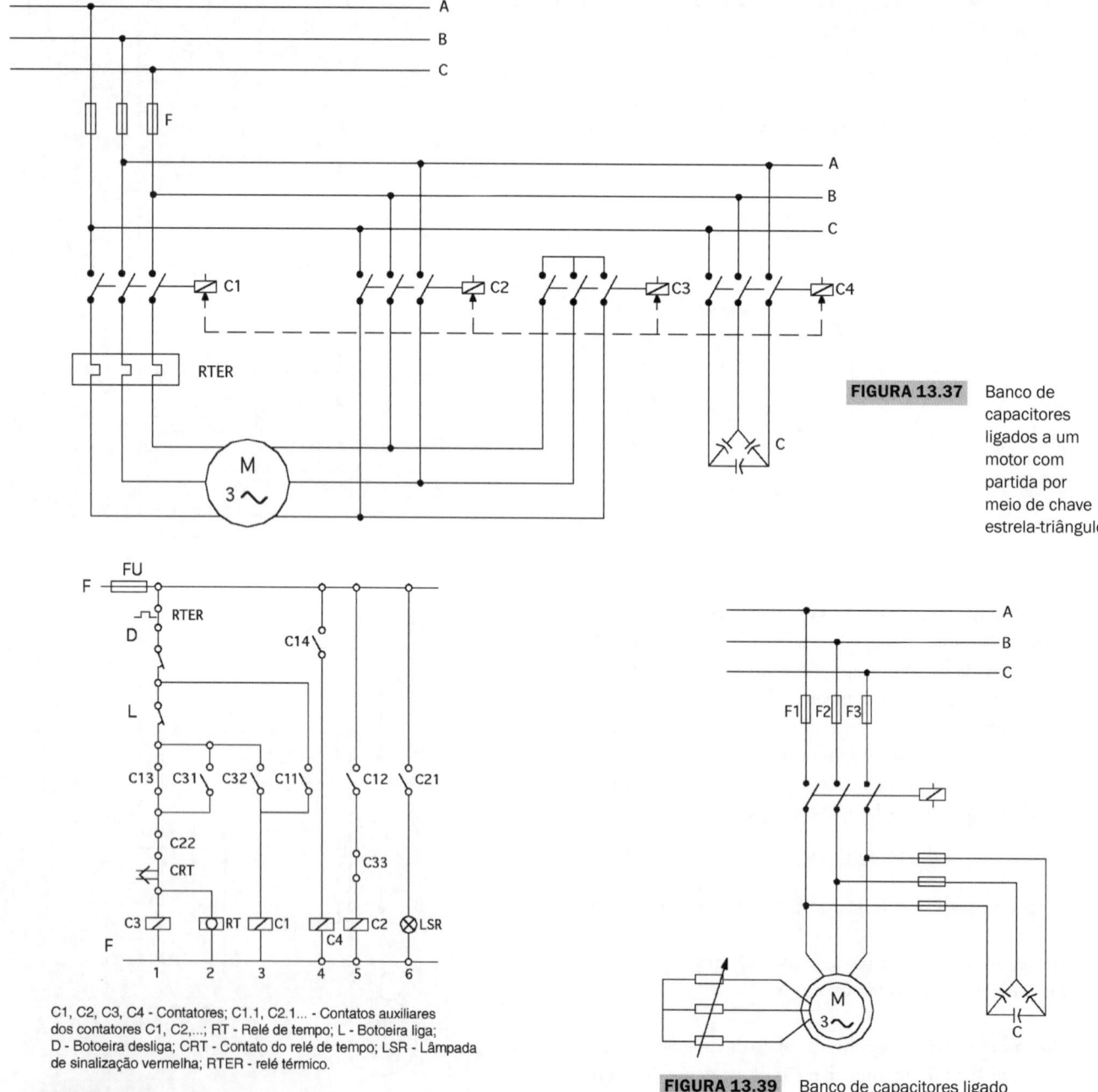

FIGURA 13.37 Banco de capacitores ligados a um motor com partida por meio de chave estrela-triângulo.

C1, C2, C3, C4 - Contatores; C1.1, C2.1... - Contatos auxiliares dos contatores C1, C2,...; RT - Relé de tempo; L - Botoeira liga; D - Botoeira desliga; CRT - Contato do relé de tempo; LSR - Lâmpada de sinalização vermelha; RTER - relé térmico.

FIGURA 13.38 Esquema elétrico básico correspondente à Figura 13.37.

FIGURA 13.39 Banco de capacitores ligado aos terminais de um motor com rotor bobinado.

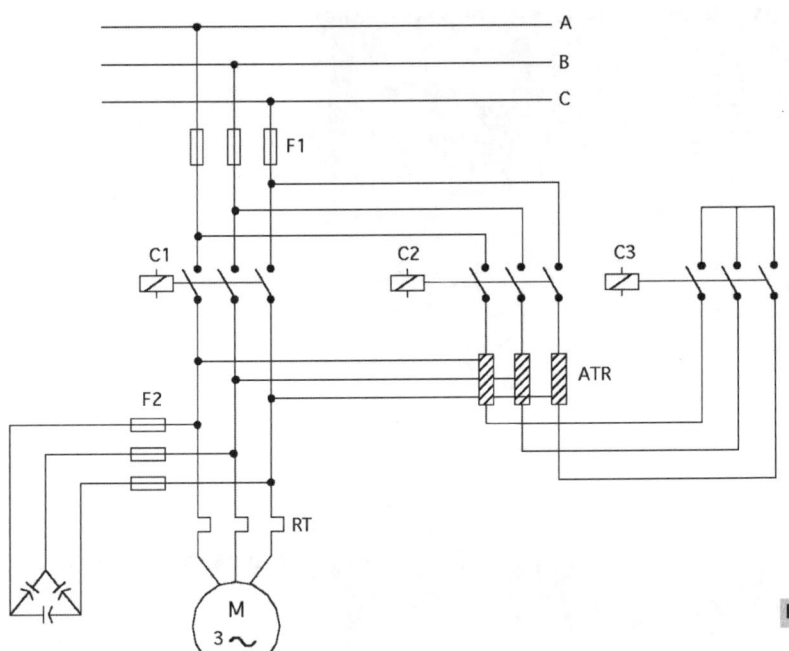

FIGURA 13.40 Banco de capacitores ligado aos terminais de um motor com partida por meio de chave compensadora.

energia, mantendo, mesmo após desenergizados, tensão nos seus terminais. Dessa forma, quando o equipamento de manobra realiza a operação de abertura de um banco de capacitores logo após a sua desenergização, os seus terminais estão submetidos à tensão resultante da carga armazenada pelo capacitor.

Entre os equipamentos de manobra, os mais indicados para operação de capacitores são:

a) Disjuntores a SF_6

Esses equipamentos, que utilizam uma câmara de interrupção a gás hexafluoreto de enxofre (SF_6), praticamente não permitem a reignição do arco. Se isso eventualmente vier a acontecer, o gás tem a capacidade de absorver a energia gerada pelo arco, não permitido danos ao equipamento.

b) Disjuntores a vácuo

São também equipamentos extremamente eficazes na operação de bancos de capacitores, capazes de interromper correntes capacitivas independentemente do seu valor.

c) Chaves a óleo

Muito utilizadas na manobra de bancos de capacitores automáticos instalados em postes nas redes aéreas das concessionárias de energia elétrica. Alguns fabricantes adotam o mesmo princípio de inserção de um resistor aplicado aos disjuntores, principalmente os de óleo mineral. Não devem operar na condição de curto-circuito. A Figura 13.41 mostra um banco de capacitores manobrável por meio de chaves a óleo.

13.10 TRANSITÓRIOS EM BANCOS DE CAPACITORES

Os bancos de capacitores, quando em operação, podem provocar no sistema fenômenos de sobrecorrente e sobretensão que podem causar danos tanto nas próprias células capacitivas do banco como em outros equipamentos ligados ao sistema em questão.

13.10.1 Sobrecorrentes

As sobrecorrentes provocadas pelos bancos de capacitores podem ser analisadas sob dois aspectos básicos, que são as correntes resultantes da energização do banco e as correntes de contribuição durante os processos de curto-circuito no sistema ou no próprio banco.

13.10.1.1 Corrente de energização

Quando se energiza um capacitor ou um banco, surge uma elevada corrente transitória de alta frequência e pequena constante de tempo que depende dos seguintes fatores:

- capacitância do circuito;
- indutância do circuito;
- tensão residual dos capacitores no momento de sua energização;
- valor da tensão senoidal no momento da ligação do banco.

A corrente de energização de um único banco de capacitores é inferior à corrente de curto-circuito subtransitória, verificada nos terminais do banco, não se constituindo em nenhuma limitação quanto ao dimensionamento do disjuntor, que deve ser adequado para suportar a corrente de defeito. O valor da corrente durante a energização do banco de capacitores, considerando-se que não exista nenhum outro ligado ao barramento, pode ser dado pela Equação (13.36):

$$I_c = 1,69 \times I_n \times \sqrt{\frac{P_{cc}}{P_n}} \quad (13.36)$$

I_c – corrente máxima de crista, em A;
P_n – potência nominal do banco de capacitores, em kVAr;
P_{cc} – potência de curto-circuito trifásica no ponto de instalação do banco, em kVA;
I_n – corrente nominal de banco de capacitores, em A.

FIGURA 13.41 Detalhe de ligação de um banco de capacitores automático.

A frequência dessa corrente pode ser calculada de acordo com a Equação (13.37):

$$F_c = F_n \times \sqrt{\frac{P_{cc}}{P_n}} \text{ (Hz)} \qquad (13.37)$$

As equações anteriores são aproximadas, considerando-se sem valor a contribuição da resistência do circuito para efeito do amortecimento do transitório.

Além disso, também se considera que os capacitores estão descarregados e não há nenhuma corrente residual.

EXEMPLO DE APLICAÇÃO (13.4)

Calcule a corrente de energização de um banco de capacitores ligado em triângulo, com potência nominal de 1.800 kVAr/13,80 V, na frequência de 60 Hz. Calcule também a frequência dessa corrente. A potência de curto-circuito na barra da subestação, onde está ligado o banco, é de 250 MVA.

De acordo com a Equação (13.36), tem-se:

$$I_c = 1,69 \times I_n \times \sqrt{\frac{P_{cc}}{P_n}}$$

$$I_n = \frac{1.800}{\sqrt{3} \times 13,8} = 75,3 \text{ A}$$

$$I_c = 1,69 \times 75,3 \times \sqrt{\frac{250.000}{1.800}}$$

$$I_c = 1.499 \text{ A (valor do pico)}$$

A frequência da corrente de energização vale:

$$F_c = F_n \times \sqrt{\frac{P_{cc}}{P_n}}$$

$$F_c = 60 \times \sqrt{\frac{250.000}{1.800}} = 707 \text{ Hz}$$

13.10.2 Sobretensões

Como já foi abordada anteriormente, de modo sucinto, a desenergização de um banco de capacitores provoca fenômenos transitórios de sobretensão que podem levar o sistema a situações perigosas. É que, estando a tensão atrasada da corrente de 90° elétricos, quando se efetua o seccionamento do circuito a corrente é interrompida na sua primeira passagem por zero, quando, nesse instante, a tensão está no seu valor máximo. No semicírculo seguinte, como o capacitor mantém a tensão nos seus terminais devido a sua carga acumulada, a tensão resultante entre os terminais do disjuntor, os de linha e os de carga, atinge o dobro da tensão da rede, conforme pode ser observado na Figura 13.42.

Nessas condições, pode resultar em uma corrente de reignição de arco, conforme se pode ver na Figura 13.43 (banco ligado em estrela aterrada), em que estão representados os vários fenômenos transitórios. Assim, o disjuntor passa a conduzir novamente através do arco formado entre os seus contatos. O resultado é uma nova perturbação no sistema, que pode atingir várias vezes a tensão nominal. A cada reignição, o capacitor recebe a carga referente à sobretensão do sistema, fazendo com que a tensão entre os terminais do disjuntor cresça ainda mais.

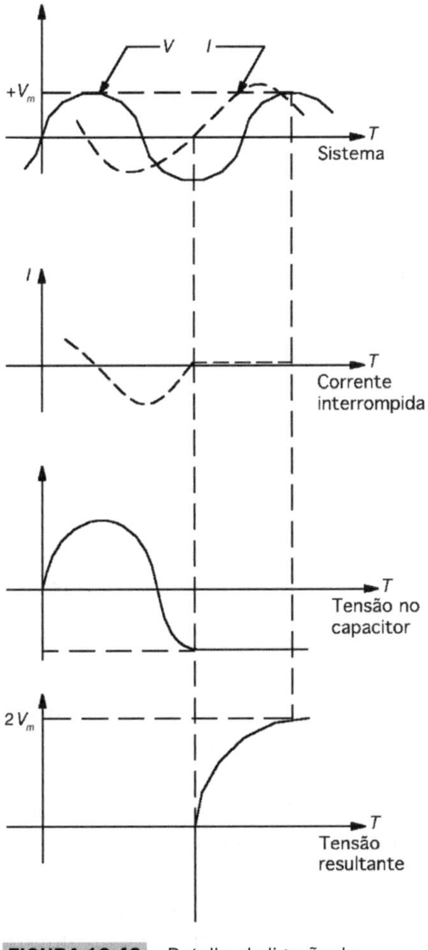

Além das sobretensões por manobra, os capacitores podem estar sujeitos a sobretensões por descargas atmosféricas que atingem os sistemas aéreos por indução ou, em menor proporção, diretamente.

Verificou-se que cerca de 90% dessas descargas são inferiores à carga de 1 coulomb. Se o sistema adotado para o banco é o de estrela aterrada, pode-se admitir, até determinada potência, que os capacitores estão autoprotegidos para um valor considerado da tensão nominal suportável de impulso (TNSI).

A potência mínima de um banco de capacitores, em estrela aterrada, para que se considere autoprotegido contra descargas atmosféricas, é dada na Equação (13.38):

$$P_{mb} = \frac{2\pi \times F \times V_n^2}{V_i - 0{,}8166 \times V_n} \text{ (kVAr)} \quad (13.38)$$

V_n – tensão nominal entre fases do sistema, em kV;
V_i – tensão de impulso em seu valor de crista, em kV;
F – frequência da rede, em Hz.

13.10.3 Influência dos harmônicos nos bancos de capacitores

As normas nacionais e internacionais estabelecem condições específicas quanto à utilização de capacitores em sistemas elétricos submetidos a condições anormais de operação, tais como sobretensão sustentada, transitórios, tensões e correntes harmônicas etc.

O projeto de um capacitor está condicionado, durante a sua vida útil, a operar com tensões e correntes senoidais. Para um projeto de capacitor atender às condições operacionais anormais dos sistemas elétricos, seria necessário elevar o valor da sua tensão nominal, aumentando os custos de manufatura para que ele pudesse operar sem perda de vida útil.

FIGURA 13.42 Detalhe de ligação de um banco de capacitores automáticos.

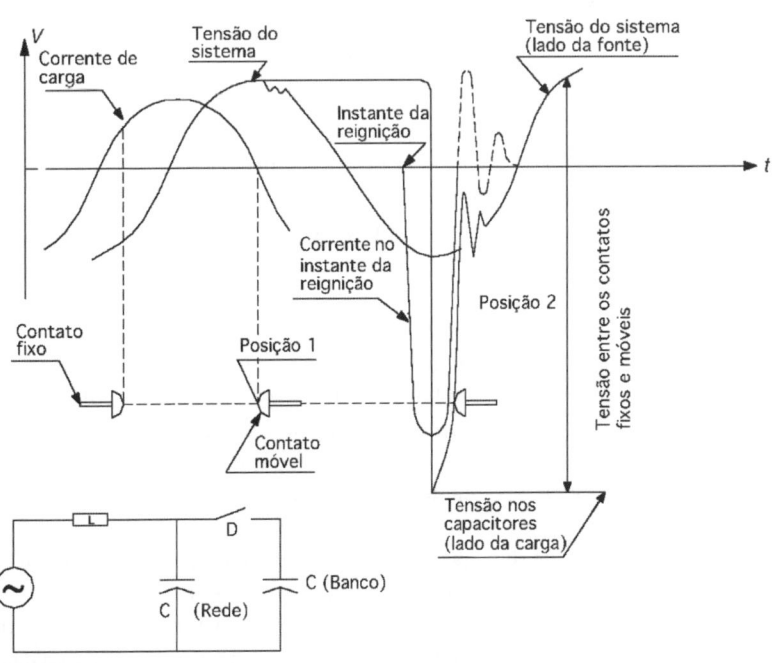

FIGURA 13.43 Processo de abertura do disjuntor de um banco de capacitores.

EXEMPLO DE APLICAÇÃO (13.5)

Determine a potência mínima que deve ter um banco de capacitores autoprotegido, ligados em estrela aterrada, para uma tensão de impulso de 76 kV, sabendo-se que a tensão nominal do sistema é de 13,8 kV.

De acordo com a Equação (13.38), tem-se:

$$P_{mb} = \frac{2 \times \pi \times 60 \times 13,8^2}{76 - 0,8166 \times 13,8} = 1.109 \text{ kVAr}$$

Observe que 76 kV é 80% do valor da tensão nominal suportável de impulso referente a um sistema de 13,8 kV, que é de 95 kV.

Muitos tipos de indústria utilizam equipamentos que geram harmônicos que poluem os seus sistemas e os das concessionárias. Entre os tipos mais conhecidos destacam-se as siderúrgicas, dotadas de fornos a arco, e as indústrias metal-mecânicas, que utilizam máquinas de solda etc. Além disso, os geradores e os transformadores em regime de sobretensão são fontes de harmônicos.

É bom lembrar que os capacitores não são responsáveis pela formação das tensões harmônicas no sistema. A onda de tensão fundamental (onda de tensão na frequência industrial, isto é, 60 Hz) é deformada pelo uso dos equipamentos anteriormente mencionados, que geram as chamadas tensões harmônicas que influenciam a operação dos bancos de capacitores.

Como se sabe, a reatância de um capacitor varia de acordo com a frequência na proporção inversa. Assim, um capacitor, quando submetido a uma tensão de frequência maior que a sua nominal, se constitui em um caminho fácil para circulação de correntes elevadas, pelo simples fato de apresentar, nessas condições, uma baixa reatância.

A vida útil dos capacitores está, portanto, condicionada aos efeitos dos componentes harmônicos sobre as diversas partes desse equipamento. Pode-se, pois, resumir os efeitos ocasionados pelos componentes sobre os capacitores analisando os seguintes parâmetros presentes nos sistemas elétricos.

a) Tensão

A construção de um capacitor leva em consideração o isolamento entre as suas placas que se constitui no dielétrico do equipamento e que deve suportar o gradiente de tensão a que fica submetido durante a sua operação. O valor da tensão deve considerar o efeito dos componentes de tensão harmônicos de diversas ordens.

A tensão de um capacitor é definida, entre outros parâmetros, pelo nível de corrente de fuga que ocorre no interior do dielétrico, o que é denominado também descargas parciais. O dimensionamento do isolamento entre as placas de um capacitor (dielétrico) é determinado de forma a garantir uma baixa corrente de fuga. No entanto, se a tensão no dielétrico é elevada acima do valor previsto em projeto, observa-se um aumento da corrente de fuga que faz aquecer o meio dielétrico, reduzindo a vida útil do capacitor. Esse aumento de tensão pode ser propiciado pela tensão sustentada do próprio sistema de regulação da rede elétrica ou simplesmente pela presença de conteúdos de tensão harmônica.

b) Corrente

As correntes harmônicas resultantes que fazem elevar o valor da corrente total que circula pelas placas do capacitor sobreaquecem não somente o meio dielétrico, mas também os condutores, os pontos de conexão das placas etc., interferindo na vida útil da célula capacitiva.

c) Efeito simultâneo da tensão e da corrente

A variação instantânea da tensão em relação ao tempo faz aumentar a corrente que atravessa os diversos componentes elétricos da célula capacitiva, elevando o efeito Joule no seu interior.

Diversos estudos já foram realizados em bancos de capacitores em instalações industriais e em redes de distribuição urbanas e rurais para a determinação da vida útil dos capacitores. Como resultado foram encontradas curvas típicas que relacionam o nível de sobretensão permanente com a vida útil do capacitor cotada em anos, em conformidade com a Figura 13.44. Assim, para um capacitor que está submetido a um nível de sobretensão permanente de 1,02 pu, a sua vida útil provável será de 14 anos, contra 2 anos se o nível de sobretensão permanente for de 1,12 pu.

A vida de um capacitor pode ser analisada sob quatro diferentes parâmetros elétricos, quais sejam:

- tensões harmônicas;
- sobretensões na rede de energia elétrica à qual está ligado o capacitor;
- variação da capacitância;
- variação da frequência da rede de energia elétrica decorrente de surtos de manobra, descargas atmosféricas etc.

Para medição das tensões harmônicas, existem diferentes tipos de dispositivos no mercado. Em geral, esses dispositivos dispõem de saída serial e os registros verificados na medição em campo são transferidos para um microcomputador e por meio de uma planilha Windows Excel ou outro programa dedicado obtém-se os resultados esperados, tais como tensões e correntes harmônicas por fase e por ordem, distorção harmônica por fase e total etc.

A vida útil de um capacitor pode ser mantida próxima de sua vida útil esperada se o seu dimensionamento for realizado acima das necessidades do sistema. Assim, pode-se especificar um capacitor para uma tensão de 8,2 kV que será conectado ao

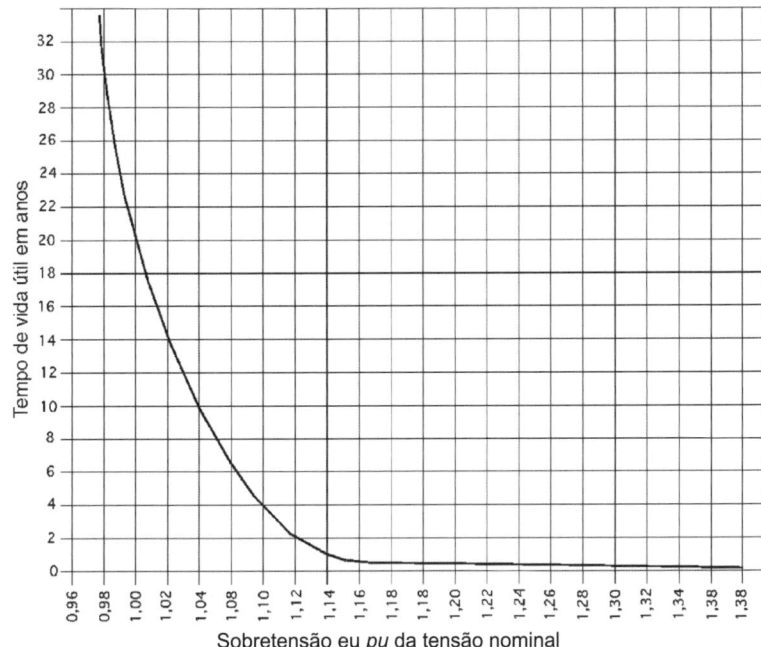

FIGURA 13.44 Tempo de vida útil média de um banco de capacitores de média tensão.

sistema elétrico de $13,80/\sqrt{3}$ kV e sua potência, por exemplo, 20% acima do valor requerido para a aplicação.

As ondas harmônicas podem ser estudadas em função do sistema de sequência em que influem particularmente, ou seja:

- Sistema de sequência positiva
  - Apresentam as seguintes ordens: 7ª – 13ª – 19ª – 25ª.
- Sistema de sequência negativa
  - Apresentam as seguintes ordens: 5ª – 11ª – 17ª – 23ª.
- Sistema de sequência zero
  - Apresentam as seguintes ordens: 3ª – 9ª – 15ª – 21ª – 27ª.

As correntes harmônicas de sequência zero somente circulam no banco de capacitores em derivação se a sua ligação contiver o ponto neutro aterrado.

As correntes harmônicas podem provocar perdas elevadas nos capacitores, resultando sobrecargas que, se acima de 35% do seu valor nominal, danificam as referidas células. Além disso, são responsáveis pelo aquecimento dos condutores, barramentos etc., em função do efeito pelicular (nas frequências mais elevadas a corrente tende a circular pela periferia dos condutores).

A potência absorvida por um banco de capacitores na frequência fundamental, quando submetido a tensões harmônicas de ordem 2, 3, 4, 5... k, cujos valores eficazes são respectivamente V_1, V_2, V_3, V_4, V_5, ... V_k, vale:

$$P_1 = \frac{P_t}{\left(1 + \sum_{2}^{k} k \times \alpha_k^2\right)} \quad (13.39)$$

P_t – potência por fase absorvida pelos capacitores durante os picos de tensão harmônica, em kVAr;
k – ordem das harmônicas;
α – valor de cada harmônico, em pu da tensão fundamental.

Considerando que o valor da potência absorvida durante os picos das tensões harmônicas (P_t) não deve ser superior a β% da potência nominal por fase do banco, tem-se:

$$P_t = \frac{\beta \times P_{nc}}{3} \quad (13.40)$$

P_{nc} – potência nominal trifásica do banco de capacitores;
β – fator com o qual se calcula o valor máximo da potência que se admite que o capacitor deva absorver.

Os valores de tensão harmônica, em pu da tensão fundamental, são:

$$\alpha_k = \frac{V_{(2\,a\,k)}}{V_1} \quad (13.41)$$

V_1 – tensão fundamental do sistema, valor eficaz;
$V_{(2\,a\,k)}$ – tensões harmônicas de ordem 2 a k, em kV.

O valor de tensão fundamental, V_1 (a 60 Hz), pode ser calculado pela Equação (13.42), a partir da sobretensão medida no sistema:

$$V_1 = \sqrt{V_t^2 - \sum V_{(2\,a\,k)}^2} \quad (13.42)$$

V_t – sobretensão máxima do sistema, na frequência nominal, em kV/fase.

O valor de V_t é constituído da onda de tensão fundamental (a 60 Hz), V_1, acrescido das tensões harmônicas correspondentes. A tensão nominal que devem ter as células capacitivas vale:

$$V_{nc} = \frac{V_1}{\gamma} \quad (13.43)$$

$$\gamma = \sqrt{\frac{P_1}{P_{nc}}} \quad (13.44)$$

A corrente nominal por fase do banco de capacitores vale:

$$I_{nc} = \frac{P_{nc}}{V_{nc}} \quad (13.45)$$

A corrente absorvida na frequência fundamental vale:

$$I_1 = \gamma \times I_{nc} \quad (13.46)$$

Já a corrente total absorvida pelo banco de capacitores durante as sobretensões vale:

$$I_t = \sqrt{\sum I_k^2} \quad (13.47)$$

$$I_k = k \times \alpha_k \times I_1 \quad (13.48)$$

Um caso muito comum de ocorrer em instalações industriais é a formação de circuito ressonante paralelo entre o transformador da subestação de potência e o banco de capacitores conectados principalmente no barramento do Quadro Geral de Força localizado no interior da referida subestação.

A ordem de frequência ressonante pode ser conhecida pela Equação (13.49).

$$H_{resp} = \sqrt{\frac{P_{csc}}{P_{nc}}} \quad (13.49)$$

P_{csc} – potência de curto-circuito do sistema no ponto de instalação do capacitor;
P_{nc} – potência nominal dos capacitores.

Se a frequência ocorrer em valores próximos aos valores das harmônicas de menor ordem, geradas pelas cargas não lineares, o circuito ressonante paralelo criado pelos capacitores e transformador ampliará a distorção harmônica da instalação.

Para avaliação sumária da potência de curto-circuito no ponto de entrada de instalação do capacitor, quando próximo ao transformador, pode ser empregada a Equação (13.50).

$$P_{csc} = \frac{P_{nt} \times P_{css}}{P_{nt} + Z_{tr} \times P_{css}} \quad (13.50)$$

P_{nt} – potência nominal do transformador;
Z_{tr} – impedância nominal do transformador relativa ao *tape* de operação, em %;
P_{css} – potência de curto-circuito no ponto de entrega de energia.

13.10.4 Influência dos fenômenos de ressonância série nos bancos de capacitores

Os fenômenos de ressonância em bancos de capacitores podem ocorrer quando a reatância indutiva do sistema X_l apresenta valores iguais à reatância capacitiva X_c.

Para evitar eventuais perturbações decorrentes de ressonância série, recomenda-se que exista uma combinação do tipo de ligação entre o banco de capacitores e o tipo de ligação do transformador da subestação de potência, ou seja:

a) Se o transformador de força da subestação ao qual está conectado o banco de capacitor estiver ligado em estrela solidamente aterrada, o banco de capacitores deverá ser ligado também na configuração estrela aterrada. Há de se esclarecer que essa é a melhor configuração para evitar ressonância série entre transformador e banco de capacitores.

b) Se o transformador de força da subestação ao qual está conectado o banco de capacitor estiver ligado em triângulo, o banco de capacitores deverá ser ligado também na configuração triângulo ou em estrela não aterrada.

EXEMPLO DE APLICAÇÃO (13.6)

Uma instalação industrial é alimentada por uma subestação de 1.000 kVA -13.800-380/220 V e cuja impedância percentual é de 5,5%. No ponto de entrega de energia, a corrente de curto-circuito é de 10.500 A. Os motores de indução da indústria são manobrados pelas chaves conversoras de frequência (inversores). Foi instalado um banco de capacitores de 370 kVAr no lado de baixa-tensão da subestação. Determine a ordem da harmônica que poderia ocasionar perturbações na instalação.

- Potência de curto-circuito no ponto de entrega de energia

$$P_{css} = \sqrt{3} \times 13,80 \times 10.500 = 250.974 \text{ kVA}$$

- Potência de curto-circuito aproximado no ponto de instalação do capacitor

$$P_{csc} = \frac{P_{nt} \times P_{css}}{P_{nt} + Z_{tr} \times P_{css}} = \frac{1.000 \times 250.974}{1.000 + 0,055 \times 250.974} = 16.953 \text{ kVA}$$

Logo, a frequência ressonante vale:

$$H_{resp} = \sqrt{\frac{P_{csc}}{P_{nc}}} = \sqrt{\frac{16.953}{370}} = 6,7$$

Como os inversores são fontes de 5ª e 7ª harmônicas, há grande probabilidade de ocorrer fenômeno de ressonância paralela. À medida que se eleva a potência do banco de capacitores diminui a ordem da harmônica capaz de causar perturbação na instalação.

Para evitar o fenômeno de ressonância paralela, é necessária a instalação de filtros de harmônicas do tipo paralelo sintonizado constituído por um conjunto de capacitores, normalmente ligados em estrela, conectados em série com um banco de reatores com amortecimento resistivo. O conjunto será conectado aos terminais do Quadro Geral de Força para o exemplo em questão. Esse assunto será tratado mais adiante.

c) Se o transformador de força da subestação ao qual está conectado o banco de capacitor estiver ligado em estrela não aterrada, o banco de capacitores deverá ser ligado também na configuração estrela não aterrada ou em triângulo.

EXEMPLO DE APLICAÇÃO (13.7)

Calcule a potência absorvida por um banco de capacitores, quando instalado em um barramento de uma subestação industrial, dotado de um grande equipamento gerador de harmônicas de sequência zero, isto é, 3ª, 9ª, 15ª e 21ª, com os seguintes valores de fase e neutro:

- 3ª harmônica: 1,480 kV;
- 9ª harmônica: 1,420 kV;
- 15ª harmônica: 0,932 kV;
- 21ª harmônica: 0,683 kV.

O valor eficaz da sobretensão máxima registrada do sistema é de 14,6 kV, composta pela tensão fundamental (a 60 Hz) acrescida das harmônicas referidas. O banco de capacitores é de 3.600 kVAr, ligado em estrela aterrada. A tensão nominal do sistema é de 13,8 kV.

- Tensão fundamental

$$V_1 = \sqrt{V_f^2 - \sum V_{(2\,a\,k)}^2}$$

$$V_f = 14,6/\sqrt{3} = 8,42 \text{ kV}$$

$$V_1 = \sqrt{8,42^2 - (1,48^2 + 1,42^2 + 0,932^2 + 0,683^2)}$$

$$V_1 = 8,084 \text{ kV}$$

α_k apresenta os seguintes valores por unidade da tensão fundamental:

$$\alpha = \frac{V_{(2\,a\,k)}}{V_1}$$

$$\alpha_3 = \frac{1,480}{8,084} = 0,1830$$

$$\alpha_9 = \frac{1,420}{8,084} = 0,1756$$

$$\alpha_{15} = \frac{0,932}{8,084} = 0,1152$$

$$\alpha_{21} = \frac{0,683}{8,084} = 0,0844$$

- Potência absorvida por fase durante as sobretensões

Para que a potência absorvida pelos capacitores durante a geração de harmônicas não seja superior a β = 110% da potência nominal do banco, tem-se:

$$P_t = \frac{\beta \times P_{nc}}{3}$$

$$P_t = \frac{1,1 \times 3.600}{3} = 1.320 \text{ kVAr/fase}$$

- A potência absorvida, por fase, pelos capacitores na frequência fundamental vale:

$$P_1 = \frac{P_t}{\left[1 + \sum_2^k (k \times \alpha_k^2)\right]}$$

$$P_1 = \frac{1.320}{\left(1 + 3 \times 0,1830^2 + 9 \times 0,1756^2 + 15 \times 0,1152^2 + 21 \times 0,0844^2\right)}$$

$$P_1 = 764,5 \text{ kVAr}$$

- Potência total absorvida pelo banco de capacitores na frequência fundamental

$$P_1 = 3 \times 764,5 = 2.293,5 \text{ kVAr}$$

- Tensão nominal dos capacitores

$$V_{nc} = \frac{V_1}{\gamma} = \frac{8,084}{0,796} = 10,1 \text{ kV}$$

$$\gamma = \sqrt{\frac{P_1}{P_{nc}}} = \sqrt{\frac{764,5}{1.200}} = 0,798$$

- Capacitância nominal

$$C_n = \frac{P_{nc} \times 10^3}{2\pi \times F \times V_{nc}^2} = \frac{1.200 \times 10^3}{2\pi \times 60 \times 10,1^2} = 31,2 \text{ μF}$$

- Corrente nominal por fase do banco de capacitores

$$I_{nc} = \frac{P_{nc}}{V_{nc}} = \frac{1.200}{10,1} = 118,8 \text{ A}$$

- Corrente absorvida pelos capacitores na frequência fundamental

$$I_1 = \gamma \times I_{nc} = 0,798 \times 118,8 = 94,8 \text{ A}$$

- Corrente total absorvida pelo banco de capacitores

$$I_k = k \times \alpha_k \times I_1$$

$$I_3 = 3 \times 0,1830 \times 94,8 = 52,04 \text{ A}$$

$$I_9 = 9 \times 0,1756 \times 94,8 = 149,81 \text{ A}$$

$$I_{15} = 15 \times 0,1152 \times 94,8 = 163,81 \text{ A}$$

$$I_{21} = 21 \times 0,0844 \times 94,8 = 168,02 \text{ A}$$

$$I_t = \sqrt{\sum I_k^2} = \sqrt{52,04^2 + 149,81^2 + 163,81^2 + 168,02^2}$$

$$I_t = 283,22 \text{ A}$$

A corrente máxima que deve ser absorvida pelos capacitores é de 144% da corrente fundamental, ou seja:

$$I_m = 1,44 \times 94,8 = 136,0 \text{ A}$$

O valor máximo de sobrecorrente I_t é muito superior a 144% da corrente nominal do banco, que é o valor máximo que os capacitores podem suportar continuamente conforme norma.

13.10.5 Aplicação de banco de capacitores dessintonizado em instalações industriais

Como já estudamos anteriormente, os capacitores podem ser danificados em função das cargas não lineares cada vez mais presentes nas instalações industriais. Para evitar o risco de ressonância entre as cargas não lineares e o banco de capacitores, pode-se utilizar um reator de dessintonia com características apropriadas que bloqueia as correntes harmônicas que fluem para o banco de capacitores com o qual está em série. Nesse caso, tem-se um circuito ressonante com uma frequência inferior à menor frequência desenvolvida pelas cargas não lineares ligadas na rede elétrica do empreendimento.

O fenômeno de ressonância não seria tão crítico para uma instalação industrial caso não houvesse fluxo de correntes harmônicas nos circuitos da instalação. Porém, como sabemos que nas instalações elétricas industriais circula, em geral, um grande número de ordens de correntes harmônicas, é necessário prevenir contra consequências adversas das ocorrências de ressonância, cujo efeitos são:

- tensão elevada no ponto de conexão do banco de capacitor com a instalação interna da indústria, ocasionando em consequência a queima do banco cuja capacidade máxima é de 110% da tensão nominal;
- corrente elevada cuja componente harmônica associada tenha a mesma frequência da frequência de ressonância, causando uma forte intensidade de corrente injetada no sistema, devendo-se, portanto, evitar a ressonância paralela.

Para que se identifique a necessidade de instalação de um banco de capacitores com dessintonia, seguem os procedimentos a serem executados para o dimensionamento do banco dessintonizado para evitar ressonância paralela:

- determinar a potência nominal do banco de capacitores necessária para corrigir o fator de potência da instalação industrial adotando um valor aproximado entre 0,92 e 0,95;
- projetar o banco de capacitores com estágios entre 15 e 20% da potência nominal;
- dimensionar o banco de capacitores em estágios padronizados, preferencialmente em múltiplos de 25 kVAr, ou adotar células capacitivas de 25 kVAr por estágio;
- realizar a medição das correntes harmônicas no circuito principal sem a influência do banco de capacitores, nas diferentes condições de operação da indústria, com a finalidade de obter a máxima amplitude de cada corrente harmônica;
- determinar ou medir o fator de distorção harmônica da corrente, em % (THDI%), considerando os valores individuais das principais correntes harmônicas identificadas;
- identificar por meio de medição a existência de tensões harmônicas que possam ser injetadas pelo sistema de suprimento no sistema elétrico da indústria;
- determinar o fator da distorção harmônica da tensão em % (THDv%);
- caso pressuposta a sua existência e o fator de distorção harmônica de corrente THDI% > 10% ou THDv% > 3% medida sem a influência do banco de capacitores, temos:
  - confirmado: deve-se utilizar um filtro dessintonizado;
  - não confirmado: manter o banco de capacitores nas condições projetadas;
- caso pressuposta a corrente com conteúdo de 3ª ordem e valor $I_{3ª\,ordem} > 25\% \times I_{5ª\,ordem}$, temos:
  - confirmado: deve-se utilizar um filtro dessintonizado com $K = 14\%$;
  - não confirmado: deve-se utilizar filtro dessintonizado com $K = 7\%$;

em que K é uma porcentagem da reatância do banco de capacitores.

Logo, o dimensionamento do banco de capacitores deve satisfazer tanto a correção do fator de potência, atendendo aos princípios normativos, como a segurança diante das correntes harmônicas decorrentes de sua instalação no sistema elétrico da indústria.

13.10.5.1 Determinação do reator de dessintonia em instalações industriais

Para a determinação do reator de dessintonia, pode-se seguir o procedimento subsequente.

- Determinação da frequência de ressonância paralela
Na ausência de um *software* que determine a frequência de ressonância paralela da rede elétrica da indústria, pode-se empregar a Equação (13.51), de modo simplificado, que calcula essa frequência de forma aproximada.

$$F_{rp} = F_{ns} \times \sqrt{\frac{\dfrac{1}{P_{nbc}}}{\dfrac{1}{P_{ccpe}} + \dfrac{Z_{pt}}{P_{nt}}}} \quad (13.51)$$

F_{ns} – frequência nominal do sistema, em Hz;
P_{ccpe} – potência de curto-circuito do sistema no ponto de entrega de energia pela concessionária, em MVA;
P_{nbc} – potência nominal do banco de capacitores, em MVAr;
P_{nt} – potência nominal do transformador, em MVA;
Z_{pt} – impedância percentual nominal do transformador, em %.

A Figura 13.45 mostra a vista frontal de dois bancos de capacitores com os respectivos reatores de dessintonia.

- Determinação da reatância do banco de capacitores por fase
Pode-se empregar a Equação (13.52), de forma simplificada, considerando a inexistência de harmônicas na instalação da indústria e tomando-se como base o banco de capacitores dimensionado para correção do fator de potência da instalação. O banco de capacitores deve ser conectado em delta.

$$X_{rbc} = \frac{3 \times V_{nbc}^2}{P_{nbc}} \quad (13.52)$$

X_{rbc} – reatância do banco de capacitores, em Ω;
V_{nbc} – tensão nominal do banco de capacitores, em kV.

- Determinação da reatância do reator de dessintonia por fase
Pode-se empregar a Equação (13.53), de forma simplificada, que corresponde a um valor percentual da reatância do banco de capacitores, considerando a sua ligação em delta.

$$X_{rea} = \frac{K \times X_{nbc}}{3} \quad (13.53)$$

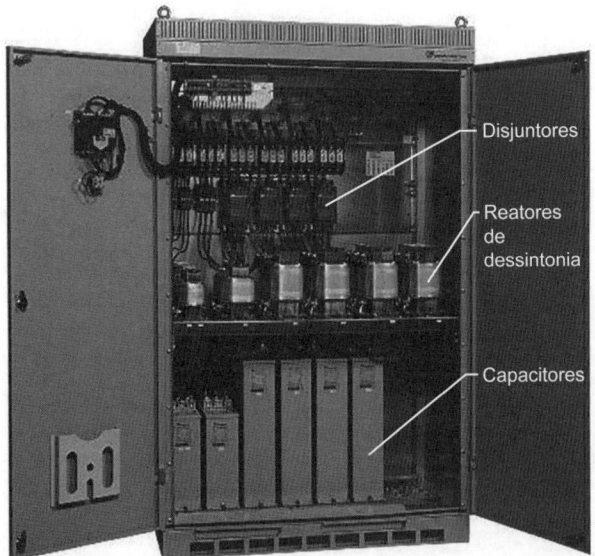

FIGURA 13.45 Banco de capacitores dessintonizados - GE. Fonte: https://www.gegridsolutions.com/products/brochures/grid-pea-l3-lv_compensation_products-0600-2017_08-pt.pdf. Acesso em 09 Jan. 2024.

TABELA 13.3 Constante para cada frequência de dessintonia

Valores usuais de frequência de ressonância		
Frequência de ressonância paralela (Hz)	Frequência de dessintonia (Hz)	K (%)
180	134	20,00
	160	14,00
300	227	7,00
	252	5,67
420	346	3,00
	362	2,75

K – porcentagem da reatância do banco de capacitores, dado pela Tabela 13.3.

- Determinação da frequência de dessintonia

Pode-se empregar a Equação (13.54), de forma simplificada, que corresponde a um valor percentual da reatância do banco de capacitores.

$$F_{res} = \frac{10 \times F_{ns}}{\sqrt{K}} \quad (13.54)$$

Deve-se admitir uma frequência F_{res} próxima e um pouco inferior à frequência de ressonância paralela, em hertz.

- Determinação da potência reativa líquida do banco de capacitores

Com a inserção do reator de dessintonia, altera-se a potência reativa final, cujo valor pode ser dado pela Equação (13.55).

$$P_{líq} = \frac{3 \times V_{nbc}^2}{3 \times X_{rbc} - X_{rea}} \quad (13.55)$$

$P_{líq}$ – potência total após a inserção do reator de dessintonia, em Ω;

X_{rea} – reatância do reator de dessintonia, em Ω;

X_{rbc} – reatância do banco de capacitores, em Ω.

- Determinação da tensão a que fica submetido o banco de capacitores com a inserção do reator de dessintonia

Com a inserção do reator de dessintonia, altera-se a potência reativa final, e os capacitores podem ficar submetidos a uma tensão superior ao valor máximo admitido que é dado pela Equação (13.56).

$$V_{cap} \geq V_{nbc} \times \left(1 - \frac{K}{100}\right) \quad (13.56)$$

EXEMPLO DE APLICAÇÃO (13.8)

Uma instalação elétrica industrial, cujo diagrama unifilar está mostrado na Figura 13.46, apresentou queima frequente de unidades capacitivas e outros sinais que pressupunham a existência de ressonância entre o transformador de 1.000 kVA e o banco de capacitores de 320 kVAr. Existem conectadas na instalação elétrica muitas cargas não lineares, tais como inversores de frequência para acionamento e controle de velocidade de motores, retificadores de CA-CC e outros componentes semelhantes. Realizar uma análise preliminar e definir a necessidade de aquisição de um reator de dessintonia (indicado no diagrama da Figura 13.46) a ser conectado no barramento de 440 V.

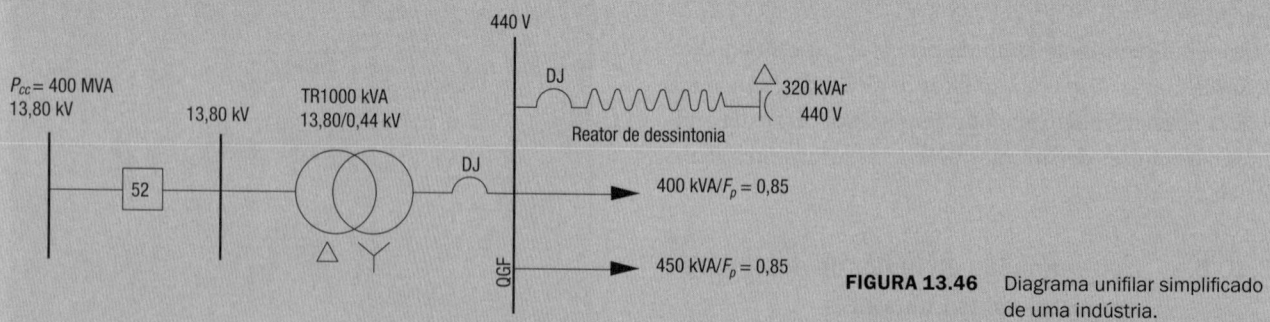

FIGURA 13.46 Diagrama unifilar simplificado de uma indústria.

- Determinação do valor da frequência ressonante entre o transformador e o banco de capacitores

$F_{ns} = 60$ Hz

$P_{ccpe} = 400$ MVA $= 400.000$ kVA

$P_{nbc} = 320$ kVAr $= 320 \times 10^{-3}$ 10 MVAr

$P_{nt} = 1.000$ kVA $= 1$ MVA

$Z_{pt} = 5,5\%$ impedância percentual nominal do transformador.

$$F_{rp} = F_{ns} \times \sqrt{\dfrac{\dfrac{1}{P_{nbc}}}{\dfrac{1}{P_{ccpe}} + \dfrac{Z_{pl}}{P_{nt}}}} = 60 \times \sqrt{\dfrac{\dfrac{1}{320 \times 10^{-3}}}{\dfrac{1}{400.000} + \dfrac{5,5/100}{1,0}}} = 60 \times \sqrt{\dfrac{3,125}{0,0000025 + 0,055}} = 452 \text{ Hz}$$

Como se observa, o valor da frequência de 452 Hz é muito próximo da frequência da 7ª harmônica (60 × 7 = 420 Hz), logo será necessário utilizar um filtro sintonizado amortecido.

- Determinação da reatância do banco de capacitores por fase

$$V_{nbc} = 440 \text{ V} = 0,44 \text{ kV}$$
$$P_{nbc} = 320 \text{ kVAr}$$
$$X_{rbc} = \dfrac{3 \times V_{nbc}^2}{P_{nbc}} = \dfrac{3 \times 0,440^2}{320 \times 10^{-3}} = 1,815 \text{ }\Omega$$

- Determinação da reatância do reator de dessintonia por fase

Por meio da Equação (13.53) simplificada, temos:

$K = 2,75$ (Tabela 13.3)

$$X_{rea} = \dfrac{K \times X_{nbc}}{3 \times 100} = \dfrac{2,75 \times 1,815}{300} = 0,0166 \text{ }\Omega$$

- Determinação da frequência de dessintonia

Por meio da equação simplificada (13.54), temos:

$$F_{res} = \dfrac{10 \times F_{ns}}{\sqrt{K}} = \dfrac{10 \times 60}{\sqrt{2,75}} = 361 \text{ Hz}$$

- Potência reativa líquida total

A potência reativa líquida total pode ser calculada pela Equação (13.55), que fornece uma aproximação do valor real injetado.

$$P_{liq} = \dfrac{3 \times V_{ns}^2}{3 \times X_{rbc} - X_{rea}} = \dfrac{3 \times 0,44^2}{3 \times 1,185 - 0,0166} = 0,150 \text{ MVAr} = 150 \text{ kVAr}$$

- Tensão final do banco de capacitores

De acordo com a Equação (13.56), temos:

$$V_{cap} \geq V_{nbc} \times \left(1 - K/100\right) \geq 0,44 \times \left(1 - 2,75/100\right) = 0,452 \text{ kV} = 452 \text{ V}$$

Logo, deve-se selecionar um capacitor com tensão inferior a 452 V e superior a 440 V.

13.11 ATERRAMENTO DE CAPACITORES

13.11.1 Bancos de baixa-tensão

Como nesses casos, geralmente, o banco de capacitores é ligado na configuração triângulo, somente se deve aterrar a carcaça de cada equipamento e a sua estrutura metálica de montagem. O cabo de aterramento deve ser ligado à malha de terra da subestação e ter seção transversal não inferior à do condutor de fase do capacitor ou banco, se for o caso.

13.11.2 Bancos de alta-tensão

Assim como os bancos de baixa-tensão, as caixas metálicas dos capacitores de alta-tensão (≥2,3 kV) devem ser cuidadosamente aterradas, bem como a sua estrutura metálica. A seção do condutor deve ser de cobre, não inferior a 25 mm².

Quando a configuração dos bancos é em estrela aterrada ou dupla estrela aterrada, é importante assegurar a ligação do ponto neutro do sistema à terra. Como já foi comentado, somente se deve aterrar o ponto neutro de um banco de capacitores se o sistema que se quer compensar for do tipo efetivamente aterrado.

13.12 ESTRUTURA PARA BANCO DE CAPACITORES

Os capacitores podem ser montados no interior de caixas metálicas ou em estruturas autoportantes.

A Figura 13.10 mostra uma estrutura de banco de capacitores montada em estrutura metálica apropriada, detalhando os elementos fusíveis, TCs etc.

13.13 CONDIÇÕES DE OPERAÇÃO E IDENTIFICAÇÃO

Os capacitores devem ser adequados para trabalhar na posição vertical ou horizontal em altitudes não superiores a 1.000 m e em temperaturas ambientes máximas durante o ano de 35 °C para capacitores de categoria de temperatura de 50 °C, e de 30 e 20 °C para as categorias respectivas de 45 e 40 °C.

Os capacitores devem conter uma placa de identificação na qual são discriminadas as seguintes informações, segundo a NBR 5282:

- fabricante;
- número de fabricação e ano;
- potência nominal, em kVAr;
- tensão nominal em V ou kV;
- frequência nominal em Hz;
- categoria de temperatura;
- tipo de ligação (para células polifásicas);
- referência de isolamento ou nível de isolamento;
- referência à existência ou não de dispositivo interno de descarga.

13.14 ENSAIOS E RECEBIMENTO

Depois de concluído o protótipo das células capacitivas a serem comercializadas, o fabricante fica responsável pela realização dos ensaios necessários para comprovar a qualidade do equipamento de acordo com o que dispõe a NBR 5282.

13.14.1 Ensaios de tipo

Ensaios de tipo destinam-se a comprovar a qualidade do projeto do equipamento. Em geral, quando o fabricante exibe os ensaios do protótipo, pode ser dispensada a sua execução.

a) Ensaio de estabilidade térmica

Esse ensaio destina-se a assegurar a estabilidade térmica do capacitor nas condições de sobrecarga prolongada. Para isso, o capacitor é levado para o interior de uma estufa, cuja temperatura é mantida controlada em função da categoria de temperatura do equipamento, valor este que pode variar entre 29 e 48 °C.

b) Ensaio de tensão aplicada

É o mesmo aplicado no ensaio de rotina, variando-se apenas a sua duração.

c) Ensaio de impulso

Esse ensaio deve comprovar a capacidade de isolação do equipamento quando submetido a uma onda de impulso na forma de $1,2 \times 50$ μs.

d) Ensaio de descarga

Nesse ensaio, o capacitor é carregado em tensão contínua com valor duas vezes superior ao valor eficaz da tensão nominal e logo após descarregado de uma só vez.

e) Ensaio de tensão residual

Esse ensaio é realizado carregando-se o capacitor em tensão contínua com o valor correspondente ao valor eficaz da tensão alternada nominal, e logo em seguida desligado da fonte. Nesse caso, a tensão nos terminais do capacitor não deve ser superior a 50 V após 1 min para capacitores de até 660 V e após 5 min para capacitores de tensão nominal superior a 660 V.

f) Ensaio de ionização

Serve para comprovar o nível de ionização no dielétrico da célula capacitiva quando submetida a várias aplicações de tensão com tempos e valores diferentes. Dessa forma, pode-se determinar o nível de descargas parciais no referido dielétrico.

g) Ensaios de rádio-ruído

Destina-se a comprovar que, à frequência de 1 MHz, a tensão não deve exceder 250 μV.

h) Ensaio de rigidez dielétrica

A célula capacitiva é submetida às tensões mencionadas na NBR 5282 aplicadas entre terminais com a finalidade de verificar a rigidez do dielétrico.

13.14.2 Ensaios de rotina

Ensaios de rotina são aqueles que devem ser aplicados a todas as células durante a produção, para assegurar a qualidade de fabricação do equipamento. São eles:

a) Medição de capacitância e potência

Destina-se a comprovar os dados de placa quanto à capacitância e à potência nominal que é capaz de ser fornecida pelo equipamento.

b) Medição da tangente do ângulo de perdas

Para determinar as perdas internas da célula capacitiva.

c) Ensaio de tensão aplicada entre terminais

O capacitor deve suportar durante 10 s uma tensão contínua de $4,3 \times V_0$ e uma tensão alternada de $2,15 \times V_0$. V_0 é o valor da tensão eficaz entre terminais que produz o mesmo esforço dielétrico nos elementos do capacitor que a tensão nominal em funcionamento normal.

d) Ensaio de vazamento

Destina-se a comprovar, sob determinadas condições, a possibilidade de vazamento do líquido impregnante.

e) Ensaio do dispositivo de descarga

Serve para comprovar que esse dispositivo, durante 1 minuto após o desligamento do capacitor, proporciona uma tensão residual nos terminais da célula capacitiva não superior a 50 V.

13.14.3 Ensaios de recebimento

Antes do embarque, as células capacitivas são submetidas a todos os ensaios de rotina e mais um ensaio visual para verificação do estado geral do equipamento. São também verificadas as condições de embalagem e transporte.

13.15 ESPECIFICAÇÃO SUMÁRIA

No pedido de compra de um capacitor é necessário que constem, no mínimo, os seguintes dados:

- tensão nominal;
- potência nominal;
- número de fases (monofásico ou trifásico);
- frequência nominal;
- tensão suportável de impulso;
- categoria de temperatura;
- exigência ou não do dispositivo interno de descarga.

14 CHAVE DE ATERRAMENTO RÁPIDO

14.1 INTRODUÇÃO

A chave de aterramento rápido é um equipamento destinado à proteção de sistemas elétricos, a qual, quando sensibilizada pela ação de um relé, provoca o aterramento, em geral, de uma fase, fazendo atuar um disjuntor de retaguarda, normalmente localizado longe do ponto de instalação da referida chave.

A aplicação dessas chaves é mais aconselhável em subestações de potência que não requeiram maiores níveis de continuidade de serviço, pois a sua operação implica um desligamento completo do sistema a partir do disjuntor de retaguarda. Normalmente, as chaves de aterramento rápido são utilizadas em subestações das concessionárias que suprem áreas rurais ou pequenas vilas dotadas de cargas de pouca expressão.

As chaves de aterramento rápido podem ser fabricadas monofásicas ou trifásicas.

14.2 CARACTERÍSTICAS CONSTRUTIVAS

As chaves de aterramento rápido são equipamentos de construção robusta e constituídos basicamente de três partes.

a) Terminal

O terminal constitui a chave propriamente dita. Ao contato fixo do terminal está ligada uma das fases do sistema que deve ser aterrada por ocasião de um defeito. O contato móvel é constituído pela própria alavanca de aterramento que está ligada permanentemente à terra.

b) Coluna de isoladores

As chaves são dotadas de uma coluna de isoladores normalmente do tipo pedestal, cujas características elétricas são função do nível de tensão do sistema. As características elétricas e mecânicas dos isoladores serão estudadas no Capítulo 19.

c) Caixa de comando

Na base da chave está fixada a caixa de comando, em cujo interior se encontra todo o mecanismo operacional do equipamento, incluindo a parte mecânica propriamente dita, bem como os relés operacionais.

O funcionamento do mecanismo de operação da chave é simples. É dotado de uma bobina de disparo que está em série com um contato do relé de proteção, normalmente o relé diferencial. Quando essa bobina é energizada faz soltar a trava que retém a mola de fechamento, cuja força mecânica armazenada age diretamente sobre a alavanca de aterramento que leva à terra a fase correspondente ligada ao contato fixo do terminal da chave. A Figura 14.1 mostra uma chave de aterramento rápido caracterizando os seus diversos componentes.

14.3 CARACTERÍSTICAS ELÉTRICAS

Eletricamente, a chave é constituída de uma bobina de operação, conforme mostrado no esquema simplificado da Figura 14.2, que tem a função de comandar a operação de fechamento da chave.

Quando a chave está a serviço da proteção de um transformador, é utilizado o relé diferencial. Se a chave é instalada para *by-pass* da bobina de Petersen, ligada ao ponto neutro do transformador, conforme se mostra na Figura 14.4, deve-se utilizar o relé de sobrecorrente. Nesse caso a chave deve ser monopolar.

14.4 APLICAÇÃO

A aplicação típica e mais comum da chave de aterramento rápido é na proteção de transformadores de subestações de potência, classificada de acordo com os requisitos já mencionados, em que não seria economicamente viável a instalação de um disjuntor primário para a proteção do referido transformador.

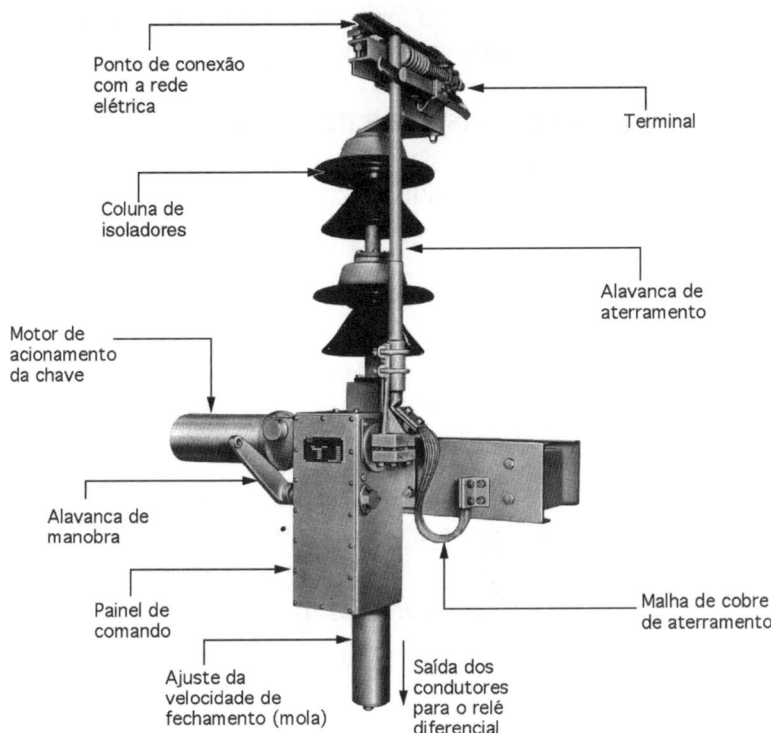

FIGURA 14.1 Chave de aterramento rápido.

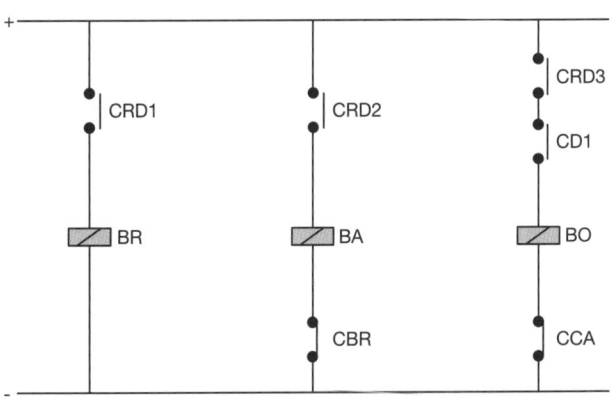

BR - Bobina do relé auxiliar de rearme; BO - Bobina de operação da chave de aterramento rápido; CRD1 - CRD2... - Contatos auxiliares do relé de diferencial; CBR - Contato auxiliar do relé de rearme; CCA - Contato auxiliar da chave de aterramento rápido; BA - Bobina de abertura do disjuntor; CD1 - Contato auxiliar do disjuntor

FIGURA 14.2 Diagrama elétrico básico da chave de aterramento rápido.

Para que se possa entender com maior nitidez a questão, basta analisar o esquema simplificado da Figura 14.3. Observa-se que a subestação de 5 MVA está na extremidade do sistema e a chave de aterramento rápido pode provocar o desligamento do disjuntor D, localizado na subestação da barra 3.

Quando ocorre um curto-circuito no barramento de 13,80 kV, o disjuntor A é o responsável pelo desligamento correspondente. Se o defeito é trifásico, muito provavelmente a corrente resultante não deve ter um valor suficiente para sensibilizar o relé do disjuntor D. Se o defeito é monopolar, a corrente de sequência zero circula apenas no secundário do transformador e nos enrolamentos primários ligados em delta, sendo ainda o disjuntor A o responsável pelo desligamento dos alimentadores. É bom lembrar que não se está aqui considerando a proteção de cada alimentador que pode ser feita por religadores ou chaves fusíveis. Para um defeito interno ao transformador de 5 MVA, o relé diferencial RD é sensibilizado fechando os seus contatos digitais CRD1, CRD2 e CRD3. O relé diferencial atua também sobre o disjuntor A, fechando o contato CD1, energizando a bobina de operação BO da chave de aterramento rápido. Observe que a operação da chave de aterramento rápido é precedida pela abertura do disjuntor A. O rearme da chave, isto é, o reposicionamento do mecanismo de aterramento, é feito normalmente por ação motorizada. Vale ressaltar que a corrente I_a, que vai sensibilizar o relé do disjuntor D, circula pelos demais disjuntores do sistema de 69 kV no percurso das barras 1 - 2 - 3, porém os respectivos ajustes devem estar coordenados não sendo, portanto, afetados.

Nessas condições, o transformador de 5 MVA está protegido pelo disparo do disjuntor de retaguarda D colocado, nesse caso, a 30 km de distância. Isso evita que se instale um disjuntor de proteção de 69 kV na subestação de 5 MVA, como ocorre nas demais, vistas na Figura 14.3, reduzindo substancialmente os custos do empreendimento.

Outra aplicação da chave de aterramento rápido é no *by-pass* da bobina de Petersen, também conhecida como bobina supressora de arco, que é ligada ao ponto neutro do transformador, conforme esquema simplificado da Figura 14.4.

A bobina de Petersen tem como objetivo reduzir a corrente de defeito fase e terra em linhas aéreas, evitando desligamentos decorrentes de faltas intermitentes. É constituída de uma bobina cuja reatância pode ser dimensionada para resultar uma corrente indutiva de mesmo valor da corrente capacitiva. Como as duas correntes fluem em sentidos opostos, a corrente se anula no ponto de defeito.

Quando a chave de aterramento rápido é aplicada para a proteção do transformador, associa-se a ela um relé direcional de corrente. Porém, se a chave é aplicada como *by-pass* da bobina de Petersen, como mostra a Figura 14.4, deve-se associar a ela um relé de sobrecorrente, função 50.

A Tabela 14.1 fornece as principais características elétricas da chave de aterramento rápido.

14.5 ENSAIOS E RECEBIMENTO

As chaves de aterramento rápido, cuja especificação técnica é dada pela NBR IEC62271-102 2006, devem ser ensaiadas pelo fabricante nas suas instalações na presença do inspetor do comprador.

Os ensaios devem constar, no mínimo, de:

- inspeção visual;
- operação manual da alavanca de aterramento;
- operação automática da alavanca de aterramento;
- pressão dos contatos do terminal;
- ensaio da coluna de isoladores conforme se descreve no Capítulo 19, naquilo que for pertinente;
- capacidade de corrente instantânea.

14.6 ESPECIFICAÇÃO SUMÁRIA

Para se adquirir uma chave de aterramento rápida, são necessárias, no mínimo, as seguintes informações:

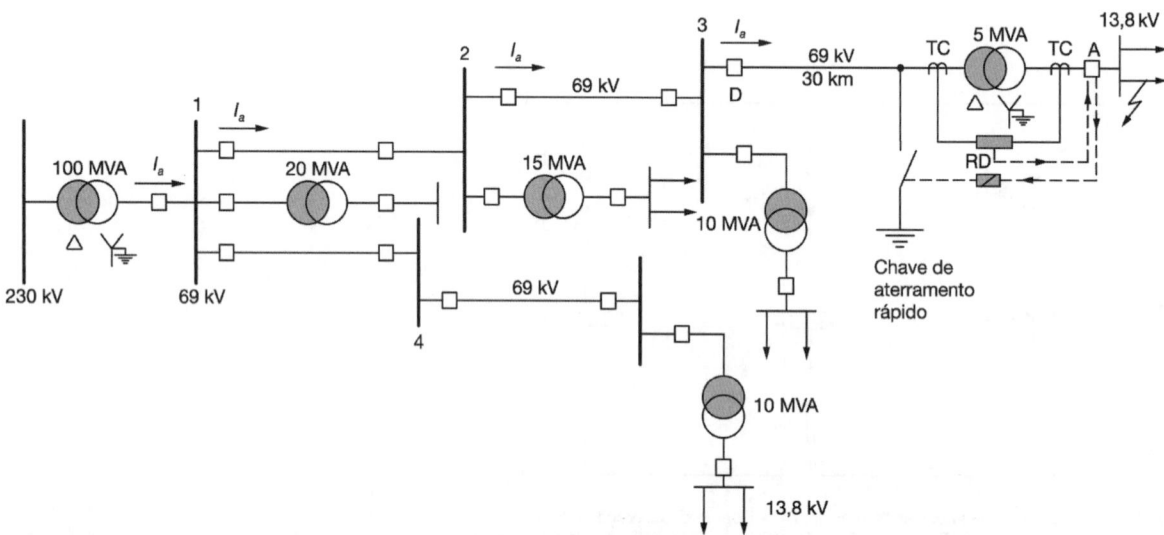

FIGURA 14.3 Sistema elétrico de transmissão e distribuição de energia elétrica.

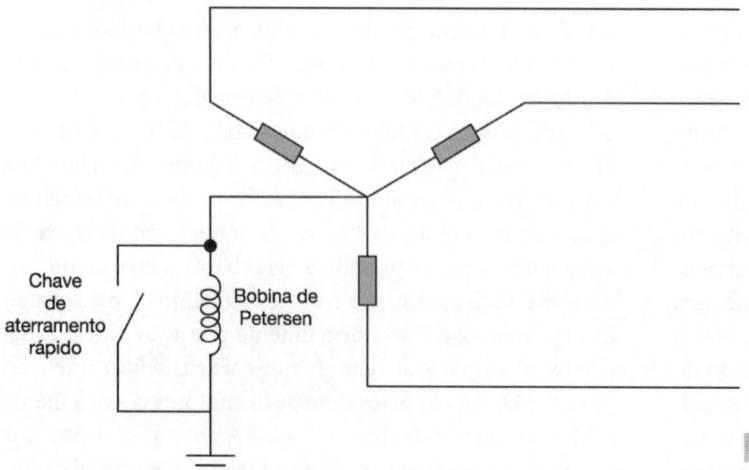

FIGURA 14.4 Aplicação da chave de aterramento rápido na bobina de Petersen.

- tensão nominal;
- corrente nominal de descarga;
- tensão suportável de impulso;
- número de polos.

TABELA 14.1 Características elétricas da chave SG-4

Tensão nominal	TSI	Capacidade de corrente instantânea
kV	kV	kA
38	200	10
38	200	20
72,5	350	10
72,5	350	20
145	550	10
145	550	20
145	550	10
145	550	20

15
RESISTORES DE ATERRAMENTO

15.1 INTRODUÇÃO

Quando projetamos uma instalação elétrica, somos obrigados a conhecer as correntes de curto-circuito desse sistema para podermos dimensionar e especificar os diversos equipamentos elétricos que ficarão sujeitos a danos pela severidade de suas consequências, causando interrupção das atividades, prejuízos financeiros e colocando em risco de morte as pessoas.

Nesse caso, para reduzir os custos e manter a integridade do patrimônio e a segurança das pessoas que utilizam aquela instalação, é necessário que se reduzam, para níveis aceitáveis, os valores das correntes de curto-circuito, notadamente aquelas relacionadas com os defeitos fase e terra. Para isso, podemos utilizar um equipamento de construção simples e de resultados compensadores: os resistores de aterramento.

Até poucas décadas atrás os resistores de aterramento de neutro, doravante denominados apenas resistores de aterramento, não estavam presentes em grande parte das concessionárias de distribuição de energia elétrica nacional, com exceção daquelas que distribuíam energia por meio de redes aéreas e principalmente de redes subterrâneas de média tensão, ou em empreendimentos industriais que necessitavam do controle das correntes de defeitos monopolares. Em ambos os casos, os resistores de aterramento visavam a eliminação de sobretensões transitórias durante as faltas fase e terra, notadamente se o sistema tinha características de neutro isolado (ver Tabela 15.1).

No entanto, com o advento das usinas geradoras eólicas e fotovoltaicas de médio e grande portes que utilizam cabos isolados em redes subterrâneas, as empresas foram obrigadas a utilizar os resistores de aterramento para poder reduzir as correntes de circuito fase e terra, permitindo especificar a seção quadrática da blindagem metálica dos cabos de média tensão, normalmente de 36 kV, a valores considerados seguros e econômicos.

Também é prática de projetos de sistemas elétricos industriais a utilização de resistores de aterramento, em que o número de defeitos fase e terra é superior a 80% do total das faltas. Muitas vezes, um defeito fase terra evolui para um defeito bifásico com terra ou simplesmente um defeito trifásico em função do arco provocado pela ionização do ar que circunda o circuito, notadamente em cabos isolados instalados em trifólio ou em situações similares. Nesses casos, a aplicação do resistor de aterramento faz reduzirem-se as sobretensões transitórias responsáveis por ruptura da isolação de equipamentos.

Para se dimensionar a resistência dos resistores de aterramento utilizados em sistemas de média tensão entre 15 e 36 kV, objetivo deste estudo, devem ser consideradas três premissas fundamentais:

- reduzir a corrente de curto-circuito fase e terra de forma a permitir uma seção de blindagem metálica dos cabos isolados entre 10 e 20 mm², a critério do projetista;
- manter os níveis de sobretensão das fases não atingidas pelo defeito monopolar a fim de evitar a disrupção dos para-raios existentes na rede do empreendimento localizada a jusante dos transformadores. Em redes novas, dimensionar os para-raios para suportarem os níveis de sobretensão das fases não atingidas envolvidas no defeito monopolar;
- reduzir a corrente de defeito de modo que possa sensibilizar as proteções de sobrecorrente de neutro;
- reduzir as tensões de passo e toque da malha de aterramento.

Os resistores de aterramento são sempre conectados no neutro do transformador de potência, conforme mostrado na Figura 15.1, que para isso deve ter suas bobinas secundárias ligadas em estrela com o ponto neutro acessível. Podem ser utilizados tanto no ponto neutro dos transformadores de média/baixas-tensões como no ponto neutro dos transformadores de alta/média tensões. Quando utilizados em baixa-tensão, de forma geral, podem ser fornecidos com correntes entre 1 e 200 A, e em média tensão com correntes nominais entre 10 e 3.000 A, conforme as necessidades do projeto.

Além disso, são frequentemente utilizados no ponto neutro dos geradores elétricos para exercer a mesma função que já definimos anteriormente.

Nos sistemas em estrela em que o neutro não é acessível e, portanto, isolado da terra, a corrente de defeito à terra é muito pequena, cujo valor depende das capacitâncias fase e terra do sistema, por meio das quais permitem circular essas correntes de defeito, ocorrendo, nesse caso, sobretensões transitórias que podem provocar a disrupção dos para-raios. Já nos sistemas solidamente aterrados, as correntes de defeito fase e terra podem assumir valores muito elevados com a formação de arcos elétricos.

Podem ser fornecidos sem monitoramento ou providos de um módulo de monitoramento permanente do resistor e de suas instalações, cujas principais informações sobre a operação dos resistores de aterramento são:

- indicação da tensão entre o ponto neutro-terra;
- supervisão de forma contínua da integridade das conexões neutro-resistores-malha de aterramento;
- indicação da corrente de defeito fase e terra;
- identificação do local da ocorrência da falta por meio de injeção de uma corrente cíclica acionada por um botão tipo *start-stop*.

Como o resistor de aterramento está sempre conectado no ponto neutro do transformador de potência ou do gerador, a tensão a que é submetido é de fase e neutro. Para um sistema de tensão nominal de 34,5 kV, a tensão do resistor de aterramento é de 20 kV.

A instalação de resistores de aterramento pode ocasionar alarmes falsos de falta à terra nos sistemas supervisórios em instalações industriais que possuem grande número de inversores de frequência para acionamento e controle de velocidade dos motores elétricos. Como se sabe, os inversores de frequência injetam correntes e tensões de alta frequência na rede à qual estão conectados, com valores superiores aos valores das tensões e frequências fundamentais. Para evitar distúrbios não somente no sistema supervisório, mas em outras partes do sistema, é necessária a instalação de filtros harmônicos.

No segmento industrial do petróleo, gás e mineração, em que a continuidade dos serviços é fundamental, são utilizados resistores de aterramento com elevada resistência elétrica, capaz de resistir a correntes muito baixas por tempo muito longo, até que seja estabelecido um prazo para que a equipe de manutenção possa entrar em serviço ou mesmo esperar a data da próxima manutenção programada. São denominados resistores de tempo alargado.

15.2 CURTO-CIRCUITO FASE E TERRA

As instalações elétricas, por mais seguras que sejam, estão sujeitas à perda de isolamento que se dá em uma das seguintes formas:

- entre as três fases: defeito trifásico;
- entre duas fases quaisquer: defeito fase-fase;
- entre duas quaisquer das fases e a terra: defeito entre fases e terra ou defeito bifásico com terra;
- entre qualquer uma das fases e a terra: defeito fase e terra, ou simplesmente defeito monopolar.

As correntes de curto-circuito fase e terra assumem uma importância muito grande na análise de um sistema elétrico, pois elas determinam os limites de tensão de passo e de toque no dimensionamento de uma malha de terra e, em alguns casos, quando o seu valor é superior à corrente trifásica de curto-circuito, é empregada para se dimensionar a capacidade de interrupção dos equipamentos e outras características técnicas.

As correntes de defeito fase e terra podem variar entre valores muito amplos, conforme as impedâncias envolvidas no processo do defeito, explicitadas, de forma simplória, na Figura 15.1, principalmente em sistemas de distribuição primária. O diagrama de conexão das impedâncias de um sistema de componentes de fase pode ser visto na Figura 1.24.

Entre as impedâncias mostradas, a que se apresenta com maior dificuldade de determinação é a resistência de contato. Como depende de muitos fatores, como a resistividade do solo no local de contato do condutor defeituoso, o cálculo da corrente de curto-circuito fase e terra torna-se bastante complexo.

Muitas vezes, é necessário calcular o valor da corrente de curto-circuito admitindo-se nulos os valores da resistência de contato R_{uc} e da resistência da malha de terra R_{um}. Nessa condição, a corrente de curto-circuito fase e terra assume o seu valor máximo, sendo algumas vezes superior à própria corrente trifásica de curto-circuito. Isso pode ser verdade caso se admita um defeito fase e terra nos terminais secundários do transformador da subestação, em que o condutor fase entra em contato com o condutor de aterramento que liga o tanque do transformador à malha de terra do sistema.

Para se reduzir a grandeza da corrente de curto-circuito monopolar, quando ela assume valores elevados, pode-se inserir no condutor que liga o ponto neutro do transformador de força à malha de terra uma impedância Z_{ua}, chamada impedância de aterramento, que pode ser simplesmente um resistor, uma reatância ou um conjunto de resistores associado a uma reatância.

Neste capítulo, se tratará somente da aplicação do resistor de aterramento, por ser o procedimento mais utilizado nos sistemas elétricos de média tensão com o ponto neutro aterrado. Nos sistemas isolados, isto é, em triângulo, pode-se obter referência à terra por meio do transformador de aterramento em zigue-zague.

Cabe aqui ressaltar que o resistor de aterramento pode ser também inserido no neutro dos geradores, da mesma forma como se faz com os transformadores.

Para que se possa determinar o valor do resistor de aterramento compatível com as características do sistema elétrico, é necessário conhecer os valores trifásicos e de fase e terra das correntes de curto-circuito, cujo processo de cálculo pode ser visto no livro do autor *Instalações Elétricas Industriais*, 10ª edição, Rio de Janeiro, LTC, 2023. No caso da corrente simétrica de curto-circuito trifásica, o seu valor pode ser dado pela Equação (15.1):

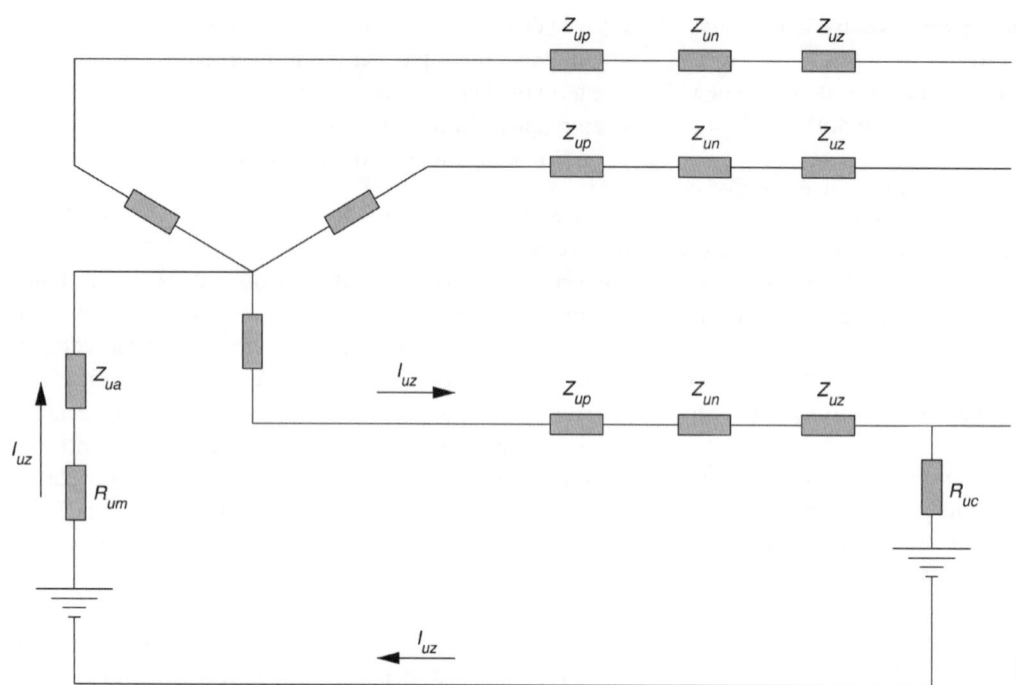

FIGURA 15.1 Diagrama elétrico elementar representando as impedâncias de um sistema elétrico.

Z_{up} - Impedância unitária de sequência positiva do sistema; Z_{un} - Impedância unitária de sequência negativa do sistema; Z_{uz} - Impedância unitária de sequência zero do sistema; R_{uc} - Resistência unitária de contato com a terra; R_{um} - Resistência unitária da malha de terra; Z_{ua} - Impedância unitária de aterramento (resistor, reator ou impedância); I_{uz} - corrente defeito de sequência zero

$$\vec{I}_{upt} = \frac{1}{\sum \vec{Z}_{up}} \quad (15.1)$$

$\Sigma \vec{Z}_{up}$ – impedância total de sequência positiva, compreendendo todos os valores de resistência e reatância desde a fonte de suprimento até o ponto de defeito, em pu.

Já a Equação (15.2) fornece o valor mínimo da corrente de sequência zero de curto-circuito, ou seja:

$$\vec{I}_{uz} = \frac{3}{2 \times \vec{Z}_{up} + \vec{Z}_{uzt} + \vec{Z}_{uzc} + 3 \times \left(R_{uc} + R_{ua} + R_{um}\right)} \quad (15.2)$$

Z_{up} – impedância de sequência positiva do sistema, correspondente aos cabos, barramentos, reatores de fase e transformadores de potência, em pu;
Z_{uzt} – impedância sequência zero do transformador de potência, normalmente igual à sua impedância de sequência positiva, que praticamente tem o mesmo valor da impedância de sequência negativa, em pu;
Z_{uzc} – impedância sequência zero dos cabos, em pu;
R_{uc} – resistência de contato com o solo, em pu;

R_{ua} – resistência do resistor de aterramento, em pu;
R_{um} – resistência da malha de aterramento, em pu.

Para se obter o valor máximo da corrente de defeito monopolar, em pu, pode-se aplicar a Equação (15.3), em que $R_{uc} = R_{ua} = R_{um} = 0$, ou seja:

$$\vec{I}_{uz} = \frac{3}{2 \times \vec{Z}_{up} + \vec{Z}_{uzt} + \vec{Z}_{uzc}} \quad (15.3)$$

De acordo com o tipo de conexão do neutro à terra, os sistemas apresentam comportamentos diferentes quando submetidos a um defeito monopolar. O Capítulo 1 trata do assunto.

Como o dimensionamento dos equipamentos, no que concerne à capacidade de interrupção, corrente térmica, corrente dinâmica etc., tem sido feito com base no valor da corrente de curto-circuito trifásica do sistema, é necessário, em alguns casos, limitar o valor da corrente de defeito monopolar quando sua grandeza ultrapassar o valor da corrente trifásica.

Normalmente, procura-se manter a relação entre o valor da corrente de defeito fase e terra, I_{ft}, e a corrente trifásica, I_{cs}, igual ou inferior à unidade.

TABELA 15.1 Relações entre I_{ft}/I_{cs} e X_{uz}/X_{up}

Relações	Valores das relações						
$K_1 = I_{ft}/I_{cs}$	0,05	0,10	0,25	0,60	1,00	1,33	1,43
$K_2 = X_{uz}/X_{up}$	58,00	28,00	10,00	3,00	1,00	0,25	0,10

Com base nesses argumentos e tomando-se a relação X_{uz}/X_{up} podem-se classificar os sistemas quanto à natureza do aterramento, de acordo com a Tabela 15.1, em:

a) Sistemas com neutro efetivamente aterrado

São aqueles em $K_1 \leq 0,6$ e, consequentemente, $K_2 \geq 3,0$.

b) Sistemas com neutro não efetivamente aterrado

São aqueles em que $0,05 \leq K_1 < 0,6$ e $58 \geq K_2 > 3$. Normalmente são sistemas aterrados sob o efeito de uma impedância.

c) Sistemas com neutro isolado

São aqueles em que $K_1 < 0,05$ e, consequentemente, $K_2 > 58$. Normalmente, são sistemas aterrados sob uma impedância muito elevada.

Desde que sejam satisfeitos os requisitos da proteção, tem sido utilizado com maior frequência o valor de K_1 entre 0,20 e 0,40.

15.3 CARACTERÍSTICAS CONSTRUTIVAS

Os resistores de aterramento são constituídos de um armário metálico em cujo interior está montado um conjunto de resistores fixados sobre isoladores.

O elemento dos resistores pode ser fabricado em liga de níquel-cromo, aço inoxidável AISI 304 ou, ainda, em ferro fundido com uma proteção externa, formada por uma camada de liga de alumínio resistente a temperaturas elevadas. Isso lhe confere uma excelente proteção contra a corrosão, permitindo que esses resistores sejam empregados em áreas de grande agressividade atmosférica, como distritos industriais ou zonas marítimas.

A Figura 15.2 mostra o aspecto externo/interno de um resistor de aterramento para uso interno. Já a Figura 15.3 apresenta um resistor de aterramento instalado em uma subestação de 69/13,8 kV, uso ao tempo, constituído de duas seções. Existem diferentes tipos construtivos de resistores de aterramento adequados às condições construtivas da subestação.

Quando ocorre um curto-circuito fase e terra no sistema, a corrente de defeito circula pelos resistores provocando um aquecimento elevado e aumentado em cerca de 20% o valor da resistência ôhmica, o que pode ocasionar alguma influência no desempenho do sistema de proteção, no caso de religamento.

Alguns modelos de resistores de aterramento agregam um transformador de corrente para proteção, cuja especificação deve ser compatível com as características do sistema. A Figura 15.4 mostra o detalhe de instalação e conexão do transformador de corrente para fins de proteção.

A construção dos resistores de aterramento pode ser feita para instalação abrigada ou ao tempo. Se o resistor é para instalação abrigada, o armário pode ser construído com telas metálicas laterais e barreiras de segurança. Caso contrário, quando em instalações ao tempo, o armário deve ter grau de proteção compatível, ou no mínimo IP65.

15.4 CARACTERÍSTICAS ELÉTRICAS

Os parâmetros elétricos que caracterizam os resistores de aterramento estão descritos a seguir.

15.4.1 Tensão nominal

É a tensão de neutro do sistema no qual o resistor irá operar.

15.4.2 Corrente nominal

É o valor da corrente que o resistor de aterramento é capaz de conduzir operando dentro das suas condições nominais de tensão e frequência.

Há uma variedade de correntes nominais de resistores de aterramento fornecidos pelo mercado, indo de 10 a 3.000 A, para aplicações em média tensão. O IEEE C62.92.3 recomenda a utilização de resistores de aterramento com valores de correntes limitadoras entre 200 e 400 A para sistemas de média tensão.

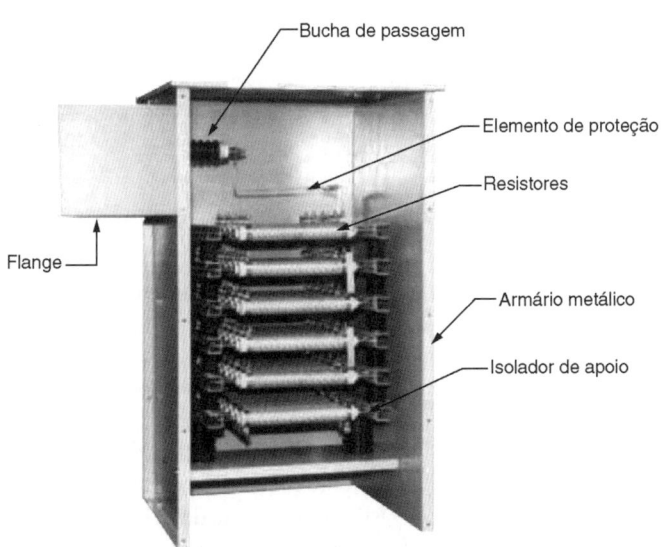

FIGURA 15.2 Resistor de aterramento para instalação abrigada e ao tempo.

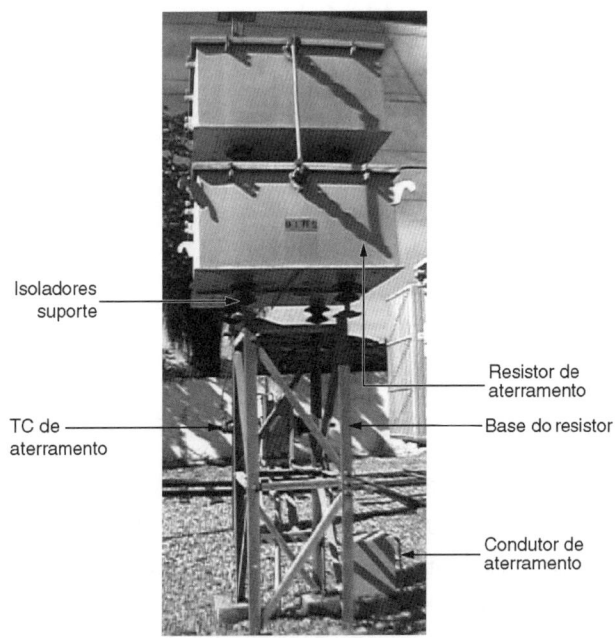

FIGURA 15.3 Resistor de aterramento instalado em subestação ao tempo.

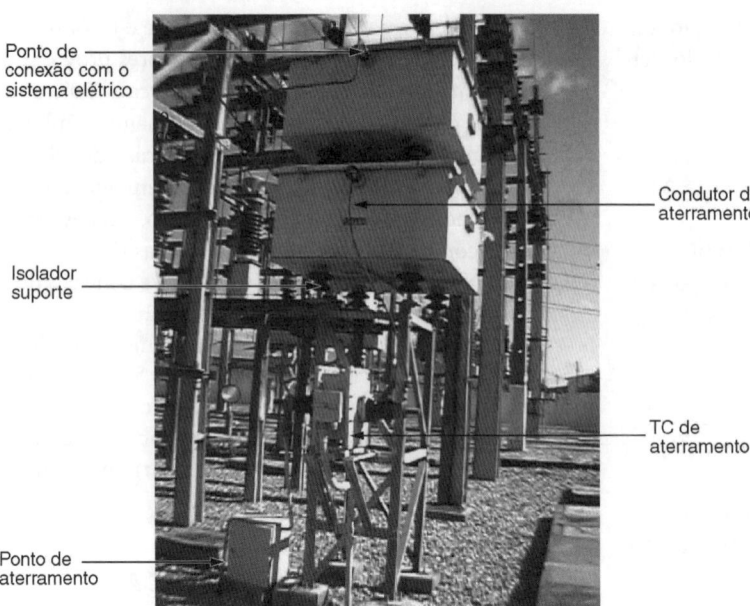

FIGURA 15.4 Detalhe da instalação de um resistor de aterramento em uma subestação ao tempo.

15.4.3 Tempo de operação

Os tempos suportáveis de operação dos resistores variam de acordo com o tipo do material empregado na fabricação das resistências ôhmicas e com o valor da corrente de defeito monopolar. Por norma, os tempos padronizados são de 10 s, 30 s, 60 s, 10 min e regime contínuo. Considerando a natureza do material da resistência, tem-se:

- aço inoxidável: 2.000 A em 10 s;
- níquel-cromo: 2.000 A em 10 s;
- ferro fundido: 5.000 A em 10 s.

O tempo de operação mais comum é o de 10 s, utilizado por grande parte das concessionárias de energia elétrica.

15.4.4 Temperatura

O limite de temperatura admitido para os resistores também é em função da natureza do material do resistor. A elevação de temperatura nesses casos vale:

a) Ferro fundido
- Regime contínuo: 385 °C.
- Até 10 min: 460 °C.

b) Aço inoxidável
- Regime contínuo: 610 °C.
- Até 10 min: 760 °C.

15.5 DETERMINAÇÃO DA CORRENTE DOS RESISTORES DE ATERRAMENTO

Os resistores de aterramento limitam as correntes de curto-circuito monopolar a valores que podem variar na prática entre 5 e 60% do valor da corrente de curto-circuito trifásica, conforme se deseja.

Existem dois tipos de resistores de aterramento:

- Resistores de aterramento de resistência muito elevada

São aqueles que limitam a corrente de defeito fase e terra a valores iguais ou inferiores a 10 A. Caracterizam-se pela probabilidade praticamente nula de evolução da corrente de defeito monopolar para defeito entre fases e por não provocar arco elétrico no ponto de defeito. Deixam o sistema elétrico com características próximas ao sistema de neutro isolado, ensejando sobretensões transitórias que podem provocar a disrupção dos para-raios e rompimento de isolações não autorregenerativas. São resistores empregados praticamente em sistemas com tensão igual ou inferior a 1 kV.

- Resistores de aterramento de baixa resistência ôhmica

São aqueles que limitam a corrente de defeito fase e terra a valores superiores a 10 A aplicados em sistemas cuja tensão entre fases seja igual ou superior a 15 kV. Para esse nível de tensão, não há um critério técnico definido com relação ao valor da corrente que mantém o arco ativo no momento do defeito. Assim, quanto menor for o valor da resistência ôhmica do resistor de aterramento, maior será a corrente limitada. Nesse caso, o sistema se aproxima da característica de sistema solidamente aterrado, podendo, durante um evento, ocorrer o arco elétrico que provoque danos nos componentes do sistema.

O valor da resistência ôhmica do resistor de aterramento para sistemas de média tensão é aquele que cumpre as seguintes condições:

- a corrente de defeito monopolar resultante da instalação do resistor de aterramento deve ser suficientemente capaz de acionar os dispositivos de proteção;
- evitar o surgimento de sobretensões transitórias no sistema que possam danificar os equipamentos a ele conectados. Para isso, o valor da corrente limitada deve igual ou superior ao valor da corrente capacitiva do sistema quando este assumir características de sistema de neutro isolado, o que ocorre se o valor da resistência do resistor de aterramento, R_{at}, for muito elevado, conforme mostrado na Figura 15.5. Para sistemas de média tensão, não é possível

definir previamente uma corrente capacitiva que possa anular as sobretensões transitórias. Isso se deve ao fato de que, para se obter as capacitâncias do sistema, é necessário determinar as capacitâncias de todos os equipamentos (banco de capacitores, transformadores, geradores e motores elétricos) e cabos isolados, principalmente, conectados a esse sistema. As capacitâncias dos cabos de média tensão são relativamente fáceis de serem conhecidas, pois os fabricantes, em geral, fornecem nos seus catálogos técnicos. Porém, as capacitâncias dos equipamentos são de difícil acesso devido à falta de informação dos manuais técnicos desses equipamentos. A forma de dimensionar melhor o resistor de aterramento é atribuir a sua corrente nominal em um valor pouco superior às correntes capacitivas;

- a corrente de defeito monopolar deve ser suficientemente reduzida a fim de que os esforços térmicos e dinâmicos sejam compatíveis com os valores nominais dos equipamentos em operação no sistema.

Com base nessas premissas, o valor do resistor de aterramento pode ser dado pela Equação (15.4):

$$R_t = \frac{V_{ft}}{I_{ft}} \qquad (15.4)$$

V_{ft} – tensão nominal de neutro do sistema, em V;
I_{ft} – corrente de curto-circuito fase e terra necessária para atender aos requisitos da proteção e da capacidade dos equipamentos.

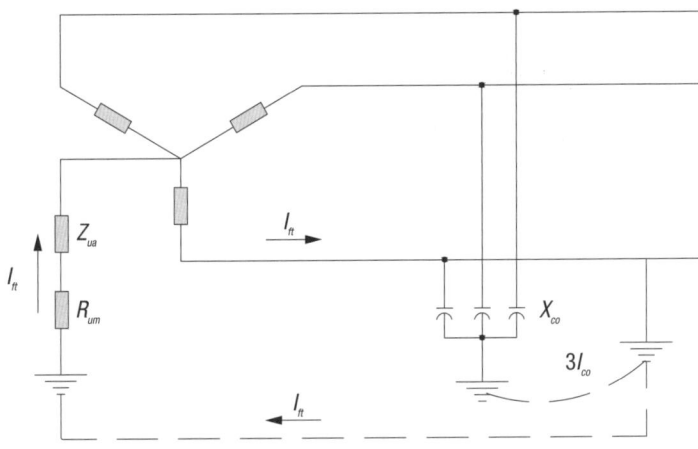

R_{ua} – resistor de aterramento
R_{um} – resistência unitária da malha de terra
I_{ft} – corrente de defeito fase-terra

FIGURA 15.5 Diagrama elétrico para a condição de defeito fase e terra.

EXEMPLO DE APLICAÇÃO (15.1)

Dimensione o resistor de aterramento da subestação de potência de 20 MVA/69-13,8 kV, cujo diagrama simplificado está apresentado na Figura 15.6. As impedâncias de sequências positiva e negativa equivalentes do sistema valem $(0 + j0,80)$ pu na base da potência nominal do transformador da subestação. Considere que o defeito fase e terra se dá nos terminais secundários do transformador. Analise os efeitos decorrentes sobre os para-raios instalados nas proximidades da mesma subestação.

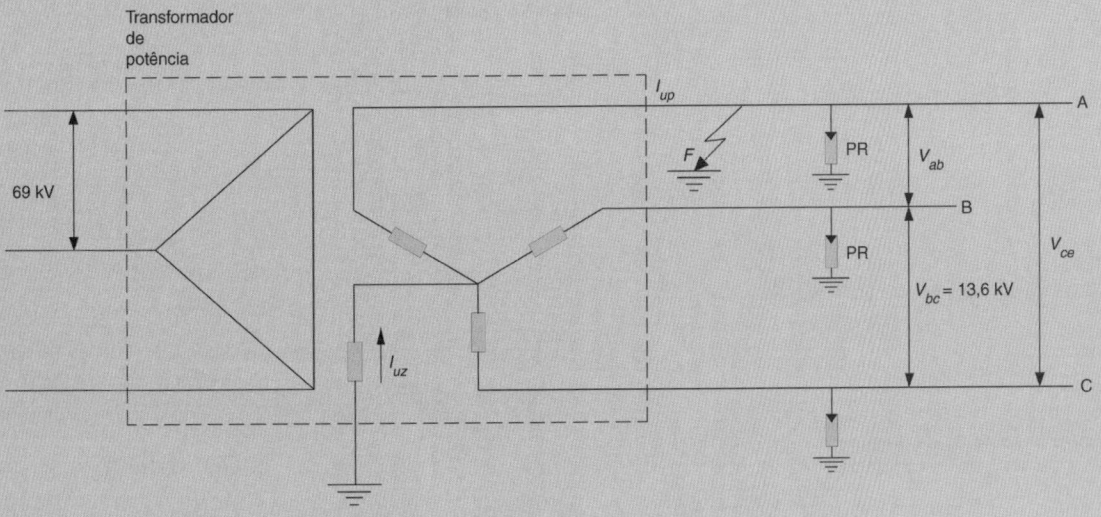

FIGURA 15.6 Diagrama elétrico do sistema.

a) Dados do sistema
- Tensão nominal primária: 69 kV.
- Tensão nominal secundária: 13,8 kV.

b) Dados do transformador (Capítulo 12)
- Potência do transformador: 20 MVA.
- Tape de ligação primária: 72,6 kV.
- Impedância a 100% da carga em 72,6 kV: 6,98%.
- Perdas no cobre a 75 °C a 72,6 kV: 65.993 W.
- Tensões nominais do transformador: 69/13,8 kV.

c) Dados de base
- Tensão: 13,80 kV.
- Potência: 20.000 kVA.

d) Impedância equivalente do sistema de suprimento

$$\vec{Z}_{us} = 0 + jX_{us} = j0,018 \; pu$$

e) Impedância do transformador de 20 MVA
- Resistência

$$R_{ut} = \frac{P_{cu}}{10 \times P_{nt}} = \frac{65.993}{10 \times 20.000} = 0,33\% = 0,0033 \; pu \text{ (nas bases de 72,7 kV e 20 MVA)}$$

$$P_{cu} = 65.993 \; W \text{ (perdas no cobre)}$$

- Reatância

Mudando-se os valores para as bases adotadas, tem-se:

$$Z_{ut} = Z_u \times \left[\frac{P_b}{P_{nt}}\right] \times \left[\frac{\frac{V_{prz}}{V_{srz}}}{\frac{V_{nptr}}{V_{nstr}}}\right]^2$$

Z_u = 6,98% = 0,0698 pu (na base de 72,6 kV e 20 MVA);
V_{prz} = 72,6 kV (tensão primária a que se refere Z_u);
V_{srz} = 13,8 kV (tensão secundária a que se refere Z_u);
V_{nptr} = 69 kV (tensão nominal primária);
V_{nstr} = 13,8 kV (tensão nominal secundária).

$$Z_{ut} = 0,0698 \times \left[\frac{20.000}{20.000}\right] \times \left[\frac{\frac{72,6}{13,8}}{\frac{69}{13,8}}\right]^2$$

Z_{ut} = 0,077 pu (nas bases de 69 kV e 20 MVA)

$$R_{ut} = 0,0033 \times \left[\frac{20.000}{20.000}\right] \times \left[\frac{\frac{72,6}{13,8}}{\frac{69}{13,8}}\right]^2$$

R_{ut} = 0,0036 pu nas bases de 69 kV e 20 MVA

$$X_{ut} = \sqrt{Z_{ut}^2 - R_{ut}^2} = \sqrt{0,077^2 - 0,0036^2} = 0,0769 \; pu$$

$$\vec{Z}_{ut} = R_{ut} + jX_{ut} = 0,0036 + j0,0769 \; pu$$

f) Impedância até o ponto de defeito F

$$\sum \vec{Z}_{up} = \vec{Z}_{us} + \vec{Z}_{ut} = j0,018 + 0,0036 + j0,0769$$

$$\sum \vec{Z}_{ut} = 0{,}0036 + j0{,}0949 \text{ pu}$$

g) Corrente simétrica de curto-circuito trifásica

De acordo com a Equação (15.1), tem-se:

$$\vec{I}_{ups} = \frac{1}{\sum \vec{Z}_{up}} = \frac{1}{0{,}0036 + j0{,}0949} = \frac{1}{0{,}094 \angle 87{,}8°}$$

$$\vec{I}_{ups} = 10{,}63 \angle -87{,}8° \text{ pu}$$

A corrente básica vale:

$$I_b = \frac{20.000}{\sqrt{3} \times 13{,}8} = 836{,}7 \text{ A}$$

Logo, a corrente trifásica de curto-circuito em ampères vale:

$$I_{cs} = I_b \times I_{ups} = 10{,}63 \times 836{,}7 = 8.894{,}1 \text{ A}$$

h) Corrente simétrica de curto-circuito fase e terra

Para um defeito franco, e de acordo com a Equação (15.3), tem-se:

$$\vec{I}_{uft} = \frac{3}{2 \times \vec{Z}_{up} + \vec{Z}_{uzt} + \vec{Z}_{uzc}}$$

$$\vec{Z}_{up} = 0{,}0036 + j0{,}0949 \text{ pu}$$

$$\vec{Z}_{un} = Z_{up}$$

$$\vec{Z}_{un} = 0{,}0036 + j0{,}0949 \text{ pu}$$

$$\vec{Z}_{uzt} = 0{,}0036 + j0{,}0769 \text{ pu}$$

$Z_{uzc} = 0$ (não existe condutor a considerar, já que o defeito é nos terminais secundários do transformador).

Condições adotadas:
- para a impedância do sistema até o ponto de alimentação do transformador, admite-se ter o mesmo valor tanto para a impedância de sequência positiva (Z_{up}) quanto para a impedância de sequência negativa (Z_{un});
- os valores das impedâncias de sequência positiva, negativa e zero do transformador são iguais.

$$\vec{I}_{uft} = \frac{3}{2 \times (0{,}0036 + j0{,}0949) + (0{,}0036 + j0{,}0769)}$$

$$\vec{I}_{uft} = \frac{3}{0{,}0108 + j0{,}2667} = \frac{3}{0{,}2669 \angle 87{,}7°} \text{ pu}$$

$$\vec{I}_{uft} = 11{,}24 \angle -87{,}7° \text{ pu}$$

Logo, a corrente de curto-circuito de defeito monopolar vale:

$$I_{ft} = 11{,}24 \times 836{,}7 = 9.404{,}5 \text{ A}$$

Como se observa: $I_{ft} > I_{cs}$

i) Resistor de aterramento

Para se limitar o valor da corrente de curto-circuito monopolar a 20% do valor da corrente trifásica, a resistência ôhmica do resistor de aterramento deve valer:

$$I_{ft}/I_{cs} = 0{,}20$$

$$I_{ft} = 0{,}20 \times 8.894{,}1 = 1.778 \text{ A}$$

De acordo com a Equação (15.4), tem-se:

$$R_a = \frac{V_{ft}}{I_{ft}} = \frac{13.800/\sqrt{3}}{1.778} = 4,48 \ \Omega$$

Considerando-se R_a nos valores de base, tem-se:

$$R_{ua} = R_a \times \left[\frac{P_b}{1.000 \times V_b^2}\right] = 4,48 \times \left[\frac{20.000}{1.000 \times 13,8^2}\right]$$

$$R_{ua} = 0,47 \ pu$$

$$\vec{I}_{uft} = \frac{3}{2 \times (0,0036 + j0,0949) + (0,0036 + j0,0769) + 3 \times 0,47}$$

$$\vec{I}_{uft} = \frac{3}{1,4208 + j0,2667} = \frac{3}{1,445 \ \angle 10,6°} = 2,076 \ \angle -10,6° \ pu$$

Para comprovação de resultado, tem-se:

$$\vec{I}_{uft} = 836,7 \times 2,076 = 1.737 \cong 1.778 \ A$$

j) Cálculo das tensões resultantes

Será considerado que A é a fase defeituosa no esquema da Figura 15.6. Serão aplicadas as equações discutidas no Capítulo 1 referentes ao cálculo de sistemas elétricos através de componentes simétricas.
 • Correntes de sequência

$$\vec{I}_{uz} = \frac{1}{\vec{Z}_{ut}}$$

$$\vec{Z}_{ut} = 2 \times (0,0036 + j0,0949) + (0,0036 + j0,0769) + 3 \times 0,47$$

$$\vec{Z}_{ut} = 1,4208 + j0,2667 = 1,445 \ \angle 10,6° \ pu$$

$$\vec{I}_{uz} = \frac{1}{1,445 \ \angle 10,6°} = 0,6920 \ \angle -10,6° = 0,6801 - j0,1273 \ pu$$

$$\vec{I}_{up} = \vec{I}_{un} = \vec{I}_{uz} = 0,6801 - j0,1273 \ pu$$

 • Impedância de sequência zero com o resistor

$$\vec{Z}_{uz} = 0,0036 + j0,0769 + 3 \times 0,47$$

$$\vec{Z}_{uz} = 1,4136 + j0,0769 \ pu$$

 • Tensão de sequência positiva
  De acordo com o Capítulo 1, tem-se:

$$\vec{V}_{up} = \vec{V}_{uf} - \vec{Z}_{up} \times \vec{I}_{up}$$

$$\vec{V}_{uf} = 1 + j0 \ \text{(valor de referência, ou: } 13,80 + j0 \ kV)$$

$$\vec{V}_{up} = 1 + j0 - (0,0036 + j0,0949) \times (0,6801 - j0,1273)$$

$$\vec{V}_{up} = 1 - (0,01453 + j0,0640) = 0,9854 - j0,0640 \ pu$$

 • Tensões de sequência negativa
  De acordo com o Capítulo 1, tem-se:

$$\vec{V}_{un} = -\vec{Z}_{un} \times I_{un}$$

$$\vec{I}_{un} = I_{up}$$

$$\vec{V}_{un} = -(0,0036 + j0,0949) \times (0,6801 - j0,1273)$$

$$\vec{V}_{un} = -0,01453 - j0,0640 \; pu$$

- Tensões de sequência zero

De acordo com o Capítulo 1, tem-se:

$$\vec{V}_{uz} = -\vec{Z}_{uz} \times \vec{I}_{uz}$$

$$\vec{V}_{uz} = -(1,4136 + j0,0769) \times (0,6801 - j0,1273)$$

$$\vec{V}_{uz} = -0,9711 + j0,1276 \; pu$$

- Tensões de fase (Figura 15.6)

De acordo com o Capítulo 1, tem-se:

$$\vec{V}_{na} = 0 \; \text{(fase com defeito)}$$

$$\vec{V}_{nb} = a^2 \vec{V}_{up} + a\vec{V}_{un} + \vec{V}_{uz}$$

$$\vec{V}_{nb} = (-0,5 - j0,866) \times (0,9854 - j0,0640) + (-0,5 + j0,866) \times (-0,01453 - j0,0640) + (-0,9711 + j0,1276)$$

$$\vec{V}_{nb} = -0,5481 - j0,8213 + 0,0626 + j0,0194 - 0,9711 + j0,1276$$

$$\vec{V}_{nb} = -1,4566 - j0,6743 = 1,6051 \angle 24,8° \; pu$$

$$\vec{V}_{nb} = \frac{13.800}{\sqrt{3}} \times 1,6051 = 12.788 = 12,7 \; kV$$

$$\vec{V}_{nc} = a\vec{V}_{up} + a^2 \vec{V}_{un} + \vec{V}_{uz}$$

$$\vec{V}_{nc} = (-0,5 + j0,866) \times (0,9854 - j0,0640) + (-0,5 - j0,866) \times (-0,01453 - j0,0640) + (-0,9711 + j0,1276)$$

$$\vec{V}_{nc} = -0,4372 + j0,8853 - 0,0481 + j0,0445 - 0,9711 + j0,1276$$

$$\vec{V}_{nc} = -1,4566 + j1,0574 = 1,7999 \angle -35,9° \; pu$$

Veja o diagrama das tensões na Figura 15.7.

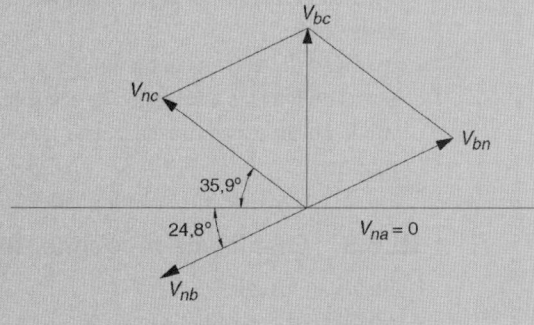

FIGURA 15.7 Diagrama elétrico das tensões.

$$\vec{V}_{nc} = \frac{13.800}{\sqrt{3}} \times 1,7999 = 14.340 \; V = 14,3 \; kV$$

- Tensões de linha A – B, B – C e C – A

$$\vec{V}_{ab} = \vec{V}_{na} + \vec{V}_{nb} = \vec{V}_{nb} + \vec{V}_{an}$$

$$\vec{V}_{an} = -V_{na} = 0$$

$$\vec{V}_{ab} = -1,4566 - j0,6743 = 1,6051 \angle 24,8° \; pu$$

$$V_{ab} = \frac{13.800}{\sqrt{3}} \times 1,6051 = 12.788 = 12,7 \; kV$$

$$\vec{V}_{bc} = \vec{V}_{nc} + \vec{V}_{nb} = \vec{V}_{nc} + \vec{V}_{bn}$$

$$\vec{V}_{bn} = -\vec{V}_{nb}$$

$$\vec{V}_{bc} = -1,4566 + j1,0574 - (-1,4566 - j0,6743)$$

$$\vec{V}_{bc} = 0 + j1,7317 = 1,7317 \angle 90° \; pu$$

$$\vec{V}_{bc} = \frac{13.800}{\sqrt{3}} \times 1,7317 = 13.797 \; V = 13,7 \; kV$$

$$\vec{V}_{ca} = \vec{V}_{na} + \vec{V}_{nc} = \vec{V}_{na} + \vec{V}_{cn}$$

$$\vec{V}_{cn} = -\vec{V}_{nc}$$

$$\vec{V}_{ca} = 0 - (-1,4566 + j1,0574) = 1,4566 - j1,0574 \; pu$$

$$\vec{V}_{ca} = 1,7999 \angle -35,9° \; pu$$

$$V_{ca} = \frac{13.800}{\sqrt{3}} \times 1,7999 = 14.340 \; V = 14,3 \; kV$$

Pode-se observar que:

- a tensão de fase $V_{nb} = 12,7$ kV é superior à tensão nominal do para-raios, que é de 12 kV; logo, deve-se alterar a tensão nominal do para-raios para 15 kV;
- a tensão de linha C – A é a maior alcançada no sistema, isto é, $V_{ca} = 14,3$ kV;
- a tensão de linha C – A difere em módulo e ângulo da tensão de linha A – B, isto é, $V_{ab} = 12,7$ kV e $V_{ca} = 14,3$ kV.

15.6 ENSAIOS

Os resistores de aterramento são fabricados e inspecionados por normas internacionais, tais como:

- IEEE-32 (Standard for Requirements, Terminology, and Test Procedures for Neutral Grounding Devices);
- IEC 60137 e 60273;
- IEC 60071;
- IEC 60060;
- IEC 60529;
- EN ISO 1461 (norma europeia);
- EN 10346.

15.6.1 Ensaios de tipo

Também conhecidos como ensaios de protótipo, destinam-se a verificar se determinado tipo ou modelo de resistor de aterramento é capaz de funcionar satisfatoriamente nas seguintes condições especificadas:

- teste de aumento de temperatura;
- teste de nível de proteção do gabinete;
- teste de impulso (1,2 / 50 μs).

15.6.2 Ensaios de rotina

Destinam-se a verificar a qualidade e uniformidade da mão de obra e dos materiais empregados na fabricação dos resistores de aterramento. São os seguintes:

- medição da resistência do isolamento entre o gabinete e a resistência;
- medição da resistência em DC;
- testes dielétricos em blocos de resistência;
- medição da espessura da galvanização e/ou da espessura da tinta.

15.6.3 Ensaios de recebimento

- Inspeção visual.
- Medição da resistência em CA.

15.6.4 Ensaios especiais

São os ensaios solicitados pelo interessado do projeto.

- Teste sísmico.
- Teste de Resistência ao Isolamento (*Megger*).

15.7 ESPECIFICAÇÃO SUMÁRIA

A aquisição de um resistor de aterramento requer, no mínimo, as seguintes informações:

- tensão nominal (fase-neutro);
- tensão de operacional;
- corrente nominal;
- tempo máximo de funcionamento, em s;
- regime de serviço;
- material do resistor;
- valor ôhmico do resistor;
- características técnicas do transformador de corrente;
- limite de temperatura admitido;
- localização da entrada por meio de buchas ou entrada por meio de cabo;
- temperatura ambiente;
- natureza do resistor: aço inoxidável, Cr-Ni ou Cr-Al;
- grau de proteção.

16
REGULADORES DE TENSÃO

16.1 INTRODUÇÃO

Os alimentadores de distribuição são projetados a partir do valor da carga máxima a ser alcançada ao longo do planejamento para a sua área de atuação. A partir desse dado são definidos os condutores do alimentador principal e dos seus ramais correspondentes, respeitando os princípios da máxima corrente da carga e da máxima queda de tensão admitida para o projeto, normalmente entre 5 e 7%.

Para dar sobrevida ao projeto quando os limites inferior e superior da tensão superam os valores definidos pelos Procedimentos da Distribuição (PRODIST), caracterizados por um conjunto de procedimentos de projeto e de operação, faz-se necessário aplicar equipamentos de regulação na derivação do alimentador na barra de média tensão da subestação de distribuição, bem como ao longo do seu percurso. Existem várias formas de corrigir o valor da tensão nos terminais da carga de modo a satisfazer os limites de tensão anteriormente referidos.

- Instalação de um banco de capacitores fixos (não manobrável) no barramento de média tensão da subestação de distribuição

  Essa solução faz elevar a tensão no barramento da subestação de distribuição afetando todos os alimentadores de que dela derivam e muitas vezes não é uma solução satisfatória, pois não respeita as condições operacionais de cada um deles, tais como a variação do ciclo de carga diário e as variações de tensão decorrentes. Essa é a solução de menor custo, porém é a de menor resultado alcançado.

- Instalação de um ou mais bancos de capacitores fixos (não manobráveis) ao longo do alimentador

  Essa solução apresenta uma melhoria nos resultados alcançados quando comparados com a solução anterior, pois a capacidade dos capacitores e sua localização são resultados das particularidades operacionais daquele alimentador.

- Instalação de um banco de capacitores automáticos (ou chaveados) no barramento de média tensão da subestação de distribuição

  Essa solução faz elevar e diminuir a tensão no barramento da subestação de distribuição afetando todos os alimentadores de que dela derivam, sendo algumas vezes uma solução insatisfatória, pois não respeita as condições operacionais de cada um deles, tais como a variação do ciclo de carga diário e as variações de tensão. Essa é a solução de menor custo, porém é a de menor resultado alcançado. A variação da tensão promovida pelo banco de capacitores automáticos é função da inserção ou retirada de um ou mais conjuntos de células capacitivas a partir das condições de tensão ajustadas no sistema de controle do banco de capacitores.

- Instalação de um ou mais bancos de capacitores automáticos ao longo do alimentador

  Essa solução apresenta uma melhoria nos resultados esperados em relação à instalação de banco de capacitores fixos, porém com custos superiores.

- Instalação de bancos de capacitores fixos e automáticos ao longo do alimentador

  Nesse caso, o banco de capacitores fixos é dimensionado para uma condição básica de carregamento do alimentador. A correção da variação da tensão fica a critério do banco de capacitores automáticos. Essa ainda não é a solução que vem satisfazer plenamente a todas as condições adversas de variação de tensão no alimentador.

- Instalação de reguladores de tensão *autobooster*

  Conforme será estudado adiante, neste capítulo, os reguladores *autobooster* somente elevam ou reduzem a tensão a partir do seu ponto de instalação, sendo, portanto, de efeito limitado a condições específicas de determinados alimentadores.

- Instalação de reguladores de tensão

Com a instalação de reguladores de tensão se obtêm os melhores resultados de regulação de tensão nos alimentadores de distribuição. Podem ser instalados no barramento de média tensão da subestação de distribuição ou longo dos alimentadores de distribuição. Também podem ser instaladas, juntamente com banco de capacitores do tipo fixo ou manobrável, soluções que serão estudadas ao longo deste capítulo.

O regulador de tensão é um equipamento destinado a manter determinado nível de tensão em uma rede de distribuição urbana ou rural, quando submetida a uma variação de tensão fora de limites especificados. Na realidade, o regulador de tensão é um autotransformador dotado de certo número de derivações no enrolamento série. São autotransformadores elevadores/abaixadores de tensão com comutador de tensão sob carga. São aplicados em sistemas de distribuição de 15 a 34,5 kV.

Em 1932, a Siemens criou o primeiro regulador de tensão, sendo utilizado pela primeira vez nos Estados Unidos e, posteriormente, nos demais países do mundo.

É importante frisar que o regulador de tensão é um dos equipamentos mais úteis para as concessionárias de energia elétrica que objetivam manter uma boa qualidade de fornecimento a seus consumidores na forma de tensão, com razoável estabilidade. Sabe-se que o aumento de 1% na tensão de um consumidor resulta em um acréscimo de faturamento de cerca de 1,5%.

O emprego do regulador de tensão é muito intenso em redes de distribuição rural de comprimento longo e carga não muito acentuada, pois reduz a queda de tensão e estreita a faixa de variação da tensão de fornecimento.

É comum se efetuarem os cálculos de regulação de tensão tomando-se como base as tensões de 120, 127 ou 220 V, por serem estes valores as tensões monofásicas utilizadas mais comumente. Neste capítulo, serão tomadas como base as tensões de 120 ou 220 V para resolução de diferentes exercícios. Nesse caso, é só considerar que a tensão nominal do sistema primário, por exemplo, 13.800 V, equivale a 120 V ou 220 V. Para qualquer valor superior ou inferior a 13.800 V, como 14.500 V, seu valor correspondente na base de 220 V é:

$$V = \frac{14.500}{13.800} \times 220 = 231 \text{ V}$$

A Agência Nacional de Energia Elétrica (ANEEL) estabelece que nenhum consumidor pode receber energia elétrica num nível de tensão fora da faixa de − 5 a +3% da tensão nominal do sistema.

A concepção básica de um regulador de tensão tem origem no projeto de um autotransformador. A Figura 16.1 representa o esquema elementar de um autotransformador monofásico, em que parte do enrolamento (A) está em série com a carga, e a outra parte (B), em paralelo, existindo, nesse caso, um acoplamento magnético e elétrico entre os enrolamentos primários e secundários.

Alterando-se a representação esquemática da figura anterior, pode-se conceber um autotransformador com função de reduzir a tensão nos terminais da carga, o que é visto na Figura 16.2. Nessa consideração, o autotransformador tem os seus enrolamentos ligados com polaridade subtrativa. Observe que o enrolamento (A) continua em série com a carga, enquanto o (B) permanece em paralelo. Para melhor compreensão do funcionamento dos autotransformadores, estude o Capítulo 12.

Modificando-se a conexão do esquema da Figura 16.2, pode-se obter um autotransformador com a função de elevar a tensão na carga, o que é visto na Figura 16.3. Nessa condição, o autotransformador tem os seus enrolamentos ligados com polaridade aditiva. Observe ainda que os enrolamentos mantêm o mesmo tipo de ligação em relação à carga.

Conservando-se os princípios básicos anteriormente expostos, pode-se obter o diagrama elementar de um regulador de tensão tomando-se como base a Figura 16.4, em que o enrolamento (A) continua em série com a carga e o (B), em paralelo com a carga.

Os reguladores de tensão são fornecidos nas versões trifásicas e monofásicas. Os reguladores de tensão monofásicos operam na faixa de regulação normalmente +/− 10%, ajustando-se na faixa de tensão necessária à correção do alimentador. São os equipamentos mais utilizados na regulação de tensão dos sistemas de distribuição de 15 kV, pois um banco de três reguladores de tensão pode sofrer a perda de uma unidade e mesmo assim permanecer em operação regulando a tensão nas três fases, conforme será demonstrado posteriormente. Assim, um conjunto de três reguladores de tensão monofásicos de

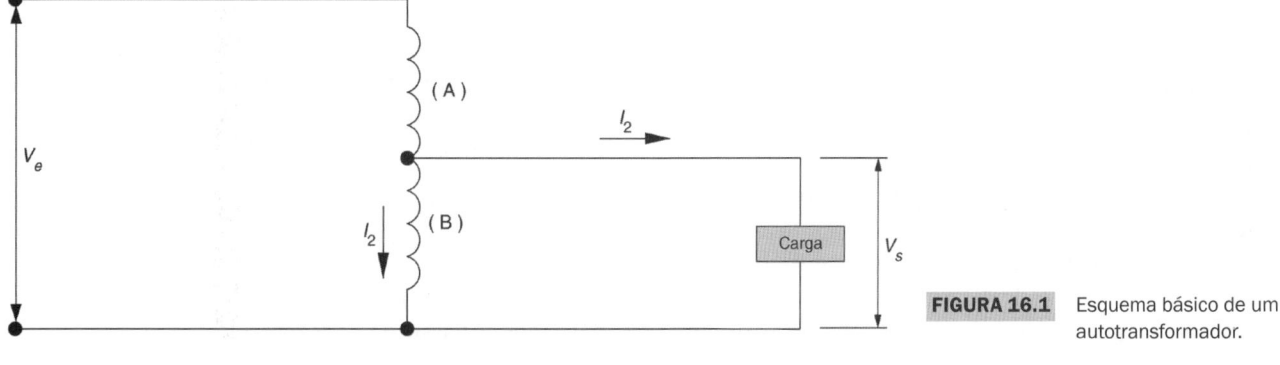

FIGURA 16.1 Esquema básico de um autotransformador.

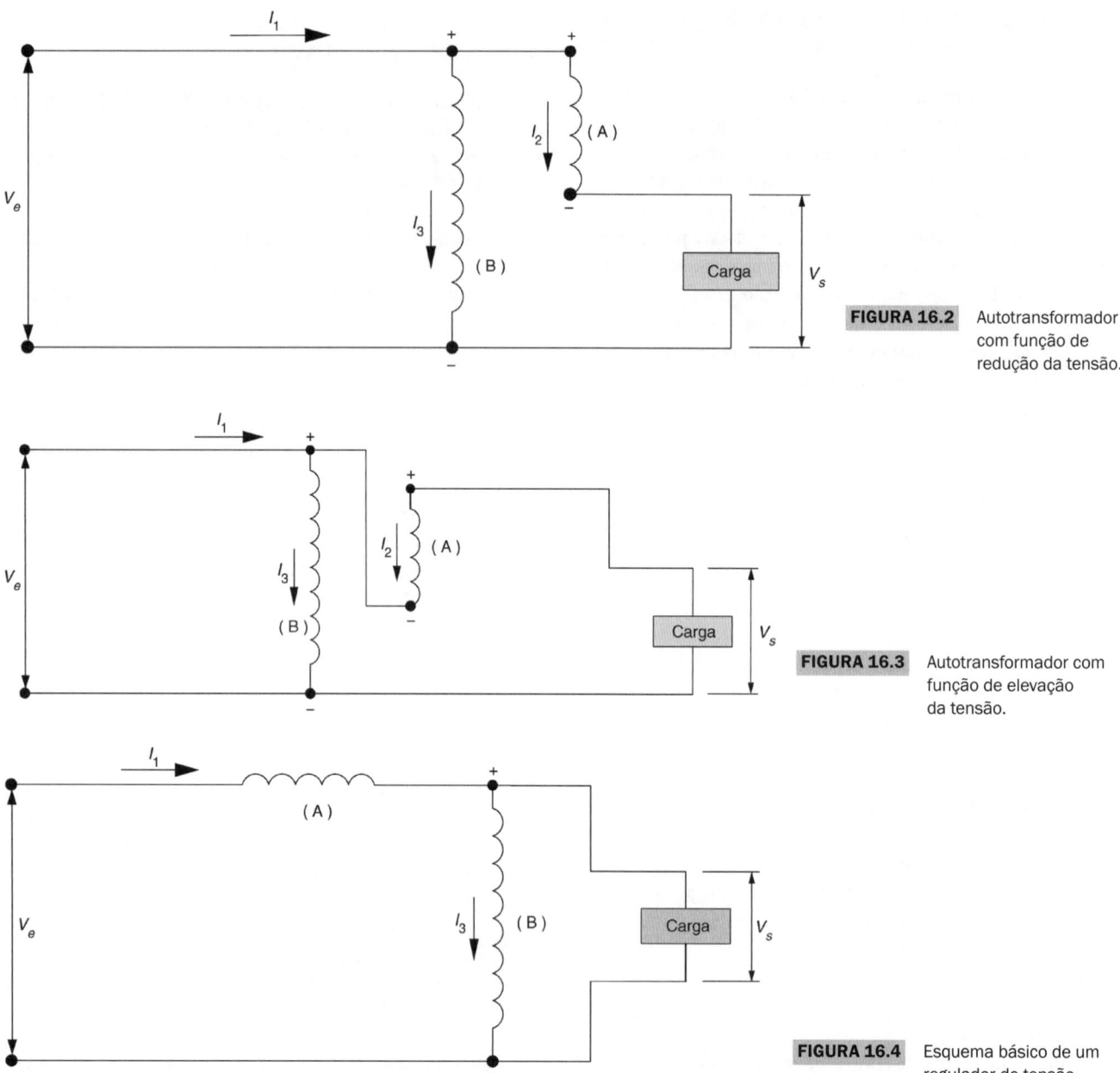

FIGURA 16.2 Autotransformador com função de redução da tensão.

FIGURA 16.3 Autotransformador com função de elevação da tensão.

FIGURA 16.4 Esquema básico de um regulador de tensão.

231 A, cuja capacidade nominal de regulação é de 333 kVA, poderia ser adequadamente conectado ao secundário de um transformador de uma subestação de potência com capacidade de 10 MVA – 69/13,80 kV, pois regularia uma potência de 333 kVA, ou seja,

$$10 \text{ MVA} \times \frac{0{,}10}{3} \times 1.000 = 333 \text{ kVA}.$$

Os reguladores trifásicos normalmente são utilizados na regulação da tensão de barra das subestações de distribuição, enquanto os reguladores monofásicos são aplicados ao longo dos alimentadores de distribuição, notadamente os alimentadores que suprem áreas rurais.

Pela Figura 16.5, pode-se entender o funcionamento de um regulador de tensão monofásico. O regulador de tensão é constituído de vários tapes que são acessados pelos terminais de um reator, que é inserido para permitir que durante a mudança de tape o circuito do lado da carga não seja interrompido. Uma chave com terminais K_1 e K_2 faz a permuta da polaridade de energização da bobina (A). Para cada mudança de tape resulta uma elevação ou redução da tensão nos terminais da carga. Considerando uma mudança do tape 0 para o tape 1, pode-se observar que, enquanto o terminal T_2 do reator desliza na direção do tape 1, o terminal T_1 permite a continuidade da tensão, nos terminais da carga através do terminal central do reator cuja tensão, nessa circunstância, é a metade do valor da tensão entre um tape anterior e um tape posterior, V_t, ou seja, $V_t/2$, conforme mostrado na Figura 16.5.

No mercado, há dois tipos de equipamentos destinados à correção da tensão nas redes de distribuição:

- regulador de tensão *autobooster*;
- regulador de tensão de 32 degraus.

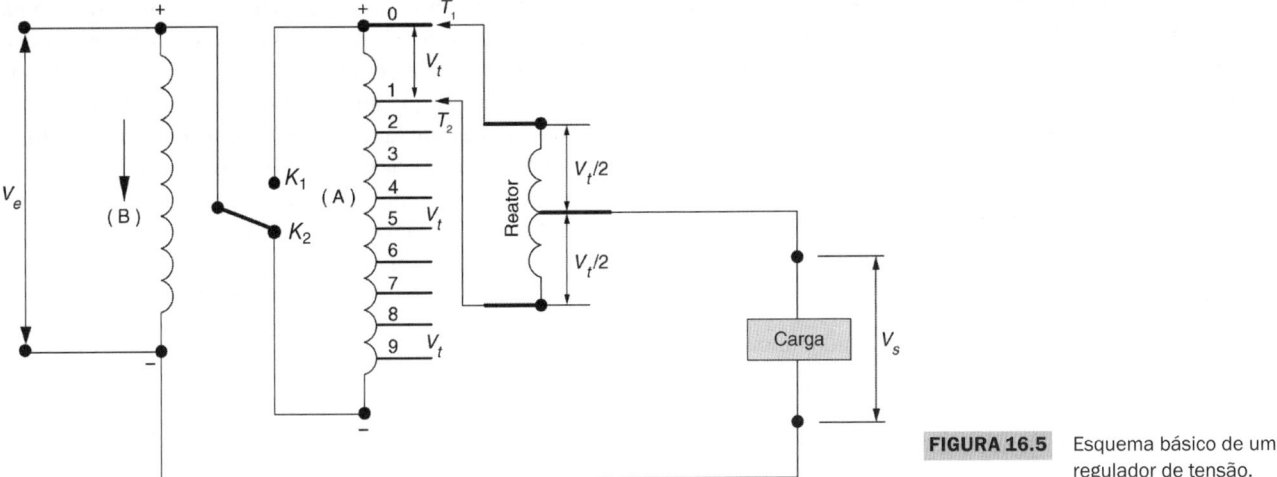

FIGURA 16.5 Esquema básico de um regulador de tensão.

16.2 REGULADOR DE TENSÃO *AUTOBOOSTER*

Conhecidos comumente como *autobooster*, são os equipamentos mais simples de regulação de tensão. São fabricados em unidades monofásicas. Têm bastante utilização em redes de distribuição rural (RDR), em zonas de baixa densidade de carga, atendendo a pequenas comunidades interioranas a que é dever da concessionária fornecer tensão dentro de níveis adequados, de sorte a manter satisfatório o atendimento a essas comunidades.

O regulador *autobooster* é um equipamento que interfere no nível de tensão num só sentido, isto é, ou é regulado para aumentar a tensão ou é regulado para baixar a tensão. O *autobooster*, no entanto, é muitas vezes utilizado como um equipamento auxiliar do regulador de tensão de 32 degraus em grande parte das aplicações.

O circuito elétrico do regulador *autobooster* é composto basicamente de três bobinas, assim denominadas: bobinas série, paralela e de controle.

A aplicação do regulador *autobooster* para elevar a tensão se faz sentir em alimentadores longos, de maneira a compensar a queda de tensão devido à carga, ou mesmo recuperar a tensão do alimentador por deficiência da própria tensão de fornecimento da subestação. Isso pode ocorrer em cargas rurais de pouca importância, alimentadas por subestação conectada na extremidade na linha de transmissão do sistema elétrico. Na realidade, o uso do regulador *autobooster* como elevador de tensão tem sido preponderante. Já o seu uso como redutor de tensão é mais raro, e encontra aplicação em alguns casos específicos.

Construtivamente, o regulador *autobooster* apresenta as seguintes partes:

- tanque de aço cheio de óleo mineral, dentro do qual se encontra a parte ativa do equipamento;
- núcleo e enrolamento que constituem a sua parte ativa;
- trocador de posição;
- tampa de aço, na qual estão fixadas as buchas de porcelana;
- para-raios derivação;
- para-raios série.

O trocador de posições é um mecanismo dotado das seguintes partes:

- motor de carregamento da mola: propicia a troca automática de posição dos contatos estacionários;
- mola de impulso: responsável pelo movimento rápido do contato móvel;
- resistor de ponte: responsável pela continuidade do circuito durante a troca de posição dos contatos estacionários;
- batente: serve para limitar o movimento do trocador de posição.

O trocador de posições é movido por meio de um motor acionado por corrente alternada fornecida por um transformador de potencial instalado internamente ao equipamento. A energização do motor é feita pela bobina de controle. O trocador de posições leva cerca de 30 s para realizar a sua primeira operação, tempo este controlado por um temporizador. As operações subsequentes, que são mais três, se realizam em aproximadamente 10 s.

O regulador *autobooster* pode subir ou descer o valor da tensão em quatro degraus, cada um fazendo a tensão variar de 1,5% para equipamentos de 6% de regulação ou de 2,5% para equipamentos com regulação de 10%. Não há ajuste na largura de faixa. A tensão de linha é mantida dentro de uma largura de faixa fixa de 5 V, o que equivale a $\pm 2{,}5$ V.

O controle eletrônico é fabricado com componentes em estado sólido, e tem a função básica de verificar o valor da tensão nos terminais de saída do equipamento e comparar com a sua faixa de regulação, providenciando o acionamento do motor que comanda o trocador de posição. A bobina de controle é a responsável pela informação, ao sensor eletrônico, do valor da tensão de saída do regulador.

Os reguladores *autobooster* são dotados de para-raios de 3 kV do tipo a resistor não linear, para as unidades de 12 e 14,4 kV. Os para-raios são instalados entre os terminais de entrada e saída e, por isso, são denominados para-raios série.

Os para-raios têm a finalidade de proteger os equipamentos contra sobretensões produzidas por descargas atmosféricas ao longo da rede de distribuição, ou protegê-los contra manobra, principalmente por estar a bobina série diretamente conectada à referida rede. Para a proteção da bobina paralela há também um para-raios instalado no tanque (para-raios derivação), conectando o terminal de fase de carga com a terra.

A tensão desse para-raios está mencionada na Tabela 16.1, que fornece as principais informações dos reguladores *autobooster*, tanto para as unidades comercialmente fabricadas de 50 A como para as de 100 A.

16.2.1 Tipos de ligação dos reguladores *autobooster*

Por se tratar de um equipamento monofásico, o regulador *autobooster* pode ser empregado nas seguintes condições:

- uma unidade pode regular um alimentador monofásico (1F+1N), conforme a Figura 16.6;
- duas unidades podem regular um alimentador trifásico a três fios, conforme a Figura 16.7;
- três unidades podem regular um alimentador trifásico a três fios, configuração estrela ou triângulo se ligadas em triângulo, conforme a Figura 16.8;
- três unidades podem regular um alimentador trifásico a quatro fios, configuração estrela com neutro multiaterrado, conforme a Figura 16.9, ou se ligadas em estrela com o neutro aterrado;
- três unidades podem regular um alimentador trifásico a três fios, com o neutro aterrado somente na subestação, se ligadas em triângulo. É desaconselhável ligá-las em estrela devido ao deslocamento de neutro em função das cargas desequilibradas, a não ser que se obtenha uma resistência de terra de cerca de 4 Ω, no ponto de instalação dos equipamentos.

A montagem dos reguladores *autobooster* normalmente se faz em estrutura simples de poste de concreto armado, mostrando-se, como exemplo, a instalação de um banco de reguladores *autobooster*, representado na Figura 16.10.

16.2.2 Dimensionamento e ajuste dos reguladores *autobooster*

Os ajustes de controle dos reguladores de tensão *autobooster* são simples e de fácil aplicação.

O ajuste da tensão de saída é feito no seletor instalado na caixa do controle eletrônico, cujos valores variam entre 115 e 140 V. Ainda na parte frontal da unidade de controle se encontra a chave seletora que ajusta o funcionamento do *autobooster* nas posições de *auto* (automático), *lower* (reduzir a tensão) e *raise* (subir a tensão). Se o seletor for ajustado em *lower* ou *raise* e, em seguida ao reposicionamento do trocador de posição, for ajustado em *off*, o regulador *autobooster* funcionará como um autotransformador.

Tomando-se como base a relação de transformação do transformador de potencial (RTP), a faixa de tensão nominal dentro da qual os reguladores *autobooster* podem ser utilizados tem as suas limitações, dadas pelo ajuste do controle eletrônico. Para o caso do regulador *autobooster* de 14.400 V, ligado em um alimentador trifásico a três fios em uma subestação de distribuição com o ponto neutro aterrado no ponto de origem, tem-se:

- RTP: 120;
- tensão nominal do regulador: 14.400 V;
- tensão mínima: RTP × 115 = 120 × 115 = 13.800 V;
- tensão máxima: RTP × 120 = 120 × 120 = 14.400 V.

É importante frisar que a tensão máxima não deve superar 10% da tensão nominal do regulador *autobooster*. No presente caso, este valor seria de 14.400 × 1,1 = 15.840 V.

a) Ajuste do nível de tensão

Para indicar a posição do regulador *autobooster*, existe uma lâmpada sinalizadora acionada por uma mola que faz parte do mecanismo do trocador de posições. Assim, se a tensão de entrada é igual à tensão de saída, a lâmpada sinalizadora fica apagada. Porém, se o trocador de posições assume qualquer degrau para reduzir ou elevar a tensão, a lâmpada é ligada.

O ajuste do controle eletrônico para sistemas em estrela com ponto neutro aterrado somente na subestação deve ser efetuado com base na tensão nominal do sistema, o que pode ser feito pela Equação (16.1):

$$V_{aj} = \frac{V_{sr}}{RTP} \quad (16.1)$$

TABELA 16.1 Características básicas dos reguladores *autobooster* de 50 e 100 A

Tensão nominal em V	Relação do TP (RTP)	Tensão nominal da rede		Ajuste do controle em V	Para-raios derivação em kV
		Estrela aterrada só na SE – kV (1)	Estrela multiaterrada kV (2)		
7.620	60	–	6,90/11,94	115	10
	60	–	7,62/13,20	127	10
	60	–	7,96/13,80	133	10
12.000	100	6,9/11,94		119	12
	100	7,62/13,2		132	12
14.400	120	7,96/13,8		115	12
	120		13,8/23,90	115	18
	120		14,4/24,92	120	18

(1) Ligados em triângulo aberto ou fechado.
(2) Ligados em estrela com neutro aterrado.

Reguladores de tensão | 467

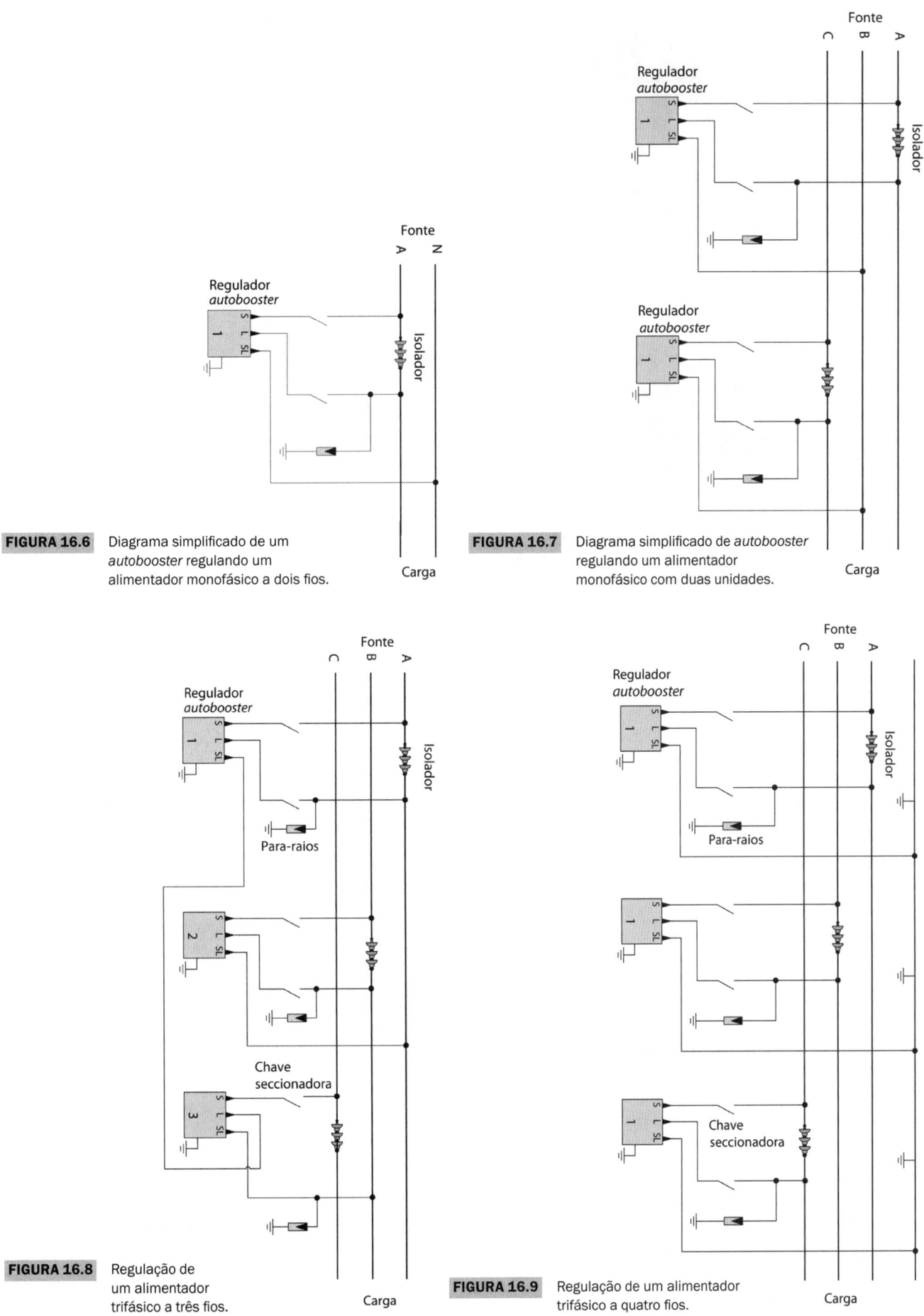

FIGURA 16.6 Diagrama simplificado de um *autobooster* regulando um alimentador monofásico a dois fios.

FIGURA 16.7 Diagrama simplificado de *autobooster* regulando um alimentador monofásico com duas unidades.

FIGURA 16.8 Regulação de um alimentador trifásico a três fios.

FIGURA 16.9 Regulação de um alimentador trifásico a quatro fios.

FIGURA 16.10 Instalação de banco de *autobooster* em estrutura simples de poste.

V_{sr} – tensão de saída do regulador *autobooster*;
RTP – relação de transformação do transformador de potencial;
V_{aj} – tensão de ajuste do controle eletrônico.

Nos sistemas de 13.800 V, por exemplo, podem-se utilizar tanto duas unidades de 14.400 V, quando em estrela com neutro aterrado na subestação, quanto três unidades conectadas em triângulo.

No caso da utilização de três unidades reguladoras de 7.620 V em sistemas a quatro fios multiaterrados, o valor do ajuste pode ser dado pela Equação (16.2), ou seja:

$$V_{aj} = \frac{V_{sr}}{\sqrt{3} \times RTP} \qquad (16.2)$$

b) Faixa de regulação de tensão regulada em porcentagem

Os reguladores *autobooster* podem ser adquiridos com faixa de regulação fixa igual a 6% ou a 10%, conforme a sua utilização. Para se determinar o regulador com faixa de regulação adequada, basta aplicar a Equação (16.3):

$$\Delta V_p = \frac{V_{sr} - V_e}{V_e} \times 100 \qquad (16.3)$$

ΔV_p – faixa de variação da tensão percentual;
V_e – tensão de entrada do regulador;
V_{sr} – tensão de saída do regulador.

Se o regulador *autobooster* estiver ligado como redutor, cuidado com a inversão dos valores de V_{sr} e V_e. Normalmente, os valores de V_e e V_{sr} são dados na base de 120 V.

Quando três reguladores *autobooster* estão ligados em triângulo, a faixa de regulação resultante é superior a 50% à faixa de regulação de cada unidade se todas tiverem a mesma faixa de regulação.

c) Tensão de regulação

É aquela que o regulador *autobooster* pode elevar ou reduzir, obtida a partir da Equação (16.4).

$$V_r = \Delta V_p \times V_n \qquad (16.4)$$

ΔV_p – faixa de regulação da tensão, cujos valores são de 6 ou 10%, conforme a aplicação do regulador *autobooster*;
V_n – tensão nominal do sistema, em kV.

d) Potência de regulação

É aquela que o regulador efetivamente regula em função da sua faixa de regulação percentual e pode ser dada pela Equação (16.5).

$$P_r = I_n \times V_r \qquad (16.5)$$

I_n – corrente nominal do regulador *autobooster*, em A;
V_r – tensão de regulação.

16.2.3 Uso do regulador *autobooster*

Os reguladores *autobooster*, como já foi mencionado, podem ser utilizados como elevadores ou somente como abaixadores de tensão.

Reguladores de tensão | 469

EXEMPLO DE APLICAÇÃO (16.1)

Dimensione um banco de reguladores *autobooster* sabendo-se que a potência da carga do alimentador é de 930 kVA, na tensão de 13.800 V. A tensão regulada no ponto de instalação do regulador *autobooster* é de 13.600 V. A queda de tensão entre o ponto de instalação do regulador *autobooster* e a extremidade de carga do alimentador é de 5,5% em carga máxima. O regulador *autobooster* deve elevar a tensão nesse ponto igual ao valor nominal do sistema. Os reguladores *autobooster* estão conectados em triângulo fechado.

- Corrente de carga

$$I_c = \frac{930}{\sqrt{3} \times 13,8} = 38,9 \text{ A}$$

Logo, a corrente nominal do regulador *autobooster* é de 50 A, e a sua tensão nominal, de 14.400 V.

- Ajuste do nível de tensão

Para se obter no ponto final do alimentador uma tensão de 13.800 V em carga máxima, o ajuste do controle eletrônico, de acordo com Equação (16.1), deve ser de:

$$V_{sr} = 13.800 \times 1,055 = 14.559 \text{ V}$$

$$V_{aj} = \frac{V_{sr}}{RTP}$$

$$RTP = 120 \text{ V [Tabela 16.1]}$$

$$V_{aj} = \frac{14.559}{120} = 121,3 \text{ V}$$

- Largura de faixa da tensão regulada em porcentagem

V_e = 13.600 V (tensão de entrada constante nos terminais do regulador *autobooster*)

$$V_e = \frac{13.600}{120} = 113,3 \text{ V}$$

$$\Delta V_p = \frac{121,3 - 113,3}{113,3} \times 100 = 7\%$$

Logo, deve-se utilizar o regulador *autobooster* de 6%, já que as três unidades regulam 50% a mais do que uma unidade, ou seja:

$$\Delta V_p = 1,5 \times 6 = 9\%$$

- Tensão de regulação

$$V_r = \Delta V_p \times V_n$$

$$V_r = 0,090 \times 13.800 = 1.242 \text{ V}$$

- Potência de regulação

$$P_r = I_n \times V_r$$

$$P_r = 50 \times \left(\frac{1.242}{1.000}\right) = 62,1 \text{ kVA}$$

16.2.3.1 Operação como elevador de tensão

Essa é a aplicação mais corrente dos reguladores *autobooster*. Normalmente são instalados a jusante dos reguladores de tensão de 32 degraus que mantêm em determinado ponto do alimentador, chamado de ponto de regulação, uma tensão constante e definida.

16.2.3.2 Operação como redutor de tensão

Essa aplicação é comum quando se instala um regulador de tensão de 32 degraus na barra da subestação para manter determinada tensão no ponto de regulação de um alimentador de elevada queda de tensão, e que na saída desse alimentador se deve suprir uma carga de certa importância. Para que a

EXEMPLO DE APLICAÇÃO (16.2)

Considere o diagrama do alimentador configurado em estrela aterrada somente na subestação e apresentado na Figura 16.11, em cuja saída da referida subestação se instalou um regulador de tensão de 32 degraus. Dimensione, se possível, um banco de reguladores *autobooster* ligados em triângulo aberto a ser instalado ao longo do alimentador em questão. Será tomada como base a tensão de 120 V para plotar as curvas de tensão, considerando os seguintes elementos:

- tensão regulada na saída do regulador de 32 degraus: 14.490 V;
- queda de tensão entre *K-X*: 7%;
- o regulador da subestação foi ajustado para fornecer 13.800 V no ponto de regulação *P*;
- a tensão de entrada regulada pelo regulador de tensão a montante no ponto *K* é de 13.420 V ± largura de faixa.

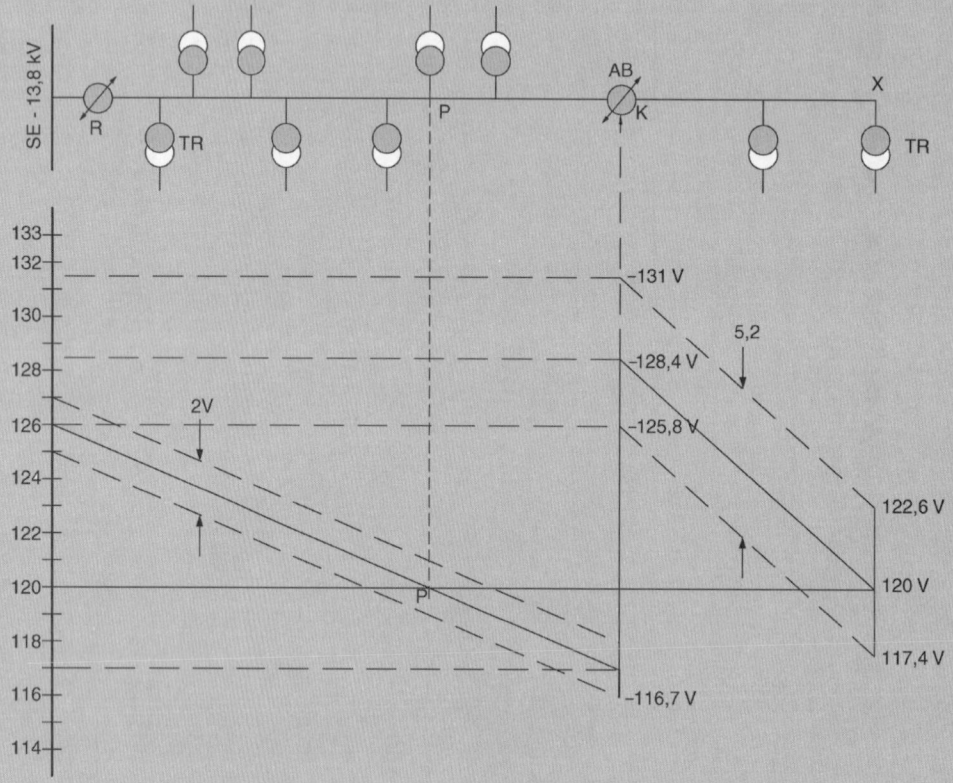

FIGURA 16.11 Perfil de tensão de um alimentador de distribuição.

a) Escolha do regulador de tensão *autobooster* (Tabela 16.1)

- Tensão nominal: 14.400 V.
- Ajuste do controle: 115 V.
- *RTP* = 120 V.
- Tensão de saída no ponto *K* para se ter 13.800 V no ponto *X*:

$$V_k = V_x + \Delta V_{kx}$$
$$V_k = 13.800 + 13.800 \times 0{,}07$$
$$V_k = 14.766 \text{ V}$$

- Ajuste da tensão no regulador *autobooster*:

$$V_{af} = \frac{V_k}{RTP} = \frac{14.766}{120} = 123{,}0 \text{ V}$$

$$V_e = \frac{13.420}{120} = 111{,}8 \text{ V}$$

- Faixa de regulação:

$$\Delta V_p = \frac{123 - 111{,}8}{111{,}8} \times 100 = 10\%$$

Logo, o regulador *autobooster* deve ser de 10%.

b) Valores das tensões nos diversos pontos do alimentador
- No ponto K

$$V_k = 14.766 \text{ V}$$
$$V_{ef} = V_{lf} \times RTP = 2{,}5 \times 120 = 300 \text{ V}$$

$V_{lf} = \pm 2{,}5$ V (largura de faixa do regulador *autobooster*)

$$V_{mín} = 14.766 - 300 = 14.466 \text{ V}$$
$$V_{máx} = 14.766 + 300 = 15.066 \text{ V}$$

- No ponto X

$$V_x = 13.800 \text{ V}$$
$$V_{mín} = 13.800 - 300 = 13.500 \text{ V}$$
$$V_{máx} = 13.800 + 300 = 14.100 \text{ V}$$

Observe que a tensão no ponto K atingirá valores muito elevados em relação à nominal, ou seja:

$$\Delta V_{px} = \frac{15.066 - 13.800}{13.800} \times 100 = 9{,}1\%$$

Este mesmo Exemplo de Aplicação poderia ser resolvido tomando-se um valor base qualquer, o que é normalmente mais utilizado. Admitindo-se 120 V como base, tem-se:

a) Tensão de saída no secundário do TP do regulador

$$V_s = \frac{14.766}{120} = 123 \text{ V}$$

$$RTP = 120 \text{ V}$$

b) Largura da faixa do regulador de 32 degraus
Serão adotados ±2 V.

c) Escolha do regulador *autobooster*
- Tensão em K no secundário do TP

$$V_e = \frac{13.420}{120} = 111{,}8 \text{ V}$$

- Tensão no ponto K para se ter 120 V (valor base) no ponto X

$$V_k = V_x + \Delta V_{kx}$$
$$V_k = 120 + 120 \times 0{,}07 = 128{,}4 \text{ V}$$

- Ajuste da tensão no regulador *autobooster*

$$V_b = 120 \text{ V}$$

$$V_{aj} = \frac{V_k}{V_b} \times 115 = \frac{128{,}4}{120} \times 115 = 123{,}0 \text{ V}$$

- Faixa de regulação

$$\Delta V_p = \frac{V_s - V_e}{V_e} \times 100 = \frac{123 - 111{,}8}{111{,}8} \times 100 = 10\%$$

d) Valores das tensões nos diversos pontos do alimentador referidos à base de 120 V
- Ponto K

$$V_{lf} = 2,5 \text{ V}$$

Na base de 120 V, a largura de faixa de ±2,5 V vale:

$$V_{lf} = \frac{2,5}{115} \times 120 = 2,6 \text{ V}$$

Ou ainda:

$$V_{lf} = \frac{2,5 \times RTP}{13.800} \times V_b = \frac{2,5 \times 120}{13.800} \times 120 = 2,6 \text{ V}$$

$$V_{mín} = V_s - V_{lf}$$

$$V_{mín} = 128,4 - 2,6 = 125,8 \text{ V}$$

Em volts, $V_{mín}$ vale:

$$V_{mín} = \frac{125,8}{V_b} \times 115 \times RTP = \frac{125,8}{120} \times 115 \times 120$$

$$V_{mín} = 14.467 \text{ V}$$

$$V_{máx} = V_{aj} + V_{lf}$$

$$V_{máx} = 128,4 + 2,6 = 131,0 \text{ V}$$

$$V_{máx} = \frac{131}{V_b} \times 115 \times RTP = \frac{131}{120} \times 115 \times 120$$

$$V_{máx} = 15.065 \text{ V}$$

- No ponto X

$$V_r = 120 \text{ V}$$

$$V_{mín} = 120 - 2,6 = 117,4 \text{ V}$$

$$V_{mín} = \frac{117,4}{V_b} \times 115 \times RTP = \frac{117,4}{120} \times 115 \times 120$$

$$V_{mín} = 13.501 \text{ V}$$

$$V_{máx} = 120 + 2,6 = 122,6 \text{ V}$$

$$V_{máx} = \frac{122,6}{V_b} \times 115 \times RTP = \frac{122,6}{120} \times 115 \times 120$$

$$V_{máx} = 14.099 \text{ V}$$

Observe que a tensão no ponto K atingirá valores elevados em relação à nominal, ou seja:

$$V_k = \frac{131 - 120}{120} \times 100 = 9,1\%$$

O gráfico da Figura 16.12 mostra o perfil de tensão do alimentador, na base de 120 V.

tensão nesses consumidores não supere o valor máximo previsto de 3%, serão alimentados por uma derivação, aplicando-se um regulador *autobooster* para reduzir o nível de tensão.

16.2.4 Aplicação de reguladores *autobooster* em série com capacitores

Os reguladores *autobooster* podem ser utilizados, sem nenhuma restrição, em série com capacitores fixos ou automáticos, tanto ligados no lado da fonte como no lado da carga. Quando se tratar de capacitores automáticos ligados entre o regulador *autobooster* e a carga, e o seu controle for efetuado por tensão ou por tempo com supervisão de tensão, deve-se considerar a influência das elevações de tensão efetuadas pelo regulador, ajustando-se adequadamente o controle do banco de capacitores automático.

EXEMPLO DE APLICAÇÃO (16.3)

Considere o alimentador trifásico, ligação estrela aterrada na subestação, apresentado na Figura 16.12, em cuja saída da referida subestação se instalou um regulador de tensão de 32 degraus. Dimensione o regulador *autobooster* AB e calcule os ajustes necessários, considerando os seguintes elementos:

- queda de tensão em carga máxima entre A-B: 9,0%;
- queda de tensão em carga máxima entre C-D: 6,0%;
- queda de tensão em carga leve entre C-D: 2,0%;
- utilizar a base de 120 V.

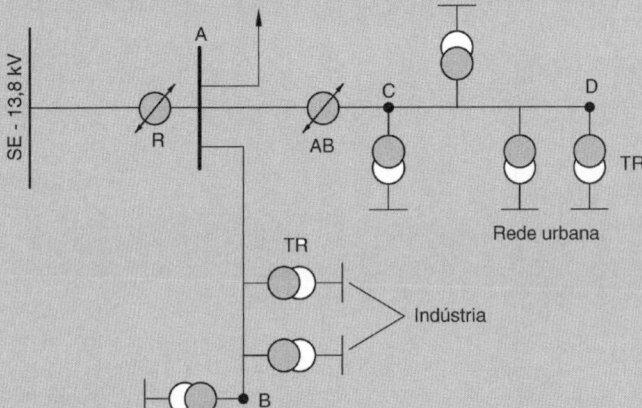

FIGURA 16.12 Alimentador de distribuição.

a) Tensão de saída do regulador de 32 degraus

Para que a tensão em B, que é o ponto de regulação, fique em 13.800 V, a tensão em A, que é barra de saída do regulador de tensão, em carga máxima, deve ser de:

$$V_a = 13.800 + 13.800 \times 0,09 = 15.042 \text{ V}$$

b) Redução da tensão do regulador *autobooster*

Para que a tensão na rede urbana não ultrapasse o valor de 3% da tensão nominal, o regulador *autobooster* deve reduzir a tensão nas seguintes condições:

- Tensão máxima de saída do regulador autobooster (ponto C)

$$V_s = V_b \times 1,03 - V_{lf}$$

Na base de 120 V, $V_{lf} = \pm 2,5$V vale:

$$V_{lf} = \frac{2,50}{115} \times 120 = \pm 2,60 \text{ V}$$

$$V_s = 120 \times 1,03 - 2,60 = 121,0 \text{ V}$$

Ou ainda:

$$V_s = \frac{121}{120} \times 115 \times 120 = 13.915 \text{ V}$$

- Tensão de ajuste do controle eletrônico

$$V_{aj} = \frac{121}{120} \times 120 = 121,0 \text{ V}$$

c) Valores de tensão nos diversos pontos na base de 120 V

- Ponto A (saída do regulador de tensão de 32 degraus)

$$V_{sr} = \frac{15.042}{13.800} \times 120 = 130,8 \text{ V}$$

Na base de 120 V, o valor de $V_{lf} = \pm 1$ V, é:

$$V_{lf} = \frac{1 \times RTP}{13.800} \times 120 = \frac{1 \times 115}{13.800} \times 120 = 1 \text{ V}$$

RTP = 115 (regulador de tensão)

$$V_{mín} = 130,8 - 1 = 129,8 \text{ V}$$
$$V_{máx} = 130,8 + 1 = 131,8 \text{ V}$$

- No ponto B

$$V_{mín} = 120 - 1 = 119 \text{ V}$$
$$V_{máx} = 120 + 1 = 121 \text{ V}$$

- No ponto D
  - Em carga máxima

$$V_d = 121 - 0,06 \times 120 = 113,8 \text{ V}$$

  - Em carga leve

$$V_d = 121 - 0,02 \times 120 = 118,6 \text{ V}$$
$$V_{mín} = 113,8 - 2,6 = 111,2 \text{ V}$$
$$V_{máx} = 113,8 + 2,6 = 116,4 \text{ V}$$

d) Faixa de regulação

$$V_e = V_{sr} = 130,8 \text{ V}$$

$$\Delta V_p = \frac{130,8 - 121}{121} \times 100 = 8,1\%$$

Adotar dois reguladores *autobooster* de 10% de faixa de regulação. A Figura 16.13 mostra o perfil de tensão no alimentador regulado pelo regulador de tensão.

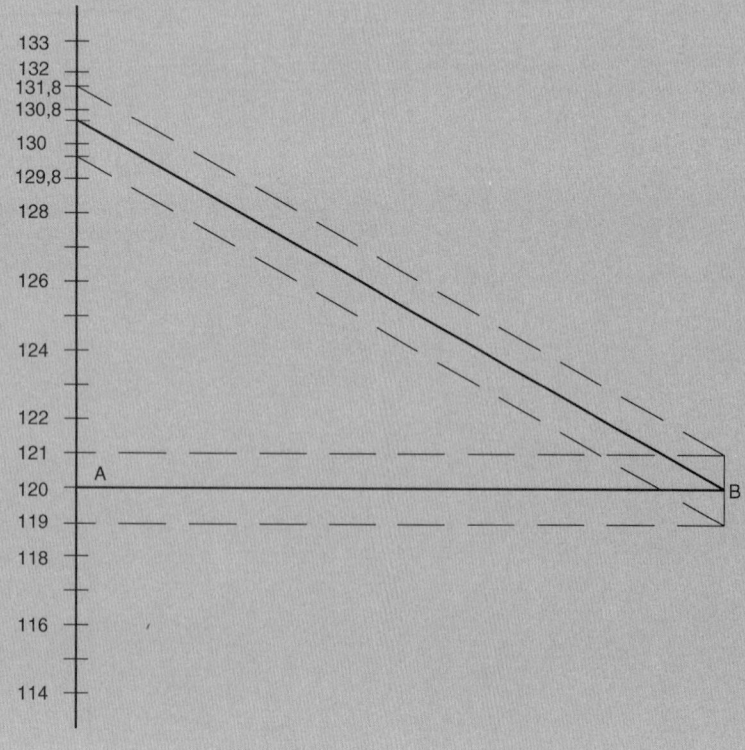

FIGURA 16.13 Perfil de tensão de um alimentador de distribuição.

16.3 REGULADOR DE TENSÃO DE 32 DEGRAUS

Esse equipamento permite que se obtenha em seus terminais de saída ou em um ponto remoto do sistema uma tensão constante e predeterminada. Ao contrário do regulador *autobooster*, pode elevar ou reduzir o valor da tensão dos seus terminais de entrada.

O regulador de tensão de 32 degraus compõe-se basicamente de um autotransformador dotado de várias derivações no enrolamento série, uma chave reversora de polaridade que permite adicionar ou subtrair a tensão do enrolamento série e um controle de componentes estáticos que possibilita realizar os ajustes necessários à regulação da tensão no nível pretendido.

Os reguladores de tensão de 32 degraus são particularmente utilizados em redes de distribuição rural de grande comprimento, que alimentam em seu percurso comunidades urbanas, normalmente localizadas no seu início, e depois consumidores rurais. Podem ser instalados na saída do alimentador da subestação ou em determinados pontos da rede. Algumas vezes, os reguladores de tensão são utilizados para regular toda a barra da subestação em vez de somente um alimentador. Enfim, os reguladores de tensão devem ser instalados em pontos do sistema em que a tensão em carga máxima alcance o limite inferior da faixa de variação de tensão estabelecida pela ANEEL ou determinada pela concessionária, quando esta admite valores mais favoráveis, e, por outro lado, não permita, em carga leve, tensões fora dos mesmos limites. Para uma queda de tensão muito elevada, podem-se utilizar, complementarmente aos reguladores de tensão de 32 degraus, os reguladores *autobooster* e banco de capacitores em derivação. Deve-se limitar o número de reguladores de tensão a ser aplicado em determinado alimentador em função da capacidade térmica dos condutores ou com base nas perdas ôhmicas decorrentes.

Na Figura 16.14, mostra-se um alimentador de distribuição derivando do barramento de 13,80 kV de uma subestação de distribuição. Observa-se que o barramento está com um banco com a tensão regulada (regulador de tensão de barra) e ao longo do alimentador foram instalados dois conjuntos de reguladores monofásicos, indicando os valores máximos e mínimos permitidos de tensão, bem como as faixas de regulação ajustadas no regulador da subestação.

Para melhor se entender o funcionamento de um regulador de tensão de 32 degraus, basta analisar o esquema apresentado na Figura 16.15. Nele, a tensão da fonte é levada a um comutador de tape que pode variar do ponto neutro N até a derivação 8 ao longo do enrolamento série. Uma bobina em paralelo fornece ao sistema sensor de tensão, por meio de um transformador de potencial, a ordem para que uma chave de reversão assuma uma posição de elevar ou reduzir a tensão. Se a chave de reversão estiver na posição A e o comutador de derivação for assumindo tapes em ordem crescente, a tensão de saída vai diminuindo. Se a chave de reversão estiver posicionada no ponto B acontece o processo inverso, isto é, se o comutador de derivação for assumindo tapes em ordem crescente a tensão vai aumentando.

Observe na Figura 16.15 que o comutador de derivação é dotado de um reator e dois contatos móveis, e que as oito derivações permitem que a tensão seja alterada em passos de até oito degraus no sentido de elevar e, acionando a chave de reversão, em oito degraus iguais no sentido de reduzir.

É conveniente e útil ter conhecimento da norma NBR 11809 – Reguladores de tensão – Especificação.

Externamente, o regulador de tensão de 32 degraus pode ser visto na Figura 16.16 identificando-se aí os seus principais componentes.

Os reguladores de tensão são normalmente instalados em postes de concreto armado ou de madeira, em estrutura dupla, como mostrado na Figura 16.17. Observe, e isso é importante, a instalação de três conjuntos de chaves seccionadoras destinadas a isolar o regulador de tensão da rede elétrica para fins de manutenção e ajuste.

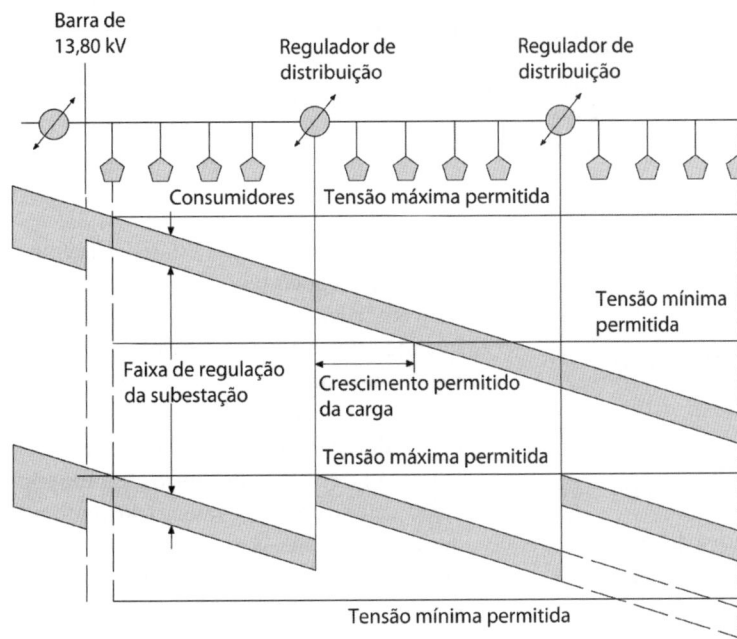

FIGURA 16.14 Perfil de tensão de um alimentador de distribuição.

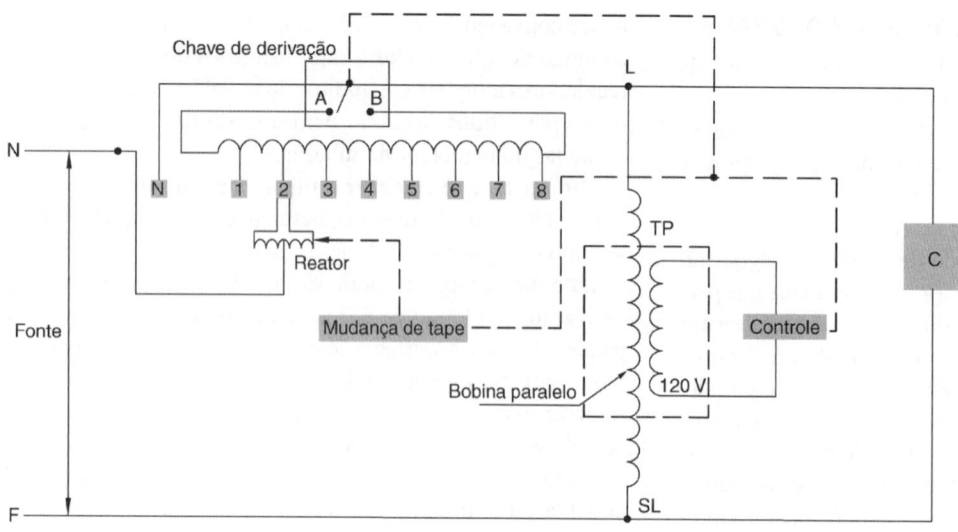

FIGURA 16.15 Esquema básico de um regulador de tensão de 32 degraus.

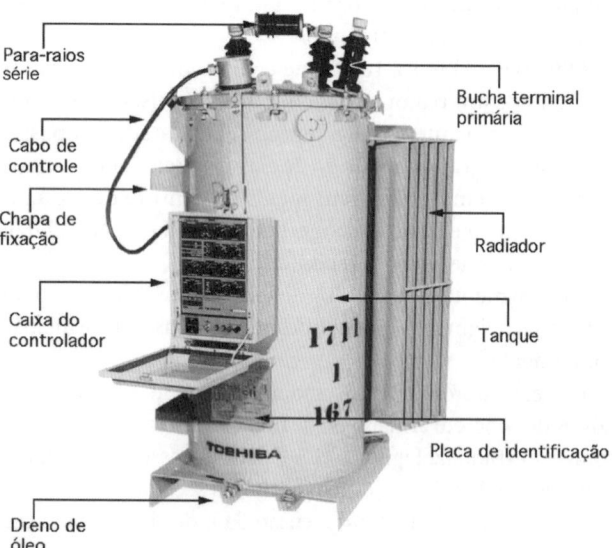

FIGURA 16.16 Regulador de tensão de 32 degraus.

Os reguladores de tensão para instalação em poste de rede de distribuição são, normalmente, equipamentos monofásicos, a três buchas, enquanto os reguladores destinados à instalação em subestações para regulação de barra são, em geral, trifásicos.

Para se proceder ao estudo de regulação de um alimentador, devem-se conhecer os seguintes dados:

- carga do alimentador;
- tensão nominal;
- tipo de circuito (monofásico, bifásico, trifásico etc.);
- espaçamento equivalente dos condutores;
- seção dos condutores;
- fator de potência da carga;
- comprimento do alimentador ou trechos entre derivações.

É importante observar que os reguladores de tensão têm uma impedância praticamente desprezível, deixando o equipamento vulnerável às correntes de curto-circuito do sistema em que opera.

16.3.1 Ligação dos reguladores monofásicos

O regulador monofásico pode ser ligado a um sistema monofásico da maneira mostrada no esquema da Figura 16.18.

Nessa ligação, nota-se a função das três buchas:

- bucha S: é aquela que recebe o condutor ligado à fonte (*Source*);
- bucha L: é aquela que alimenta a carga (*Load*);
- bucha SL: bucha de fonte-carga.

Para melhor identificar as suas funções, veja a Figura 16.15. Note que a bobina paralela está ligada entre as buchas L e SL.

Nos circuitos trifásicos a três fios, podem-se aplicar dois reguladores de tensão, cujo esquema de ligação está mostrado na Figura 16.19. Para melhor clareza, observar o esquema da Figura 16.20, que mostra dois reguladores monofásicos, ligados em triângulo aberto, o que corresponde à conexão feita na figura anterior.

No caso de circuitos trifásicos a três fios, podem-se empregar, também, três reguladores de tensão monofásicos, cujas ligações estão mostradas na Figura 16.21. Esse esquema pode ser comparado às ligações do padrão de montagem mostrado na Figura 16.17.

No caso de circuitos trifásicos a quatros fios, podem-se empregar três reguladores de tensão monofásicos, cujas ligações estão mostradas na Figura 16.22.

Algumas observações devem ser feitas quanto à ligação dos reguladores de tensão:

- quando dois reguladores estão ligados em triângulo aberto, podem regular um circuito trifásico a três fios, conectado em triângulo;
- quando três reguladores estão ligados em estrela, podem regular um circuito trifásico a quatro fios, conectado em estrela com neutro multiaterrado;
- não se devem ligar três reguladores em estrela em circuito trifásico a três fios com neutro aterrado somente na subestação, devido ao deslocamento do ponto neutro em função das cargas monofásicas;
- não se devem ligar três reguladores em triângulo fechado, em sistemas trifásicos a quatro fios, dotados de cargas monofásicas ligadas entre fase e neutro.

Reguladores de tensão | **477**

FIGURA 16.17 Estrutura em poste para instalação de banco de reguladores.

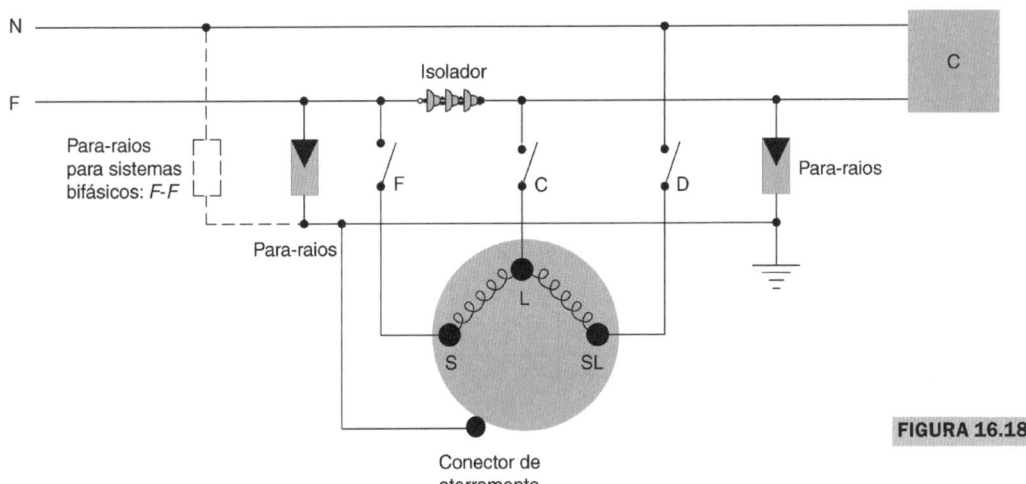

FIGURA 16.18 Esquema básico de ligação de 1 regulador de tensão monofásico.

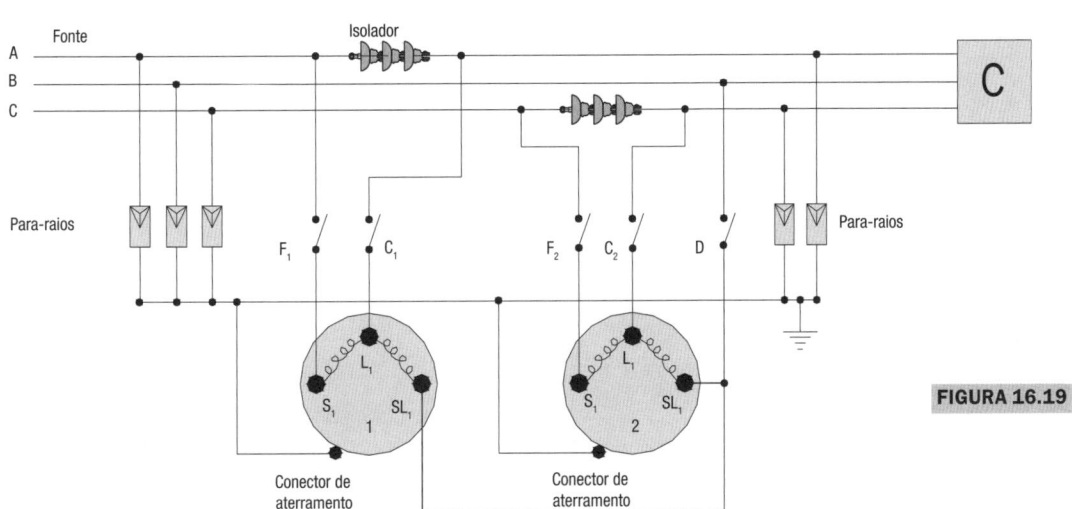

FIGURA 16.19 Esquema básico de ligação de 2 reguladores de tensão monofásicos ligados em um sistema trifásico.

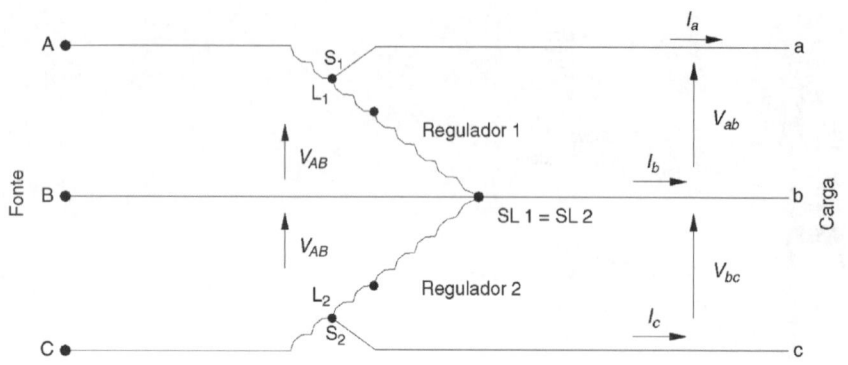

FIGURA 16.20 Diagrama elétrico básico referente à Figura 16.19.

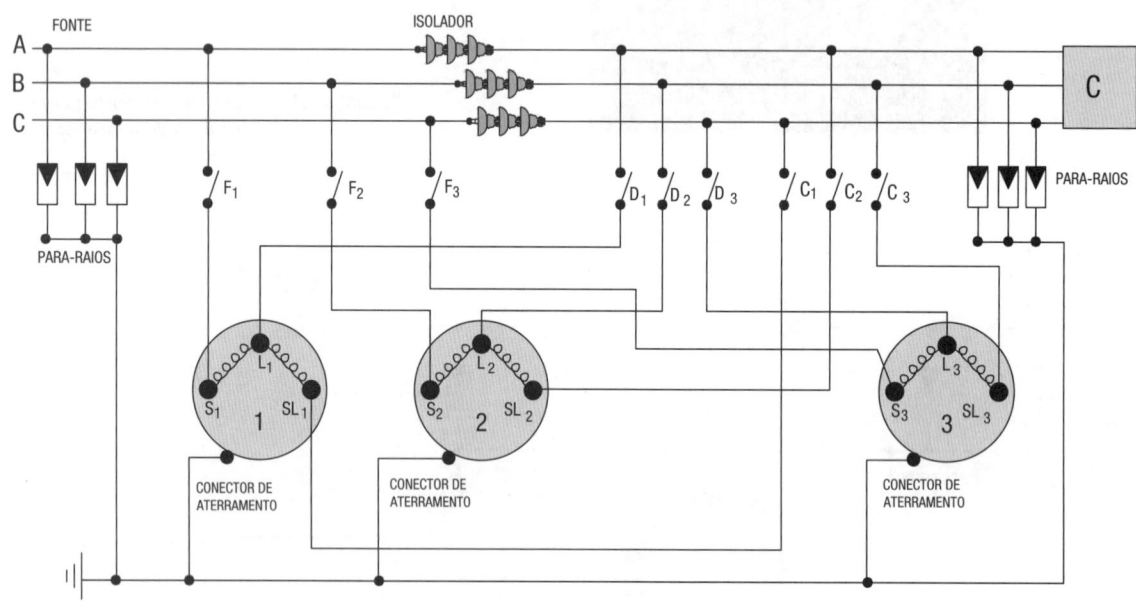

FIGURA 16.21 Esquema básico de ligação de 3 reguladores de tensão monofásicos em rede a 3 condutores.

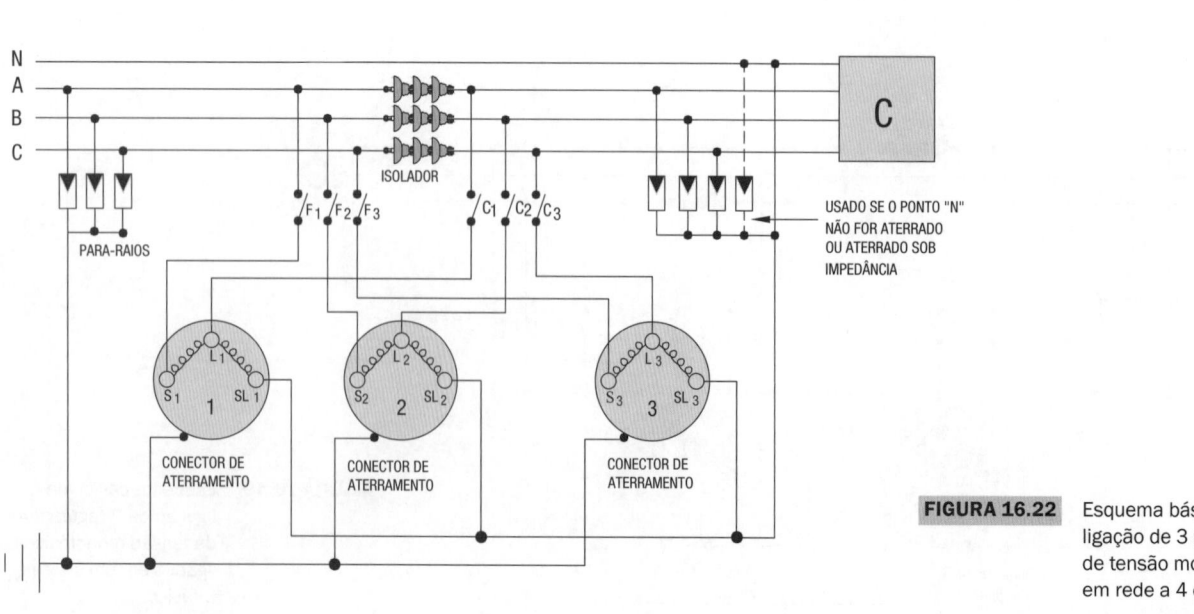

FIGURA 16.22 Esquema básico de ligação de 3 reguladores de tensão monofásicos em rede a 4 condutores.

O modo como são conectados os reguladores de tensão, formando bancos, permite se obterem faixas de regulação diferentes. A esse respeito podem-se fazer as seguintes considerações:

- um regulador monofásico instalado num sistema monofásico pode regular 100% de sua faixa de regulação;
- dois reguladores de tensão conectados em triângulo aberto em um sistema trifásico podem regular 110% da faixa de um regulador individual, conforme se vê na Figura 16.23. Os acréscimos da tensão valem:

$$V_{aa1} = \frac{\Delta V\% \times V_{ba}}{100} \text{ (V)} \quad (16.6)$$

$$V_{cc1} = \frac{\Delta V\% \times V_{bc}}{100} \text{ (V)} \quad (16.7)$$

Nesse caso, $V_{aa1} = V_{cc1} = 10\%$ da tensão $V_{ba} = V_{bc}$.

- Para três reguladores de tensão conectados em triângulo fechado, a faixa de regulação é aproximadamente 50% superior à de um regulador individual.

Como exemplo, pode-se afirmar que três reguladores monofásicos de $\pm 10\%$, ligados em triângulo fechado, regulam com muita aproximação 15%, conforme se pode comprovar na Figura 16.24.

Observe na Figura 16.24 que existe uma relação aproximada de 1,5 entre a faixa de regulação do banco de reguladores e a dos reguladores individuais. Para melhor ilustrar o assunto, verifique o gráfico da Figura 16.25, que representa a curva de variação percentual da tensão de linha para reguladores individuais nas posições de abaixar ou elevar, conectando-se três unidades em triângulo fechado para regular um circuito trifásico a três condutores. Para exemplificar, considere que se eleve de 8% o valor da regulação no regulador individual, nesse caso, o aumento percentual da tensão de linha é de 12%, ou seja, 50% superior ao regulador individual.

16.3.2 Determinação das características de um banco de reguladores

Os reguladores de tensão de 32 degraus devem exercer duas funções básicas no sistema em que estão ligados. Primeiramente, devem estar ajustados para corrigir as variações de tensão a partir do ponto de sua instalação. Em segundo lugar, devem compensar a queda de tensão em um ponto distante e predeterminado do alimentador.

É necessário saber que os reguladores de tensão monofásicos são dotados das seguintes faixas de variação de tensão: $\pm 5\%$; $\pm 6,25\%$; $\pm 7,5\%$; $\pm 8,75\%$ e $\pm 10\%$. A elevação ou redução da tensão é feita em 32 degraus em passos de 5/8%, sendo, no entanto, 16 degraus no sentido de elevar e 16 degraus no sentido de reduzir a tensão. Observe que 16 degraus em passos de 5/8% fornecem o limite da faixa de regulação de 10%, ou seja: $16 \times 5/8\% = 10\%$. Para se calcular a potência necessária que deve ter um banco de reguladores monofásicos, podem-se adotar os seguintes passos.

16.3.2.1 Faixa de regulação percentual

É dada pela Equação (16.8):

$$\Delta V_p = \frac{V_s - V_e}{V_e} \times 100 \quad (16.8)$$

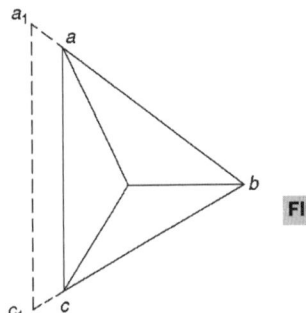

FIGURA 16.23 Gráfico de tensão para 2 reguladores de tensão conectados em triângulo.

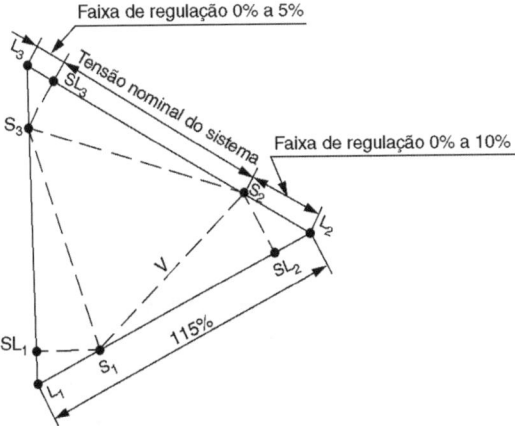

L1 - L2 - L3 - Triângulo de saída do regulador de tensão (representado pelas buchas L); S1 - S2 - S3 - Triângulo das tensões de entrada do regulador de tensão (representado pelas buchas S).

FIGURA 16.24 Diagrama elétrico de 3 reguladores de tensão monofásicos em triângulo fechado.

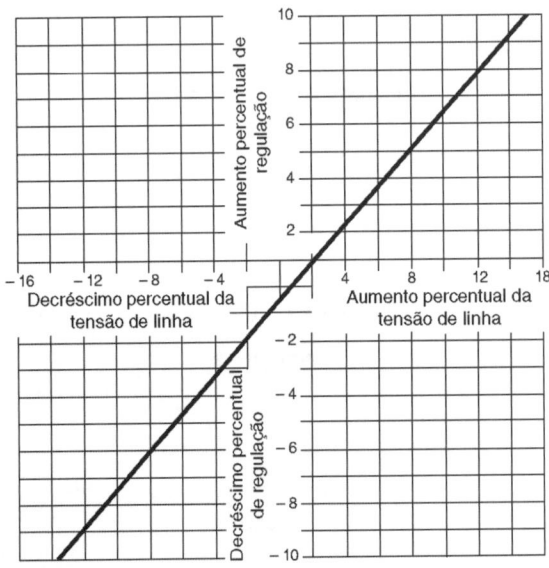

FIGURA 16.25 Curva de variação percentual da tensão de linha para reguladores individuais.

V_s – tensão nos terminais de saída do regulador de tensão, em V;
V_e – tensão nos terminais de entrada do regulador de tensão, em V.

A redução da faixa de regulação permite aumentar a capacidade do regulador de tensão de acordo com a Tabela 16.2.

16.3.2.2 Tensão de regulação

É a tensão em kV regulada pelo equipamento e dada pela Equação (16.9):

$$V_r = \Delta R_p \times V_n \quad (16.9)$$

ΔR_p – faixa de regulação, em %;
V_n – tensão nominal do circuito, entre fases, em kV.

16.3.2.3 Potência de regulação

É aquela que o regulador vai fornecer para manter a tensão no nível desejado. Pode ser dada pela Equação (16.10):

$$P_r = I_c \times V_r \text{ (kVA)} \quad (16.10)$$

I_c – corrente de carga máxima do circuito, em A;
V_r – tensão de regulação, em kV.

As potências nominais mais comuns dos reguladores de tensão de 32 degraus para sistema de 15 kV são as apresentadas na Tabela 16.3.

16.3.2.4 Ajuste da tensão de saída

A tensão de saída dos reguladores de 32 degraus pode ser determinada a partir do ajuste no controle eletrônico na base da tensão de 120 V. O ajuste é feito por um potenciômetro localizado no painel de controle. A Equação (16.11) fornece o valor da tensão de saída do regulador, em função do ajuste efetuado no controle eletrônico:

$$V_s = V_{aj} \times RTP \quad (16.11)$$

Grande parte dos reguladores de tensão de 32 degraus possui um RTP de $13.800 - 120$ V:115. Para um ajuste no controle eletrônico, $V_{aj} = 120$ V, por exemplo, a tensão de saída assume o valor de:

$$V_s = 120 \times 115 = 13.800 \text{ V}$$

O ajuste do potenciômetro do nível de tensão varia continuamente de 105 a 130 V, em incrementos de 1 V. De fábrica, em geral, o sensor vem ajustado em 120 V, com largura de faixa de 1,5 V.

16.3.2.5 Ajuste da largura de faixa de tensão

A largura de faixa de tensão é ajustada por um potenciômetro localizado no painel de controle. Se o sensor de tensão registra uma tensão de saída abaixo do valor ajustado, o regulador inicia a sua operação no sentido de elevar a tensão. Se, no entanto, a tensão de saída registrada pelo sensor estiver acima do valor ajustado, o regulador inicia a sua operação para reduzi-la. Logo, se denomina largura de faixa de tensão a diferença entre os valores de tensão inferior e superior anteriormente mencionados. A Figura 16.26 esclarece o que foi definido, observando-se ainda que o nível de tensão é o valor médio entre as tensões superior e inferior.

Considerando-se determinado nível de tensão de ajuste, a largura de faixa estabelece a máxima queda de tensão do alimentador em função da máxima variação de tensão admitida.

Para melhor compreensão, observar a Figura 16.27, em que o nível de tensão foi ajustado para 120 V no controle eletrônico, enquanto a largura de faixa sofreu um ajuste de 2,0 V. Nesse caso, a carga no alimentador deve produzir uma queda de tensão máxima de 2,5%, para que a largura de faixa de tensão se situe entre 116 e 118 V, ou seja:

$$120 - 120 \times 0{,}025 = 117 \text{ V (ver gráfico da Figura 16.27)}$$

Já no caso da Figura 16.28, para se manter os mesmos limites da largura de faixa anterior, isto é, de 116 a 118 V, permitindo agora 5% de queda de tensão e, portanto, um maior

TABELA 16.2 Variação da capacidade do regulador de tensão

Características	Variação				
Faixa de regulação (%)	10	8,75	7,56	6,25	5
Corrente nominal (A)	100	110	120	135	160

TABELA 16.3 Características de carga dos reguladores de tensão

Corrente (A)	Potência (kVA)	Corrente do TC (A)
50	72	50
100	144	100
200	288	200
231	333	250
289	416	300
347	500	350

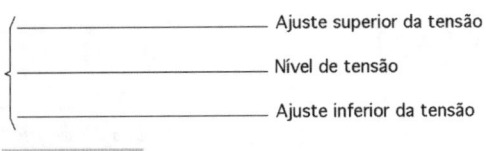

FIGURA 16.26 Largura da faixa de ajuste.

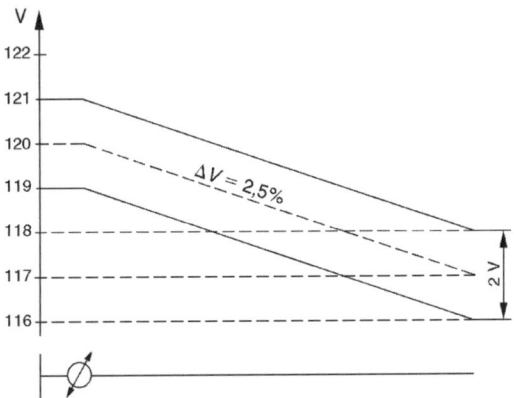

FIGURA 16.27 Gráfico de tensão para 2,5% de queda de tensão.

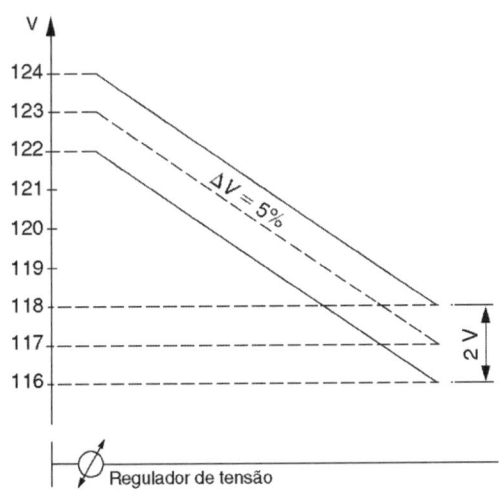

FIGURA 16.28 Gráfico de tensão para 5% de queda de tensão.

carregamento do alimentador, a tensão de saída do regulador de tensão deve ser de:

$$\Delta V = 120 \times 0,05 = 6 \text{ V}$$

$$V_{sr} = 117 + 6 = 123 \text{ V}$$

Para se ajustar o controle da largura de faixa, basta girar o potenciômetro e posicioná-lo no valor desejado, cujo alcance varia em passos definidos de 1,5 – 2,0 – 2,5 e 3,0 V.

Ao se reduzir demasiadamente a largura de faixa eleva-se o número de operações do regulador. A largura de faixa normalmente recomendada é de 2 V, ou seja, ±1 V, para um tempo de retardo de operação do comutador de 30 s.

Deve haver um compromisso entre a regulagem de tempo de retardo para a operação do comutador de derivação e o ajuste da largura de faixa de sintonização. À medida que se reduz o tempo de retardo para determinada largura de faixa, maior é o número de operações do comutador, provocando, em consequência, um maior desgaste nesse dispositivo, mas, em contrapartida, reduz-se o tempo em que a tensão fica fora dos valores desejados. Porém, aumentando-se o tempo de retardo, à medida que se reduz a largura de faixa de ajuste, eleva-se o tempo em que a tensão fica fora dos valores desejados reduzindo, assim, o número de operações do comutador de derivação.

Utiliza-se normalmente o tempo de retardo para impedir que o regulador de tensão opere para variações de tensão muito rápidas, o que significa que, para variações de tensão em intervalos de tempo menores do que o estabelecido para o ajuste de operação do comutador, este dispositivo fica bloqueado.

O tempo de retardo após a primeira operação do comutador é fixo e de valor igual a 6 s. O ajuste do tempo de retardo visa também outras condições de operação, ou seja:

- permitir respostas mais rápidas do regulador quando a natureza da carga assim o exigir;
- permitir coordenação de dois ou mais reguladores de tensão em série, devendo o regulador mais próximo ao ponto de regulação possuir maior temporização em seus ajustes.

16.3.3 Compensador de queda de tensão (LDC)

Muitas vezes se quer manter determinado nível de tensão num ponto distante da instalação do regulador de tensão. Para atender a esse requisito, deve-se ajustar um dispositivo que possui o regulador de tensão o qual simula a impedância do alimentador desde o ponto de sua instalação até o ponto em que se deseja manter constante o valor da tensão. A esse dispositivo dá-se o nome *compensador de queda de tensão*, ou ainda *Line-Drop Compensation* (LDC).

Quando não se utiliza o compensador de queda de tensão, a tensão de saída do regulador é constante para qualquer condição de carregamento do alimentador, sem contar, é claro, com a largura de faixa. Porém, ao se analisar o alimentador com uma carga variável ao longo do tempo, é fácil entender que no seu final haverá uma variação de tensão que pode ser compensada pela elevação de tensão na saída do regulador. A utilização do compensador implica normalmente ajustar-se o seletor de nível de tensão em 120 V.

Esses dispositivos são dotados de um circuito resistivo e reativo e ajustáveis de modo a simular os valores da resistência e da reatância entre os pontos de instalação do regulador e aquele pretendido para a regulação. O sensor recebe a informação por meio de um transformador de corrente instalado no lado da carga do regulador e do transformador de potencial, parte integrante do enrolamento paralelo. Conhecido o valor da impedância entre o ponto de instalação do regulador e o ponto que se pretende regular a tensão, ajusta-se o controle do compensador para que ele simule, em seu circuito interno, a impedância do alimentador entre os pontos referidos e a correspondente queda de tensão. A partir daí, o controle do regulador emite um sinal para o comutador de derivação, ordenando subir a tensão de um número de degraus suficiente, de modo a compensar no fim do trecho a queda de tensão simulada pelo compensador.

EXEMPLO DE APLICAÇÃO (16.4)

Regule um alimentador trifásico, a três condutores, ligação em estrela aterrada na subestação, tensão nominal igual a 13.800 V, sabendo-se que em carga máxima a tensão na barra de onde deriva o referido alimentador é de 12.860 V. Pretende-se que a tensão de saída do regulador seja cerca de 1,45% acima da tensão nominal, no horário de carga máxima que corresponde a 2.340 kVA. A RTP do regulador de tensão é 115, isto é: 13.800-120 V. Faça um estudo alternativo para regular o referido alimentador, instalando um banco de reguladores conectado em triângulo aberto ou um banco de três reguladores conectado em triângulo fechado.

a) Dois reguladores em triângulo aberto

- Ajuste do controle eletrônico

Para manter uma tensão de saída no regulador constante e igual a 1,45% acima da tensão nominal, tem-se:

$$V_s = 13.800 \times 1,0145 = 14.000 \text{ V}$$

De acordo com a Equação (16.11), deve-se efetuar o ajuste do controle eletrônico no valor de:

$$V_{aj} = \frac{V_s}{RTP} = \frac{14.000}{115} = 121,7 \text{ V}$$

- Faixa de regulação de tensão

De acordo com a Equação (16.8), tem-se:

$$V_e = 12.860 \text{ V}$$

$$\Delta V_p = \frac{V_s - V_e}{V_e} \times 100 = \frac{14.000 - 12.860}{12.860} \times 100$$

$$\Delta V_p = 8,86\%$$

Logo, será selecionada a faixa de regulação de ±10%.

- Corrente de carga

$$I_c = \frac{2.340}{\sqrt{3} \times 13,8} = 97,9 \text{ A}$$

- Tensão de regulação

$$V_r = \Delta R_p \times V_n$$
$$V_n = 13.800 \text{ V}$$
$$V_r = 0,10 \times 13.800 = 1.380 \text{ V} = 1,38 \text{ kV}$$

- Potência de regulação

$$P_r = I_c \times V_r = 97,9 \times 1,38 = 135,1 \text{ kVA}$$

O mesmo valor pode ser assim obtido:

$$P_r = \frac{2.340}{\sqrt{3} \times 10} = 135,1 \text{ kVA}$$

Logo, serão utilizados dois reguladores de 100 A de corrente nominal e de 144 kVA de potência nominal (Tabela 16.3).

b) Três reguladores em triângulo fechado

- Ajuste do controle eletrônico

Será ajustado na mesma forma aplicada anteriormente.

- Faixa de regulação

Como a ligação dos reguladores será efetuada em triângulo fechado e cada regulador, no caso anterior, estava ajustado para uma faixa de regulação de ±10%, utilizando-se agora três reguladores nesta condição, pode-se reduzir a faixa de regulação individual de cada regulador de 50%, já que a faixa total de regulação passa para 15%, ou seja:

– Reduzir a faixa de regulação de cada regulador de 50%:

$$\Delta V_{pi} = \frac{10\%}{1,5} = 6,66\%$$

Logo: $\Delta V_{pi} = 6{,}25\%$ (ver Tabela 16.2)

– A faixa de regulação dos três reguladores ligados em triângulo fechado é 50% superior à faixa de regulação de um regulador:

$$\Delta V_{pi} = 6{,}25 \times 1{,}5 = 9{,}3\% > 8{,}86\%$$

- Tensão de regulação

Para cada regulador vale:

$$V_r = 0{,}0625 \times 13.800 = 862\ V = 0{,}862\ kV$$

- Potência de regulação

$$P_r = 97{,}9 \times 0{,}862 = 84{,}3\ kVA$$

Nota: como cada regulador de tensão está ajustado para uma faixa de regulação de 6,25%, a potência da carga pode ser elevada para um valor limite de 3.266 kVA, de acordo com a Tabela 16.2, ou seja:

$$P_c = \sqrt{3} \times V \times I = \sqrt{3} \times 13{,}80 \times 135 = 3.226\ kVA$$

A Figura 16.29 mostra o esquema simplificado do compensador de queda de tensão. Para se calcular a resistência e reatância dos alimentadores entre os trechos pretendidos, pode-se utilizar a Tabela 16.4, que informa esses valores para redes aéreas de cobre e alumínio em função de diferentes espaçamentos entre condutores.

Para se proceder ao ajuste do compensador de queda de tensão, basta girar os potenciômetros da resistência e da reatância nos valores desejados. O alcance dos ajustes varia de 0 a 24 V. Também existem mais dois potenciômetros destinados ao ajuste fino.

No caso de se desejar uma compensação de queda de tensão no secundário do transformador, deve-se acrescer aos valores calculados para a resistência e reatância mais 5 e 4 V, respectivamente. O ajuste do compensador de queda de tensão deve levar em consideração dois casos descritos a seguir.

16.3.3.1 Alimentador sem derivação

Nesse caso, para se proceder ao ajuste do compensador de queda de tensão, num circuito trifásico, pode-se empregar as Equações (16.12) e (16.13), que fornecem os valores aproximados desses ajustes.

a) **Ajuste da resistência da rede**

$$R_a = \frac{I_{ntc}}{RTP} \times R_l \times D_l \qquad (16.12)$$

R_a – valor de ajuste da resistência, em V;
I_{ntc} – corrente nominal primária do transformador de corrente do regulador de tensão, em A;
D_l – comprimento do alimentador entre o ponto de instalação do regulador e o ponto de regulação, em km;
RTP – relação de tensão do transformador de potencial;
R_l – resistência unitária do alimentador, em Ω/km (Tabela 16.4).

b) **Ajuste da reatância da linha**

$$X_a = \frac{I_{ntc}}{RTP} \times X_l \times D_l \qquad (16.13)$$

X_a – valor de ajuste da reatância, em V;
X_l – reatância unitária do alimentador, em Ω/km (Tabela 16.4).

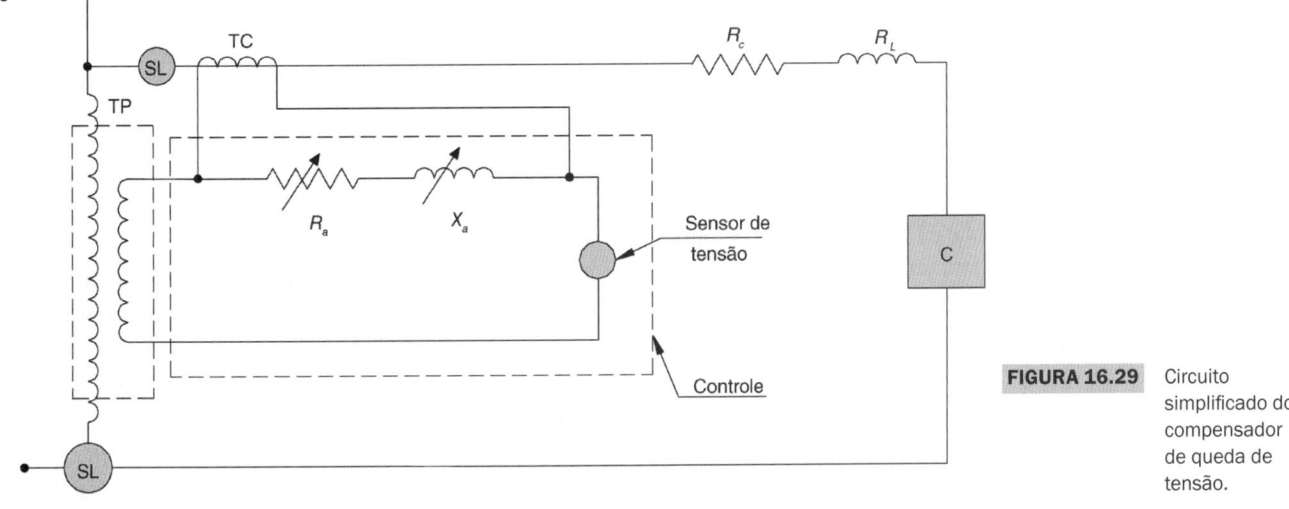

FIGURA 16.29 Circuito simplificado do compensador de queda de tensão.

TABELA 16.4 — Resistências e reatâncias, em Ω/km a 60 Hz

Seção mm²	Resistência A 20°C	Reatância indutiva — Espaçamento equivalente entre condutores (cm)							
		45	61	76	91	106	122	137	152
Cobre duro*									
10	2,151	0,443	0,446	0,482	0,495	0,508	0,518	0,528	0,535
16	0,463	0,426	0,449	0,466	0,479	0,492	0,502	0,512	0,518
25	0,862	0,407	0,426	0,443	0,459	0,469	0,479	0,489	0,495
35	0,547	0,390	0,410	0,426	0,443	0,453	0,462	0,472	0,479
50	0,344	0,371	0,394	0,410	0,423	0,433	0,446	0,453	0,472
70	0,272	0,361	0,384	0,400	0,417	0,426	0,436	0,446	0,453
95	0,173	0,344	0,364	0,380	0,397	0,407	0,417	0,426	0,433
120	0,147	0,338	0,354	0,371	0,387	0,397	0,407	0,417	0,423
150	0,121	0,321	0,348	0,364	0,377	0,390	0,400	0,410	0,417
185	0,104	0,315	0,341	0,358	0,371	0,384	0,394	0,403	0,410
240	0,075	0,312	0,331	0,351	0,364	0,374	0,384	0,394	0,403
400	0,052	0,302	0,338	0,338	0,351	0,364	0,374	0,384	0,390
500	0,039	0,289	0,328	0,328	0,341	0,354	0,364	0,374	0,380
Alumínio com alma de aço									
6	2,2140	0,430	0,453	0,469	0,482	0,495	0,505	0,515	0,522
4	1,3540	0,413	0,436	0,453	0,466	0,479	0,459	0,499	0,505
2	0,8507	0,400	0,423	0,44	0,453	0,466	0,476	0,485	0,492
1/0	0,5351	0,387	0,410	0,426	0,440	0,453	0,462	0,472	0,479
2/0	0,4245	0,380	0,403	0,42	0,433	0,446	0,456	0,466	0,472
3/0	0,3367	0,374	0,397	0,413	0,426	0,440	0,449	0,459	0,466
4/0	0,2671	0,367	0,390	0,407	0,420	0,433	0,443	0,453	0,459
266,8	0,2137	0,321	0,341	0,358	0,371	0,384	0,339	0,403	0,410
336,4	0,1694	0,308	0,331	0,348	0,361	0,373	0,384	0,394	0,400
397,5	0,1434	0,305	0,325	0,344	0,358	0,367	0,377	0,387	0,394
477,0	0,1195	0,298	0,318	0,335	0,348	0,361	0,371	0,380	0,387
556,5	0,1025	0,291	0,315	0,331	0,331	0,344	0,367	0,374	0,384
795,0	0,0717	0,279	0,302	0,331	0,331	0,344	0,354	0,361	0,371
954,0	0,0620	0,275	0,295	0,312	0,325	0,338	0,348	0,354	0,364
1.272	0,0450	0,259	0,282	0,298	0,312	0,325	0,335	0,344	0,351

*Os valores das resistências dos condutores de cobre são aproximados.

Os ajustes do regulador de tensão são efetuados pelos potenciômetros.

Como a relação entre a corrente e a tensão é função do tipo de sistema, é necessário que se faça uma correção nos valores calculados pelas Equações (16.12) e (16.13):

- nos sistemas monofásicos, os ajustes R_a e X_a devem ser multiplicados pelo fator de correção 1,67, considerando-se que o neutro do circuito esteja ligado à terra;
- tratando-se de circuitos trifásicos a três condutores, os ajustes devem levar em consideração o deslocamento de fase da corrente de carga provocado pela conexão dos reguladores na configuração delta. Nos circuitos equilibrados as tensões de fase e o componente ativo da corrente de carga estão atrasados ou adiantados de um ângulo de 30°, dependendo da rotação de fase. Os valores dos ajustes corrigidos são dados pelas Equações (16.14), (16.15), (16.16) e (16.17). Esse ajuste é necessário para que não se tenha nos terminais dos reguladores a corrente de um em avanço e do outro em atraso. Ou todas as correntes estão em avanço ou todas as correntes devem estar em atraso.

- Para reguladores em avanço:

$$R_{cor} = 0{,}866 \times R_a + 0{,}5 \times X_a \quad (16.14)$$

$$X_{cor} = 0{,}866 \times X_a - 0{,}5 \times R_a \quad (16.15)$$

- Para os reguladores em atraso:

$$R_{cor} = 0{,}866 \times R_a - 0{,}5 \times X_a \quad (16.16)$$

$$X_{cor} = 0{,}866 \times X_a + 0{,}5 \times R_a \quad (16.17)$$

- Nos sistemas trifásicos a quatro fios com neutro multiaterrado ligados em estrela, devem-se aplicar nos reguladores os ajustes definidos nas Equações (16.12) e (16.13).
- Quando os reguladores forem ligados em triângulo aberto ou fechado, a RTP deve ser convertida para a base da tensão de neutro, dividindo-se a própria RTP por $\sqrt{3}$.

As correções a serem efetuadas em R_a e X_a calculadas pelas Equações (16.12) e (16.13) são normalmente determinadas no momento da ligação do banco com os seguintes passos:

- ligar os reguladores para operação em triângulo aberto;
- posicionar o seletor de controle no *automático*;
- ajustar o compensador de queda de tensão;
- ajustar o sensor do nível de tensão em 120 V;
- ajustar o valor de X_a em 10 V em cada regulador, deixando o valor de R_a nulo;
- medir a tensão na saída do regulador;
- o regulador com a tensão de saída mais elevada está com a fase em atraso;
- repetir a operação anterior com o terceiro regulador, de sorte a se ter todos eles com o mesmo deslocamento angular.

16.3.3.2 Alimentador com derivação

Esse caso consiste na existência de derivações entre o ponto de instalação do regulador e o ponto de regulação. Nessas condições, a corrente que circula no transformador de corrente do regulador é diferente da corrente no ponto de regulação. Logo, o ajuste do compensador de queda de tensão deve ser feito de acordo com os valores de R_a e X_a, dados pelas Equações (16.18) e (16.19).

$$R_a = \frac{I_{ntc}}{RTP} \times \left[\frac{\sum (I_t \times R_t \times D_t)}{I_c} \right] \quad (16.18)$$

$$X_a = \frac{I_{ntc}}{RTP} \times \left[\frac{\sum (I_t \times X_t \times D_t)}{I_c} \right] \quad (16.19)$$

I_t – corrente nos trechos do alimentador compreendidos entre as derivações consideradas, em A;
D_t – distância compreendida entre os trechos considerados, em km;
R_t – resistência unitária dos condutores em Ω/km (Tabela 16.4);
X_t – reatância unitária dos condutores, em Ω/km (Tabela 16.4);
I_c – corrente que circula no ponto de instalação do regulador de tensão, em A.

EXEMPLO DE APLICAÇÃO (16.5)

Calcule os valores de R_a e X_a para o alimentador apresentado na Figura 16.30. O espaçamento equivalente dos condutores é de 91 cm. Foram utilizados três reguladores de 50 A ligados entre fase e neutro, e o ponto D é considerado o ponto de regulação. O sistema é de quatro condutores de alumínio em estrela multiaterrada. A temperatura do condutor foi considerada igual a 50 °C.

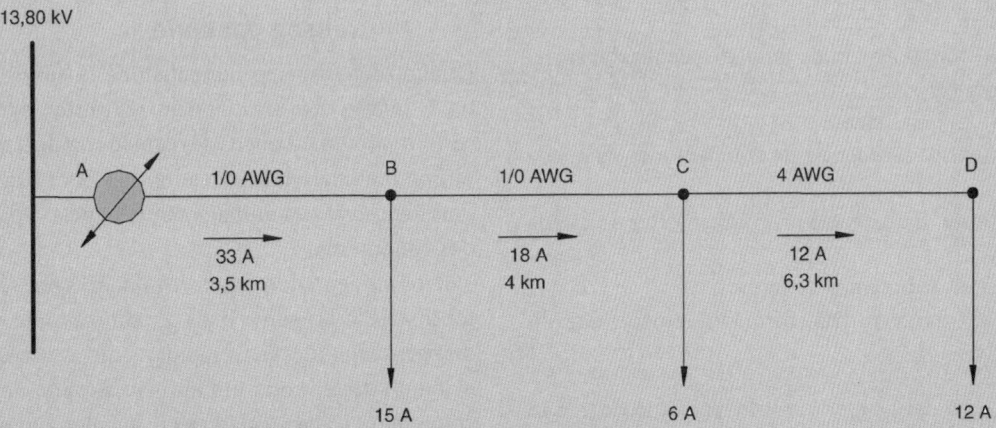

FIGURA 16.30 Diagrama de carga de rede de distribuição primária.

De acordo com as Equações (16.18) e (16.19), tem-se:

$$R_{t_1} = 0{,}5351 \times [1 + 0{,}00403 \times (50 - 20)]$$

$$R_{t_1} = 0{,}5997 \; \Omega/\text{km (Tabela 16.4)}$$

$$R_{t_2} = 0{,}440 \; \Omega/\text{km (Tabela 16.4)}$$

$$R_a = \frac{50}{13.800/120} \times \left[\frac{\sum(33 \times 0,5997 \times 3,5 + 18 \times 0,5997 \times 4 + 12 \times 1,5177 \times 6,3)}{33}\right]$$

$$R_a = 2,95 \text{ V} \to R_a = 3 \text{ V}$$

$$X_a = \frac{50}{13.800/120} \times \left[\frac{\sum(33 \times 0,440 \times 3,5 + 18 \times 0,440 \times 4 + 12 \times 0,466 \times 6,3)}{33}\right]$$

$$X_a = 1,55 \text{ V} \to X_a = 2 \text{ V}$$

16.3.4 Tensão nos terminais do primeiro transformador próximo ao regulador

Ao se estabelecerem os valores de ajuste no compensador de queda de tensão, ficam definidos também os valores de tensão nos terminais primários e secundários de todos os transformadores ligados àquele alimentador. Porém, um caso particular é mais importante para ser analisado. Trata-se das tensões no primeiro transformador localizado imediatamente após o regulador.

Se a tensão no compensador de queda de tensão está ajustada para permitir uma tensão nominal no último transformador do alimentador, o primeiro transformador instalado após o regulador pode ficar submetido a uma tensão acima da nominal. Esse valor não deve ultrapassar os limites definidos pela ANEEL, observando-se ainda os fenômenos de superexcitação já estudados no Capítulo 12. Para se calcular a tensão nos terminais primários desse transformador na base da relação do transformador de potencial do regulador de tensão, devem-se aplicar as Equações (16.20) e (16.22):

$$V_{sr1} = V_{pr} + \frac{I_c \times R_a \times \cos\psi}{I_{ntc}} + \frac{I_c \times X_a \times \sen\psi}{I_{ntc}} \quad (16.20)$$

V_{sr1} – tensão nos terminais de saída do regulador de tensão, em V, na base da RTP do regulador;
V_{pr} – tensão que deve ser mantida no ponto de regulação, na mesma base anterior;
I_c – corrente de carga trifásica, em A;
R_a – valor do ajuste da resistência no compensador de queda de tensão, em V;
X_a – valor do ajuste da reatância no compensador de queda de tensão, em V;
ψ – ângulo do fator de potência da carga;
I_{ntc} – corrente primária do transformador de corrente do regulador.

O valor V_{sr1} não deve superar o valor máximo de tensão permitido para o transformador. Além disso, de acordo com a legislação da ANEEL, o valor V_{sr1} não deve ser superior a +3% da tensão nominal. Na base de 120 V, a tensão máxima permitida vale:

$$V_{ad} = 120 \times 1,03 = 123,6 \text{ V}$$

Caso V_{sr1} seja superior ao valor da tensão máxima admitida, V_{ad}, então, devem-se corrigir os valores de R_a e X_a aplicando sobre esses resultados o fator de ajuste F_a, de acordo com a Equação (16.21), ou seja:

$$F_a = \frac{V_{ad} - V_{pr}}{V_{sr1} - V_{pr}} \quad (16.21)$$

Finalmente, a tensão no primário do transformador localizado logo após regulador de tensão vale:

$$V_{pri} = V_{sr1} - \frac{I_c \times R_l \times D_l \times \cos\Psi + I_c \times X_l \times D_l \times \sen\Psi}{RTP} \quad (16.22)$$

R_l – resistência unitária do condutor, em Ω/km, de acordo com a Tabela 16.4;
X_l – reatância unitária do condutor, em Ω/km, de acordo com a tabela anteriormente mencionada;
D_l – distância compreendida entre o regulador e o primeiro transformador, em km;
V_{pri} – tensão no primário do primeiro transformador, em V, na base da RTP do regulador.

16.3.5 Aplicação de reguladores de tensão em série

Quando determinado alimentador está submetido a uma queda de tensão excessiva, podem-se utilizar, para operação em série, dois ou três bancos de reguladores de tensão, sendo esse último o número máximo admitido. A utilização dos reguladores em série fica limitada também pela capacidade térmica dos condutores.

Nos alimentadores com reguladores em série, aquele que for instalado no ponto mais próximo à fonte deve ser ajustado para responder mais rapidamente às variações de tensão, evitando desse modo um número elevado de operações dos comutadores dos reguladores instalados a jusante.

16.3.6 Aplicação de reguladores e de capacitores

16.3.6.1 Banco de reguladores e de capacitores fixos

Esse tipo de operação deve levar em conta os seguintes fatores:

a) Banco de capacitores instalado entre a fonte e o regulador de tensão

Nesse caso, o regulador de tensão corrige a elevação de tensão produzida pelo banco de capacitores, não acarretando nenhuma alteração na forma de ajuste do compensador de queda de tensão.

b) Banco de capacitores instalado entre os terminais de carga do regulador e o ponto de regulação, em alimentador sem derivação

Nessas condições, a corrente no ponto de regulação é diferente da corrente que circula no transformador de corrente do regulador, devendo-se alterar os ajustes do comutador de derivação. Os valores de R_a e X_a podem ser calculados de acordo com as Equações (16.23) e (16.24):

$$R_a = \frac{I_{ntc}}{RTP} \times \left[\frac{(I_c + I_{cap}) \times R_{rc} \times D_{rc} \times I_c \times R_{cpr} \times D_{cpr}}{I_c + I_{cap}} \right] \quad (16.23)$$

I_c – corrente de carga que circula no ponto de instalação de regulador, em A;
I_{cap} – corrente nominal do capacitor, em A;

EXEMPLO DE APLICAÇÃO (16.6)

Calcule os valores de R_a e X_a considerando o alimentador em cabo 4 AWG-CAA apresentado no desenho esquemático da Figura 16.31. Os reguladores estão ligados em triângulo fechado.

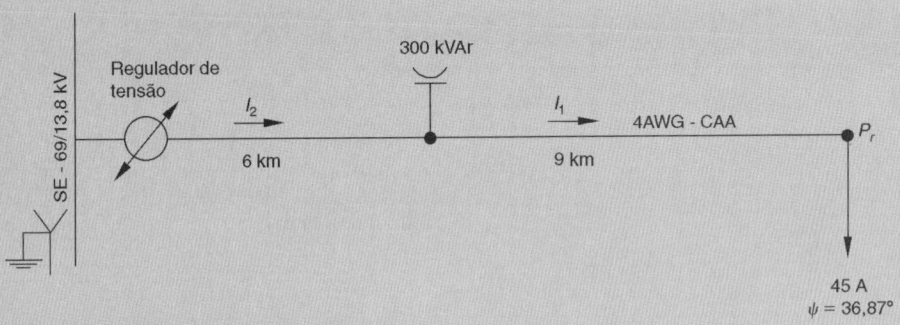

FIGURA 16.31 Diagrama de carga da rede de distribuição primária.

$$I_1 = 45 \times \cos 36{,}87° + j45 \times \text{sen } 36{,}87° = 35{,}99 + j27{,}00 = 45 \angle -36{,}8° \text{ A}$$

$$I_2 = I_1 + I_{cap} = 35{,}99 + j27{,}00 - j12{,}5 = 35{,}99 + j14{,}5 = 38{,}8 \angle 21{,}9° \text{ A}$$

$$I_{cap} = \frac{300}{\sqrt{3} \times 13{,}80} = 12{,}5 \text{ A}$$

$$R_{rc} = R_{cpr} = 1{,}354 \ \Omega/\text{km a 20 °C (Tabela 16.4)}$$

À temperatura do cabo de 70 °C, tem-se:

$$R_{rcc} = 1{,}354 \times [1 + 0{,}00403 \times (70 - 20)]$$

$$R_{rcc} = 1{,}6268 \ \Omega/\text{km}$$

$X_{rc} = X_{cpr} = 0{,}466 \ \Omega$/km (Tabela 16.4 – espaçamento de 91 cm)

$$I_c + I_{cap} = 38{,}8 \text{ A}$$

$$R_a = \frac{50}{115/\sqrt{3}} \left[\frac{38{,}8 \times 1{,}6268 \times 6 + 45 \times 1{,}6268 \times 9}{38{,}80} \right]$$

$$R_a = 20{,}1 \text{ V} \rightarrow R_a = 20 \text{ V}$$

$$X_a = \frac{50}{115/\sqrt{3}} \left[\frac{38{,}8 \times 0{,}466 \times 6 + 45 \times 0{,}466 \times 9}{38{,}80} \right]$$

$$X_a = 5{,}7 \text{ V} \rightarrow X_a = 6 \text{ V}$$

O valor de $\sqrt{3}$ presente na determinação de R_a e X_a refere-se à condição de o banco de reguladores estar ligado em triângulo.

D_{rc} – distância entre o ponto de instalação do regulador e do capacitor, em km;
D_{cpr} – distância entre o ponto de instalação do capacitor e o ponto de regulação, em km;
R_{rc} – resistência unitária do condutor utilizado entre o regulador e o capacitor, em Ω/km, de acordo com a Tabela 16.4;
R_{cpr} – resistência unitária do condutor utilizado entre o capacitor e o ponto de regulação, em Ω/km, de acordo com a Tabela 16.4;

$$X_a = \frac{I_{ntc}}{RTP} \times \left[\frac{(I_c + I_{cap}) \times X_{rc} \times D_{rc} + I_c \times X_{cpr} \times D_{cpr}}{I_c + I_{cap}} \right] \quad (16.24)$$

X_{rc} – reatância unitária do condutor utilizado entre o regulador e o capacitor, em Ω/km, de acordo com a Tabela 16.4;
X_{cpr} – reatância unitária do condutor utilizado entre o capacitor e o ponto de regulação, em Ω/km, de acordo com a Tabela 16.4.

O método mais simples para se obter a coordenação entre a ação do capacitor e do regulador é manter constante o ajuste do compensador nos valores calculados para o alimentador sem a presença do capacitor e elevar o nível da tensão de regulação por meio da Equação (16.25), cujo resultado fica muito próximo dos valores reais:

$$V_{cc} = V_{sc} + \frac{I_{cap}}{I_{ntc}} \times \left(X_{rpr} \times D_{rpr} - X_{rc} \times D_{rpr} \right) \quad (16.25)$$

V_{sc} – tensão ajustada sem a influência do capacitor, normalmente igual a 120 V;
V_{cc} – tensão ajustada com a influência do capacitor;
X_{rpr} – reatância unitária do condutor entre o regulador e o ponto de regulação;
D_{rpr} – distância entre o regulador e o ponto de regulação.

EXEMPLO DE APLICAÇÃO (16.7)

Calcule os valores de R_a e X_a de um compensador de queda de tensão considerando o alimentador em cabo de seção 1/0 AWG-CAA da Figura 16.32. Todas as cargas têm fator de potência igual a 0,87. São três reguladores ligados em triângulo fechado.

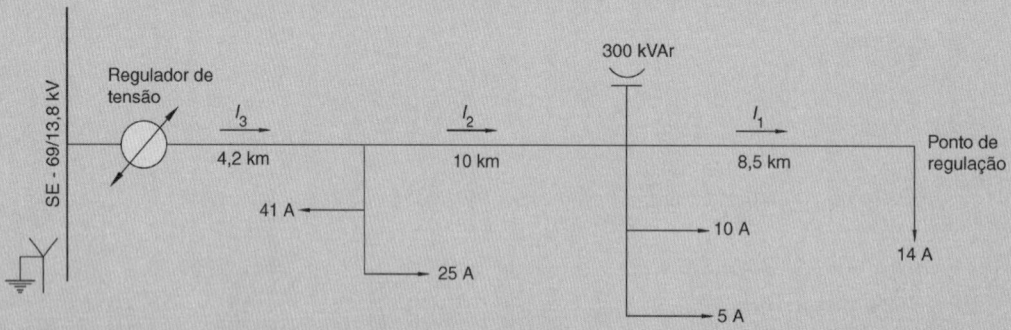

FIGURA 16.32 Rede de distribuição primária.

A corrente do capacitor vale:

$$I_{cpa} = \frac{300}{\sqrt{3} \times 13,80} = 12,5 \text{ A}$$

$$I_1 = 14 \times \cos 29,54° + j14 \times \text{sen } 29,54° = 12,18 + j6,9 \text{ A} = 14\angle 29,5° \text{ A}$$
$$\text{arcos } 0,87 = 29,54°$$
$$I_2 = 12,18 + j6,9 + (5 + 10) \times \cos 29,54° + j(5 + 10) \times \text{sen } 29,54° - j12,5 \text{ A}$$
$$I_2 = 25,23 + j1,79 \text{ A} = 25,2 \angle 4° \text{ A}$$
$$I_3 = 25,23 + j1,79 + (25 + 41) \times \cos 29,54° + j(25 + 41) \times \text{sen } 29,54°$$
$$I_3 = 82,65 + j34,33 = 89,49 \angle 22,55° \text{ A}$$
$$R_c = 0,5351 \text{ Ω/km a 20 °C} \rightarrow R_c = 0,5997 \text{ Ω/km a 70 °C}$$
$$I_{ntc} = 100 \text{ A (regulador de 100 A)}$$

$$R_a = \frac{110}{115/\sqrt{3}} \times \left[\frac{\sum (89,49 \times 0,5997 \times 4,2 + 25,2 \times 0,5997 \times 10 + 14 \times 0,5997 \times 8,5)}{89,49} \right]$$

$$R_a = 7,5 \text{ V} \rightarrow R_a = 8 \text{ V}$$

$$X_a = \frac{110}{115/\sqrt{3}} \times \left[\frac{\sum (89,49 \times 0,440 \times 4,2 + 25,2 \times 0,440 \times 10 + 14 \times 0,440 \times 8,5)}{89,49} \right]$$

$$X_a = 5,5 \text{ V} \rightarrow X_a = 6 \text{ V}$$

Utilizando-se agora o método mais simples de modificação do nível de tensão obtido pela Equação (16.25), tem-se:

$$V_{cc} = V_{sc} + \frac{I_{cap}}{I_{ntc}} \times \left(X_{rpr} \times D_{rpr} - X_{rc} \times D_{rc}\right)$$

Nesse caso, é necessário se calcular V_{cc} levando em consideração a influência do capacitor. Neste exemplo, será admitido que o ajuste efetuado no regulador de tensão foi de 120 V, que permite uma saída regulada de 13.800 V, considerando-se uma relação do transformador de potencial de 115. Aplicando a Equação (16.25), tem-se:

$$V_{cc} = 120 + \frac{12,5}{100} \times (0,440 \times 22,7 - 0,440 \times 14,2)$$

V_{cc} = 120,46 V (valor a ser ajustado no controle eletrônico)

Os ajustes de R_a e X_a devem ser mantidos nos valores calculados pelas Equações (16.18) e (16.19), como se não houvesse capacitor, ou seja:

$$R_a = \frac{I_{ntc}}{RTP/\sqrt{3}} \times \left[\frac{\sum(I_t \times R_t \times D_t)}{I_c}\right]$$

$$R_a = \frac{100}{115/\sqrt{3}} \times \left[\frac{\sum(14 \times 0,5997 \times 8,5 + 29 \times 0,5997 \times 10 + 95 \times 0,5997 \times 4,2)}{95}\right]$$

$$R_a = 7,6 \text{ V} \rightarrow R_a = 8 \text{ V}$$

$$X_a = \frac{I_{ntc}}{RTP/\sqrt{3}} \times \left[\frac{\sum(I_t \times R_t \times D_t)}{I_c}\right]$$

$$X_a = \frac{100}{115/\sqrt{3}} \times \left[\frac{\sum(14 \times 0,440 \times 8,5 + 29 \times 0,440 \times 10 + 95 \times 0,440 \times 4,2)}{95}\right]$$

$$X_a = 5,63 \text{ V} \rightarrow X_a = 6 \text{ V}$$

c) Banco de capacitores instalado entre os terminais de carga do regulador e o ponto de regulação, em alimentador com derivação

Os valores de R_a e X_a podem ser calculados pelas Equações (16.26) e (16.27):

$$R_a = \frac{I_{ntc}}{RTC}\left[\frac{\sum(I_t + I_{cap}) \times R_t \times D_t}{I_c + I_{cap}}\right] \quad (16.26)$$

$$X_a = \frac{I_{ntc}}{RTC}\left[\frac{\sum(I_t + I_{cap}) \times X_t \times D_t}{I_c + I_{cap}}\right] \quad (16.27)$$

I_t – corrente que circula em cada trecho do alimentador em A;
R_t – resistência do condutor dos trechos compreendidos entre o regulador e o ponto de regulação, em Ω/km;
D_t – comprimento do circuito dos trechos compreendidos entre o regulador e o ponto de regulação, em km;
X_t – reatância do condutor dos trechos compreendidos entre o regulador e o ponto de regulação, em Ω/km.

d) Banco de capacitores instalado no ponto de regulação ou depois dele em alimentador sem derivação

Nesse caso, a alteração na tensão, tanto nos terminais de saída do regulador de tensão como no ponto de regulação, é uniforme, já que o banco de capacitor reduz a queda de tensão em todo o trecho. Assim, os valores de R_a e X_a são calculados normalmente como se não houvesse capacitor, apenas considerando-se o efeito do banco de capacitor sobre a carga instalada após o seu ponto de conexão, o que é feito pelas Equações (16.23) e (16.24), fazendo $D_{cpr} = 0$.

e) Banco de capacitores instalado no ponto de regulação ou depois dele em alimentador com derivação

Nesse caso, os valores de R_a e X_a podem ser calculados pelas Equações (16.26) e (16.27).

16.3.6.2 Banco de reguladores e de capacitores automáticos

a) Banco de capacitores montado no mesmo ponto de instalação do regulador no lado da fonte

Não há necessidade de modificação nos ajustes do regulador de tensão, já que a corrente do capacitor não influirá na operação do regulador de tensão.

b) Banco de capacitores montado no mesmo ponto de instalação do regulador no lado da carga

Considere, nesse caso, apenas a metade do valor corrigido, ou um pouco acima, se o banco de capacitores estiver energizado na maior parte do dia, ou um pouco abaixo, se o banco de capacitor estiver desenergizado na maior parte do dia.

Deve-se, dessa forma, levar em consideração a corrente do banco de capacitor. Se ele estiver operando sob o controle de tensão, deve-se ligar o circuito no lado da fonte para não sofrer interferência das operações do regulador.

Os ajustes de R_a e X_a devem ser calculados com base nas mesmas equações empregadas para os bancos de capacitores fixos.

c) Banco de capacitores instalado entre o regulador e o ponto de regulação

Em geral, as operações do regulador de tensão não influenciam o sistema que comanda o banco de capacitores automático, por ser a largura de faixa do regulador de tensão inferior à do sistema de comando do banco de capacitores, bem como o retardo de tempo do regulador ser menor do que o sistema de comando do capacitor.

EXEMPLO DE APLICAÇÃO (16.8)

Calcule os ajustes R_a e X_a do compensador de queda de tensão do alimentador mostrado na Figura 16.33. Deseja-se manter no valor nominal a tensão regulada no ponto C. O cabo do alimentador de alumínio é 266,8 MCM e a carga tem fator de potência de 0,88. Efetue um estudo alternativo para localização de um banco de capacitores automático de 600 kVAr nos seguintes pontos:

- nos terminais de carga do regulador (ponto A);
- a 3,5 km do ponto de instalação do regulador de tensão (ponto B);
- no ponto de regulação de tensão (ponto C).

A tensão de fonte em carga máxima no ponto de instalação do regulador de tensão é de 13.300 V, e a queda de tensão calculada em cada ponto anteriormente considerado é de:

- ponto A: não há queda de tensão, já que está nos terminais do regulador;
- ponto B: 3,5%;
- ponto C: 5,0%.

O valor da RTP é de 13.800-120:115, e o espaçamento equivalente entre condutores é de 91 cm.

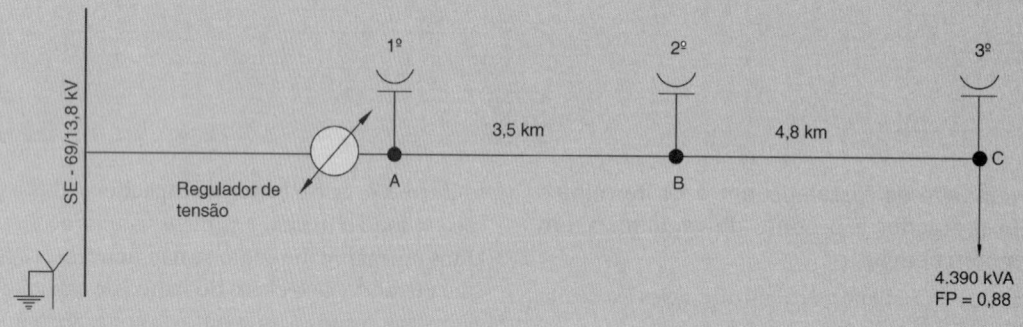

FIGURA 16.33 Rede de distribuição primária.

a) Corrente de carga

$$I_c = \frac{4.390}{\sqrt{3} \times 13,80} = 183,6 \text{ A}$$

b) Ajuste do controle eletrônico (valor inicial)

$$V_a = 120 \text{ V}$$

c) Faixa de regulação

De acordo com a Equação (16.8), tem-se:

$$V_e = \frac{13.300}{115} = 115,65 \text{ V}$$

$$\Delta V_{pr} = \frac{V_s - V_e}{V_e} \times 100$$

$V_s = 129,13$ V [ver seção (h) deste exemplo]

$$\Delta V_{pr} = \frac{129,13 - 115,65}{115,65} \times 100 = 11,65\%$$

Nesse caso, devem-se utilizar três reguladores de tensão conectados em triângulo fechado, e cada regulador deve ser ajustado na faixa de regulação de ±10%, o que resulta no final uma faixa de regulação igual a ±15%. Considere a temperatura do condutor, no valor de 70 °C.

d) Tensão de regulação

$$V_r = \Delta R_{pr} \times V_n = 0{,}15 \times 13{,}8 = 2{,}07 \text{ kV}$$

e) Potência de regulação

$$P_r = I_c \times V_r = 183{,}6 \times 2{,}07 = 380 \text{ kVA}$$

f) Características do regulador de tensão (Tabela 16.3)
- Corrente nominal: 289 A.
- Potência nominal: 416 kVA.
- RTC: 300 – 5 → RTC = 60.
- RTP: 13.800 – 120 → RTP = 115.

g) Ajuste do compensador de queda de tensão sem capacitor

De acordo com as Equações (16.12) e (16.13), tem-se:

$$R_a = \frac{I_{ntc}}{RTP/\sqrt{3}} \times R_i \times D_i$$

$$R_c = 0{,}2137 \times [1 + 0{,}00403 \times (70 - 20)] = 0{,}2567 \text{ }\Omega/\text{km}$$

$$R_a = \frac{300}{115/\sqrt{3}} \times 0{,}2567 \times (3{,}5 + 4{,}8) = 9{,}6 \text{ V}$$

$$R_a = 10 \text{ V}$$

$$X_a = \frac{I_{ntc}}{RTP/\sqrt{3}} \times X_i \times D_i$$

$$X_a = \frac{300}{115/\sqrt{3}} \times 0{,}371 \times (3{,}5 + 4{,}8) = 13{,}9 \text{ V}$$

$$X_a = 14 \text{ V}$$

Os valores de resistência e reatância dos condutores podem ser encontrados na Tabela 16.4, para um espaçamento equivalente de 91 cm.

h) Ajuste de R_a e X_a considerando a instalação do banco de capacitores no ponto A

$$R_a = \frac{I_{ntc}}{RTP/\sqrt{3}} \times \left[\frac{(I_c + I_{cap}) \times R_{rc} \times D_{rc} + I_c \times R_{cpr} \times D_{cpr}}{I_c + I_{cap}} \right]$$

$$I_c = 183{,}6 \times \cos 28{,}35 + j183{,}6 \times \text{sen } 28{,}35 = 161{,}5 + j87{,}1 \text{ A}$$

$$I_c = 183{,}6 \angle -28{,}3° \text{ A}$$

$$\text{arcos } 0{,}88 = 28{,}35°$$

$$I_{cap} = \frac{600}{\sqrt{3} \times 13{,}80} = 25{,}1 \text{ A} = j25{,}1 \text{ A}$$

$$I_c + I_{cap} = 161{,}6 + j87{,}0 - j25{,}1 = 161{,}6 + j61{,}9 \text{ A}$$

$$I_c + I_{cap} = 173 \angle 21° \text{ A}$$

$$R_a = \frac{300}{115/\sqrt{3}} \times \left[\frac{173 \times 0{,}2567 \times 0 + 183{,}6 \times 0{,}2567 \times (3{,}5 + 4{,}8)}{173} \right]$$

$$R_a = 10{,}2 \text{ V} \rightarrow R_a = 10 \text{ V}$$

$$X_a = \frac{I_{ntc}}{RTP/\sqrt{3}} \times \left[\frac{(I_c + I_{cap}) \times X_{rc} \times D_{rc} + I_c \times X_{cpr} \times D_{cpr}}{I_c + I_{cap}} \right]$$

$$X_a = \frac{300}{115/\sqrt{3}} \times \left[\frac{173 \times 0{,}371 \times 0 + 183{,}6 \times 0{,}371 \times (3{,}5 + 4{,}8)}{173} \right]$$

$$X_a = 14,7 \text{ V} \rightarrow X_a = 15 \text{ V}$$

A tensão na saída do regulador de tensão vale:

$$V_{sr1} = V_{pr} + \frac{I_c \times R_a \times \cos\psi}{I_{ntc}} + \frac{I_c \times X_a \times \sen\psi}{I_{ntc}}$$

$$V_{sr1} = 120 + \frac{173 \times 10 \times 0,88}{300} + \frac{173 \times 15 \times 0,47}{300}$$

$$V_{sr1} = 120 + 5,07 + 4,06 = 129,13 \text{ V}$$

A tensão no secundário do regulador seria extremamente elevada, ou seja:

$V_{sr} = 129,13 \times 115 = 14.849$ V (este valor é ainda inferior ao valor máximo admitido para o regulador de tensão)

Como alternativa, pode-se manter os valores dos ajustes de R_a e X_a calculados sem a ação do banco de capacitores e alterar o nível da tensão de regulação pela Equação (16.25).

$$V_{cc} = V_{sc} + \frac{I_{cap}}{I_{ntc}} \times \left(X_{rpr} \times D_{rpr} - X_{rc} \times D_{rc}\right)$$

$$V_{cc} = 120 + \frac{25,1}{300} \times (0,371 \times 8,3 - 0,371 \times 0)$$

$V_{cc} = 120,25$ V (valor a ser ajustado no controle eletrônico, em vez do valor de 120 V)

Considerando-se que apenas metade do valor corrigido deve ser ajustado, tem-se:

$$R_{a1} = 9,6 + \frac{10,2 - 9,6}{2} = 9,9 \text{ V}$$

$$X_{a1} = 13,9 + \frac{14,7 - 13,9}{2} = 14,3 \text{ V}$$

i) **Ajuste de R_a e X_a considerando a instalação do banco de capacitores no ponto B**

De acordo com as Equações (16.23) e (16.24), tem-se:

$$R_a = \frac{I_{ntc}}{RTP/\sqrt{3}} \times \left[\frac{\left(I_c + I_{cap}\right) \times R_{rc} \times D_{rc} + I_c \times R_{cpr} \times D_{cpr}}{I_c + I_{cap}}\right]$$

$$R_a = \frac{300}{115/\sqrt{3}} \times \left[\frac{173 \times 0,2567 \times 3,5 + 183,6 \times 0,2567 \times 4,8}{173}\right]$$

$$R_a = 9,7 \text{ V} \rightarrow R_a = 10 \text{ V}$$

$$X_a = \frac{I_{ntc}}{RTP/\sqrt{3}} \times \left[\frac{\left(I_c + I_{cap}\right) \times X_{rc} \times D_{rc} + I_c \times X_{cpr} \times D_{cpr}}{I_c + I_{cap}}\right]$$

$$X_a = \frac{300}{115/\sqrt{3}} \times \left[\frac{173 \times 0,371 \times 3,5 + 183,6 \times 0,371 \times 4,8}{173}\right]$$

$$X_a = 14,40 \text{ V} \rightarrow X_a = 15 \text{ V}$$

Como se deve considerar apenas a metade do valor ajustado para R_a e X_a, tem-se:

$$R_{a1} = 9,6 + \frac{9,7 - 9,6}{2} = 9,65 \text{ V}$$

$$X_{a1} = 13,9 + \frac{14,40 - 13,9}{2} = 14,15 \text{ V}$$

Como alternativa, pode-se manter os valores de R_a e X_a já calculados sem a ação dos capacitores e modificar o nível de tensão no controle eletrônico:

$$V_a = 120 + \frac{25,1}{300} \times (0,371 \times 8,3 - 0,371 \times 3,5)$$

$$V_a = 120,14 \text{ V}$$

j) Ajuste de R_a e X_a considerando a instalação do capacitor no ponto C

Aplicando as Equações (16.23) e (16.24) e fazendo $D_{cpr} = 0$, tem-se:

$$R_a = \frac{I_{ntc}}{RTP\sqrt{3}} \times \left[\frac{\sum(I_i + I_{cap}) \times R_{rc} \times D_{rc}}{I_c + I_{cap}}\right]$$

$$R_a = \frac{300}{115/\sqrt{3}} \times \left[\frac{173 \times 0,2567 \times 8,3}{173}\right]$$

$$R_a = 9,6 \text{ V} \rightarrow R_a = 10 \text{ V}$$

$$X_a = \frac{I_{ntc}}{RTP\sqrt{3}} \times \left[\frac{\sum(I_i + I_{cap}) \times X_{rc} \times D_{rc}}{I_c + I_{cap}}\right]$$

$$X_a = \frac{300}{115/\sqrt{3}} \times \left[\frac{173 \times 0,371 \times 8,3}{173}\right]$$

$$X_a = 13,9 \text{ V} \rightarrow X_a = 14 \text{ V}$$

Proceda as correções dos ajustes da mesma maneira como foi feito anteriormente.

EXEMPLO DE APLICAÇÃO (16.9)

Calcule os ajustes necessários do regulador de tensão, considerando o alimentador apresentado na Figura 16.34. Os dados do sistema são:

- tensão nominal: 13,8 kV;
- condutor 1/0 AWG CAA;
- espaçamento equivalente do condutor: 91 cm;
- fator de potência da carga: 0,80;
- tensão na carga leve na barra da SE: 14,00 kV;
- tensão na carga máxima na barra da SE: 13,23 kV;
- rotação de fase: A-B-C;
- RTP do regulador: 13.800-120:115.

Considere duas alternativas: na primeira, não contar com a influência do capacitor fixo de 300 kVAr instalado no ponto C; na segunda, ajustar o regulador de tensão considerando a influência do aludido equipamento. O ponto de regulação está a 5 km do regulador, ou mais precisamente em D, onde o nível de tensão deve ser mantido em 13.800 V. Considere, ainda, a base de cálculo de 120 V igual à tensão secundária do TP. Considere a temperatura de operação do cabo igual a 70 °C.

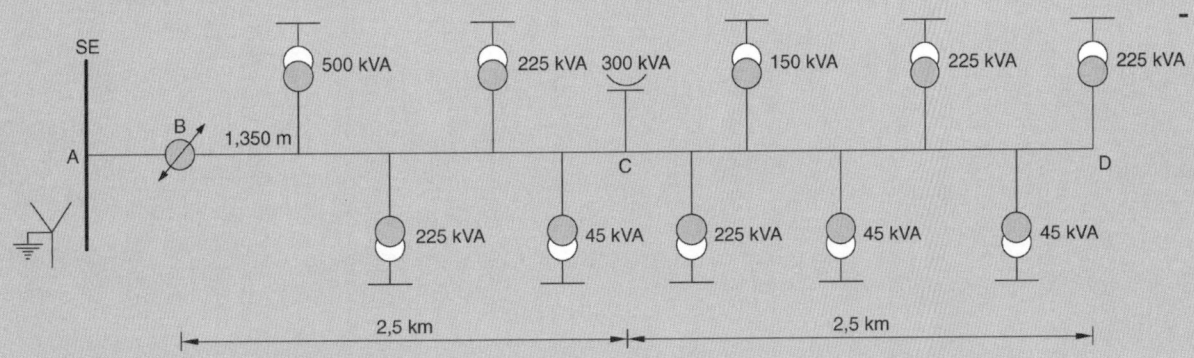

FIGURA 16.34 Rede de distribuição primária.

1ª alternativa: **alimentador sem a influência do capacitor**

a) Carga do alimentador

$$P_c = \sum P_{nt} = 1.910 \text{ kVA}$$

b) Corrente de carga

$$I_c = \frac{1.910}{\sqrt{3} \times 13,80} = 79,9 \text{ A}$$

c) Ajuste do controle eletrônico

$$V_a = 120 \text{ V}$$

d) Faixa de regulação

De acordo com a Equação (16.8), tem-se:

$$V_e = \frac{13.230}{115} = 115 \text{ V}$$

$$\Delta V_{pr} = \frac{V_s - V_e}{V_e} \times 100$$

$V_s = 122,3$ V (ver Seção *h* deste exemplo)

$$\Delta V_{pr} = \frac{122,1 - 115}{115} \times 100 = 6,17\%$$

Deve-se, neste caso, utilizar dois reguladores de tensão conectados em triângulo aberto, sendo cada regulador ajustado na faixa de ±6,25%.

e) Tensão de regulação

$$\Delta V_r = \Delta R_p \times V_n = 0,0625 \times 13,80 = 0,86 \text{ kV}$$

f) Potência de regulação

$$P_r = I_c \times V_r = 79,9 \times 0,86 = 68,7 \text{ kVA}$$

As características do regulador de tensão, segundo a Tabela 16.3, são:

- corrente nominal: 100 A;
- potência: 144 kVA;
- RTC: 100 – 5 → RTC = 20;
- RTP: 13.800 – 120 → RTC = 115.

g) Ajuste do compensador de queda de tensão para se obter 120 V no último transformador do alimentador

Como a carga do alimentador é uniformemente distribuída, será considerada pontual e aplicada no ponto médio do circuito, ou seja, a 2,5 km da subestação.

- Ajuste da resistência

$$R_a = \frac{I_{ntc}}{RTP/\sqrt{3}} \times R_l \times D_l$$

$R_l = 0,5351$ Ω/km (Tabela 16.4 para 20 °C)

$R_c = 0,5997$ Ω/km a 70 °C

$$R_a = \frac{100}{115/\sqrt{3}} \times 0,5997 \times 2,5$$

$$R_a = 2 \text{ V}$$

$$X_a = \frac{I_{ntc}}{RTP/\sqrt{3}} \times X_l \times D_l$$

$X_l = 0,440$ Ω/km (Tabela 16.4)

$$X_a = \frac{100}{115/\sqrt{3}} \times 0,440 \times 2,5$$

$$X_a = 1,65 \text{ V}$$

Considerando que no campo, no momento da aplicação, observou-se que um dos reguladores estava em avanço e o outro em atraso, foi necessário fazer as correções dos valores de R_a e X_a anteriormente calculados no regulador em avanço. Isso foi possível por meio das Equações (16.14) e (16.15):

$$R_{cor} = 0,866 \times R_a + 0,5 \times X_a$$
$$R_{cor} = 0,866 \times 2 + 0,5 \times 1,65 = 2,55 \text{ V}$$
$$X_{cor} = 0,866 \times X_a - 0,5 \times R_a$$
$$X_{cor} = 0,866 \times 1,65 - 0,5 \times 2 = 0,429 \text{ V}$$

Logo, tem-se:

$$R_a = R_{cor} = 3 \text{ V}$$
$$X_a = X_{cor} = 0,5 \text{ V}$$

h) Tensão no primeiro transformador

Após os ajustes do compensador de queda de tensão, deve-se verificar se a tensão no primeiro transformador, no caso, o de 500 kVA, não supera o limite máximo de 5%, utilizando a Equação (16.20):

$$V_{sr1} = V_{pr} + \frac{I_c \times R_a \times \cos\psi}{I_{ntc}} + \frac{I_c \times X_a \times \text{sen}\psi}{I_{ntc}}$$

V_{pr} = 120 V (tensão que deve ser mantida no último transformador do alimentador, na base de 120 V)

$$I_c = 79,9 \text{ A}$$

$$V_{sr1} = 120 + \frac{79,9 \times 3 \times 0,80}{100} + \frac{79,9 \times 0,5 \times 0,6}{100}$$

$$V_{sr1} = 120 + 2,1$$

$$V_{sr1} = 122,1 \text{ V}$$

Logo, a tensão no primário do transformador, na base de 120 V, pode ser calculada empregando-se a Equação (16.22):

$$V_{pri} = V_{sr1} \frac{I_c \times R_l \times D_l \times \cos\psi + I_c \times X_l \times D_l \times \text{sen}\psi}{RTP/\sqrt{3}}$$

$$V_{pri} = 122,1 - \frac{79,9 \times 0,5997 \times 1,35 \times 0,8 + 79,9 \times 0,440 \times 1,35 \times 0,60}{115/\sqrt{3}}$$

$$V_{pri} = 122,1 - 1,20 = 120,9 \text{ V}$$

$$V_{pri} < 120 \times 1,05 < 126 \text{ V (condição satisfeita)}$$

2ª alternativa: alimentador com a influência do capacitor

Nesse caso, será instalado um banco de capacitor de 300 kVAr no ponto C.

- Ajuste da resistência

De acordo com a Equação (16.26), tem-se:

$$R_a = \frac{I_{ntc}}{RTP/\sqrt{3}} \times \left[\frac{\sum(I_t + I_{cap}) \times R_t \times D_t}{I_c + I_{cap}}\right]$$

Será considerado que toda a carga do trecho B-C está concentrada no ponto médio dessa distância. O mesmo procedimento se adotará para o trecho C-D.

$$I_1 = \frac{\sum P_n}{\sqrt{3} \times 13,80} = \frac{995}{\sqrt{3} \times 13,80} = 41,6 \text{ A}$$

$$I_2 = \frac{\sum P_n}{\sqrt{3} \times 13,80} = \frac{915}{\sqrt{3} \times 13,80} = 38,2 \text{ A}$$

$$I_1 = 41,6 \angle 36,86° = 33,28 + j24,95 \text{ A}$$

$$I_2 = 38,2 \angle 36,86° = 30,56 + j22,91 \text{ A}$$

$$\arccos 0,80 = 36,86°$$

Com a instalação do capacitor de 300 kVAr, e computando-se as correntes por trecho, tem-se:

$$I_{cap} = \frac{300}{\sqrt{3} \times 13,80} = 12,5 \text{ A}$$

$$I_{t1} = I_1 + I_2 + I_{cap}$$

$$I_{t1} = 33,28 + j24,95 + 30,56 + j22,91 - j12,5 \text{ A}$$

$$I_{t1} = 63,84 + j35,36 = 72,9 \angle 28,98° \text{ A}$$

$$I_{t2} = 30,56 + j22,91 = 38,2 \angle 36,86° \text{ A}$$

- Ajuste da resistência

$$R_a = \frac{I_{ntc}}{115/\sqrt{3}} \times \left[\frac{\sum (I_t + I_{cap}) \times R_t \times D_t}{I_t + I_{cap}} \right]$$

$$R_a = \frac{100}{115/\sqrt{3}} \times \left[\frac{72,9 \times 0,5997 \times 2,5/2 + 38,2 \times 0,5997 \times 2,5/2}{72,9} \right]$$

$$R_a = 1,72 \text{ V} \rightarrow R_a = 1,7 \text{ V}$$

- Ajuste da reatância

$$X_a = \frac{I_{ntc}}{115/\sqrt{3}} \times \left[\frac{\sum (I_t + I_{cap}) \times X_t \times D_t}{I_t + I_{cap}} \right]$$

$$X_a = \frac{100}{115/\sqrt{3}} \times \left[\frac{72,9 \times 0,440 \times 2,5/2 + 38,2 \times 0,440 \times 2,5/2}{72,9} \right]$$

$$X_a = 1,26 \text{ V} \rightarrow X_a = 2 \text{ V}$$

Como alternativa, pode-se manter os ajustes de $R_a = 3$ V e $X_a = 0,5$ V e modificar o nível de tensão no controle eletrônico, empregando-se a Equação (16.25):

$$V_{cc} = V_{sc} + \frac{I_{cap}}{I_{ntc}} \times (X_{rpr} \times D_{rpr} - X_{rc} \times D_{rc})$$

$$V_{cc} = 120 + \frac{12,5}{100} \times (0,440 \times 5 - 0,440 \times 2,5)$$

$$V_{cc} = 120,13 \text{ V}$$

16.4 ENSAIOS E RECEBIMENTO

Para comprovar a qualidade, o regulador deve ser submetido à inspeção pelo fabricante, na presença do inspetor do comprador, de acordo com as normas recomendadas e com a especificação apresentada por ele.

16.4.1 Características dos ensaios

Os equipamentos devem ser submetidos aos ensaios descritos a seguir:

16.4.1.1 Ensaios de tipo

Também conhecidos como ensaios de protótipo, se destinam a verificar se determinado tipo ou modelo de regulador é capaz de funcionar satisfatoriamente nas condições especificadas. Os ensaios de tipo devem constar de:

- medição das resistências ôhmicas de todos os enrolamentos;
- verificação da relação de tensão em cada derivação;
- verificação da polaridade;

- medição da corrente de excitação e perdas sem carga e com tensão e frequências nominais antes e depois do ensaio de impulso;
- medição de perdas devido à carga com circulação de corrente de plena carga nas posições extremas da faixa de regulação;
- medição da resistência do isolamento;
- impedância nas posições neutra e extremas da faixa de regulação;
- tensão aplicada ao dielétrico;
- tensão induzida;
- estanqueidade e resistência mecânica à pressão interna;
- impulso;
- nível de ruído;
- radiointerferência;
- elevação de temperatura;
- fator de potência de isolamento antes e depois dos ensaios de impulso.

16.4.1.2 Ensaios de rotina

Destinam-se a verificar a qualidade e a uniformidade da mão de obra e dos materiais empregados na fabricação dos reguladores.

Cada unidade fabricada deve ser submetida aos ensaios a seguir especificados:

- operação manual;
- operação automática com alimentação pelo lado da alta tensão;
- todos os dez primeiros ensaios listados nos ensaios de tipo.

16.4.1.3 Ensaios de recebimento

Destinam-se a verificar as condições gerais dos reguladores antes do embarque. Normalmente, são exigidos os mesmos ensaios de rotina.

16.5 ESPECIFICAÇÃO SUMÁRIA

Para a aquisição de um regulador de tensão são necessárias, no mínimo, as seguintes informações:

- tensão nominal;
- corrente nominal;
- potência de regulação;
- número de fases (mono ou trifásico);
- relação do transformador de potencial;
- faixa de ajuste do nível de tensão;
- faixa de ajuste do tempo de retardo;
- faixa de ajuste dos seletores de resistência e reatância do compensador de queda de tensão;
- faixa de ajuste da largura de faixa.

17
RELIGADORES AUTOMÁTICOS

17.1 INTRODUÇÃO

Religadores automáticos, também conhecidos como RAs, são equipamentos de interrupção da corrente elétrica dotados de uma capacidade de repetição em operações de abertura e fechamento de um circuito, durante a ocorrência de um defeito.

De forma semelhante ao que ocorreu na Austrália em 2009, no Brasil já foram relatados casos de incêndio em fazendas do Centro-Oeste em virtude da atuação de chave fusível aplicada em alimentadores rurais, cujo cartucho explodiu, provavelmente por deficiência de capacidade de interrupção, e seus fragmentos fumegantes caíram sobre a vegetação seca, em decorrência da longa estiagem da região, provocando incêndios, muitas vezes descontrolados. Os fusíveis tipo argola são os mais inadequados para uso em locais de vegetação rasteira que, em época de secas prolongadas, tornam-se altamente ressequidas e sujeitas a incêndios.

Para evitar situações semelhantes, a aplicação de religadores em alimentadores rurais em substituição aos fusíveis é uma solução inteligente que, ao mesmo tempo, reduz os índices de indisponibilidade da empresa concessionária.

Os religadores têm larga aplicação em circuitos de distribuição das redes aéreas das concessionárias de energia elétrica, por permitir que os defeitos transitórios sejam eliminados sem a necessidade de deslocamento de pessoal de manutenção para percorrer o alimentador em falta. Esses equipamentos não devem ser aplicados em instalações industriais ou comerciais, onde os defeitos são quase sempre de natureza permanente, ao contrário das redes aéreas urbanas e rurais.

Os religadores podem ser classificados, quanto ao número de fases, em:

a) Monofásicos

São aqueles destinados à proteção de redes de distribuição monofásicas. Em redes trifásicas que alimentam cargas essencialmente monofásicas, podem ser utilizados religadores monofásicos em cada fase. Nesse caso, quando qualquer unidade operar, devido a um defeito fase e terra permanente, é bloqueada no final do ciclo de religação, sem afetar os outros consumidores ligados às outras duas fases remanescentes.

b) Trifásicos

São aqueles destinados à proteção de redes aéreas de distribuição, onde é necessário o seccionamento tripolar simultâneo para se evitar que cargas trifásicas ligadas ao alimentador funcionem com apenas duas fases.

Podem-se também empregar bancos de religadores monofásicos, operando em redes aéreas de distribuição trifásicas, sendo o seccionamento simultâneo nas três unidades que compõem o banco, mesmo que o defeito seja entre quaisquer das fases e terra.

Os religadores podem ser classificados, também, quanto ao sistema de controle em:

c) Controle por ação eletromagnética

São equipamentos dotados de uma bobina em série pela qual circula a corrente do alimentador. Quando a corrente que flui pela bobina é superior à corrente de acionamento, o religador abre os seus contatos devido à ação do núcleo da bobina sobre o mecanismo de disparo. O deslocamento do núcleo da bobina em série comprime a mola de fechamento do religador, predispondo-o à nova operação.

Nesse tipo de religador, todos os componentes do controle fazem parte do próprio corpo do equipamento.

d) Controle eletrônico

São os religadores dotados de um sistema em estado sólido capaz de memorizar os ajustes necessários à execução das operações de religamento. O controle eletrônico é montado em um armário metálico e instalado normalmente ao lado do religador. De forma geral, são possíveis os seguintes ajustes:

- valor da corrente de acionamento;
- número de disparos;
- curva de atuação.

e) Controle digital

São os religadores de subestações ou de distribuição dotados de um microprocessador que, por meio de um software, assume os controles do religador com uma interface baseada em PC que permite ajustar as configurações do controle, gravar informações de medição e estabelecer parâmetros de comunicação. Também fornecem ferramentas de análise que incluem localização de falhas, gravação de eventos e funções de oscilografia.

A seguir, será descrito, sumariamente, o funcionamento dos religadores, independentemente do tipo de controle que possui: o sensor do religador, ao sentir uma condição de corrente anormal no circuito, envia um sinal ao sistema de manobra que efetua a abertura dos contatos principais. Após determinado período, denominado *tempo de religamento*, automaticamente, o sensor envia outro sinal, ordenando ao sistema de manobra efetuar o fechamento dos referidos contatos, reenergizando o alimentador. Se a corrente de defeito persistir, o religador inicia o chamado *ciclo de religamento*, em que é efetuado determinado número de aberturas e fechamentos, de acordo com as condições programadas no controle e em função da condição de serviço que se quer obter.

Os religadores permitem ajustes para quaisquer ciclos de operação, discriminados a seguir, com um máximo de quatro operações:

- uma operação rápida e três retardadas;
- duas operações rápidas e duas retardadas;
- três operações rápidas e uma retardada;
- quatro operações rápidas.

Os religadores devem ser instalados no sistema de acordo com as seguintes condições:

- a tensão nominal do religador deve ser compatível com a tensão do sistema;
- a capacidade de corrente nominal do religador deve ser igual ou superior à corrente de demanda máxima do alimentador;
- a capacidade de ruptura do religador deve ser igual ou superior à máxima corrente de curto-circuito trifásica ou fase e terra do sistema no ponto de sua instalação;
- a tensão suportável de impulso do religador deve ser compatível com a do sistema;
- o ajuste da temporização de religamento deve possibilitar a coordenação com os equipamentos de proteção instalados a jusante do alimentador, tais como chaves fusíveis, seccionalizadores automáticos ou outros religadores.

Os religadores podem ser classificados, quanto ao meio de interrupção de arco, em:

- interrupção em óleo;
- interrupção em vácuo;
- interrupção a SF_6.

Devido às novas exigências de qualidade e continuidade dos sistemas elétricos, a nova geração de religadores possui características indispensáveis para aplicação em redes elétricas, principalmente quando se trata de sistemas elétricos automatizados, ou seja:

- comunicação com Centro de Operação por meio de protocolo aberto;
- localização dos defeitos na rede elétrica;
- proteção direcional;
- monitoramento da qualidade de energia.

17.2 RELIGADORES AUTOMÁTICOS DE INTERRUPÇÃO EM ÓLEO

São equipamentos cuja disrupção da corrente elétrica é feita no interior de uma câmara de extinção de arco contendo óleo mineral. Normalmente, a câmara é imersa em recipiente cheio de óleo mineral, que tem como função a refrigeração da referida câmara.

Os religadores de interrupção a óleo podem ser fabricados em unidades monofásicas ou trifásicas e são adequados para instalação ao tempo ou abrigada. Podem ser construídos para instalação em subestações de potência ou para aplicação em redes aéreas de distribuição urbana e rural.

Em decorrência da competitividade com os religadores de interrupção a vácuo e de SF_6, praticamente não são mais fabricados os religadores automáticos de interrupção em óleo. Porém, ainda existe uma grande quantidade desse tipo de religadores instalados tanto em subestações de potência como em redes de distribuição urbanas e rurais.

17.2.1 Religadores de interrupção em óleo para subestação

São equipamentos apropriados para instalação fixa no solo, o que lhes confere atributos para operar na proteção de alimentadores em subestações de construção abrigada ou ao tempo.

Outra característica dos religadores para subestação é a utilização de fonte auxiliar em corrente contínua e alternada em baixa tensão para alimentação dos relés de proteção, do motor de carregamento da mola, da sinalização etc. Alternativamente, pode ser utilizada uma fonte capacitiva quando no local de instalação do religador não existir fonte em corrente contínua. Ao contrário, os religadores para redes aéreas de distribuição são autossuficientes e não necessitam de fonte auxiliar, mesmo porque, nesses alimentadores em que são instalados, não há disponibilidade de tais recursos em função da sua localização.

Os religadores a óleo mineral para subestação podem ser classificados, quanto ao volume de líquido contido no recipiente de interrupção de arco, em:

- religadores a grande volume de óleo;
- religadores a pequeno volume de óleo.

17.2.1.1 Religadores a grande volume de óleo (GVO)

São equipamentos dotados de um recipiente contendo óleo mineral no interior do qual estão instalados os seus contatos principais. O princípio básico da interrupção no óleo se fundamenta na elevação de temperatura provocada pelo surgimento do arco quando os contatos do equipamento se separam, resultando na decomposição das moléculas do óleo e na formação de gases. Dos gases liberados, o hidrogênio é o principal responsável pela extinção do arco, devido, em primeiro lugar, à sua excelente capacidade refrigerante, retirando calor da região de propagação do arco e, em segundo lugar, devido à notável pressão que ele e os demais gases formados exercem sobre a mesma região do arco. A Figura 17.1 mostra um religador GVO muito utilizado nas subestações das concessionárias de energia elétrica brasileiras.

Esse tipo de religador é normalmente trifásico, apropriado para instalação ao tempo em subestações com tensão superior a 36 kV ou abrigada, em subestações de média tensão, com estrutura fixada ao solo, automatizado pela ação de relés de sobrecorrente, acoplados à própria estrutura do religador, tendo a sua operação coordenada pela ação de um relé de religamento.

Existem no mercado nacional e de procedência estrangeira vários modelos desse tipo de religador, com poucas diferenças quanto ao sistema mecânico e o processo de religamento, incluindo-se aí os aparelhos de proteção e de medida, sem levar em conta, no entanto, a qualidade de cada produto.

Os módulos componentes desse tipo de religador são montados em estrutura autoportante em perfis de aço galvanizado a fogo, de altura ajustável para cada aplicação. A Figura 17.2 mostra um segundo tipo de religador automático instalado no barramento de 13,80 kV de uma subestação. Em geral, nas subestações de distribuição de sistemas elétricos, urbanos e rurais, de pequeno e médio portes, são aplicados com bastante sucesso os religadores automáticos na saída dos alimentadores de distribuição, com a finalidade de reduzir os custos com a manutenção corretiva. Para exemplificar, observar a Figura 17.3.

Pode-se observar que o religador compreende três diferentes unidades:

a) Unidade religadora

É composta dos seguintes elementos:

- Tampa

Tem a função básica de fechar hermeticamente a unidade religadora, bem como servir de base para a instalação das buchas de porcelana.

- Buchas

Normalmente construídas em porcelana vitrificada, é do tipo passante. No pescoço interno das buchas de alimentação, estão montados três transformadores de corrente para proteção.

- Transformadores de corrente

São do tipo bucha, moldados em resina epóxi, dotados de vários *tapes* combináveis entre si, de modo a se obter relações múltiplas de correntes primárias, com corrente secundária igual a 5 A, permitindo uma grande flexibilidade na utilização do equipamento, principalmente do ponto de vista da adequação à carga do alimentador.

- Tanque

É um reservatório cheio de óleo mineral, dentro do qual estão instalados os transformadores de corrente, tipo bucha, a câmara de extinção de arco com os contatos fixos e móveis que constituem os polos.

Cada polo é dotado de um contato móvel do tipo haste, que se movimenta verticalmente apoiado por roletes guias, e de um contato fixo do tipo tulipa. O tanque é de construção robusta e possui um sistema para descarga dos gases resultantes da interrupção.

b) Unidade de controle

É constituída de painel removível, dotado de tampa, em cujo interior estão instalados os seguintes equipamentos e dispositivos, conforme podem ser vistos na Figura 17.4.

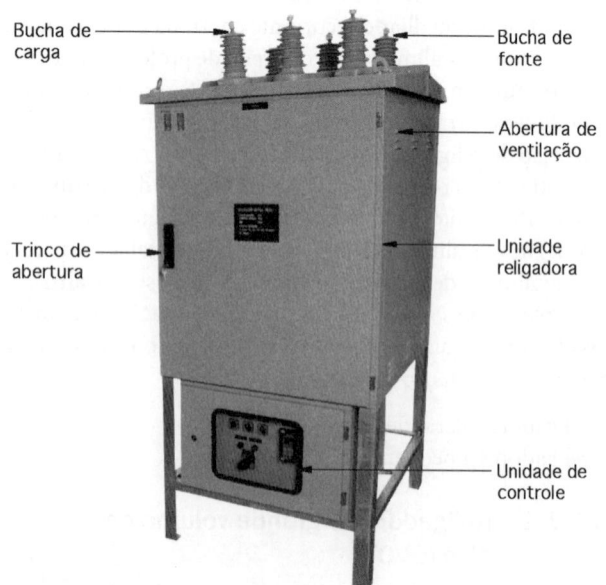

FIGURA 17.1 Religador automático GVO de média tensão.

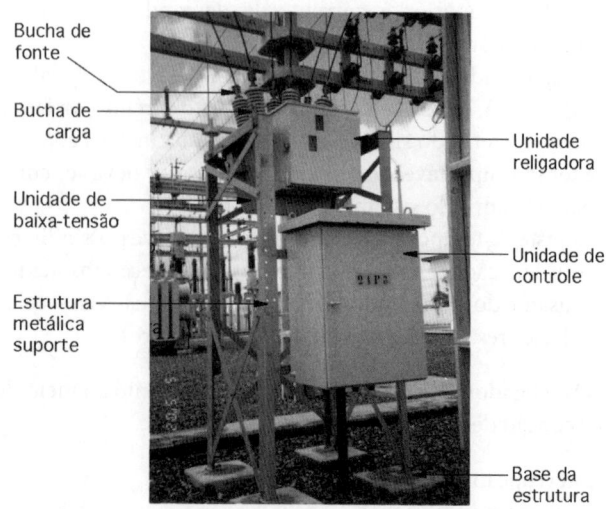

FIGURA 17.2 Aplicação de religador automático GVO.

Religadores automáticos | 501

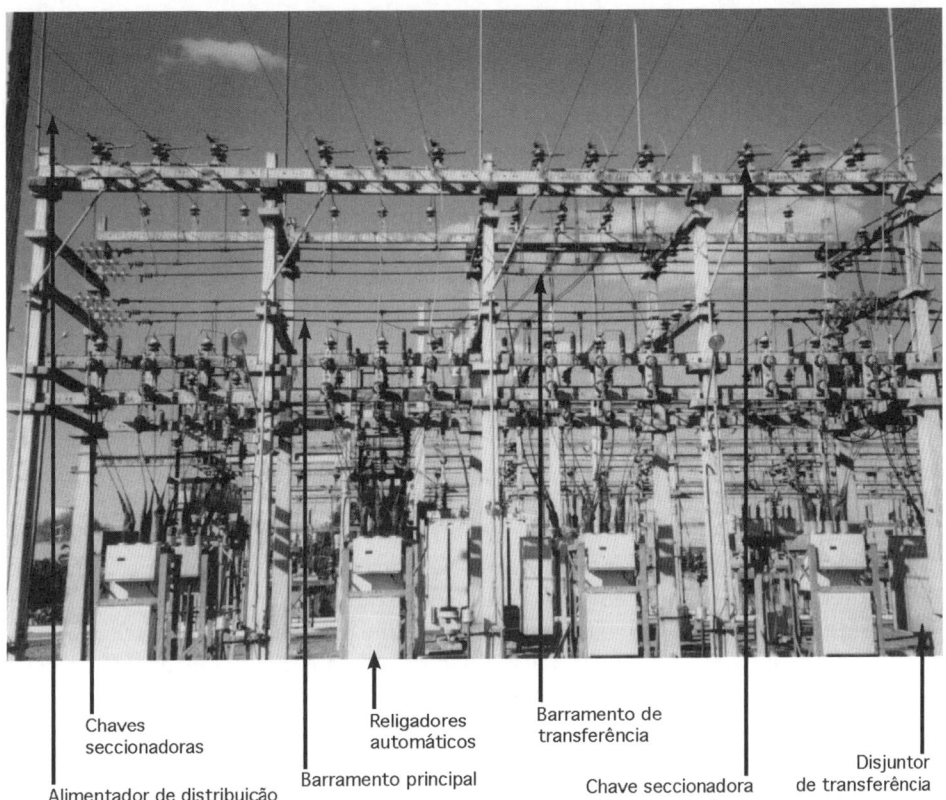

FIGURA 17.3 Aplicação de religadores em subestação.

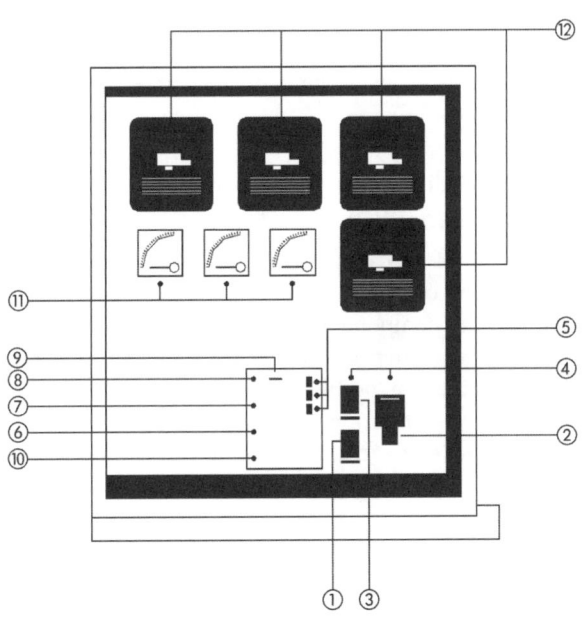

- Chave de bloqueio de religamento (1).
- Chave de comando local (2).
- Chave de bloqueio da proteção de terra (3).
- Lâmpadas sinalizadoras (4).
- Temporizadores de intervalo de religamento (5).
- Temporizadores de rearme (6).
- Seletor de aberturas instantâneas (7).
- Contador de religamento (8).
- Indicador luminoso de operação (9).
- Relé de religamento automático (10).
- Amperímetros de demanda (11).
- Relés indiretos eletromecânicos (não mais utilizados) ou digitais de sobrecorrente de fase e de fase e terra (12).

FIGURA 17.4 Aplicação de religadores em subestação.

c) Unidade de baixa-tensão

É composta de um painel removível em cujo interior se encontra o sistema mecânico de manobra que encerra as seguintes partes principais:

- motor de acionamento das molas;
- mola de fechamento;
- bobina de desligamento;
- bobina de fechamento.

O mecanismo de operação é do tipo energia armazenada, utiliza molas carregáveis por motor elétrico e pode ser disparado manualmente em caso de emergência.

Um ciclo de operação do religador, iniciando-se com os polos abertos e molas descarregadas, se processa da seguinte maneira:

- carregam-se as molas de fechamento, por meio do motor elétrico, tipo universal, ou manualmente, por meio de alavanca, movimentando-a em forma de bombeamento;
- fecham-se os polos manualmente pressionando-se um botão mecânico de fechamento instalado na própria unidade, ou por comando elétrico a distância. Parte da energia de descarga da mola de fechamento é utilizada para deslocar os contatos móveis dos polos, enquanto a outra parte é cedida para carregar a mola de abertura;
- se após a operação anterior não houver nenhum defeito no alimentador, o religador permanece ligado, e imediatamente o motor inicia o recarregamento da mola de fechamento;
- nessa condição, o religador está predisposto a realizar sucessivas manobras rápidas e com retardo de abertura – fechamento – abertura.

Em geral, os religadores permitem, no máximo, três religamentos antes do bloqueio. A Figura 17.5 permite visualizar um ciclo completo de abertura e religamento, com uma programação de quatro operações, considerando-se inicialmente o religador com os seus contatos fechados.

O relé de religamento é responsável pelas seguintes funções:

- número de aberturas rápidas e com retardo;
- sequência das aberturas rápidas e com retardo;
- número de operação de abertura até o bloqueio com um máximo de quatro;
- tempo de rearme.

Os relés de religamento compõem-se das seguintes partes:

- Três (3) temporizadores de intervalo de religamento

Os três temporizadores da unidade de controle fazem a monitorização dos sinais enviados à bobina de fechamento do religador. Cada temporizador permite regular o tempo entre um sinal de abertura e o religamento sucessivo – R_1, R_2 e R_3. O primeiro temporizador R_1 é regulado na faixa de 0 a 120 s, em passos de 0 – 5 – 20 – 40 – 60 – 80 – 120 s. Os outros dois temporizadores R_2 e R_3, responsáveis pelos dois religamentos seguintes, são reguláveis de 5 a 120 s, em passos iguais ao anterior, com início em 5 s que correspondem ao tempo necessário ao carregamento das molas de fechamento por meio do motor elétrico. É importante alertar que somente o primeiro religamento pode ser instantâneo e os tempos de religamentos são independentes entre si.

- Um (1) contador de religamento

Permite ajustar o número de operações consecutivas de abertura que o religador deve executar antes do bloqueio. Pode-se ajustá-lo em uma das quatro posições marcadas na escala: 1 – 2 – 3 – 4.

- Um (1) seletor de aberturas sucessivas

Permite ajustar o número de operações consecutivas de aberturas que o religador deve executar. Pode-se ajustá-lo em uma das cinco posições marcadas na escala: 0 – 1 – 2 – 3 – 4.

- Um (1) indicador luminoso de operação.
- Um (1) temporizador de rearme.

Permite que se ajuste determinado tempo em uma escala de 20 a 120 s, a fim de reduzir a possibilidade de ocorrência de bloqueio do religador durante uma série de defeitos temporários.

A abertura do religador é feita pela operação de uma bobina de baixa tensão que recebe um sinal dos relés de sobrecorrente, alimentados pelos transformadores de corrente do tipo bucha montados no pescoço inferior dos isoladores.

Os circuitos de controle dos religadores e os acessórios correspondentes necessitam de uma fonte de tensão auxiliar, ou seja, o circuito de fechamento, o motor que efetua o carregamento das molas de fechamento e as resistências de aquecimento que são alimentados em corrente alternada em 110 ou 220 V. Já o circuito de abertura é normalmente alimentado em tensão contínua que pode ser de 24 – 48 – 125 ou 250 V. Opcionalmente, pode ser utilizado o dispositivo de abertura por fonte capacitiva que, alimentado em condições normais de operação em tensão alternada de 110 ou 220 V, é capaz de fornecer no momento correto um impulso de tensão ao relé de religamento.

O motor elétrico universal apresenta um consumo de aproximadamente 400 W, durante um tempo máximo de 5 s, que é o tempo necessário para o carregamento da mola de fechamento, o que somente ocorre para o segundo e terceiro religamentos.

Os transformadores de potencial destinados a fornecer a tensão alternada para circuito auxiliar do religador são normalmente instalados na subestação e servem muitas vezes para alimentar outros dispositivos. Opcionalmente, o religador poderá vir acompanhado também de transformadores de potencial quando não existir esse equipamento no local de instalação do religador.

As principais características elétricas dos religadores a grande volume de óleo, de determinado fabricante, são mostradas na Tabela 17.1.

17.2.1.2 Religadores a pequeno volume de óleo (PVO)

Esses religadores se caracterizam pela construção dos polos individuais, em cujo interior se processa a extinção do arco.

Os módulos componentes básicos desse tipo de religador são montados no interior de um armário metálico sustentado por uma estrutura em perfil de ferro galvanizado, própria para a fixação ao solo, conforme pode ser observado na Figura 17.6.

Esses religadores são compostos de três partes principais, que são:

a) **Cubículo**

É constituído de um armário metálico de grau de proteção IP 43, contendo os seguintes equipamentos:

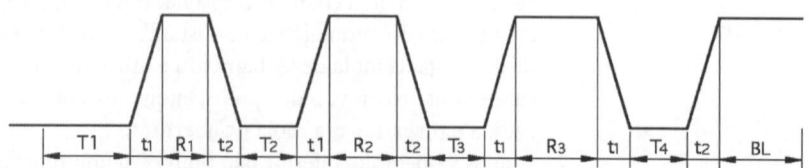

T1 – Tempo de atuação do relé de sobrecorrente, que é função da intensidade do defeito; t1 – Tempo do mecanismo para abrir; R1 – Primeiro tempo de religamento; t2 – Tempo do mecanismo para fechar; T2 – Tempo de atuação do relé; R2 – Segundo tempo de religamento; T3 – Tempo de atuação do relé; R3 – Terceiro tempo de religamento; T4 – Tempo de atuação do relé; BL – Bloqueio.

FIGURA 17.5 Diagrama de operação dos religadores.

TABELA 17.1 Características técnicas – religadores a óleo

Características	Valores
Tensão nominal máxima	15,5 kV
Frequência nominal	60 Hz
Tensão suportável, 60 Hz, 1 min a seco	50 kV
Tensão suportável, 60 Hz, 10 s sob chuva	45 kV
Corrente nominal em serviço contínuo	560 A
Capacidade de interrupção nominal (14,4 kV)	16 kA
Tensão suportável de impulso	110 kV
Tempo mínimo de fechamento	25 Hz
Tempo mínimo de interrupção	3,5 Hz
Normas aplicadas – ANSI/ABNT	C.37.60/NBR-8177

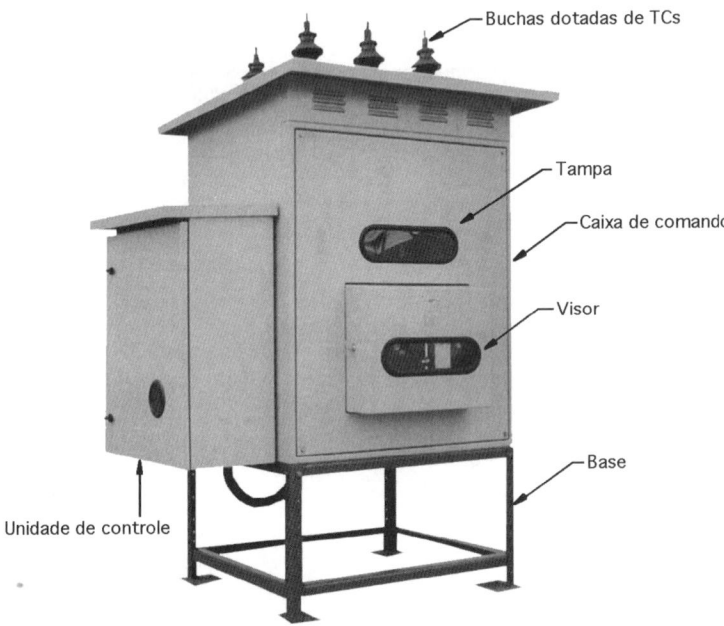

FIGURA 17.6 Religador automático PVO.

- **Buchas de passagem**

São do tipo passante, tendo em cada uma delas, na sua parte inferior, instalado um transformador de corrente de múltiplas relações de transformação para maior flexibilidade de utilização, considerando-se os diferentes tipos de carga dos sistemas.

- **Câmaras de extinção de arco a pequeno volume de óleo**

É do tipo com comando a mola pré-carregada, conforme já se estudou no Capítulo 11 e cujos polos estão mostrados na Figura 17.7, com detalhe das demais partes componentes.

b) Caixa de comando

É constituída de um invólucro metálico em cujo interior estão instalados os seguintes dispositivos:

- relés de sobrecorrentes de fase e de neutro com características de atuação apropriadas;
- dispositivo de religamento para até três religamentos com ajuste de tempo independente para cada ciclo, com programação do número de religamentos idêntica ao que já se descreveu para os religadores a grande volume de óleo;
- câmaras de extinção de arco;
- medidor de demanda;
- comando de abertura e fechamento;
- chave seletora de comando local ou remoto;
- botão para rearme;
- outros dispositivos (fonte capacitiva, disjuntores auxiliares etc.).

As principais características do disjuntor tipo PVO podem ser resumidas na Tabela 17.2.

17.2.2 Religadores de interrupção em óleo para sistemas de distribuição

São equipamentos destinados à instalação em poste, normalmente em estrutura simples. Sua aplicação é exclusiva na proteção de redes de distribuição rural (RDR) e mais raramente de redes de distribuição urbana (RDU). Também podem ser instalados no barramento de média tensão de subestações de potência destinadas a sistemas de distribuição.

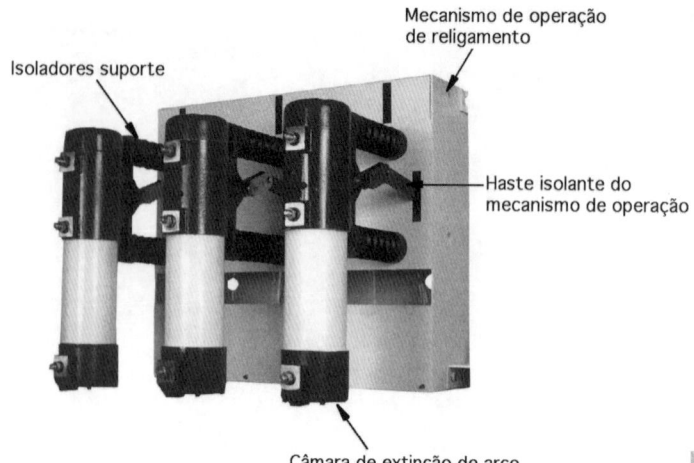

FIGURA 17.7 Religador automático PVO.

TABELA 17.2 Características técnicas: disjuntor RC1-15

Características	Valores
Tensão nominal	15 kV
Frequência nominal	60 Hz
Tensão suportável, 60 Hz, 1 min a seco	50 kV
Tensão suportável, 60 Hz, 1 min sob chuva	45 kV
Tensão suportável de impulso, onda 1,2 × 50 μs	110 kV
Corrente nominal	800 A
Capacidade de interrupção nominal para sequência:	
O-CO-15s-CO	16 kA
Capacidade de interrupção para defeitos terminais (sem religamento)	21 kA
Capacidade de estabelecimento nominal em curto-circuito (valor de crista)	50 kA
Tempo de religamento	0,36 s
Tempo de abertura	0,04 s
Tempo de interrupção	0,055 s
Tensões auxiliares disponíveis	110-220 Vca
	110-125-220 Vcc
Número de contatos auxiliares disponíveis	3NA + 3NF
Peso total aproximado	750 kg
Volume de óleo total	7,5 l
Normas aplicadas – ANSI/ABNT	C37-60/NBR-8177

Os religadores para os sistemas de distribuição são equipamentos autossuportados, normalmente fixados em postes de concreto armado, madeira ou em plataformas, e empregados na interrupção de correntes de defeito em redes aéreas, após cumprir um determinado ciclo de religamento.

A principal característica técnica que diferencia um religador automático para subestação de um religador automático para sistemas de distribuição é o mecanismo de manobra, enquadrando-se aí os dispositivos sensores.

Enquanto muitos religadores para subestação são dotados de relés de sobrecorrente com alimentação auxiliar em corrente contínua ou alternada, cuja fonte é a mesma utilizada pelos demais dispositivos da subestação, os religadores para sistemas de distribuição são autossuficientes quanto ao mecanismo de manobra associado aos dispositivos sensores, já que no campo não se dispõe de fontes auxiliares.

Quando se ajusta o religador para efetuar operações rápidas, deseja-se restabelecer o sistema na ocorrência de defeitos transitórios. Se o religador é ajustado para operar com retardo, deseja-se que o elemento fusível mais próximo do defeito opere, já que, desse modo, se caracteriza uma falha permanente.

17.3 RELIGADORES AUTOMÁTICOS DE INTERRUPÇÃO A VÁCUO

São equipamentos dotados de câmara de extinção de arco em cujo interior se fez vácuo e se instalou os seus contatos principais.

Atualmente, a maioria dos religadores automáticos que são fornecidos ao mercado tem como meio de interrupção o vácuo. No entanto, nas especificações técnicas das concessionárias de energia elétricas, as maiores usuárias desse tipo de equipamento, constam como opção para fornecimento o religador automático que tem como meio de interrupção o gás SF_6. Afora o meio extintor, praticamente todos os demais elementos dos religadores automáticos a SF_6 são praticamente iguais aos religadores a vácuo.

17.3.1 Religadores de interrupção a vácuo para subestação

Como aparência externa, os religadores a vácuo para subestação são idênticos aos religadores a pequeno volume de óleo. São montados em estrutura em perfil de aço galvanizado na qual estão instalados todos os módulos componentes do religador.

Esse tipo de religador é normalmente trifásico, apropriado para instalação ao tempo, com a estrutura fixada ao solo, automatizado pela ação de relés de sobrecorrente, acoplados à própria estrutura do religador e com a operação coordenada pela atuação do relé de religamento.

De modo semelhante aos religadores automáticos a óleo para subestação, os religadores a vácuo se compõem de duas partes, com funções bem definidas:

a) Unidade de controle

Tem as mesmas características já descritas anteriormente.

b) Unidade religadora

Essa unidade diferencia-se basicamente pela concepção do mecanismo de interrupção. É constituída de:

- Buchas

Normalmente construídas em porcelana vitrificada do tipo passante, as buchas contêm três transformadores de corrente destinados à alimentação dos sensores de sobrecorrente ou à medição de corrente do circuito. São do tipo toroidal, normalmente dotadas de várias derivações.

- Câmaras de interrupção de arco

Abaixo da extremidade inferior das buchas estão localizadas as três câmaras interruptoras a vácuo.

Ao se estabelecer a separação dos contatos no interior de uma câmara a vácuo, o arco elétrico se manifesta entre eles, fazendo com que a corrente flua através do vapor ionizado, gerado pela vaporização do material dos contatos nos pontos de arco, até que a corrente do circuito passe pelo seu zero natural. Nesse momento, ela é interrompida, o vapor metálico se condensa e a tensão de restabelecimento transitória não é capaz de fazer conduzir qualquer corrente através do meio dielétrico.

As câmaras de interrupção a vácuo estão localizadas no interior do tanque do religador cheio de óleo mineral, cuja função é a de servir como meio dielétrico entre as partes vivas do equipamento e também como meio de resfriamento da câmara de extinção de arco durante o processo de operação. O processo de interrupção não contamina o óleo, já que é efetuado no interior da câmara de vácuo. A vida útil de uma câmara a vácuo é muito superior à vida útil de uma câmara de interrupção em óleo.

A câmara de interrupção é constituída de um tubo de cerâmica de excelentes propriedades térmicas e elevada resistência mecânica.

Esses interruptores têm uma baixa corrente de *choping*, cujo valor se situa entre 1 e 5 A. Corrente de *choping*, segundo o que já foi amplamente explanado no Capítulo 11, é aquela que, circulando pelo religador no momento de uma interrupção de corrente, se anula precocemente, antes de passar pelo seu zero natural.

Durante a operação de fechamento do religador, quando os seus contatos se aproximam, existe uma distância crítica entre eles em que o arco se restabelece. Essa distância é denominada distância de restabelecimento no fechamento. Esse fenômeno provoca determinada erosão nos contatos e o seu consequente desgaste. Nos religadores de 15 kV essa distância está compreendida entre 0,15 e 1,5 mm, dependendo do tipo de material de fabricação dos contatos.

Os religadores a vácuo tipo subestação, em geral, apresentam as seguintes características técnicas básicas, conforme a Tabela 17.3.

TABELA 17.3 Características elétricas – religadores a vácuo

Classe	Tensão	Corrente nominal	Capacidade de interrupção simétrica	Frequência nominal	Tensão suportável, 1 min, 60 Hz		Tensão suportável de impulso $1,2 \times 50$ μs	Tempos (ms)		
					A seco	Sob chuva		Abertura	Fechamento	Interrupção
-	kV	A	kA	Hz	kV	kV	kV	ms	ms	ms
15	15	560	16	50/60	34 (50)	34 (45)	110 (110)	35	55	41 – 49
	14,4	560	16							
38	38	560	12	50/60	70 (70)	60 (60)	170 (170)	55	55	63 – 69
	34,5	560	12							

- Sequência de operação O – 0,3s – CO – 15s – CO – 15s – CO – 15s – CO
- Valores conforme ANSI C 37 60; demais valores conforme ABNT NBR 8177

As tensões de alimentação auxiliar são as mesmas já definidas para os religadores a óleo tipo subestação. As vantagens principais dos religadores a vácuo são:

- pequeno tempo de arco;
- elevado número de manobras sem necessidade de manutenção dos contatos.

17.3.2 Religadores de interrupção a vácuo para sistemas de distribuição

São religadores apropriados para aplicação em redes aéreas de distribuição, em que não há necessidade de fonte auxiliar para alimentar o sistema que impulsiona o mecanismo de manobra.

Esses religadores são caracterizados por um equipamento de corpo único, de fácil montagem e providos de dispositivo destinado à manobra por vara.

Os religadores a vácuo aplicados nos sistemas de distribuição, em sua maioria, contêm um recipiente cheio de óleo mineral, em cujo interior se encontram as câmaras de interrupção. O óleo, no caso, tem a função de meio dielétrico entre as partes vivas do religador e também como dissipador térmico.

Os religadores a vácuo empregados atualmente pelas principais concessionárias brasileiras podem ser classificados quanto ao controle utilizado para o ajuste e a contagem do ciclo de religamento conforme se apresenta a seguir:

17.3.2.1 Religadores a vácuo de controle eletrônico

São equipamentos dotados de dispositivos estáticos e relé de religamento que controlam todas as funções do religador.

As Figuras 17.8(a) e (b) mostram um tipo de religador para rede de distribuição cuja montagem em parte pode ser vista na Figura 17.9.

Os religadores a vácuo para distribuição compreendem as seguintes partes fundamentais, ou seja:

a) Buchas
De acordo com o que já foi mencionado.

b) Câmara de interrupção
É da mesma característica das câmaras utilizadas nos religadores a vácuo já estudados.

c) Unidade de controle
Nessa unidade estão contidos o relé de religamento associado ao circuito de lógica, os sensores de corrente e os circuitos de fonte de alimentação e saída.

d) Tanque de óleo
Todo mecanismo de manobra, inclusive a câmara de interrupção a vácuo, é localizado no interior do tanque cheio de óleo mineral que tem a função principal de meio dielétrico para as partes vivas do equipamento.

Para que o religador atue automaticamente, é necessário que o alimentador seja percorrido por uma corrente de sobrecarga ou de curto-circuito, cujo valor ultrapasse a mínima corrente de acionamento ajustada no controle eletrônico. Ao ser sensibilizado, o sensor emite um sinal ao relé de sobrecorrente que inicia a contagem do tempo de disparo, de acordo com a curva característica em que o religador esteja operando. No final desse período, a bobina de abertura de alta-tensão é energizada, provocando o deslocamento da trava que segura a mola de abertura, impulsionando o mecanismo de disparo e permitindo o retorno do núcleo da bobina à sua posição de origem. A Figura 17.10(a) mostra a câmara a vácuo e, em parte, o mecanismo de operação de um religador de controle eletrônico. Já a Figura 17.10(b) mostra a vista externa do mesmo religador.

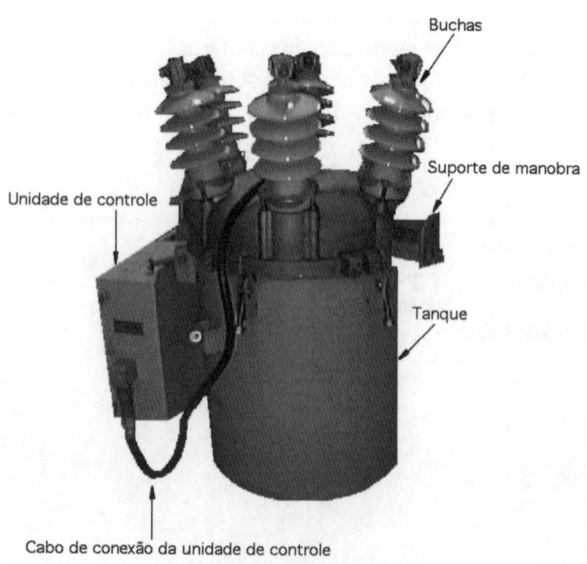

(a) Vista externa

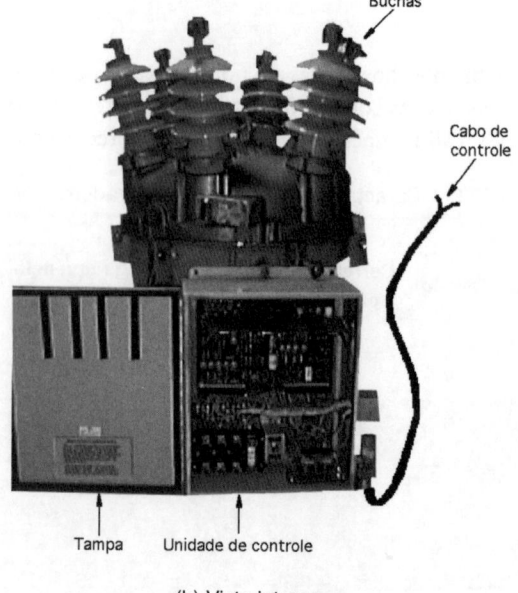

(b) Vista interna

FIGURA 17.8 Religador de distribuição.

Ao receber a informação de que o religador abriu os seus contatos, o relé de religamento inicia a contagem do tempo para efetuar o religamento de acordo com o tempo previamente ajustado no seletor de *tempo de religamento*, no final do qual a bobina de fechamento de alta-tensão é energizada, fechando os contatos principais do religador. A partir daí, podem ocorrer duas situações. No primeiro caso, o defeito é transitório e o religador permanece ligado em virtude do desaparecimento da falta que produziu a sua abertura. No segundo caso, o defeito é permanente e o religador efetua todo o ciclo de religamento, ao final do qual fica bloqueado na posição dos contatos abertos.

Se o religador é submetido a um defeito transitório, quando este cessa, o relé de religamento, após decorrido determinado tempo ajustado no seletor de tempo de rearme, retorna todas as funções à sua posição inicial de operação, permitindo, dessa forma, que o religador possa efetuar um novo ciclo de operação, quando ocorrer uma nova falta no sistema.

O relé de religamento fica bloqueado se o religador for desligado manualmente pela vara de manobra. A sinalização das posições dos contatos principais aberta ou fechada se faz por uma alavanca externa.

Os religadores para distribuição possuem em geral os seguintes ajustes:

- ajustes dos seletores independentes dos tempos de religamento;
- ajuste do tempo de rearme;
- ajuste do número de disparo para o bloqueio;
- ajuste da curva de temporização de fase;
- ajuste da curva de temporização de terra.

Como exemplo, os controles dos religadores 280 SEV e 560 SEV são compostos dos seguintes elementos:

e) Circuito da fonte de alimentação

É formado por três pontes retificadoras alimentadas por transformadores auxiliares de relação única. Esse circuito compõe-se de quatro fontes alimentando individualmente os circuitos das seguintes funções:

- temporização da proteção;
- temporização do religamento;
- sistema de abertura;
- sistema de fechamento.

Os transformadores de corrente de núcleo toroidal ou simplesmente sensores, em quantidade de três, instalados nas buchas do religador, são os responsáveis pela geração de potência para o circuito da fonte de alimentação da bateria interna e da eletrônica embarcada. Outros três sensores, de proteção de fase e de terra, também instalados nas mesmas buchas, com *tapes* múltiplos, permitem a obtenção de 12 características diferentes de corrente por sensor variando desde 50 a 280 A para o religador 280 A, conforme se observa na Tabela 17.4.

FIGURA 17.9 Estrutura aérea de um religador de distribuição.

(a) Vista interna

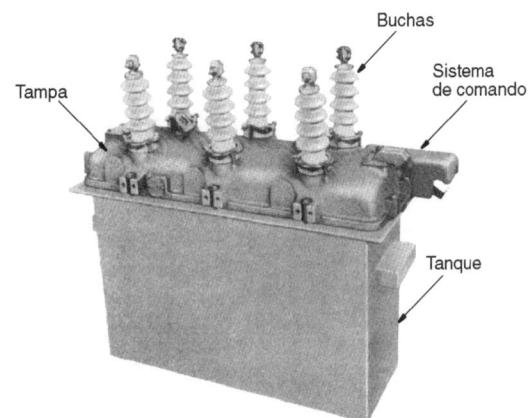
(b) Vista externa

FIGURA 17.10 Estrutura aérea de um religador de distribuição.

TABELA 17.4 Características dos sensores – religador 280 A – SEV

Relação sensores de fase-A	Corrente de acionamento da proteção de terra															
X2 – X4 = 50	50	40	33	25	19	15	12	9	7	5						
X3 – X5 = 70	70	50	46	35	26	21	17	13	10	8	6	5				
X1 – X2 = 80	80	64	52	40	30	24	19	15	11	9	7	5				
X2 – X5 = 90	90	72	59	45	33	27	22	16	13	10	8	6	4,5			
X1 – X3 = 100	100	80	65	50	37	30	24	18	14	11	9	7	5			
X5 – X6 = 110	110	88	72	55	41	33	26	20	15	12	10	8	5,5			
X1 – X4 = 130	130	104	85	65	48	39	31	23	18	14	12	9	6,5	5		
X4 – X6 = 150	150	120	98	75	56	45	36	27	21	17	14	10	7,5	6	5	
X1 – X5 = 170	170	136	111	85	63	51	41	31	24	19	15	12	8,5	7	5,5	
X3 – X6 = 180	180	144	117	90	67	54	43	33	25	20	16	13	9	7	6	
X2 – X6 = 200	200	160	130	100	74	60	48	36	28	22	18	14	10	8	6,5	5
X1 – X6 = 280	280	224	182	140	104	84	67	50	39	31	25	20	14	11	9	7
Calibração	1	2	3	4	5	6	7	8	9	10	11	12	13	14	15	16
Trafo aux.	H1 – H2				H1 – H3				H1 – H4				H1 – H5			

f) Circuito de proteção – religador de 280 A

Compõe-se de um complexo circuito estático no qual se definem as curvas de temporização da proteção de fase e de terra e que é alimentado por transformadores auxiliares, vistos na Figura 17.11. As curvas de temporização das correntes de fase são módulos do tipo *plug-in* com disponibilidade de seleção de quatro curvas de temporização rápida, identificadas pelas letras *A, B, C* e *D*, e mais quatro curvas de temporização retardada, identificadas pelas letras *E, F, G* e *H*, conforme se pode observar na Figura 17.12, que fornece as características tempo × corrente do religador.

As curvas de temporização das correntes de terra são módulos do tipo *plug-in* com disponibilidade de seleção de quatro curvas de temporização rápida, identificadas pelas letras *J, K, L* e *M*, e mais quatro curvas de temporização retardada, identificadas pelas letras *N, O, P* e *Q*, conforme se pode observar na Figura 17.13, que fornece as características tempo × corrente dessas curvas. O valor da corrente de acionamento da proteção de fase das curvas rápidas e retardadas é igual ao valor do *tape* selecionado no sensor. Já a corrente de acionamento da proteção de terra relativa às curvas rápidas e retardadas é igual ao valor definido para a corrente primária que caracteriza o início da temporização da proteção de terra, de acordo com a Tabela 17.4, localizada na cabine de controle.

g) Circuito de religamento e lógica

Esse circuito é alimentado por energia armazenada em fonte capacitiva, permitindo, desse modo, a temporização do religamento pelo ajuste dos sensores, na seguinte forma:

- primeiro religamento ajustável em: 0,6, 1,25 e 2,5 s;
- segundo religamento ajustável em: 2,5, 5,0, 10 e 20 s;
- terceiro religamento ajustável em: 2,5, 5,0, 10 e 20 s.

A temporização do religamento se inicia após completada a função de abertura do religador. Terminado o tempo ajustado para o religamento, um gerador de pulso envia um sinal para o dispositivo de fechamento, iniciando a temporização para de rearme. Após o religamento e antes que o tempo de rearme tenha sido completado e outro sinal de abertura tenha sido gerado, o contador de sinais de abertura é ativado, iniciando-se a próxima temporização do religamento. Esse procedimento se repete até que o sinal de abertura atinja o número de operações para o bloqueio. O tempo de rearme pode ser ajustado no seletor com os seguintes valores: 20, 40, 80 e 160 s.

h) Circuito de saída

É formado por um circuito estático, em que um conjunto de capacitores atuará sobre os dispositivos de abertura e fechamento. Esse circuito recebe três comandos independentes:

- abertura da proteção de fase;
- abertura da proteção de terra;
- fechamento do circuito de religamento.

Para melhor compreensão do que foi abordado anteriormente, observe a Figura 17.11, que representa o esquema elementar de operação do religador modelo 280 A/15 kV, mostrando os seus principais elementos atuantes.

A temporização mostrada nas curvas das Figuras 17.12 e 17.13 indica o tempo de retardo do relé. O tempo total de interrupção do religador é igual ao tempo indicado nas curvas acrescido do tempo de interrupção, que pode variar de cerca de 25 a 40 ms, dependendo do tipo de equipamento.

Para se ajustar o religador, deve-se adotar o seguinte procedimento:

- determinar a corrente máxima da linha e escolher a relação dos sensores de fase. Se, por exemplo, a corrente máxima de carga do alimentador é de 135 A, deve-se escolher a relação dos sensores de fase X_4-X_6 : 150 : 1, de acordo com a Tabela 17.4, própria para o religador de 280 A. A corrente de acionamento será então de 150 A ±5%;

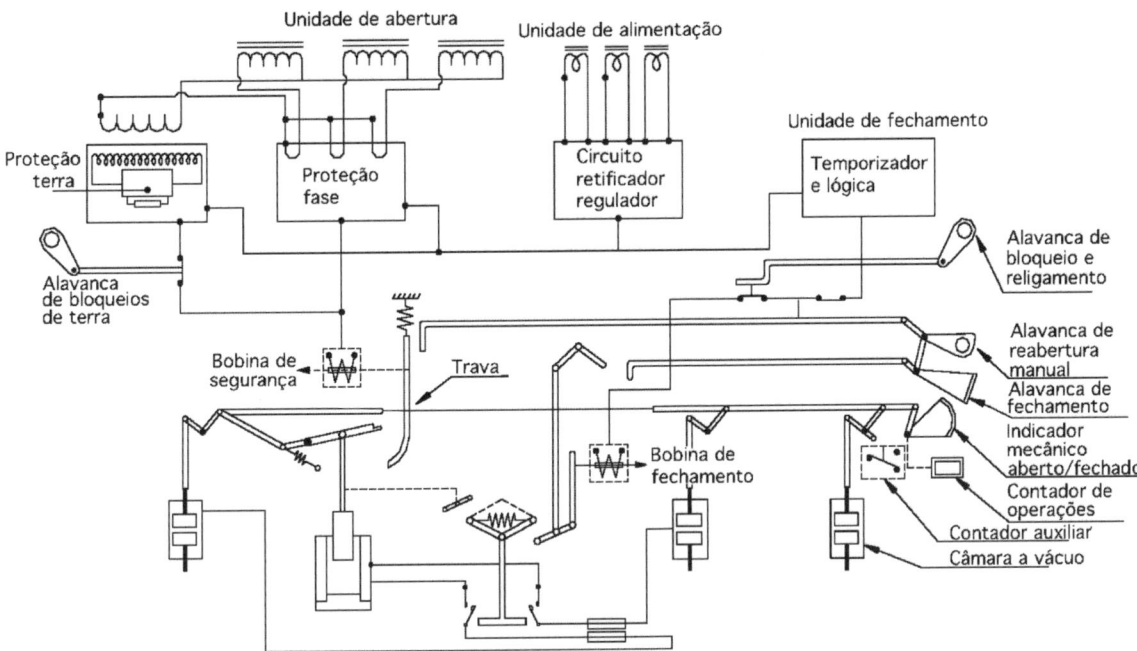

FIGURA 17.11 Sistema operacional de um religador de distribuição.

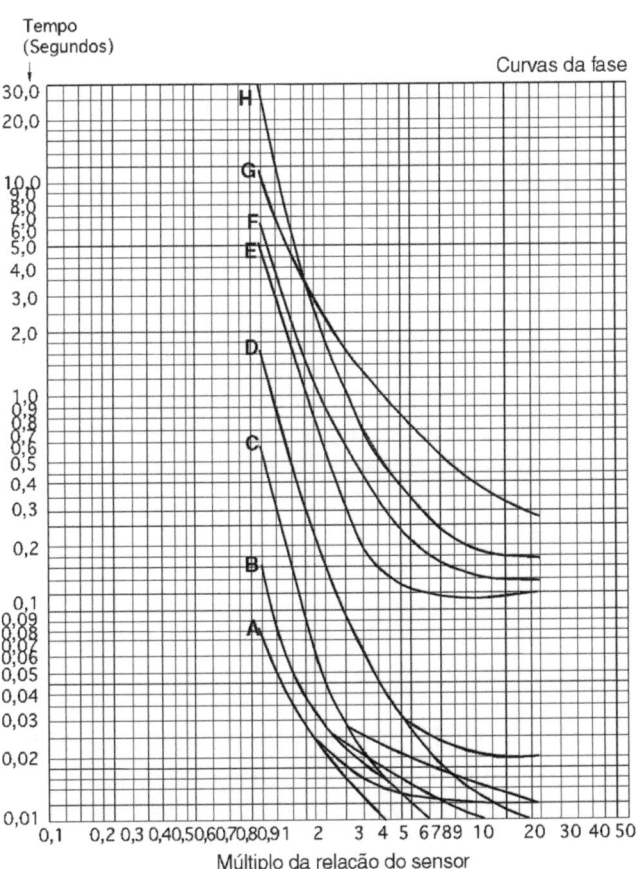

FIGURA 17.12 Curvas de temporização das correntes de fase.

- determinar o valor mínimo da corrente de curto-circuito fase-terra, que será o valor de ajuste da corrente de acionamento. Considerando o alimentador anteriormente mencionado, e sabendo-se que a corrente de defeito para a terra é de 30 A, então, deve-se ajustar o transformador auxiliar da proteção de terra no *tape* $H_1 - H_3$, módulo calibrador 8 que corresponde a uma corrente de defeito para a terra de valor igual ou superior a 27 A. Nesse caso, quando o alimentador for percorrido por uma corrente de defeito para a terra de valor igual ou superior a 27 A $\pm 5\%$, o religador atuará;
- selecionar as curvas características de temporização de fase (rápida ou retardada) de acordo com a Figura 17.12;
- selecionar as curvas características de temporização de terra (rápida ou retardada), de acordo com a Figura 17.13.

Os religadores a vácuo de controle eletrônico estão perdendo gradativamente o mercado para os religadores de controle digital, em razão dos novos recursos embarcados no sistema de controle e proteção, e da fácil integração à digitalização das redes de distribuição, impulsionada pelas concessionárias de distribuição nacionais.

17.3.2.2 Religadores a vácuo triplos de controle eletrônico

São reguladores controlados eletronicamente dotados de três diferentes tipos de operação. Podem ser montados em estruturas de rede de distribuição, ou em estrutura de pátio de média tensão de subestações de potência. Podem operar nas seguintes condições:

- Atuação tripolar e energização trifásica

  São aqueles que para qualquer defeito a jusante do religador, sejam eles trifásicos, monofásicos e fase e terra, as três fases atuam simultaneamente; no religamento, as três fases sequenciam juntas.

- Atuação monopolar e energização tripolar

  É a operação em que a proteção de sobrecorrente promove a atuação do religador em cada fase independentemente; o religamento é tripolar, evitando-se o religamento monopolar para cargas trifásicas.

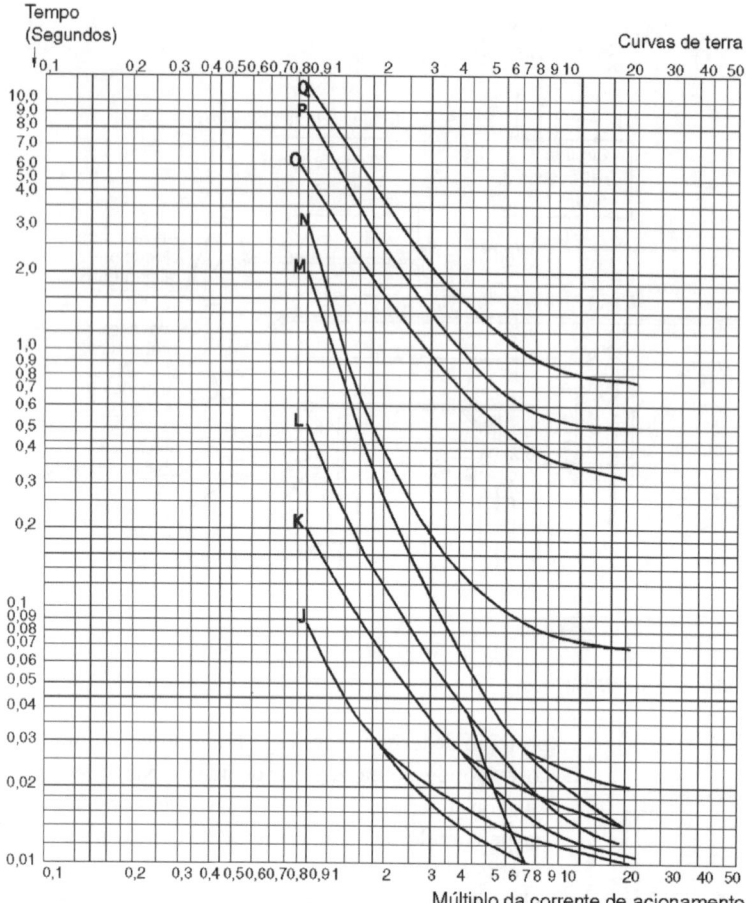

FIGURA 17.13 Curvas de temporização das correntes de fase do religador.

- Atuação monopolar e energização monopolar

É a operação em que a proteção de sobrecorrente promove a atuação do religador em cada fase independentemente; o religamento é feito por cada fase, sequenciando de maneira independente. Essa forma de operação é apropriada para cargas predominantemente monofásicas.

A Figura 17.14 mostra a parte externa de um religador triplo.

17.3.2.3 Religador modular compacto

É o mais recente religador lançado no mercado nacional, promovendo uma redução de custos operacionais e que pode substituir completamente o fusível. Também pode ser utilizado em série com o fusível, exercendo praticamente as funções de um religador convencional da mesma forma como iremos abordar posteriormente as funções de proteção dos religadores.

Utiliza a tensão de linha como fonte de alimentação. Sua operação manual é realizada por vara de manobra inserida na argola, conforme mostrado nas Figuras 17.15(a) e (b).

Como o religador possui alimentação automática da corrente da linha, ele tem capacidade de eliminação de defeitos trifásicos, bifásicos e monofásicos, tanto para falhas transitórias quanto para falhas permanentes. O sistema digital fornece conectividade sem fio para acesso remoto e pode ser integrado facilmente à rede SCADA de serviços públicos por meio de uma Unidade de Controle Remoto (RCU).

17.3.2.4 Religadores a vácuo de controle digital

Podem ser utilizados tanto em subestações de distribuição como em alimentadores rurais e urbanos em tensões de 15 a 36 kV. O seu controle tem como base um microprocessador responsável pelo sistema de proteção, bem como pelas funções de aquisição de dados e protocolo de comunicação. O fechamento e a abertura dos contatos são realizados através de atuadores magnéticos. O atuador possui apenas uma bobina que pode realizar a função de abertura quando é percorrida por uma corrente em determinado sentido, e a função de fechamento quando circula uma corrente no sentido contrário.

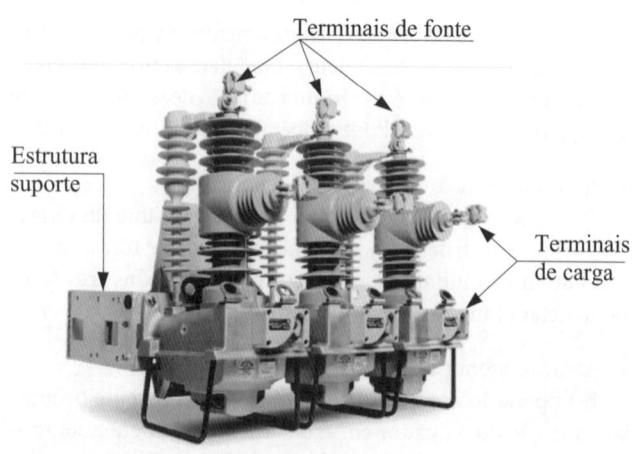

FIGURA 17.14 Religador triplo.

FIGURA 17.15 Instalação de um conjunto de religadores modulares compactos (Siemens). (a) Fonte: catálogo Siemens: https://www.siemens.com/ar/es/compania/about1/businesses/smart-infrastructure/media-tension/systems/outdoor-systems/fusesaver.html. Acesso em: 26 Jun. 2023. (b) Siemens. Fonte: https://powertrans.com.au/enhancing-lateral-recloser-safety-through-design/. Acesso em: 26 Jun. 2023.

A armadura do atuador magnético é ligada ao contato móvel do interruptor a vácuo por meio de uma alavanca de atuação de material isolante localizada no interior do isolador de sustentação. Os atuadores estão localizados no interior da base dos polos cujo eixo de interligação permite o sincronismo de operação simultâneo dos três polos e o controle dos contatos auxiliares, conforme mostrado na Figura 17.16, que representa um polo de um moderno religador de controle digital indicando os seus principais componentes. Já a Figura 17.17 mostra a vista interna e externa de um religador tripolar, indicando também os seus principais componentes.

A extinção do arco é feita igualmente aos religadores a vácuo já estudados.

O controle microprocessado é dotado de uma grande quantidade de curvas tempo × corrente (cerca de 48 curvas) que podem ser editadas, unidades de proteção de tempo definida e unidades de proteção instantânea para fase e para terra, incluindo defeitos à terra de alta impedância. Outras funções de proteção podem ser adicionadas:

- sobretensão;
- subtensão;
- subfrequência;
- faltas quilométricas;
- faltas sensíveis à terra;
- relé auxiliar de bloqueio de segurança.

A função de proteção 86 e o relé auxiliar de bloqueio para defeito a jusante têm rearme manual. Após o desligamento do disjuntor, automaticamente realiza o seu bloqueio, evitando religar o sistema sob defeito permanente.

O controle também possui funções de restrição de corrente de energização de transformadores (*inrush*).

O controle microprocessado possui registro de eventos e de defeitos, incluindo a sua representação gráfica, que permitem uma análise para determinação de suas causas. Outros registros armazenados em memória permanente são obtidos por meio do controle:

- demanda máxima diária;
- corrente de carga em curtos intervalos de tempo que permite a representação da curva de carga;
- potência em curtos intervalos de tempo que permite a representação da curva de carga.

O religador possui um painel de controle pelo qual podem ser realizados os ajustes das proteções de fase e de terra, os ajustes operacionais do equipamento (tempo de rearmes, intervalos de religamento, tempo de reset), obtidas as informações disponíveis no controle microprocessado, visualizado o estado de operação (aberto, fechado), teste da carga da bateria etc. No painel de controle também está instalada a porta serial RS232 por meio da qual é realizada a comunicação com outros equipamentos.

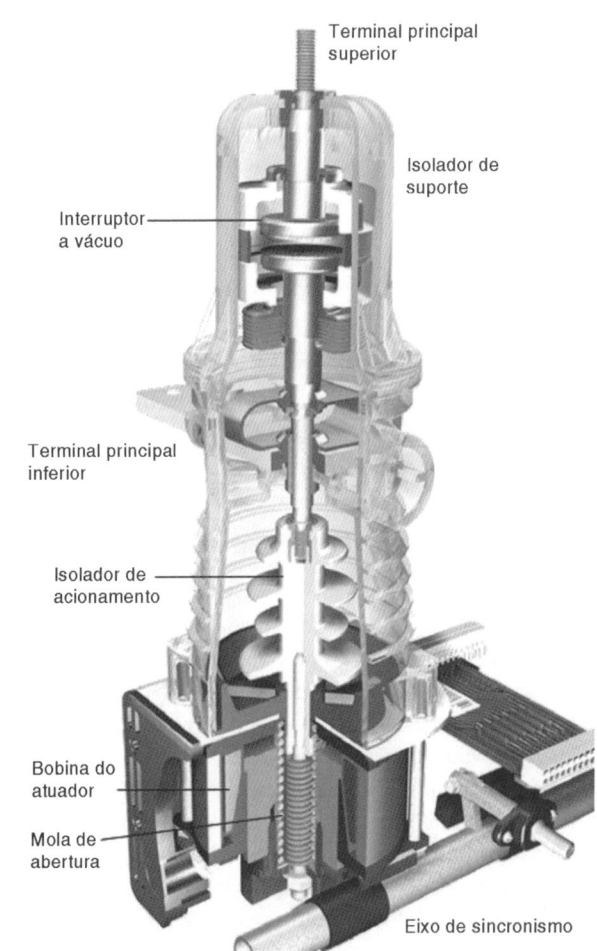

FIGURA 17.16 Vista interna de um polo de religador de controle digital.

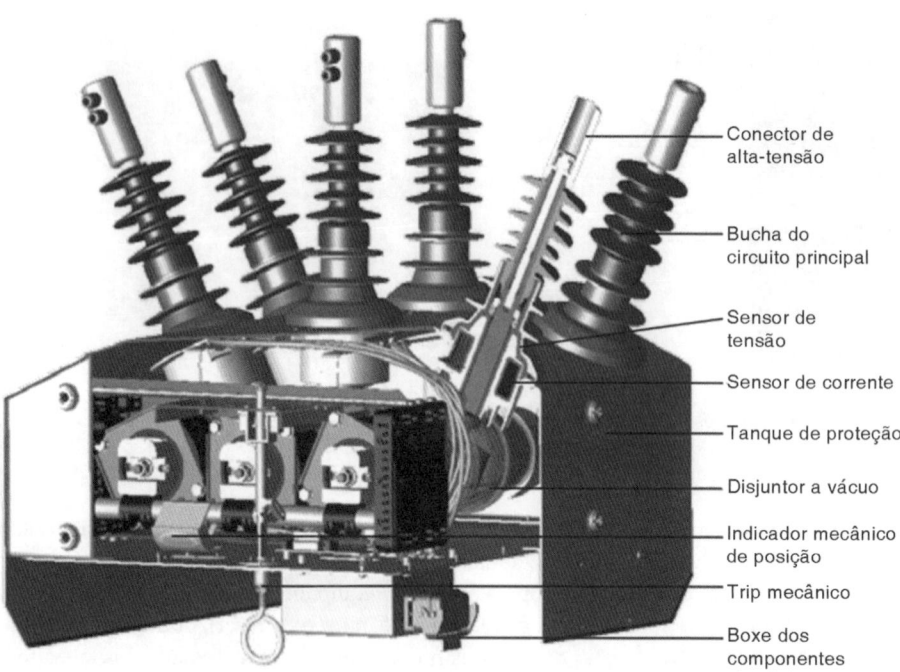

FIGURA 17.17 Vista interna/externa de um religador tripolar de controle digital.

O *software* residente no controle microprocessado possui uma interface amigável que permite simular a distância, a rede onde o religador está instalado, juntamente como os demais equipamentos instalados no alimentador, tais como transformadores, chaves fusíveis, seccionalizadores etc. Por essa simulação, podem-se estudar os ajustes da proteção e sua coordenação. Para isso é necessária a comunicação sem fio entre um PC e o módulo de controle do religador, via USB, serial ou *bluetooth*.

O religador possui uma bateria cuja finalidade é manter em operação as funções do controle microprocessado.

17.4 APLICAÇÃO DOS RELIGADORES

Os religadores podem ser aplicados tanto na derivação do alimentador no barramento da subestação como em diferentes pontos da rede aérea de distribuição.

17.4.1 Aplicação de religadores em subestação

No início de todo alimentador que deriva do barramento de média tensão de uma subestação de potência, há necessidade da utilização de um equipamento de proteção que pode ser um disjuntor comandado por relés de sobrecorrente ou um religador também provido do mesmo tipo de relé, acrescido de um dispositivo, denominado relé de religamento, ou ainda de um disjuntor dotado dos relés já mencionados, mais um relé de religamento que lhe permite o mesmo grau de repetição do religador.

Existe alguma polêmica quanto ao uso do disjuntor convencional ou do religador. Quando se deseja que o alimentador fique desenergizado logo que ocorra o primeiro desligamento devido a uma falta, independentemente de sua natureza transitória ou permanente, deve-se utilizar o disjuntor, apenas provido de relés de sobrecorrente, ajustados para faltas trifásicas e fase e terra. Isso é aplicável aos alimentadores dos grandes centros urbanos, onde a reenergização de um circuito, que tem um ou mais cabos rompidos e deitados ao chão, pode levar sério perigo às pessoas que passam pelo local da ocorrência. Nessas circunstâncias, o tempo de restabelecimento do sistema cresce, elevando o índice de duração equivalente por consumidor (DEC), prejudicando, consequentemente, a própria população, que ficará privada de energia por um longo período, no caso de defeitos temporários, até que a turma de manutenção percorra todo o alimentador correspondente.

Porém, quando se trata de alimentadores longos de redes aéreas de distribuição rural, que cortam, muitas vezes, áreas de vegetação alta e densa, a probabilidade de defeitos transitórios aumenta consideravelmente, necessitando-se, pois, de uma proteção com recursos para *limpar* esse tipo de defeito. Evita-se, assim, despachar uma equipe para percorrer todo alimentador à procura de um defeito que não existe mais, o que, em caso contrário, encarecerá o serviço de manutenção e elevará o tempo de restabelecimento do sistema. Nesse caso, se faz sentir a aplicação de um religador.

Além dos sistemas de distribuição as redes aéreas de transmissão de 230 kV, por exemplo, utilizam religamentos automáticos, normalmente um ou no máximo dois religamentos. No entanto, neste livro será tratado somente da aplicação de religadores automáticos nos sistemas de distribuição.

Para se ajustar os religadores instalados em subestações, devem-se considerar os seguintes critérios:

a) Ajuste da corrente de acionamento

Como os religadores, em geral, são dotados de relés de indução (aplicação antiga) ou digitais para a proteção de fase e de terra, deve-se ajustá-los para as seguintes condições:

- Relé de proteção de fase (unidades instantânea e temporizada).

O ajuste deve ser efetuado para um valor de corrente inferior à corrente mínima de curto-circuito entre fases, em toda a zona de proteção supervisionada pelo religador.

- Relé de proteção de neutro (unidades instantânea e temporizada).

O ajuste deve ser efetuado para um valor de corrente inferior à corrente mínima de curto-circuito entre fase e terra, em toda a zona de proteção supervisionada pelo religador. A corrente de curto-circuito fase e terra mínima depende da impedância de contato do cabo com o solo e, por isso, pode assumir valores tão pequenos, no caso de solos com superfície de alta impedância de contato (asfalto, paralelepípedo etc.) que inviabilizam um ajuste muito sensível da corrente de defeito nessas circunstâncias. Houve casos de acidentes com vítimas fatais, no sistema de concessionárias de distribuição de energia elétrica, em que a corrente de curto-circuito medida foi de 0,8 A. Para efetuar a medida de corrente, colocou-se o cabo do alimentador no solo e ligou-se o disjuntor correspondente na subestação, simulando um defeito. Como se pode notar, é inviável o ajuste do relé com base nos valores dessa magnitude. Por isso, cada concessionária de distribuição adota um ajuste mínimo para uma corrente de defeito de fase e terra, da ordem de 20 a 30 A, e adicionalmente utiliza a função 50GS.

b) Sequência de operação

Cabe a cada estudo específico definir o ciclo de religamento que permite a coordenação com os equipamentos de proteção instalados a jusante do religador.

c) Tempo de religamento

Da mesma forma anterior, cabe também a cada estudo específico definir o tempo de religamento que permita uma coordenação seletiva entre os equipamentos de proteção instalados a jusante e a montante do religador.

Deve-se ajustar o tempo de religamento de forma a permitir que o relé de sobrecorrente retorne a sua posição de repouso antes de uma nova ordem de religamento.

d) Tempo de rearme

O tempo de rearme, também denominado tempo de reset ou de restabelecimento, tem por finalidade evitar um rearme durante a sequência de operações. O tempo de rearme pode ser determinado a partir da Equação (17.1):

$$T_{re} = 1,10 \times \Sigma T_{to} + 1,15 \times \Sigma T_{ti} \qquad (17.1)$$

T_{re} – tempo de rearme, em s;
ΣT_{to} – tempo total de todas as operações de abertura considerando a corrente mínima de acionamento;
ΣT_{ti} – tempo total dos intervalos de religamento.

17.4.2 Aplicação de religadores em sistemas de distribuição

Existem alguns critérios que devem ser adotados para aplicar religadores automáticos nos diferentes pontos das redes aéreas de distribuição, quais sejam:

- em pontos predeterminados de circuitos longos, onde as correntes de curto-circuito, pela elevação da impedância, não têm valor expressivo capaz de sensibilizar o equipamento de proteção, disjuntor ou religador, instalado no início do alimentador (subestação);
- na derivação de alguns ramais que suprem cargas relevantes, cuja área apresenta um elevado risco de falhas transitórias;
- em alimentadores que tenham dois ou mais ramais;
- em um ponto imediatamente após uma carga ou concentração de carga que necessita de uma elevada continuidade de serviço;
- em ramais que alimentam consumidores primários cuja proteção seja feita por meio de disjuntores dotados apenas de relés de indução.

É importante observar que, em redes aéreas de distribuição onde haja possibilidade de se efetuar manobra entre alimentadores para transferência de carga, não se devem utilizar religadores, a não ser na própria derivação com o barramento da subestação. Caso contrário, o religador, durante uma manobra, poderá ficar alimentado pelas buchas de saída, quando os transformadores de corrente estão localizados nas buchas de fonte, sendo, portanto, o equipamento alimentado inversamente.

Hoje, já existem no mercado religadores nos quais a corrente pode fluir nos dois sentidos.

É importante saber que não se deve utilizar religadores em redes de distribuição subterrâneas, a não ser que os cabos sejam dimensionados para suportar o ciclo de religamento desejado. Durante o ciclo de religamento, a energia resultante da circulação das correntes de curto-circuito pelos cabos isolados pode elevar a temperatura da isolação a valores superiores à sua suportabilidade.

17.5 CRITÉRIOS PARA COORDENAÇÃO ENTRE RELIGADORES E OS EQUIPAMENTOS DE PROTEÇÃO

Nesta seção, será estudada apenas a coordenação seletiva em sistemas trifásicos a três fios com neutro efetivamente aterrado. No caso de sistemas trifásicos a quatro fios, aplica-se, praticamente, o mesmo estudo feito para os sistemas anteriormente mencionados.

Para entendimento do uso dos religadores automáticos, serão estudadas três diferentes condições de coordenação.

- coordenação entre religador de distribuição e elo fusível;
- coordenação entre religador de subestação, seccionalizador e elo fusível;
- coordenação entre religadores.

17.5.1 Coordenação entre o religador de distribuição e o elo fusível

Para que haja coordenação entre esses dois elementos, é necessário aplicar os conceitos definidos adiante tomando como base os componentes da Figura 17.18. O estudo de proteção e coordenação deverá ser realizado entre o religador instalado no ponto A (derivação do barramento da subestação) e o elo fusível instalado no ponto C do alimentador de distribuição.

a) A corrente nominal do TC incorporado ao religador deve obedecer à Equação (17.2).

$$I_{ntc} = \frac{I_{cs}}{20} \qquad (17.2)$$

I_{ntc} – corrente nominal do transformador de corrente, em A;
I_{cs} – corrente nominal de curto-circuito, valor simétrico, em A.

Obs.: efetuar o cálculo de saturação do transformador de corrente para a maior corrente de defeito da rede de distribuição.

b) A corrente nominal primária do transformador de corrente deve ser superior à maior corrente de carga que se planejou para o alimentador.

Em geral, o planejamento previsto não deve ir além de 5 anos e, para essa condição, a corrente nominal do TC deve obedecer à Equação (17.3).

$$I_{ntc} = K_p \times I_{máxm} \qquad (17.3)$$

K_p – índice de crescimento previsto da carga;
$I_{máxm}$ – corrente máxima de carga atual, valor medido, em A.

c) A corrente de acionamento do religador deve ser superior à maior corrente prevista no alimentador

$$I_{af} = K_1 \times K_p \times I_{máxm} \qquad (17.4)$$

I_{af} – corrente de acionamento do relé de fase do religador, em A;
K_1 – fator de multiplicação, ou fator de incertezas, que deve ser superior a 1.

d) A corrente de acionamento do relé de fase, de preferência, deve ser inferior à menor corrente de curto-circuito fase e terra em qualquer ponto a jusante do elo fusível.

e) A corrente de acionamento do relé de fase deve ser inferior à menor corrente de curto-circuito bifásica no trecho protegido pelo religador, no caso, até o ponto C, conforme a Figura 17.18.

f) A corrente de acionamento do relé de neutro deve ser inferior à menor corrente de curto-circuito fase e terra no trecho protegido pelo religador, no caso, até o ponto C.

g) O tempo mínimo de fusão do elo fusível para todo o trecho do alimentador por ele protegido deve ser superior ao tempo de abertura do religador operando na curva rápida corrigida pelo fator K, conforme definido na Figura 17.19.

h) O tempo total de interrupção do elo fusível para todo o trecho do alimentador por ele protegido deve ser inferior ao tempo mínimo de abertura do religador operando na curva temporizada e ajustado para duas ou mais operações temporizadas.

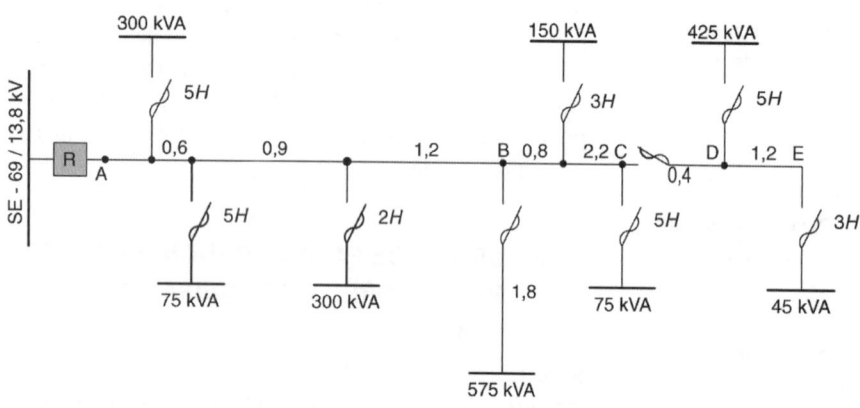

FIGURA 17.18 Diagrama elétrico simplificado.

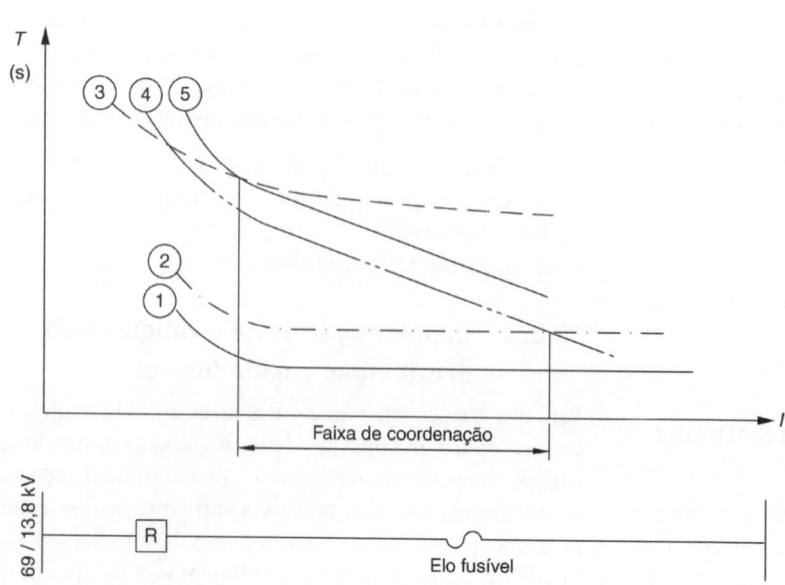

FIGURA 17.19 Curvas de coordenação.

Dessa forma, cabe à chave fusível a função de interromper a corrente de defeito em qualquer ponto a jusante de sua instalação no trecho protegido pelo fusível. Assim, os consumidores localizados neste trecho do circuito são de importância secundária, comparando-se com a prioridade da carga instalada a montante da chave fusível. Isso é bem característico dos alimentadores que servem no seu início a cargas urbanas e, no seu final, a consumidores da área rural.

i) O religador, em geral, deve ser ajustado para o seguinte ciclo de operação:

- duas operações rápidas;
- duas operações retardadas.

A coordenação entre o fusível e o religador torna-se mais difícil quando esse equipamento é dotado de dispositivo de atuação para defeito fase e terra.

Resumindo as condições de coordenação anteriormente estudadas, podem-se apresentar as curvas características de um religador e do elo fusível e observar as interseções das curvas 3-5 e 2-4 que correspondem à faixa de coordenação A-B, isto é, os valores de corrente no intervalo A-B entre o religador e o elo fusível que permitem coordenação de operação. As curvas da Figura 17.19 são relativas a:

- 1: curva de operação rápida do religador;
- 2: curva de operação rápida do religador multiplicada por um fator K;
- 3: curva de operação com retardo do religador;
- 4: curva de tempo mínimo de fusão do elo fusível;
- 5: curva de tempo máximo de interrupção do elo fusível.

Quando a curva de operação com retardo do religador não intercepta a curva de tempo máximo de interrupção do elo fusível, o ponto de corrente mínima corresponde à corrente de acionamento do religador.

Durante um projeto de coordenação entre religadores e elos fusíveis é necessário que se efetue também a coordenação entre os próprios elos fusíveis, tais como aqueles instalados nos ramais em relação à proteção individual dos transformadores de distribuição.

As curvas dos elos fusíveis estão contempladas no Capítulo 2, onde se fornecem resumidamente as tabelas de coordenação entre os próprios elos fusíveis do tipo K e entre os elos fusíveis dos tipos K e H.

EXEMPLO DE APLICAÇÃO (17.1)

Faça o estudo de coordenação entre o religador R de distribuição e os elos fusíveis instalados ao longo do alimentador mostrado na Figura 17.20. Os dados do sistema são:

- Tensão nominal: 13.800 V
- Corrente de curto-circuito trifásica/fase e terra:
  - ponto A: 1.200/400 A;
  - ponto B: 900/320 A;
  - ponto C: 630/220 A;
  - ponto D: 410/130 A;
  - ponto E: 208/89 A;
  - ponto F: 600/200 A.

A corrente de carga medida junto ao religador é de 29 A, no horário de ponta de carga.

Observe que o religador é do tipo distribuição, instalado em poste a 4,5 km do barramento da subestação cujo alimentador está protegido no seu início por um disjuntor. Somente será estudada, nesse caso, a coordenação entre o religador de distribuição e os elos fusíveis localizados a jusante do ponto de instalação do religador. Admitir um intervalo de coordenação entre o elo fusível e o religador no valor de 0,20 s.

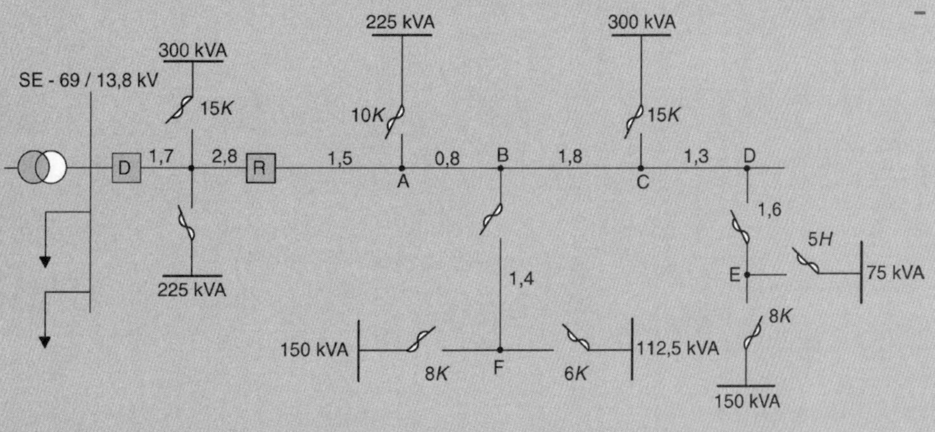

FIGURA 17.20 Diagrama unifilar básico de uma rede de distribuição.

a) Corrente de carga máxima vista pelo religador

$$I_{mc} = \frac{225 + 150 + 112,5 + 300 + 150 + 75}{\sqrt{3} \times 13,80} = \frac{1.012,5}{\sqrt{3} \times 13,8} = 42,3 \text{ A}$$

b) Aplicação dos elos fusíveis

Para melhor entender esse assunto, o leitor deve recorrer ao Capítulo 2 – Chave Fusível Indicadora Unipolar. Como não existe medição de corrente nos pontos do alimentador, pode-se utilizar o conceito da taxa de corrente por kVA instalado, ou seja:

$$Y = \frac{I_{mc}}{\sum P_{nt}} = \frac{29}{1.012,5} = 0,02864 \text{ A/kVA}$$

- Ponto D

Condição: $\frac{I_{ft(E)}}{4} \geq I_{ne} \geq I_{c(E)}$

$I_{c(E)}$ – corrente de carga no ponto E.

$$I_{c(E)} = 1,5 \times \sum P_{(E)} \times Y = 1,5 \times (75 + 150) \times 0,02864$$

$$I_{c(E)} = 9,6 \text{ A}$$

$$\frac{I_{ft(E)}}{4} = \frac{89}{4} = 22,2 \text{ A}$$

Logo: $22,2 \geq I_{ne} \geq 9,6$ A

Pela tabela de coordenação do Capítulo 2 entre elos fusíveis do tipo K, pode-se adotar para o ponto D o elo fusível de 15K, considerando a coordenação com o maior elo fusível do transformador de 150 kVA, que é o de 8K, ou seja:

I_{ne} = 15K (elo fusível preferencial)

Os elos fusíveis de 15K e 8K adotados neste estudo coordenam entre si para uma corrente no máximo igual a 440 A, conforme se mostra na tabela mencionada.

- Ponto B

$$I_c(F) = 1,5 \times (150 + 112,5) \times 0,02864 = 11,2 \text{ A}$$

$$\frac{I_{ft(F)}}{4} = \frac{200}{4} = 50 \text{ A}$$

Logo: $50 \text{ A} \geq I_{ne} \geq 11,2$ A

Como a corrente de curto-circuito trifásica no ponto F é de 600 A e como a corrente máxima de coordenação do elo fusível de 8K é de 650 A relativa ao elo fusível de 20K, se deveria adotar esse elemento. Porém, considerando que o elo fusível preferencial mais próximo e superior é o de 25K, este será o elemento escolhido, ou seja:

$$I_{ne} = 25K$$

c) Religador

Serão adotadas duas operações rápidas e duas com retardo.

- Relação do sensor

  A seleção do ajuste do sensor deve ser feita pela Tabela 17.4, considerando-se a proteção de defeito para a terra.

Para uma corrente de carga igual a 29 A, será escolhida a relação do sensor de fase igual a $X_2 - X_4 = 50$ A. Como a menor corrente de curto-circuito fase e terra é de 89 A, logo, pela Tabela 17.4, observa-se que a maior corrente de acionamento (50 A) é inferior à menor corrente de defeito para a terra 89 A, o que atende à condição desejada que é a atuação do religador para a menor corrente de defeito. Assim, os ajustes a serem efetuados são:
  - relação do sensor: $X_2 - X_4 = 50$ A;
  - transformador auxiliar da proteção de terra: $H_1 - H_2$;
  - módulo calibrador da corrente de acionamento: 1;
  - seleção das curvas de operação do religador.

Plotando a curva do elo fusível de 25K nos gráficos mostrados nas Figuras 17.21 e 17.22, observa-se que as curvas selecionadas para se obter coordenação devem ser:

- Proteção de fase:
  – curva rápida: D;
  – curva retardada: H.

- Proteção de terra:
  – curva rápida: L;
  – curva retardada: P.

Considerando a proteção de terra, pode-se comentar:

- Para um defeito fase e terra no ponto E (89 A), o religador atuará na curva L em 0,12 s, enquanto o tempo de atuação do elo fusível é de 1,80 s, havendo, portanto, coordenação na curva rápida, ou melhor: na primeira e segunda atuações do religador o elo fusível não se fundirá. No entanto, na terceira atuação o religador responderá na curva temporizada (curva P da Figura 17.22) para um tempo de 2,7 s, enquanto o elo fusível se fundirá em apenas 1,80 s. Nessas condições, o ramal primário D-E defeituoso será eliminado, e a tensão no restante do sistema ficará restabelecida.

Observe que a coordenação entre o religador e o elo fusível do ponto D somente existe a partir de uma corrente superior a 78 A, já que a curva P do religador e a do elo fusível se interceptam no ponto $I = 78$ A. Observe ainda que:

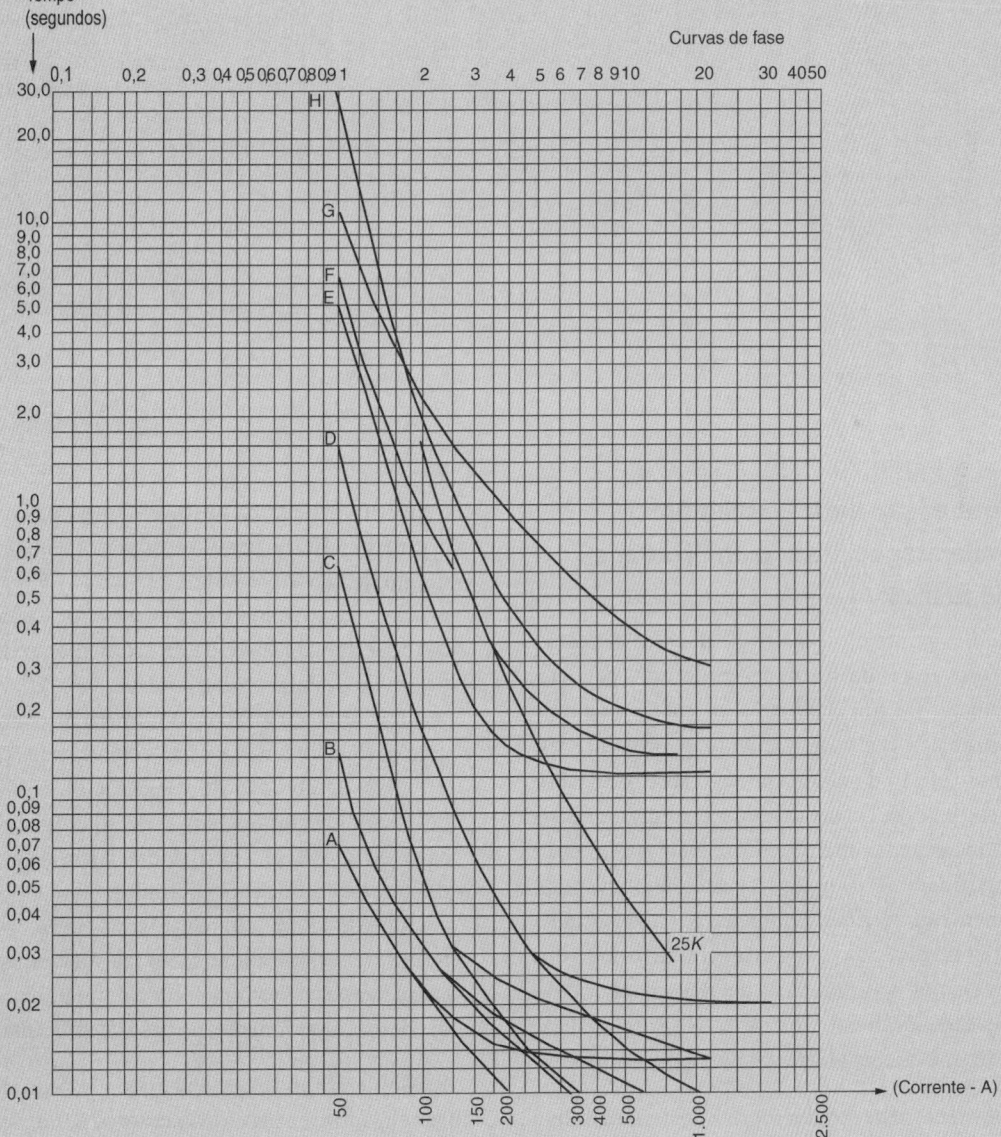

FIGURA 17.21 Curvas de coordenação de fase entre religador e fusível.

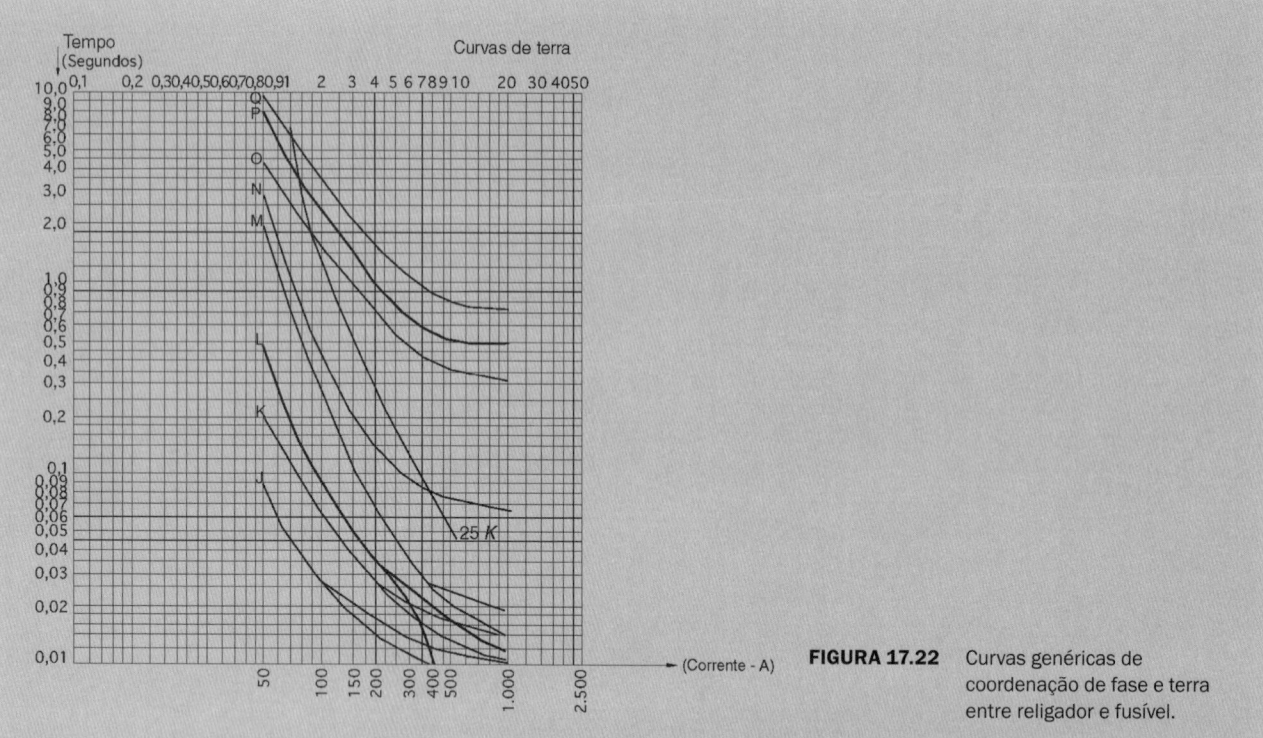

FIGURA 17.22 Curvas genéricas de coordenação de fase e terra entre religador e fusível.

- Para um defeito trifásico, no ponto E (208 A), o religador atuará na curva D da Figura 17.21 em 0,038 s, enquanto o tempo de atuação do elo fusível será de 0,25 s, havendo, portanto, coordenação no limite do intervalo de coordenação na curva rápida, ou melhor, na primeira e segunda atuações do religador, o elo fusível não se fundirá. No entanto, na terceira atuação o religador responderá na curva temporizada H com um tempo de 0,45 s, enquanto o elo fusível abrirá em 0,23 s, eliminando o trecho defeituoso D-E, restabelecendo o restante do sistema.

  Cabe observar, no entanto, que o tempo de intervalo de coordenação adotado foi de 0,20 s, e que poderá ocorrer, para determinados valores de corrente de defeito, a atuação do religador e a fusão do elo fusível ao mesmo tempo.

- Para correntes de defeito superiores, tanto de fase e terra como trifásica, haverá coordenação conforme se pode observar pelas Figuras 17.21 e 17.22.

17.5.2 Coordenação entre o religador de subestação, o seccionalizador e o elo fusível

Os seccionalizadores automáticos são equipamentos auxiliares de proteção de redes aéreas de distribuição utilizados para efetuar o desligamento do trecho do alimentador sob falta, quando em sua retaguarda existe outro equipamento de proteção, responsável pela interrupção do alimentador. O seccionalizador não interrompe correntes de curto-circuito; apenas dispõe de um mecanismo de contagem das interrupções efetuadas pelo equipamento de retaguarda, abrindo os seus contatos definitivamente quando o número de interrupções for igual ao valor ajustado.

O Capítulo 18 será dedicado exclusivamente ao estudo dos seccionalizadores e, por isso, para mais detalhes, o leitor deve consultá-lo. A coordenação entre religadores e seccionalizadores deve obedecer a alguns pré-requisitos:

- o religador deve ser ajustado para sentir a corrente mínima de curto-circuito em toda a zona de atuação do seccionalizador;

- a menor corrente de curto-circuito do trecho de atuação do seccionalizador deve ser superior à corrente de acionamento do seccionalizador;
- o valor da corrente de acionamento do seccionalizador deve ser 80% da corrente de acionamento do religador;
- o número de interrupções contadas pelo seccionalizador deve ser uma unidade inferior ao número de operações ajustadas para o religador abrir definitivamente os seus contatos;
- o tempo de atuação do religador na curva temporizada deve ser superior ao tempo de atuação do elo fusível localizado após o seccionalizador, a fim de evitar uma saída desnecessária do seccionalizador;
- o tempo de atuação do religador na operação de tempo definido deve ser inferior ao tempo de atuação do elo fusível localizado após o seccionalizador, a fim de evitar que ele queime desnecessariamente, no caso de uma falta transitória.

É bom lembrar, finalmente, que o estudo de coordenação entre religadores e seccionalizadores é função dos tipos dos equipamentos adotados, já que são vários e bastante diferentes entre si.

EXEMPLO DE APLICAÇÃO (17.2)

Considere a rede aérea de distribuição rural apresentada na Figura 17.23, em que na derivação com o barramento da subestação de 69/13,80 kV há um religador automático, dotado de relés de sobrecorrente digital de fase e de neutro. Para reduzir o tempo de interrupção do ramal que alimenta um centro urbano de certa importância, instalou-se no ramal de características intrinsecamente rurais um seccionalizador de ajuste eletrônico. Efetue o estudo de coordenação desse alimentador. O fator de assimetria das correntes de curto-circuito vale 1,2. A faixa de ajuste da unidade temporizada de fase do relé é $(0,2 - 2,4) \times I_n$. A faixa de ajuste da unidade temporizada de neutro do relé é $(0,04 - 0,48) \times I_n$. A temporização da unidade de tempo definido de fase e de neutro do relé varia de $(0 - 1,0)$ s. As correntes de curto-circuito trifásica/fase e terra nos pontos indicados na Figura 17.23 são:

- ponto A: 1.800/1.400 A;
- ponto B: 800/620 A;
- ponto C: 630/382 A;
- ponto D: 410/330 A;
- ponto E: 315/215 A;
- ponto F: 710/570 A.

A corrente de carga medida no horário de ponta de carga vale: 37 A.

a) Elo fusível da chave instalada no ramal do ponto B

$$Y = \frac{I_{mc}}{\sum P_{nt}} = \frac{37}{1.237,5} = 0,0298 \text{ A/kVA}$$

$$I_{mc} = 37 \text{ A}$$

A potência total dos transformadores instalados no alimentador vale:

$$\sum P_{nt} = 300 + 75 + 300 + 45 + 112,5 + 150 + 75 + 15 + 15 + 30 + 75 + 45 = 1.237,5 \text{ kVA}$$

A corrente de carga nominal dos transformadores instalados no ramal derivado do ponto B vale:

$$I_{c(B)} = 1,5 \times \sum P_{c(B)} \times Y = 1,5 \times (45 + 112,5) \times 0,0298 = 7,0 \text{ A}$$

$$\frac{I_{ft(F)}}{4} \geq I_{ne} \geq I_{c(B)}$$

$I_{ft}(F)$ é a corrente de curto-circuito fase e terra no ponto F:

$$\frac{570}{4} \geq I_{ne} \geq 7,0 \text{ A}$$

$$142,5 \text{ A} \geq I_{ne} = 7,0 \text{ A}$$

Para se obter seletividade com o religador, se escolherá o elo fusível de:

$I_{ne} = 25K$ (elo fusível preferencial)

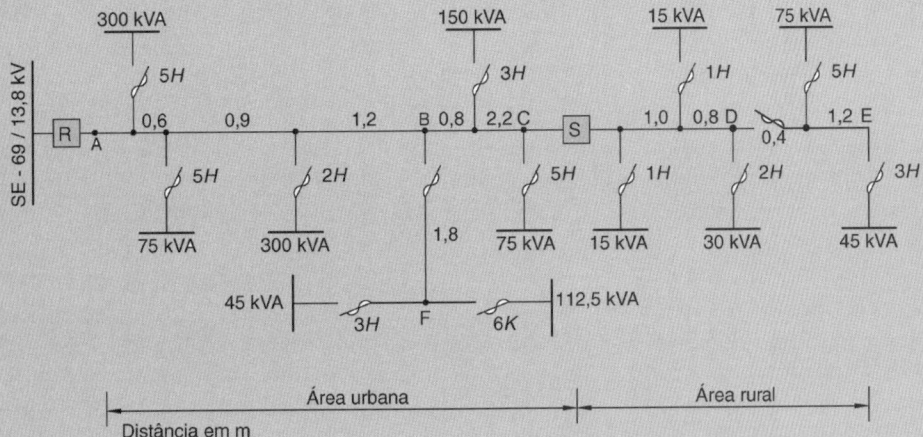

FIGURA 17.23 Esquema básico de uma rede de distribuição.

b) Elo fusível da chave instalada no ramal do ponto D, no qual estão instalados os transformadores de 75 e 45 kVA

$$I_c(D) = 1,5 \times \sum P_{c(D)} \times Y = 1,5 \times (75 + 45) \times 0,0298 = 5,3 \text{ A}$$

$$\frac{I_{ft(E)}}{4} \geq I_{ne} \geq 5,3 \text{ A}$$

$$\frac{215}{4} \geq I_{ne} \geq 5,3 \text{ A}$$

$$53,7 \geq I_{ne} \geq 5,3 \text{ A}$$

$I_{ne} = 25K$ (valor adotado inicialmente como tentativa de se obter coordenação)

c) Sequência de operação do religador: 1 operação instantânea + 3 operações temporizadas

d) Ajuste do religador automático

- Corrente de carga máxima

  $I_{cm} = 37$ A (medida no horário de ponta de carga)

- Dimensionamento do transformador de corrente

  Deve-se observar que é necessário determinar a condição de saturação do transformador de corrente.

  Valor inicial do RTC: 50-5 : 10.

Considerando que a corrente de curto-circuito não deva provocar a saturação do TC, tem-se:

$$I_{ntc} = \frac{I_{cs}}{F_s} = \frac{1.800}{20} = 90 \text{ A}$$

F_s – fator de sobrecorrente.

Logo: RTC: 100-5 : 20

É, portanto, necessário conhecer os valores nominais dos transformadores de corrente dos religadores a serem utilizados, já que normalmente esses equipamentos já contam com os TCs instalados padronizados, dotados de várias derivações. Adotar então a derivação mais próxima do valor calculado.

- Determinação da proteção temporizada de fase

  Serão utilizados relés digitais, cujas curvas estão mostradas na Figura 17.24, com corrente nominal de 5 A.

  – Unidade de proteção temporizada de fase

$$I_{ft} = \frac{K_f \times I_c}{RTC} = \frac{1,5 \times 37}{20} = 2,7 \text{ A}$$

$K_f = 1,5$ (valor da sobrecarga admissível)

Para a faixa de operação do relé de $(0,2 - 2,4) \times I_n$ em passos de 0,01A, selecionando-se $I_{aj} = 0,54 \times I_{nt}$, ou seja, $I_{am} = \frac{2,7}{5} = 0,54$.

Logo, a corrente de acionamento vale: $I_{atf} = RTC \times I_{ft} = 20 \times 2,7 = 54$ A.

– Múltiplo da corrente de acionamento

A unidade temporizada será ajustada para cobrir todo o alimentador, isto é, sentir os defeitos até o ponto E, que corresponde às faltas de menor corrente de curto-circuito do sistema.

$$M = \frac{I_{cs}}{RTC \times I_{ft}} = \frac{315}{20 \times 2,7} = 5,8$$

Com o gráfico da Figura 17.24 (curva muito inversa), seleciona-se o valor do ajuste do relé, sabendo-se que o tempo de operação da unidade temporizada deve ser superior ao tempo de atuação do elo fusível do ponto D. Como o tempo de abertura do fusível, pelo gráfico da Figura 2.22, é de $T_{af} = 0,20$ s para a corrente de defeito em E (315 A), elo fusível de 25K e curva superior, logo o religador deve operar na curva temporizada do relé no tempo de:

$$T_r = T_{af} + T_s$$

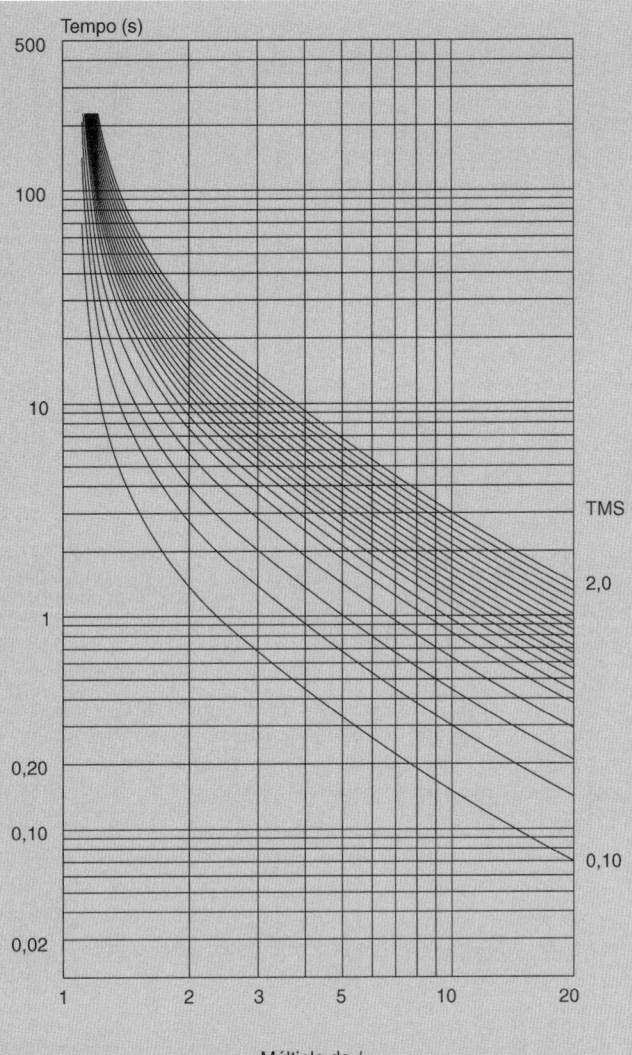

FIGURA 17.24 Curva tempo × corrente do relé de característica muito inversa.

$T_s = 0{,}3$ s (tempo de segurança adotado: normalmente varia de 0,3 a 0,5 s)

$$T_r = 0{,}20 + 0{,}3 = 0{,}50 \text{ s}$$

T_r – tempo de atuação do relé do religador.

Pelo gráfico da Figura 17.24, relativa ao relé de característica muito inversa, determina-se a sua curva de operação entrando-se com o tempo de 0,50 s e o múltiplo da corrente ajustada de 5,8, ou seja, curva 0,20.

Isso quer dizer que, durante a ocorrência de um defeito trifásico em E, o elo fusível instalado no ponto D vai atuar antes da proteção de fase do religador, no primeiro religamento temporizado.

– Unidade de proteção de tempo definido de fase

Essa unidade será ajustada para cobrir a zona de proteção até o ponto E:

$$F \leq \frac{I_{cas}}{I_{alf}} \leq \frac{315 \times 1{,}2}{54} \leq 7 \quad \rightarrow \quad F = 5 \text{ (valor assumido)}$$

Logo, o valor de ajuste será de:

$$I_{lf} = F \times I_{lf} = 5 \times 2{,}7 = 13{,}5 \text{ A}$$

$F_a = 1{,}2$ (fator de assimetria adotado)

A corrente de acionamento vale:

$$I_{aif} = RTC \times I_{lf} = 20 \times 13{,}5 = 270 \text{ A}$$

$I_{aif} < I_{cas}$ (condição satisfeita)

O tempo de atuação do elo fusível do ponto D deve ser superior ao tempo de atuação da unidade de tempo definido de fase, evitando-se que se queime desnecessariamente o elo fusível caso o defeito seja transitório. Assim, o elo fusível no ponto D deve atuar em 0,20 s, conforme já se determinou anteriormente. O tempo de atuação do religador (T_r) é a soma do tempo de atuação do relé de tempo definido de fase (T_{ri} = 0 s), mais o tempo próprio do religador (T_p), que é de 0,040 s, ou seja:

$$T_r = T_{ri} + T_p$$

T_{ri} = 0,0 s (tempo de atuação do relé, unidade instantânea)

$$T_r = 0,0 + 0,04 = 0,04 \text{ s}$$

Como se pode notar, o tempo de abertura do elo fusível é superior ao do religador na primeira operação que é instantânea, dada pela unidade de tempo definido de fase. Logo, o elo fusível não vai operar satisfazendo à condição de seletividade.

- Determinação da proteção temporizada de neutro
  - Unidade de proteção temporizada de neutro

$$I_{fn} = \frac{K \times I_c}{RTC} = \frac{0,30 \times 37}{20} = 0,55 \text{ A}$$

K = 0,30 (valor que pode variar entre 0,10 e 0,30)

A faixa de operação do relé é de (0,04-0,48) × I_n, em passos de 0,01 A selecionando-se o ajuste I_{fn} = 0,11 × I_{nr}, ou seja, $I_{am} = \frac{0,55}{5} = 0,11$ A.

- Múltiplo da corrente de acionamento

O relé será ajustado para atuar em defeitos fase e terra até o ponto E.

$$M = \frac{I_{cas}}{RTC \times I_{fn}} = \frac{215}{20 \times 0,11 \times 5} = 19,5$$

No gráfico da Figura 17.24 seleciona-se a curva do relé, sabendo-se que o tempo de operação da unidade temporizada deve ser superior ao tempo de atuação do elo fusível no ponto D:

$$T_r = T_{af} + T_s$$

T_{af} = 0,4 s (curva superior do fusível para I_{cs} = 215 A vista na Figura 2.22 para o elo fusível de 25K)

$$T_r = 0,4 + 0,3 = 0,7 \text{ s}$$

Pelo gráfico da Figura 17.24 do relé para M = 19,5 e T = 0,70 s, determina-se a curva de operação do relé: curva 0,9 (curva muito inversa).
- Unidade de proteção de tempo definido de neutro

Será ajustada para atuar em defeitos ocorridos até o ponto E. O tempo de atuação do maior elo fusível do trecho além do seccionalizador deve ser superior ao tempo de atuação do religador:

$$T_r = T_{ri} + T_p = 0,0 + 0,04 = 0,04 \text{ s}$$

T_{af} = 0,4 s > T_r = 0,04 s (condição insatisfeita)

$$F \leq \frac{215 \times 1,2}{20 \times 0,11 \times 5} \leq 23,4 \rightarrow F = 15 \text{ (valor adotado)}$$

Logo, o ajuste será de:

$$I_{in} = F \times I_{if} = 15 \times 0,11 \times 5 = 8,2 \text{ A}$$

A corrente de acionamento vale:

$$I_{ain} = RTC \times I_{in} = 20 \times 8,2 = 164 \text{ A}$$

$I_{ain} < I_{cas}$ (condição satisfeita)

- O religador será ajustado para o seguinte ciclo de religamento: 1 atuação instantânea e 3 atuações temporizadas.
- Intervalo de religamento:
  $R_1 = 5$ s; $R_2 = 5$ s; $R_3 = 20$ s (valores considerados)
- Tempo de rearme do religador

De acordo com a Equação (17.1), tem-se:

$$T_{re} = 1{,}10 \times \sum T_{to} + 1{,}15 \times \sum T_{ti}$$

O tempo total de todas as operações do relé de fase, considerando-se 1 (uma) operação instantânea e 3 (três) temporizadas, vale:

$$T_{to} = 0{,}04 + 3 \times 0{,}4 = 1{,}24 \text{ s}$$

O tempo total dos intervalos de religamento para a menor corrente de acionamento vale:

$$T_{ti} = 5 + 5 + 20 = 30 \text{ s}$$

$$T_{re} = 1{,}10 \times 1{,}24 + 1{,}15 \times 30$$

$$T_{re} = 1{,}36 + 34{,}5 = 35{,}86 \text{ s}$$

Para o relé de neutro T_{re} vale:

$$T_{re} = 1{,}10 \times (0{,}04 + 3 \times 0{,}7) + 1{,}15 \times (5 + 5 + 20) = 36{,}85 \text{ s}$$

Logo, o tempo de rearme será ajustado em:

$T_{re} = 50$ s (valor adotado)

e) Ajuste do seccionalizador do tipo eletrônico com base em 80% das correntes de acionamento dos relés de proteção de fase e de neutro
- Resistor de fase:

$$I_{rf} = 0{,}8 \times I_{aff} = 0{,}8 \times 54 = 43{,}2 \text{ A}$$

De acordo com a Tabela 18.2, o valor do resistor é de 83,65 Ω (valor máximo) para corrente de acionamento de 40 A.

- Tempo de memória
O tempo de memória do seccionalizador deve ser maior do que o tempo acumulado do religador, ou seja, $T_m = 60$ s.
- Ajuste do número de contagem das interrupções

$$N_{is} = N_{ir} - 1$$

$$N_{is} = 4 - 1 = 3$$

- Tempo de rearme
Tem ajuste constante e igual a 7,5 min para este seccionalizador [ver item 18.4.3]
- Restrição da corrente de magnetização

$$I_m = 8 \times I_{nt} = \frac{8 \times (15 + 75 + 15 + 30 + 45)}{\sqrt{3} \times 13{,}80} = 60{,}2 \text{ A}$$

Logo, o ajuste deve ser de:

$$X_a = \frac{I_m}{I_{aff}} = \frac{60{,}2}{54} = 1{,}1 \rightarrow X_a = 2 \times I_{ac}$$

- Duração da elevação temporária da corrente de acionamento de fase:
$T_{af} = 10$ ciclos [ver item 18.4.3]
- Duração da elevação temporária da corrente de acionamento de terra:
$T_{af} = 1{,}5$ ciclo [ver item 18.4.3]

17.5.3 Coordenação entre religadores

A aplicação de religadores em série depende do tipo de operação desses equipamentos, ou seja:

a) Religadores operados por bobina série (hidráulicos)

Para a coordenação entre religadores desse tipo podem-se considerar três situações:

- religadores do mesmo tipo e mesma sequência de operação;
- religadores do mesmo tipo e ciclos de religação diferentes;
- religadores de tipos diferentes e ciclos de religação também diferentes.

Considerando que as três situações anteriores contemplam bobinas de mesma classe, para que os religadores operem coordenadamente em série, a curva do religador protegido deve ser superior em pelo menos 12 ciclos (= 0,2 s), para a corrente de curto-circuito máxima, à curva do religador protetor, conforme se observa na Figura 17.25.

b) Religadores operados por relés digitais

Esse tipo de religador permite grande flexibilidade quanto ao ajuste de suas características operacionais, o que facilita o estudo de coordenação da proteção. São as seguintes as recomendações que devem ser adotadas:

- os intervalos de religação devem ser selecionados de sorte que o religador protegido tenha os seus contatos fechados ou esteja programado para isso no momento do fechamento dos contatos do religador protetor;
- o valor da corrente mínima de acionamento do religador protegido deve ser superior ao valor da corrente de acionamento do religador protetor. Desse modo, o religador protetor deve operar antes do religador protegido;
- selecionar os intervalos de rearme para que cada religador opere, em todas as condições de defeito, segundo um ciclo predeterminado;
- a curva do religador protegido deve ser superior em pelo menos 12 ciclos (= 0,2 s), para a corrente de curto-circuito máxima, à curva do religador protetor;
- o intervalo de tempo de rearme do religador protegido deve ser igual ou superior ao tempo de rearme do religador protetor;

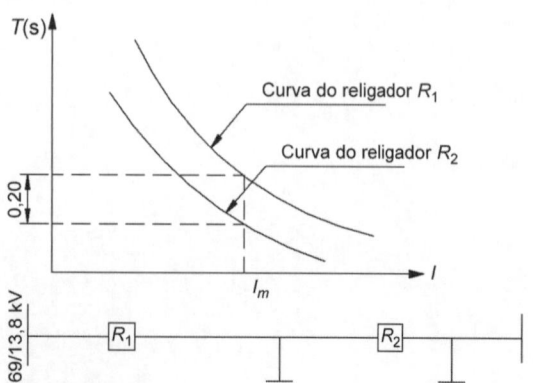

FIGURA 17.25 Ciclo de coordenação entre religadores.

- a seleção dos intervalos de religamento deve permitir que o religador protetor, toda vez que fechar para testar a permanência do defeito no circuito, tenha tensão nos seus terminais de entrada, isto é, o religador protegido fica com seus contatos fechados.

17.6 PLACA DE IDENTIFICAÇÃO

Os religadores devem ser dotados de uma placa de identificação contendo, no mínimo, as seguintes informações:

- as palavras: religadores automáticos;
- número e série de fabricação;
- tipo ou modelo;
- tensão nominal;
- tensão máxima;
- frequência;
- corrente nominal;
- corrente de interrupção simétrica;
- corrente de curta duração assimétrica;
- corrente mínima de atuação;
- tensão suportável de impulso.

17.7 INFORMAÇÕES A SEREM FORNECIDAS COM A PROPOSTA DE VENDA

Além dos dados exigidos na especificação do comprador, devem ser acrescidas as seguintes informações:

- desenho com dimensões e peso;
- tolerância de fabricação;
- características elétricas e mecânicas;
- diagramas esquemáticos de funcionamento;
- curvas de tempo × correntes disponíveis;
- número máximo de interrupções com 25, 50, 75 e 100% da capacidade de corrente;
- máximo intervalo sem manutenção preventiva;
- quantidade de óleo e sua especificação (para religadores a óleo, alguns a vácuo e a SF_6);
- tensão nominal;
- capacidade de interrupção simétrica;
- corrente máxima de abertura para falha entre fases e entre fase e terra;
- tempo de interrupção;
- tempo de religamento;
- tempo de rearme;
- número de religamento antes do bloqueio.

17.8 ENSAIOS E RECEBIMENTO

Para comprovar a qualidade, o religador deve ser submetido a inspeção pelo fabricante, na presença do inspetor do comprador, de acordo com as normas recomendadas e com a especificação apresentada por ele. Atualmente, os ensaios a serem realizados nos religadores devem ser baseados nas normas IEC 61000-4-5-6, IEC 60255-22.3/4/5 e ANSI C37.60.

17.8.1 Características dos ensaios

Os equipamentos devem ser submetidos aos seguintes ensaios.

17.8.1.1 Ensaios de tipo

Também conhecidos como ensaios de protótipo, se destinam a verificar se determinado tipo ou modelo de religador é capaz de funcionar, satisfatoriamente, nas condições especificadas. São os seguintes os ensaios de protótipo:

- Ensaios dielétricos
  - Ensaios do equipamento de manobra e controle de $U_r \leq 245$ kV.
  - Teste do quadro de controle de $U_r > 245$ kV.
  - Testes de poluição artificial para isoladores externos.
  - Ensaio de tensão de radiointerferência.
- Medição da resistência
  - Medição da resistência dos contatos auxiliares.
  - Teste de continuidade elétrica de peças metálicas aterradas.
  - Medição de resistência de contatos e conexões no circuito principal como verificação de condição.
- Testes de corrente contínua
  - Corrente e duração do teste.
  - Medição de temperatura durante o teste.
  - Resistência do circuito principal.
  - Critérios para aprovação no teste.
- Corrente suportável de curta duração e testes de corrente suportável de pico.
- Ensaio de estanqueidade (se aplicável).
- Ensaio de compatibilidade eletromagnética.
- Ensaios adicionais em circuitos auxiliares e de controle.
- Ensaio de radiação X para interruptores a vácuo.
- Testes de corrente de carregamento de linha e de carregamento de cabos
  - Características dos circuitos de alimentação.
  - Forma de onda da corrente.
  - Tensão e corrente de teste.
- Levantamento da capacidade de corrente.
- Ensaios de corrente de interrupção de curto-circuito
  - *Performance* da interrupção.
  - Verificação da corrente de curto-circuito.
  - Ensaio padrão de serviço operacional com capacidade nominal de *kpp* = 1,5, operação automática.
  - Ensaios para *kpp* nominal = 1,3 (sistemas neutros efetivamente aterrados).
  - Ensaio de TRV relacionada com a abertura de corrente de curto-circuito nominal.
- Ensaios de baixa corrente
  - Teste de baixa corrente de serviço.
- Teste de mínima corrente de disparo.
- Ensaios de descarga parcial (corona).
- Teste de corrente de surto.
- Ensaio de tempos de corrente.
- Teste de operação mecânica
  - Ensaio mecânico à temperatura ambiente.
  - Ensaios mecânicos a baixa e alta temperaturas.
- Testes de capacidade de resistência a surtos
  - Testes oscilatórios e rápidos para surtos transitórios.
  - Teste de operação simulada do para-raios.
- Teste de fuga térmica
- Ensaio da zincagem: as ferragens utilizadas nos religadores e respectivos suportes devem ser submetidas a este ensaio, para verificação das seguintes características:
  - Aderência, conforme ABNT NBR 7398.
  - Espessura da camada de zinco, conforme ABNT NBR 7399.
  - Uniformidade da camada de zinco, conforme ABNT NBR 7400.
- Estanhagem dos terminais: o ensaio deve ser aplicado a todos os terminais, bem como às partes estanhadas do dispositivo de aterramento, de acordo com os procedimentos da norma ASTM B545.
- Medição da espessura da camada de tinta, conforme a ABNT NBR 10443.
- Medição da aderência da camada de tinta, conforme a ABNT NBR 11003.
- Características da pintura
  - Resistência à atmosfera úmida saturada pela presença de SO_2: deve ser realizada de acordo com a ABNT NBR 8096.
  - Umidade a 40 °C.
  - Impermeabilidade.
  - Névoa salina: deve ser realizada de acordo com a norma ASTM B117.

17.8.1.2 Ensaios de rotina

São destinados a verificar a qualidade e a uniformidade da mão de obra e dos materiais empregados na fabricação dos religadores. São os seguintes os ensaios de rotina:

- Inspeção geral: antes dos ensaios, o inspetor deve fazer uma inspeção geral, comprovando se os religadores estão em conformidade com as exigências desta especificação.
  - Características construtivas: verificar se os religadores possuem as características e todos os componentes e acessórios requeridos de acordo com esta especificação.
  - Verificação da massa: verificar a conformidade com a indicação constante na placa de identificação.
  - Acabamento: verificar se todas as superfícies externas dos componentes e acessórios do religador estão lisas, sem saliências e/ou irregularidades.
  - Identificação: verificar se a identificação está de acordo com o projeto aprovado.
  - Acondicionamento: verificar se o acondicionamento dos religadores foi efetuado de modo a garantir um transporte seguro em quaisquer condições e limitações que possam ser encontradas.
- Verificação dimensional.
- Ensaio em circuitos auxiliares e de controle, conforme IEC 62271-111 e/ou IEEE/IEC C37.60.
- Ensaio dielétrico: somente os ensaios de tensão suportável nominal à frequência industrial, a seco, conforme IEC 62271-111 e/ou IEEE/IEC C37.60.
- Operação manual.
- Operação automática.

- Operação do circuito de *antipumping* (circuito de controle do disjuntor, que impede o fechamento do disjuntor se houver um comando de abertura).
- Operação do painel de proteção e controle.
- Teste de operação mecânica, conforme IEC 62271-111 e/ou IEEE/IEC C37.60.
- Medição da resistência: deve ser realizada somente a medição da resistência do circuito principal, conforme IEC 62271-111 e/ou IEEE/IEC C37.60.
- Verificação da corrente mínima de disparo, conforme IEC 62271-111 e/ou IEEE/IEC C37.60.
- Medição da espessura da camada de tinta, conforme a ABNT NBR 10443.
- Medição da aderência da camada de tinta, conforme a ABNT NBR 11003.
- Ensaios do revestimento de zinco, conforme normas ABNT NBR 6323, ABNT NBR 7397, ABNT NBR 7398, ABNT NBR 7399, ABNT NBR 7400 ou ASTM A123/A153.
- Ensaio dos transformadores de corrente (TC) (quando houver).

17.8.1.3 Ensaios de recebimento

Deverão ser realizados na presença do inspetor do comprador, e seus custos deverão estar inclusos no preço do fornecimento.

- Inspeção visual ou dimensional.
- Elevação de temperatura.
- Interrupção.
- Radiointerferência.
- Medida da característica tempo-corrente.
- Operação mecânica.
- Determinação da corrente mínima de disparo do religador.
- Tensão aplicada.
- Operação manual.
- Operação automática.

17.9 ESPECIFICAÇÃO SUMÁRIA

Para se adquirir um religador, devem-se indicar, no mínimo, as seguintes informações:

- tipo de uso (subestação ou rede de distribuição);
- tipo de interrupção (em óleo, vácuo ou SF_6);
- tensão nominal;
- corrente nominal;
- capacidade de interrupção simétrica;
- tensão suportável de impulso;
- intervalos do tempo de religamento;
- intervalos do tempo de rearme;
- número de religamentos antes do bloqueio;
- definição das curvas de operação.

18
SECCIONALIZADORES AUTOMÁTICOS

18.1 INTRODUÇÃO

Seccionalizadores automáticos são equipamentos de proteção utilizados em redes aéreas de distribuição e que têm a finalidade de seccionar definitivamente um trecho do alimentador, quando ocorre um defeito a jusante de seu ponto de instalação e cuja interrupção é efetuada por equipamento de retaguarda.

O nome *seccionalizadores* tem origem na língua inglesa, ou seja, *seccionalizers*. São na prática uma chave seccionadora a óleo, SF_6 ou a vácuo com características de um equipamento de manobra com custo de aquisição de aproximadamente 40% do custo de um religador de mesma tensão e correntes nominais compatíveis. Mais recentemente surgiram os seccionalizadores com controle eletrônico e restritores de corrente de *inrush* do tipo cartucho, que permitem ajustes de acordo com as exigências do sistema e com rearme manual.

Os seccionalizadores automáticos a SF_6 podem ser fornecidos de duas diferentes formas. Na primeira, o gás hexafluoreto de enxofre SF_6 funciona apenas com meio isolante e refrigerante do equipamento, podendo a câmara de extinção de arco conter outro meio extintor. Na segunda forma, tanto a câmara de extinção de arco como o meio isolante e refrigerante funcionam com o gás SF_6.

Os seccionalizadores automáticos normalmente são fornecidos com o dispositivo de operação, em forma de olhal, que permite a qualquer tempo a sua operação de abertura e fechamento pela vara isolante de manobra.

É importante observar que os seccionalizadores não precisam dispor de uma capacidade de interrupção compatível com o nível de curto-circuito do ponto de sua instalação, já que sua função é seccionar parte de um alimentador submetido a uma falta permanente, enquanto um equipamento de retaguarda fica responsável pela interrupção da corrente resultante do mencionado defeito.

Sua grande virtude é substituir as chaves fusíveis indicadoras unipolares desde que apresentem motivação econômica, tomando como base o atendimento a áreas com elevada densidade de carga, áreas industriais ou cargas especiais, com as seguintes vantagens:

- possibilita total coordenação com os religadores instalados a montante;
- elimina a operação monopolar característica das chaves fusíveis para curtos-circuitos fase e terra;
- reduz os equívocos de coordenação entre os religadores e os elos fusíveis;
- elimina a substituição dos elos fusíveis, gerando redução de custo.

Os seccionalizadores podem ser classificados quanto ao número de fase.

a) Monofásicos

São equipamentos monopolares destinados ao seccionamento automático de redes aéreas de distribuição monofásicas.

b) Trifásicos

São equipamentos tripolares destinados ao seccionamento automático de redes aéreas de distribuição trifásicas. Normalmente, são esses os seccionalizadores mais utilizados pelas concessionárias brasileiras.

O seccionalizador é um equipamento de construção e de funcionamento simples. São projetados para serem instalados em série com a carga e após o religador ou disjuntor com relé de religamento. É constituído de um dispositivo que mede o valor da corrente que percorre o circuito. Se esse valor for superior ao valor ajustado da corrente de acionamento, o seccionalizador fica predisposto a operar, enquanto outro dispositivo a montante (religador ou disjuntor com relé de religamento) inicia a operação e a contagem do número de desligamentos a serem efetuados. Quando o mecanismo de contagem do seccionalizador registrar o número de operações efetuado pelo equipamento de retaguarda igual ao valor ajustado, o seccionalizador atua abrindo os seus contatos, interrompendo o circuito a jusante e permanecendo travado. Dessa forma, o religador ou disjuntor com relé de religamento pode restabelecer a parte do circuito não afetada pelo defeito.

Pode-se observar pela Figura 18.1 que, para uma falta no ponto B, a corrente que percorre o sensor do seccionalizador S é a mesma que atravessa o religador R na retaguarda. O sensor do seccionalizador S registra o valor dessa corrente de defeito e compara com o valor da corrente ajustada que, se igual ou superior àquela, resulta na predisposição do seccionalizador para atuar após certo número de operações do religador R. No entanto, se o defeito for localizado no ponto A, a corrente resultante apenas sensibilizará o religador R, que atuará certo número de vezes, conforme o ajuste da sua programação. Como essa corrente não foi sentida pelo seccionalizador S, o equipamento não será afetado pelos religamentos do religador R.

Os seccionalizadores podem ser classificados, quanto ao sistema de controle, em:

a) Seccionalizadores de controle hidráulico e por ação eletromagnética

São os seccionalizadores dotados de uma bobina série que é percorrida pela corrente do alimentador. Esse tipo de controle é aplicado nos seccionalizadores hidráulicos. Quando a corrente que flui pela bobina série é igual ou superior à corrente de acionamento, o seccionalizador fica preparado para atuar, o que só ocorre quando o mecanismo de contagem registrar o número de operações do equipamento de retaguarda igual ao valor ajustado. O funcionamento dos seccionalizadores hidráulicos pode ser entendido observando-se a Figura 18.2.

Quando ocorre um defeito no circuito e uma corrente elétrica atravessa a bobina série com um valor superior a 160% do seu valor nominal, o êmbolo é obrigado a se deslocar no sentido descendente, apesar da força contrária da mola M que mantém normalmente o êmbolo na sua posição superior. Ao descer, o êmbolo força o fechamento da válvula esférica localizada na parte inferior do mecanismo da Figura 18.2(a), enquanto certa massa de óleo é obrigada a se deslocar para cima, provocando a abertura da válvula esférica superior de retenção. O êmbolo permanece na parte inferior do mecanismo, desde que a corrente que percorre a bobina série seja igual ou superior a pelo menos 40% do valor da corrente de acionamento.

A mesma corrente que sensibilizou a bobina série, provocando o deslocamento descendente do êmbolo, deverá sensibilizar o sistema de acionamento do religador de retaguarda, fazendo-o atuar e desligando o circuito. Nessa condição, a corrente deixa de fluir através da bobina série do seccionalizador, que perde a sua força eletromagnética, permitindo o movimento ascendente do êmbolo sob efeito da mola de restauração e provocando o deslocamento de determinada massa de óleo localizada acima do êmbolo, a qual ocupará a câmara onde se acha instalada a haste de disparo que sofre um ligeiro movimento ascendente. Durante esse processo, fecha-se automaticamente a válvula esférica superior.

Ao se proceder ao primeiro religamento do equipamento de retaguarda, poderá surgir uma nova corrente de defeito, fazendo com que o seccionalizador realize a mesma operação descrita anteriormente, no final da qual a haste de disparo sofrerá mais um movimento ascendente. Se o seccionalizador estiver programado para duas operações, a haste de disparo deverá atingir o mecanismo de disparo, fazendo abrir os seus contatos definitivamente e ficando na posição de bloqueio. Se o seccionalizador estiver programado para três operações, se processará mais uma vez o que se descreveu anteriormente. A seguir, serão feitas algumas observações sobre os seccionalizadores hidráulicos:

- podem-se obter diversos valores da corrente mínima de acionamento, trocando-se apenas a bobina série, de acordo com a corrente que se deseja. De qualquer forma, a corrente de acionamento será sempre 160% do valor da corrente nominal da bobina série;
- no caso de o alimentador ser submetido a uma falta temporária, a haste de disparo assume lentamente a sua posição normal;
- quando o seccionalizador efetua um ciclo de disparo, isto é, conta o número de religamentos do equipamento de retaguarda e abre os seus contatos, o seu restabelecimento somente poderá ser feito manualmente.

b) Seccionalizadores de controle eletrônico

São os seccionalizadores dotados de um sistema em estado sólido capaz de memorizar os ajustes necessários de contagem de tempo, ordenar a abertura dos seus contatos e efetuar o seu

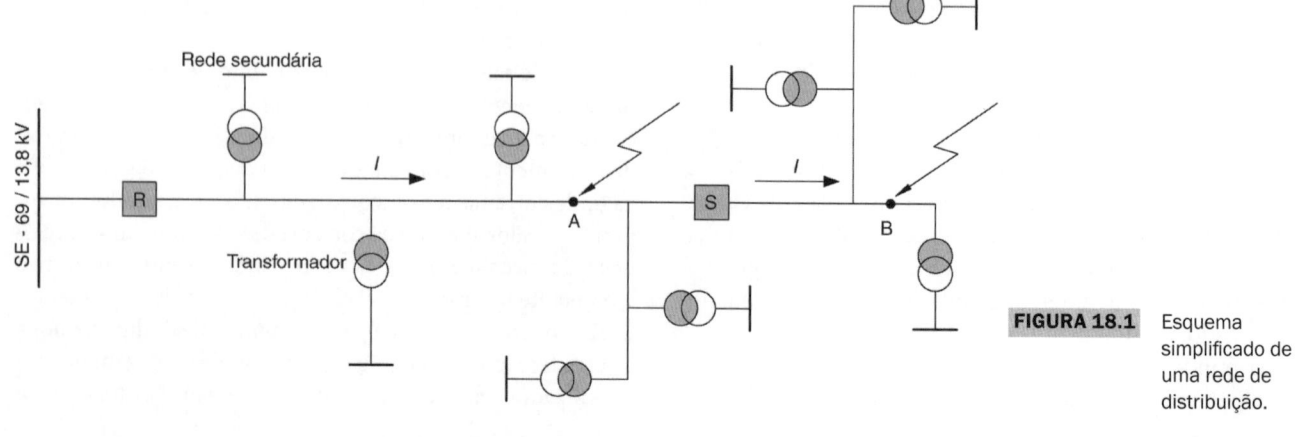

FIGURA 18.1 Esquema simplificado de uma rede de distribuição.

Seccionalizadores automáticos | 529

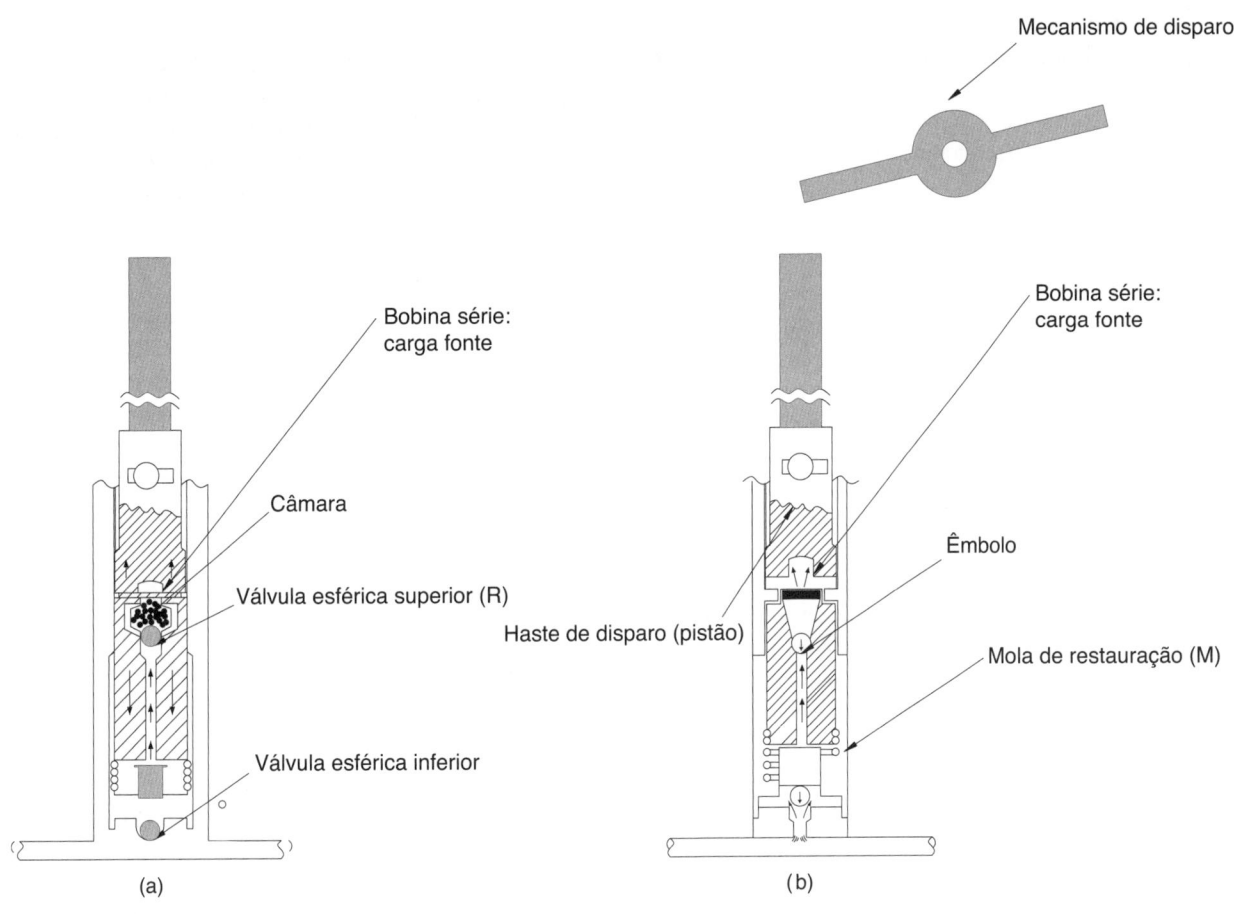

FIGURA 18.2 Seccionalizador hidráulico.

travamento definitivo ao final de certo número de operações do equipamento de retaguarda. Esse sistema de memória é denominado *sensor*.

Os sensores de fase são alimentados por três transformadores de corrente, tipo bucha, conectados em estrela. Depois de transformada, a corrente passa pelo transformador acoplador e, em seguida, é retificada passando, então, pelo dispositivo de contagem e carregando os TCs de transferência cuja energia alimenta os circuitos de memória e contagem.

- Para o sensor de fase: 2.000:1.
- Para o sensor de terra: 800:1.

18.2 DISPOSITIVOS ACESSÓRIOS

O desempenho dos seccionalizadores pode ser melhorado desde que sejam utilizados alguns dispositivos que acompanham certos seccionalizadores.

18.2.1 Restritor de corrente de magnetização

Também conhecido como restritor de corrente de *inrush*, é um dispositivo empregado nos seccionalizadores para permitir sua utilização em alimentadores em que as correntes de magnetização assumem valores muito elevados. No momento da energização do circuito pelo religador ou disjuntor com relé de religamento, o sistema de controle do seccionalizador, sem esse dispositivo, memorizaria esta corrente como resultante de um defeito, levando ao erro a contagem dos desligamentos durante um ciclo de operação normal, no caso de um defeito permanente em um ponto a jusante do seccionalizador.

Considere na Figura 18.1 uma falta no ponto A. O religador R efetuaria a sua operação de abertura, para logo em seguida proceder à operação de fechamento. Durante a energização, os transformadores localizados a jusante do seccionalizador propiciarão uma elevada corrente de magnetização que, se atingir um valor acima da corrente de acionamento do seccionalizador, permitirá que este efetue uma contagem indevida.

O restritor de corrente de magnetização atua no sentido de elevar o valor ajustado da corrente de acionamento por meio de um fator multiplicador, mantendo-se nesse nível durante um período de tempo estabelecido previamente. Assim, quando o equipamento de retaguarda abre os seus contatos devido a uma falta, o dispositivo restritor de corrente compara o valor da corrente que circulou naquele momento com o valor ajustado do restritor de corrente. Se o valor da corrente que circulou estiver acima do valor da corrente ajustada, o dispositivo de contagem é bloqueado. Caso contrário, isto é, se a corrente que circulou estiver abaixo do valor ajustado, o dispositivo restritor multiplica automaticamente a corrente de acionamento por um valor prefixado e com esse valor permanece por certo período de tempo. Assim, quando o equipamento de retaguarda atuar, fechando novamente os seus contatos, aparecerá uma elevada corrente de magnetização cujo valor não é contabilizado, já que momentaneamente o seu módulo é inferior ao valor estabelecido para a corrente de acionamento pelo dispositivo restritor de corrente.

O restritor de corrente de magnetização é instalado no interior da caixa de controle do seccionalizador. Esses restritores são próprios para aplicação em seccionalizadores eletrônicos, não sendo disponíveis nos seccionalizadores de comando hidráulico.

18.2.2 Restritor de tensão

Quando um equipamento instalado a jusante do seccionalizador, por exemplo, uma chave fusível atuar em decorrência de uma corrente de defeito, este poderá contar essa ocorrência devido à circulação da referida corrente de defeito pela sua bobina série, apesar de o equipamento de retaguarda não ter sido acionado, o que implica a permanência de determinada tensão nos terminais do seccionalizador. Como se pode observar, seria uma contagem anormal do sensor do seccionalizador. Para evitar o registro dessa ocorrência, utiliza-se um dispositivo restritor de tensão que elimina a contagem desse tipo de falta resultante de um defeito do alimentador com a atuação do equipamento de proteção instalado a jusante com um tempo de atuação inferior ao do equipamento de proteção de retaguarda, no caso o religador. O restritor de tensão é um dispositivo próprio dos seccionalizadores de controle hidráulico.

18.2.3 Restritor de corrente

Esse dispositivo desenvolve as mesmas funções do restritor de tensão. É próprio para aplicação em seccionalizadores eletrônicos e é montado no interior da caixa de comando.

18.2.4 Resistores de corrente de fase e de terra

A corrente mínima de acionamento para cada fase e terra é determinada nos seccionalizadores de controle eletrônico pela seleção adequada de um resistor do tipo *plug-in*.

Em geral, os resistores de corrente de fase são identificados com o símbolo ϕ. Já os resistores de corrente de terra são identificados no sistema *plug-in* com o tradicional símbolo de terra. As Tabelas 18.2 e 18.3 fornecem, respectivamente, os valores dos resistores de corrente de fase e de terra dos seccionalizadores GN3E de fabricação McGraw-Edison.

18.3 PARTES COMPONENTES DOS SECCIONALIZADORES

18.3.1 Seccionalizadores em vasos metálicos

Esses seccionalizadores compreendem duas unidades básicas diferentes:

a) Unidade seccionalizadora

É composta dos seguintes elementos.

- Tampa
  Tem a função básica de fechar hermeticamente a unidade de seccionamento, bem como servir de base para a instalação das buchas de porcelana.

- Buchas
  Normalmente construídas em porcelana vitrificada, são do tipo passante. No pescoço interno de três das seis buchas existentes são montados três transformadores de corrente que alimentam o circuito eletrônico e o circuito de disparo, no caso dos seccionalizadores de controle estático. Não há TCs instalados nos seccionalizadores de controle hidráulico.

- Transformadores de corrente
  O seccionalizador automático deve ser equipado com transformadores de corrente instalados um em cada fase, permitindo a sua atuação para as ocorrências de defeitos trifásicos ou fase e terra. Os transformadores de corrente normalmente são do tipo bucha em resina epóxi, dotados de vários tapes, podendo ainda ser instalados externamente ao equipamento, em caixa metálica fixada à estrutura do seccionalizador automático.

- Transformador de potencial
  Alguns seccionalizadores automáticos são fabricados com transformador de potencial incorporado para permitir a alimentação do sistema eletrônico, o carregamento da bateria e fornecer tensão ao dispositivo de manobra de abertura e fechamento.

- Tanque
  É um reservatório cheio de óleo mineral em cujo interior estão instalados os TCs e os contatos de seccionamento.

b) Unidade de controle

No caso dos seccionalizadores de controle eletrônico, a unidade de controle compreende os seguintes componentes:

- circuito estático de contagem;
- circuito de disparo;
- restritor de corrente de magnetização;
- restritor de corrente;
- restritor de corrente de fase e de terra.

A Figura 18.3 mostra o aspecto externo do seccionalizador do tipo comando estático, de 200 A.

Esse seccionalizador é montado em uma estrutura de poste simples de concreto armado, conforme se vê na Figura 18.4. Essa montagem está eletricamente mostrada na Figura 18.5, observando-se a instalação de dois conjuntos de para-raios, com um do lado da fonte e o outro do lado da carga.

É importante observar na Figura 18.5 que o desligamento do seccionalizador para manutenção ou outra operação qualquer deve obedecer às seguintes instruções:

a) Operação de fechamento

- Fechar a chave de *by-pass*.
- Fechar primeiro a chave do lado da fonte e, em seguida, a do lado da carga.
- Com a vara de manobra efetuar o fechamento do seccionalizador.
- Abrir a chave de *by-pass*.

b) Operação de abertura

- Fechar a chave de *by-pass*.

Seccionalizadores automáticos | **531**

FIGURA 18.3 Seccionalizador de controle eletrônico.

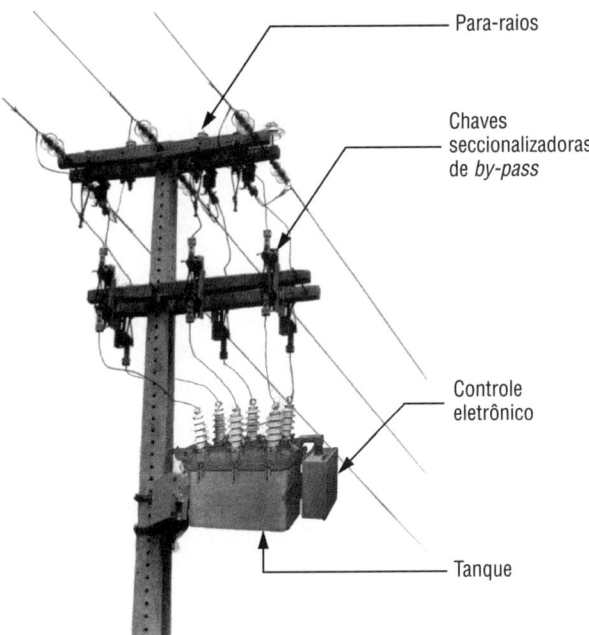

FIGURA 18.4 Estrutura de instalação de um seccionalizador.

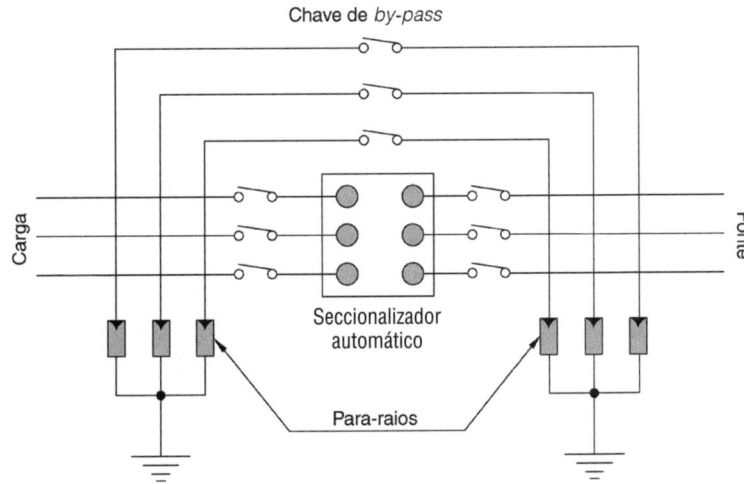

FIGURA 18.5 Esquema básico de ligação dos seccionalizadores.

- Efetuar primeiro a abertura da chave do lado da carga e depois a do lado da fonte.
- Com a vara de manobra efetuar a abertura do religador.

18.3.2 Seccionalizadores do tipo cartucho

Podem ser fornecidos nas versões monopolar e tripolar. Em quaisquer uma das versões, os seccionalizadores têm grande semelhança a uma chave fusível tradicionalmente utilizada em redes aéreas de distribuição.

Os seccionalizadores monopolares são muito utilizados em sistemas monofásicos a dois condutores ou em sistemas monopolares a um condutor, normalmente conhecido como MRT (monofásico com retorno por terra). Já nos sistemas trifásicos são utilizados os seccionalizadores tripolares mostrados na Figura 18.6.

Os tubos dos seccionalizadores monopolares devem possuir duas fitas adesivas refletoras de 50 mm de largura envolvendo-os, conforme mostrado na Figura 18.6, que devem ser resistentes às intempéries, como a radiação solar e a água. Essas fitas têm por objetivo permitir, durante a noite, visualizar a condição de operação aberta ou fechada do seccionalizador. A fita refletora de cor branca (ou verde) deve ser instalada próxima ao contato superior, enquanto a fita de cor vermelha deve ser posicionada na parte inferior do tubo, conforme mostrado na figura mencionada anteriormente.

Os seccionalizadores tipo cartucho deverão possuir gancho olhal para permitir o engate da ferramenta *load buster*, durante a abertura em carga, limitada à corrente nominal.

18.4 CARACTERÍSTICAS ELÉTRICAS

As características elétricas básicas dos seccionalizadores podem ser resumidas na Tabela 18.1.

18.4.1 Placa de identificação

Os seccionalizadores devem ser fornecidos com uma placa de identificação contendo as seguintes informações:

- as palavras: seccionalizador automático;
- nome ou marca;
- tipo ou modelo;
- tensão nominal;
- tensão máxima;
- frequência;
- corrente nominal em regime permanente;
- corrente de curta duração;
- tensão suportável de impulso.

18.4.2 Seleção dos seccionalizadores

Para selecionar um seccionalizador a ser aplicado em determinado sistema de distribuição, devem-se levar em consideração os seguintes fatores:

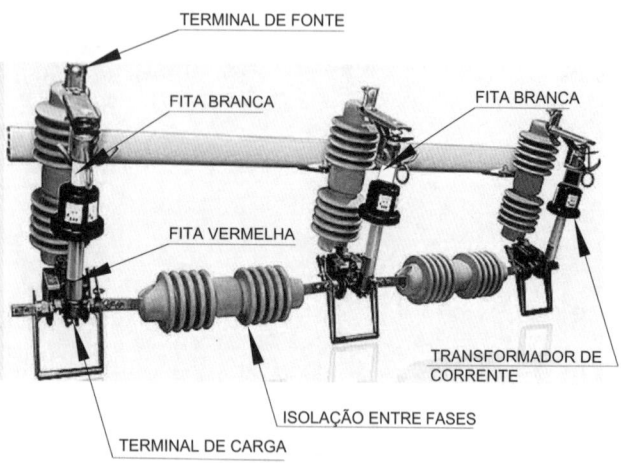

FIGURA 18.6 Seccionalizadores trifásicos (ABB AutoLink).

TABELA 18.1 Características elétricas básicas dos seccionalizadores de 200 A

Característica	Hidráulicos	Eletrônicos
Classe de isolamento (kV)	15	15
Tensão nominal (kV)	13,8	14,4
Tensão máxima (kV)	15,5	15,5
Tensão de operação (kV)	13,8	13,8
Frequência (Hz)	60	60
Tensão suportável de impulso 1,2 × 50 μs (kV)	110	110
Tensão suportável, 60 Hz, 10 s, sob chuva (kV)	45	45
Tensão suportável, entre terminais e terra, 60 Hz, 1 min a seco (kV)	50	50
Corrente de curta duração assimétrica (A)	10.000	9.000
Corrente de curta duração 1 s simétrica (A)	6.000	5.700
Corrente de curta duração 10 s simétrica (A)	2.000	2.600
Número de contagens (variável)	1 a 3	1 a 3
Tempo de memória (min)	1 a 2	1
Tempo de rearme em min (reset)	1 a 1,5	7,5

- somente devem ser instalados a jusante de religadores ou disjuntores com relé de religamento;
- seccionalizadores automáticos que possuem sensores para defeitos monopolares requerem religadores ou disjuntores com relé de religamento também com proteção monopolar;
- a aplicação de seccionalizadores automáticos tripolares exige também a instalação a montante de religadores tripolares;
- a capacidade térmica e dinâmica dos seccionalizadores automáticos deve ser igual ou superior às correntes de curto-circuito trifásico simétrico, valor eficaz, e assimétrico, valor de pico, no ponto de instalação do seccionalizador automático, devendo-se considerar que a capacidade térmica será função do tempo acumulado na operação de religamento;
- a tensão suportável de impulso do seccionalizador automático deve ser compatível com a do sistema;
- a tensão máxima do seccionalizador deve ser igual ou superior à tensão nominal do sistema em que será utilizado;
- a corrente nominal da bobina série deve ser superior ao valor da corrente máxima de operação do alimentador no seu ponto de instalação. Observe que em algumas ocasiões pode haver transferência de carga para o alimentador em questão, quando a corrente máxima é acrescida do valor da nova carga;
- o religador ou disjuntor com relé de religamento instalado a montante devem ser sensíveis às correntes de defeito trifásico ou monopolar em todo o trecho protegido pelo seccionalizador automático;
- a corrente de ajuste do seccionalizador automático deve ser inferior à corrente em todo trecho do alimentador protegido pelo seccionalizador automático;
- o tempo de memória do seccionalizador automático deve ser igual ou superior à soma dos tempos de operação adicionados aos tempos de religamento do religador ou disjuntor com relé de religamento a montante.

18.4.3 Pontos de instalação dos seccionalizadores automáticos

A localização dos seccionalizadores nos alimentadores deve atender aos requisitos técnicos, econômicos e de segurança florestal.

- Em alimentadores de grandes dimensões, normalmente em áreas rurais.
- Em alimentadores localizados em áreas de difícil acesso.
- Logo após um ponto de consumo onde exista uma carga que se deteriora com uma longa interrupção do fornecimento de energia, que é o caso da atuação de chaves fusíveis instaladas em alimentadores longos e de difícil acesso.
- Nos pontos em que a corrente de curto-circuito é tão elevada que inviabilize a instalação de chave fusível.
- Em trechos de alimentadores que atravessam áreas de vegetação rasteira que, em período de estiagem prolongada, tornam-se altamente ressequidas.

18.4.4 Ajustes dos seccionalizadores automáticos

Para que os seccionalizadores funcionem adequadamente, é preciso que se façam os ajustes necessários com critério.

18.4.4.1 Seccionalizadores automáticos de controle eletrônico

O sistema eletrônico de controle dos seccionalizadores automáticos normalmente está contido em um armário metálico, permitindo os seguintes ajustes:

- ajuste do número de contagens para abertura;
- ajuste do tempo de rearme;
- ajuste das correntes de acionamento para defeitos trifásicos e fase e terra;
- bloqueio e desbloqueio da proteção de terra.

O sistema de controle do seccionalizador automático deverá comandar a abertura dos contatos principais após o religador ou disjuntor com relé de religamento localizado a montante efetuar um número mínimo de operações de abertura e fechamento, previamente ajustado, quando da ocorrência de um curto-circuito localizado a jusante do seccionalizador automático. O número de contagens para o comando da abertura deverá ser ajustado para uma, duas ou três operações, dependendo do ajuste do equipamento de retaguarda.

Os ajustes estudados a seguir estão baseados nos seccionalizadores automáticos de fabricação McGraw-Edison.

a) Corrente de acionamento de fase

É determinada com base no resistor apropriado, cuja corrente é tomada aproximadamente igual a 80% da corrente de ajuste do equipamento de retaguarda, normalmente um religador ou um disjuntor com relé de religamento. A Tabela 18.2 fornece o valor da resistência em função da corrente de acionamento.

b) Corrente de acionamento de terra

O ajuste é feito com base no procedimento anterior. O valor do resistor é dado na Tabela 18.3.

c) Tempo de memória

É o tempo ajustado no seccionalizador durante o qual esse equipamento deve registrar o número de contagens relativo à abertura do equipamento de retaguarda. Decorrido determinado tempo igual ou inferior ao tempo de memória, se o controle efetuar as contagens previstas, será enviado um sinal ordenando a operação de abertura do seccionalizador. No entanto, se esgotado este tempo e o controle não registrar o número de contagens previstas, ele desconsiderará as contagens efetuadas e tomará a sua posição inicial. O tempo de memória é fixo e vale 60 s.

d) Tempo de rearme

É o tempo que leva o controle eletrônico para apagar de sua memória todas as contagens efetuadas a partir do seu último

TABELA 18.2 Resistores da corrente de acionamento de fase

Corrente de acionamento (A)	Resistência (Ω)	
	Máxima	Mínima
16	218,8	223,2
24	141,57	144,43
40	83,65	85,35
56	59,8	61
80	39,8	40,6
112	27,22	27,78
160	19,8	20,2
224	13,86	14,14
256	11,98	12,22
296	10,39	10,61
320	9,66	9,86

TABELA 18.3 Resistores da corrente de acionamento de terra

Corrente de acionamento (A)	Resistência (Ω)	
	Máxima	Mínima
3,5	$6,91 \times 10^3$	$7,05 \times 10^3$
7	$2,03 \times 10^3$	$2,07 \times 10^3$
16	742,5	7575,5
28	388,1	395,9
40	264,3	269,7
56	189,1	192,9
80	129,7	132,3
112	90	91,81
160	62,76	64,03
224	43,76	44,64
320	30,59	31,21

registro, ante uma falta temporária, em que não se completou o número de contagens para a abertura e o bloqueio do seccionalizador. O seu valor é constante e igual a 7,5 min.

É importante salientar que a operação de abertura definitiva dos seccionalizadores somente se efetua quando o número de contagens retidas é igual ao número de contagens ajustadas.

e) Contador de aberturas

Tem como função determinar quantas aberturas se deseja que o seccionalizador efetue antes do bloqueio. Seu ajuste pode ser: 1 – 2 – 3. O valor definido deve ser um número a menos que o número de aberturas que está programado no equipamento de retaguarda.

f) Resistor da corrente de magnetização

Devem ser efetuados três ajustes distintos, que sejam:

- múltiplo da corrente mínima de acionamento de fase. O seccionalizador pode ser ajustado em: $2 \times I_{ac}$, $4 \times I_{ac}$, $6 \times I_{ac}$, $8 \times I_{ac}$, sendo I_{ac} o valor da corrente de acionamento;
- ajuste do tempo do múltiplo da corrente de acionamento de fase. Pode ser ajustado em: 5 – 10 – 15 ou 20 ciclos;
- ajuste do tempo de bloqueio do circuito sensor de terra. Pode ser ajustado em: 0,3 – 0,7 – 1 – 1,5 ou 5 s.

g) Restritor de contagem

Tem a função de bloquear as contagens por parte do seccionalizador quando um equipamento instalado a jusante interromper a corrente de defeito. Esse dispositivo é útil quando se tem em série religador-seccionalizador-religador. Assim, quando há uma falta no trecho do circuito além do último religador, o seccionalizador automático a montante iniciará a sua contagem indevidamente, já que o religador a jusante é o responsável pela eliminação da referida falta. Seu ajuste mínimo é de 3,5 A.

Se o restritor for por corrente, deverá impedir a contagem se ainda circular corrente de carga pelo seccionalizador automático, após ter cessado a corrente de falta. Se o restritor for por tensão, deverá impedir a contagem se ainda houver tensão no ponto de instalação do seccionalizador automático, após ter cessado a corrente de falta.

O seccionalizador automático deverá desconsiderar todas as contagens realizadas, quando o número de abertura realizado pelo religador ou disjuntor com relé de religamento instalado a montante não atingir o número de contagens ajustado previamente no controle eletrônico do seccionalizador automático.

18.4.4.2 Seccionalizador hidráulico

a) Corrente de acionamento

É tomada com 160% do valor da corrente nominal da bobina série. A Tabela 18.4 fornece esses dados associados à capacidade de corrente de curta duração.

b) Tempo de memória

O tempo de memória é aquele gasto pelo pistão para adquirir a sua posição de repouso após ter alcançado uma posição suficientemente elevada capaz de destravar o mecanismo de abertura e bloqueio do seccionalizador. Nesse caso, o pistão memorizou o número de contagens resultantes das aberturas do equipamento de retaguarda, cujo valor foi igual ao valor ajustado para o disparo.

c) Contador de aberturas

Pode ser ajustado em 1 – 2 – 3, da mesma maneira que se procede no seccionalizador eletrônico.

d) Tempo de rearme

Quando da ocorrência de um defeito temporário, a haste de disparo (pistão), que se deslocou para cima, retorna à sua posição de repouso, anulando as contagens efetuadas até então. A este tempo de retorno dá-se o nome *tempo de rearme*. Tem valor de cerca de 1 a 1,5 min por contagem.

18.4.5 Coordenação entre seccionalizador automático e religador ou disjuntor com religamento

Como os seccionalizadores não possuem temporizadores para atuação por tempo definido nem curvas temporizadas, torna-se fácil trabalhar em um projeto de proteção e coordenação envolvendo religadores/disjuntores, seccionalizadores, chaves fusíveis com religamento e chaves fusíveis convencionais.

Para que haja coordenação entre um seccionalizador e o religador de retaguarda, é necessário que sejam observados os seguintes itens:

- a corrente de acionamento de fase do seccionalizador deve ser 80% da corrente de acionamento do religador;
- o número de contagens ajustado pelo seccionalizador deve ser inferior ao número de operações efetuado pelo religador;
- os religadores ou disjuntores de retaguarda devem ser ajustados para atuar com a menor corrente de defeito para a terra.

18.4.6 Informações a serem fornecidas com a proposta de venda

Além dos dados exigidos na especificação do comprador, devem ser acrescidas as seguintes informações:

- tensão máxima de projeto;
- tensão nominal;
- tensão de operação;
- tensão suportável de impulso com onda de $1,2 \times 50$ μs;
- tensão suportável, 60 Hz, 1 min, a seco;
- tensão suportável, 60 Hz, 10 s, sob chuva;
- corrente nominal, em regime contínuo;
- corrente de curta duração, 1 s;
- corrente assimétrica de curto-circuito;
- corrente de fechamento;

TABELA 18.4 Características de corrente

Corrente nominal (A)	Corrente de acionamento (A)	Capacidade de curta duração		
		Assimétrica (A)	Para 1 s (A)	Para 10 s (A)
5	8	800	200	60
10	16	1.600	400	125
15	24	2.400	600	190
25	40	4.000	1.000	325
35	56	6.000	1.500	450
50	80	7.000	2.000	650
70	112	8.000	3.000	900
100	160	8.000	4.000	1.250
140	224	8.000	4.000	1.800
160	256	9.000	5.700	2.600
185	296	9.000	5.700	2.600
200	320	9.000	5.700	2.600

- corrente mínima de atuação;
- tempos de operação;
- dimensões;
- peso com óleo;
- capacidade de óleo;
- tipo de descrição de funcionamento;
- descrição de todos os ajustes;
- informações completas sobre tempo de memória, tempo de rearme e número de contagem.

18.5 ENSAIOS

18.5.1 Ensaios de tipo

Também conhecidos como ensaios de protótipo, destinam-se a verificar se determinado tipo ou modelo de seccionalizadores é capaz de funcionar, satisfatoriamente, nas condições especificadas. Os ensaios de protótipo são os seguintes:

- tensão suportável à frequência industrial a ser realizada de acordo com a IEEE c37.63;
- tensão suportável nominal de impulso atmosférico a ser realizada de acordo com a ANSI/IEEE C37.63;
- medição da resistência;
- elevação de temperatura a ser realizada de acordo com a ANSI/IEEE C37.63;
- corrente suportável de curta duração a ser realizada de acordo com a ANSI/IEEE C37.63;
- ensaio mecânico e ensaios a baixas temperaturas conforme ANSI/IEEE C37.63;
- ciclo de operação a ser realizado conforme ANSI/IEEE C37.63;
- corrente mínima de atuação;
- compatibilidade eletromagnética;
- grau de proteção IP conforme NBR IEC 60529;
- insensibilidade à corrente de *inrush*.

18.5.2 Ensaios de rotina

Destinam-se a verificar a qualidade e a uniformidade da mão de obra e dos materiais empregados na fabricação dos seccionalizadores. Os ensaios de rotina são os seguintes:

- inspeção visual;
- ensaios de galvanização;
- tensão suportável, 60 Hz, 1 min, a seco;
- determinação da corrente mínima de atuação dos seccionalizadores;
- operação manual;
- operação automática.

18.5.3 Ensaios de recebimento

Os ensaios de recebimento devem ser executados na sequência apresentada na Tabela 18.2. Considerando que nenhum dos ensaios tem caráter destrutivo, o conjunto de ensaios de recebimento deve ser aplicado sob o mesmo conjunto de amostras selecionadas.

- Inspeção visual e dimensional antes de serem efetuados os demais ensaios de recebimento.
- Verificação da espessura do estanho e do prateamento.
- Operação mecânica.
- Resistência mecânica.
- Confirmação de versão do *firmware*.
- Elevação de temperatura a ser realizada conforme IEEE C37.63.
- Calibração, conforme a ANSI/IEEE C37.63.
- Diagramas funcionais.
- Ensaio de verificação de ajustes do tempo de rearme.
- Sensibilidade da medição de corrente.

18.6 ESPECIFICAÇÃO SUMÁRIA

A aquisição de um seccionalizador automático deve ser precedida, no mínimo, das seguintes informações:

- tipo de controle (digital, eletrônico ou hidráulico);
- tensão nominal;
- corrente de curta duração simétrica;
- fixação do número de contagens;
- definição do tempo de memória;
- definição do tempo de rearme;
- definição dos dispositivos acessórios.

EXEMPLO DE APLICAÇÃO (18.1)

Para esclarecer, na prática, o assunto, pode-se acompanhar o Exemplo de Aplicação (17.2), na Seção 17.5.2.

19 ISOLADORES

19.1 INTRODUÇÃO

Os isoladores são elementos sólidos dotados de propriedades mecânicas capazes de suportar os esforços produzidos pelos condutores. Eletricamente, exercem a função de isolar os condutores, submetidos a uma diferença de potencial em relação à terra (estrutura suporte) ou com relação a outro condutor de fase.

Os isolamentos podem ser classificados em dois grupos básicos quando submetidos às solicitações elétricas do sistema ou por ocasião dos ensaios dielétricos em laboratório.

a) Isolamentos não regenerativos

São aqueles cujo dielétrico não tem a capacidade de se recuperar após a ocorrência de uma solicitação elétrica que supere as suas características fundamentais. Está enquadrado nesta categoria o isolamento da bobina dos transformadores de força, de potencial, de corrente, reatores etc. Esses isolamentos, quando submetidos, por exemplo, a um processo de sobretensão, ficam vulneráveis à ocorrência de descargas parciais, que danificam toda a sua estrutura física ao longo de determinado período, o que resulta nas perdas de suas qualidades dielétricas.

b) Isolamentos autorregenerativos

São aqueles cujo dielétrico tem a capacidade de se recuperar após a ocorrência de uma solicitação elétrica que supere as suas características fundamentais. Enquadram-se nessa categoria, de forma geral, os isoladores suporte de barramento, buchas de equipamentos, isoladores de linhas de transmissão e de redes de distribuição.

No entanto, o objetivo deste capítulo é tratar somente de isoladores de vidro, de porcelana e de policarbonato, utilizados nos sistemas elétricos de instalação aérea ou abrigada. De maneira geral, os isoladores podem ser classificados em duas categorias:

a) Isoladores de apoio

São aqueles nos quais se apoiam os condutores, podendo ser fixados de maneira rígida ou não. No caso de barramentos de subestação ou painéis metálicos, os condutores (barras) são fixados rigidamente aos isoladores. Porém, no caso de redes de distribuição, os condutores são fixados aos isoladores por meio de laços pré-formados, ou, por outro meio qualquer, de forma a permitir um pequeno deslocamento devido ao trabalho durante o ciclo de carga.

b) Isoladores de suspensão

São aqueles que, quando fixados à estrutura de sustentação, permitem o livre deslocamento em relação à vertical, pela rotação do seu dispositivo de fixação. Estão nessa categoria os isoladores de disco.

19.2 CARACTERÍSTICAS ELÉTRICAS

São apresentadas a seguir as principais características elétricas dos isoladores.

19.2.1 Parâmetros elétricos principais

Para que se possam dimensionar adequadamente os isoladores para determinado sistema elétrico, é necessário conhecer os principais parâmetros que os caracterizam.

19.2.1.1 Distância de escoamento

É a distância medida entre o ponto de contato metálico energizado e o ponto de fixação do isolador, considerando todo o percurso externo entre os dois pontos, conforme se vê na Figura 19.1, pela linha tracejada.

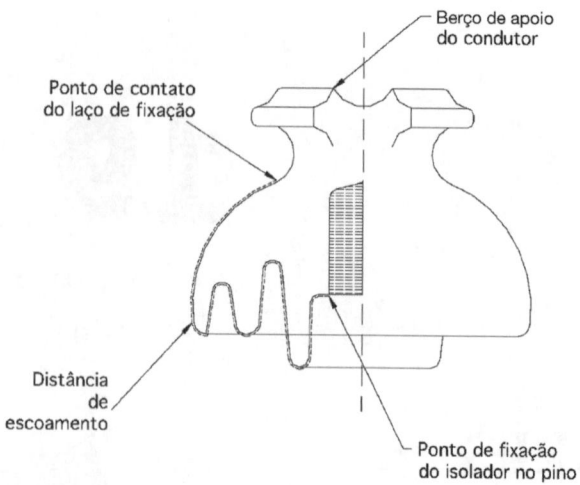

FIGURA 19.1 Medição de distância de escoamento.

19.2.1.2 Tensão de descarga a seco

É o limite da tensão aplicada a um isolador, acima da qual ocorre uma descarga pela superfície externa durante um ensaio de laboratório realizado à temperatura ambiente, estando o objeto seco e limpo, de acordo com os procedimentos da NBR 6936 – Técnicas de ensaios elétricos de alta-tensão.

Para exemplificar, observar a Figura 19.2, que mostra o momento de uma descarga sobre o isolador em uma bancada de teste.

19.2.1.3 Tensão de descarga sob chuva

É o limite da tensão aplicada a um isolador, acima da qual ocorre uma descarga pela superfície externa durante um ensaio de laboratório realizado à temperatura ambiente, estando o objeto seco e limpo, de acordo com os procedimentos da NBR 6936 – Técnicas de ensaios elétricos de alta-tensão.

19.2.1.4 Tensão suportável, 1 min a seco, à frequência industrial

É o valor eficaz da tensão à frequência nominal do sistema que um isolador pode suportar durante 1 min.

19.2.1.5 Tensão crítica de descarga sob impulso de 1,2 × 50 μs

É a tensão de impulso com onda normalizada de 1,2 × 50 μs que é aplicada a um isolador, durante um ensaio de laboratório, sem que ocorra nenhuma descarga.

19.2.1.6 Tensão de radiointerferência

Esse ensaio consiste em aplicar uma tensão no isolador entre fase e terra igual a 110% da tensão nominal. A tensão é mantida pelo menos por 5 min e, após, reduzida a 30% do valor inicial, em degrau de 10%, e novamente elevada ao valor original. Dessa forma, obtém-se uma curva de tensão × nível de radiointerferência que não deve exceder o valor máximo de 50 μV.

A radiointerferência é produzida por pequenas descargas contendo um grande número de harmônicos que provocam a radiação de energia de alta frequência. Essas descargas não são visíveis nem audíveis. A frequência das radiações pode variar entre 1 e 10 MHz, que corresponde à frequência de ondas de rádio de amplitude modulada (rádio AM). Os receptores localizados próximos às estruturas podem sofrer interferências indesejáveis. Também o efeito corona dos condutores das linhas de transmissão provoca os mesmos fenômenos mencionados anteriormente.

As radiointerferências se atenuam muito rapidamente com o afastamento do receptor da estrutura da linha energizada e dependem da intensidade do sinal da fonte emissora e da sua potência de transmissão.

A medição em laboratório da radiointerferência é feita por meio de um circuito sumariamente mostrado na Figura 19.3. O isolador é inserido nesse circuito fornecendo radiações de alta frequência. Um filtro F permite a passagem apenas de ondas de alta frequência na tensão V, cujo módulo é amplificado em A e medido no registrador R, em μV.

19.3 CARACTERÍSTICAS CONSTRUTIVAS

De forma geral, a fabricação dos isoladores está restrita à utilização de três matérias básicas, quais sejam:

FIGURA 19.2 Ensaio de um isolador a seco.

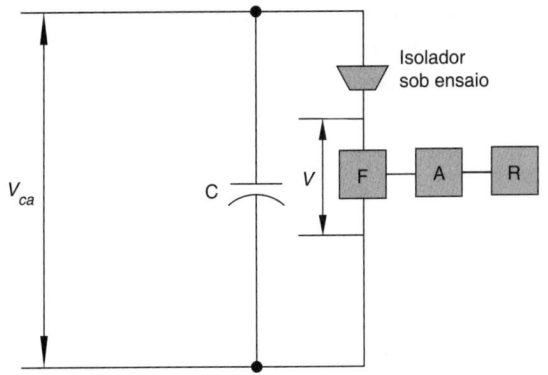

FIGURA 19.3 Diagrama elétrico para medição de radiointerferência de um isolador.

- cerâmica;
- vidro;
- fibra.

19.3.1 Composição química

Os principais elementos que compõem os isoladores são os mencionados a seguir.

19.3.1.1 Cerâmica

Dentre as matérias-primas empregadas na fabricação dos isoladores destacam-se o quartzo, o feldspato, o caulim e a argila. Agregados a esses elementos são misturadas outras substâncias em porcentagens bem reduzidas, mas que podem influenciar na qualidade dielétrica e mecânica do isolador. Como as mais notáveis podem-se mencionar o hidróxido de ferro, o silicato de cálcio, o silicato de magnésio e uma pequena porcentagem de ácido. O destaque de um ou de outro elemento na composição da massa de fabricação dos isoladores de porcelana pode resultar nas seguintes propriedades:

- elevando-se o teor de quartzo, obtém-se um isolador mais resistente às altas temperaturas, com maior resistência mecânica e menor rigidez dielétrica;
- elevando-se a porcentagem de caulim e argila, obtém-se um isolador mais resistente aos choques térmicos, porém com menor rigidez dielétrica.

O gráfico de Figura 19.4, denominado triângulo de composição da porcelana, oferece a porcentagem da mistura dos diversos elementos básicos para formar a porcelana. Além disso, mostra a influência dessa composição sobre as suas propriedades físicas. Para se obter, por exemplo, a composição de uma porcelana basta escolher a porcentagem dos componentes e uni-los, conforme se pode observar pelo gráfico mencionado.

Para se obter, por exemplo, uma porcelana de alta resistência mecânica deve-se ter a seguinte composição:

- caulim + argila: 20% (ponto K da Figura 19.4);
- feldspato: 20%;
- quartzo: 60%.

19.3.1.1.1 Fatores que influenciam a qualidade da cerâmica

Há vários fatores externos que influenciam a qualidade da porcelana.

a) Umidade do ar

Um dos fatores que comprometem a qualidade da porcelana é a absorção de umidade que provoca a redução de sua rigidez dielétrica. A aplicação do esmalte vidrado externo reduz consideravelmente o poder de absorção de umidade pelo isolador. Qualquer trinca nessa camada de esmalte poderá comprometer eletricamente a peça.

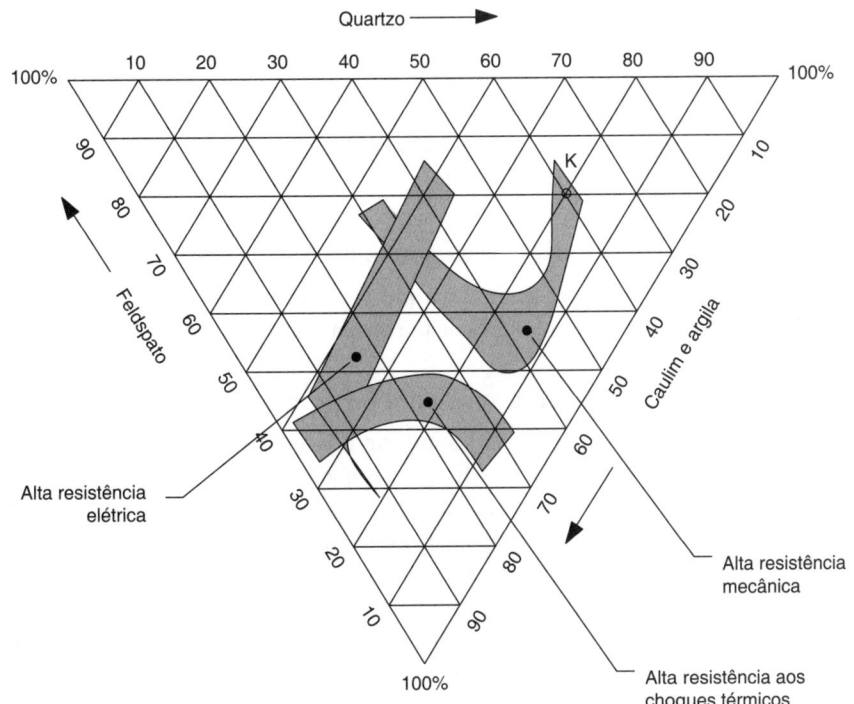

FIGURA 19.4 Triângulo de composição da porcelana.

b) Temperatura

A temperatura influi na redução da rigidez dielétrica da porcelana. A partir dos 100 °C, à frequência industrial, e de 180 °C, sob tensão de impulso atmosférico, a rigidez dielétrica da porcelana cai vertiginosamente. Com a redução da rigidez dielétrica aumentam as perdas Joule que ocasionam maior temperatura. Esse processo cumulativo resulta normalmente na perfuração do isolador que corresponde a um defeito fase e terra.

c) Espessura

A espessura das paredes da cerâmica não determina sozinha a rigidez dielétrica do isolador. Quando se fabrica um corpo de porcelana de paredes muito espessas, podem aparecer trincas que comprometem a sua rigidez dielétrica. A Figura 19.5 mostra a relação entre a espessura da isolação e a tensão de perfuração das peças cerâmicas.

19.3.1.2 Vidro

O vidro, que tem o seu emprego concorrente com a porcelana no setor elétrico, é composto de várias matérias-primas, destacando-se o óxido de silício, o óxido de boro e o óxido de sódio. Entre as diferentes composições químicas, os vidros podem ser classificados nos seguintes grupos mais importantes, ou seja:

- vidro de cálcio-chumbo;
- vidro de sódio-cálcio;
- vidro de cálcio-cálcico.

Os vidros que se destinam à atividade elétrica devem apresentar excelentes características mecânicas e térmicas. Podem sofrer, durante a sua fabricação, tratamentos térmicos diferenciados que os caracterizam em *recozidos e temperados*, assunto que será discutido adiante.

19.3.1.3 Fibras

As fibras utilizadas como isoladores têm sido empregadas em instalações ao tempo com algumas exceções. Esse fato se deve à sua pouca resistência aos efeitos danosos dos raios do tipo ultravioleta que provocam o ressecamento da sua estrutura física e o aparecimento de trincas inicialmente superficiais. Esse processo degrada a rigidez dielétrica da fibra, levando à sua perfuração. Há duas espécies de fibras utilizadas na fabricação de isoladores.

a) Epóxi

É constituído da mistura de algumas resinas sintéticas que propiciam a formação de corpos de excelentes propriedades mecânicas e de elevada rigidez dielétrica. São fabricados, dessa forma, isoladores de apoio para barramentos de quadros elétricos, invólucro de transformadores de corrente e potencial etc.

b) Fibra de vidro

É constituída da mistura de algumas resinas sintéticas aglomeradas com uma superfície composta de longas fibras derivadas de produtos vítreos (fibra de vidro), formando corpos com propriedades mecânicas notáveis e de elevada rigidez dielétrica.

Há grande penetração no mercado de isoladores cujo produto básico é a fibra de vidro. Comercialmente, são denominados *isoladores compostos*. Os isoladores compostos têm demonstrado que são bastante resistentes aos efeitos dos raios ultravioleta, ao ozônio e à maioria dos produtos poluentes industriais. São fabricados em polietileno de alta densidade, empregando-se na sua composição borracha de silicone com excelentes resultados mecânicos. Normalmente, são fabricados na cor cinza. Existe uma tendência mundial na aplicação dos isoladores compostos em redes de distribuição e transmissão de energia.

c) Poliéster reforçado com fibra de vidro

É formado por um composto de resina poliéster reforçado com fibra de vidro, na cor padrão de cada fabricante. Tem grande emprego em isoladores de baixa-tensão, apresentando as seguintes características:

- material autoextinguível;
- elevada rigidez dielétrica;
- ótima resistência ao arco;
- excelente resistência à tração;
- alta resistência à compressão.

19.3.2 Processos de fabricação

Agora, serão discutidos os principais processos de fabricação dos isoladores de porcelana e de vidro.

19.3.2.1 Isolador de porcelana

Inicialmente, são misturados os componentes e colocados em cilindros rotativos horizontais de grande diâmetro, adicionando-se água em proporção adequada. No interior do cilindro é colocada também certa quantidade de pedras ou esferas de aço cuja finalidade é homogeneizar a massa por meio da trituração dos componentes, o que é obtido com a rotação lenta do cilindro por cerca de 30 horas. Após esse tempo, a massa líquida é levada a reservatórios apropriados, sendo retidas as partículas de ferro pelos separadores magnéticos.

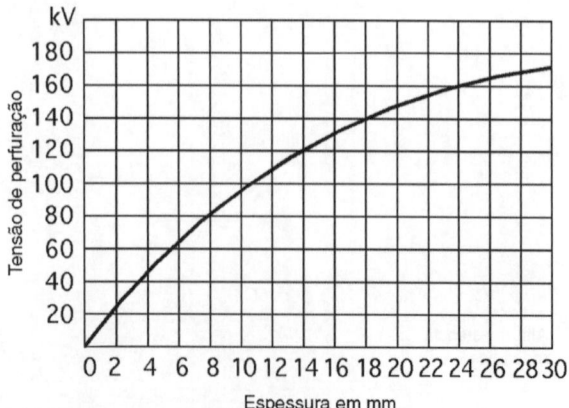

FIGURA 19.5 Gráfico de relação entre a espessura e a tensão de perfuração.

19.3.2.1.1 Processo de fabricação da porcelana crua

A partir desse estágio, podem-se fabricar peças de porcelana obedecendo a três diferentes processos.

a) Processo de desumidificação por gesso

Formada a massa líquida cerâmica, ela é depositada em formas de gesso que absorvem com rapidez a água da mistura. A peça vai secando de fora para dentro, enquanto se exerce determinada pressão externa no conjunto. Após um tempo especificado, a peça é levada ao setor de usinagem, que se encarrega do acabamento final. Esse método de fabricação da porcelana é denominado *processo por via úmida*.

b) Processo de desumidificação a vácuo

A partir da massa líquida, ela é levada a um sistema de filtro prensa no qual é retirada cerca de 75% da quantidade de água existente. Posteriormente, a carga resultante é levada a um sistema de rosca sem fim, em ambiente de vácuo, que tem a finalidade de eliminar as possíveis bolhas de ar existentes na mistura. A massa, nessas condições, e ainda contendo certa quantidade de água, é levada a um forno, no qual recebe a forma que se deseja. Ao cabo desse processo, a peça permanece estocada por um período de tempo, até perder certa quantidade de água por evaporação. Em seguida, é levada ao setor de usinagem, onde será torneada. Por fim, é conduzida a um forno com temperatura especificada, no qual é finalmente queimada. Nesse estágio, a peça perde cerca de 15% do seu peso. Esse método de fabricação é também denominado *processo por via úmida*.

c) Processo de prensagem

A massa líquida original é levada a um sistema de prensas de aço de ação hidráulica, no qual é retirada a quase totalidade da água existente. Em seguida, a peça sofre um processo de usinagem e é deixada em estoque por um período de tempo para evaporação da água remanescente. Esse método de fabricação é denominado *processo por via seca*.

19.3.2.1.2 Processo de vitrificação

A peça de porcelana obtida ao final de qualquer um dos processos anteriormente descritos sofre a aplicação de uma camada de esmalte sintético na cor desejada, normalmente especificada na cor marrom. Essa camada de esmalte de espessura determinada propicia ao isolador uma superfície extremamente lisa, impedindo a retenção de partículas e líquidos.

19.3.2.1.3 Processo de queima

Após o recebimento da camada de esmalte, os isoladores são levados a um forno, normalmente alimentado a óleo diesel, onde são queimados durante aproximadamente seis dias. A temperatura inicial do forno é de cerca de 1.300 °C, porém, ao longo do processo, o isolador é submetido a temperaturas inferiores.

19.3.2.2 Isolador de vidro

Inicialmente, são misturados todos os componentes químicos necessários, cuja carga é levada a um forno de fusão com temperatura de cerca de 1.300 °C. Fundida a carga, é conduzida, nas porções adequadas, às fôrmas com o esboço da peça a ser fabricada. Essas fôrmas são, em seguida, fechadas sob pressão, obtendo-se, no caso, o isolador de vidro.

19.3.2.2.1 Tratamentos térmicos

Os isoladores de vidro, após o estágio anterior, devem sofrer um processo de tratamento térmico que lhes dará características mecânicas específicas.

19.3.2.2.2 Vidro recozido

A peça de vidro de formato definido é levada a um forno elétrico ou a óleo diesel de grande comprimento e várias seções por onde passa pelos seguintes processos:

- os isoladores são submetidos inicialmente a uma temperatura de 500 °C, aproximadamente, mantendo-se por certo tempo nessa temperatura para eliminar as tensões internas;
- em seguida, os isoladores penetram no interior do forno em uma zona de resfriamento lento, com o objetivo de evitar a formação de novas zonas de tensões internas;
- finalmente, os isoladores são conduzidos, ainda no interior do forno, a uma zona de resfriamento rápido para em seguida saírem pelo sistema de descarga do forno.

19.3.2.2.3 Vidro temperado

As etapas para fabricação do vidro temperado são as seguintes:

- A primeira fase consiste no aquecimento dos isoladores a uma temperatura de cerca de 750 °C.
- Para se obter uma distribuição conveniente das tensões internas, os isoladores sofrem um resfriamento rápido. O processo de têmpera do vidro proporcionará ao material qualidades peculiares, que, resumidamente, podem ser citadas:
    - Toda a camada superficial da peça adquire determinada contração, pressionando a massa interna. Em consequência, essa camada superficial fica submetida a intensas pressões equilibrando-se, no conjunto, com as forças de compressão. Por esse motivo, quando um isolador sofre uma pequena avaria na sua camada superficial, a peça inteira se estilhaça, devido ao rompimento, nesse instante, do equilíbrio de forças em direções opostas, isto é, as forças de compressão (camada superficial) e as de pressão da massa interna.
    - A característica de fragmentação do isolador de vidro, devido ao processo de têmpera, propicia facilidades às turmas de manutenção de distribuição na procura de defeitos por aterramento do sistema, pois, nesse caso, em uma vistoria grosseira, percebe-se logo o vazio deixado na estrutura pelo rompimento de um ou mais isoladores, fato que não ocorre nos isoladores de porcelana, cuja falha, em forma de rachadura, decerto, provocará um defeito fase e terra de difícil localização.
    - O vidro temperado não permite que fique no interior da massa qualquer objeto estranho, por menor que seja.

Nesse caso, se inclui uma bolha de ar que porventura se instale na massa líquida durante o processo de fabricação. Caso isso aconteça, o vidro poderá sofrer uma explosão, fragmentando-se, como ocorre quando lhe é subtraída uma pequena parte da sua camada superficial.

Os isoladores de vidro, apesar das excelentes qualidades térmicas, mecânicas e elétricas, apresentam uma elevada perda dielétrica, como se pode observar na Figura 19.6, cujo valor varia em função de sua composição química. Pode-se observar que quanto maior é a temperatura a que está submetido o vidro maior é a sua perda dielétrica, cujo valor é função das propriedades construtivas do vidro. A Figura 19.6 mostra o comportamento do vidro de sódio com a variação da temperatura.

19.4 PROPRIEDADES ELÉTRICAS E MECÂNICAS

Os isoladores são caracterizados pelas propriedades elétricas e mecânicas específicas para as quais foram fabricados.

A porcelana utilizada nos isoladores deve ser do tipo não poroso, de elevada resistência mecânica, quimicamente inerte e ponto de fusão elevado. Deve ser produzida, de preferência, pelo processo úmido.

Toda superfície exposta da porcelana deve ser vitrificada. Normalmente, o isolador apresenta uma cor marrom devido ao esmalte que lhe é aplicado. Os isoladores não devem ser retocados com esmalte no vidrado, mesmo que submetidos a uma nova queima.

O vidro normalmente utilizado na fabricação de isoladores é do tipo sódio-cálcio, recozido ou temperado, homogêneo e incolor.

Dependendo do tipo de isolador e independentemente do material a ser utilizado, vidro ou porcelana, podem-se empregar ainda os seguintes elementos na sua fabricação:

a) Cimento

O cimento serve para unir as partes de porcelana e deve ter um reduzido coeficiente de expansão térmica linear que possibilite trabalhar adequadamente durante os vários ciclos térmicos com a porcelana.

b) Ferragens

Devem ser submetidas ao processo de galvanização. Quando o isolador é destinado a zonas com elevados níveis de poluentes atmosféricos, como é o caso da orla marítima e distritos industriais com fábricas que processam produtos químicos corrosivos, é conveniente utilizar ferragens de aço inoxidável ou de alumínio em ligas especiais.

c) Contrapinos

Normalmente são fabricados em latão ou bronze.

Há uma grande variedade de isoladores comercialmente utilizados. A seguir, serão apresentados os principais tipos de isoladores empregados pela maioria das concessionárias brasileiras.

19.4.1 Isolador roldana

O isolador roldana é utilizado predominantemente em redes secundárias de distribuição urbana e rural (220 ou 380 V). Quanto ao material, existem tipos diversos, e os mais comuns são aqueles apresentados nas Figuras 19.7(a) e (b), respectivamente, isoladores de vidro e porcelana. A aplicação dos isoladores roldana em redes de distribuição é mostrada na Figura 19.8.

Os isoladores do tipo roldana podem ser encontrados tanto em porcelana vitrificada como em vidro recozido. As características básicas desses isoladores são mostradas na Tabela 19.1.

19.4.2 Isolador de pino

Esses isoladores são predominantemente utilizados em redes de distribuição rural e urbana primária na tensão de até 38 kV.

(a) Vidro

(b) Porcelana

FIGURA 19.7 Isolador roldana. Fonte: disponível em: https://www.germerisoladores.com.br/. Acesso em: 29 ago. 2023.

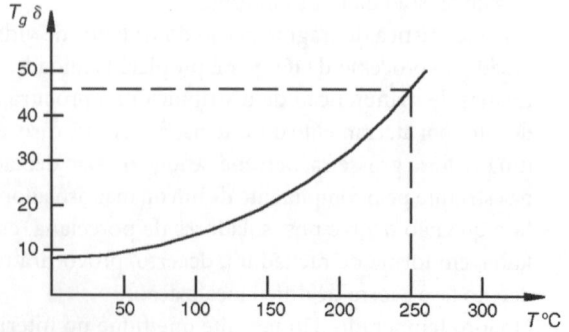

FIGURA 19.6 Gráfico das perdas dielétricas dos isoladores de vidro.

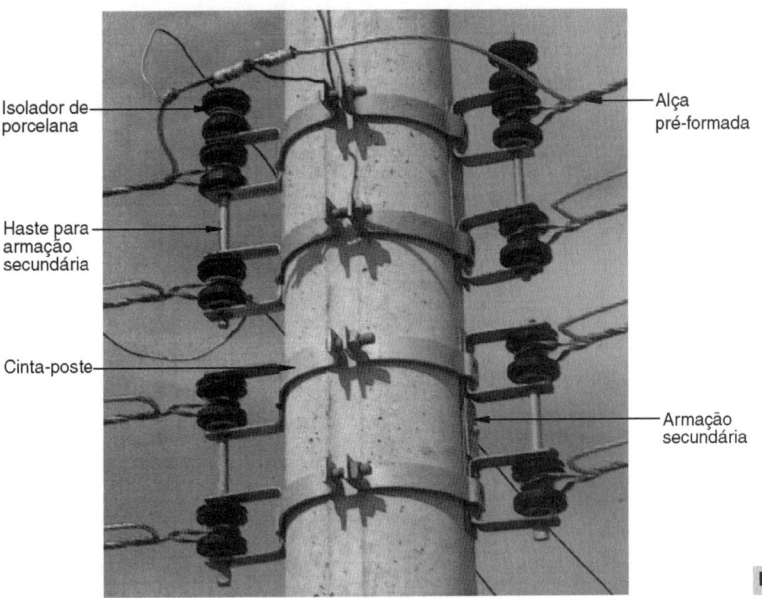

FIGURA 19.8 Rede secundária.

TABELA 19.1 Características técnicas – isolador roldana

Características	UD	Porcelana vitrificada	Vidro recozido
Diâmetro (D)	mm	80	80
Altura (H)	mm	80	80
Carga mecânica de ruptura à flexão	kN	6	6
Carga máxima de uso em flexão	kN	2	2
Tensão de descarga externa a seco	kV	25	20
Tensão de descarga externa sob chuva		10	12
– eixo horizontal	kV	10	12
– eixo vertical	kV	1,3	1,3

Com menor frequência, são utilizados em linhas de subtransmissão de até 72 kV. Os isoladores de pino podem receber a classificação mencionada a seguir.

19.4.2.1 Quanto à construção

Os isoladores de pino podem ser construídos de dois modos diferentes:

a) Isolador de pino monocorpo

É aquele constituído de uma única peça. É fabricado até a tensão nominal de 25 kV, que corresponde aos isoladores das Figuras 19.9 e 19.10, no caso, utilizado em suas redes de distribuição urbana e rural.

b) Isolador multicorpo

É aquele constituído de duas ou mais peças rigidamente unidas com o uso de cimento. É fabricado até a tensão máxima de 72 kV, que corresponde ao isolador mostrado na Figura 19.11.

Os isoladores tipo multicorpo são montados para formar uma unidade conforme se mostra na Figura 19.12.

A Figura 19.13 mostra a aplicação de isoladores de pino em uma rede de distribuição.

19.4.2.2 Quanto ao material

Os isoladores de pino podem ser fabricados em porcelana vitrificada ou vidro temperado. A aparência dos isoladores de pino, de vidro e de porcelana é semelhante, tanto no tipo monocorpo como no multicorpo. Os isoladores de pino fabricados em vidro são limitados geralmente a 25 kV. As dimensões dos isoladores de vidro são normalmente inferiores às dos isoladores de porcelana para a mesma tensão nominal.

A Tabela 19.2 informa as principais características técnicas, tanto as dos isoladores de porcelana, classe 25 kV, conforme a Figura 19.9, quanto as dos isoladores de vidro recozido, classe 15 kV, conforme a Figura 19.10.

19.4.2.3 Quanto ao meio de utilização

Os isoladores podem ser fabricados de acordo com o meio ambiente em que serão utilizados. Sabe-se que em ambientes cuja atmosfera é normalmente carregada de poluentes, como no caso da orla marítima, é necessário construir os isoladores com características geométricas específicas que dificultem as fugas de corrente para a estrutura. Nesse caso, além da geometria particular com que são projetados, dificultando a deposição de material poluente, os isoladores *antipoluição*, como

FIGURA 19.9 Isolador de pino em porcelana. Fonte: disponível em: https://www.germerisoladores.com.br/. Acesso em: 29 ago. 2023.

FIGURA 19.10 Isolador de pino em vidro.

FIGURA 19.11 Isolador de pino de multicorpo.

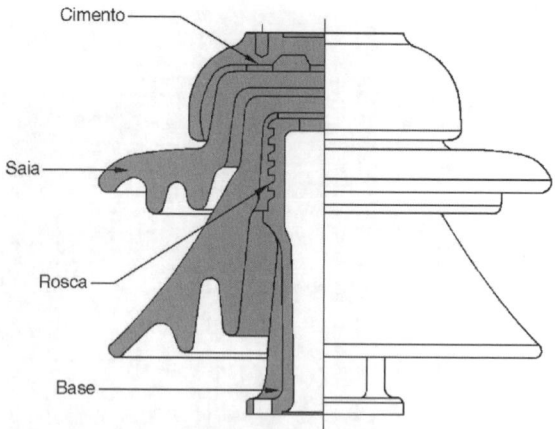

FIGURA 19.12 Partes componentes de um isolador multicorpo.

FIGURA 19.13 Estrutura de apoio de uma rede de distribuição.

são denominados normalmente, apresentam uma distância de escoamento bem superior, quando comparada com as unidades de mesma tensão nominal. A Tabela 19.3 informa as principais características dos isoladores de vidro temperado antipoluição tipo multicorpo.

A construção de isoladores com elevada distância de escoamento pode resultar, por motivos mecânicos, em peças de grandes dimensões com tensão suportável de impulso além da nominal do sistema.

19.4.3 Isolador de disco

Também denominado isolador de suspensão, esse dispositivo é utilizado em redes de distribuição urbana e rural primária, linha de transmissão e subestações de potência, tanto nas estruturas de ancoragem e amarração como nas estruturas de alinhamento tipo suspensão. Nesse último caso, são mais utilizados em linhas de transmissão.

Unidos na composição de cadeias, os isoladores de disco são instalados em série. Além das variedades de tipos e classes mecânicas disponíveis, podem-se empregar cadeias de isoladores de disco em paralelo quando se tratar de linhas de transmissão dotadas de condutores de grandes seções que necessitam de esforços mecânicos elevados.

Para exemplificar a aplicação de isoladores de disco, observe a Figura 19.14, que representa uma estrutura de ancoragem de uma rede de distribuição. Já na Figura 19.15 exemplifica-se a aplicação dos isoladores de disco em uma linha de transmissão de 500 kV em estrutura de suspensão, tanto na instalação vertical como em forma de V.

Os isoladores de disco podem receber a seguinte classificação.

19.4.3.1 Quanto à construção

São construídos reunindo-se vários componentes.

TABELA 19.2 Características técnicas – isoladores de pino

Características	UD	Porcelana vitrificada	Vidro recozido
Diâmetro (D)	mm	130	100
Altura (H)	mm	152	113
Diâmetro de rosca	mm	25	25
Distância de escoamento	mm	320	240
Tensão de descarga a seco	kV	85	72
Tensão de descarga sob chuva	kV	55	45
Tensão suportável, 1 min, a seco, à frequência industrial	kV	75	67
Tensão suportável, 10 s, sob chuva, à frequência industrial	kV	40	38
Tensão crítica de descarga sob impulso 1,2 × 50 µs			
– polaridade positiva	kV	140	103
– polaridade negativa	kV	170	113
Tensão de perfuração em óleo	kV	120	100
Carga mecânica de ruptura à flexão	kN	136	100
Tensão de radiointerferência (TRI)	µV	100	

TABELA 19.3 Características técnicas – isolador de vidro temperado do tipo multicorpo antipoluição

Características	UD	Vidro recozido
Diâmetro (D)	mm	220
Altura (H)	mm	146
Diâmetro de rosca	mm	25
Distância de escoamento	mm	340
Tensão de descarga a seco	kV	90
Tensão de descarga sob chuva	kV	60
Tensão suportável, 1 min, a seco, à frequência industrial	kV	83
Tensão suportável, 10 s, sob chuva, à frequência industrial	kV	55
Tensão crítica de descarga sob impulso 1,2 × 50 µs		
– polaridade positiva	kV	125
– polaridade negativa	kV	130
Tensão de perfuração em óleo	kV	100
Carga mecânica de resistência à flexão	kN	12
Tensão de radiointerferência (TRI)	µV	50

A Figura 19.16 mostra uma unidade de isolador de disco fabricada em porcelana vitrificada e suas diversas partes componentes.

A Figura 19.17 mostra uma unidade de um isolador de disco de porcelana do tipo de encaixe por olhal.

Já a Figura 19.18 mostra uma cadeia de isoladores de disco.

19.4.3.2 Quanto ao material

Podem ser construídos tanto em porcelana vitrificada, conforme se mostra na Figura 19.17, como em vidro temperado, com aparência muito semelhante. A Tabela 19.4 fornece as principais características dos isoladores de disco tanto de porcelana vitrificada como de vidro temperado, compreendendo também, nesse último caso, os isoladores para linha de transmissão. Já a Tabela 19.5 fornece as principais características dos isoladores antipoluição.

19.4.3.3 Quanto ao meio de utilização

Assim como os isoladores de pino, os isoladores de disco podem ser fabricados para uso em ambientes normais, como em meios atingidos por elevada poluição. Nesse caso, são especialmente desenhados para dificultar a penetração e deposição de sólidos que podem provocar descargas entre fase e terra.

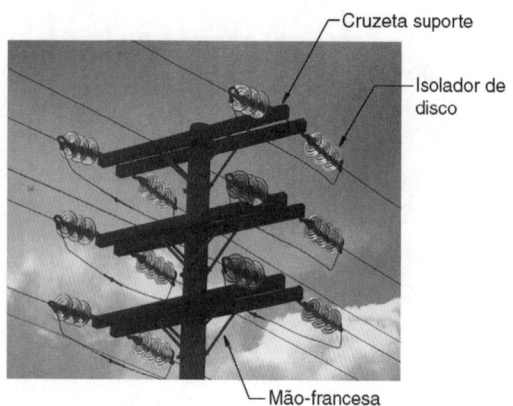

FIGURA 19.14 Estrutura de ancoragem com isoladores de vidro.

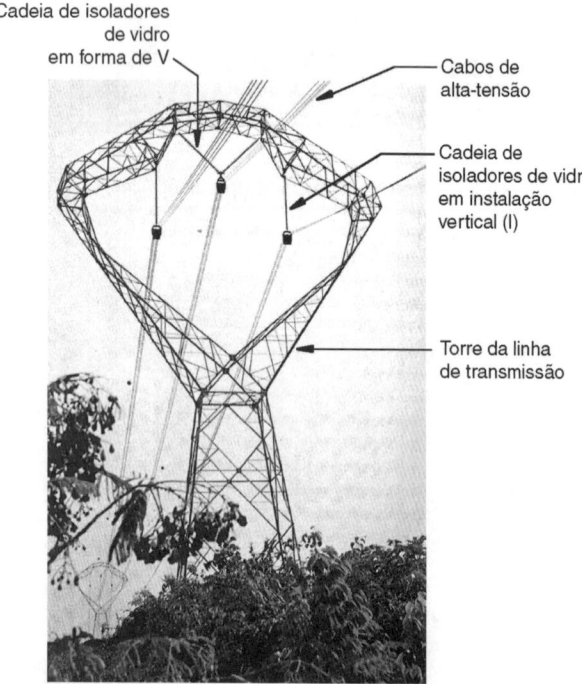

FIGURA 19.15 Estrutura de suspensão com isoladores de vidro.

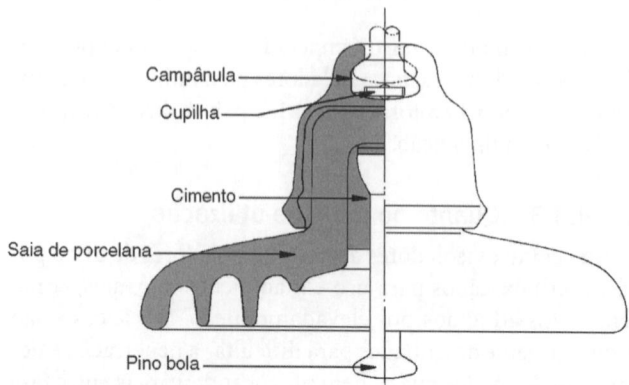

FIGURA 19.16 Partes componentes de um isolador de disco.

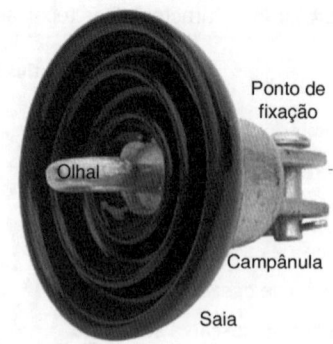

FIGURA 19.17 Isolador de disco de porcelana.

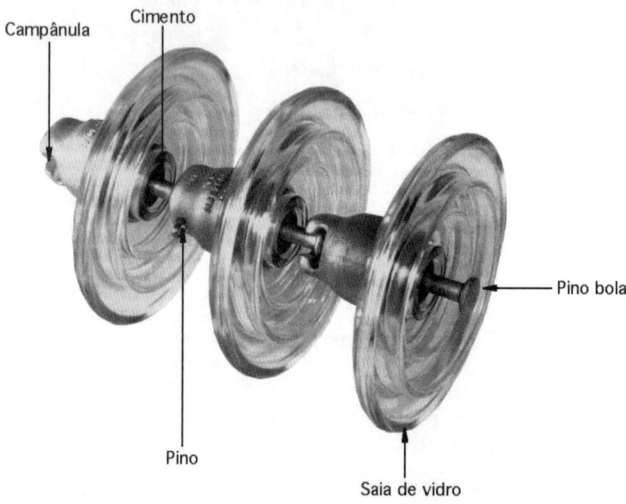

FIGURA 19.18 Cadeia de isoladores de disco de vidro.

19.4.3.4 Quanto à distribuição das tensões nas cadeias

Ao contrário do que se poderia supor, a tensão não se distribui igualmente entre os vários elementos de uma cadeia de isoladores de disco.

Analisando-se uma cadeia de isoladores instalada em uma estrutura suporte, conforme se observa na Figura 19.19(a), pode ser representada por meio de cada unidade dessa cadeia como uma capacitância série C_s com relação à estrutura suporte, conforme mostrado na Figura 19.19(b).

A não uniformidade na distribuição das tensões entre cada elemento da cadeia se deve ao fato de que o último elemento (5) não só conduz a corrente capacitiva das capacitâncias série C_s que flui através do isolador, mas também a corrente capacitiva devido às capacitâncias paralelas C_p de todos os elementos da cadeia com relação à terra. Considerando o penúltimo elemento da cadeia (4), ele conduz a corrente capacitiva de todos os elementos série, bem como as capacitâncias paralelas correspondentes, e assim sucessivamente.

O número de elementos de uma cadeia de isoladores é determinado em função da tensão máxima do sistema, dos anéis equipotenciais das tensões de impulso e da carga mecânica máxima exigida pelo condutor. Um cálculo aproximado pode determinar o número de isoladores por cadeia segundo a Equação (19.1), sem anéis equipotenciais nem centelhadores.

TABELA 19.4 Características técnicas – isolador de suspensão

Características	UD	Porcelana vitrificada		Vidro temperado	
		RD	LT	RD	LT
Engate: garfo olhal					
Diâmetro (D)	mm	152	254	175	254
Passo (P)	mm	140	146	140	146
Distância de escoamento	mm	178	290	200	290
Tensão de descarga a seco	kV	60	80	60	80
Tensão de descarga sob chuva	kV	30	50	38	50
Tensão suportável, 1 min, a seco, à frequência industrial	kV	48	80	48	60 72
Tensão suportável, 10 s, sob chuva, à frequência industrial	kV	33	50	33	83 54
Tensão crítica de descarga sob impulso 1,2 × 50 μs					
- polaridade positiva	kV	100	125	76	105
- polaridade negativa	kV	100	130	80	110
Tensão de perfuração em óleo	kV	80	110	80	110
Carga eletromecânica de ruptura	kN	45	70	50	80
Carga máxima admissível	kN	22	34	25	40
Tensão máxima de radiointerferência	μV	50	50	50	50

TABELA 19.5 Características técnicas – isoladores antipoluição de vidro

Características	UD	Valores
Engate		Concha e bola
Diâmetro (D)	mm	255
Passo (P)	mm	146
Distância de escoamento	mm	390
Tensão de descarga a seco	kV	90
Tensão de descarga sob chuva	kV	55
Tensão suportável, 1 min, a seco, à frequência industrial	kV	72
Tensão suportável, 10 s, sob chuva, à frequência industrial	kV	42
Tensão crítica de descarga sob impulso 1,2 × 50 μs		
- polaridade positiva	kV	190
- polaridade negativa	kV	115
Carga eletromecânica de ruptura	kN	80
Carga máxima admissível	kN	40
Tensão máxima de radiointerferência	μV	50

$$N_{iso} = \frac{K \times 1,1 \times V_{máx} \times D_{esep}}{\sqrt{3} \times D_{esci}} \quad (19.1)$$

N_{iso} – número de isoladores de uma cadeia;

K – fator de correção devido ao isolador; $K = 1$ para isoladores com diâmetro até 300 mm;
$V_{máx}$ – tensão máxima do sistema, em kV;
D_{esep} – distância de escoamento específica em função do nível de poluição do ambiente, mm/kV (ver Tabela 19.8);
D_{esci} – distância de escoamento específica do isolador, em mm.

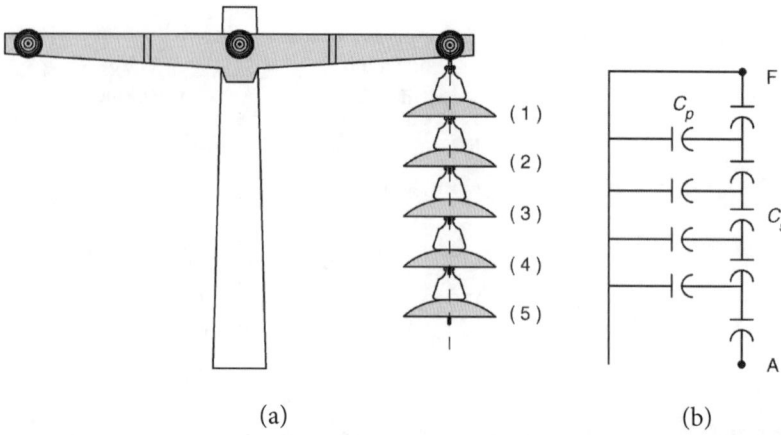

FIGURA 19.19 Distribuição das tensões nas cadeias de isoladores.

EXEMPLO DE APLICAÇÃO (19.1)

Determinar o número de isoladores de disco de uma cadeia de isoladores para uso em uma linha de transmissão de 230 kV localizada em uma zona de poluição industrial considerada inicialmente de nível médio e, depois, muito intensa, valor obtido por medição local. Serão utilizados isoladores de disco de vidro com diâmetro de 254 mm.

- Dados gerais

$V_{máx}$ = 245 kV;

D_{esep} = 31 mm/kV (nível de poluição muito elevado – ver Tabela 19.8);

D_{ei} = 290 mm (distância de escoamento do isolador).

- Para nível médio de poluição

$$N_{iso} = \frac{V_{máx} \times D_{ep}}{\sqrt{3} \times D_{ei}} = \frac{1 \times 1,1 \times 245 \times 31}{\sqrt{3} \times 290} = 16,6 \rightarrow N_{iso} = 17 \text{ isoladores}$$

- Para nível de poluição muito elevado e utilizando isoladores antipoluição

$$N_{iso} = \frac{V_{máx} \times D_{ep}}{\sqrt{3} \times D_{ei}} = \frac{1,1 \times 245 \times 31}{\sqrt{3} \times 390} = 12,36 \rightarrow N_{iso} = 13 \text{ isoladores (ver Tabela 19.5)}$$

19.4.4 Isoladores de apoio

Entende-se por isoladores de apoio, de forma geral, aqueles utilizados em subestações de potência como suporte dos barramentos. Podem ser empregados na isolação de chaves seccionadoras como suporte das lâminas condutoras. Esses isoladores podem receber a classificação que se segue.

19.4.4.1 Quanto à construção

Há três tipos construtivos básicos:

a) Isolador de apoio multicorpo

É uma coluna de peças montadas e unidas por meio de cimentação, com altura compatível com o nível de tensão desejado. Normalmente, o isolador suporte tipo multicorpo é fabricado em porcelana, conforme detalhado na Figura 19.20.

b) Isolador de apoio pedestal

É uma coluna formada por uma ou mais peças montadas em série. Cada unidade dispõe de uma base e de um topo em chapa de aço pelas quais se realiza a união dos isoladores por meio de parafusos de ferro galvanizado. O número de unidades que determina a altura da coluna é função do nível de tensão que se deseja.

A Figura 19.21 mostra um isolador pedestal. Já na Figura 19.22 observam-se dois isoladores pedestais resultantes da montagem de 2 e 3 peças de isoladores pedestais. São muito utilizados no apoio e na fixação dos barramentos das subestações de potência, em geral, constituídas ao tempo, conforme visto da Figura 19.23.

As subestações abrigadas usam comumente os isoladores pedestais em porcelana vitrificada, mostrados na Figura 19.24.

c) Isolador monocorpo

É um isolador formado por uma única peça, cuja altura é função do nível de tensão desejado. A Tabela 19.6 fornece as principais características elétricas dos isoladores tipo monocorpo. Já a Tabela 19.7 fornece as principais características mecânicas do mesmo isolador.

A Figura 19.25 mostra um isolador monocorpo, fabricado em porcelana vitrificada e destinado a vários tipos de aplicação.

Os isoladores do tipo multicorpo são muito utilizados nas colunas das chaves seccionadoras de alta-tensão, em conformidade com a aplicação vista na Figura 19.26.

19.4.4.2 Quanto ao material

Os isoladores de apoio podem ser construídos tanto em porcelana vitrificada, como mostrado na Figura 19.25, quanto em vidro temperado. Comercialmente, são fabricadas colunas do tipo monocorpo em única peça com até 2.227 mm de altura.

19.4.5 Isoladores compostos

Esses isoladores são constituídos de fibra de vidro impregnada por resina sintética. Para revestir o tarugo, cujas dimensões são função das características elétricas e mecânicas necessárias, é colocada uma camada do composto denominado EPDM (etileno, propileno, dieno, monomérico), cuja finalidade é assegurar a proteção do tarugo, principalmente no que diz respeito à penetração de umidade. O tarugo é responsável pelos esforços mecânicos. A Figura 19.27 mostra um isolador composto de apoio do tipo monocorpo.

Nas extremidades do tarugo são fixadas, por processo de compressão, as ferragens de sustentação do isolador na estrutura e de fixação do cabo no isolador, conforme a Figura 19.28.

Uma das grandes vantagens desse tipo de isolador é quanto à sua resistência ao impacto de tiro de revólver ou espingarda, vandalismo bastante comum no meio rural, fato este que transtorna e degrada a continuidade de serviço das companhias de

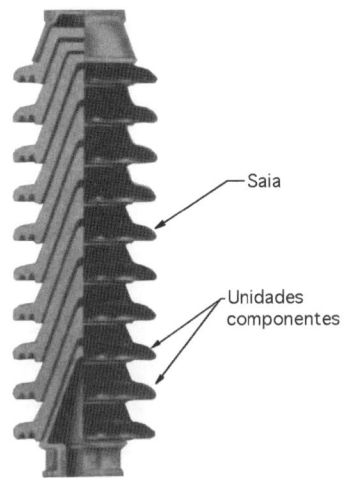

FIGURA 19.20 Isolador multicorpo.

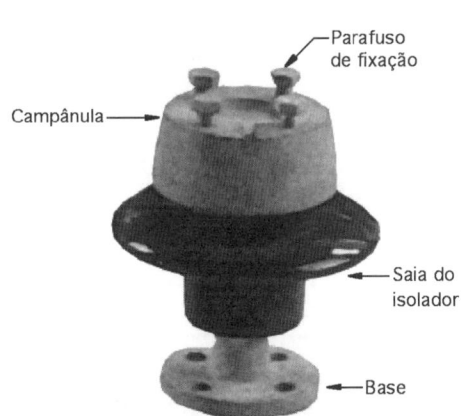

FIGURA 19.21 Isolador de apoio do tipo pedestal para uso externo.

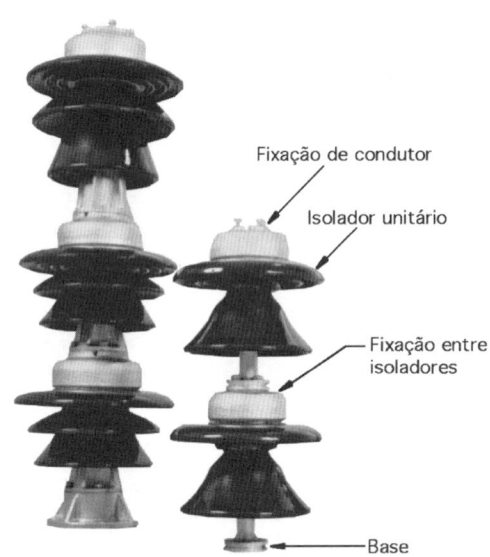

FIGURA 19.22 Coluna formada por isoladores do tipo pedestal.

FIGURA 19.23 Vista de uma subestação de potência.

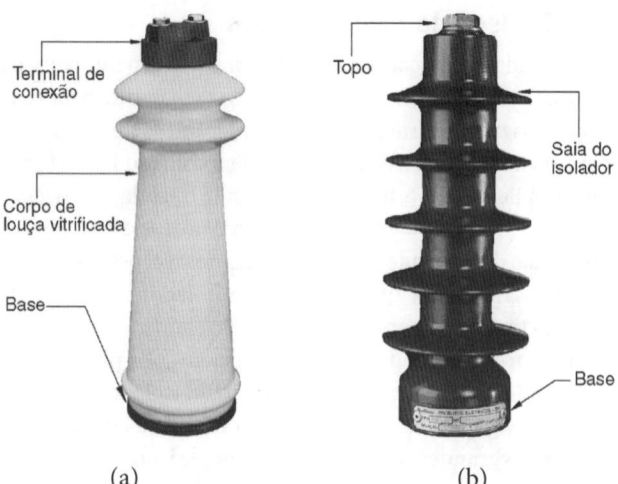

(a)   (b)

FIGURA 19.24 Isolador de apoio pedestal para uso interno (a) e externo (b).

TABELA 19.6 Características elétricas – isolador de apoio monocorpo

TNSI	Distância de escoamento	Distância de arco	Tensão disruptiva				Tensão suportável à frequência industrial		Radiointerferência	
			Frequência industrial		Impulso atmosférico					
			Seco	Sob chuva	Pos.	Neg.	Seco	Sob chuva	Tensão ensaio	RIV máx.
kV	mm	mm	kV	kV	kV	kV	kV	kV	kV	μV
350	1.830	660	235	180	390	475	175	145	44	200
550	2.510	990	385	285	610	780	280	230	73	200
650	2.950	1.140	435	335	710	900	335	275	88	200
750	3.350	1.300	485	380	810	1.020	385	315	103	200
950	4.190	1.630	575	475	1.010	1.240	465	385	146	200
1.050	5.030	1.930	660	570	1.210	1.450	545	455	146	200

TABELA 19.7 Características mecânicas – isolador de apoio monocorpo

TNSI	Altura	Cargas de ruptura				Diâmetro máximo
		Flexão kgf	Tração kgf	Torção kgf	Compressão kgf	
350	762	700	5.500	300	25.000	260
		1.350	9.080	500	35.000	300
550	1.142	800	9.080	500	35.000	300
		1.200	11.350	1.040	35.000	330
650	1.372	700	9.080	500	35.000	300
		1.000	11.350	1.040	35.000	330
750	1.575	600	9.080	500	35.000	300
		900	11.350	1.040	35.000	330
950	2.032	500	9.080	500	35.000	300
		1.100	11.350	1.040	45.400	330
1.050	2.336	400	9.080	500	35.000	300
		600	11.350	1.040	35.000	330
		1.050	18.160	1.380	45.000	355
1.300	2.693	500	11.350	1.040	35.000	330
		700	9.080	1.040	45.400	355
		1.100	11.350	1.380	45.400	380

FIGURA 19.25 Isolador monocorpo.

FIGURA 19.26 Coluna formada por isoladores do tipo multicorpo em chaves seccionadoras.

distribuição de energia elétrica. Sabe-se também que os isoladores poliméricos sofrem bicadas de urubus que os danificam. Atualmente, essa agressão está resolvida pela indústria na composição do material.

Nas linhas de transmissão, utilizam-se em alternativa aos isoladores de vidro e porcelana os isoladores de suspensão do tipo polimérico, cuja aplicação pode ser vista na Figura 19.29.

A Tabela 19.8 fornece as principais características elétricas e mecânicas dos isoladores compostos de fabricação Eletrovidro.

No caso de linhas de transmissão ou de distribuição, podem ser utilizadas em estruturas de suspensão cadeias de isoladores poliméricos em substituição aos isoladores de suspensão fabricados em vidro ou porcelana. A Figura 19.30 mostra duas cadeias de isoladores poliméricos.

19.5 SUPORTABILIDADE DOS ISOLADORES EM AMBIENTES AGRESSIVOS

Os isoladores, em geral, são agredidos pelo meio ambiente, notadamente aqueles que contêm partículas em suspensão que, aos poucos, se depositam sobre sua superfície externa, permitindo a passagem de corrente lateralmente pelas linhas de fuga. Por vezes, essas agressões podem evoluir para um curto-circuito fase e terra de curta duração.

A norma IEC 60815 classifica a severidade das partículas poluentes na atmosfera, tanto em ambientes salinos como em ambientes industriais. A Tabela 19.9 fornece o nível suportável de salinização e os valores da linha de fuga para diferentes níveis de poluição a que serão submetidos os isoladores considerando a distância do mar até a localização do isolador.

FIGURA 19.27 Isolador de apoio do tipo polimérico monocorpo.

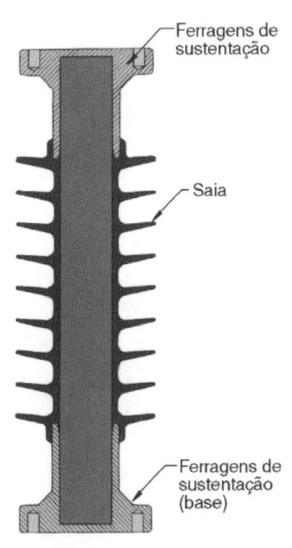

FIGURA 19.28 Partes componentes de um isolador polimérico.

A contaminação provocada por particulados do meio ambiente modificam a resistividade elétrica da superfície dos isoladores, ocasionando correntes de fuga e, em decorrência, produzindo calor, eletrólise e, finalmente, descargas elétricas entre fase e terra.

As saias dos isoladores utilizados nas redes de distribuição recebem uma cobertura de produtos derivados de silicone ou de hidrocarbonetos com espessura aproximada de 1 mm, ou outro valor, a depender do nível de poluição do ambiente no qual vão operar.

19.6 ENSAIOS E RECEBIMENTO

Esses ensaios se destinam a verificar se determinado tipo, estilo ou modelo de isolador é capaz de funcionar satisfatoriamente nas condições específicas.

Esses ensaios devem ser feitos pelo fabricante de acordo com as normas e recomendações apresentadas pelo comprador. Os ensaios a serem realizados são analisados a seguir.

19.6.1 Ensaios de tipo

Esses ensaios se destinam a verificar se determinado tipo, estilo ou modelo de isolador é capaz de funcionar satisfatoriamente nas condições específicas. Esses ensaios são:

- tensão suportável a impulso (1,2 × 50 μs);
- tensão suportável, 1 min 60 Hz, a seco;

FIGURA 19.29 Aplicação dos isoladores poliméricos do tipo monocorpo.

TABELA 19.8 Características técnicas – isoladores compostos

Características	Valores		
Tensão	69 kV	138 kV	230 kV
Tipo de isolador	suspensão	suspensão	suspensão
Número de aletas	17	31	51
Diâmetro das aletas (mm)	140/107	140/107	140/107
Passo entre aletas (mm)	70	70	70
Comprimento do isolador (mm)	891	1.381	2.081
Distância de escoamento	1.936	3.553	5.863
Linha de arco (mm)	647	1.137	1.837
Distância entre ferragens (mm)	569	1.059	1.759
Carga máx. de tração (daN)	12.000	12.000	12.000
Tensão de impulso atmosférico (kV)	370	650	1.050
Tensão mantida – 60 Hz, sob chuva (kV)	210	350	555
Peso (kg)	3,8	5,4	7,8

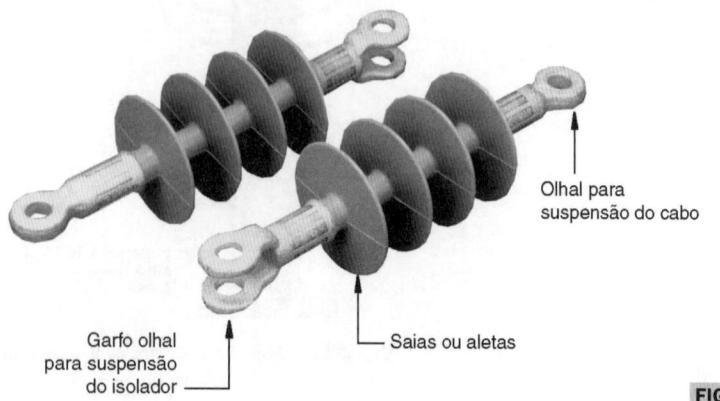

FIGURA 19.30 Isolador polimérico.

TABELA 19.9 Nível de salinidade e linhas de fuga

Poluição salina			
Nível de poluição	Distância do mar	Nível suportável de salinização (kg/m³)	Linha de fuga específica (mm/kV)
Médio	> 3 km	> 28	20
Elevado	1 a 3 km	> 80	25
Muito elevado	< 1 km	< 160	31
Poluição industrial			
Muito leve	mm		23
Leve	mm		32
Intensa	mm		45
Muito intensa	mm		63

- tensão suportável, 10 s, 60 Hz, sob chuva;
- tensão disruptiva a 50%, sob impulso;
- tensão de descarga a seco, 60 Hz;
- radiointerferência.

Os isoladores do tipo roldana somente devem ser submetidos aos ensaios de tensão de descarga a seco, 60 Hz e de radiointerferência.

Os ensaios mencionados anteriormente devem ser realizados de acordo com a NBR 5032 – Isoladores para linhas aéreas e contensões acima de 1.000 V – Isoladores de porcelana ou de vidro para sistemas de corrente alternada. Caso o resultado de quaisquer desses ensaios não seja satisfatório, o projeto deve ser rejeitado, não sendo permitida contraprova.

Um ou mais dos ensaios de tipo ou de protótipo podem ser dispensados pelo comprador se ocorrer qualquer uma dessas condições:

- já exista protótipo aprovado pelo comprador;
- já exista protótipo aprovado por um laboratório credenciado.

19.6.2 Ensaios de rotina

Os ensaios de rotina se destinam a verificar a qualidade e a uniformidade da mão de obra e dos materiais empregados nos isoladores. Os ensaios de rotina são os seguintes:

- inspeção visual;
- tensão aplicada em alta frequência;
- tensão aplicada em frequência industrial;
- tração mecânica (somente para isoladores de disco);
- choque térmico (somente para isoladores de vidro temperado).

Para os isoladores roldana somente deve ser realizada a inspeção visual. Esses ensaios devem ser realizados de acordo com a NBR 5032.

19.6.3 Ensaios de recebimento

Esses ensaios se destinam a comprovar os resultados dos ensaios de rotina efetuados pelo controle de qualidade do fabricante e constatar as condições gerais dos isoladores, antes do embarque. São os seguintes os ensaios de recebimento:

- inspeção visual;
- verificação de dimensões;
- choque térmico (somente para isoladores de vidro);
- ensaio de impacto;
- ruptura eletromecânica (somente para isoladores de disco);
- ensaios de perfuração;
- porosidade (somente para isoladores de porcelana);
- carga mantida: 24 horas (somente para isoladores de disco);
- ensaios de aderência da camada de zinco.

A amostragem dos ensaios de recebimento deve estar de acordo com os seguintes critérios:

$$P = X \rightarrow n \leq 100$$
$$P = 3 \rightarrow 100 < n < 500$$
$$P = 4 + \frac{1,5 \times n}{1.000} \rightarrow 500 \leq n \leq 15.000$$

P – número de isoladores a serem ensaiados;
X – número de isoladores estabelecidos mediante acordo entre fabricante e comprador para condição especificada de $P = X$;
n – número de isoladores do lote.

Caso o fabricante queira apresentar de uma só vez mais de 15.000 isoladores para inspeção, devem ser formados vários lotes, com um número aproximado de isoladores, respeitando-se o máximo de 15.000 unidades. As condições para a rejeição do lote são:

- se apenas um isolador falhar em quaisquer dos ensaios, o ensaio no qual se verificar a falha deve ser repetido em uma amostra duas vezes maior;
- se dois ou mais isoladores falharem em quaisquer dos ensaios, o ensaio no qual se verificar a falha deve ser repetido em uma amostra duas vezes maior;
- o número de unidades requeridas para a segunda inspeção deve ser o dobro da primeira, com um mínimo de 24 unidades;

- na segunda inspeção, se um único isolador falhar em quaisquer dos ensaios, o lote será definitivamente rejeitado.

19.6.4 Informações a serem fornecidas com a proposta

- Material isolante empregado;
- tipo de acoplamento entre as unidades (somente para isoladores de disco);
- distância de escoamento, em mm;
- desenho dimensional do isolador e das ferragens;
- material da cupilha (somente para isoladores de disco); tipo de rosca (somente para isoladores de pino).

19.7 ESPECIFICAÇÃO SUMÁRIA

Para se adquirir determinada quantidade de isoladores, é necessário declarar, no mínimo, as seguintes informações:

- natureza do material (porcelana, vidro ou fibra);
- tipo (isolador de pino, pedestal, disco de apoio etc.);
- tensão suportável a impulso;
- diâmetro;
- altura;
- carga mecânica;
- distância de escoamento;
- carga mecânica à flexão (exceto para isoladores de disco).

20
DESCARREGADORES DE CHIFRE

20.1 INTRODUÇÃO

As redes de distribuição aéreas urbanas e rurais estão permanentemente sujeitas às descargas atmosféricas, que podem ocorrer nas suas proximidades ou atingir diretamente os condutores ou estruturas, provocando, nesses dois casos, processos de sobretensão no sistema, quase sempre danosos à integridade dos equipamentos em operação.

O entendimento dos fenômenos atmosféricos foi tratado adequadamente no Capítulo 1, a que o leitor deve recorrer para melhor entendimento do que será tratado aqui.

Nas redes de distribuição em áreas rurais, é de fundamental importância a redução de custos na construção e operação das redes elétricas, utilizando equipamentos que possam trazer vantagens econômicas às companhias distribuidoras, desde que não afetem a qualidade do serviço em relação aos índices estabelecidos pela Agência Nacional de Energia Elétrica (ANEEL), órgão regulador do setor elétrico nacional.

Como vantagens podem ser indicadas as seguintes:

- custo inferior ao dos para-raios;
- equipamento robusto;
- substitui uma cadeia de isoladores de disco;
- autoextinção rápida do arco resultante das descargas elétricas;
- praticamente insensível à umidade.

Para efeito de análise, os defeitos nas redes de distribuição podem ser assim classificados:

- Defeitos com autoextinção
 Esses defeitos desaparecem em tempos extremamente curtos de sorte a não sensibilizar as proteções do sistema.

- Defeitos temporários
 Esses defeitos são responsáveis por interrupções em tempos muito curtos, geralmente, da ordem de 0,5 a 1 s.

- Defeitos semipermanentes
 São defeitos que provocam uma ou várias interrupções de cerca de 10 s de duração.

- Defeitos permanentes
 São defeitos que necessitam da intervenção das turmas de manutenção.

É bem conhecido que cerca de 90% das ocorrências nas redes de distribuição estão classificadas nos três primeiros tipos de defeito mencionados anteriormente. Assim, os custos operacionais tornam-se reduzidos pela ausência da intervenção de mão de obra.

Em razão da grande vantagem econômica dos descarregadores de chifres sobre os para-raios, principalmente nas redes de distribuição rurais de baixa densidade de carga, algumas companhias distribuidoras há anos vêm empregando com sucesso os descarregadores de chifre nesses sistemas, envolvendo inclusive as redes de distribuição urbanas de pequeno porte, como vilas rurais.

Essas mesmas companhias, em geral, somente não aplicaram esses dispositivos nas redes urbanas localizadas nas proximidades da orla marítima, em razão do desgaste que as partes de ferro poderiam sofrer, atacadas pela névoa salina.

Os casos de insucesso dos descarregadores de chifre se devem principalmente à deficiência do ajuste das hastes de descarga que formam o *gap*, propiciando a sua atuação indevida, quando ajustadas incorretamente muito próximas, ou não fornecendo a proteção que se propõe quando ajustadas incorretamente muito separadas.

O fato economicamente relevante no emprego dos descarregadores de chifre é o de evitar a instalação da cadeia de isoladores convencionais nas estruturas de ancoragem e amarração, que são os pontos mais viáveis para a instalação desses dispositivos.

Os descarregadores de chifre devem ser empregados somente em instalações ao tempo em virtude da área necessária para o desenvolvimento do arco em torno das hastes de descarga. Não devem ser empregados descarregadores de chifre em locais fechados, como subestações abrigadas em alvenaria e nem tão pouco em cubículos metálicos.

20.2 CARACTERÍSTICAS CONSTRUTIVAS

Os descarregadores de chifre são constituídos das partes estudadas a seguir.

20.2.1 Isolador

Os isoladores podem ser de disco ou porcelana vitrificada, e formam uma estrutura mostrada na Figura 20.1. São unidos por meio de cimentação adequada, formando um corpo rígido e único. Podem ser utilizados dois, três ou quatro isoladores, dependendo da tensão nominal do sistema a que se quer aplicar. As características mecânicas e elétricas dos isoladores foram apresentadas no Capítulo 19.

20.2.2 Hastes de descarga ou eletrodos

Os descarregadores são constituídos de duas hastes de descarga de ferro galvanizadas de seção circular, conforme se observa na Figura 20.1. Essas hastes são fixadas por dois suportes feitos do mesmo material. Esses suportes são presos nas extremidades do conjunto de isoladores que formam o descarregador. As hastes de descarga devem ser ajustadas de forma a manter-se uma distância fixa predeterminada, em função da tensão nominal do sistema. O ajuste é feito por conectores apropriados do tipo aperto.

Como se observa na Figura 20.1, as hastes de descarga têm formato específico, cujo ângulo favorece o alongamento do arco e, consequentemente, o seu resfriamento durante o processo de disrupção.

20.2.3 Haste antipássaro

É constituída de uma chapa de ferro galvanizada, cuja extremidade superior tem formato de ponta e é fixada ao conjunto de isoladores em uma posição simétrica em relação aos eletrodos ou hastes de descarga. Essa posição evita que um pássaro pousando sobre um dos eletrodos atinja o outro pela abertura das asas ou dos pés, provocando um curto-circuito fase e terra.

A instalação de um descarregador de chifre em uma rede de distribuição está mostrada na Figura 20.2.

20.3 CARACTERÍSTICAS ELÉTRICAS

Os descarregadores de chifre funcionam de maneira bastante peculiar. Quando instalados no sistema, o afastamento dos seus eletrodos evita que ocorra uma descarga, à frequência industrial, para a terra por meio do *gap*. Porém, quando surgem sobretensões acima de determinado valor, é rompido o meio dielétrico (o ar), provocando a formação de um arco através do qual se cria um caminho de fácil escoamento para as correntes transitórias atingirem a terra. O arco, formado na parte mais próxima entre os eletrodos, caminha rapidamente para as suas extremidades em cujo percurso é alongado e resfriado, resultando no seguinte comportamento:

- para o arco cuja corrente de defeito seja inferior a 50 A, haverá uma autoextinção, em aproximadamente 6 Hz;
- para o arco cuja corrente de defeito seja superior a 50 A e inferior a 1.000 A, não se pode precisar o seu comportamento, sobre o qual as condições atmosféricas exercem uma grande influência;

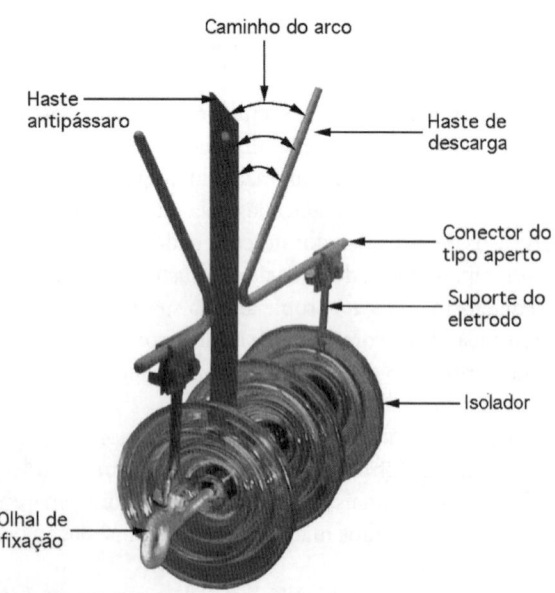

FIGURA 20.1 Descarregador de chifre.

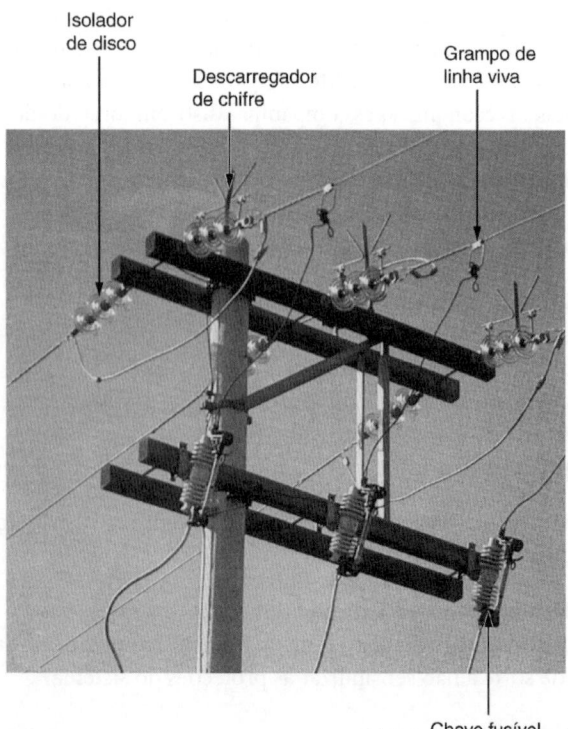

FIGURA 20.2 Instalação de um descarregador de chifre em rede de distribuição.

- para o arco cuja corrente seja superior a 1.000 A, há necessidade da intervenção de um equipamento de retaguarda, no caso de sistemas com o ponto neutro aterrado.

Assim, logo que cessam os defeitos transitórios, o arco propicia um caminho fácil para a condução à terra da corrente subsequente (corrente de carga do sistema), o que provoca um defeito monopolar. Com a presença de correntes de sequência zero, o equipamento de proteção de retaguarda opera através do relé de neutro, desligando o sistema. Nesse instante, o arco é extinto, e imediatamente após o equipamento de proteção, de preferência um religador, fecha os seus contatos, restabelecendo a normalidade do sistema.

A fim de que o descarregador de chifre assegure uma operação adequada, é necessário que não ocorram descargas após um surto de manobra na rede de distribuição. Na classe de tensão de 15 kV, em que tem sido maior aplicação os descarregadores de chifre, esse fenômeno é de baixa ocorrência. Esses equipamentos têm assegurado um nível de proteção adequado contra descargas atmosféricas se a onda de tensão atingir um valor suficientemente inferior à tensão suportável de impulso do transformador a que protege. Vale ressaltar que o nível de proteção do descarregador de chifre varia em função da inclinação da forma da onda.

Tem-se comprovado experimentalmente que a proteção dos descarregadores de chifre ocorre para uma tensão máxima de descarga atmosférica, induzida ou direta, com valor próximo de 75% da tensão suportável de impulso do transformador.

Nos descarregadores de chifre, o arco se desloca rapidamente na direção vertical, subindo nos eletrodos metálicos sem produzir nenhuma deterioração comprometedora no material metálico. Assim, experimentalmente, comprova-se que 10 aplicações sucessivas de 1 s com descargas de 1.000 A não afetaram o descarregador de chifre.

A extinção rápida de uma corrente de surto atmosférico é obtida com o descarregador de chifre para uma corrente de aproximadamente 10 A nos sistemas de distribuição com neutro aterrado. Para correntes acima desse valor, mas inferiores a 500 A, observa-se uma rápida extinção da corrente em sistemas de distribuição com neutro aterrado através de uma reatância indutiva. Nesse caso, a extinção do arco ocorre sem a operação da proteção, da mesma forma como procedem os para-raios.

Durante a interrupção de correntes entre 500 e 1.000 A, a autoextinção normalmente ocorre para tempos de arco entre 0,5 e 1,0 s.

Os principais parâmetros que caracterizam os descarregadores de chifre são analisados a seguir.

20.3.1 Tensão disruptiva de impulso atmosférico em forma de onda normalizada

"É o maior valor da tensão de impulso atmosférico em forma de onda de $1,2 \times 50$ μs que provoca a disrupção entre os eletrodos do descarregador de chifre."

20.3.2 Tensão disruptiva de impulso atmosférico em forma de onda normalizada 50%

"É a tensão presumida à qual se associa a possibilidade de 50% de ocorrência de uma descarga disruptiva."

20.3.3 Tensão disruptiva à frequência industrial

É o maior valor da tensão na frequência do sistema acima da qual o descarregador dispara.

A Tabela 20.1 fornece as características básicas representativas dos descarregadores de chifre.

A regulagem do espaçamento entre as hastes de descarga depende da tensão máxima de impulso permitida, ou seja, a tensão suportável de impulso do equipamento que se quer proteger. Para altitudes acima de 500 m, os espaçamentos entre as hastes de descarga devem ser aumentados de 1% para cada 100 m de altura.

Para evitar que o ajuste seja feito pela utilização de dispositivos inadequados como o polegar do eletricista montador, é necessário construir gabaritos de material indeformável, que seja prático inserir temporariamente entre os eletrodos, enquanto se procede ao seu ajuste. O ajuste dos eletrodos de descarga deve obedecer aos valores constantes da Tabela 20.2.

Quanto menor for a distância entre os eletrodos de descarga, maior será a margem de segurança que se dá ao equipamento que se quer proteger. Porém, essa distância não pode ser reduzida aleatoriamente, pois pode provocar disrupções espontâneas e intempestivas, o que não é desejável. Contudo, distâncias superiores às apresentadas na Tabela 20.2 reduzem substancialmente a margem de proteção do equipamento,

TABELA 20.1 Características técnicas dos descarregadores

Tensão nominal	Nº de elementos	Características elétricas			Resistência mecânica máxima	Carga de trabalho
		Tensão disruptiva norm. 50%	Tensão disruptiva 60 Hz			
			A seco	Sob chuva		
kV	-	kV	kV	kV	t	t
15	2	158	100	62	5,0	
25	3	230	146	89	5,0	1,7
35	4	295	187	116	5,0	

TABELA 20.2 Distância entre os eletrodos de descarga

Tensão nominal do sistema	Tensão suportável de impulso	Distância entre os eletrodos
kV	kV	cm
10	50	1,5 + 1,5
15	70	2 + 2
25	90	3,5 + 3,5
35	120	6 + 6

podendo chegar ao ponto de ser ineficiente a instalação do descarregador, quando esses valores ultrapassarem cerca de 20% daqueles exibidos na Tabela 20.2.

Em alguns casos, a umidade excessiva do ambiente pode levar o descarregador de chifre à disrupção intempestiva.

Os descarregadores de chifre podem ser utilizados nos sistemas de distribuição quando seguidas as seguintes orientações:

- os alimentadores, de preferência, devem possuir na sua origem religadores ou disjuntores com relé de religamento;
- o nível ceráunico da região deve ser baixo, isto é, o número de dias de descarga por ano deve ser o menor possível;
- os sistemas devem ter características rurais ou de cargas urbanas com exigência de índices de continuidade não muito severos.

20.4 ENSAIOS E RECEBIMENTO

Os descarregadores de chifre devem ser submetidos a inspeção e ensaios pelo fabricante de acordo com a orientação discriminada a seguir, mesmo porque não existe, até o momento, nenhuma norma brasileira específica que contemple o assunto:

- tensão disruptiva de impulso atmosférico com onda normalizada;
- tensão disruptiva à frequência industrial;
- capacidade térmica de condução da corrente subsequente;
- ensaio de galvanização;
- ensaio mecânico de capacidade de carga;
- ensaios do corpo de isoladores, obedecendo no que for possível os requisitos de recepção constantes do Capítulo 19.

20.5 ESPECIFICAÇÃO SUMÁRIA

Para se adquirir um descarregador de chifre, devem-se informar os seguintes dados:

- tensão nominal;
- número de elementos de disco;
- resistência mecânica;
- tensão disruptiva normalizada 50%;
- tensão disruptiva à frequência nominal do sistema.

21 COORDENAÇÃO DE ISOLAMENTO

21.1 INTRODUÇÃO

A norma IEC 71 define a coordenação de isolamento como a seleção da rigidez dielétrica dos equipamentos com relação às tensões a que podem ficar submetidos, quando em operação no sistema ao qual esses equipamentos serão conectados, considerando, entre outras, as características dos dispositivos de proteção dos limitadores de tensão, o grau de exposição às sobretensões e o tipo de aterramento.

Neste capítulo, serão tratados somente os estudos de coordenação de isolamento em subestações construídas ao tempo, isoladas a ar, comumente denominadas subestações ISA (*isolated substation air*).

O estudo de coordenação de isolamento é um processo por meio do qual se pode determinar a seleção dos para-raios de sobretensão de forma que nenhum equipamento da subestação tenha o seu dielétrico rompido pela tensão de surto que possa se estabelecer na instalação, em decorrência de uma descarga atmosférica incidente, direta ou indiretamente, sobre os cabos de fase da linha de transmissão. Também devem ser consideradas as tensões de surto de manobra.

Nesse ponto é prudente que o leitor leia inicialmente o Capítulo 1 deste livro, no qual são tratados os conceitos básicos a ser utilizados aqui.

Como não é possível eliminar as sobretensões por descargas atmosféricas e nem de manobra nas redes de distribuição, nas linhas de transmissão e nas subestações ao tempo, resta-nos controlar os seus efeitos danosos por meio da blindagem com cabos guarda nas linhas de transmissão e nas subestações ao tempo, e também, instalando para-raios de sobretensão nos pontos de entrada e saída das referidas linhas e respectivas subestações.

Em alguns casos, ocorre *flashover*, isto é, quando há falha na blindagem dos cabos guarda e a descarga incide diretamente nos condutores de fase rompendo a cadeia de isoladores em face da ultrapassagem do valor de sua suportabilidade à sobretensão. Se a descarga atmosférica atingir os cabos guarda ou o solo nas proximidades da linha aérea de transmissão, haverá indução nos condutores de fase e se formará uma onda viajante na linha. São denominadas descargas indiretas. Já o *backflashover* corresponde à disrupção da cadeia de isoladores da linha de transmissão decorrente da sobretensão em função do impacto direto da descarga nos cabos guarda ou na torre.

No caso de linhas de transmissão e subestações, mesmo que estejam corretamente projetadas com cabos guarda, no seu nível mais elevado de confiabilidade, há sempre determinada probabilidade de a descarga atmosférica romper a proteção dos cabos guarda, atingindo os condutores de fase da linha ou os equipamentos no pátio de manobra, no caso de subestações. Devemos sempre levar em conta que estamos tratando de fenômenos da natureza que surpreendem, por sua imprevisibilidade, os melhores projetos contra descargas atmosféricas.

As subestações de alta-tensão são pontos vulneráveis relacionados com as descargas atmosféricas, tanto por incidência direta como por ondas viajantes pelas linhas de transmissão aéreas. Em geral, são instaladas em áreas afastadas dos grandes centros urbanos e sem nenhuma proteção natural.

O principal equipamento a ser protegido na subestação é o transformador de potência, tendo em vista sua importância econômica e operacional e por ser notoriamente um equipamento de isolação não autorrecuperante que o torna extremamente vulnerável às sobretensões de qualquer natureza. Na escala de importância, quanto à vulnerabilidade dos equipamentos, podemos indicar todos aqueles que possuem isolação não autorrecuperante, como reatores, banco de capacitores, transformadores de medida e similares.

Já os equipamentos construídos por isolantes autorrecuperantes devem ser analisados quanto à sua proteção, considerando que os surtos de tensão que superam sua suportabilidade não os danificam, apenas causam distúrbios na subestação por *flashover* que, em alguns casos, podem evoluir para defeitos fase e terra.

21.2 DESCARGAS ATMOSFÉRICAS INCIDENTES NA LINHA DE TRANSMISSÃO

Durante as tempestades, as linhas de transmissão e subestações expostas são alvos fáceis de incidência de descargas atmosféricas. Para evitar que essas descargas atinjam diretamente os condutores de fase e o barramento das subestações, são instalados cabos guarda na parte superior das torres das linhas de transmissão e das subestações, formando um volume fictício de proteção ao longo de toda a linha e sobre os equipamentos da subestação.

As descargas atmosféricas que incidem sobre os condutores de fase das linhas de transmissão produzem elevadas tensões e correntes de surto que, divididas, viajam em sentidos opostos até os terminais de geração e de carga, conforme ilustrado na Figura 21.1. Se a tensão de surto superar a tensão suportável de impulso dos isoladores mais próximos ao ponto de incidência dos raios, ocorrerá uma descarga para a terra (*flashover*), por meio dos próprios isoladores. Caso contrário, a tensão de surto irá trafegar até as subestações localizadas nas duas extremidades da linha de transmissão, onde estão instalados os conjuntos de para-raios de sobretensão, ou seja, nos pontos de conexão das linhas com as subestações, os quais devem ter capacidade adequada para conduzir à terra a corrente de descarga.

Para evitar que a descarga atmosférica incida diretamente sobre os cabos condutores de fase, projeta-se uma blindagem por meio de cabos de aço, ou outro metal, de forma que a descarga atmosférica seja desviada para os cabos guarda. O método empregado para a proteção da linha denomina-se método da esfera rolante, que consiste na determinação do raio de uma esfera rolante fictícia cujo valor corresponde ao último salto do ramo descendente da descarga atmosférica. Assim, é possível determinar o maior valor da corrente de descarga que pode resultar em uma falha na blindagem da linha de transmissão. Esse assunto consta do livro do autor *Instalações Elétricas Industriais*, 10ª edição, Rio de Janeiro, LTC, 2023.

A Figura 21.2 mostra o volume de proteção, no entorno dos cabos, capaz de proteger a linha de transmissão contra descargas atmosféricas.

O valor do raio da esfera rolante, de forma simplificada, pode ser calculado pela Equação (21.1) em função da corrente de descarga atmosférica.

$$I_d = {}^{0,65}\!\sqrt{\frac{R_{er}}{9}} \quad \text{(kA)} \qquad (21.1)$$

I_d – corrente de descarga atmosférica, em kA;

R_{er} – raio da esfera rolante, em m.

Durante a condução da corrente de descarga à terra, ocorrerá uma queda de tensão nos resistores não lineares dos para-raios, denominada tensão residual de impulso dos para-raios, provocando uma tensão de surto entre os seus terminais de fase e de terra. Essa tensão de surto evolui, com a mesma taxa de crescimento da onda de surto original, ao longo do barramento da subestação, no sentido dos transformadores de potência e dos terminais de linha. Todos os equipamentos instalados nesse percurso e nos *bays* das subestações de fonte e de carga devem ser especificados com a tensão suportável de impulso, onda de 1,2 × 50 μs, superior à tensão de surto calculada em cada ponto de conexão desses equipamentos.

Para realizar o trabalho de proteção da subestação, fundamental à sua integridade, deve-se desenvolver um estudo de coordenação de isolamento que tem como objetivo determinar o valor da sobretensão que pode atingir cada equipamento da subestação em razão da onda de surto que se propaga para o seu interior, decorrente da descarga dos para-raios. Essa onda é inferior ao surto de onda gerada pela descarga incidente, que pode ser resultado de uma descarga atmosférica sobre quaisquer uma das linhas de transmissão conectadas ao barramento, ou decorrente de um surto de tensão de manobra.

Com base nas premissas anteriores será desenvolvido, no Exemplo de Aplicação (21.1), um estudo de coordenação de

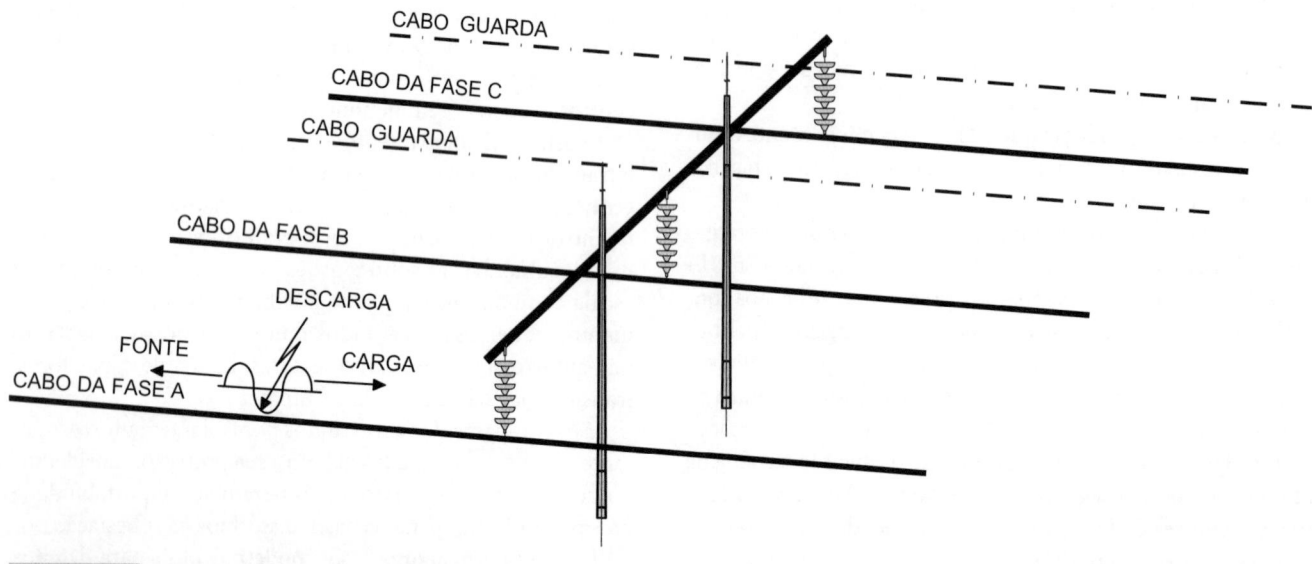

FIGURA 21.1 Ondas viajantes nas linhas de transmissão.

isolamento de uma subestação, isolação a ar, a partir do corte lateral do arranjo físico, mostrado na Figura 21.8 e muito utilizado em parques eólicos e fotovoltaicos. A NBR 6939 – Coordenação de isolamento – Procedimento – 2018 e a NBR 8186 – Guia de aplicação de coordenação de isolamento – Diretrizes de aplicação – 2021 são documentos fundamentais no desenvolvimento desse estudo.

21.3 MEIOS ISOLANTES

Como as sobretensões de qualquer natureza danificam diretamente os meios isolantes, os estudos de coordenação de isolamento visam preservar as suas características dielétricas. Para isso, vamos qualificar alguns desses elementos:

- Espaçamentos no ar

    O ar é o mais primitivo dos isolantes elétricos. Sua rigidez dielétrica está associada à distância entre os eletrodos de tensão, bem como a outros elementos, como umidade, poluição etc. São utilizados em todas as instalações ao tempo e abrigadas, mas inadequados, técnico e economicamente, para aplicação internamente na maioria dos projetos de equipamentos elétricos e quadros elétricos de alta-tensão.

- Isolantes autorrecuperantes

    São aqueles cuja isolação se autorregenera, ou seja, a sua rigidez dielétrica retorna às condições normais de operação logo que as descargas decorrentes da sobretensão são dissipadas. Essas isolações são constituídas por materiais cerâmicos, vidros e outros isolantes sólidos e gasosos empregados na cadeia de isoladores de disco, isoladores pedestais, chaves seccionadoras, disjuntores etc.

- Isolantes não autorrecuperantes

    São aqueles que, quando submetidos a sobretensões acima da sua rigidez dielétrica, perdem a sua capacidade de isolação. São isolações dos equipamentos, tais como transformadores de potência, transformadores de potencial, reatores, capacitores e similares. São caracterizados por materiais emborrachados, polímeros sintéticos ou naturais, papel, madeira etc.

A classificação do nível de solicitação dielétrica desses elementos, por suportar sobretensões de diversas formas e natureza de onda, é definida em ensaios de laboratório. Daí nasce o conceito de suportabilidade dielétrica dos equipamentos, isto é, a maior tensão que estes são capazes de suportar sem disrupção do seu meio dielétrico. Essa classificação expressa diversas formas de tensão que os equipamentos suportam em função de magnitude, tempo, forma de onda, tensão suportável de impulso atmosférico, tensão suportável de impulso de manobra, sobretensão transitória, sobretensão temporária, tensão contínua à frequência industrial etc.

21.4 FAIXAS PARA A TENSÃO MÁXIMA DO EQUIPAMENTO

A ABNT NBR 6939:2018 estabeleceu duas faixas de tensões máximas normalizadas para os equipamentos elétricos:

- Faixa 1: tensão acima de 1 até 245 kV, inclusive. Esta faixa abrange tanto sistemas de transmissão como os sistemas de distribuição. Os diferentes aspectos operacionais, entretanto, devem ser levados em consideração na seleção do nível de isolamento nominal do equipamento, conforme mostrado na Tabela 21.1.
- Faixa 2: acima de 245 kV. Esta faixa abrange os sistemas de transmissão, conforme mostrado na Tabela 21.2.

De forma geral, somente duas tensões suportáveis nominais normalizadas são suficientes para definir o nível de isolamento normalizado do equipamento:

- Para equipamento na faixa 1:
    - a tensão suportável nominal normalizada de impulso atmosférico;

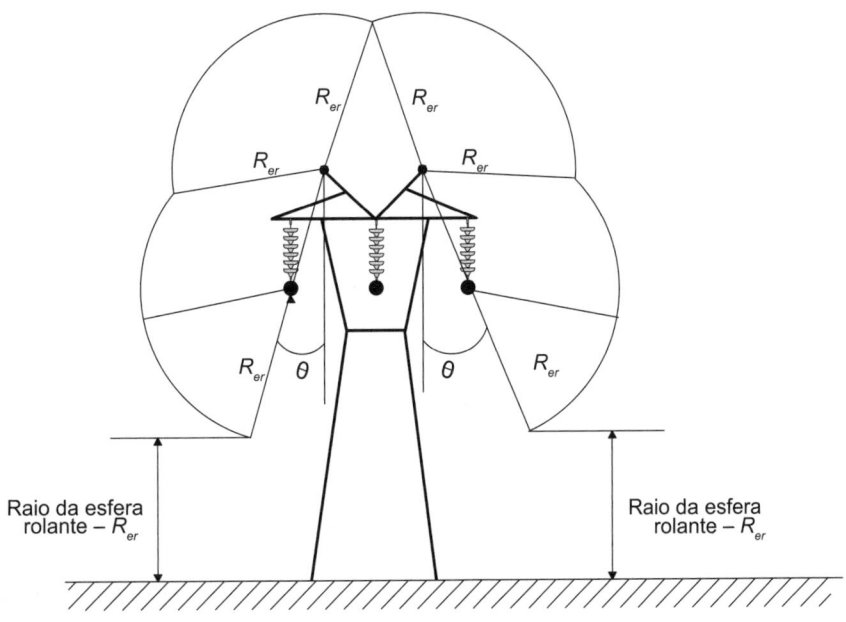

FIGURA 21.2 Proteção de uma linha de transmissão por cabos guarda.

– a tensão suportável nominal normalizada de frequência fundamental de curta duração.
- Para equipamento na faixa 2:
  – a tensão suportável nominal normalizada de impulso de manobra;
– a tensão suportável nominal normalizada de impulso atmosférico.

Na análise de um sistema situado na faixa 1, o maior risco decorre das descargas atmosféricas nas suas diferentes formas de impactar as linhas e subestações, ou seja, descargas diretas,

TABELA 21.1 Níveis de isolamento normalizados para a faixa 1 (1 kV < V_m ≤ 245 kV)

Tensão máxima do equipamento (valor eficaz em kV)	Tensão suportável nominal normalizada de frequência fundamental de curta duração (valor eficaz em kV)	Tensão suportável nominal normalizada de impulso atmosférico (valor de crista em kV)
0,6(a)	4(c)	-
1,2	10	30
3,6	10	20
		40
7,2	20	40
		60
12,0	28	75
		95
15(c)	34(c)	95
		110(c)
17,5	38	75
		95
24,0	50	95
		125
		145
36,0	70	145
		170
		200(c)
52,0	95	250
72,5	140	325
		350(c)
92,4(c)	150(c)	380(c)
		450
123	185(b)	450
		550
145,0	185(b)	450(b)
	230	550
	275	650
170,0	230(b)	550(b)
	275	650
	325	750
245,0	275(b)	650(b)
	325(b)	750(b)
	380	850
	395	950
	460	1.050

(a) O nível de isolamento correspondente a V_m = 0,6 kV só é aplicável ao secundário de transformador cujo primário tem V_m superior a 1 kV.
(b) Se os valores entre parênteses forem considerados insuficientes para provar que as tensões suportáveis fase-fase especificadas são satisfeitas, ensaios adicionais de suportabilidade fase-fase são necessários.
(c) Indica valores não constantes na IEC 60071-1.

TABELA 21.2 Níveis de isolamento normalizados para a faixa 1 ($V_m > 245$ kV)

Tensão máxima do equipamento (valor eficaz em kV)	Tensão suportável normalizada de impulso de manobra (kV crista)			Tensão suportável nominal normalizada de impulso atmosférico (valor de crista em kV)
	Isolação longitudinal (kV)	Fase-terra	Fase-fase (relação para o valor de crista)	
300	750	780	1,5	850 / 980
300	750	850	1,5	950 / 1.050
362	850	850	1,5	950 / 1.050
362	850	950	1,5	1.050 / 1.175
420	850	850	1,6	1.050 / 1.175
420	950	950	1,5	1.175 / 1.300
420/460(a)	950	1.050	1,5	1.300 / 1.425
525,0	850	950	1,7	1.175 / 1.300
525/550(a)	950	1.050	1,6	1.300 / 1.425
525/550(a)	950	1.175	1,5	1.425 / 1.550
550(a)	950	1.300	1,5	1.550 / 1.675
765	1.175	1.300	1,7	1.675 / 1.800
765/800(a)	1.175	1.425	1,7	1.800 / 1.950
765/800(a)	1.175	1.550	1,6	1.950 / 2.100
1.100,0	-	1.425	-	1.950 / 2.100
1.100,0	1.425	1.550	1,7	2.100 / 2.250
1.100,0	1.550	1.675	1,65	2.250 / 2.400
1.100,0	1.675	1.800	1,6	2.400 / 2.550
1.200,0	1.550	1.675	1,7	2.100 / 2.250
1.200,0	1.675	1.800	1,65	2.250 / 2.400
1.200,0	1.800	1.950	2.250 / 2.700	2.250 / 1.700

NOTA 1: Valor da componente do impulso do ensaio combinado aplicável, enquanto o valor de crista da componente de frequência fundamental de polaridade oposta é dado por:

$$V_m \times \frac{\sqrt{2}}{\sqrt{3}}$$

NOTA 2: Esses valores são aplicados às isolações fase-terra e fase-fase; para isolação longitudinal, são aplicados como a componente de impulso atmosférico nominal normalizado do ensaio combinado, enquanto o valor de crista da componente de frequência fundamental de polaridade oposta é dado pela expressão:

$$0,7 \times V_m \times \frac{\sqrt{2}}{\sqrt{3}}$$

indiretas e induzidas. Já na análise de um sistema situado na faixa 2, o risco decorrente de sobretensões de manobras é muito relevante, frequentemente superior ao risco de descargas atmosféricas.

21.5 FUNDAMENTOS DOS ESTUDOS DE COORDENAÇÃO DE ISOLAMENTO

Entende-se por coordenação de isolamento de uma subestação o processo que relaciona a suportabilidade dielétrica dos equipamentos nela instalados com as sobretensões esperadas, de diferentes formas de onda e magnitude, tendo como proteção contra os surtos de tensão dispositivos de características específicas, como as dos para-raios.

Quando se elabora o projeto de uma subestação, deve-se ter como premissa básica o seu funcionamento de forma contínua, dentro do possível, com o mínimo de interrupções, e que as características dielétricas dos equipamentos instalados sejam compatíveis com os diferentes tipos de sobretensão a que está submetido o sistema ao qual a subestação será conectada.

No caso mais simples, quando desenvolvemos os estudos de coordenação de isolamento para uma subestação, admitimos como configuração o barramento simples, uma entrada de linha e os equipamentos tradicionais empregados em uma subestação, tais como TCs, TPs, chaves seccionadoras e, por fim, o transformador de potência, que é a situação mais crítica relativamente à sua distância aos para-raios. No entanto, no caso de uma subestação com duas ou mais entradas ou saídas de linhas de transmissão e com dois ou mais transformadores, se obtém uma distância maior entre os para-raios e os transformadores que ficam localizados normalmente no ponto mais distante com relação à entrada das linhas. O número de linhas conectado ao barramento influencia o valor do surto, em função das reflexões e refrações dos surtos de tensão nos pontos de descontinuidade da impedância de surto.

A ABNT NBR 6939:2018 estabelece o procedimento para escolher as tensões suportáveis normalizadas para isolação fase-terra, isolação fase-fase e isolação longitudinal dos equipamentos e instalações utilizados nesses sistemas.

Entende-se por isolação longitudinal uma configuração em que estão presentes dois terminais de fase e um terminal de terra. Os terminais de fase pertencem à mesma fase de um sistema trifásico, temporariamente separada em duas partes energizadas independentemente. Esse é o caso, por exemplo, de seccionadores abertos separando duas fontes de tensão. As sobretensões longitudinais também podem ser reconhecidas durante a sincronização entre duas fontes de energia por meio de um seccionamento.

Os estudos de coordenação de isolamento de subestações ISA visam à determinação dos seguintes parâmetros técnicos:

- localização de um ou mais conjuntos de para-raios de sobretensão;
- tensão nominal suportável de impulso atmosférico (TNSIA);
- tensão nominal suportável de impulso de manobra (TNSIM);
- distâncias de isolamento entre partes vivas e entre partes vivas e terra;
- distâncias de escoamento da isolação dos equipamentos com base nos níveis de poluição locais;
- distâncias entre os para-raios e os equipamentos a serem protegidos.

O estudo de coordenação de isolamento pode ser realizado utilizando-se dois métodos clássicos: o primeiro é o método convencional, também conhecido como método determinístico, que define os estudos de coordenação do isolamento tomando-se como base as sobretensões transitórias; o segundo é o método estatístico.

Muitos dos estudos desenvolvidos de coordenação de isolamento são uma combinação dos dois métodos. Alguns fatores utilizados no método convencional são resultados de considerações estatísticas.

21.5.1 Método convencional ou determinístico

Esse método é fundamentado nos conceitos estabelecidos de máximas sobretensões decorrentes de descargas atmosféricas e de manobra que solicitam fortemente as isolações e de mínima suportabilidade dessas mesmas isolações.

Esse método é mais apropriado para a análise de suportabilidade da isolação não autorrecuperante dos equipamentos. É recomendado para subestações com tensão igual ou superior a 138 kV. Consiste em estabelecer critérios de modo que a isolação do equipamento ensaiado não seja submetida a descargas disruptivas. Para isso, é imperativo a seleção técnica dos para-raios com base na determinação do seu nível de proteção.

Quando não são conhecidas as informações estatísticas dos ensaios, relacionadas com possíveis taxas esperadas de falha dos equipamentos durante a sua operação, é mais utilizado o método convencional, que tem como base o dimensionamento das isolações dos equipamentos que apresentam níveis de suportabilidade mínimos superiores às máximas sobretensões a que possam ser submetidos, em função das características do sistema de suprimento de energia.

Enfim, o método convencional se fundamenta na utilização de uma margem de segurança dada por um fator de segurança, cujo valor normalmente indicado está entre 1,20 e 1,25 para surtos de descargas atmosféricas, e de 1,15 para surtos de manobra. Essa margem permite eliminar o máximo possível as incertezas quanto aos valores de tensão de surto obtidos, pois não há expectativa de se conhecer o risco de falha da isolação.

Considerando os para-raios de óxido metálico como elemento de proteção contra surtos de tensão, tanto no método convencional quanto no método estatístico, podemos afirmar que seus níveis de proteção para tensão de manobra e para descargas atmosféricas estão relacionados com os valores de tensão residual, de acordo com as correntes de descarga especificadas em norma para cada nível de tensão do sistema.

Deve-se considerar que o valor da tensão nominal do para-raios é função da sua suportabilidade a sobretensões de manobra, bem como à sua tensão máxima de operação contínua

(MCOV). Se não for possível conhecer a MCOV, considerar o seu valor entre 80 e 90% da sua tensão nominal.

A aplicação do método convencional em subestações de potência requer o conhecimento dos seguintes dados:

- sobretensões da linha de transmissão a serem obtidas por analisador de transitórios de rede (TNA) ou por simulação digital;
- a maior tensão a que o equipamento a ser protegido será submetido em operação normal;
- adotar as margens de segurança normativas com relação ao nível de isolamento do equipamento para descargas atmosféricas e com relação ao nível de isolamento para surtos de manobra.

O valor máximo das sobretensões incidentes em uma subestação pode ser determinado pelo valor da corrente da descarga atmosférica prevista e incidente na linha de transmissão, em kA, vezes a metade da impedância de surto dessa linha, em Ω, e que tem como limite superior o valor máximo da suportabilidade das cadeias de isoladores da referida linha.

21.5.2 Método estatístico

O método estatístico está fundamentado na determinação do nível de isolamento dos equipamentos e barramentos considerando um risco de falha aceitável a partir da suportabilidade da rigidez dielétrica dos isolamentos e a contabilização estatística das sobretensões que podem se estabelecer sobre o sistema.

No método estatístico, o nível de isolamento do equipamento é determinado atribuindo-se uma margem de segurança suficiente entre a máxima sobretensão e a mínima suportabilidade.

Enfim, o método estatístico se fundamenta no cálculo do risco de falha realizando uma análise numérica que permite definir uma distribuição cumulativa da suportabilidade da isolação e da probabilidade de ocorrência de sobretensões no sistema ao qual será conectado o equipamento, cujo modelo de gráfico está mostrado nas Figuras 21.3 e 21.4. A distribuição das frequências das sobretensões decorrentes de determinado evento e a suportabilidade da isolação associada podem ser conhecidas por uma distribuição gaussiana estabelecida no valor de V_{50} e U_{50}, e os correspondentes desvios-padrão.

O método estatístico prevê que a seleção da isolação é feita de modo que a probabilidade calculada seja inferior a determinado valor previamente estabelecido.

Para o entendimento prático do assunto, vamos determinar o valor médio representativo das intensidades de corrente em função das descargas atmosféricas que ocorreram em determinado período do ano, em região selecionada para esse estudo. Ao final do período estudado, registrou-se a ocorrência de 550 descargas atmosféricas. Os valores medidos formaram uma distribuição normal dada pelo gráfico da Figura 21.3, cujo valor médio das correntes de descarga foi 23 kA, e o valor do desvio-padrão, $\pm 1\delta = 2$.

Logo, observando-se a curva da Figura 21.3, podemos determinar, por exemplo, quantas descargas atmosféricas ocorreram com intensidade de corrente entre 21 e 25 kA. Por meio desse gráfico podemos observar que nesse intervalo ocorreram 68,26% das descargas atmosféricas.

- No intervalo de −1 desvio-padrão: $-1\delta = 2$: $23 - 2 = 21$ kA
- No intervalo de +1 desvio-padrão: $+1\delta = 2$: $23 + 2 = 25$ kA

Logo, o número de descargas atmosféricas $N_{\pm 1\delta} = 0{,}6826 \times 550 = 375$ descargas atmosféricas.

O mesmo ocorrerá quando se trata de determinar o número de descargas atmosféricas no intervalo de $\pm 2\delta$, ou seja, 95,44% das intensidades das descargas atmosféricas estão no intervalo de 19 a 27 kA.

- No intervalo de −2 desvios-padrão: $-2\delta = 4$: $23 - 4 = 19$ kA
- No intervalo de +2 desvios-padrão: $+2\delta = 4$: $23 + 4 = 27$ kA

Logo, o número de descargas atmosféricas $N_{\pm 2\delta} = 0{,}9544 \times 550 = 525$ descargas atmosféricas.

O desvio-padrão mede o grau de dispersão de um conjunto de dados obtidos a partir de observações ou medidas. Ou, ainda, o desvio-padrão representa a uniformidade ou não de um conjunto de dados. Se o desvio-padrão dos dados da amostra se aproximar de zero, significa uma maior uniformidade do conjunto. Caso contrário, maior será a dispersão dos dados da amostra.

O desvio-padrão pode ser calculado pela Equação (21.2):

$$\delta = \sqrt{\frac{\sum_{i=1}(X_i - M_a)}{N}} \qquad (21.2)$$

X_i – soma de todos os termos desde i até N, sendo N a quantidade dos elementos da amostra;
M_a – média aritmética dos valores medidos ou contados da amostra.

Por exemplo, se durante os ensaios de recebimento na fábrica de 3 bobinas de cabos de média tensão constatou-se que na 1ª bobina o comprimento do cabo é de 356 m; na 2ª bobina o comprimento do cabo é de 351 m; e, finalmente, na 3ª bobina o comprimento do cabo é de 358 m. Logo, o desvio-padrão do comprimento dos cabos nas 3 bobinas vale:

$$M_a = \frac{356 + 358 + 351}{3} = 355 \text{ m (média aritmética dos comprimentos dos cabos)}$$

$$\delta = \sqrt{\frac{\sum_i^N (X_i - M_a)^2}{N}} =$$

$$= \sqrt{\frac{(356-355)^2 + (351-355)^2 + (358-355)^2}{3}} = 2{,}94$$

(desvio-padrão dos dados da amostra)

A função densidade $f(x)$ indicada na Equação (21.3), a partir da qual se fundamenta o gráfico da Figura 21.3, é dada pela expressão em que μ é o valor médio da amostra de x, δ o desvio-padrão de x, e x são os elementos da amostra.

$$f(x) = \frac{1}{\delta \times \sqrt{2 \times \pi}} \times e^{0,5 \times \left(\frac{x-\mu}{\delta}\right)^2} \quad (21.3)$$

Os estudos de coordenação de isolamento pelo método convencional, bem como pelo método estatístico, são realizados, em geral, mediante programas digitais dedicados ou por meio do TNA (*transient network analyser*, ou analisador de transitórios de rede), ou ainda por meio do ATP (*alternative transient program*, também conhecido como programa de transitórios eletromagnéticos).

No caso de subestações existentes, quando se percebe a queima constante de equipamentos, principalmente durante os dias de chuva na região, é aconselhável que se elabore o cálculo de coordenação de isolamento para verificar se os para-raios dos *bays* de entrada e saída da subestação estão provendo total proteção aos equipamentos instalados a jusante.

Considerando a aplicação de determinada forma de onda de impulso de diferentes picos de tensão U em um ensaio de isolação de um equipamento, podemos relacionar a probabilidade Pu de ocorrência de descargas elétricas para cada valor de tensão de pico aplicada U.

Em complemento à premissa anterior, o gráfico da Figura 21.4 mostra a distribuição cumulativa da probabilidade de descarga de uma isolação; por exemplo, a tensão crítica disruptiva U_{68} indica que a probabilidade de falha da isolação é de 16%. Já a tensão crítica disruptiva U_{16} tem uma probabilidade de falha de 84%. Ou ainda, para a tensão crítica disruptiva U_{50} a probabilidade de falha é 50%.

Para melhor entendimento, vamos considerar que, em um ensaio de isolação de determinado equipamento, foram definidas as características da onda de tensão de ensaio V_{ens} que foi aplicada N_{da} vezes (= 30) no equipamento. Em N_{da} descargas aplicadas, ocorreram N_{fa} falhas (= 2) por disrupção da isolação.

Para determinar a probabilidade de ruptura da isolação decorrente da aplicação da tensão V_{ens}, basta ter o resultado percentual de $\frac{N_{fa}}{N_{da}} \times 100 = \frac{2}{30} \times 100 = 6,6\%$. Quanto maior for o valor do número de aplicações N_{da}, mais apurada é a probabilidade de ocorrerem N_{fa} falhas.

21.6 PROCEDIMENTOS DE UM ESTUDO DE COORDENAÇÃO DE ISOLAMENTO

Inicialmente, devemos considerar os efeitos da descarga atmosférica sobre a linha de transmissão que conduzirá a corrente e a tensão de surto até os terminais de entrada da subestação.

Para a realização de um estudo de coordenação de isolamento adotando o método convencional/estatístico, podemos adotar os seguintes passos.

21.6.1 Determinação da distância máxima à linha de transmissão do ponto de incidência do raio

Pode-se empregar a Equação (21.4), tomando-se como base a Figura 21.5, correspondente à silhueta de uma torre de linha de transmissão.

$$D_{ir} = \frac{H_{pr} + H_{cf}}{2 \times (1 - \operatorname{sen}\theta)} \text{ (m)} \quad (21.4)$$

D_{ir} – distância máxima entre a linha de transmissão e o ponto de impacto da descarga atmosférica com o solo;
H_{pr} – altura média dos cabos guarda ou cabos para-raios na torre, em m;
H_{cf} – altura do cabo de fase na torre, em m;
θ – ângulo de proteção do cabo guarda, em graus.

Para uma distância superior a D_{ir}, o ponto de impacto da descarga atmosférica seria no solo. Seu valor corresponde ao

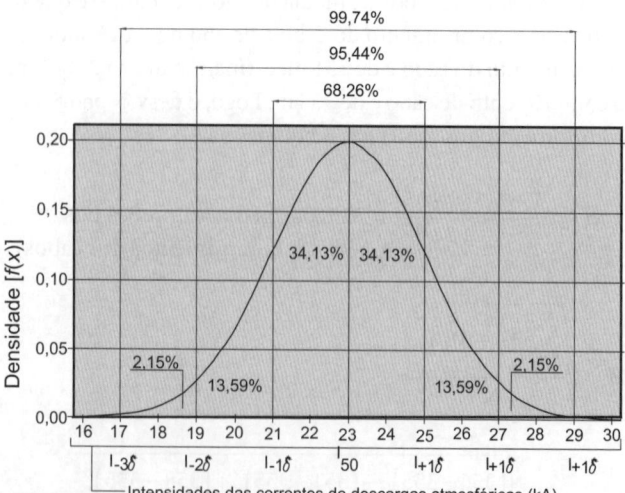

FIGURA 21.3 Curva de probabilidade da intensidade de corrente de descargas atmosféricas medidas.

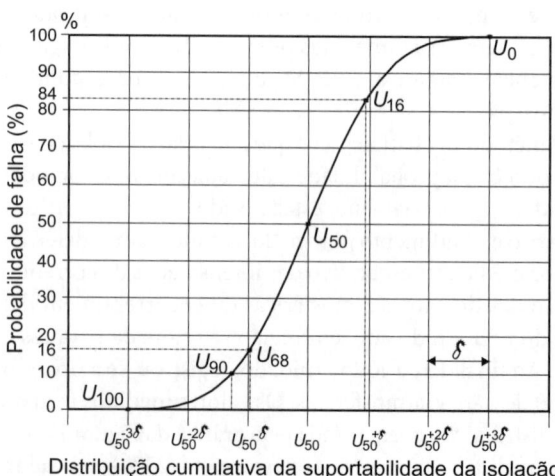

FIGURA 21.4 Curva de probabilidade de descarga da isolação.

raio da esfera rolante calculado no esquema de proteção contra descargas atmosféricas da subestação.

21.6.2 Determinação da altura média do condutor dos cabos de fase

Pode ser calculada pela Equação (21.5), auxiliada pela Figura 21.4.

$$H_m = H_{cf} - \frac{2}{3} \times \left(H_{cf} - H_{mv} \right) \text{ (m)} \qquad (21.5)$$

H_{cf} – altura do condutor de fase na torre, em m;
H_{mv} – altura do condutor de fase no meio do vão, em m.

21.6.3 Determinação da máxima corrente do raio

Pode ser calculada de forma simplificada por meio da Equação (21.1), auxiliada pela Figura 21.5, que expressa a máxima corrente da descarga atmosférica associada a máxima distância.

21.6.4 Cálculo da impedância de surto da linha de transmissão

A impedância de surto da linha de transmissão, um elemento importante para o estudo de coordenação de isolamento, pode ser determinada por diferentes formas. Na sua forma mais tradicional, a impedância de surto é dada pela Equação (21.6).

O termo *impedância de surto* tem significado teórico indicando que, se uma carga puramente resistiva conectada à determinada linha de transmissão, considerada sem perda, for igual à sua impedância de surto, significa que a potência fornecida pela linha à referida carga será de natureza útil. Essa potência é denominada potência natural. Tem o seu valor fornecido a partir da indutância da linha de transmissão, L, e da capacitância, C, da referida linha de transmissão.

$$Z_{sl} = \sqrt{\frac{L}{C}} \; (\Omega) \qquad (21.6)$$

L – reatância indutiva da linha de transmissão, em Ω/km;
C – capacitância da linha de transmissão, em faraday/km.

Já a outra expressão da impedância de surto, de forma simplificada, pode ser obtida conhecendo-se o dimensional da torre de transmissão dada na Figura 21.5, a partir da qual são fundamentadas as Equações (21.7) e (21.8).

- Raio equivalente do condutor
  É dado pela Equação (21.7).

$$R_{equ} = \sqrt[N_{cf}]{N_{cf} \times R_c \times R_{cir}^{N-1}} \text{ (mm)} \qquad (21.7)$$

R_{equ} – raio equivalente do condutor, em mm;
N_{cf} – número de condutores por fase;
R_c – raio do cabo de fase;
R_{cir} – raio da circunferência que passa pelo centro dos subcondutores que compõem a fase, em mm; no caso de 1 condutor por fase, $R_{cir} = R_c$ e $R_{equ} = R_c$.

- Impedância de surto

A impedância de surto simplificada da linha de transmissão pode ser dada pela Equação (21.8). Essa é uma das alternativas de cálculo da impedância de surto da linha utilizando a formação geométrica da torre.

$$Z_{sl} = 60 \times \ln\left(\frac{2 \times H_m}{R_{equ}}\right) (\Omega) \qquad (21.8)$$

H_m – altura média do condutor de fase, em m, calculada pela Equação (21.4).

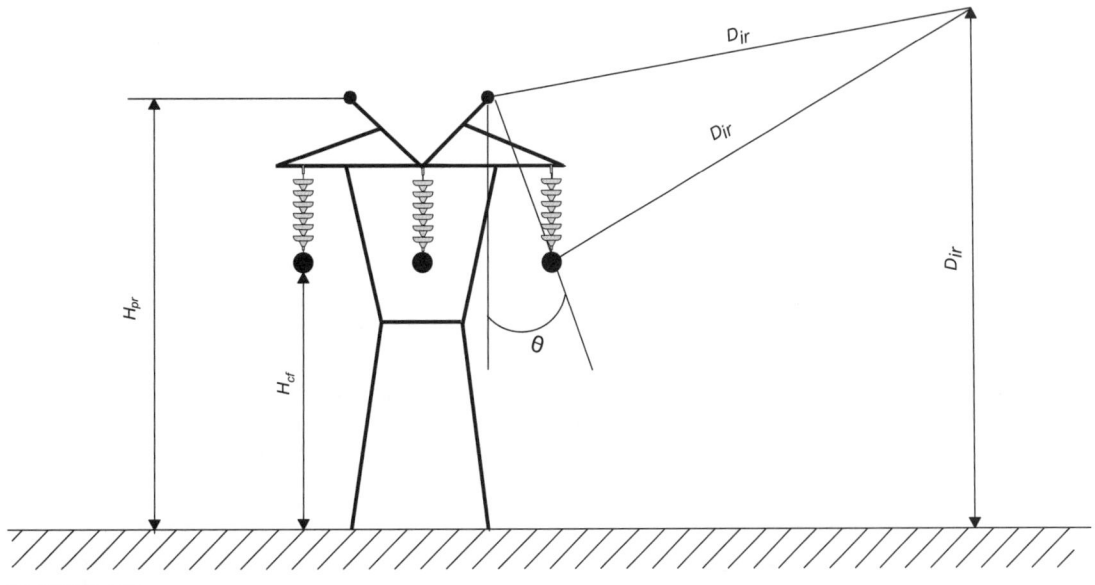

FIGURA 21.5 Silhueta da torre de uma linha de transmissão e as variáveis das equações utilizadas.

21.6.5 Sobretensão máxima incidente na subestação

Corresponde à tensão máxima a que ficará submetido o condutor de fase da linha de transmissão quando ocorrer uma descarga diretamente sobre o mesmo. Pode ser calculada pela Equação (21.9).

$$V_{máx} = I_d \times \frac{Z_{sl}}{2} \ (\Omega) \qquad (21.9)$$

I_d – corrente máxima da descarga atmosférica, calculada pela Equação (21.1);
Z_{sl} – impedância de surto da linha, calculada pela Equação (21.6) ou Equação (21.8).

21.6.6 Cálculo da velocidade de propagação da onda de surto

Pode-se empregar a Equação (21.10), em que V_{sur} é dado em km/s.

$$V_{sur} = \frac{1}{\sqrt{L \times C}} \qquad (21.10)$$

21.6.7 Tensão crítica de descarga para impulso de manobra para isolamento autorrecuperante

- Tensão crítica de manobra
  É dada pela Equação (21.11):

$$U_{50} = 500 \times K_{gap} \times D_{gap}^{0,6} \ (kV) \qquad (21.11)$$

U_{50} – tensão crítica de descarga para impulso de manobra, em kV, de polaridade positiva, a seco, frente de onda 120 μs, nas condições atmosféricas padronizadas; o valor de U_{50} é aceitável para afastamentos dos eletrodos entre 2 e 7 m;
D_{gap} – distância entre os eletrodos, em m;
K_{gap} – fator de *gap* condutor-estrutura.

- Haste-plano: $K_{fg} = 1,0$
- Condutor-plano: $K_{fg} = 1,15$
- Condutor-janela: $K_{fg} = 1,20$
- Condutor-estrutura: $K_{fg} = 1,35$
- Condutor-braço de torre: $K_{fg} = 1,55$

21.6.8 Tensão crítica com 50% de probabilidade de falha

Por meio da Equação (21.12), temos:

$$U_{50} = \frac{V_{sl}}{1 - 3 \times \delta_{pa}} \ (kV) \qquad (21.12)$$

U_{50} – tensão crítica de descarga da isolação; seu valor representa o pico de tensão para a qual a isolação apresenta 50% de probabilidade de sofrer uma disrupção, se submetida a uma forma de onda padrão de 1,2 × 50 μs para impulso de descargas atmosféricas e de 125 × 2.500 μs para descarga de manobra, cujo valor pode ser obtido por ensaio;
V_{sl} – tensão suportável de impulso atmosférico ou de manobra, em kV;
δ_{pa} – desvio-padrão igual a 3% para impulsos atmosféricos e 6% para impulsos de manobra.

Todo equipamento submetido a um ensaio de tensão tem como propriedade uma probabilidade de falha. Diz-se que um equipamento apresenta uma tensão crítica de descarga da isolação a 50% quando, durante os ensaios em laboratório, há probabilidade de ocorrer falha na isolação em 50% das aplicações com determinado valor de tensão, denominada tensão crítica de descarga da isolação.

A tensão crítica disruptiva U_{50} pode ser obtida tanto para polaridade positiva quanto para polaridade negativa. A polaridade da descarga atmosférica é dita negativa quando a descarga da nuvem para a terra é composta por elétrons. No caso de as descargas terem origem na parte carregada positivamente da nuvem, são classificadas como positivas. Neste caso, as cargas negativas são transferidas do solo para a nuvem.

Deve-se limitar, durante os ensaios, o número de impulsos convencionais aplicado sobre um equipamento com isolação não autorrecuperante, pois esse tipo de isolação vai perdendo gradativamente a sua capacidade dielétrica a cada impulso aplicado.

Os equipamentos compostos por isolação autorrecuperante e não autorrecuperante devem ser ensaiados com tensões suportáveis das isolações não autorrecuperantes, de acordo com a norma NBR 6939.

Com os valores de U_{50}, pode-se determinar a distância mínima de isolamento do equipamento.

21.6.9 Dimensionamento dos para-raios

O cálculo de coordenação de isolamento de uma subestação implica a determinação dos valores nominais dos para-raios, tais como MCOV, TOV, tensão nominal, tensão residual, corrente de descarga e capacidade de dissipação de energia, em conformidade com o exposto no Capítulo 1 deste livro.

Os para-raios de sobretensão (conjunto de três unidades) devem ser os primeiros equipamentos a serem posicionados na subestação, pois deverão prover a proteção contra ondas de impulso decorrentes de descargas atmosféricas e manobra na linha de transmissão que se conecta à respectiva subestação. A atuação dos para-raios de sobretensão, instalados na entrada da linha de transmissão, propiciam a barreira de proteção contra as sobretensões máximas esperadas no ponto de conexão de cada equipamento. Ver Capítulo 1 para compreender o processo de cálculo dos para-raios. Aqui, faremos um resumo.

- Determinação do MCOV
  De acordo com a Equação (21.13), temos:

$$MCOV_{sis} \geq K \times \frac{V_{máx.sis}}{\sqrt{3}} \ (kV) \qquad (21.13)$$

K – os valores desse fator podem ser encontrados no Capítulo 1, item 1.8.2.

- Determinação do TOV

De acordo com a Equação (21.14) e para um sistema eficazmente aterrado, em que $K_{sis} = 1,4$, temos:

$$TOV_{sis} \geq K_{sis} \times \frac{V_{máx.sis}}{\sqrt{3}} \text{ (kV)} \qquad (21.14)$$

K_{sis} – fator de aterramento; os valores desse fator podem ser encontrados no Capítulo 1, item 1.8.3.1.

- Suportabilidade dos para-raios quanto às sobretensões temporárias

De acordo com as Equações (1.36) e (1.37), a seguir reproduzidas, podemos verificar se os para-raios suportam as sobretensões temporárias do sistema.

$$\frac{TOV_{pr}}{MCOV_{sis}} \geq \frac{TOV_{sist}}{MCOV_{pr}}$$

$$\frac{TOV_{pr}}{V_{npr}} \geq \frac{TOV_{sist}}{V_{npr}}$$

- Determinação da corrente de descarga dos para-raios

Por meio da Equação (21.15), temos:

$$I_{des} = 2,4 \times \frac{U_{50\%} - V_{res}}{Z_{sl}} \text{ (kA)} \qquad (21.15)$$

$U_{50\%}$ – tensão crítica de descarga de polaridade negativa;
V_{res} – tensão residual do para-raios;
Z_{sl} – impedância de surto da linha.

A Equação (21.15) leva em conta que a tensão de surto da linha de transmissão, que opera em vazio, seja completamente refletida no ponto de instalação do para-raios. Além disso, considera que a máxima tensão suportável de impulso pela isolação da linha de transmissão é 20% superior à sobretensão crítica disruptiva da cadeia de isoladores, em que está associado um desvio-padrão de 3%, valor admitido nos estudos de coordenação de isolamento.

- Capacidade de dissipação de energia do para-raios por descargas atmosféricas

De acordo com a Equação (21.16), temos:

$$E_{abda} = \left\{ 2 \times U_{50} - N_l \times V_{npr} \times \left[1 + \ln\left(\frac{2 \times U_{50}}{V_{npr}}\right) \right] \right\} \times \frac{V_{npr} \times T_{eq}}{Z_{sl}}$$

$$\text{(joule)} \qquad (21.16)$$

U_{50} – tensão crítica de descarga de polaridade negativa. Será utilizado o maior valor com relação à tensão crítica de manobra;
N_l – número de linhas conectadas no barramento;
$V_{npr} = 2,8 \times V_{np}$ – nível de proteção do para-raios – valor inicial, em kV;

V_{np} – tensão nominal do para-raios, em kV;
Z_{sl} – impedância de surto da linha de transmissão;
T_{eq} – tempo equivalente da corrente de descarga: normalmente adotado igual a 300 µs = 300 × 10⁻⁶ s.

- Determinação da energia absorvida pelo para-raios no religamento do disjuntor de proteção do alimentador

De acordo com a Equação (21.17), temos:

$$E_{abetl} = \frac{2 \times V_{ri} \times (V_{av} - V_{ri}) \times T_o}{Z_{sl}} \text{ (joule)} \qquad (21.17)$$

V_{av} – amplitude da sobretensão, sem os para-raios; pode assumir os seguintes valores:
- para tensão máxima < 145 kV: $V_{av} = 3$ pu
- para tensão máxima ≥ 145 kV e < 362 kV: $V_{av} = 3$ pu
- para tensão máxima ≥ 362 kV e < 550 kV: $V_{av} = 2,6$ pu

V_{ri} – tensão residual de impulso de manobra, em V;

$$T_o = \frac{L_l}{V_o} - \text{tempo de deslocamento da onda de tensão;}$$

L_l – comprimento da linha de transmissão;
$V_o = 300$ m/µs – velocidade considerada da onda de tensão.

- Dados nominais dos para-raios para indicação na especificação técnica
  - $MCOV_r$ do para-raios.
  - TOV_r do para-raios.
  - Tensão nominal do para-raios.
  - Tensão residual do para-raios.
  - Corrente de descarga nominal.
  - Energia absorvida pelos para-raios por descargas atmosféricas.

21.6.10 Tempo de frente de onda

De acordo com a Figura 21.6 e com a norma IEC 60060-1, o tempo de frente de onda T_1, para uma dada tensão de surto, é definido como 1,67 vez o intervalo de tempo entre os instantes 30 e 90% do valor de pico. O tempo de frente de onda padrão para uma onda de tensão de surto é de 1,2 µs, para um tempo de cauda no valor de 50 µs.

Já para uma dada corrente de surto, o tempo de frente de onda, T_1, tem o seu valor definido em 1,25 vez o intervalo de tempo entre os instantes 10 e 90% do valor de pico, conforme mostrado na Figura 21.6.

O tempo de cauda, T_2, é considerado como o intervalo de tempo entre a origem da onda de tensão de surto e o instante em que o valor da corrente atinge 50% do valor de pico. O tempo padrão de frente para uma onda de corrente de surto por descarga atmosférica é de 8 µs, para um tempo de cauda no valor de 20 µs, conforme mostra a Figura 21.7.

A velocidade de crescimento da onda de surto de tensão é muito importante para a suportabilidade dielétrica dos equipamentos. Taxas de crescimento elevadas sobrecarregam criticamente o dielétrico, podendo levar à ruptura da isolação dos equipamentos. A taxa de crescimento do surto de tensão é expressa em kV/μs, enquanto a taxa de crescimento da corrente é dada em kA/μs, conforme mostrado por meio das retas A-B dos gráficos das Figuras 21.6 e 21.7.

O tempo de frente de onda pode ser obtido pela Equação (21.18).

$$T_{fo} = 1,2 \times U_{50(-)} \times \frac{D_{tdr}}{E_{co}} \quad (\mu s) \qquad (21.18)$$

T_{fo} – tempo de frente de onda, em μs;
E_{co} – constante do efeito corona;
D_{tdr} – distância de impacto de acordo com o nível de tensão em avaliação, taxa de desligamento da linha de transmissão e o intervalo de recorrência; pode ser obtida pela Equação (21.19). A literatura técnica fornece alguns dados reproduzidos na Tabela 21.3;

$$D_{idr} = \frac{100}{MTBF} \quad (km) \qquad (21.19)$$

MTBF – taxa de desligamento em decorrência de *backflash*: número de desligamento por 100 m de linha de transmissão por ano.

TABELA 21.3 Distância de impacto

Tensão kV	Taxa de desligamento de LTs Desligamento/100 km/ano	MTBF Anos	D_{idr} km
138	0,6	50	3,3
	2,0		1,0
230	0,6	100	1,7
	2,0		0,5
345-500	0,3	200	1,7
	0,6		0,8

Como é muito elevada a amplitude da onda de tensão que irá se propagar pelo condutor de fase da linha de transmissão após o *blackflashover*, é compreensível que surja o efeito corona nos cabos de fase, provocando artificialmente o aumento do raio do condutor e, em consequência, o aumento da capacitância do sistema. Logo, no cálculo do tempo de frente de onda, deve-se incluir a variável E_{co}, cujos valores são:

- Condutor singelo → E_{co} = 700 kV.km/μs
- Feixe com 2 condutores → E_{co} = 1.000 kV.km/μs
- Feixe com 3 ou 4 condutores → E_{co} = 1.700 kV.km/μs

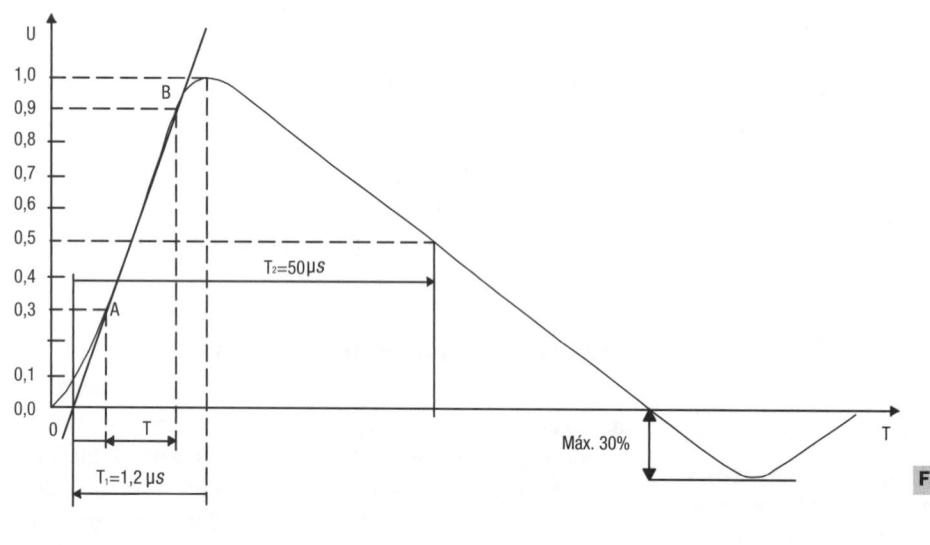

FIGURA 21.6 Forma de onda padrão de tensão de surto (1,2/50 μs).

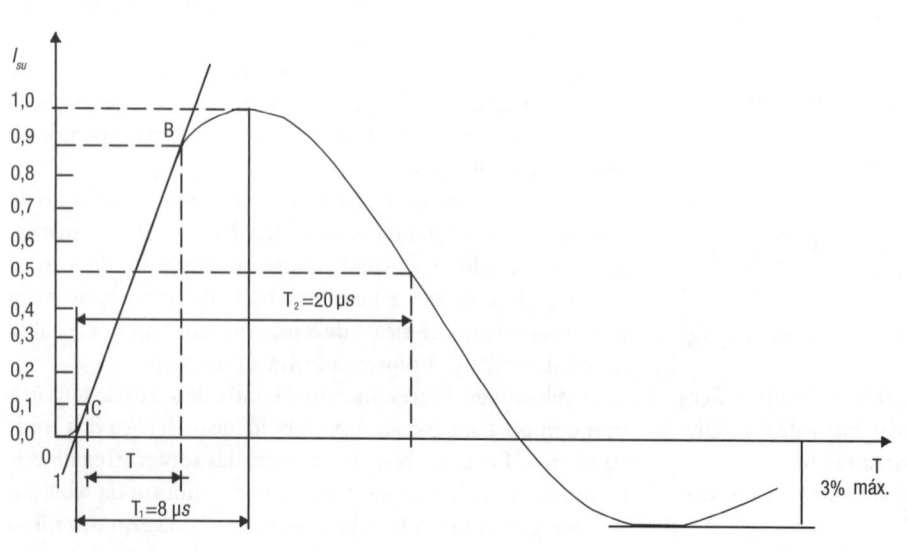

FIGURA 21.7 Forma de onda padrão de corrente de surto (8/20 μs).

21.6.11 Tensão máxima esperada no ponto de conexão dos para-raios

A tensão esperada no ponto de conexão do para-raios com o barramento será igual à tensão residual de surto do para-raios, acrescida da tensão desenvolvida no trecho do cabo entre o barramento e o ponto de conexão do para-raios, somada à tensão desenvolvida no trecho do cabo entre o terminal de terra dos para-raios e o terminal de conexão com a malha de terra, L_c. É dada pela Equação (21.20).

$$V_{mepr} = V_{rpr} + L_i \times \frac{2 \times \Delta V}{Z_{sl}} \times L_c \quad (kV) \quad (21.20)$$

V_{mepr} – tensão máxima esperada, entre fase e terra, no ponto de conexão dos para-raios, em kV;
V_{rpr} – tensão residual dos para-raios, forma de onda de 8×20 µs;
L_c – comprimento dos cabos correspondentes à conexão dos para-raios à malha de terra;
L_i – indutância do cabo de conexão dos para-raios: seu valor varia entre 1,3 e 1,4 mH/m;
Z_{sl} – impedância de surto da linha, em Ω;
ΔV – taxa de crescimento do surto de tensão; pode ser calculada pela Equação (21.21);

$$\Delta V = \frac{U_{50(-)} + 3 \times \delta_{pa}}{T_{fo}} \quad (kV/\mu s) \quad (21.21)$$

δ_{pa} – desvio-padrão, normalmente utilizado o valor de 3% da tensão crítica de descarga.

21.6.12 Nível de isolamento nominal

O nível de isolamento normalizado constitui o atendimento a um conjunto de tensões normalizadas pela NBR 6939:2018.

- Seleção do nível de isolamento nominal
  "[...] consiste na seleção do conjunto mais econômico de tensões suportáveis nominais normalizadas [...] da isolação suficientes para garantir que todas as tensões suportáveis especificadas sejam atendidas." (ABNT, 2018)

"A tensão máxima do equipamento é selecionada no próximo valor normalizado, $V_{máx}$, igual ou maior que a tensão máxima do sistema onde o equipamento será instalado." (ABNT, 2018)

- Nível de isolamento normalizado

Ainda de acordo com a NBR 6939:2018, se as tensões suportáveis nominais normalizadas forem também associadas à mesma tensão $V_{máx}$, esse conjunto constitui o nível de isolamento normalizado, sendo $V_{máx}$ o máximo valor eficaz entre fases para o qual o equipamento foi projetado, considerando ainda outras características relacionadas com essa tensão que pode ser aplicada continuamente ao equipamento.

21.6.13 Nível de proteção oferecida pelos para-raios

De acordo com o NBR 8186 – Guia de aplicação de coordenação de isolamento, deverá ser considerada uma margem de segurança de 1,20, ou seja, 20% sobre a tensão nominal suportável de impulso do equipamento e mais a tensão máxima esperada no ponto de conexão dos equipamentos. Esses valores são expressos pelas Equações (21.22) e (21.23).

$$V_{meeq} = V_{rpr} + L_i \times \frac{2 \times \Delta V \times L_c}{Z_{sl}} \times D_{equi} \quad (kV) \quad (21.22)$$

$$F_{seg} = \left(\frac{V_{ieq}}{V_{mepr}} - 1 \right) \times 100 \geq 20\% \geq 1,20 \quad (21.23)$$

V_{meeq} – tensão máxima esperada no ponto de conexão do equipamento na subestação, em kV; pode ser entendida como o nível de proteção do para-raios;
D_{equi} – distância medida sobre o cabo do barramento, iniciando no ponto de conexão do para-raios até o ponto de conexão do equipamento a ser protegido, em m;
V_{ieq} – tensão suportável de impulso do equipamento, em kV;
F_{seg} – fator de segurança estabelecido pela NBR 8186.

Logo, essa equação será aplicada na determinação do surto de tensão que atinge cada equipamento, variando-se somente a distância em comprimento de cabo, D_{equi}, tomado desde o ponto de conexão do para-raios, ponto A, visto na Figura 21.8, até o ponto de conexão do barramento relativo ao equipamento em estudo.

EXEMPLO DE APLICAÇÃO (21.1)

Desenvolver um estudo de coordenação de isolamento de uma subestação de 138 kV mostrada na Figura 21.8, conhecendo-se as informações básicas da folha de dados dos equipamentos nela instalados. Esses dados correspondem às condições técnicas mínimas necessárias para se iniciar um estudo de coordenação de isolamento. Os dados da torre e da linha de transmissão estão definidos na Figura 21.9. A linha de transmissão tem 70 km de extensão.

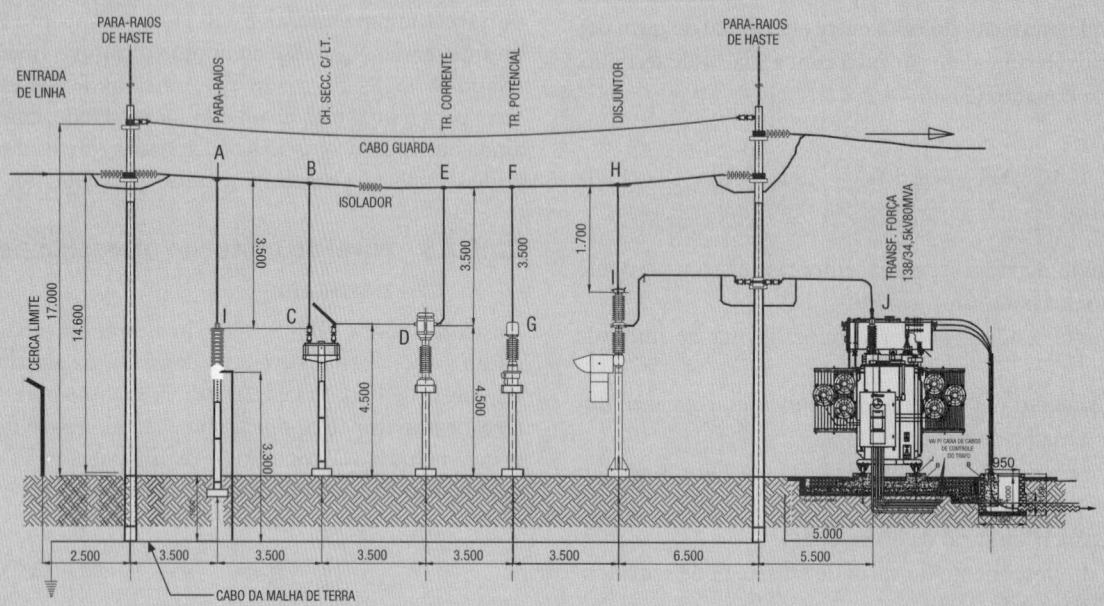

FIGURA 21.8 Configuração da subestação de 138 kV em estudo.

a) Características técnicas dos equipamentos

- Transformador de potência
  - Potência nominal: 60/75 MVA
  - Tensão máxima de operação: 145 kV
  - Tensão suportável de impulso: (1,2 × 50 µs): 550 kV_{pico}
- Chave seccionadora
  - Tensão suportável de impulso atmosférico: 650 kV_{pico}
- Transformador de corrente
  - Tensão máxima: 145 kV
  - Tensão suportável de impulso atmosférico: (1,2 × 50 µs): 650 kV_{pico}
- Transformador de potencial
  - Tensão máxima: 145 kV
  - Tensão suportável de impulso (1,2 × 50 µs): 650 kV_{pico}
- Disjuntor de potência
  - Tensão máxima: 145 kV
  - Tensão suportável de impulso (1,2 × 50 µs): 650 kV_{pico}

b) Determinação da distância máxima do ponto de incidência do raio à linha de transmissão

De acordo com a Equação (21.4), tomando-se como base a Figura 21.9, temos:

$$H_{pr} = 24 \text{ m [altura do cabo para-raios]}$$
$$H_{cf} = 16 \text{ m [altura do cabo fase na torre]}$$
$$\theta = 18°$$

$$D_{lt} = \frac{H_{pr} + H_{cf}}{2 \times (1 - \text{sen}\theta)} = \frac{24 + 16}{2 \times (1 - \text{sen} 18°)} = 28,9 \text{ m (esse valor corresponde ao raio da esfera rolante } R_{er})$$

c) Determinação da altura média do condutor dos cabos fase

De acordo com a Equação (21.5), temos:

$H_{mv} = 12$ m [altura média do cabo fase no meio do vão]

$$H_m = H_{cf} - \frac{2}{3} \times (H_{cf} - H_{mv}) = 24 - \frac{2}{3} \times (24-12) = 16 \text{ m} = 16.000 \text{ mm}$$

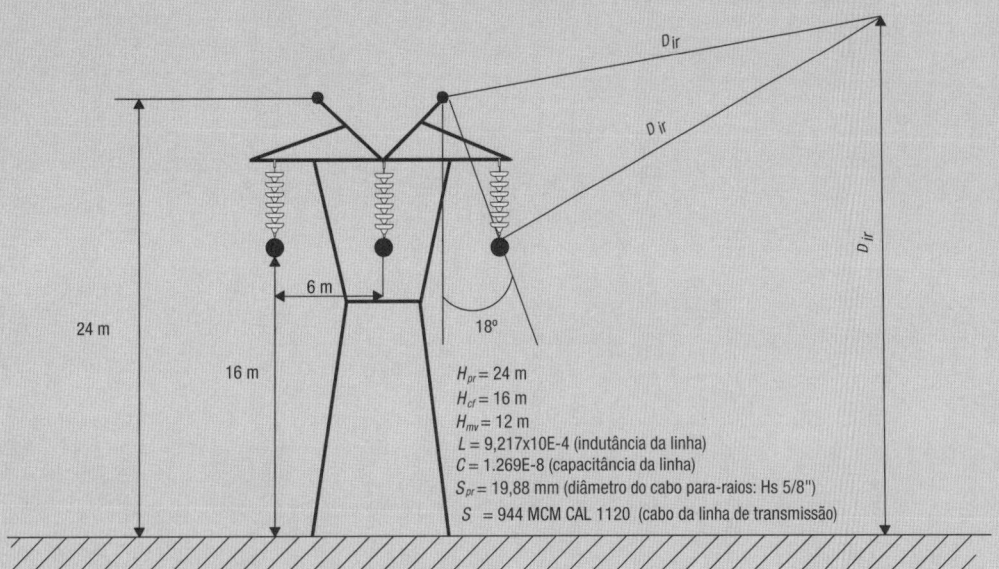

FIGURA 21.9 Características técnicas da torre e da linha de transmissão.

d) Corrente da descarga atmosférica esperada na linha de transmissão

De acordo com a Equação (21.1), temos:

$$I_d = 0.65\sqrt{\frac{R_{er}}{9}} = 0.65\sqrt{\frac{28.9}{9}} = 6.0 \text{ kA}$$

e) Impedância de surto da linha

De acordo com a Equação (21.6), temos:

$$Z_{sl} = \sqrt{\frac{L}{C}} = \sqrt{\frac{9.217 \times 10^{-4}}{1.269 \times 10^{-8}}} = 269 \text{ }\Omega$$

f) Tempo de velocidade da onda de surto

Pode-se empregar a Equação (21.10), na qual V_{sur} é dado em km/s.

$L = 9,217 \times 10^{-4}$ Ω/km (ver Figura 21.9)

$C = 1,269 \times 10^{-8}$ faraday/km (ver Figura 21.9)

$$V_{sur} = \frac{1}{\sqrt{L \times C}} = \frac{1}{\sqrt{9,217 \times 10^{-4} \times 1,269 \times 10^{-8}}} = 292.397 \text{ km/s (velocidade de propagação de surto)}$$

g) Tensão máxima que se estabelece no barramento da subestação

Pode ser dada pela Equação (21.9).

$$V_{máx} = I_d \times \frac{Z_{sl}}{2} = 6,0 \times \frac{269}{2} = 807 \text{ kV}$$

h) Tensão crítica de descarga do isolamento na cadeia de isoladores da linha de transmissão (isolação autorrecuperante)

- Tensão crítica de manobra

É dada pela Equação (21.11), temos:

$$K_{gap} = 1,35 \text{ [condutor-estrutura]}$$

$$D_{gap} = 1,35 \text{ m [gap da cadeia do isolador de suspensão]}$$

$$U_{50} = 500 \times K_{gap} \times D_{gap}^{0,6} = 500 \times 1,35 \times 1,3^{0,6} = 790 \text{ kV}$$ [tensão crítica de manobra com 50% de probabilidade de disrupção]

i) Tensão crítica com 50% de probabilidade de falha dos equipamentos da subestação

Por meio da Equação (21.12), temos:

$$V_{sl} = 650 \text{ kV} \text{ [tensão suportável de impulso]}$$

$$\delta_{pa} = 6\% \text{ [desvio-padrão normalmente adotado]}$$

$$U_{50} = \frac{V_{sl}}{1 - 3 \times \delta_{pa}} = \frac{650}{1 - 3 \times 6/100} = 792 \text{ kV (com 50\% de probabilidade de falha)}$$

j) Dimensionamento dos para-raios
- Determinação do MCOV

De acordo com a Equação (21.13) e para uma margem de segurança de $K = 1,1$, temos:

$$MCOV_{sis} \geq K \times \frac{V_{máx.sis}}{\sqrt{3}} \rightarrow MCOV_{sis} \geq 1,1 \times \frac{145}{\sqrt{3}} \geq 92,0 \text{ kV}$$

- Determinação do TOV

De acordo com a Equação (21.14) e para sistemas eficazmente aterrados, cuja margem de segurança $K_{sis} = 1,4$, temos:

$$TOV_{sis} \geq K_{sis} \times \frac{V_{máx.sis}}{\sqrt{3}} \rightarrow TOV_{sis} \geq 1,4 \times \frac{145}{\sqrt{3}} \geq 117,2 \text{ kV}$$

- Suportabilidade dos para-raios quanto às sobretensões temporárias

De acordo com a Tabela 1.1, Capítulo 1, e para $MCOV_{sis}$ (valor calculado) = 92 kV e TOV_{sis} (valor calculado) = 117,2 kV, obtemos a tensão nominal do para-raios, $V_{pr} = 120$ kV, o $TOV_{pr} = 139$ kV e o $MCOV_{pr} = 98$ kV.

De acordo com as Equações (1.36) e (1.37), podemos verificar se os para-raios suportam as sobretensões temporárias do sistema.

$$\frac{TOV_{pr}}{MCOV_{sis}} \geq \frac{TOV_{sist}}{MCOV_{pr}} \rightarrow \frac{139}{92} \geq \frac{117,2}{98} \rightarrow 1,51 > 1,19 \text{ (condição satisfeita)}$$

$$\frac{TOV_{pr}}{V_{npr}} \geq \frac{TOV_{sist}}{V_{npr}} \rightarrow \frac{139}{120} \geq \frac{117,2}{120} \rightarrow 1,15 > 0,97 \text{ (condição satisfeita)}$$

- Determinação da corrente de descarga dos para-raios

Por meio da Equação (21.15), temos:

$U_{50} = 792$ kV [tensão crítica de descarga de polaridade negativa: será utilizado o maior valor com relação à tensão crítica de manobra]

$V_r = 273$ kV [tensão residual do para-raios de acordo com Tabela 1.1 para $V_{pr} = 120$ kV e 10 kA de tensão residual, selecionada inicialmente]

$$Z_{sl} = 269 \text{ kV [impedância de surto da linha]}$$

$$I_{des} = 2,4 \times \frac{U_{50} - V_r}{Z_{sl}} = 2,4 \times \frac{792 - 273}{269} = 4,6 \text{ kA [corrente de descarga]}$$

Para a corrente de descarga $I_d = 6$ kA, utilizaremos a corrente nominal de descarga do para-raios no valor de 10 kA, mais adequado dada a importância da subestação.
- Capacidade de dissipação de energia do para-raios por descargas atmosféricas

De acordo com a Equação (21.16), temos:

$$N_l = 1 \text{ [número de linhas]}$$

$$V_{pr} = 120 \text{ kV [tensão nominal do para-raios]}$$

$$V_{npr} = 2,8 \times V_{np} = 2,8 \times 120.000 = 336.000 \text{ V [nível de proteção do para-raios no seu ponto de conexão: valor inicial]}$$

$$Z_{sl} = 269 \text{ } \Omega \text{ [impedância de surto da linha de distribuição]}$$

$T_{eq} = 300\ \mu s = 300 \times 10^{-6}$ s tempo equivalente da velocidade da onda de corrente de descarga fluindo pelo para-raios]

$$E_{abda} = \left\{ 2 \times U_{50} - N_i \times V_{npr} \times \left[1 + \ln\left(\frac{2 \times U_{50}}{V_{npr}}\right) \right] \right\} \times \frac{V_{npr} \times T_{eq}}{Z_{sl}}\ \text{(joules)}$$

$$E_{abda} = \left\{ 2 \times 792.000 - 1 \times 336.000 \times \left[1 + \ln\left(\frac{2 \times 792.000}{336.000}\right) \right] \right\} \times \frac{336.000 \times 300 \times 10^{-6}}{269}$$

$$E_{abda} = \left[1.584.000 - 336.000 \times (1+1,550) \right] \times 0,374 = 271.972\ \text{joules} = 272\ \text{kJ} \rightarrow \frac{272}{138} \cong 2\ \text{kJ/kV}$$

- Determinação da energia absorvida pelo para-raios no religamento do disjuntor de proteção do alimentador

De acordo com a Equação (21.17), temos:

$V_{av} = 3,0 \times V_{pr} = 3,0 \times 120.000 = 360.000$ V [amplitude da sobretensão ao longo da linha]

$V_{rm} = 243$ kV $= 243.000$ V [Tabela 1.1 – tensão residual de impulso de manobra, correspondente ao para-raios com onda padronizada de 30/60 μs e de 2 kA de corrente de manobra]

$L_i \cong 70$ km $= 70.000$ m [comprimento da linha de transmissão]

$V_O = 300$ m/μs [velocidade da onda de tensão]

$T_o = \frac{L_i}{V_o} = \frac{70.000\ \text{m}}{300\ \text{m/}\mu\text{s}} = 23,33 \times 10^{-5}$ s

$$E_{abetl} = \frac{2 \times V_{rm} \times (V_{av} - V_{rm}) \times T_o}{Z_{sl}} = \frac{2 \times 243.000 \times (360.000 - 243.000) \times 23,33 \times 10^{-5}}{269} = 49.315\ \text{joules} = 49,3\ \text{kJ}$$

$E_{abetl} = \frac{49,3}{138} = 0,35$ kJ/kV

- Dados nominais finais dos para-raios a serem utilizados na subestação
  - Tensão nominal do para-raios = 120 kV
  - $MCOV_{pr}$ do para-raios = 98 kV [valor real]
  - TOV_{pr} do para-raios = 139 kV [valor real]
  - Tensão residual do para-raios = 273 kV para 10 kA de corrente de descarga
  - Corrente de descarga nominal: 10 kA
  - Energia dissipada: 4,0 kJ/kV [valor comercial].

k) Tempo de frente de onda

De acordo com a Equação (21.18), temos:

$D_{tpr} = 3,3$ [valor adotado na Tabela 21.3 considerando uma taxa de 0,6 desligamento/100 km/ano, com 50 anos de recorrência]

$E_{co} = 700$ kV/μs [constante do efeito corona para cabo singelo]

$T_{fo} = 1,2 \times U_{50(-)} \times \frac{D_{idr}}{E_{co}} = 1,2 \times 792 \times \frac{3,3}{700} = 4,48$ μs [tempo de frente de onda]

l) Tensão máxima esperada no ponto de conexão dos para-raios

Da Equação (21.18), temos:

$V_{rpr} = 273$ kV [tensão residual dos para-raios, forma de onda de 8 × 20 μs]

$L_i = 1,3$ mH/m [indutância dos cabos de conexão dos para-raios]

$L_c = 3,5 + 3,3 = 6,8$ m [ver Figura 21.8]

$\delta_{pa} = 3\%$ [desvio-padrão, normalmente utilizado]

ΔV – taxa de crescimento do surto de tensão; pode ser calculada pela Equação (21.21)

$$\Delta V = \frac{U_{50(-)} + 3\% \times \delta_{pa}}{T_{fo}} = \frac{792 + 3 \times 3/100}{4,48} = 176 \text{ kV/}\mu s$$

$$V_{mepr} = V_{rpr} + l_i \times \frac{2 \times \Delta V}{Z_{sl}} \times L_c = 273 + 1,3 \times \frac{2 \times 176}{269} \times 6,8 = 284 \text{ kV [tensão máxima final esperada entre fase e terra, no ponto de conexão dos para-raios]}$$

m) Nível de proteção oferecida pelos para-raios a cada um dos equipamentos

De acordo com o item 6.5 da NBR 8186/2011 – Guia de aplicação de coordenação de isolamento – deverá ser considerada uma margem de segurança de 1,20, ou seja, 20% sobre a relação entre a tensão nominal suportável de impulso do equipamento e o nível de proteção a impulso do para-raios.

$$Z_{sl} = 269 \text{ Ω [impedância de surto da linha]}$$

O nível de proteção do para-raios pode ser conhecido pela Equação (21.22).

$$V_{mepr} = V_{rpr} + l_i \times \frac{2 \times \Delta V}{Z_{sl}} \times L_c \times D_{equi} = 273 + 1,3 \times \frac{2 \times 176}{269} \times 6,8 \times D_{equi} = 273 + 11,5 \times D_{equi}$$

Logo, essa equação será aplicada para determinar o surto de tensão que atinge cada equipamento, variando-se somente o comprimento do cabo do barramento, D_{equi}, desde o ponto de conexão do para-raios, ponto A, visto na Figura 21.8, até o ponto de conexão do barramento onde está ligado o equipamento em estudo.

n) Sobretensão na chave seccionadora (Ponto C)

Pode ser obtida pela Equação (21.22).
AB + BC = 3,5 + 3,5 = 7,0 m [comprimento do cabo entre os terminais de conexão dos para-raios com o barramento e os terminais da chave seccionadora – ver Figura 21.8]

$$V_{metc} = 273 + 11,5 \times D_{equi} = 273 + 11,5 \times 7,0 = 353 \text{ kV [tensão máxima esperada no ponto de conexão da chave seccionadora]}$$

- Margem de proteção da chave seccionadora

$$V_{ics} = 650 \text{ kV [tensão suportável de impulso da chave seccionadora – ver especificação técnica]}$$

De acordo com a Equação (21.23), temos:

$$F_{seg} = \left(\frac{V_{ics}}{V_{mecs}} - 1\right) \times 100 = \left(\frac{650}{353} - 1\right) \times 100 = 84,1\% = 1,8 > 1,20 \text{ [margem de segurança satisfeita]}.$$

o) Sobretensão no transformador de corrente (Ponto D)

A tensão que se estabelece nos terminais dos transformadores de corrente corresponde à sobretensão no ponto C, acrescida da sobretensão desenvolvida no trecho CD.

D_{equi} = AB + BC + CD = 3,5 + 3,5 + 3,5 = 10,5 m [comprimento do cabo entre os terminais dos para-raios (ponto A) e os terminais do transformador de corrente].

$V_{metc} = 273 + 11,5 \times D_{equi} = 273 + 11,5 \times 10,5 = 393$ kV [tensão máxima esperada no ponto de conexão do TC]

- Margem de proteção do transformador de corrente

$$V_{itc} = 650 \text{ kV [tensão suportável de impulso da chave seccionadora – ver especificação técnica]}$$

$$F_{seg} = \left(\frac{V_{itc}}{V_{metc}} - 1\right) \times 100 = \left(\frac{650}{393} - 1\right) \times 100 = 65,3\% = 1,6 > 1,20 \text{ [margem de segurança satisfeita]}.$$

p) Sobretensão no transformador de potencial (Ponto G)

D_{equi} = AB + BC + CD + DE + EF + FG = 3,5 + 3,5 + 3,5 + 3,5 + 3,5 + 3,5 = 21 m [comprimento do cabo entre os terminais dos para-raios (ponto A) e os terminais do transformador de potencial (ponto G)]

$V_{metc} = 273 + 11,5 \times D_{equi} = 273 + 11,5 \times 21 = 514$ kV [tensão máxima esperada no ponto de conexão do TP]

- Margem de proteção do transformador de potencial

$$V_{itp} = 650 \text{ kV [tensão suportável de impulso do transformador de potencial – ver especificação técnica]}$$

$$F_{seg} = \left(\frac{V_{itp}}{V_{metp}} - 1\right) \times 100 = \left(\frac{650}{514} - 1\right) \times 100 = 26,4\% = 1,26 > 1,20 \text{ kV [margem de segurança satisfeita no limite]}.$$

q) Sobretensão no disjuntor (Ponto I)

D_{equi} = AB + BC + CD + DE + EF + FH + HI = 3,5 + 3,5 + 3,5 + 3,5 + 3,5 + 3,5 + 1,7 = 22,7 m [comprimento do cabo entre os terminais dos para-raios (ponto A) e os terminais do disjuntor (ponto G)]

V_{metp} = 273 + 11,5 × D_{equi} = 273 + 11,5 × 22,7 = 534 kV

$$F_{seg} = \left(\frac{V_{itp}}{V_{metp}} - 1\right) \times 100 = \left(\frac{650}{534} - 1\right) \times 100 = 21,7\% = 1,21 > 1,20 \text{ kV [margem de segurança satisfeita]}$$

r) Sobretensão no transformador (Ponto J – Figura 21.8)

D_{equi} = AB + BC + CD + DE + EF + FH + IJ = 3,5 + 3,5 + 3,5 + 3,5 + 3,5 + 3,5 + 6,5 + 5,5 = 33 m

V_{medj} = 273 + 11,5 × D_{equi} = 273 + 11,5 × 33 = 652 kV

- Margem de proteção do transformador de potência

$$V_{idj} = 550 \text{ kV [tensão suportável de impulso do transformador]}$$
$$F_{seg} = 550 < 652 \text{ kV [margem de segurança ultrapassada]}.$$

Nesse caso, devemos inserir outro conjunto de para-raios, de mesma especificação técnica do anterior, entre o disjuntor e o transformador, para a sua proteção, pois a tensão de 652 kV está na faixa de descarga do para-raios (ver curva da Figura 1.30 – região 3). O novo arranjo está mostrado na Figura 21.10, a partir do qual podemos determinar o surto de tensão a que ficarão submetidos os terminais do transformador.

D_{equi} = JL = 4,0 + 3,3 + 0,95 + 5,5 = 13,75 m [comprimento do cabo entre os terminais dos para-raios (ponto J) e o ponto L]

V_{medj} = 273 + 11,5 × D_{equi} = 273 + 11,5 × 13,75 = 431 kV

- Margem de proteção do transformador de potência

$$V_{idj} = 550 \text{ kV [tensão suportável de impulso do transformador]}$$

$$F_{seg} = \left(\frac{V_{itp}}{V_{metp}} - 1\right) \times 100 = \left(\frac{550}{431} - 1\right) \times 100 = 27,6\% = 1,27 > 1,20 \text{ kV [margem de segurança assegurada]}.$$

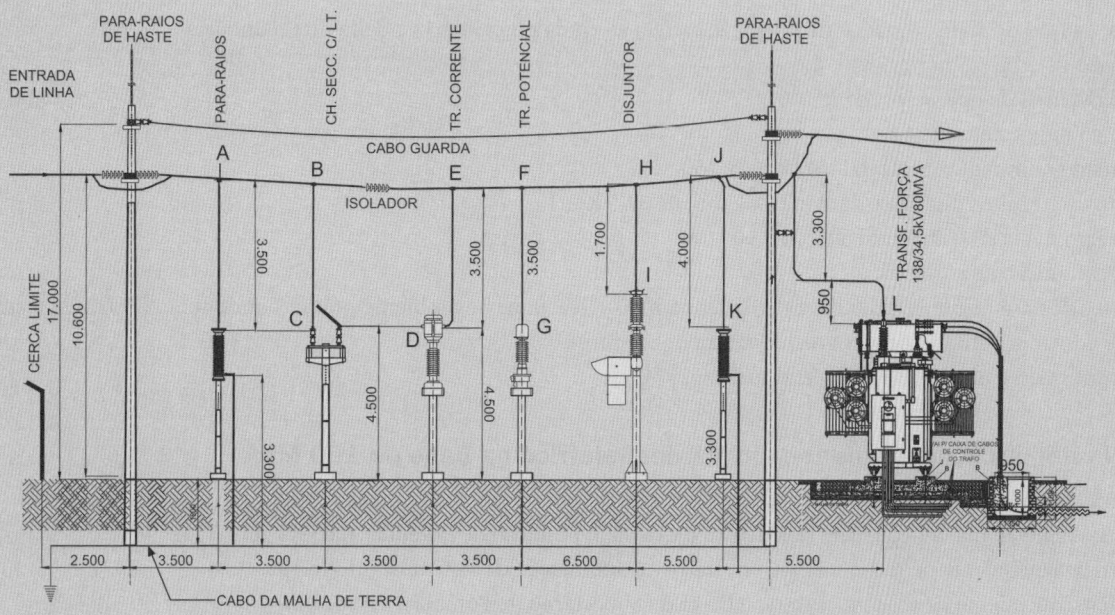

FIGURA 21.10 Nova configuração da subestação com a instalação de um 2º conjunto de para-raios.

Apêndice

EXEMPLO DE APLICAÇÃO GERAL

A.1 INTRODUÇÃO

O Exemplo de Aplicação é relativo ao dimensionamento sumário dos equipamentos elétricos instalados na Subestação de Potência de uma Usina Fotovoltaica (UFV) com capacidade nominal de 150 MW. Pela expressão da geração, o empreendimento será conectado por meio de uma linha de transmissão de 230 kV à SE Pecém II – 500/230 kV.

Os circuitos de média tensão são constituídos, inicialmente, por redes aéreas de cabo de alumínio, compreendendo um trecho de 1.200 m, seguidos da rede coletora subterrânea de cabo de alumínio isolado para 20/35 kV. Estudos elétricos indicaram a necessidade de instalação de banco de capacitores de 7.200 kVAr.

A Figura A.1 representa o diagrama unifilar simplificado da subestação.

A expansão da subestação será de curto a médio prazos.

A.2 DADOS DO SISTEMA

A.2.1 Dados gerais

- Tipo de ligação do transformador de potência: estrela aterrada no primário e delta no secundário
- Tensão do sistema primário: 230 kV
- Tensão máxima de operação: 245 kV
- Tensão da rede coletora: 34,5 kV
- Capacidade nominal da geração fotovoltaica: 150 MW
- Número de circuitos da 1ª fase da Rede Coletora de 34,5 kV: 4
- Fator de potência da usina fotovoltaica: 0,90
- Nível de poluição atmosférica: IV
  Observação: para que a isolação do sistema tenha mais eficácia nesse ambiente poluído onde será construída a subestação, deve-se adotar a distância de escoamento à taxa de 31 mm/kV
- Temperatura do ambiente do empreendimento: 25 °C

A.2.2 Impedâncias equivalentes do sistema elétrico na base de 100 MVA

- Resistência equivalente de sequência positiva na barra da Subestação de Potência: 0,01682 pu
- Reatância equivalente de sequência positiva na barra da Subestação de Potência: 0,05027 pu
- Resistência equivalente de sequência zero na barra da Subestação de Potência: 0,13487 pu
- Reatância equivalente de sequência zero na barra da Subestação de Potência: 0,39617 pu
- Impedâncias de sequência, positiva, negativa e zero do transformador: 10% na base 170 MVA
  Observação: a resistência do transformador será considerada desprezível.

Exemplo de aplicação geral | 579

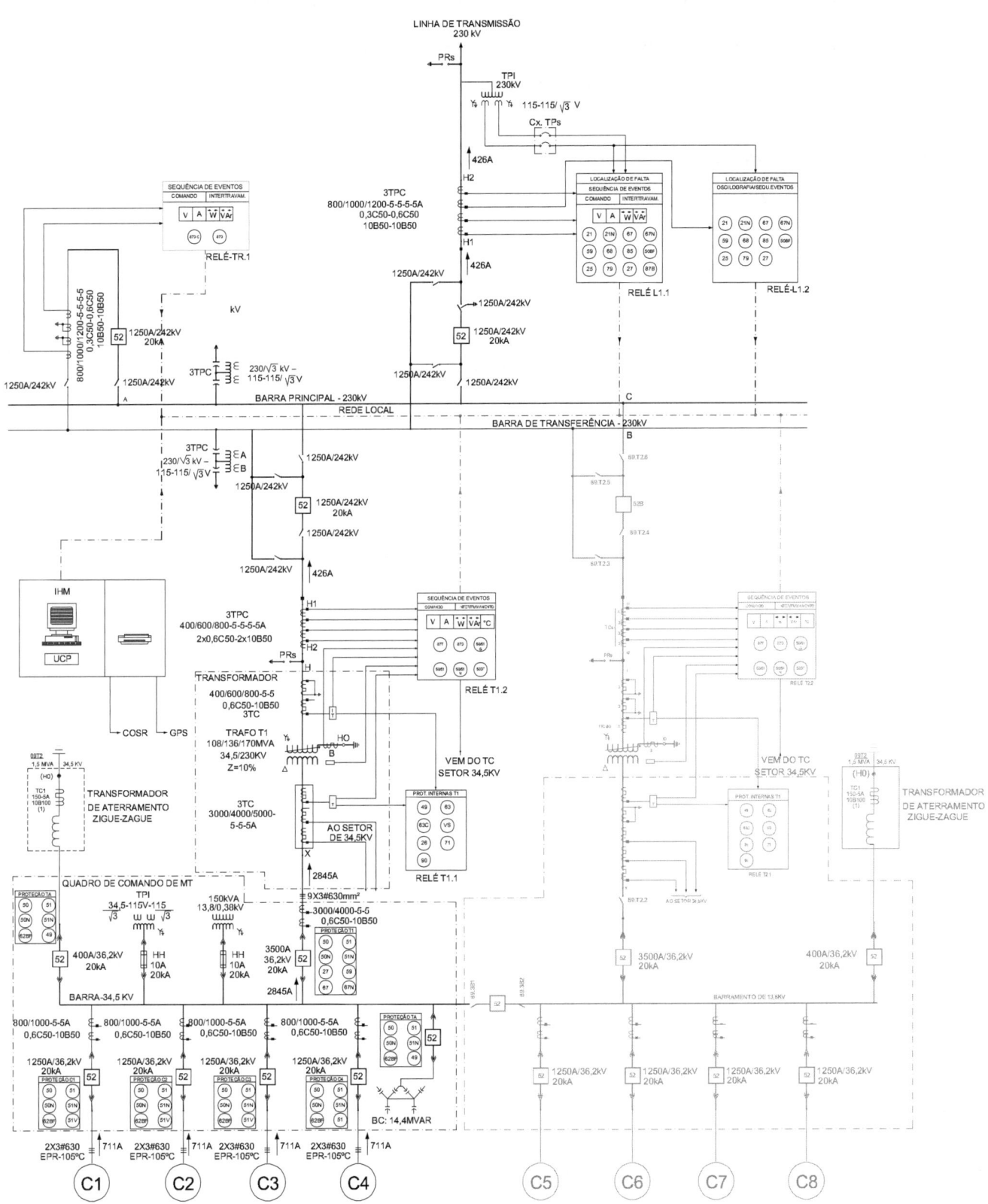

FIGURA A.1 Diagrama unifilar.

- Impedância do transformador na base de 100 MVA: $Z_{tr} \cong Z_{trp} = Z_{trn} = Z_{nom} \times \dfrac{P_b}{P_{tr}}\left(\dfrac{V_{tr}}{V_b}\right) = 0{,}10 \times \dfrac{100}{170} \times \left(\dfrac{230}{230}\right)^2 = 0{,}05882\,pu$

- Impedância de sequência positiva negativa e zero do transformador na base de 100 MVA:

$$Z_{tr} = (0 + j0{,}05880) = 0{,}05880 \angle 90° \, pu$$

A.3 DETERMINAÇÃO DAS CORRENTES DE CURTO-CIRCUITO

A.3.1 Curto-circuito trifásico na barra de 230 kV

A.3.1.1 Impedâncias do sistema até a barra da subestação de 230 kV

- Impedância de sequência positiva: $Z_{tspA} = (0{,}01682 + j0{,}05027)\ \Omega = 0{,}05300 \angle 71{,}5°$
- Impedância de sequência zero: $Z_{tszA} = (0{,}13487 + j0{,}39617)\ \Omega = 0{,}41850 \angle 71{,}2°\,pu$

A.3.1.2 Correntes de curto-circuito na barra da subestação de 230 kV

- Corrente trifásica: $I_{c3fA} = \dfrac{1}{0{,}05301 \angle 88{,}1°} \times I_b = \dfrac{1}{0{,}0530 \angle 88{,}1°} \times \dfrac{100.000}{\sqrt{3} \times 230} = 4.736 \angle -88{,}1°\ \text{A}$

- Corrente fase-terra: $I_{cftA} = \dfrac{3}{2 \times Z_{sp} + Z_{sz}} \times I_b = \dfrac{3}{2 \times 0{,}05300 \angle 71{,}5° + 0{,}41850 \angle 71{,}2°} \times I_b$

$$I_{cftA} = \dfrac{3}{0{,}52450 \angle 71{,}2°} \times \dfrac{100.000}{\sqrt{3} \times 230} = 1.435 \angle -71{,}2°\ \text{A}$$

A.3.1.3 Correntes de curto-circuito na barra de 34,5 kV da subestação

- Impedância de sequência positiva: $z_{tspB} = (0{,}05300 \angle 71{,}5°) + (0{,}05880 \angle 90°) = 0{,}11035 \angle 81{,}2°\,pu$

$z_{tspB} = 0{,}01688 + 0{,}10906\,pu \rightarrow R_{x/a} = \dfrac{0{,}10906}{0{,}01688} = 6{,}46 \rightarrow F_a = 1{,}48$ (fator de assimetria)

- Corrente trifásica:

$$I_{c3fB} = \dfrac{1}{0{,}11035 \angle 81{,}2°} \times I_b = \dfrac{1}{0{,}11035 \angle 81{,}2°} \times \dfrac{100.000}{\sqrt{3} \times 34{,}5} = 15.165 \angle -81{,}2°\ \text{A}$$

- Corrente trifásica de pico: $P_t = \sqrt{2} \times F_{as} \times I_{c3fB} = \sqrt{2} \times 1{,}48 \times 15.165 = 31.740\ \text{A} = 31{,}7\,\text{kA}$

- Potência trifásica: $P_t = \sqrt{3} \times V \times I = \sqrt{3} \times 34{,}5 \times 15.165 = 906.076\ \text{kVA} = 906\ \text{MVA}$

- Impedância de sequência zero: $Z_{tszB} = 2 \times (0{,}11036 \angle 81{,}2°) + (0{,}41850 \angle 71{,}2°) = 0{,}63702 \angle 74{,}6°\,pu$

- Corrente fase-terra: $I_{cftB} = \dfrac{3}{0{,}63702 \angle 74{,}6°} \times \dfrac{100.000}{\sqrt{3} \times 34{,}5} = 7.881 \angle -74{,}6°\ \text{A}$

Como a corrente de curto-circuito fase e terra no secundário é muito elevada, a blindagem dos cabos isolados de média tensão terá uma seção demasiadamente grande. Por tratar-se de um sistema secundário em delta, teremos que instalar um transformador de aterramento, ligação zigue-zague, no seu secundário para permitir um ponto de terra. Logo, deve-se inicialmente dimensionar o transformador de aterramento com determinada impedância para permitir uma redução da corrente de curto-circuito fase e terra. A seção de blindagem entre 15 e 30 mm² é economicamente interessante para cabos isolados entre 70 e 500 mm², respectivamente. Isso implica uma corrente de curto-circuito fase e terra entre 1.200 e 3.000 A. Trataremos desse assunto na Seção A.4.2.

A.4 DIMENSIONAMENTO E ESPECIFICAÇÃO TÉCNICA DOS EQUIPAMENTOS DO SISTEMA

A.4.1 Transformador de potência

A.4.1.1 Capacidade nominal do transformador e TCs internos associados

Normalmente, o dimensionamento da potência nominal de um transformador é bastante simples. Porém, algumas questões devem ser consideradas para a sua correta especificação em função da carga ou geração ao qual será conectada.

a) Potência nominal do transformador vale

$$P_{nt} = \frac{150.000}{0,90} = 166,66 \text{ MVA} \rightarrow P_{nt} = 170 \text{ MVA (potência nominal do transformador adotado)}$$

b) Corrente nominal primária do transformador

- Corrente primária

$$I_{nt} = \frac{P_{nt}}{\sqrt{3} \times V_{nt}} = \frac{170.000}{\sqrt{3} \times 230} = 426 \text{ A}$$

- Corrente secundária

$$I_{nt} = \frac{P_{nt}}{\sqrt{3} \times V_{nt}} = \frac{170.000}{\sqrt{3} \times 34,5} = 2.844 \text{ A}$$

- Corrente de carga de cada alimentador
  Ver diagrama unifilar.

$$I_{nt} = \frac{P_{nt}}{\sqrt{3} \times V_{nt}} = \frac{170.000/4}{\sqrt{3} \times 34,5} = 711 \text{ A}$$

- Relações de transformação do TC interno no lado de 230 kV

$$R_p = \frac{I_{c3fA}}{20} = \frac{4.736}{20} = 236$$

RT = 400/600/800-5 A

c) Corrente nominal secundária

$$I_{nt} = \frac{P_{nt}}{\sqrt{3} \times V_{nt}} = \frac{170.000}{\sqrt{3} \times 34,5} \cong 2.845 \text{ A}$$

- Relações de transformação

$$R_s = \frac{I_{c3fA}}{20} = \frac{15.165}{20} = 758$$

RTC = 3000/4000/5000-5 A

Tratando-se de uma usina fotovoltaica, em que a geração é variável durante o dia e nula durante a noite, é economicamente viável definir um ou dois estágios de ventilação para o transformador. Assim, será estabelecida a potência de base de 108 MVA, a partir da qual são dimensionados, por exemplo, os enrolamentos. Quando a geração superar o valor de 108 MVA aciona-se, de modo automático, o 1º estágio de ventilação até o limite de 136 MVA, em cujo ponto será acionado o 2º estágio que permitirá finalmente que o transformador alcance a sua capacidade nominal de 170 MVA.

Logo, a potência do transformador será: 108/136/170 MVA. Será utilizada apenas uma unidade de transformação que corresponde à 1ª fase do empreendimento.

A.4.1.2 Especificação técnica sumária

A.4.1.2.1 Enrolamentos primários (AT)

a) Tensões suportáveis:

- Impulso atmosférico, onda plena (1,2/50 µs): 1.050 kV pico
- Impulso atmosférico, onda cortada (3 µs): 1.155 kV pico
- Impulso de manobra (250/2.500 µs): 850 kV pico

b) Tensão aplicada à frequência nominal:

- A seco (1 min): 460 kV eficaz
- Sob chuva (1 min): 460 kV eficaz
- Tensão de início e extinção do corona visual (fase-terra), maior que: ≥ 156 kV eficaz
- Comprimento mínimo da linha de fuga: ≥ 7.000 mm

A.4.1.2.2 Enrolamentos secundários (BT)

a) Isolamento: uniforme

b) Tensões suportáveis nos terminais de linha:

- Impulso atmosférico, onda plena (1,2/50 µs): 170 kV pico
- Impulso atmosférico, onda cortada (3 µs): 187 kV pico
- Aplicada à frequência nominal (1 min): 70 kV eficaz

A.4.1.2.3 Buchas dos enrolamentos de 230 kV (terminais de linha)

a) Tensões suportáveis:

- Impulso atmosférico, onda plena (1,2/50 µs): 1.050 kV pico
- Impulso atmosférico, onda cortada (3 µs): 1.155 kV pico
- Impulso de manobra (250/2.500 µs): 850 kV pico

b) Tensão aplicada à frequência nominal:

- A seco (1 min): 460 kV eficaz
- Sob chuva (1 min): 460 kV eficaz

c) Início e extinção do corona visual (fase-terra): ≤ 156 kV eficaz

d) Comprimento mínimo da linha de fuga:

≥ 7.000 mm

A.4.1.2.4 Buchas dos enrolamentos de 230 kV (terminal de neutro)

a) Tensões suportáveis:

- Impulso atmosférico, onda plena (1,2/50 µs): 110 kV pico
- Impulso atmosférico, onda cortada (3 µs): 121 kV pico

b) Tensão aplicada à frequência nominal:

- A seco (1 min): 34 kV eficaz
- Sob chuva (1 min): 34 kV eficaz

c) Tensão de início e extinção do corona visual (fase-terra): ≥ 9 kV eficaz

d) Comprimento mínimo da linha de fuga: ≥ 300 mm

A.4.1.2.5 Buchas dos enrolamentos de 34,5 kV

a) Tensões suportáveis:

- Impulso atmosférico, onda plena (1,2/50 µs): 170 kV pico
- Impulso atmosférico, onda cortada (3 µs): 187 kV pico

b) Tensões aplicadas à frequência nominal:
- A seco (1 min): 70 kV eficaz
- Sob chuva (1 min): 70 kV eficaz

c) Comprimento mínimo da linha de fuga:
≥ 1.100 mm

A.4.1.2.6 Transformadores de corrente internos
Veja o diagrama unifilar no Anexo I.

a) Transformadores de corrente no lado de 230 kV – TC-1T
- Ligações: 400/600/800-5-5 A
- Classe: 50 VA 10P20 – 25 VA 0,6

b) Transformadores de corrente no lado de 34,5 kV – TC-2T
- Ligações: 3000/4000/5000-5 A
- Classe: 50 VA 10P20

c) Transformadores de corrente no lado de 34,5 kV – TC-3T
- Ligações: 3000/4000/5000-5 A
- Classe: 100 VA 10P20

d) Transformadores de corrente no lado de 34,5 kV – TC-4T
- Ligações: 3000/4000/5000-5 A
- Classe: 25 VA 0,3

A.4.1.2.7 Impedância
A impedância do transformador deve ser de 10% referida à temperatura de 75 °C, na base de 170 MVA.

A.4.1.2.8 Proteções intrínsecas
- Relé de gás: função 63
- Relé de sobrepressão (válvula): função 63A
- Detector de nível de óleo: função 71
- Temperatura do óleo: função 26
- Relé térmico do enrolamento: função 49
- Detector de nível de óleo do comutador: função 71C
- Relé de fluxo de óleo do comutador: função 80C
- Relé de sobrepressão do comutador: função 63AC
- Relé de gás do comutador: função 63C

A.4.1.2.9 Perdas
- Perdas no ferro: ≤ 4.556 kW
- Perdas no cobre: ≤ 19.250 kW
- Perdas totais: ≤ 23.851 kW

A.4.2 Transformador de aterramento

A.4.2.1 Dimensionamento da potência nominal
Tratando-se de um sistema de conexão estrela aterrada do lado de 230 kV e delta do lado de 34,5 kV, será necessária a utilização de um transformador de aterramento para permitir uma ligação à terra do sistema de média tensão.

A potência nominal de um transformador de aterramento será calculada com base no Item 2.2 da IEEE 32, adotando-se o tempo de 10 s para a suportabilidade da corrente de curto-circuito fase-terra no valor de 2.300 A, que permitirá uma blindagem metálica dos cabos isolados de pequena seção transversal. Esse cálculo será determinado na Seção A.4.15.

$$I_{cft} = 2.845 \text{ A} \rightarrow T_{op} = 10 \text{ s} \rightarrow F_m = 3\% \text{ (valor obtido da IEEE 32)}$$

A.4.2.1.1 A potência de curto-circuito fase-terra vale:

$$P_{cft} = \frac{34,5}{\sqrt{3}} \times 2.845 \text{ A} = 56.668 \text{ (kVA)}$$

Logo, a capacidade nominal do transformador de aterramento vale:

$$P_{ntt} = 56.668 \times \frac{3}{100} = 1.700 \text{ kVA}$$

A.4.2.1.2 Corrente nominal

$$I_n = \frac{1.700}{\sqrt{3} \times 34,5} = 28 \text{ A}$$

A.4.2.2 Dimensionamento da reatância nominal

A corrente de curto-circuito trifásica vale:

$$I_{cc3f} = 15.163 \text{ A}$$

$$Z_{sz} = 0,41850 \angle 71,2° \ pu = 0,13487 + j0,39617$$

$$\frac{X_0}{X_1} = \frac{0,39619}{0,05027} = 7,8$$

$$P_{cc3f} = \sqrt{3} \times 34,5 \times 15.163 = 906.076 \text{ kVA}$$

$$X_{ta} = \frac{\frac{X_0}{X_1} \times V_n^2}{P_{cc3f}} \times 1.000 = \frac{\frac{0,67299}{0,10906}}{906.076} = \frac{7,8 \times 34,5^2}{906.076} \times 1.000 = 10,2 \ \Omega$$

A.4.2.3 Especificação técnica

A.4.2.3.1 Características gerais

- Uso: exterior
- Potência nominal de regime contínuo: 1,5 MVA
- Tensão máxima de operação: 36,2 kV
- Frequência nominal: 60 Hz
- Isolamento: progressivo

A.4.2.3.2 Enrolamentos

- Tensão nominal: 34,5 kV
- Tensão suportável de impulso atmosférico – pleno: 170 kV eficaz
- Tensão suportável de impulso atmosférico onda cortada: 190 kV eficaz
- Tensão suportável nominal à frequência industrial durante 1 minuto (valor eficaz): 70 kV eficaz
- Nível médio de ruído: 70 dB
- Ligação: zigue-zague
- Número de fases: 3
- Perdas máximas: 25 kW
- Corrente de excitação máxima: 3,9%
- Corrente de neutro: 2.000 A/10 s
- Impedância nominal: 10,2 Ω/fase

A.4.2.3.3 Bucha do neutro

- Tensão nominal: 36,2 kV eficaz
- Tensões suportáveis:
  - Impulso atmosférico, onda plena (1,2 × 50 μs): 170 kV pico
  - Impulso atmosférico, onda cortada: 190 kV pico
  - Aplicada à frequência de 60 Hz durante 1 minuto: 70 kV eficaz

A.4.2.3.4 Transformador no ponto neutro

- Relação: 2000-5A
- Classe: 50 VA 10P20

A.4.2.3.5 Proteções intrínsecas mínimas

- Relé de gás: função 63
- Relé de sobrepressão (válvula): função 63A
- Detector de nível de óleo: função 71
- Temperatura do óleo: função 26
- Relé térmico do enrolamento: função 49

A.4.3 Para-raios de sobretensão de alta-tensão – 230 kV

A.4.3.1 Cálculo da tensão nominal

A.4.3.1.1 Características do sistema

- Tensão nominal do sistema: $I_{nom.sis} = 230$ kV
- Máxima tensão de operação do sistema antes do defeito: $I_{máx.sis} = 245$ kV
- Tempo de duração da proteção para defeitos fase e terra: $T_{af} = 1$ s

A.4.3.1.2 Cálculo da tensão nominal do para-raios

Para sistemas isolados ou aterrados com alta impedância à tensão nominal do para-raios deve ser igual a:

$$V_{npr} = 1,05 \times V_{nom.sis}$$

$$V_{npr} = 1,05 \times 230 \cong 241 \text{ kV}$$

A.4.3.1.3 Cálculo da máxima sobretensão temporária do sistema (TOV_{sis})

O fator de aterramento, ou fator de sobretensão, é de $K_{sis} = 1,73$ para sistema não eficazmente aterrado.

$$TOV_{sis} = K_{sis} \times \frac{V_{máx.sis}}{\sqrt{3}} = 1,73 \times \frac{245}{\sqrt{3}} = 245 \text{ kV}$$

A.4.3.1.4 Determinação da máxima sobretensão temporária do para-raios (TOV_{pr})

Condição: $TOV_{pr} \geq TOV_{sis}$

Logo, será selecionado um para-raios com a capacidade de sobretensão temporária para 1 s no valor de:

$TOV_{pr} = 250$ kV (Tabela 1.1 – Capítulo 1). A princípio, devemos selecionar um para-raios com tensão nominal de 216 kV, segundo a Tabela 1.1.

A.4.3.1.5 Cálculo da máxima tensão de operação contínua do para-raios ($MCOV_{pr}$)

O valor de $MCOV_{pr}$ vezes um fator K_s deve ser igual ou superior à máxima tensão operativa do sistema ($V_{máx.sis}$).

K_s – fator de segurança: valor adotado é de 10%

$$MCOV_{pr} \geq K \times \frac{V_{máx.sis}}{\sqrt{3}} \geq 1,1 \times \frac{245}{\sqrt{3}} \geq 155,6 \text{ kV}$$

Logo, deve-se selecionar um para-raios com a máxima sobretensão de operação contínua igual ou superior a 155,6 kV, ou seja:

$$MCOV_{pr} = 174 \text{ kV (Tabela 1.1 – valor mais próximo)}$$

A.4.3.1.6 Suportabilidade dos para-raios de alta-tensão quanto às sobretensões temporárias

$$\frac{TOV_{sist}}{MCOV_{pr}} = \frac{245}{174} = 1,40$$

$$\frac{TOV_{sist}}{V_{non.pr}} = \frac{245}{216} = 1,13$$

Logo,

$$\frac{TOV_{sist}}{MCOV_{pr}} > \frac{TOV_{sist}}{V_{non.pr}} \text{ (condição satisfeita)}$$

Portanto, acessando o gráfico da Figura 1.30, utilizando o valor de $\frac{TOV_{sist}}{V_{non.pr}} = 1,13$, obtém-se a duração máxima da sobretensão temporária de $T_{máxdef} = 0,0$ s, ou seja:

$T_{def} \geq T_{máxdef}$ (condição não satisfeita; devemos selecionar um para-raios com tensão nominal superior a 216 kV, inicialmente admitido, ou seja: $V_{np} = 228$ kV, cujo $TOV_{pr} = 264$ kV e $MCOV_{pr} = 180$ kV). Agora teremos:

$$\frac{TOV_{sist}}{MCOV_{pr}} = \frac{245}{180} = 1,36$$

$$\frac{TOV_{sist}}{V_{non.pr}} = \frac{245}{228} = 1,07$$

Logo:

$$\frac{TOV_{sist}}{MCOV_{pr}} > \frac{TOV_{sist}}{V_{non.pr}} \text{ (condição satisfeita)}$$

Logo, acessando o gráfico da Figura 1.30, utilizando o valor de $\frac{TOV_{sist}}{V_{non.pr}} = 1,07$, obtém-se a duração máxima da sobretensão temporária de $T_{máxdef} = 60$ s, ou seja:

$$T_{def} \leq T_{máxdef} \text{ (condição satisfeita)}$$

A.4.3.1.7 Cálculo da corrente de descarga

$Z_{su} = 400$ Ω (ver item 1.3.1 – Capítulo 1);
$V_r = 558$ kV (tensão residual do para-raios de 20 kA obtida por meio da Tabela 1.1);
$V_s = 1,2 \times$ (nível de isolamento de impulso atmosférico da linha de transmissão ou rede de distribuição, em kV);
$V_s = 1,2 \times 1.050 = 1.260$ kV (valor máximo do sistema);

$$I_d = \frac{2 \times V_s - V_r}{V_{su}} = \frac{2 \times 1.260 - 568}{400} = 4,8 \text{ kA}$$

Logo, os para-raios selecionados inicialmente com uma corrente de descarga nominal de 20 kA atendem às condições do projeto.

A.4.3.1.8 Determinação da energia absorvida pelo para-raios devido à descarga atmosférica

De acordo com a Equação (1.2), temos:

$$E_{abda} = \left\{ 2 \times V_{dcr} - N_l \times U_{50} \times \left[1 + \ln\left(\frac{2 \times U_{50}}{V_{pr}}\right) \right] \right\} \times \frac{V_{pr} \times T_{eq} \times 10^{-6}}{Z_s}$$

Por meio da Equação (21.12), temos:

$V_{si} = 1.050$ kV $= 1.050.000$ V (tensão suportável de impulso)

$\delta_{pa} = 6\%$ (desvio-padrão normalmente adotado)

$$U_{50} = \frac{V_{sl}}{1 - 3 \times \delta_{pa}} = \frac{1.050}{1 - 3 \times 6/100} = 1.280 \text{ kV} = 1.280.000 \text{ V} \quad \text{(com 50\% de probabilidade de falha)}$$

$N_l = 1$

$V_{pr} = 568$ kV $= 568.000$ V (nível de proteção a impulsos atmosféricos do para-raios que é a máxima tensão residual para a corrente de descarga nominal)

$$Z_s = 400 \ \Omega$$
$$T_{eq} = 300 \ \mu s = 300 \times 10^{-6} \text{ s}$$

$$E_{abda} = \left\{ 2 \times 1.280.000 - 1 \times 568.000 \times \left[1 + \ln\left(\frac{2 \times 1.280.000}{568.000}\right) \right] \right\} \times \frac{568.000 \times 300 \times 10^{-6}}{400}$$

$$E_{abda} = [2.560.000 - 568.000 \times (1 + 1{,}5056)] \times 0{,}426 = 484.284 \text{ joules} \cong 484 \text{ kJ}$$

Ou ainda:

$$E_{kj/kws} = \frac{484}{230} = 2{,}10 \text{ kJ/kV}$$

A.4.3.2 Especificação técnica

- Tensão nominal: 228 kV
- Corrente de descarga nominal: 20 kA pico
- Máxima tensão de operação contínua (MCOV): 180 kV
- Sobretensão temporária (TOV): 264 kV
- Tensão máxima residual 8/20 μs a 20 kA: 568 kV
- Tensão máxima residual 30/60 μs a 1 kA crista: 427 kV
- Distância de escoamento mínima: ≥ 7.000 mm
- Tensão suportável de impulso atmosférico: 1,2/50 μs: 1.050 kV pico
- Energia dissipada: ≥ 3 kJ/kV

A.4.4 Para-raios de sobretensão de média tensão

A.4.4.1 Cálculo da tensão nominal

A.4.4.1.1 Características do sistema

- Tensão nominal do sistema: $I_{nom.sis} = 34{,}5$ kV
- Máxima tensão de operação do sistema antes do defeito: $I_{máx.sis} = 36$ kV
- Duração considerada para a falta: $T_{af} = 1$ s

A.4.4.1.2 Cálculo da tensão nominal do para-raios

Para sistemas isolados ou aterrados com alta impedância, a tensão nominal do para-raios deve ser igual a:

$$V_{npr} = 1{,}05 \times V_{nom.sis}$$
$$V_{npr} = 1{,}05 \times 34{,}5 \geq 36 \text{ kV}$$

Inicialmente, a tensão nominal do para-raios deve ser igual ou superior a 36 kV.

A.4.4.1.3 Cálculo da máxima sobretensão temporária do sistema (TOV_{sis})

O fator de aterramento, ou fator de sobretensão, é de $K_{sis} = 1{,}73$ para sistema não eficazmente aterrado.

$$TOV_{sis} = K_{sis} \times \frac{V_{máx.sis}}{\sqrt{3}} = 1{,}73 \times \frac{36}{\sqrt{3}} = 36 \text{ kV}$$

A.4.4.1.4 Determinação da máxima sobretensão temporária do para-raios (TOV$_{pr}$)

Condição: $TOV_{pr} \geq TOV_{sis}$

Logo, será selecionado um para-raios com uma capacidade de sobretensão temporária para 1 s no valor de:

$$TOV_{pr} = 41{,}7 \text{ kV (Tabela 1.1)}$$

A.4.4.1.5 Cálculo da máxima tensão de operação contínua do para-raios (MCOV$_{pr}$)

O valor de $MCOV_{pr}$ vezes um fator K_s deve ser igual ou superior à máxima tensão operativa do sistema ($V_{máx.sis}$).

K_s – fator de segurança: o valor adotado é de 10%

$$MCOV_{pr} = K \times \frac{V_{máx.sis}}{\sqrt{3}} \geq 1{,}1 \times \frac{36}{\sqrt{3}} \geq 22{,}8 \text{ kV}$$

Logo, deve-se selecionar um para-raios com a máxima sobretensão de operação contínua igual ou superior a 29 kV, ou seja:

$$MCOV_{pr} = 29 \text{ kV (Tabela 1.1)}$$

A.4.4.1.6 Suportabilidade dos para-raios quanto às sobretensões temporárias

$$\frac{TOV_{sist}}{MCOV_{pr}} = \frac{36}{29} = 1{,}24$$

$$\frac{TOV_{sist}}{V_{non.pr}} = \frac{36}{36} = 1{,}0$$

Logo,

$$\frac{TOV_{sist}}{MCOV_{pr}} > \frac{TOV_{sist}}{V_{non.pr}} \text{ (condição satisfeita)}$$

Logo, acessando o gráfico da Figura 1.29 utilizando o valor de $\frac{TOV_{sist}}{V_{non.pr}} = 1{,}0$, obtém-se a duração máxima sobretensão temporária de $T_{máxdef} = 100$ s, ou seja:

$$T_{def} \leq T_{máxdef} \text{ (condição satisfeita)}$$

A.4.4.1.7 Cálculo da corrente de descarga

$Z_{su} = 450 \: \Omega$ (ver item 1.3.1 – Capítulo 1).
$V_r = 81{,}9$ kV (a tensão residual foi obtida da Tabela 1.1 com base no $TOV_{npr} = 41{,}7$ kV e $MCOV_{npr} = 29$ kV; selecionou-se, inicialmente, o para-raios de tensão nominal de 36 kV e corrente de descarga de 10 kA).
$V_s = 145$ kV / 170 kV / 200 kV (tensões suportáveis de impulso para a classe 36 kV: será adotada a classe 170 kV).

Da Equação (1.39), temos:

$$I_d = \frac{2 \times 170 - 81{,}9}{450} \cong 0{,}340 \text{ kA}$$

Logo, o para-raios deve possuir uma corrente de descarga nominal de 10 kA, valor adotado.

A.4.4.1.8 Determinação da energia absorvida pelo para-raios devido à descarga atmosférica

Da Equação (1.2), temos:

$$E_{abda} = \left\{ 2 \times U_{50} - N_l \times V_{pr} \times \left[1 + \ln\left(\frac{2 \times U_{50}}{V_{pr}} \right) \right] \right\} \times \frac{V_{pr} \times T_{eq}}{Z_s}$$

Por meio da Equação (21.12), temos:

$U_{50} = 170$ kV $= 170.000$ V (tensão suportável de impulso)

$\delta_{pa} = 6\%$ (desvio-padrão normalmente adotado)

$$U_{50} = \frac{V_{sl}}{1 - 3 \times \delta_{pa}} = \frac{170}{1 - 3 \times 6/100} = 207 \text{ kV} = 207.000 \text{ V} \text{ (com 50\% de probabilidade de falha)}$$

$N_l = 1$

$V_{pr} = 81,9$ kV $= 81.900$ V

$Z_s = 450$ Ω

$T_{eq} = 300$ μs $= 300 \times 10^{-6}$ s

$$E_{abda} = \left\{ 2 \times 207.000 - 1 \times 81.900 \times \left[1 + \ln\left(\frac{2 \times 207.000}{81.900} \right) \right] \right\} \times \frac{81.900 \times 300 \times 10^{-6}}{450}$$

$E_{abda} = [414.000 - 81.900 \times (1 + 1,6203)] \times 0,0546$ joule $= 11.015$ J $= 11$ kJ

Ou ainda:

$$E_{kj/kws} = \frac{11}{36} = 0,30 \text{ kJ/kV}$$

A.4.4.2 Especificação técnica

- Tensão nominal: 36 kV
- Corrente de descarga nominal: 10 kA pico
- Máxima tensão de operação contínua (MCOV): 29 kV
- Sobretensão temporária, 1 s (TOV): 42 kV
- Tensão máxima residual 8/20 μs a 10 kA: 85 kV
- Tensão máxima residual 30/60 μs a 1 kA crista: 72 kV
- Distância de escoamento mínima: 1.100 mm
- Isolamento externo: 1,2/50 μs: 310 kV pico
- Energia dissipada: ≥ 2 kJ/kV

A.4.5 Transformadores de corrente de alta-tensão (TCs lado primário do transformador)

A.4.5.1 Determinação das relações de transformação

$$I_{nt} = 426 \text{ A}$$

$$I_{tc} = \frac{I_{cc}}{F_s} = \frac{4.736}{20} = 236 \text{ A}$$

A corrente nominal do TC deve ser igual ou superior à corrente nominal do transformador, e igual ou superior à relação da corrente de curto-circuito trifásico pelo fator do limite de exatidão, o valor que for maior. Serão adotados TCs com as seguintes derivações no primário.

$$\text{RTC: } \underline{400}/600/800{:}5\text{-}5\text{-}5 \text{ A}$$

$$\text{RTC: } 400/5 = 80$$

A.4.5.2 Determinação da saturação dos TCs

Serão utilizados dois relés, sendo um multifuncional e outro diferencial e dois medidores de energia.

A.4.5.2.1 Carga nominal dos relés

Serão ligados aos TCs: (i) 1 relé Sepam 80: 0,50 VA; e (ii) 1 relé diferencial: 0,50 VA. É importante que a carga seja obtida do catálogo dos fabricantes dos relés. Todas as cargas estão referidas à corrente de 5 A.

A.4.5.2.2 Carga do circuito que liga o relé aos TCs

R_{ca} = 2,2221 mmΩ/m [resistência do condutor (10 mm²) do circuito que liga o relé aos TCs]

X_{ca} = 0,1207 mmΩ/m [reatância do condutor (10 mm²) do circuito que liga o relé aos TCs]

Z_{ca} = 2,2253 mmΩ/m [impedância do condutor (10 mm²) do circuito que liga o relé aos TCs]

L_{ctc} = 2 × 30 = 60 m (comprimento do circuito de interligação entre o TC e os relés e medidores)

$$Z_{ca} = \frac{2,2253 \times 60}{1.000} = 0,13352 \ \Omega \text{ (impedância do circuito)}$$

$$Z_{ca} = \frac{P_{ca}}{I_{stc}^2} = \frac{2 \times 0,50}{5^2} = 0,040 \ \Omega$$

Logo, a impedância total do circuito secundário dos TCs vale:

$$Z_{stc} = Z_{ca} + Z_{relé} = 0,13352 + 0,040 = 0,17352 \ \Omega$$

Logo: Z_{stc} = 0,50 Ω (Tabela 5.5 para o TC C12,5 VA)

Portanto, inicialmente será adotado o TC de 50 VA 10P20 (ver Capítulo 5).

A.4.5.2.3 Tensão máxima nos terminais secundários dos TCs para 20 vezes a corrente nominal

$$V_s = F_s \times Z_c \times I_s = 20 \times 0,5 \times 5 = 50 \text{ V}$$

A.4.5.2.4 Máxima carga nos terminais do TC para evitar a saturação

De acordo com a Equação (5.6) temos:

$$K = \frac{X}{R} = \frac{0,05027}{0,01682} = 2,98 \text{ (ver item A.3.1.1)}$$

$$R_c = \frac{I_{cc}}{RTC} = \frac{4.738}{80} = 59,2$$

$$Z_c < \frac{V_s}{R_c \times \left(\frac{X}{R}+1\right)} = \frac{50}{59,2 \times (2,9+1)} = 0,2165 \ \Omega$$

$Z_c \leq Z_{stc}$ (o TC não irá saturar)

Logo, será adotado o TC de 50 VA 10P20, de acordo com a especificação que se segue:

A.4.5.2.5 Especificação técnica

- Tensão nominal: $230/\sqrt{3}$ kV eficaz
- Tensão máxima operativa: $245/\sqrt{3}$ kV eficaz
- Corrente: 400/600/800 A eficaz
- Designação: 50 VA 10P20
- Frequência: 60 Hz
- Nível de impulso atmosférico:

- Onda plena (1,2 × 50 μs): 950 kV crista
- Onda cortada (3 μs): 1.050 kV crista
• Nível de isolamento a frequência industrial:
    - A seco e sob chuva (1 min): 395 kV eficaz
    - A seco (1 min) nos secundários: 2,5 kV eficaz
• Nível de tensão de radiointerferência a 154 kV eficaz, fase-terra: ≤ 350 μV
• Nível de descargas parciais 168 kV eficaz, fase-terra e fase-fase: ≤ 5/10 pC
• Linha de fuga: ≥ 7.000 mm
• Corrente térmica (1 s):
    - Relativa à maior relação de transformação: 20 kA
• Corrente dinâmica (2 ciclos):
    - Relativa à maior relação de transformação: 40 kA
• Fatores térmicos:
    - No primário: 1,2
    - No secundário de medição: 1,2
    - Nos secundários de proteção: 1,2
• Relações de transformação:
    - Medição de faturamento: 400/600/800-5 A
    - Medição operacional: 400/600/800-5 A
    - Proteção: 400/600/800-5 A
• Número de núcleos:
    - Para medição de faturamento: 1
    - Para medição operacional: 1
    - Para proteção: 2
• Exatidão:
    - Medição de faturamento: 0,3
    - Medição operacional: 0,6
    - Proteção: 5%
• Núcleo de medição de faturamento e operacional:
    - Erro: 0,3%
    - Carga: ≥ 5 VA
• Núcleo de proteção:
    - Erro: 10%
    - Carga: ≥ 5 VA
• Sobrelevação de temperatura a temperatura ambiente de 40 °C
    - No enrolamento (medida por resistência): 55 °C
    - No enrolamento (no ponto mais quente): 65 °C
    - No óleo isolante (perto do topo do óleo): 55 °C

A.4.6 Transformadores de corrente de média tensão

O sistema de média tensão possui dois tipos de disjuntores: (i) disjuntor de proteção geral de 34,5 kV e (ii) disjuntores dos circuitos da rede coletora.

A.4.6.1 Transformadores de corrente da proteção geral

Serão ligados aos TCs: (i) 1 relé Sepam 80: 0,50 VA; e (ii) 1 relé diferencial: 0,50 VA. É importante que a carga seja obtida do catálogo dos fabricantes dos relés medidores que serão utilizados. Todas as cargas estão referidas à corrente de 5 A.

A.4.6.1.1 Determinação das relações de transformação

$$I_{tc} = 2.844 \text{ A (corrente nominal)} \rightarrow I_{tc} = 3.000 \text{ A}$$

$$I_{tc} = \frac{15.165}{20} = 758 \text{ A}$$

A corrente nominal do TC deve ser igual ou superior a I_{ntc} (corrente nominal do transformador de corrente) e igual ou superior ao I_{tc}, o valor que for maior. Serão adotados TCs com derivação no primário.

$$\text{RTC: } 2000/3000/4000{:}5\text{-}5 \text{ A}$$
$$\text{RTC: } 3000/5 = 600$$

A.4.6.1.2 Determinação da saturação dos TCs

a) Carga nominal dos relés

$$P_c = 2 \times 0,5 = 1,0 \text{ VA}$$

b) Carga do circuito que liga o relé aos TCs

$R_{ca} = 2,2221$ mmΩ/m [resistência do condutor (10 mm²) do circuito que liga o relé aos TCs]

$X_{ca} = 0,1207$ mmΩ/m [reatância do condutor (10 mm²) do circuito que liga o relé aos TCs]

$Z_{ca} = 2,2253$ mmΩ/m [impedância do condutor (10 mm²) do circuito que liga o relé aos TCs]

$$Z_{ca} = \frac{2,2253 \times 2 \times 20}{1.000} = 0,0890 \ \Omega$$

$$Z_c = \frac{P_c}{I_c^2} = \frac{1,0}{5^2} = 0,040 \ \Omega \quad \text{(impedância da carga)}$$

Logo, a impedância total do circuito secundário dos TCs vale:

$$Z_{stc} = Z_{ca} + Z_c = 0,0890 + 0,040 = 0,129 \ \Omega$$

$$Z_{tc} = 0,50 \ \Omega \text{ (Tabela 5.5 – carga nominal do TC de 12,5 VA)}$$

A.4.6.1.3 Tensão máxima nos terminais secundários dos TCs para 20 vezes a corrente nominal

$$V_s = F_s \times Z_c \times I_s = 20 \times 0,50 \times 5 = 50 \text{ V}$$

Logo, inicialmente será selecionado um TC 12,5 VA 10P20.

A.4.6.1.4 Máxima carga nos terminais do TC para evitar a saturação

De acordo com a Equação (5.6), temos:

$$K = \frac{X}{R} = \frac{0,10906}{0,01688} = 6,4$$

$$R_c = \frac{I_{cc}}{RTC} = \frac{15.165}{600} = 25,2$$

$$Z_c < \frac{V_s}{R_c \times \left(\frac{X}{R}+1\right)} = \frac{50}{25,2 \times (6,4+1)} < 0,268 \ \Omega$$

$$Z_{stc} < Z_{tc} \text{ (o TC não irá saturar)}$$

A.4.6.1.5 Especificação técnica

- Uso: interior
- Tipo de serviço: proteção e medição
- Tensão nominal: $34,5/\sqrt{3}$ kV eficaz
- Tensão máxima operativa: $36,2/\sqrt{3}$ kV eficaz

- Corrente: 3000/4000-5-5 A eficaz
- Frequência: 60 Hz
- Nível de impulso atmosférico:
  - Onda plena (1,2 × 50 μs): 170 kV crista
  - Onda cortada (3 μs): 190 kV crista
- Nível de isolamento da frequência industrial:
  - A seco e sob chuva (1 min): 395 kV eficaz
  - A seco (1 min) nos secundários: 2,5 kV eficaz
- Relação de transformação: 3000/4000-5-5 A
- Classe de exatidão: 12,5 VA 10P20 – 12,50 VA 0,6
- Quantidade de núcleos: 2
- Quantidade de enrolamentos secundários: 2
- Fator térmico nominal: 2
- Corrente suportável nominal mínima de curta duração 1 segundo (I_t), nas seguintes relações de transformação:
  - RTC = 3000-5 A: 20 kA eficaz
  - RTC = 4000-5: A 27 kA eficaz

A.4.6.2 Transformadores de corrente da proteção dos circuitos da rede coletora

A.4.6.2.1 Determinação das relações de transformação

Serão implantados inicialmente, nessa 1ª fase apenas quatro circuitos de média tensão – 34,5 kV. A geração do empreendimento está igualmente dividida entre esses circuitos.

$$I_{str} = \frac{170.000}{\sqrt{3} \times 34,5 \times 4} = 711 \text{ A}$$

$$I_{tc} = \frac{I_{cc}}{F_s} = \frac{15.165}{20} = 758 \text{ A}$$

A corrente nominal do TC deve ser igual ou superior à corrente nominal do transformador e igual ou superior a I_{tc}, adotando-se o valor que for maior. Serão adotados TCs com derivação no primário.

$$\text{RTC: } 600/\underline{800}/1000:5\text{-}5\text{-}5 \text{ A}$$
$$\text{RTC: } 800/5 = 160$$

A.4.6.2.2 Determinação da saturação dos TCs

a) Carga nominal dos relés

A impedância do relé digital SEPAM 40 é de 0,50 VA.

b) Carga do circuito que liga o relé aos TCs

A seção dos condutores de interligação entre os TCs e os relés é de 10 mm².

$$Z_{ca} = \frac{2,2253 \times 2 \times 20}{1.000} = 0,08901 \text{ }\Omega \text{ (impedância do circuito)}$$

$$Z_c = \frac{P_c}{I_c^2} = \frac{0,50}{5^2} = 0,020 \text{ }\Omega \text{ (impedância da carga)}$$

Logo, a impedância total do circuito secundário dos TCs vale:

$$Z_{stc} = 0,08901 + 0,020 = 0,10901 \text{ }\Omega$$

c) Carga nominal do secundário do TCs

$$P_{tc} = 5 \text{ VA 10P20}$$
$$Z_{tc} = 0,20 \text{ }\Omega$$
$$V_s = F_s \times Z_c \times I_s = 20 \times 0,20 \times 5 = 20 \text{ V}$$

$$Z_{stc} < Z_{tc} \text{ (condição satisfeita)}$$

A.4.6.2.3 Máxima carga nos terminais do TC para evitar a saturação

De acordo com a Equação (5.6) temos:

$$K = \frac{X}{R} = \frac{0,10906}{0,01688} = 6,4$$

$$R_c = \frac{I_{cc}}{RTC} = \frac{15.165}{160} = 95$$

$$Z_c < \frac{V_s}{R_c \times \left(\frac{X}{R} + 1\right)} = \frac{20}{95 \times (6,4 + 1)} < 0,0028 \ \Omega$$

$$Z_{stc} < Z_c \text{ (o TC não irá saturar)}$$

A.4.6.2.4 Especificação técnica sumária

São as mesmas indicadas na Seção A.4.6.1.5, com exceção das correntes primárias.

A.4.7 Dimensionamento dos TPs

A.4.7.1 TPs de proteção do sistema de alta-tensão

A.4.7.1.1 Tensão nominal secundária

a) Regime permanente:

- Carga dos 2 relés: 8 VA/relé

$$F_p = 0,80 \text{ (fator de potência da carga)}$$

$$P_c = 2 \times 8 = 16 \text{ VA}$$

Logo, a potência nominal do TP será de 25 VA (ver Tabela 6.2)

$$I_c = \frac{P_c}{V_s} = \frac{16}{115} = 0,14 \text{ A}$$

b) Seleção do grupo dos TPs:

- Grupo 2
- Constante $K = 1,33$
- Impedância: $Z_{cn} = 576 \ \Omega$ (Tabela 6.2)

c) Cálculo da potência térmica:

$$P_{th} = 1,21 \times K \times \frac{V_s^2}{Z_{cn}} = 1,21 \times 1,33 \times \frac{115^2}{576} \cong 37 \text{ VA}$$

A.4.7.2 Especificações técnicas sumárias

- Uso: interior
- Tipo de serviço: medição e proteção
- Relação transformação: $230.000/\sqrt{3}\text{-}115/115/\sqrt{3}$ V
- Classe de exatidão: 50 VA 0,3 – 50 VA 0,6
- Tensão nominal (eficaz): 230 kV
- Potência térmica nominal mínima: 50 VA
- Frequência nominal: 60 Hz

- Fator térmico nominal: 1,2
- Grupo: 2

A.4.8 Transformadores de potencial de média tensão

Serão instalados no interior de cubículo metálico operado na Casa de Comando e Proteção e faz parte do conjunto de cubículos de média tensão.

A.4.8.1 Tensão nominal secundária

Definiu-se a tensão secundária dos TPs no valor de 115 V

$$RTP = \frac{34.500}{115} = 300$$

A.4.8.2 Corrente de carga

a) Regime permanente:

- Carga dos 11 relés (5 relés atuais + 4 relés futuros: 8 VA/relé)

$$F_p = 0,80$$

$$P_c = 11 \times 8 = 88 \text{ VA}$$

Logo, a potência nominal do TP será de 200 VA (ver Tabela 6.2)

$$I_c = \frac{P_c}{V_s} = \frac{11 \times 8}{115} = 0,76 \text{ A}$$

b) Seleção do grupo dos TPs:

- Grupo 2
- Constante $K = 1,33$
- Impedância: $Z_{cn} = 72 \ \Omega$ (Tabela 6.2)

c) Cálculo da potência térmica:

$$P_{th} = 1,21 \times K \times \frac{V_s^2}{Z_{cn}} = 1,21 \times 1,33 \times \frac{115^2}{72} \cong 295 \text{ VA}$$

A.4.8.3 Queda de tensão no circuito

- Condutor de interligação entre os TCs e os relés: 10 mm²
- Resistência do condutor: $R_c = 2,2221$ mΩ/m (Tabela do Capítulo 4 do livro *Instalações Elétricas Industriais*, do autor)

$$L_c = 2 \times 30 = 60 \text{ m (ida e retorno)}$$

$$\Delta V_s = I_c \times R_c \times L_c = \frac{0,76 \times 2,2221 \times 60}{1.000} = 0,10 \text{ V}$$

Observação: desprezou-se a queda de tensão na reatância.

Percentualmente, a queda de tensão vale:

$$\Delta V\% = \frac{0,10}{115} \times 100 = 0,086\%$$

A.4.8.4 Especificações técnicas sumárias

Serão instalados no interior de cubículo metálico posto na Casa de Comando e Proteção e fazem parte do conjunto de cubículos de média tensão.

- Uso: interior
- Tipo de serviço: medição e proteção
- Relação transformação: 34.500/$\sqrt{3}$-115/115/$\sqrt{3}$ V
- Classe de exatidão: 50 VA 0,3 – 50 VA 0,6
- Tensão nominal (eficaz): 34,5 kV
- Potência térmica nominal mínima: 300 VA
- Frequência nominal: 60 Hz
- Fator térmico nominal: 1,2
- Grupo: 2

A.4.9 Disjuntor de alta-tensão

A.4.9.1 Determinação da corrente nominal

Inicialmente, a corrente nominal do disjuntor é determinada pela corrente máxima da carga. No caso dos sistemas de 230 kV, em geral, são utilizados disjuntores com corrente nominal mínima de 1.250 A. Para esse projeto, todos os disjuntores terão a mesma corrente nominal:

$$I_{carga} = 426 \text{ A} \rightarrow I_{nd} = 1.250 \text{ A}$$

A.4.9.2 Determinação da capacidade de interrupção

A capacidade de interrupção é determinada pela maior corrente de curto-circuito no barramento da subestação, ou seja:

$$I_{c3fA} = 4.736 \text{ A} \rightarrow I_{nd} = 20.000 \text{ A} = 20 \text{ kA (valor adotado)}$$

A.4.9.3 Especificação técnica

Além dos valores anteriormente definidos, a especificação técnica dos disjuntores deve respeitar às condições técnicas do sistema elétrico ao qual a subestação está conectada, tais como a tensão máxima de operação, a tensão suportável de impulso atmosférica à frequência indústria etc., bem como indicar outros parâmetros estabelecidos na normatização dos disjuntores da ABNT e na falta desses adotar as normas da IEC.

Dependendo da importância da subestação, devem ser realizados estudos transitórios eletromagnéticos tais como energização de linha, energização de transformador e banco de capacitores.

- Tensão nominal: 230 kV eficaz
- Tensão máxima de operação: 242 kV eficaz
- Frequência nominal: 60 Hz
- Corrente nominal: 1.250 A eficaz
- Capacidade de interrupção nominal em curto-circuito:
  - Componente alternada: 20 kA eficaz
  - Componente contínua: de acordo com a Figura 9 da Norma IEC 62271-100, com $\tau = 45$
- Capacidade de estabelecimento nominal em curto-circuito (corrente de fechamento e travamento): 84 kA pico
- Corrente suportável nominal de curta duração (1s): 20 kA eficaz
- Valor de pico da corrente suportável (10 ciclos): 10 kA pico
- Tempo de interrupção (base 60 Hz): 3 ciclos
- Tempo de interrupção garantido para qualquer abertura, com correntes de 10 a 100% da capacidade de interrupção nominal em curto-circuito.
- Tempo morto nominal: 3.600 ms
- Atraso permissível na abertura (Y): 1 s
- Tolerância máxima admissível na segunda abertura do ciclo de religamento rápido O-0,3s-CO: 8,33 ms
- Diferença máxima de tempo entre polos no fechamento tripolar: 4 ms
- Idem, entre câmaras do mesmo polo: 4 ms
- Diferença máxima de tempo entre polos na abertura tripolar: 4 ms
- Idem, entre câmaras do mesmo polo: 4 ms
- Idem, entre câmaras auxiliares dos resistores de pré-inserção, no fechamento e na abertura: 4 ms
- Ciclo de operação nominal: O-0,3s-CO-3min-CO
- Fator de primeiro polo: 1,5
- Comprimento mínimo da linha de fuga: ≥ 7.000 mm

- Tensão de radiointerferência máxima à tensão de 154 kV eficaz, fase-terra, com contatos abertos: 1.000 μV
- Tensão suportável nominal de impulso atmosférico, (1,2 × 50 μs) à terra, entre polos e entre contatos abertos: 1.050 kV pico
- Tensão suportável nominal à frequência industrial (60 Hz), a seco e sob chuva, durante 1 minuto, à terra, entre polos e entre contatos abertos: 395 kV eficaz

A.4.10 Disjuntores de média tensão

Há dois tipos de disjuntores de média tensão: (i) disjuntor de média tensão da proteção geral; e (ii) disjuntor de proteção dos circuitos da rede coletora.

Todos os disjuntores de média tensão estão instalados no interior de cubículos metálicos, tipo *metal clad*. Ver Capítulo 10.

A.4.10.1 Disjuntor de proteção geral

A.4.10.1.1 Determinação da corrente nominal

Inicialmente, a corrente nominal do disjuntor é determinada pela corrente máxima da carga, ou seja:

$$I_{carga} = 2.844 \text{ A} \rightarrow I_{nd} = 3.500 \text{ A}$$

A.4.10.1.2 Determinação da capacidade nominal de interrupção

A capacidade de interrupção é determinada pela maior corrente de curto-circuito no barramento da subestação, ou seja:

$$I_{c3fA} = 15.165 \text{ A} \rightarrow I_{nd} = 20.000 \text{ A} = 20 \text{ kA}$$

A.4.10.1.3 Especificação técnica sumária

- Uso: interior
- Tipo: extraível
- Grau de proteção: não inferior a IP-44
- Tensão nominal (eficaz): 34,5 kV
- Tensão máxima de operação: 36,2 kV
- Corrente nominal mínima (eficaz): 3.500 A
- Corrente simétrica de interrupção (eficaz): 20 kA
- Fator de assimetria: 1,20
- Corrente de curta duração (3 segundos) (eficaz): 20 kA
- Sequência de operações: CO-15s-CO
- Tempo máximo de interrupção: 83 ms
- Fechamento: por mola carregada
- Acionamento: motorizado
- Tensão da bobina de abertura: 115 Vcc
- Tensão do circuito de aquecimento e iluminação: 220 Vca

A.4.10.2 Disjuntor de proteção dos circuitos da rede coletora

A.4.10.2.1 Determinação da corrente nominal

Inicialmente, a corrente nominal do disjuntor é determinada pela corrente máxima da carga do circuito, ou seja:

$$I_{carga} = 711 \text{ A} \rightarrow I_{nd} = 1.250 \text{ A}$$

A.4.10.2.2 Determinação da capacidade de interrupção

A capacidade de interrupção é determinada pela maior corrente de curto-circuito no barramento da subestação, ou seja:

$$I_{c3fA} = 15.165 \text{ A} \rightarrow I_{nd} = 20.000 \text{ A} = 20 \text{ kA}$$

A.4.10.2.3 Especificação técnica

É a mesma do disjuntor geral, com exceção da corrente nominal.

Observação: o disjuntor do transformador de aterramento tem a sua especificação técnica idêntica a dos disjuntores de proteção dos circuitos da rede coletora, porém com corrente nominal de 630 A.

A.4.11 Chave seccionadora de alta-tensão

A.4.11.1 Determinação da corrente nominal

A corrente nominal da chave seccionadora é determinada pela corrente de carga final do projeto.

$$I_n = \frac{170.000}{\sqrt{3} \times 230} = 426 \text{ A} \quad \rightarrow \quad I_n = 1.250 \text{ A (valor adotado)}$$

A.4.11.2 Determinação da sobrecarga admitida

A temperatura máxima de $T_m = 75$ °C (Tabela 8.7) corresponde à temperatura máxima admissível para contatos de liga de cobre nu no ar. Como a corrente de carga é de 426 A e a corrente nominal da chave é de 1.250 A não pode haver sobrecarga a considerar.

A.4.11.3 Determinação da corrente térmica do sistema para 1 s

- Fator de assimetria: $X/R = 0,05027/0,01688 = 2,98 \rightarrow F_a = 1,30$
- Corrente inicial de curto-circuito
- Relação entre a corrente de curto-circuito inicial simétrica e a corrente de curto-circuito simétrica: 2,8

$$m = 0,0 \text{ (Tabela 8.10)}$$
$$n = 0,55 \text{ (Tabela 8.10)}$$
$$I_{cis} = 2 \times \sqrt{2} \times I_{cs} = 2 \times \sqrt{2} \times 4,736 = 13 \text{ kA}$$
$$I_{th} = I_{cis} \times \sqrt{m+n} = 13 \times \sqrt{0,0 + 0,55} \cong 10 \text{ kA}$$

Como a corrente térmica no ponto de instalação da chave é inferior ao seu valor nominal, logo poderá ser empregada na subestação.

A.4.11.4 Determinação do esforço horizontal sobre a chave

A.4.11.4.1 Força eletrodinâmica

$L = 2.323$ mm $= 232$ cm (comprimento da lâmina)

$D = 4.120$ mm $= 412$ cm (espaçamento entre fases, eixo a eixo de chaves de abertura lateral)

$$F_e = 2,04 \times \frac{I_{cim}^2}{100 \times D} \times L = 2,04 \times \frac{13^2}{100 \times 412} \times 232 = 1,9 \text{ kgf}$$

A.4.11.4.2 Esforço do vento em relação às estruturas cilíndricas das chaves

O esforço do vento na estrutura da chave, considerando as três fases vale:

$$V_v = 100 \text{ km/h (valor adotado);}$$

$S = 2,70 \times 0,40 = 1,08$ m² (valor médio estimado, que corresponde à área plana dos isoladores sob ação dos ventos).

$$F_c = 3 \times 0,0042 \times S \times V_v^2 = 0,0042 \times 1,08 \times 100^2 = 45 \text{ kgf}$$

Logo, a força resultante vale:

$F_{tot} = F_e + F_c = 1,9 + 45 = 47$ kgf (supõe-se que as forças envolvidas têm o mesmo sentido e são aplicadas às três fases).

A.4.11.5 Especificação técnica sumária

- Tensão nominal: 230 kV eficaz
- Tensão máxima de operação: 245 kV eficaz
- Frequência nominal: 60 Hz
- Corrente nominal: 1.250 A eficaz
- Corrente suportável nominal de curta duração (1 s) para as lâminas principais e de terra: 40 kA eficaz

- Valor de crista nominal da corrente suportável para as lâminas principal e terra: 82 kA crista
- Nível de isolamento nominal:
  - Tensão suportável nominal de impulso atmosférico onda 1,2 × 50 µs: 1.050 kV crista
- Tensão suportável nominal a frequência industrial 1 min:
  - Fase-terra: 5 kV eficaz
  - Entre distância de seccionamento: 460 kV eficaz
- Tensão suportável nominal à frequência industrial, durante 1 minuto, a seco, nos circuitos auxiliares e de comando: 2 kV eficaz
- Tensão mínima fase-terra de início e extinção do corona visível: 161 kV eficaz
- Nível de radiointerferência:
  - Tensão mínima fase-terra para os ensaios de radiointerferência: 156 kV eficaz
- Nível de radiointerferência a 110% da tensão fase-terra referido a 300 Ω: 1.000 µV
- Distância de escoamento: 31 mm/kV
- Esforços mecânicos momentâneos nos terminais:
  - Esforço longitudinal: 2.500 N
  - Esforço transversal: 2.500 N
  - Esforço vertical: 1.000 N

Acoplamento eletromecânico:
- Corrente nominal de acoplamento indutivo: 80 A eficaz
- Tensão de restabelecimento: 1,4 kV eficaz

Acoplamento eletrostático:
- Corrente nominal de acoplamento capacitivo: 1,25 A eficaz
- Tensão de restabelecimento: 5 kV eficaz

A.4.12 Isolador do tipo pedestal de alta-tensão

O dimensionamento dos isoladores do tipo pedestal para suporte dos barramentos está diretamente relacionado com a tensão de isolação do sistema elétrico e aos esforços longitudinais motivados pelo vento no próprio isolador e nos barramentos.

A.4.12.1 Esforço do vento em relação às estruturas do barramento e isoladores

O esforço do vento na estrutura no isolador vale:

$$V_v = 100 \text{ km/h}$$

$S_{iso} = 2{,}70 \times 0{,}40 = 1{,}08 \text{ m}^2$ (valor médio estimado, que corresponde à área plana do isolador sob ação dos ventos).

$$F_{iso} = 0{,}0042 \times S \times V_v^2 = 0{,}0042 \times 1{,}08 \times 100^2 = 45 \text{ kgf (esforço do vento sobre o isolador)}$$

O esforço do vento no cabo do barramento vale:

$$D_{ba} = 38{,}56 \text{ mm} = 0{,}03856 \text{ (ver dimensionamento do cabo na Seção A.4.15)}$$

$$L_{ba} = \frac{20}{2} = 10 \text{ m (comprimento do barramento entre os 2 isoladores de apoio consecutivo)}$$

$$S_{ba} = 10 \times 0{,}03856 = 0{,}3856 \text{ m}^2 \text{ (área de impacto do vento com o barramento)}$$

$$F_{ba} = 0{,}0042 \times S \times V_v^2 = 0{,}0042 \times (1{,}08 \times 0{,}3856) \times 100^2 = 17{,}7 \text{ kgf (esforço sobre o isolador)}$$

Logo, a força resultante vale:

$F_t = F_{eba} + F_{iso} = 45 + 17{,}4 = 62{,}4$ kgf (supõe-se que as forças envolvidas têm o mesmo sentido e são aplicadas às três fases).

A.4.12.2 Especificação técnica sumária
- Tipo: porcelana
- Tensão nominal: 230 kV

- Classe de tensão: 242 kV
- Tensão disruptiva de impulso atmosférico: 1.050 kV
- Tensão disruptiva à frequência industrial a seco: 120 kV
- Tensão suportável à frequência industrial sob chuva: 100 kV
- Distância de escoamento: ≥ 7.000 mm
- Distância de arco: 2.080 mm
- Tensão de perfuração no óleo: 225 kV
- Carga mecânica: 12.000 daN
- Tensão de radiointerferência máxima a 1.000 kHz: 200 µV

A.4.13 Isoladores de disco

A.4.13.1 Isoladores de linha de transmissão

A.4.13.1.1 Número de isoladores de disco, vidro temperado, de 254 mm de diâmetro

De acordo com a Equação (19.1), temos:

- Dados gerais

$V_{máx}$ = 245 kV;
D_{esep} = 20 mm/kV (nível de poluição médio – ver Tabela 19.8);
D_{ei} = 290 mm (distância de escoamento do isolador).

- Para nível médio de poluição

$$N_{iso} = \frac{V_{máx} \times D_{ep}}{\sqrt{3} \times D_{ei}} = \frac{1 \times 1{,}1 \times 245 \times 20}{\sqrt{3} \times 290} = 10{,}7 \quad \rightarrow \quad N_{iso} = 11 \text{ isoladores}$$

A.4.13.2 Isoladores da rede aérea de média tensão

A.4.13.2.1 Número de isoladores de disco, vidro temperado, de 152 mm de diâmetro

De acordo com a Equação (19.2), temos:

- Para nível médio de poluição
- Dados gerais

$V_{máx}$ = 36 kV;
D_{esep} = 20 mm/kV (nível de poluição médio – ver Tabela 19.8);
D_{ei} = 200 mm (distância de escoamento do isolador).

$$N_{iso} = \frac{V_{máx} \times D_{ep}}{\sqrt{3} \times D_{ei}} = \frac{1 \times 1{,}1 \times 36 \times 20}{\sqrt{3} \times 178} = 2{,}56 \quad \rightarrow \quad N_{iso} = 3 \text{ isoladores}$$

A.4.13.2.2 Especificação técnica sumária do isolador de disco: linha de transmissão e rede aérea de média tensão

- Tipo: disco de suspensão
- Diâmetro: 254 mm
- Passo: 146 mm
- Tipo de engate (NBR 7109): concha-bola
- Distância de escoamento (por isolador): 31 mm/kV
- Carga de ruptura: 90 kN
- Tensão de utilização: 230 kV
- Tensão disruptiva à frequência industrial a seco: 80 kV
- Tensão disruptiva à frequência industrial sob chuva: 50 kV
- Tensão suportável de impulso atmosférico: 100 kV
- Tensão suportável à frequência industrial a seco 1 minuto: 70 kV
- Tensão suportável à frequência industrial sob chuva 1 minuto: 40 kV
- Tensão de radiointerferência a 1 MHz: 50 kV
- Tensão crítica positiva: 125 kV

- Tensão crítica negativa: 130 kV
- Tensão de perfuração no óleo: 130 kV

a) Rede de alta-tensão

- Tipo: disco de suspensão
- Diâmetro: 254 mm
- Passo: 146 mm
- Tipo de engate (NBR 7109): garfo-olhal
- Distância de escoamento (por isolador): 31 mm/kV
- Carga máxima admissível: 22 kN
- Carga de ruptura: 45 kN
- Tensão de utilização: 34,5 kV
- Tensão crítica de descarga sob impulso
  - Polaridade positiva: 100 kV
  - Polaridade negativa: 100 kV
- Tensão de descarga sob chuva: 300 kV
- Tensão suportável de impulso atmosférico: 100 kV
- Tensão de descarga a seco: 60 kV
- Tensão suportável à frequência industrial sob chuva de 1 minuto: 48 kV
- Tensão máxima de interferência: 50 μV
- Tensão de perfuração no óleo: 80 kV

A.4.14 Cabos isolados de média tensão

A.4.14.1 Determinação da seção dos condutores

A.4.14.1.1 Determinação da seção mínima dos condutores pela corrente de carga

$$I_c = 2.845 \text{ A (corrente nominal do transformador, considerada a carga máxima de operação)}$$

Inicialmente, será utilizado o cabo 20/35 kV-630 mm² com isolação EPR 105 °C. Os condutores serão instalados no interior de eletroduto, 3 cabos/duto (FA-FB-FC), formando um banco de dutos. Logo, teremos que determinar o fator de agrupamento dos eletrodutos.

$$F_{cat} = 0{,}67 \times 0{,}97 = 0{,}649 \text{ (fator de agrupamento} \times \text{fator de temperatura)}$$

$$I_{nc} = \frac{2.845}{0{,}649} = 4.383 \text{ A} \quad \rightarrow \quad N_c = 9 \text{ cabos/fase} = \frac{4.383}{9} = 487 \text{ A}$$

$$S_c = 630 \text{ mm}^2 \rightarrow I_{nc} = 521 \text{ A}$$

A.4.14.1.2 Determinação da seção mínima dos condutores pela queda de tensão

$N_{cp} = 9$ – número de condutores em paralelo por fase.
$I_c = 2.845$ A.
$L_c = 50$ m (comprimento do circuito).
$R = 0{,}140056$ mΩ/m (resistência do condutor).
$X = 0{,}11673$ mΩ/m (reatância do condutor).
$\varphi = 25{,}8°$ (ângulo do fator de potência da carga).

$$\Delta V_c = \frac{\sqrt{3} \times I_c \times L_c \times (R \times \cos\varphi + X \operatorname{sen}\varphi)}{10 \times N_{cp} \times V_{ff}} (\%) \text{ (deve ser igual ou inferior a 2\%, condição admitida neste projeto).}$$

$$\Delta V_c = \frac{\sqrt{3} \times 2{,}845 \times (0{,}04056 \times \cos 25{,}8 + 0{,}11673 \times sen\, 25{,}8)}{10 \times 9 \times 34{,}5} = 0{,}057\% \text{ (condição satisfeita).}$$

A.4.14.1.3 Determinação da seção mínima dos condutores pela corrente de curto-circuito

$$T_f = 250 \text{ °C}$$
$$T_i = 90 \text{ °C}$$

$$S_{ccu} = \frac{N_f \times \dfrac{I_{3\varphi}}{1.000 \times N_c}}{0,340 \times \sqrt{\log \dfrac{234 + T_f}{234 + T_i}}} = \frac{\dfrac{4.736}{1.000 \times 9} \times \sqrt{1,0}}{0,340 \times \sqrt{\log \dfrac{234 + 250}{234 + 90}}} = \frac{0,5262}{0,1419} = 3,7 \text{ mm}^2$$

Logo, a seção mínima do condutor é de 9 × 630 mm²/fase.

A.4.14.1.4 Determinação da seção da blindagem do cabo

$$T_f = 200 \text{ °C}$$
$$T_i = 85 \text{ °C}$$

$$S_{bli} = \frac{\sqrt{T_e} \times \dfrac{I_{1f}}{1.000}}{0,340 \times \sqrt{\log \dfrac{234 + T_f}{234 + T_i}}} = \frac{\sqrt{1} \times \dfrac{15.165}{1.000 \times 9}}{0,340 \times \sqrt{\log \dfrac{234 + 200}{234 + 85}}} = \frac{1,65}{0,1243} \cong 13 \text{ mm}^2$$

Consideramos que a corrente de curto-circuito será conduzida e dividida uniformemente pelos nove condutores de fase.

A.4.14.2 Especificação técnica sumária

- Seção do condutor: 630 mm²
- Tipo da isolação: EPR
- Tensões da isolação: 20/35 kV
- Seção da blindagem metálica: 16 mm²
- Tipo da blindagem: fita metálica com 30% de sobreposição
- Blindagem semicondutora: camada semicondutora aplicada por extrusão (retirada a frio)
- Temperatura máxima de operação do cabo: 105 °C
- Classe de encordoamento: 2
- Cobertura: composto termoplástico de polietileno na cor preta
- Bloqueio do condutor e da blindagem: duplo bloqueio longitudinal contra a penetração de água através do material polimérico compatível química e termicamente com os demais componentes do cabo.

A.4.15 Cabo do barramento de 230 kV

A.4.15.1 Determinação da seção do condutor pela corrente de carga

$$P_{mse} = 2 \times 170.000 = 340.000 \text{ MVA (potência final da subestação)}$$

$$I_{mse} = \frac{340.000}{\sqrt{3} \times 230} = 853,4 \text{ A}$$

Logo, será selecionado o cabo Magnólia com as seguintes características básicas:

- Seção: 954 MCM (483,39 mm²)
- Capacidade nominal: 960 A.
- Diâmetro externo: 28,56 mm.
- Carga de ruptura: 72,58 kN.

A.4.15.2 Determinação da seção do condutor pela capacidade térmica

De acordo com a Equação (4.67), temos:

$$S_{tér} = \frac{1.000 \times \sqrt{T} \times I_{cc}}{\sqrt{4,184 \times \dfrac{E \times \rho_d}{\alpha_{20} \times \rho_c} \ln\left[1 + \alpha_{20} \times (T_{máx} - T_i)\right]}}.$$

$S_{tér}$ = seção do cabo, em mm².

T = 1 s (tempo de operação da proteção).

I_{cc} = 4,990 kA (corrente de curto-circuito trifásica simétrica, valor eficaz).

E = 0,217 cal.g^{-1} °C (calor específico do alumínio).

ρ_d = 2,7 g.cm² (densidade do alumínio).

ρ_{20} = 0,0286 Ω.mm²/m (resistividade em Ω.mm²/m à temperatura 20 °C).

$\rho_c = \rho_{20} \times [1 + \alpha_{20} \times (\theta_i - 20)] = 0,0286 \times [1 + 0,00403 \times (160 - 20)] = 0,04474$ Ω.mm²/m.

α_{20} = 0,00403/°C a 20 °C (coeficiente de variação da resistência com a temperatura – Tabela 4.2).

T_i = 40 °C (temperatura inicial antes do defeito).

$T_{máx}$ = 160 °C (temperatura máxima admitida pelo cabo de alumínio, em °C).

$$S_{tér} = \frac{1.000 \times \sqrt{1} \times 4,99}{\sqrt{4,184 \times \frac{0,217 \times 2,7}{0,00403 \times 0,04474} \times \ln[1 + 0,00403 \times (160 - 40)]}} = \frac{4.990}{\sqrt{13.596,0 \times 0,3944}} = 68,4 \text{ mm}^2$$

$S_{tér} \leq S_c$ (condição satisfeita).

Obs.: esse é apenas um dos critérios que devem ser aplicados no cálculo do barramento de subestações. Há necessidade de aplicar os demais critérios utilizados no livro *Subestações de Alta Tensão*, do autor.

A.4.16 Banco de capacitores

Em função das necessidades do sistema elétrico de controlar a potência reativa a ser injetada na rede, a usina geradora conectada deve atender aos estudos operacionais exigidos pelo Operador Nacional do Sistema (ONS).

A.4.16.1 Definição da configuração do banco de capacitores

Foi selecionado o banco de capacitores na configuração dupla estrela isolada com neutros interligados por não permitir a circulação de corrente de sequência zero. O arranjo dos capacitores será realizado para que após a eliminação de uma unidade capacitiva por meio da queima de um dos seus elementos fusíveis, a tensão nas células remanescentes não ultrapasse a 10% da sua tensão nominal.

A.4.16.2 Determinação da potência nominal do banco de capacitores

A capacidade mínima do banco de capacitores deve ser de 12.000 kVAr, que corresponde às necessidades do sistema elétrico. Será, então, adotado um banco de capacitores utilizando-se unidades capacitivas com a potência unitária de 400 kVAr, ou seja, serão utilizados dois grupos por fase e cada grupo constará de três capacitores. Logo, a tensão entre cada meia fase e o ponto neutro interligado e não aterrado é de $34,5/\sqrt{3} = 19,9$ V. A potência total do banco de capacitores vale:

$$P_{nb} = 6 \times 3 \times 2 \times 400 = 14.400 \text{ kVAr}$$

Logo, será dotado inicialmente um banco de capacitores de 14.400 kVAr.

A.4.16.3 Determinação do número de células capacitivas por cada meia fase

O arranjo de um banco de capacitores exige que se tomem precauções para que após a eliminação de uma ou mais células capacitivas, por meio da queima de seus elementos fusíveis, a tensão nas células remanescentes não ultrapasse a 10% da sua tensão nominal. Alternativamente, pode-se utilizar a proteção de sobretensão. A Equação (13.18) fornece o número mínimo de capacitores que deve ter cada grupo série por fase para que esta prescrição seja atendida, quando o banco estiver ligado na configuração em dupla estrela isolada.

N_{mcp} – número mínimo de capacitores em paralelo em cada grupo série por fase;

N_{gs} = 2 (número de grupos série por fase);

N_{ce} = 1 (número de células capacitivas eliminadas de um único grupo série);

$$N_{mcp} = \frac{11 \times N_{ce} \times (6 \times N_{gs} - 5)}{6 \times N_{gs}} = \frac{11 \times 1 \times (6 \times 2 - 5)}{6 \times 2} \cong 6.$$

Será, então, adotado um banco de capacitores utilizando-se unidades capacitivas com a potência unitária de 200 kVAr de conformidade com o arranjo mostrado na Figura A.2, ou seja, serão utilizados dois grupos por fase e cada grupo constará de seis

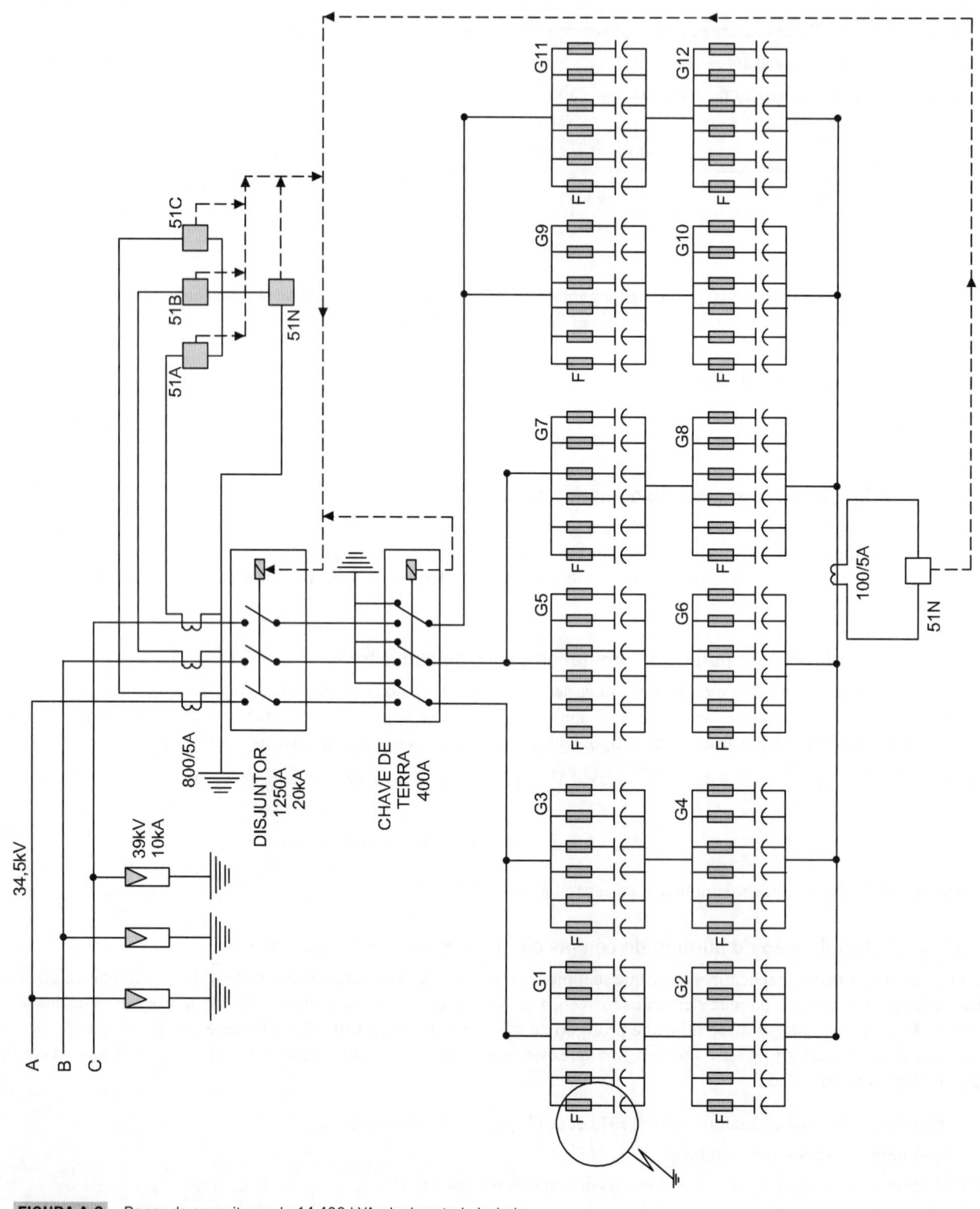

FIGURA A.2 Banco de capacitores de 14.400 kVAr dupla estrela isolada.

capacitores em paralelo. Logo, a tensão entre cada meia fase e o ponto neutro interligado e não aterrado é de $34,5/\sqrt{3} = 19,9$ kV. A tensão de operação do banco de capacitores vale $19,2/2 = 9,6$ kV. A potência total do banco de capacitores vale:

$$P_{nb} = 6 \times 6 \times 2 \times 200 = 14.400 \text{ kVAr}$$

Logo, será dotado um banco de capacitores com potência nominal de 14.400 kVAr.

A.4.16.4 Determinação da tensão resultante nas células capacitivas não afetadas

$$V_{fn} = 34,5/\sqrt{3} \text{ (tensão entre fase e neutro do sistema, em kV)};$$

$N_{cp} = 6$ (número de capacitores paralelo em cada grupo série);

V_{ur} é a tensão resultante nas células remanescentes do mesmo grupo com $N_{ce} = 1$ capacitor excluído, em kV, conforme a Figura A.2;

$$V_{ur} = V_{fn} \times \frac{6 \times N_{cp}}{6 \times N_{gs} \times (N_{cp} - N_{ce}) + 5 \times N_{ce}} = \frac{34,5}{\sqrt{3}} \times \frac{6 \times 6}{6 \times 6 \times (2-1) + 5 \times 1} = \frac{34,5}{\sqrt{3}} \times 0,87 = 19,1 \text{ kV};$$

$V_{ur} > V_c$ (condição satisfeita);
V_c – tensão em cada grupo, quando todas as células estão em operação: $19,9/2 = 9,95$ kV.

Será selecionada uma célula capacitiva de tensão nominal de 10 kV.

A.4.16.5 Determinação da tensão nos outros grupos em série (N_{gs} > 1) da mesma fase quando for eliminada uma célula capacitiva

Consequentemente, a tensão em cada um dos demais grupos (para $N_{gs} > 1$) da fase afetada vale:

$$V_{gr} = V_{fn} \times \frac{6 \times (N_{cp} - N_{ce})}{6 \times N_{gs} \times (N_{cp} - N_{ce}) + 5 \times N_{ce}} = \frac{34,5}{\sqrt{3}} \times \frac{6 \times (3-1)}{6 \times 2 \times (3-1) + 5 \times 1} = \frac{34,5}{\sqrt{3}} \times 0,41 = 8,16 \text{ kV}$$

$V_{gr} < V_c$ (condição satisfeita)

A.4.16.6 Capacidade do disjuntor de proteção

$$I_{nbc} = \frac{14.400}{\sqrt{3} \times 34,5} = 240 \text{ A} \rightarrow I_{nd} = 400 \text{ A}/36,6 \text{ kV}$$

A.4.16.7 Transformadores de corrente

A.4.16.7.1 Transformadores de corrente de fase

$$I_{nbc} = 240 \text{ A} \rightarrow 300/5 \text{ A}$$

A.4.16.7.2 Transformadores de corrente de desbalanço de corrente

$$I_{nbc} = 240 \text{ A} \rightarrow 100/5 \text{ A}$$

A.4.16.8 Especificação técnica sumária do banco de capacitores
- Número de capacitores: 72
- Potência nominal dos capacitores: 200 kVAr
- Tensão nominal do capacitor: 10 kV
- Tensão nominal do banco de capacitores: 34,5 kV
- Tensão suportável de impulso: 170 kV

- Proteção interna da célula capacitiva: fusível
- Número de grupos em série/meia fase: 2
- Número de capacitores por grupo série: 6
- Configuração: dupla estrela isolada
- Transformadores de corrente de proteção de fase: 800/5 A – 10B50
- Transformador de corrente de neutro: 100/5 A – 10B50
- Disjuntor: 400 A/36,2 kV
    - Uso: interno
    - Tipo: extraível
    - Meio de extinção do arco: SF_6
    - Abertura com corrente capacitiva: 300 A
- Para-raios: 39 kV
    - Capacidade de absorção de energia: ≥ 3 kJ/kV
    - Corrente de descarga nominal: 10 kA

BIBLIOGRAFIA

ASSOCIAÇÃO BRASILEIRA DE NORMAS TÉCNICAS. *NBR 10020*. Transformadores de potencial de tensão máxima de 15 kV, 24,2 kV e 36,2 kV – Características elétricas e construtivas. Rio de Janeiro: ABNT, 2010.

ASSOCIAÇÃO BRASILEIRA DE NORMAS TÉCNICAS. *NBR 5356*. Transformadores de potência – Parte 1 – Generalidades. Rio de Janeiro: ABNT, 2010.

ASSOCIAÇÃO BRASILEIRA DE NORMAS TÉCNICAS. *NBR 5356*. Transformadores de potência – Parte 2 – Aquecimento. Rio de Janeiro: ABNT, 2007.

ASSOCIAÇÃO BRASILEIRA DE NORMAS TÉCNICAS. *NBR 5356*. Transformadores de potência – Parte 3 – Níveis de isolamento e ensaios dielétricos e espaçamentos externos em ar. Rio de Janeiro: ABNT, 2007.

ASSOCIAÇÃO BRASILEIRA DE NORMAS TÉCNICAS. *NBR 5356*. Transformadores de potência – Parte 4: Guias para ensaio de impulso atmosférico e de manobra – transformadores e reatores. Rio de Janeiro: ABNT, 2007.

ASSOCIAÇÃO BRASILEIRA DE NORMAS TÉCNICAS. *NBR 5356*. Transformadores de potência – Parte 5: Capacidade de resistir a curtos-circuitos. Rio de Janeiro: ABNT, 2010.

ASSOCIAÇÃO BRASILEIRA DE NORMAS TÉCNICAS. *NBR 5356*. Transformadores de potência – Parte 6: Reatores. Rio de Janeiro: ABNT, 2014.

ASSOCIAÇÃO BRASILEIRA DE NORMAS TÉCNICAS. *NBR 5356*. Transformadores de potência – Parte 7: Guia de carregamento para transformadores imersos em óleo isolante. Rio de Janeiro: ABNT, 2017.

ASSOCIAÇÃO BRASILEIRA DE NORMAS TÉCNICAS. *NBR 5356*. Transformadores de potência – Parte 8: Guia de aplicação. Rio de Janeiro: ABNT, 2017.

ASSOCIAÇÃO BRASILEIRA DE NORMAS TÉCNICAS. *NBR 5356*. Transformadores de potência – Parte 9: Recebimento, armazenagem, instalação e manutenção de transformadores e reatores de potência imersos em líquido isolante. Rio de Janeiro: ABNT, 2010.

ASSOCIAÇÃO BRASILEIRA DE NORMAS TÉCNICAS. *NBR 5419*. Proteção contra descargas atmosféricas – Parte 1 – Princípios gerais. Rio de Janeiro: ABNT, 2015.

ASSOCIAÇÃO BRASILEIRA DE NORMAS TÉCNICAS. *NBR 5419*. Proteção contra descargas atmosféricas – Parte 2 – Gerenciamento de risco. Rio de Janeiro: ABNT, 2015.

ASSOCIAÇÃO BRASILEIRA DE NORMAS TÉCNICAS. *NBR 5419*. Proteção contra descargas atmosféricas – Parte 3 – Danos físicos estruturas e perigos à vida. Rio de Janeiro: ABNT, 2015.

ASSOCIAÇÃO BRASILEIRA DE NORMAS TÉCNICAS. *NBR 5419*. Proteção contra descargas atmosféricas – Parte 4 – Sistemas elétricos e eletrônicos na estrutura. Rio de Janeiro: ABNT, 2015.

ASSOCIAÇÃO BRASILEIRA DE NORMAS TÉCNICAS. *NBR 6856*. Transformador de corrente com isolação sólida para tensão máxima igual ou inferior a 52 kV – Especificação e ensaios. Rio de Janeiro: ABNT, 2015.

ASSOCIAÇÃO BRASILEIRA DE NORMAS TÉCNICAS. *NBR 7118*. Disjuntores de alta-tensão. Rio de Janeiro: ABNT, 2016.

ASSOCIAÇÃO BRASILEIRA DE NORMAS TÉCNICAS. *NBR 7286*. Cabos de potência com isolação extrudada de borracha etilenopropileno (EPR, HEPR ou EPR 105) para tensões de 1 kV a 35 kV – Requisitos de desempenho. Rio de Janeiro: ABNT, 2022.

ASSOCIAÇÃO BRASILEIRA DE NORMAS TÉCNICAS. *NBR 8186*. Coordenação de isolamento – Diretrizes de aplicação. Rio de Janeiro: ABNT, 2021.

ASSOCIAÇÃO BRASILEIRA DE NORMAS TÉCNICAS / COMITÊ BRASILEIRO DE ELETRICIDADE, ELETRÔNICA, ILUMINAÇÃO E TELECOMUNICAÇÕES. *Ensaios elétricos de alta tensão*. Coletânea de Normas. ABNT/COBEI, 1985.

BENSSONOV, L. *Eletricidade aplicada para engenheiros*. Porto, Portugal: Lopes da Silva, 1976.

CAMINHA, A. A. *Introdução à proteção dos sistemas elétricos*. São Paulo: Blücher, 1977.

CARVALHO, A. C. C. et al. *Disjuntores e chaves* – Aplicação em sistemas de potência. Niterói, RJ: EdUFF, 1995.

CCON/SCDI/SCPR. *Aplicação de equipamentos de regulação de tensão em redes de distribuição*. 1991.

CIPOLI, J. A. *Análise dos sistemas de distribuição quanto a sobretensões*. São Paulo: Companhia Paulista de Força e Luz (CPFL), 1993.

COLOMBO, R. *Disjuntores de alta tensão*. São Paulo: Nobel, 1981.

COTRIM, A. A. M. B. *Instalações elétricas*. São Paulo: McGraw-Hill do Brasil, 1976.

DAVIES, T. *Protection of industrial power systems*. London: Pergamon Press, 1984.

DUGAN, R. C.; MCGRANAGHAN, M. F.; BEATY, H. W. *Electrical power systems quality*. New York: McGraw-Hill, 2002.

ENEL. *Fornecimento de energia elétrica em alta tensão (69-138 kV)*, 2019.

ENEL. *Fornecimento de energia elétrica em tensão primária de distribuição até 34,5 kV*, 2021.

EQUATORIAL. *Fornecimento de energia elétrica em alta tensão (69-138 kV)*, 2023.

FURNAS CENTRAIS ELÉTRICAS / UNIVERSIDADE FEDERAL FLUMINENSE. *Equipamentos elétricos* – Especificação. Rio de Janeiro: FURNAS/UFF, 1985.

JORDÃO, D. M. *Manual de instalações elétricas em indústrias químicas, petroquímicas e de petróleo*. Rio de Janeiro: Qualitymark, 1997.

MCGRAW-EDISON. *ABC dos capacitores*. 1996.

MOTTA, R. R; CALÔBA, G. M. *Análise de investimentos*. São Paulo: Atlas, 2002.

PEDROSA, R. O. *Estudo da absorção de energia de para-raios de ZNO instalados em linhas de transmissão de 138 kV*. 2013. Dissertação (mestrado em Engenharia Elétrica) – Belo Horizonte, Universidade Federal de Minas Gerais, 2013.

SANTOS, P. H. M. *Análise de desempenho frente a impulsos atmosféricos induzidos em circuitos de média tensão*. 2007. Dissertação (mestrado em Engenharia Elétrica) – Minas Gerais, Universidade Federal de Itajubá (Unifei), 2007.

WEG. *Conjunto de manobra e controle de média tensão*. 2018.

WESTINGHOUSE ELECTRIC CORPORATION. *Electric utility engineering reference book* – Distribution systems. East Pittsburgh, Pennsylvania, 1959.

WESTINGHOUSE ELECTRIC CORPORATION. *Applied protective relaying*. East Pittsburgh, Pennsylvania, 1976.

Catálogos de Fabricantes

Siemens, General Eletric, 3M, Schneider, Areva, Alubar Alumínio, G&W Electric, Pextron.

ÍNDICE ALFABÉTICO

A

Abertura
- de motores de indução, 297
- de pequenas cargas indutivas, 296
- de transformadores a vazio, 295
- em regime
  - - de curto-circuito
    - - - a curta distância dos terminais do disjuntor, 303
    - - - distante dos terminais do disjuntor, 303
    - - - nos terminais do disjuntor, 300
  - - de oposição, 304

Aço inoxidável, 454

Ajuste(s)
- da corrente de acionamento, 512
- da largura de faixa de tensão, 480
- da reatância da linha, 483
- da resistência da rede, 483
- da tensão de saída, 480
- do nível de tensão, 466
- dos seccionalizadores automáticos, 533

Alimentador
- com derivação, 485
- sem derivação, 483

Alongamento e resfriamento do arco, 274

Alta velocidade de manobra, 274

Altitude, 207

Altura média do condutor dos cabos de fase, 567

Amortecedor, 46

Análise
- das perdas no ensaio de recebimento do transformador, 404
- dos ensaios de recebimento do transformador, 399
- dos tipos de ligação de banco de capacitores, 429

Ângulo de fase, 186

Aplicação
- da camada isolante, 88
- da capa, 88
- da fita metálica, 88
- dos transformadores de potencial, 198

Aquecimento dos conjuntos de manobra, 257

Arco
- elétrico, 272
- girante, 284

Área de ventilação
- inferior (entrada do ar refrigerante), 368
- superior (saída de ar quente), 367

Articulação, 46

ASC (*Aluminum Stranded Conductor*), 105

Aterramento, 253
- de capacitores, 443
- do circuito principal, 253
- do invólucro metálico, 253
- dos para-raios de um transformador de distribuição, 36

Atuadores de botoeiras, 255

Autocompressão, 284

Autotransformador(es), 382
- vantagens e desvantagens dos, 385

B

Banco(s)
- conectados em
  - - dupla estrela isolada, 429
  - - em triângulo, 429
  - - estrela com neutro
    - - - aterrado, 429
    - - - isolado, 429
- de alta-tensão, 443
- de baixa-tensão, 443
- de capacitores, 177, 443, 487
  - - automático, 419
  - - - instalado na barra da subestação, 421
  - - - instalado na rede de distribuição em postes, 421
  - - dessintonizado em instalações industriais, 440
  - - em derivação, 415
  - - fixos, 418
  - - - instalado na rede de distribuição em postes, 420
  - - série, 417
- de reguladores, 479
  - - e de capacitores
    - - - automáticos, 489
    - - - fixos, 486
  - - primários, 432
  - - secundários, 430

Barramento(s)
- e condutores elétricos, 253
- em corrente
  - - alternada, 254
  - - contínua, 254

Base
- com rodas bidirecionais, 332
- e fusível, 234
- para arrastamento, 332

Batentes dos contatos, 46

Blindagem(ns)
- da isolação, 76
- de campo elétrico, 75
- do cabo aterrada em
  - - um só ponto, 95
  - - vários pontos, 95
- do condutor, 75
- metálica, 76
- semicondutora, 76

Bobina
- de fechamento, 288
- de Rogowski, 154

Borracha etileno-propileno, 74

Bucha(s), 506
- de passagem, 503, 202
  - - características
    - - - construtivas, 202
    - - - elétricas, 205
  - - condensivas, 204
  - - ensaios de tipo, 209
  - - para uso
    - - - exterior, 202
    - - - interior, 202
    - - - interior-exterior, 203
  - - quanto à construção, 204
  - - quanto à instalação, 202
  - - sem controle de campo elétrico, 204
- para uso em equipamentos, 204

C

Cabo(s)
- bipolar, 73, 77
- cobertos, 79
- com controle de campo elétrico, 75
- de 138 kV, 81
- de 230 kV, 81
- de 69 kV, 81
- de baixa-tensão, 67, 69, 109
- de energia, 71
- de média tensão, 69, 109
- isolado(s), 71
  - - a óleo fluido, 79
  - - de alta-tensão, 80
  - - de média e de alta-tensão, 73
  - - em papel impregnado a óleo fluido, 79
  - - em papel impregnado a óleo viscoso, 79
  - - em papel impregnado sob alta pressão, 79
- multiplexados, 73, 77
  - - de fase, 78
- nus, 105
- *Pipe*, 79
- quadripolar, 73, 77
- sem controle de campo elétrico, 75
- solar, 71
- submarinos de alta-tensão, 85
- tripolar, 73, 77, 85
- unipolar, 77, 85
  - - para uso em parques fotovoltaicos, 71

- - para uso geral, 71
- WPP, 73
Caixa de comando, 446, 503
Cálculo
- da impedância do transformador de aterramento, 392
- da resistência de sequência positiva, 94
- da temperatura do ponto mais quente, 357
Câmara(s)
- de extinção de arco a pequeno volume de óleo, 503
- de interrupção, 506
Campo elétrico, 62
- nos cabos de média e de alta-tensão, 62
Capa protetora, 71
Capacidade
- de corrente
- - de curto-circuito, 118, 127, 207
- - nominal, 109, 126
- de interrupção, 231
- de ruptura, 239
Capacitores, 486
Capacitores de potência, 407
- aplicações dos capacitores, 415
- características
- - elétricas, 411
- - gerais, 409
- condições de operação e identificação, 444
- correção do fator de potência, 418
- dimensionamento de bancos de capacitores, 423
- ensaios
- - de recebimento, 444
- - de rotina, 444
- - de tipo, 444
- especificação sumária, 445
- fator de potência, 407
- - causas do baixo fator de potência, 408
- - conceitos básicos, 407
- ligação dos capacitores em bancos, 421
- resistor de descarga, 410
Características
- construtivas
- - dos cabos isolados, 67
- - dos condutores nus, 105
- - dos disjuntores, 276
- de absorção de energia, 4
- de um banco de reguladores, 479
- dos para-raios, 26
- elétricas
- - dos cabos isolados, 89
- - dos condutores nus, 107
- - dos disjuntores, 291
- - dos transformadores indutivos, 185
- mecânicas de projeto, 224
- técnicas nominais de um conjunto de manobra, 246
Cargas nominais, 158, 192
Carregamento, 351
- de emergência de
- - curta duração, 357
- - longa duração, 357
Cartucho, 47

Cauda de um impulso de tensão ou corrente, 33
Cerâmica, 539
Chave(s)
- a óleo, 433
- de aterramento rápido, 446
- - aplicação, 446
- - características
- - - construtivas, 446
- - - elétricas, 446
- - ensaios e recebimento, 448
- - especificação sumária, 448
- fusível indicadora
- - repetidora, 49
- - unipolar, 43
- - - características
- - - - elétricas, 48
- - - - mecânicas, 43
- - - ensaios
- - - - adicionais para dispositivos com isoladores poliméricos, 59
- - - - de recebimento, 59
- - - - de rotina, 59
- - - - de tipo, 59
- - - especificação sumária, 59
- seccionadora
- - primárias, 210
- - - características
- - - - construtivas, 211
- - - - elétricas, 224
- - - - mecânicas operacionais, 221
- - - ensaios
- - - - de rotina, 231
- - - - de tipo, 231
- - - especificação sumária, 232
- - tandem, 222
- - tripolar, 430
Ciclo
- de carga considerado, 354
- de carga real, 354
- normal de carregamento, 356
Cimento, 542
Circuito(s)
- auxiliares e de comando, 210
- da fonte de alimentação, 507
- de proteção – religador de 280 A, 508
- de religamento e lógica, 508
- de saída, 508
- equivalente de um transformador de potencial capacitivo, 184
- monofásicos, 300
- principal, 210
- trifásicos, 301
Classe
- de descarga da linha de transmissão, 26
- de exatidão, 173, 187
- P, 161
- PR, 161
- PX, 161
- PXR, 161
Classificação dos para-raios, 26
Cloreto de polivinila (PVC), 67
Cobertura de proteção, 71, 76
Coluna de isoladores, 446
Compensação estática, 417
Compensador de queda de tensão (LDC), 481
Componentes simétricas, 16

- das correntes, 17
- das tensões, 18
Comportamento da onda incidente em um transformador, 38
Comunicação
- dos transformadores de corrente ópticos com os aparelhos a jusante, 154
- por meio de conversores de sinais, 154
Condutância, 93
Condutor(es)
- de alumínio, 70
- - CA, 105
- - CAA, 106
- - liga CAL, 106
- - termorresistente T-CAA, 106
- de aterramento, 14
- de cobre, 70, 107
- - ou alumínio nu, 127
- de sustentação, 78
- elétricos, 67, 254
- - aceitação e rejeição, 130
- - características
- - - construtivas dos cabos isolados, 67
- - - construtivas dos condutores nus, 105
- - - elétricas dos cabos isolados, 89
- - - elétricas dos condutores nus, 107
- - dimensionamento
- - - dos cabos elétricos isolados, 109
- - - dos condutores elétricos nus, 126
- - ensaios
- - - de rotina, 130
- - - de tipo, 129
- - - especiais, 130
- - - especificação sumária, 130
- - - inspeção e ensaios, 129
- flexível, 68
- instalados
- - diretamente enterrados, 111
- - em dutos, 109
- isolados, 94
- redondo
- - compacto, 68
- - normal, 68
- setorial compacto, 68
Conexão das impedâncias de um sistema de componentes de fase, 19
Configuração
- em dupla estrela
- - aterrada, 425
- - isolada, 422, 425
- em estrela
- - aterrada, 421, 424
- - isolada, 422, 424
- em triângulo (delta), 422
Conjunto
- de medição polimérico TC/TP, 199
- metálico para banco de capacitores, 245
Conjunto de manobra, 244, 279
- características técnicas nominais de um conjunto de manobra, 246

- conceitos de ensaios TTA e PTTA, 269
- de baixa-tensão, 269-271
- de média tensão, 267, 270, 271
- do tipo *block*, 248
- do tipo fixo/extraível, 246
- do tipo *metal clad*, 249
- do tipo *metal enclosed*, 248
- do tipo modular, 248
- do tipo multimodular, 246
- do tipo múltiplas colunas, 246
- ensaios, 269
- - de rotina, 271
- - de tipo, 269
- projeto e construção, 248
- quanto à forma construtiva, 245
- quanto à função, 245
- quanto ao nível de tensão, 244
- requisitos normativos, 250
Conservador de líquido isolante, 322
Contador
- de aberturas, 534, 535
- de descarga, 4
Contatores magnéticos, 430
Contatos, 233
- principais, 48
- terminais, 210
Contrapinos, 542
Controle digital, 499
- aplicação dos religadores, 512
- - em sistemas de distribuição, 513
- - em subestação, 512
- critérios para coordenação entre religadores e os equipamentos de proteção, 513
- eletrônico, 498
- ensaios
- - de recebimento, 526
- - de rotina, 525
- - de tipo, 525
- especificação sumária, 526
- informações a serem fornecidas com a proposta de venda, 524
- monofásicos, 498
- placa de identificação, 524
- por ação eletromagnética, 498
- religadores automáticos, 498
- - de interrupção em óleo, 499
- trifásicos, 498
Coordenação
- de isolamento, 559
- - faixas para a tensão máxima do equipamento, 561
- - fundamentos dos estudos de coordenação de isolamento, 564
- - meios isolantes, 561
- - procedimentos de um estudo de coordenação de isolamento, 566
- dos valores nominais, 230
- entre religadores, 524
- - de distribuição e o elo fusível, 513
- entre seccionalizador automático e religador ou disjuntor com religamento, 535

Cores dos barramentos, 254
Corpo
- cerâmico, 233
- de porcelana, 2
- polimérico, 3
Correção
- de reativos indutivos em sistemas
  - - de alta-tensão, 421
  - - de distribuição, 420
- do fator de potência em instalações de baixa-tensão, 418
Corrente(s)
- de acionamento, 535
  - - de fase, 533
  - - de terra, 533
- de curto-circuito, 236
- de defeito monopolar, 454
- de descarga nominal, 30
- de energização, 381, 433
- de estabelecimento, 293
- de excitação, 345
- de interrupção, 236, 293
  - - simétrica nominal, 293
- de magnetização, 162, 163
- de sobrecarga, 237
- dinâmica
  - - de curto-circuito, 207, 227, 239
  - - nominal, 168
    - - - de curto-circuito, 247
- dos resistores de aterramento, 454
- harmônicas, 436
- máxima
  - - da carga conectada, 262
  - - permissível, 414
- nominal, 155, 206, 225, 234, 293, 337, 453
  - - condicional de curto-circuito, 247
  - - de regime contínuo, 247
- suportável
  - - de curta duração, 293
  - - de curto-circuito, 33
- térmica de curto-circuito, 228, 238
- térmica nominal, 207
  - - de curta duração, 168
  - - de curto-circuito, 247
Cubículo, 502
Curto-circuito
- fase e terra, 451
- quilométrico, 303
Curva(s)
- de operação dos para-raios, 27
- isoceráunicas do território brasileiro, 11
Custo financeiro pelo baixo fator de potência, 409

D

Defasagens angulares diferentes, 375
Defeitos
- com autoextinção, 555
- monopolares, 6
- temporários, 555
Densidade de corrente, 324
Descarga(s)
- atmosféricas, 11, 13
  - - incidentes na linha de transmissão, 560
- de retorno, 10

- diretas nas linhas de transmissão, 40
- indireta induzida, 13
- parciais, 196, 381
Descarregadores de chifre, 555
- características
  - - construtivas, 556
  - - elétricas, 556
- ensaios e recebimento, 558
- especificação sumária, 558
Desconexão de banco de capacitores, 6
Deslocamento angular, 348
Desumidificação
- a vácuo, 541
- por gesso, 541
Determinação
- da distância do para-raios aos terminais do transformador, 35
- da potência de um transformador de aterramento, 392
- das temperaturas do transformador, 357
- do fator de valor atual, 397
- do nível de sobretensão, 393
- do valor
  - - da energia e demanda cobradas pela concessionária local, 397
  - - presente da proposta, 398
Dielétrico, 62, 409
Dimensionamento
- de bancos de capacitores, 423
- dos barramentos, 262
- dos cabos elétricos isolados, 109
- dos condutores elétricos nus, 126
- dos para-raios, 568
- e ajuste dos reguladores *autobooster*, 466
Disjuntores, 430
- a ar comprimido ou de sopro magnético, 286
- a grande volume de óleo (GVO), 276
- a óleo, 276
- a pequeno volume de óleo (PVO), 277
- a SF_6, 284, 433
- a sopro magnético, 281
- a vácuo, 282, 433
- de alta-tensão, 272
  - - arco elétrico, 272
  - - características construtivas dos disjuntores, 276
  - - características elétricas dos disjuntores, 291
  - - ensaios de recebimento, 305
  - - ensaios de rotina, 305
  - - ensaios de tipo, 305
  - - especificação sumária, 305
  - - princípio de interrupção da corrente elétrica, 274
- de construção
  - - aberta, 279
  - - do tipo extraível, 279
- tanque
  - - morto, 290
  - - vivo, 290
Disparadores
- em derivação, 288
- mecânicos, 288

Dispositivo(s)
- de absorção de umidade, 333
- de bloqueio, 211
- de disparo de subtensão, 288
- de manobra de bancos de capacitores, 430
- de operação, 210
- para retirada da amostra de óleo, 332
Distância
- de escoamento, 200, 206, 537
- entre os para-raios e o equipamento a ser protegido, 33
- máxima
  - - à linha de transmissão do ponto de incidência do raio, 566
  - - do para-raios ao transformador, 38
Dupla pressão, 284
Duração nominal da corrente de curto-circuito, 293

E

Efeito(s)
- das correntes de curto-circuito, 238
- dinâmicos, 124
- Ferranti, 350
- simultâneo da tensão e da corrente, 436
- térmicos, 124
Elemento fusível, 51
Elevação da temperatura do ponto mais quente em regime contínuo, 357
Elo fusível, 51, 518
- de argola, 51
- de botão, 51
- do tipo H, 52
- do tipo K, 52
- do tipo T, 53
Encapsulamento reforçado, 318
Encordoamento, 88
Energização
- de capacitores, 300
- de componentes do sistema, 298
- de linhas de transmissão, 300
- de transformadores, 6, 298
Enrolamentos, 324
- tipo camada, 311
- tipo panqueca, 311, 324
Ensaio(s)
- de arco interno, 271
- de compatibilidade eletromagnética (CEM), 270
- de corrente suportável de curta duração e valor de crista da corrente suportável, 270
- de descarga, 444
- de elevação de temperatura, 270
- de estabilidade térmica, 444
- de estanqueidade, 270
- de impacto mecânico, 270
- de impulso, 444
- de ionização, 444
- de operação mecânica, 270
- de proteção contra intempéries, 270
- de protótipo, 269
- de rádio-ruído, 444
- de rigidez dielétrica, 444

- de rotina, 271
- de suportabilidade à pressão para compartimentos preenchidos a gás, 270
- de tensão
  - - aplicada, 444
    - - - entre terminais, 444
  - - residual, 444
- de tipo, 269
- de vazamento, 444
- dielétrico, 270
- do dispositivo de descarga, 444
- em divisões e obturadores não metálicos, 270
- PTTA (*partially tested assembly*), 269
- TTA (*type tested assembly*), 269
Epóxi, 540
Equivalência entre um ciclo de carga real e um ciclo de carga considerado, 354
Erro(s)
- de ângulo de fase, 171, 186
- de relação de transformação, 171, 185
- dos transformadores de corrente, 169
Espaçamentos no ar, 561
Especificação de um conjunto de manobra, 267
Espessura das paredes da cerâmica, 540
Estabilidade térmica dos para-raios, 33
Estanhagem, 88
Estrutura para banco de capacitores, 443
Estudos de coordenação de isolamento, 564
Expectativa de vida, 354

F

Faixa de regulação
- de tensão regulada em porcentagem, 468
- para a tensão máxima do equipamento, 561
- percentual, 479
Fator(es)
- de blindagem, 12
- de correção
  - - de relação, 185
    - - - real, 171, 185
  - - de temperatura, 111
- de correção da capacidade de condução de corrente devido ao acréscimo de temperatura na canaleta, 110
- de correção de agrupamento, 111
- de correção de corrente em função da temperatura do solo, 117
  - - da resistividade térmica, 118
    - - - e fator de carga, 118
- de potência, 407
- de segurança do instrumento medido, 169
- de sobretensão nominal, 194
- limite de exatidão, 160
- térmico
  - - de curto-circuito, 168
  - - nominal, 167

Fechamento
- à mola pré-carregada, 287
- automático, 287
Fenômenos
- de ferrorressonância, 8
- de reflexão e refração de uma onda incidente, 23
- de ressonância série nos bancos de capacitores, 438
Ferragens, 542
Ferro fundido, 454
Ferrorressonância, 197
Fibra(s), 540
- de vidro, 540
Fio redondo sólido, 67
Fita semicondutora, 76
Formação
- dos cabos, 71, 77
- - múltiplos, 88
- dos condutores, 67
Fracionamento do arco, 275
Frente da onda, 16
Frequência nominal, 30, 247, 337, 412
Fusível, 234
- limitador de corrente, 233
- limitadores primários, 233
- - características
- - - construtivas, 233
- - - elétricas, 234
- - ensaios e recebimento, 243
- - especificação sumária, 243
- - proteção oferecida pelos fusíveis limitadores, 239
- - sobretensões por atuação, 242

G
Gancho da ferramenta de abertura em carga (*load buster*), 46
Geração de harmônicos, 381
Gradiente de tensão, 90
Grau de proteção, 252
Grupos de ligação, 378
Guarda do contato, 48

H
Harmônicos nos bancos de capacitores, 435
Haste(s)
- antipássaro, 556
- de descarga ou eletrodos, 556

I
Identificação
- dos barramentos, 253
- dos condutores isolados, 89
- dos transformadores de corrente para serviço de
- - medição, 160
- - proteção, 161
Impedância(s)
- de sequência
- - negativa, 101, 108
- - positiva, 94, 107
- - zero, 101, 108
- de surto da linha de transmissão, 567
- descontinuada, 25
- diferentes e potências nominais diferentes, 376
- dos condutores, 94
- percentual, 343
Impulso de corrente íngreme, 32
Incidência direta de descargas atmosféricas, 5

Indicação de cores dos barramentos, 254
Indicador de nível de óleo, 330
Índices horários, 378
Instalação
- de reguladores de tensão, 463
- de um conjunto TP, 181
- de um conjunto TP-TC, 181
Interrupção
- da corrente elétrica, 274
- no ar sob condição de pressão atmosférica, 274
- no gás SF_6, 276
- no óleo, 275
- no vácuo, 276
Ionização, 93
Isolações
- sólidas, 74
- termofixas, 71, 74
- termoplásticas, 70, 74
Isolador(es), 43, 537, 556
- características
- - construtivas, 538
- - elétricas, 537
- composição química, 539
- compostos, 549
- de apoio, 537, 548
- - multicorpo, 548
- - pedestal, 548
- de corpo único, 43
- de disco, 544
- de pino, 542
- - monocorpo, 543
- de porcelana, 540
- de suspensão, 537
- de vidro, 541
- do tipo pedestal, 44
- ensaios
- - de recebimento, 553
- - de rotina, 553
- - de tipo, 552
- especificação sumária, 554
- informações a serem fornecidas com a proposta, 554
- monocorpo, 548
- multicorpo, 543
- parâmetros elétricos principais, 537
- processos de fabricação, 540
- propriedades elétricas e mecânicas, 542
- roldana, 542
Isolamento(s), 74
- autorregenerativos, 537
- dos condutores elétricos, 70
- não regenerativos, 537
Isolantes
- autorrecuperantes, 561
- não autorrecuperantes, 561

L
Laminação a quente, 88
Ligação
- dos capacitores em bancos, 421
- dos reguladores monofásicos, 476
- estrela, 316
- triângulo, 315
- zigue-zague, 316
Limitador
- de abertura de 180, 46
- de recuo, 46
Linha de transmissão protegida por cabos guarda, 41

Líquidos isolantes, 326
Localização dos para-raios, 33

M
Material(is)
- condutor, 70
- termofixos, 74
- termoplásticos, 74
Máxima
- corrente do raio, 567
- sobretensão temporária, 27
- sobretensão temporária do sistema, 27
- tensão de operação contínua, 26
MCOV (*Maximum Continuous Operating Voltage*), 28
Medição
- da tangente do ângulo de perdas, 444
- de capacitância e potência, 444
Meio(s)
- extintor, 233
- isolantes, 561
Método
- convencional ou determinístico, 564
- estatístico, 565
Muflas
- em ambientes poluídos, 66
- terminais primárias, 60
- - aplicação de muflas em ambientes poluídos, 66
- - campo elétrico, 62
- - - nos cabos de média e de alta-tensão, 62
- - dielétrico, 62
- - ensaios e recebimento, 66
- - especificação sumária, 66
- - sequência de preparação de um cabo condutor, 64

N
Nível(eis)
- de isolamento, 197, 227, 292, 414
- - das unidades capacitivas com caixa isolada da terra, 414
- - das unidades com caixa aterrada, 414
- - nominais, 206, 571
- de proteção, 33
- - oferecida pelos para-raios, 571
Núcleo, 323
- da bucha, 205
- de aço, 323

O
Óleo(s)
- de silicone, 328
- mineral, 326
Ondas
- de surto de corrente incidente e refratada, 24
- de tensão incidente
- - e refratada, 24
- - refletida e refratada, 25
- transientes de impulso atmosférico, 16
Operação
- a vazio, 306
- como elevador de tensão, 469
- como redutor de tensão, 469

- de abertura, 530
- de fechamento, 530
- em carga, 309
- em curto-circuito, 310
- em serviço em paralelo, 375
- manual, 221
- motorizada, 223
Origem das sobretensões, 6
Óxido metálico, 2

P
Painel
- de controle, 245
- de medição, 245
- do tipo mesa de comando, 246
Papel
- não termoestabilizado, 354
- termoestabilizado, 354
Para-raios a resistor não linear, 1
- a óxido de zinco, 29
- características, 26
- - de absorção de energia, 4
- - - desconexão de banco de capacitores, 6
- - - incidência direta de descargas atmosféricas, 5
- - - sobretensão de manobra, 6
- classificação dos, 26
- componentes simétricas, 16
- contador de descarga, 4
- corpo
- - de porcelana, 2
- - polimérico, 3
- ensaios
- - de recebimento, 42
- - de rotina, 41
- - de tipo, 41
- especificação sumária, 42
- fenômenos de reflexão e refração de uma onda incidente, 23
- localização dos, 33
- origem das sobretensões, 6
- - sobretensão
- - - atmosférica, 9
- - - de manobra, 8
- - - temporária, 6
- partes componentes, 1
- resistores não lineares, 1
Perda(s), 338
- a vazio, 338
- de carga por abertura do disjuntor, 7
- dielétricas, 93, 415
- elétricas
- - nas barras, 258
- - nas chaves seccionadoras, 259
- - nas conexões, 258
- - nos equipamentos, 259
- - nos fusíveis, 259
- em carga, 339
- percentual de vida útil do transformador, 358
- por correntes parasitas ou de Foucault, 338
- por histerese magnética, 338
Pino percursor, 234
Pintura, 257
Placa de identificação, 330, 532
- dos conjuntos de manobra, 257
Plaqueta de identificação dos componentes, 255

- temporária, 6, 206
Solicitações
 - das correntes de curto-circuito, 227
 - eletromecânicas, 262
 - em regime transitório, 300
 - em serviço normal, 294
 - térmicas, 266
Soma vetorial das componentes simétricas, 17
Sopro magnético, 275
Suportabilidade
 - dos isoladores em ambientes agressivos, 551
 - dos para-raios
  - - à frequência industrial valor eficaz, 32
  - - quanto às sobretensões temporárias, 27

T
Tanque, 320, 530
 - de óleo, 506
 - dos transformadores, 321
Taxa de crescimento da tensão de restabelecimento transitória (TCTRT), 293
Temperatura, 454
 - ambiente, 247
  - - para instalações abrigadas, 248
  - - para instalações ao tempo, 248
 - características dos condutores, 125
 - da cerâmica, 540
 - do topo do óleo e do ponto mais quente, 357
 - do transformador, 357
 - interna dos conjuntos de manobra, 260
Tempo
 - de frente de onda, 569
 - de memória, 533, 535
 - de operação, 454
 - de rearme, 513, 533, 535
 - de religamento, 513
Tensão
 - crítica
  - - com 50% de probabilidade de falha, 568
  - - de descarga sob impulso, 538
   - - - de manobra para isolamento autorrecuperante, 568
 - de descarga
  - - a seco, 538
  - - sob chuva, 538
 - de ionização, 33
 - de manobra, 413
 - de radiointerferência, 538
 - de regulação, 468, 480
 - de restabelecimento, 292
  - - transitória (TRT), 292
 - disruptiva
  - - à frequência industrial, 557
  - - a impulso, 31
   - - - atmosférico em forma de onda normalizada, 557
    - - - - 50%, 557
   - - - atmosférico normalizado, 31
   - - - de manobra, 32
 - disruptiva na frente, 32
 - harmônicas, 436

- máxima
 - - de operação, 412
 - - esperada no ponto de conexão dos para-raios, 571
- nominal, 26, 191, 205, 224, 235, 247, 292, 337, 412, 453
 - - de isolamento, 247
 - - suportável de impulso, 13, 16, 292
- nos terminais do primeiro transformador próximo ao regulador, 486
- primárias iguais e relação de transformação diferente, 375
- residual, 31
- secundária, 165
- suportável, 538
 - - à frequência industrial, 168, 292
 - - de impulso atmosférico, 168
 - - de surtos de manobra, 33
- transitória de restabelecimento, 303
Terminação(ões), 60, 61
 - a frio e *push-on*, 65
 - termocontrátil, 61
Terminal(is), 446
 - desconectáveis, 61
 - superior, 48
 - termocontráteis, 64
Termofixo, 71, 74
 - EPR, 74
 - - 105, 74
 - HEPR, 74
 - TR XLPR, 74
 - XLPE, 74
Termômetro, 330
Termoplástico, 70, 74
 - PE, 74
 - PVC/A, 74
Tipos
 - construtivos de transformadores de corrente, 152
 - de ligação dos reguladores *autobooster*, 466
TOV (*temporary overvoltage*), 28
Tranca do contato, 48
Transformador(es)
 - a seco, 317
 - bifásico, 313, 314
 - com ligação
  - - estrela no primário e no secundário, 373
  - - triângulo no primário e estrela no secundário, 372
 - de aterramento, 388
 - de corrente, 147, 158, 530
  - - características elétricas (TCI), 155
  - - classificação, 169
  - - com isolamento a SF_6, 152
  - - de baixa-tensão, 152
  - - de barra do tipo relação múltipla com o primário em várias seções, 151
  - - de média e de alta-tensão, 152
  - - destinados à proteção, 174
  - - ensaios
   - - - de recebimento, 180
   - - - de rotina, 179
   - - - de tipo, 179
   - - - especiais, 179

 - - especificação sumária, 180
 - - indutivos (TCI), 147, 153
 - - instalados próximos a banco de capacitores, 177
 - - ópticos (TCO), 152
 - - para serviço de medição, 169
 - - tipo barra, 147
 - - tipo bucha, 149
 - - tipo com vários
  - - - enrolamentos primários, 149
  - - - núcleos secundários e única barra como enrolamento primário, 150
 - - tipo derivação no primário e secundário, 151
 - - tipo enrolado, 149
 - - tipo janela, 149
 - - tipo núcleo dividido, 149
 - - tipo vários enrolamentos secundários, 151
- de distribuição, 357
- de grande potência, 357
- de média potência, 357
- de núcleo
 - - envolvente, 326
 - - envolvido, 326
- de potência, 306
 - - análise
  - - - das propostas, 397
  - - - e julgamento das propostas técnicas, 401
 - - aplicação do método de análise das propostas, 402
 - - autotransformador, 382
 - - características construtivas, 311
  - - - derivações, 328
  - - - formas construtivas, 313
  - - - partes construtivas, 320
  - - - quadro de comando e controle, 330
  - - - quanto ao meio isolante, 317
  - - - quanto ao número de fases, 313
  - - - quanto ao tipo de ligação, 315
 - - características elétricas e térmicas, 335
 - - características gerais, 306
 - - ensaios
  - - - de rotina, 404
  - - - de tipo, 405
  - - - especiais, 405
  - - - especificação
   - - - - do transformador, 400
   - - - - sumária, 406
  - - - inspeção visual, 405
  - - - reatores de potência, 385
  - - - recebimento, 405
  - - - seleção econômica dos transformadores, 397
  - - - transformadores de aterramento, 388
- de potencial, 181, 530
 - - aplicação dos transformadores de potencial, 198
 - - características
  - - - construtivas, 182
  - - - elétricas dos transformadores indutivos, 185

 - - conjunto de medição polimérico TC/TP, 199
 - - da classe 230 kV, 184
 - - distâncias de escoamento, 200
 - - do tipo
  - - - capacitivo, 183
  - - - indutivo, 182
 - - ensaios
  - - - de rotina, 201
  - - - de tipo, 201
  - - - especiais, 201
 - - especificação sumária, 201
 - - indutivo formado por duas seções, 184
 - - para serviços
  - - - de medição de faturamento, 198
  - - - de proteção, 199
 - de qualquer grupo de ligação com o mesmo índice, 378
 - em líquido isolante, 317
 - em regime de desequilíbrio, 372
 - monobuchas, 313, 314
 - para instrumentos, 181
 - pertencentes
  - - a determinado grupo com índices diferentes, 378
  - - a grupos de ligação distintos, 379
 - tipo indutivo (TCI), 152
 - trifásicos, 313
Transitórios em bancos de capacitores, 433
Tratamento térmico, 93, 541
Trefilação a frio, 88
Tubinho, 52

U
Umidade
 - do ambiente, 248
  - - para instalações abrigadas, 248
  - - para instalações ao tempo, 248
 - do ar, 539
Unidade
 - de baixa-tensão, 501
 - de controle, 500, 505, 506, 530
 - religadora, 500, 505
 - seccionalizadora, 530

V
Válvula para alívio de pressão, 332
Variação da temperatura em função do carregamento do cabo, 118
Velocidade de propagação da onda de surto, 568
Verificação
 - da proteção, 270
 - das capacidades de estabelecimento e de interrupção, 270
Vidro, 540
 - recozido, 541
 - temperado, 541
Vitrificação, 541
Volume de ar necessário para dissipar as perdas internas do transformador, 366
Vulcanização, 88

Polaridade, 168, 196
Poliéster reforçado com
  fibra de vidro, 540
Polietileno (PE), 67
  - reticulado, 74
Ponto(s)
  - de concentração de
    carga específica, 416
  - de descontinuidade de
    impedância, 25
  - de instalação dos
    seccionalizadores
    automáticos, 533
  - terminal de um
    circuito aberto, 23
Porta-fusível, 47
Potência
  - de regulação, 468, 480
  - nominal, 335, 411
  - térmica nominal, 197
Pré-tratamento da chapa, 257
Prensagem, 541
Preparação do material
  - condutor, 87
  - isolante, 88
Princípio de interrupção da
  corrente elétrica, 274
Processo
  - da tríplice extrusão, 88
  - de desumidificação
    - - a vácuo, 541
    - - por gesso, 541
  - de fabricação
    - - da porcelana crua, 541
    - - de fios e cabos isolados, 87
  - de prensagem, 541
  - de queima, 541
  - de tratamento e pintura
    das chapas, 255
  - de vitrificação, 541
  - *dry curing*, 89
  - por via
    - - seca, 541
    - - úmida, 541
Proteção
  - a partir da blindagem
    com cabos guarda, 40
  - com o uso de isolação das
    partes energizadas, 252
  - contra arcos internos nos
    conjuntos de manobra, 261
  - contra choques elétricos, 250
  - contra contatos
    - - diretos, 250
    - - indiretos, 252
  - contra efeitos térmicos, 252
  - contra energização
    indevida, 252
  - de linhas de transmissão, 40
  - de motores de média
    tensão, 239
  - de transformadores
    - - de força, 239
    - - de potência, 33
    - - de potencial, 239
  - oferecida pelos fusíveis
    limitadores, 239
  - por meio de
    - - barreiras, 252
    - - para-raios ao longo
      da linha, 41
  - por relés dedicados contra
    arcos internos nos conjuntos
    de manobra, 261

R
Rabicho, 52

Reatores
  - de aterramento de neutro, 388
  - de dessintonia em instalações
    industriais, 441
  - de potência, 385
  - limitadores de corrente, 386
Redes aéreas, 11
  - de baixa-tensão, 16
Refrigeração do local
  de instalação do
  transformador, 365
Regulação, 343
Regulador(es), 486
  - *autobooster*, 468
    - - em série com
      capacitores, 472
  - de tensão, 462
    - - *autobooster*, 465
    - - características dos
      ensaios, 496
    - - de 32 degraus, 475
    - - em série, 486
    - - ensaios
      - - - de recebimento, 497
      - - - de rotina, 497
      - - - de tipo, 496
    - - especificação sumária, 497
    - - regulador de tensão
      de 32 degraus, 475
Relé
  - de Buchholz, 335
  - de súbita pressão, 332
Religadores
  - a grande volume de
    óleo (GVO), 499
  - a pequeno volume de
    óleo (PVO), 502
  - a vácuo
    - - de controle digital, 510
    - - de controle eletrônico, 506
    - - triplos de controle
      eletrônico, 509
  - automáticos de interrupção
    - - a vácuo, 505
    - - em óleo, 499
  - de interrupção
    - - a vácuo para
      - - - sistemas de
        distribuição, 506
      - - - subestação, 505
    - - em óleo para
      - - - sistemas de
        distribuição, 503
      - - - subestação, 499
  - de subestação, 518
  - modular compacto, 510
  - operados
    - - por bobina série
      (hidráulicos), 524
    - - por relés digitais, 524
Religamento de linhas
  de transmissão, 6
Rendimento, 340
Resistência
  - à flexão, 207
  - dos cabos aos agentes
    químicos, 89
  - ôhmica do resistor de
    aterramento, 454
Resistividade térmica
  do solo, 117
Resistores
  - da corrente de
    magnetização, 534
  - de aterramento, 450
    - - características

  - - - construtivas, 453
  - - - elétricas, 453
  - - de baixa resistência
    ôhmica, 454
  - - de resistência muito
    elevada, 454
  - - determinação da
    corrente dos resistores
    de aterramento, 454
  - - ensaios
    - - - de recebimento, 460
    - - - de rotina, 460
    - - - de tipo, 460
    - - - especiais, 460
  - - especificação sumária, 461
  - de corrente de fase
    e de terra, 530
  - de tensão, 462
  - não lineares, 1
Restritor
  - de contagem, 534
  - de corrente, 530
    - - de magnetização, 529
  - de tensão, 530
Retorno da corrente de falta
  - circulando pela blindagem
    metálica e pelo solo, 103
  - somente pela blindagem
    metálica, 102
  - somente pelo solo, 102

S
Secador de ar, 323
Seção
  - da blindagem metálica, 125
  - do condutor de alumínio, 125
  - do condutor de cobre, 125
Seccionador(es)
  - com buchas passantes, 212
  - com lâmina de terra, 221
  - de abertura
    - - central (AC), 216
    - - lateral singela (ALS), 215
    - - vertical (AV), 216
  - de dupla abertura
    lateral (DAL), 216
  - de haste vertical, 218
  - de transferência tipo
    tandem, 221
  - de uso específico, 221
  - derivação, 222
  - do tipo derivação
    ou *by-pass*, 221
  - fusíveis, 212
  - interruptores, 213
  - pantográficos, 218
  - para redes de
    distribuição, 215
  - para subestações de
    potência, 215
  - para uso
    - - externo, 214
    - - interno, 211
  - reversíveis, 214
  - simples, 211
Seccionalizador(es), 518
  - automáticos, 527
    - - características
      elétricas, 532
    - - de controle eletrônico, 533
    - - dispositivos
      acessórios, 529
    - - ensaios
      - - - de recebimento, 536
      - - - de rotina, 536
      - - - de tipo, 536
      - - - especificação sumária, 536

  - - informações a serem
    fornecidas com a
    proposta de venda, 535
  - - monofásicos, 527
  - - partes componentes dos
    seccionalizadores, 530
  - - trifásicos, 527
  - de controle
    - - eletrônico, 528
    - - hidráulico e por ação
      eletromagnética, 528
  - do tipo cartucho, 532
  - em vasos metálicos, 530
  - hidráulico, 535
Secundário do transformador
  de potência, 415
Seleção
  - da tensão de isolamento, 89
  - dos seccionalizadores, 532
  - econômica dos
    transformadores, 397
Sequência
  - de operação, 290, 513
  - de preparação de um
    cabo condutor, 64
  - O-t-CO, 290
  - O-t-CO-t-CO, 290
Sinal
  - de barra, 156
  - de barra dupla, 156
  - de dois pontos, 155
  - de vezes, 155
  - do hífen, 155
Sinótico, 255
Sistema(s)
  - a ar comprimido, 290
  - com neutro
    - - aterrado por meio
      - - - de reatância, 7
      - - - de resistência, 7
    - - efetivamente
      aterrado, 7, 453
    - - isolado, 453
    - - não efetivamente
      aterrado, 453
  - de acionamento, 287
  - de aterramento do
    tanque, 290
  - de corrente alternada, 254
  - de geração, transmissão
    e de distribuição, 415
  - de interrupção do arco, 276
  - de mola, 287
  - de resfriamento, 334
  - de solenoide, 289
  - de ventilação forçada, 334
  - hidráulico, 290
  - industriais e comerciais, 415
  - modular, 249
  - primário, 415
  - sob defeito fase e terra, 18
  - trifásico, 17
Sobrecarga
  - contínua, 225
  - de curta duração, 225
Sobrecorrentes, 433
Sobretensão, 412, 435
  - atmosférica, 9
  - com taxa de crescimento
    rápida, 33
  - de manobra, 6, 8
  - máxima incidente na
    subestação, 568
  - por atuação, 242
  - por descarga direta, 10
  - por descarga indireta
    induzida, 13